2022 西门子工业专家会议论文集

（下　册）

西门子（中国）有限公司　编

机械工业出版社

目　　录（下册）

基于 WinCC 的制药生产信息化系统设计 …… 597
无菌制剂行业数字化工厂战略与执行 …… 610
WinCC 在数字化电机生产行业的应用 …… 629
TIA PORTAL V16 和 WinCC V7.5 SP2 标准化程序的设计 …… 637
数字化赋能中心综合分析管理系统 …… 650
S7-1200 在断电可控落门智能制动系统上的应用 …… 663
S7-1200 与 KTP 触摸屏在厨余垃圾处理设备中的应用 …… 670
隧道智能在线检测系统 …… 678
基于 S7-1200 和 WinCC 的数字化压力试验测控系统研究 …… 684
西门子 S7-1200 在包装机上的电子凸轮应用 …… 696
西门子 S7-200 SMART 在全自动装酸系统中的研究及应用 …… 707
西门子 S7-1200/1500 与 MySQL 数据库通信研究及应用 …… 714
西门子自动化 S7-1200 PLC 在机床自动上下料项目中的应用 …… 724
融合物联网技术的集中供暖控制仿真系统设计 …… 737
PCS7 在药企转化精制产线的应用 …… 745
PCS7 在生物发酵行业的控制及应用 …… 757
西门子 PCS7 系统在锂电池正极材料生产线上的应用 …… 767
PCS7 和 BATCH 在数字化中试车间的应用 …… 776
PCS7 项目升级实例 …… 790
SIMATIC IT EBR 在动物疫苗行业的应用 …… 799
应用在分子筛纯化系统的前馈控制设计 …… 816
PCS7 和 PROFIBUS 现场总线在 RTR 铜钴尾矿复垦项目中的应用 …… 822
Excel 批次报表在 BRAUMAT/SISTAR 中的实现 …… 830
基于自动化集装箱起重机安全需求的功能改进及应用 …… 843
变频器调制方式在实际现场的应用分析 …… 861
SINAMICS DCP 在 RTG 上的储能应用 …… 869
西门子 S7-1500 和 V90 控制的自动导引式装车机 …… 877
西门子 S120 在新能源汽车变速箱加载测试台上的应用 …… 893
S7-1500 和 S120 驱动系统在铝箔轧机中的应用 …… 911
S7-1500 及 V90PN 在凝胶贴膏生产线上的应用 …… 916
SINAMICS DCM 和 SIMATIC S7-1200 在等离子体点火器中的应用 …… 932
西门子产品在 40m 双立柱冷库堆垛机中的应用 …… 940
S7-1500 和 G120 在堆垛机上的应用 …… 962
S7-1500 及 S120 在工程轮胎 X 光探伤检测设备中的应用 …… 980

一种有关 SINAMICS S120 驱动在汽车行业中的飞剪应用 …… 997
NX MCD 在镦锻输送线上的仿真与优化 …… 1022
西门子 SCALANCE 交换机在杭海线城际主干网中的应用 …… 1036
SCALANCE X 交换机钢铁厂网络升级改造中的应用 …… 1053
数字化解决方案 SIMICAS 在电子电器组装制造行业的应用 …… 1059
汽车制造行业的工业无线的应用 …… 1072
基于 NX MCD 平台的桁架上下料机械手虚拟调试 …… 1084
基于 Process Simulate 在物料智能分拣系统中的应用 …… 1099
数字化解决方案 SIMATIC RTLS 在水处理行业的应用 …… 1109
汽车总装车间通过西门子工业 5G 实现 PROFINET 通信 …… 1118
数字化解决方案 TIA Openness 在医疗显示器行业中的应用 …… 1130
TIA Portal Openness 在汽车行业的开发案例 …… 1139
NX MCD 在堆垛机虚拟调试中的应用 …… 1149
基于 RS485 中继器对 Profibus-DP 通信质量的优化 …… 1168
RF600 读写器批量识别电子标签的技术要点 …… 1176

基于 WinCC 的制药生产信息化系统设计
Design of pharmaceutical production information system based on WinCC

谢光宇
（江苏万邦生化医药集团有限责任公司　江苏徐州）

[摘　要] 信息化建设是一个系统性工程，特别是在制药行业，更是需要考虑法规、质量与效率等诸多方面的因素，因此信息化建设的步伐相比其他行业要缓慢很多。但面对国际形势和国家政策对制药行业成本和质量要求的快速提升，信息化建设是每个制药企业亟待进行的一项重要的工作。本文基于西门子 WinCC 系统的深度开发，设计了一套 B/S 架构的制药生产信息化系统，实现了生产计划、生产过程、设备与仪表数据、设备与备件管理的信息化，打通了 OT 与 IT 的壁垒，最终实现系统与 ERP、BI 系统、企业微信等 IT 系统的对接，实现了可视化的生产全过程信息化管理，是一种高效率、低风险、低成本的信息化系统设计方案，达到了制药生产过程透明化、可视化、数字化的目的，有效地提高了对制药生产过程的管理效率和科学性。

[关 键 词] 制药信息化、WinCC、SCADA、脚本

[Abstract] This paper introduces that Informatization construction is a systematic project, especially in the pharmaceutical industry, which needs to consider many factors such as laws and regulations, quality and efficiency. Therefore, the pace of informatization construction is much slower than that of other industries. However, in the face of the rapid increase in the cost and quality requirements of the pharmaceutical industry in the international situation and national policies, information construction is an important work to be carried out urgently by every pharmaceutical enterprise. Based on the in-depth development of SIEMENS WinCC system, this paper designs a set of B/S architecture pharmaceutical production information system, which realizes the informatization of production plan, production process, equipment and instrument data, equipment and spare parts management, breaks through the barriers between OT and IT, finally realizes the docking of the system with ERP, BI system, enterprise wechat and other IT systems, and realizes the visual information management of the whole production process. It is a high-efficiency, low-risk The low-cost information system design scheme achieves the purpose of transparency, visualization and digitalization of pharmaceutical production process, and effectively improves the management efficiency and scientificity of pharmaceutical production process.

[Key Words] Pharmaceutical Informatization、WinCC、SCADA、Script

一、项目简介

随着移动互联网、物联网、大数据、云计算、区块链等新一代信息通信技术的快速发展及其与制造业先进技术的不断深度融合，全球兴起了一轮以智能制造为主要支点的产业变革。智能制造正引领制造业形成新的生产方式、产业形态、商业模式和经济增长点[1]。为加速我国制造业转型升级、提质增效，我国也适时地提出了《中国制造 2025》、“智能制造发展规划（2016—2020 年）”等一系列战略，将智能制造作为国家信息化与工业化“两化”深度融合战略的主攻方向，并把“生物医药及高性能医疗器械”列为《中国制造 2025》十大重点突破领域[2]。

但与其他行业不同的是，医药制造行业强调的是生产制造过程的法规符合性和质量控制，从监管部门到医药生产制造企业，都对新技术的引入非常谨慎，特别是对于自己不熟悉的信息化领域更是如此。同时，传统制药企业也缺乏信息化方面的人才储备，更是造成了制药行业在信息化、智能制造方面的滞后性。

为了解决以上的问题，本文基于医药工业自动化领域最常用的西门子 WinCC 软件进行深度二次开发，通过其 WebUX 和脚本功能，设计了一套 B/S 架构的生产信息化系统，实现了生产计划、生产过程、设备与仪表数据、设备与备件管理的信息化，打通了 OT 与 IT 的壁垒，最终实现系统与 ERP、BI 系统、企业微信等 IT 系统的对接，实现了可视化的生产全过程信息化管理。由于西门子 WinCC 软件本身就具备符合美国 FDA 和欧盟 EUGMP 的电子记录和电子签名功能，只需要简单配置就可以使用，功能二次开发也基本都是通过控件、组态配置以及少量脚本程序的形式，在 GAMP5 的分类中可归属于四类系统，风险较低。因此，选择基于 WinCC 深度开发是一种高效率、低风险、低成本的信息化系统设计方案，达到了制药生产过程透明化、可视化、数字化的目的，有效地提高了对制药生产过程的管理效率和科学性。

该项目位于江苏万邦生化医药集团有限责任公司（简称万邦医药）总部厂区，鸟瞰图如图 1 所示。万邦医药系上海复星医药（集团）股份有限公司（简称复星医药，股票代码：600196-SH，02196-HK）核心成员企业。万邦医药现控股管理二十余家成员企业，在全国建有七个生产基地，总

图 1　万邦医药厂区鸟瞰图

占地面积千余亩。公司积极推进质量体系与国际接轨，目前公司共有十余条生产线通过国外药品监督管理机构的检查认证。其中一条无菌注射剂生产线通过欧盟和美国 FDA 现场检查，一条口服固体制剂生产线通过美国 FDA 现场检查。万邦医药自成立以来始终坚持诚信经营，实现了连续四十年盈利、连续四十年正增长的良好业绩。

二、系统结构

系统硬件主要包括能源仪表和采集模块、设备采集模块、工业专用网络、SCADA 工作站、生产计划工作站等部分，如图 2 所示。本系统一共采集了 67 块能源仪表、45 台设备的实时数据。其中能源仪表通过 ModBus 协议和采集柜的西门子 S7-200 SMART PLC 进行通信，然后 PLC 通过 TCP/IP 接口接入工业网络。设备采集部分，设备控制器包括各种品牌和型号，如西门子各型 PLC、施耐德运动控制器、三菱 PLC 等。对于没有 TCP/IP 接口的控制器，配置对应的通信网关硬件。此外自身控制器具备 TCP/IP 接口的，其 IP 设置也非常混乱，号段不同甚至存在相同 IP，因此，为避免修改设备 PLC 程序带来的风险，根据设备 IP 情况分区域采用三层交换机进行 NAT 地址转换，将所有设备 IP 进行重新梳理分配，再通过汇聚层交换机接入生产核心交换机。出于安全考虑，生产网络与办公网络是完全分离的，且在交换机策略中将服务器与设备进行绑定，禁止其他终端对于设备和服务器的访问。同时，在车间网络与核心交换机之间安装工业网闸。

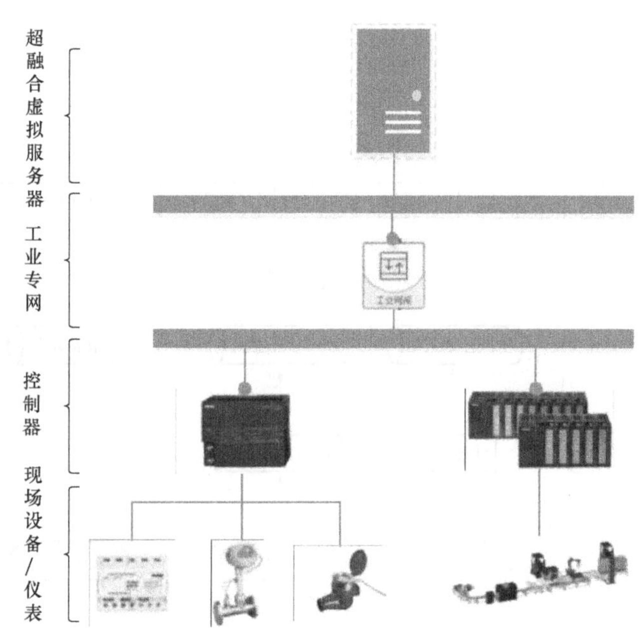

图 2　生产信息化系统硬件架构图

三、系统软件设计

总体设计

该生产信息化系统主要基于 WinCC 7.4 SP1 开发，包含从生产计划、生产过程的设备数据和人工数据的采集以及库存数据，WinCC 主要承担了设备、仪表、计划、报工等数据的采集和部分实时计算功能，即 B/S 架构的前端页面和后端逻辑以及数据库连接。数据存储到数据库中后，通过视图进行统计计算，最终通过 BI 系统进行数据的可视化。系统由以下几个模块构成（见图 3）：

1）基础数据模块，包括产品信息、设备备件信息、产线信息获取或录入以及审批。

2）设备 SCADA 系统，实现设备实时数据的抓取采集，并存储到过程值归档中。

3）报工模块，实现无法通过设备自动采集数据的人工上报，通过 WebUX 和脚本功能将数据存储到用户归档中。

4）生产计划模块，实现生产计划的编辑、审核、发布和查询功能，通过 WebUX 和脚本功能将数据存储到用户归档中。

5）OEE 可视化，包括实时 OEE 和历史趋势。

6）生产周期可视化，包括计划、过程节点和库存数据。

7）成本可视化，总收率、在制品、阿米巴报表等财务所需可视化数据。

8）报表模块，可以按设定周期生成各种数据统计报表。

9）设备备件管理，实现备件的出入库、盘点等功能，数据存储在用户归档中。

10）能源管理模块，实现生产能源仪表的数据采集、显示和统计分析，数据存储在过程值归档中。

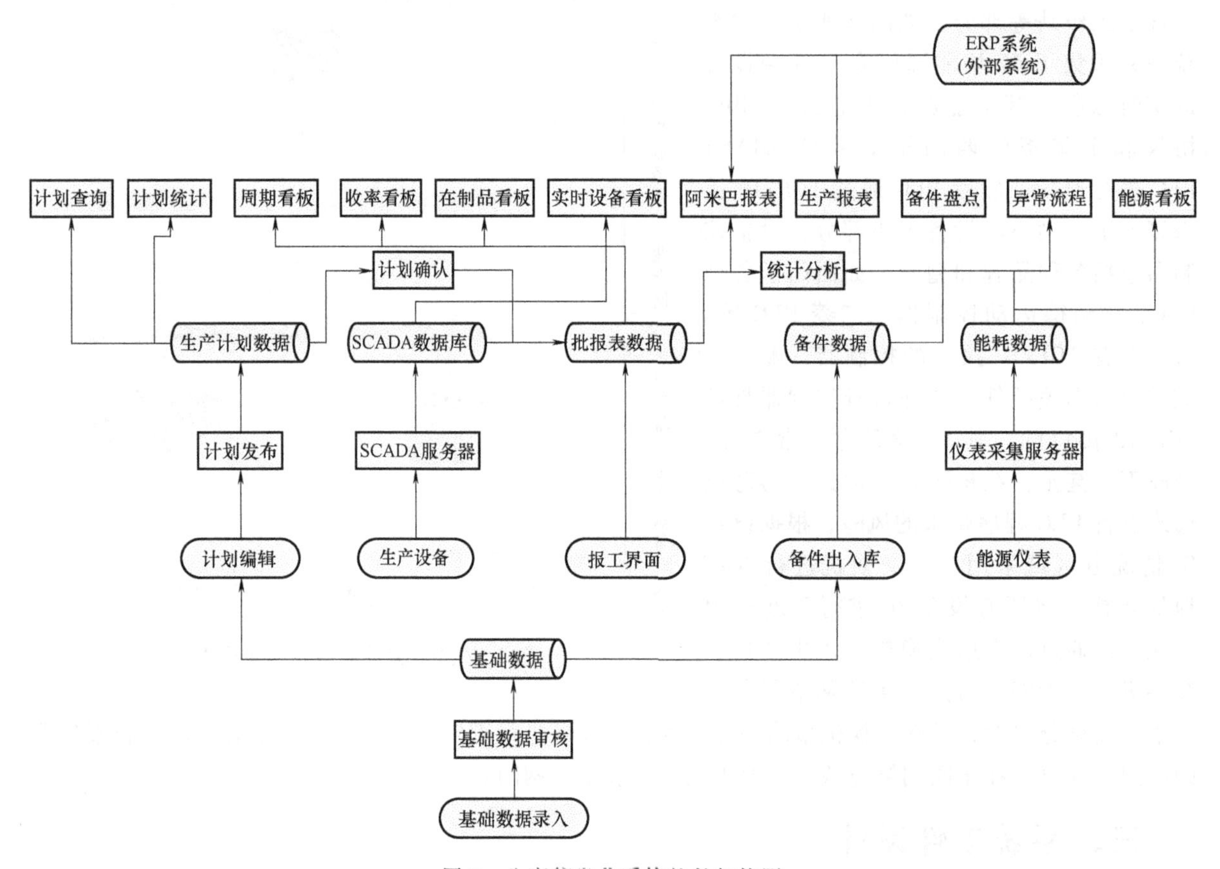

图 3　生产信息化系统软件架构图

四、系统关键技术

1. WebUX 的配置

通常，WinCC 系统都在工作站上进行操作，即使需要多人操作，也是通过配置多台操作站来实现的，这种形式已经无法满足互联网时代便捷的信息传递需求。企业需要一线员工可以随时通过手机或其他移动终端上传和查看数据，管理人员也需要随时通过多终端查看所需的信息。所以 WinCC 传统上只作为现场数据采集的工具，企业会另外建立一套 B/S 架构的信息系统来完成这项工作。但事实上 WinCC 也可以构建 B/S 架构的信息系统，那就是通过 WebUX 功能来实现。

WinCC WebUX 是 WinCC 的一个选件，提供了一套独立于设备和浏览器的自动化系统操作员控制及监视解决方案。只能通过具有 SSL 证书的、安全的 HTTPS 连接进行通信。WinCC 界面和支持的 WinCC 控件将显示在采用 HTML5 和 SVG 标准的 Web 浏览器中。无论计算机、智能手机，还是便携式计算机，只需能支持 HTML5 的 Web 浏览器，都可以实现访问。

为了使用 WebUX 选件，需要首先启用 Windows 的 IIS 功能，然后在安装 WinCC 时勾选安装 WebUX 选件。

安装完成后会弹出组态界面。直接单击“应用组态”便会自动完成 WebUX 的配置。然后在 Windows 控制面板的“管理工具”中，打开 Internet Information Services（IIS）管理器，在管理器中可看到新创建的 WebUX 站点。最后在 WebUX 站点配置中绑定本机 IP，就可以通过 IP 地址访问 WebUX 界面。

通过 Web 浏览器访问的界面，在配置时需将其属性中的“能连接网络”选项选为“是”。另外，对于需要通过浏览器访问的用户，需要在用户管理器中，勾选 WebUX 选项，并选择需要访问的起始界面。这样，该用户在浏览器中输入 IIS 管理器中 WebUX 配置绑定的 IP 地址，并在登录界面中输入账号密码，就可以进入设定的起始界面。图 4 所示为通过浏览器查询的基于 WebUX 的生产计划界面。

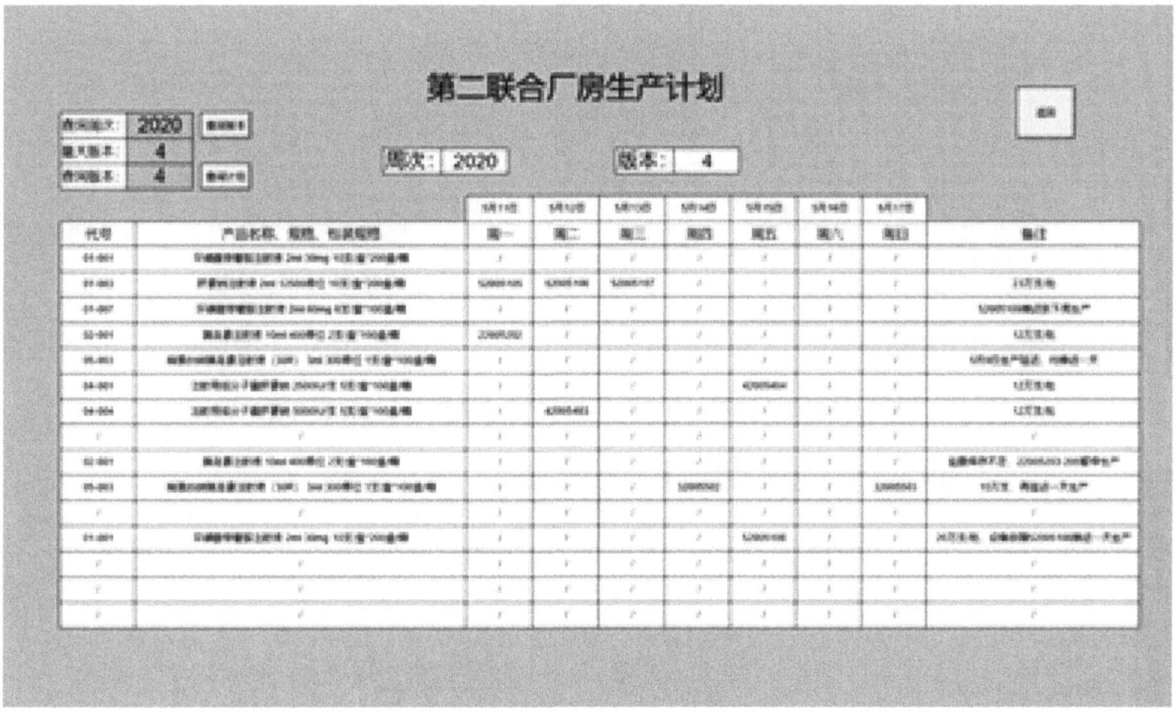

图 4　基于 WebUX 的计划查询界面

在本项目中，计划数据的制定、审批、发布，生产报工数据上传，备件出入库信息等功能都是通过 WebUX 来做前端界面，通过脚本功能实现后端逻辑，通过用户归档和数据库视图实现数据存储和处理。

2. WinCC 数据库操作

WinCC 归档数据库包括过程值归档和用户归档。过程值归档按照设定的周期归档数据，在该项目中用于设备采集数据的归档，该归档的数据库是加密的，不能直接读取。而用户归档是按照用户的指令去存储数据的，是一个相对开放的数据库。利用用户归档，可以实现生产计划、人工工序数据、备件数据的录入和查询。最后，结合过程值归档数据的查询以及用户归档数据库的操作，可以生成整个生产全过程的数据表（见图 5），可以在 WinCC 中生成报表（见图 6），或者直接由 BI 系统读取生成可视化界面（见图 7）。

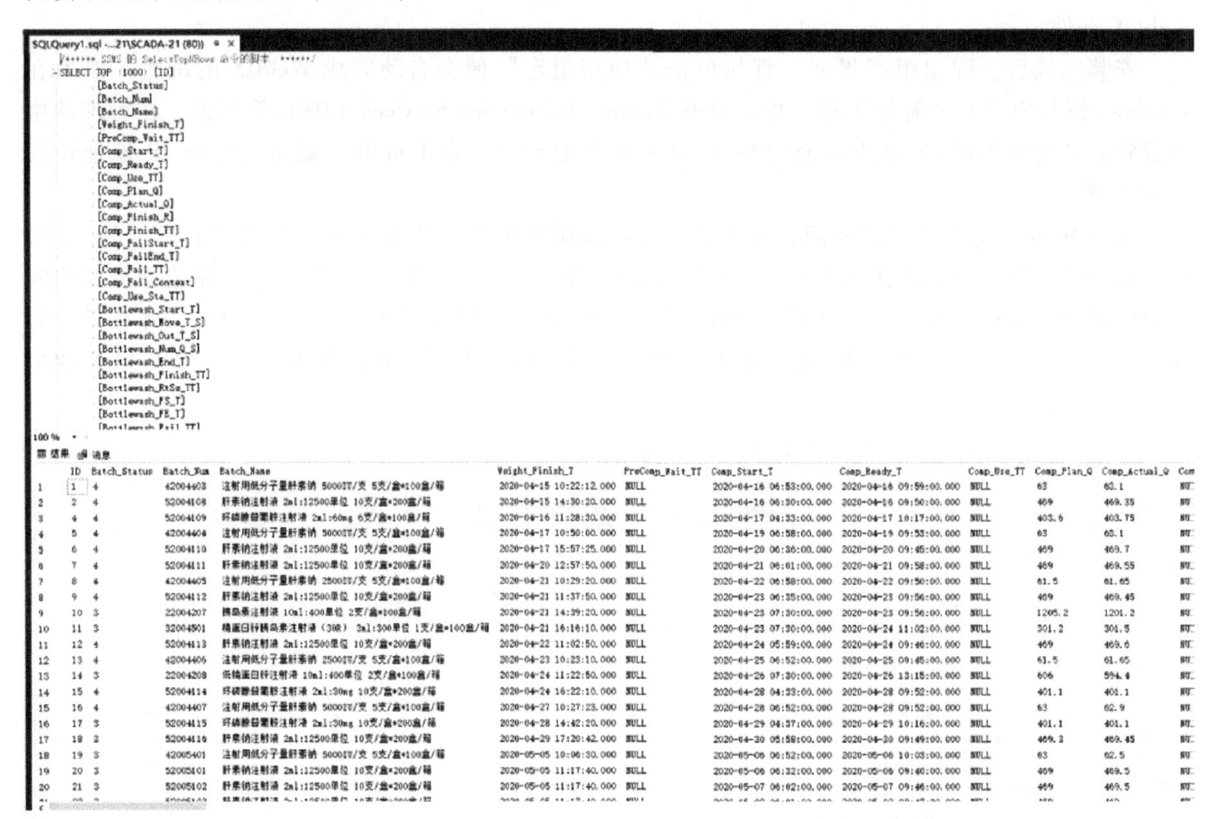

图 5　通过整合过程值归档和用户归档生成的生产全过程数据表

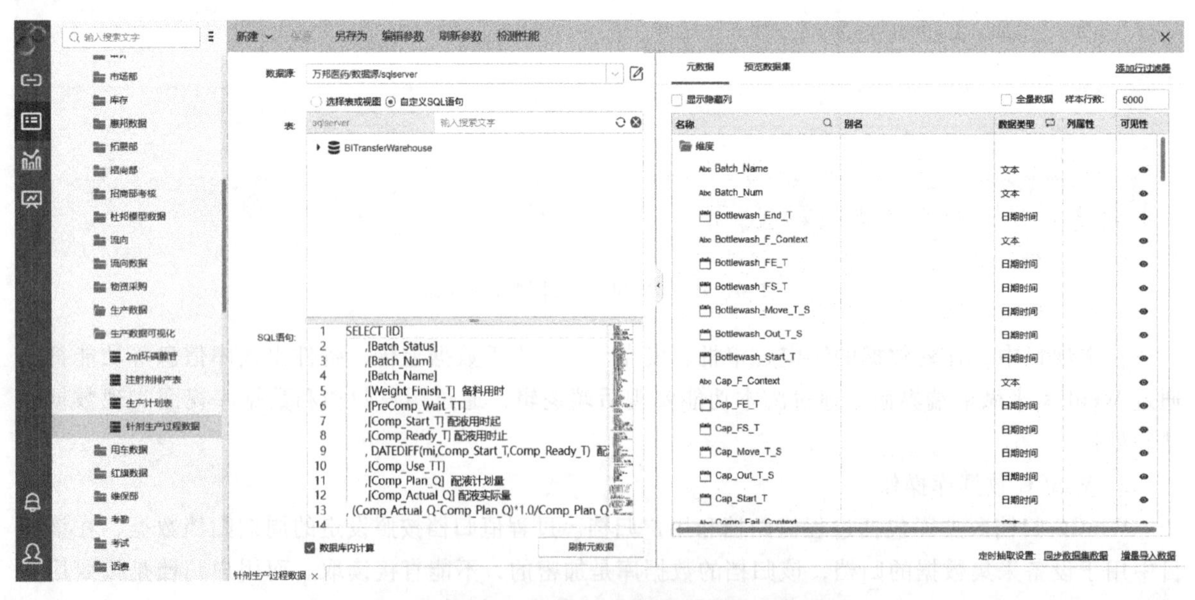

图 6　BI 连接 WinCC 用户归档数据库形成数据集

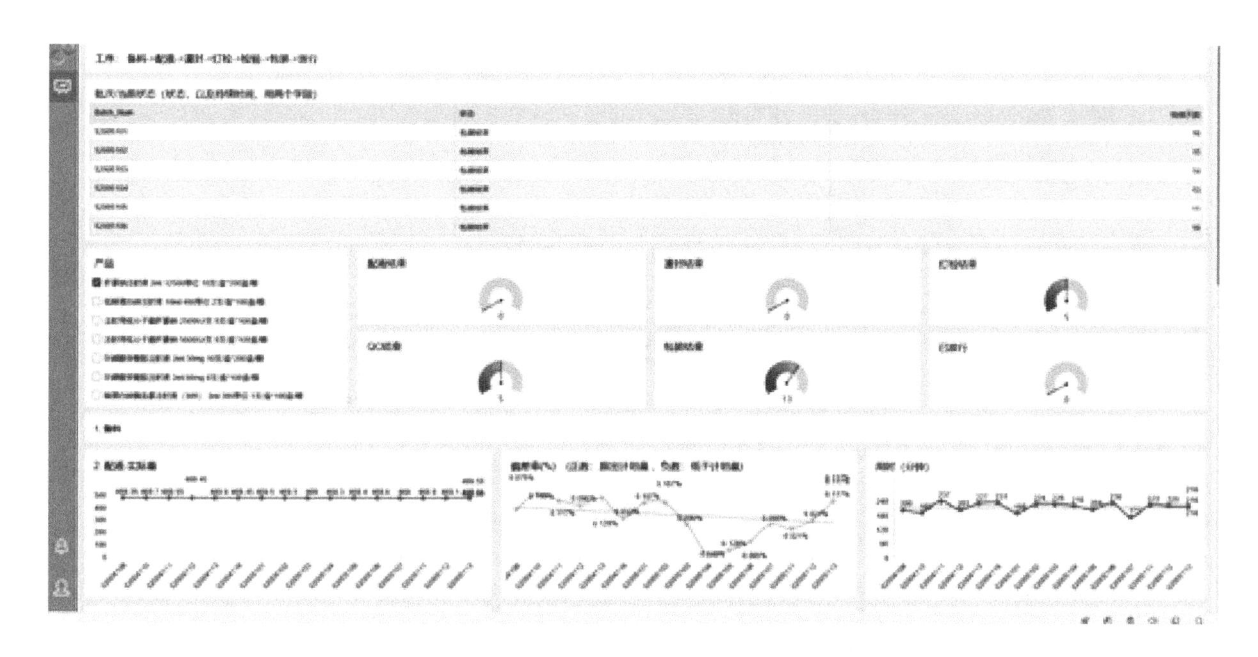

图 7　BI 系统获取 WinCC 数据生成的可视化界面

WinCC 数据库使用的是 SQL SERVER 数据库。在 WinCC 所在计算机上安装 SQL Server Management Studio 软件后，可以打开该数据库，数据库名为“计算机名/WinCC”，连接后可以看到过程值归档的数据表和用户归档数据表。

（1）过程值归档的读取　WinCC 采集到的来自 PLC 或其他设备的数据，通常是放置在过程值归档中，如能源仪表数据、设备运行数据等。

由于 WinCC 的变量归档为压缩数据，所以必须通过 WinCC OLE DB 来读取归档数据，如图 8 所示。对于已经安装 WinCC 的计算机，不需要安装 WinCC 连通性软件包。对于未安装 WinCC 的客户端，必须安装 WinCC 连通性软件包。该软件包含在 WinCC 的安装光盘中。

（2）用户归档的使用　用户归档与过程值归档不同，这是一个相对开放的可以由用户自行操作的数据表，用户可以通过命令字或 sqlserver 语句进行数据的增删改查。如生产计划、报工、备件等非设备数据，都可以通过用户归档进行写入、修改和查询。

使用用户归档，首先要在“用户归档”编辑器中建立一个归档，该归档在 SQL SERVER 数据库中对应一个数据表；然后在归档中创建各个域，也就是对应数据表中的字段；最后设定好该归档的通信和控制参数。

数据库连接函数代码如图 9 所示。

以上脚本作为用户归档数据库连接的函数，可在项目中需要读写用户归档数据的脚本中直接调用，图 10 所示为数据写入用户归档数据库示例。

3. 利用 WinCC 消息系统实现审计追踪

对于医药行业来说，可追溯性是法规强制要求的，即使对于其他行业，能够记录使用人员的操作，对于系统的运维和问题追溯也具有较大的意义。WinCC 自身的消息系统，通常用于过程值的报警，如传感器数据超限。但经过适当的配置，也可以用于记录人员操作、参数修改、登入登出等审计追踪信息。

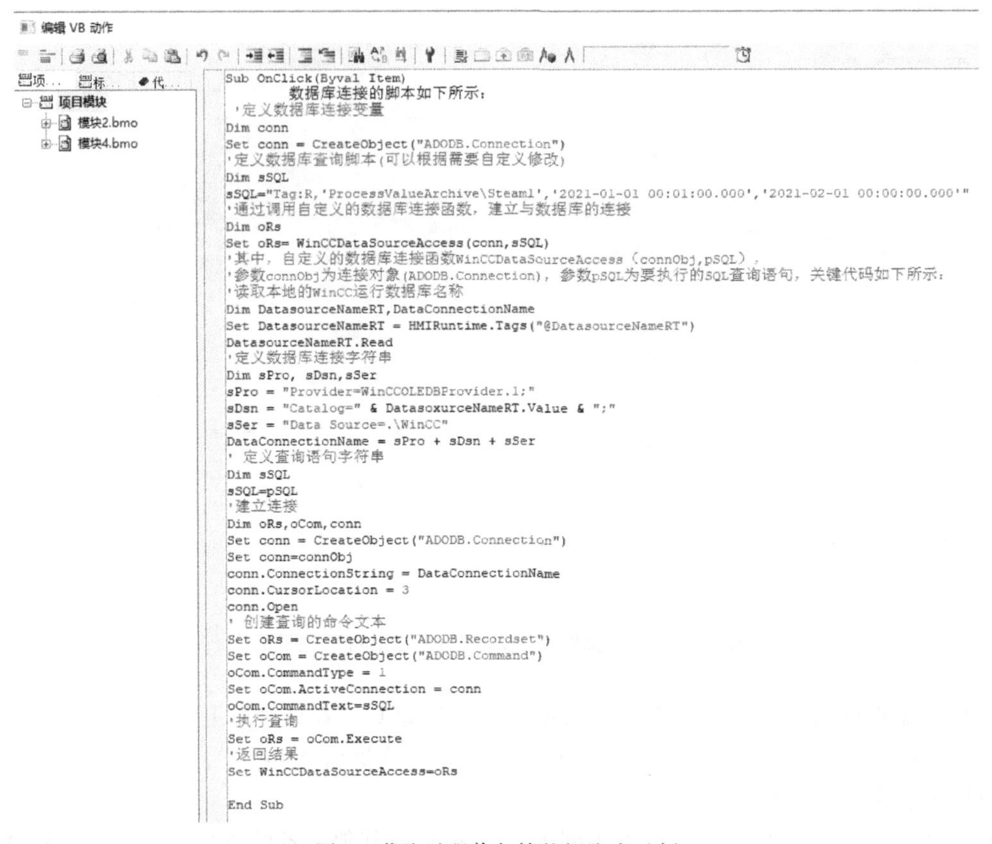

图 8　获取过程值归档数据脚本示例

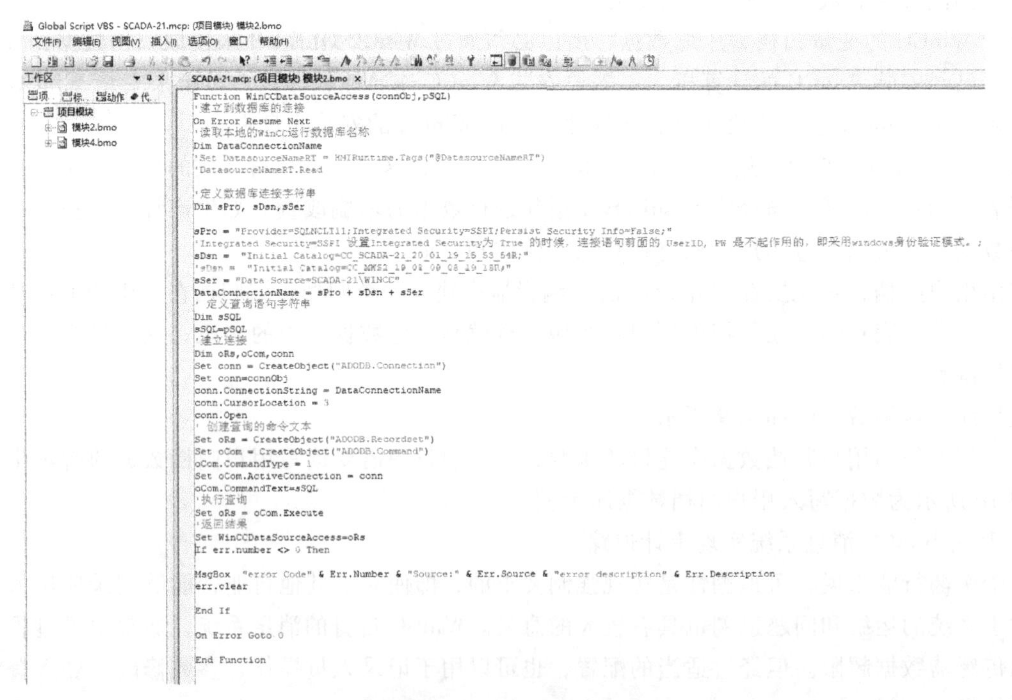

图 9　操作用户归档数据脚本示例

```
Sub OnClick(Byval Item)
Dim pros,butl
Set pros=HMIRuntime.Screens("Production-Transparency\compound").ScreenItems("PRO_S")
Set butl=HMIRuntime.Screens("Production-Transparency\compound").ScreenItems("butl")
Dim Comp_Start_T
Set Comp_Start_T = HMIRuntime.Tags("Comp_Start_T")
Dim Comp_Plan_Q
Set Comp_Plan_Q = HMIRuntime.Tags("Comp_Plan_Q")
Dim Comp_Actual_Q
Set Comp_Actual_Q = HMIRuntime.Tags("Comp_Actual_Q")
Dim Comp_Ready_T
Set Comp_Ready_T = HMIRuntime.Tags("Comp_Ready_T")
Dim sSQL,conn
Set conn = CreateObject("ADODB.Connection")
sSQL = "UPDATE UA#LICHLPROD SET Batch_Status='1',Comp_Start_T='"&Comp_Start_T.Read&"',Comp_Ready_T='"&Comp_Ready_T.Read&"',Comp_Plan_Q='"&Comp_Plan_Q.Read&"',Comp_Actual_Q='"&Comp_Actual_Q.Read&"' WHERE Batch_Num='"&pros.seltext&"'"
Dim oRs
Set oRs= WinCCDataSourceAccess(conn,sSQL)
butl.text="上报成功!"
'释放数据库链接资源
WinCCDataSourceClose oRs,conn
End Sub
```

图 10　用 sql 语句操作用户归档数据脚本示例

为了记录操作人员对某些对象（如在 I/O 字段中输入值）的操作，可在图形编辑器中激活相应对象的操作员消息（Operator message）属性。

在运行系统中触发操作员消息 12508141。

基本原则如下：

1）对象必须连接到变量；

2）操作员消息 12508141 的结构不能进行编辑；

3）通过激活操作员活动报表（Operator Activities Report）属性，用户可在执行操作后在对话框中输入操作原因作为消息注释，如图 11 所示；

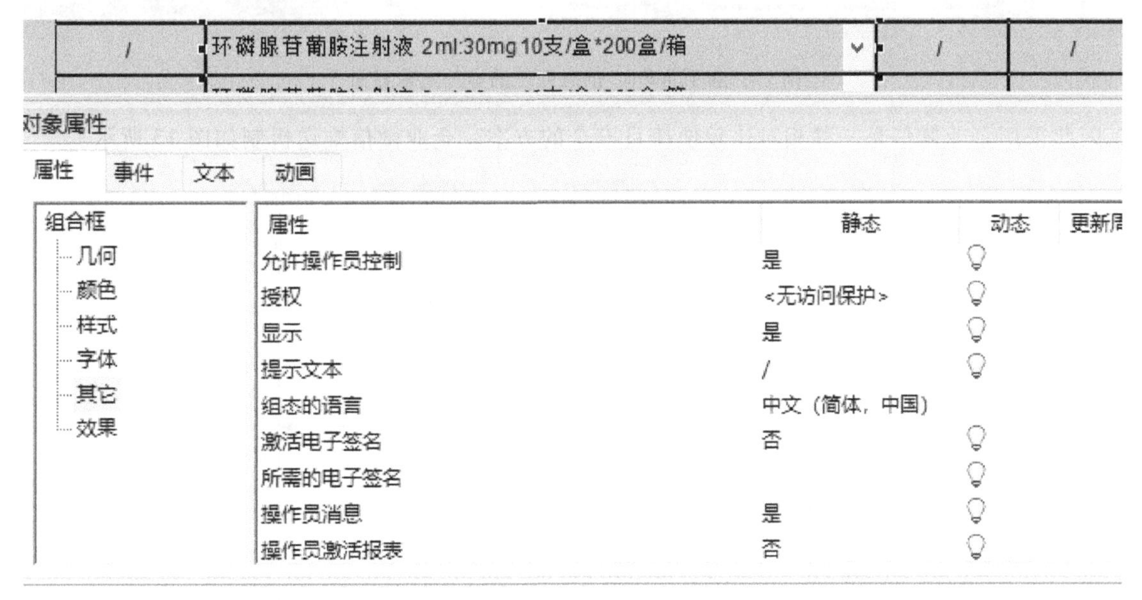

图 11　组合框控件激活操作员消息示例

4）操作员消息包含过程值块 2 中的操作前的值（旧值）和过程值块 3 中修改后的值（新值），如图 12 所示。旧值和新值在操作员消息 12508141 的注释中显示。

4. WinCC 报警通过企业微信接口实现实时推送

移动端的实时信息推送是信息化系统的重要功能，可以将异常事件、流程节点、统计分析信息实时地传递到相关人员的手机或其他移动端，可以提升对于异常事件的响应速度以及信息传递的实时性和便捷性。

信息推送通常可采用短信、第三方供应商平台（网关+微信公众号）以及自建微信公众号或企业微信的形式。其中，短信形式稳定性较差，采用第三方平台需要一定的费用且存在数据安全风

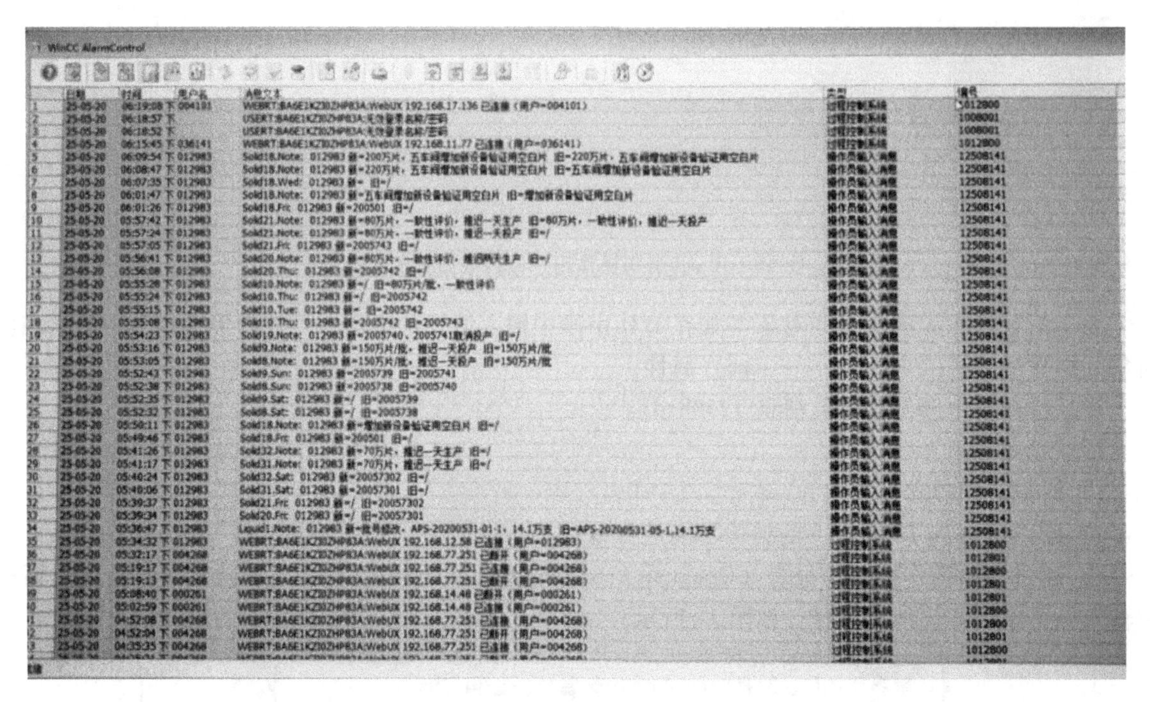

图 12　基于 WinCC 消息系统的审计追踪界面

险，因此采用企业微信是一种相对比较便捷且安全的方案。企业微信推送机制如图 13 所示。

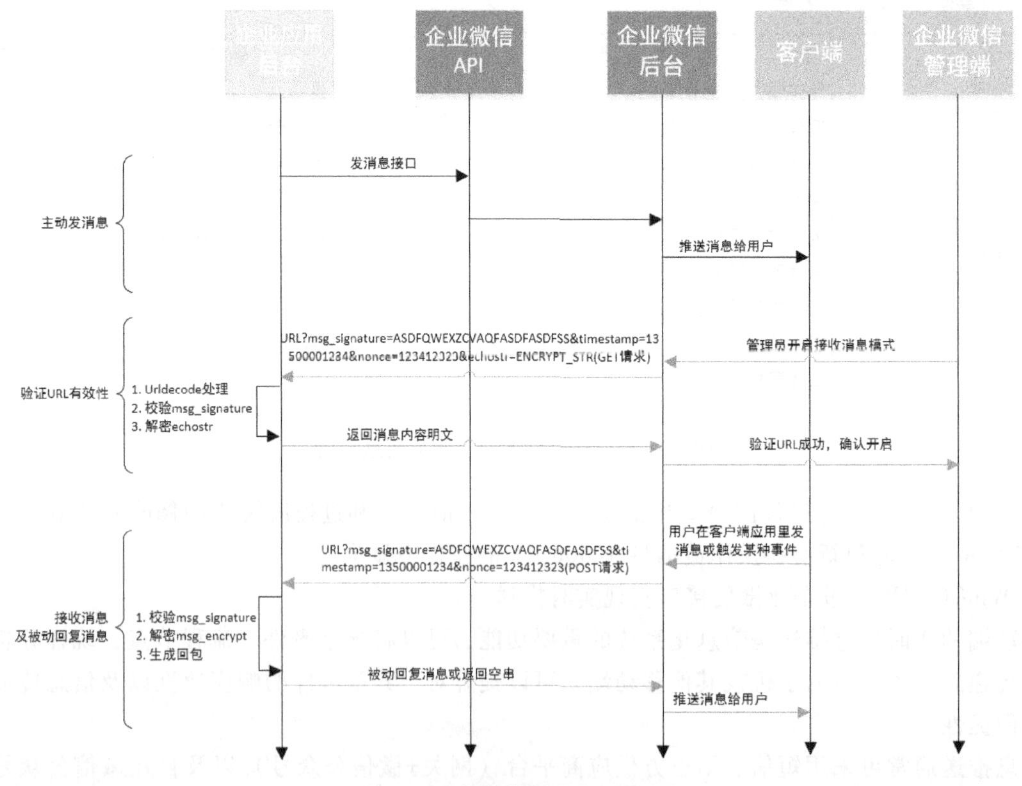

图 13　企业微信消息推送机制

第一步，在 WinCC 软件内新建四个内部变量，用于出现报警时存储报警计数 Alarm_Counter、报警文本 Alarm_Text、报警当前值 Alarm_RTValue 和报警限制值 Alarm_LimValue，如图 14 所示。

变量 [wxalarm]

	名称	注释	数据类型	长度	格式调整
1	Alarm_LimValue		32-位浮点数 IEEE 754	4	
2	Alarm_Num		无符号的 32 位值	4	
3	Alarm_RTValue		32-位浮点数 IEEE 754	4	
4	Alarm_Text		文本变量 8 位字符集	255	
5	Alarm_Type		文本变量 8 位字符集	255	
6	Alarm_word		无符号的 16 位值	2	
7					
8					

图 14　配置报警变量

第二步，修改 WinCC 软件内置的 GMsgFunction 函数，该函数为 WinCC 内置函数，作用是为用户获取报警信息提供程序范例，本身不参与系统的工作。通过该函数获取报警信息，包括报警计数、报警文本、当前值、限制值，将这些数据写入新建的程序内部变量。

对 GMsgFunction 的代码需要进行如下修改，如图 15 所示。

```
BOOL GMsgFunction( char* pszMsgData)
{
  MSG_RTDATA_STRUCT mRT;
  MSG_CSDATA_STRUCT sM;
  MSG_TEXT_STRUCT tEstacion;
  CMN_ERROR pError;
  memset( &mRT, 0, sizeof( MSG_RTDATA_STRUCT ) );
  if( pszMsgData != NULL )
  {
     printf( "Meldung : %s \r\n", pszMsgData );
    // Meldungsdaten einlesen
     sscanf( pszMsgData,  "%ld,%ld,%04d.%02d.%02d,%02d:%02d:%02d:%03d,%ld, %ld, %ld, %d,%d#%lf#%lf#%lf",//新增数据
      &mRT.dwMsgNr,                 // Meldungsnummer
      &mRT.dwMsgState,                    // Status MSG_STATE_COME, .._GO, .._QUIT, .._QUIT_SYSTEM
      &mRT.stMsgTime.wYear,         // Jahr
      &mRT.stMsgTime.wMonth,        // Monat
      &mRT.stMsgTime.wDay,          // Tag
      &mRT.stMsgTime.wHour,         // Stunde
      &mRT.stMsgTime.wMinute,       // Minute
      &mRT.stMsgTime.wSecond,             // Sekunde
      &mRT.stMsgTime.wMilliseconds, // Millisekunde
      &mRT.dwTimeDiff,              // Zeitdauer der anstehenden Meldung
      &mRT.dwCounter,               // Interner Meldungszähler
      &mRT.dwFlags,                 // Flags( intern )
      &mRT.wPValueUsed,
      &mRT.wTextValueUsed,
    &mRT.dPValue[0], //新增数据
    &mRT.dPValue[1], //新增数据
    &mRT.dPValue[2] //新增数据
);
       // Prozesswerte lesen, falls gewünscht
    }
  printf("Nr : %d, St: %x, %d-%d-%d %d:%d:%d.%d, Dur: %d, Cnt %d, Fl %d\r\n" ,
  mRT.dwMsgNr, mRT.dwMsgState, mRT.stMsgTime.wDay, mRT.stMsgTime.wMonth, mRT.stMsgTime.wYear,
  mRT.stMsgTime.wHour, mRT.stMsgTime.wMinute, mRT.stMsgTime.wSecond, mRT.stMsgTime.wMilliseconds, mRT.dwTimeDiff,
  mRT.dwCounter, mRT.dwFlags ) ;
if(mRT.dwMsgState == MSG_STATE_COME) //报警到达状态
{
MSRTGetMsgCSData(mRT.dwMsgNr, &sM, &pError); //根据报警编号获得报警数据
MSRTGetMsgText( 0, sM.dwTextID[0], &tEstacion, &pError);
SetTagDWord("Alarm_Num",mRT.dwCounter); //报警编号变量
SetTagChar("Alarm_Text",tEstacion.szText); // 报警文本变量
SetTagDouble("Alarm_RTValue",mRT.dPValue[2]); //报警实时值
SetTagDouble("Alarm_LimValue",mRT.dPValue[0]); ////报警限值
}
   return( TRUE );
}
```

图 15　通过 GMsgFunction 函数获取报警信息

第三步，配置发送企业微信推送 http 接口的代码，在此之前需要在系统中安装 msxml. exe，该代码通过 Alarm_Num 变量的变化触发，如图 16 所示。

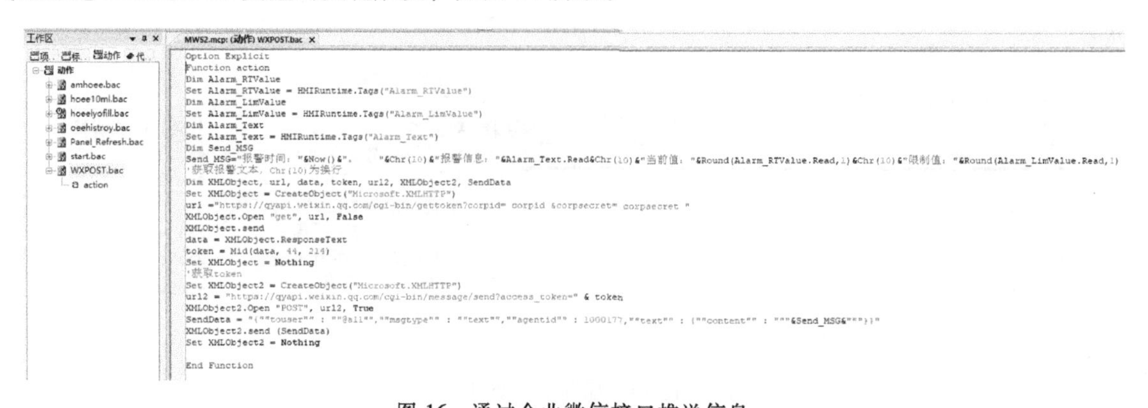

图 16　通过企业微信接口推送信息

通过以上的方式，不仅可以推送报警信息，还可以通过界面按钮或脚本的触发，实现业务流程中信息的传递和推送，如图 17 所示。

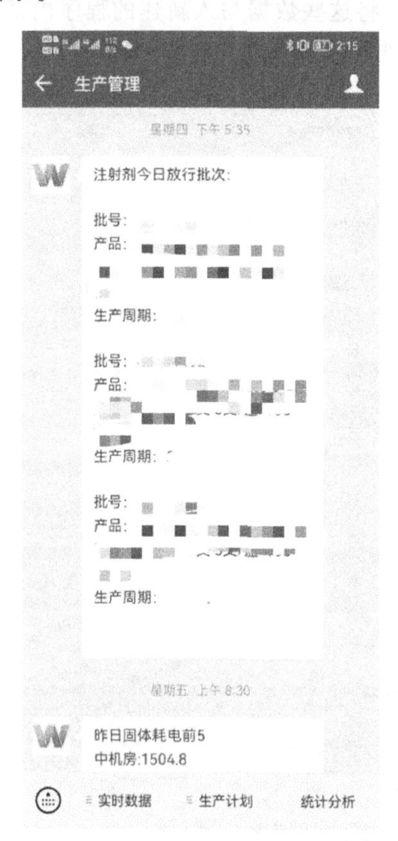

图 17　WinCC 推送消息推送到企业微信

五、结论

在该信息化系统上线前，生产部门在计划、生产、能源和备件管理方面存在线下人工效率低下，信息不透明，管理人员信息获取难度大，对于异常情况的响应速度较慢，纸质单管理难度大，缺乏对于生产数据的有效回顾分析等诸多问题。系统上线后，大幅提高了生产管理效率，更好地保证了产品的质量，为公司未来的高质量发展打下了坚实的基础。

参考文献

[1] 工业和信息化部，国家标准化管理委员会. 国家智能制造标准体系建设指南［EB/OL］.［2015-10-19］.

[2] 新华社. 国务院关于印发《中国制造2025》［J］. 现代企业，2015（5）：40.

无菌制剂行业数字化工厂战略与执行
Digital factory strategy and implementation for sterile preparations industry

汤博智，程存安，孙虎成，杨来存，金永斌，解海龙，陈冠华，闫志伟，
冯　雨，张　帅，邱军乔，程　高，李　科，韩顺成，韩科宾，徐　波
（博瑞制药（苏州）有限公司　苏州）

[摘　要] 印度总理贾瓦哈拉尔·尼赫鲁有一句话，即“印度以它所处的地位，是不能在世界上扮演二流角色的，要么做一个有声有色的大国，要么就销声匿迹。”这句话其实同样适用于如今从事无菌制剂生产的所有生产型企业。现如今 MAH 制度的普及，势必会形成新的无菌制剂生产模式，而对于整个无菌制剂行业乃至制药行业来说尼赫鲁的话同样也适用。现如今所有无菌制剂的生产企业所处的地位都是不能在制药行业扮演一个二流角色的，要么想办法做成行业巨头，要么就从此销声匿迹。本文以基于西门子数字化全集成理念，从端到端集成到横向集成再到纵向集成。将从数字化工厂用户需求端、战略制定、具体实施策略的执行以及 SIMATIC 产品线实际应用的角度出发，全方位、立体化地介绍数字化工厂技术的应用。

[关 键 词] 数字化工厂、SIMATIC、横向集成、纵向集成。

[Abstract] This paper introduces that Jawaharlal Nehru, prime minister of India, has a saying." India, given its position, cannot afford to play a second-rate role in the world. It must either become a significant power or disappear." In fact, this sentence also applies to all manufacturing enterprises engaged in the production of sterile preparations. If we look at the development history of more than 40 years after the reform and opening up, it is not hard to see that due to the constraints of the previous drug production system (mainly the MAH system was not promoted), it is basically impossible for drug owners to turn their products into profits. Drugs are expensive not in other places but in the absence of large-scale industrial production clusters. And now the popularity of MAH system, is bound to form a new sterile preparation production mode, and for the entire sterile preparation industry and even the pharmaceutical industry, Nehru's words also apply. Today, all the manufacturers of sterile products are in a position that they cannot play a second-rate role in the pharmaceutical industry, and either find a way to become industry giants or simply dissolve and disappear. In this paper, based on the first phase of digital project of Jiangyun Road factory of Borui Pharmaceutical (Suzhou) Co., LTD., based on the current digital integration concept of SIEMENS, from end-to-end integration to horizontal integration and then to vertical integration. The application of digital factory technology will be introduced from the perspective of digital factory users' needs, digital factory strategy formulation, concrete implementation strategy implementation and SIMATIC product line practical application.

[Key Words] Digitalized factory、SIMATIC、Horizontal integration、Vertical integration

一、项目简介

博瑞制药（苏州）有限公司一期规划占地 24.2 亩[⊖]，总投资为 3.4 亿元，总建筑面积约为 3.9 万平方米，建筑内容包含一栋 1 号无菌制剂车间、一栋 2 号无菌制剂车间、质检中心、综合仓库、办公楼及辅助配套设施，建筑密度为 30.2%，容积率为 2.14。主要承担前期中试研发、临床样品制备、商业化生产等功能。具备研发、生产多种注射剂的能力，单个车间产能为 300～1000 万支/年。该项目数字化工厂策略采用的思路为“总体设计，模块搭建”的模式，即按照集团公司当下以及中、远期的目标需求综合考虑进行整体设计，但采用模块化分批实施，制定标准的接口策略。博瑞制药（苏州）有限公司一期制剂项目效果图如图 1 所示。

图 1　博瑞制药（苏州）有限公司一期制剂项目效果图

关于此项目总体实施的技术基础为西门子 TIA 系列产品的硬件及软件平台。其主体概念采用“SCADA+PLC”的模式。关于该架构的网络系统划分为上位机层（监控层级）和下位机层（现场层级）。关于监控层级基于西门子 WinCC 7.4 开发，现场层级交换机采用西门子 SCALANCE 系列交换机，现场层级通信协议采用工业以太网。现场层级以 S7-1500 系列 CPU 作为一级 AS 站（Automation Station）。现场层级 AS 站点与智能从站和二级 AS 站点采用 PROFINET 现场总线通信协议。监控层级与现场层级采用工业以太网通信协议进行通信。监控层级采用超融合虚拟化服务器的方式进行 C/S 架构的搭建，根据具体的实际需求在超融合服务器中通过 VMware 平台开辟服务器以及客户机

⊖ 1 亩 = 666.6 m^2。——编辑注

资源空间。超融合服务器平台如图 2 所示。

图 2　超融合服务器平台

根据使用需求的不同按模块进行单元划分，TIC 系统（Totally Integration Control System）由三大子系统组成——BMS 系统、EMS 系统、WIE 系统。

1）BMS 系统负责整个厂区内所有公用工程（如暖通空调控制、空压群控、冷机群控、洁净室环境控制）、能源监控系统、制氮系统以及电力监控系统的监视与控制。

2）EMS 系统负责厂区内洁净室环境监测（洁净室内的温湿度、浮游菌、悬浮粒子等）。

3）WIE 系统负责整个厂区内所有洁净室内生产工艺设备的监控。包含所有洁净车间内的冻干机、联动线（包含洗瓶机、隧道烘箱、灌装机、轧盖机、外壁清洗机等）、预充针灌装线、配液系统、外包装线等所有 OEM 设备的监控（须高级权限）。WIE 系统定期收集并存储现场 OEM 单机设备所记录的生产过程数据的数据库文件，从根本上满足数据一致性和完整性的相关要求。车间工艺设备信息处理：对于 D1～D3 车间和 E1～E3 车间，每个车间所有的离散化设备的上位机均为服务器。每个车间配置三种服务器，即历史服务器、归档服务器和同步服务器。历史服务器的主要作用为收集该车间内所有工艺设备的审计追踪、电子签名等相关信息；归档服务器负责收集该车间内所有工艺设备的生产信息；同步服务器主要采用 NTP 的方式定时进行时钟同步，同步源来自 GPS，同步周期为 5min。

在 TIC 系统的上位机 SCADA 中的 EMS&WIE 操作站上能监控 EMS 子系统与 WIE 子系统所有区域及相关运行状态（根据各个等级人员操作权限的不同进行操作权限划分）。WIE 子系统包含上位机层级服务器与操作站；在生产区的六个车间内分别建立六个以太环网，将各个车间内的工艺设备上位机以服务器的方式组态到该环网内。通过基于西门子 WinCC V7.4 分布式类型项目，在六个车间内以“服务器访问服务器”的方式将生产信息及审计追踪的相关数据分别传送至历史服务器及归档服务器中。六个车间内的所有历史服务器、归档服务器、上位机层级其他服务器和分布在各个区域的操作站共同组成一个分布式项目。TIC 全集成平台系统架构图如图 3 所示。

在整个 TIC 全集成控制系统的设计中需强化突出 OT 网络的独立性，对于数字化工厂建设来说首先就是要完成对各个层级各个节点的信息数据收集。但是在目前行业内对于 OT 与 IT 的界面划分

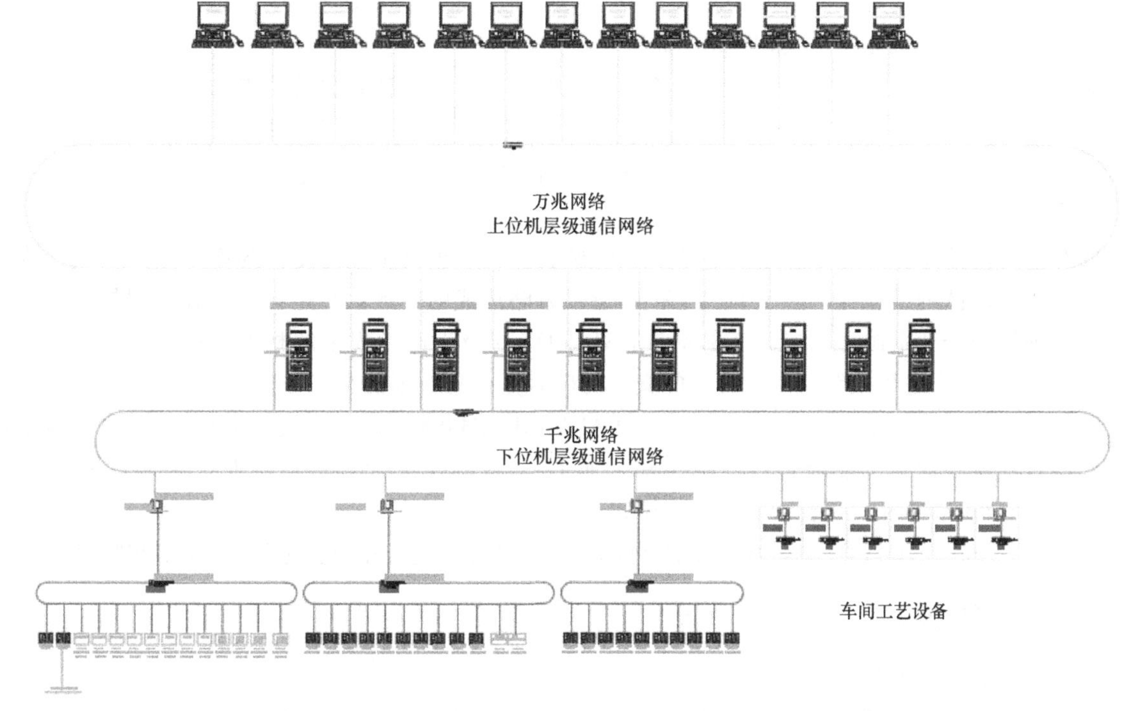

图 3 TIC 全集成平台系统架构图

得十分模糊，这就让整个数字化工厂从设计到实施再到使用的全寿命周期面临一个很现实的问题，就是数据传输的不稳定和数据丢失的高风险性。

从项目设计之初就对 OT 与 IT 的界限进行了明确的划分。将信息数据分为了两类，第一类是与工业生产直接相关的实时性数据，如流量、压力、温度、电导值等关键生产参数数据（工业控制系统信号有周期性实时数据、非周期性实时数据以及软实时数据等）；第二类数据定义为与工业生产非直接相关的数据，如批报，数据库 mdf、ldf 文件等。

第一类数据的特点在于高实时性、零丢包率、小数据量，数据传输的稳定性直接影响现场 OEM 设备的控制动作与设施过程控制系统的控制流程，而这些因素所造成的影响将直接导致设备停机甚至重大的经济损失（如洁净室环境恶化影响一个甚至几个批次的产品质量）以及生命安全事故。因此对于第一类信息数据的传输与处理最为重要的要求就是安全、实时与稳定。

而在本项目中对第一类信息数据的定义也与西门子目前所主导的 OT 网络技术中的相关要求不谋而合。所以在本项目中，对第一类信息数据的收集场合采取了西门子 SCALANCE X200（XC206、XB205）、X400（XM408）系列交换机产品，严格按照层级划分，定义了现场设备层级、过程控制层级以及核心网络层级和最顶层的骨干网络层级。在处理第一类信息数据的过程中，按照层级划分的方式规划每一层级专有的 OT 信息数据的高速公路，每一层级之间的数据流向均从物理层到数据链路层进行相应设计，不会发生层级与层级之间信息数据流的肆意对接。

二层交换机、三层交换机作为 OT 网络系统中各个信息数据传输的重要节点，需要具备在复杂恶劣的工业生产环境中能够长期稳定运行的性能特点。SCALANCE 系列工业交换机在复杂的电磁干扰环境下依然能够保证 PROFINET 通信的零丢包率，这是作为第一类信息数据在 OT 网络交互的重要特质，保证了数据传输的稳定可靠。

同时在软件层级使用了西门子 SINEC NMS 网络管理软件，保证所有 OT 网络数据传输的关键信息节点的网管型交换机无缝接入 SINEC NMS。

对于第二类数据也就是与生产过程间接相关的数据，这类信息数据的特点为高数据通量，对信息数据的实时性要求不像第一类数据那么高。但在本项目中为第二类数据搭建了专有的数据通道，如 LIMS 系统、WMS 系统等，这些系统中传输的数据如数据库文件和非生产实时性相关数据并不在 OT 网络系统中，而是基于 IT 网络系统。

而对于目前数字化工厂比较重视的 IT 与 OT 融合，在本项目中无论是作为终端用户还是作为西门子咨询设计团队的工程师，对于 IT 与 OT 的融合策略达成的一致认知是：对于在过程控制层之上的企业管理层与企业资源计划层级来说需要的只是 OT 层级生产过程中的相关数据，而并非是干预 OT 层级的具体生产过程控制，两者真正的交汇与融合是信息数据的交汇与融合。

因此在本项目中基于西门子三层交换机 SCALANCE XM408 产品作为硬件平台，搭建 OT 网络汇聚层，通过汇聚层向骨干层级进行数据传输。而 IT 层级的企业管理层与企业资源通过 OPC、SIMATIC IT 等 OSI 参考模型三层以上的通信模式进行信息数据的交汇，更安全且更可靠。

总而言之，对于 IT 与 OT 的融合需要结合自身发展的需求确定交互融合的方式、节点和职能分工。

二、系统架构

1. TIC 系统架构介绍

基于“总体设计、模块实施”的指导思想，在博瑞制药（苏州）有限公司一期无菌制剂生产项目中将整个 TIC 系统按终端用户功能需求划分为四大模块，即 BMS、EMS、WMS、WIE。按模块化实施的好处在于定义好统一的集成标准与接口，可以并行实施，并不会因为公司层级战略的调整对整个数字化项目的实施发生重大影响。同时对于公司决策层来说，在总体设计层面早已对日后的中、远期制定了详细的数字化工厂实施策略，并有与之对应的实施方案以及相匹配的西门子产品线。在制定数字化工厂战略之初，作为西门子的咨询设计团队按照终端用户的需求并不是单纯地只做出数字化工厂咨询策略文件体系，而是在这之中还做出了与之匹配的实施方案，方案内含后期项目实施的 URS 要求以及所对应的产品线和为新需求的改造空间（如现行的核心层交换机、骨干层交换机均支持 IPV6 协议）。博瑞数字化工厂设计的要求如图 4 所示。

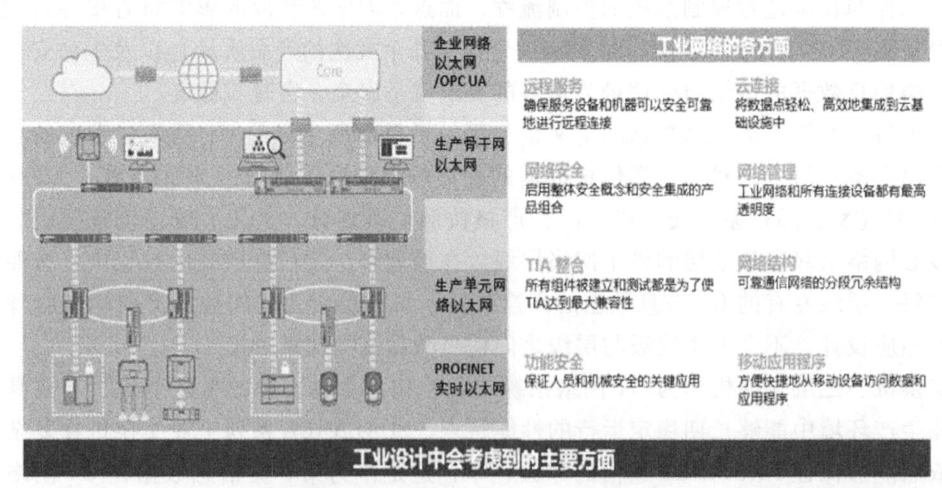

图 4　博瑞数字化工厂设计的要求

数字化工厂需要实现工厂 OT 网络与企业 IT 网络之间的互通互联，来应对网络扁平化、一体化和网络融合的需求。企业 IT 网络和工厂 OT 网络上有不同的通信设计目标。企业 IT 网络和工厂 OT 网络都兼顾垂直通信，但是自动化系统单元之间端到端的通信，也是工厂 OT 网络需要解决的问题。整个数字化工厂工业网络及和外网之间的连接需采用层级式设计，按照现场设备层、现场控制层、生产控制层、生产管理层和管理协同层五层模型，保证生产现场网络到管理层网络层次分明，便于规范化部署、可复制性设计和管理维护。博瑞数字化工厂设计的层级划分如图 5 所示，博瑞数字化工厂 OT 网络架构如图 6 所示。

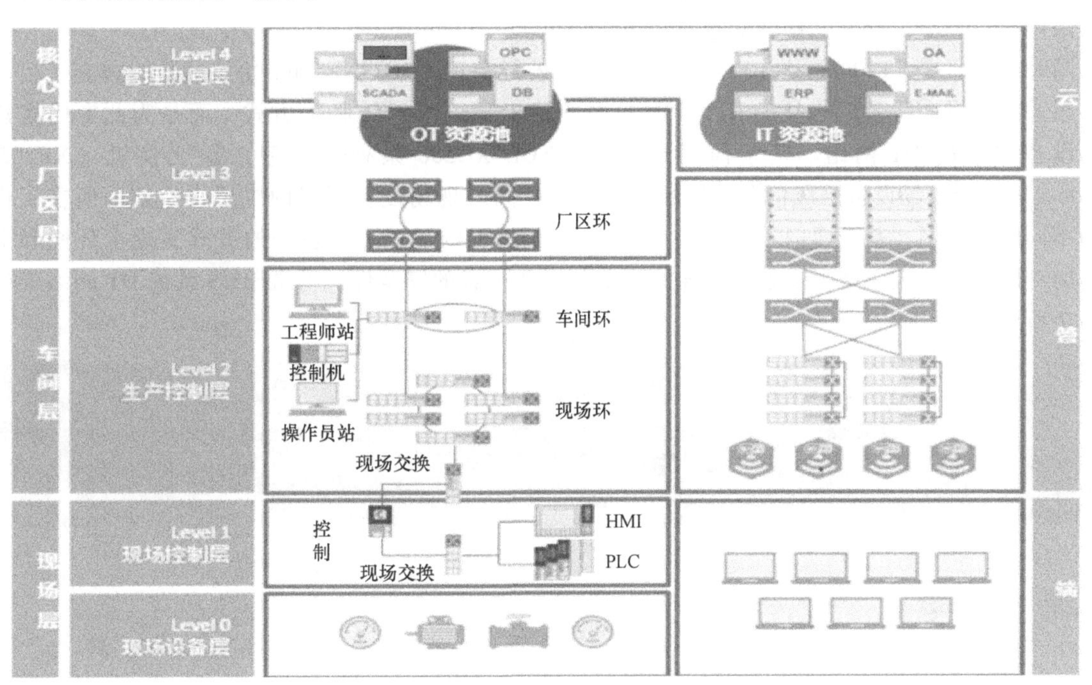

图 5　博瑞数字化工厂设计的层级划分

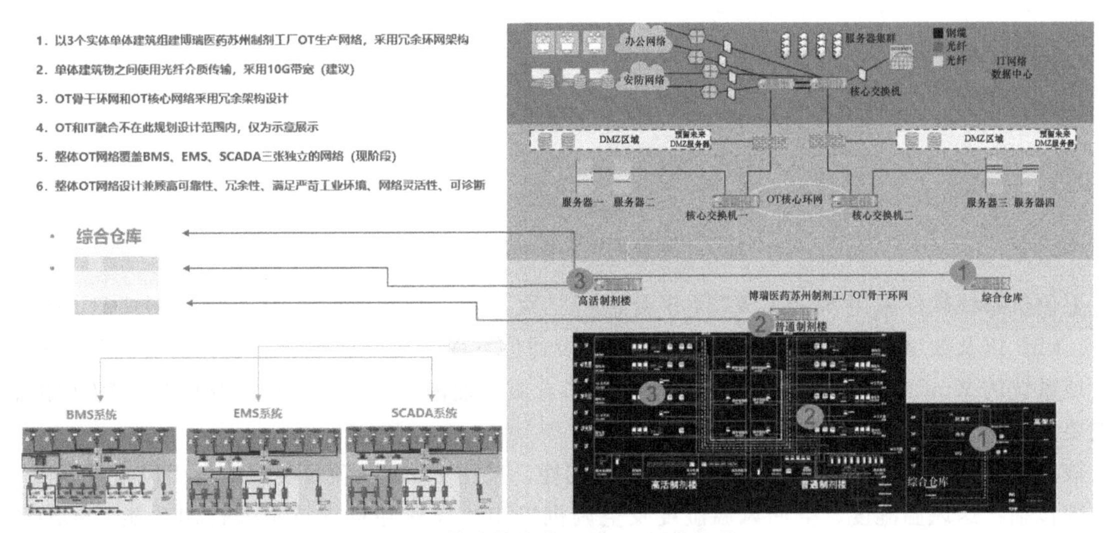

图 6　博瑞数字化工厂 OT 网络架构

2. BMS 系统介绍

BMS 系统的主要功能为监控以下领域：生产区域和综合仓库区域的温湿度、压差控制、变风量控制、冷机群控系统、空压群控系统、能源监控、HVAC 系统等。

该系统基于西门子 S7-1500 系列产品，基于 TIA 博途软件进行组态编译，AS 站点 CPU 选用目前中国地区在售型号最为高端的 CUP1517-3PN/DP。下位机层级采用 DCS 集散模式，即集中控制分散收集现场工业生产的过程数据，所有现场智能从站模块基于 ET200SP 为核心实现对现场模拟量/开关量数据的收集与过程控制，通信协议摒弃基于 RS485 半双工模式的 PROFIBUS-DP 现场通信协议，采用 PROFINET 全双工国际标准总线通信协议。

同时现场所有 ET200SP 在 CPU1517-3PN/DP 进行基于 PROFINET-RT 协议通信时摒弃了目前绝大多数系统集成商所采用的基于 ET200SP 自带交换机端口的“级联”方式，而是为此专门搭建了现场设备层级的 OT 网络。基于西门子 SCALANCE XC200 系列网管型二层交换机（XB205-3、XC206-2）作为现场设备层级信息数据的通信节点。同时现场设备层级的二层交换机因所在工作区域的不同组成环网，基于西门子自有的 HRP 协议，还可以通过环间备份的方式实现本环网和上层环网的链路冗余，大大增强了数据传输的稳定性以及信息的安全性。博瑞 BMS 系统 OT 网络架构图如图 7 所示。

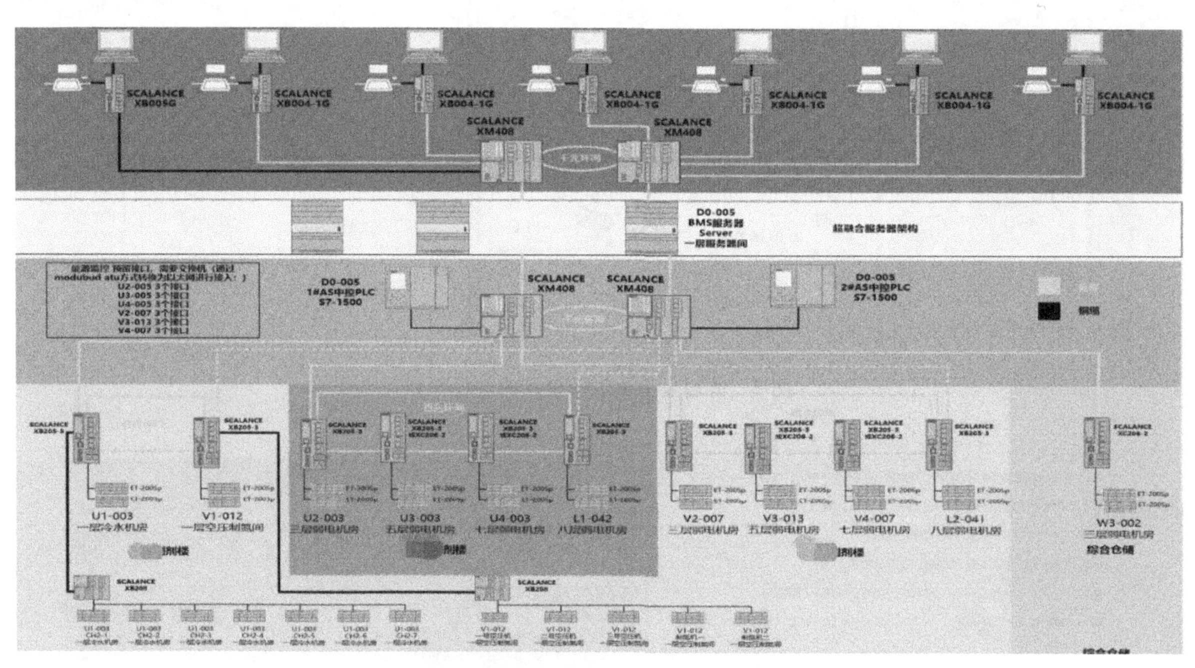

图 7　博瑞 BMS 系统 OT 网络架构图

上位机系统软件采用 WinCC V7.4 平台进行二次开发，项目类型为分布式类型项目。考虑到 MES、ERP 以及数字化仿真模型与之对接的成本及通信方面的实施成本和对服务器资源分配的灵活性，该系统的 WinCC V7.4 项目服务器安装在超融合服务器内，对运行内存以及存储 ROM 均按照高性能要求配置，从而确保系统的稳定运行。

该系统的 SCADA 操作界面兼顾规范化和实用性，采用了 PCS7 项目类型的画面风格。画面可显示内容包括：送风温湿度、空回风温湿度及空调机组相关操作并且支持报表打印功能。SCADA 操作界面如图 8 所示。

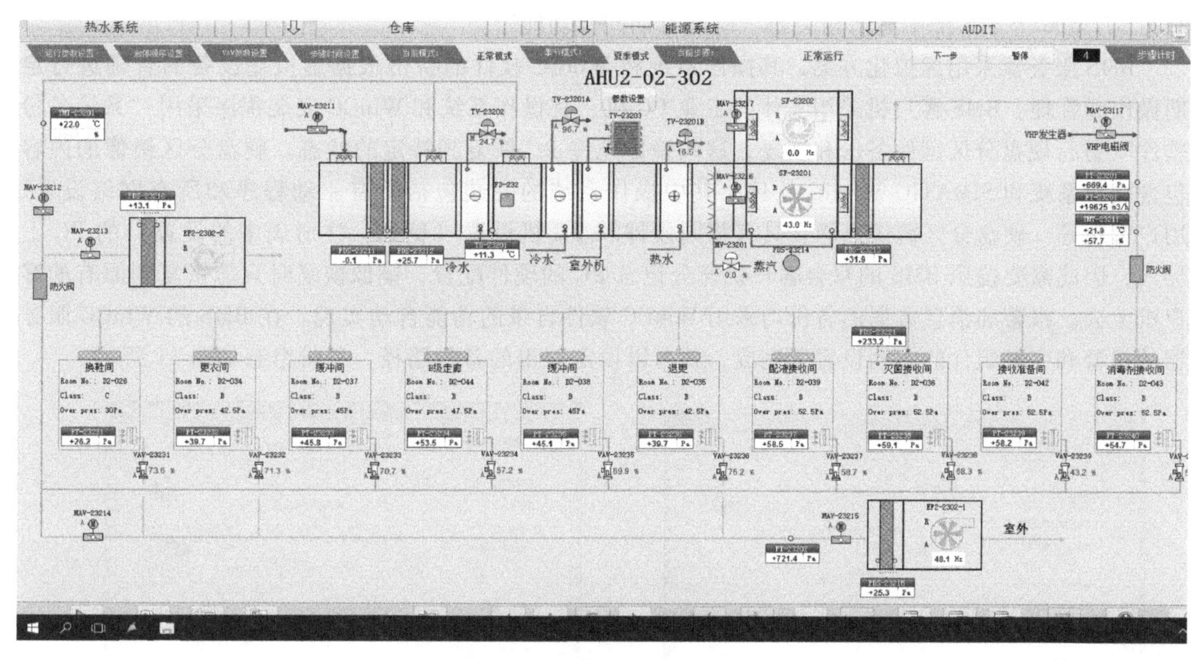

图 8　SCADA 操作界面

根据美国 FDA 关于数据一致性、完整性、电子签名和审计追踪等方面的要求，WinCC V7.4 平台上选购了 Audit（审计追踪）、SIMATIC Logon（用户管理）等插件。在验证方面，通过选用此插件来实现上述相关法规要求，提高了项目的实施效率，由于选用了 SIMATIC Logon 同时基于此款软件实现域控功能，在 BMS 系统内增设域控服务器。在每次通过 SIMATIC Logon 进行登录时，所有的用户登录均指向在超融合服务器内增设的域控服务器。用 SIMATIC Logon 作为媒介，集中通过 Windows 操作系统自身的域控管理服务将 OT 与 IT 的用户管理进行完美的集成与融合。域控服务如图 9 所示。

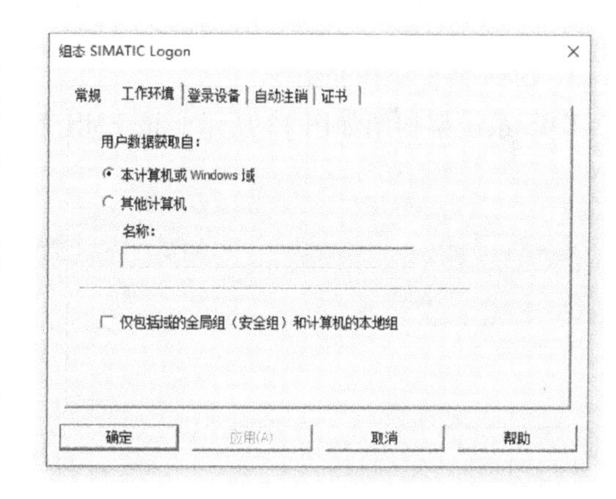

图 9　域控服务

报警和消息归档在硬盘上，要归档的过程值在运行系统的归档数据库中进行编译、处理和保存，数据能被 WinCC 程序调用。由此获得的过程数据可根据与设备操作状态有关的重要经济和技术标准进行过滤，在运行系统中，归档数据能以报表和曲线两种形式进行显示，并且可设置打印数据周期。

测量值将归档在服务器的数据库中，其中的数据可以作为在线值显示在趋势画面上。数据库文件的大小受存储量和系统限定的限制。在独立硬盘中建立归档数据的第二存储路径，所有运行数据都能够长期保存，空间大小至少需要预留存储三年数据的空间。“所有分段的时间范围”这一参数可以在 WinCC 组态界面时进行设置。快速归档变量的系统归档设置如图 10 所示。

在 2 号制剂楼和 1 号制剂楼的工业以太网中各设置一台时钟同步模块（GPS/北斗双信号）作为 BMS 系统的时间同步主站点，其他站点设置为从站，保证 BMS 系统时间的准确性和一致性。同时在 S7-1500 等子系统中激活相关的“时间日期同步功能”。

BMS 服务器采用虚拟化方案，其操作系统和 WinCC 软件的备份根据虚拟化设备的管理进行定期操作和管理。BMS 客户机采用实体的工业 PC 机，其操作系统和 WinCC 安装程序采用“系统备份软件”进行硬盘分区镜像备份和恢复，这些镜像允许 PC 恢复到特定的状态。硬盘分区镜像的内容包含操作系统和 SIMATIC WinCC 软件，其中操作系统的安装包括所有驱动程序和所有网络设置、用户管理等。硬盘分区镜像只能在具有相同硬件和 PC 机设置（例如：注册表中的设置）的 PC 上导入，因此需要按照 BMS 的每台客户机充分记录 PC 的硬件配置，镜像恢复时只能恢复到原有的客户机上去。报警和消息数据的备份均采用 WinCC 软件自带的功能自动实现。在 BMS 的 WinCC 服务器的报警和变量组件的归档设置下完成，并可以设定双重的备份路径。备份组态如图 11 所示。

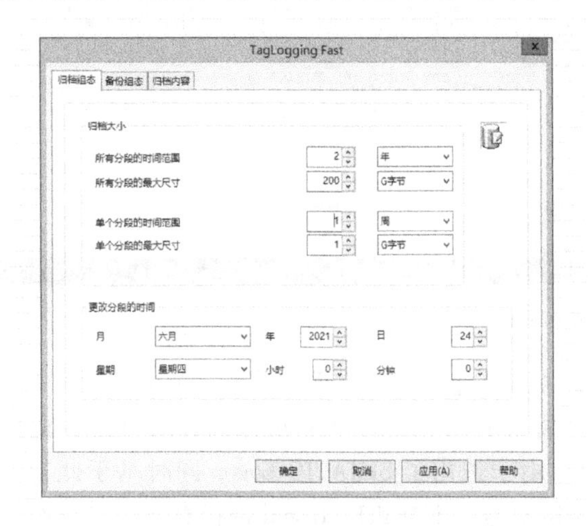

图 10　系统归档设置

图 11　备份组态

3. EMS 系统架构介绍

EMS 系统架构图如图 12 所示。该 EMS 系统主要用于生产车间洁净区的环境监测（相对压差、

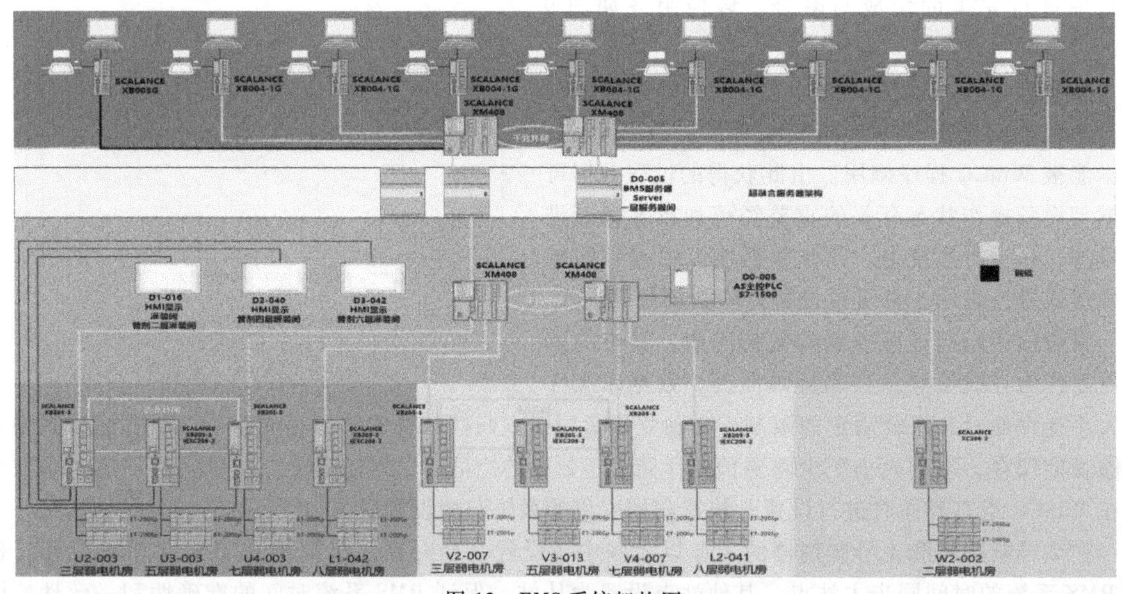

图 12　EMS 系统架构图

绝对压差、温湿度、悬浮粒子、浮游菌等），综合仓库二层区域、高架库、冷库、阴凉区域的相关环境参数及冰箱温度的监测，以及 QC 实验室冰箱的温度监测。该系统是将以上区域的监测数据通过所对应的各类型的传感器将相关数据通过现场 AS 站点传送至上位机监控平台。该系统软硬件以及搭建思路和模式与 BMS 一致，此处不再赘述。

4. WIE 系统架构介绍

该系统主要用于对现场生产区域内所有 OEM 设备的生产过程信息、产品批报信息进行收集，并在该系统上实时反馈现场所有工艺设备的运行工况、运行状态、过程参数。该系统达到的另一个标准及要求为，复刻现场所有工艺设备的运行画面，减少在该系统上再学习的成本。基于数字化工厂的相关建设要求，建设数字化工厂的前提就是现场生产过程信息数据的收集，所以在此模块系统中需严格遵循西门子 OT 网络设计思路进行设计。WIE 系统架构示意图如图 13 所示。

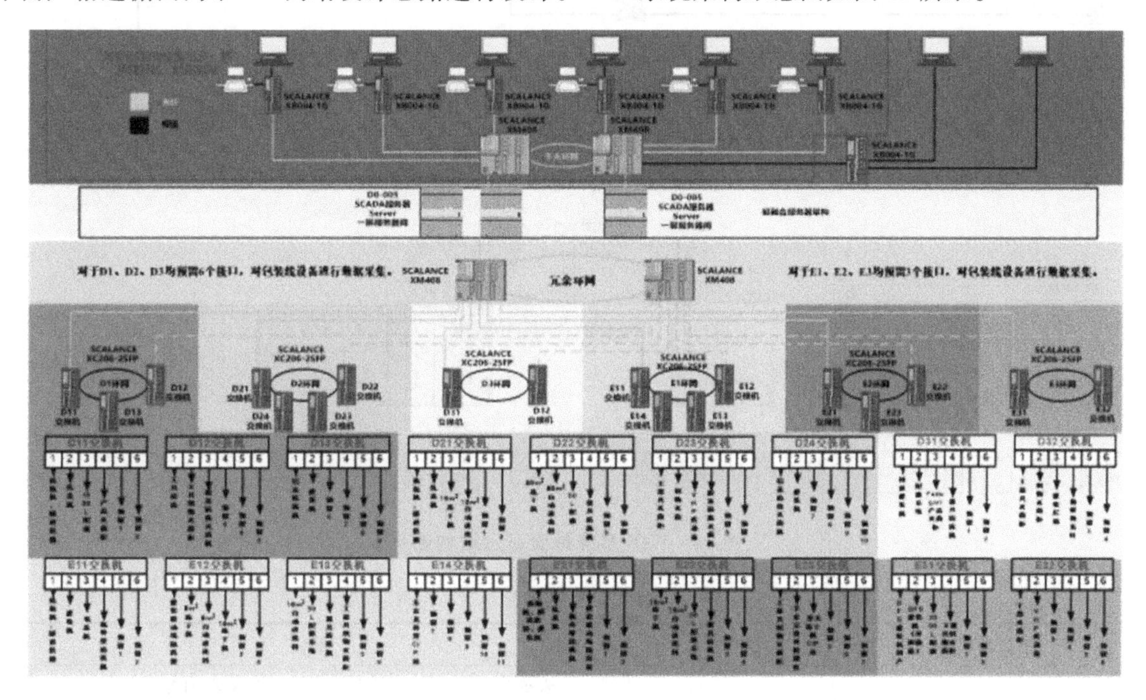

图 13　WIE 系统架构示意图

对于数据的收集处理，以车间为单位划分 WinCC 项目服务器，所有服务器均在超融合服务器内进行虚拟化搭建（详情参考 BMS 系统）。

工作站屏幕中的画面显示：工艺流程、参数、历史数据和报警。

操作系统界面可为英文界面。操作站的 WinCC 界面可为中文界面。WIE 系统画面显示结构图如图 14 所示。

对于从第三方采集来的数据，WIE 系统根据实际通信数据整合报警清单。当出现问题时，系统能自动产生报警，该报警需要操作员确认。报警颜色首先保证与下位系统保持一致。消息类型见表 1。

可通过表 1 记录每一个厂家的报警级别和颜色，报警和过程值以周期性的方式归档在服务器的本地硬盘内。可以导出刻盘或备份在 NAS 服务器或其他有效存储进行保存，至少需要保存 5 年，历史数据、报警趋势和模拟量值在 WinCC 中应该保留至少 6 个月。

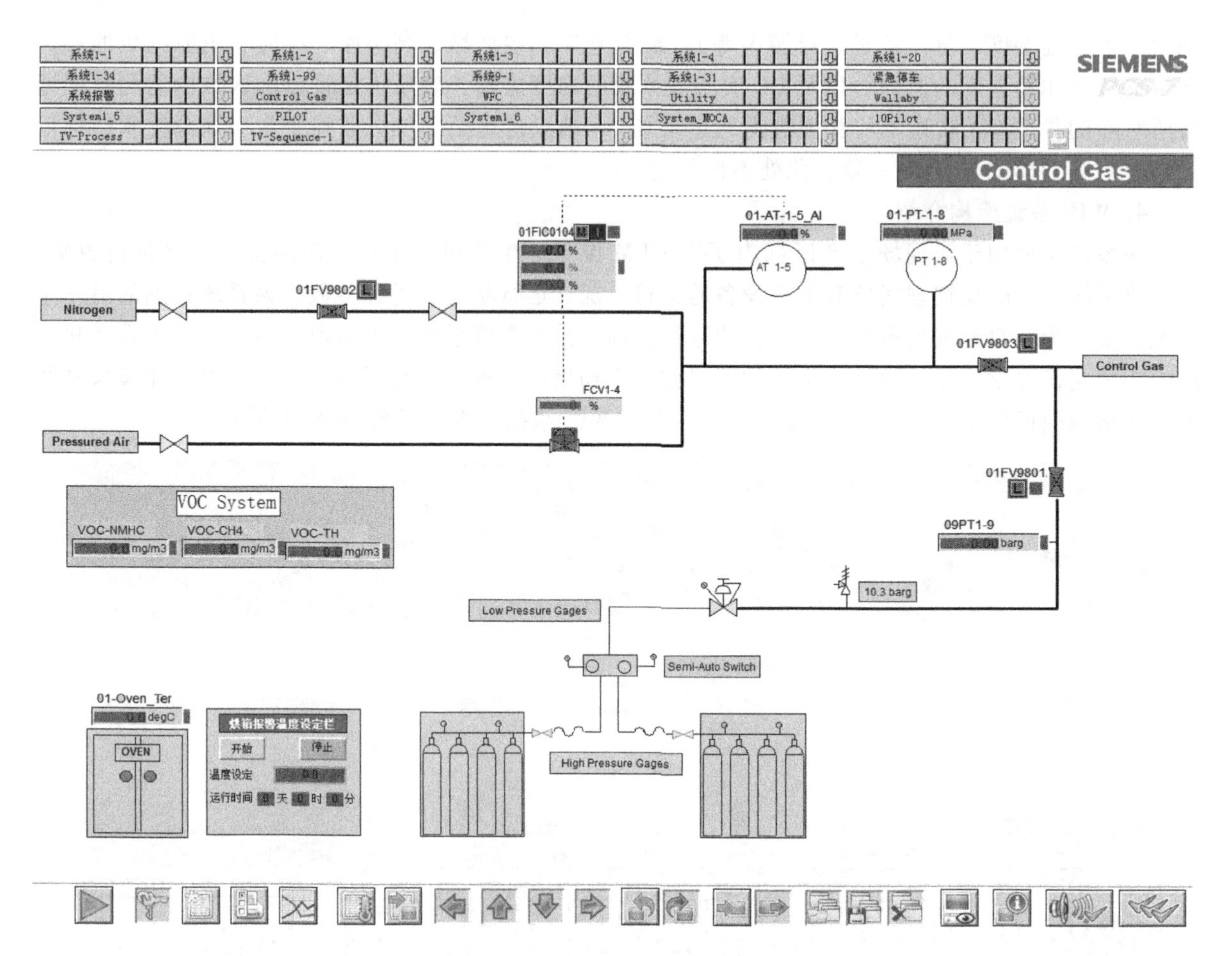

图 14　WIE 系统画面显示结构图

表 1　消息类型

消息类型	优先级	颜色	
高/低报警	5	未确认	黄色背景的黑色文本闪烁
		已确认	黄色背景的黑色文本不闪烁
高高/低低报警	6	未确认	红色背景的白色文本闪烁
		已确认	红色背景的白色文本不闪烁
PLC 过程控制消息—故障	7	未确认	黑色背景的黄色文本闪烁
		已确认	黑色背景的黄色文本不闪烁

用户可以自定义在线趋势，自由选择时间基准和数值范围，任何时间都可以调看历史趋势，维护人员可就此进行趋势分析，并且不影响正在进行中的工艺操作。趋势中可有效进行单个时间段最大值、最小值、平均值的数据分析功能。趋势画面图如图 15 所示。

用户访问将受限于个人授权，它和用户 ID 和密码绑定，具有唯一性。5 个用户组的访问安全级别以功能和访问权限定义。

只有具备工程师权限的用户才能从 WinCC 退出到 Windows 操作系统，对其余等级的权限进行配置管理，定期更新各级权限操作员的密码，修改系统设置以及维护系统。域控策略与 BMS 系统

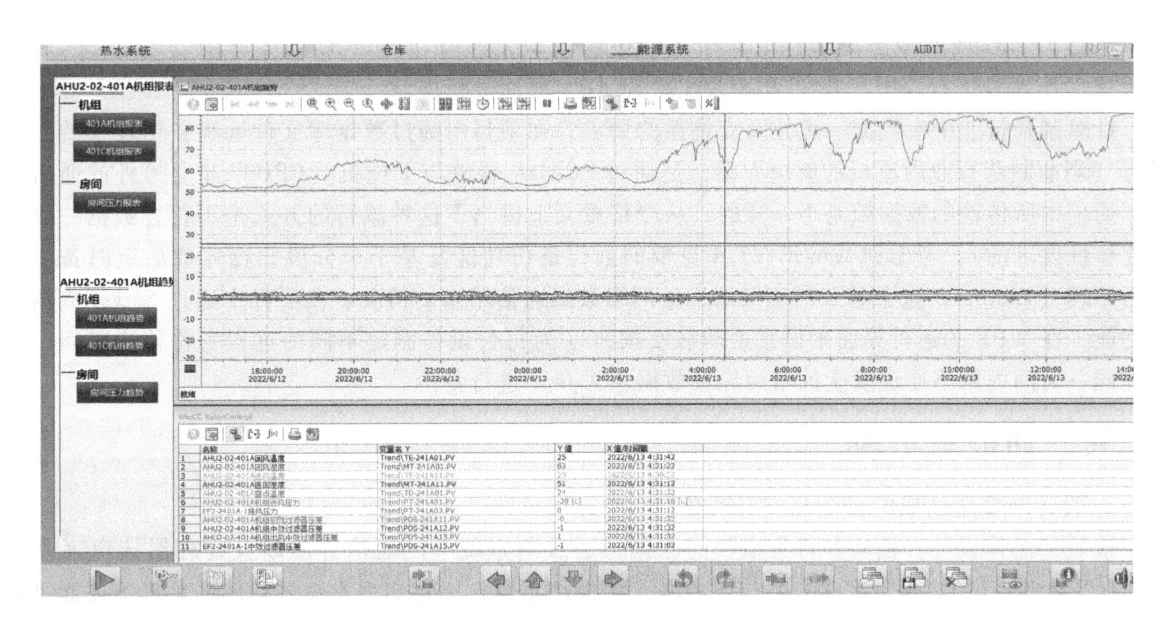

图 15 趋势画面图

一致。

审计追踪与电子签名策略均与 BMS、EMS 系统一致，均使用经过相关权威机构认证的西门子自有的选件实现（Audit、SIMATIC Logon）。数据库迁移备份原理图如图 16 所示。

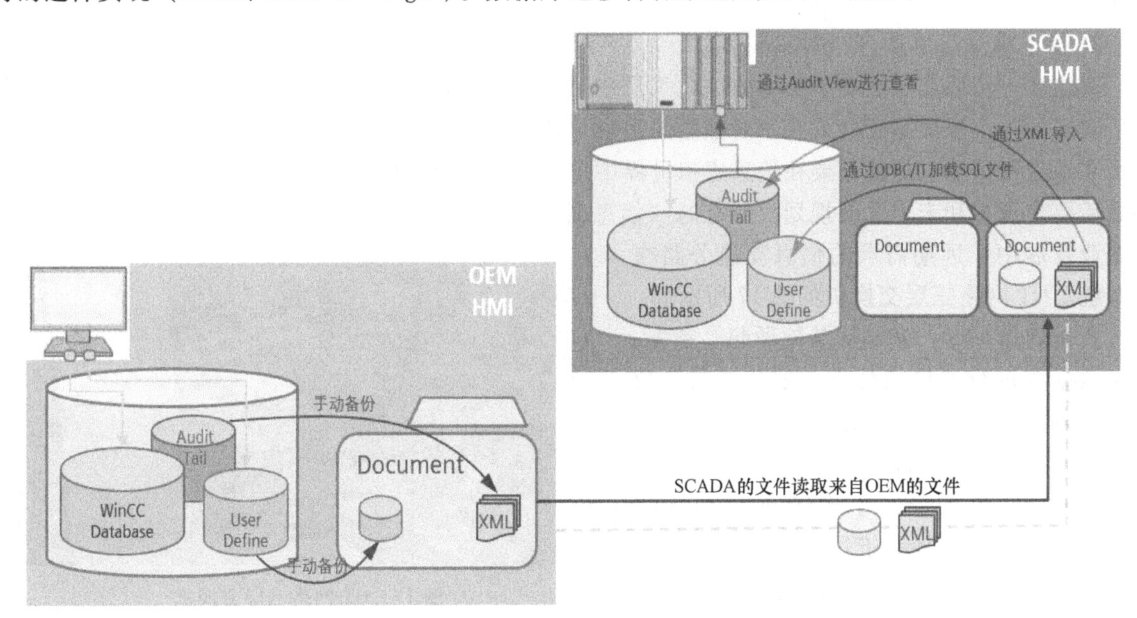

图 16 数据库迁移备份原理图

通过开放的平台，为设备供应商提供其原数据，供其进行报表的迁移工作。其格式等将由第三方与自身下位保持一致。如图 16 所示的 WinCC Database-实时运行数据库，数据存储格式采用压缩方式，仅能通过自身的项目识别，无法被其他 WinCC 项目识别。User Define-用户自定义数据库，存放批数据产生的重要参数，该数据从实时数据库查询而来或通过用户自定义生成。可被其他

WinCC 以 ODBC 或其他方式调用。对于压缩表的读取，通过在 WinCC 服务器中安装 connectivity pack 来对压缩表进行解析，并在 WIE 系统的 SCADA 界面进行展示。

针对制药行业中对数据一致性及完整性的要求，在项目中通过数据库文件远程备份迁移的方式进行（当前制药行业内流行的解决方案，是通过 SCADA 软件与下位机（CPU）建立另外的通信连接。通信中所传输的数据帧是不一样的，从严格意义上讲当下这种流行的方式是不符合数据一致性及完整性要求的）。考虑到 WinCC V7.4 自带的远程备份功能是基于单分段归档完成后定时备份的运行原理（15min），这会导致周期性地发生网络数据通信堵塞的情况。在项目中通过 Server 数据库的功能，在 WPE 的运行界面中设置手动触发按钮（为每台设备制定不同的远程备份传递时间，避免在同一时间内网络通道发生拥堵而导致数据包丢弃）进行备份。

三、功能与实现

1. 设计与实施达成的目标及应用策略

按照“总体设计，模块并行实施”的原则，通过制定统一的通信标准以及物理层接口（基于 OSI 七层参考协议），保证了 TIC 系统下的各个子模块系统在满足实现本系统功能的前提下还能进行无缝集成。在这种模式中，既有针对完成所属功能的“独立”性，又兼备着资源整合的“统一”性。

数字化工厂建设的核心从某种角度来讲在于基础设施以及标准的定义。万丈高楼平地起，如果基础没有打好，在企业管理层级搭建的 MES 系统和企业规划层级所搭建的 ERP 系统也只是空中楼阁。

2. 技术难点与革新 OT 网络技术应用

有这么一句话非常适用于当下数字化工厂中对于 OT 网络的建设，“要想富，先修路”。数字化工厂实现的一个重要基础就是在于对数据的采集与处理，而如何采集数据，如何将数据高效、稳定和可靠地进行传输，那就需要在信息虚拟世界中搭建强大、稳定的信息高速公路，在搭建好高速公路之后要将现有和未来发展规划内所有的“信息高速公路”加以整合，形成一套能够切实可行并具备企业发展中、远期需求的信息高速公路交通系统。OT 网络三层交换机如图 17 所示。

图 17　OT 网络三层交换机

要做到这一点，就要从基础做起。首先，对于数据要进行严格的分类。划分了信息数据的类别之后，对 OT 网络的建设中要有针对性地进行策略制定以及实施工作。

从硬件角度来说，对于 OT 网络高效稳定目标的达成一定是基于过硬的产品以及严格的施工。在 OT 网络交换机选型时要考虑到现场复杂的电磁环境，因此无论是在本项目现场设备层级还是在核心汇聚层级均选择使用西门子 SCALANCE 系列（X200、X400）工业级网络交换机。考虑到二层交换机的工作环境处于复杂的人为电磁干扰环境中（如设备现场的变频器、高压变配电室的树脂浇注型变压器，这些都是强电磁干扰源），因此在二层交换机的选择上，选用了 XC 系列。相比较普通的 X200 系列交换机，XC 系列交换机从外壳材质再到 PCB 的整体设计都是为了在强电磁干扰环境下能够正常工作，抗 EMI 的能力相对要强于普通的 X200 系列。这对于处于

OSI 参考模型第二层中的数据链路层尤为重要，尤其是在 CRC 校验环节当中，如果因 EMI 因素导致校验错误，那么所造成的工业数据丢包是非常可怕的。同时在现场设备接入二层交换机的综合布线上，项目中采用西门子专用 PROFINET 网线。相较于普通 IT 的超五类或六类网线，在屏蔽处理上要远超于普通的 IT 网线。在 RJ45 的接头处理上，亦选用与之匹配的屏蔽接头（全金属外壳，并连接屏蔽层）。

从软件的角度来说，通过 VLAN 技术在 OSI 参考模型第二层中将不同的功能性网络进行隔离，从而有效地防止 ARP 报文广播的无序性（类似于船舶密封隔仓的原理，假设某一个功能性网络受到 ARP 泛洪攻击，则不会影响到其他功能性网络）。基于项目现场的实际情况，VLAN 的策略采用基于端口的 VLAN 策略，在项目实施前做好 VLAN-ID 的规划（切记在配置二层交换机 VLAN 管理策略时进入终端设备的 VLAN-ID 标签选择去掉）。

另外，工业生产过程数据的实时性和零丢包的要求是一个不能妥协的原则，因为生产过程控制类数据一旦丢失或丢包，那将直接对生产过程造成重大的损失甚至引起人身安全事故（试想一下如果 BMS 系统控制整个厂区的 HVAC 系统，一旦发生数据丢包，有可能造成风机停止运行，洁净室内为负压。洁净室环境得不到保证，将直接影响药品质量）。因此，所有在现场设备层级 AS 端与现场的智能从站（ET200SP）、第三方设备（水冷机组、空压系统、制氮系统、热水系统、能源监控系统等）均采用基于西门子 PROFINET-RT 通信协议进行通信；所有的二层交换机考虑到现场发生的断线可能，均采用西门子独有的 HRP 环网协议；在现场设备层级与核心汇聚层级的数据交互过程中，考虑到工业数据的安全、稳定、实时性等要求，采用 HRP Standby，实现环网之间的双链路备份，为工业实时数据配置“双保险”。

从网络安全的角度来说，OT 网络对于安全的需求其实一点都不比民用 IT 网络的需求低。但在当下整个中国的工业制造业中来说，由于对 OT 技术指导工业生产的不重视，以及 IT 与 OT 融合概念的模糊，导致在当下整个行业内的工业控制系统基本上处于“单机模式”。而这种“单机模式”并没有与外部的 IT 世界产生信息的交互，但这并不意味着工业场合对网络安全的低需求和“零标准”。

为了保证 OT 网络的安全，在后期 IT 与 OT 两化融合的实施中，基于现有的 SCALANCE 平台将完全可以增设西门子单元保护防火墙（针对 AS 站点）SCALANCE S600，针对核心汇聚层级和以后 MES 层级之间的骨干网络层级之间增设冗余层级防火墙 SCALANCE S627。通过对数据帧报头元素的筛选以及连接状态的检测，对不符合检查规则集的数据包进行丢弃。同时通过限定特定的通信协议，对非集合内的通信协议数据包进行阻隔，从而保证 OT 网络安全。同时针对制剂生产项目在同一个生产车间中，根据工艺的不同所选定的 OEM 设备厂商也不尽相同。这就会造成在 IP 地址分配时 OEM 设备厂家对自身设备的网络规划并不明确，这导致对 IP 地址段中的其他 IP 地址可能会超出分配范围进行占用。基于本项目中选用的 XC200 系列的二层交换机，通过 NAT 功能对所有的 OEM 设备厂家给予相同的 IP 地址，这样避免在不同 OEM 设备厂家对自身设备进行更改调整时不会占用 IP 地址段中其他 OEM 厂家的 IP 地址。通过 NAT 功能从一定程度上保证了 OT 网络中各设备 IP 地址的秘密性，使得整体的 OT 网络安全有了极大的提升。

对于 TIC 系统的 OT 网络系统管理，采用了西门子近些年主推的 SINEC NMS 软件。SINEC NMS 管理的主要节点为 OT 网络系统内的 SCALANCE 系列工业交换机，根据后期终端使用部门的需求增设相关节点（如节点是否要扩展到网络内所有的末端终端，主要以造价成本作为考量依据）。通过使用 SINEC NMS 网络管理软件对现有 TIC 系统内的 OT 网络定期进行网络诊断，这些诊断将作为

CSV 过程中的具体现场运行状态的数据支撑，从而改变了以往传统的 CSV 过程（更多是通过“人”的主观意识判断来作为验证依据）。SINEC NMS 功能如图 18 所示。

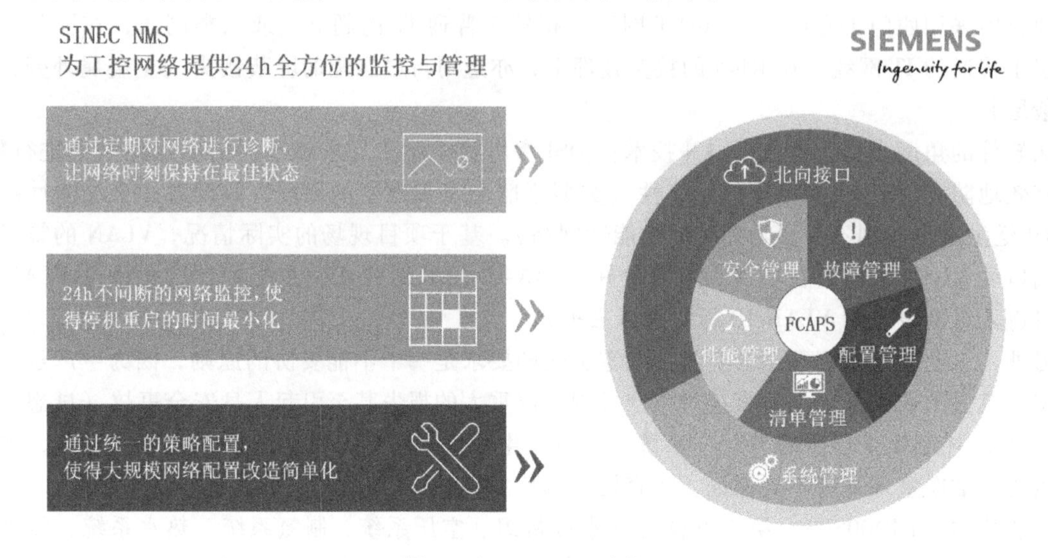

图 18　SINEC NMS 功能

在使用 SINEC NMS 网络管理软件时，可以对 OT 网络的网络拓扑、设备状况做可视化的监视，方便维护人员随时了解网络设备的状况，除此之外，SINEC NMS 的策略下发功能，可以统一修改 OT 网络设备的配置，避免了对交换机逐一修改配置的繁琐工作，这将大大提高工程效率，同时对所有物理层的端口进行统一管理，监控所有端口的信息流的状态和统一控制协调 OT 网络内的所有防火墙和 NAT 功能。设备参数配置更改如图 19 所示，终端设备端口监视如图 20 所示。网络拓扑和安全策略配置如图 21 所示。

Device list　Settings　Device credentials

Device Management

Start network scan

PROFINET device name	IP address	Subnet	Gateway	MAC address	Article number	Firmware version
air_compressor	192.167.1.35	255.255.255.0	0.0.0.0	00:A0:45:01:06:17	CBT-1060	V17.0
bms-os5	192.167.1.7	255.255.255.0	0.0.0.0	80:78:25:1D:D5:00		
wh-bms-r1-io01	192.167.1.32	255.255.255.0	0.0.0.0	AC:64:17:CA:84:C5	6ES7 155-6AU01-0CN0	V4.2.4
02-bms-r5-io02	192.167.1.19	255.255.255.0	0.0.0.0	AC:64:17:CD:EA:07	6ES7 155-6AU01-0CN0	V4.2.4
konere3	192.167.1.124	255.255.255.0	0.0.0.0	8C:F3:19:01:87:C1	6ES7 288-1SR20-0AA0	V2.5.1
02-bms-r2-io02	192.167.1.14	255.255.255.0	0.0.0.0	AC:64:17:CA:84:D3	6ES7 155-6AU01-0CN0	V4.2.4
konerd1	192.167.1.119	255.255.255.0	0.0.0.0	8C:F3:19:01:80:4C	6ES7 288-1SR20-0AA0	V2.5.1
bms-os7	192.167.1.9	255.255.255.0	0.0.0.0	80:78:25:1D:D9:93		
02-bms-r1-io01	192.167.1.12	255.255.255.0	0.0.0.0	AC:64:17:CD:9B:63	6ES7 155-6AU01-0CN0	V4.2.4
03-bms-r6-io01	192.167.1.64	255.255.255.0	0.0.0.0	AC:64:17:CA:84:D6	6ES7 155-6AU01-0CN0	V4.2.4
03-bms-r3-io02	192.167.1.28	255.255.255.0	0.0.0.0	AC:64:17:CD:EA:21	6ES7 155-6AU01-0CN0	V4.2.4
hotwatersystem	192.167.1.113	255.255.255.0	0.0.0.0	E0:DC:A0:EF:E0:5D	6ES7 215-1BG40-0XB0	V4.4.1
lengji-01	192.167.1.40	255.255.255.0	0.0.0.0	08:00:07:49:3C:26	6ES7 195-3BE00-0YA0	V4.5
10099593j.profinet interface_1	192.167.1.116	255.255.255.0	0.0.0.0	AC:64:17:A0:19:A7	6ES7 515-2AM02-0AB0	V2.8.1
10099593j.profinet interface_2	192.168.180.200	255.255.255.0	0.0.0.0	AC:64:17:A0:19:AA	6ES7 515-2AM02-0AB0	V2.8.1
konerd2	192.167.1.120	255.255.255.0	0.0.0.0	8C:F3:19:01:B7:3B	6ES7 288-1SR20-0AA0	V2.5.1
konere2	192.167.1.123	255.255.255.0	0.0.0.0	8C:F3:19:01:80:75	6ES7 288-1SR20-0AA0	V2.5.1
bms-os4	192.167.1.6	255.255.255.0	0.0.0.0	80:7B:25:1D:DE:43		
10099594j_21cfr_on	192.168.180.201	255.255.255.0	0.0.0.0	AC:64:17:C6:28:00		

Detected: 64　Shown: 64　Selected: 1

图 19　设备参数配置更改

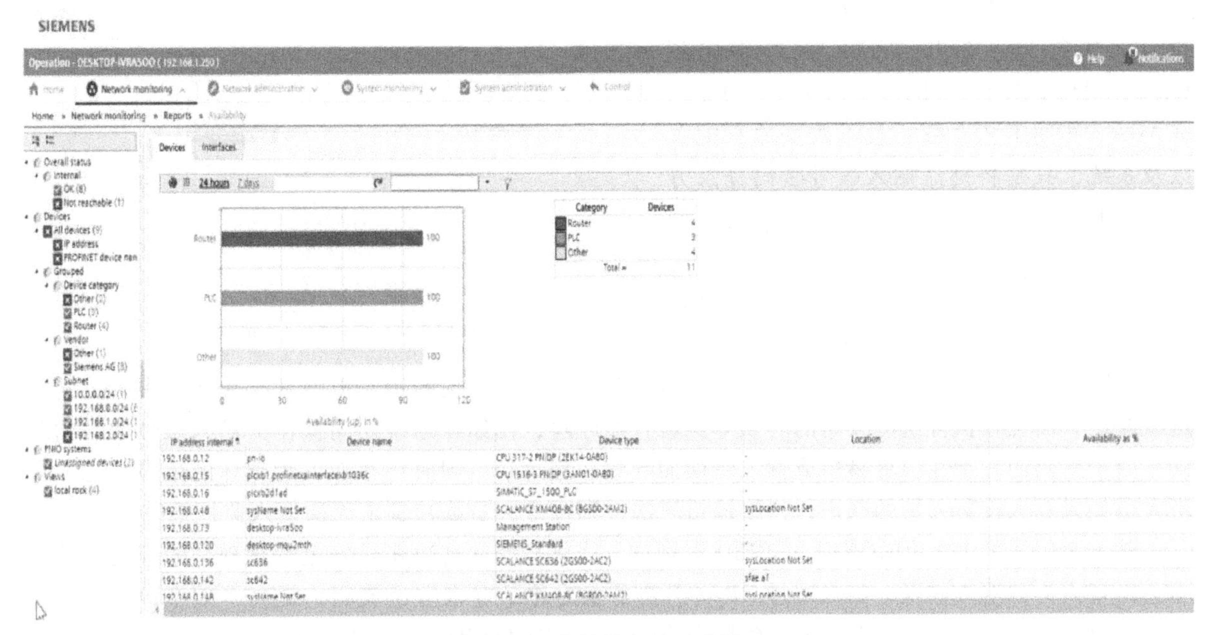

图 20 终端设备端口监视

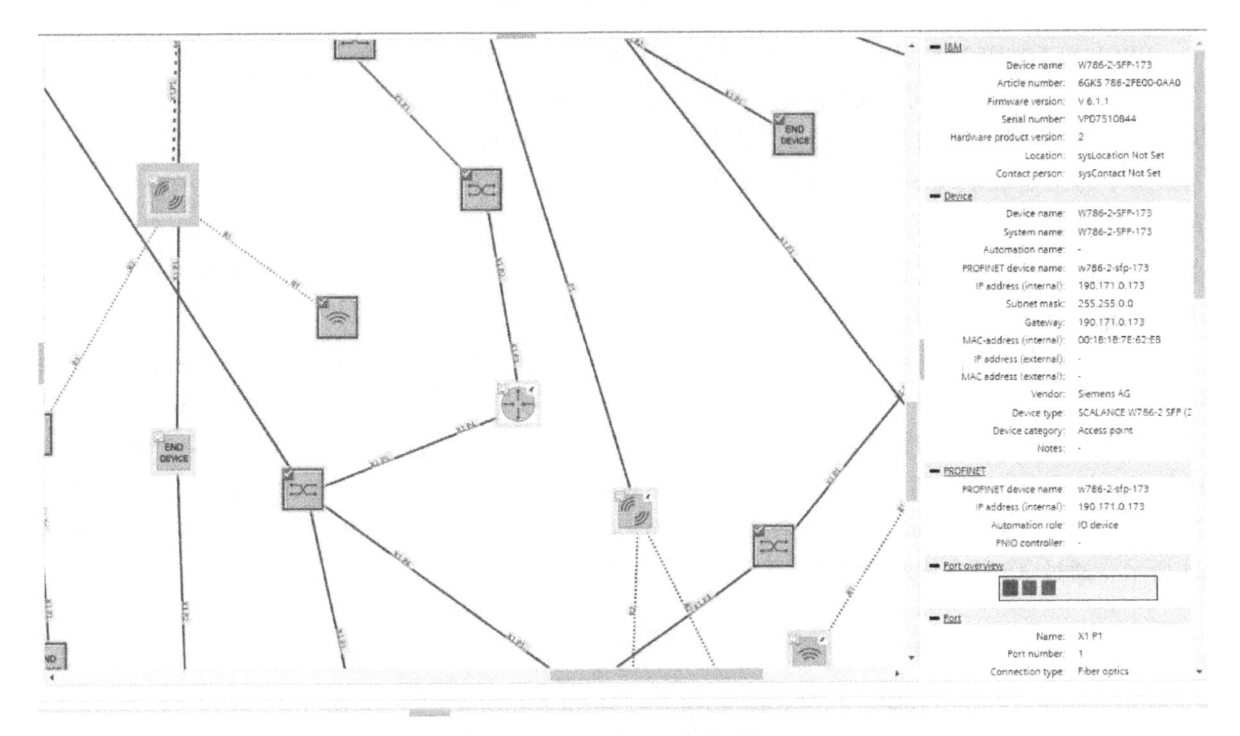

图 21 网络拓扑和安全策略配置

PM-LOGON 相关周边产品应用示意图如图 22 所示。对于目前工厂车架内来说，门禁、食堂、考勤机都已经实现了一卡通，而唯独在工业生产环节当中没有融合。但有了 PM-LOGON 之后，就能无缝集成到现有的 WinCC 环境当中，在登入登出工业 RT 界面时不用再手动输入账号密码了，这也大大降低了风险。

使用现有的员工卡，可以控制和记录用户的操作行为（Audit Trail）无缝集成到WinCC RT（水机、水分配、BMS、EMS、SCADA、车间工艺设备）且不改变原有配置以及系统，只是将键盘输入账号密码登录方式改为刷卡识别，这提高了安全性、稳定性和操作的高效性。

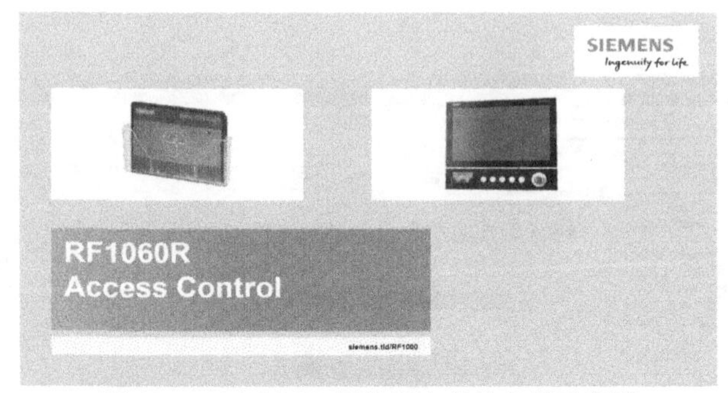

图 22　PM-LOGON 相关周边产品应用示意图

其实换个角度来看，指定这些验证策略以及验证方案的目的是为了保证账号密码的安全，防止其他人员偷盗、篡改相关人员的账号及密码。但传统的密码策略其实无法从根本上封堵这些漏洞，而且在执行这些策略的时候本身就存在风险，比如在运维期间操作员输入账号密码的时候，由于密码的复杂性很容易造成输入错误而导致账号封禁。同时还存在人为破坏的风险，比如白班人员如果登入夜班人员的账户，连续输错三次，则夜班人员账户锁定无法登入监控系统。

基于西门子的 PM-LOGON 通过 RFID 识别的方式将会彻底解决账号安全管理现存的问题。第一不会出现人为的输入错误；第二通过 RFID 识别手段简化了登入登出流程，提高了效率；第三通过 RFID 识别手段更容易管理以及维护账号安全。同时 PM-LOGON 无缝对接现有的 SIMATIC Logon，能够集成进域控管理。

PROFINET 如图 23 所示。PROFINET 现场总线技术，保证了工业设备在以太网的环境中可以实现固定时间间隔的刷新，PROFINET RT/IRT 技术保证了实时数据优先转发。在本项目中，针对过程控制系统中的工业级别现场级数据统一采用 PROFINET-RT 技术，在设备层级中通过选用高端型号 CPU（1517-3PN）尽可能地缩小发送时钟。通过缩小发送时钟的周期以及 PROFINET-RT 协议在 SCALANCE 交换机下基于 VLAN ID 特有的优先级转发模式，从而保证现场工业数据的实时性。

图 23　PROFINET

在本项目中的部分运动控制系统（如灌装设备）采用了 PROFINET-IRT 等时通信协议，配备相应支持 PROFINET-IRT 的 SCALANCE（带 R-telk 芯片）。通过定时中断+优先级转发的这种模式，保证该通信模式下，数据的循环刷新时间小于 1ms，循环扫描周期的抖动时间不大于 1μs。PROFINET 还具有良好的兼容性，通过 PROFINET-Modbus TCP 的网关，可以轻易地把很多第三方的 Modbus TCP 设备集成到 PROFINET 的网络中，保证了底层通信标准和接口的一致性。PROFINET 网关如图 24 所示，通过 AS 站点读取到的第三方设备信息如图 25 所示。

图 24　PROFINET 网关（Modbus-RTU 转 PROFINET）

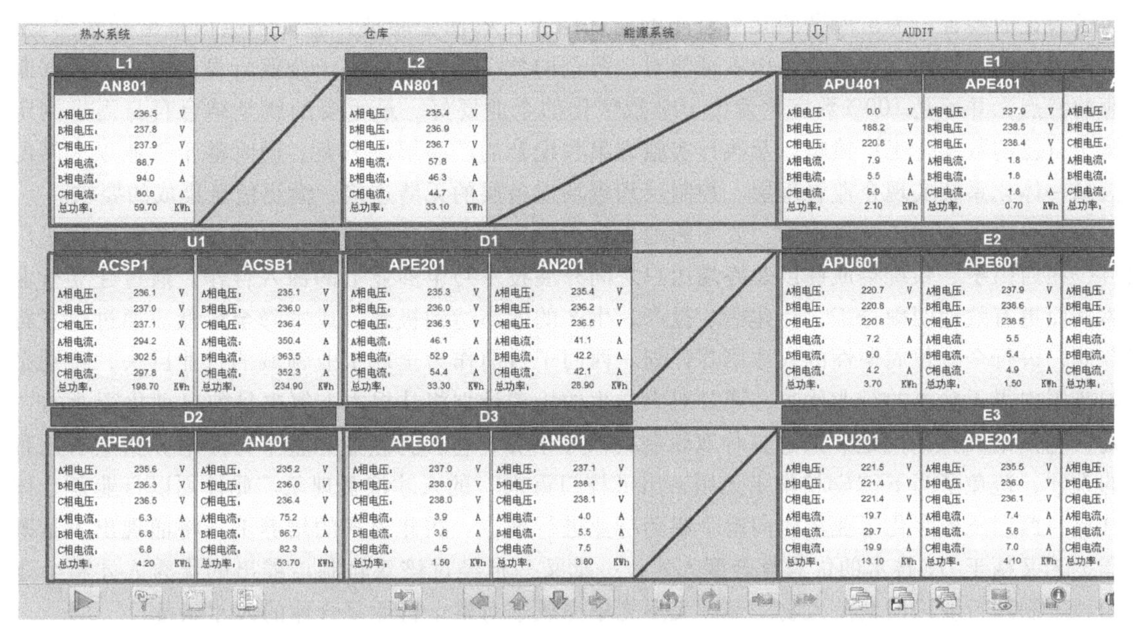

图 25　通过 AS 站点读取到的第三方设备信息

四、运行效果

从 2021 年 9 月份各子模块投入使用以来，目前系统稳定运行。基于各子模块平台作为重要的验证技术及实施手段，高效率地完成了相关区域的验证工作。通过强大的信息数据收集与控制能力，为公司决策层级提供了有效的数据支撑，在提高投产效率降低投产成本方面做出了卓越的贡献。

五、应用体会

数字化工厂是为了完成“三效三本”目标而孕育而生的。从我个人的理解来说，所谓的数字化工厂解决方案并不是一成不变的，也没有同一个模板。真正的数字化工厂解决方案是要从公司现有条件和情况以及未来的发展方向为目标进行科学性、客观性、系统性的近、中、远三期规划。

首先对于建造来说，指的是工厂基础设施建设以及工艺设备的采购和生产制造环节，这是一个工厂投产以及生产的先决条件。对比半导体行业的一些巨头，像三星半导体、三星显示以及台积电、京东方，定好的工厂建造以及设备投产的目标日期几乎是没有滞后的。不敢滞后的原因也很简单，因为所有的生产订单都是在工厂建设之前就计划好的，如果滞后那么巨量的收益就会变成巨额的负债。而在 MAH 制度普及的当下，生产型企业所追逐的利润增长点就是大规模的代加工产品生产。所以要想成为怪兽级别的药品生产公司，大批量工业化规模的代工就是我们的发展方向，我们要做就做制药行业的台积电。而对于建造方面来说，流程化、制度化、体系化、标准化非常关键，而不能全凭所谓的经验。

对于目前在验证方面所存在的“模板思维”是极其危险的。不同的设备、设施、系统由于其功能、组成和使用范围的不同，没法一个模板套住所有。只能说可以运用同一种思路（有的时候思路都是不同的，就像原料药和制剂）或是某种方式，但不可能生搬硬套。最关键的是要树立明确的目标与态度，一切都是为生产服务的，所要达到的只有三个指标：产能、质量、单位成本。而不是单纯为了验证而验证，为了所谓的某一时间的验证结果正确而去验证，验证不应该是结果性的验证，而是过程性的，过程不对则结果也不可能对。药企的数字化程度取决于企业自身的需求。依据制药行业的特点，并不是100%数字化就比10%数字化的企业要好。最重要的就是结合自身需求制定一套属于自己的数字化工厂策略以及执行实施方案和配套的产品解决方案。同时基于工业以太网的企业信息一体化系统实现企业管理层、控制层和现场设备层的无缝连接，满足信息集成的要求。

在数字化工厂的搭建过程中，要不断地去尝试建立行业复合体的模式，通过一个数字化工厂的项目，在西门子、系统集成商以及终端用户之间开展技术乃至商业上的深入合作。通过建立行业复合体从而更有效地明确分工，让建造、投产、生产的效率达到极致，成本降至最低。通过建立行业复合体，进行全方位周期性的人才培养计划。西门子目前作为全球工业领域的行业巨头，特别是在中国范围内得天独厚的行业优势，通过对大学生的培养计划将从根本上解决目前自动化行业的“用工荒”与后继无人的问题。通过这种双轨制的人才培养，将会为企业和整个行业培养真正有用且实用的人才，避免了当下“学校学了无用，出了校门重来”的人才浪费现象。此计划以行业复合体作为试点，西门子数字化工业集团向整个制药行业进行推广。在此模式的培养下，将涌现出大量既懂生产工艺又精于OT技术的优秀复合型人才，一批又一批经过该双轨制培养出的优秀人才将会逐渐成为整个制药行业内的精英人物，最后无形之中完成了对整个行业复合体的人才储备。

参考文献

[1] 博瑞医药数字化工厂咨询报告-工业网络模块［Z］.

[2] 博瑞医药SCADA详细设计报告［Z］.

[3] 吴小许. 后疫情时代，数字化技术重塑制药行业竞争力. 西门子工业，2021.

[4] 陈昕光，徐勇. 以太网应用于工业控制系统的实时性研究［J］. 自动化仪表，2006：80-84.

WinCC 在数字化电机生产行业的应用
Application of WinCC in digital motor production industry

陈苏苏
（西门子南京数控有限公司　南京）

[摘　要] 数字化的生产工艺及生产数据的有效采集与归档是传统制造行业的薄弱环节，因此一套可以实现数字化记录及分析的管理工具显得尤为重要。本文基于 WinCC 的应用，实现了数字化工艺步骤的监控，数据记录及分析，产品质量的管控及设备 OEE 的监控。

[关 键 词] WinCC、IPC、数字化工艺、数据记录、数字化分析、OEE

[Abstract] Digital production process and effective collection of production data is weak in traditional manufacturing industry, so a set of management tools that can realize digital recording and analysis is particularly important. Based on the application of WinCC, this article introduce the monitoring of digital process steps, data recording and analysis, product quality control and equipment OEE monitoring.

[Key Words] WinCC、IPC、Digital production process、Data collection、Digital analysis、OEE

一、项目简介

SNC（西门子南京数控有限公司）的主要产品包括伺服电动机和电机驱动器等。本文基于电机定子生产工艺，主要介绍西门子伺服电动机绕组连接片的安装。图 1 所示为 SNC MOF 定子连接片组装线。

具体分为 9 个工位，各个工位的具体功能如下：

1）ST10：扫码上料，扫描代表产品信息的条形码上料。系统自动下发对应的生产工艺参数。

2）ST20：产品轮廓扫描，通过 3D 视觉对来料进行外观检测。如发现不良，将不良信息绑定至该产品的生产信息中。

3）ST30：产品整型。

4）ST40：本站适用于高功率电机定子绕组连接片安装，依次将连接片安装到指定位置。系统根据上料时的扫码信息调用生产配方，自动判断是否在本站执行。

5）ST50：本站与 ST40 功能一致，主要是适用的产品不同，适用于小功率电机定子绕组连接片安装，依次将连接片安装到指定位置。系统根据上料时的扫码信息调用生产配方，自动判断是否在本站执行。

6）ST60：电机绕组短接片安装，通过系统下发的参数，设备将产品所需的短接片自动安装到绕组中。

7）ST70：通过工业视觉对前两步安装的连接片和短接片进行外观检测。及时地发现安装不良的产品，如发现不良，将不良信息绑定至该产品的生产信息中。

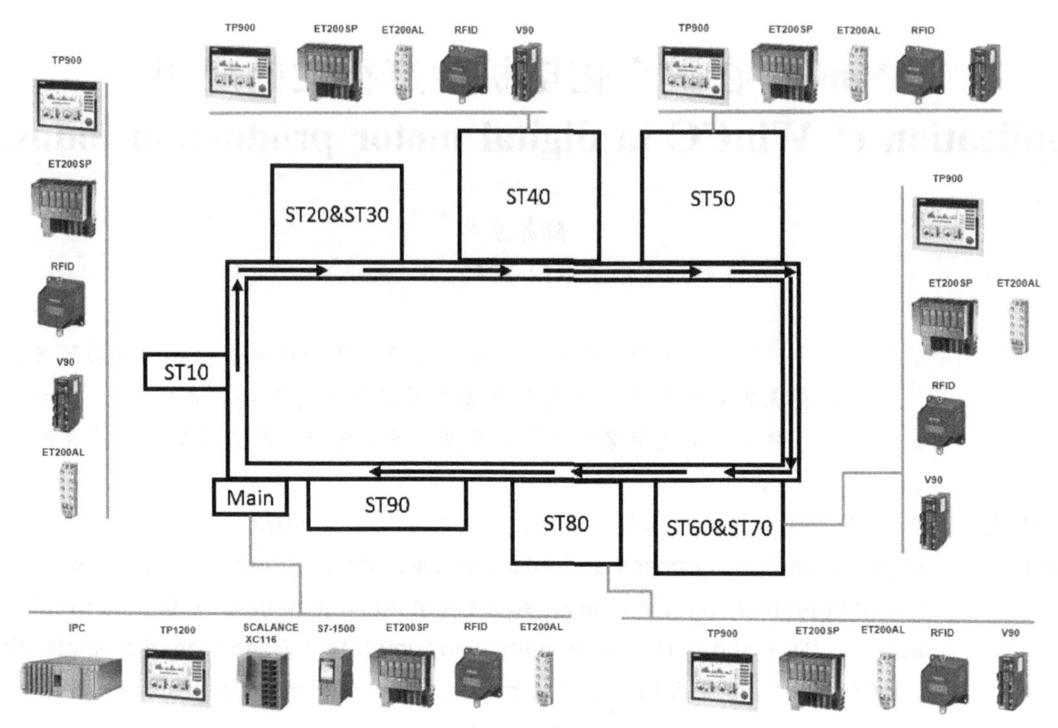

图 1　SNC MOF 定子连接片组装线

8）ST80：通过精密电阻测试仪对前两步安装的连接片和短接片进行电阻测试，根据设定的电阻标准值及时地发现不良产品。如发现不良，将不良信息绑定至该产品的生产信息中。

9）ST90：返修工位，根据前几站记录的不良信息，WinCC 系统提供精准的返修信息。

二、系统结构

项目使用了西门子 SIMATIC S7-1516-3 PN/DP 可编程序控制器。配置西门子工业计算机 SIMATIC IPC847E，用于 WinCC RT Professional 的运行。使用 SIMATIC ET 200SP I/O 连接各个工位的 I/O，例如驱动气缸的电磁阀、检测产品有无的传感器、信号指示灯等。同时选用西门子 SINAMICS V90 1FL6 伺服电动机，拖动各类执行元件，例如安装连接片的电缸、移载产品的丝杆滑台、电动夹爪等。图 2 所示为 SNC MOF 定子连接片组装线的系统结构图。

我们一直致力于抛弃经验化的电机生产工艺，实现数字化生产工艺制定。WinCC 的应用帮助我们完美地达到了这一高度。首先运行在工业计算机上的 WinCC 下发专属每台电机的工艺参数至 S7-1516-3 PN/DP 可编程序控制器，可编程序控制器控制各个执行元件实现生产任务，实现真正的数字化工艺步骤。其次，RFID 实时分辨每个工位的产品信息确保正确的产品出现在正确的工位，WinCC 记录追踪执行元件及检测元件的实时数据。同时数据被归档至本地，以便后续的设备故障分析以及产品质量追踪。

三、功能与实现

1. 数字化工艺步骤

首先，我们要实现数字化工艺步骤。目前 SNC 生产的伺服电动机有上千种型号，传统意义上的

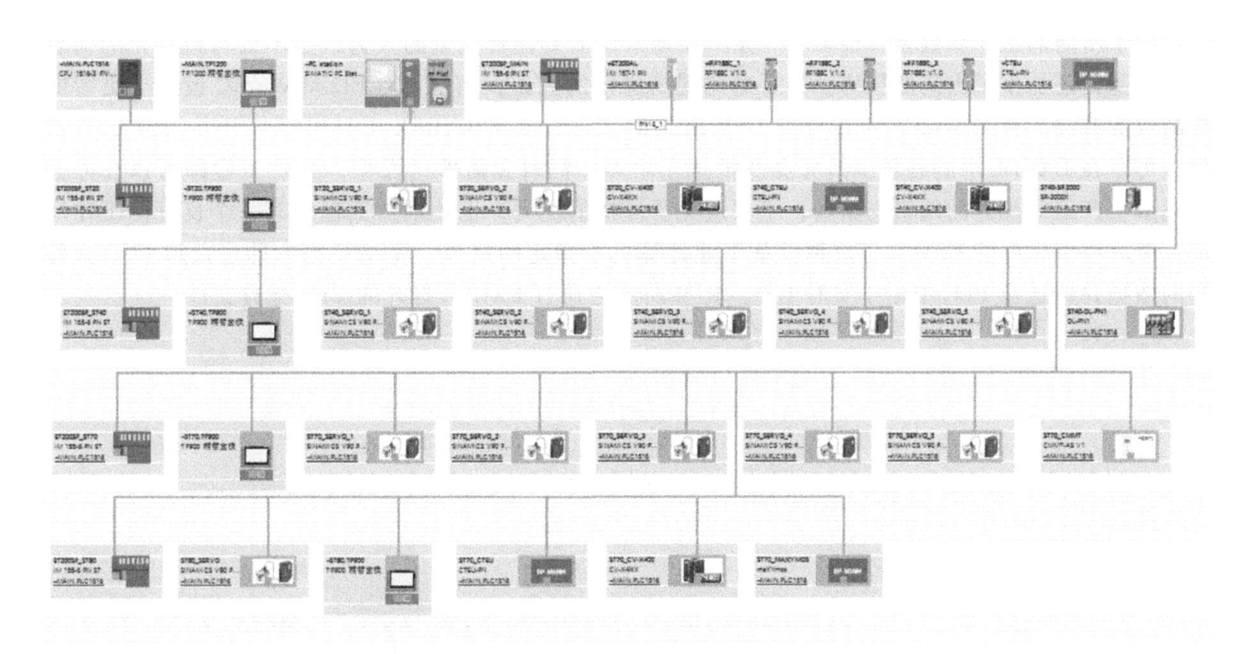

图 2　SNC MOF 定子连接片组装线的系统结构图

人工识别工艺步骤，容易造成步骤混乱以及经验化导致的生产差异。基于 WinCC 开发的数字化工艺步骤正好可以解决这一难题，细化产品的每个参数，以代表产品信息的条形码为索引项，把相应的数据绑定至每款产品中，生产过程系统可以识别到产品条形码。图 3 所示为其中一款产品的数字化工艺配方参数。

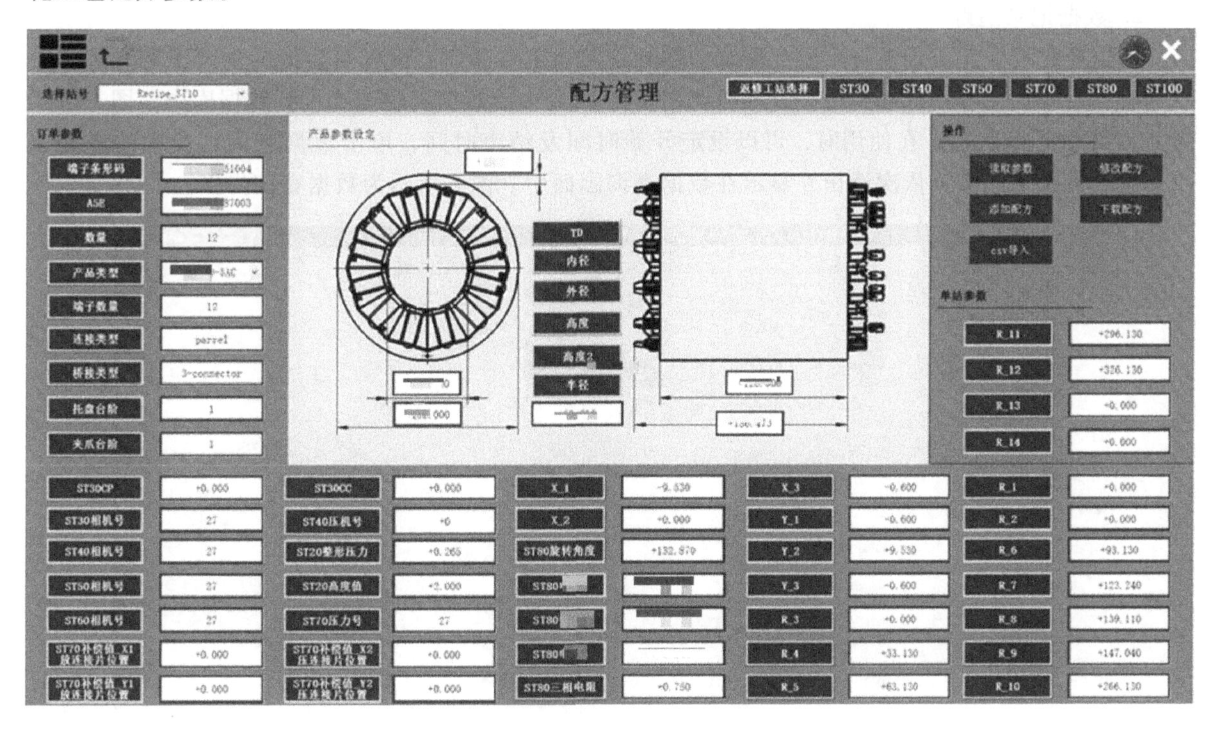

图 3　数字化工艺配方参数

由于所需的工艺参数条目很多，一条一条地录入需要耗费大量的人力，这不仅与数字化的初衷背道而驰，还加重了出错的概率。为了避免现场操作的失误，结合 EXCEL 和 WinCC 设定了更智能更高效的办法。首先 WinCC 可以读取 CSV 格式的文件，基于 EXCEL 工具可以打开并编辑 CSV 文件，可以在 EXCEL 中的各种工具分类及批量新增等。同时无需停机操作，维护工程师可以在办公室完成生产工艺配方的编辑与新增，不仅避免了停机的损失，也让维护工程师有一个良好的工作环境。然后将编辑好的 CSV 文件放到设备工业计算机中指定的路径，WinCC 脚本即可读取 CSV 文件中的数据并传送至 PLC 中用于实时生产。图 4 所示为通过 EXCEL 打开的 CSV 配方文件。

	A	B	D	E	F	G	H	I	J	K
1	MagmateCode	A[illegible]	Stator_description	Terminal_Qty	Connection_type	Bridge_type	Pallete_steps	X_1	X_2	X_3
2	[illegible]51001	[illegible]10001	[illegible]AF	[illegible]	parrel	3-connector	3	-9.53	0	9.53
3	[illegible]	[illegible]2310002	[illegible]-4AF	[illegible]	parrel	3-connector	3	-9.53	0	9.53
4	[illegible]	[illegible]03	[illegible]AF	[illegible]	parrel	3-connector	3	-9.53	0	9.53
9	[illegible]51001	[illegible]	[illegible]C		parrel	3-connector	2	-9.53	0	9.53
10	[illegible]51001	[illegible]	[illegible]C	[illegible]	parrel	3-connector	2	-9.53	0	9.53
11	[illegible]02	[illegible]	[illegible]C		parrel	3-connector	2	-9.53	0	9.53
14	[illegible]42167951003	[illegible]01	[illegible]AC	[illegible]	parrel	3-connector	1	-9.53	0	9.53

图 4　通过 EXCEL 打开的 CSV 配方文件

2. 数据记录追踪

在生产过程中，记录下每个生产环节的数据是尤为重要的。它可以对后续的生产工艺开发、售后分析、产能优化等环节起到至关重要的作用。将 PLC 中的数据实时地收集到数据库中，图 5 所示为 PLC 中的生产数据。在使用时，可以设定开始时间及结束时间，单击数据查询画面中的查询按钮，系统将选中的数据依次读出并显示在数据查询画面中。图 6 所示为数据查询界面。

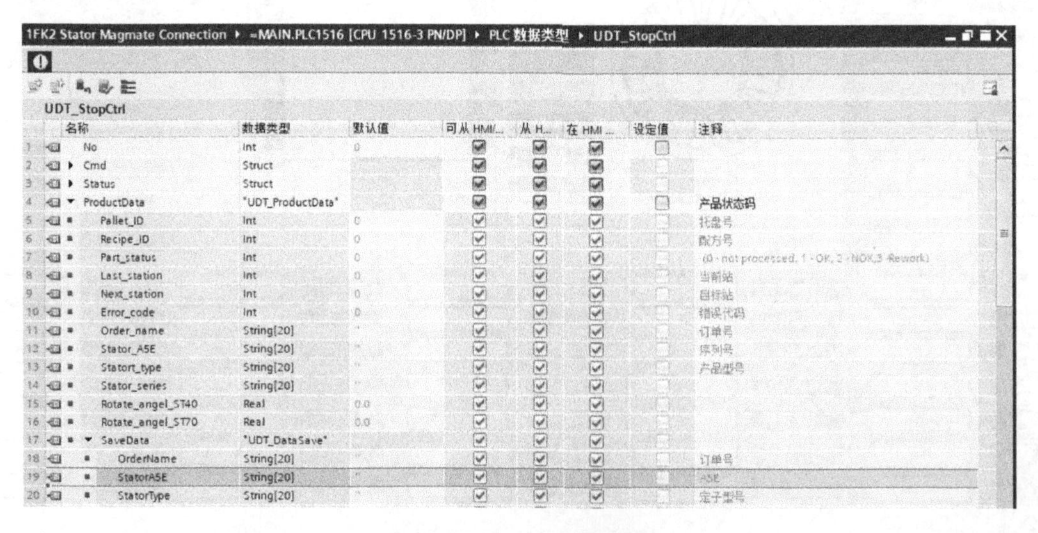

1FK2 Stator Magmate Connection ▸ =MAIN.PLC1516 [CPU 1516-3 PN/DP] ▸ PLC 数据类型 ▸ UDT_StopCtrl

UDT_StopCtrl

	名称	数据类型	默认值	可从 HMI/...	从 H...	在 HMI ...	设定值	注释
1	No	Int	0	✓	✓	✓		
2	▸ Cmd	Struct		✓	✓	✓		
3	▸ Status	Struct		✓	✓	✓		
4	▾ ProductData	"UDT_ProductData"		✓	✓	✓		产品状态码
5	Pallet_ID	Int	0	✓	✓	✓		托盘号
6	Recipe_ID	Int	0	✓	✓	✓		配方号
7	Part_status	Int	0	✓	✓	✓		(0 - not processed, 1 - OK, 2 - NOK,3 -Rework)
8	Last_station	Int	0	✓	✓	✓		当前站
9	Next_station	Int	0	✓	✓	✓		目标站
10	Error_code	Int	0	✓	✓	✓		错误代码
11	Order_name	String[20]	''	✓	✓	✓		订单号
12	Stator_ASE	String[20]	''	✓	✓	✓		序列号
13	Statort_type	String[20]	''	✓	✓	✓		产品型号
14	Stator_series	String[20]	''	✓	✓	✓		
15	Rotate_angel_ST40	Real	0.0	✓	✓	✓		
16	Rotate_angel_ST70	Real	0.0	✓	✓	✓		
17	▾ SaveData	"UDT_DataSave"		✓	✓	✓		
18	OrderName	String[20]	''	✓	✓	✓		订单号
19	StatorASE	String[20]	''	✓	✓	✓		ASE
20	StatorType	String[20]	''	✓	✓	✓		定子型号

图 5　PLC 中的生产数据

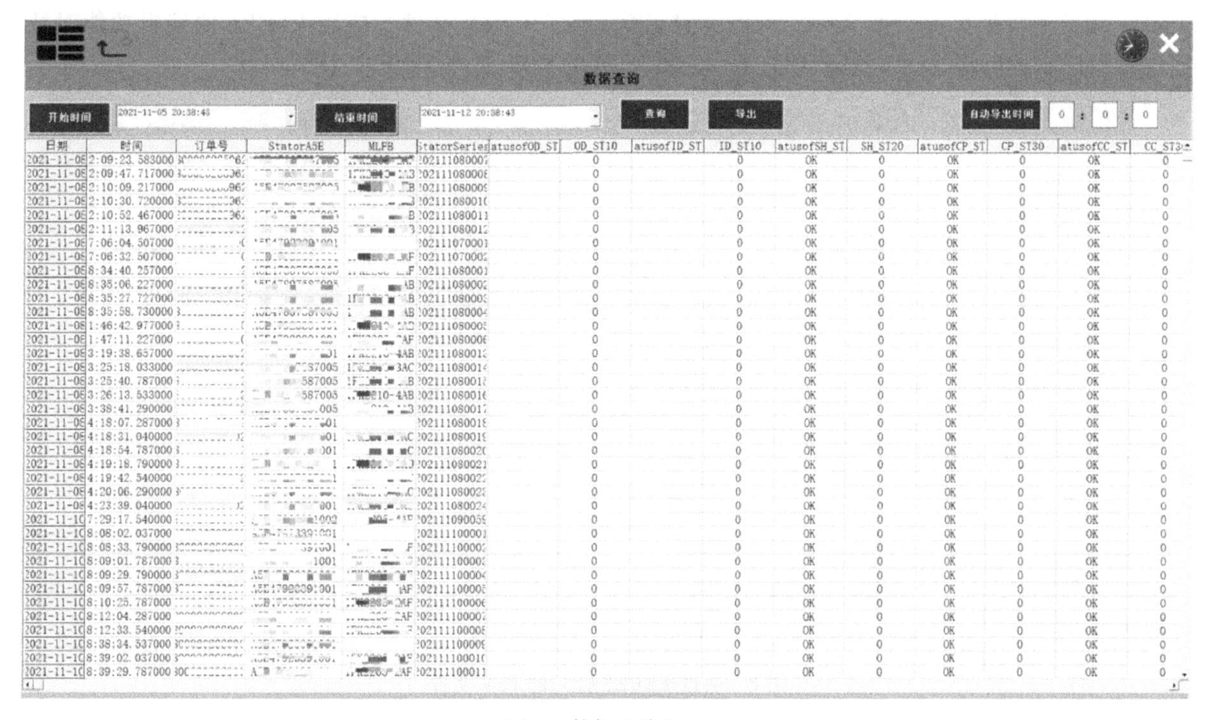

图 6 数据查询界面

当然，庞大的数据通过简单观察是很难发挥它的价值的，所有我们编写了数据导出的功能，用户只需设定好数据导出的条件，WinCC 便会自动导出一份 CSV 文件至设定好的路径。图 7 所示为

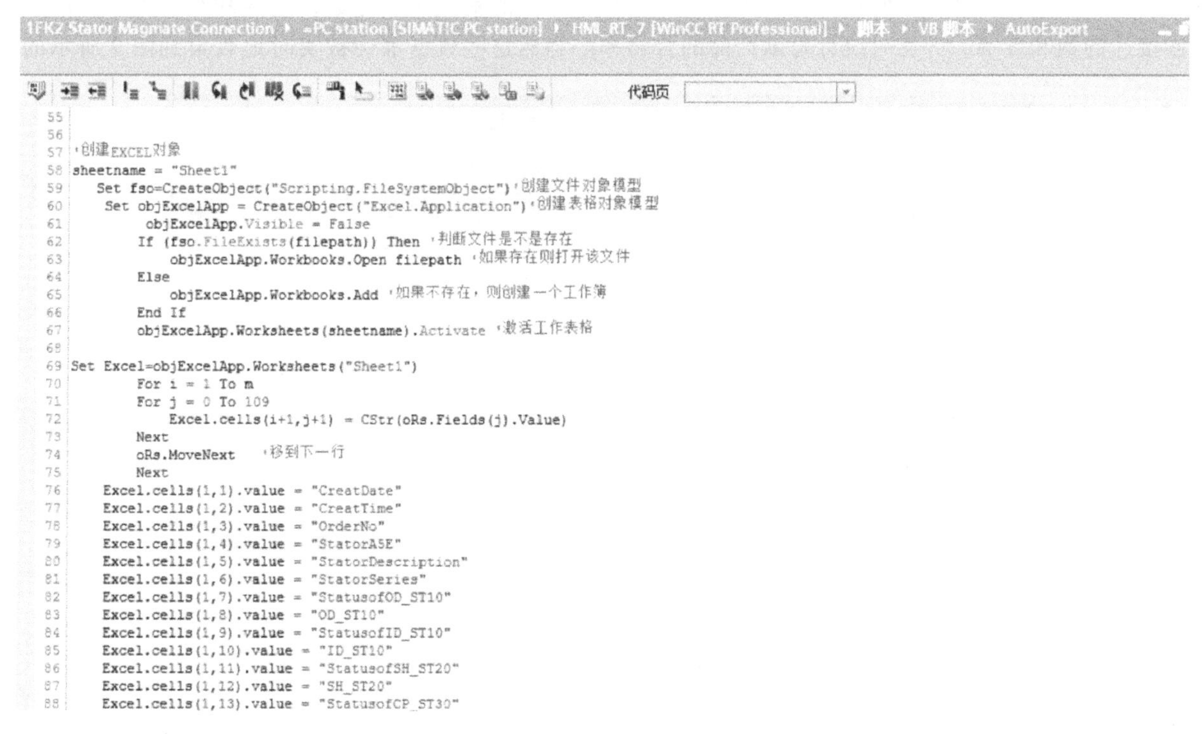

```
55
56
57 '创建EXCEL对象
58 sheetname = "Sheet1"
59    Set fso=CreateObject("Scripting.FileSystemObject")'创建文件对象模型
60     Set objExcelApp = CreateObject("Excel.Application")'创建表格对象模型
61          objExcelApp.Visible = False
62         If (fso.FileExists(filepath)) Then '判断文件是不是存在
63             objExcelApp.Workbooks.Open filepath '如果存在则打开该文件
64         Else
65             objExcelApp.Workbooks.Add '如果不存在，则创建一个工作簿
66         End If
67         objExcelApp.Worksheets(sheetname).Activate '激活工作表格
68
69 Set Excel=objExcelApp.Worksheets("Sheet1")
70         For i = 1 To m
71         For j = 0 To 109
72             Excel.cells(i+1,j+1) = CStr(oRs.Fields(j).Value)
73         Next
74         oRs.MoveNext   '移到下一行
75         Next
76     Excel.cells(1,1).value = "CreatDate"
77     Excel.cells(1,2).value = "CreatTime"
78     Excel.cells(1,3).value = "OrderNo"
79     Excel.cells(1,4).value = "StatorA5E"
80     Excel.cells(1,5).value = "StatorDescription"
81     Excel.cells(1,6).value = "StatorSeries"
82     Excel.cells(1,7).value = "StatusofOD_ST10"
83     Excel.cells(1,8).value = "OD_ST10"
84     Excel.cells(1,9).value = "StatusofID_ST10"
85     Excel.cells(1,10).value = "ID_ST10"
86     Excel.cells(1,11).value = "StatusofSH_ST20"
87     Excel.cells(1,12).value = "SH_ST20"
88     Excel.cells(1,13).value = "StatusofCP_ST30"
```

图 7 WinCC 触发将数据写入 CSV 文件

WinCC 触发将数据写入 CSV 文件。可以通过 EXCEL 打开 CSV 文件，应用 EXCEL 的编辑功能对数据进行深层次的分析，图 8 所示为通过 EXCEL 打开的 CSV 文件。

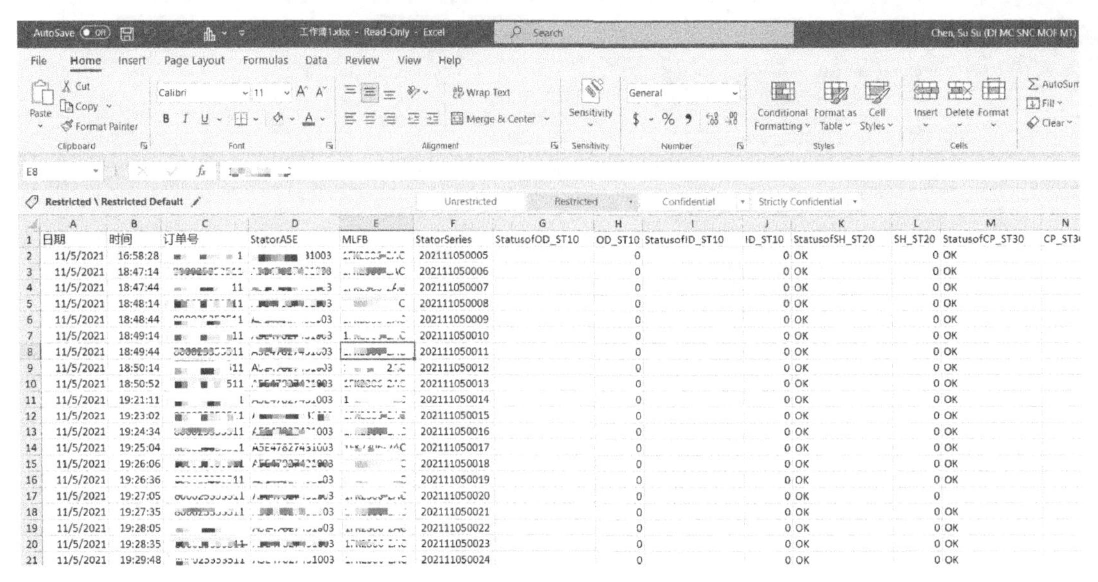

	A	B	C	D	E	F	G	H	I	J	K	L	M	N
1	日期	时间	订单号	StatorA5E	MLFB	StatorSeries	StatusofOD_ST10	OD_ST10	StatusofID_ST10	ID_ST10	StatusofSH_ST20	SH_ST20	StatusofCP_ST30	CP_ST3
2	11/5/2021	16:58:28	[illegible]	[illegible]	[illegible]	202111050005		0		0	OK	0	OK	
3	11/5/2021	18:47:14	[illegible]	[illegible]	[illegible]	202111050006		0		0	OK	0	OK	
4	11/5/2021	18:47:44	[illegible]	[illegible]	[illegible]	202111050007		0		0	OK	0	OK	
5	11/5/2021	18:48:14	[illegible]	[illegible]	[illegible]	202111050008		0		0	OK	0	OK	
6	11/5/2021	18:48:44	[illegible]	[illegible]	[illegible]	202111050009		0		0	OK	0	OK	
7	11/5/2021	18:49:14	[illegible]	[illegible]	[illegible]	202111050010		0		0	OK	0	OK	
8	11/5/2021	18:49:44	[illegible]	[illegible]	[illegible]	202111050011		0		0	OK	0	OK	
9	11/5/2021	18:50:14	[illegible]	[illegible]	[illegible]	202111050012		0		0	OK	0	OK	
10	11/5/2021	18:50:52	[illegible]	[illegible]	[illegible]	202111050013		0		0	OK	0	OK	
11	11/5/2021	19:21:11	[illegible]	[illegible]	[illegible]	202111050014		0		0	OK	0	OK	
12	11/5/2021	19:23:02	[illegible]	[illegible]	[illegible]	202111050015		0		0	OK	0	OK	
13	11/5/2021	19:24:34	[illegible]	[illegible]	[illegible]	202111050016		0		0	OK	0	OK	
14	11/5/2021	19:25:04	[illegible]	A5E47827431003	[illegible]	202111050017		0		0	OK	0	OK	
15	11/5/2021	19:26:06	[illegible]	[illegible]	[illegible]	202111050018		0		0	OK	0	OK	
16	11/5/2021	19:26:36	[illegible]	[illegible]	[illegible]	202111050019		0		0	OK	0	OK	
17	11/5/2021	19:27:05	[illegible]	[illegible]	[illegible]	202111050020		0		0	OK	0		
18	11/5/2021	19:27:35	[illegible]	[illegible]	[illegible]	202111050021		0		0	OK	0	OK	
19	11/5/2021	19:28:05	[illegible]	[illegible]	[illegible]	202111050022		0		0	OK	0	OK	
20	11/5/2021	19:28:35	[illegible]	[illegible]	[illegible]	202111050023		0		0	OK	0	OK	
21	11/5/2021	19:29:48	[illegible]	[illegible]	[illegible]	202111050024		0		0	OK	0	OK	

图 8　通过 EXCEL 打开的 CSV 文件

3. 产品质量分析

当产品出现质量问题时，对问题原因的分析一直都是最大的困扰。这不但需要花费大量的精力，而且很难精准定位问题所在。正如前文所述在生产过程中收集了 PLC 中的实时数据，当然也包含产品质量数据。如图 8 所示，记录了每个产品各个点位的铜线是否浮起，连接片是否到位，以及连接片的饱和度等，并实时统计每款产品的合格率。当然这些数据都会被实时地收集到图 9 所示的

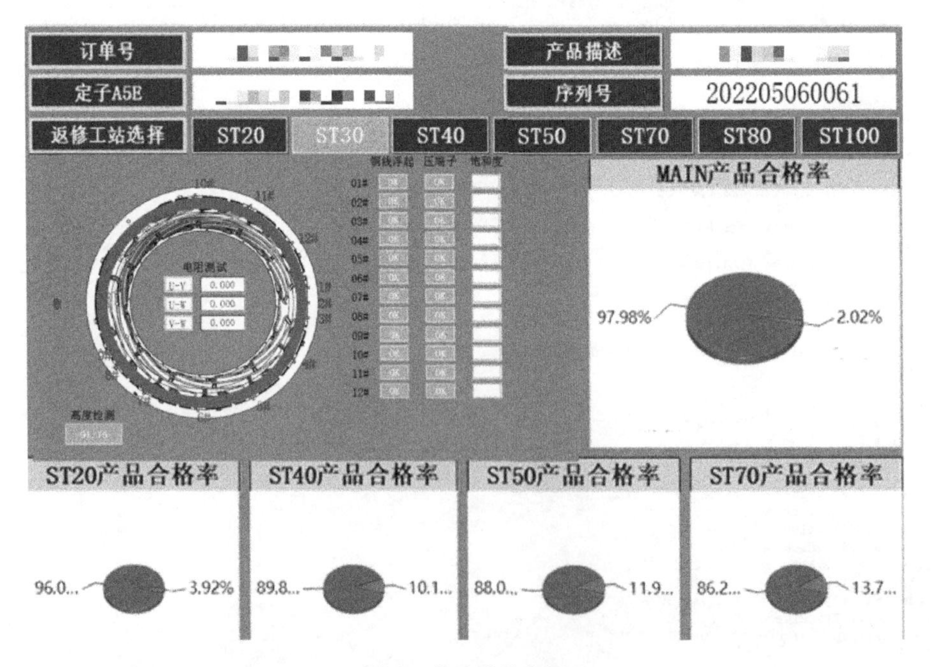

图 9　实时质量分析

数据库中，同样可以通过 EXCEL 打开分析。

4. 设备 OEE 分析

设备投资一直都是工厂建设中的一项大支出，设备的综合效率（OEE）就显得尤为重要。虽然 OEE 的计算简单，但是在实际的应用中，当与班次、员工、设备、产品等生产要素联系在一起时，便变得十分复杂，利用人工采集数据计算 OEE 显得麻烦费事，为了更有效地利用 OEE 这个工具，OEE 数据的采集越来越成为人们关心的话题。

OEE 由可用率、表现性以及质量指数三个关键要素组成，其中可用率=操作时间/计划工作时间，它用来评价停工所带来的损失，包括引起计划生产发生停工的任何事件，例如设备故障、原材料短缺以及生产方法的改变等。表现指数=理想周期时间/实际周期时间=理想周期时间/(操作时间/总产量)=(总产量/操作时间)/生产速率。表现性用来评价生产速度上的损失，包括任何导致生产不能以最大速度运行的因素，例如设备的磨损、材料的不合格以及操作人员的失误等。质量指数用来评价质量的损失，它用来反映没有满足质量要求的产品（包括返工的产品），当然前文已经提到系统有专门的质量分析功能。

通过 OEE 中的表现指数，可以得到总产量是至关重要的一环。通过设备用户画面可以直观地发现各个班次的产能、各个时段的产能等。例如，通过 PLC 统计的每个班的生产数据，可以计算出最近一周早班平均产能为 120 件，中班平均产能为 109 件，夜班平均产能为 125 件。有此数据，生产管理人员首先就是重点关注中班的生产状态，及时发现问题。图 10 所示为设备主运行画面，可以读取产能、设备时间利用率、设备运行状态等。

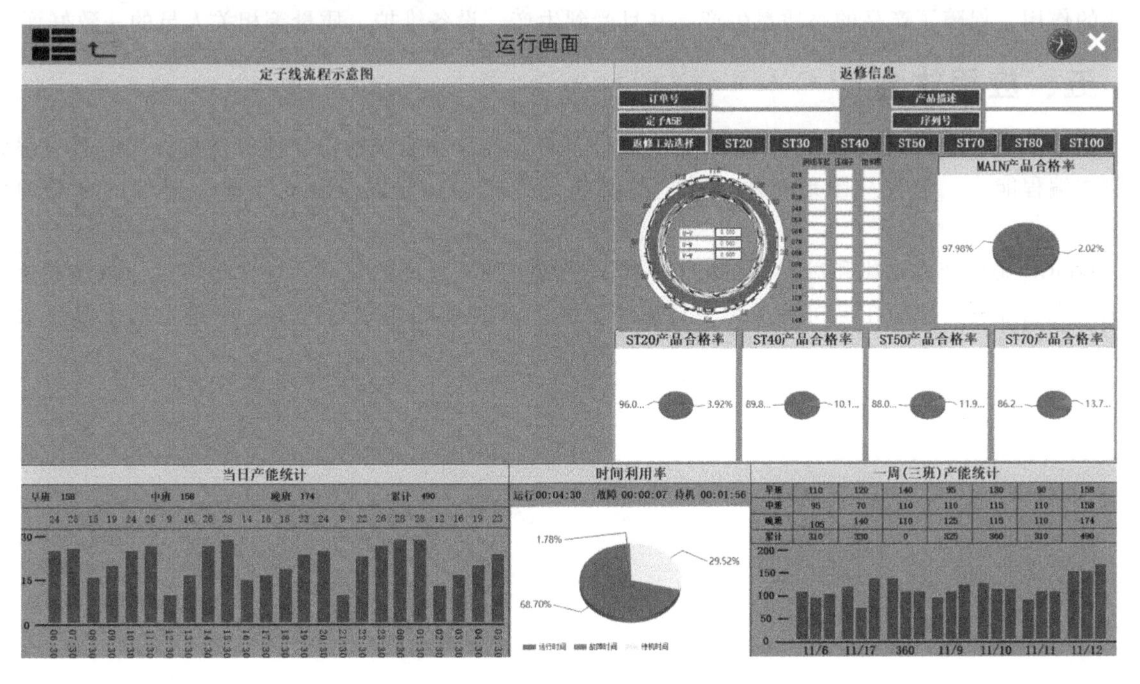

图 10 设备主运行画面

当然 OEE 的提升不能仅仅依赖于人员，制约 OEE 的几大因素中设备的可用率同样至关重要，而减少生产过程中的设备故障时间是努力的方向。通过 PLC 收集和计算设备的使用状态，WinCC 通过 VB 脚本将设备使用状态及时地显示在用户界面。图 11 所示为 WinCC 触发饼图的脚本。通过设备时间利用率，可以直观地发现设备的故障时间及待机时间，由此调整设备的保养周期或生产排班来提升设备的使用率。

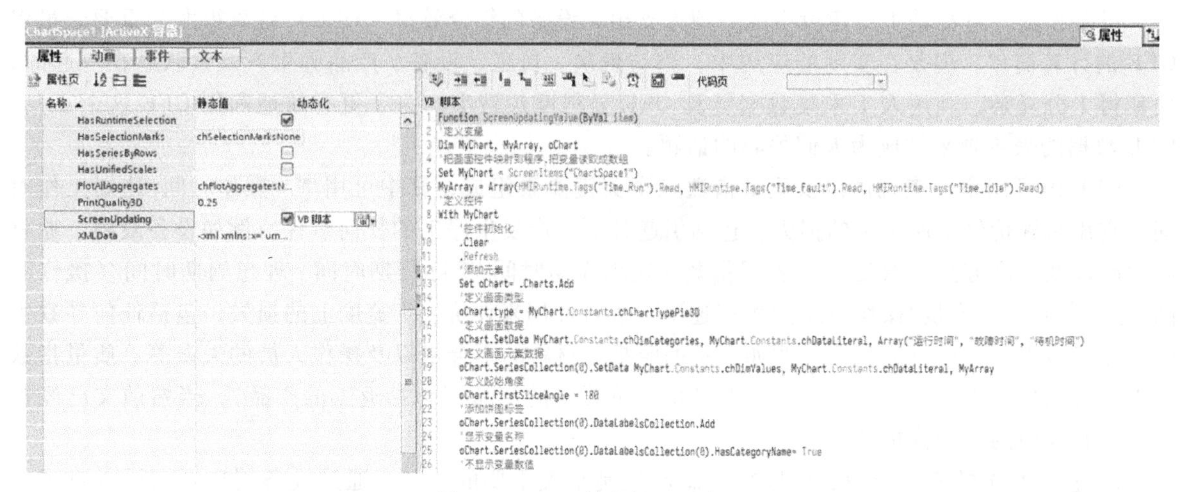

图 11　WinCC 触发饼图的脚本

四、运行效果

本项目自 2020 年 12 月份投产以来，数字化的工艺和数据记录在电机的生产过程中起到了不可替代的作用，保障了产品的高质量生产，并且受到生产、设备维护、质量等相关人员的一致好评。

五、应用体会

通过本项目的实施与应用，WinCC 组态软件具有开放性和系统的稳定性等优势，同时具有强大的脚本编程能力，包括从图形对象上单个的动作到完整的功能以及独立于单个组件的全局动作脚本。

WinCC 集生产自动化和过程自动化于一体，完成了相互之间的整合，这在很多工业范畴的使用实例中也已证明，比如在电机行业，在订单零散且产品种类繁多的情况下，更是发挥了其巨大的优势。

TIA PORTAL V16 和 WinCC V7.5 SP2 标准化程序的设计
Design of TIA Portal V16 and WinCC V7.5 SP2 standardization program

赵中源
（哈尔滨宇龙自动化有限公司　哈尔滨）

[摘　要] 本文介绍了在公司内部应用 TIA Portal 编写标准化程序库的项目实施过程，项目中所使用的软件为 TIA Portal V16 和 WinCC V7.5 SP2，使用 S7-PLCSIM Advanced V3.0 进行仿真测试验证，可以在 S7-1200 和 S7-1500 系列 CPU 中使用。在 TIA Portal 全局库中的程序块采用 SCL 语言编写，上位机使用了 WinCC V7.5 SP2 的新功能，通过关联结构变量的方式创建面板实例。

[关 键 词] 标准化、WinCCV7.5 SP2、TIA Portal V16

[Abstract] This paper introduces that the project implementation process of applying TIA Portal to write standardized program library in the company. The software environment is TIA Portal V16 and WinCC V7.5 SP2, using S7-PLCSIM Advanced V3.0, which can be used in S7-1200 and S7-1500 series CPUs. The program block in Global library is written in SCL language, and the host computer uses the new function of WinCC V7.5 SP2 to create a panel example by associating structural variables.

[Key Words] Standardization、WinCC V7.5 SP2、TIA Portal V16

一、项目简介

哈尔滨宇龙自动化有限公司是西门子在东北地区核心分销商，公司以推广国际先进的自动化产品，提供自动化控制系统的编程调试、售后服务及技术支持为主要业务。2019 年，为了提高图样准确性、车间装配效率，公司决定把制图软件从 CAD 过渡到 EPLAN，目前在做的项目图样设计都需要按照公司规范使用 EPLAN 设计，经过多个项目的实践验证，设计人员按照规范进行图样设计后，整个团队的设计效率提高，比如 PLC、变频器、伺服控制器等符号宏或者部件库，只要制图完毕，其他人调用就可以，不用浪费时间于重复工作上。而且如果主数据存在错误，由于多人使用，极易发现并更正错误。

2021 年，为了达到设计的统一性，减少技术人员在项目编程中的重复工作，公司决定开展程序标准化的项目，经过公司内部研讨，以及对以往项目中常用的块的统计，决定先制作包含电机块、阀门块、模拟量监视块、数字量输出块等 6 个功能程序块的库，图 1 为公司内部目前已发布使用的库文件，其中包括用于 TIA PortalV16 版本的全局库及 WinCC V7.5 SP2 版本相关的文件。

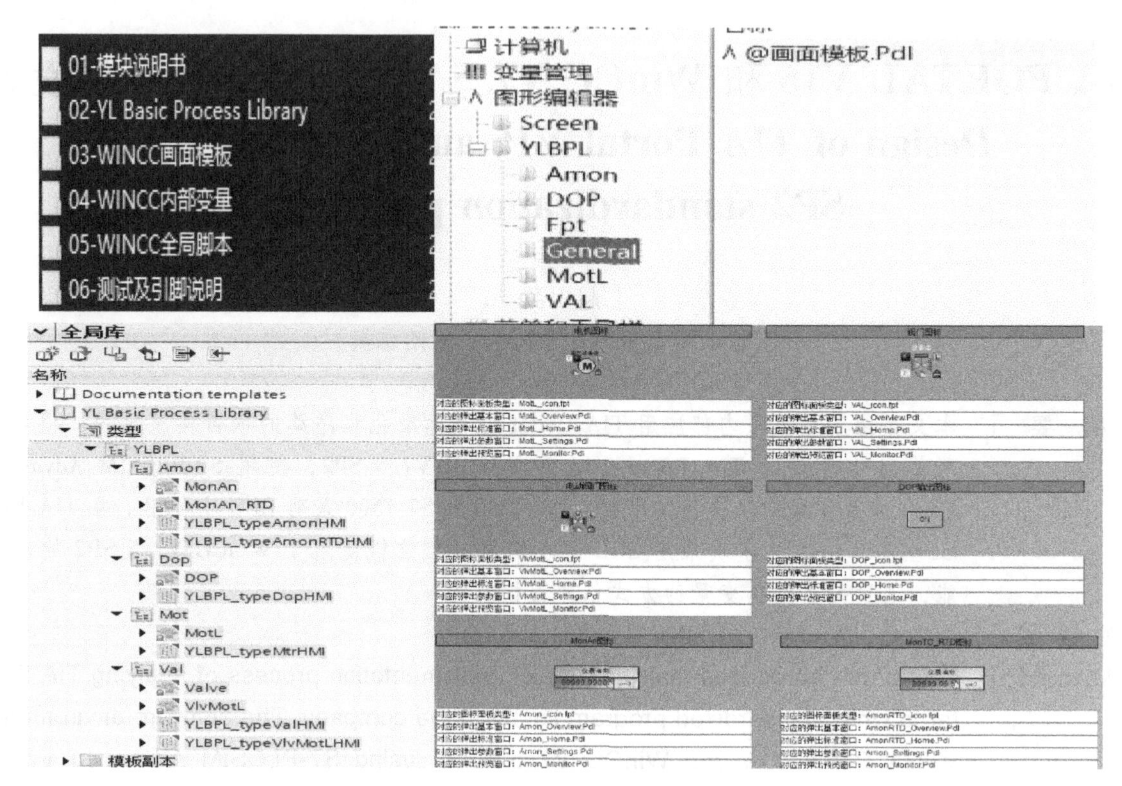

图 1　项目输出文件

二、技术介绍

通过使用标准化的库创建的 TIA Portal 项目，当程序涉及电机、阀门、模拟量监视等功能设备时，只需把库复制到程序块文件夹中，然后调用相应块即可，可以使组态工作更加简便，节省编程时间；程序中块引脚的设计、画面图标及弹出面板设计等都具有统一的风格，操作更加方便。

TIA PORTAL 库的中程序块引脚设计参照了 PCS7 APL 库中的相应功能块；编程语言采用 SCL，参考了西门子 LBP 基本过程库的程序结构及编程方法；TIA PORTAL+WinCC V7 无法像 STEP7+WinCC V7 的结构一样，通过相应设置以编译 OS 的方式自动上传变量及生成对应设备图标等，因此，使用 WinCC 项目对应模板时，在创建 WinCC 项目后，需要手动导入 SCADA Export 导出的 PLC 变量文件和事先定义好的内部变量文件、全局脚本及画面模板。

在程序编写完成后，通过安装 SIMATIC SCADA Export 工具导出相应功能块的结构变量等组态数据，离线加载到 WinCC 项目中，之后在变量管理中会自动创建结构类型并连接 PLC 变量，复制画面模板中的 fpt 面板实例到组态画面中，连接对应 PLC 结构变量即可实现整个项目的创建。

下面以电机块为例简单说明程序创建流程（已经导入标准化库文件后）（见图 2）：

项目基于 STEP 7 Professional V16 和 WinCC V7.5 SP2 版本创建，支持硬件为所有版本的 S7-1500 或 S7-1200 V4.0。

标准块编程语言使用了 SCL 语言，这种语言基于标准 IEC 61131-3，对应了该标准中定义的 ST 语言（结构化文本），根据该标准可以对用于 PLC 的编程语言进行标准化。SCL 编程语言为 PLC 做了优化处理，具有高级语言的特性，TIA 博途软件本身集成 SCL 语言包。

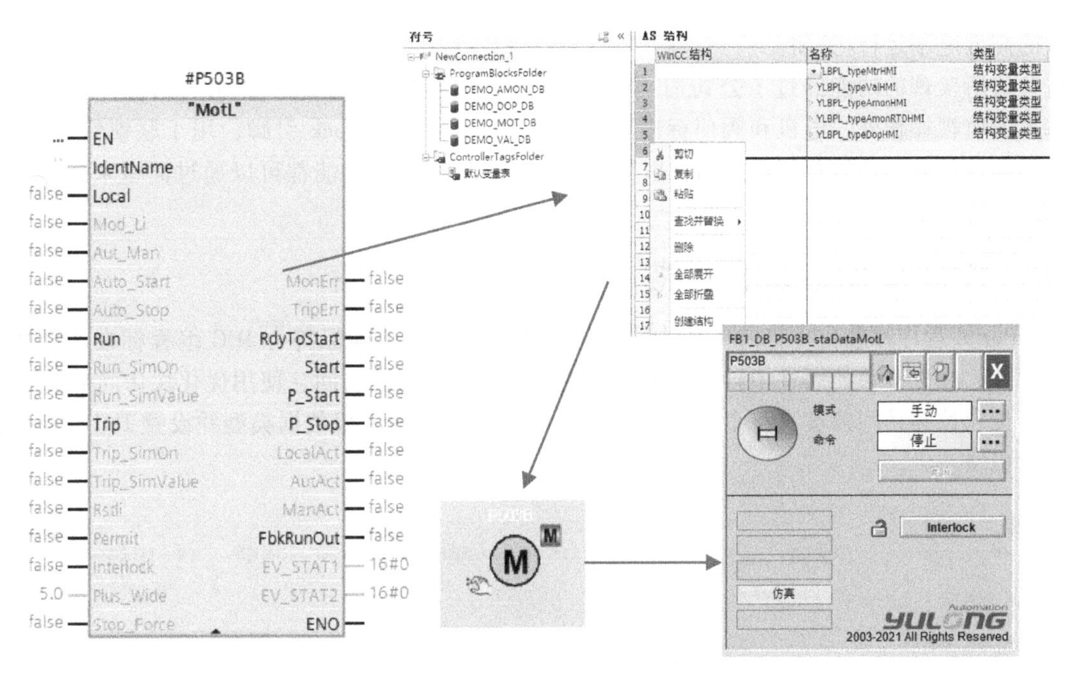

图 2　调用电机块→添加变量→调用画面

在 WinCC 侧创建每个标准块对应的图标和操作面板，图标通过面板实例的方式创建；通过导入的项目模块脚本来实现操作人员点击图标时，对应画面窗口的打开及变量前缀的给定。

图 3 为 WinCC 标准功能模块。

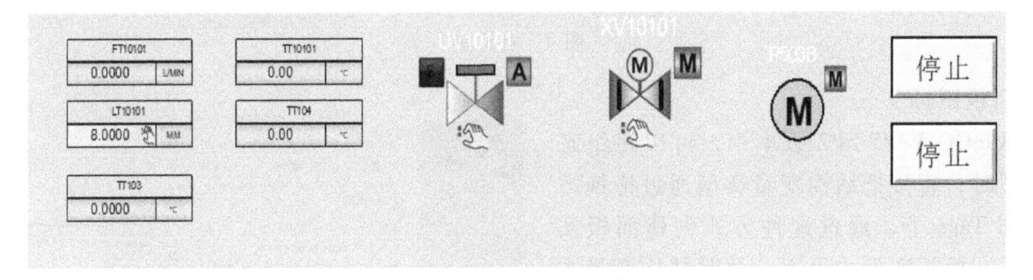

图 3　WinCC 标准功能模板

目前已经编写调试完成的标准功能块有以下几个：

Motl 功能块：主要用于控制单向起停电机，可以实现电机的手动控制、自动控制、本地控制等；控制命令可以为单点的高低电平启停，也可以为双点的脉冲控制启停。

Valve 功能块：主要用于控制两位（打开/关闭）阀门，可以实现阀的手动控制、自动控制、本地控制等；控制命令可以为单点的高低电平开关，也可以为双点的脉冲控制开关。

VLVMot 功能块：主要用于控制带中停的电动阀门，可以实现电动阀门的手动控制、自动控制、本地控制等；控制命令可以为多点的高低电平打开/停止/关闭，也可以为多点的脉冲控制打开/停止/关闭。

MonAn 功能块：主要用于监视模拟量过程数值（电压、电流类型）。

MonTC_RTD 功能块：主要用于监视模拟量过程数值（TC、RTD 类型）。

DOP 功能块：主要用于单点控制输出，可以实现单点输出的 OP 控制、互联控制等；控制命令为单点的高低电平运行/关闭。

这些块所实现的功能经过了公司内部的讨论，都是做过项目中比较常用的功能，除了设备启停、基本的监视操作外，电机和阀门标准块增加了 Permit 和 Interlock 引脚，用于联锁保护的功能，且每个标准块的外部信号都能通过面板以仿真的方式给定，这些功能都可以通过面板来选择打开或者关闭。

三、控制系统完成的功能

TIA Portal 程序标准化项目的标准块使用符号化编程，为了确保符合 IEC 编程标准，增加代码的可重用性，在标准块的属性中打开了 IEC 检查功能及优化的块访问，使用优化块访问节省 PLC 程序空间、优化读写访问速度；每个块均创建用于 WinCC 访问的专用数据类型并设置 HMI 访问权限。图 4 为电机块。

MotL

名称	数据类型	保持	从 HMI/OPC UA/Web API 可访问	从 HMI/OPC UA/Web API 可写	在 HMI 工程组态中可见
Input			☐	☐	☐
Output			☐	☐	☐
InOut			☐	☐	☐
Static			☐	☐	☐
staDataMotL	"YLBPL_typeMtrHMI"	保持	☑	☑	☑
IdentName	String[30]	保持	☑	☐	☑
SettingsHMI	Struct	保持	☑	☑	☑
StatusHMI	Struct	保持	☑	☐	☑
mtrMSGStatus	Struct	保持	☑	☐	☑
inFbkRunTON	TON_TIME	非保持	☐	☐	☐
OutStartTP	TP_TIME	非保持	☐	☐	☐
OutStopTP	TP_TIME	非保持	☐	☐	☐
StatCommand	Struct	非保持	☐	☐	☐

图 4　电机块

1. 面板图标

在 WinCC V7.5 SP2 版本中，可以在组态面板类型时，直接把结构变量类型通过拖拽方式添加到 Tags 下，通过这种方式创建面板实例，无需在面板实例中再逐一关联结构变量中的变量元素。图 5 为画面实例。

在面板实例鼠标→左键事件中添加了弹出画面窗口的 VB 脚本，为了让技术人员在编写画面时简化步骤，把写好的标准块图标及其脚本放在同一个画面中，在使用时只需要复制图标到相应工艺流程画面中然后为图标连接结构变量并修改面板实例对象名称，三步操作即可，如图 6 所示。

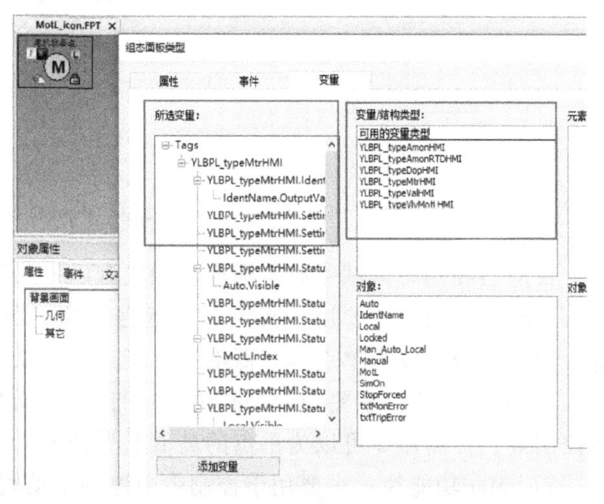

图 5　画面实例

2. 操作面板

在主画面 MainScreen 中，建立 16 个画面窗口对象用于操作面板，对象名称按顺序命令为 swYLBPLScreen_1～swYLBPLScreen_16，同时建立一个画面对象窗口 SubScreen 用于工艺子画面的显示，建立三个用于切换子画面的按钮（实际项目应用中，工艺画面数量及命名需要编程人员参考实际项目工艺建立，测试中用了三个子画面），通过在按钮鼠标事件中添加脚本切换子画面，同时脚本中判断当前画面中是否有操作面板打开，如有正在打开的面板，则使用脚本对其关闭，如图7所示。

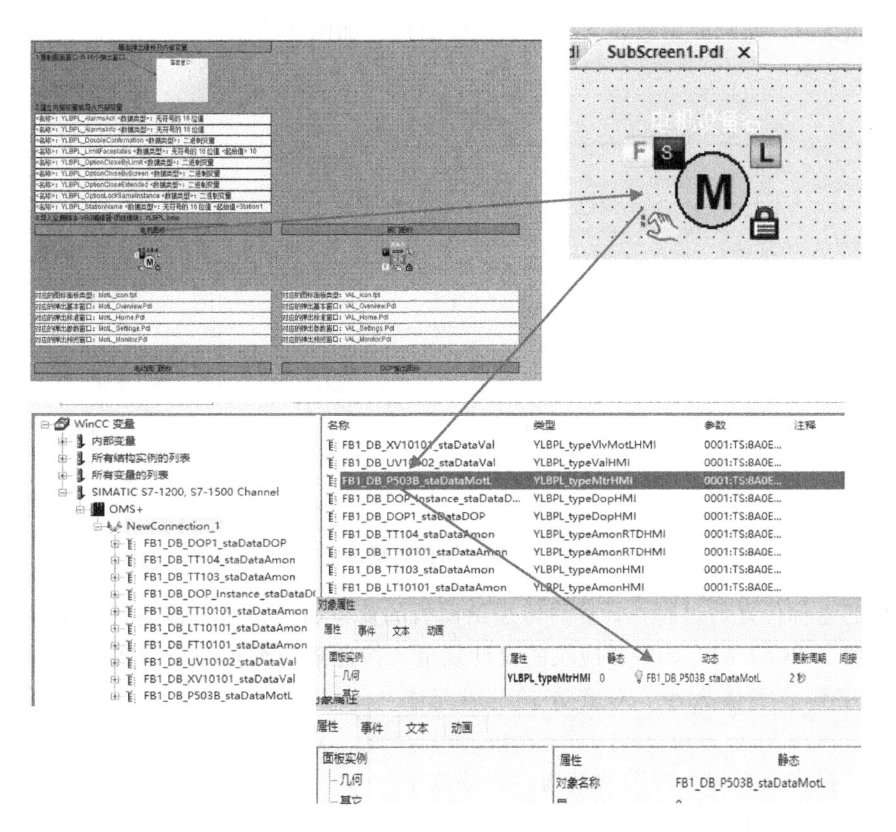

图6 WinCC图标调用示例

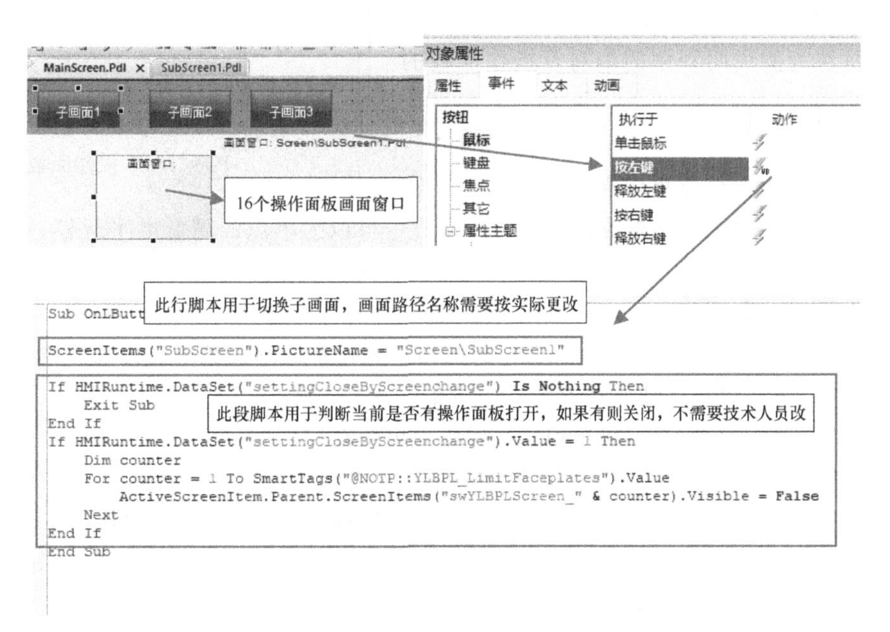

图7 切换画面脚本

在弹出操作面板的设计上，参考了 LBP 库使用的 VBS 脚本 Screenhandling，可以通过修改内部变量 LimitFaceplates 的值来改变弹出面板的最大数量，通过设置最大支持同时弹出 16 个操作面板窗口，默认起始值为 4，即画面中最多支持 4 个操作面板，如图 8 所示。

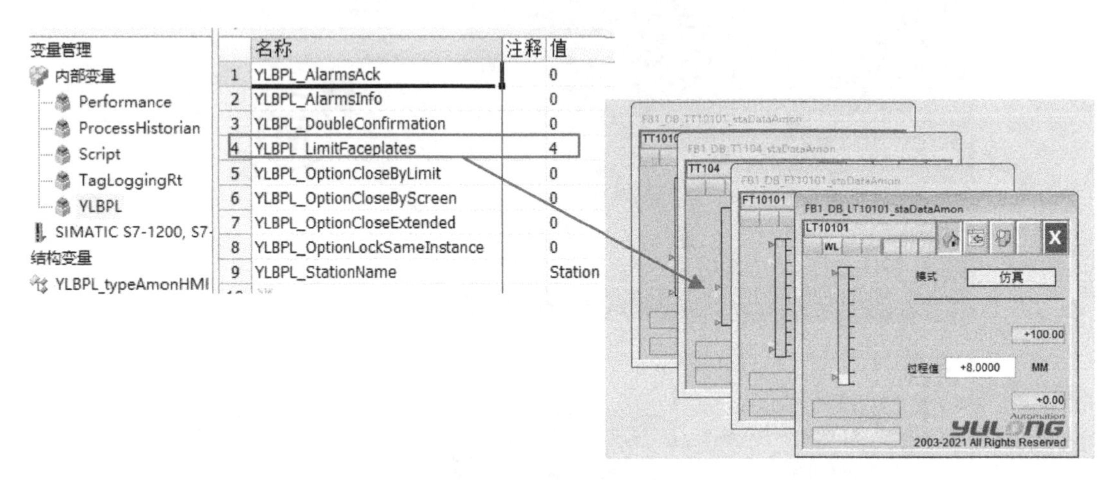

图 8　操作面板数量设置

操作面板的坐标位置通过脚本计算后传递给面板的窗口属性，同时传递其变量前缀。操作面板的画面设计参照了 PCS7 APL 库中相应块的设计规范，按照规范编辑面板中各类型的文本、颜色及其他对象，如字体、字体大小、对齐方式、填充图案等。

图 9 显示了操作面板标准视图的结构，底部数字为画面对象的 X 坐标位置，其中定义了状态框的起始位置、按钮的起始位置、标签的起始位置等，各设备的操作面板按照此标准进行统一设计。

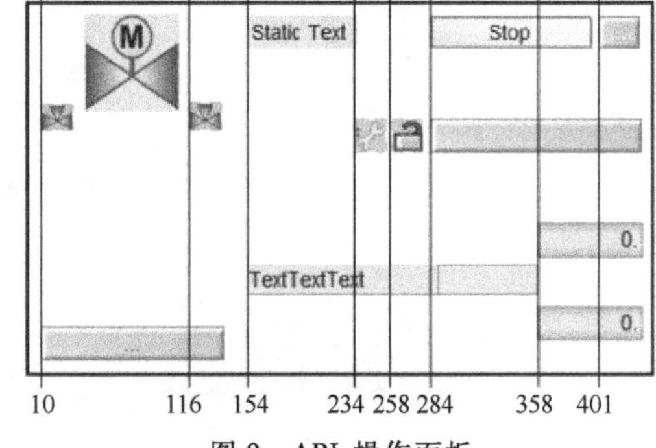

图 9　APL 操作面板

下面以电机块为例说明程序的编写及操作面板的设计和调试方法。

3. 电机块示例

电机功能块主要用于控制单向起停电机，可以实现电机的手动控制、自动控制、本地控制等；控制命令可以为单点的高低电平起停，也可以为双点的脉冲控制起停；电机起动或运行过程中可以实行安全的联锁保护控制等。

有 3 种操作模式：本地模式、自动模式、手动模式：

1）本地模式：电机可通过位于“本地”的控制箱进行本地开关控制起停。

2）自动模式：电机由程序功能块的输入引脚信号来控制起停。

3）手动模式：电机由操作员通过 WinCC 操作面板手动控制起停。

图 10 所示是 3 种模式之间的切换关系，各种模式之间可以进行相互的切换。

功能块基本接口如图 11 所示，其中 Run 输入连接现场电机运行反馈信号，Start 输出连接的是单点高低电平型电机起动输出信号，这三个信号为最基本的信号输入和输出接口（如双点电机时可以使用脉冲输出 P_Start 和 P_Stop）。

表 1 为功能块参数表。

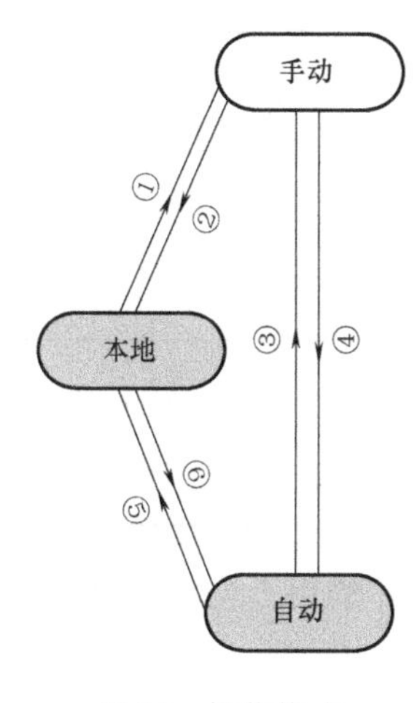

图 10　操作模式

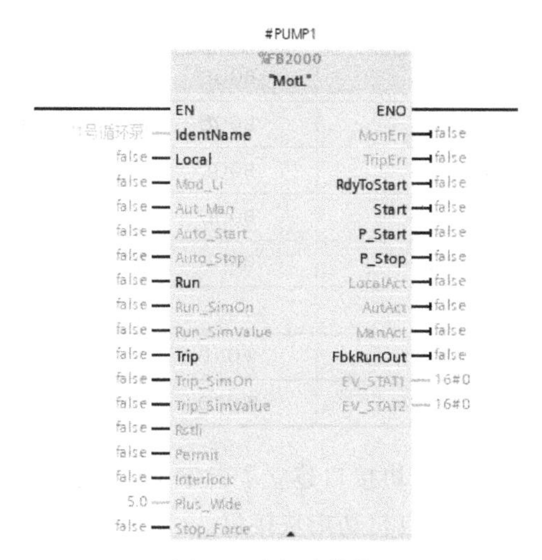

图 11　电机功能块

表 1　电机块输入输出接口

输入变量			
接口名称	数据类型	功能描述	初始值
IdentName	String[30]	设备名	0
Local	BOOL	1=就地,0=远程	0
Aut_Man	BOOL	1=设备处于自动控制	0
Mod_Li	BOOL	1=设备处于互连控制手自动,0=操作员手自动	0
Auto_Start	BOOL	1=自动起动	0
Auto_Stop	BOOL	1=自动停止	0
Run	BOOL	1=设备运行状态反馈	0
Run_Simon	BOOL	1=运行信号仿真	0
Run_SimValue	BOOL	仿真信号	0
Trip	BOOL	1=设备热继故障反馈	0
Trip_Simon	BOOL	1=跳闸信号仿真	0
Trip_SimValue	BOOL	仿真信号	0
Rstli	BOOL	互联复位	0
Permit	BOOL	1=允许起动	0
Interlock	BOOL	1=联锁	0
Plus_Wide	REAL	输出脉冲长度	3
Stop_Force	BOOL	1=急停	0
输出变量			
MonErr	BOOL	监视故障	
TripErr	BOOL	设备跳闸故障	0
RdyToStart	BOOL	1=准备起动	0
Start	BOOL	1=设备起动	0

（续）

P_Start	BOOL	1=设备起动脉冲	0
P_Stop	BOOL	1=设备停止脉冲	0
LocalAct	BOOL	1=本地激活	0
AutAct	BOOL	1=自动激活	0
ManAct	BOOL	1=手动激活	0
FbkOut	BOOL	1=运行状态输出	0
EV_STAT1	WORD	设备状态 1	0
EV_STAT2	WORD	设备状态 2	0

每个功能块接口建立了自定义的数据类型用于上位机访问，并禁用上位机对其他变量的访问权限。图 12 为电机功能块接口。

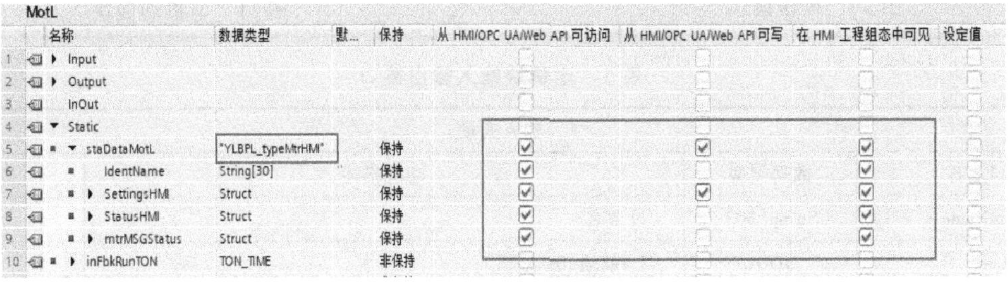

MotL

	名称	数据类型	默...	保持	从 HMI/OPC UA/Web API 可访问	从 HMI/OPC UA/Web API 可写	在 HMI 工程组态中可见	设定值
1	Input							
2	Output							
3	InOut							
4	Static							
5	staDataMotL	"YLBPL_typeMtrHMI"		保持	✓	✓	✓	
6	IdentName	String[30]		保持	✓		✓	
7	SettingsHMI	Struct		保持	✓	✓	✓	
8	StatusHMI	Struct		保持	✓		✓	
9	mtrMSGStatus	Struct		保持	✓		✓	
10	inFbkRunTON	TON_TIME		非保持				

图 12　电机功能块接口

identName：目前用于 WinCC 操作面板中标题的显示，在后续功能设计中会将此变量用于在报警消息窗口中显示，对应设备名称。

SettingHMI：WinCC 可读可写访问的变量，被用于操作面板中的相关参数设置及控制命令，包括电机起停命令、监视时间等。

StatusHMI：WinCC 可读访问的变量，用于电机的状态显示。

mtrMSGStatus：用于 FB 功能块逻辑处理的电机变量，在库的调试过程中使用，未应用于 HMI 面板，后续会从此类型中删除。

程序应用了 SCL 语言编写，并参照《程序设计规范指南》进行设计，如在访问控制字单个位时使用片段访问方式，并尽可能将 IF/ELSE 指令简化为二进制运算，这种方法可以提高代码的性能和可读性，减少内存消耗。

在程序设计完成后，通过 SIMATIC SCADA Export 直接从 TIA Portal 软件中将组态的 PLC 变量导出，离线加载到相应的 WinCC 项目中。图 13 为功能块程序。

因为有 PCS7 项目的参与经验，WinCC 中块图标和操作面板的编写参照了 PCS7 高级过程控制库（APL 库）中相应设备 OS 对象的设计，在编辑画面添加设备图标后，如图 14 所示，需要手动关联面板实例变量并修改对象名称，在脚本中通过读取对象名称，传递操作面板变量前缀参数。

在设备图标→鼠标左键按下事件中，只需通过一行脚本 Screenhandling item. ObjectName，"YLB-PL \ MotL \ MotL_Overview" 用来控制打开操作面板，脚本需要填写的两个参数为变量前缀和需要显示的画面模板。Screenhandling 脚本为 VBS 全局脚本，如图 15 所示，其中脚本内部通过使用 Add

```
REGION Read Inputs


    #staDataMotL.IdentName := #IdentName;
    #staDataMotL.mtrMSGStatus.MonTiDys := #staDataMotL.SettingsHMI.MonTiDys;
    #staDataMotL.mtrMSGStatus.Plus_Wide := REAL_TO_DINT(#Plus_Wide * 1000.0);
    #staDataMotL.mtrMSGStatus.Local := #Local;
    #staDataMotL.mtrMSGStatus.Aut_Man := (#Mod_Li AND #Aut_Man) OR (NOT #Mod_Li AND #staDataMotL.SettingsHMI.CMD.%X2);
    IF #staDataMotL.SettingsHMI.CMD.%X5 THEN
        #staDataMotL.mtrMSGStatus.Permit := #Permit;
    ELSE
        #staDataMotL.mtrMSGStatus.Permit := TRUE;
    END_IF;
    IF #staDataMotL.SettingsHMI.CMD.%X6 THEN
        #staDataMotL.mtrMSGStatus.Interlock := #Interlock;
    ELSE
        #staDataMotL.mtrMSGStatus.Interlock := TRUE;
    END_IF;
    #staDataMotL.mtrMSGStatus.Rstli := #Rstli;
```

图 13　功能块程序

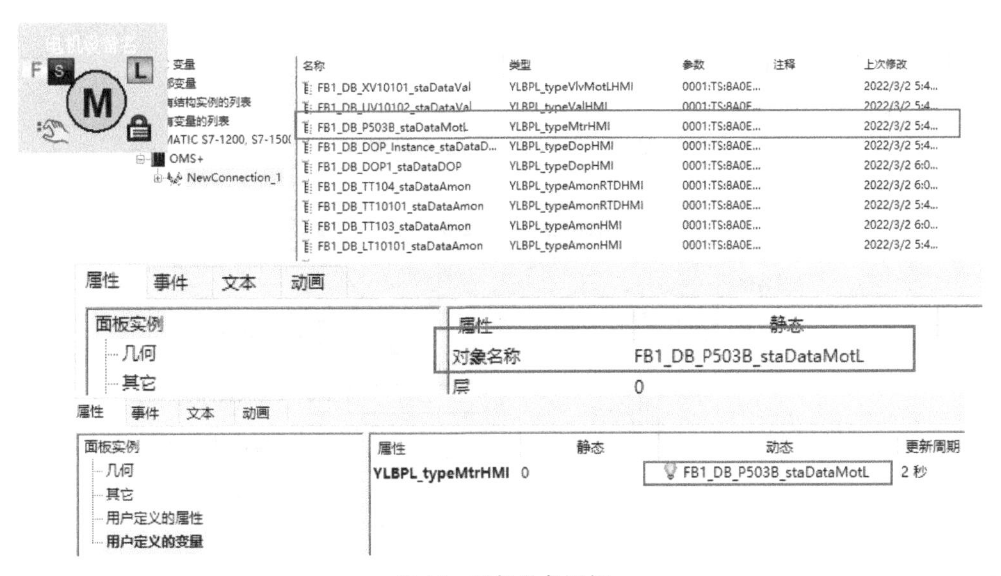

图 14　添加设备图标

方法添加全局 DataSet 变量，并通过这些变量来控制操作面板的打开、面板的打开位置、变量前缀的传递等功能，这个脚本集成在 LBP 库中，以此脚本为基础无需什么修改就可以实现我们想要的功能，缩短了 WinCC 项目开发时间。

在设备操作面板中设计以下视图：标准视图、参数视图及预览，如图 16 所示。

操作面板的设计是用画面窗口和结构变量元素共同组态来建立画面模板，通过在画面中多次调用画面窗口，连接该模板但关联不同的结构变量，实现在各个窗口中显示各个设备不同的状态，这个方法已经在多个项目中使用过，对此种应用方法也已经有比较多的实际组态经验，所以在这次 WinCC 项目的设计中使用。

其中标准视图中控制电机起停的按钮通过在事件中组态 C 脚本实现，具体方法为使用“动态向导”-“标准组态”-“置位/复位一个位”系统功能添加对应 C 动作。

参数视图中，复选框对象涉及变量为控制字中的某一位，这里在鼠标事件中用 VB 脚本，通过“异或”指令实现对位的操作，如图 17 所示。

```
Dim mainScreen, mainScreenName
mainScreenName = HMIRuntime.BaseScreenName
Set mainScreen = HMIRuntime.Screens(mainScreenName)
Dim counter, counter2, counter3, freeScreen, screenOpened, limitFPs
limitFPs = SmartTags("@NOTP::YLBPL_LimitFaceplates").Value

'Introduction of all static Variables which are needed in the program
If HMIRuntime.DataSet(mainScreenName & "pointer") Is Nothing Then
    'General settings of screenmanagement
    If HMIRuntime.DataSet("settingCloseByScreenchange") Is Nothing Then
        HMIRuntime.DataSet.Add "settingCloseByScreenchange",1
    End If
    If HMIRuntime.DataSet("settingCloseExtFPWithHome") Is Nothing Then
        HMIRuntime.DataSet.Add "settingCloseExtFPWithHome",1
    End If
    If HMIRuntime.DataSet("settingCloseIfLimitFPsReached") Is Nothing Then
        HMIRuntime.DataSet.Add "settingCloseIfLimitFPsReached",1
    End If
    If HMIRuntime.DataSet("settingMultibleFPsOfSame") Is Nothing Then
        HMIRuntime.DataSet.Add "settingMultibleFPsOfSame",1
    End If
    If HMIRuntime.DataSet("settingLimitFPPositionInsideProcessArea") Is Nothing Then
        HMIRuntime.DataSet.Add "settingLimitFPPositionInsideProcessArea",1
    End If
    If HMIRuntime.DataSet(mainScreenName & "openedFPs") Is Nothing Then
        HMIRuntime.DataSet.Add mainScreenName & "openedFPs",0
    End If

    HMIRuntime.DataSet.Add mainScreenName & "pointer",1
End If
```

图 15 Screenhandling 全局脚本

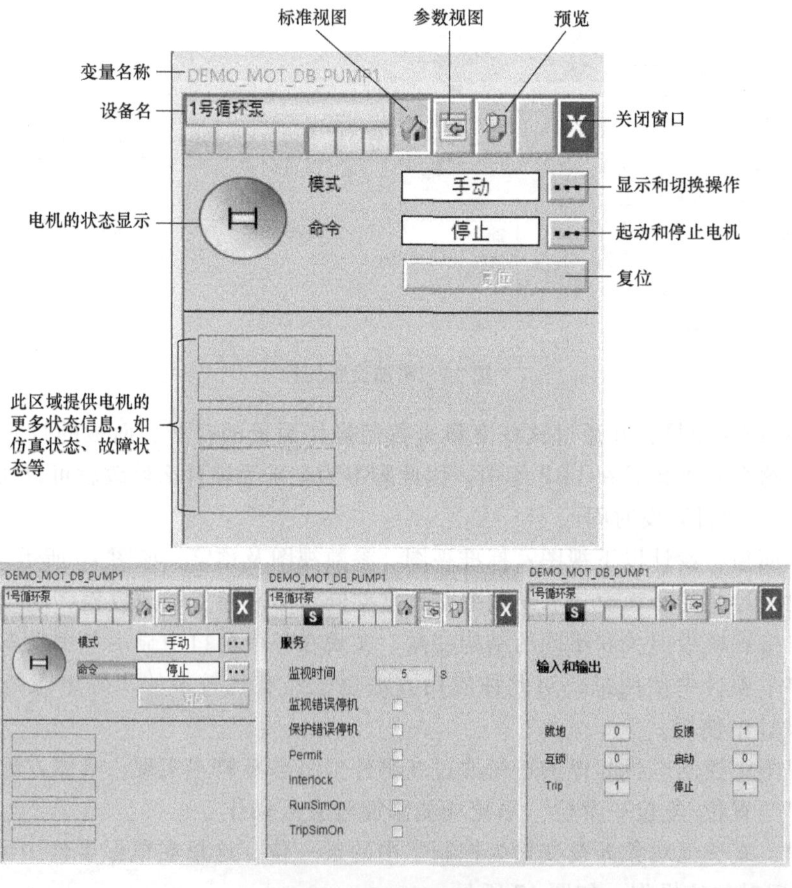

图 16 操作面板视图

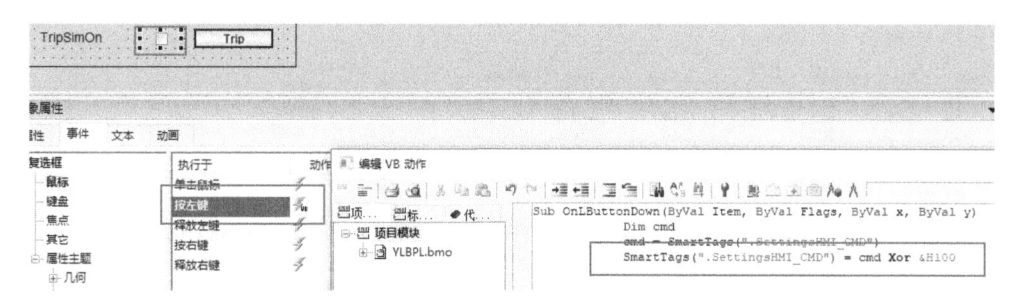

图 17　复选框组态

参数视图中，监视时间的变量单位为 ms，操作面板中需要设置按 s 设置，因此输入输出值需要采取线性转换方法，同样应用 VB 脚本解决此问题，其中输入值脚本添加在“事件”-“输出/输入”-“输入值”下，如图 18 所示。

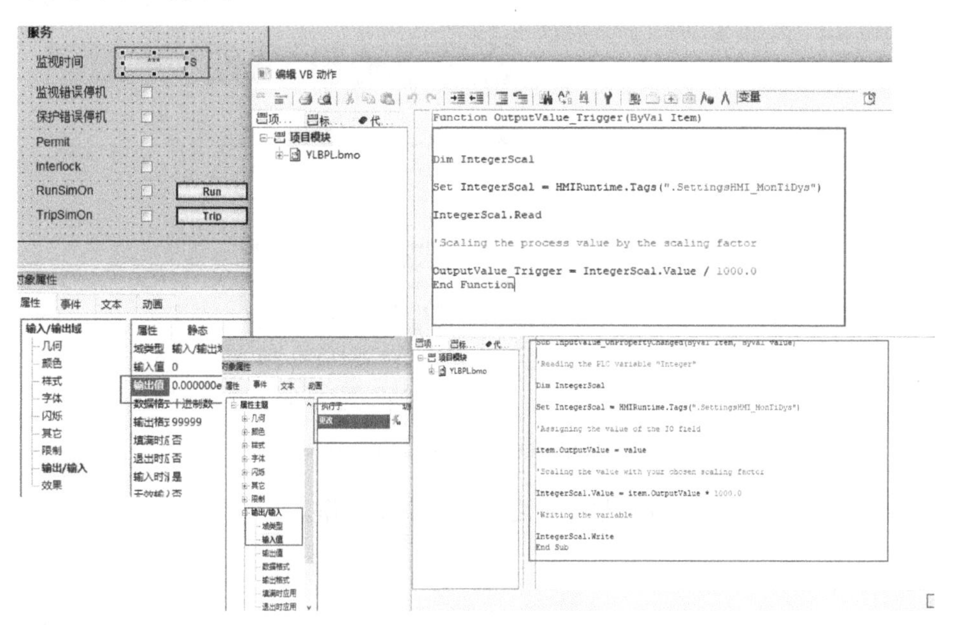

图 18　输入输出域组态

设备操作面板的实现具体功能已在上文提及，此处不再详述。

在程序调试阶段，使用了 S7-PLCSIM Advanced V3.0 Upd2，它可以对 S7-1500 和 ET 200SP 控制器进行仿真并包含大量仿真功能，如各种通信、运动、OPC 等。

在软件安装完成后，会在计算机上虚拟出一个网卡，调试中由于 WINCC V7.5 SP2 软件安装在 VM 虚拟机中，而 PLCSIM Advanced 安装在实机中，因此设置虚拟机网卡桥接到 SIEMENS PLCSIM Virtual Ethernet Adapter 进行调试，如图 19 所示。

在 WinCC 面板调试时，当画面实例从过程画面列表添加到画面时，几何尺寸默认为 190 * 190，不能以实际图标的尺寸添加到画面中，而且画面实例事件中 VBS 脚本中无法访问到“用户定义的变量中”-“属性”对象，目前的解决方法是把所有的设备图标放在一个画面中，第一个问题解决方法是先把图标比例调整好，编程人员需要哪个设备就复制到相应画面中，第二个问题解决方法是在脚本中引用画面实例-“对象名称”ObjectName 对象，这就需要操作人员手动复制“用户定义的变量

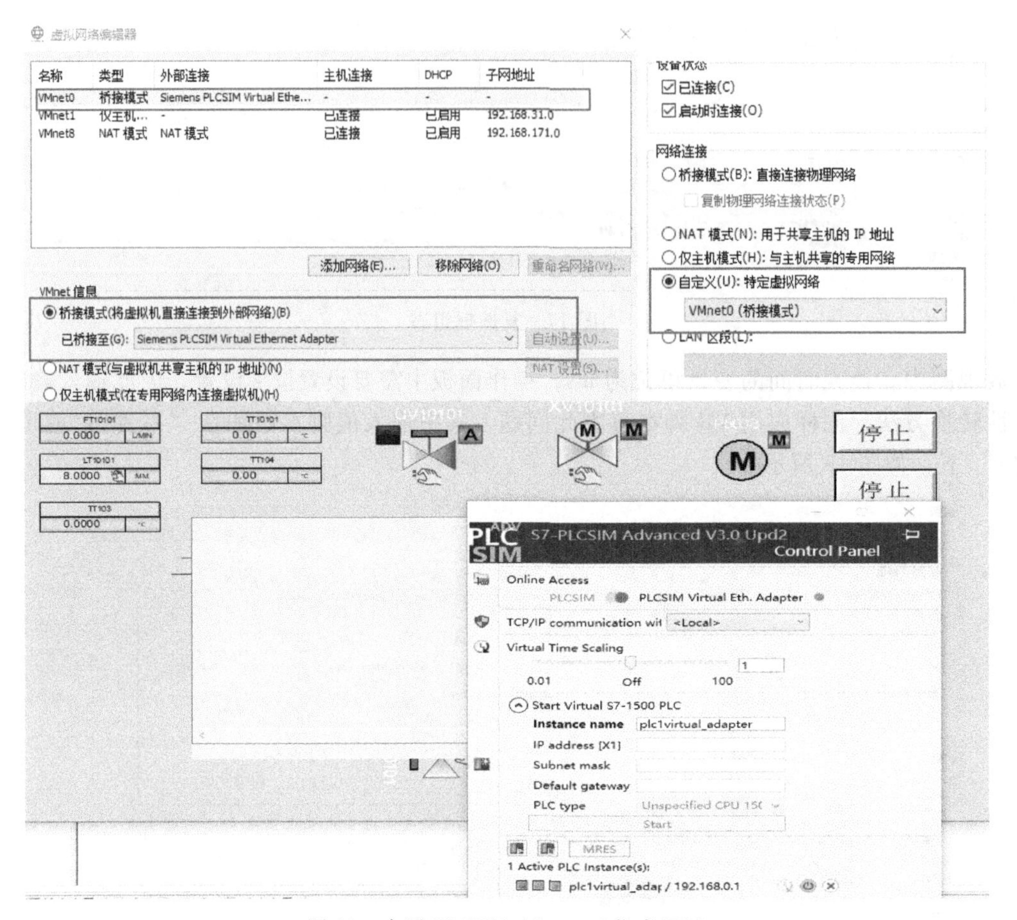

图 19 应用 PLCSIM Advanced 仿真调试

中”-“属性” 内容到对象名称中，在连接变量之外多了一步操作。

四、运行效果

项目在 2021 年 10 月开始设计实施，经过一段时间的努力，在 12 月份发布初版文件供公司内技术同事使用，通过内部培训，使大家尽快掌握程序库的使用，然后经过大家的测试及在实际项目中应用，也发现了一些 BUG 存在，这些在内部测试过程中没有发现的问题，通过修改对应功能块程序并发布新版本的全局库，在 TIAPortal 进行全局库管理，其他使用这个库人员在更新项目时可以很快把库实例更新到项目中，不会影响其他程序。

五、应用体会

通过 PLCSIM Advanced 仿真软件虚拟网卡调试，即便 WinCC 和仿真软件没安装在同一个系统中也不会影响到正常调试。

在使用 TIA PortalV16 公司库的项目中，所有功能块的实例类型可以统一更新，并且通过版本控制，可以对各功能块类型统一修改，将最新版本集成到各个项目中。

WinCC V7.5 SP2 版本开始，可以通过结构变量创建面板实例，通过连接 TIA Portal V16 公司库中功能块中的 HMI 结构类型，提高了工程组态的效率，通过使用 WinCC 面板类型，减少了所需的组态工作并且可以对其进行集中更改。

通过公司内部标准化项目，对 TIA 博途软件全局库的应用以及 WinCC 画面模板的应用有了更深入的了解，在使用脚本的过程中，对 WinCC 中 DataSet 对象有了简单的认识，在未来的程序开发上，实现客户工艺功能有了更多的解决方案。

参考文献

[1] 西门子（中国）有限公司. 程序设计规范指南 [Z]，2020.
[2] 西门子（中国）有限公司. Guide to Standardization [Z]，2018.

数字化赋能中心综合分析管理系统
Digital Empowerment Center Comprehensive Analysis Management System

东岳宸　陈清丽
（西门子（中国）有限公司西安第二分公司　西安）

[摘　要] 随着新一代数字技术的不断发展和应用，企业单元级的数字化正逐步向多主体协作的系统级数字化应用转型，引发关于企业创新生态系统数字化实施的思考。本文阐述在生产制造系统快速响应内外需求以及跨地域生产协同的目标下，实现信息采集、订单策略设计、产线 BI 解决方案的综合分析管理系统。基于 WinCC OA 实现了订单策略，快速将产品定制化需求下发，满足定制化产品生产需求。基于 Flask 框架，实现产线 BI 分析功能。在严格控制成本的前提下实现了功能的提升，满足了基础制造业对数字化功能的需求，拓展了数字化的应用空间。为企业创新生态系统数字化实施提供了模板和样例。

[关 键 词] WinCC OA、BI、Flask 框架、Python

[Abstract] With the continuous development and implement of new-generation digital technologies, the digitalization of the enterprise unit level is gradually transforming to the system-level digital application of multi-agent collaboration, which triggering deliberating about the digital implementation of the enterprise innovation ecosystem. This paper expounds a comprehensive analysis and management system that realizes information collection, order strategy design, and production line BI solutions under the goal of quickly responding to internal and external needs and cross-regional production collaboration in the manufacturing system. Based on WinCC OA, the order strategy is realized, and the customized requirements of products are swiftly issued to meet the production requirements of customized products. Based on the Flask framework, the production line BI analysis function is realized. Under the premise of strictly cost control, the improvement of functions has been achieved, which has met the needs of basic manufacturing for digital functions, and expanded the application space of digitalization. Templates and examples are provided for the digital implementation of enterprise innovation ecosystems.

[Key Words] WinCC OA、Business Intelligence、Flask Framework、Python

一、项目简介

当前，受到日益激烈的国际贸易冲突和日趋复杂的市场环境影响，在生产制造过程中使用大型复杂软件来提升生产效率，成为相关制造业发展的主旋律。工业制造企业在满足管理升级需求与成本控制方面正面临巨大的挑战。

企业订单管理和 BI 分析分别属于企业的基础和高级管理内容[1]。合理、高效的运作机制是企业降低成本，增强核心竞争力的有效途径。如何尽可能在减少投入的基础上，提高生产、管理的运作效率和效益，并最大限度地降低生产成本，增强市场竞争能力，是相关企业必须解决的重大问题。

为此，台州数字化赋能中心针对缺少大型复杂软件和数字化经验的相关企业建立了高效的综合分析管理系统。

二、系统构成

软件功能方面有三个模块，分别是 PLM（Product Life-cycle Management）、MES（Manufacturing Execution System）模块、BI（Business Intelligence）分析模块，本文主要从订单执行和产线分析角度描述 MES 模块（基于 WinCC OA 开发）、BI 分析模块（基于 Python 开发）。

其中，PLM 模块的 Teamcenter 服务器位于苏州 DEC 展厅，通过虚拟专用网络技术，与台州数字化赋能中心部署的工业以太网交换机进行加密通信[2]。MES 模块与 BI 分析模块部署于台州数字化赋能中心。

运用互联网点对点网络映射的方式，打通了数据链路，实现了跨地段生产信息集合。同时，由于部署了工业网络安全平台（SCALANCE SC636-2C），有效地隔离了内外网，保证了生产环境的安全[3]。

订单由移动端产生，客户从移动端设定按钮定制化需求（颜色、形状、材质等），PLM 根据订单创建工单和机加工程序，MES 模块读取工单信息，并创建工序等内容供自动化层使用，图 1 展示了订单工单的创建流程。

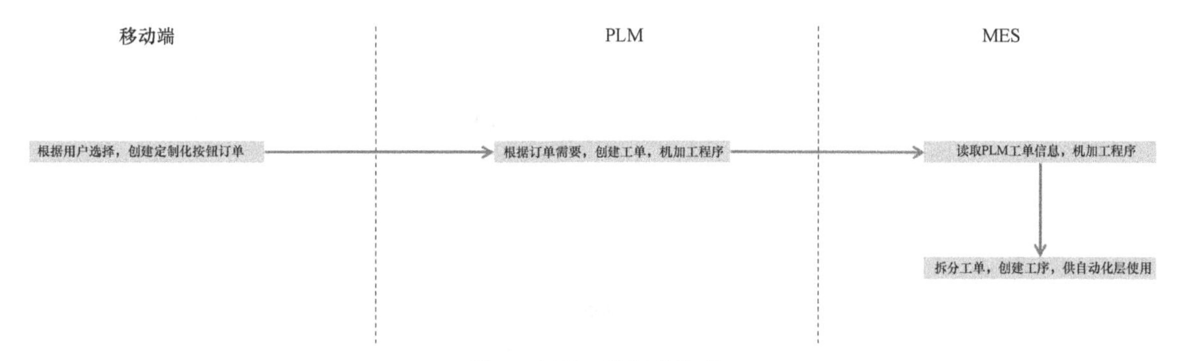

图 1　订单工单创建流程

BI 分析模块使用 Python 3.8 版本进行开发，基于 Flask 1.12 框架进行功能搭建[4]。客户端向 Web 服务器发送请求，服务器接收请求并处理请求，静态内容将会直接回传处理结果，动态内容通过 WSGI（Web Server Gateway Interface）向 Flask 传递需要处理的请求，Flask 将请求结果通过 WSGI 回传，由 Web 服务器将请求结果返回给客户端。

台州数字化赋能中心硬件部分（见图 2）：上料工站、机加工站、视觉检测 & 激光打标工站、装配工站、测试工站、下料工站和维修工站。

物料由上料工位进入产线，机加工站进行蘑菇头加工，视觉检测 & 激光打标工站进行视觉检测和激光打标，测试工站测试按钮是否正常工作，经检验无误后，由下料工站完成下线；以上任意工站判断工件出现错误，工件将会进入维修工站，人工确认下一步是放行、报废还是重新生产。

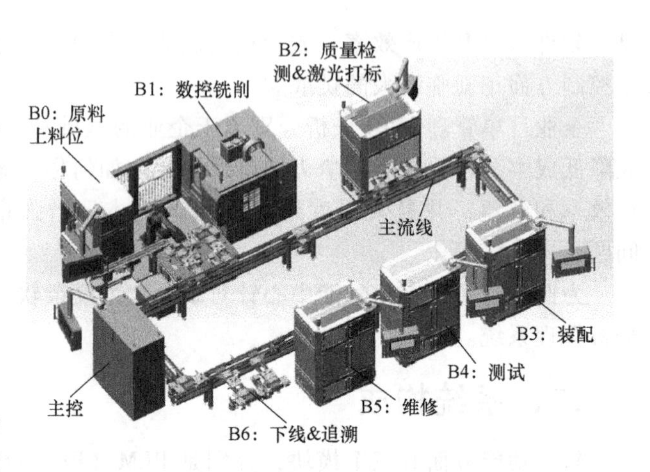

图 2　台州数字化赋能中心按钮产线工站布局

三、MES 模块

1. MES 模块架构

MES 模块由产线数据采集与工单管理系统（Production Line Data Acquisition and Order Management）承担，简称 PDM。基于 WinCC OA 3.16 P011 开发，采用了典型的三层结构软件设计模式：即业务逻辑层、数据层和人机交互层。软件框架如图 3 所示。

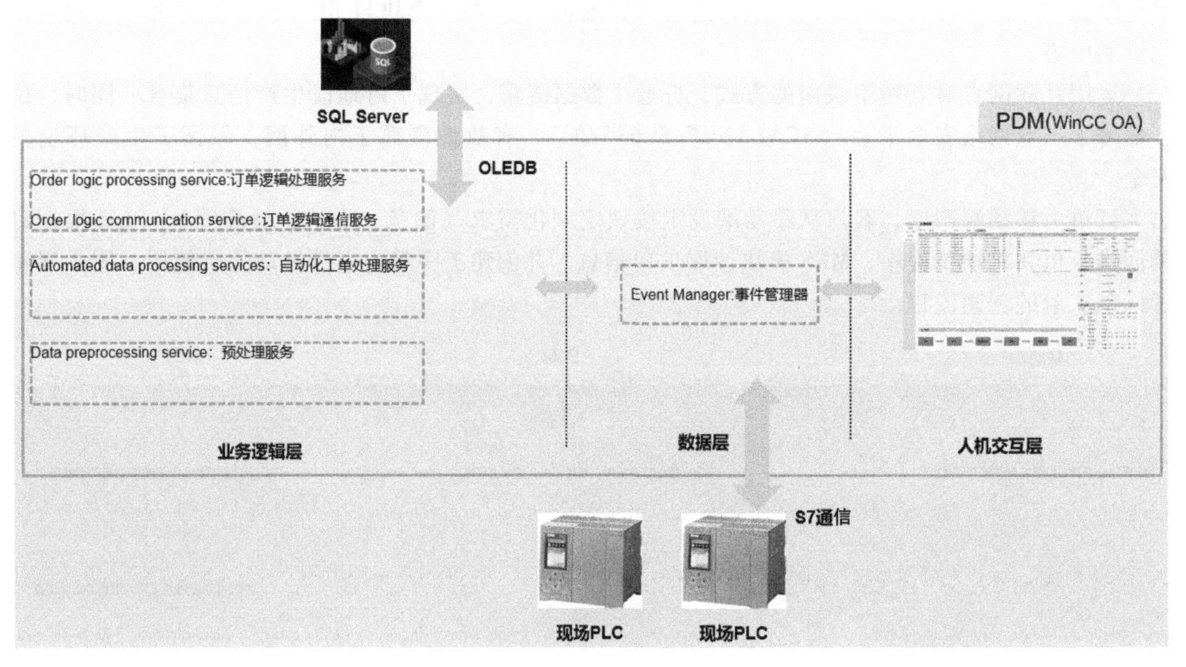

图 3　MES 软件结构

PDM（WinCC OA）的工单处理由事件信号驱动，如工件进入工位信号、工件加工完成信号、工单请求信号等。后台服务负责监听相应事件信号，根据不同的事件信号做出对应逻辑判断，执行相应的流程。如上料动作需要主控 PLC 置位工单请求信号，PDM 的订单逻辑处理服务根据现有工单释放情况决定是否下发工单。PLC 作为执行机构需要根据从 PDM 接收到的指令工单信息驱动外部设备动作，PDM 也需要实时接收来自 PLC 的事件信号，决定给 PLC 发送的内容，PDM 中各项服务通过对应的事件信号决定生产产品需要执行的步骤，即下发给 PLC 的内容。

数据库基于 SQL Server 构建，所有的数据都存储于数据库中，数据为 PDM 的执行决策提供依据。

PDM 客户端（WinCC OA Remote UI）可以进行管理、操作与故障查询等。

2. MES 模块功能

PDM 与底层 PLC、BI 分析模块之间交互数据。作为数据交汇点，PDM 主要具有以下核心功能：

（1）数据读写与处理

WinCC OA 与 PLC（S7-1516）之间通信采用 S7 方式[5]。通过 S7 Driver 实现 PDM 与自动化层的联通。Control Manager 后台运行逻辑层脚本。根据不同的流程定义了不同的触发信号和下发内容。每当工件流转到一个新的工位时，PLC 都会发送相应的信号给 PDM，PDM 根据 PLC 返回信号的状态，触发对应的回调函数，发送动作指令和工单信息给 PLC，PLC 接收到工单信息后，根据其内容控制设备执行相应的动作。如图 4 所示，在 WinCC OA Console 中运行 S7 Driver 和 Control Manager，其中 S7 Driver 负责管理 WinCC OA 与 PLC 通信，Control Manager 负责运行脚本。

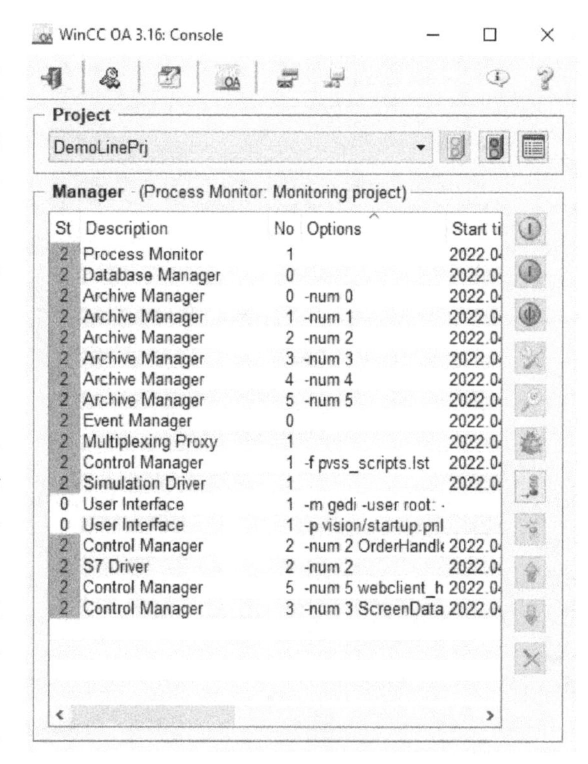

图 4　WinCC OA 管理器运行界面

上料工站收到托盘请求且工位处于可用状态，由自动化层向 PDM 请求工单，在收到工单前保持请求状态。PDM 检查是否有未释放工单，若有未释放工单，执行下发流程，将工单下发至 PLC；若此时已经没有待执行工单，则反馈自动化层无工单。图 5 和图 6 展现了在脚本中将事件信号和回调函数进行绑定，以及在回调函数中下发指定内容。

自动化层接收 PDM 反馈，若无待执行工单，则放行该托盘，若有待执行工单，将工单中的工

```
1  #uses "DataBase"
2  #uses "OrderSub"
3
4  main()
5  {
6    time t;
7    dpCreate( "tcOrderData", "_TimedFunc" );
8    dpSet("tcOrderData.validFrom", makeTime(2021,1,1),
9          "tcOrderData.validUntil", setPeriod(t, 0),
10         "tcOrderData.syncTime", -1,
11         "tcOrderData.interval", 30);  //86400
12   timedFunc( "getOrder", "tcOrderData" );
13
14
15   dpConnect("TIA_releaseOrder", "System1:op10.start_read.TIA_Request_Order:_online.._value");
16
17   dpConnect("TIA_loadResult", "System1:op10.finish_read.LoadFin_Request:_online.._value");
18
19   dpConnect("TIA_cncsStart", "System1:op20.start_read.Start_Request:_online.._value");
```

图 5　绑定事件信号和回调函数

```
286 TIA_releaseOrder(string dpl, bool requestOrder)
287 {
288
289 //DebugN("TIA_releaseOrder");
290
291   if (requestOrder)
292   {
293       dbConnection conn;
294       dbCommand dbCmd;
295       dbRecordset rs,rsl;
296       string sExecuteSQL;
297       int rc;
298
299       string uid,orderNo,tcNo,fidNo;
300       string headNo,poleNo,sokeNo,brakNo;
301       string cncPro,laserPro,laserContent;
302       float qc001Value,qc001High,qc001Low,qc002Value,qc002High,qc002Low;
303       string assmPro,testPro;
304       float assmTorque,assmTorqueHigh,assmTorqueLow,assmAngle,assmAngleHigh,assmAngleLow;
305       float testStroke,testStrokeMin,testStrokeMax,testTorque,testTorqueMin,testTorqueMax;
306
307       conn=OpenDB();
308
309       sExecuteSQL= "select * from T_Product_info where (orderStatus = 'Released') order by uid";
310       dbStartCommand(conn,sExecuteSQL,dbCmd);
311       rc = dbExecuteCommand(dbCmd,rs);
312       dbFinishCommand(dbCmd,rs);
313       if (rc)
314         DebugN(substr(formatTime("ISO", getCurrentTime()),0,19),"SQL","Error",rc,sExecuteSQL,">>>>> database error!");
315
316       if (!rc && !dbEOF(rs))
317       {
318         rc = dbGetField(rs, 0, uid);
319         rc = dbGetField(rs, 1, orderNo);
320         rc = dbGetField(rs, 2, tcNo);
321         rc = dbGetField(rs, 4, fidNo);
322
323         sExecuteSQL= "select * from T_Order_Material where (tcNo = '" + tcNo + "')";
```

图 6　回调函数处理下发内容

艺信息写入 RFID，完成该动作后向 PDM 置位工单接收完成信号，PDM 此时更新工单状态。图 7 为上料工位流程。

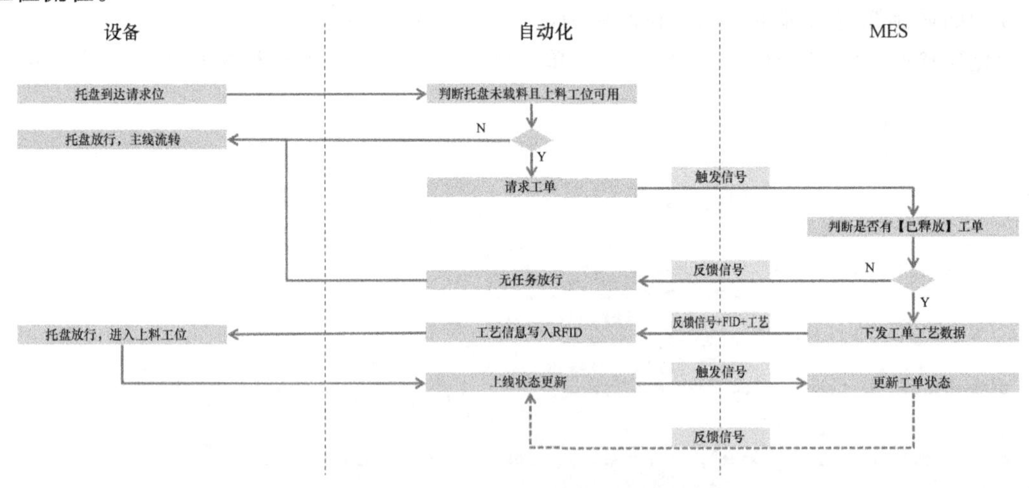

图 7　上料工位流程

当工件进入加工流程后（机加工站、视觉检测 & 激光打标工站、装配工站、测试工站），将会根据 RFID 中的工单信息进行加工和检查工序完成情况，此时 PDM 仅读取工序执行信息。完成加工流程后，工件流转至下料工位，完成下料，参见图 8 工件下线流程图。

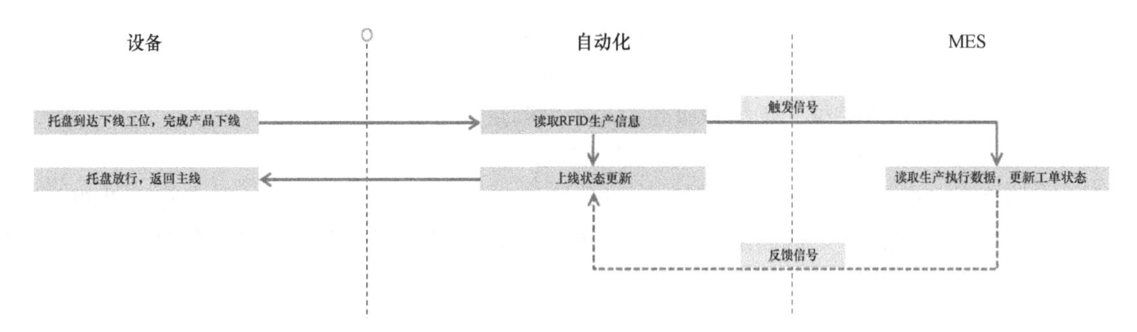

图 8　工件下线流程

若任意工位出现工件不合格情况，会将工件移动至维修工位进行人工检测，决定该工件是放行还是报废重置，参见图 9 不合格工件流程。

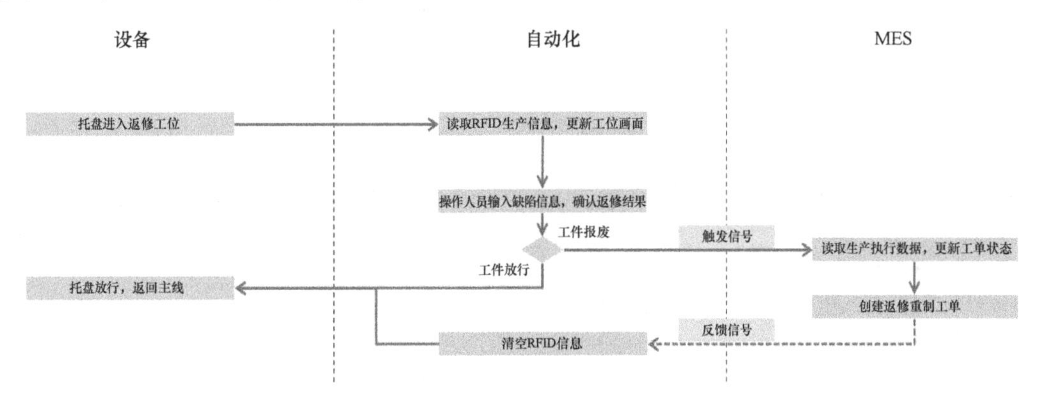

图 9　不合格工件流程

(2) 工单管理

工单管理界面中（见图 10），展示系统中所有工单。选中对应工单，查看工单中产品信息、物

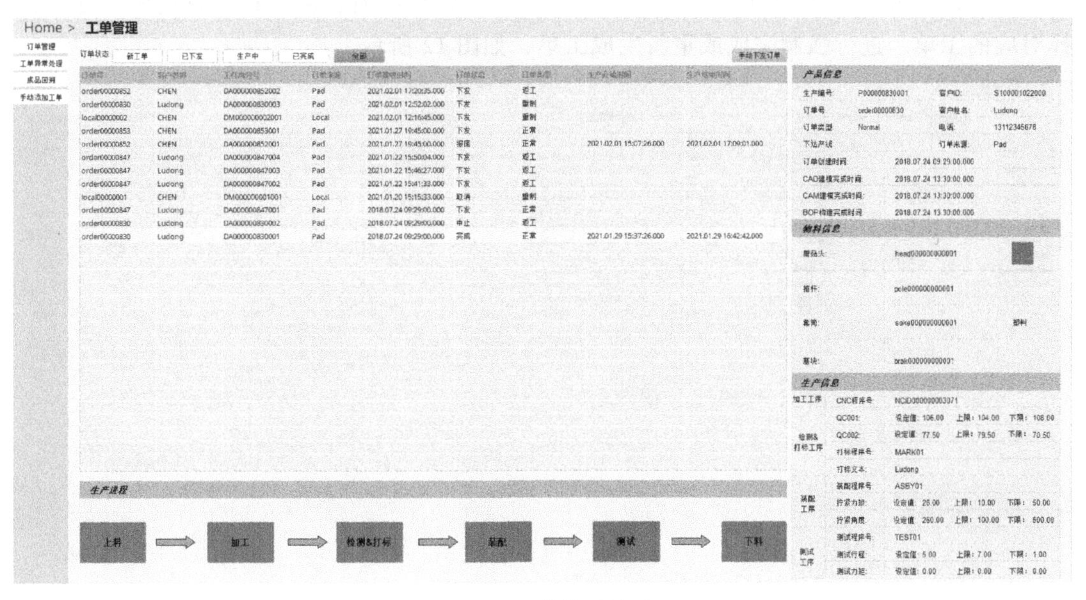

图 10　工单管理界面

料信息以及生产信息。同时也可查看工单生产进程中的状态。

产品信息包含生产编号、客户 ID、订单类型等数据。

物料信息包含蘑菇头类型、按钮材质和产品类型的定义等。

生产信息包含 CNC 程序号、装配工序、测试信息等重要数据。

1）成品追溯查询：PDM 将来自 PLM 和 PLC 的生产信息进行整合，通过脚本将工单相关数据存储至 SQL Server 数据库中。成品追溯查询可以根据工件序列号来查询工件详细信息，包括销售信息、订单信息、物料信息、生产信息、维修信息。图 11 为库房信息查询。

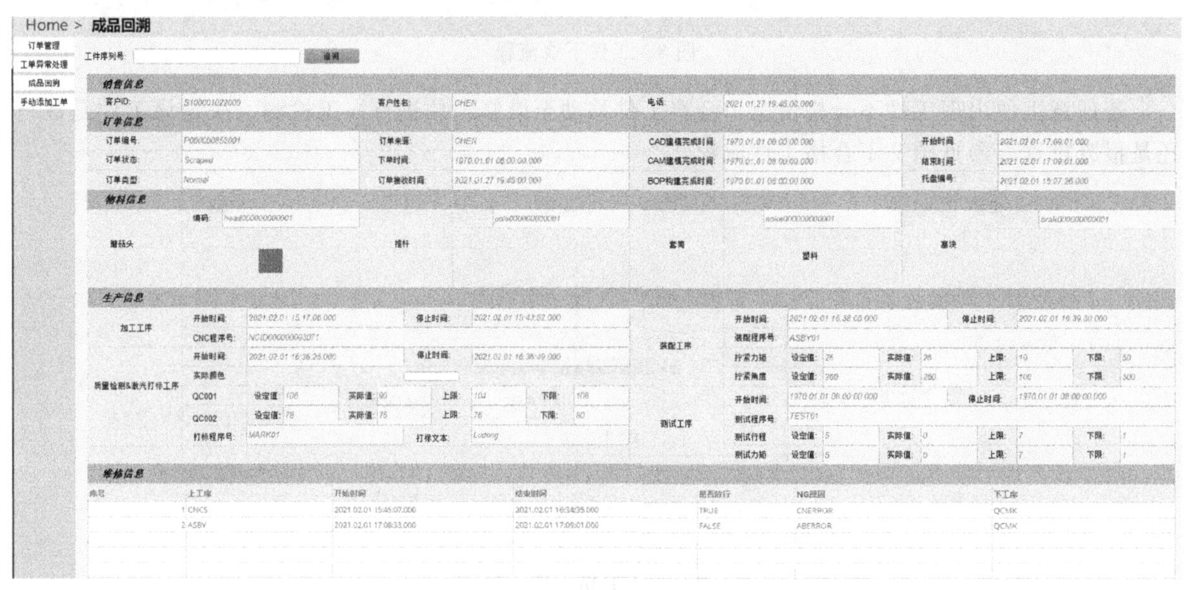

图 11　库房信息查询

2）工单异常处理：工单分为自动工单和手动工单。自动工单是由客户下单，PLM 生成工单；手动工单是由操作人员在 PDM 上手动创建。工单出现异常情况时，使用授权密码解锁该界面，可以选择对应的工单，进行强制完成或重新生成工单，如图 12 所示。

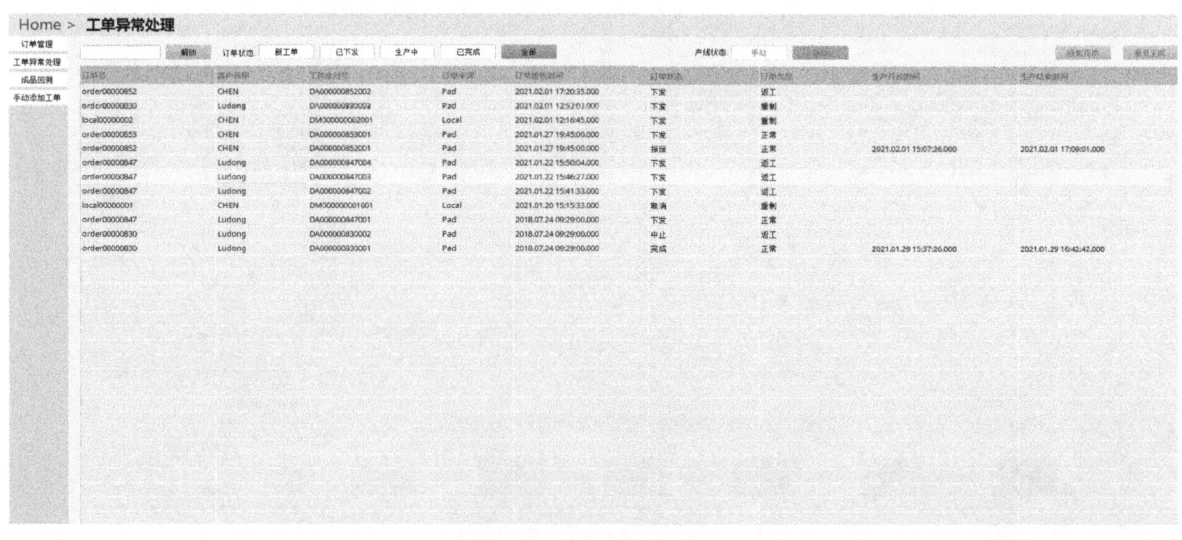

图 12　工单异常处理

3）权限：系统可以根据不同的操作职能划分不同的操作级别，由管理员在系统中设置账户权限。不同的操作级别看到的界面以及按钮的可操作性都是不同的。个别敏感操作，如异常工单处理，在登录的基础上还需要二级密码授权，才能够操作。

四、BI 分析模块

1. BI 分析模块架构

BI 分析模块使用 Python3. 8 版本基于 Flask 框架开发，采用标准 MVC（模型、视图、控制器）编程模式[6]，降低代码耦合性。在 MVC 模式中，三个层各司其职，各个部分分工合作。这三层是紧密联系在一起的，但又是互相独立的，每一层内部的变化不影响其他层。每一层都对外提供接口（Interface），供上面一层调用。通过 MVC 模式，软件就可以实现模块化，修改外观或者变更数据都不用修改其他层，极大地降低维护和升级成本。图 13 为 BI 分析软件架构。

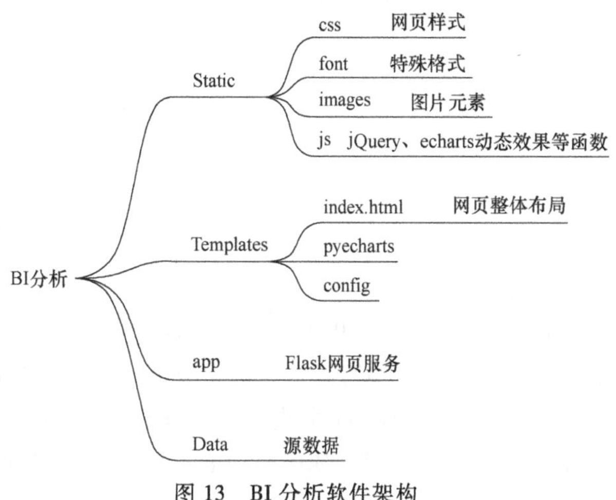

图 13 BI 分析软件架构

随着自动化、信息化建设的推进，企业积累了海量的数据。BI 从企业的不同业务系统中提取有用的部分，用于分析和管理，提高企业效能。BI 系统主要由三个部分组成：数据仓库、分析软件、具有相应分析能力的用户。数据仓库提供了一个存储环境，将过程数据进行分类、提取和转换。分析软件则是在数据仓库中，将已经初步整理的数据，通过数学工具建立相应的数学模型。最后呈现给相关用户，为企业的战略和生产业务决策提供信息。

PDM 自 PLC 获取基础数据，通过数据服务将庞杂散乱的原始数据进行初步整理；由 Flask 框架中的数据服务，基于 SQL Server 来创建数据仓库，并通过业务分析模块进一步完成分析功能。最终通过网页的形式，将 BI 分析的结果呈现。

图 14 为分析工作流程。图 15 为 BI 分析层级划分。

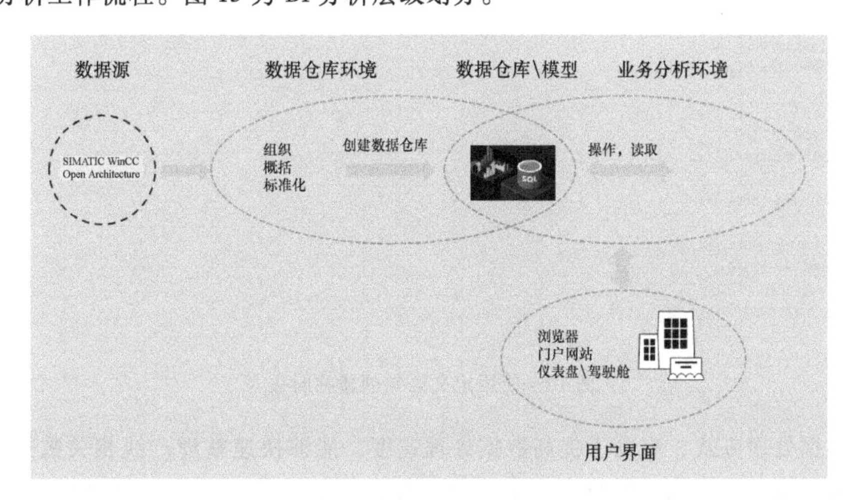

图 14 BI 分析工作流程

客户端向 Web 服务器发送请求，服务器接收请求并处理请求，静态内容将会直接回传处理结果，动态内容通过 WSGI（Web Server Gateway Interface）向 Flask 传递需要处理的请求，Flask 将请求结果通过 WSGI 回传，由 Web 服务器将请求结果返回给客户端。由于使用了 Flask 框架，其提供的 uWSGI 可以自动支持多客户端同时访问，提高了系统的可用性。

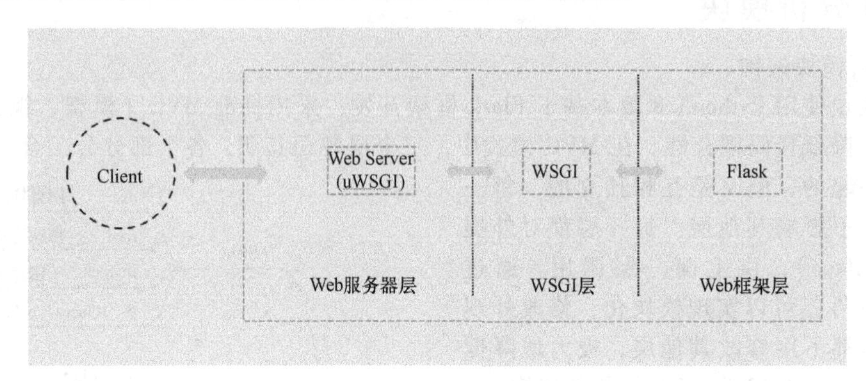

图 15　BI 分析层级划分

2. BI 分析功能

PDM 负责将生产相关的原始数据进行存储，这些原始数据零散且数量繁多。通过 SQL Server 专有的 Transact-SQL 编写语句，依靠数据库本身的数据处理能力，快速处理 PDM 写入的原始数据。图 16 展现了在 SQL Server 中使用 Transact-SQL 将原始数据通过临时表的形式进行组合。图 17 展示在数据库中，根据已经生成的临时表，按照 BI 分析的需求进行统计处理。

```
CREATE PROCEDURE [dbo].[pro_handle_monthlyData]
AS
BEGIN
    -- SET NOCOUNT ON added to prevent extra result sets from
    -- interfering with SELECT statements.
    SET NOCOUNT on;

    declare @rcdDay date
    set @rcdDay=convert(date,dateadd(day,-1,getdate()))
    Drop table if exists #temp1;
    Drop table if exists #temp2;
    --处理三月内数据
    --get last3m
    declare @last3m date
    set @last3m=DATEADD(mm,-3,@rcdDay)

    --物料消耗数据
    declare @tempint int
    create table #temp1
    (
        orderNo nvarchar(50),
        tcNo nvarchar(50),
        orderStatus nvarchar(20),
        stopTime datetime,
        headNo nvarchar(20),
        sokeNo nvarchar(20)
    )
```

图 16　使用定义语句创建临时表

通过这种数据处理方式，有助于提高数据处理速度，能够快速整理产线相关数据。处理后的数据可以满足实时展示产量信息、质量直通率计算、综合效能计算、平均订单交付周期计算等需求，帮助客户有效掌握产线的运行数据。BI 分析可以实时地展现产线中各个工站的工作情况（停机、

```sql
--get rcdMonth
declare @i int
declare @lastMonthStart datetime, @lastMonthStop datetime
set @lastMonthStart=convert(datetime,DATEADD(MONTH, DATEDIFF(MONTH, 0, GETDATE())-1, 0))
set @lastMonthStop=convert(datetime,DATEADD(MONTH, DATEDIFF(MONTH, -1, GETDATE())-1, -1))

declare @lastMonth date
declare @selectYear nvarchar(5),@selectMonth nvarchar(5),@rcdMonth nvarchar(10)
set @lastMonth=@rcdDay
set @selectYear=convert(varchar(4),year(@lastMonth))
set @selectMonth=Right(100 + month(@lastMonth),2)
set @rcdMonth=convert(nvarchar(10), @selectYear+'-'+@selectMonth)

--NG Reason
select @i=ISNULL(count(*),0) from T_Screen_NGReason where rcdMonth=@rcdMonth
if @i=0
    begin
        declare @numLDMR int, @numCNCS int, @numQCMK int, @numASBY int, @numTEST int
        create table #temp2
        (
            orderNo nvarchar(50),
            fidNo nvarchar(50),
            orderStatus nvarchar(20),
            stopTime datetime,
            NGReason nvarchar(10)
        )
        insert into #temp2
        select orderNo, a.fidNo, orderStatus, stopTime, NGReason from T_Product_info a left join T_Product_repair b on a.fidNo=b.fidNo
            where (stopTime>@lastMonthStart and stopTime<@lastMonthStop and orderStatus='Scraped' and isRelease=0)

        select @numLDMR=count(*) from #temp2 where NGReason='LDMR'
        select @numCNCS=count(*) from #temp2 where NGReason='CNCS'
        select @numQCMK=count(*) from #temp2 where NGReason='QCMK'
        select @numASBY=count(*) from #temp2 where NGReason='ASBY'
        select @numTEST=count(*) from #temp2 where NGReason='TEST'
        insert into T_Screen_NGReason values(@rcdMonth, @numLDMR, @numCNCS, @numQCMK, @numASBY, @numTEST)
    end
```

图 17　操作语句对临时表进行统计分类

加工、故障、待机)，图形化信息显示各设备的状态，提高视觉目标搜索的效率，方便操作人员高效便捷地掌握产线的全局状态。详尽展示已生产产品中各种原材料的使用占比和配件种类分布，精确显现产线的上一个工作日能耗、产量和单耗。图 18 展示了通过定义数据接口的方式，从数据库

```python
import pymssql
import time
import numpy as np
from datetime import datetime
from dateutil.relativedelta import relativedelta



class MSSQL:
    def __init__(self,host,user,pwd,db):
        self.host = host
        self.user = user
        self.pwd = pwd
        self.db = db
       # print(host,user,pwd,db)

    def __GetConnect(self):
        if not self.db:
            raise(NameError,"没有设置数据库信息")
        self.conn = pymssql.connect(host=self.host,user=self.user,password=self.pwd,database=self.db,charset="utf8")
        cur = self.conn.cursor()
        if not cur:
            raise(NameError,"连接数据库失败")
        else:
            return cur

    def ExecQuery(self,sql):
        self.sql = sql
        cur = self.__GetConnect()
        cur.execute(self.sql)
        #resList = cur.fetchone()
        resList = cur.fetchall()
        #print(resList)
```

图 18　BI 与数据库接口定义

中读取 BI 分析需要的信息。

通过产线的各个状态和产品合格数等数据，分析得出设备性能指标，充分体现产线的运行状态、负载效率和产品合格率。图 19 展示了如何读取数据库的数据并进行拆分。

```
class SourceDataDemo:

    def __init__(self):

        monthtime=time.strftime("%Y-%m", time.localtime())
        given_date = time.strftime("%Y-%m", time.localtime())
        # print('Give Date: ', given_date)
        date_format = "%Y-%m"
        dtObj = datetime.strptime(given_date, date_format)
        # Subtract 20 months from a given datetime object
        n = 1
        past_date = dtObj - relativedelta(months=n)
        # print('Past Date: ', past_date)
        # print('Past Date: ', past_date.date())
        # Convert datetime object to string in required format
        past_date_str = past_date.strftime(date_format)
        print('Past Date: ', past_date_str)
        OAData = MSSQL(host='192.168.100.200',user='sa',pwd='siemens',db='DemoLineDB')

        ProCycleSql='SELECT CAST([orderCycle] as char) ,CAST([designCycle] as Char) ,CAST([productCycle] as char) FROM [DemoLineDB].[dbo].[T_Screen_ProCycle]
        ProCycleFormOA= OAData.ExecQuery(sql=ProCycleSql)

        self.echart1_data = {
            'title': '生产指标',
            'data': [
                {"name": "订单交付周期", "value": ProCycleFormOA[0][0]},
                {"name": "设计用时", "value": ProCycleFormOA[0][1]},
                {"name": "生产用时", "value": ProCycleFormOA[0][2]},

            ]
        }
```

图 19 数据仓库内容提取

关键指标看板和设备性能指标以自然日为分析周期。其余分析组件以自然月为周期，从订单交付周期、设计用时、生产用时三个方面来分析影响产品交付的因素，更精准的把握生产节奏，有助于提高生产效率。图 20 展现了数据处理结果进行填充的过程。

本次项目中使用了多种 BI 分析方法：

1）统计分析：左上角为关键数据看板。使用基本的数据统计方法，进行基本的最大值、最小值、算数平均数等常规的数据统计。选择分析的变量或指标，系统会自动生成分析变量的运算指标。

2）环比分析：右中为检测结果。将本期数据与上期数据进行对比，形成时间序列图。

3）趋势分析：中下为设备性能指标，对时间序列数据转化为点线图、折线图。根据图像的趋势走向，得出最终的结论。

4）相关分析：左中部分，针对不同的经济变量主体进行相关性的分析。由此判

```
@property
def echart5(self):
    data = self.echart5_data
    echart = {
        'title': data.get('title'),
        'xAxis': data.get('xAxis'),
        #'xAxis': [i.get("name") for i in data.get('data')],
        'series': [i.get("value") for i in data.get('data')],
        'data': data.get('data'),
    }
    return echart

@property
def echart6(self):
    data = self.echart6_data
    echart = {
        'title': data.get('title'),
        'xAxis': [i.get("name") for i in data.get('data')],
        'data': data.get('data'),
    }
    return echart

@property
def map_1(self):
    data = self.map_1_data
    echart = {
        'symbolSize': data.get('symbolSize'),
        'data': data.get('data'),
    }
    return echart
```

图 20 处理完毕的数据填充至前端

断两组数据的关联性与替代性，得出产量和能耗的结果——单耗。

5）差异分析：右下为生产质量指标，运用雷达图针对不同工位分析几组数据的差异程度。

6）结构分析：左下为原料结构分布，结构分析主要是分析指标的构成结构和指标结构，层次分明地对数据进行解析，有助于用户更好地使用 BI 分析。

如图 21 所示，通过多种分析方法，将零散的原始数据，进行整合处理，最终通过图表的形式进行呈现，为关键决策制定者省去了繁杂的数据处理的步骤，提供他们所需的重要指标，即刻快速便捷地获得答案。为客户在节拍管理、利润分析、降低成本等诸多方面提供了强有力的技术支撑和管理简化。

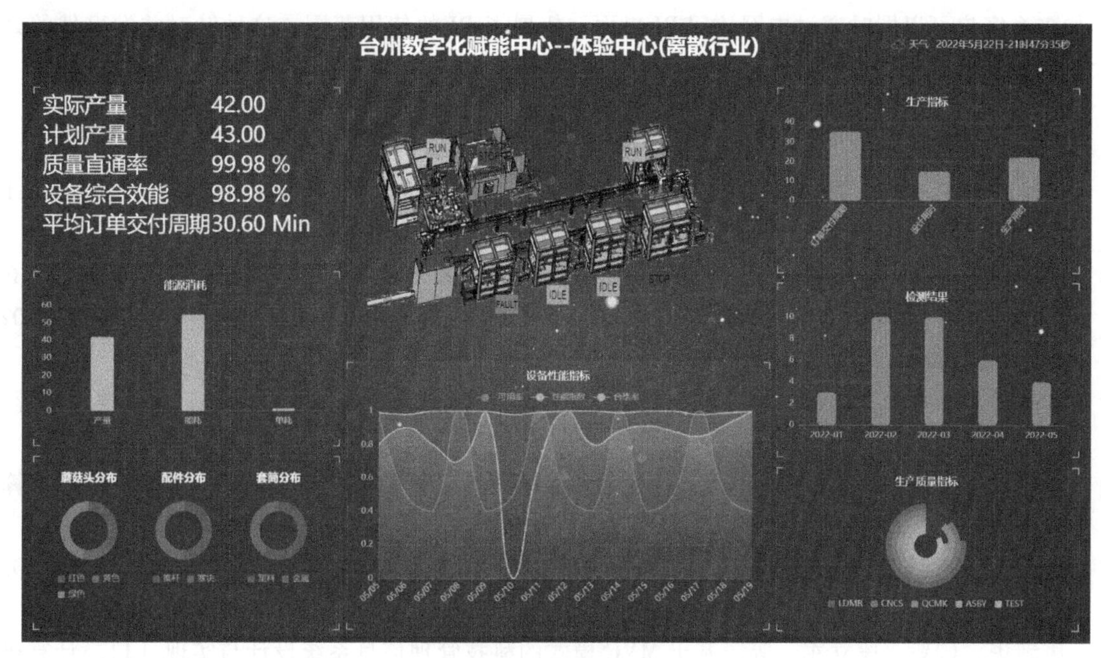

图 21　数据呈现界面

五、运行效果

综合分析管理系统从 2020 年 4 月开始软件调试，2021 年 5 月项目正式上线运行，使用效果良好。极大提高了台州数字化赋能中心的接待生产效率。实现了对每一个按钮从订单、物料、工序、加工各个环节的全流程追踪与管理。通过高效的分析平台，实现订单—物料—工件多维度分析，提高了中心的计划协调能力，增加了生产规划效率，提升了数字化管理水平。

六、应用体会

在综合分析管理系统开发过程中，对以下几项技术应用体会较深，值得学习借鉴应用：

1. BI 分析开发体会

本次项目使用 Microsoft Visual Studio 2019 作为开发工具，Anaconda 创建 Flask 开发环境。使用 Python 开发，可利用环境库中已经开发完成的方法，常用功能无需自行开发。除了内置的库外，Python 还有大量的第三方库可供使用，可拓展性极强。同时，作为面向过程语言，Python 不需要考虑内存管理，高效且便捷。

2. Transact-SQL 技术应用体会

BI 分析中原始数据处理基于 SQL Server 数据库的 Transact-SQL 技术实现。该技术集数据查询（data query）、数据操作（data manipulation）、数据定义（data definition）和数据控制（data control）功能于一体。不要求用户指定数据的存放方法，Transact-SQL 语句使用查询优化器，指定数据以最优方式进行存取。可以高效快捷地完成各种数据需求。极大地减轻了数据仓库的创建和运维成本。

3. 多线程技术应用体会

综合分析管理系统中广泛应用了多线程处理技术。如 WinCC OA 可以同时获取多个并发的工位事件信号，并进行处理。Flask 的 uWSGI 服务器，使得系统在运行过程中可以应对多并发请求的情况，如多个客户可以同时通过内网访问 BI 界面，拓展了 BI 的使用范围。这种针对并发事件的处理极大提高系统的可用性，非常值得借鉴。

参考文献

[1] 王涛. 基于 Python 的软件技术人才招聘信息分析与实现［J］. 福建电脑，2018，34（11）：118-119.

[2] Shunmuganathan Saraswathi，Saravanan Renuka Devi and Palanichamy Yogesh. Securing VPN from insider and outsider bandwidth flooding attack［J］. Microprocessors and Microsystems，2020，79：103279.

[3] 李超，邓小宝，史运涛，等. 基于工业信息安全的智能制造实验平台［J］. 实验技术与管理，2021，38（2）：116-121.

[4] 牛作东，李捍东. 基于 Python 与 flask 工具搭建可高效开发的实用型 MVC 框架［J］. 计算机应用与软件，2019，36（7）：21-25.

[5] 张南杰. 西门子 S7-1500 与 S7-1200 的 PROFINET IO 通信研究［J］. 工业控制计算机，2020，33（10）：150-152.

[6] 唐满华，柳毅，段立军，等. 基于 MVC 模式的科技管理信息系统设计与实现［J］. 计算机技术与发展，2020，30（9）：165-170.

S7-1200 在断电可控落门智能制动系统上的应用
Application of S7-1200 in intelligent braking system of power-off controllable door falling

盛国超
（长沙三占惯性制动有限公司　长沙）

[摘　要] 针对水电站事故快速闸门卷扬式启闭机性能特点及存在的问题，提出新颖合理的解决方案，科学选型设计制动器、摩擦材料，基于西门子 S7-1200 PLC 设计电控系统与系统控制功能，还通过现场实际工况试验来验证设计，安全可靠地解决设备相关问题。

[关 键 词] S7-1200、水电站、快速闸门、启闭机、断电、制动系统

[Abstract] In view of the performance characteristics and existing problems of the winch hoist of the emergency fast gate of the hydropower station, this paper puts forward novel and reasonable solutions, scientifically selects and designs the brake and friction materials, designs the electric control system and system control function based on Siemens S7-1200 PLC, and verifies the design through the field actual working condition test to safely and reliably solve the equipment related problems.

[Key Words] S7-1200、hydropower station、quick-sluice gate、hoist for floodgate、interruption of power supply、brake system

一、项目简介

1. 背景介绍

国内某水电站装有两台单机 40MW 的立轴半伞式水轮发电机组，总装机容量为 80MW。坝上装有 4 扇潜孔定轮式事故快速闸门，每两扇事故快速闸门截断一台水轮发电机组水流。闸门底坎高程 80.16m，孔口尺寸为 6.4m×10.8m（宽×高），设计水位高为 34.84m（至闸门底坎），在设计时为动闭静启，满足在事故情况下四扇门同时动水关闭。每扇事故快速闸门升降门操作由一台 QPK-2X630/2 X 500 型固定卷扬式双吊点启闭机控制，此类设备是我国中小型水电站和水利工程中广泛应用的带离心飞摆调速器的卷扬式快速闸门启闭机，其结构形式如图 1 所示。

设备基本参数见表 1。

该水电站启闭机升降闸门的控制方式如下：

1）事故快速闸门的正常升降由启闭机的电动机带动。

2）事故状态下快速关闭快速闸门时，松开制动器后快速闸门以自由落体速度下降关门（驱动电机不工作），闸门下降的速度由传动轴上的离心飞摆调速器控制（靠飞摆离心力来减速

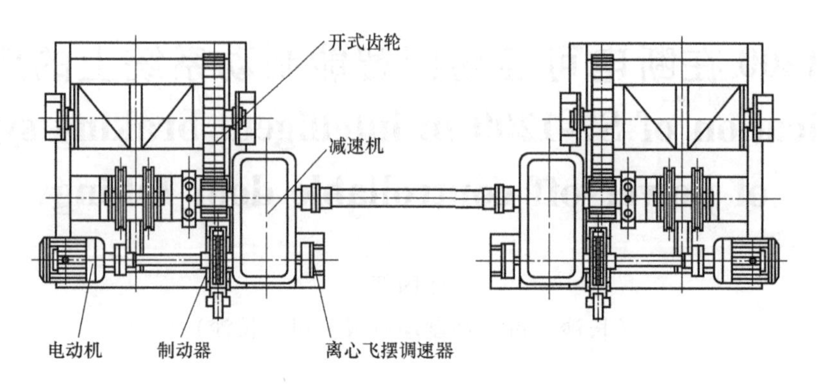

图 1 启闭机的结构形式

刹车）。

表 1 设备基本参数

闸门重量	50t	钢丝绳倍率	4 倍/16 绳
闸门行程	11m	吊钩	2 组
流速	1.5m/s	离心飞摆调速器	2 台
驱动电机功率	2×26kW	鼓式制动器数量	2 台
减速机传动比	41.34	额定制动力矩	500N·m
开式齿轮传动比	4.5	制动轮直径	300mm
卷筒直径	603mm		

2. 存在的问题

现有的启闭机制动器及控制方式存在着以下问题：

1）现有的制动器采用交流电磁鼓式制动器，在断电状态下无法保证制动器正常打开，一旦出现水轮发电机组事故导致电站失电状况，会导致快速降门功能失效，将引发不能预估的事故发生，存在着严重的安全隐患。

2）快速降门速度靠离心飞摆调速器产生的摩擦阻尼力矩去平衡闸门自由落体时的地心引力，该平衡力会因调速器自身设计和速度原因产生变化，从而导致降门速度偏差较大和反复振荡。当降门速度较低时，会使得截流速度慢，水轮机组的紧急停车时间增长，可能造成机组损坏的飞逸事故；当降门速度过高时，启闭机超速运行，则容易砸坏闸门和底坎。

3）离心飞摆调速器制动片的摩擦系数会随闸门下落急剧摩擦发热、温度升高而减小，导致摩擦阻尼力矩下降并引发平衡力矩下降，使得降门速度随闸门下降而急剧增大。

4）离心飞摆调速器工作时的飞球质量和起动弹簧压力在实际工程运用中难以确定且调试麻烦。

5）电控系统对事故状态下闸门快降全过程无任何监控，一旦闸门快降失速将导致闸门完全失控从而酿成重大事故。

二、系统结构

1. 系统总体设计

针对启闭机存在的相关问题研发一种断电可控落门智能制动系统，该制动系统包含 4 台制动器、1 套电控系统和相关附件。每套电控系统控制两扇事故快速闸门卷扬式启闭机上的 4 台制动器。将原 8 台交流电磁制动器全部更换，另鉴于启闭机上用的离心飞摆调速器存在着居多隐患，因此取消离心飞摆调速器，仅由制动器来实现闸门升降和事故快降过程中的制动功能。

在正常升降闸门时制动器仅用于减速制动和闸门状态保持；在发生事故需要快速降门时，由电控系统根据设定速度要求自动改变制动器制动力矩大小，制动器受控预松闸促使快速闸门靠自身重力下滑降门，闸门依靠制动器与制动轮连续拖磨消耗下降势能来抑制下降速度，同时电控系统根据采样的闸门速度和高度自动调整制动力矩来限定下降速度，使闸门快降全过程按预设的速度与要求进行快速降门，确保水轮发电机组安全，预防机组飞逸事故。

2. 机械选型设计

（1）制动器选型设计

考虑到事故状态下快速闸门下降速度要实现可控，需要通过改变制动器制动力矩来进行闸门下降速度调节控制，故选用一种常闭式变频变力制动器，其工作原理是通过变频来改变 PED 变频电力液压推动器内电机、油泵转速，来控制推动器内油缸推力大小，从而实现制动器制动力矩任意调节功能。具体型号为 YWK-300/50-BW，其额定制动力矩为 530N · m，略大于启闭机原有制动器制动力矩，完全满足最大制动力矩需求。制动器结构形式如图 2 所示。

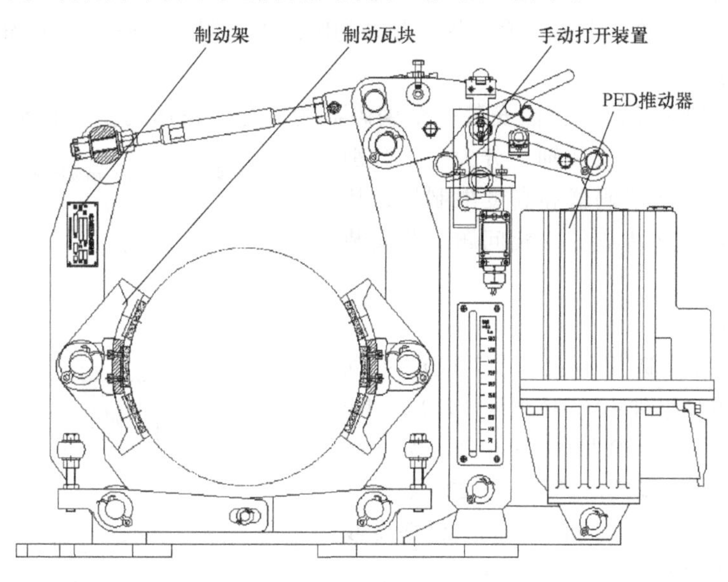

图 2　制动器结构形式

（2）摩擦材料选型设计

由启闭机参数得知单张闸门总重量为 50t，传动链由三级减速机、开式齿轮减速机和钢丝绳组成，闸门降落总行程为 11m。根据制动功计算公式 $W=mgh\eta_1\eta_2\eta_3$，可计算出事故快速闸门在快速下降过程中制动器拖磨制动总制动功为 4.5MJ。考虑到极端状态下单台制动器也要满足闸门快速下降拖磨制动需求，故按每副摩擦材料能满足 5MJ 的总制动功来设计。

由上述计算的总制动功可得知在闸门快降连续拖磨过程中会产生对等的热能，将导致制动衬垫和制动轮温度急剧升高，因制动器常用的 NAO 摩擦材料的热稳定性、耐磨性等均不能满足该制动工况需求，故选用热稳定性好、抗热磨损、不伤对偶件的粉末冶金摩擦材料。此类摩擦材料热稳定性能达到连续热稳定温度 600℃，短时热稳定温度 900℃，可以满足实际制动工况需求。

3. 电控系统设计

（1） 电源设计

利用现场中控室已有的一套直流后备电源，其蓄电池组容量为208V300AH，用电缆连接到坝顶作为本控制系统的后备电源。在控制系统内将中控室直流后备电源分成两路，一路接入开关电源内，变换成24V后作为系统控制电源；另一路进行单相隔离后接入变频器直流母线上，在变频器交流输入断电后，直流母线将继续保持直流电压输入，从而能够实现断电运行功能。

目前市场上绝大部分单相变频器直流母线欠电压阈值为230~240V，而实际中控室内直流后备电源额定电压只有208V，远低于欠电压阈值，因此，经多次对比分析后最终选定汇川MD280系列单相变频器，其母线阈值标称为200V，最低可调至150V。利用专用惯性试验台进行降压模拟测试发现，在变频器直流母线低至150V时，通过变频器力矩补偿后制动器输出力矩特性仅略有变化，可以满足变频变力制动器的运行需求。

（2） 速度及高度测量

原启闭机控制系统内的高度重量综合仪虽自带有编码器，但其仅用于高度测量，不能提供速度信号，且启闭机电控的PLC不具备信号扩展能力，因此本系统设计时为每扇闸门新增加一个具备DP通信功能的绝对值编码器，来实时监测闸门速度与高度状态。同时为了提高系统可靠性和安全性，还给每扇闸门增加高度限制器一套，提供额外的闸门上极限、全开、全关和下极限信号，进一步增强系统安全冗余。

为了解决原有减速机输出轴仅能安装一个编码器的问题，还用同步带传动新设计一个速比为1：1的分动箱，将原编码器安装轴一分为三，分别安装上原有编码器、新增编码器和高度限制器，从而解决减速机输出轴不够造成的安装问题。其安装结构形式如图3所示。

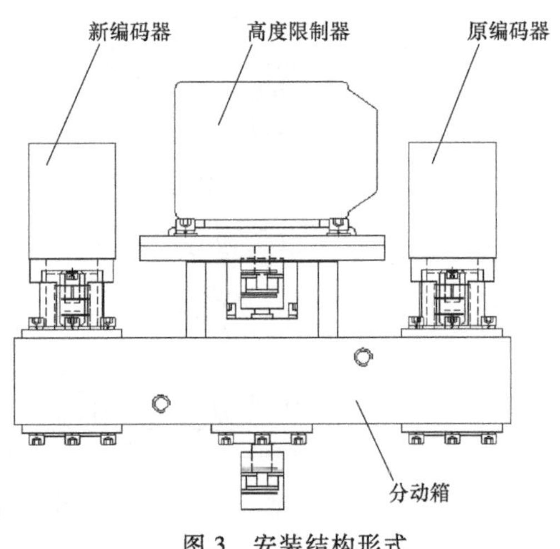

图3　安装结构形式

（3） PLC及通信组态

本设计中电控系统选用西门子S7-1200系列PLC作为控制器，PLC组件由CPU模块1412C、DP主站模块CM1243-5、数字IO模块SM1223、数字输入模块SM1221以及模拟量输出模块SM1232等硬件组成。PLC和绝对值编码器通过Profibus数据总线连接，实时读取编码器编码值，利用PLC程序进行周期计算得出每扇闸门位置状态和升降速度实时信号，以便系统对每扇闸门进行速度与位置监控。为了方便数据设置、报警查询和降门速度曲线记录等，本设计还选用7寸[⊖]触摸屏用作系统HMI，设计了友好的人机交互界面，实时显示各系统状态和相关数据。硬件通信组态如图4所示。

三、功能与实现

事故快速闸门升降门控制分正常升降门、有电快速降门、断电快速降门三种模式，其中正常升降门又有本地操作和中控LCU远程操作状态，快速降门也分中控LCU自动命令和机组紧停命令两

⊖ 1寸=0.033m。——编辑注

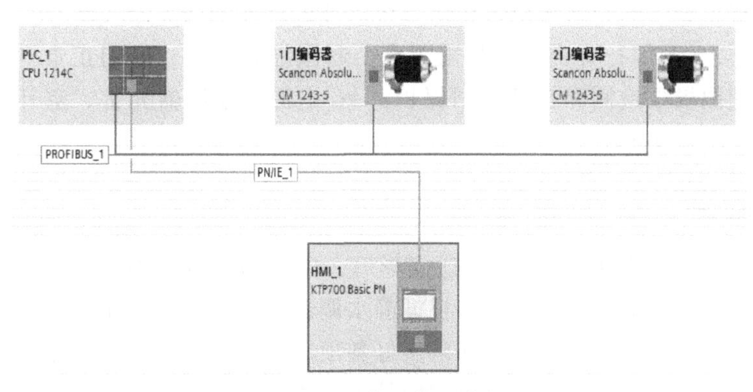

图 4　硬件通信组态

种状态。因此电控系统在电路设计和控制程序设计上主要考虑以下几点：

1）原有事故快速闸门正常升降门操作方式保持不变，电路上增加启闭机升降动作信号反馈，程序上增加相应的联锁与互锁功能，做到正常升降门时制动器松闭闸命令一到就立即松闭闸，既不影响正常操作，又可防止误动作和误操作。

2）保持原有快速降门操作方式不变，将原 LCU 快降信号用中继扩展后分别接入启闭机原电控柜和本系统内，同时将中控室 1、2#机组紧停按钮更换并分别新增一个触点接入本系统，同时为了方便调试和维修还在柜门上新增加一套手动快降旋钮。

3）控制程序逻辑上设计必要的互锁，并严格按照快降优先模式设计。

4）每扇闸门对应的两台制动器在执行快降程序前自动依次分配成主、辅制动器，主制动器提供 60%以上的制动力，并负责下降过程中的速度调节功能；辅制动器提供剩余制动力，并为主制动器提供备用制动力，一旦主制动器发生异常，辅制动器要能保证闸门制动，确保闸门及相关设备安全。

5）闸门快速下降过程中会受到水流、水压和浮力的影响，系统根据编码器换算测量出的速度和高度自动调节、补偿和修正闸门降落速度，其快速降门时调速控制模型如图 5 所示。

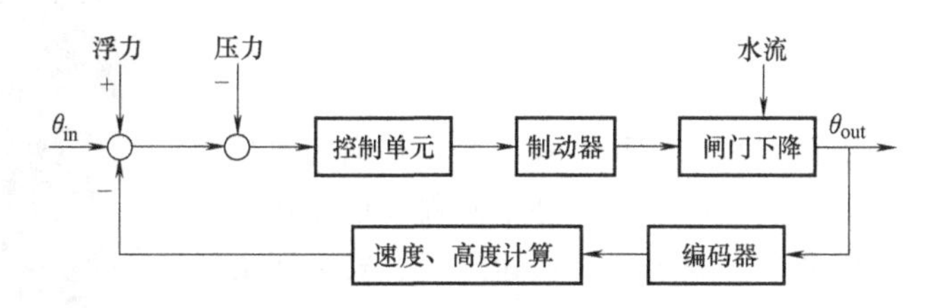

图 5　快速降门时调速控制模型

6）综合考虑电力液压鼓式制动器力矩变化响应时间、闸门降落速度变化响应速度、S7-1200 PLC 程序运算能力等因素，将快速降门速度闭环调节周期时间选定为 100ms，既能对闸门降落速度变化进行快速调节，又不导致制动系统频繁调整，影响闸门快速降落平滑性。在实际应用中 S7-1200 PLC 完全满足控制程序运算需求，快速、稳定地完成控制程序运算要求，取得非常理想的效果。

7）初始设计闸门快降时间限定在 3min 以内，即先以 4m/min 的速度将闸门从 11m 高下降至 0. 5m 减速高度，减速后以 2. 6m/min 的速度将闸门降至 0. 2m 预停高度后停止，延时 1s 后松开主制动器，辅制动器仅提供微小的制动力矩，让闸门快速冲底确保闸门完全关闭。

8）系统设置必要的闸门行程到位、超限报警、超限极限保护；闸门正常升降、快降模式下降落速度超限报警、超限极限检测和自动抱闸保护；AC 电源、编码器异常、空开分合闸、通信异常和硬件故障检测与保护等功能。

四、运行效果

在该水电站 1、2#机组制动系统硬件改造完毕后，先分别进行了静水单门落门调试，将相关参数调试完毕后再进行了静水双门同降调试，根据静水调试结果进一步优化和调整相关参数。

在制定了严格的动水试验方案、强化和落实好各项应急预案后，先进行了水轮发电机空载变速门高阈值点试验，数据分析后得出发电机在闸门处于 0.4~0.6m 时空载转速不能达到额定转速，即此区间为门高安全区。在试验中还发现动水关门到门高安全区阈值点以下时机组振动较大，据此，将快速落门流程修改为先以 4m/min 的速度从 11m 下降至 0.6m 减速高度，减速后再以 2m/min 的速度直接降门到门槽底部，达到了既保证闸门快速降落来防止机组飞逸，又减少降门末端水轮室的流态急剧变化引发水锤效应以及抬机等现象，同时还有效减缓水轮发电机组振动，进一步提高系统的稳定性和安全性。

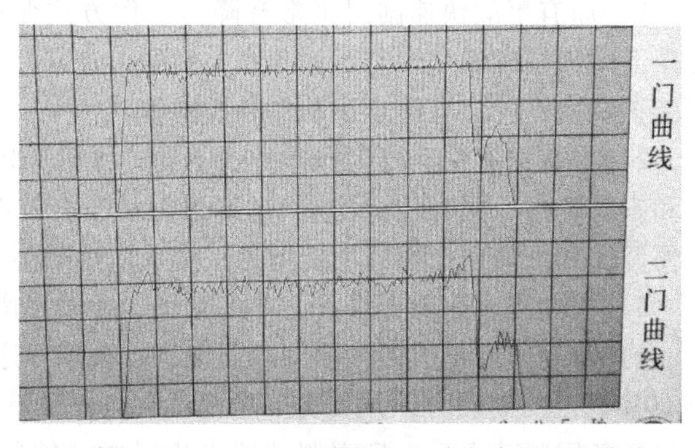

图 6　1#机组 40MW 满负荷发电动水降门速度曲线

做好各项准备工作后，对两台机组进行了 40MW 满负荷发电动水快降验收试验，闸门在预定时间内按预定流程顺利关闭，全过程闸门降门速度无剧烈过冲和振荡现象，制动器未出现异常状况，摩擦材料未出现任何热失效现象，水轮发电机组平稳停机，系统验收取得圆满成功。1#机组 40MW 满负荷发电动水降门速度曲线如图 6 所示。

现场照片如图 7 所示。

五、应用体会

我国目前拥有大量的中小型水电站和水利工程，其绝大部分使用的都是与该水电站类似的卷扬式启闭机，都不同程度地存在着离心飞摆调速器不能满足快降要求、断电不能快速降门、安全冗余低等问题。基于西门子 S7-1200 PLC 的事故快速闸门卷扬式启闭机断电可控落门智能制动系统，有着设计新颖、过程可控、性能可靠、安全冗余高等优点，在水轮发电机组发生甩负荷、调速器失灵、电站事故停电等事故状态下，发电机组超速或存在超速风险以及其他异常情况时，能够自动控制快速闸门平稳、快速、安全下降，预防闸门快降超速或失速，同时还自动减缓快降时对闸门、底坎的冲击，有效保障水轮发电机组安全。

图 7　现场照片

目前，该系统已经取得国家知识产权局授予的发明专利，并在某电站成功地安装应用 2 套该系统，迄今已稳定、可靠运行 3 年多，有效保障该电站水轮发电机组安全可靠运行。该系统虽比传统方案需要增加部分成本，但能够很好地解决事故快速闸门快降相关问题，可大幅提高水轮发电机组的安全可靠性，值得借鉴。

参考文献

[1] 汤希庆，司万宝，王铁山．摩擦材料实用生产技术［M］．北京：中国摩擦密封材料协会，2003.

[2] 崔坚．西门子工业网络通信指南［M］．北京：机械工业出版社，2005.

[3] 夏德铃，翁贻方．自动控制理论［M］．4版．北京：机械工业出版社，2013.

[4] 水电水利规划设计总院．水电工程启闭机制造安装及验收规范：NB/T 35051—2015［S］．北京：中国电力出版社，2015.

S7-1200 与 KTP 触摸屏在厨余垃圾处理设备中的应用
S7-1200 and KTP applications in kitchen waste treatment equipment

周文东
（西门子（中国）有限公司　南京）

[摘　要] 本文介绍了 S7-1200 和 KTP 触摸屏在厨余垃圾处理设备中的应用，阐述了厨余垃圾微生物降解设备的基本工艺以及控制系统的组成和特点，针对厨余垃圾微生物降解设备控制要求，KTP 触摸屏实现历史记录查询，通过 S7-1200 SCL 编程以及间接寻址，最终满足系统的要求。

[关 键 词] S7-1200、KTP、厨余垃圾微生物降解、SCL

[Abstract] This paper introduces the application of S7-1200 and KTP touch panel in the kitchen waste treatment equipment, expounds the basic process of the waste microbial degradation equipment and the composition and characteristics of the control system. According to the control requirements of the cabinet waste microbial degradation equipment, the touch panel realizes the historical record query. Through S7-1200 SCL programming and indirect addressing, the requirements of the system are finally met.

[Key Words] S7-1200、KTP、Microbial degradation of cabinet waste、SCL

一、公司和项目简介

扬州××环保科技有限公司成立于 2004 年，砥砺深耕环卫行业数十载，为迎合市场需求，提高设备生产产能，于 2013 年 6 月在扬州北山工业园投资建立扬州××环保科技有限公司，产品结构逐步向环卫全产业链发展。

公司一直立足于扬州地区丰富的制造业资源，依托扬州地区密集的车辆制造、环卫设备制造和造船业等区域性项目，设计开发与市场需求相适应的各类产品。同时，公司积极引进专业人才，跟踪调研国内垃圾收运体系的发展方向，积极寻求合作。目前，公司已具有独立设计开发和制造垃圾压缩设备、小型多功能清扫车、垃圾桶清洗车、车厢可卸式垃圾车、餐厨垃圾车、垃圾清扫保洁服务等产品的综合能力。公司开发的垃圾压缩设备、清扫车及垃圾桶清洗车均已获得了多项国家专利，通过了江苏省新产品新技术鉴定和江苏省高新科技产品认证。

公司自成立以来一直致力于全国市场的开拓和引导，多次举办产品推介会以及垃圾收集处理的研讨会，将世界先进的垃圾收集处理模式进行推介、引入国内。依靠高品质的产品及人性化的服务，目前产品已销售至北京、上海、天津、黑龙江、吉林、辽宁、河北、山东、安徽、江苏、浙江、福建、海南、河南、江西、内蒙古、山西、陕西、甘肃等 20 多个省、自治区、直辖市，深受用户的好评。图 1 所示为扬州××环保科技有限公司。

图 1　扬州××环保科技有限公司

厨余垃圾是指居民日常生活及食品加工、饮食服务、单位供餐等活动中产生的垃圾，包括丢弃不用的菜叶、剩菜、剩饭、果皮、蛋壳、茶渣、骨头等，其主要来源为家庭厨房、餐厅、饭店、食堂、市场及其他与食品加工有关的行业。

现有的厨余垃圾大多混入生活垃圾中被丢弃或填埋。厨余垃圾含有丰富的有机质，含水量高有机质丰富极易腐败，腐败的厨余垃圾会对环境造成污染。处理厨余垃圾方式有填埋法、堆肥法、焚烧法、发酵饲料法、沼气发酵法。这些方法都不同程度地存在这样或那样的问题，从经济角度看这些方法所产生的经济效益较差，资源化率低。填埋法占用了大量的宝贵土地资源，这种处理方法既未减量，也未完全消除危害。焚烧发电投资巨大，含水率高使得助燃需消耗大量能源，发电成本高，甚至还会产生二噁英等致癌物。堆肥法占地面积大，易生杂菌、蚊虫，容易造成臭气二次污染，生产的肥料质量等级低，经济效益低。沼气发酵法沼气产气率低，发酵过程容易终止，投入大，经济效益低。发酵饲料法生产的产品具有动物饲料同源性的潜在风险，产品应用受到限制，能耗高。

基于上述原因，扬州××环保科技有限公司拟研发通过微生物降解的方式处理厨余垃圾，经过简单分类处理的厨余垃圾在进入厨余垃圾处理设备后，通过破碎、压榨工艺后，添加特制菌种，在合适的温度下进行垃圾的有机分解，最终实现厨余垃圾的无污染处理。

扬州××环保科技有限公司厨余垃圾处理设备现场照片如图 2 所示。

图 2　厨余垃圾处理设备现场照片

设备基本技术参数见表 1。

表 1　设备基本技术参数

厨余垃圾处理能力	备注
10 吨/天	

二、系统控制要求与方案配置

1. 系统控制要求

基本工艺如下：

1）投入菌种（处理剂）至分解槽，配套投入约 200kg 菌种。

2）在操作接口看设备实时温度，可在“参数设置”设定“分解槽温度上限”温度 85℃，设定“分解槽温度下限”温度 65℃。“搅拌机正转时间设定”30min，“搅拌机反转时间设定”30min，“搅拌机停止时间”20min，“自动停机时间”20h。休眠定时设定 20h。

3）单击“一键启动”，显示“启动中”，待电器按顺序依次启动后，自动模式开启。预热大概 1h 以后，让菌种受热均匀。

4）预热完成以后，尽量将餐厨垃圾的水分滤掉，分拣出垃圾中的塑料袋、大骨头和金属等非易腐垃圾，打开盖门两侧的旋锁，挂好桶之后，按“投料升”键，垃圾通过提升机投入设备。投入餐厨垃圾后，按“投料降”键，提升机下降，再关闭旋锁，旋锁关到位之后，机器自动启动。

5）打开端盖观察分解情况，餐厨垃圾大约 2h 分解完毕，此时保持设备继续运转，直至残留水分全部蒸发，菌种呈现松散状。投入 300kg 需要 15～18h 可将残留水分全部以蒸汽形式排出，分解时间以此类推。

6）清洁设备，保持设备外表面整洁。

根据上述工艺进行分析，系统控制本身逻辑控制比较简单，触摸屏画面和操作也比较简单，因此初步考虑采用 S7-1200+KTP 系统实现。

除了上述基本操作之外，用户需要在触摸屏上实现历史数据记录的查询，同时以表格的形式进行呈现，最新的数据显示在最上面，其余按照时间顺序排列，数据记录显示表格见表 2。

表 2　数据记录显示表格

时间	日期	重量

2. 方案配置

基于上述客户需求，虽然控制系统比较简单，但是触摸屏需要实现数据记录和历史数据查询的功能，KTP 触摸屏虽然可以实现数据记录的功能，但是由于不支持脚本操作，无法进行历史数据的查询并显示。通过不断地和客户工程师进行沟通，发现需要记录的数据量并不大，由于精智触摸屏价格较高，可以考虑数据存储通过 PLC 编程实现，然后在精简触摸屏进行显示，最后考虑通过 KTP 精简触摸屏实现。

主要元器件清单见表 3。

表 3 主要元器件清单

元器件	中文描述	订货号	数量
/QF1	总电源开关		1 只
/PLC	可编程控制器	6ES7 215-1HG40-0XB0	1 只
/KZ1	16 路数字量输入输出模块	6ES7 223-1PL32-0XB0	1 只
/KZ3	串口模块	6ES7 241-1CH32-0XB0	1 只
/KZ2	4 路温度模块	6ES7 231-5PD32-0XB0	1 只
/HMI	9 寸触摸屏	6AV2 123-2JB03-0AX0	1 只
/QF2	断路器 3P	5SN6 3P D 32A	1 只
/QF10	断路器 1P	5SN6 1P D 16A	1 只
/QF12	断路器 1P	5SN6 1P D 6A	1 只
/QF13	电机保护断路器	3RV60111JA15	1 只
/QF15	电机保护断路器	3RV60111GA10	1 只
/QF18	电机保护断路器	3RV60111EA15	1 只
/QF22	电机保护断路器	3RV60111CA15	1 只
/QF24	电机保护断路器	3RV60110AA15	1 只
/KJ1	三相固态继电器		1 只
/KJ5	单相固态继电器		1 只
/KM1	交流接触器	3RT60171AN22	1 只
/KM5	交流接触器	3RT60161AN22	1 只

厨余垃圾处理设备网络示意图如图 3 所示。

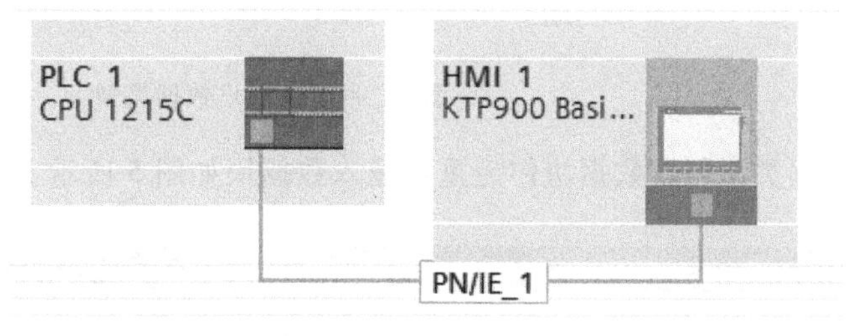

图 3 厨余垃圾处理设备网络示意图

三、控制要点和难点

根据厨余垃圾处理设备的要求，控制难点主要如下：

客户需要在触摸屏实现历史数据的显示，KTP 触摸屏本身支持数据记录功能，可以通过趋势控件查看历史数据曲线，但是这不能满足客户的要求。客户要求历史数据以表格的形式进行查看。KTP 触摸屏本身也不支持脚本程序，无法通过编程的方式实现历史数据的检索并显示。

针对上述技术难点，分析如下：

由于通过 KTP 触摸屏无法实现用户需求，因此考虑通过 PLC 编程实现数据存储，然后通过间接寻址的方式将存储的数据在触摸屏中进行显示。

从前面客户要求的表格中可以看出，客户要求的每组数据为时间、日期和重量共三个数据，存储时间为两天的数据，根据每天的厨余垃圾投放和处理次数，预计最多可产生 500 组数据，数据类型存储占用空间见表 4。

表 4　数据类型存储占用空间

长度(字节)	格式	取值范围	输入值示例
2	IEC 日期(年-月-日)	D#1990-01-01 到 D#2169-06-06	D#2009-12-31,DATE#2009-12-31
4	时间(小时:分钟:秒.毫秒)	TOD#00:00:00.000 到 TOD#23:59:59.999	TOD#10:20:30.400,TIME_OF_DAY#10:20:30.400
4	符合 IEEE754 标准的浮点数	-3.402823e+38 到-1.175495e-38±0.0+1.175495e-38 到 +3.402823e+38	1.0e-5; REAL#1.0e-5

根据上面的分析，每组数据共占 10 个字节的存储空间，500 组数据共需要占有 5000 个字节的存储空间，远远小于 CPU1215C 的存储空间，因此可以采用 PLC 编程实现数据的存储。

对于历史数据的显示，可以通过一个画面放置 IO 域进行实现，画面中放置上下翻页按钮，实现历史数据的查看。

技术难点的实现：PLC 编程实现历史数据的存储如下：

根据客户需求表格自定义用户数据类型如图 4 所示。

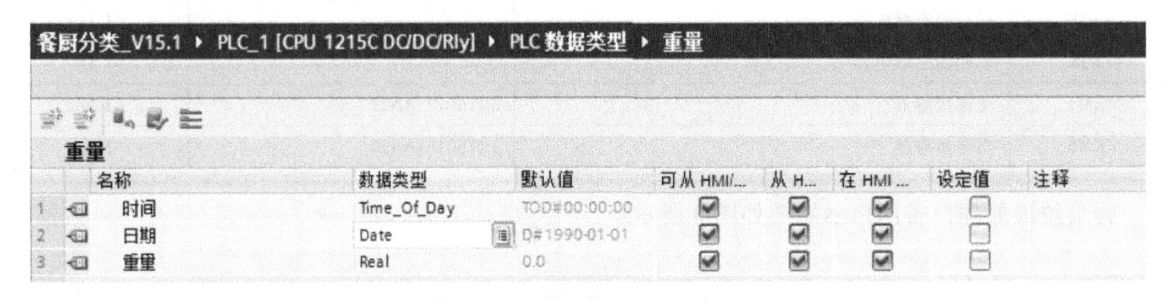

图 4　自定义用户数据类型

以上述数据类型创建数据块作为重量输入数据块如图 5 所示。

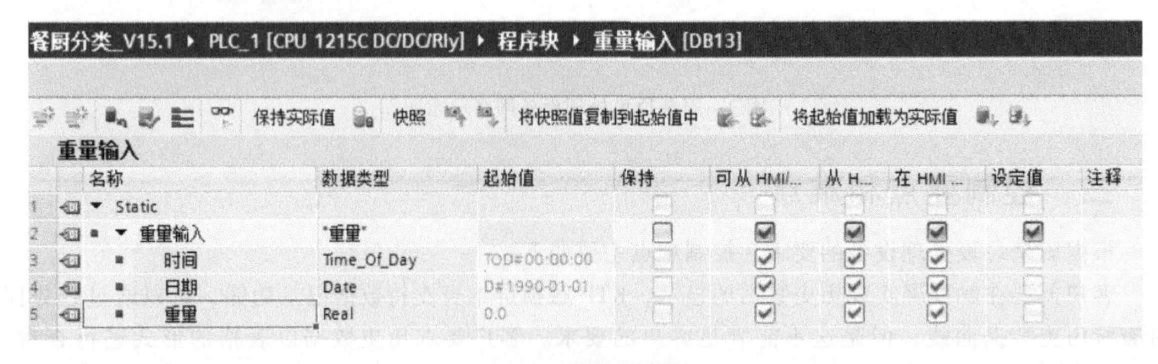

图 5　重量输入数据块

传送日期、时间及重量数值至重量输入数据块如图 6 所示。

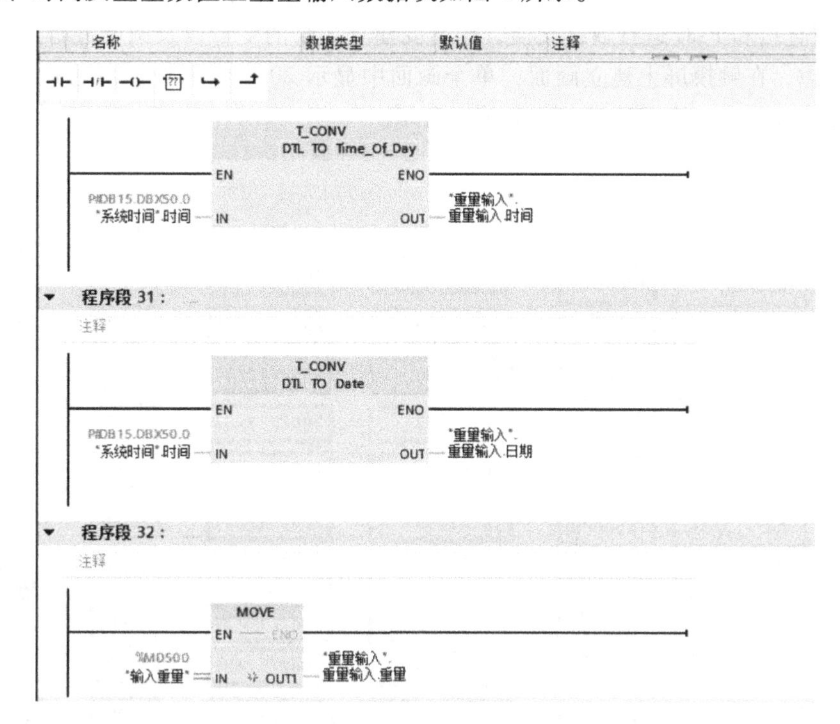

图 6　传送日期、时间及重量数值至重量输入数据块

编写 FB 程序，实现历史数据的存储（见图 7），通过背景数据块中的静态变量存储 500 组数据。

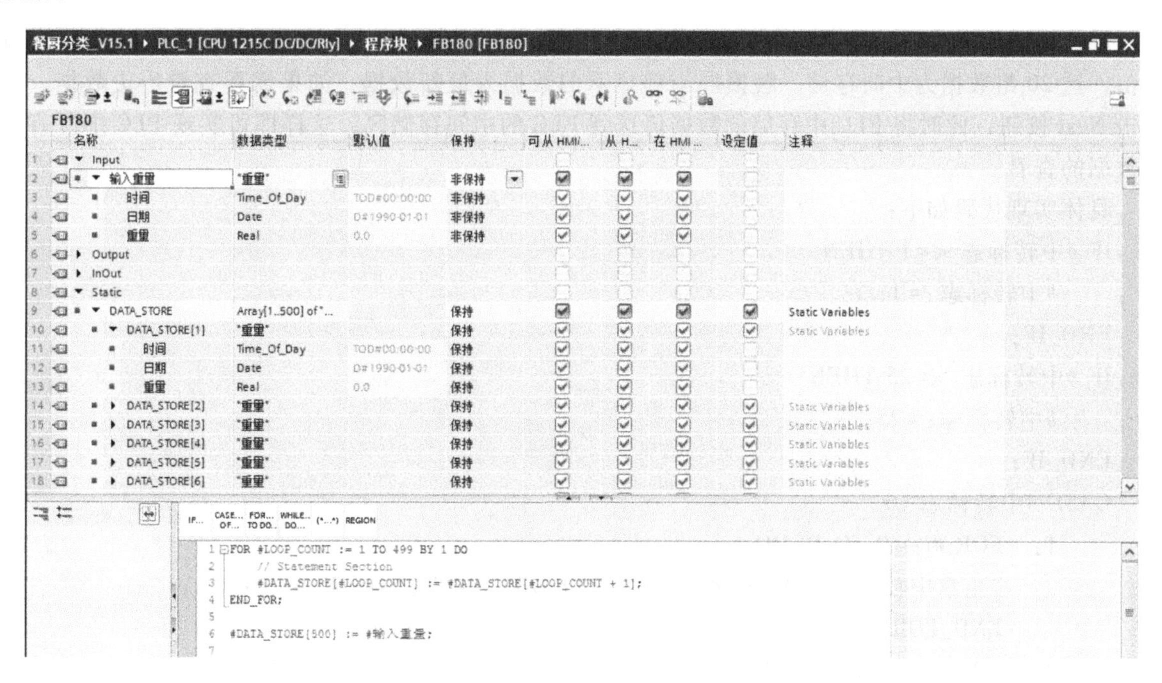

图 7　数据存储功能实现

数据存储完成后，需要在触摸屏中进行显示，由于500组数据需要在触摸屏中进行显示，如果通过简单的IO域直接和PLC进行数据交换，则需要建立大量的变量以及画面进行处理。

出于上述考虑，在触摸屏上建立画面，单个画面中显示20组数据，然后通过上下按钮进行其他数据的显示，触摸屏重量查看测试画面如图8所示。

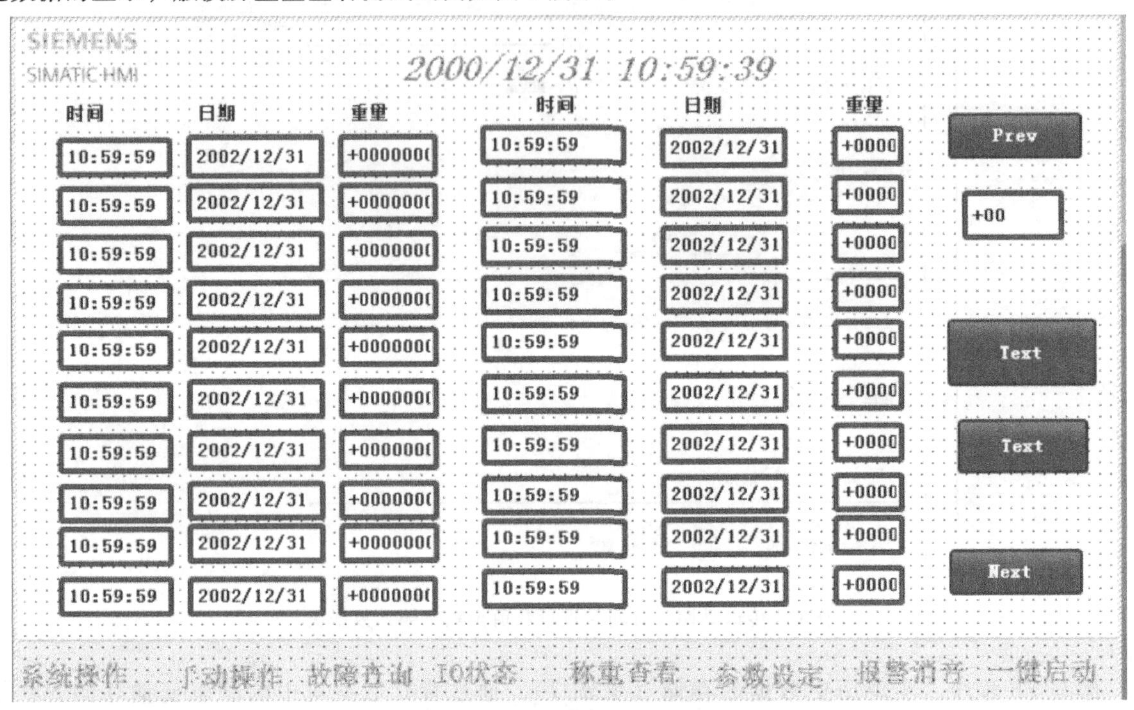

图8 触摸屏重量查看测试画面

触摸屏画面完成后，需要与之配套的相关程序，思路如下：PLC中建立20组数据和HMI进行通信，这20组数据为中间存储。触摸屏当前显示的数据为最新数据，如果需要查看历史数据，则单击Next按钮，此时将PLC中存储的数据传送到PLC的中间存储区，这样即可实现PLC中所有历史数据的查看。

具体实现代码如下：

```
IF #中转标志 <=1 THEN
    #中转标志:=1;
END_IF;
IF #中转标志 >=25 THEN
    #中转标志:=25;
END_IF;
CASE #中转标志 OF
    1:  FOR #i:=0 TO 19 DO
        "重量中转".重量中转[#i]:="FB180_DB".DATA_STORE[#i + 481];
        END_FOR;
    2:  FOR #i:=0 TO 19 DO
        "重量中转".重量中转[#i]:="FB180_DB".DATA_STORE[#i + 461];
```

```
        END_FOR;
      ……
    24:  FOR #i:=0 TO 19 DO
        “重量中转”. 重量中转[#i]:=“FB180_DB”. DATA_STORE[#i + 21];
        END_FOR;
    25:  FOR #i:=0 TO 19 DO
        “重量中转”. 重量中转[#i]:=“FB180_DB”. DATA_STORE[#i + 21];
        END_FOR;
    ELSE  // Statement section ELSE
END_CASE;
```

最后，实际运行效果如下，满足客户的技术要求（见图9）。

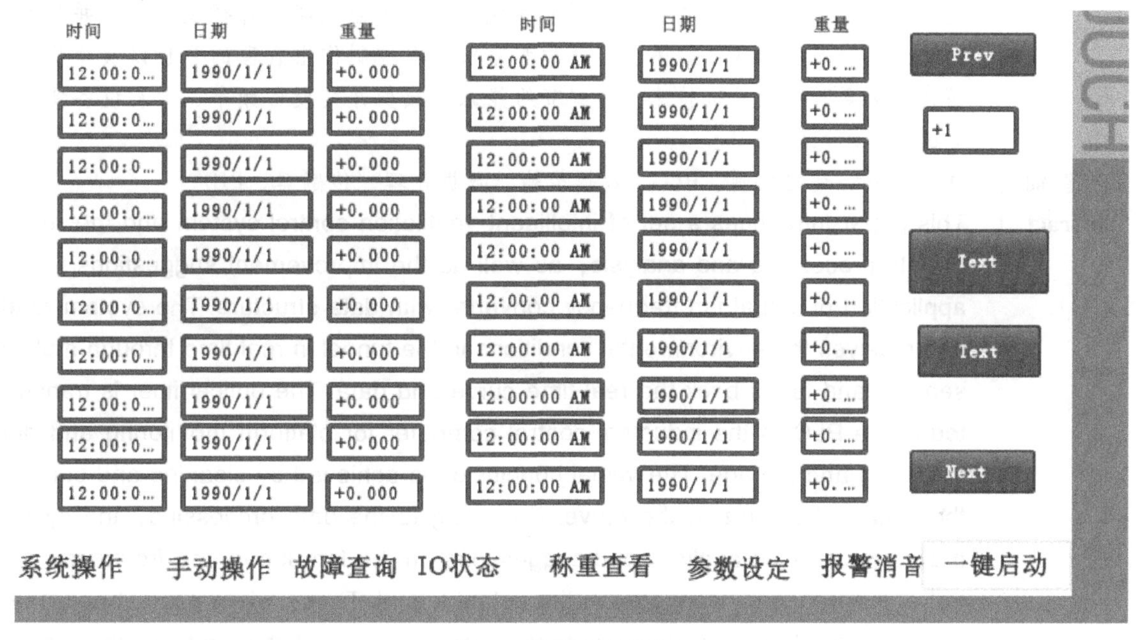

图9　触摸屏模拟测试

四、应用体会

在扬州××环保厨余垃圾处理设备中，控制系统大部分采用西门子产品，包括PLC和HMI，对于客户的特殊要求（在触摸屏中实现类似表格方式查看历史数据），在充分考虑成本的前提下，通过PLC编程实现数据存储以及在KTP触摸屏中以表格方式查看，充分体现了西门子产品编程的灵活性。

最后，目前扬州××环保厨余垃圾处理设备已经在最终用户成功使用，并得到了用户的认可。

参考文献

[1]　西门子（中国）有限公司. SIMATIC STEP 7 和 WinCC Engineering V15.1 系统手册 [Z]. 2018.

[2]　西门子（中国）有限公司. SIMATIC S7-1200 可编程控制器系统手册 [Z]. 2018.

隧道智能在线检测系统
Tunnel intelligent on-line detection system

邓远亮
（成都伟特自动化工程有限公司　成都）

[摘　要] 本文旨在介绍一套智能通风控制系统以及数据处理分析结果以及针对数据结构的实际风机变频器等应用的改善建议。本系统通过多个传感器实时地读取并接收隧道内环境情况和反馈实时的曲线和数据，光纤传输至PLC到工控机，进行平台的监控以及数据的记录与存储。通过将数据清洗梳理，优化曲线实现可视化结论，并且针对数据处理，对实际隧道的风机转速和变频器频率控制作出合理的分析以及建议，从而在非必要时降低风机转速，达到节约能源、减少开关设备频率、延长设备使用寿命的目的。

[关 键 词] 隧道通风、远程控制、PLC、数据传输、数据处理、传感器、PID

[Abstract] This paper introduces a set of intelligent ventilation control system and the results of data processing and analysis, as well as the improvement suggestions for the application of actual fan frequency converter with data structure. The system reads and receives the environmental conditions in the tunnel in real time through multiple sensors and feeds back the real-time curve and data. The optical fiber is transmitted to the PLC to the industrial control computer for platform monitoring and data recording and storage. The visual conclusion is achieved by cleaning and combing the data and optimizing the curve. According to the data processing, the system makes reasonable analysis and suggestions on the fan speed and frequency control of the frequency converter in the actual tunnel. Thus, when it is not necessary to reduce the fan speed to save energy, reduce the switching equipment frequency and prolong the service life of the equipment.

[Key Words] Tunnel Ventilation、Remote Control、PLC、Data Transmission、Data Processing、Sensors、PID

一、项目简介

在高海拔隧道的建设中，面临的最主要问题是高原缺氧和隧道内有害气体以及粉尘过高。高原缺氧将导致人员和设备供氧不足，内燃机车有害气体排放增加；高原空气稀薄将导致空气动力设备、制氧设备性能下降，以及隧道内炸药爆炸之后残留的各种有害气体直接损害施工人员的身体健康。为了保障施工人员的安全，隧道内应设置一套隧道智能通风控制系统，内含有多个传感器，能够检测隧道内环境中的 O_2、CO、CO_2、CH_4、NO_2、H_2S，以及粉尘浓度、温度、湿度等一系列数据。

二、系统结构

前端包括监测系统 12 个传感器、一个远程站以及 2km 多模光纤、两个变频器、两台风机、PLC 使用西门子 1215C（可编程序控制器），如图 1 所示，外加两个远程站 ET200SP，如图 2 所示，以及两台工控机，后端结合 TIA 博途软件、labVIEW、python。图 3 所示为隧道智能通风系统。

图 1　西门子 1215C

图 2　远程站 ET200SP

实时监控系统，主要包括两个方面，一个是对隧道内部空气质量环境的实时监控，对有害气体和粉尘浓度进行检测以及报警的作用，另一个部分是对风机压力测试以及当前环境下温度、湿度的变化，测量计算出相关风机流量、漏风率和回风速度等。在监控系统中，传感器主要是监测隧道内 O_2、CO、CO_2、CH_4、NO_2、H_2S，以及粉尘浓度，温度、湿度等一系列数据。

智能通风系统：包括对 PLC 的通信本地状态以及参数的设定，对传感器数据的接收，实时监控、风机的频率设定、状态监控、对数据的保存，清洗数据以及可视化处理。

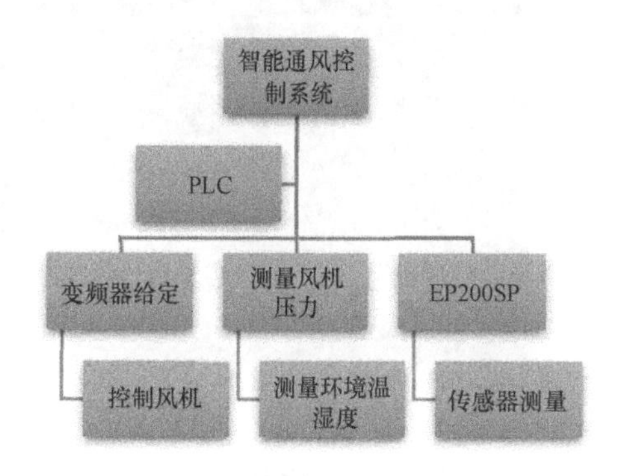

图 3　隧道智能通风系统

本系统的采集箱内含有 12 个传感器，放置于隧道爆破掌子面附近 100m 左右，能够实时地监控隧道内环境气体变化，能够相对准确地测量隧道内 O_2、CO_2、CO、H_2S、NO_2、CH_4 粉尘浓度的含量，测量单位是 mg/m^3，设定检测读取和保存时间是每秒一个数据。

传感器将检测到的数据以 4~20mA 电流信号通过双绞屏蔽线缆传递至远程站，再由多模光纤将数据传递到 PLC 中，通过 TIA 博途软件将数据采集并通信到 labVIEW 中，由 labVIEW 对数据进行在线监控和数据保存。

三、功能与实现

检测系统设定每秒读取和存储一个数据，一天大概存储 1296000 个数据，本次数据分析截取三天的数据，大概 100 万个。为了使数据能够可视化与信息图形、信息可视化、科学可视化，提取有用信息并形成结论，对数据加以详细研究和概括总结。将三天的实数数据进行清洗以及整理，将该系统数据每分钟进行取平均值，大概筛选成 2600 个数据，再次根据数据进行拟合，通过风机的关断，可以判断隧道是否在进行爆破，也从隧道内相关气体的浓度变化明显地观察到隧道的爆破情况，可以看出：

H_2S 的拟合函数是 $y=0.0000001x^2-0.0007x+0.947$

粉尘浓度的拟合函数是 $y=0.0000004x^2-0.0009x+5.7136$

挑选了几个比较明显的数据大致呈现，如图 4 所示。

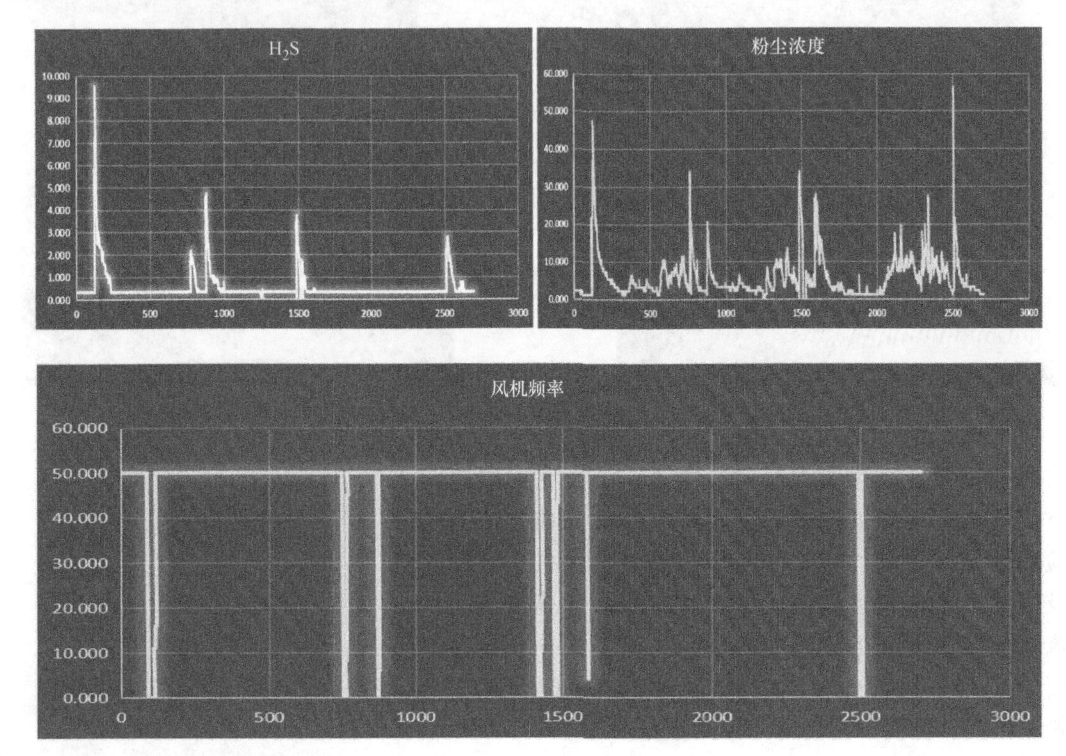

图 4　几个比较明显的数据

1. 隧道智能通风控制系统的数据分析

隧道中的炸药爆炸后主要产生 NO_2、H_2S 等气体，并且伴随着大量粉尘。从已经采集到的数据可以明显看到，随着隧道内爆破之后，各种气体，尤其是 NO_2、H_2S 以及粉尘浓度有着明显的变化，这种变化是根据爆破之后，随着时间线性变化的。根据施工人员了解到，爆破之前，施工人员将风机停下，然后进行爆破，爆破之后直接将风机频率开到最大。所以不难从上述图中看出，每一次爆破之后相关气体浓度会达到一个峰值，这一段时间也代表着隧道由爆破到恢复施工的过程。

根据数据分析可以明显看出，在每次爆破之后的半小时之内，隧道内的气体降尘和排出的速率是最快的，效果也是最好的。但是随着时间的变化，气体的排出速率开始下降，这与风机频率没有太大关系，这就造成了不必要的电力能源浪费。目前，根据上述情况给出了解决方法，即智能通风检测系统的模糊控制。

2. 隧道智能通风系统的模糊控制

利用模糊数学的基本思想和理论的控制方法。在传统的控制领域里，控制系统动态模式的精确与否是影响控制优劣的最主要因素。系统的动态信息越详细，越能达到精确控制的目的。

原先的设计是通过 TIA 博途软件编写的手动模式，人工输入需要的风机频率，只要设备运行就需要工作人员坐在操作台前根据相关的数据变换手动控制，调节相应的风机频率，如图 5 所示。这样不仅麻烦且浪费人力资源，对风机频率的关断以及开关频率的大小也无法做到精确控制，从而造成了电力能源的浪费。

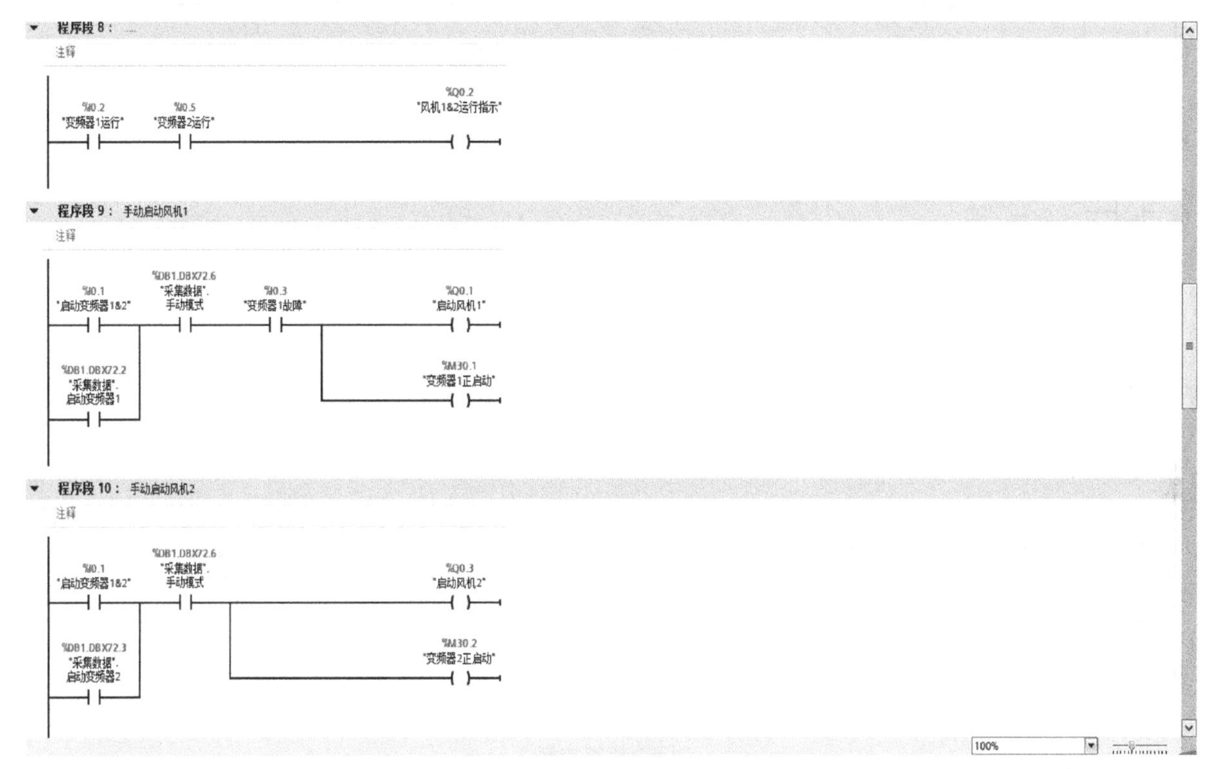

图 5　手动模式

对于复杂的系统，由于变量太多，往往难以正确描述系统的动态，所以利用各种方法来简化系统动态，以达成控制的目的，但效果却不理想。换言之，传统的控制理论对于明确系统有着强有力的控制能力，但对于过于复杂或难以精确描述的系统则显得无能为力，因此便尝试以模糊数学来处理这些控制问题，如图 6 所示。

我们建议在每次爆破之后的半小时之内，将风机频率全开，达到最大风力，但是半小时之后，将每 30s 读取的标量气体（目前，采取的是通过判断氧气）的含量取平均值，每降低 10%气体含量浓度就降低 2Hz 风机频率，以此判定。

四、运行效果

通过拟合后的曲线可以很明显地看出，在每次爆破之后的半小时内，无论是隧道内的粉尘浓度还是各种气体，都能很快速地降解并排出隧道，但是过了半小时之后，无论风机是否开到最大，气体的排出速度都不会有很大的变化。

综上分析，在保证通风量的前提下，通过将实时存储和读取的隧道内的气体浓度变化每隔 30s 进行求和取平均值，在气体或者粉尘浓度降低 10%左右就降低 2Hz 频率来自动控制风机频率。添加

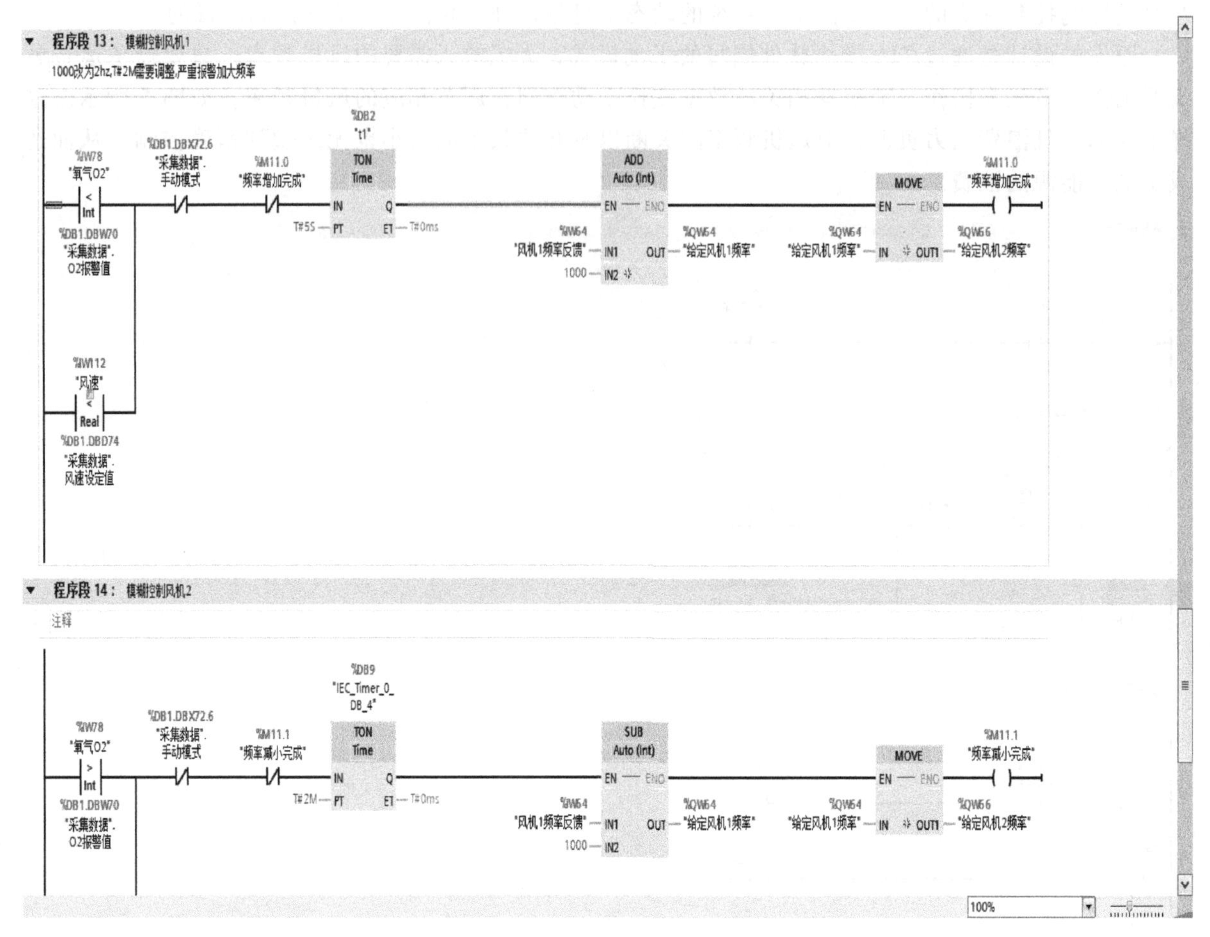

图 6　模糊控制

模糊控制之后数据的拟合函数如下：

H_2S 的拟合函数是 $y=0.0000001x^2-0.0003x+0.2985$

粉尘浓度的拟合函数是 $y=0.0000006x^2-0.0144x+26.389$

实验结果如图 7 所示。斜井智能通风控制系统如图 8 所示。

通过对数据的处理可以看到两种方法，在降低频率之后，尽可能地节省电能以及减少对风机的损耗，也不会对气体的通风造成很大的影响，并且用户对于这种自动控制的隧道通风检测系统也十分满意。

五、应用体会

整个智能通风控制系统通过 PLC 控制，尤其是增加了模糊控制之后，大大降低了人工控制以及非必要的电力消耗，能够根据实时测量的各项数据对风机的运行进行调控，提高了设备的利用率，确保通风系统安全、稳定、高效运行，保障施工人员身体健康。准确地测量风机进口的流量，具备环境参数、有害物质浓度的监测，能够根据实时测量的各项数据对风机的运行进行调控；采用自动控制系统对整个系统内的设备统一协调，最优匹配，达到通风系统智能控制管理的目的，从而有效地节约能源消耗，实现设备的低成本、长寿命和安全建设。

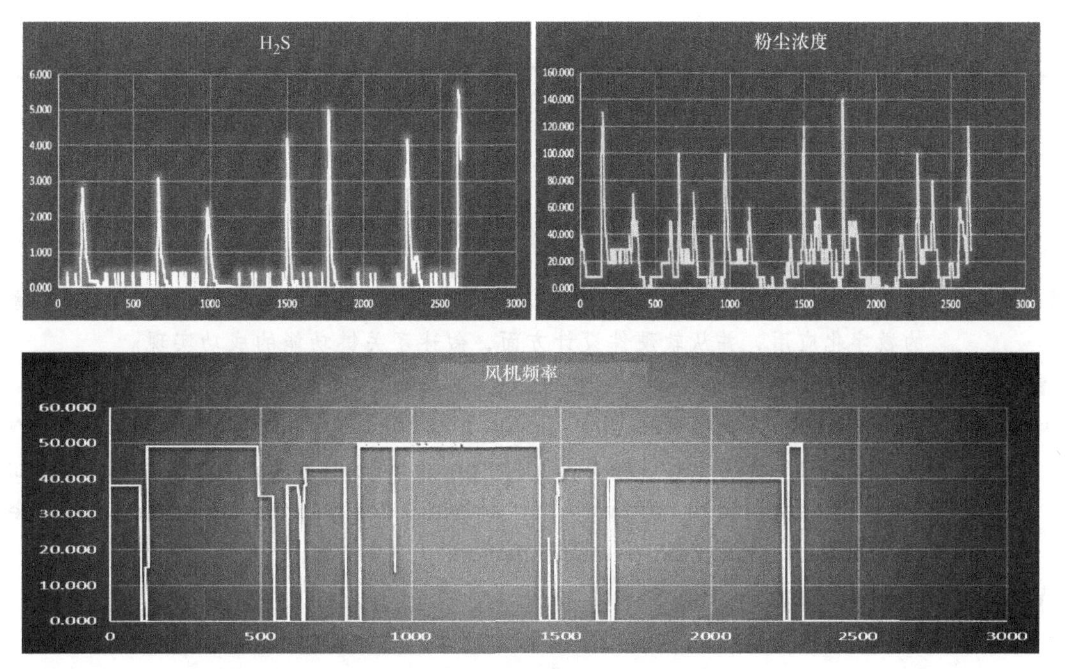

图 7　实验结果

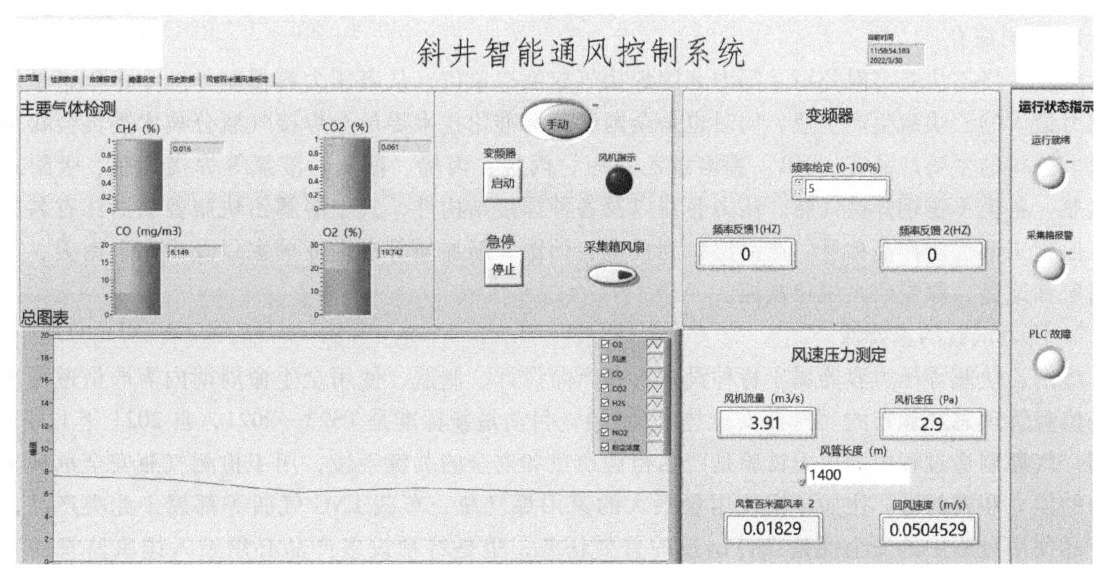

图 8　斜井智能通风控制系统

基于 S7-1200 和 WinCC 的数字化压力试验测控系统研究

郭亚彬　郑昌顺

（宁波美恪乙炔瓶有限公司　宁波）

［摘　要］本文介绍了西门子 S7-1200、WinCC V7.5SP2 产品在焊接气瓶压力试验测控系统中的数字化应用，并从软硬件设计方面，叙述了关键功能的成功实现。

［关键词］队列、批次、追溯

［Abstract］This paper introduces the digital application of SIMATIC S7-1200、WinCC V7.5SP2 in Welded Gas Cylinders pressure test measurement and control system, In aspects of hardware and software design, the paper also describes the successful application of main function.

［Key Words］Queue、Batch 、Retrospect

一、项目简介

1. 公司简介

宁波美恪乙炔瓶有限公司是国内老牌焊接气瓶制造单位，从事压力容器制作三十多年，是国内影响力最大的乙炔瓶生产企业，同时也是全国气瓶标准化技术委员会焊接气瓶分技术委员会秘书处单位。公司的主要产品有“NB”牌溶解乙炔瓶、丙烷、丙烯、液氨、液氯等焊接气瓶、吸附式天然气瓶、各类不锈钢焊接气瓶、压力容器以及各种焊接结构件，其中溶解乙炔瓶曾获浙江省名牌产品、原化工部优质产品称号。产品出口到日本、韩国、新加坡等东南亚国家以及中东、南美、非洲等国家和地区，深受广大用户欢迎。

2. 压力试验的重要性

溶解乙炔瓶等压力容器属于特种设备，在产品设计、制造、使用全生命周期内需严格遵循国家市场监督管理总局颁布的《气瓶安全技术规程》，目前最新标准是 TS23—2021，自 2021 年 1 月开始实施。气瓶制造过程中的压力试验是产品检验质量和安全的关键手段，用于检测气瓶安全承载工作压力的能力和密封性。比如早期使用量很大的家用煤气瓶、车载 LNG 气瓶等都属于此类产品，保证产品使用过程中的安全性是设计制造的首要任务，也是特种设备产品必须纳入国家监管的主要原因。

3. 特种设备制造的数字化监管要求

在目前制造业智能化、数字化的浪潮下，特种设备制造的数字化监管也早已提上日程，从市场监督总局主导的一系列设计、制造、试验的国家标准更新上可以看到主管部门和行业正稳步推进这项工作。例如在 TS23—2021《气瓶安全技术规程》里面涉及的数字化监管的几点要求（部分）：

（1）电子识读标记（1.8.1.2）

“氮气气瓶、纤维缠绕气瓶、燃气气瓶和车用气瓶的制造单位，应当在出厂的气瓶上设置可追溯的永久性电子识读标记。电子识读标记应当能够通过手机扫描方式链接到气瓶单位建立的气瓶产品公示平台，直接获取每只气瓶的产品信息数据”。

（2）气瓶耐压试验装置（4.12.4）

应当能够自动识读每只试验气瓶的电子识读标记，实时自动记录气瓶瓶号、实际试验压力、保压时间以及试验结果，记录应当存入气瓶产品档案并上传至承担特种设备监督检验工作的特种设备检验机构（以下简称监检机构）。

（3）气瓶出厂文件资料（4.13.2）

“按1.8要求装设电子识读标记的气瓶的制造单位，应当负责建设本单位气瓶质量安全追溯制造信息公示网站，逐个公示出厂气瓶产品制造数据并确保其不可更改或失效。制造单位的气瓶制造信息公示平台应当具有与充装单位充装信息追溯平台以及行业及地方监管系统实现对接的数据交换接口，气瓶制造信息平台追溯信息记录和凭证保证期限应当不少于气瓶的设计使用年限”。

（4）安装过程监检（6.2.2.7—水压气压试验类）

监检机构可以采用对水压（气压）试验现场进行视频监控，并且确认受检单位上传试验记录的方式，实施现场见证。数字化压力试验系统如图1所示。

因此，数字化压力试验系统需要设计以下功能：

1）电子识读标记：采用电子识读标记，也就是二维码，跟身份证一样，每只气瓶都有一个唯一的ID标识。由于产品制造的特殊性，只能采用钢制标记。压力试验过程中自动读取二维码标识即可读取瓶号、试验压力等试验输入数据。

2）记录电子化：压力试验的所有信息都可以记录并存储到数据库，方便查看追溯。

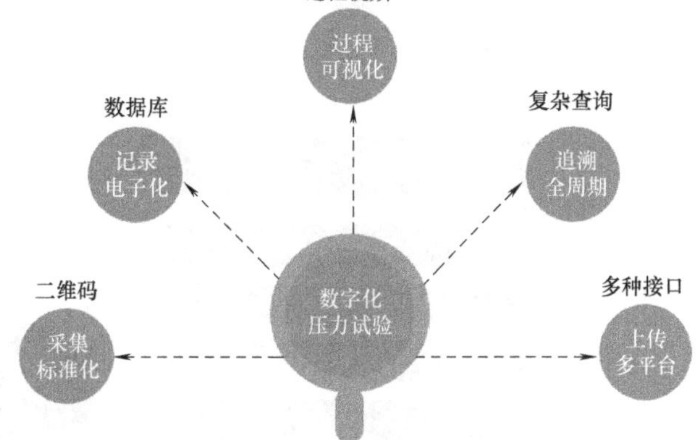

图1 数字化压力试验系统

3）过程可视化：

① 视频信号接入压力试验控制系统。

② 监检机构驻厂人员可以远程看到压力试验操作画面的曲线、数据以及视频。

4）追溯全周期：追溯性是特种设备监管最重要的一点，一旦产品使用过程中出现问题，要能够追查到产品的相关制造和检验数据，并根据时间对关联批次产品进行溯源和检查。

5）多平台接口：压力试验数据具备各种接口，可上传国家和地方的特种设备监管大数据平台。

4. 试验工艺

压力试验采用水压方式逐只检验，遵循GB/T 9251—2022《气瓶水压试验方法》。气瓶流转至水压工序后先称量空瓶重量并记录，然后加满水再称量得到满瓶重量，两者相减即得到水容积。若干瓶为一个批次进入压力试验台并启动加压泵进行水压试验，则加压到试验标准后进行保压。在标准规定的保压时间内压力稳定即为合格，记录本批次压力曲线、批次号、瓶号、空瓶重、水容积、试验压力、试验开始结束时间、保压开始结束时间、水温、环境温度、压力表和压力传感器校验日期等相关数据并存档。

5. 多样化诉求

实现这样的功能不难，但压力容器行业种类繁多、标准多，企业实际情况也大相径庭。以压力试验为例：

1）数据采集：比如瓶号和称重数据既有二维码扫描也有手动输入。

2）试验方式：有些气瓶的称重和试验是一批次完成的，而有些需要称重和试验交叉进行。

3）装置数量：已有一套试验装置的希望能快速复制另一套，已有多套装置的则希望用一个系统控制，画面上可以同时操作试验。

4）批次数量：既有逐只也有多个组批进行试验。

5）数据查询：希望能按瓶号、批次号、日期、型号等各种方式查询，同时能自动生成批次报表、班、日、月、年报表，甚至定制类报表。

6）一致性检查：能够对瓶号这一关键数据插入数据表前进行一致性检查，防止出现重复。

7）有些非关键手动录入数据进入数据库后能够通过画面进行修改和删除并重新生成报表。

采用西门子产品，通过标准化和模块化的设计方法使得控制系统能适应各种需求的压力试验系统，并能进行快速复制和升级移植。

6. 西门子产品解决方案

产品解决方案如图 2 所示。

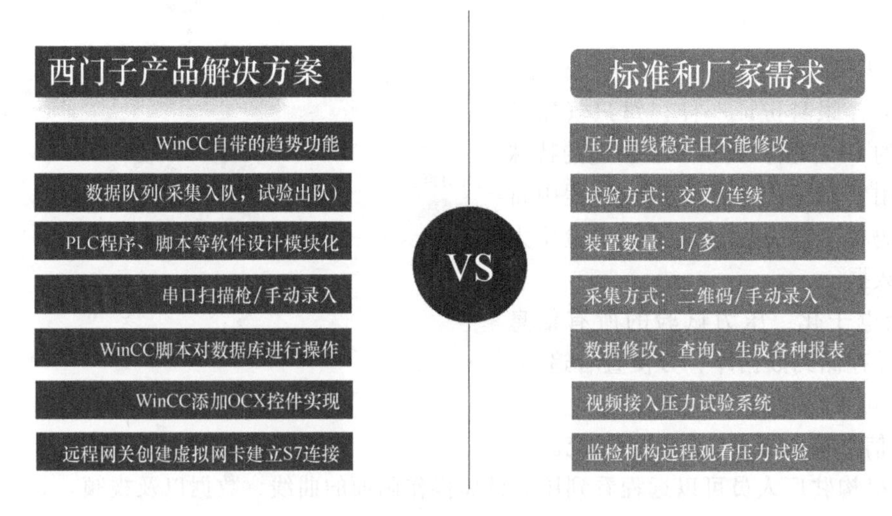

图 2　产品解决方案

控制系统选用了西门子紧凑型控制器 S7-1200 作为控制中心，经典 SCADA 软件 WinCC 作为数据记录存储和查询平台，协同完成压力试验控制。S7-1200PLC 负责采集称重、压力、温度等数据并控制试验流程，其中一个难点是称重批次和试验批次以及空瓶称量和满瓶称量都是交叉进行的。此次试验流程引入了 FIFO（先进先出）队列解决这一需求，使用 SCL 编程语言很好地完成了此任务。此外使用 WinCC 安全可靠的趋势功能实现核心压力曲线绘制任务，由于趋势是使用西门子相对封闭的内部压缩数据库数据生成的，因此稳定且不容易被修改。自带的 SQL Server 数据库和强大开放的脚本功能又为批次记录生成和历史批次查询提供了便利。另外现场可根据需求安装监控视频，可通过 OCX 控件非常方便地将视频集成到 WinCC 画面中。装置具备电子标签识读功能，二维码扫码枪与 S7-1200 进行 RS232 通信，为需要电子标签功能的气瓶接入扫码数据。目前试验报告

PDF 文件上传采用的手动方式，后续会考虑自动上传功能。

7. 项目图片

压力试验台如图 3 所示，试验画面如图 4 所示。

图 3　压力试验台

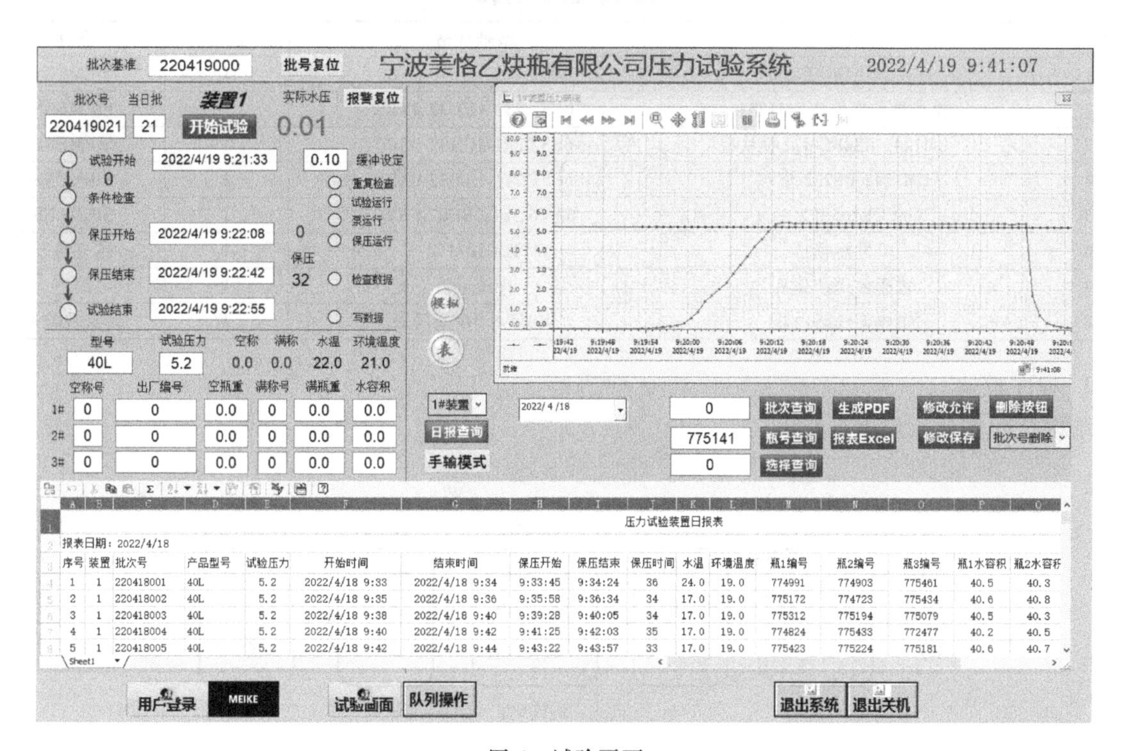

图 4　试验画面

二、系统结构

1. 控制架构

控制架构图如图 5 所示。

2. 配置清单

产品配置清单见表 1。

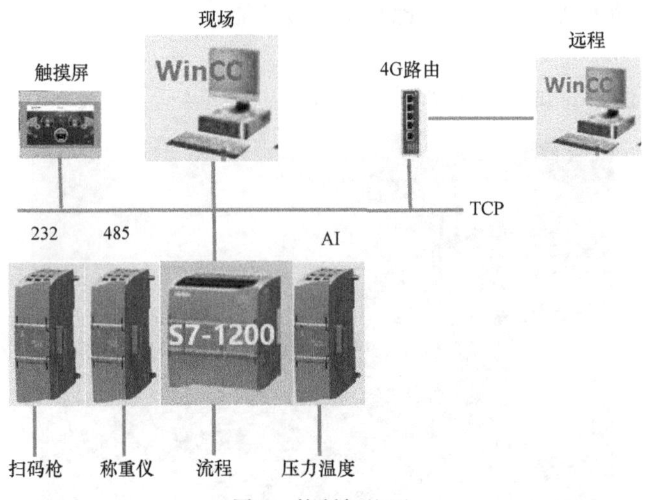

图 5 控制架构图

表 1 产品配置清单

序号	名称	型号规格	数量	备注
1	1212CPU DC/DC/DC	6ES7 212-1AE40-0XB0	1	SIEMENS
2	模拟量扩展模块 SM1231	6ES7 231-4HD32-0XB0	1	SIEMENS
3	CM1241 RS485/422 模块	6ES7 241-1CH32-0XB0	1	SIEMENS
4	CM1241 RS232 模块	6ES7 241-1AH32-0XB0	1	SIEMENS
5	WinCCV7. 5SP2 Asia	6AV6 381-2BD07-5AV0	1	SIEMENS
6	10 寸触摸屏	TPC1071Gi	1	昆仑通态
7	普通台式计算机	含显示器	1	国产
8	工业无线路由器	IR615-S 4G 全网通	1	北京映翰通

3. 程序框架

结构化程序框架如图 6 所示。

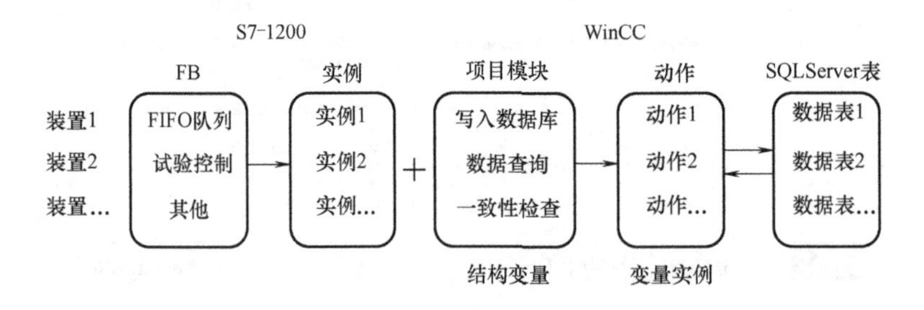

图 6 结构化程序框架

4. 试验过程

(1) 称量与数据读入读出

以 40L 乙炔瓶为例，试验分为称量和打压试验两个阶段，操作人员将空瓶放置在称重仪上称量。采集方式有两种，一种是扫码枪自动扫码并把数据显示在触摸屏和计算机上。PLC 需要根据扫码字符串长度和关键字符判断扫码有效性，确定有效电子识读后自动将扫码信息存入相关变量。另一种是触摸屏上手动输入瓶号，重量数据稳定后按“确认”按钮。两种方式都将该瓶的空重数据按先进先出的方式存入 PLC 的空重数据表，目前设计为可连续存入最大 15 个数据，称好的空瓶按照 1~X 的顺序依次摆放。空瓶加完水后按 1~X 的顺序进行满瓶称量，与空瓶称量一样，将满瓶的数据按先进先出的方式存入 PLC 的满重数据表。当空重和满重数据表有若干组数据后，以 3（可根据实际调整）个瓶为批次进行压力试验，试验时程序自动从空重和满重数据表提取最先进队列的 3 组数据到试验变量组进行试验。压力试验和称重操作可同时交叉进行，称重数据不断存入队列中，压力试验则不断从队列中提取数据。队列的设计节约了操作时间并提高了试验效率，按照连续进、批次出和先进先出的原则交叉进行互不干涉。

类似 40L 这种乙炔瓶是厂家的主要产品，但也有 930L 等其他焊接气瓶，这种大瓶是一个一个试验的。由于数量不多，目前直接采用手动输入的方式将相关数据赋值试验变量组，不采用自动队列方式。

（2）压力试验

压力测试首先启动加压泵至试验压力，然后保压一定时间，达到规定时间后进行卸压，WinCC 自动绘制本批次的升压-保压-降压曲线并将批次号、瓶号、压力、保压时间、空重、水容积、温度、试验开始结束时间、保压开始结束时间等数据存入 SQL Server 数据库。通过批次号、瓶号多种方式查询历史批次数据（包括数据和曲线）并生成批次试验报告 PDF 文件。

三、功能与实现

1. 程序流程

程序流程图如图 7 所示。

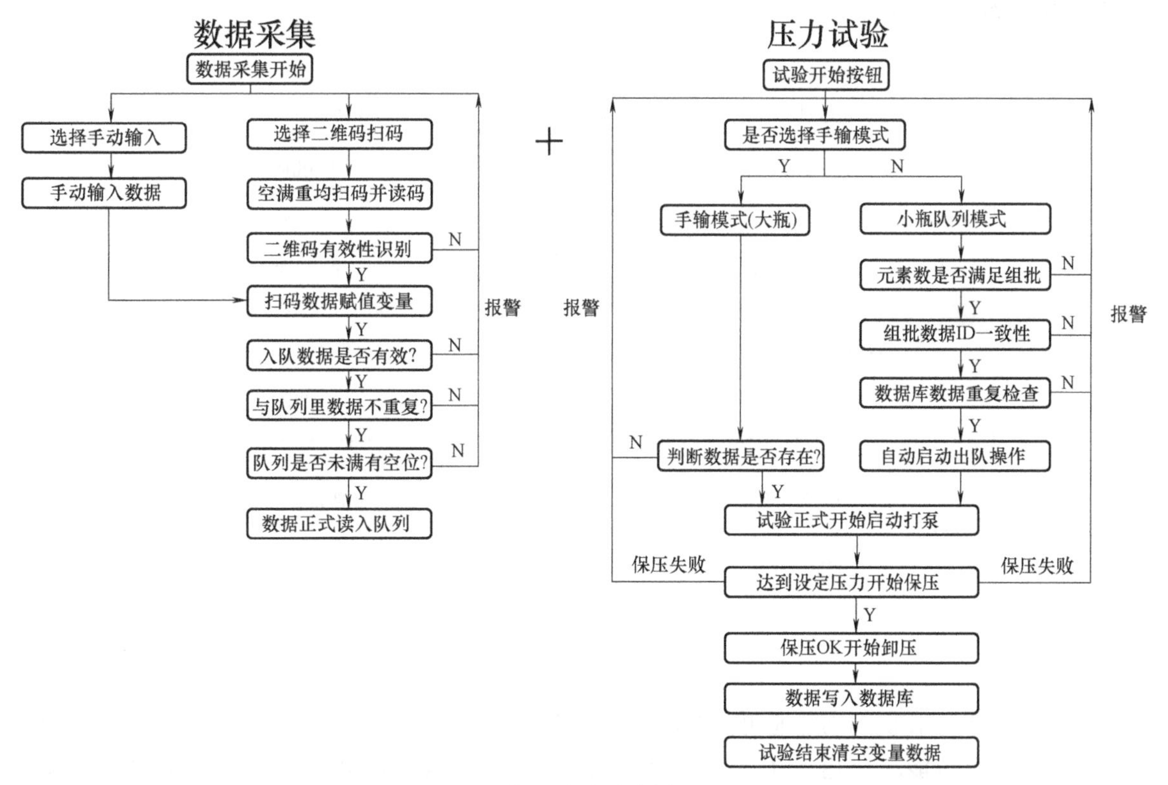

图 7　程序流程图

2. FIFO 队列

称重数据队列是本项目的一个重点，设计了 5 个数据组，分别是瓶出厂编号（外部输入）、空重数据（电子秤）、空称 ID（自动生成）、满重数据（电子秤）、满称 ID（自动生成）。

在数据组中设计空称 ID 和满称 ID，用于检查同一气瓶的空称和满称数据的一致性。当一个瓶编号输入并且空称读数稳定后，自动扫码或手动按“确认”按钮把瓶编号和空重数据填入数据表。此时程序自动计算瓶编号数据表的元素数，把这个值作为空称 ID 数据表的输入值，再自动延时触发空称 ID 数据表的入队。这样就把每组空称进队数据赋予 ID 标识。满称 ID 也是如此实现，这样做的好处是即使空称和满称是交叉进行的，ID 也必须是相同的。当试验开始从队列提取数据时，判断本组数据的空称 ID 和满称 ID 是否一致，如果一致表示前面称量数据是对应的，可以进行后续试验。

编写队列功能块用 SCL 编程语言是最合适的，FB 功能块实现以下功能：

1）进，入队触发，首个数据插入队头，后面数据依次插入，就是所谓的“先进”。

2）出，试验启动自动触发，将队列最前面 3 个数据为一组依次移出并赋值给试验数据变量，就是所谓的先出。

3）队列里数据数量（编号）计算，既是空满称 ID 数据表的元素，又是队列元素空和满报警的判断依据，入队此 ID+1，出队则 ID-1。

4）查重功能，比如瓶号数据表里的瓶号不能重复，如果检查到进队数据跟表中已有数据重复，则程序会阻止数据入队并报警，称量数据表无需此功能。

5）入队数据为 0 检测，如果检查到入队数据为 0，自动阻止数据入队并报警。

队列演示如图 8 所示。

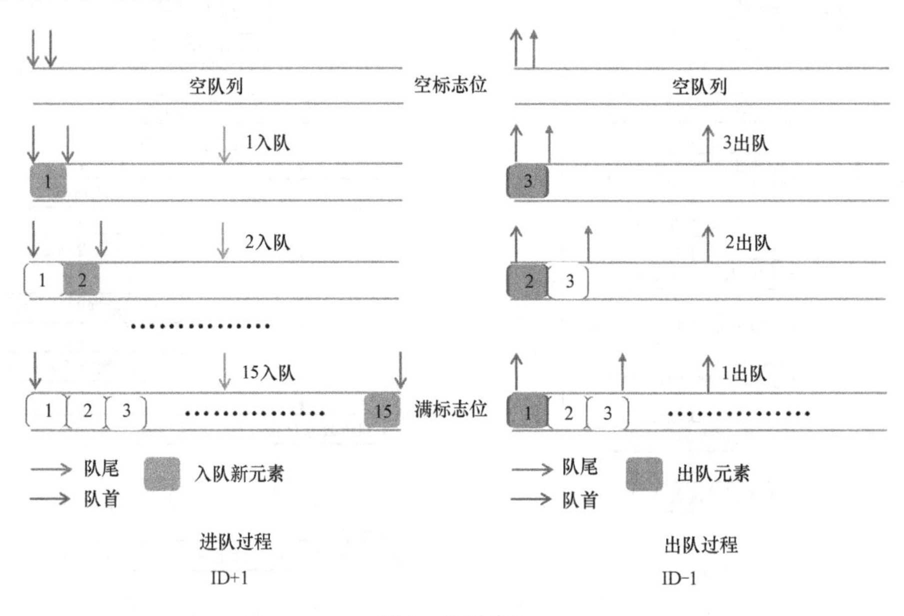

图 8 队列演示

程序实现：为了使队列功能通用性更好，采用了 Variant 数据类型，这样用一个 FB 实现了不同数据类型的队列功能。使用 SCL 语言编写很方便就能实现，此处不再赘述。队列操作画面（WinCC）如图 9 所示。

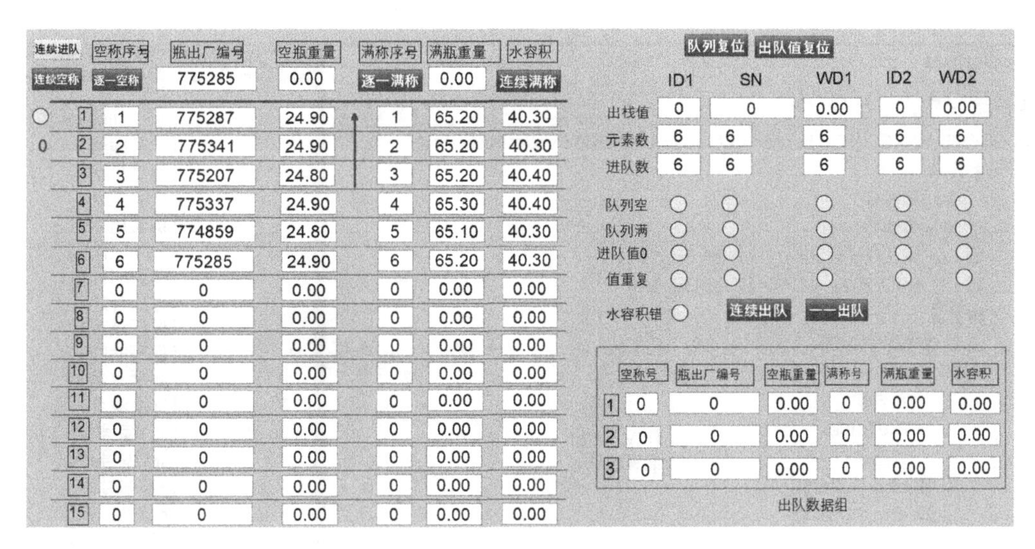

图 9　队列操作画面（WinCC）

3. 数据曲线存档查询

此功能由 WinCC 组态软件完成，从以下几方面进行阐述。

（1）模块化设计

将 WinCC 变量按结构化变量设计，脚本按项目函数设计，这样形成一个标准化的模板。当需要在系统内增加第 2 套和第 3 套试验装置时变得很容易实现，直接调用项目函数并关联第 2 套和第 3 套结构变量实例即可。数据库写入、数据查询都是如此，比如画面上放置一个装置选择按钮，选择哪个编号，即执行 SQL Server 该编号数据表的查询。模块化写入如图 10 所示，数据表模块化如图 11 所示。

图 10　模块化写入

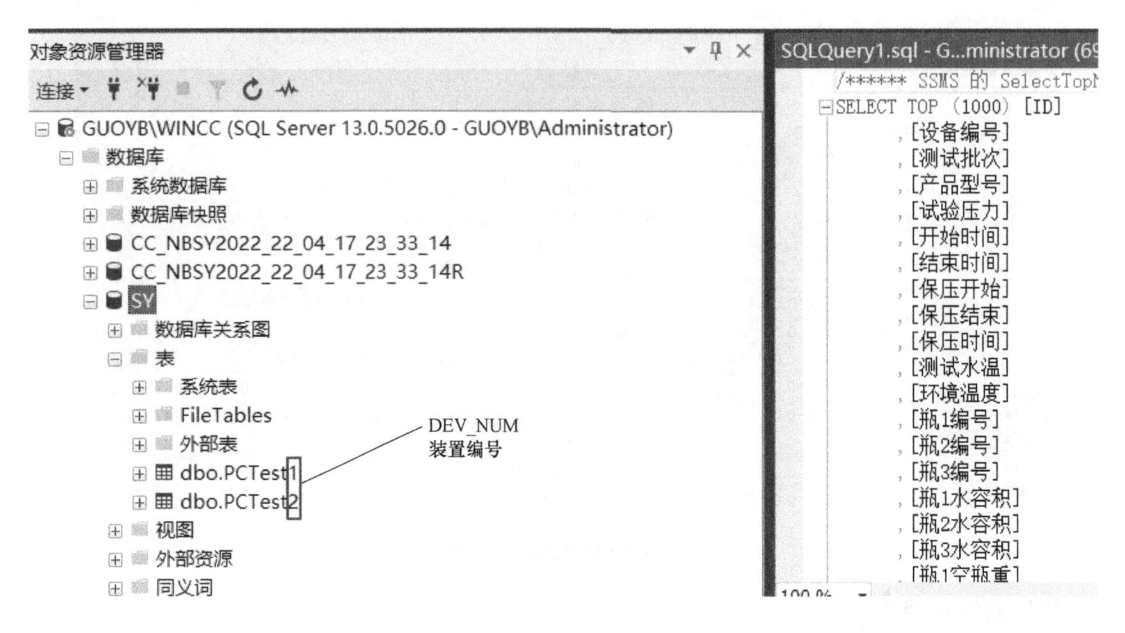

图 11　数据表模块化

（2）数据存储

试验特点是按批次类记录系统，每组若干瓶进行批次试验。试验开始后需要存储显示的数据有三种：

1）压力、温度、重量等过程数据。

2）批次号、试验开始结束时间、保压开始结束时间等状态节点数据。

3）瓶编号、型号、试验标准等输入参数。

其中，压力是最核心的过程数据，需要以曲线形式呈现出来，利用 WinCC 强大的趋势功能实现压力过程值归档，既稳定又安全（不可修改）。其他数据则按批存入 WinCC 自带的 SQL Server 数据库，通过利用脚本进行各种查询，方便生成批次、班、日、月等各种报表。

（3）数据查询

查询其实分两步，先从批次记录中找出想要查询的批次，可通过输入“批次号”“瓶号”或者在批次日报表显示控件中选中某批次直接查询。执行后会将想查询的本批次数据以及压力曲线（本批次试验开始-结束时间段曲线）显示在画面上，同时批次数据也关联到报表编辑器里的变量和曲线里。然后是生成批次试验报告，按“生成 PDF”按钮，将批次报表编辑器内容生成 PDF 批次试验报告，里面含有本批次各种数据和压力曲线。

（4）修改删除

有时瓶号或者其他一些手动输入参数输入错误且已经进入数据库里，在操作画面通过修改操作，可将正确的数据重新写入数据库。过程值数据是不能修改的，例如压力曲线。

（5）关键步骤：压力趋势的时间过滤

每批次试验开始和结束时间都会存储到 SQL Server 数据库，将此两个数据关联到 CCAxOnline-TrendControl 趋势的动态参数变量中。这样查询批次数据就会把试验开始时间-结束时间的压力曲线显示出来，压力趋势时间过滤如图 12 所示。

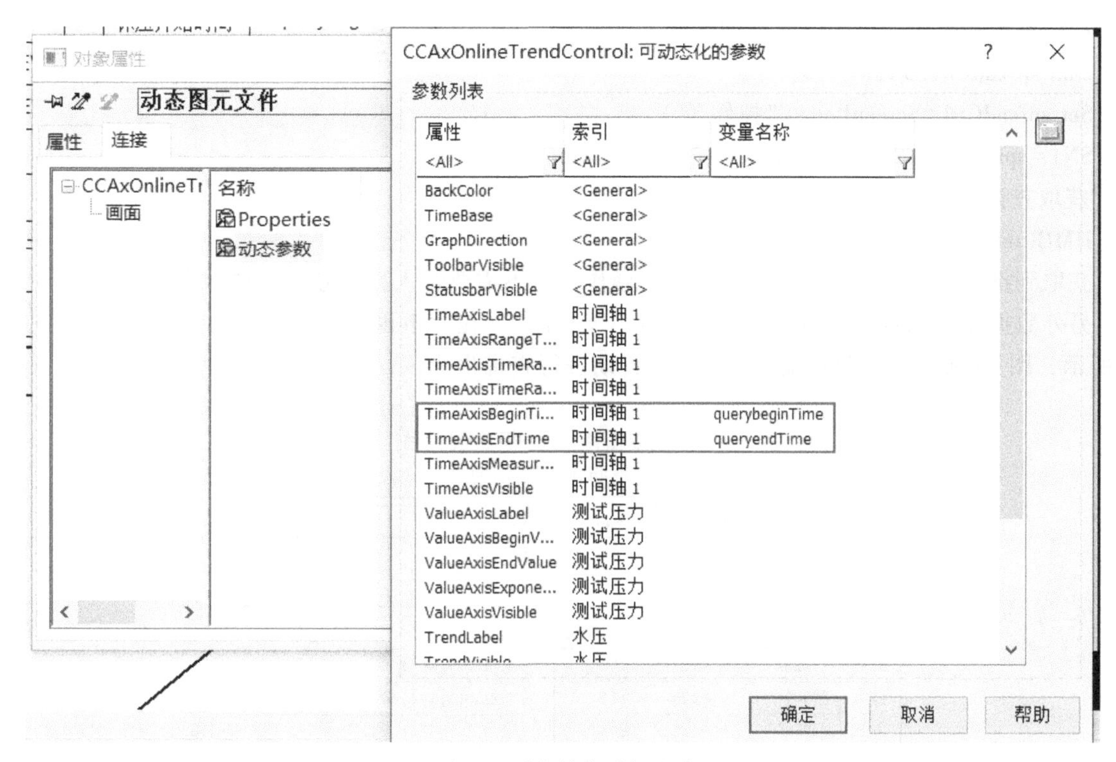

图 12　压力趋势时间过滤

（6）主要脚本：

```
//按输入的批次号查询
'定义查询字符串
Dim dev_NUM,batch
Set dev_NUM=ScreenItems("组合框 1")'获取设备编号。"组合框 1"为组合框名称
batch=HMIRuntime. Tags("batch"). Read
'dev_ID. SelIndex:设备编号
Dim  sSql1
'dev_ID. SelIndex:设备编号,时间范围:strStartTime~strEndTime
sSql1="select * from PCTest" & dev_NUM. SelIndex & " where 测试批次='"&batch&"';"
//按输入的瓶编号查询
'定义查询字符串
Dim dev_NUM,SN,condition
Set dev_NUM=ScreenItems("组合框 1")'获取设备编号。"组合框 1"为组合框名称
'dev_ID. SelIndex:设备编号
SN=HMIRuntime. Tags("SN"). Read
condition=" where 瓶 1 编号='"&SN&"'or 瓶 2 编号='"&SN&"'or 瓶 3 编号='"&SN&"';"
'dev_ID. SelIndex:设备编号
Dim  sSql1
sSql1=  "select * from PCTest" & dev_NUM. SelIndex & condition
```

```
//按查询控件中选中的批次查询
Dim spreadCtrl,SN1
Set spreadCtrl=ScreenItems("控件 8")
SN1=spreadCtrl. ActiveCell. Range("C1"). Value
'获取查询控件选中的第 1 列数值(批次)
HMIRuntime. Tags("SN1"). Write SN1
```

获取到批次号就跟批次查询一样，这个操作可以不需要输入批次号直接选中查询。

另外数据库瓶编号重复检查等（瓶编号不能相同），在此不再赘述，生成的 PDF 试验报告如图 13 所示，图 14 所示为试验日报表，可以按日期进行查询生成。

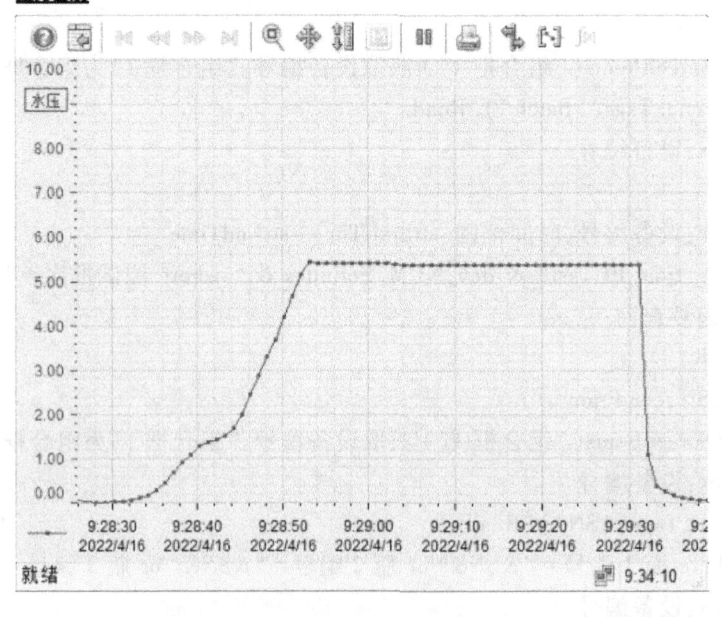

宁波美恪乙炔瓶有限公司

表号：ZJ/385

气瓶水压试验报告

测试批次：220416001	产品型号：40L	试验压力：5.2MPa
开始时间：2022/4/16 9:28:26	结束时间：2022/4/16 9:29:39	试验时间：1min
保压时间：35s		

	出厂编号	水容积/L	空瓶重/kg
1#瓶	775287	40.3	24.9
2#瓶	775341	40.25	24.9
3#瓶	775207	40.35	24.9

保压开始时间	2022/4/16 9:28:55
保压结束时间	2022/4/16 9:29:33

数显表号：2012025255903	有效期至：2022-11-29	试验水温：16℃
指针表号：61297793	有效期至：2022-11-29	环境温度：19℃

压力曲线

报告日期：2022/4/16 9:34:03　　操作员：　　检验员：

图 13　PDF 试验报告

压力试验装置日报表

报表日期：2022/4/16

序号	装置	批次号	产品型号	试验压力	开始时间	结束时间	保压开始	保压结束	保压时间	水温	环境温度	瓶1编号	瓶2编号	瓶3编号	瓶1水容积	瓶2水容积	瓶3水容积	瓶1空瓶重	瓶2空瓶重	瓶3空瓶重	试验时间
1	1	220416001	40L	5.2	2022/4/16 9:28	2022/4/16 9:29	9:28:55	9:29:33	35	16.0	19.0	775287	775341	775207	40.3	40.3	40.3	24.9	24.9	24.9	1
2	1	220416002	40L	5.2	2022/4/16 9:29	2022/4/16 9:31	9:30:23	9:31:01	36	17.0	19.0	775337	774859	775285	40.4	40.3	40.3	24.9	24.8	24.9	2
3	1	220416003	40L	5.2	2022/4/16 9:31	2022/4/16 9:32	9:32:01	9:32:37	33	16.0	19.0	775292	775318	775288	40.3	40.3	40.3	24.8	24.8	24.8	1
4	1	220416004	40L	5.2	2022/4/16 9:33	2022/4/16 9:34	9:33:47	9:34:29	39	17.0	19.0	775465	775374	775366	40.3	40.5	40.3	24.9	24.9	24.9	1
5	1	220416005	40L	5.2	2022/4/16 9:35	2022/4/16 9:36	9:35:38	9:36:16	35	16.0	19.0	774765	774824	775173	40.3	40.2	40.3	25.0	24.8	24.8	1
6	1	220416006	40L	5.2	2022/4/16 9:37	2022/4/16 9:38	9:38:03	9:38:41	35	16.0	19.0	775242	775257	774712	40.5	40.3	40.0	25.0	24.9	24.9	1
7	1	220416007	40L	5.2	2022/4/16 9:40	2022/4/16 9:41	9:40:46	9:41:24	36	16.0	19.0	774762	775349	774850	40.5	40.4	40.3	24.9	24.8	24.8	1
8	1	220416008	40L	5.2	2022/4/16 9:42	2022/4/16 9:46	9:45:17	9:46:12	52	16.0	19.0	775369	775426	775417	40.3	40.6	40.5	24.9	24.9	25.0	4
9	1	220416009	40L	5.2	2022/4/16 9:46	2022/4/16 9:48	9:47:34	9:48:07	30	17.0	19.0	775195	775237	775196	40.5	40.5	40.5	24.9	24.8	24.7	2
10	1	220416010	40L	5.2	2022/4/16 9:48	2022/4/16 9:50	9:49:34	9:50:53	76	16.0	19.0	775360	775459	775468	40.5	40.6	40.5	25.3	24.8	24.8	2
11	1	220416011	40L	5.2	2022/4/16 9:51	2022/4/16 9:53	9:52:21	9:52:58	34	16.0	19.0	775379	774819	775439	40.2	40.2	40.3	24.8	24.9	24.9	2
12	1	220416012	40L	5.2	2022/4/16 9:55	2022/4/16 9:56	9:55:39	9:56:15	34	16.0	19.0	775415	775192	775389	40.2	40.2	40.2	24.9	24.8	24.9	1
13	1	220416013	40L	5.2	2022/4/16 9:57	2022/4/16 9:58	9:57:43	9:58:26	41	16.0	19.0	775206	774678	775227	40.3	40.3	40.3	24.9	24.9	24.8	1
14	1	220416014	40L	5.2	2022/4/16 9:58	2022/4/16 10:00	9:59:36	10:00:13	34	17.0	19.0	775247	775351	775191	40.3	40.3	40.3	25.0	24.9	24.8	2
15	1	220416015	40L	5.2	2022/4/16 10:00	2022/4/16 10:02	10:01:29	10:02:05	34	16.0	19.0	775275	775252	775431	40.4	40.5	40.5	24.8	24.9	24.9	2
16	1	220416016	40L	5.2	2022/4/16 10:03	2022/4/16 10:04	10:03:49	10:04:26	35	16.0	19.0	775203	775343	774689	40.5	40.5	40.5	24.9	24.8	24.8	1
17	1	220416017	40L	5.2	2022/4/16 10:05	2022/4/16 10:06	10:06:12	10:06:50	35	16.0	19.0	775182	775460	774655	40.5	40.3	40.4	25.0	24.8	24.8	1
18	1	220416018	40L	5.2	2022/4/16 10:08	2022/4/16 10:10	10:09:05	10:10:00	52	17.0	19.0	775241	774779	775200	40.3	40.4	40.3	24.9	24.9	24.8	2
19	1	220416019	40L	5.2	2022/4/16 10:41	2022/4/16 10:42	10:41:34	10:42:12	35	16.0	20.0	775270	774651	775330	40.4	40.3	40.3	24.8	24.7	24.7	1
20	1	220416020	40L	5.2	2022/4/16 10:42	2022/4/16 10:44	10:43:39	10:44:23	42	16.0	20.0	775307	775314	775264	40.3	40.3	40.3	24.9	25.0	24.9	2
21	1	220416021	40L	5.2	2022/4/16 10:45	2022/4/16 10:46	10:45:42	10:46:18	34	17.0	20.0	775451	775321	775269	40.4	40.4	40.3	24.8	25.0	25.0	1
22	1	220416022	40L	5.2	2022/4/16 10:46	2022/4/16 10:48	10:47:32	10:48:24	50	17.0	20.0	775215	775277	775176	40.3	40.4	40.3	24.9	24.9	24.9	2
23	1	220416023	40L	5.2	2022/4/16 10:49	2022/4/16 10:50	10:49:55	10:50:31	34	17.0	20.0	775243	775280	775179	40.5	40.6	40.5	24.9	24.9	25.0	1
24	1	220416024	40L	5.2	2022/4/16 10:51	2022/4/16 10:52	10:51:51	10:52:40	47	16.0	20.0	769589	775371	775184	40.6	40.6	40.5	25.4	25.0	24.9	1
25	1	220416025	40L	5.2	2022/4/16 11:55	2022/4/16 11:56	11:56:08	11:56:44	34	17.0	20.0	771313	775209	775453	40.8	40.3	40.3	25.0	24.9	24.7	1
26	1	220416026	40L	5.2	2022/4/16 11:57	2022/4/16 11:58	11:58:01	11:58:51	47	16.0	20.0	775466	775272	775250	40.3	40.2	40.3	24.9	24.9	24.9	1
27	1	220416027	40L	5.2	2022/4/16 12:00	2022/4/16 12:01	12:00:51	12:01:26	33	16.0	20.0	775219	775395	770952	40.0	40.2	40.5	25.0	24.8	24.9	1
28	1	220416028	40L	5.2	2022/4/16 12:02	2022/4/16 12:03	12:03:11	12:03:48	34	16.0	20.0	775212	775245	775230	40.3	40.4	40.5	24.9	24.9	24.9	1
[illegible]	1	[illegible]	[illegible]	[illegible]	[illegible]	[illegible]	[illegible]	[illegible]	[illegible]	[illegible]	[illegible]	[illegible]	[illegible]	[illegible]	[illegible]	[illegible]	[illegible]	[illegible]	[illegible]	[illegible]	1

图 14　试验日报表

四、应用效果

项目自 2021 年中投入使用后，获得了客户和监检机构的高度好评。装置的模块化和通用性设计使得其他气瓶的压力试验可以无缝集成进来，设备控制系统扩展便捷成本低，项目运行至今一直很稳定。利用 WinCC 软件强大的开放性实现数据的存储和各种方式的查询，满足特种设备监管可追溯性，生成的各种报表减轻了操作人员的各种统计工作，也利于企业生产情况的统计。

五、应用体会

类似的测控类系统方案采用 C#等高级语言，并结合数据采集卡且串口直连传感器比较多，但稳定性、安全性、易用性均不如 S7-1200PLC+WinCC 的组合。下一步，我们打算采用西门子 WinCC Unified 开发基于 Web 的测控报表，这样客户端可以通过浏览器直接访问而无需安装软件。无论是试验现场还是质检部门甚至客户、监检机构都可以授权实时访问试验过程，实现国家标准规定的特种设备试验全过程、全透明、全记录要求，与国家或地方的特种设备大数据平台进行对接。

参考文献

[1]　西门子（中国）有限公司．气瓶安全技术规程 TSG23-2021［Z］.

[2]　西门子（中国）有限公司．GB/T 9521 气瓶水压试验方法［Z］.

[3]　西门子（中国）有限公司．S7-1200 可编程控制器 系统手册 V4.5 05 /2021［Z］.

[4]　西门子（中国）有限公司．WinCC 如何实现网络摄像头的视频显示 ID：83727351［Z］.

[5]　西门子（中国）有限公司．如何通过 WinCC 基本功能实现批次数据过滤查询以及打印批次数据报表 ID：109777592［Z］.

西门子 S7-1200 在包装机上的电子凸轮应用
Electronic Cam Application of Siemens S7-1200 on the Packaging Machine

刘 斐
（青岛环海新时代科技有限公司 青岛）

[摘 要] 枕式包装机是一种包装能力非常强，且能适合多种规格用于食品和非食品包装的连续式包装机。本文介绍了 SIMATIC S7-1200 产品在枕式包装机上的使用。通过 S7-1200 模拟实现电子凸轮包装机的功能，降低了客户的成本和调试的难度，文中采用 1200 作为主控制器，并通过 PN 总线控制 V90 伺服驱动器实现了刀、膜、拨叉的全自动控制，进而实现了包装机的完美控制，通过 1200 的程序控制模拟出电子凸轮包装机的功能。降低了用户成本，提高了可操作性。

[关 键 词] V90、电子凸轮、1200

[Abstract] Pillow packing machine is a kind of continuous packing machine with strong packing ability, which can be used for food and non-food packing with various specifications. This paper introduces the application of Simatic S7-1200 in pillow packing machine. Through S7-1200 simulation to realize the function of Electronic Cam packaging machine, reduce the cost of customers, reduce the difficulty of customer debugging using 1200 as the main controller and through PN bus control V90 SERVO driver, the automatic control of knife, film and fork is realized, and then the perfect control of the packaging machine is realized. The function of the Electronic Cam packaging machine is simulated by the program control of 1200. Lower user costs and higher Operability.

[Key Words] V90、Cam、1200

一、项目背景介绍

青岛海飞思特电子机械有限公司（见图 1）是一家专门从事挂面系列包装机械研发、生产、销售为一体的科技型企业。公司率先获得 ISO9001 国际质量体系认证、CE 证书、标准化协会会员、AAA 标准化良好行为模范企业等认证。公司始终坚持“自主研发、科学创新”的科研理念，设有研发实验室，专注用于技术和产品研发，相继开发的产品有 HF 系列挂面称量机、HWBX 系列全自动双称挂面包装机（俗

图 1　海飞思特外景图

称一拖二大包装 2.5kg)、多称包装机（俗称一拖三、一拖四）等设备，并已获得多项国家专利。

本次调试的 HWBX-Ⅷ全自动立体袋式多称散面包装机（见图 2）是公司自主研发的全自动设备。该设备实现了挂面生产的自动化。人员可以通过人机界面选择配方实现分拣、称重、落料、包装、袋封等所有的工艺，无需手动操作，大大节省了人力成本，同时降低了工人的劳动强度。

图 2　设备现场图片

二、工艺介绍及系统架构

1. 工艺介绍

本设备中包括了枕式包装机。该包装机具有体积适中、结构紧凑、包装速度高、运转平稳及操作方便等诸多特点，且包装成品外形美观大方，横封及纵封纹路整洁清晰。其工作原理如图 3 所示。通常，枕式包装机有机械凸轮与电子凸轮两种。

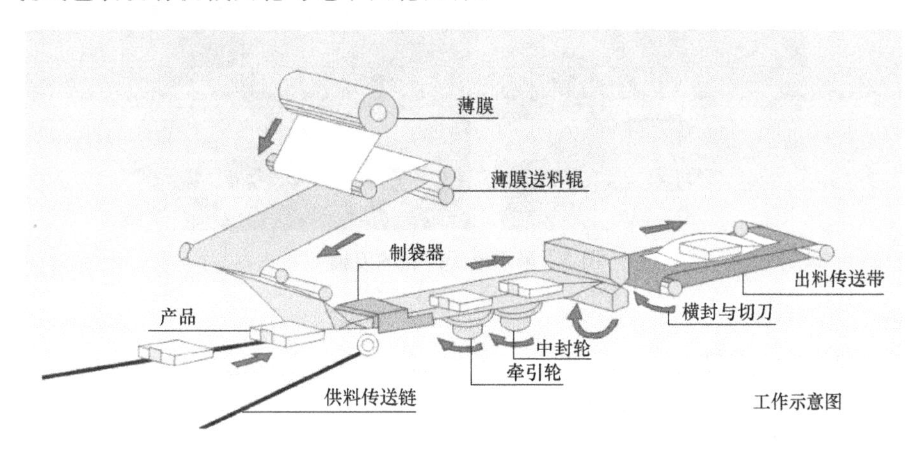

图 3　枕式包装机工艺示意图

枕式包装机的主要部件包括横封刀、膜、拨叉三部分，如图 4 所示。

图 4　枕式包装机设备现场图片

（1）刀轴工艺

刀轴属于横封轴，也是切断轴，是整个控制的重点。刀轴与膜轴需要配合：膜轴跑过一个产品的长度则刀轴必须转一圈，并且刀轴在切点位置时应该与膜轴的速度同步。由于膜轴的长度是改变的，所以刀轴如果是线性轴的话也需要改变长度，因此将刀轴换成了凸轮轴。普通的刀轴是机械凸轮，即电机的速度恒定，刀轴的运动速度通过机械自动调整。但机械凸轮经常需要根据袋长进行调整，并且维护麻烦，速度也不能太快，因此本机采用了电子凸轮设计。电子凸轮配合同步带或者链条来带动电机，通过 CAM 曲线保证刀轴与膜轴的同步，避免了机械凸轮的弊端，如图 5 所示。

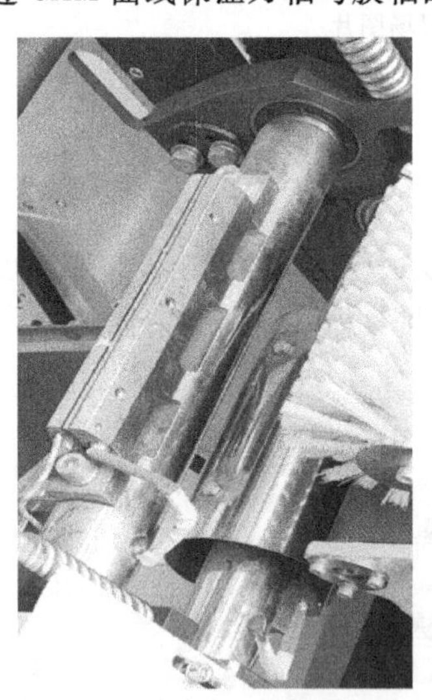

图 5　采用电子凸轮的刀轴

（2）膜轴工艺

膜轴工艺主要有两个关键点：

1）定长：定长就是指在一个周期内运行固定长度。

2）色标：在包装膜上，每个固定的位置会有一个标志（色标），要求刀每次都需要切到色标上，从而保证产品的长度一致。

膜轴工艺不但需要刀、膜的同步，还要对色标进行追踪补偿，如果切点不在色标位置时，系统需要自动调整，并保证在几包之内须能够再次切到色标位置，如图 6 所示。

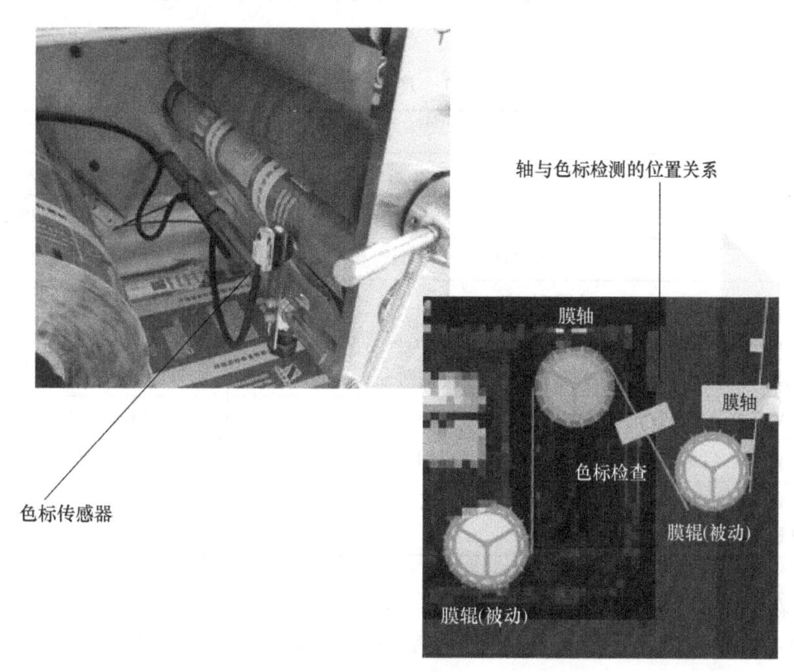

图 6　膜轴工艺

因此，膜轴工艺需要用到色标传感器，通过色标传感器取出对应的切刀位置，保证每包的色标传感器对应的切刀位置是准确及一致的。当切刀位置出现偏差时，通过调整膜轴的速度补偿位置的偏差，如图 7 所示。

（3）拨叉工艺

拨叉轴属于送料轴，产品经过拨叉或者传送带送到包装机中进行包装。拨叉轴需要与膜轴进行同步，包装时保证每包产品的位置固定并且正好处于中心，防止后续被切料。

拨叉工艺段主要工艺要求是拨叉追踪：这里采用的是被动回零方式，每段拨叉经过传感器位置时进行被动回零，从而保证拨叉的初始位置固定，如图 8 所示。

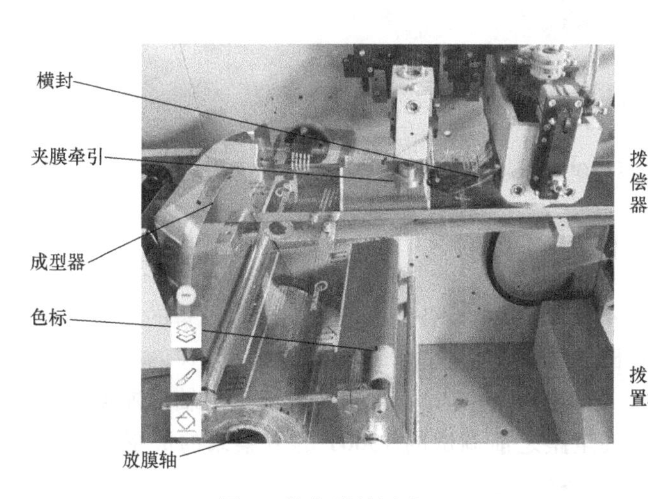

图 7　设备膜轴图片

图 8　设备现场图片

2. 西门子工业产品清单

本项目采用 1 台 1215 PLC 加 1 块 CM1241 通信模块，驱动采用 4 台低惯量 0.75kW 的 V90PN 型伺服控制器，触摸屏采用 KTP700，见表 1。

表 1 产品清单

	名称	型号	数量
控制器部分	CPU1215 DI/DO 14/10	6ES72151AG400XB0	1
	数字量输出 DO 16	6ES72221BH320XB0	1
	CM1241	6ES72411CH320XB0	1
人机界面	KTP700 Basic	6AV2123-2GB03-0AX0	1
伺服驱动	V90 电机，低惯量，$P_n = 0.75$kW，$N_n = 3000$r/min，$M_n = 2.39$N·m，SH40，2500 线增量编码器，带键槽，不带抱闸	1FL60422AF211AA1	4
	V90 控制器(PN)，低惯量，0.75kW/4.7A，FSC	6SL32105FB108UF0	4
	V90 配件，低惯量，动力电缆，用于 0.05~1kW 电机，含接头，5m	6FX30025CK011AF0	4
	V90 配件，低惯量，2500S/R 增量编码器电缆，用于 0.05~1kW 电机，含接头，5m	6FX30022CT201AF0	4

3. 系统框架及网络视图

本项目中，CPU1215 通过工艺对象（TO）控制 4 台 V90 伺服，V90 采用 3 号报文。系统组态如图 9 所示。

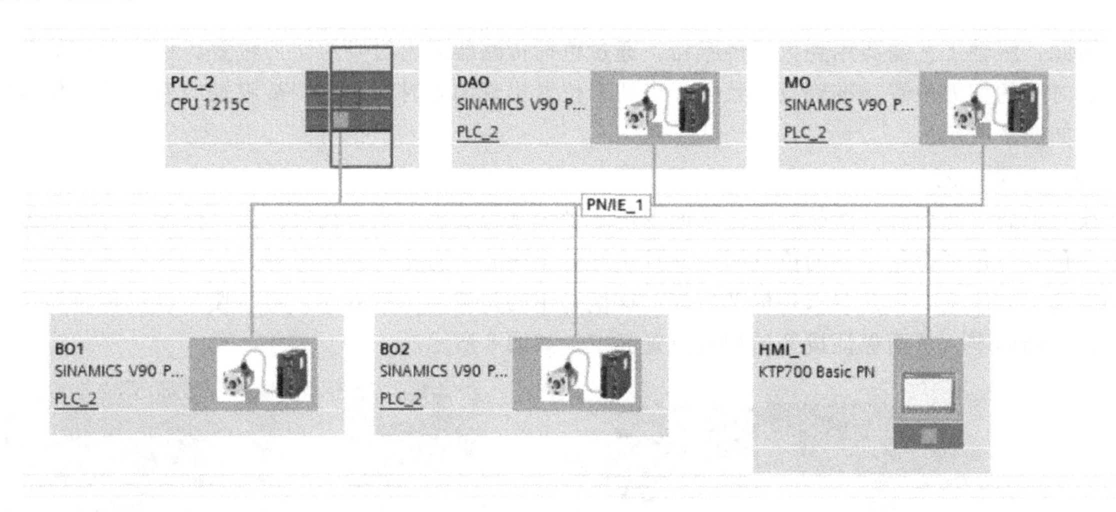

图 9 系统组态

4. 调试要点

(1) 1200 的电子凸轮功能

客户在本项目采用的方案是通过 1200 PLC 带 4 台 V90 PN 设备。一般情况下，设备的刀轴与膜轴应采用脉冲轴，但由于担心 1200 的通信周期太长，控制效果不好，客户希望采用 PN 的方案来实现。因此，我们基于客户的需求开发了一个程序，基于膜轴的实时位置来实时改变刀轴的速度。在家里采用的 1500PLC 进行测试，发现效果不错，甚至跟之前调试的 1500T 的方案录的波形几乎一致。因此，我们信心满满地奔赴用户现场进行实际设备的调试。

但到了客户现场测试时才发现，用现场的 1200PLC 控制起来效果很差。经过研究，我们发现原因是 1200 PLC 的 OB91 的时间最短只能设置到 10ms，而设置到 10ms 对程序的实际运行影响很大。原程序是通过检测膜轴位置实际值来实时地改变刀轴速度，由于采集周期及扫描周期的影响，导致反馈的实时性太差，进一步导致调节的不可控，因此原程序的无法满足现场的实际应用，只能考虑新的方案。经过研究，我们后来考虑采用多段速控制，这样可以减少因为反馈不及时以及通信延时造成的误差。程序重新编制后，经过测试，发现分段次数也不宜过多，否则也影响控制准确度，因此最终决定采用两段速，即将刀轴的整个运行周期看成一个周期，在这个周期内，刀轴运行一圈，膜轴运行一个固定距离（设定膜长），同时拨叉运行一个工位。在这个过程中，设置一段为同步段，在同步段内刀轴的线速度基本与膜的线速度保持一致（可以通过参数微调与速度的关系，同步区域可以通过屏幕设定获得）。通过同步区的设定可自动获得非同步区的相关设定，但需要保证两段的时间相加刚好是一个周期的时间。具体程序如图 10 所示。

```
1  #同步区1长度:=#同步区1*#刀长/360.0;
2  #同步区2长度:=#同步区2*#刀长/360.0;
3  #同步时间 := (#同步区1长度 + #同步区2长度) * 1000 / #速度给定;
4  #膜剩余长度 := #mochang - #同步区1长度 - #同步区2长度+#追踪值;
5  #刀剩余长度 := #刀长 -#速度系数* #同步区1长度 -#速度系数* #同步区2长度;
6  #速度系数_1:=#刀剩余长度/#膜剩余长度;
7  #同步切入点刀 := #刀长 - #同步区1长度*#速度系数;
8  #同步离开点刀 := #同步区2长度*#速度系数;
9  #同步切入点 := #mochang - #同步区1长度;
10 #同步离开点 := #同步区2长度;
11 REGION daosudu
12     // Statement section REGION
13    (* IF #刀实际值>=#同步切入点刀 OR #刀实际值<=#同步离开点刀 THEN
14         // Statement section IF
15         #速度给定最终 := #速度给定*#速度系数;
16     ELSE
17         #速度给定最终 := #速度给定*#速度系数_1
18         ;
19     END_IF;*)
20     #IEC_Timer_0_Instance(IN:=#刀实际值>=#同步切入点刀,
21                           PT:=#同步时间,
22                           Q=>#同步中);
23 
24     IF #同步中 THEN
25         // Statement section IF
26         #速度给定最终 := #速度给定 * #速度系数;
27     ELSE
28         #速度给定最终 := #速度给定*#速度系数_1
29         ;
30     END_IF;
31 
```

图 10　多段速度控制程序

通过这样的方法，解决了 1200PLC 性能上的差异带来的影响，我们在现场获得了非常好的控制结果。

（2）色标追踪功能

为了保证包装成品袋上商标图案的完整，通常在制作包装材料时印刷上用于定位的色标。使用这种印有色标的包装材料时，可用光电开关（电眼）对色标进行跟踪定位，通过控制系统驱动伺服系统并按照色标之间的距离自动调整，达到包装成品商标图案完整性。

当在色标位置有信号时，控制系统再判断色标位置是否处于切刀啮合位置，如果色标超前，则需要反追；如果色标滞后，则需要正追。在本项目中采用色标点与切刀切点的位置差值作比较，膜轴采用模态轴，设置袋长的长度作为模态的长度，模态需要跟随袋长的变化而修改：在色标点信号的上升沿取出膜轴的当前位置 1，在切刀切点的上升沿取出膜轴的当前位置 2，它们之间的差值应该是一个固定的值，此值通过用户在 HMI 界面设置，保证此差值状态下切刀的切点正好在色标点的位置。然后每一圈的差值都跟此固定值进行比较，然后比较的差值进行正向补偿与反向补偿，超出半个袋长就反向进行补偿，通过调整膜轴的速度使刀轴与膜轴的相对位置发生变化，保证切刀能够准确地切在色标点。部分控制程序截图如图 11 所示。

程序段 5： 超出袋长

注释

```
1  IF #位置差值 > "HMI".膜长 THEN
2      #位置差值 := #位置差值 - "HMI".膜长;
3  ELSIF
4      #位置差值 < - "HMI".膜长 THEN
5      #位置差值 := #位置差值 + "HMI".膜长;
6  END_IF;
7
```

程序段 6： 补偿值计算

注释

```
1  IF  #位置差值>=#半个膜长 THEN
2      #位置插值1:= ("HMI".膜长-"HMI".切点位置+#位置中间值)*-1
3      ;
4  ELSIF  #位置差值<=-1*#半个膜长 THEN
5      #位置插值1 := "HMI".切点位置 + "HMI".膜长 - #位置中间值;
6  ELSE
7      #位置插值1 := #位置差值;
8  END_IF;
9  IF #位置插值1>"HMI".追标限制 THEN
10     "HMI".补偿值:="HMI".追标限制
11     ;
12 ELSIF #位置插值1<-"HMI".追标限制 THEN
13     "HMI".补偿值 := - "HMI".追标限制;
14 ELSE
15     "HMI".补偿值 := #位置插值1;
16 END_IF;
17 IF "HMI".色标追踪 THEN
18     "HMI".追标限制 := 0
19     ;
20 ELSE
21     "HMI".追标限制 := "HMI".追标限制HMI;
22 END_IF;
```

图 11　部分色标追踪程序

（3）拨叉追踪功能

为了保证包装物在包装袋的中心位置，需要保证拨叉送料的位置与包装膜的每包的相对位置保持一致。与色标追踪类似，设备上需要通过光电开关（电眼）对拨叉进行位置校准，通过比较色标点对应的拨叉位置来比较拨叉的位置是否需要调整，进而通过差值计算调整速度的增大或者减少来补偿位置的差值。部分程序截图如图 12 所示。

（4）其他主要功能

1）防空包功能：包装机防空包功能是指在拨叉的终端的某个位置放置一个检测用光电开关，此位置代表了距离包装机的输入口的拨叉个数，该值可以通过画面进行调整。当光电开关检测到无料信号时，此时膜轴与刀轴不立即停止，而是运行完成拨叉个数（通过画面进行设置的）后，认为

```
1  IF  #位置差值>"机械参数".拨叉长度 THEN
2       #位置差值 := #位置差值 - "机械参数".拨叉长度;
3
4  END_IF;
5
```

程序段 5： 补偿值计算

注释

```
1  IF  #位置差值>=#半个周长 THEN
2       #位置插值1:= ("机械参数".拨叉长度-"HMI".切点位置+#位置中间值)*-1
3       ;
4  ELSIF  #位置差值<=-1*#半个周长 THEN
5       #位置插值1 := "HMI".切点位置 + "机械参数".拨叉长度 - #位置中间值;
6  ELSE
7       #位置插值1 := #位置差值;
8  END_IF;
9  IF #位置插值1>"HMI".追踪拨叉限制 THEN
10      #补偿值:="HMI".追踪拨叉限制
11      ;
12 ELSIF #位置插值1<-"HMI".追踪拨叉限制 THEN
13      #补偿值 := - "HMI".追踪拨叉限制;
```

图 12 部分拨叉追踪程序截图

空包已经到达入料位置，此时刀轴与膜轴定位停车。

膜轴与拨叉轴的相对位置是固定的，膜轴的停止位置对应的拨叉位置是可知的，当拨叉到达对应的位置后并且有来料信号，此时启动刀轴与膜轴，如图 13 所示。

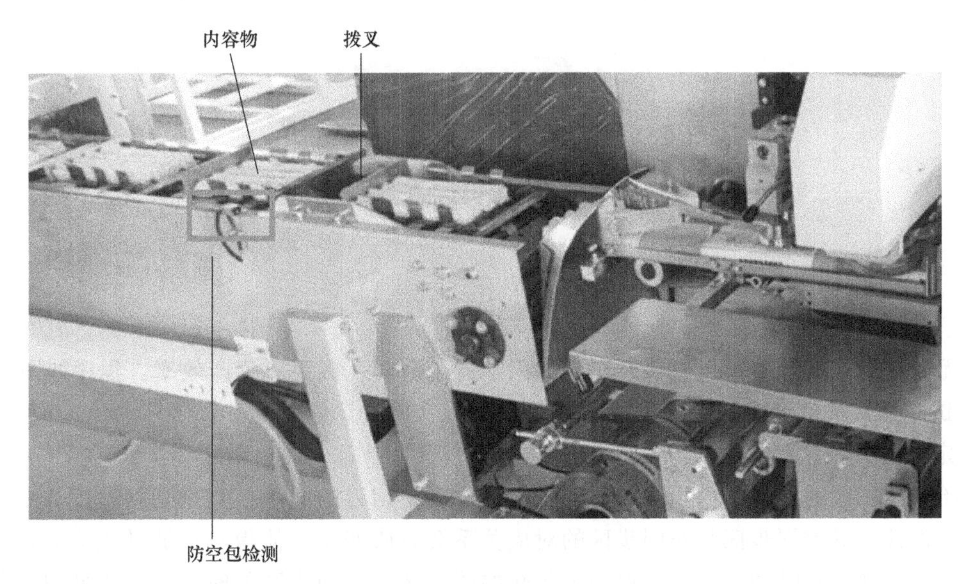

图 13 空包检测工艺段

空包检测采用的移位指令程序如图 14 所示。

2）防切功能：包装机的防切功能有很多种，防切是关系到客户生产效率的一个关键因素。生产过程中的切料是最常见的故障，此故障排除速度的快慢至关重要。

此机型采用转矩防切，PLC 通过 750 报文读出实时转矩，通过转矩的比较进行防切操作。防切功能启动后，切刀自动反向移动至刀定停点，膜轴及拨叉向前移动一个袋长，整机停车。把切料部

```
1  "HMI".空包信号 :=
2   "逻辑块_DB".启动中间位 AND "HMI".拨叉1角度 > "HMI".防空包角度1
3  AND "HMI".拨叉1角度 < "HMI".防空包角度2 AND NOT "空包检测";// AND
```

```
6 ⊟IF "HMI".空包间隔 = 1 THEN
7        // Statement section IF
8 ⊟      IF #R_Trig_空包检测.Q
9        THEN
10
11           "m1400.1" := true;
12
13       END_IF;
14  ELSIF "HMI".空包间隔 = 2 THEN
15       // Statement section IF
16 ⊞     IF #R_Trig_空包检测.Q THEN ... END_IF;
22  ELSIF"HMI".空包间隔 = 3 THEN
23       // Statement section IF
24 ⊞     IF #R_Trig_空包检测.Q THEN ... END_IF;
30  ELSIF "HMI".空包间隔 = 4 THEN
31       // Statement section IF
32 ⊟     IF #R_Trig_空包检测.Q
33       THEN
34
35           "m1400.4" := true;
36
37       END_IF;
38  END_IF;
39
40
41  //IF "通用数据和HMI接口数据".防空包运行 AND #R_Trig_料轴光电.Q
42 ⊞(*...*)
48  #R_Trig_拨叉原点(CLK := "拨叉原点1");
49 ⊟IF #R_Trig_拨叉原点.Q
50  THEN
51       // "mb2000" := SHL(IN := "mb2000", N := 1);
52       "mb1400" := SHR(IN := "mb1400", N := 1);
53  END_IF;
```

图 14　空包检测程序

分取出后无需进行二次调整可以直接开车，大大节省了时间，提高了生产效率。程序如图 15 所示。

5. 调试中遇到的问题及处理

（1）定长时袋长波动很大

最开始采用二段速度时，同步区与非同步区通过采集切刀的两个位置来切换速度，由于反馈的实时性难以保证，导致同步区与非同步区的对应关系会有所变化，使得长度波动很大。后改动为采用一个切入点，加上定时功能，基本保证了每转的同步区与非同步区的时间，最终使得袋长波动控制在 1mm 左右。

（2）色标补偿时，切点不停地在色标点两侧波动

采用色标补偿功能时，最初切点的波动很大。切刀在色标点的周围无规律的波动，前一包的色标点偏差为正值时，下一包的色标点偏差有时就会加大，感觉补偿的作用是反的。后来对这个问题可能的原因进行了逐一分析。首先，我们发现定长值存在波动的情况，定长的不稳定会导致色标补偿的不稳定。在解决了定长波动问题后，效果就好了很多，但是仍然会有波动。再次分析，觉得可

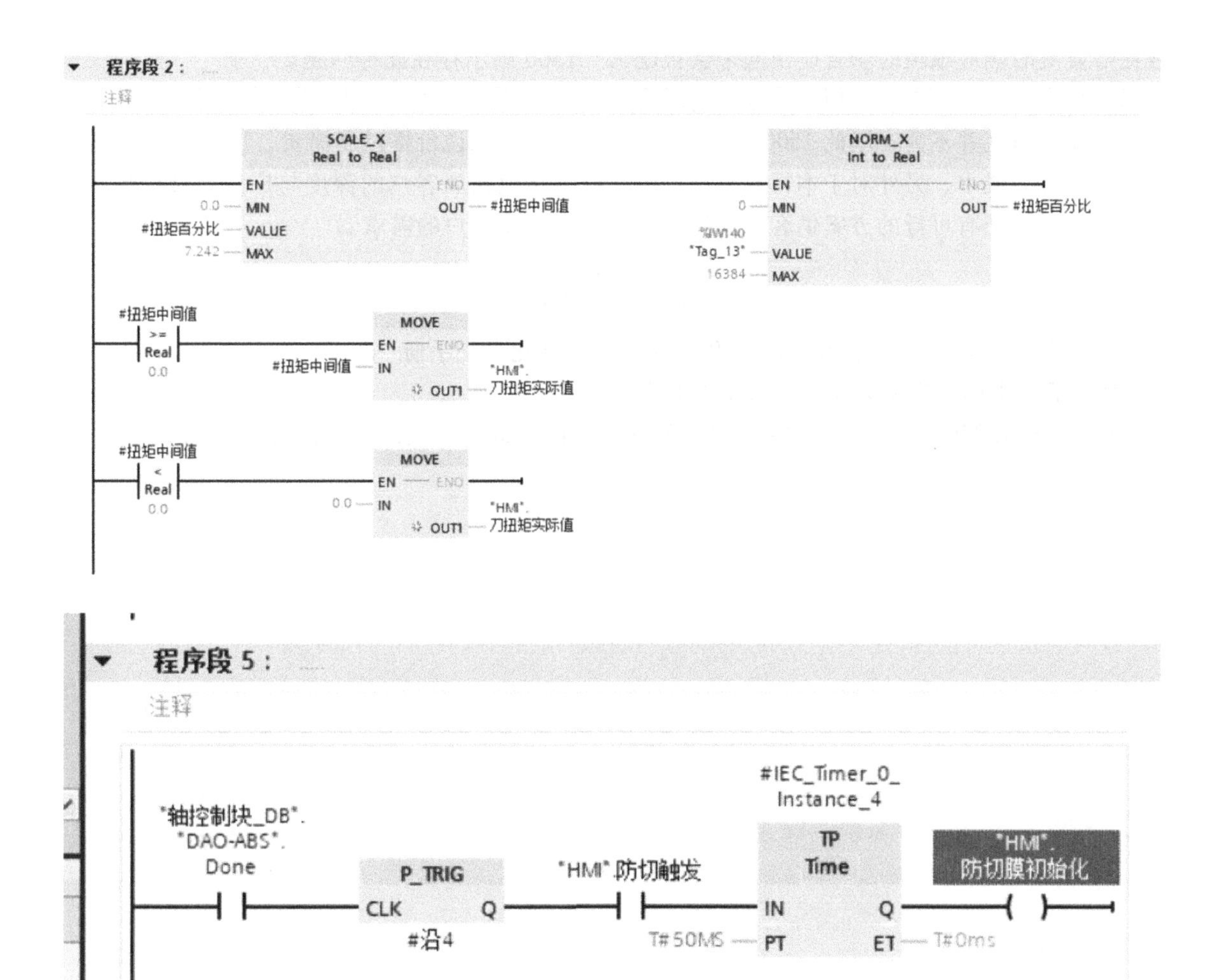

图 15　防切程序

能是因为反馈的实时性太差导致读取位置值不准确，进而导致位置差值计算不准确。这可能是因为1200PLC 的 RT 通信的时间不能保证实时性。通过实验验证发现，V90PN 的驱动器在使用 1200 作为控制器时，由于通信及扫描周期的影响，导致速度及位置的实时性很难保证，1500 因为有 IRT 及 DSC 可以有效地保证响应的实时性。想要消除通信带来的影响，我们只能建立了一个脉冲轴作为一个虚轴，该脉冲轴的数据与膜轴的参数保持一致，通过色标点与刀切点对应的脉冲轴的位置差值，判断膜轴与刀轴的相对位置，此时脉冲轴相当于一把标尺，以此解决了位置值不准确的问题，如图 16 所示。

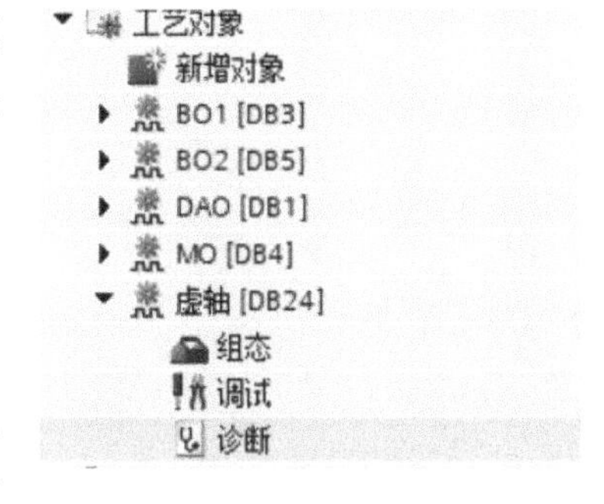

图 16　建立脉冲轴

6. 调试总结

调试过程中主要是通过 S7-1200 PROFINET 方式控制 V90 伺服驱动器进行电子凸轮的控制。通过添加工艺对象将刀的运行轨迹分为两个区段：一段为同步区，另一段为非同步区，并通过添加虚轴实现色标位置偏差的校准。1200 由于性能及通信的原因导致在需要实时响应很快的场合应用起来会很吃力，1500 则不存在此种问题。

本项目中的技术方案从应用上看有一定的推广性。目前，市场上有大量地采用电子凸轮的应用需求，但要求速度并不高，因此 1500T 的产品对于此种客户来说价格过于昂贵，所以可以通过 1200 的方案降低客户成本，另外对于本行业来讲，可以进一步地拓展客户的深度与广度，做到包装机行业高、中、低端都有可行的方案供客户选择，满足更多行业用户的需求。

参考文献

[1] 西门子（中国）有限公司. SIMATIC S7-1200 自动化系统手册 [Z].

[2] 西门子（中国）有限公司. V90 操作手册 [Z].

[3] 崔坚. SIMATIC S7-1500 与 TIA 博途软件使用指南 [M]. 北京：机械工业出版社，2018.

西门子 S7-200 SMART 在全自动装酸系统中的研究及应用
Research and application of Siemens S7-200 SMART in automatic acid loading system

闫淑娟　孔　进　郝红梅
（河南豫光锌业有限公司　河南）

[摘　要] 本文主要介绍了西门子 SIMATIC S7-200 SMART PLC、SMART 1000 IE V3 触摸屏等产品在某锌冶炼企业自动装酸系统中的研究及应用，阐述了该项目的项目背景，选择西门子的原因及优势，最后阐述了该项目实现的功能及连锁控制。该自动化系统完成后，该企业硫酸全自动定量罐装得以实现，提高了工作效率，保障了操作人员的身体健康和生命财产安全。
[关 键 词] SIMATIC S7-200 SMART PLC、硫酸、1000 IE V3 触摸屏、自控控制
[Abstract] This paper mainly introduces the research and application of Siemens SIMATIC S7-200 SMART PLC, SMART 1000 ie V3 touch screen and other products in the automatic acid loading system of a zinc smelting enterprise, expounds the project background, the reasons and advantages of selecting Siemens, and finally expounds the functions and chain control of the project. After the completion of the automatic system, the full-automatic quantitative filling of sulfuric acid in the enterprise can be realized, which improves the work efficiency and ensures the health, life and property safety of operators.
[Key Words] SIMATIC S7-200 SMART PLC、sulphuric acid、1000 IE V3、touch screen、Automatic control

一、项目背景

硫酸是一种重要的工业原料，常用于制造肥料、药物、炸药、颜料、洗涤剂、蓄电池等，也广泛应用于净化石油、金属冶炼以及染料等工业中。其常用作化学试剂，在有机合成中可用作脱水剂和磺化剂，某锌冶炼企业生产的硫酸产品以硫酸浓度来命名，有93%硫酸、98%硫酸、105%硫酸三种产品，销往全国各地，但是现有装酸技术落后，装酸泵起停需要操作人员本地操作，装酸量需要拉酸装车人员人为测量进行罐装，危险系数高，随着安全、环保要求的提高，此装酸方式不能满足该企业发展需要，所以装酸技术亟须改造。

图 1 为改造前人为测量装酸方式。

二、项目工艺介绍

某锌冶炼 ZnO 经过焙烧炉沸腾烧成加工后，为浸出工序提供焙砂产品。焙砂烧成过程中产生的

图 1　人为测量装酸方式

大量 SO_2、SO_3 等有害气体，为烟气综合治理硫酸工序提供原料，SO_2、SO_3 烟气经过净化工序除杂，经过转化工序将 SO_2 转换成 SO_3，然后经过干吸工序产出硫酸成品。

硫酸成品进入硫酸储罐，有装酸车进入装酸工位后，开启硫酸储罐出口阀门，硫酸自流进入装车罐，然后进行装酸作业。

三、自动装酸控制系统的组成和选择该控制系统的原因

1. 装酸控制系统的组成

1）每个装酸工位涉及两台工频泵、一台调节阀、一台流量计及安全报警装置，综合考虑经济成本、质量因素以及后续设备扩展情况，选择西门子 S7-200 SMART SR40 作为该项目的主控制器，选择 EM AM 06 用于设备控制调节及流量计量显示。

2）自动装酸系统的 HMI 选择西门子的触摸屏 SMART 1000 IE V3，通过常规 TCP/IP 与 S7-200 SMART SR40 通信，用于显示工艺控制流程、设备自动起停控制、装酸量多少、故障报警等。

2. 选择该控制系统的原因

1）西门子公司的该系列控制器，技术先进，布尔运算指令的执行时间可达 0.15μs，在同级别 PLC 控制器中遥遥领先。

2）产品配置灵活，能满足不同行业、不同用户、不同的使用要求。

3）配备西门子专用高速处理器芯片，在处理繁琐的程序逻辑，复杂的工艺要求时表现得从容不迫。

4）该系列标准型 PLC 模块本体配备标准以太网接口，集成了强大的以太网通信功能。一根普通的网线即可将程序下载到 PLC 中，方便快捷，省去了专用编程电缆。通过以太网接口还可与其他 CPU 模块、触摸屏、计算机进行通信，轻松组网。

5）使用过程中稳定可靠，适用于各种复杂的环境，故障率低，维护成本低。

6）西门子 SMART 1000　IE V3 有先进的工业设计理念，包含丰富的画面对象库，高效、智能的组态方式及独一无二的多语言组态。

四、该系统主要实现的功能

1. 装酸量自动计量功能的实现

1）计量精度是该自动装酸系统的重要技术指标之一，依据用户使用要求，测量装酸管道长度，依据装酸泵扬程，计算每秒泵输送酸量，建立定量装酸计量数学模型，设计计量误差自动跟随，计算根据计量误差及每秒泵输送酸量，及时调整阀门关闭时间，来保证装酸量的精度，这是该套控制系统设计中的关键点和创新点。

2）在电动调节阀门的开启和关闭过程中，采用分级控制方式，每个分级采用“开启时间”和“关闭时间”进行控制，这也是该控制系统中存在的难点。通过开启时间和关闭时间的调整，来控制流体的速度，从而达到控制流量的目的，进一步确保该系统在不同工况条件下硫酸定量罐装的计量精度。

3）该定量装车系统选用电磁流量计作为装酸量的计量装置，该流量计输出信号有模拟量（4~20）mA 信号和数字量脉冲信号。两种信号都能作为瞬时流量进行流量计量，该项目中选择模拟量信号对装酸量进行计量。并在 SMART 1000 IE V3 上位机上显示瞬时流量和单车装车累积值，依据用户的使用要求，单车装酸总量单位为 t，而不是 t/h。所以程序处理上，我们使用西门子中断，将瞬时体积流量转化为质量流量，最终满足用户的一切使用要求，如图 2 所示。

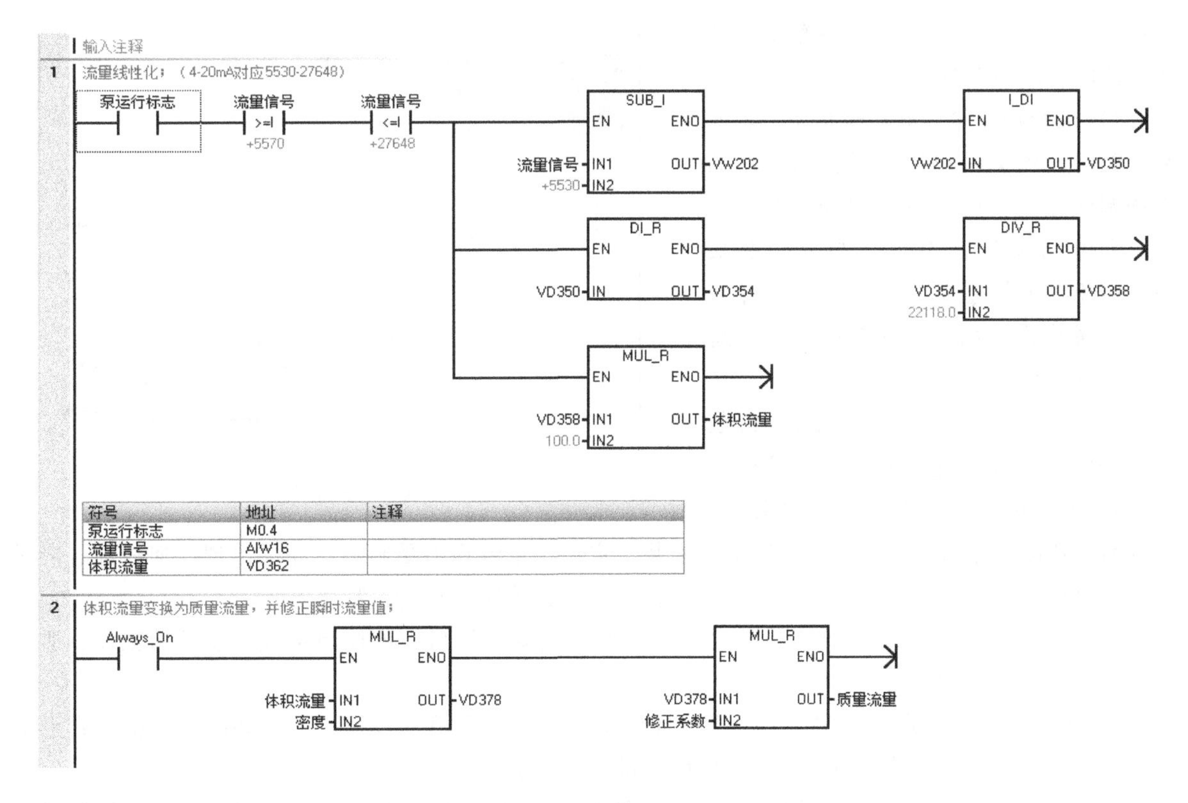

图 2　程序 1

4）该装酸工位的硫酸产品，密度随温度的升高而减小，所以该系统的计量精度通过修正密度来进一步保证。该自动装酸系统的计量以出厂线最终结算地磅为标准，依据设计的数学模型对密度进行修正，并引入修正系数 D，如图 3 所示，修正系数 D 计算公式为：$D_{(new)}=D_{(old)}\times M_{(地磅)}/M_{(HMI)}$。其中 $D_{(new)}$ 为新的修正系数，$D_{(old)}$ 为修改之前的修正系数，$M_{(地磅)}$ 为地磅秤重值，$M_{(HMI)}$ 为上位机触摸屏中显示的测量值。这也是该套控制系统设计中的创新点。

2. 控制连锁功能

1）硫酸属于强腐蚀性产品，要保证生产过程中的安全、储存中的安全、装车中的安全、运输中的安全等，每道流程都需要严防死守，严守安全红线，不可逾越，否则后果不堪设想。所以我们在设计、建模之初，把安全要素放在首位。

2）工程师在编写程序时，设计每次罐装硫酸之前，PLC 要自动检查启动条件，任何一个条件不满足、不具备，启动条件指示灯就不变绿色，启动按钮将不被解锁，控制流程不被执行，以此来避免阀门误动作、操作人员误操作以及防止硫酸冒罐情况的发生。

3）工程师在设计电动阀开关、装酸泵开关时，依据用户使用经验和自己的现场调试经验，设计时间间隔，保证安全。即电动阀开启 3s 后，再启动装酸泵，避免在突然开泵时冲力过大，导致装酸金属软管甩出，保证装酸安全，避免事故的发生。

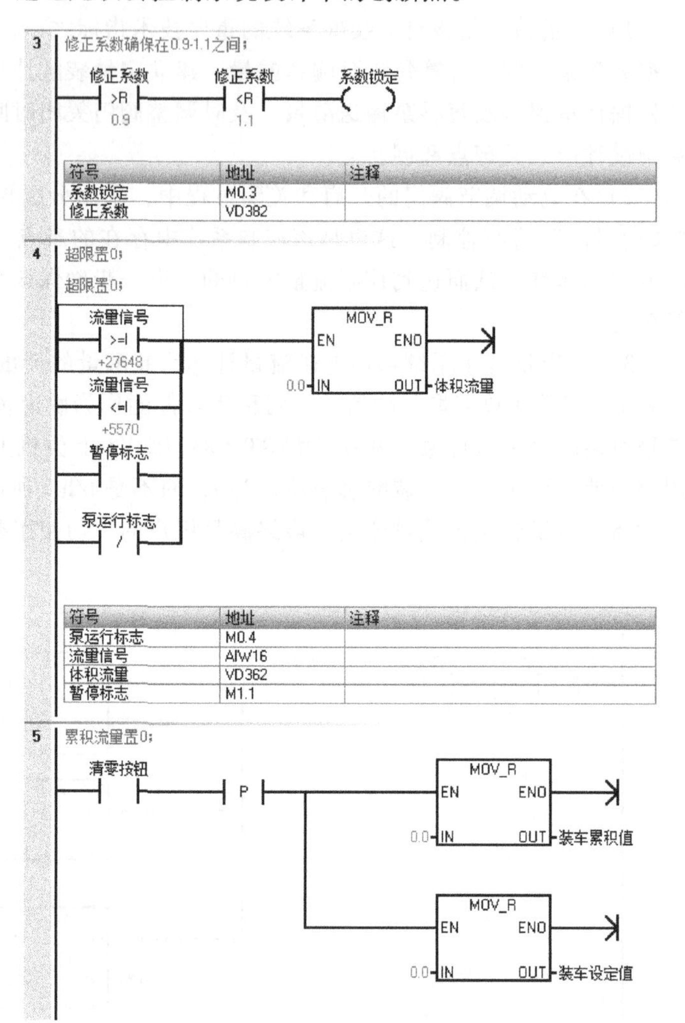

图 3 程序 2

4）设计暂停、急停操作功能。罐装酸过程中，如果出现装酸罐液位低或其他需要暂停的原因，均可以暂停装酸，罐内酸量或罐装条件满足时，均可以继续罐装，定量计量流程不受影响。如果出现任何故障、异常情况，操作人员可以立即按下急停按钮，停止装酸泵，关闭电动阀，紧急停装。

5）设计安全锁。专职操作人员使用专用钥匙开启安全锁后，该控制系统才能开始工作，避免其他人员不安全操作。

6）装酸量个性化定制。HMI 上位机设计装酸量设定值和清零按钮，用户装酸前，根据自己的需求，设计自己需要的装酸量，设置完成后一键启动完成定量罐装。

7）设计调试界面，便于维修人员维护和维修。调试界面上，所有远控设备均能单体控制，所有调试参数均能在 HMI 上输入，避免调试和维修过程中因修改参数而不停地进行程序下装。

8）HMI 上所有按钮，运行状态均带颜色。绿色代表可行、运行，红色代表不能、停止，提示人员现场设备运行状态。

9）加装报警声音提示装置。报警器安全报警后，发出声音报警，对应的颜色指示灯亮。指示灯有红黄绿3种色，绿色代表可运行，黄色代表警告，红色代表严重故障。现场作业人员可根据颜色提示来启动应急响应措施。

程序如图4所示。

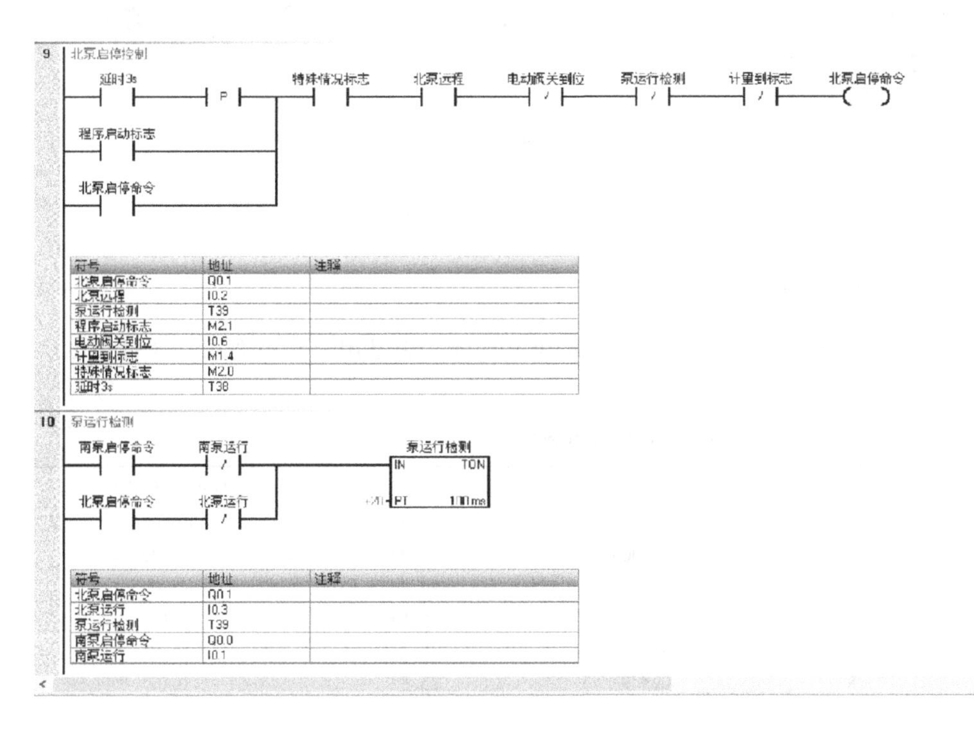

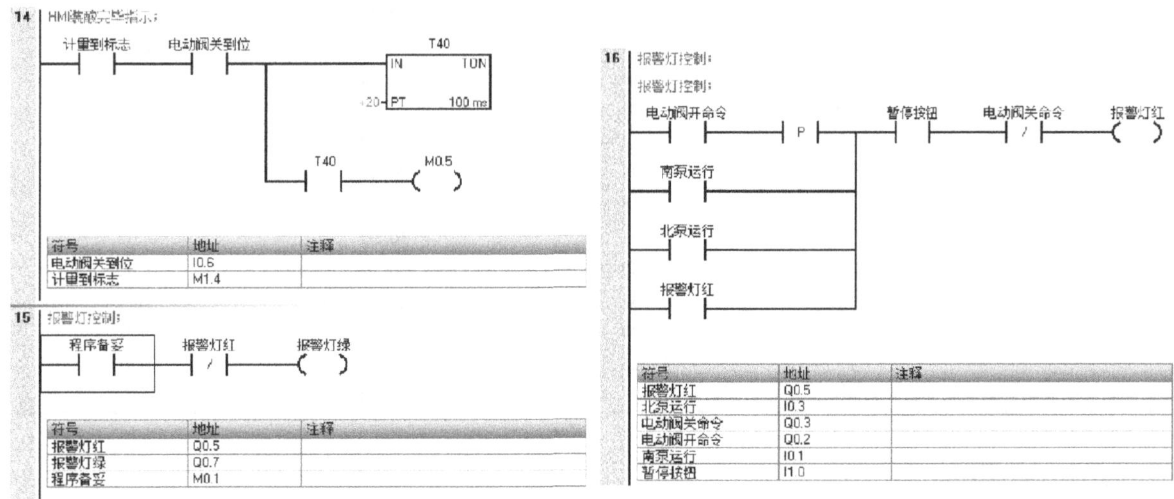

图4 功能程序

现场控制站如图5所示，HMI操作屏如图6所示。

图 5　该项目现场控制站

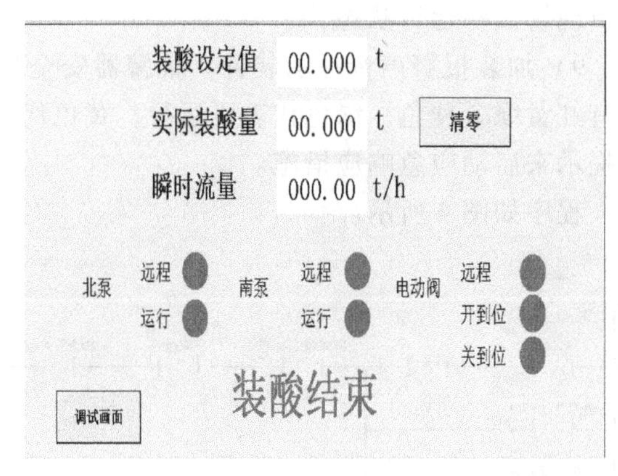

图 6　HMI 操作屏

五、该系统的运行效果

该项目运行至今已有近一年时间，运行稳定，使用效果良好，满足用户装车要求。通过表 1 中的数据来说明使用效果。

表 1　使用过程中的数据

修正系数	装酸设定值/t	累积值/t	磅单/t	磅单-累积值/t
0.995	31.3	31.301	31.26	-0.04
	30	30.003	29.98	-0.02
	26.3	26.301	26.26	-0.04
	30.5	30.501	30.54	0.04
	30.3	30.303	30.24	-0.06
	25.8	25.8	25.82	0.02
	25.7	25.7	25.78	0.08
	30.3	30.303	30.36	0.06
	31.2	31.202	31.16	-0.04
	31.3	31.3	31.34	0.04
	30.2	30.202	30.18	-0.02
	30	30	29.94	-0.06
	29.5	29.504	29.46	-0.04
	25.8	25.802	25.78	-0.02
	30	30.002	30.02	0.02
	30	30.002	30.02	0.02
	31.3	31.302	31.3	0
	30.3	30.301	30.28	-0.02
	25.8	25.802	25.78	-0.02
	26.2	26.204	26.14	-0.06

六、应用体会

西门子 S7-200 SMART PLC 在硫酸定量罐装中的应用，贯彻了安全生产，以人为本的宗旨，最大程度上减少了操作人员的安全隐患，同时大大提高了工作效率。该企业使用过程的控制系统 90% 以上为西门子公司的产品，有 S7-200、S7-200 SMART、S7-300/400、S7-1200/1500 等，在使用过程中，西门子工控产品运行稳定，性价比高，满足各种恶劣环境需要。

应用定量控制算法实现硫酸罐装自动化系统，进一步体现了该款 PLC 的性能优势，同时设计的人机界面友好，便于操作，控制精度高。

参考文献

[1] 西门子（中国）有限公司．西门子 S7-200 SMART 编程系统手册 [Z].

[2] 西门子（中国）有限公司．SmartLine -IE V3 面板操作手册 [Z].

[3] 高松龄，张来仁，吕汉．油品罐装的自动定量控制 [J]．自动化技术与应用，2000（19），2：31-33.

[4] 王鑫鹏，张曦．定量罐装系统的设计与实现 [J]．中国高新技术企业，2013，19：13-14.

西门子 S7-1200/1500 与 MySQL 数据库通信研究及应用
Research and application of communication between Siemens S7-1200/1500 and MySQL database

华文博
（镇江明润信息科技有限公司　镇江）

[摘　要] 本文介绍了 S7-1200/1500 PLC 在博途编程环境中基于 TCP 开放式用户通信编写 MySQL 数据库连接、切换库、数据写入程序的过程，对 MySQL 数据库通信机制以及在 PLC 中的实现过程做了详细介绍，并对研究成果在实际项目中的应用案例做了部分展示。

[关 键 词] S7-1200、S7-1500、数据库、MySQL、数据存储

[Abstract] This paper introduces the process of writing MySQL database connection, switching library and data writing program based on Open TCP user communication in TIA Portal programming environment, introduces in detail the MySQL database communication mechanism and the implementation process in PLC, and shows some application cases of the research results in the actual project.

[Key Words] S7-1200、S7-1500、Database、MySQL、Data Storage

一、项目简介

随着智能制造以及数字化的应用，越来越多的项目需要把 PLC 中采集、处理的数据存储到数据库中，当前西门子有很多方法可以实现此功能，比如 IDB（背景数据桥），还有通过 WinCC 的脚本、第三方的软件、第三方硬件等。但是随着发展，有些需求希望设备可以直接连接到数据库，例如将数据上传至云端的 RDS 数据库或者现场的 MES 系统，由于 PLC 所在的现场可能不会有专门的计算机或者触摸屏用来运行脚本或者程序，MES 计算机不允许安装额外的软件，那最优的方案就是将 PLC 数据直接写入数据库。随着 S7-1200/1500 的性能越来越强大，通过开放式用户通信来实现 PLC 直接与数据库连接，并使通过数据库记录数据成为可能。

MySQL 是一种关系型数据库，具有开源版本，在自动化行业广泛地应用于数据存储和分析，阿里云、华为云都提供了 MySQL 的云服务用于数据存储和分析，阿里云的 DataV 数据大屏等组件都可以基于 MySQL 提供分析和展示。PLC 直接将数据写入数据库，在现场无 PC 或专用数据转存设备的应用项目中具有广泛的应用需求，国外的 pdsql/plc2sql 都提供了针对西门子 S7-1200/1500 的 FB 功能块。

本文通过分析 MySQL 的数据库连接握手、鉴权、命令执行、断开连接的通信协议，在 TIA 博途中基于开放式 TCP 用户连接的方式对协议进行编写、测试，最终完成了数据库连接、切换库、执行写入数据命令、断开数据库等 FB 块，并封装成库文件，方便调用。目前，本项目已在多个实际

工业项目中投入使用，稳定记录了千万条数据。

二、实现原理分析

MySQL 数据库是基于网络连接的数据库类型，S7-1200/1500 作为客户端与 MySQL 数据库交互，如图 1 所示，执行数据库命令分以下几个步骤：

1）客户端 S7-1200/1500 向 MySQL 数据库服务端口 3306（默认端口）发起连接请求，通过三次握手建立 TCP 连接。

2）基于已建立的 TCP 连接，数据库会发送一帧包含挑战随机数据的验证数据包，客户端 S7-1200/1500 接收数据包后，解析出挑战随机数，并对挑战随机数、数据库名称、数据库访问用户名、数据库访问密码进行 SHA1 校验获得校验码，校验码、数据库连接信息合并在一个回应帧中返回给数据库。

3）数据库收到验证返回帧后判断用户名、密码、校验码是否与预设一致，一致时返回客户端一个连接成功标志帧，客户端 S7-1200/1500 接收数据后解析到成功标志位，则表示数据库连接成功。

4）客户端 S7-1200/1500 与 MySQL 数据库连接成功后，可以通过发送标准格式的明文，也就是发送 MySQL 的执行语句字符串就可以实现数据库的交互，例如向数据库发送字符串“INSERTINTO Hist（T1、T2、T3、T4）VALUES（0.1、0.2、0.3、0.4）”就可以向连接的数据库的 Hist 中增加一条记录，增加记录中 T1、T2、T3、T4 列对应的值分别为 0.1、0.2、0.3、0.4。数据库执行后，会返回一个数据帧给客户端，如果语句执行成功会返回一个执行成功标志，如果有语句错误或者其他错误，返回数据帧会携带一个错误代码以及执行错误标志位。

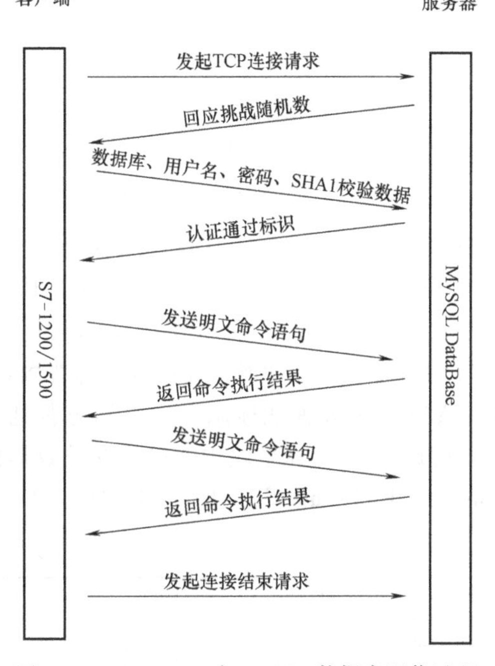

图 1　S7-1200/1500 与 MySQL 数据库通信过程

5）在执行操作完成后，客户端 S7-1200/1500 可以主动发起断开与数据库的连接的命令，用于结束交互。

三、功能与实现

为了实现数据交互过程的监控和数据库的管理、观察，调试过程在 MySQL 服务器上安装了 WireShark 和 Navicat 两款软件。WireShark 是网络数据抓包分析软件，能够抓取网络中的数据包并进行过滤、分析、查看。Navicat 是数据库管理软件，由于 MySQL 数据库默认安装后没有基于窗口的管理界面，需要借助命令行管理，调试过程多有不便，因此借助 Navicat 的图形管理界面来观察调试数据库。客户端 S7-1200/1500 与服务器连接如图 2 所示。

软件实现过程用到了开放式 TCP 通信、字符串处理拼接、SHA1 校验等功能，通过对流程的分析，设计将软件分作表 1 所示的几个功能/功能块执行。

1. 数据库连接建立

客户端 S7-1200/1500 与服务器在通信过程中，都要基于 TCP 建立的连接 ID，通过测试发现，

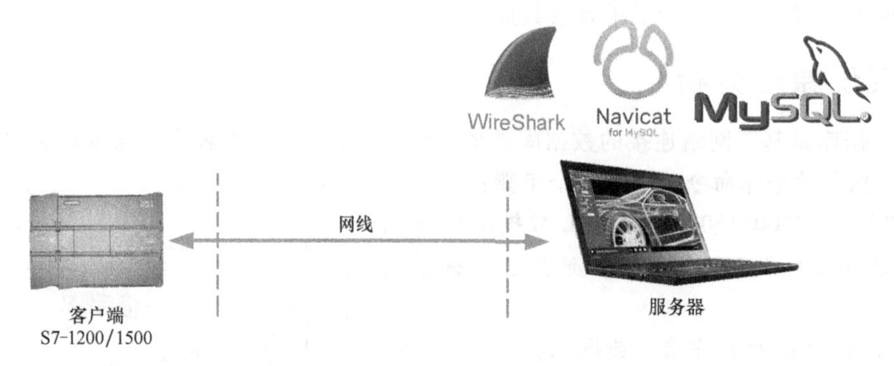

图 2　客户端 S7-1200/1500 与服务器连接

将开放式用户通信中的 TCON（SCL 中为 Netconnect）封装在 FB3（uMySQL_Connect）中，如果在 FB5（uMySQL_Query）、FB8（uMySQL_Use）中调用对应 ID 的 NetRcv、NetSend 时编译不能通过。

为了解决这个问题，程序在 uMySQL_Connect 中封装了网络连接、网络发送、网络接收、网络断开的所有所需的功能，并在对应的背景数据块中建立了一个数据结构“uMySQL_CDD”，网络的收发数据、收发使能标志、完成标志都通过这个数据结构来交互，具体收、发的执行工作还在 uMySQL_Connect 函数块中，但是发送数据的拼接、接收数据解析等的处理，都在 FB5（uMySQL_Query）、FB8（uMySQL_Use）各自的函数块中，如图 3 所示。

表 1　软件的功能/功能块

名称	描述
Calc_Encryption_SHA1	完成 SHA1 的校验
uMySQL_Aux_ConnectValue	用于在数据拼接成 SQL 语句的过程中，将浮点型、整型、布尔型转换成 SQL 语句
uMySQL_Command	用于拼接 SQL 语句
uMySQL_Connect	发起数据库连接
uMySQL_Query	执行 SQL 语句，Insert、Update 等都通过这个命令执行
uMySQL_Use	因为一个服务器中会有多个数据库，所以使用过程中可能要切换使用的数据库，比如打开的时候用的是数据库 DataBase_01，要切换到 DataBase_02，就可以用这个命令

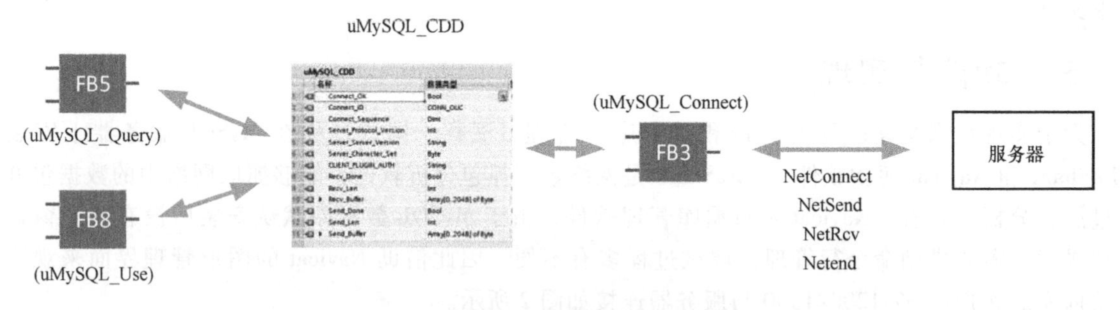

图 3　客户端开放式用户通信调用结构

uMySQL_Connect 函数块处理过程中，用到了大量的顺序操作步骤，这些步骤控制起来较为繁琐，软件设计了一个变量#Step 用于指示当前的操作步骤，然后利用 CASE_OF 语句（见图 4）判断当前应该执行的动作。

```
38  (****************************************************************处理流程***********************
39  //#Step 0  发起连接
40  //#Step 1 等待MySQL服务器发回来的数据
41  //#Step 2 解码发回来的认证数据，并计算需要响应的数据放入Sendbuffer
42  //#Step 3 开始发送并等待发送完成
43  //#Step 4 发送完成等待返回认证结果
44  //#Step 5 解析返回结果是否已经连接成功
45  //#Step 6 申请断开连接
46
47  CASE #Step OF
48      0: // 如果在等待服务器第一次连接
49          IF #NetConnect.DONE THEN
50              #Step := 1;
51          END_IF;
52      1: // 连接并等待返回第一次握手数据
53          IF      #NetRcv_Done  THEN
54              #NetRcv_Done := FALSE;
55              #Step := 2;
56              #NetRcv_EN := FALSE;
57              #NetRcv_Len := UDINT_TO_INT(#NetRcv.RCVD_LEN);
58          END_IF;
59      2:
60          REGION MySQL_Auth_Packet
114
115         REGION Client_Auth_Packet
215
216         ;
217
218     3: // 等待发送完成
219         #NetRcv_EN := TRUE;
220         #NetSend_EN := TRUE;
221         IF #NetSend_Done THEN ... END_IF;
226
227     4: // 等待接收数据
228
229         IF #NetRcv_Done THEN ... END_IF;
236     5: // 如果在等待服务器第一次连接
237         IF #REV_Buffer[5]=b#16#... THEN ... END_IF;
241
242
243     6: // 申请服务器断开连接
244          #SND_Buffer[0] := b#16#01;
245          #SND_Buffer[1] := b#16#00;
246          #SND_Buffer[2] := b#16#00;
247          #SND_Buffer[3] := b#16#00;
248          #SND_Buffer[4] := b#16#01;
249          #NetSendEnd_EN := TRUE;
250          IF #NetSendEnd_Done THEN ... END_IF;
253
254      7: // 申请服务器断开连接
255
256          #NetDiscon_EN := TRUE;
257      8:
258          ;
259     ELSE // Statement section ELSE
260         ;
261 END_CASE;
```

图 4　流程控制的 CASE_OF 语句

SHA1 是一种由美国国家安全局开发的安全加密算法，在数据库的验证过程中，需要客户端对发送的数据进行 SHA1 的校验，因此在发送认证数据前，需要对数据进行 SHA1 校验，并获得 SHA1 产生的 160bit 的散列，并拼接在发送给服务器的认证字符串中，软件设计了一个 SHA1 算法 FB6 (Calc_Encryption_SHA1)，在 FB3 (uMySQL_Connect) 认证过程中调用对应的函数块来完成认证。

#Calc_Encryption_SHA1(IN_Str：=#PassWord,

```
TempOutStr => #Temp_SHA1);
            #Calc_Encryption_SHA1(IN_Str:=#Temp_SHA1,
Len:=20,
TempOutStr => #Temp_SHA1_2);
            FOR #Temp_Index_i:=0 TO 19 DO
                #Temp_SHA_Arry[#Temp_Index_i]:=#SaltString[#Temp_Index_i];
            END_FOR;
            FOR #Temp_Index_i:=20 TO 39 DO
                #Temp_SHA_Arry[#Temp_Index_i]:=#Temp_SHA1_2[#Temp_Index_i - 20];
            END_FOR;

            #Calc_Encryption_SHA1(IN_Str:=#Temp_SHA_Arry,
Len:=40,
TempOutStr => #Temp_SHA1_3);
```

如图 5 所示，数据库连接函数将数据库名、用户名、密码作为 FB3 的输入，将连接结果作为输出进行封装，将数据库的连接 IP、端口等信息作为背景数据块的掉电保持数据，如图 6 所示。

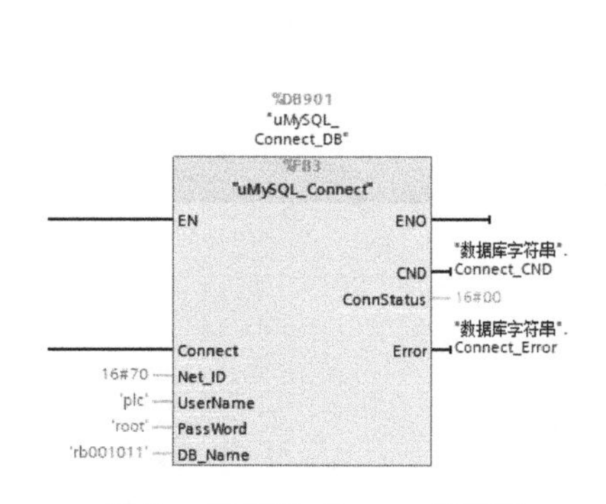

图 5　uMySQL_Connect 函数块

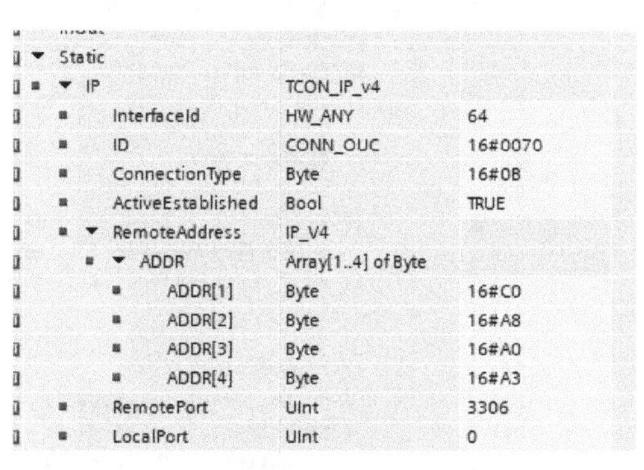

Static		
IP	TCON_IP_v4	
InterfaceId	HW_ANY	64
ID	CONN_OUC	16#0070
ConnectionType	Byte	16#0B
ActiveEstablished	Bool	TRUE
RemoteAddress	IP_V4	
ADDR	Array[1..4] of Byte	
ADDR[1]	Byte	16#C0
ADDR[2]	Byte	16#A8
ADDR[3]	Byte	16#A0
ADDR[4]	Byte	16#A3
RemotePort	UInt	3306
LocalPort	UInt	0

图 6　背景数据块中数据库 IP、端口设置

2. 切换数据库

数据库成功连接后，只是说明客户端 S7-1200/1500 与 MySQL 数据库服务连接成功，由于一个数据库服务下会存在多个数据库，例如 MySQL 自身的用户管理数据库、用户自建库等，因此在操作所需数据库之前，需要将操作切换至对应的数据库下，系统设计了 FB8（uMySQL_Use）函数块来实现切换数据库，如图 7 所示。

借助 uMySQL_Use 函数块，可以将操作的数据库切换至 DB_Name 所对应的数据库下，在命令执行成功后，Done 信号置为 TRUE，此时，数据就可以正常采用明文命令操作了。

3. 拼接命令字符串

在执行命令之前，需要对命令字符串进行处理，项目中最常用的数据库应用是将 PLC 采集的数据进行处理，并写入数据库。在本项目中，设计了 uMySQL_Command 函数块来对采集的各个变量进行拼接，如图 8 所示。

函数设计之初是简单的采用博途软件中自带的 REAL_TO_STRING 将浮点型转为字符串，然后利用 CONCAT 函数进行拼接，在测试中发现，浮点型数据小数点后位数很多，转成字符串之后大量

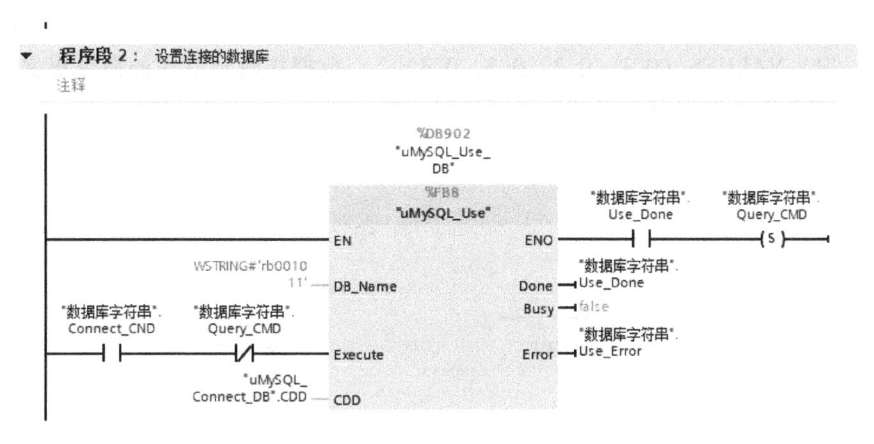

图 7　uMySQL_Use 函数块

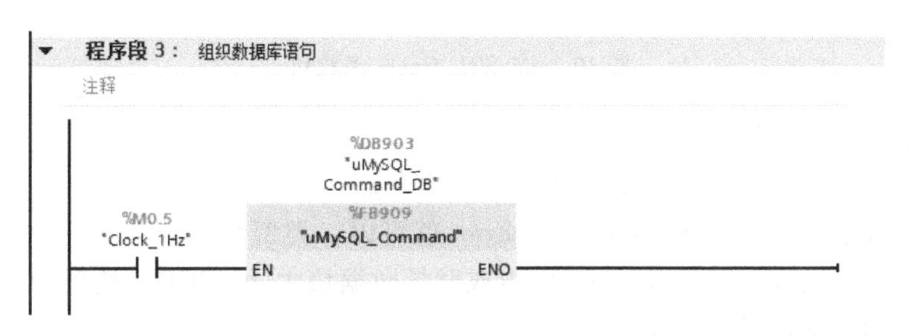

图 8　uMySQL_Command 数据库语句组织块

占用数据长度，因此特意设计了一个转换函数“uMySQL_Aux_ConnectValue”，用于 PLC 内部变量到字符串的转换。“uMySQL_Aux_ConnectValue” 的输入变量类型为 Variant，函数内部通过 Typeof( ) 来判断传入的数据类型，如果是浮点型，则根据给定的小数点后的位数来处理生成对应所需的字符串，如果为 BOOL 型，则转换为字符串 “TRUE” 或者 “FALSE”，并返回字符串。

在项目的实际使用过程中发现，如果只是传输浮点型、布尔型，原有的设计可以正常工作，但是在一个人机界面应用中，需要采集操作人员的姓名，并存入数据库中，测试时触摸屏可以正确输入并显示中文姓名，但是传入 S7-1200/1500 PLC 中的数据为乱码。经调试发现，在对中文进行处理的过程中，String 类型的单个字符不能表示对应的中文字符，需要采用 Wstring 类型，同时，中文编码格式需要为 UTF8 类型才能与数据库匹配。

为了解决以上问题，增加了宽字符 WChar 转 UTF8 编码的函数 Wchar_To_UTF8，并将所有的字符串由 Sting 类型改为 Wstring 类型。修改之后触摸屏输入中文姓名传输至 PLC，PLC 传输至数据库，整个过程顺利实现。

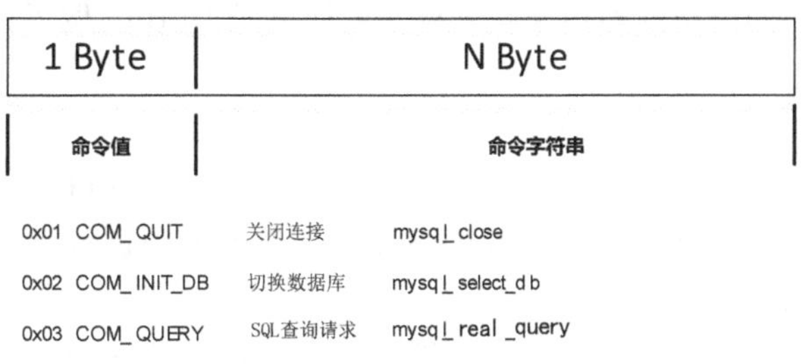

图 9　MySQL 数据库发送格式

4. 执行命令

数据库常用的执行命令为插入、读取两种，在 MySQL 的协议中，两种命令都可以通过 COM_QUERY 消息报文来实现，命令的发送格式如图 9 所示。

其中，命令值代表需要数据库执行的命令类型，比如关闭连接、切换数据库、执行查询命令，之后拼接执行命令的字符串，数据长度为 *N*B，例如字符串“INSERTINTO Hist（T1，T2，T3，T4）VALUES（0.1，0.2，0.3，0.4）”，数据接收到发送的命令报文后即可执行对应的命令，执行成功或者失败都会将结果返回给客户端。

执行语句命令接口设计如图 10 所示。

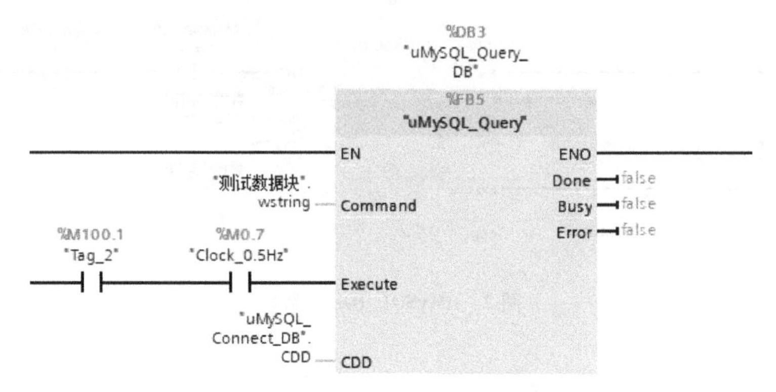

图 10　uMySQL_Query 函数块

Query 函数用来执行 SQL 语句。

Command：要执行的 SQL 语句，数据类型是 WString。

Execute：执行动作，直到出现 Done 或者 Error 就可以，类型为 Bool。

CDD：这个地方使用 uMySQL_Connect 所生成背景数据块中的 .CDD，类型为 uMySQL_CCD，该数据类型属于库中自定义的数据类型。

Done：执行成功。

Busy：正在执行。

Error：执行错误。

四、测试及运行效果

测试过程中 WireShark 的抓包分析功能起到了非常重要的作用，抓取的数据包能够直观地查看到数据往返的情况，也可以查看到数据包的内容，对编码格式分析和连接流程分析起到了关键作用。同时，数据库在连接出错时，在 WireShark 中可以看到 MySQL 服务器返回数据帧对应的报错代码，为查找故障原因，提供了第一怀疑目标，如图 11 所示，数据库出现握手错误 1129，可以通过查找 MySQL 的故障代码判断，现在数据库因为连接次数过多而阻止了客户端发起的连接。

软件在测试之后封装成了一个 uMySQL 的 TIA Portal 全局库文件，并在我个人多个项目中被使用，同时也在西门子官方技术论坛以及 GitHub 做了开源，多位工程师与本人联系进行了项目的测试与开发。

项目应用案例参考如下。

在某公司精炼机项目中，现场的 S7-1200 PLC 采集 8 台精炼机的数据，通过网络与 MES 系统相连，将数据直接写入到 MES 要求的数据库中进行存储以及供 MES 进行分析、汇总、生成报表，如图 12 所示。

在某公司再生胶生产线项目中，现场的 S7-1500 PLC 对现场 630kW 及 315kW 电机进行控制，并在变频器取得反馈数据，利用 uMySQL 将数据直接写入到阿里云 RDS 数据库中进行存储，并借助

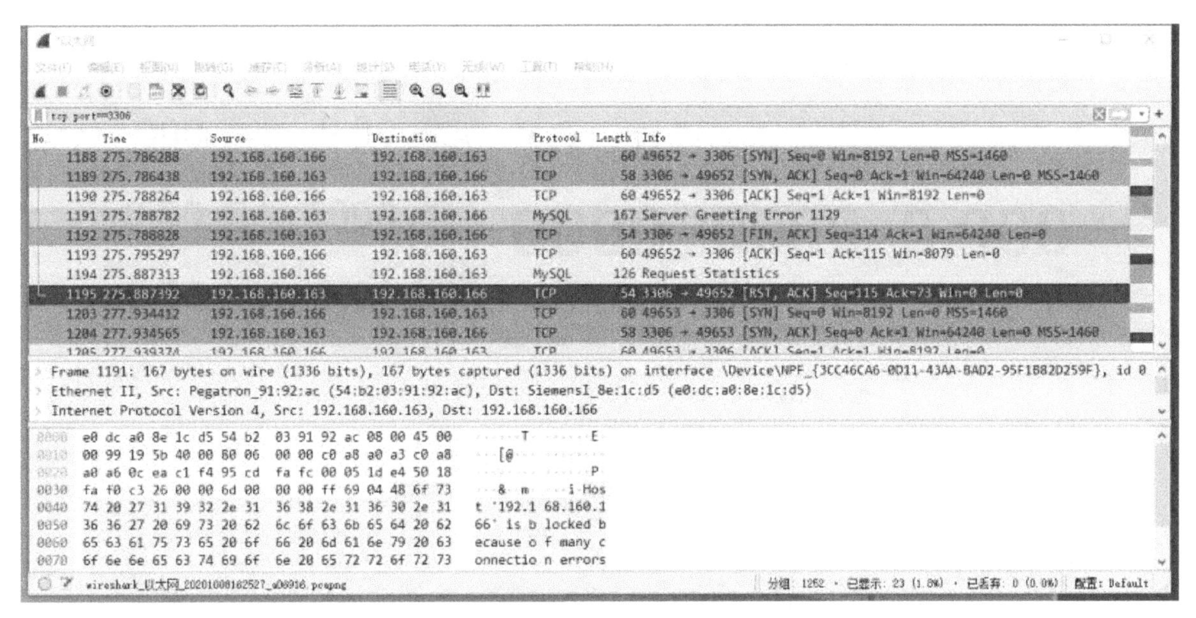

图 11　WireShark 数据抓包及辅助分析

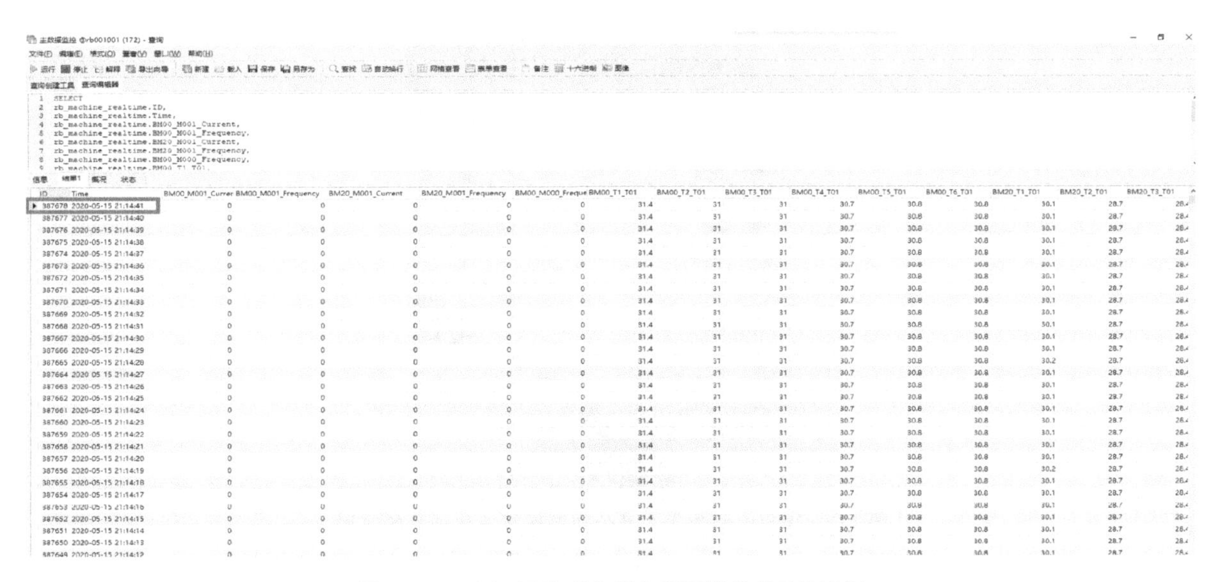

图 12　uMySQL 函数库在某公司精炼机项目的应用

阿里云的 DataV 生成看板大屏，如图 13 所示。

在某公司船舶智能化项目中，现场的 S7-1200 PLC 对船舶主机、发电机的油耗通过 RS485 进行数据采集，利用 uMySQL 将数据直接写入到部署在船端的智能能效服务器，由智能能效软件进行数据分析，如图 14 所示。

在某港务集团门机远程智能化项目中，现场的 S7-1200 PLC 对门机的各个润滑点进行监控，利用 uMySQL 将数据存储至集团智能润滑服务器，将基于 SpringBoot+Vue 的 Web 页面在数据库中读取的最后一条数据作为实时数据显示，并借助数据库的历史数据对设备运行状况进行分析，如图 15 所示。

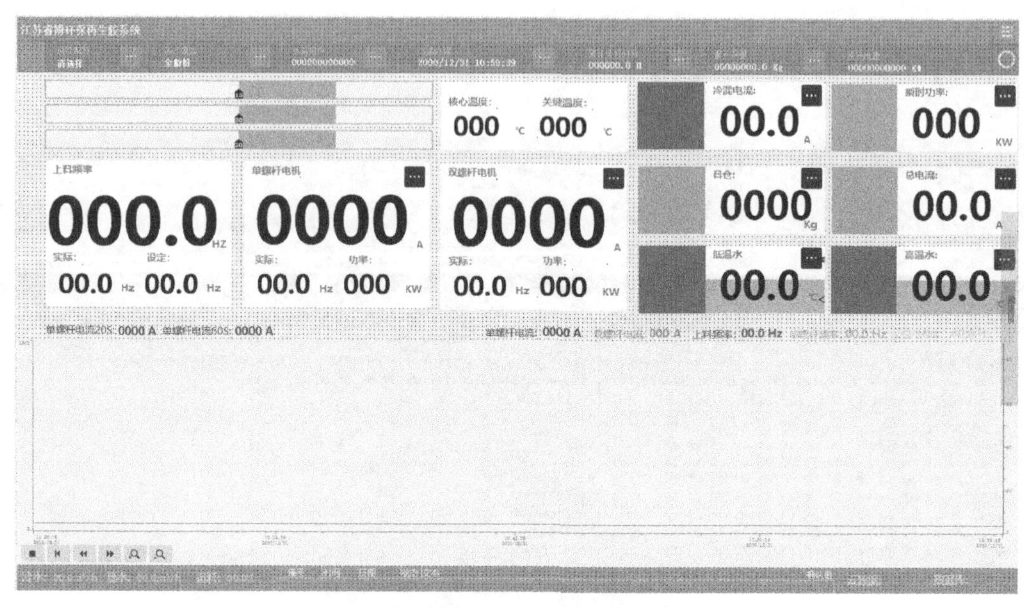

图 13　uMySQL 函数库在某公司再生胶生产线项目的应用

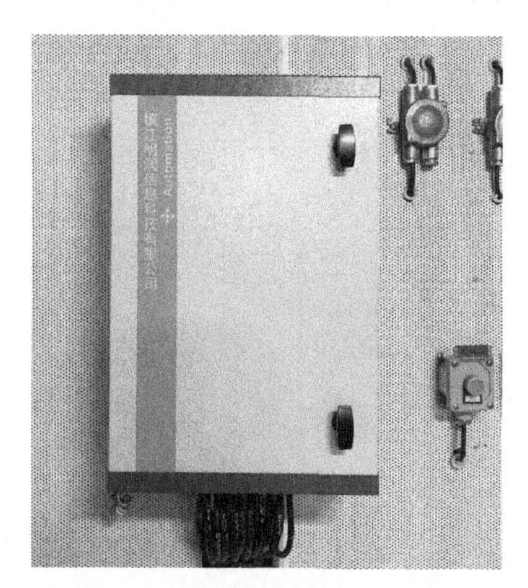

图 14　uMySQL 函数库在某公司船舶智能化项目的应用

五、应用体会

S7-1200/1500 的网络性能越来越强大，编程方式也越来越灵活，推出了 MSSQL 的连接库、MQTT 的连接库等功能库。强大的 PLC 结合 TIA 博途 V17 的网络安全性能的改进，逐渐可以替代部分边缘计算终端作为一个边缘计算网关存在，这样可以在降低项目成本的同时，让部分熟悉 PLC 编程的工程师完成边缘计算工作，从而减少甚至替代上位机编程的需求。

在项目开源后获得了众多的关注，工控同行与本人取得联系，对编程方式、程序流程控制、数据库设置等方面进行了深入讨论，在实际调试应用过程中，得益于西门子 400 的技术团队专业、深入、持续、耐心的支持，对 PLC 的运行逻辑得到了深入的了解和认识。

现有的功能用户认证和加密是基于 SHA1 校验实现的，MySQL 在 8.0 版本以后默认加密改为

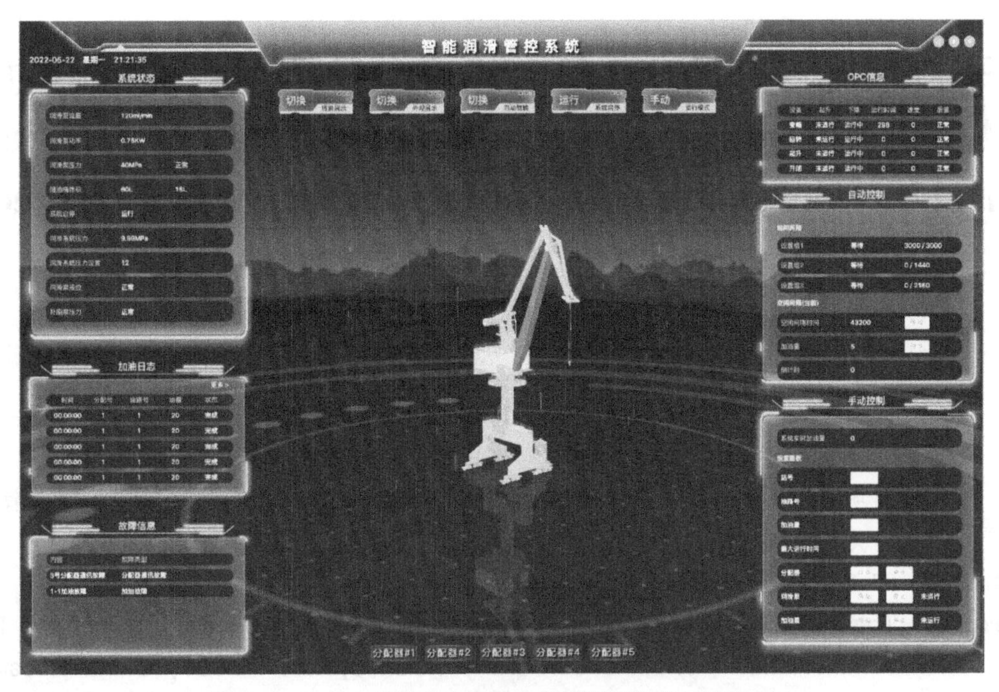

图 15　uMySQL 函数库在某港务集团智能润滑项目的应用

SHA256 算法，因此对于 MySQL 8.0 版本以后的数据库需要对认证方式进行修改，同时 uMySQL 的函数库也会在后续的完善中增加对 SHA256 算法的支持。

参考文献

[1]　西门子（中国）有限公司. MySQLreferenceManual（MySQL）[Z].
[2]　西门子（中国）有限公司. TIA Portal V17 Help Contents [Z].
[3]　西门子（中国）有限公司. S7-1200 可编程控制器系统手册 [Z].
[4]　西门子（中国）有限公司. MySQL 协议简析（CSDN）[Z].
[5]　西门子（中国）有限公司. 安全哈希算法（Secure Hash Algorithm）[Z].

西门子自动化 S7-1200 PLC 在机床自动上下料项目中的应用
Application of Siemens Automation S7-1200 PLC in machine tool automatic loading and unloading project

曾文兵
(乐成智能科技京山有限公司　京山)

[摘　要] 本文介绍了 SIMATIC S7-1200 PLC 与 ABB 机器人实现 Profinet 通信，与第三方视觉系统 PM801、华工激光打标实现 TCP 通信的示例，本文以无锡海天机床上下料为实例项目作具体介绍，针对通信的实现、网路的链接以及数据流程的处理。叙述了核心关键功能的实现。

[关 键 词] S7-1200PLC、Profinet、TCP 通信、KTP900 Basic PN、视觉定位技术

[Abstract] This paper introduces SIMATIC S7-1200 PLC and ABB robot to achieve Profinet communication, and the third party vision system PM801, China Russia laser marking to achieve TCP communication example, this paper to Wuxi Haitian machine tool loading and loading as an example of the project to make a specific introduction, for the realization of communication, network link, And the processing of data flow. The realization of core key functions is described.

[Key Words] S7-1200PLC、Profinet、TCP communication、KTP900 Basic PN、visual positioning technology

一、项目简介

海天集团总部位于浙江省宁波市北仑区，成立于 1966 年，目前固定资产约 20 亿人民币，占地面积 70 多万 m^2，员工人数 10000 以上，年营业额超过 100 亿人民币。并在各地设有 10 家分厂，主要产品是锁模力 58t 到 4000t 百余种规格的塑料注射成型机，年产量万余台，其产量和销售额已占中国同行业首位，也是世界上生产规模最大的专业生产塑料注射成型机的高新技术企业。公司产品已遍及全国并批量出口到 60 多个国家和地区，全球客户超 26000 多个。无锡海天属宁波海天注塑机集团分公司，主营海天注塑机、数控机床等。本项目属无锡海天，如图 1、图 2 所示。

机床型号为 GU6II，系统为 FANUC-0i 系统。机器人采用 ABB。3D 视觉系统采用图漾 MP801 智能相机，激光打标采用华工激光。主站 PLC 采用 SIMATIC S7-1200PLC，所有信号通过主站 SIMATIC S7-1200PLC 处理，从来料—拆垛—加工—检测—中转—激光打标—码垛—完成，对每天的加工数量与加工标签进行存档，可以实现处理数据的追溯，实现自动化无人操作系统和工厂自动化。

主站采用 SIEMENS 1200PLC，从站采用 ABB IRB6700 机器人，图 3 是机器人系统变量与 PLC 交互信号，通过系统变量可以直接读取机器人的状态信息，可以直接远程启动和停止机器人。

图 1　机器人工作区域

图 2　控制柜

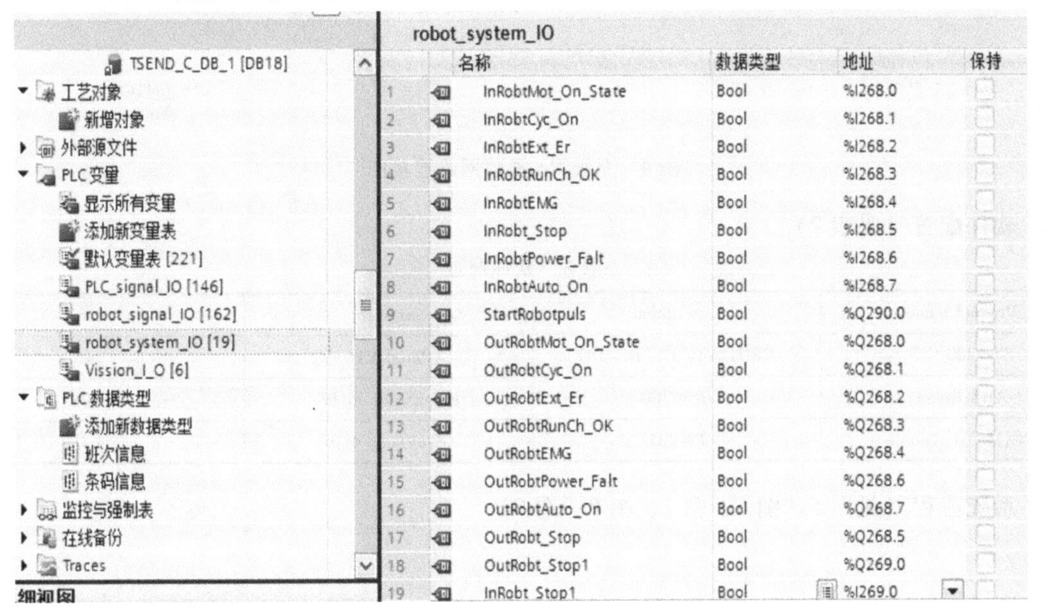

图 3　PLC 与机器人系统变量通过 Profinet 通信握手信号

二、系统构成

1. 项目中硬件的基本配置（见表 1、图 4）

表 1　硬件的基本配置

Name	Description	Order number	数量
主站	CPU1214C DC/DC/DC	6ES7-1AG40-0AB0	1 台
从站	ABB 机器人	IRB6700-155/2.85	1 台
信号模块	SM 1223 DI16/DQ16×24VDC	6ES7 223-1BL32-0XB0	3 台
信号模块	SM 1221 DI16×24VDC	6ES7 221-1BH32-0XB0	1 台
工业交换机	西门子工业交换机	6GK5008-0BA00-1AB2	1 台
安全继电器	Pilz　PNOZ X2.8P	787302	3 台
视觉系统	图漾 3D 智能相机	PM801	1 台

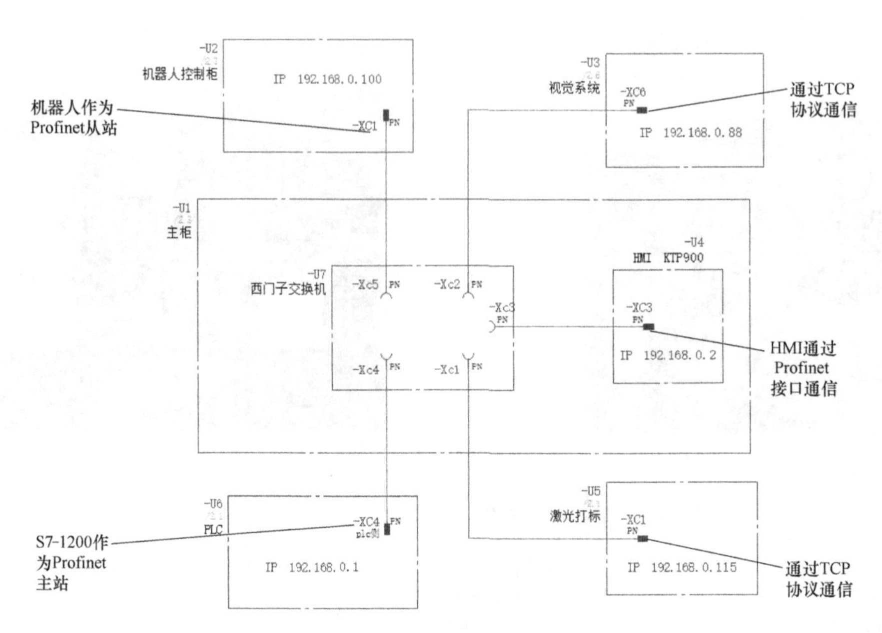

图 4　系统 PN 通信网路连接图

2. 软件配置（见表 2）

表 2　软件配置

Product name	Description	software	version
S7-1200PLC	CPU1214C DC/DC/DC	Portal V16	V16
ABB Robot	IRB6700	RobotStudio 6.08	6.08
图漾 3D vision	PM801	EyeVision 4.0	4.0

3. 系统流程（见图 5、图 6、图 7、图 8、图 9）

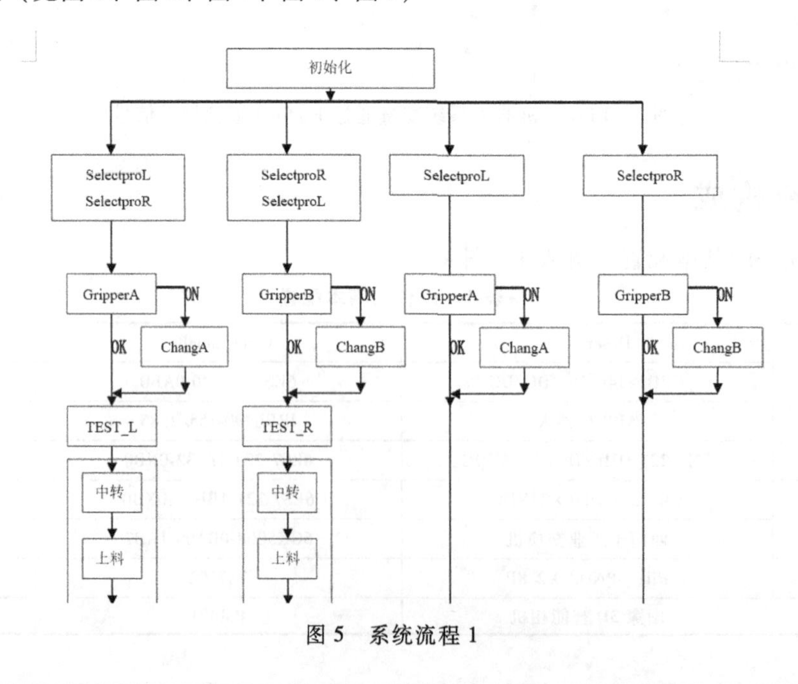

图 5　系统流程 1

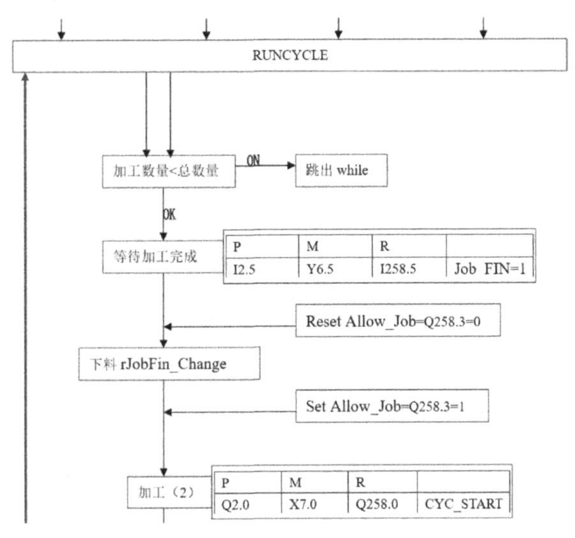

图 6　系统流程 2

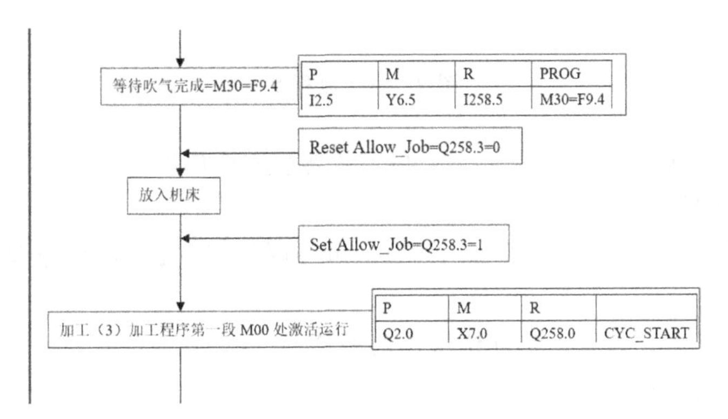

图 7　系统流程 3

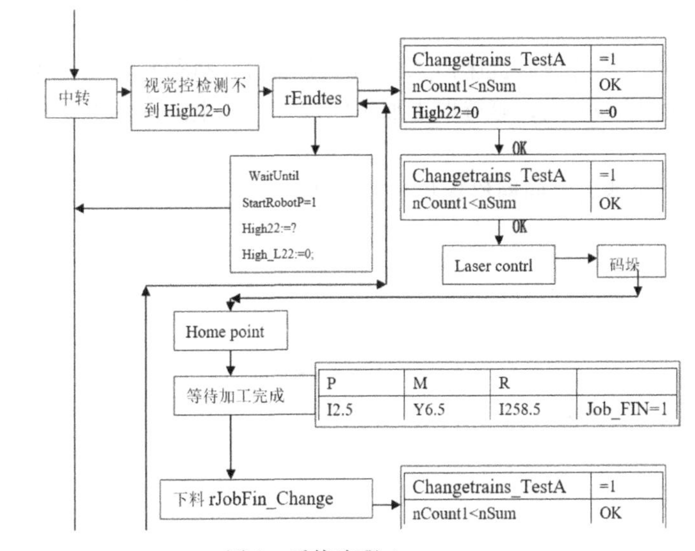

图 8　系统流程 4

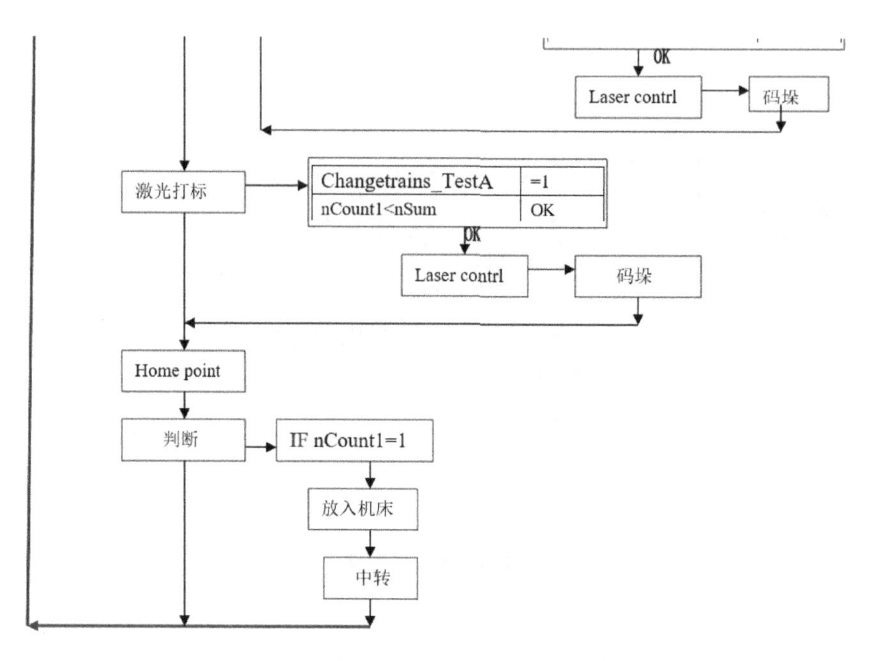

图 9　系统流程 5

1）初始化数据：机床库程序、home 点、报警状态、安全信息、激光、视觉准备、读 HMI 给出的加工信息、选调程序号等。

2）SelectproL 选择左边机床托盘作业，SelectproR 选择右边机床托盘作业，或者只选择单台机床作业。

3）判断夹具是否正确，否则，自动快换当前夹具。

4）拍照、上料，清理机床，循环运行。

5）放入机床完成，允许加工，启动机床加工工件。

6）视觉判断托盘是否还有工件，如果没有检测到工件，则完成机床里面正在加工的产品后执行激光打标、码垛。

7）回到 home 点，等待最后机床内工件加工完成后，执行打标、码垛。

8）完成后，回到 home 点，等待取走加工完成工件，上入新的毛坯产品，执行再启动脉冲循环运行。

4. HMI、PLC、机器人之间网络连接（见图 10）

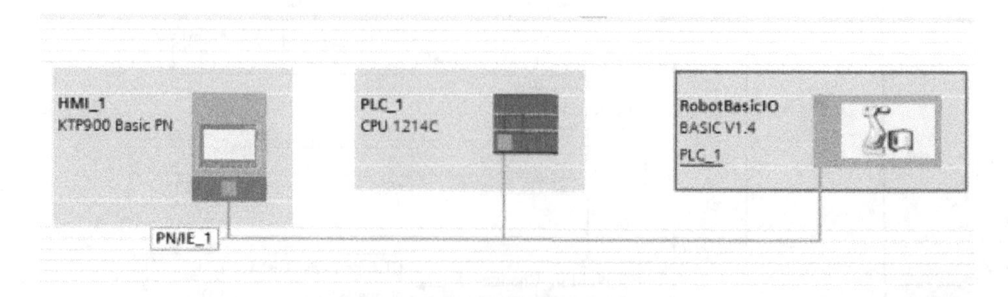

图 10　网络连接图

5. SIEMENS HMI 的开放性示例

图 11 为我公司自有开发的 HMI 界面，依此为模板可扩展应用于不同项目中。

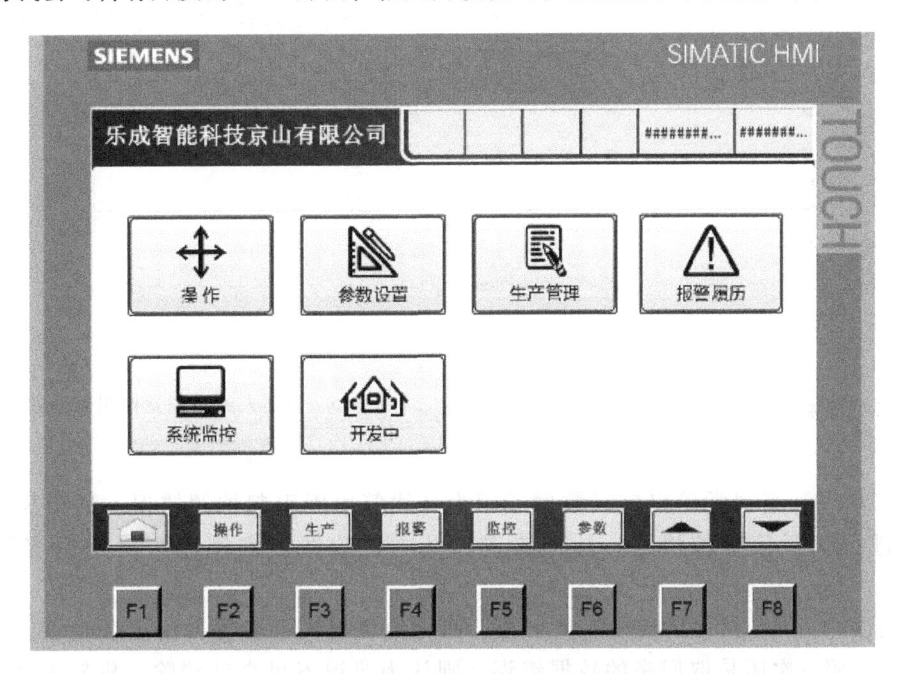

图 11 HMI 实际控制面板组态画面图

三、功能与实现

通过 3D 视觉拍照读取到左或右工件存放区域的 X\Y\Z\A 坐标值，然后回传给 PLC 作处理，送出给机器人。机器人依据坐标值执行取件放入机床，完成上料工序。编写通信功能，发送与接收 PM801 视觉系统的 TCP 通信数据，如图 12～图 15 所示。

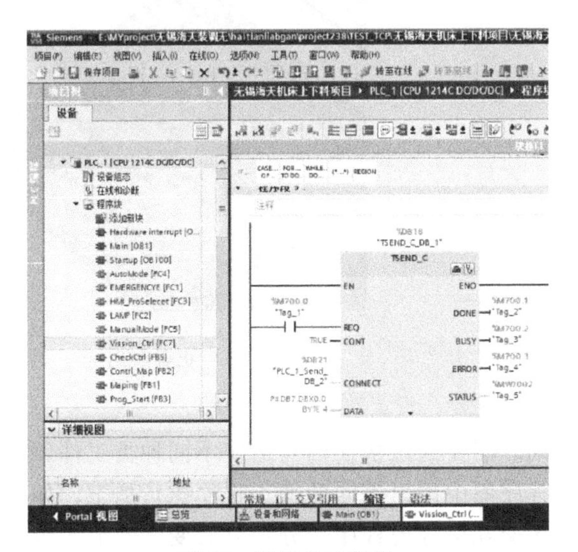

图 12 视觉发送数据

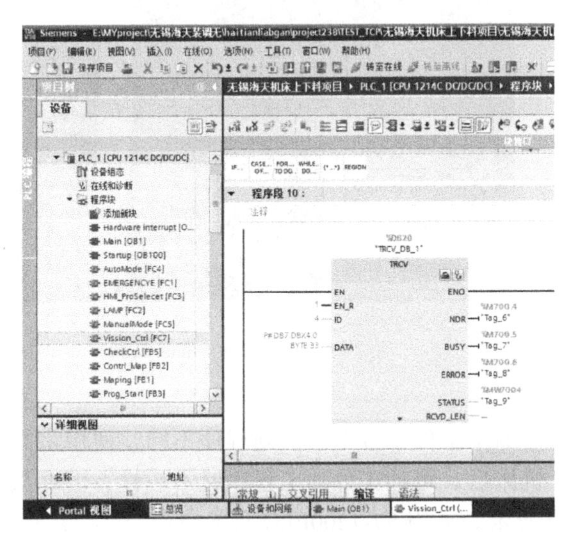

图 13 视觉接收数据

```
1
2  "X_Get" := REAL_TO_DINT("Vission".X_Get);
3  "Y_Get" := REAL_TO_DINT("Vission".Y_Get);
4  "Z_Get" := REAL_TO_DINT("Vission".Z_Get);
5  "A_Get" := REAL_TO_DINT("Vission".A_Get);
6
7  IF"Vission".X_Get< 0 THEN
8      "I10_2Reserve" := 1;//负数
9      "HMI_DB".Vission.X_Value := 0 - "X_Get";
10     ELSE
11      "I10_2Reserve" := 0;
12      "HMI_DB".Vission.X_Value :=  "X_Get";;
13 END_IF;
14
15 IF "Vission".Y_Get < 0 THEN
16     "I10_3Reserve" := 1;//负数
17     "HMI_DB".Vission.Y_Value := 0 - "Y_Get";
18 ELSE
19     "I10_3Reserve" := 0;
20     "HMI_DB".Vission.Y_Value := "Y_Get";
21 END_IF;
22
```

图 14　PLC 处理视觉回传数据

```
1
2  "Tag_1" := "RservaM257.7";   // 机器人给出拍照启动
3
4  IF ("Tag_1" AND "Tag_5" = 7004) OR ( "GlobDB".Time_TON[2].Q AND "Tag_5" = 7004) THEN
5      "PhotoA" := 1;
6
7  ELSIF "Tag_1" AND "Tag_5" <> 7004 THEN
8      "PhotoA" := 2;
9
10
11 ELSE
12     RESET_TIMER("GlobDB".Time_TP[2]);
13     RESET_TIMER("GlobDB".Time_TON[2]);
14     "PhotoA" := 0;
15 END_IF;
16
17 CASE "PhotoA" OF
18     1:
19         "GlobDB".Time TP[2](IN := TRUE,
```

图 15　机器人给出视觉拍照

解决技术难点：当视觉给出错误数据或因为光线等原因引起拍照错误、通信失败等。需要PLC 与视觉进行交互信号的协定，处理错误，以协定数据位字符作为协定内容判定依据作处理。

当视觉错误时，PLC 接收到错误信息字符，回传给机器人，机器人给出视觉重新拍照处理三次，如果重新拍照三次还是取回来的数据错误，则认为错误不可自动清除，机器人回到 home 点，等待人工操作，如图 16~图 18 所示。

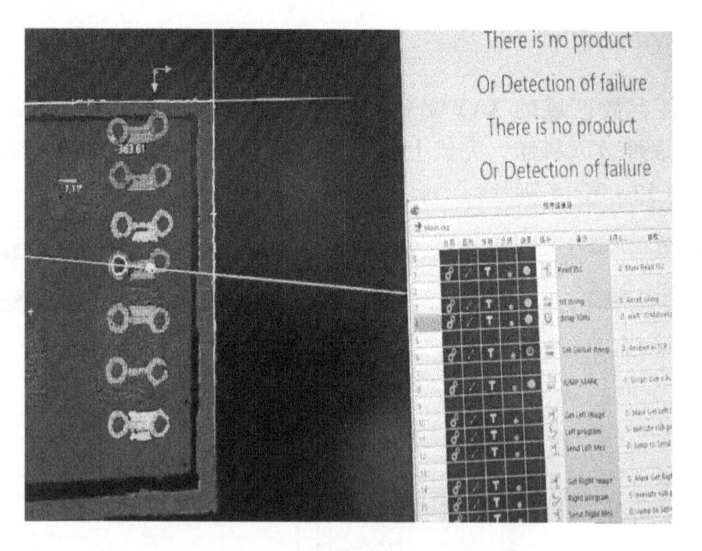

图 16　错误数据

图 17　正确数据

加工工件型号不同，则程序不同，使用治具也不同，需要通过快换治具适应不同种类工件，放入机床后，每种工件加工程序又不一样，需要从机床程序库中调出不同的加工程序执行加工，如图 19 所示。采用 S7-1200PLC 与 FANUC-0i 系统 PMC 程序交互信号把程序号分别以宏变量的形式传送给不同机床（可扩展 *N* 台数控机床），实现数控宏程序的调取，如图 20 所示。

```
703    IF di266_4_84=0 THEN
704      Z:=nZ/100;
705    ELSEIF di266_4_84=1 THEN
706      Z:=0-nZ/100;
707    ENDIF
708
709   IF di266_5_85=0 THEN
710     A:=nA/100;
711   ELSEIF di266_5_85=1 THEN
712     A:=0-nA/100;
713   ENDIF
714
715  !Stop;
716
717   IF (X=0 AND Y=0 AND Z=0)  AND nCount1<45 THEN
718     MoveJ  pTransfermachinsafeLhomeA,v3000,fine,tGipper;
719     Incr nPhoto1;
720     IF nPhoto1=3 THEN
721         nPhoto1:=1;
722     TPErase;
723     TPWrite " The Vission is Photoselected--ERROR";
724         Stop;
725     ENDIF
726   GOTO X1;
727
728   ELSEIF (X=0 AND Y=0 AND Z=0)  AND nCount1>=45 THEN
```

当拍照数据错误时，重新拍照执行3次，如果还是错误则给出信息提示，停止运行

图 18　视觉错误处理程序

图 19　两种不同的实际加工工件

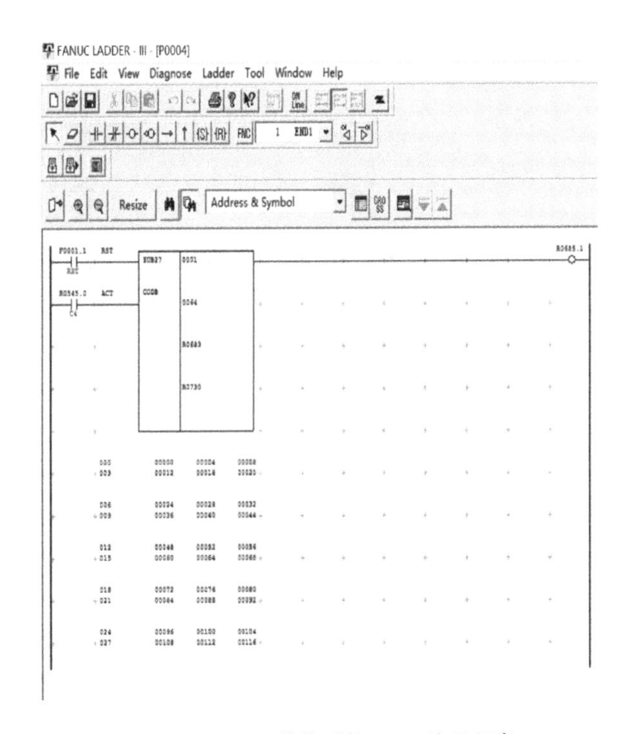

图 20　FANUC 数控系统 PMC 处理程序

激光打标处理：

1）TCP 通信功能用以实现激光打标通信数据，如图 21、图 22 所示。

```
自动开始
#请求打标
#请求模板传输
#请求数据传输
激光模板名称
条码编辑

IF...  CASE... OF...  FOR... TO DO...  WHILE... DO...  (*...*)  REGION

1
2  "TSEND_C_DB"(CONNECT:="PLC_1_Send_DB_1",
3               DATA:=#发送数据数组, CONT := TRUE);
4
5  REGION 自动开始
6      // Statement section REGION
7      IF #判断结果合格 THEN
8          #发送的模板名称 := #模板名称;
9      ELSE
10         #发送的模板名称 := 'BUHEGE1';
11     END_IF;
12
13     IF #机器人到位 AND NOT #机器人到位PLS AND "TSEND_C_DB".STATUS = 16#7004 THEN
14         #打标流程 := 1;
15     END_IF;
16     CASE #打标流程 OF
17         1:  // Statement section case 1
18             #流程_加载模板 := 1;
19             "激光打标数据接收_DB".打标成功输出 := FALSE;
20             #打标流程 := 2;
21         2:
22             IF "激光打标数据接收_DB".Load成功输出 AND #判断结果合格 THEN
23                 #打标流程 := 3;
```

图 21　激光发送数据

```
IF...  CASE... OF...  FOR... TO DO...  WHILE... DO...  (*...*)  REGION

2  "TRCV_DB".TRCV(ID := 2,
3                  LEN := 1,
4                  DATA := #接收的字符,
5                  EN_R := TRUE);
6
7  #结果有效 := FALSE;
8  IF "TRCV_DB".NDR = TRUE THEN
9      IF #接收的字符 = #起始字符 THEN
10         FOR #I := 0 TO 255 DO
11             #字符接收[#I] := '$00';
12             ;
13         END_FOR;
14         #字符接收[0] := #接收的字符;
15         #P := 1;
16     ELSIF #接收的字符 = #结束字符 THEN
17         #字符接收[#P] := #接收的字符;
18         Chars_TO_Strg(Chars := #字符接收,
19                       pChars := 1,
20                       Cnt := #P - 1,
21                       Strg => #结果);
22         #P := 0;
23         FOR #I := 0 TO 255 DO
```

图 22　激光接收数据

2）打标激光头及电控柜，如图 23、图 24 所示。

图 23　激光打标实物图

图 24　电控柜实物图

3）激光打标标签通过 HMI 设定画面，如图 25 所示。

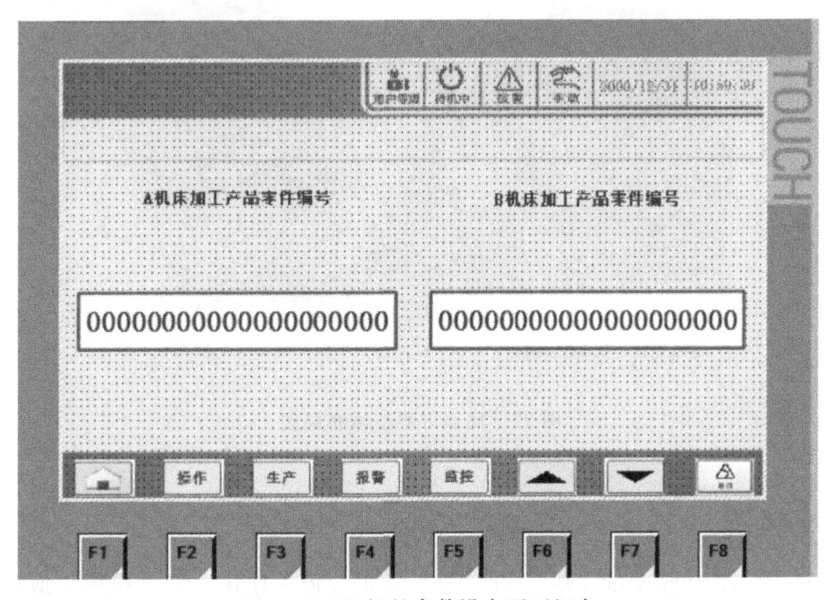

图 25　HMI 标签参数设定画面组态

通过设定 A、B 机床加工产品零件编号对应不同工件，再通过 TCP 发送到激光打标设备，实现不同产品编码及数据集中存储功能。

方案整体布局图如图 26 所示，每两台数控机床配置一台机器人上下料，托盘上下料料可选配配为 AGV 与人工，实际项目中配置为人工上下料。一期与二期项目配置架构一致。局部方案整体布局图如图 27 所示。

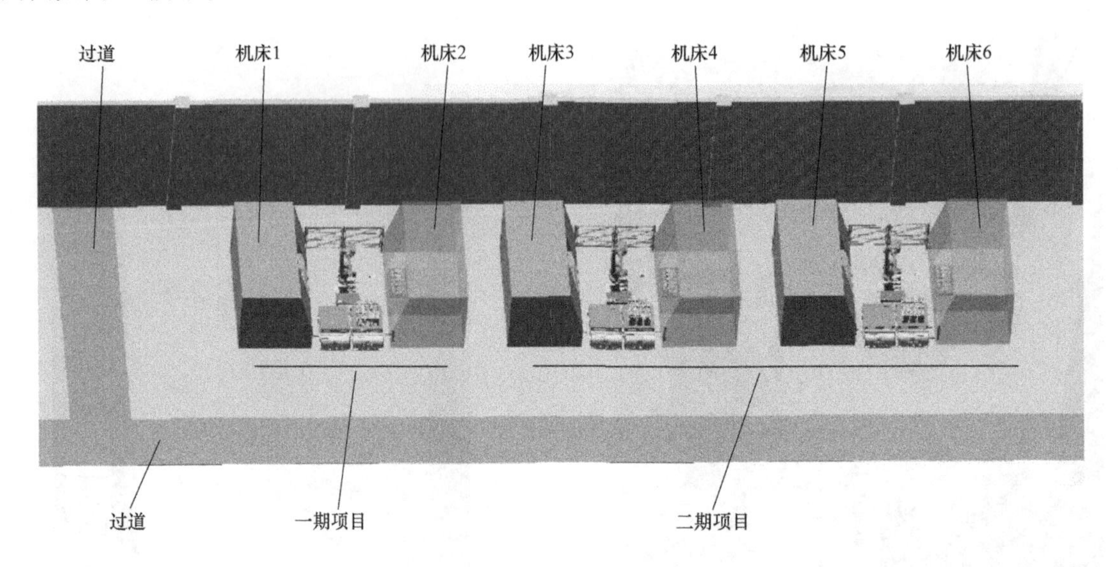

图 26　全局方案整体布局图

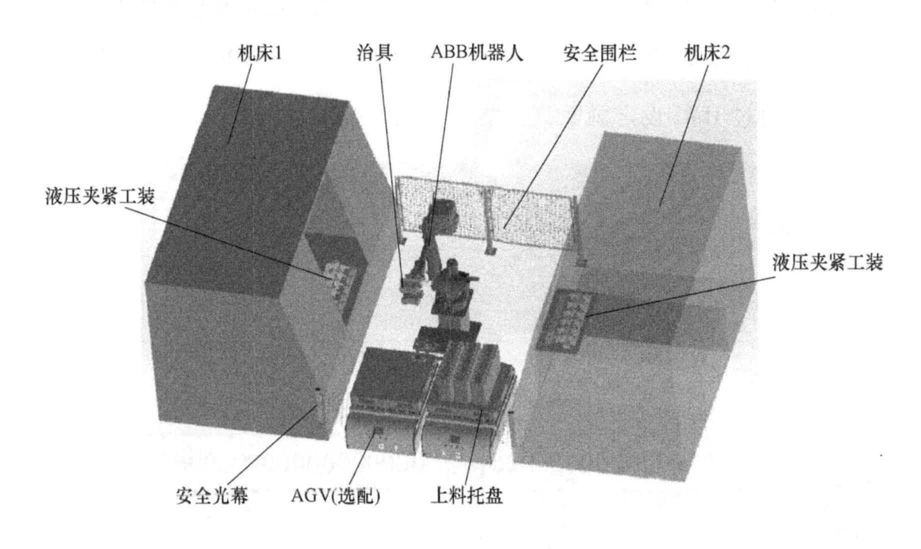

图 27　局部方案整体布局图

四、运行状况

此项目于 2021 年 12 月底调试完毕，2022 年 1 月正式投入使用，通过机器人取代人工作业，避免工伤事故发生，降低企业风险，让企业的品质有保障。减低人工劳动强度，提高设备利用率，实现加工过程的自动化和无人化。图 28 为运行中图片。

项目故障率低，运行稳定。已完成第三期机床自动上下料项目。人工成本减少 50%，设备利用率大大提高。已实现注塑机连杆产品的编码、加工时间、加工工艺等数据的可追溯性。对数据可存储分析，对后期的提高产品工艺有着决定性作用。

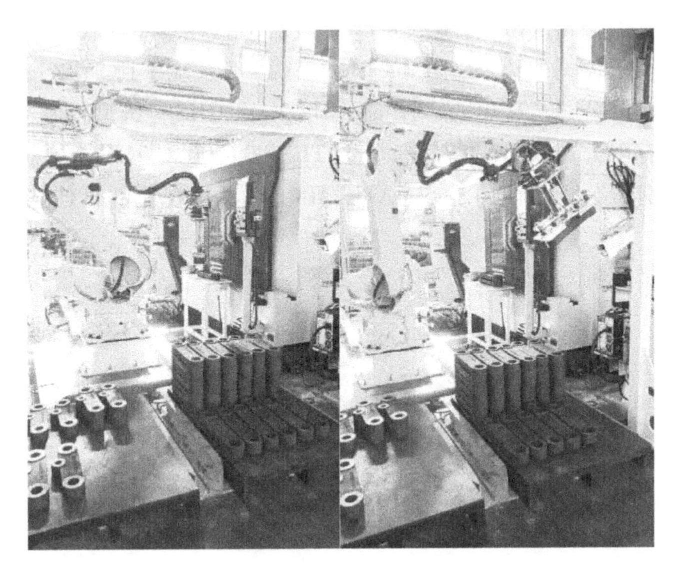

图 28　运行中图片

五、应用体会

我国机械生产厂家数控机床大多数都由人工操作完成，其劳动强度大，生产效率低，而且有一定的危险性，已经满足不了生产自动化的发展趋势，为了提高工作效率，降低成本，并使生产制造发展成为柔性制造，适应现代机械行业自动化生产的要求，针对具体的生产工艺，结合实际，开发设计一台上下料机器人代替人工作业。

鉴于海天注塑机十一分厂的一期、二期项目成功应用，无锡海天实施了第三期项目，我作为共三期项目的实施者，给我最大的体会是：

1）在项目的调试过程中，SIEMENS 产品的灵活性、开放性、完善的技术文档、优秀的技术支持，使现场调试时间得到了有力的保证，缩短了项目成本。

2）西门子编程语言优点：梯形图是入门最容易的语言，基本可以从电路图直接转换，而且阅读起来浅显易懂。而有别于其他品牌 PLC 的 SIMATIC S7-1200 的 SCL 语言类似于高级语言 Pascal、C 之类，可以通过简单的语句实现复杂的功能，逻辑清晰，在复杂数据类型的处理上也非常方便，SCL 也便于程序的移植，在同一个 FC 或 FB 中，SCL 可与 LADDER 混合使用，给此项目带来特别方便快捷的编程理念与思路。

3）与第三方设备通信简单：SIMATIC S7-1200 PLC 通过 TCP 或者其他协议与第三方设备实现通信交换数据简单方便。本次案例使用 SIMATIC S7-1200 PLC 与 ABB 机器人实现 Profinet 通信，与图漾 3D 视觉 PM801 实现 TCP 通信，与华工激光实现 TCP 通信，与 FANUC 数控系统实现的是 I/O 通信等。

总之，我实实在在体会到了西门子在全集成自动化领域的各种优势。统一的组态和编程，统一的数据库管理和统一的通信，是集统一性和开放性于一身的自动化技术。

参考文献

[1]　西门子（中国）有限公司. s71200_system_manual_zh-CHS_zh-CHS（系统手册）[Z].

[2] 西门子（中国）有限公司. SIMATIC S7-1200 最新选型样本（选型样本）[Z].
[3] 西门子（中国）有限公司. STEP 7 Professional V14（系统手册）[Z].
[4] 西门子（中国）有限公司. HWComfortPanelszhCN_zh-CHS（选型样本）[Z].
[5] 西门子（中国）有限公司. TIA 博途与 SIMATIC S7-1500 可编程控制器 样本（202109）[Z].
[6] 西门子（中国）有限公司. 西门子 SIMATIC HMI 机器可视化的最佳选择 [Z].

融合物联网技术的集中供暖控制仿真系统设计

Design of central heating control Simulation System integrating Internet of Things technology

吴 峰 杨善鹏 白春皓

(辽宁工业大学 锦州;北京雷蒙赛博机电技术有限公司 北京;“西门子杯”中国智能制造挑战赛辽宁工业大学 campus hub 学习中心 锦州)

[摘 要] 为解决北方冬季集中供暖系统中按照取暖面积收费的不合理现象和用户不能调节室内温度的问题,应用物联网技术,以西门子 LOGO! 控制器为核心开发了一种集中供暖控制系统。该系统能够对采集到的温度、水流量等信号进行处理。用户可以远程查看和调节室内温度,供暖公司能够实时监测用户的热消耗量。仿真实验结果表明,系统运行稳定,供暖公司可以实现按照用户实际消耗的热能收费,用户调节室温的操作难度降低。

[关 键 词] 物联网、西门子 LOGO!、Modbus TCP、MySQL、变频控制、集中供暖

[Abstract] This paper introduces that the applying internet of things technology, a central heating control system is developed, which takes Siemens LOGO! as the core, in order to solve the unreasonable phenomenon of charging according to the heating area in the northern winter central heating system and the users' inability to adjust the indoor temperature. The system can process temperature, water flow and other signals collected. The heat consumption of users can be detected promptly by the heating company, and users can remotely view and adjust the indoor temperature. The simulation results show that the control system runs stably. With the help of the system, it can be realized that the heating companies charge according to the actual consumption of thermal energy and reduce the difficulty of users to adjust the indoor temperature.

[Key Words] IoT; Siemens LOGO!; Modbus TCP; MySQL; Frequency Conversion Control; Central Heating

一、项目简介

据国家统计局数据显示,到 2019 年我国多达 22 个省份参与集中供暖,供暖面积约 89 亿 m^2,并且现在仍呈现上升趋势[1]。传统的集中供暖模式存在着热量分布不均的现象和供暖公司按照供暖面积收费的问题[2]。这些问题说明,现阶段集中供暖的运行模式缺乏科学性与合理性。在这种供暖模式下,用户室内温度主要由供热单位进行控制,而用户无法自主控制[3],这不仅给用户带来不便,也给国家造成能源损失,不利于社会主义生态文明建设。

有关部门提出按照用户实际热消耗量进行收费[4]，但仍然存在用户调节室内温度复杂、供暖公司需消耗人力查看热能表等问题。为此，设计了一个融合物联网技术的集中供暖控制系统，该系统能够实现热能计算、用户远程查看调节室内温度、供暖公司实时监测用户热消耗量等功能。通过物联网技术，将用户热消耗量、房间温度等信息分享至服务器，用户或供暖公司通过客户端连接服务器接收或修改相关信息，真正实现用户、供暖数据、供暖公司之间的互联互通。

二、系统结构

系统的总体结构如图 1 所示。根据物联网的三层架构，可将系统分为感知层、中间传输层和应用层[5]。系统感知层主要体现为数据处理终端，数据处理终端将温度传感器、流量计等采集到的数据发送至中间传输层；中间传输层为后台服务器，能将接收到的信号进行保存和处理；应用层分为用户手机 APP 和供暖公司客户端两部分，用户可通过手机 APP 访问服务器，查看房间实时温度和热消耗量，设置各房间温度。供暖公司工作人员可通过供暖公司客户端访问服务器，接收每家用户的热消耗量以及所需缴纳费用。服务器实时与客户端交换相应信息。系统通过传感器技术、网络通信[6]、数据处理等现代化技术，实现物联网与供暖系统的完美结合，为用户和供暖公司带来极大的便利。

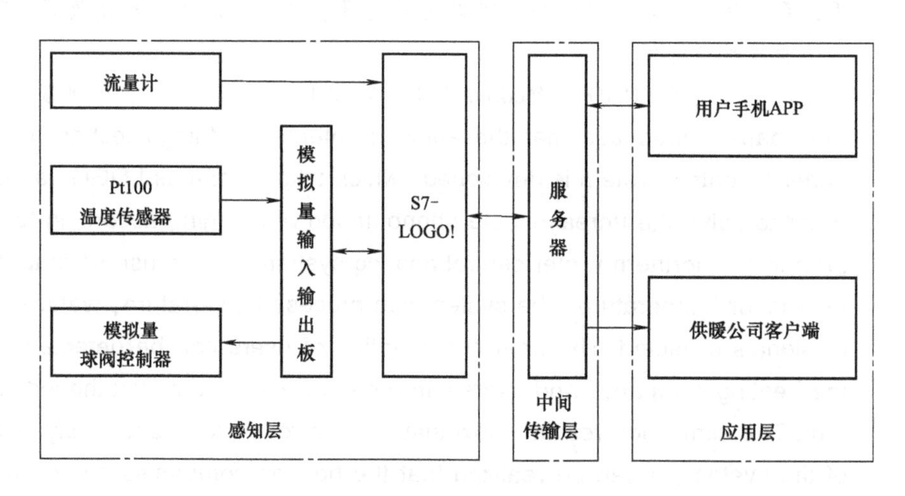

图 1　系统总体结构

三、功能与实现

1. 系统硬件设计

该部分主要包括 S7-LOGO！主机模块、LOGO！模拟量扩展输入板、LOGO！模拟量扩展输出模块、温度传感器、模拟量球阀控制器、变频器、流量计，可实现温度检测、温度调节和热能计算等功能。

（1）S7-LOGO！

根据系统对输入点、输出点及功能扩展等的实际要求，综合考虑决定采用 Siemens S7 LOGO！系列的 LOGO！8. FS4 控制器作为数据处理终端。该控制器集成 8 个数字量输入通道，和 4 个数字量输出通道，并且具有灵活的扩展功能[7]。同时集成了一个 RJ45 通信接口，支持基于 TCP/IP 上的 Modbus 协议[8]，便于与服务器网络互联，以进行信息传递。其主要用于获取温度、流量等数据，并通过 Modbus 协议将数据发送至服务器，实现数据共享。

（2）温度控制和水流量检测

在温度控制部分，使用 Pt100 型温度传感器检测温度，经过模拟量输入输出模块的 A/D 转换保存于 LOGO！的寄存器中，实现温度检测[9]；温度调节时，通过调用 LOGO！中自带的 PI 控制器，将房间当前温度和用户设定温度写入模块，经过 PI 运算，由 LOGO！内部 CPU 判断升温输出或降温输出，最终通过模拟量球阀控制器执行相应操作，来实现房间温度调节。

水流量通过霍尔水流量传感器测得[10]。载热液体通过水流转子组件时，磁性转子转动并且转速随流量变化而变化，霍尔传感器输出相应脉冲信号，反馈给 LOGO！从而测得水流量。另外，采用变频器控制，保证了供暖管道水压恒定[11]，增加了水流量检测的准确性。

（3）热能计算

热能计算的方法有焓差法和热系数法，焓差法常用于计算输出质量的情况，热系数法适用于计算体积流量的场合。本系统采用热系数法[12]，如式（1）：

$$Q=V(T_V-T_R)K \tag{1}$$

式中，Q 为释放的热量；V 为载热液体流过的体积；T_V、T_R 分别为热液体入水口温度、出水口的温度；K 为热系数，根据 K 热系数表测定。经累加计算获得式（2）：

$$Q_{总}=\sum V_{2L}\cdot(T_V-T_R)K \tag{2}$$

式中，$Q_{总}$ 为用户消耗总热能；V_{2L} 为每测量一次热量的载热液体体积。

2. 系统软件设计

系统软件由服务器、用户手机 APP、供暖公司客户端三部分组成。用户通过手机 APP 获取服务器中的相关信息，并将温度改变值写入服务器，服务器通过网络协议转发数据到数据处理终端，达到在线设置房间温度的目的。供暖公司工作人员通过供暖公司客户端获取服务器中用户的热消耗量，达到实时监测用户热消耗量的目的。

（1）用户手机 APP

用户手机 APP 以 Android 操作系统作为开发环境，采用 Java 语言进行编写。随着互联网技术的迅速发展，Java 被广泛用于移动应用的开发[13]。

用户手机 APP 包含 3 个界面，分别为主界面、温度调节界面和模式选择界面。主界面主要显示用户各个房间的当前温度、设置温度以及热消耗量和所需缴纳费用。在温度调节界面，用户可以设置各房间温度。模式选择界面有工作日模式和双休日模式，用户根据自身情况，设置这两种模式在不同时间段的不同温度，做到室内温度改变更加个性化。

连接服务器后，用户手机 APP 开始获取用户各房间温度与热消耗量，并将用户数据显示到主界面上。同时分析客户需求，当接收到改变温度指令时，将温度改变的数据发送至服务器，执行完毕后就进入采集用户房间数据和等待新指令的循环。用户手机 APP 工作流程图如图 2 所示。

（2）供暖公司客户端

供暖公司客户端是使用 C#进行编写开发的，C#是微软公司发布的一种面向对象的运行于 .NET Framework 和 .NET Core 之上的高级程序设计语言[14]。

主界面的设计主要采用 Button、TextBlock 等控件，实现系统开关控制和用户热消耗量显示等功能。开启系统，用户热量使用情况信息将显示到主界面。供暖公司客户端工作流程图如图 3 所示。

开启系统，客户端成功连接服务器后，每 1s 获取一次用户热量消耗信息，显示到主界面的相应位置。系统关闭后，程序运行结束，等待再次开启。

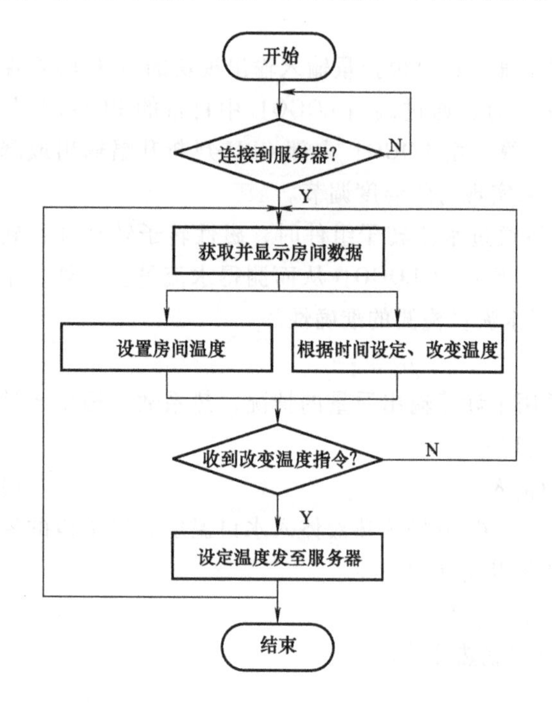

图 2　用户手机 APP 工作流程图

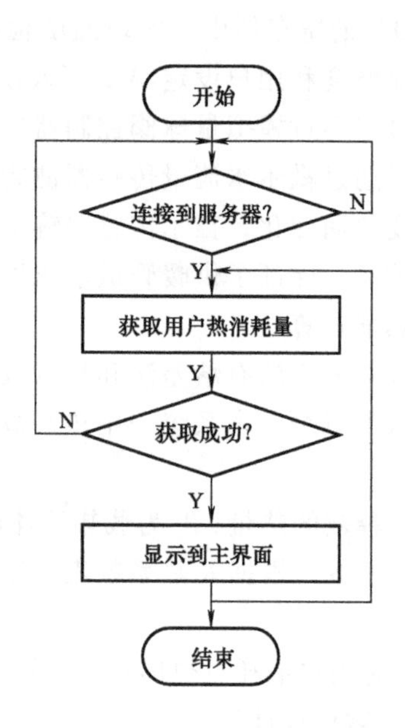

图 3　供暖公司客户端工作流程图

（3）数据库管理系统设计

服务器提供客户端与终端之间的数据绑定、转发、存储和查询等服务[15]，其核心为数据库。在 MySQL 数据库中建立 tb_SystemInfo、tb_UserAccountInfo 和 tb_RoomInfo 3 个表。tb_SystemInfo 管理供暖公司信息，包括收费标准和系统启停状态。tb_UserAccountInfo 管理用户信息，包括用户注册、登录使用的用户名和密码。tb_RoomInfo 管理数据处理终端数据信息，包括用户房间当前温度、设定温度、热消耗量等信息。

3. 服务器设计

系统服务器由数据转发程序和 MySQL 数据库组成。

LOGO！控制器作为 Client，通过 RJ45 接口连接服务器，并应用 Modbus TCP 标准协议进行通信。需在 LOGO！Soft Comfort 编程界面组态一个 Modbus TCP 设备，并设置 Modbus Server 设备的 IP 地址和端口号以及数据传输地址，如图 4 所示。

数据转发程序在服务器中运行，并充当 Modbus Server，是基于 C#下的 NModbus 库编写的。NModbus 是使用 C#语言开发的 Modbus 通信协议库。数据转发程序通过 NModbus 库创建 Modbus TCP 对象，设置好作为 Modbus Server 的 IP 地址和端口号，每 500ms 以读取多个寄存器的方式，获取控制器内的参数。数据转发程序将 LOGO！控制器中的温度、热量等信息读取后，与 MySQL 数据库建立连接，将读取到的数据存储至 MySQL 数据库设计好的表中，至此完成 LOGO！数据到服务器的上传。其流程图如图 5 所示。

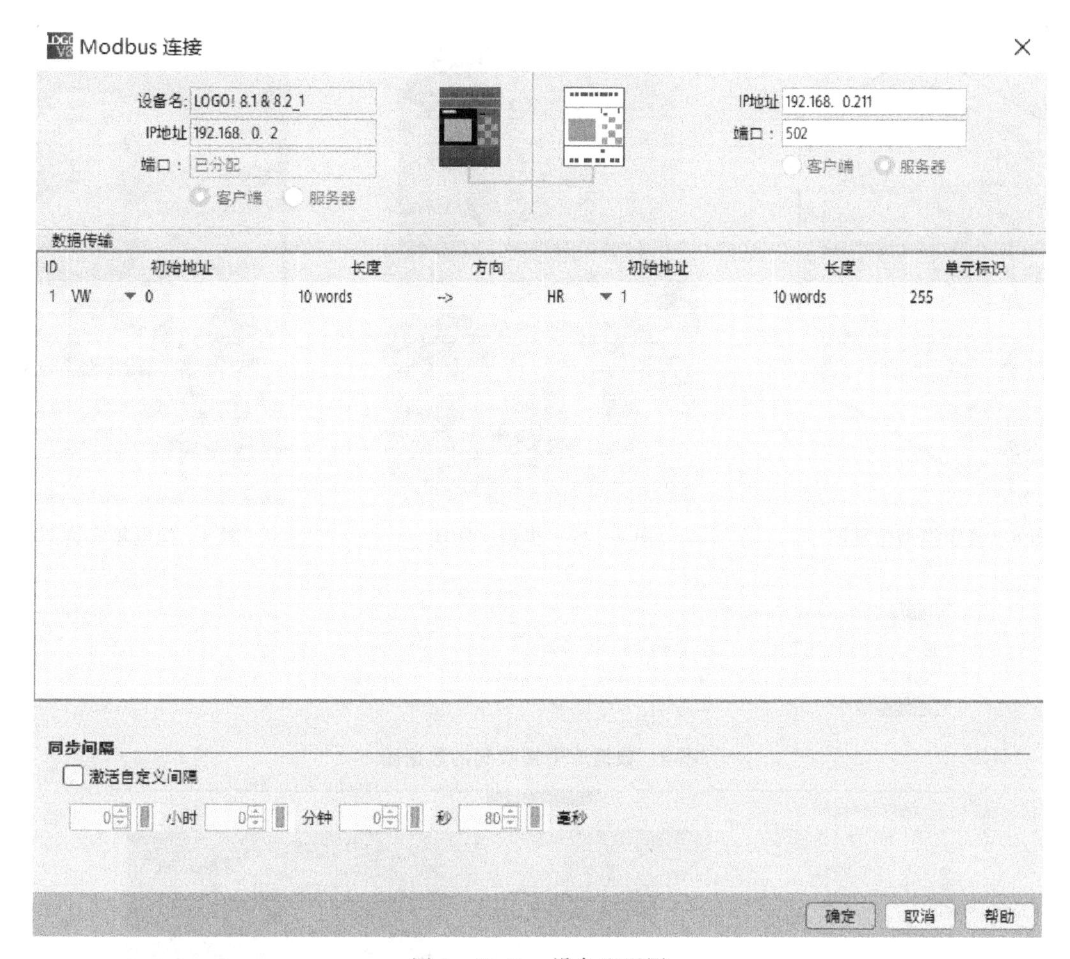

图 4 Modbus 设备配置图

四、运行效果

1. 搭建仿真模型

为验证系统可行性，本文按照实际设计比例，搭建了两层四房间的楼房仿真模型，并根据系统设计要求安装管道和硬件设备，用来模拟系统的运行情况。图 6～图 8 分别为模型仿真图、模型实物图、配电箱实物图。

2. 系统测试

通过将数据库中接收到的数据与客户端显示的数据进行对比，验证数据传输是否正确。任意选取某一房间标记为房间 1，设置房间 1 温度并检测该房间内的温度变化，验证系统温度调节功能是否精准。分析图 9～图 11 可知，供暖公司客户端、用户手机 APP 与服务器连接稳定，数据传输准确无丢失。根据图 12 房间 1 的温度变化曲线可知，系统对温度调节精确且反应迅速。综合模拟实验结果表明，系统能够达到预期的功能要求。

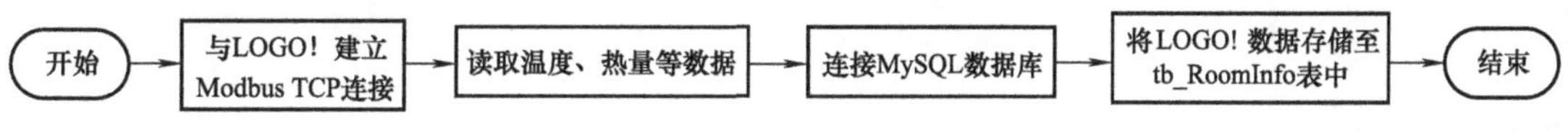

图 5 数据转发程序流程图

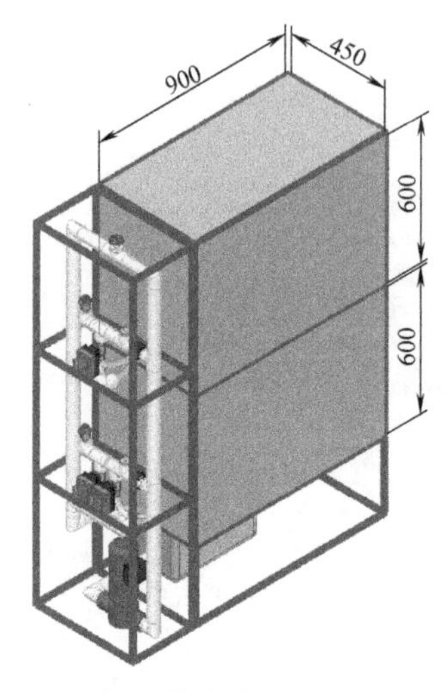

图 6　楼宇模型仿真图

图 7　楼宇模型实物图

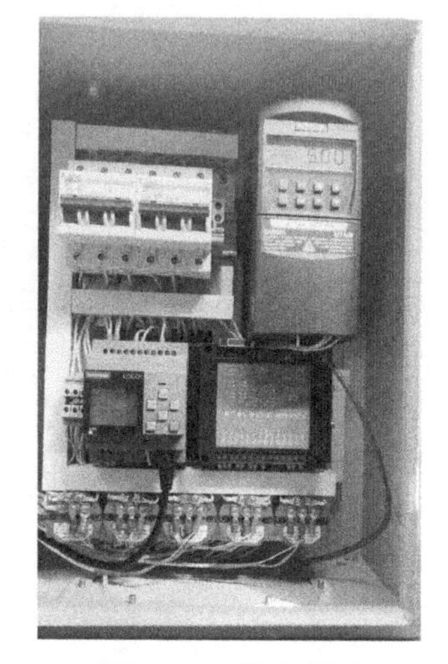

图 8　配电箱实物图

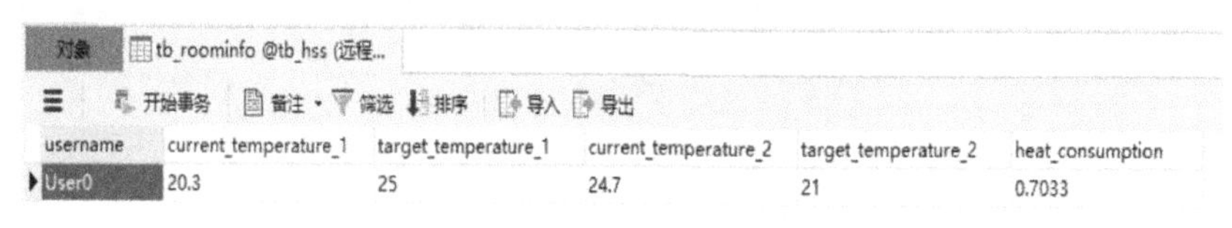

username	current_temperature_1	target_temperature_1	current_temperature_2	target_temperature_2	heat_consumption
User0	20.3	25	24.7	21	0.7033

图 9　数据库中接收到的数据图

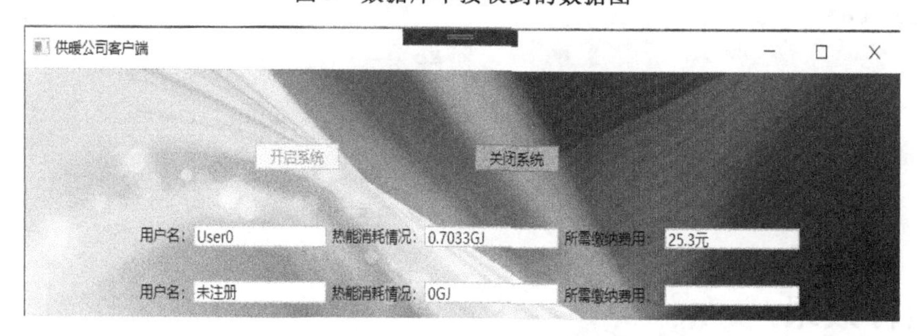

图 10　供暖公司客户端测试图

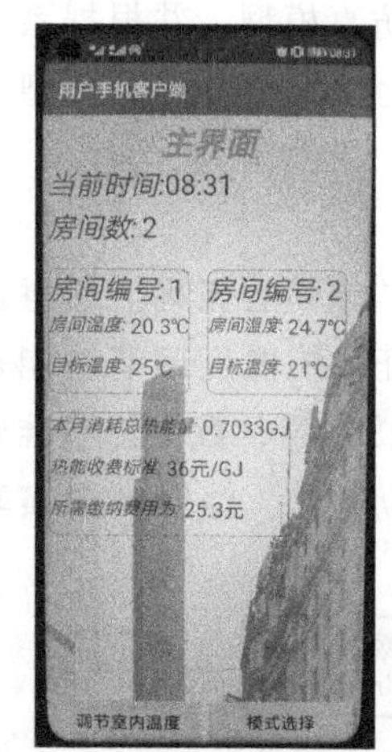

图 11　手机 APP 测试图

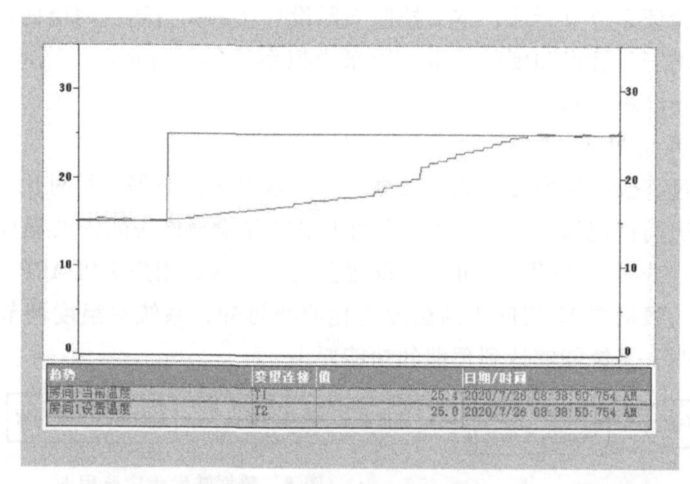

图 12　房间 1 温度变化曲线

五、应用体会

系统在计算用户热消耗量的同时，将物联网技术融入进来，实现人机交互和设备间的通信，便于供暖公司查看用户热消耗量并按照用户热消耗量进行收费。移动终端的使用，也满足了用户随时调节室内温度的要求。系统响应速度快、准确度高，操作简单易懂，适合大规模推广。

参考文献

[1] 国家统计局. 中国城市建设统计年鉴 2018 [M]. 北京：中国统计出版社，2019.
[2] 马映坤. 集中供热及分户节能控制技术的研究 [D]. 西安：西安建筑科技大学，2015.
[3] 周梦. 基于群智能技术的高层集中供暖系统控制与优化研究 [D]. 西安：西安建筑科技大学，2019.
[4] 高长亚. 集中供热分户计量温控一体化实施方法研究与应用 [D]. 济南：山东大学，2016.
[5] 赵建敏，李琦，陈波. 物联网综合实验系统设计 [J]. 实验室研究与探索，2018，37 (12)：147-150，156.
[6] 傅培华，朱安定. 现代物流信息技术实验室建设探究 [J]. 实验室研究与探索，2012，31 (1)：181-184.
[7] 李雨珊，佟世文，魏玮，等. 基于 LOGO! 控制器的救生舱内供氧系统设计 [J]. 北京联合大学学报（自然科学版），2015，29 (1)：81-86.
[8] 罗旋，李永忠. Modbus TCP 安全协议的研究与设计 [J]. 数据采集与处理，2019，34 (6)：1110-1117.
[9] 程鹏飞，彭雨，郝正航，等. 热电联合供暖系统节能温度控制仿真 [J]. 计算机仿真，2018，35 (12)：160-165.
[10] 乔波. 多功能智能水流量测控系统设计 [D]. 成都：电子科技大学，2017.
[11] 夏正龙，邓斌. 基于 PLC 专家规则控制的恒压供水系统设计 [J]. 制造业自动化，2020，42 (4)：24-28.
[12] 周冬. 智能热能表系统设计 [D]. 西安：西安工程大学，2015.
[13] 卢成. 基于 android 平台的移动机器人远程控制系统的研究与实现 [D]. 南京：南京邮电大学，2018.
[14] 吕鹏辉，张起贵. C#实现基于 Socket 的信息教学系统设计 [J]. 现代电子技术，2019，42 (2)：80-84.
[15] 张娜，杨永辉. 基于物联网的水质监测系统设计与实现 [J]. 现代电子技术，2019，42 (24)：38-41，45.

基于深刻工艺认知的数字孪生，量化决策过程，实现全工况过程控制与优化

覆盖全流程生命周期的数字化设计与数字化运维

西门子工艺系统工程（SPSE）在工艺数字化智能解决方案中处于重要地位。将企业深刻的工艺认知凝聚在 gPROMS 高保真工艺预测模型之中。该模型与实时生产数据相结合，可用于数字化设计与数字化运营，在全流程生命周期内使投入最小化并增加收益。SPSE 助力加速创新，优化工艺设计与日常运营，进行风险量化与管理，提高企业竞争力并不断创造价值。

PCS7 在药企转化精制产线的应用
Application of PCS7 V9.0 in transform refining production line

万先华
（武汉海泰聚诚工程有限公司　武汉）

［ 摘　要 ］ 本文介绍了西门子 SIMATIC S7-400H DCS、PCS7 V9.0 SP3、ET200PA SMART 系列分布式 IO 等产品在药企转化精制产线系统中所组成的系统配置和网络结构，并从软硬件方面叙述了对关键功能的成功实现。

［ 关 键 词 ］ PCS7 V9.0 SP3、ET200PA SMART、PDM

［ Abstract ］ This paper introduces the system configuration and network structure of SIMATIC S7-400H DCS PCS7 V9.0 SP3, ET200PA SMART series distributed IO products in the transformation and refining production line system of pharmaceutical enterprises. The successful realization of key functions is described from the aspects of hardware and software.

［Key Words］ PCS7 V9.0 SP3、ET200PA SMART、PDM

一、简介

山东天力药业有限公司是一家中外合资企业，是山东联盟化工集团有限公司的骨干企业，始建于 1994 年，主要产品有口服葡萄糖、山梨醇（医药级、食品级）和甘露醇，技术水平和生产装置均处国内外领先地位，是国内目前最大的山梨醇生产企业。口服葡萄糖和山梨醇系列产品广泛应用于医药、食品、牙膏、饮料、日用化工、精细化工、食品保鲜等行业，产品质量均符合和优于国家、行业标准，医药级山梨醇已经达到了 BP98、USP24 等英国、美国药典标准，产品远销国内外。

企业已通过 ISO 9001、ISO 14001 和 OHS 18001 质量、环境和职业健康安全管理体系认证。

1. 项目简介

随着公司发展及市场需求等因素，天力药业经多方考察，最终采用西门子 PCS7 系统及其相关软硬件产品作为其 4 万吨/年 VC-Na 新旧动能转换自控总包项目的 DCS 系统解决方案。

项目地位于山东省寿光市，项目工期计划 6 个月，项目涉及自控系统设计、安装、编程、调试及维护等。

图 1 是现场照片。

2. 工艺介绍

该生产线主要是将发酵液经过浓缩（MVR 系统蒸发）、结晶、分离（加压转鼓）、酯化、转化等工艺步骤，得到 VC-Na 结晶产物，再经过溶解、洗涤、分离、结晶等工艺步骤，实现产物提纯，并对过程中间产物、废液等进行再次处理回收利用。

图 1　现场照片

3. 控制系统构成和产品应用特点

本项目采用 3 套冗余 CPU410-5H，搭配 ET200PA SMART 系统分布式 IO 站及卡件/模块，PLC 机柜通过在各车间各楼层机柜间集中布置的方式，实现对各车间各个楼层仪表、设备的监控及控制。系统采用 C/S 构架，在中央控制室及各个车间现场均设计有工控机及触摸屏。

1）CPU410-5H：基于事件同步机制的 S7-400H 系统的可靠性，确保了系统平均无故障时间在较小的范围内。冗余的配置，降低了系统故障时的停机风险，也为后期不停机、不停产条件下修改硬件打下基础。

2）ET200PA SMART：冗余 IM650-8PH 的从站配置将性能及稳定性更好的 ET200PA SMART 的 I/O 模块集成到整个 DP 系统，选用有源背板总线，可支持模板热插拔而不会导致 CPU 停机。

3）Y-LINK：将现场及三方等单 DP 总线从站集成到冗余的 DP 总线网络。

4）CPU1211：搭配 1200 通信模块、1200 SB 模板，将系统内三方系统通过以太网、DP 总线方式集成到 DCS 系统内，且能实现与主系统的网络隔离，确保主系统的稳定、独立。

5）HMI TP1500：精智面板，触摸式操作，15”宽屏 TFT 显示屏，1600 万色，PROFINET 接口，MPI/PROFIBUS-DP 接口，24MB 项目组态存储器，WEC 2013，可项目组态的最低版本 WinCC Comfort V14 SP1 带 HSP。

4. 系统接口预留

系统中各服务器、客户机均有预留设计，预留 OPC 服务器、PH 服务器，预留 MES、COMOS 及 LIMS、ERP、WMS 接口等，满足客户在未来工厂及集团层面可能面对数字化的需求。

对于一个完整的生产线及工厂，通常会使用多个不同供应商的硬件，因而会存在多种不同的系统和协议，各系统间或多或少会存在数据交换，针对这个需求，往往我们会使用到 OPC。OPC 作为一种开放式系统接口标准，可允许在自动化/PLC 应用、现场设备和基于 PC 的应用程序（例如 HMI 或办公室应用程序）之间进行简单的标准化数据交换，定义工业环境中各种不同应用程序的信息交换，工作于应用程序的下方，同时还可以在 PC 上监控、调用和处理可编程控制器的数据和事件。

对于我们的系统而言，无论是系统内产生的数据，还是通过 OPC 等方式得到的数据，我们都需要将获取的数据进行存储、备份等。对于药企而言，数据的重要性不言而喻，因而 SIMATIC Process Historian 也是工厂系统中不可缺少的一环。

SIMATIC Process Historian 主要的功能特点如下：

1）作为统一的中央信息平台，长期归档整个工厂的数据。

2）高性能及大量的数据。

3）数据可以无限制地来自下层 WinCC 系统。

4）可以无需停产进行系统拓展。

5）最大化的数据透明。

6）可配置冗余实现高可靠性。

7）完整的备份系统提高安全性。

基于已经采集到的工厂底层自动化数据，我们可以通过 MES 系统、LIMS 系统等去读取数据库数据，为企业提供生产计划调度、生产过程、质量、设备等全方位的管理，协助企业实现生产数据收集、生产过程监控、生产过程质检和产品质检、设备管理功能，达到生产数据透明化和提高生产效率、节省生产成本的目的。同时，以 MES 系统为桥梁，又可以对接 ERP 系统读取销售订单信息，记录产品信息、需求数量、需求时间等信息。将生产计划根据产品模型工艺要求形成工单，工单执行情况将关联生产计划，做到生产数据可追溯、生产计划也可以根据工单执行情况进行修改。

二、系统结构

1. 软、硬件产品（见表 1、表 2）

表 1　使用的主要硬件产品

序号	名称	订货号
1	冗余 CPU410-5H	6ES76566CQ301BF0
2	CPU1212C DC 8DI/6DO/2AI(0～10V)	6ES72121AE400XB0
3	CM1241 RS422/485	6ES72411CH320XB0
4	CB1241 RS485	6ES72411CH301XB0
5	接口模块,IM650-8PH	6ES76508PH000AA0
6	AI 8 模拟量输入模块带 hart	6ES76508AT600AA0
7	AI 16 模拟量输入模块	6ES76508AT600AA0
8	AO 8 模拟量输出模块带 hart	6ES76508BT600AA0
9	DI 32 开关量输入模块	6ES76508DK800AA0
10	DO 32 开关量输出模块	6ES76508EK800AA0
11	SCALANCE XB208	6GK52080BA002AB2
12	SCALANCE XC206-2SFP	6GK52062GS002AC2
13	SCALANCE XC224-4C	6GK52244GS002AC2
14	PROFIBUS OLM/G11 V4.0	6GK15032CB00
15	ET200M RAIL 620MM	6ES71951GG300XA0
16	Y-LINK	6ES71971LA120XA0
17	触摸屏,TP1500	6AV2-1240QC02-0AX1
18	OS 服务器	戴尔 DELL R740 2U 机架式服务器主机
19	操作员站	戴尔(DELL)T5820
20	工程师站	戴尔(DELL)T5820

表 2　使用的主要软件产品

序号	名称	订货号
1	冗余操作员服务器软件亚洲版 V9.0	6ES76523BA586CA0
2	PCS 7 PH AND IS BASIC PACKAGE V9.0	6ES76527AX582YB0
3	Open PCS 7	6ES76580HX582YB0
4	SIMATIC PDM PCS 7 V9.1	6ES76583LD680YA5
5	SFC 可视化包 V9.0	6ES76520XD582YB5
6	PCS 7 AS/OS ENGINEERING ASIA V9.0	6ES76585AX580CA5
7	操作员站客户机软件亚洲版 V9.0	6ES76582CX580CB5
8	OS 实时库运行许可证 1000PO	6ES76582XB000XB0
9	AS 实时库运行许可证 1000PO	6ES76532BB000XB5
10	PH 归档点位授权	6ES76582EA002YB0
11	服务器操作系统	Windows Server 2016(x64)
12	工作站操作系统	Windows 10 Enterprise 2015 LTSB(x64)
13	办公软件	office 2016(包括 word、excel)

2. 系统网络结构

项目范围包含转化、精制、脱色、溶媒等车间，其中中央控制室位于脱色车间建筑内，溶媒车间距控制室较远。因而，溶媒车间的 DP 网络采用 PROFIBUS OLM/G11 转换的方式，溶媒车间的以太网网络采用光纤方式。

项目涉及多车间运行，故自控系统采用 C/S 结构，2 台戴尔（DELL）R740 2U 机架式服务器主机互为冗余作为系统服务器，多台戴尔 T5820 主机作为客户机，分布在各个车间，车间现场配置 TP1500 触摸屏作为辅助操作。控制器部分，采用 3 套冗余 CPU 410+1 套 CPU 1200，CPU 410 按车间及点数配置，CPU 1200 作为三方系统通信管理 CPU，且通过配置的通信模块实现与 CPU 410 间网段隔离。

分布式 IO 从站，采用 ET200PA SMART 系列模块，配置冗余 IM650-8PH 接口模块及非冗余 IO 模块。其中 AI 模块支持 HART 功能，配合现场的带 HART 远传仪表，实现 PDM 管理功能。

图 2 是 DCS 网络组态图。

图 3 是自控系统以太网/PROFIBUS-DP 网络图。

3. 主要工艺流程

主要工艺流程有古龙酸浓缩、古龙酸结晶、古龙酸分离、古龙酸酯化、古龙酸转化、VC-Na 结晶、VC-Na 分离、VC-Na 溶解、粗 VC MVR 蒸发、粗 VC 结晶、粗 VC 分离、溶脱、VC 结晶、精 VC 过滤洗涤、干燥包装及公用工程。

针对各个单元，根据客户提供的工艺流程，编写出适合 PCS7 项目 SFC 程序。图 4 是部分程序。

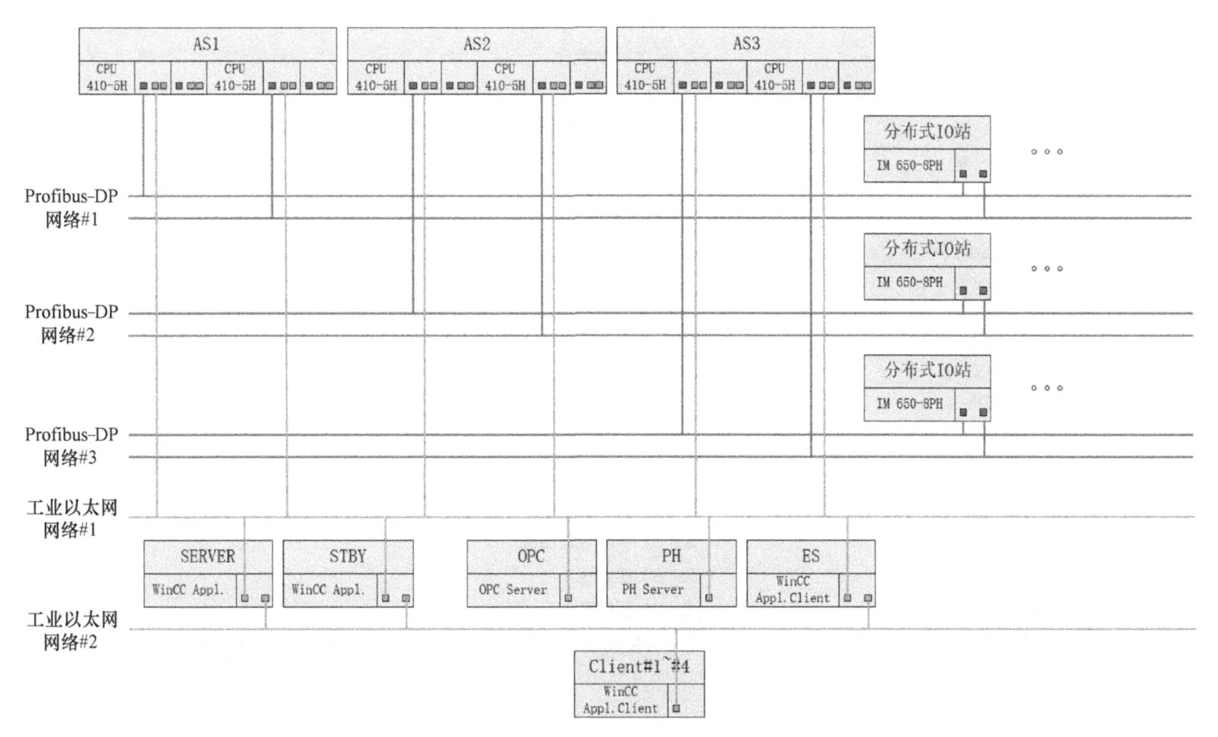

图 2　DCS 系统网络组态图

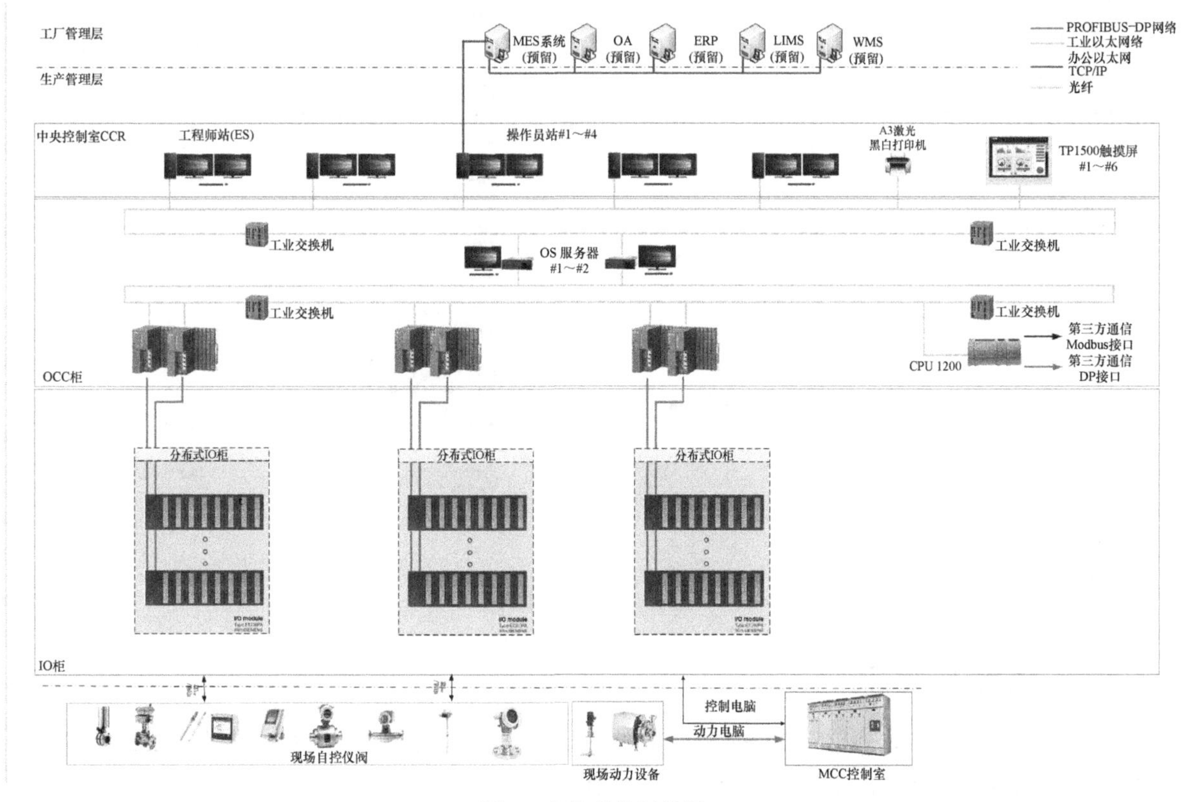

图 3　自控系统拓扑图

00-程序目录
01-古龙酸浓缩
02-古龙酸结晶
03-古龙酸分离
04-古龙酸酯化
05-古龙酸转化
06-VC-Na结晶
07-VC-Na分离
08-VC-Na溶解
10-粗VC结晶
11-粗VC分离
12-粗VC溶脱
13-VC结晶
14-精VC过滤洗涤
22-公用工程
22-公用工程1
80-参数表
82-互锁表 - 已加程序
82-互锁表
山东天力药业4万吨VC-Na新旧动能转换项目转化

00-程序目录
01-配炭
02-主物料脱色 M04217C（临时）
02-主物料脱色
03-回收物料脱色
04-母液脱色
80-参数表
82-互锁表
山东天力药业4万吨VC-Na新旧动能转换项目老车间脱色改造流程图...

00-程序目录
01-甲醇双效精馏
80-参数表
81-互锁表
山东天力药业4万吨VC-Na新旧动能转换项目溶媒车间流程图...

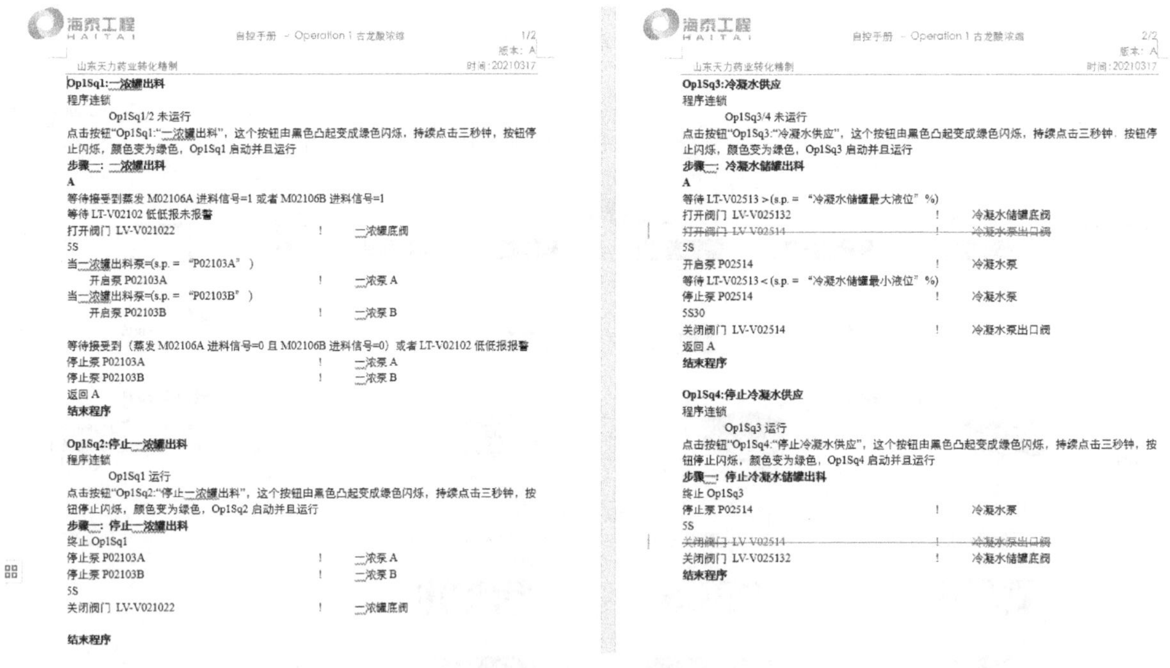
海泰工程 HAITAI　自控手册 - Operation 1 古龙酸浓缩　1/2
版本：A
山东天力药业转化精制　时间:20210317

Op1Sq1:一浓罐出料
程序连锁
Op1Sq1/2 未运行
点击按钮"Op1Sq1:"一浓罐出料"，这个按钮由黑色凸起变成绿色闪烁，持续点击三秒钟，按钮停止闪烁，颜色变为绿色，Op1Sq1 启动并且运行
步骤一：一浓罐出料
A
等待接受到蒸发 M02106A 进料信号=1 或者 M02106B 进料信号=1
等待 LT-V02102 低低报未报警
打开阀门 LV-V021022　!　一浓罐底阀
5S
当一浓罐出料泵=(s.p. = "P02103A")
开启泵 P02103A　!　一浓泵 A
当一浓罐出料泵=(s.p. = "P02103B")
开启泵 P02103B　!　一浓泵 B

等待接受到（蒸发 M02106A 进料信号=0 且 M02106B 进料信号=0）或者 LT-V02102 低低报报警
停止泵 P02103A　!　一浓泵 A
停止泵 P02103B　!　一浓泵 B
返回 A
结束程序

Op1Sq2:停止一浓罐出料
程序连锁
Op1Sq1 运行
点击按钮"Op1Sq2:"停止一浓罐出料"，这个按钮由黑色凸起变成绿色闪烁，持续点击三秒钟，按钮停止闪烁，颜色变为绿色，Op1Sq2 启动并且运行
步骤一：停止一浓罐出料
终止 Op1Sq1
停止泵 P02103A　!　一浓泵 A
停止泵 P02103B　!　一浓泵 B
5S
关闭阀门 LV-V021022　!　一浓罐底阀

结束程序

海泰工程 HAITAI　自控手册 - Operation 1 古龙酸浓缩　2/2
版本：A
山东天力药业转化精制　时间:20210317

Op1Sq3:冷凝水供应
程序连锁
Op1Sq3/4 未运行
点击按钮"Op1Sq3:"冷凝水供应"，这个按钮由黑色凸起变成绿色闪烁，持续点击三秒钟，按钮停止闪烁，颜色变为绿色，Op1Sq3 启动并且运行
步骤一：冷凝水储罐出料
A
等待 LT-V02513 >(s.p. = "冷凝水储罐最大液位" %)
打开阀门 LV-V025132　!　冷凝水储罐底阀
~~打开阀门 LV-V02514　!　冷凝水泵出口阀~~
5S
开启泵 P02514　!　冷凝水泵
等待 LT-V02513 <(s.p. = "冷凝水储罐最小液位" %)
停止泵 P02514　!　冷凝水泵
5S30
关闭阀门 LV-V02514　!　冷凝水泵出口阀
返回 A
结束程序

Op1Sq4:停止冷凝水供应
程序连锁
Op1Sq3 运行
点击按钮"Op1Sq4:"停止冷凝水供应"，这个按钮由黑色凸起变成绿色闪烁，持续点击三秒钟，按钮停止闪烁，颜色变为绿色，Op1Sq4 启动并且运行
步骤一：停止冷凝水储罐出料
终止 Op1Sq3
停止泵 P02514　!　冷凝水泵
5S
~~关闭阀门 LV-V02514　!　冷凝水泵出口阀~~
关闭阀门 LV-V025132　!　冷凝水储罐底阀
结束程序

图 4　项目部分程序

三、功能与实现

按照客户的生产工艺，编写 PCS7 SFC 顺控程序，结合西门子 PCS7 APL 库各功能块的使用，已经能够实现客户对自动化方面的需求。同时，通过对客户相关专业员工的培训，员工已经能够对 PCS7 系统的归档、下载、OS 更新等日常维护需求进行正常操作。

例如，按照上面文档的工艺需求，我们可以在程序中新增一个 SFC 程序，如 Op1Sq1 等，在 SFC 中通过插入步、选择分支、循环等基础步逻辑，再根据工艺需求对各步骤内的逻辑、条件等进行编写，就可形成一个完整的 SFC 程序。

通过 SFC 的方式编程，较传统单回路或手动操作方式会有以下一些优点：

1）将整个车间的工艺流程细分成多个 SFC 程序，各 SFC 程序间相互独立，会让程序更加简洁、清晰、有序，也便于后期维护、优化。

2）操作人员通过启动按钮+修改参数的方式就可以实现整套工艺流程的控制，大幅度减少操作人员的工作量，操作人员只需监控关键数据即可。

3）相比单回路控制及人工手动操作的方式，SFC 程序稳定性会更好，比人工操作下误操作的可能性更小。

4）对于有相似或相同控制逻辑的程序，还可以使用 SFC TYPE 的方式，实现批量化，减轻自动化编程的工作量，还可以保证各程序的一致。

图 5 是部分 SFC 程序。

按照客户使用的 HART 仪表，官网下载 PA SMART 和仪表 EDD 文件，导入 PDM 管理器中，对应模块通道选择对应型号配置，实现将工程师站作为 PDM 服务器去管理 HART 远传仪表，并具备修改关键参数的功能。

例如，在本项目中，使用的是 ET200PA SMART 系列支持 HART 的 AI/AO 卡件（订货号 6ES76508AT600AA0、6ES76508BT600AA0），现场远传仪表使用的有 E+H PMP、FMR、FMD 等系列产品及 ABB TZIDC 系列定位器。

硬件线路上，我们只需要将现场仪表等按正确的线制、接线方式接入 AI 卡件通道中即可；软件上，需要我们安装 PDM 软件（PCS7 安装时勾选）、PDM V9.1 Update 包（西门子官网下载）及仪表 EDD 文件（官网下载）。然后，便可以在 Process Device Manger 中集成设备；在硬件配置中选择 Hart Field Device，再双击便可搜索到已经接入系统的 HART 仪表。

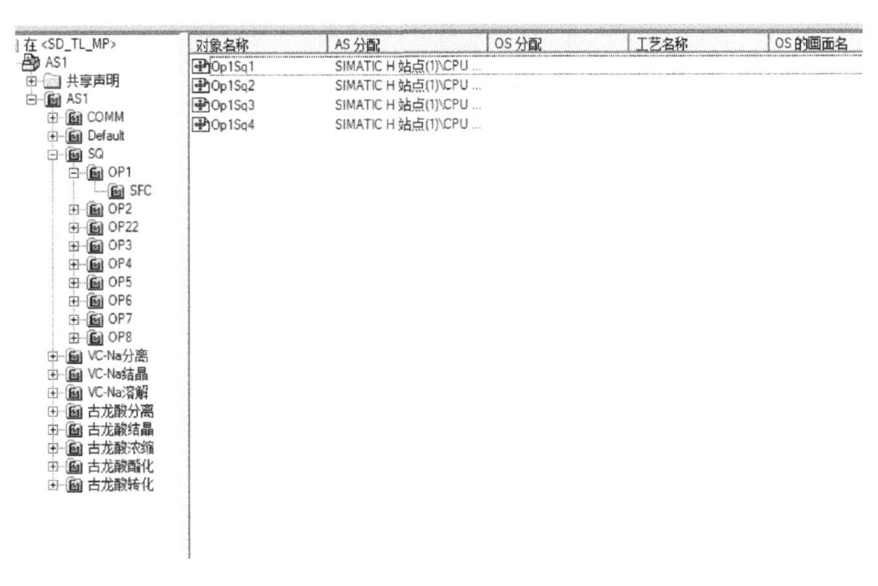

图 5　部分 SFC 程序

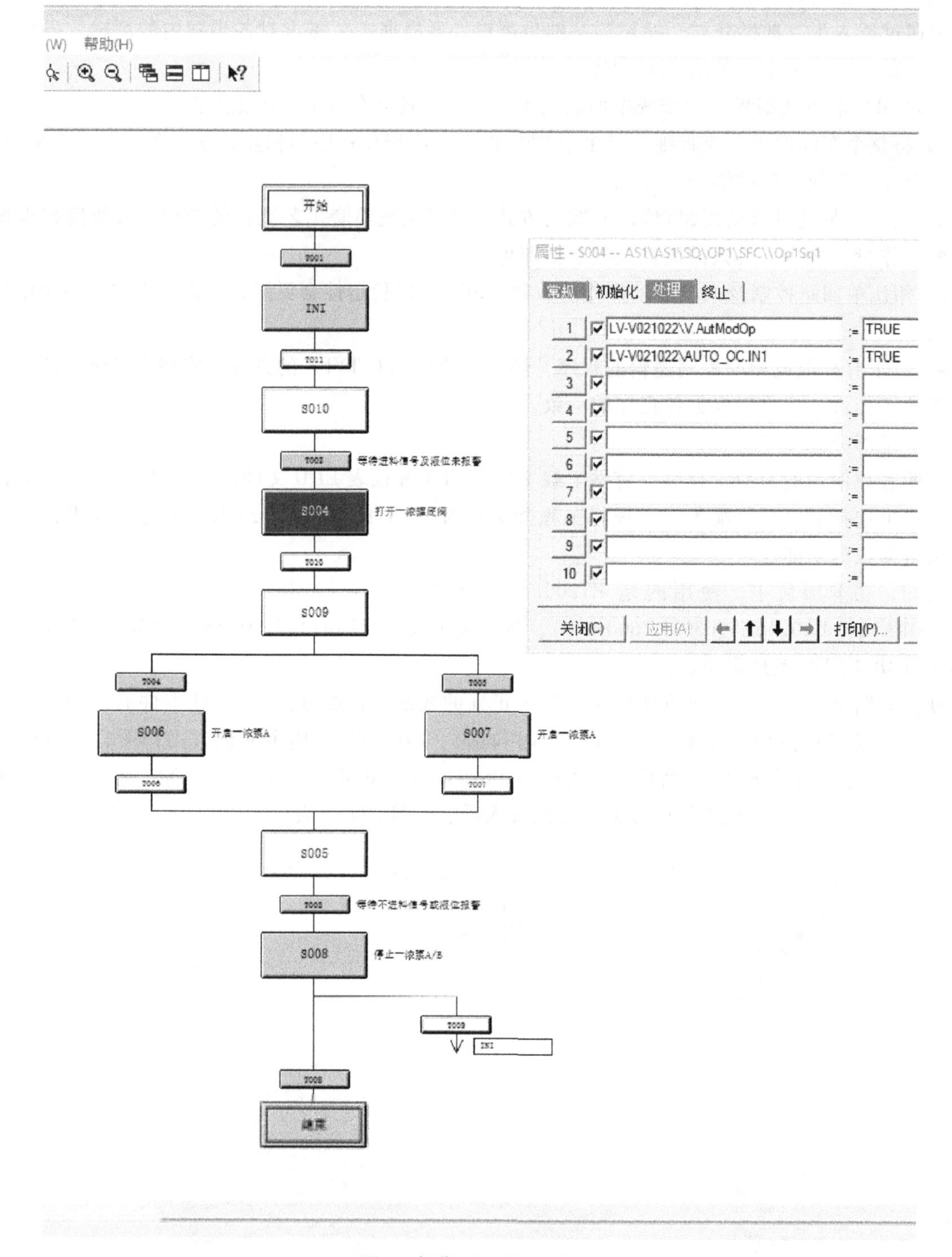

图 5　部分 SFC 程序（续）

图 6 是部分关键步骤截图。

车间现场配置了一定数量的 TP1500 触摸屏（见图 7），针对冗余控制器，通过在 TIA 中的脚本编程方式实现触摸屏的软冗余。脚本内变量循环计数，当冗余 CPU 中有 CPU 故障停机时，计数操

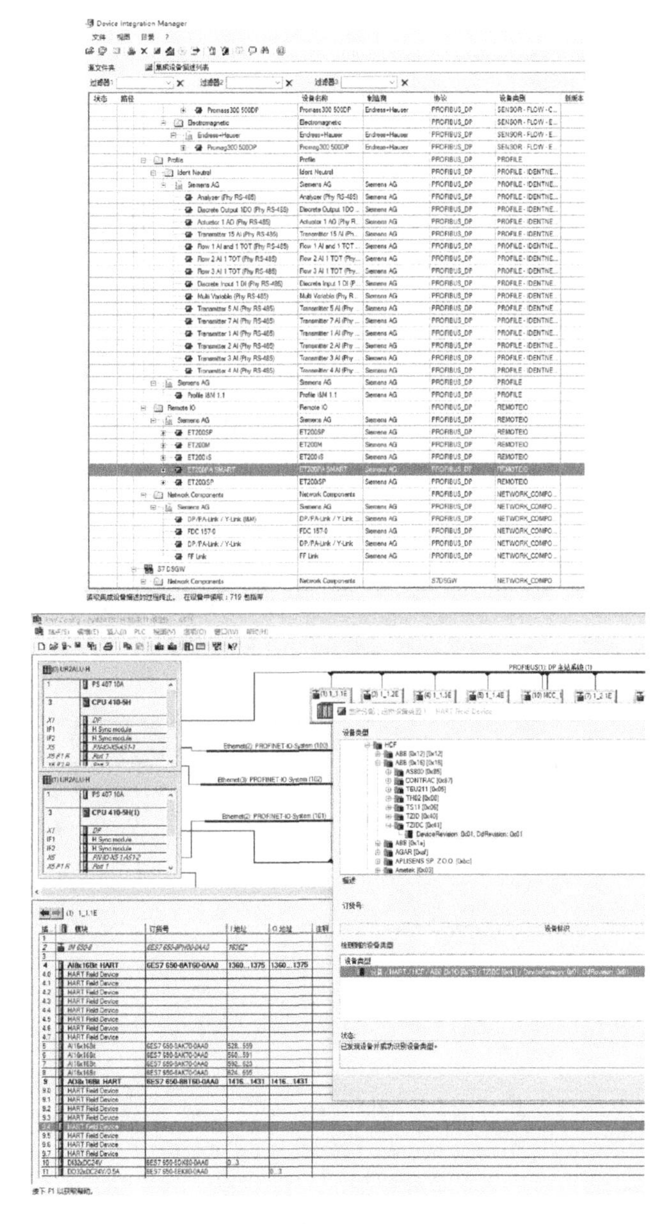

图 6　部分关键步骤

作设定会自动切换连接，以实现触摸屏的冗余切换功能。部分程序如图 8 所示。

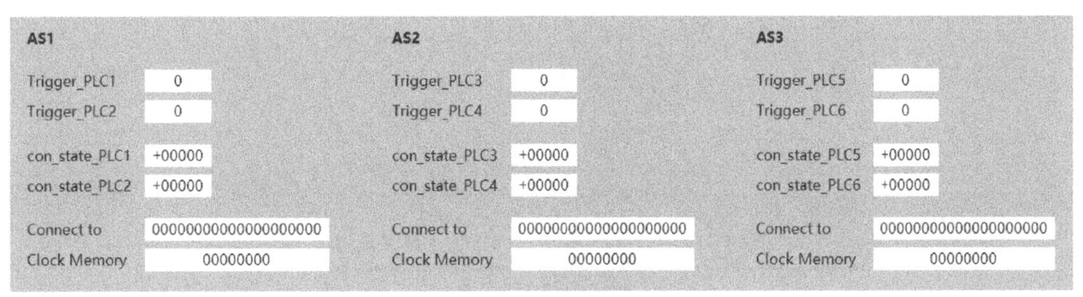

图 7　TP1500 触摸屏

```
代码页
 1 Sub connection_lost_AS1()
 2 '提示:
 3 ' 1. 使用 <CTRL+SPACE> 或 <CTRL+I> 快捷键打开含所有对象和函数的列表
 4 ' 2. 使用 HMI Runtime 对象写入代码。
 5 '   示例: HmiRuntime.Screens("Screen_1")。
 6 ' 3. 使用 <CTRL+J> 快捷键创建对象引用。
 7 '从此位置起写入代码:
 8
 9 '***************************
10 '****   Deactivation    ****
11 '***************************
12 'If the connections are not able to reset there status tag back to "1" they will
13
14 If SmartTags("con_state_PLC1") >= 5 Then
15     SmartTags("con_state_PLC1") = 100
16 End If
17
18 If SmartTags("con_state_PLC2") >= 5 Then
19     SmartTags("con_state_PLC2") = 100
20 End If
21
22 'If both connections are marked with "disabled", the connection memory will be se
23
24 If SmartTags("con_state_PLC1") = 100 And SmartTags("con_state_PLC2") = 100 Then
25     SmartTags("connected_to_AS1") = "AS1 connection lost"
26 End If
27
28 '*******************************
29 '****   Setting fault flag   ****
30 '*******************************
31 'In each cycle of 1 minute the status tags of the connections will be set to 5.
32
33 If SmartTags("con_state_PLC1") < 5 Then
34     SmartTags("con_state_PLC1") = 5
35 End If
36
37 If SmartTags("con_state_PLC2") < 5 Then
38     SmartTags("con_state_PLC2") = 5
39 End If
40
41 End Sub
```

```
 6 ' 3. 使用 <CTRL+J> 快捷键创建对象引用。
 7 '从此位置起写入代码:
 8
 9 '***************************
10 '****   Initialization  ****
11 '***************************
12 'During initialization the default connection is
13 'saved into the memory of connections (connected_to).
14
15 If SmartTags("connected_to_AS1") = "" Then
16     SmartTags("connected_to_AS1") = "AS1-1"
17 End If
18
19 '******************
20 '****   Reset   ****
21 '******************
22 'Reset of connection brake detection for PLC_1
23
24 SmartTags("con_state_PLC1") = 1
25
26 '*****************************
27 '****   Fault detection   ****
28 '*****************************
29 'Incrementation of the brake detection value for the connection t
30
31 If SmartTags("con_state_PLC2") <= 10 Then
32     SmartTags("con_state_PLC2") = SmartTags("con_state_PLC2") +1
33 End If
34
35 '*************************
36 '****   Switch over   ****
37 '*************************
38 'is the limit of the status tag for the connection to PLC_2 reach
39 'switch the data connection.
40
41
42 If SmartTags("con_state_PLC2") >= 11 Then
43     If SmartTags("connected_to_AS1") = "AS1-2" Then
44         ChangeConnection "AS1", "192.168.2.10", 3, 0
45         SmartTags("con_state_PLC2") = 100
46         SmartTags("connected_to_AS1") = "AS1-1"
47     ElseIf SmartTags("connected_to_AS1") = "AS1-1" Then
48         SmartTags("con_state_PLC2") = 100
49     End If
50 End If
```

```
代码页
10 '****   Initialization  ****
11 '***************************
12 'During initialization the default connection is
13 'saved into the memory of connections (connected_to).
14
15 If SmartTags("connected_to_AS1") = "" Then
16     SmartTags("connected_to_AS1") = "AS1-1"
17 End If
18
19
20 '******************
21 '****   Reset   ****
22 '******************
23 'Reset of connection brake detection for PLC_2
24
25 SmartTags("con_state_PLC2") = 1
26
27
28 '*****************************
29 '****   Fault detection   ****
30 '*****************************
31 'Incrementation of the brake detection value for the connection to PLC_1
32
33 If SmartTags("con_state_PLC1") <= 10 Then
34     SmartTags("con_state_PLC1") = SmartTags("con_state_PLC1") +1
35 End If
36
37
38 '*************************
39 '****   switch over    ****
40 '*************************
41 'Is the limit of the status tag for the connection to PLC_1 reached,
42 'the connection to PLC2 will switch the data connection.
43
44 If SmartTags("con_state_PLC1") >= 11 Then
45     If SmartTags("connected_to_AS1") = "AS1-1" Then
46         ChangeConnection "AS1", "192.168.2.11", 3, 1
47         SmartTags("con_state_PLC1") = 100
48         SmartTags("connected_to_AS1") = "AS1-2"
49     ElseIf SmartTags("connected_to_AS1") = "AS1-2" Then
50         SmartTags("con_state_PLC1") = 100
51     End If
52 End If
53
54
55 '**************************
56 '****   reintegration  ****
57 '**************************
58 'After a full connection brake the first repaired connection will activate the data connection.
59
60 If SmartTags("connected_to_AS1") = "AS1 connection lost" Then
61     ChangeConnection "AS1", "192.168.2.11", 3, 1
62     SmartTags("con_state_PLC1") = 100
63     SmartTags("connected_to_AS1") = "AS1-2"
64 End If
```

图 8　触摸屏的软冗余部分程序

四、运行效果

PCS7 OS 部分运行界面如图 9 所示。

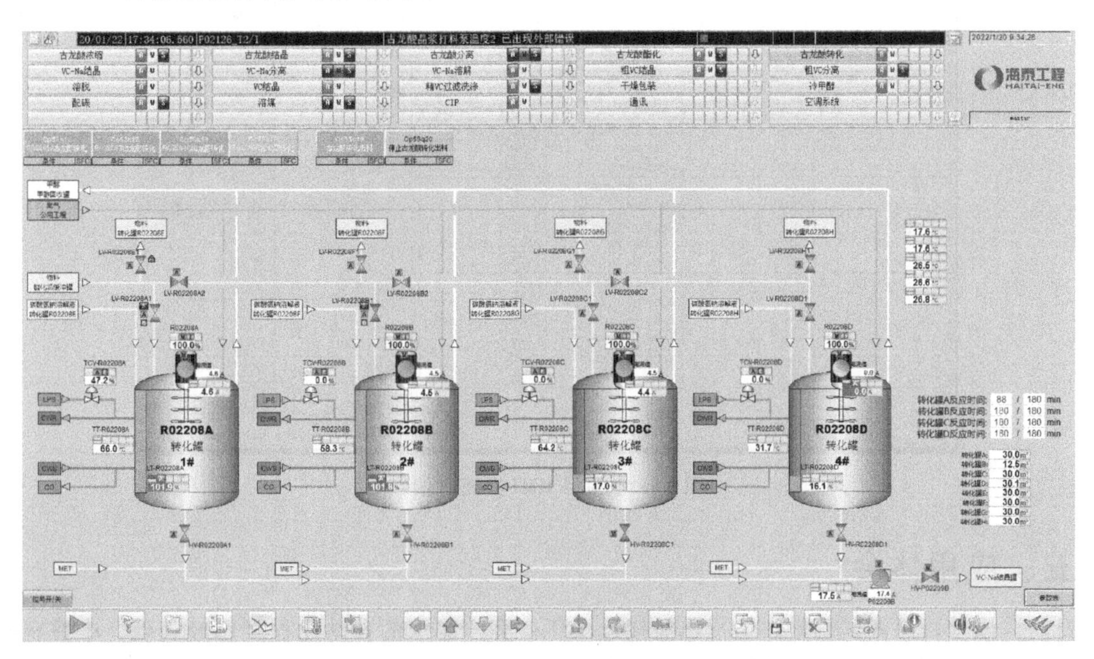

图 9 PCS7 OS 部分运行界面

触摸屏 HMI 界面如图 10 所示。

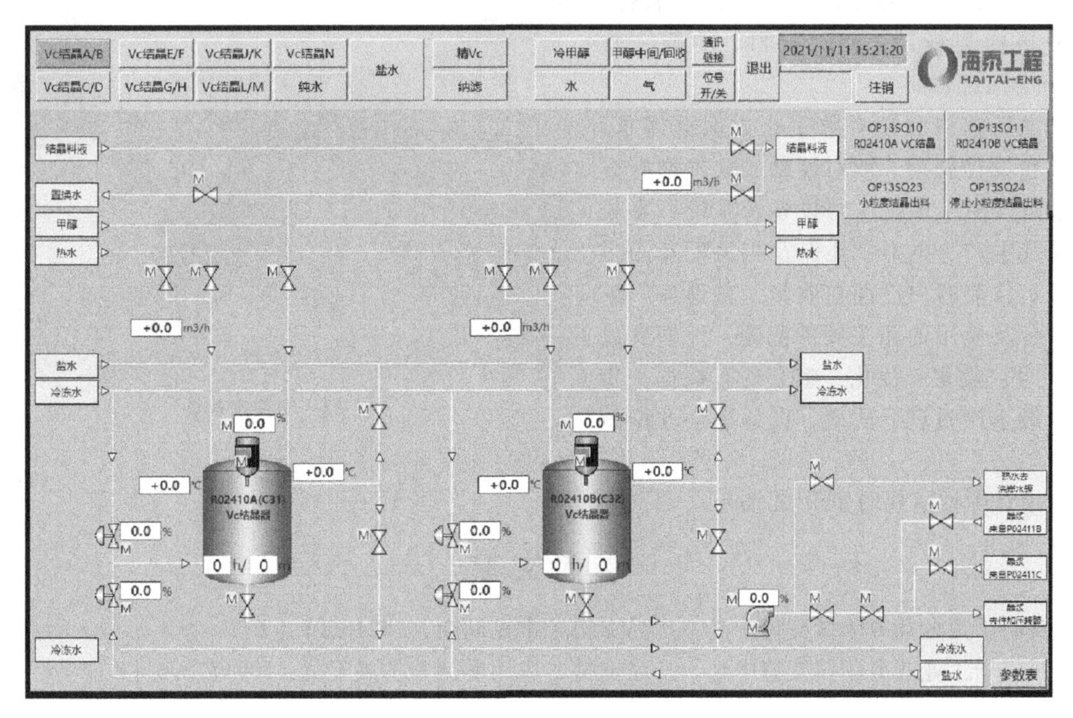

图 10 触摸屏 HMI 界面

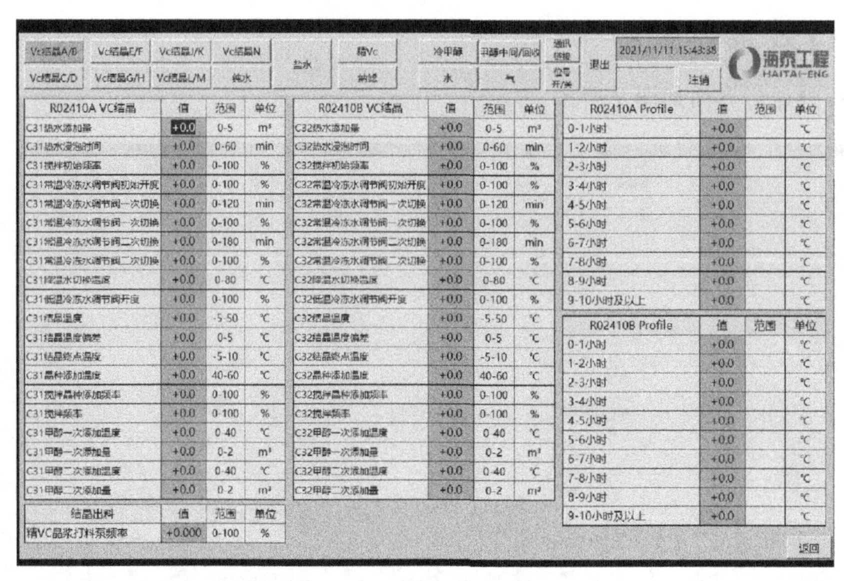

R02410A VC结晶	值	范围	单位
C31热水添加量	+0.0	0-5	m³
C31热水浸泡时间	+0.0	0-60	min
C31搅拌初始频率	+0.0	0-100	%
C31常温冷冻水调节阀初始开度	+0.0	0-100	%
C31常温冷冻水调节阀一次切换	+0.0	0-120	min
C31常温冷冻水调节阀一次切换	+0.0	0-100	%
C31常温冷冻水调节阀二次切换	+0.0	0-180	min
C31常温冷冻水调节阀二次切换	+0.0	0-100	%
C31降温水切换温度	+0.0	0-80	℃
C31低温冷冻水调节阀开度	+0.0	0-100	%
C31结晶温度	+0.0	-5-50	℃
C31结晶温度偏差	+0.0	0-5	℃
C31结晶终点温度	+0.0	-5-10	℃
C31晶种添加温度	+0.0	40-60	℃
C31搅拌晶种添加频率	+0.0	0-100	%
C31搅拌频率	+0.0	0-100	%
C31甲醇一次添加温度	+0.0	0-40	℃
C31甲醇一次添加量	+0.0	0-2	m³
C31甲醇二次添加温度	+0.0	0-40	℃
C31甲醇二次添加量	+0.0	0-2	m³

结晶出料	值	范围	单位
精VC晶浆打料泵频率	+0.000	0-100	%

R02410B VC结晶	值	范围	单位
C32热水添加量	+0.0	0-5	m³
C32热水浸泡时间	+0.0	0-60	min
C32搅拌初始频率	+0.0	0-100	%
C32常温冷冻水调节阀初始开度	+0.0	0-100	%
C32常温冷冻水调节阀一次切换	+0.0	0-120	min
C32常温冷冻水调节阀一次切换	+0.0	0-100	%
C32常温冷冻水调节阀二次切换	+0.0	0-180	min
C32常温冷冻水调节阀二次切换	+0.0	0-100	%
C32降温水切换温度	+0.0	0-80	℃
C32低温冷冻水调节阀开度	+0.0	0-100	%
C32结晶温度	+0.0	-5-50	℃
C32结晶温度偏差	+0.0	0-5	℃
C32结晶终点温度	+0.0	-5-10	℃
C32晶种添加温度	+0.0	40-60	℃
C32搅拌晶种添加频率	+0.0	0-100	%
C32搅拌频率	+0.0	0-100	%
C32甲醇一次添加温度	+0.0	0-40	℃
C32甲醇一次添加量	+0.0	0-2	m³
C32甲醇二次添加温度	+0.0	0-40	℃
C32甲醇二次添加量	+0.0	0-2	m³

R02410A Profile	值	范围	单位
0-1小时	+0.0		℃
1-2小时	+0.0		℃
2-3小时	+0.0		℃
3-4小时	+0.0		℃
4-5小时	+0.0		℃
5-6小时	+0.0		℃
6-7小时	+0.0		℃
7-8小时	+0.0		℃
8-9小时	+0.0		℃
9-10小时及以上	+0.0		℃

R02410B Profile	值	范围	单位
0-1小时	+0.0		℃
1-2小时	+0.0		℃
2-3小时	+0.0		℃
3-4小时	+0.0		℃
4-5小时	+0.0		℃
5-6小时	+0.0		℃
6-7小时	+0.0		℃
7-8小时	+0.0		℃
8-9小时	+0.0		℃
9-10小时及以上	+0.0		℃

图 10　触摸屏 HMI 界面（续）

五、应用体会

目前，该项目从调试到带料运行已经接近 1 年。客户需求的自动化程度已经实现，中控室相关工段人员由 3 人减少为 2 人，同时生产节奏提高；自控相关产品、设备稳定性较好，故障率较低。整个项目系统基于西门子软件、硬件网络构架设计，相关接口、功能完整成熟。

图 11　中控室现场

考虑到客户后期有数字化方面的需求，本项目在设计初期，就对硬件、软件都有充足的余量。由于该工厂内设备及系统厂家较多，涉及生产、电力、环保及相关配套的多个系统。目前客户已经在收集、整理各厂家系统平台及使用的相关硬件配置，计划通过 MES 平台，收集、优化、整合现有数据，实现企业级生产过程、质量、设备等全方位的管理。

该项目中控室现场如图 11 所示。

参考文献

[1]　西门子工业业务领域支持中心，产品支持，常见问题，75216601［Z］.
[2]　西门子工业业务领域支持中心，产品支持，应用实例与扩展工具，109477296［Z］.

PCS7 在生物发酵行业的控制及应用
The application of PCS7 in the control of clean ventilation and air conditioning

孙　斌
（浙江大远智慧制药工程技术有限公司　杭州）

[摘　要]　在当今工业 4.0 和中国制造 2025 的大背景下，很多制药企业实施了数字化车间、智能化车间的新建和改造。在过程控制层应用 PCS7 过程控制系统，结合先进的生产工艺，实现了制药技术的升级；在管理层应用 SCADA 系统，采集其他 PLC 等单站信息，与 PCS7 控制系统一起将生产过程数据传至 MES、EPR，实现了自动化、信息化、智能化的管控一体化。本文结合西安万隆制药有限公司原料药生产车间的 PCS7 控制系统、SCADA 系统、MES 系统，谈谈 PCS7 在过程控制、信息集成等方面的应用。

[关 键 词]　PCS7、生物发酵、制药、自控

[Abstract]　Under the background of industrial 4. 0 and Made-in-China 2025, many pharmaceutical enterprises have implemented the new construction and transformation of digital workshop and intelligent workshop. In the process control layer, PCS7 process control system is applied, combined with advanced production technology, to upgrade pharmaceutical technology; in the management layer, SCADA system is applied to collect other single-station information such as PLC, and together with PCS7 control system, production process data are transmitted to MES and EPR, which realizes the integration of automation, information and intelligent management and control. Based on the PCS7 control system, SCADA system and MES system in the API workshop of Xi'an Wanlong Pharmaceutical Co. , Ltd. , this paper discusses the application of PCS7 in process control and information integration.

[Key Words]　PCS7、Biological Fermentation、Pharmaceutical、automatic control

一、项目简介

1. 项目信息

西安万隆制药股份有限公司位于西安杨凌区。其四车间右旋糖酐 40 数字化生产原料药项目，主要生产工艺包括：菌种培养、发酵、醇沉、水解、划分、调粉、离心分散、干燥、溶解、树脂吸附、脱色、喷雾干燥、包装等工序，是典型的生物发酵制药工艺。主要生产设备包括：配料罐、一级种子罐、二级种子罐、发酵罐、醇沉罐、水解罐等设备。过程控制系统采用西门子 PCS7 410-5H，通过温度传感器、压力传感器、液位传感器、PH 传感器等实时采集各个工序的生产过程数据，通过 CFC 和 SFC 实现各工序的生产工艺需求。SCADA 系统采用国内先进的紫金桥软件，对空

调系统、冷机系统、树脂系统、纯水系统、喷塔干燥系统等公共系统进行了数据采集和集成。西安万隆药业有限公司厂区如图 1 所示。

图 1　西安万隆药业有限公司厂区

MES 信息化系统通过 OPC Server 和 Web Server 与 PCS7 和紫金桥进行通信，实现了生产电子批记录和对人、机、料、法、环的管理，保证了生产数据的完整性。大屏监控系统将 PCS7、MES、监控集中上墙，实现了生产过程可视化。随着四车间智能化项目实施的交付，西安万隆药业有限公司将在生物发酵行业树立数字化企业的标杆。操作员站和大屏监控如图 2 所示。

图 2　操作员站和大屏监控

2. 发酵工序的主要控制工艺要求

发酵工序包括一级种子罐、二级种子罐和发酵罐。工艺原理是利用某菌株在自身生长繁殖的同时产生葡聚糖蔗糖酶，该酶可催化蔗糖生成右旋糖酐。菌种经一级种子罐、二级种子罐逐步扩大培养，使之充分繁殖，然后转至 30t 发酵罐，静置发酵 24h，经过醇沉获得右旋糖酐粗品。其主要控制工艺包括以下要点：

1）一级种子罐：将蔗糖、蛋白胨、饮用水等物料按一定比例投入一级种子罐，加热升温至灭菌温度，控制灭菌温度 30min，进行灭菌后，冷却培养基至合适培养温度，接种培养 24h，使种群扩大 10 倍。

2）二级种子罐：将蔗糖、蛋白胨、饮用水等物料按一定比例投入二级种子罐，加热升温至灭菌温度，控制灭菌温度 30min，进行灭菌后，冷却培养基至合适培养温度等待转种。一级种子罐出液管路至二级种子罐进液阀门前，通入蒸汽，保持蒸汽压力 10min，进行管路灭菌后，管路冷却即可将种子液从一级种子罐转种至二级种子罐，继续培养 24h，使菌落再次扩大 10 倍。一二级种子罐如图 3 所示。

图 3　一二级种子罐

3）发酵罐：将蔗糖、蛋白胨、饮用水等物料按一定比例投入发酵罐，温度调整至适宜范围，等待转种。二级种子罐出液管路至发酵罐进液阀门前，通入蒸汽，保持蒸汽压力 10min，进行管路灭菌后，管路冷却即可将种子液从二级种子罐转种至发酵罐，发酵 24h 后，在线检测发酵液的 pH 值，当 pH 值符合工艺要求时，发酵结束。发酵罐如图 4 所示。

图 4　发酵罐

二、系统结构

工艺控制系统架构如图 5 所示。

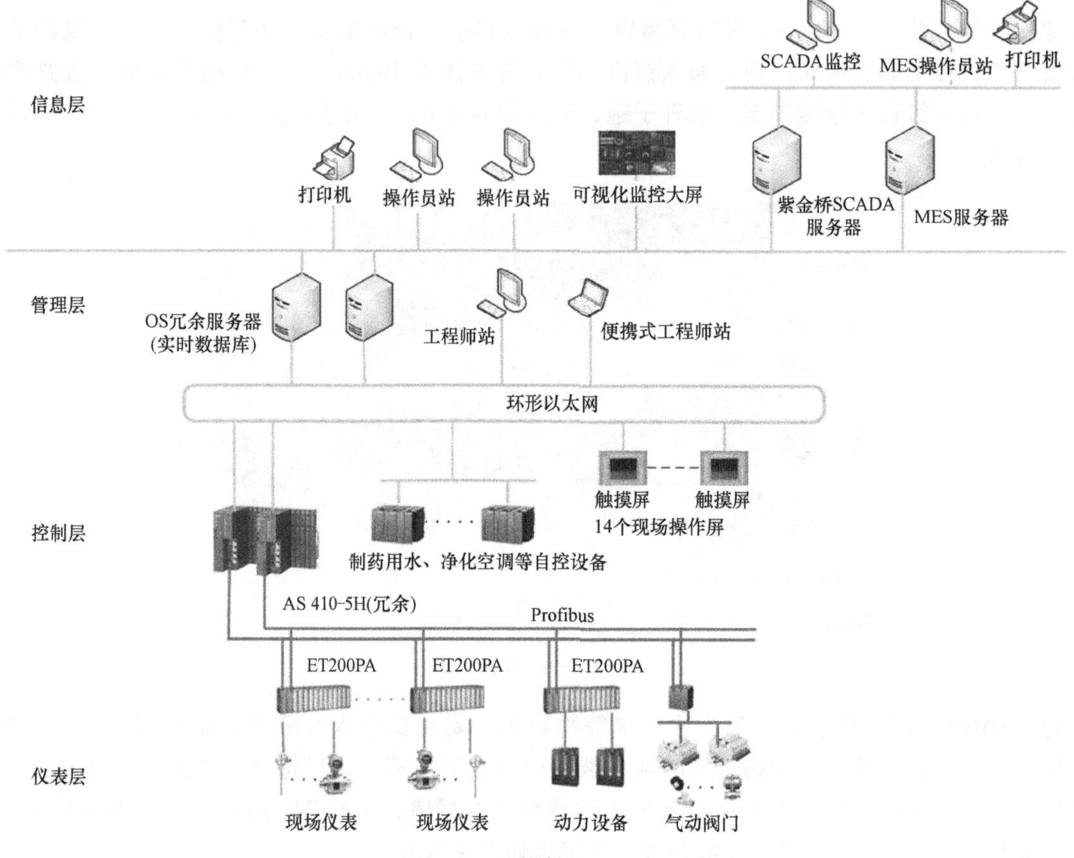

图 5　工艺控制系统架构

1）采用 PCS7 全集成自动化系统，将车间所有的工艺设备及配套设备的自动化系统集成在统一的自动化平台上，形成统一的通信、统一的数据库、统一的组态和编程软件。控制层选用 AS 410-5H 冗余高端 CPU，分布式 IO 从站，强大的处理能力、通信能力和扩展能力，保证了工艺生产过程中的控制稳定性和可靠性。CPU 具有 Profinet 和 Profibus 通信接口，仪表层用 Profibus 总线与分布式 IO 从站系统通信，管理层用 Profinet 总线环网，保证了生产数据的完整性、可靠性和及时性的传输。具有冗余功能，CPU 故障时能无缝切换到备用 CPU 运行，大大降低了生产工艺设备的宕机风险。

2）系统配置冗余 OS 实时服务器，服务器里包含了系统实时数据的存储功能，系统运行中的所有数据，实时同步储存在服务器中。采用 C/S 架构，将任务合理分配到客户机端和服务器端，降低了系统的通信开销，充分地利用了两端硬件环境优势。冗余 OS 实时服务器，主服务器故障时自动切换至备用服务器，保证了生产工艺数据的完整性。

3）1 台工程师站，2 台操作员站，1 台网络打印机。工程师站可以完成 AS 和 OS 组态、下载、诊断、维护等任务。其中 AS 组态包括工厂层级、功能块、CFC、SFC 的编程，以及硬件和通信组件的组态。OS 组态包括带操作功能和工艺图的工厂操作界面的设计，以及对归档和协议的组态。操作员站功能按冗余配置，其中任意一台操作员站出现故障不影响系统操作。

4）配置 Profibus 总线型阀岛，利用 Y-LINK 模块实现阀岛的冗余。车间内气动阀门有数量多，种类多，且呈区域化的特点。总线型阀岛集成多大 32 路电磁换向阀，可以根据现场阀门形式选择二位三通换向阀或二位五通换向阀，岛箱内安装过滤减压阀，仅需配置一路仪表压空即可实现单个或多个罐区的气动阀门控制。具有强大的诊断功能，便于设备维护，扩展能力强，便于后期工艺系统的扩展。

5）发酵工艺存在生产周期长，物料投入成本高，严格的 GMP 无菌要求以及工艺控制流程复杂等特点，每一个工序环节出现问题，都可能造成最终产品的报废，带来巨大的经济损失。PCS7 具有丰富的 CFC LIBRARY 库和强大的 CFC、SFC 编程工具，可以通过 CFC、SFC 根据灭菌工艺 SOP 实现管路切换、温度控制、流量控制、pH 滴加调节、时间控制、联锁控制等功能，保证生产的可靠性和稳定性。

6）生产工艺可视化，通过拼接屏将操作员站和监控系统投屏上墙，实时查看现场情况和生产工艺信息，其中 SFC 可视化功能，可以显示 SFC 的运行状态和实际工序的运行步骤，极大地方便了操作人员的管理。SFC 可视化功能如图 6 所示。

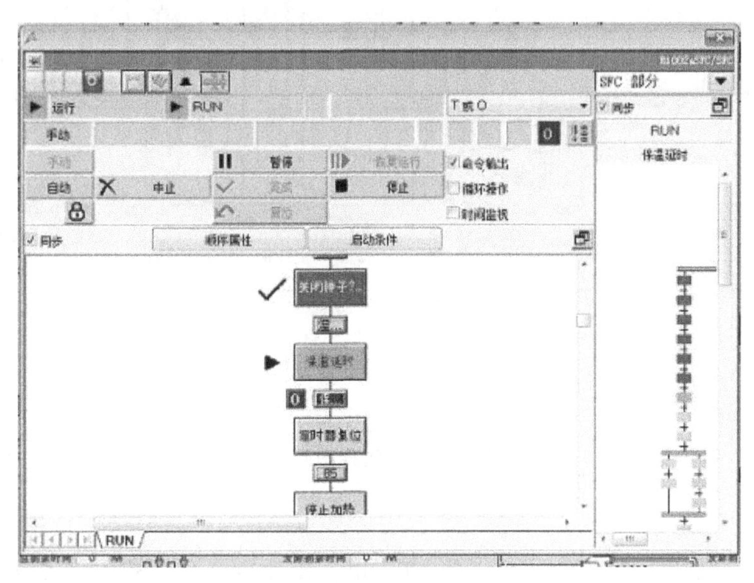

图 6　SFC 可视化功能

7）具有独特的可扩展架构，可以扩展 OpenPCS7 功能，通过 OPC 将 MIS/MES 系统与 DCS 系统进行集成融合，构建全厂管控一体化系统，形成全厂统一信息中心和指挥平台。

三、控制系统完成的功能（控制难点及要点介绍）

1. 发酵工艺的过程控制

发酵工序包括配料罐、一级种子罐 2 套，二级种子罐 2 套，发酵罐 2 套、种子分配站，一级种子罐配置温度传感器和压力传感器以监测罐内温度和压力，工艺管道上安装气动球阀，以控制物料的进出料以及排污，公共管道安装蒸汽调节阀和角座阀，控制管内升温和降温。二级种子罐在一级种子罐的基础上，配置了雷达液位计，监视罐内液位，防止一级种子罐转种时种子液溢出。发酵罐除了温度传感器、压力传感器、差压液位计，还配置了 pH 在线检测仪表，实时检测发酵过程的 pH 变化。配料罐配置雷达液位计，进水管道安装进水气动球阀，自动投料机将袋装蔗糖通过吸盘抓至料斗，蔗糖投入配料罐，与饮用水搅拌后，供二级种子罐和发酵罐使用。种子分配站配置气动隔膜阀、蒸汽调节阀和蒸汽压力传感器，气动隔膜阀通过控制开关切换种子罐之间和种子罐与发酵罐之间的管路；蒸汽调节阀，在管路灭菌时，根据阀后压力调节开度，达到保压灭菌的功能。控制系统中，AI 模块通过安全栅采集各个仪表和传感器的信号；CPU 通过 Profibus 控制总线型阀岛内电磁阀，间接控制气动球阀、角座阀、气动隔膜阀开关；AO 模块输出电流信号控制调节阀开度。发酵流程图画面如图 7 所示。

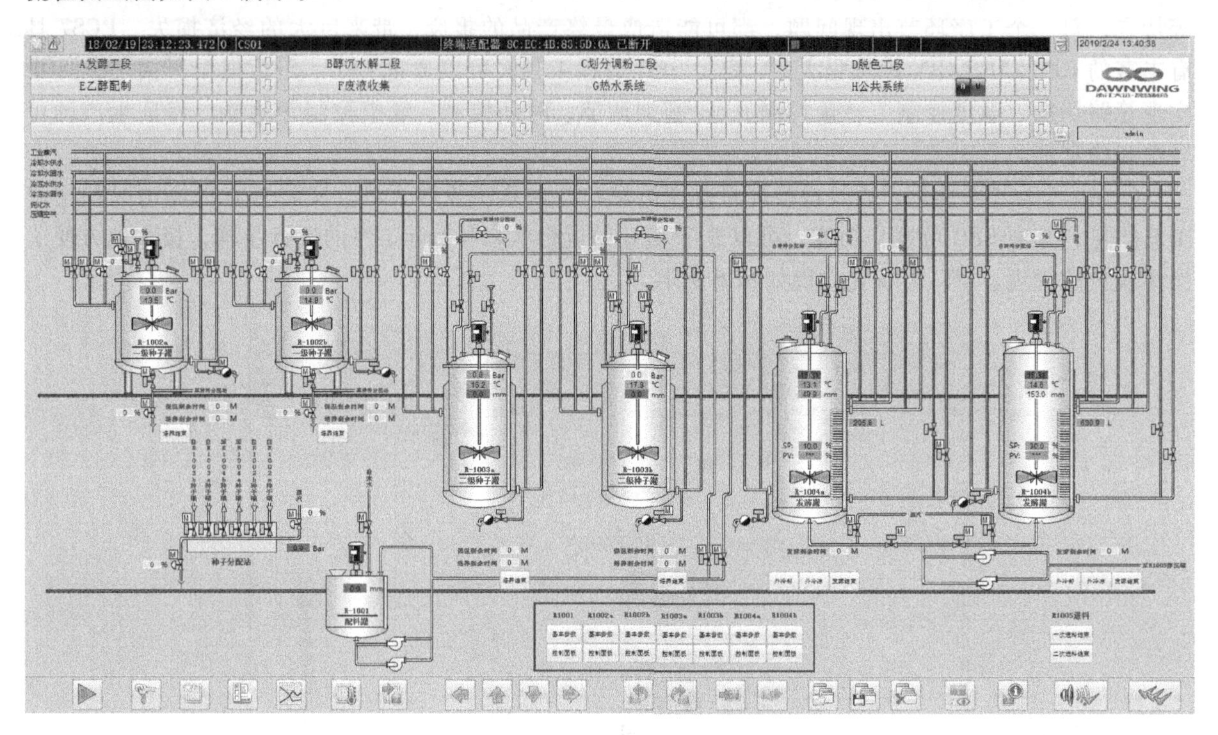

图 7　发酵流程图画面

2. 程序架构

为每一个仪表、阀门、电机建立相应的 CFC 块，比如流量计，建立一个流量计 CFC 命名为 R1005_ FT01；在这个 CFC 块中拖入 AI 通道块采集流量计信号，拖入监视块和累积块，实现瞬时流量和累积流量的监视。工艺要求流量与对应的阀门联锁，比如进水阀，当进水阀打开时，流量才有累积，进水阀关闭后，流量累积要清零，流量计 CFC 程序如图 8 所示。

在阀门块中，拖入 DI 通道块采集阀门反馈信号，拖入 VALVE 驱动块，实现阀门的开关控制，然后通过 DO 通道块输出或者用与逻辑连接 DO 变量。电机块与阀门块建立方法相同。

在所有的 CFC 块建好，并按照工艺分类于相应的控制层级文件夹中后，在 Charts 文件夹中建立 SFC 类型，在 SFC 类型接口中，建立阀门块接口、电机块接口，通过顺控程序中调用各接口块引脚，实现相应的控制工艺。

SFC 类型建好后，在相应层级文件夹下，建立 CFC，拖入 SFC 类型，然后连接 SFC 与各个 CFC 对应引脚。比如以 VALVE 为例，单击 SFC 引脚 XV01_OpenAut，然后打开 XV01 的 CFC 块，单击 VALVE 的引脚 OpenAut，系统会自动将 VALVE 其他引脚连接。

顺控逻辑：由于一级种子罐、二级种子罐、发酵罐的控制工艺基本相同，这里以一级种子罐的

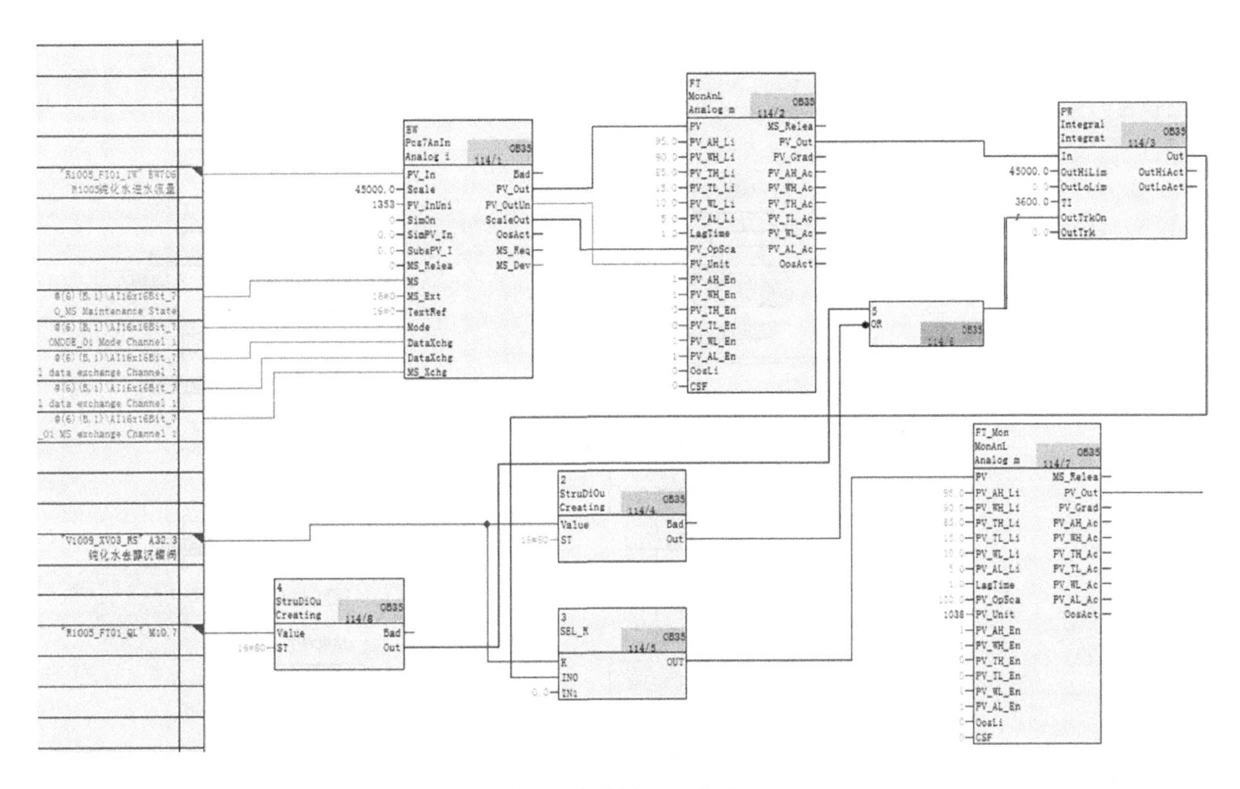

图 8　流量计 CFC 程序

SFC 顺控为例说明。

1）初始化：关闭相应阀门、搅拌电机，弹出初始化确认对话框，人工确认后进入下一步。

2）人工配料：开启搅拌电机，弹出配料结束确认对话框，人工确认后进入下一步。

3）加热升温保温：打开疏水阀门，蒸汽调节阀开度为 15%，疏水 2min 后，根据管内温度调节蒸汽调节阀开度。当温度升到 90℃时，打开种子分配站一级种子罐切换阀门，调节种子分配站蒸汽阀门，开度为 30%，当调节阀后压力升到 1.5bar[⊖]时，打开一级种子罐罐底阀，待 30s 后，关闭一级种子罐罐底阀和种子分配站一级种子罐切换阀和蒸汽调节阀，以实现罐底管道到阀门接口中间管路灭菌的目的。同时，保持罐内温度，开始定时 30min，以实现罐内培养基的灭菌。在加热过程中，实时检测罐内温度，一旦温度超过正常范围，联锁关闭蒸汽调节阀。

4）降温：关闭蒸汽调节阀和疏水阀，打开冷却水进水阀和回水阀，开始降温。通入洁净压缩空气，保持罐内正压，等罐内温度降到 70℃后，关闭压缩空气调节阀。加热升温保温 SFC 如图 9 所示。

夏季温度高时，冷却水降温至 30℃左右，无法继续降温，这时关闭冷却水进水阀和冷却水回水阀，开启冷冻水进水阀和冷冻水回水阀，降温至 23～27℃后，关闭其进水阀和回水阀，进入下一步。

5）搅拌延时：延时 30min 后，停止搅拌，使培养基充分混合均匀。

6）接种培养：通过罗茨泵将种子液转种至一级种子罐中，开始定时，同时，控制蒸汽调节阀，

⊖　$1bar=10^5Pa$。——编辑注

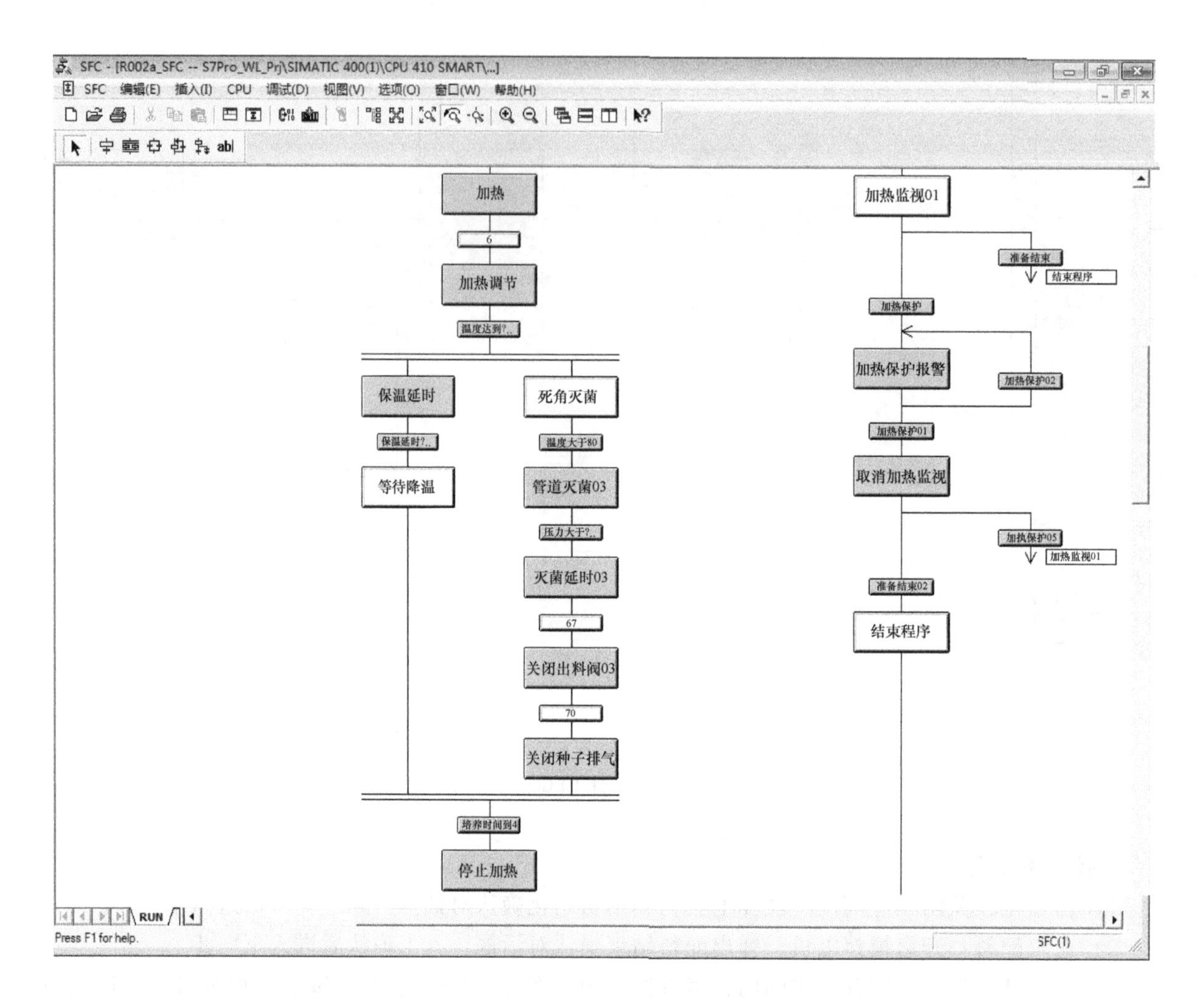

图 9　加热升温保温 SFC

对种子罐进行保温。培养 24h 后，进入下一步。接种培养 SFC 如图 10 所示。

7）转种灭菌：调节一级种子罐罐底排污阀和二级种子罐罐底排污阀，开度为 30%。打开种子分配站中一级种子罐切换阀和二级种子罐切换阀，调节种子分配站蒸汽调节阀，根据阀后压力调节开度，控制蒸汽压力为 2bar，为转种管路灭菌。15min 后关闭排污阀和蒸汽调节阀，进入下一步。

8）转种：打开二级种子罐转种阀，调节二级种子罐压缩空气调节阀，开度为 100%，为二级种子罐加压，使二级种子罐灭菌降温后的培养基料液打入灭菌管路，以达到为管路降温的目的。1min 后，关闭二级种子罐压缩空气调节阀，打开一级种子罐转种阀，调节一级种子罐压缩控制调节阀，开度为 100%，为一级种子罐加压，将种子液从一级种子罐转种至二级种子罐的培养基中。

一级种子罐在接种培养的过程中，二级种子罐要安排合适的时间，运行 SFC，使二级种子罐顺控走到接种培养，这样才能保证一级种子罐与二级种子罐之间顺控的衔接。

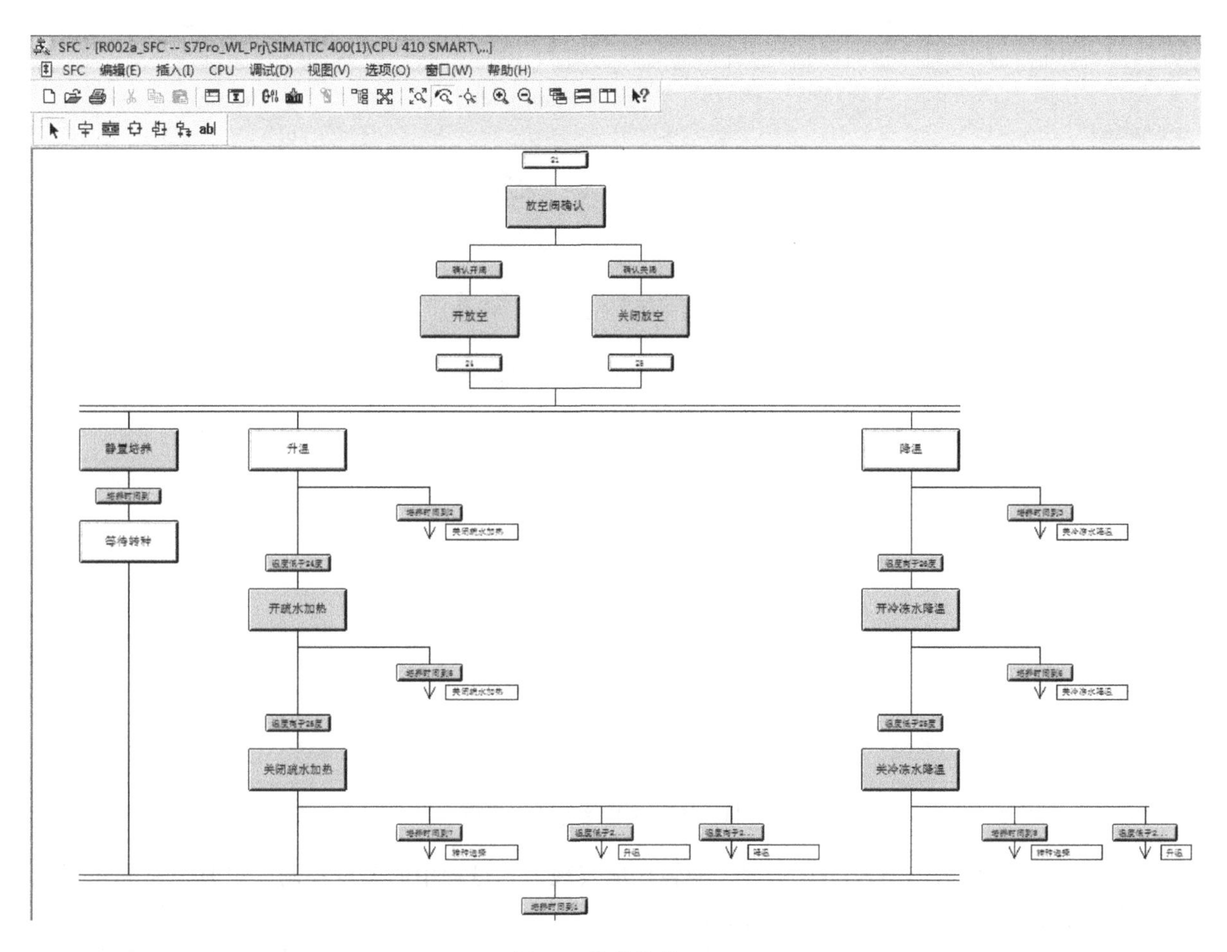

图 10　接种培养 SFC

四、运行效果

根据生产批记录，一级种子罐的培养保温控制精度为±0.5℃，二级种子罐的培养保温控制精度为±0.5℃，发酵罐的发酵温度控制精度为±0.5℃，各个顺控逻辑动作正确，满足工艺生产的要求。

SCADA 系统紫金桥服务器通过 OPC UA 与 PCS7 通信，将采集的变量信息发布到 WebServer 中，间接实现了 MES 与 PCS7 的接口对接。目前，SCADA 系统和 MES 系统通信正常，满足了车间级管理系统与控制层的数据衔接，极大地提升了用户体验。MES 接种培养处方管理如图 11 所示。

五、PCS7 应用于发酵制药行业的体会

1）PCS7 是中大型控制系统，主要组件包括 Step7、CFC、SFC、SIMATIC NET、WinCC、PDM、Batch 等，选用 S7-400 系列高端 CPU 作为控制对象，可以实现控制器和服务器的冗余功能，大大提高了系统的稳定性和可靠性；采用 Profinet 通信总线，大大提升了通信速率，通过光纤实现冗余 CPU 之间的数据同步。

2）PCS7 采用 CFC 和 SFC 图形化编程语言，相对于 PLC 梯形图语言更加直观，而且，不需要为特定的对象编写程序，通过拖入相应的 CFC 块，就可以实现阀门、调节阀、电机的控制以及现场

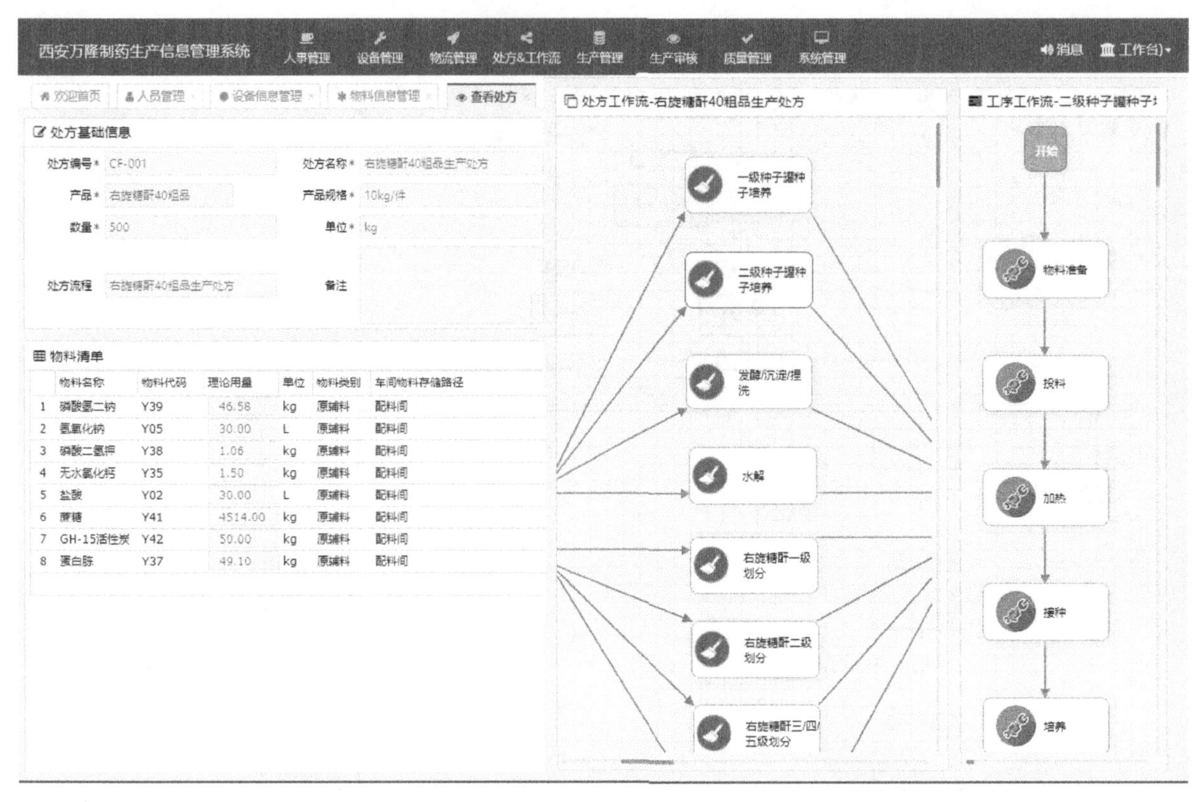

图 11 MES 接种培养处方管理

仪表信号的采集；强大的顺控 SFC 编程，能轻松地实现工艺过程中的温度控制、定时控制和逻辑控制，不仅满足了工艺需求，还大大提高了编程效率。

3）PCS7 组态工程师站、服务器站、操作员站十分方便，在工程师站可以统一直接下载各个服务器站和操作员站；OS 画面中的对象根据 CFC 和 SFC 自动生成，通信链接和变量自动在 WinCC 变量管理器中创建；变量记录和报警记录根据 CFC 引脚设置自动在 WinCC 中创建；这些都节省了大量的编程时间。

4）PCS7 丰富的诊断功能，极大地方便了工艺控制系统的维护。在操作员站可以很方便地看到服务器的状态；模块通过超量程都可以根据诊断功能查看到相应信息。

5）制药工厂的生产工艺过程必须满足 GMP 和 GEP 的要求，才能确保生产出安全、有效、可靠的产品。这不仅要求控制系统安全可靠地运行，还要求生产过程工艺数据的数据完整性、可靠性及不可篡改。本项目采用 PCS7 V8.2 版本，其中的 SIMATIC LOGON 控件可以实现用户的三级权限管理，结合操作员消息输入、脚本可进一步实现操作记录和电子签名的功能；服务器硬盘采用 RAID5 分布式奇偶校验的独立磁盘结构，原始数据通过变量记录/报警记录备份组态功能归档到不同的硬盘中；结合 CPU 和服务器的冗余功能，这些一起满足了 GMP 对制药行业过程控制和数据完整性的要求。

参考文献

[1] 西门子（中国）有限公司. PCS7 深入浅出 [Z].

[2] 西门子（中国）有限公司. WinCC V7.4 Help [Z].

西门子 PCS7 系统在锂电池正极材料生产线上的应用
Application of Siemens PCS7 System in Lithium Battery AnodeMaterial Production Line

王明建
（上海古腾信息技术有限公司　上海）

［ 摘　要 ］ 本文叙述了西门子过程控制系统 PCS7 在锂电池正极材料生产线中的应用，详细介绍该控制系统中的硬件配置、网络配置，重点阐述了该系统的功能、特点及实现方法。

［ 关 键 词 ］ 锂电池正极材料、冗余、PCS7 过程控制系统、现场总线

［ Abstract ］ This paper describes the application of Siemens process control system PCS7 in lithium battery cathode material production line, introduces the hardware configuration and network configuration of the control system in detail, and focuses on the function, characteristics and implementation method of the system.

［ Key Words ］ Lithium battery anode material、Redundancy、PCS7 process control system、Fieldbus

一、项目简介

1. 背景介绍

锂电池作为一种新能源，在手机、笔记本电脑、数码相机、摄像机、汽车等产品中得到了广泛的应用。随着我国经济的快速发展，对电池新材料需求不断增加，特别是政府大力推广新能源汽车，必将推动动力电池产业的快速发展。锂电池主要由正极材料、负极材料、隔膜和电解液等构成，正极材料在锂电池的总成本中占据 40%以上的比例，并且正极材料的性能直接影响了锂电池的各项性能指标，所以锂电正极材料在锂电池中占据核心地位。

江门市优美科长信新材料有限公司作为锂电池正极材料生产的龙头企业，对于新建的“龙”项目自动控制系统提出了更高的要求。西门子新一代过程系统 PCS7 9.0 在此生产线中发挥了极其重要的作用，全方位地满足了锂电池材料生产行业对控制系统的需求。

PCS7 是一种基于现场总线的模块化过程控制系统，可以根据需要选用不同的功能组件进行系统组态，具有灵活的系统架构、灵活的软硬件扩展能力、统一的操作员监控界面以及全集成的工程组态和管理工具。从企业管理级到控制级，一直到现场级，自上而下形成了完整的全集成自动化架构。

2. 工艺介绍

江门市优美科长信新材料有限公司新建的锂电池阳极材料生产线“龙”项目由 4 条生产线及 1 条公用工程系统组成。公用工程系统为 4 条生产线提供生产原材料及各种公用介质，包含脱盐水存储及输送系统、蒸汽系统、NaOH 存储与输送系统、NH_3 存储与输送系统、原料配制与原料存储系

统、原料输送系统、尾气处理系统和污水处理系统。4 条生产线功能相同，依次实现从原料混合→反应→压滤→干燥→冷却混合→振动筛选→电磁除铁→打包。该系统工艺比较复杂，通信种类繁多，控制对象多种多样，给控制系统提出了不小的挑战。

二、系统结构

本系统采用当时西门子最新版 PCS7 V9.0 SP1。根据工艺划分，本系统配置了 5 套容错自动化站、36 块现场控制屏、1 对操作员服务器、1 台批生产服务器、1 台工程师站、5 台操作员客户端、1 台批生产客户端，如图 1 所示。控制对象包含了阀门、变频器、电机等设备。

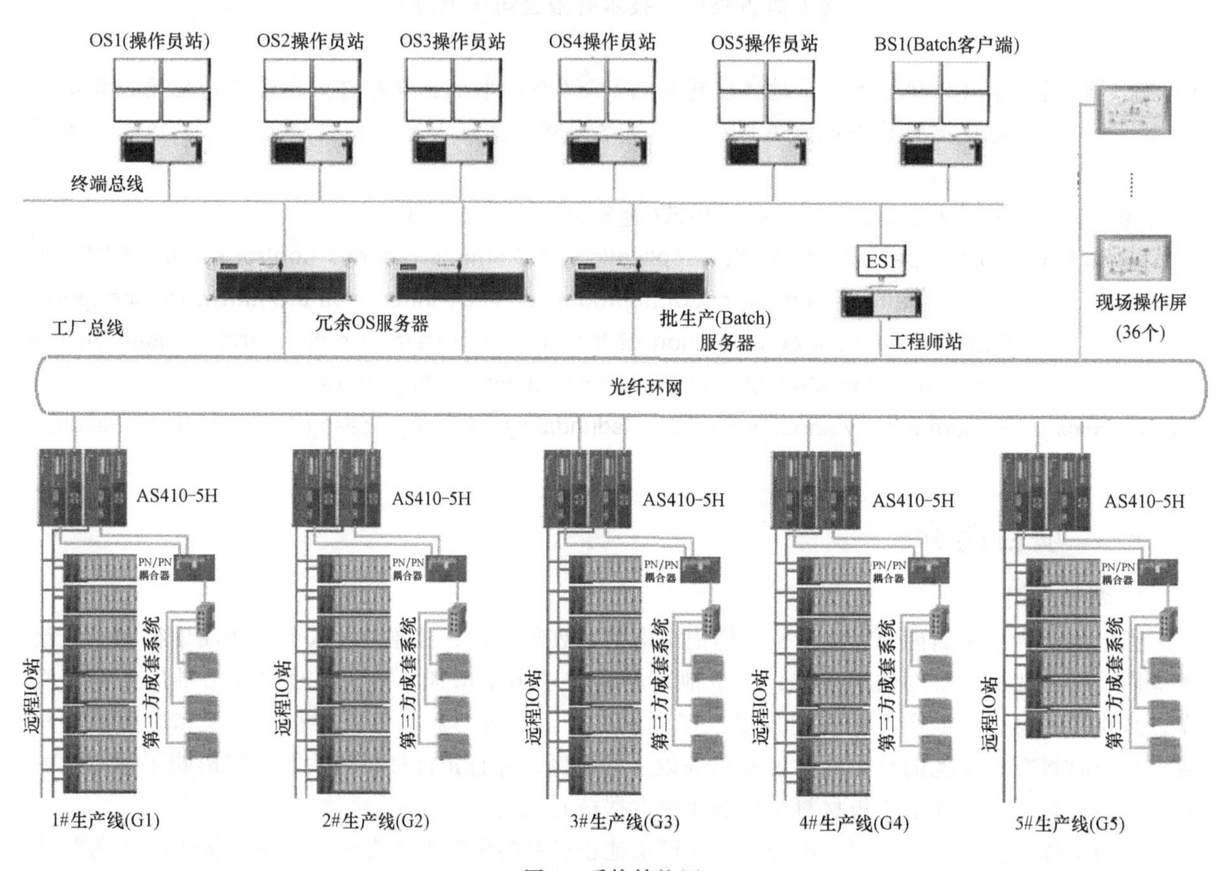

图 1　系统结构图

1. 通信网络配置

系统采用三层网络结构。

最上层为终端总线，实现操作员站和服务器、操作员站之间和服务器之间的通信，也可用于和上层 MES 之间的通信。

中间层为工厂总线，主要负责控制器之间、控制器和操作员服务器、控制器和现场操作屏之间的通信。工厂总线作为整个系统的骨干网，通信距离长，通信速率要求高，所以采用了光纤环网结构，从而提高了网络的可靠性和稳定性。由于用户对交换机品牌的要求，采用思科 IE3000 型交换机作为环网管理交换机，使用快速生成树协议（Rapid Spanning Tree Protocol），通过一定的算法实现网络介质冗余。

底层为现场总线，采用 Profibus-DP、Profinet 和 Modbus RTU 通信协议，实现控制器和 I/O 系统、仪表、第三方系统之间的通信。

1）其中，为了实现冗余 Profinet 网络和第三方系统 PLC 之间的 Profinet 通信，我们采用了西门子最新版的 PN/PN 通信耦合器，实现了冗余控制器和多台不支持系统冗余的 PLC 之间的 Profinet 通信，和传统的方法相比，减少了编程工作，提高了系统的可靠性和实时性。

2）采用 Y-Link，把只有一个 Profibus-DP 接口不能直接和冗余 Profibus-DP 总线进行连接的变频器、压滤机、空压机系统连接到冗余总线，实现了冗余 Profibus-DP 系统和非冗余 Profibus-DP 设备之间的通信。

2. 自动化站（AS）

每套自动化站由机架、电源模块、控制器、通信模块和现场分布式 I/O 系统等构成。本系统电源模块、控制器及通信模块均采用冗余配置。控制器采用了 1 对冗余 PCS7 专用控制器——CPU410-5H，它以 PCS 7 过程对象为基础，具有极其灵活的可扩展性，只需一款硬件就能涵盖标准、容错和故障安全应用，该控制器的控制容量可根据 SIMATIC PCS 7 过程对象（PO）数量灵活调整，PO 数量可在线升级，易于系统的扩展。控制器之间通过同步光纤进行数据同步，集成的 Profinet 接口用来和第三方系统通信，集成的 Profibus-DP 通信接口用来和 I/O 系统、变频器等设备通信。

ET200M 作为分布式 I/O 站通过 Profibus-DP 现场总线和 CPU410-5H 控制器通信。每个 I/O 站主要由 2 块 IM153-2 总线接口模块、有源背板、各种功能模块和通信模块组成。每块 IM153-2 总线接口模块分别通过 2 条独立的 Profibus-DP 现场总线与控制器通信，当其中某一块 IM153-2 接口模块发生故障时，系统仍能和另一块 IM153-2 接口模块通信。串行通信模块 CP341 用来实现和蒸汽流量计进行 Modbus RTU 通信。本系统中还配置了 FM350-1 高速计数模块用来精确计算反应釜搅拌器的转速。

3. 操作员站（OS）

本系统操作员站由 1 对冗余操作员服务器、1 台批生产服务器、5 台操作员客服端、1 台批生产客服端、36 块现场操作屏组成。系统采用服务器/客户端结构，服务器采用冗余配置，相对于采用单站结构来说具有以下优点：

1）数据的唯一性和完整性，在服务器/客户端结构中，历史数据、操作记录等存放在服务器的数据库内，而客户端内无数据库，它通过网络对存放在服务器中的数据进行访问，从而保证了数据的唯一性。服务器的冗余配置，保证了数据的完整性。

2）系统的可靠性较高，由于服务器采用了冗余配置，使系统的可靠性大大提高。

3）良好的性价比，由于客户端只需要安装最小点的软件授权，本系统操作员站较多，采用服务器/客户端结构可以大大节约成本。

4）良好的系统扩展能力，如果需要增加操作员站只需要增加客户机和购买最小点软件授权即可。

（1）操作员服务器

操作员服务器负责自动化站数据采集、归档和报警处理，承担所有的管理/维护和归档功能，并提供操作员客户端所需要的操作画面及数据。本系统配置 1 对冗余操作员服务器，操作员服务器对彼此独立运行，彼此相互监控，当某台服务器出现故障时另一台无故障的服务器接管控制工作，连接至故障服务器上的操作员客户机自动的切换至无故障服务器，故障服务器恢复后，会自动对故障期间的归档数据和无故障服务器进行同步。

为了提高通信的可靠性，服务器使用两块网卡和现场控制站通信，采用端口聚合技术，将两块物理网卡汇聚在一起，形成一个逻辑端口，当一块网卡或连接的网线出现故障时，不会对网络造成影响，保证通信正常。

（2）操作员客户端

操作员客户端通过终端总线与指定操作员服务器进行通信。客户端不能直接访问工厂总线和自动化站，它们仅能通过 Server Data 访问操作员服务器上的项目数据。操作员客户端是操作员对设备实现监控的平台，通过操作员客户端，可以实现以下功能：

1）浏览工艺过程和现场设备运行状态。过程画面基于工业流程设计，通过导航按钮可在不同的过程画面之间切换。

2）通过设备控制面板可实现对设备进行控制、参数设置。

3）报警显示与确认，历史报警查询。

4）历史数据显示及查询，历史数据可以以表格或者趋势图的方式显示。

5）报表浏览、查询及打印。

项目中每台客户端都采用了 4 屏显示，每块显示屏中的过程画面都可以根据操作员的需求自由切换，就像有 4 个客户端一样，方便了操作员操作与监控，并且此功能只需要通过 OS 项目编辑器简单组态即可完成。

（3）现场操作屏

西门子精智面板 TP1500 作为现场操作屏安装在设备附近，便于操作员在就地监控设备。操作屏控制箱上设置有远程/就地模式选择开关，在就地模式下操作员可以通过操作屏改变设备控制模式、启停设备、设置参数、启停工艺过程等。

（4）批生产服务器和批生产客户端

本系统采用了批生产和连续生产相结合的生产模式，批生产采用 PCS7 BATCH V9.0 组件，本系统配置了 1 台批生产服务器和 1 台批生产客户端，用来执行批生产中的主配方/配方公式的创建、生产配方的创建和执行、批生产归档和报告生成。

（5）工程师站

工程师站同时连接终端总线和工厂总线，用于系统的配置、程序设计组态和调试。其主要功能有：

1）项目创建、库创建、项目管理和诊断；

2）组态、编程；

3）程序下载、调试；

4）项目备份和恢复。

三、功能实现及系统特点

1）本项目以“多项目”结构组态项目。在多项目结构中将 4 条生产线自动化站、公用工程自动化站和操作员站（OS）分别组态成独立的项目，各个项目采用相同的工厂层级，使用相同的项目库，这样多个工程师可以共同设计一个项目，大大提高了工程效率，缩短了工程周期，多项目结构如图 2 所示。

2）通过使用 PCS7 中的 OS 项目编辑器分别配置了各客户端的区域画面，使 1#至 5#操作员客户端独立负责 1#至 4#生产线和公用工程系统的操作与监控，这样每个操作员站的功能划分清晰，方

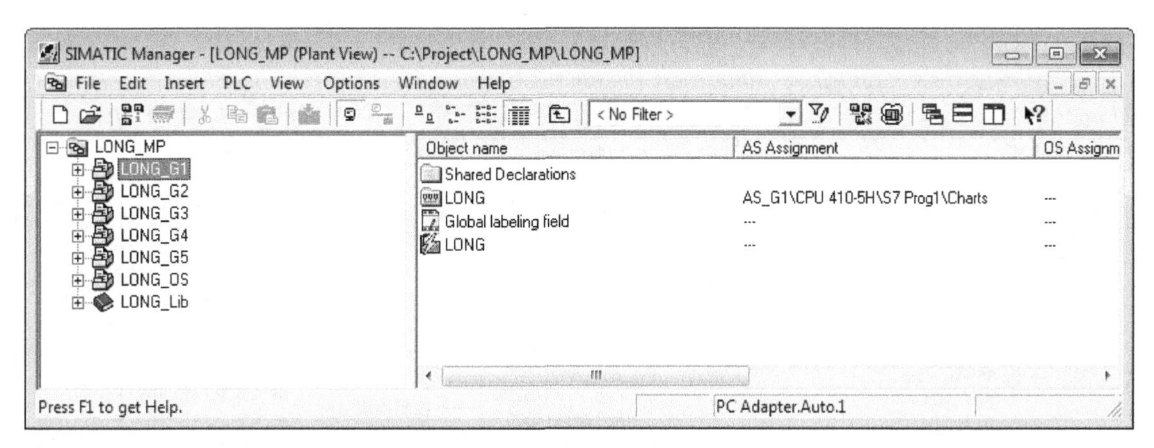

图 2　多项目结构

便操作员操控。操作员站区域设置如图 3 所示。

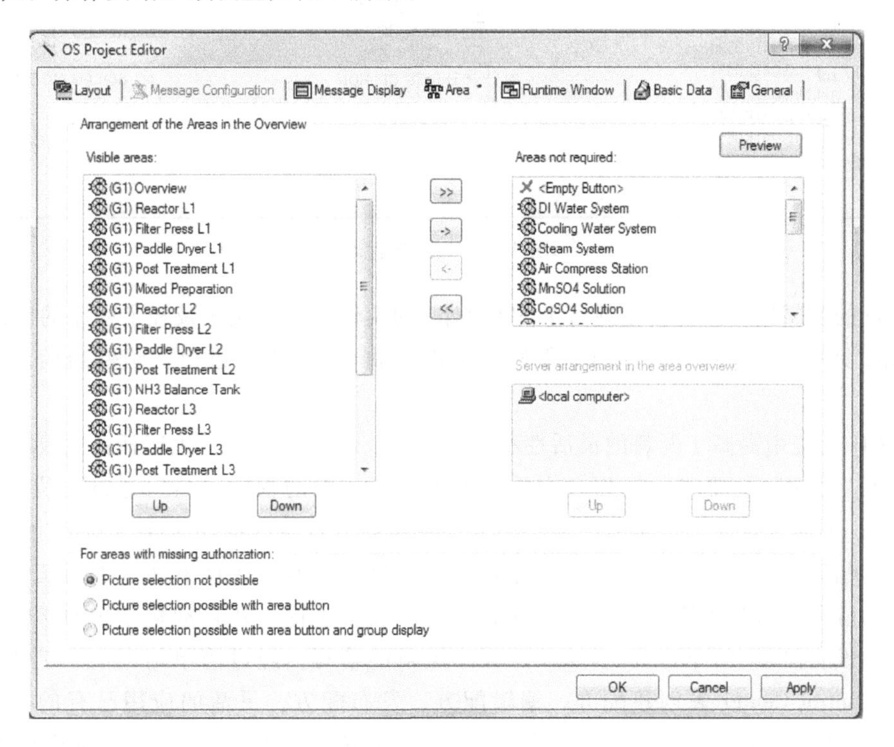

图 3　操作员站区域设置

3）定义的工厂层级结构符合 ISA 88 标准，在 SIMATIC 管理器（工厂视图）中基于物理模型构建工厂层级，包含过程单元、单元、设备模块。结合 PCS7 批生产组件，完美实现批生产过程。工厂层级定义如图 4 所示。

4）所有单元都根据功能划分成多个设备模块，在操作员站中，操作员可以手动控制这些设备模块的启动、停止、暂停、恢复、放弃等操作。每个设备模块的控制都相当于一个顺序控制，由于系统中有许多功能相同的设备模块，这样我们采用了 SFC-Type 编写设备模块的控制程序，SFC-Type 可以以实例图的方式多次使用。这样，在调试的过程中，顺序控制的动作如果有改变，我们只需要

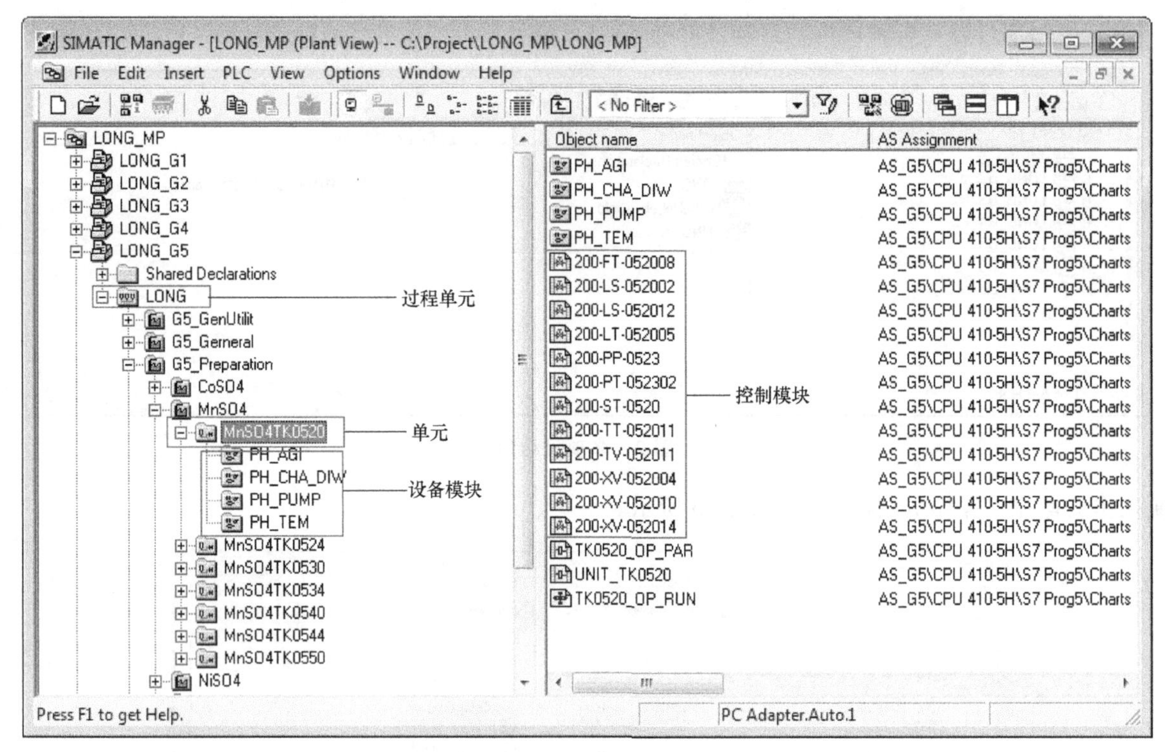

图 4　工厂层级定义

修改 SFC-Type 的逻辑即可，然后更新每个 SFC-Type 的实例即可，大大减轻了程序的修改的工作量。并且 SFC-Type 具有标准的 Batch 接口，很好地实现了和 PCS7 中的批生产组件通信。图 5 为 SFC-Type 示例。

5）BATCH 的应用提高了配料的灵活性和可追溯性。传统简单的批生产任务主要靠 PLC 编程实现，根据用户“已知”的要求，在 PLC 中编写各种生产方案的程序，然后通过上位机选择合适的生产方案程序，但是只要生产方案有一点小的变动都需要通过修改程序来实现新的生产方案，这样导致生产不够灵活，设备利用率不高，不利于用户后期的扩展，并且增加了编程工作。本项目中 BATCH 组件的应用，满足了用户在配料阶段的灵活性和自主性。在自动化站中只需要完成设备单元（UNIT）和设备阶段（Equipment Phase）程序逻辑的编写，经过简单培训的工艺工程师就可以通过 BATCH Control Center 去创建配方、编辑配方、发布配方，灵活的应用已有的生产单元（U-NIT）组织生产顺序完成各种生产任务而不需要修改程序逻辑。批生产完成后自动生成批生产报表，报表内容涵盖了 BATCH 执行过程中的状态变化、数值对比、归档曲线等详细内容，便于生产管理和追溯，有利于提高产品的质量。

6）PN/PN 耦合器的应用，解决了以前冗余控制器和不支持系统冗余的控制器进行 Profinet 通信时只能通过编写程序才能实现的问题，本例中只需要在各自项目的硬件组态中对 PN/PN 耦合器进行组态配置即可实现通信，提高了通信的稳定性和及时性。图 6 为冗余 PLC 和 3 个不支持系统冗余 PLC 通信组态示例，冗余控制器连接耦合器的 X1 端，在硬件组态中对 X1 端进行组态，在插槽中依次插入数据记录并可根据需要修改数据映射区地址，并将所有插槽设为完全访问（Full），图中第 1、2 槽用来和 PLC1 交换数据，第 3、4 槽用来和 PLC2 交换数据，第 5、6、7、8 槽用来和 PLC3

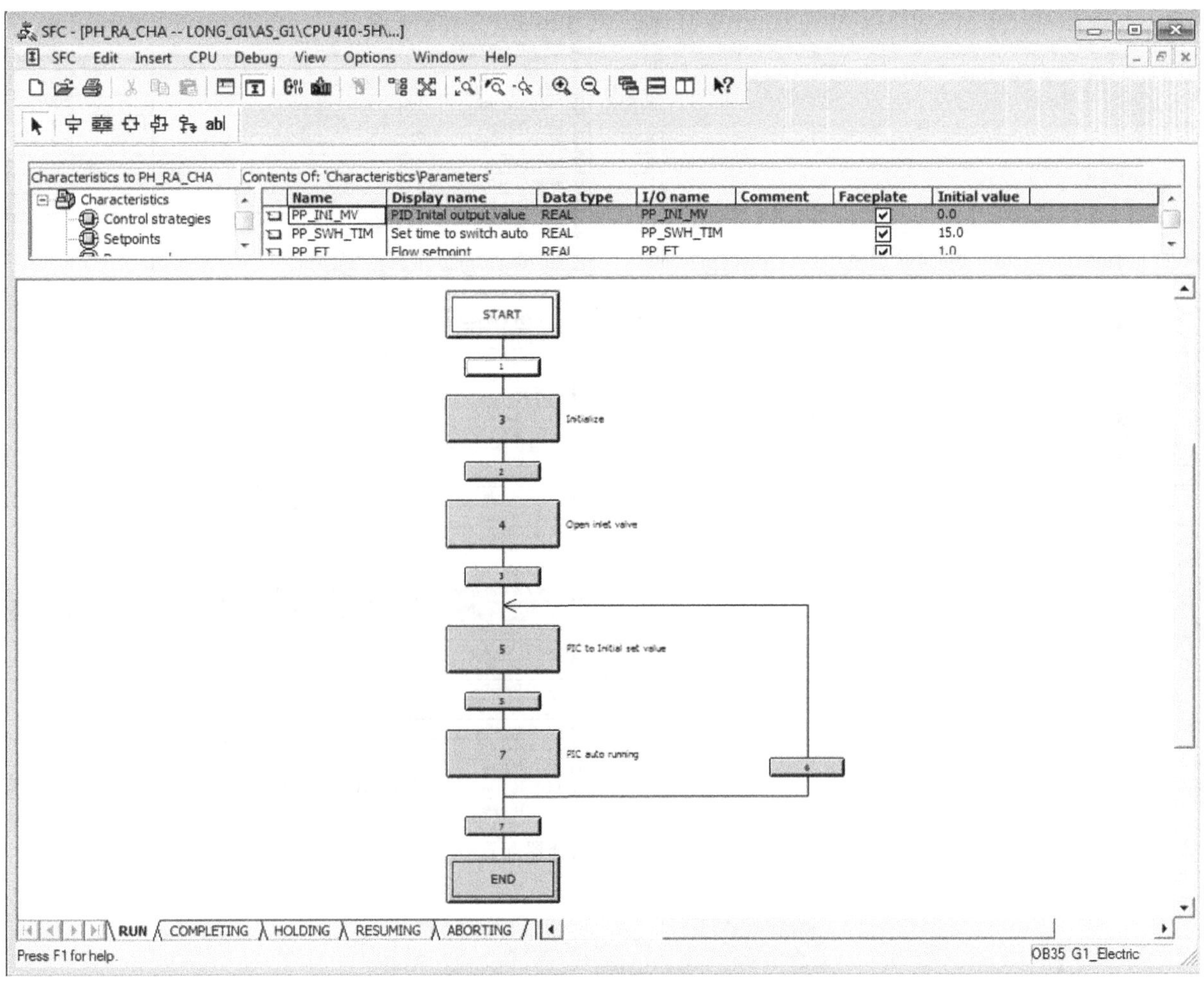

图 5　SFC-Type 示例

交换数据。PLC1、PLC2 和 PLC3 通过交换机接入耦合器 X2 端，在各自的项目中分别对 X2 端进行组态，如果 X1 端组态输入在 X2 端对应插槽中需要组态成输出，在 X1 端组态输出在 X2 端对应插槽中需要组态成输出，需要将和 X1 端通信对应的插槽设置为完全访问（Full），其他插槽设为不访问（---）。这样就可以只需对各自的缓冲区进行读写数据即可实现数据通信。

7）操作员提示弹出窗。在生产过程中，有许多关键步骤需要操作员确认后才能进入下一步，这些确认包含：设备状态确认、处理结果确认、设置参数是否正确确认等。本项目通过在客户端编写 VBS 全局动作脚本，控制弹出窗在画面最前端显示，这样保证了当前客户端无论在任何画面都能第一时间将弹出窗显示出来，通过点击左上角的箭头可切换到当前处理工艺画面，便于操作员查看当前处理过程及设备状态。图 7 为提示弹出窗。

8）现场设置了大量的操作屏（TP1500 精智面板），以方便操作员就地监控设备。由于 PCS 7 主要采用 CFC（连续功能图）进行编程，设备控制块实例化后的数据块编号由系统指定，如果直接采用其背景数据块地址作为 HMI 中对设备的控制地址，需要等到程序编写完成并编译后才能进行 HMI 编程组态，并且如果 CFC 块被修改后，需要重新编译，数据块编号可能会改变，这样 HMI 中的地址也需要修改，增加了 HMI 编程组态工作。在本项目中，编写了专用于 HMI 控制的功能块，

冗余系统X1端组态

(1) PN1-X1

Slot	Module	I Address	Q address	Acces
0	PN1-X1			Full
X1	PN-IO-01			Full
X1 P1 R	Port 1 (2xRJ45)			Full
X1 P2 R	Port 2 (2xRJ45)			Full
1	IN 253 Byte+DS	2000...2253		Full
2	OUT 32 Byte		2000...2031	Full
3	IN 64 Byte+DS	2254...2318		Full
4	OUT 8 Byte		2254...2261	Full
5	OUT 8 Byte		2320...2327	Full
6	IN 16 Byte+DS	2320...2336		Full
7	IN 16 Byte+DS	2338...2354		Full
8	IN 16 Byte+DS	2356...2372		Full
9				

X2端PLC1组态

Slot	Module	Order number	I Address	Q address	Access
0	PN-PN-Coupler	6ES7 158-3AD10-0XA0			Full
X2	PN-IO-02				Full
X2 P1 R	Port 1 (2xRJ45)	6ES7 193-6AR00-0AA0			Full
X2 P2 R	Port 2 (2xRJ45)	6ES7 193-6AR00-0AA0			Full
1	OUT 253 Byte			0...252	Full
2	IN 32 Byte+DS		0...32		Full
3	OUT 64 Byte				...
4	IN 8 Byte+DS				...
5	IN 8 Byte+DS				...
6	OUT 16 Byte				...
7	OUT 16 Byte				...
8	OUT 16 Byte				...

X2端PLC2组态

Slot	Module	Order number	I Address	Q address	Access
0	PN-PN-Coupler	6ES7 158-3AD10-0XA0			- - -
X2	PN-IO-02				...
X2 P1 R	Port 1 (2xRJ45)	6ES7 193-6AR00-0AA0			...
X2 P2 R	Port 2 (2xRJ45)	6ES7 193-6AR00-0AA0			...
1	OUT 253 Byte				...
2	IN 32 Byte+DS				...
3	OUT 64 Byte			0...63	Full
4	IN 8 Byte+DS		0...8		Full
5	IN 8 Byte+DS				...
6	OUT 16 Byte				...
7	OUT 16 Byte				...
8	OUT 16 Byte				...

X2端PLC3组态

Slot	Module	Order number	I Address	Q address	Access
0	PN-PN-Coupler	6ES7 158-3AD10-0XA0			- - -
X2	PN-IO-02				...
X2 P1 R	Port 1 (2xRJ45)	6ES7 193-6AR00-0AA0			...
X2 P2 R	Port 2 (2xRJ45)	6ES7 193-6AR00-0AA0			...
1	OUT 253 Byte				...
2	IN 32 Byte+DS				...
3	OUT 64 Byte				...
4	IN 8 Byte+DS				...
5	IN 8 Byte+DS		0...8		Full
6	OUT 16 Byte			0...15	Full
7	OUT 16 Byte			16...31	Full
8	OUT 16 Byte			32...47	Full

图 6　PN/PN 耦合器配置

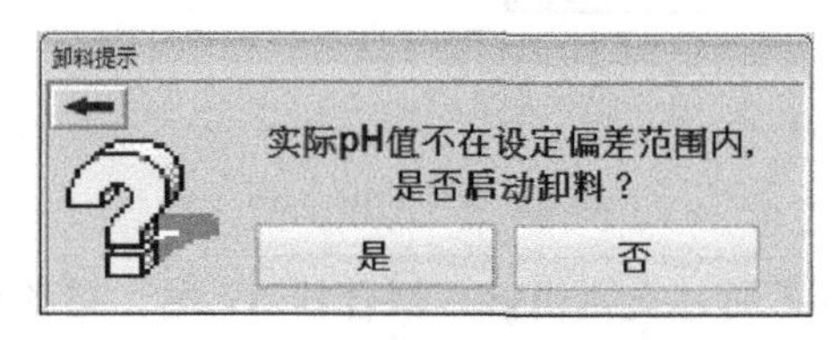

图 7　提示弹出窗

只需要连接控制块的任意输出到“Link”引脚，结合用户自定义的数据类型即可完成对设备的控制，图 8 所示为编程示例。

四、应用体会

西门子 PCS7 系统为全集成自动化系统，SIMATIC Manager 作为项目统一的管理与开发平台，易于项目开发和项目后期的维护。AS-OS 的全集成大大减少了上位机的开发工作和开发难度，其自带的高级过程库（APL）功能齐全，能够满足大多数行业的控制需求，统一的操作界面、功能齐全的操作员面板方便用户操作，完善的信息系统能够帮助操作员快速查找故障并解决故障。新一代专用于 DCS 控制系统的控制器 CPU410-5H 功能强大，易于使用，以过程对象为基础，具有灵活的可扩展性，一款 CPU 覆盖了标准、容错和故障安全应用中下至最小的控制器、上至最大的控制器的整个性能范围。

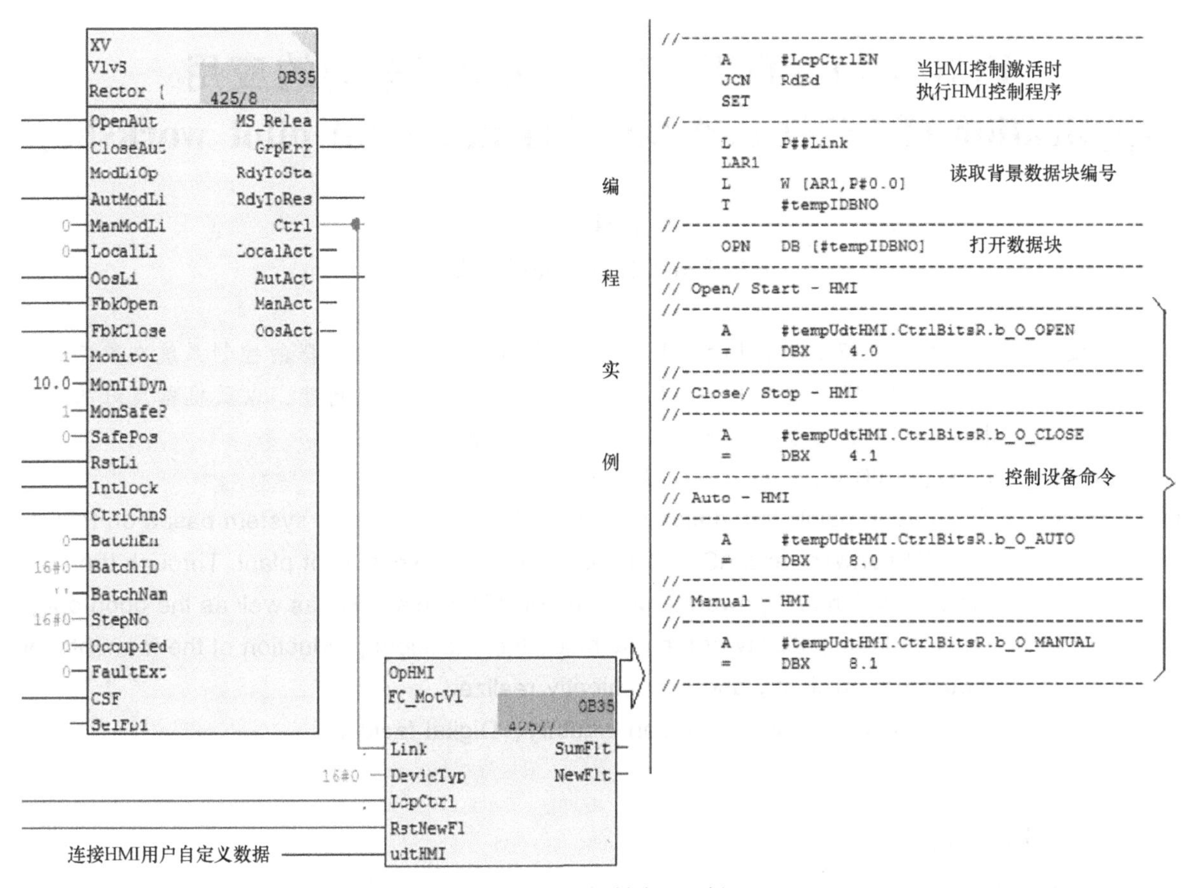

图 8　HMI 控制编程示例

SFC 可视化不需要额外组态就能自动生成图标和面板，面板的界面比较友好，可以看到正在执行的每一步的动作和条件，使生产透明化，非常有利于操作人员对生产工艺的掌控。

PCS7 和 BATCH 的无缝结合，所有操作都有记录，提供简单、灵活的自动组态工具满足复杂的批处理工艺，基于 BATCH 可以灵活切换新工艺、新方法，在一样的工厂装备上生产不同的产品，且能够自动创建完整的批处理日志，便于生产管理和追溯，有利于提高产品的质量。

总之，PCS7 系统在江门市优美科长信新材料有限公司锂电池正极材料生产线中的应用，完美地实现了用户提出的各种功能需求，得到了用户的一致好评，也给锂电池材料生产行业提供了一套完美的解决方案。

参考文献

[1]　西门子（中国）有限公司. PCS7 深入浅出 [Z]. 2007.

[2]　西门子（中国）有限公司. PCS 7 BATCH Control Center 使用入门 [Z]. 2015.

[3]　西门子（中国）有限公司. PN/PN couplerHardware Installation and Operating Manual [Z]. 2017.

PCS7 和 BATCH 在数字化中试车间的应用
Application of PCS7 and BATCH in digital pilot workshop

陈建军
（海泰聚诚工程有限公司　武汉）

[摘　要] 本文主要介绍了基于 PCS7+BATCH 软件和 AS-410H 控制器的控制系统在数字化中试车间的应用。通过 PCS7+BATCH 的灵活应用、强大功能，以及机器良好的开放性、兼容性，高效和便捷地实现了发酵行业的智能化生产。

[关 键 词] PCS7、BATCH、发酵行业、数字化工厂

[Abstract] This paper mainly introduces the application of the control system based on PCS7+ BATCH software and AS-410H controller in the digital pilot plant. Through the flexible application and powerful functions of PCS7+BATCH, as well as the good openness and compatibility of the machine, the intelligent production of the fermentation industry is efficiently and conveniently realized.

[Key Words] PCS7、BATCH、Fermentation industry、Digital factory

一、项目简介

1. 客户介绍

该客户是一家面向工业生物科技前沿，开展战略性、前瞻性的研究任务，从事生物技术创新发展的科研机构。期待通过本项目打造一个具有良好的示范性的开放、共享的生物技术中试平台。

2. 数字化运营管理系统

采集包括生产线、配料系统，以及实验室等的综合信息，根据订单及配方下达生产指令。

主要功能：人员管理、工艺管理、配方管理、物料管理、排程管理、工单管理、生产管理、设备管理、电子批记录管理、可视化管理、预警管理、移动应用、大数据分析功能、人工智能优化模型、系统需要可扩展可升级并且具有开放性。

3. 项目的简要工艺介绍

该项目由 4 套 500L 发酵系统、4 套 1000L 发酵系统和配套，以及配套提取、配料系统、公用工程等系统组成。

对于 500L 发酵系统，有以下要求：

1）每套 500L 发酵系统各自可独立使用。

2）每组 2 套或两组 4 套可同时平行实验。

3）50L 种子罐可作小试工艺研究。

对于 1000L 发酵系统，有以下要求：

1）每套 1000L 发酵系统各自可独立使用。

2）每组 2 套同时运行，一套可做补料工艺，另一套只能做非补料工艺。

3）匹配有不同体积的种子发酵罐 2 台，用于不同接种量的工艺研究。

该项目所有设备都要按照其实际工作流程、步骤，实现一键化程序自动运行，即系统内有符合实际生产过程的顺控编程，同时又满足使用上的灵活性。

有关联或物料交接的部分构成一个工作系统，如种子罐往发酵罐转种、补料罐往发酵罐补料以及交替使用时的相互切换、物料输送提取车间等，都作为一个工作系统自行根据设定的流程和参数，由程序自动衔接，并完成相关过程。

配料系统完成配料后可选择对配料进行预处理，然后自行启动转料程序，将物料转至工艺要求的目标罐；转料完成后，自动对转料管路及配料罐进行清洗。

500L 发酵系统单组工艺描述如下：

1）人工配料后导入洁净的种子罐内并封闭种子罐。

2）检查或往夹套内注入适量的水，判断依据为膨胀器溢流口刚好有水溢出。

3）开启夹套内循环，同时启动搅拌电机，并通过设置在内循环管道上的换热器对罐内物料进行升温。

4）两种消毒模式：

一是间歇消毒模式：罐内物料一直通过夹套内循环间接加热到消毒温度并保温消毒；

二是直接蒸汽消毒模式：先通过夹套内循环将罐内物料间接加热到预热温度后，停止夹套间接加热，改用风管和/或底部蒸汽接着加热，直至升温至消毒温度。

5）通过冷却循环水和蒸汽两种介质，精确控制发酵罐温度。

6）补料设计为两用，既可补料又可调酸碱。

7）种子罐兼作补料罐，种子液或补料液通过出口物料分配站供给至目标罐。

1000L 发酵系统单组工艺描述如下：

1）种子罐配料都是通过 100L 配料罐配好后导入，导入的量通过种子罐的称重模块控制。

2）消毒过程先通过夹套蒸汽预热到一定的温度，然后转换为底部蒸汽消毒。

3）降温配有冷却循环水和冷冻水，升温配有蒸汽，用于种子罐控温。

4）种子罐可兼作补料罐，既可补氮又可补碳，既可独立使用，又可交替配合使用。

5）配料完成后自动导入发酵罐。

6）系统设有 3 路补料，可通过卡式罐补更多物料。

7）设置 3 个种子来源以满足不同的工艺需求：

一是 100L 种子发酵罐；

二是 200L 种子罐；

三是卡式罐。

8）发酵结束后，通过打料泵转至提取车间进行下一步处理，转料管线设置有冲洗水阀，用于转料后的管道清洗。

二、控制系统的构成

该中试平台项目发酵车间和粗提车间自控系统采用西门子 AS-410H 冗余控制器，配置 ET200PA SMART 的各类卡件组成远程分布式 I/O 站；配料车间采用西门子 S7-1200CPU，通过西门子交换机与 AS-410H 组网通信。

本项目系统中用到的软件为 PCS7 V9.1 和 BATCH，并对接该中试平台的数字化运营管理系统。在 PCS7 实现自动控制的基础上，按照 S88 标准模块化地组态 PCS7 的控制功能，由数字化运营管理系统控制 BATCH 通过配方的方式组合 PCS7 中的子控制模块，实现配方驱动的自动化控制模式。

发酵及粗提车间现场分布式 IO 站点，通过冗余的 PROFIBUS-DP 工业总线系统，连接至 AS-410H 冗余控制器。冗余的 PROFIBUS-DP 的网络总线系统通信速度及自由度较高，可由用户自行选择组态，抗干扰能力强，性价比较高。

发酵车间配置 1 台 ES 和 3 台 OS，粗提车间配置 1 台 ES 和 2 台 OS，所有 ES 和 OS 通过采用星型结构连接至西门子交换机构成上位机系统所使用的工业以太网，同时也分别连接配料车间的 S7-1200CPU。这种单站形式的上位机系统既经济实惠又能满足不依赖服务器的工作环境，即使某台上位机故障依然有其他上位机可运行使用，并不影响生产。

系统模型如图 1 所示，系统拓扑图如图 2 所示。

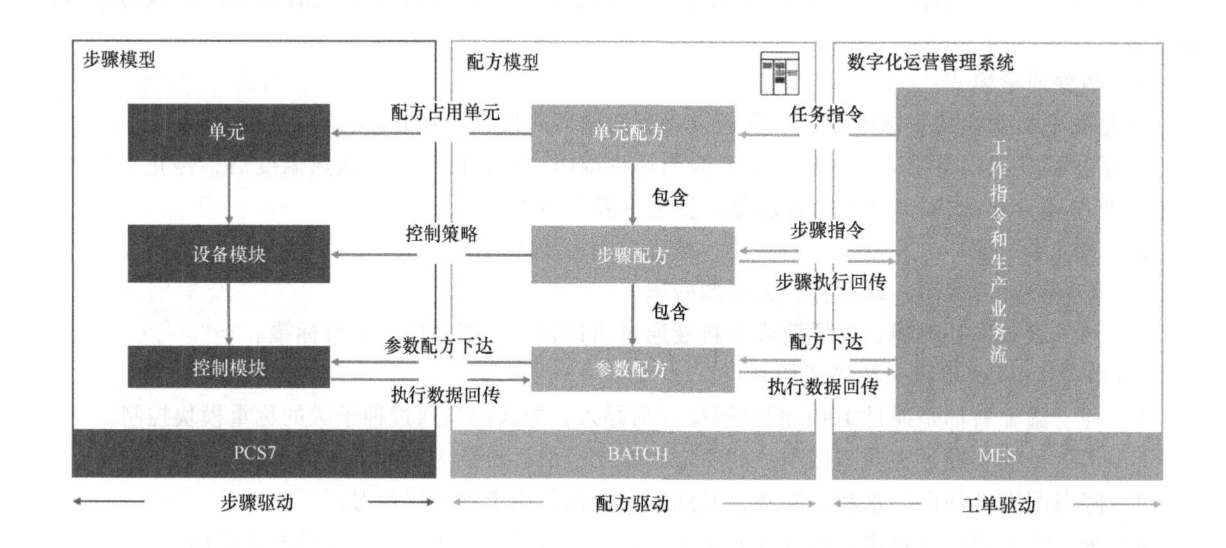

图 1　系统模型

三、控制系统完成的功能

控制系统采用西门子 PCS7+ BATCH 批生产，使自动化系统与数字化运营系统高度集成，能够接收实验室信息管理系统的任务信号，完成生产与实验室的业务对接；系统同时配置电子签名，严格管理生产过程的每一个步骤，形成统一的管理平台，让生产管理与自动化无缝对接，实现生产过程的全自动化管理。

BATCH 组态过程如下：

1）创建 EM：创建 SFC TYPE 如图 3 所示。

2）设置控制策略、设定值、过程值、控制值等：编辑 SFC TYPE 特性如图 4 所示。

3）编写 SQ：编写 SFC TYPE 顺控程序如图 5 所示。

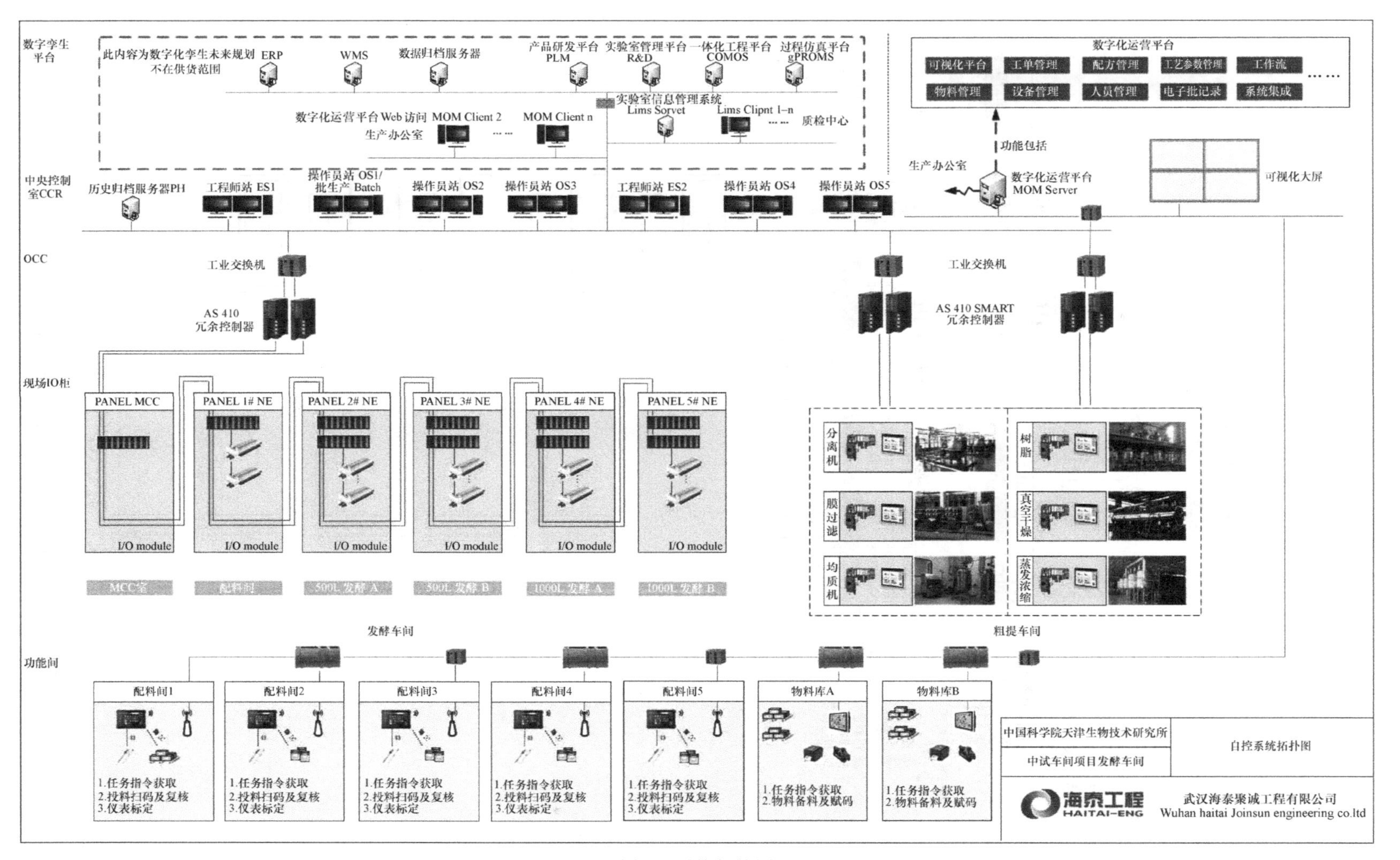
数字孪生平台
此内容为数字化孪生未来规划
不在供货范围
ERP
WMS
数据归档服务器
产品研发平台
PLM
实验室管理平台
R&D
一体化工程平台
COMOS
过程仿真平台
gPROMS
实验室信息管理系统
Lims Sorvet
Lims Clipnt 1~n
质检中心
数字化运营平台Web访问
生产办公室
MOM Client 2
MOM Client n
中央控制室CCR
历史归档服务器PH
工程师站 ES1
操作员站 OS1/
批生产 Batch
操作员站 OS2
操作员站 OS3
工程师站 ES2
操作员站 OS4
操作员站 OS5
数字化运营平台
可视化平台
工单管理
配方管理
工艺参数管理
工作流
物料管理
设备管理
人员管理
电子批记录
系统集成
……
功能包括
生产办公室
数字化运营平台
MOM Server
可视化大屏
OCC
工业交换机
AS 410
冗余控制器
工业交换机
AS 410 SMART
冗余控制器
现场IO柜
PANEL MCC
PANEL 1# NE
PANEL 2# NE
PANEL 3# NE
PANEL 4# NE
PANEL 5# NE
I/O module
MCC室
配料间
500L 发酵 A
500L 发酵 B
1000L 发酵 A
1000L 发酵 B
分离机
膜过滤
均质机
树脂
真空干燥
蒸发浓缩
发酵车间
粗提车间
功能间
配料间1
配料间2
配料间3
配料间4
配料间5
1.任务指令获取
2.投料扫码及复核
3.仪表标定
物料库A
物料库B
1.任务指令获取
2.物料备料及赋码
中国科学院天津生物技术研究所
中试车间项目发酵车间
自控系统拓扑图
海泰工程
HAITAI-ENG
武汉海泰聚诚工程有限公司
Wuhan haitai Joinsun engineering co.ltd

图 2　系统拓扑图

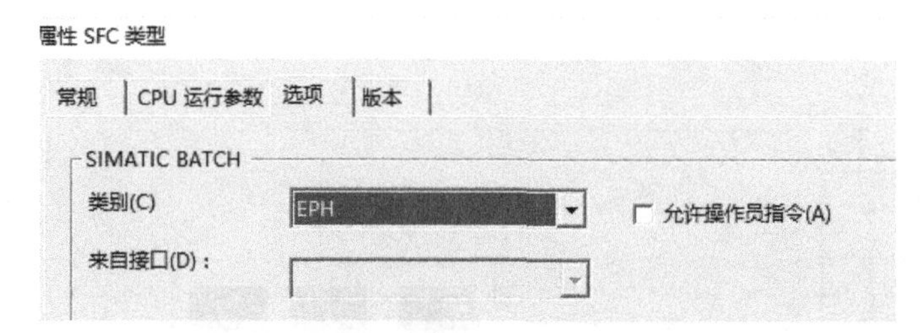

图 3　创建 SFC TYPE

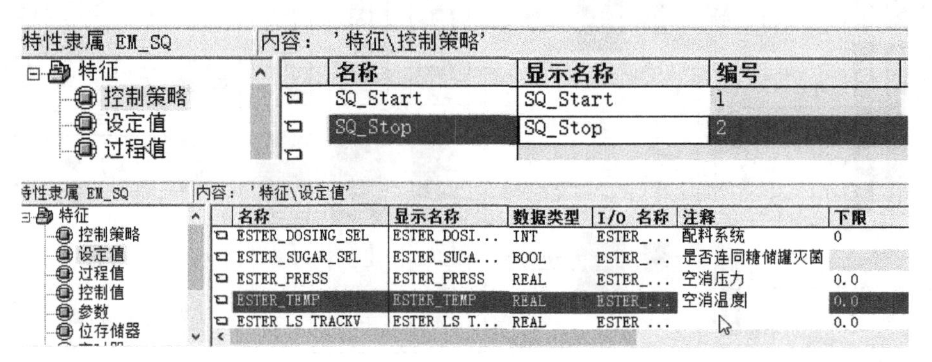

图 4　编辑 SFC TYPE 特性

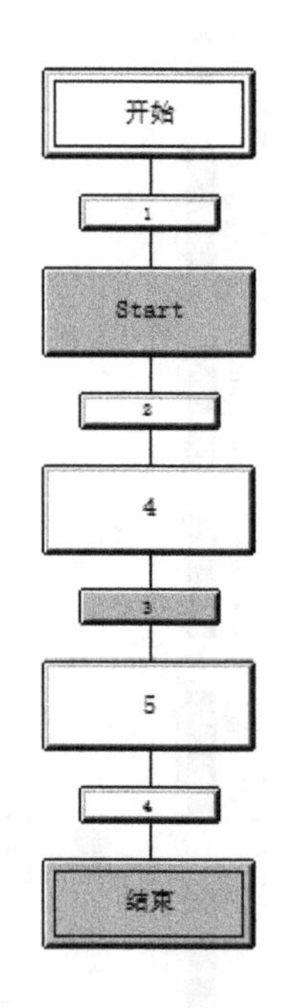

图 5　编写 SFC TYPE 顺控程序

4）设置 SQ 的启动条件：设置 SFC TYPE 顺控启动条件如图 6 所示。

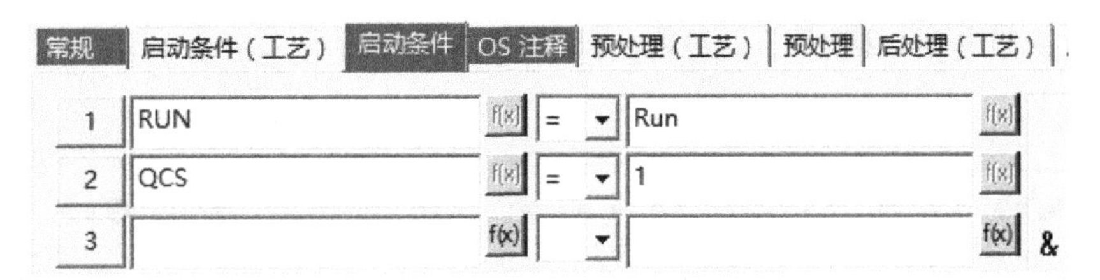

图 6　设置 SFC TYPE 顺控启动条件

5）插入 UNIT，调用 EM：插入 UNIT，调用 EM 如图 7 所示。

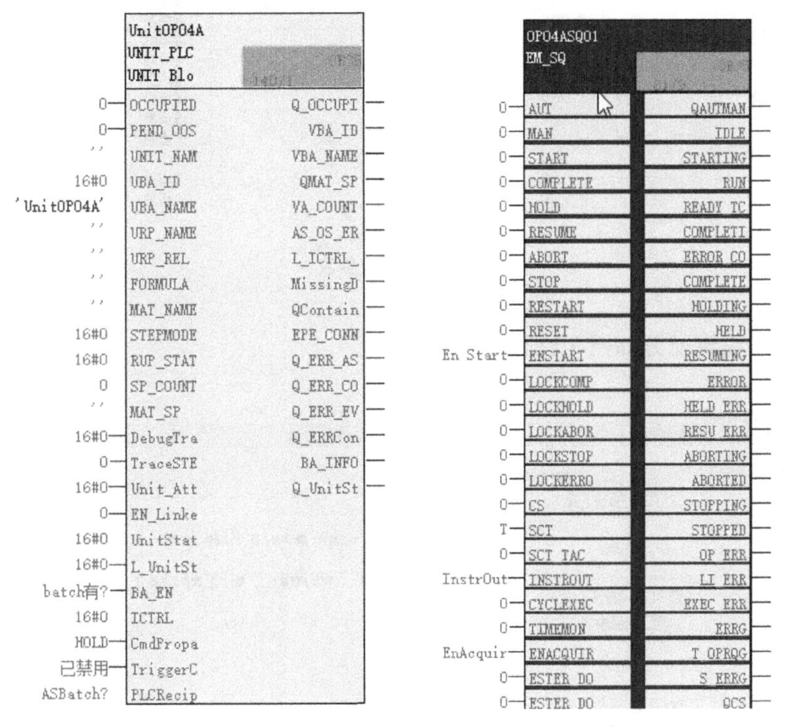

图 7　插入 UNIT，调用 EM

6）在 BATCH 组态对话框中编译、传送及下载：编译下载 BATCH 如图 8 所示。

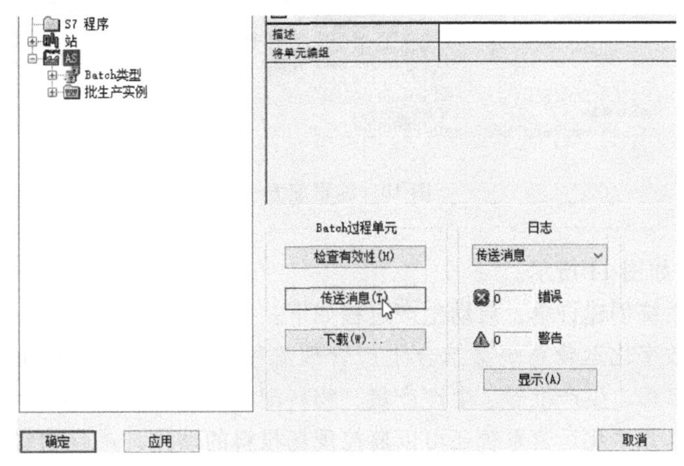

图 8　编译下载 BATCH

7）BATCH 控制中心中创建配方及参数：配方参数如图 9 所示。

'Fer04A_V1.0' 的属性

常规 分配 产品 输入物料 输出物料 参数 传送参数 相关性 过程标签 更改日志 ESIG

列表：

	名称	下限	配方下限	值（理论值	配方上限值	上限	测量单位	数据类型	源	标定	理论值 ID
1	401配料系统			0				整数			0
2	401是否连同糖储罐灭菌			假				布尔型			0
3	401空消压力			0				浮点数			0
4	401空消温度			0				浮点数			0
5	401空消蒸汽开度			0				浮点数			0
6	401移种管线灭菌温度			0				浮点数			0
7	401底料管线灭菌温度			0				浮点数			0
8	401空消时间			0				浮点数			0
9	温度偏差			0				浮点数			0
10	糖流加罐#1空消时间			0				浮点数			0
11	401空消换风压力			0				浮点数			0
12	401空消换风风量			0				浮点数			0
13	401初始温度			0				浮点数			0
14	401发酵初始PH			0				浮点数			0
15	三级移种压力			0				浮点数			0

图 9　配方参数

8）编辑配方：编辑配方如图 10 所示。

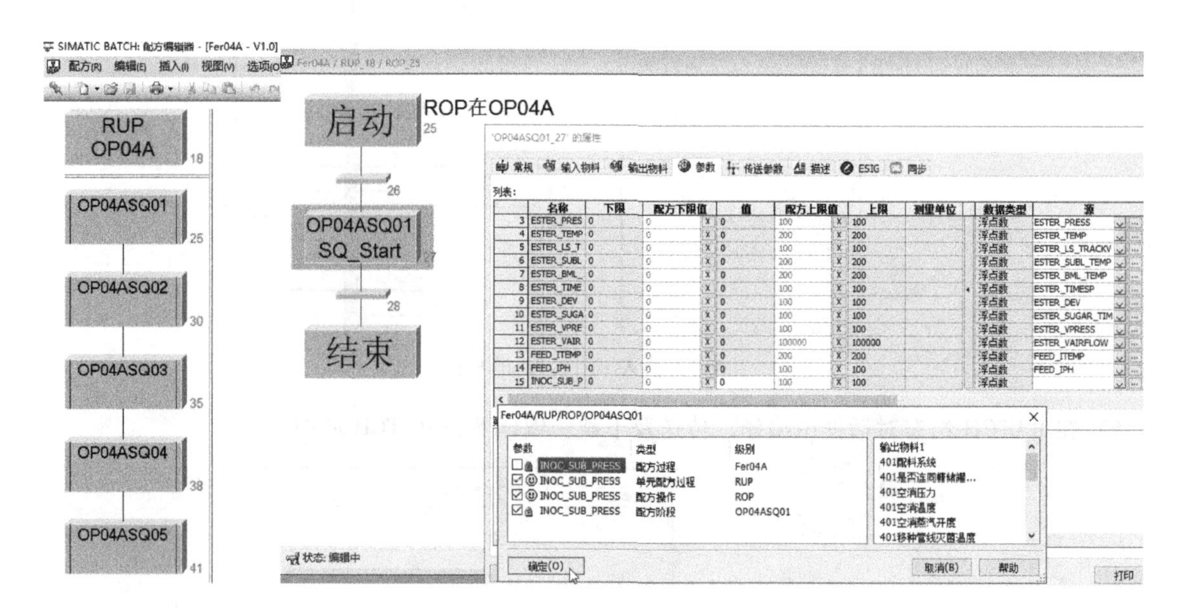

图 10　编辑配方

9）配方发布生产如图 11 所示。

通过数字化运营系统创建订单，启动生产过程如下：

设备启动之前，数字化运营系统会结合生产管理流程，确认生产前的准备工作，例如工单信息，内容包括：产品名称、生产批号、生产产量、物料配方（见图 12）等。

除信息确认以外，数字化运营系统还可以监控现场投料的动作，一旦物料与配方不一致，系统可自动复核，并提示报警，避免人为所发生的错误。物料确认如图 13 所示。

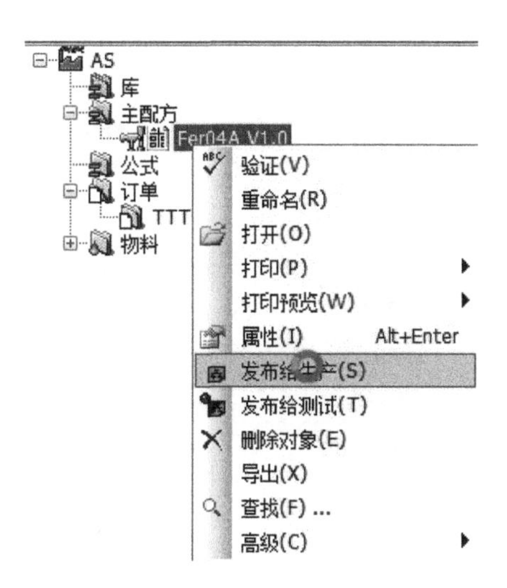

图 11　配方发布生产

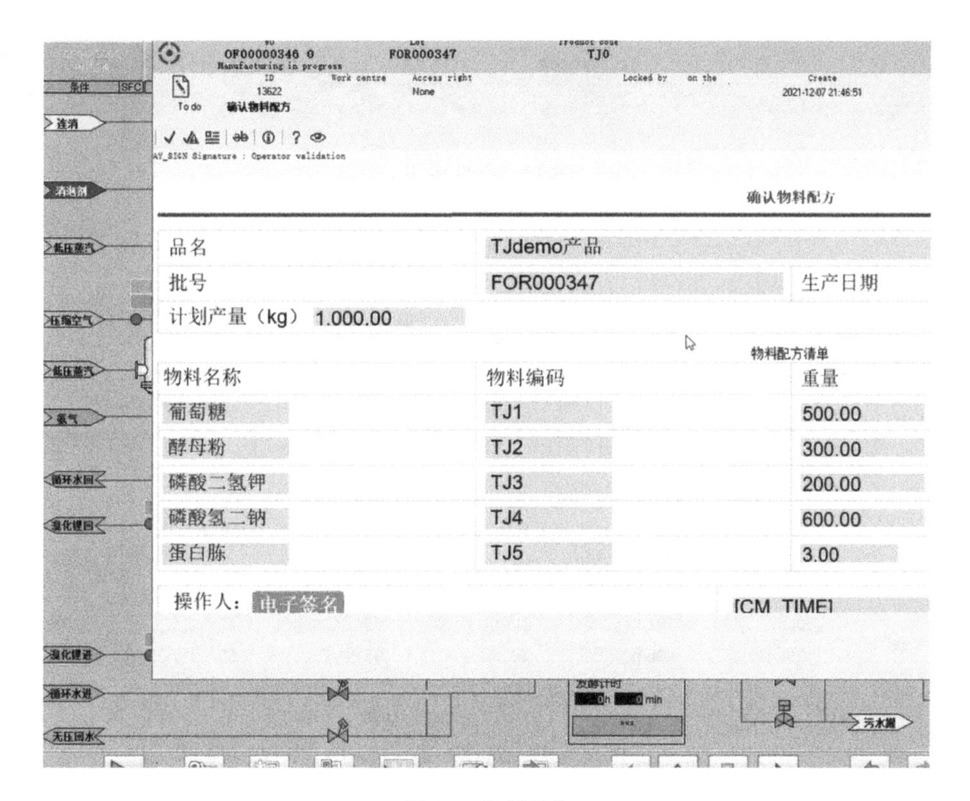

图 12　物料配方

数字化运营系统的离线工艺参数信息包括：空消工艺参数、实消工艺参数、发酵工艺参数、CIP 工艺参数等，工艺参数配方如图 14 所示。

完成生产前的准备工作之后，数字化运营系统会自动下发批生产订单至 BATCH 系统，BATCH 系统将确认好的离线配方转化为在线配方，并发送至 PCS7 控制系统。生产订单如图 15 所示。

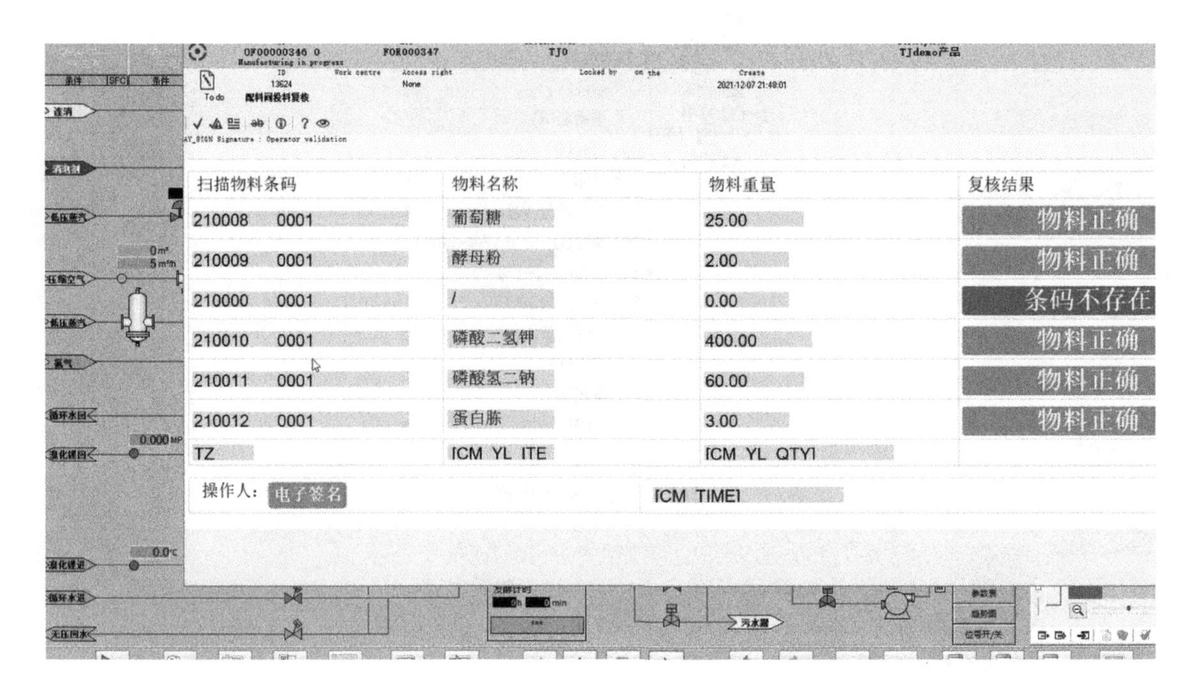

图 13　物料确认

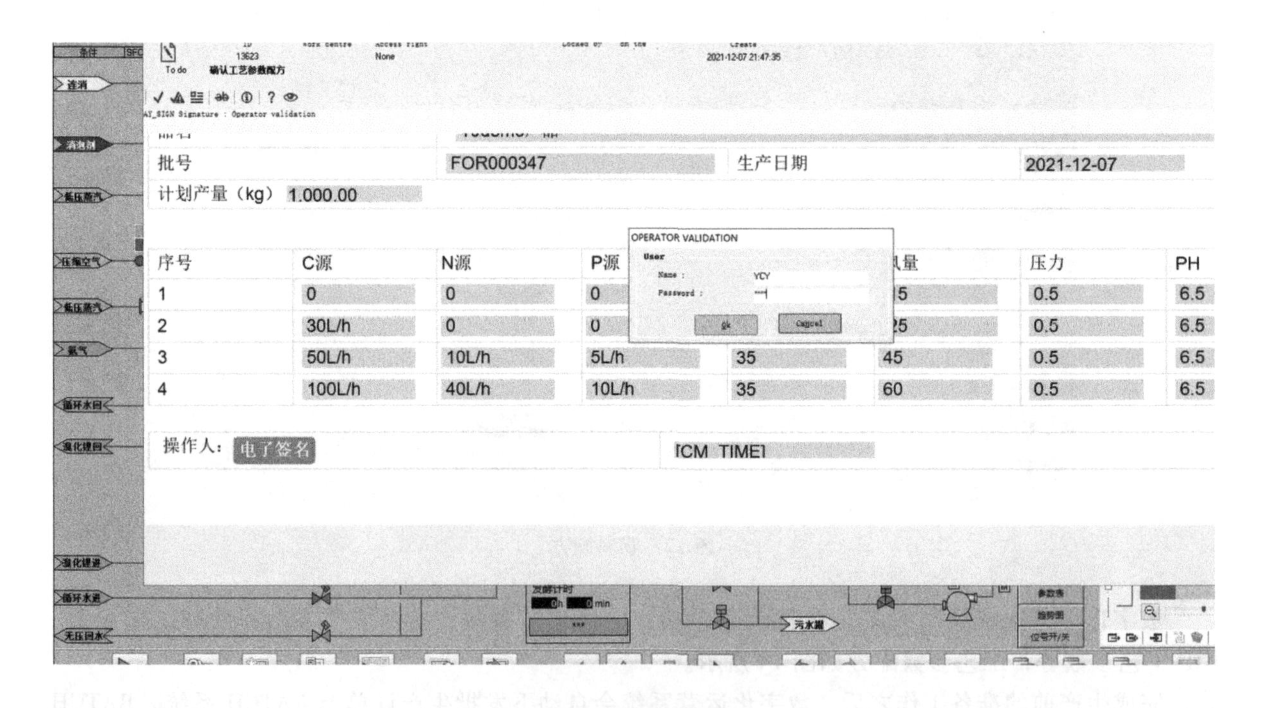

图 14　工艺参数配方

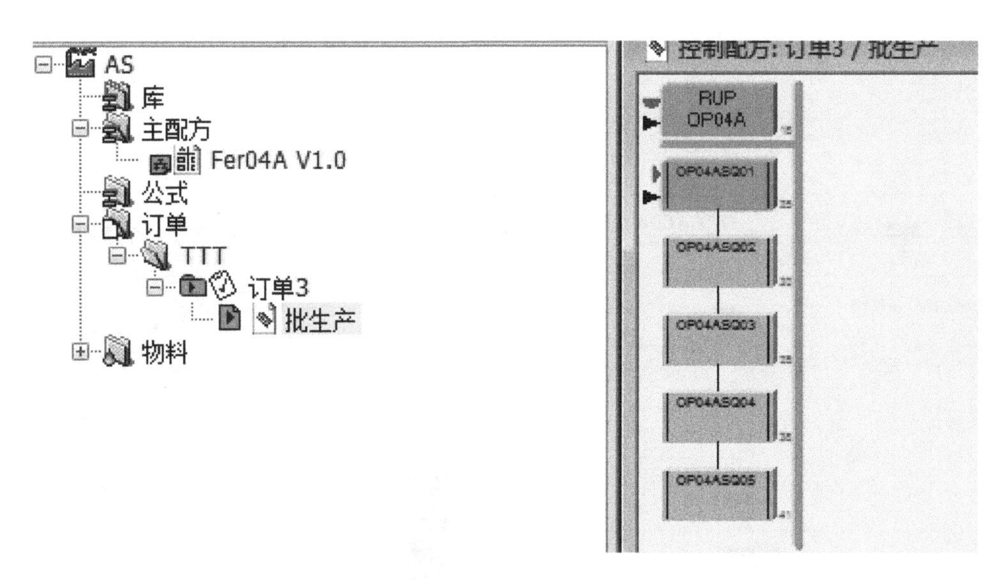

图 15　生产订单

设备启动后，BATCH 系统根据在线配方的要求，实时监控并记录生产过程的每一个工艺数据及生产操作，同时将过程数据反馈至数字化运营平台，形成完整的数据闭环，实现生产过程的“标准化”“透明化”“数字化”。

接下来，控制系统根据预先设计的流程“一键式”启动生产，发酵过程包括空消、进料、初始化调节、接种、发酵、放罐。

首先启动发酵的空消过程，依次排空夹套、罐内通蒸汽、打开与罐相连的所有管路的排气阀，等待空消灭菌温度。空消灭菌温度到 125℃，灭菌时间 60min。空消 15min 后插入 pH 和溶氧电极。空消 SFC 如图 16 所示，空消过程如图 17 所示。

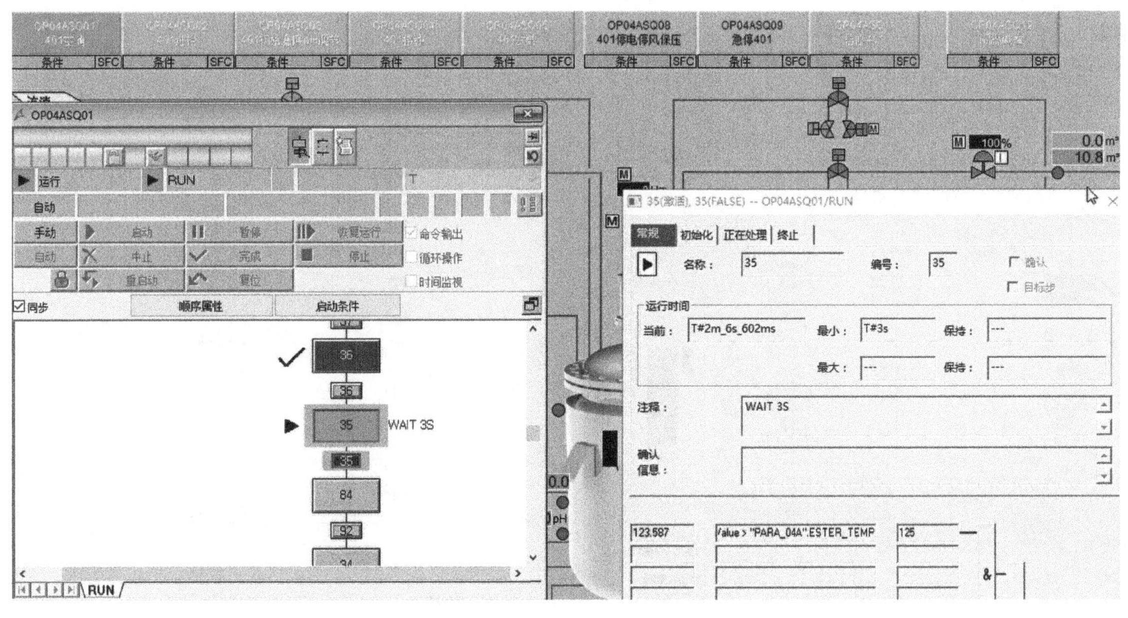

图 16　空消 SFC

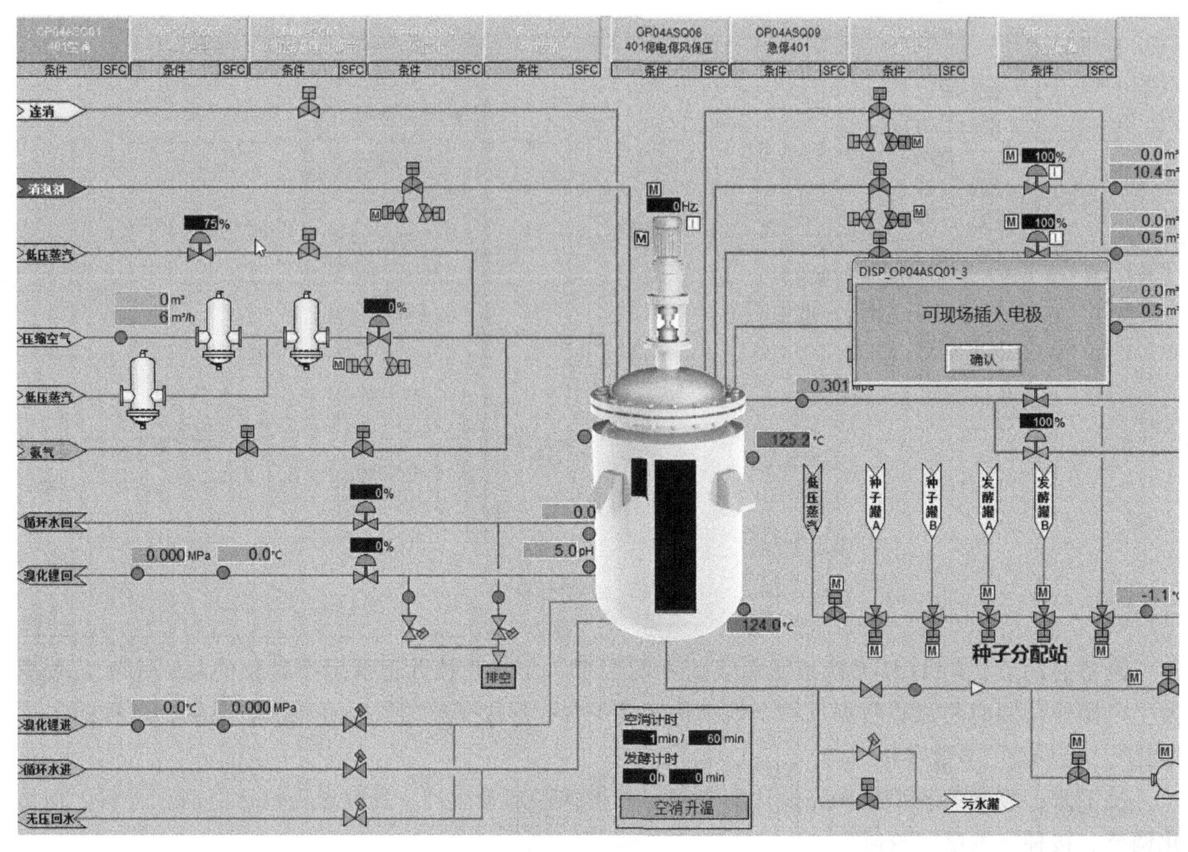

图 17　空消过程

空消结束后再自动启动进料程序，通风降温，控制发酵罐压力为 0.8kg，并发送信号给配料系统，请求自动给发酵罐进料，进料过程如图 18 所示。

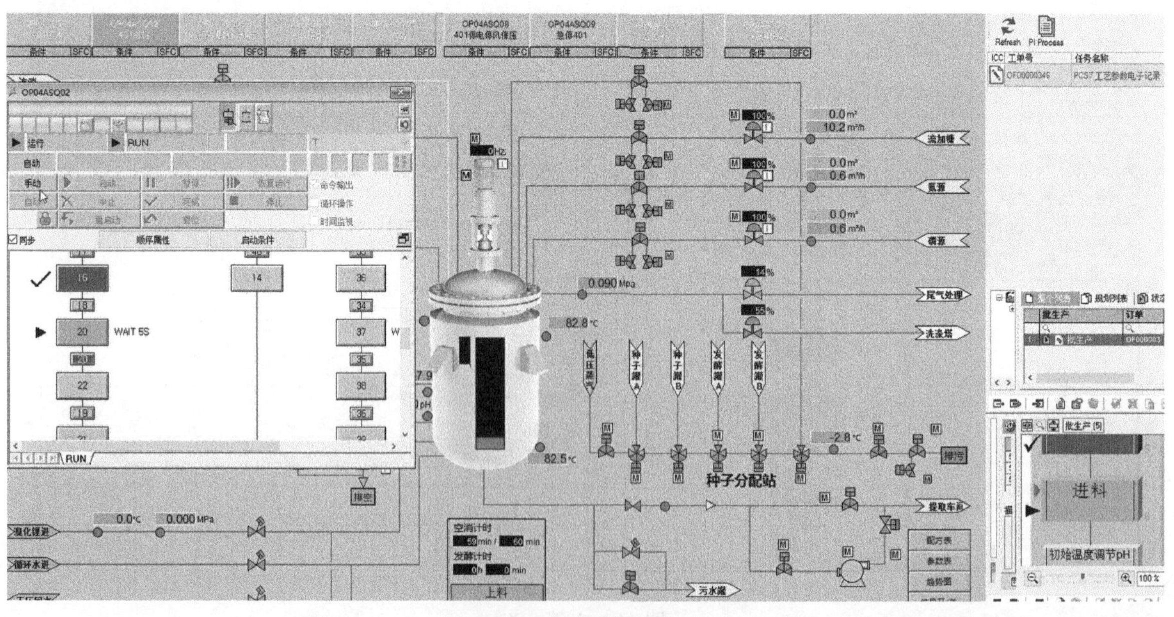

图 18　进料过程

进料结束后，自动调节发酵培养基温度及 pH，降温至 35℃，初始调节 pH 值到 7.2，调节培养基温度及 pH 如图 19 所示。

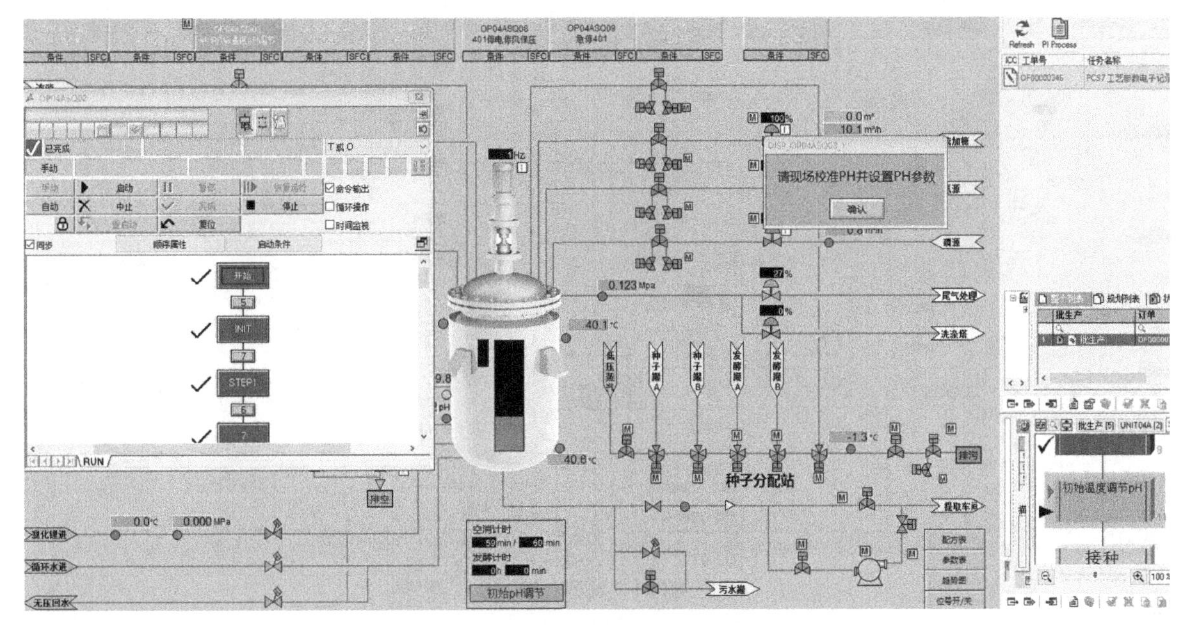

图 19　调节培养基温度及 pH

培养基调节后自动进行接种管线灭菌，灭菌温度为 121℃，灭菌时间为 30min，灭菌结束后开始接种，接种过程如图 20 所示。

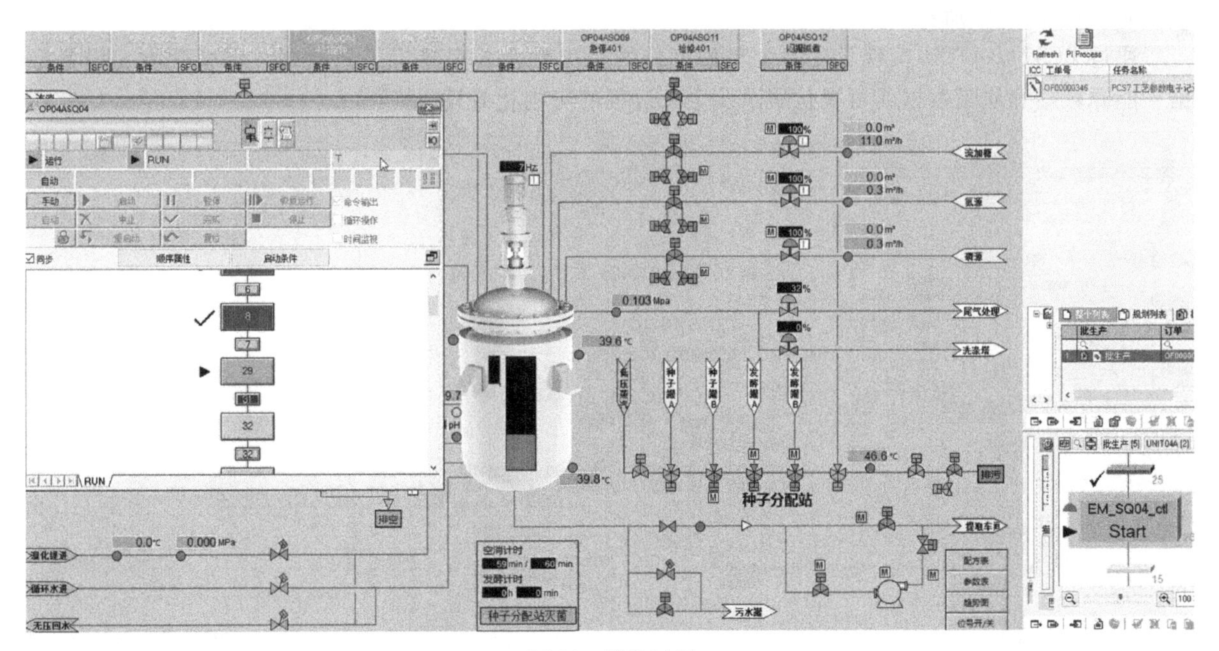

图 20　接种过程

接种结束后开始发酵，根据工艺在线配方，控制发酵温度、分量、压力，以及碳源、氮源等营养源的流加。通过液氨反馈控制发酵 pH，通过泡沫传感器反馈控制发酵液泡沫高度。发酵过程如

图 21 所示。

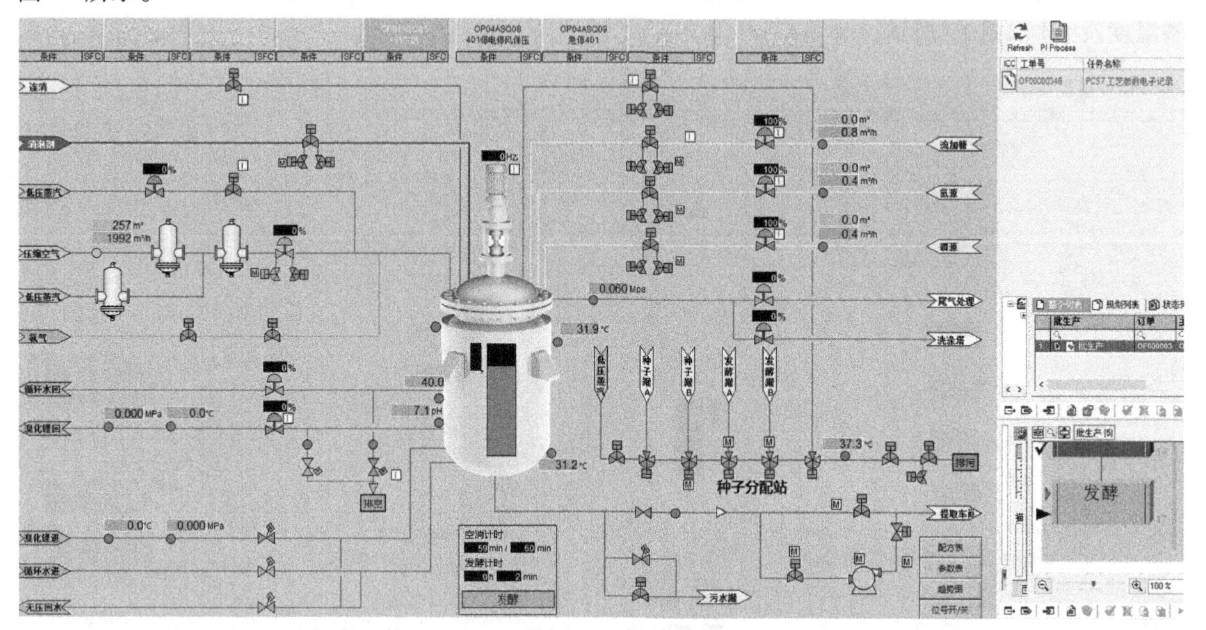

图 21　发酵过程

发酵结束后启动放罐程序，提升发酵罐罐压，将发酵液输送至提取车间。整个生产发酵过程的温度、压力、溶氧、pH、风量、营养源流加量等运行数据实时发送到数字化运营平台，待批次订单完成后自动生成完整的电子批记录，实现生产从开始到结束整个流程的无纸化。数字化运营系统数据实时记录如图 22 所示。

通过 PCS7+BATCH 实现了自动化与数字化的完美融合，完成了工艺数据、物料数据、设备数据、能源数据和质量数据的可视化展示及生产过程的可视化管理。

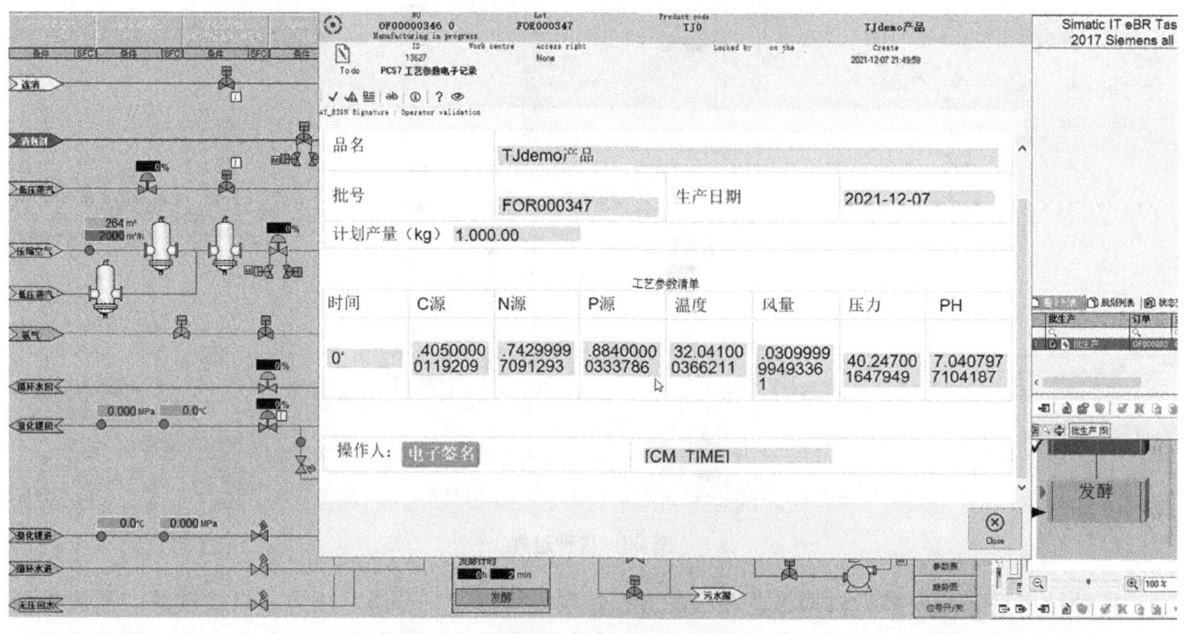

品名　TJdemo产品

批号　FOR000347　　生产日期　2021-12-07

计划产量（kg）　1.000.00

工艺参数清单

时间	C源	N源	P源	温度	风量	压力	PH
0'	.40500000119209	.74299997091293	.88400000333786	32.041000366211	.03099999949336 1	40.247001647949	7.0407977104187

操作人：电子签名　　[CM TIME]

图 22　数字化运营系统数据实时记录

本项目为总包工程，我司不仅提供工程安装、数字化运营系统实施及自控系统配置，同时也提供工艺设计以及流程设计。并对编程设计出工艺操作手册，规定了该项目有哪些自控程序，每个自控程序该有什么样的启动条件，以及为保护生产过程安全每个自控程序有什么样的暂停因素。

通过 SFC 编写顺序控制的编程方式以及工艺操作手册的编程指导，该项目成功实现了客户要求的一键式启动和连续生产。同时对于设备之间的互锁编程很好地保障了在非正常生产状态时的设备安全，顺序控制程序之间的互锁编程则实现了在生产过程中其他会影响生产安全的程序无法启动，进一步保证了生产过程的安全程度。

项目中的难点如下所述：

1）该平台是完整的工艺+自控+数字化项目，我司也有多年的食品饮料行业经验，但由于客户的个性化需求反复，导致项目实施的沟通成本很高。

2）项目中的第三方成套设备较多，各设备的通信协议、自动化程度都不相同，需定制化地集成这些设备。

四、项目执行情况

该项目是由海泰总包执行，整个项目贯彻执行了海泰工艺+自控+数字化，以及设计+制造+工程的理念；凭借公司拥有的生产管理、自动化和 IT 技术团队，以及近年来潜心深耕生物、食品、制药行业数字化业务的经验，并结合客户现场实际情况和多方位的沟通，为客户量身定做了一套整体解决方案，并使项目在规划时间内优质完成；帮助客户解决了在工艺优化、节能减排、过程自动化和生产管理中存在的“难点”与“痛点”。

项目实际运行效果较好，为双方的进一步合作打下了良好的基础。

五、应用体会

本项目是中试平台，使用的设备都不是很大，通过按照模块化设计并在工厂完成制造，再发送到现场组装，大大节约了系统安装时间。

得益于西门子 PCS7+BATCH 软件平台，自控系统在进行现场调试前已进行了完整的 FAT 测试，现场主要工作就是进行 IO 测试及参数整定，极大地提高了项目执行效率。

西门子产品易于使用、应用灵活、功能强大，具有良好的开放性、兼容性以及售后技术支持，让我们感受到了西门子博大精深、同心致远的理念。

参考文献

[1] 西门子（中国）有限公司. PCS7 深入浅出 [Z].
[2] 西门子（中国）有限公司. PCS7 BATCH 入门指南 [Z].

PCS7 项目升级实例
PCS7 project upgrade example

叶 鑫
（武汉海泰聚诚工程有限公司 武汉）

[摘 要] 由于备件成本越来越高、Windows 系统不支持、故障率与非计划停机增多及对新功能的需求增多，该项目选择从 PCS 7 7.0 SP1+WinCC 6.0 SP2 升级为 PCS 7 9.1+WinCC 7.5 SP1 和 Batch 项目的移植，并且更换 CPU417 至 CPU410，同时也附带上位机、交换机等硬件更新。

[关 键 词] PCS7、Batch、CPU410、项目升级

[Abstract] Because spare parts cost more and more、Windows does not support it 、Increased failure rate and unplanned downtime, The project was upgraded from PCS 7 7.0 SP1+WinCC 6.0 SP2 to PCS 7 9.1+ WinCC 7.5 SP1, Batch project migration, And replace CPU417 to CPU410-5H, Is also attached to the upper computer, switch and other hardware updates.

[Key Words] PCS 7、Batch、CPU410、The project to upgrade

一、项目简介

国内某知名酵母公司是专业从事酵母类生物技术产品生产、经营及相关技术服务的国家重点高新技术企业、国内酵母行业龙头企业。公司主导产品包括面包酵母、酿酒酵母、酵母抽提物、保健食品、食品原料、生物饲料添加剂、乳制品等，产品广泛应用于烘焙、发酵面食、酿酒、风味改良、医药保健、生物化工、动物营养等领域。

该项目背景是在该公司某发酵车间，2012 年投入生产，采用的硬件为 CPU417，软件配置为 PCS 7 7.0 SP1/WinCC 6.0 SP2/Batch，现考虑到增加备件成本越来越高，也越来越难买到，且故障率与非计划停机增多，所以决定进行项目升级。

二、系统结构

1. 根据用户需求制定升级方案

用户对项目升级的需求如下：

1）要支持主流的 Windows 操作系统。

2）升级更换的硬件要求是已经有大量应用案例且成熟的产品，且新的硬件备件要在 10 年内能正常购买到。

3）升级后的硬件易于扩展，可以方便地进行技改增加装置。

4）增加集中用户管理功能，以实现方便的用户管理。

针对用户需求评估了西门子 PCS 7 的新软件和硬件，采用如下解决方案：

1）将 CPU 硬件升级为 CPU410-5H。因为 CPU410-5H 是西门子基于成熟的 CPU417-5H 硬件基础上开发的专门用于流程行业的 CPU，在近八九年内有大量成功的应用案例，相比于之前的 CPU 具有如下特点：

① 电路板上喷涂有专门的防腐涂层，满足 ISA-S71.04 严重等级（G1、G2、G3）标准，适应化工行业苛刻的工作环境。

② 宽温设计，CPU410-5H 工作环境温度最高可到 70℃。

③ 内存更大，CPU410-5H 装载内存为 48MB，工作内存为 32MB。

④ 易于扩展，可以在运行中扩展运行程序的大小限制，从 100PO 到 2600PO。

⑤ 取消了 CPU 前面板上的开关，防止误碰导致的意外停机。

⑥ 没有电池也可以保持程序。

⑦ CPU410-5H 集成了两对 PN 口，可以用于带 PN I/O 从站或者与上位机通信。

2）由于目前主流的操作系统已经是 Windows 10 2019 和 Server 2019，目前支持新操作系统的只有最新的 PCS 7 V9.1，为满足用户的操作系统要求，选择了 PCS 7 V9.1。

3）新增 SIMATIC Logon 功能，用来进行用户管理。

4）交换机也全部更换为西门子的 XB 系统交换机，该型交换机已经推出七八年，属成熟稳定的产品。

2. 系统架构

本项目主要硬件有：一对 CPU410-5H、光交换机 XB213 3 台、1 台 ES 站和 1 台 Batch 站，另外还有 3 台 OS 客户机，系统的架构不变，CPU 硬件组态的变化如图 1 所示。

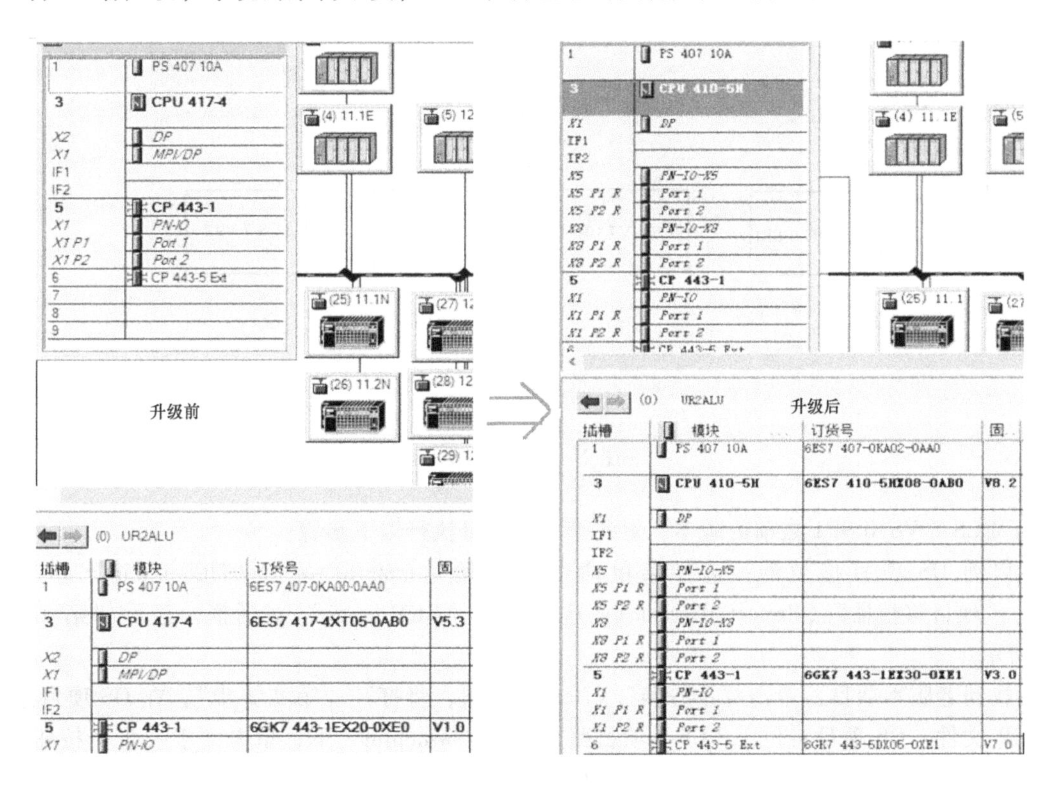

图 1　升级前后硬件变化

三、升级主要流程

1）签订合同准备工作：技术人员到项目现场进行项目信息的收集并进行风险评估，根据调研结果出具一份详细的技术方案与报价，在这一阶段发现可能的技术风险点，接下来甲乙双方针对这份技术方案进行讨论和技术澄清，达成一致意见后签订合同。

2）升级准备工作：在实验室完成所有无需在现场处理的工作，包括项目升级和测试。在实验室测试中发现升级的疑难问题并提前解决。FAT 测试要尽可能测试到所有的系统功能。

3）现场升级工作：等待 FAT 测试完所有问题后，就等到在现场停产后的窗口期，进行新硬件的安装，下载新的组态并进行现场调试，处理现场升级过程中出现的问题。

完成以上三个步骤，一个项目升级工作就算大致完成了，其中升级准备工作十分重要，它关系到整个项目升级的成败。这是因为对用户来说，停机升级的时间窗口越短越好，所以留给第 3 步现场升级的时间通常只有几天，如果准备工作不足，例如测试不彻底，结果在现场升级时发现问题，解决时间又比较长，就会耽误用户的工期。

四、主要技术工作

1. PCS 7 软件升级

原 PCS 7 版本为 PCS 7 V7.0 SP1，要升级到更高版本的软件必须要经过 PCS 7 V7.1 SP4 这个版本，然后再升级到 PCS 7 V9.0，最后再升级为 PCS 7 V9.1。所以升级路线就为 PCS 7 V7.0 SP1→PCS 7 V7.1 SP4→PCS 7 V9.0→PCS 7 V9.1，如图 2 所示。

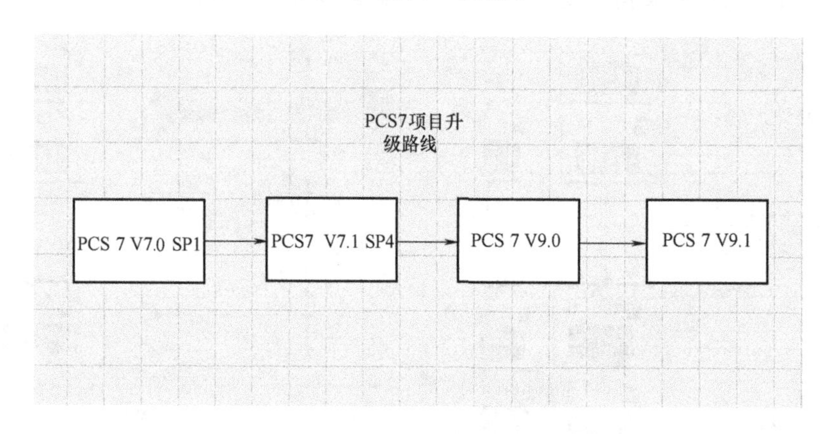

图 2　升级路线图

对于 PCS 7 V8.0 SP1 之前的版本，对每个 OS 项目执行以下步骤：

1）启动 OS 项目移植器：选择菜单命令“开始”（Start）→SIMATIC→WinCC→“工具”（Tools）→“项目移植器”（Project Migrator），这将打开“CCMigrator”对话框，显示“第 1/3 步”，如图 3 所示。

2）找到老版本项目：单击“下一步”（Next）按钮，将打开“第 2/3 步”，在 OS 项目路径中，选择 MCP 文件。OS 项目将位于 PCS 7 项目路径中的“wincproj”下，单击“下一步”按钮。

3）在“第 3/3 步”（Step 3 of 3）中，单击“完成”（Finish）按钮，将自动执行更新。

自 PCS 7 V8.0 SP1 起，SIMATIC Manager 可自动检测多重项目或项目中的 OS 组态是否与安装

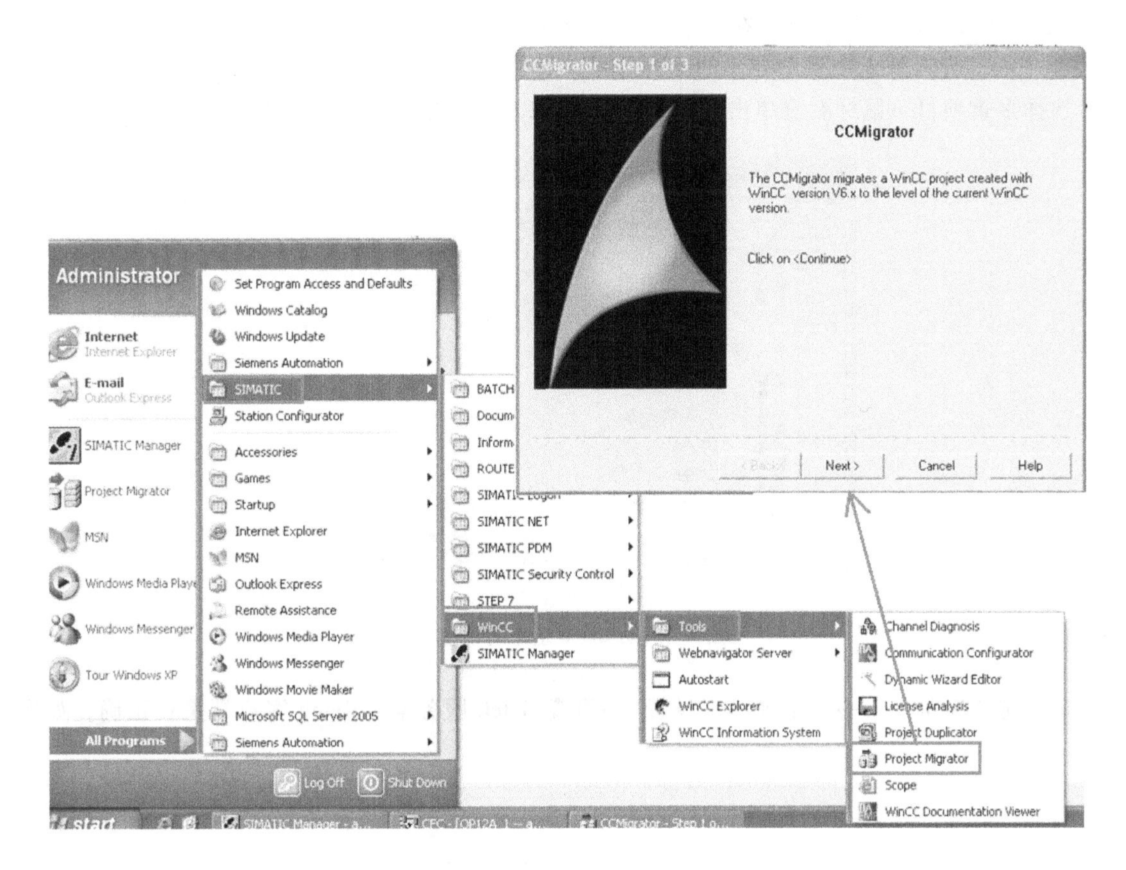

图 3　启动 OS 项目移植器

的 PCS 7 版本一致，按图 4 所示的提示启动移植即可。

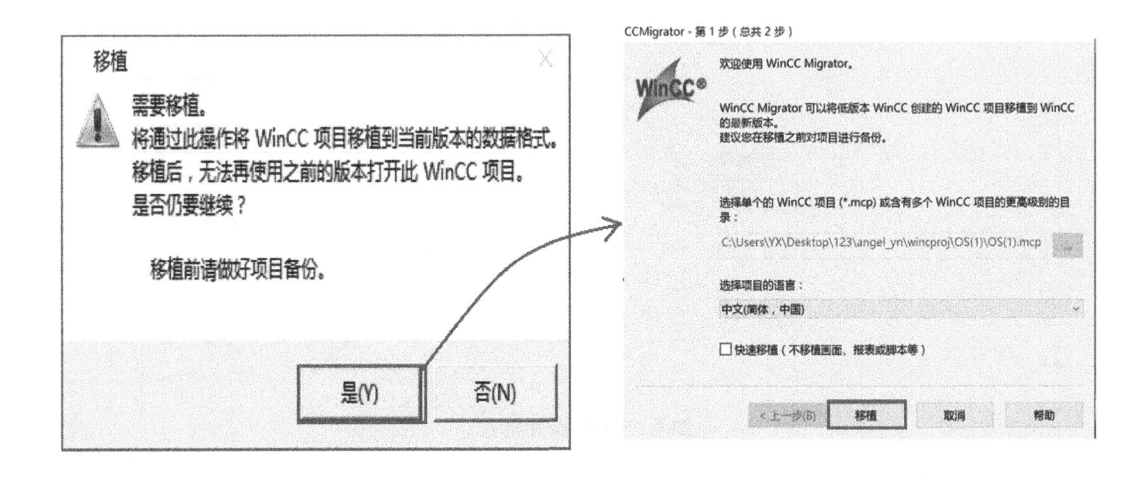

图 4　自动启动移植向导

2. Batch 升级

该项目更换了 Batch 上位机，在安装 PCS 7 9.1 时，同时安装了最新版本的 Batch，再启动 Batch 控制中心，导入从老项目中导出的配方即可，具体方法如下：

① 选择多重项目→鼠标右键单击“SIMATIC BATCH”→打开组态对话框,如图 5 所示。

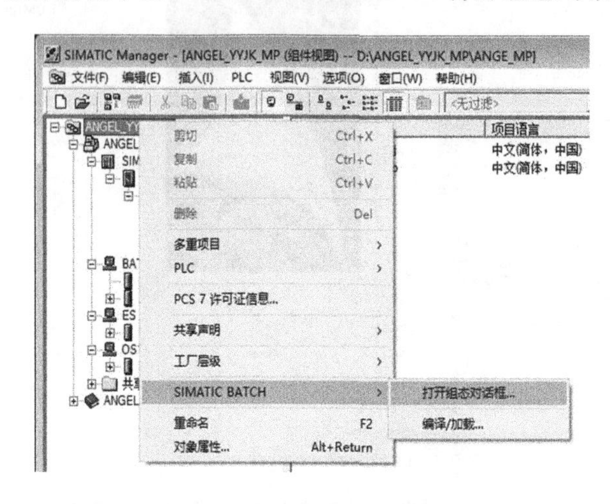

图 5　启动 Batch 组态对话框

② 选择选择多重项目→多重项目“设置”→检查 Batch 服务器、Batch 客户端是否正确，如图 6 所示。

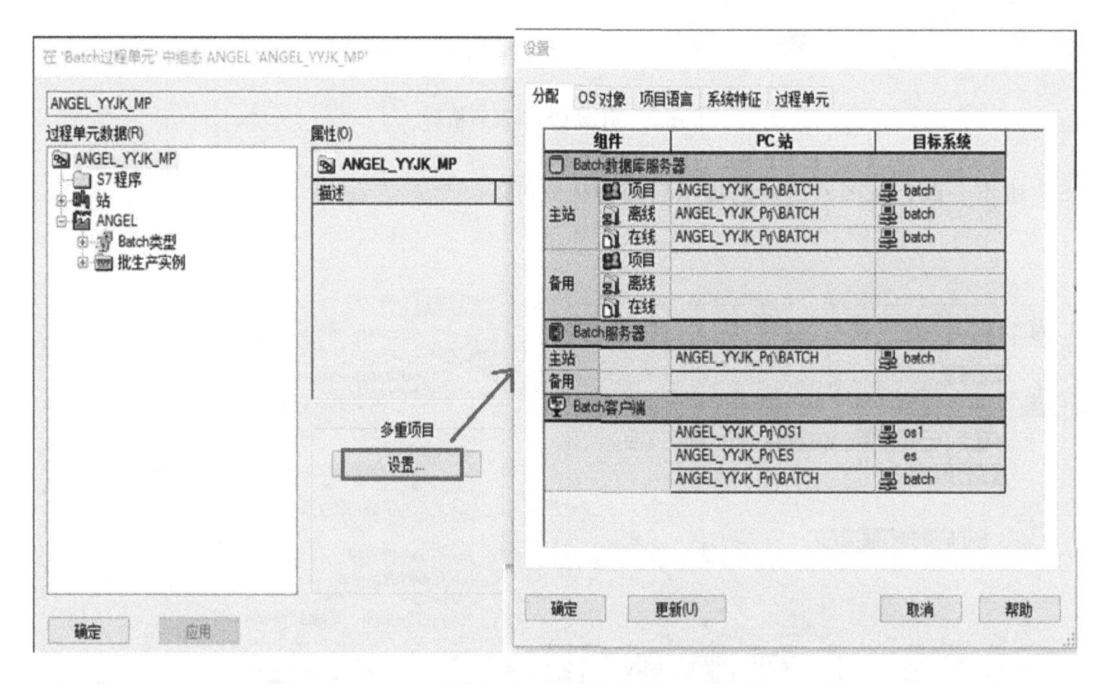

图 6　Batch 设置检查

③ 单击 Batch 类型（批生产实例)→生产→勾选“包含”→单击“启动”按钮，如图 7 所示。

④ 单击 Batch 项目→传送消息→单击“启动”按钮，如图 8 所示。

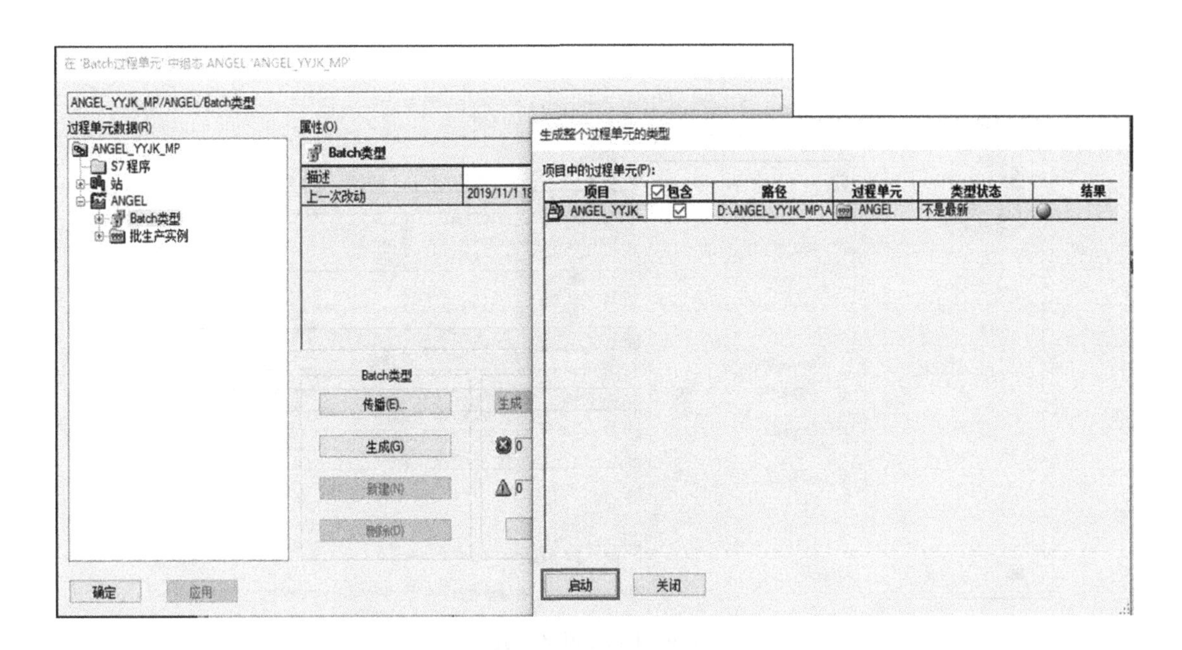

图 7　生成过程单元类型

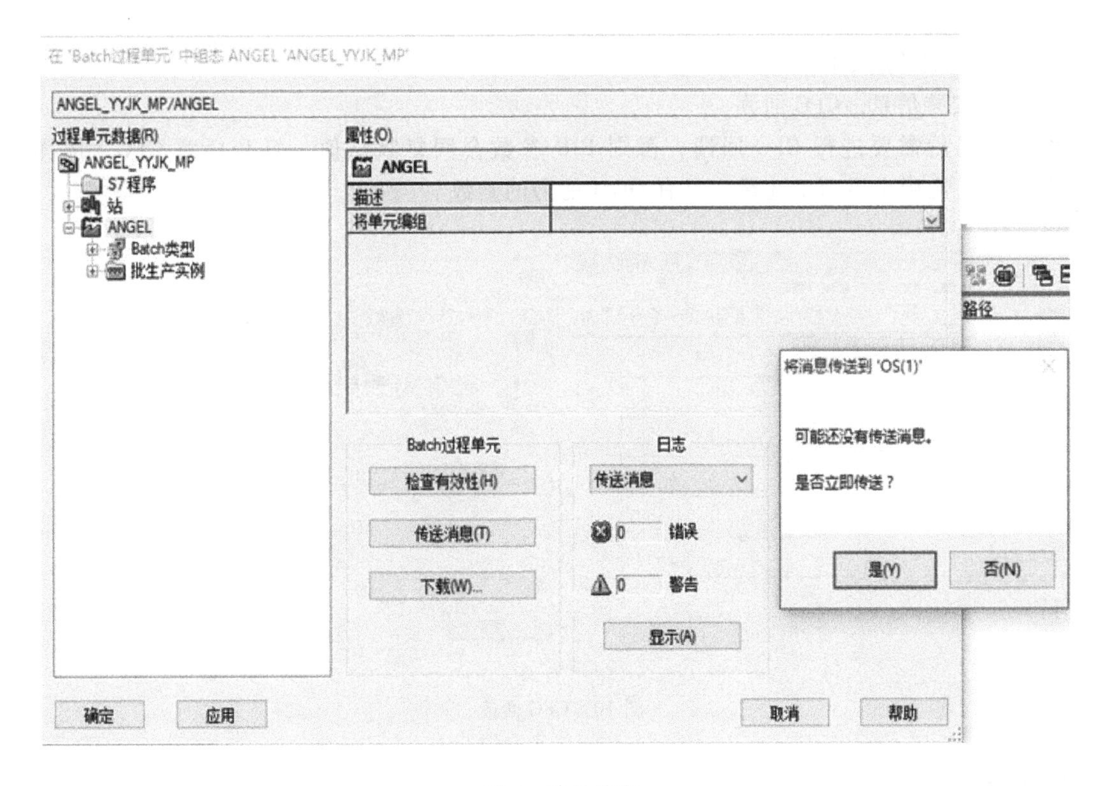

图 8　传送消息

⑤ 单击 Batch 项目→下载→勾选“组件”→检查目标系统时都正确→单击“启动”按钮，如图 9 所示。

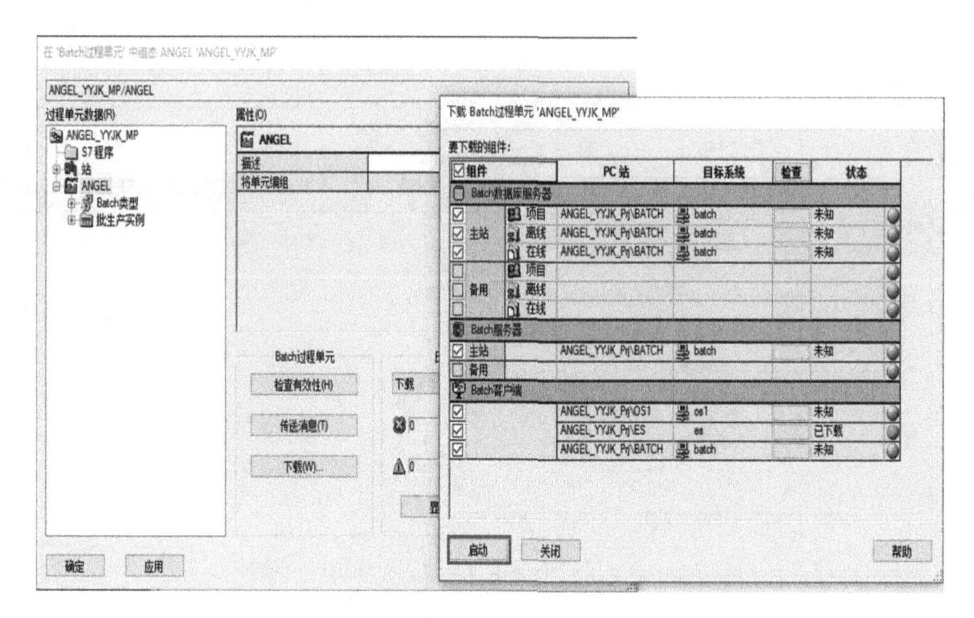

图 9　Batch 项目下载

⑥ 查看 Batch 状态→启动项目 “BATCH RunTime”→启动→导入从老项目中导出的配方即完成了 Batch 升级。

3. 需要注意的几点工作

（1）备份安装信息，CFC 回读

升级完项目后需要进行 CFC 回读，否则 PID 参数会回复默认值，打开任意 CFC，选择 “图表”→“回读 ”，在弹出界面里选择 “具有 OCM 能力的参数”。

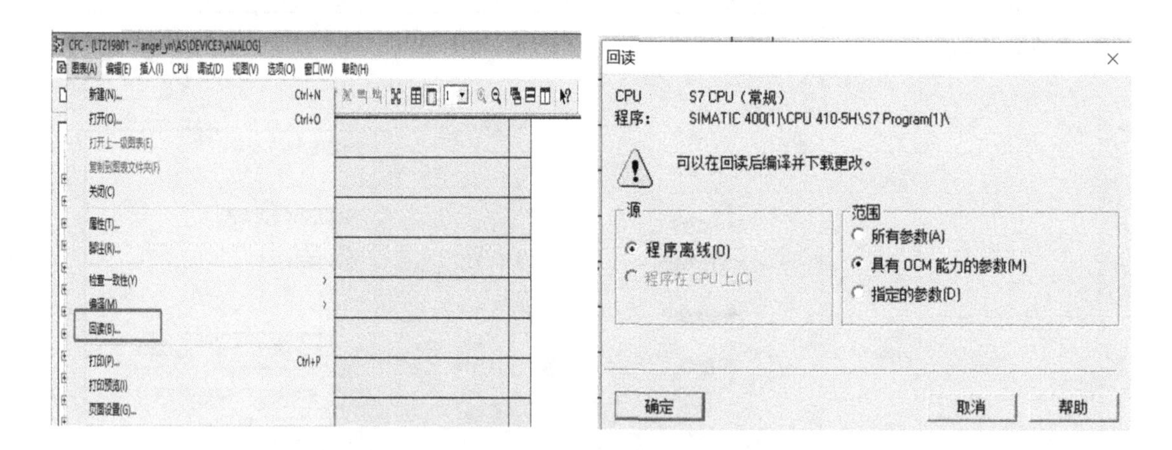

图 10　CFC 回读

（2）PCS 7 Library 同步安装

完成 AS 项目更新后，需要进行 PCS 7 Library 的安装，该项目从 PCS 7 V7.0 SP1 升级为 PCS 7 9.1，需要安装 PCS 7 Library V7.1 及 PCS 7 Basis Library V7.1。在安装 V7.1 标准库后，如果项目里用到 APL 库，那么需要重新安装当前版本的 APL Library 和 Basic Library。

五、常见的问题

1）由于原项目使用的是 PCS 7 标准库，在升级到高版本编译时报“块 CH_AI 必需的文件丢失”错误，如图 11 所示。

生成驱动模块需要安装对应版本的 Library 支持，标准库升级到 V9.1，安装 PCS 7 Library V7.1 SP3 和 Basis Library V7.1 SP3 Upd11 就可以解决该问题，如图 12 所示。如果还用到 DRIVE ES For PCS 7 等应用，也要安装对应的 Library。

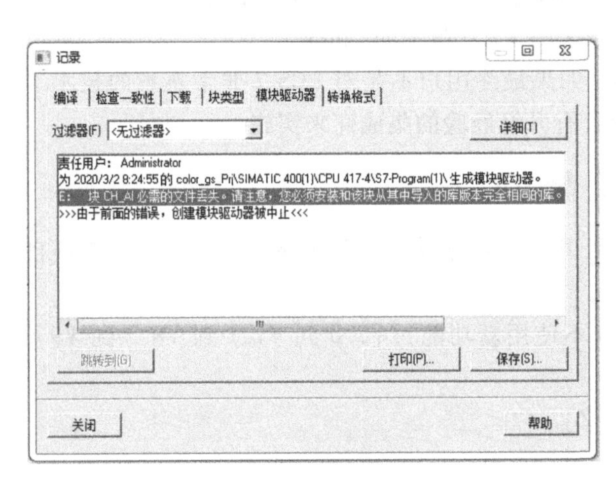

图 11 编译报错

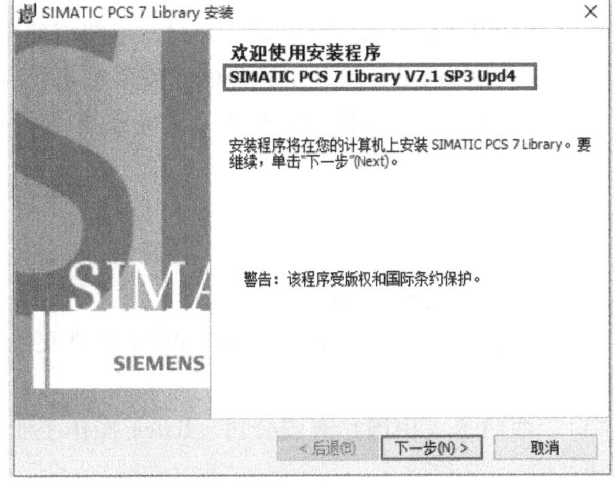

图 12 安装 PCS 7 V7.1 标准库

2）自定义块和系统功能块冲突，在 AS 项目升级后，有可能新的驱动块号变化，和自定义块重名，需要将原来的自定义块进行改名。

3）OS 项目移植后，打开 OS 画面缓慢且提示“内存不足”，无法正常关闭 WinCC 浏览器。原因是 V7.0 和 V9.1 的 SQL 版本，与 WinCC 数据库格式相差过大，V9.1 版本无法直接对 V7.0 的库文件正常移植。需要根据手册，进行分步移植：V7.0→V7.1 SP4→V8.2→V9.0→V9.1。

4）从 SIMATIC BATCH V6.1 SP1 HF5 版本开始，在重新插入以前曾从某个多项目中移除的单项目时，必须要满足某些条件。这个单项目必须是用安装在工程师站中的当前软件版本来编译。这是因为在所移除单项目的设备文件（EQM）和工程师站上的文件版本之间有一个内部的比较，如果这两个版本不匹配，插入操作将被拒绝。为避免插入时出现这样的问题，需要遵守以下规则：

① 在做软件升级之前，必须把以前从多项目中移除的所有单项目重新插入到该多项目中。

② 软件升级后，在把单项目从多项目中移除之前，需要先编译这些单项目。

六、用户体验

项目升级后，基本满足了用户升级前的需求，用户自行采购备件成本显著降低，也越来越好买到，且故障率与非计划停机也显著减少，用 CPU410-5H 支持不停机来扩展 PO 的容量，方便以后的技改增加点数，用户对此次项目升级表示十分满意。

七、心得体会

该项目程序升级完成后利用业主方停产 10 天的窗口期内进行新硬件的安装，下载新的组态并进行现场调试，没有影响业主方生产计划。在停产窗口期较短的情况下，需要增加在实验室 FAT 的时间。

在第二步 FAT 阶段就要对升级的项目进行充分的测试，对于容易忽视的功能，例如，通信、报警、趋势、报表、自定义脚本等更要严格测试，准备工作做得越细、花的时间越长，现场升级的时间会越短，出错越少。

西门子在项目升级方面的文档比较全面，各个版本之间的升级都有专门的手册，而且提供 PCS 7 的老版本标准库的下载。

在制定升级方案时，要注意新老软件、硬件之间的兼容性，例如，PCS 7 V9.1 兼容的标准库版本仅为 PCS 7 Library V7.1 SP3 Upd4，不能再使用原来的 V7.0 版本的 Library.

PCS 7 的项目升级对工程师的经验要求比较高，如果最终用户不是对 PCS 7 非常熟悉的技术工程师，不推荐自己来做项目升级，最好是找厂家或者有升级经验的集成商来实施。

参考文献

[1] 西门子（中国）有限公司. 公殿永. DCS 项目升级避坑指南——从方案到实施，PCS 7 项目升级实战案例解析 [Z].

[2] 西门子（中国）有限公司. PCS7 软件更新（不使用新功能）V7.0 到 V7.1 到 V8.2 到 V9.0 [Z].

[3] 西门子（中国）有限公司. Batch 操作手册 [Z].

SIMATIC IT EBR 在动物疫苗行业的应用
Application of SIMATIC IT EBR in the animal vaccine industry

赵 勇 刘 潇 孟庆玮
(金宇保灵生物药品有限公司 呼和浩特)

[摘 要] SIMATIC IT EBR 是西门子公司推出的一款 MES 系统，本文主要介绍了 SIMATIC IT EBR（简称 EBR）在动物疫苗行业的应用，EBR 系统可以实现对车间生产全过程的管控和追溯，使操作员的生产操作符合 GMP 规范。EBR 系统处于工业信息化和自动化的中间层级发挥着承上启下的作用，向下通过 BIL 软件包实现 SIMATIC PCS7&Batch 的无缝对接，规范操作、搜集批生产过程数据，借助 Reporting Services 自动生成电子批记录。向上通过 WBE SERVICE 中间表等手段打通和 ERP 系统的接口，完成从 ERP 到 MES 的订单启动，物料管控、报工报产，联动企业财务数据完成成本核算，为企业战略发展提供数据支持。

[关 键 词] 电子批记录、工业自动化控制、信息化、生产过程数据、动物疫苗

[Abstract] SIMATIC IT EBR is a MES system launched by SIEMENS, this article mainly introduces the application of SIMATIC IT EBR (hereinafter referred to as EBR) in the animal vaccine industry. EBR system can realize the control and traceability of the whole process of production in the workshop, so that the operator′s production operation complies with GMP specifications. The EBR system plays a role in the middle level of industrial informatization and automation, and realizes the seamless docking of SIMATIC PCS7 & Batch through the BIL software package, standardizes operations, collects batch production process data, and automatically generates electronic batch records with the help of Reporting Services. Upward through WBE SERVICE intermediate table and other means to open up the interface with the ERP system, complete the order start from ERP to MES, material control, reporting work and production, linkage of enterprise financial data to complete cost accounting, to provide data support for the strategic development of enterprises.

[Key Words] Electronic Batch Records、Industrial Automation Control、Digitalization、Production Process Data、Animal Vaccine

一、项目简介

1. 项目背景

随着防疫意识的不断提升和疫苗市场的逐步放开，生物制品迎来更大的市场空间，同时也推动了动保企业的不断创新升级，其中积极推进智能制造是传统动物疫苗企业提质增效转型升级的有效

途径。金宇生物率先践行《中国制造 2025》强国战略，在内蒙古和林格尔新区投建金宇国际生物科技产业园，通过工业互联网、大数据与人工智能和制造技术的深度融合，加速装备、工艺、产品和质量标准的产业升级。

金宇生物科技产业园总占地面积 670 亩[⊖]，一期为动物疫苗生产、研发基地，二期为中外合资人用生物制药、基因检测和诊断试剂研发中试和生产基地，目前产业园已建立并投用了灭活疫苗、活疫苗、诊断试剂三大类产品，四个智能车间，九条智能生产线，在已投用的智能车间和生产线中均采用西门子的 SIMATIC IT EBR+PCS7 & Batch 架构，如图 1 所示。

图 1　总控及大数据中心

2. 生产控制流、数据流

MES 系统接收来自 ERP 系统的生产订单，根据产品的名称、编码、选择合适的 BOM 清单和 PI 工作流程进行生产，如图 2 所示。可以简单理解为车间生产任务分为纯人工操作和自动化操作，纯

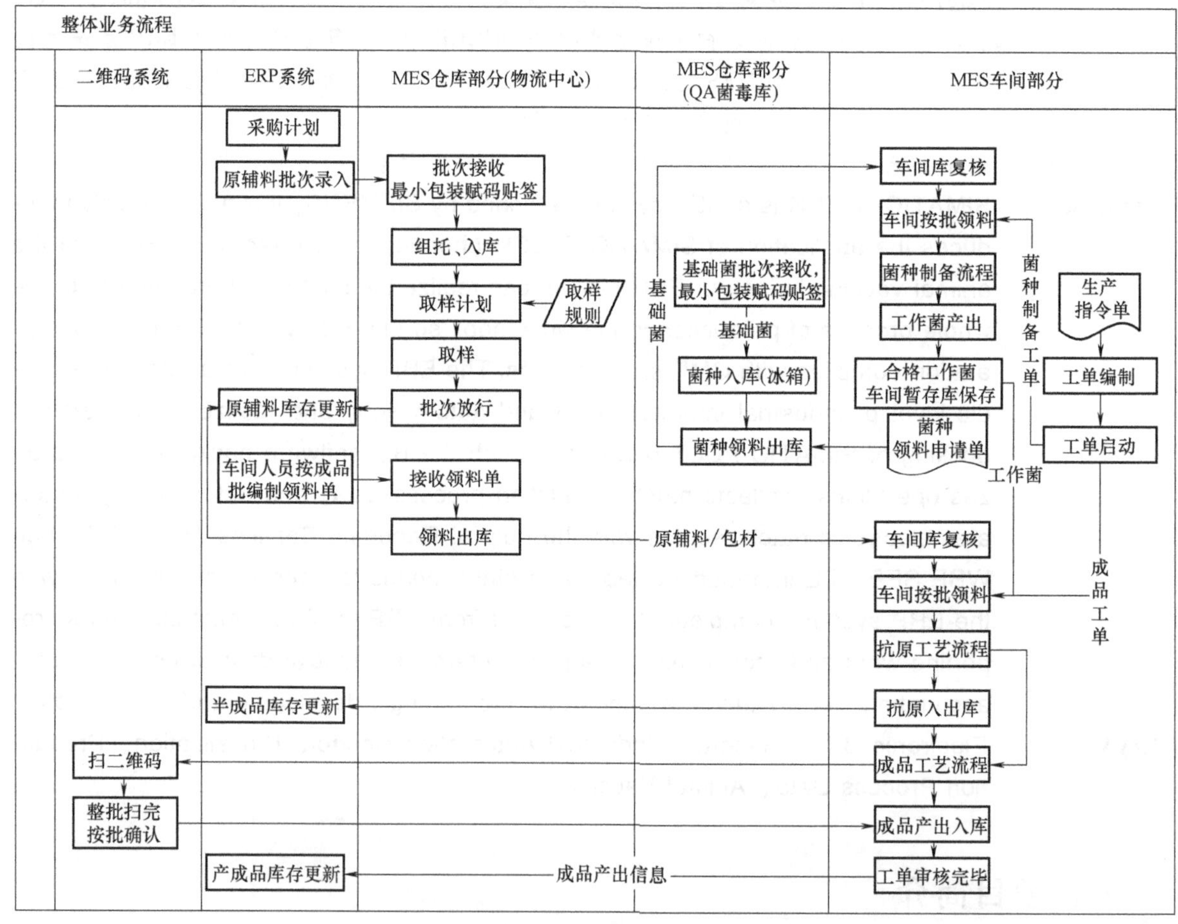

图 2　业务流程图

⊖　1 亩 = 666.67 平方米。

人工操作例如取样、称量、投料等；自动化操作例如罐子空罐/满罐灭菌、罐子 CIP、物料转移、管道灭菌、保压、发酵培养等，这些操作可以通过 Batch 自动完成。在 MES PI 工作流中，通过章节的管理和 Batch 元素的调用，即可实现上述人工操作和自动化任务的分解。在实际生产中，车间内各个房间功能不同，在车间功能间内部署客户端，可以完成对任务的具体分割。当工单启动时，特定房间内的操作员完成属于本工序的任务即可，同时生产过程的数据会记录在系统内，当批次结束时将自动生成电子批记录。

二、智慧园区网络结构和 EBR 系统的配置

1. 网络结构

金宇生物项目的所有 PCS7 & Batch、EBR 系统服务器均采用超融合虚拟化技术，服务器的资源做到了根据需求定制化配置，同时兼具增量备份和整机备份及容灾恢复机制，确保服务器的运行稳定和灾难情况下的即时恢复。车间生产现场的客户机通过 SCALANCE XR 5 系交换机组成的光纤-以太网环网与服务器连接。不同车间、不同系统通过 VLAN 的合理划分，既能做到各系统互通互联，又能做到网络的广播风暴的抑制，确保工业以太网高速、顺畅。

工业网络与生产过程中的众多系统实现了互联互通，满足了生产过程中不同工序的使用需求，提高了隐患与故障发现的及时率，减少了产品的污染风险，大大提升了生产效率。整个智慧园区系统网络拓扑如图 3 所示。

2. EBR 系统结构

EBR 系统基于工业以太网，根据生产需求每台客户机配置扫码枪、标签打印机、电子台秤、电子天平，如图 4 所示。各硬件外设在 EBR 系统内的作用如下：

1）客户机：操作员的生产过程操作界面、数据录入、流程和相关业务处理。

2）扫码枪：二维码扫描，数据输入系统、查询。

3）标签打印机：细胞、菌种、溶液等中间品制造声明，赋码、打码、打印称量标签。

4）电子台秤、天平：进行溶液配制等操作，对原料以及化学药品进行称量。

项目涉及的主要硬件产品类型和特点如下：

1）CPU410：专用于 SIMATIC PCS 7 控制系统的控制器，具有极其灵活的可扩展性，只需一款硬件就能涵盖标准、容错和故障安全应用中下至最小的控制器，上至最大的控制器的整个性能范围，确保自动化控制系统稳定可靠地运行。

2）XR552-12M：网管型交换机，最大支持 48 个光口或电口连接，可划分虚拟局域网（VLAN），可构建不同的网络拓扑结构（比如冗余环网），具有路由功能和跨子网通信功能。

3）XM416-4C：网管型交换机，最大支持 16 个光口或电口，可划分虚拟局域网（VLAN），可构建不同的网络拓扑结构（比如冗余环网），具有路由功能和跨子网通信功能。

4）S627-2M：用户特定的防火墙，防火墙和虚拟专用网络（IPsec 和 OpenVPN）防止未经授权的访问和数据流量，每个基于端口的 VLAN（虚拟局域网）最多有五个可变安全区域，用于在安全区域之间自由配置安全区域和防火墙规则。具有基于 Web 的管理（WBM）、命令行界面（CLI）和简单网络管理协议（SNMP）的各种配置、管理和诊断选项。

5）防火墙规则数量/防火墙数据吞吐量：128/100Mbit/s。

6）VPN 连接数量/IPsec VPN 数据吞吐量：20/35Mbit/s。

7）SINEMA 远程连接许可证批准：通过键插头 SINEMA RC RC。

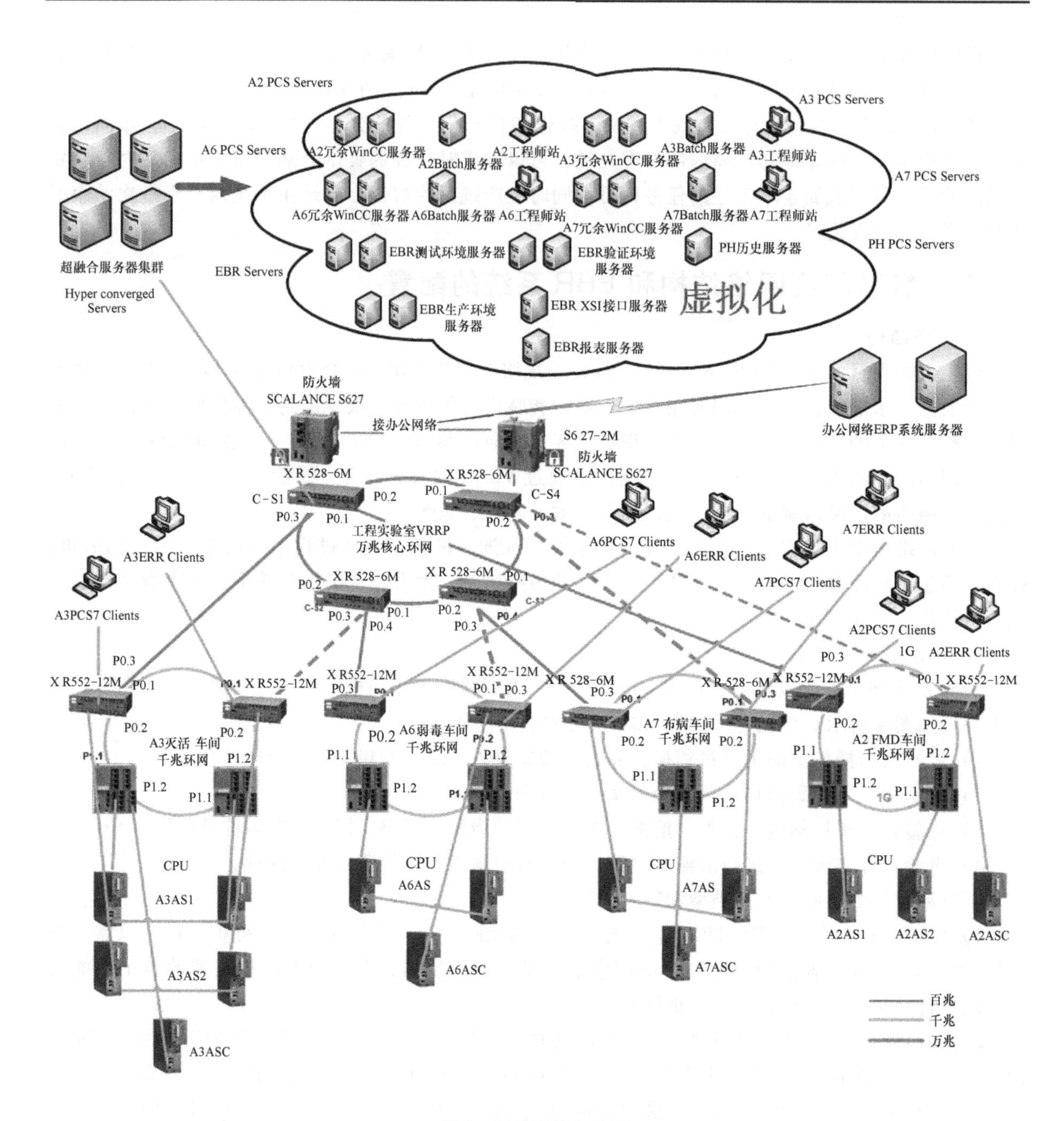

图 3　园区网络拓扑图

8）PCS7 V8.2：完全无缝集成的自动化解决方案，先进的分布式客户机/服务器架构，现场设备和驱动系统均可以灵活和容易的集成，可用于连续和批处理应用，可用于所有工业领域，如过程、制造以及混合工业。

9）WinCC：通用的应用程序，内置所有操作和管理功能，可简单、有效地进行组态；可基于Web持续延展，采用开放性标准，集成简便；可用选件和附加件进行扩展。

10）扫码枪：工业级封装，快速扫描响应，可编程组态下载配置，扫描条码或二维码。

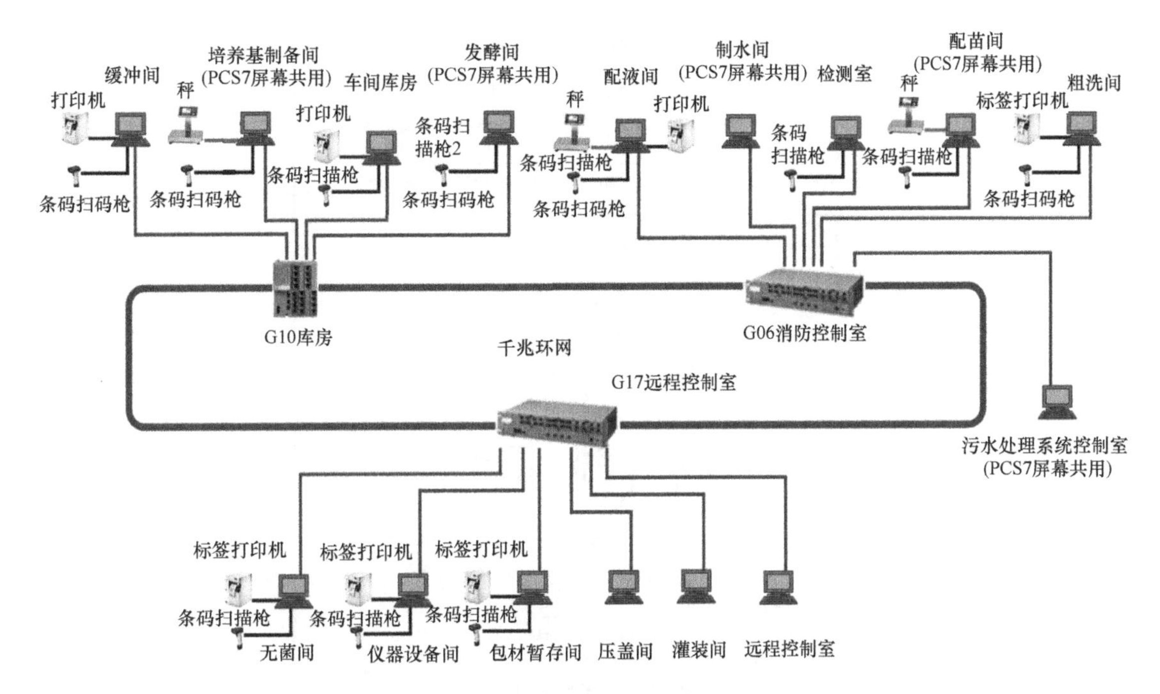

图 4　EBR 系统配置图

11）标签打印机：支持多字体语言包，打印标签模板可组态，分辨率为 300dpi。

12）电子台秤、天平：高精度，表头输出自带 RS232 数据接口，兼容西门子 EBR 驱动 METTLER SICS V2 软件包。

三、EBR 功能与配置

EBR 系统具有丰富的应用和事务处理能力，其 APP 界面如图 5 所示。

1. 用户管理

整个系统被划分成了多个功能。一个访问权限对应一个功能，这些访问权限通过用户组（类）被用户所共享。根据系统的功能清单，系统建立了标准的访问权限。工程师也可以根据客户需要的功能创建新的访问权限。

用户类是指一群具备类似特性（指功能-用户权限和属性）的用户。

一组访问权限可以赋给一个用户组。MES 系统根据用户所处的用户组进行授权。

除了归档，服务器控制和 XFP 服务程序外，在工作站上运行的程序在一定的时间内未使用后都会被锁住。

2. 电子签名

电子签名适用于操作员，质检员和经理可以复核某一操作，将会用到以下电子签名：

1）单权限签名：操作员资质的单个签名。

2）双权限签名：具有操作员资质的用户。如果需要特殊的权限，需经理资质的用户再确认，也可为另一操作人员。

3）双人签名（限制）：已登录的操作员。除登录操作员之外，具有权限的操作员。

4）双人签名（不限制）：已登录的操作员。除登录操作员之外，具有权限的操作员。

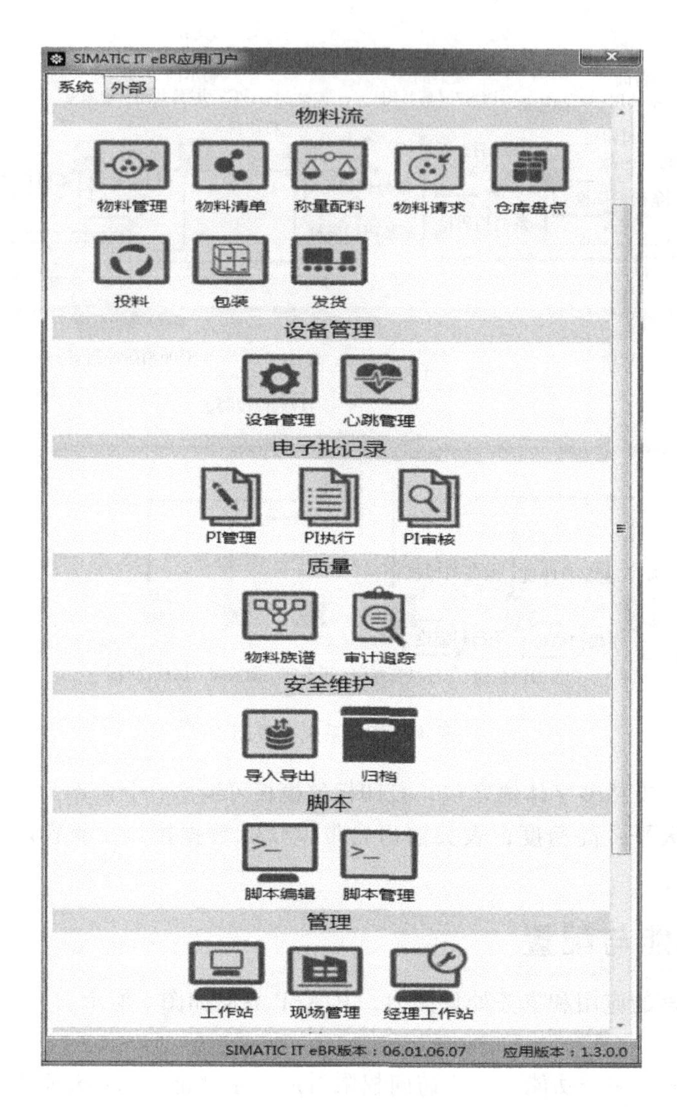

图 5　APP 界面

3. 物料管理

物料数据管理基于公司 ERP 的物料编码和名称，物料基础数据可以通过手工的方式录入 EBR 系统，或者通过 ERP 数据接口同步至 EBR，如图 6 所示。每种方式操作完毕，物料的状态变为已创建，只有经过审核的物料信息经过确认签名后，这个物料才可以使用，在系统内部建立物料批次和最小包装使用批次。

EBR 系统内创建和接收物料批次，根据实际情况生成最小包装二维码，贴于物料最小包装，为后续操作称量、投料扫码复核提供数据基础，也便于 EBR 系统对车间库存和某个物料的最小包装使用位置和状态进行管理。

4. 设备管理

MES 中定义的设备有以下操作：

1）赋予特定的工单；

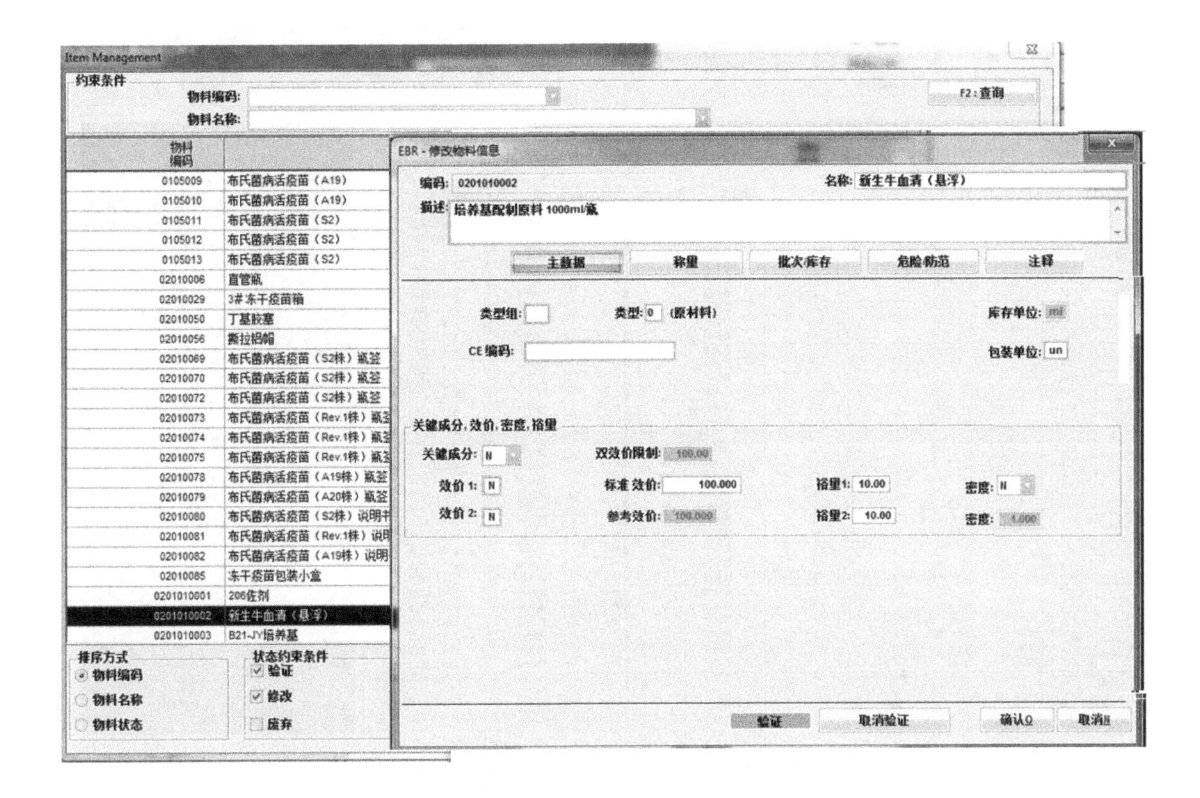

图 6　物料管理图

2）从工单释放；

3）设置成“可用/占用”和“清洁/不清洁”状态；

4）手动或通过 PI 改变一些属性（例如设备位置，占用工单等）；

5）可以配置自动更新属性；

6）可以管理设备状态循环的信息，如图 7 所示。

5. 工单管理

1）生产指令管理：车间生产由 MES 系统生产指令进行管理，生产计划下发之后，按照生产指令进行生产。

2）工单分类：制造工单和技术工单。

3）制造工单：制造工单是指在工单执行过程中，将产生原料消耗和半产品/成品产出的工单。

4）技术工单：技术工单是指在工单执行过程中，既无原料消耗也无半产品/成品产出的工单。

5）工单创建：所有制造工单都按照预定义的物料清单，在标准物料清单模块中创建。工单号由系统自动产生，制成品批号可由系统自动产生。

技术工单在 EBR 执行模块中创建。EBR 执行模块中加入了一个专用的按钮来创建技术工单。

6）工单事务处理：当制造工单创建后，操作员可以启动工单，且能定义工单开始生产时间，如图 8 所示。

这个项目中，在同一个时间、同一生产区域内、同一工作站只能操作一个工单任务。只有上一个任务结束后，才能开始执行新的任务。

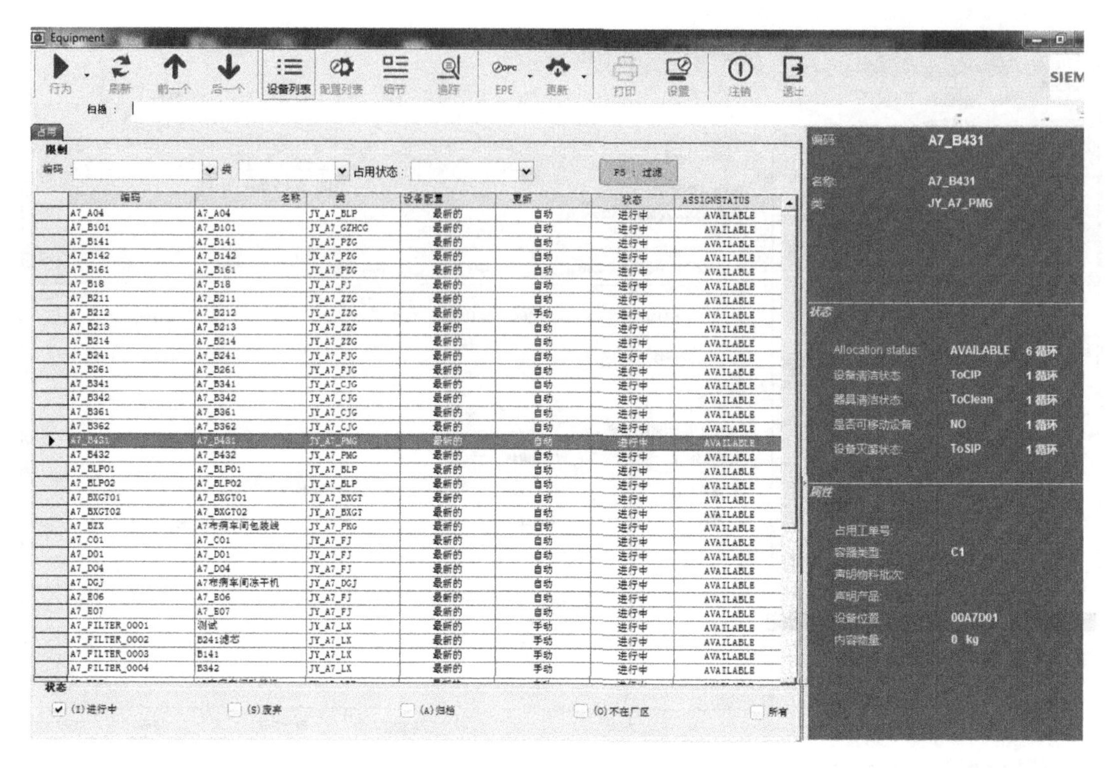

图 7　系统中创建的设备（生产罐子）列表

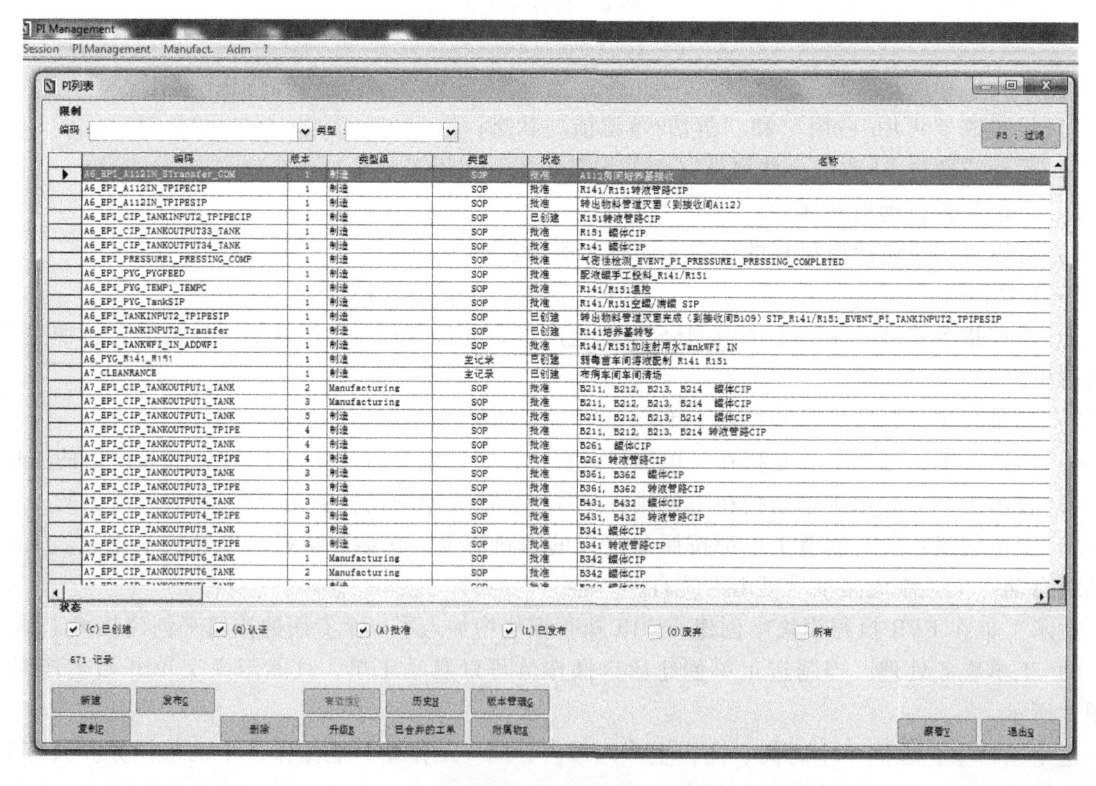

图 8　PI 列表图

6. 打印标签管理

EBR 系统各种标签码都可以是条形码或者二维码，本项目中采用二维码。可以对标签模板进行编辑处理，可以根据需求自定义物料标签上的信息，系统中各类标签信息定义如下：

1）物料标签显示信息：

① 物料代码；

② 物料名称；

③ 内部批号；

④ 数量/单位；

⑤ 有效期至；

⑥ 最小包装条码。

2）称量标签显示信息：

① 工单号；

② 工单索引；

③ 物料代码；

④ 物料名称；

⑤ 批号；

⑥ 数量/单位；

⑦ 称量标签号（条码）。

7. PI 管理

PI 配置可以包含：

1）流程参数列表（温度设置点、参数类型等）；

2）签名路径组（用于验证 PI，审查记录，验证报警等）；

3）一些额外的脚本清单（一些不属于 EBR 标准产品的新功能）；

4）PI 文本（显示详细的制造指导书、管理工艺参数，链接到其他工艺文件的超级链接等）；

5）流程步骤（指定的某个 PI 文本章节或指定模块例如称重）；

6）本配方关联的半成品/成品。

为了使系统具有交互性，PI 文本里可以加入各种类型的标签，如字符、数字、日期、时间、签名、电子签名、条码标签、标示符、制造申明、申明调整、重打标签、列表、称量、图片、文档链接、效率、合并、EPE、设备移动、表格和脚本等。

事件 PI。EBR 系统通过 BIL 软件包可以实现与 SIMATIC Batch 的无缝对接，Batch 调用的是 PCS7 功能（EM）下的某一策略（CS），可以说 Batch 是功能和策略的集合，所以 EBR 系统根据某一车间 PCS7 多重项目（Processcell）功能的特点，建立 EBR EVENT PI 与 EM 下的某一策略之间的对应关系，可实现 EBR 对生产自动化的数据全面采集，如图 9 所示。

8. 族谱与追踪追溯

族谱功能通过批次或工单图形化显示。这种图形能突出地表示出批次和工单之间的关系。追踪和追溯都可以通过批次或工单查询出来。族谱显示出本次生产投料消耗以及投料产出与产品产出之间的关系，如图 10~图 12 所示。

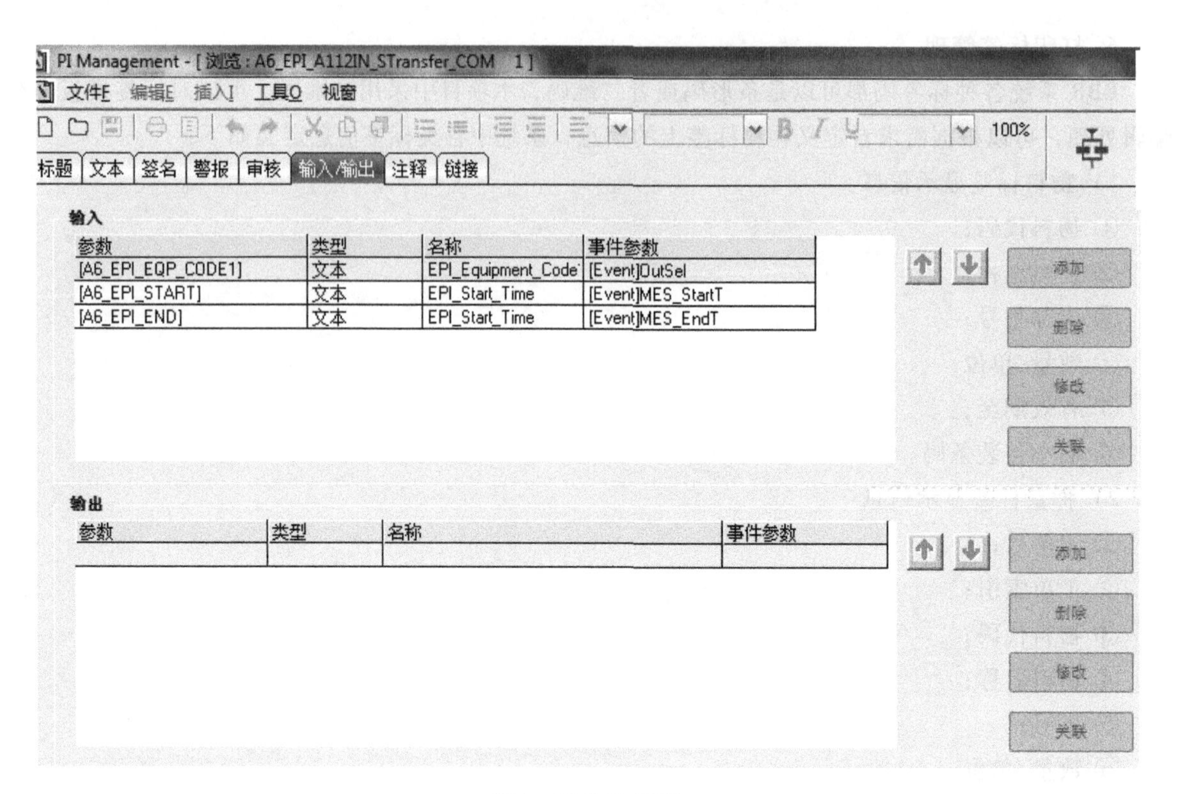

图 9　事件 PI 页面

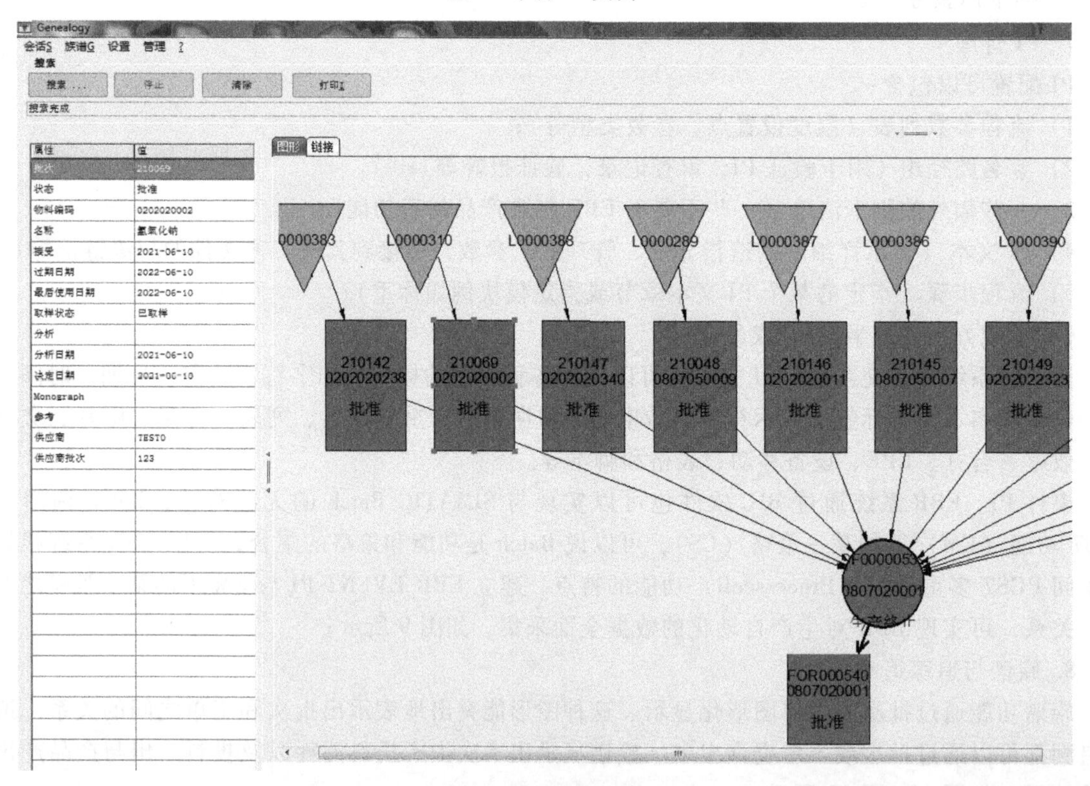

图 10　族谱功能图

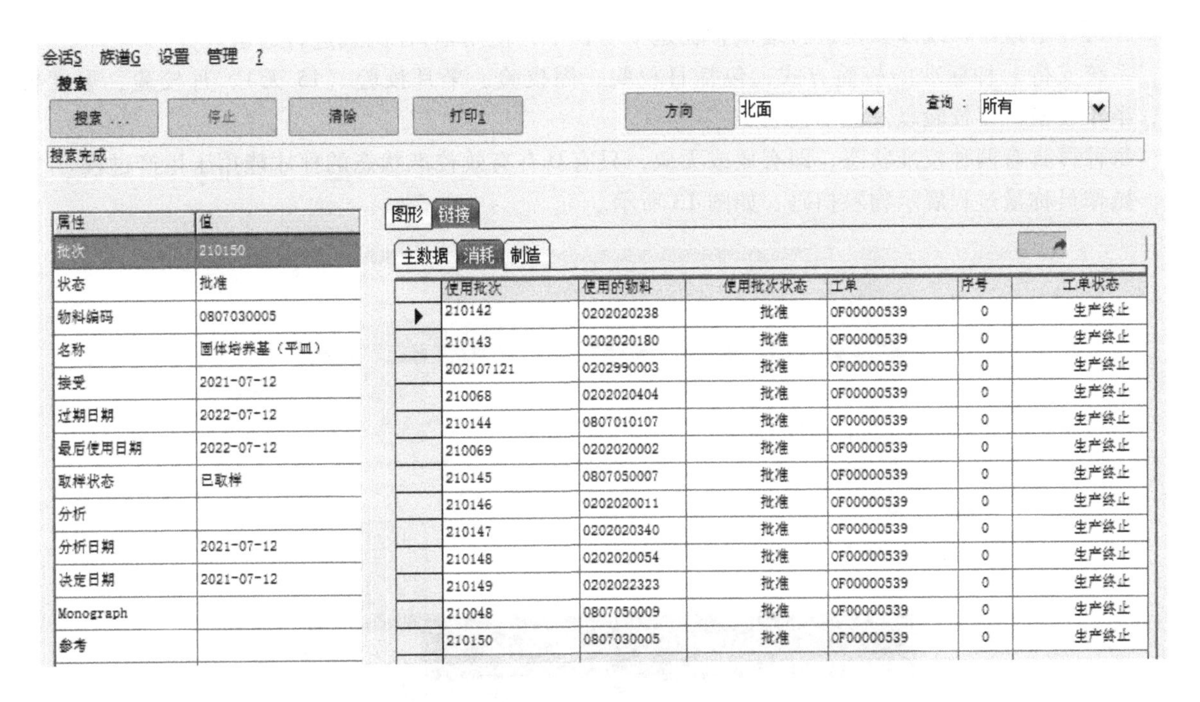

图 11　物料详细信息

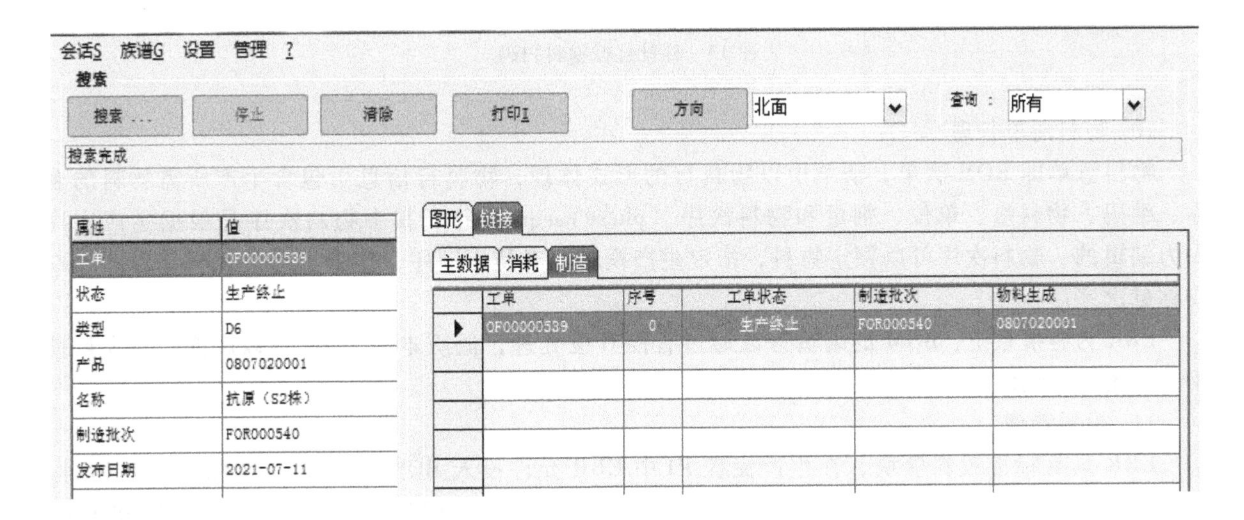

图 12　产出品详细信息

9. 称量与配送

秤连接到工作站中，秤在工作站中支持以下配置：

1）秤的名称和类型；

2）通信平台及物理接口；

3）称量单位，最小/最大称量能力；

4）校验规则（如果需要）。

秤可以通过串口或以太网进行通信，在这个项目中，使用串口/网线进行通信。

系统支持七种标准的校验方式，包括日校验、周校验、半月校验（15 天）、月校验、季度校验、半年校验、年校验以及证书校验。

每种秤具有两种校准状态，即有效或无效，只有具有有效校准状态的秤才能用于生产过程。

操作员称量过程展示物料扫码，如图 13 所示。

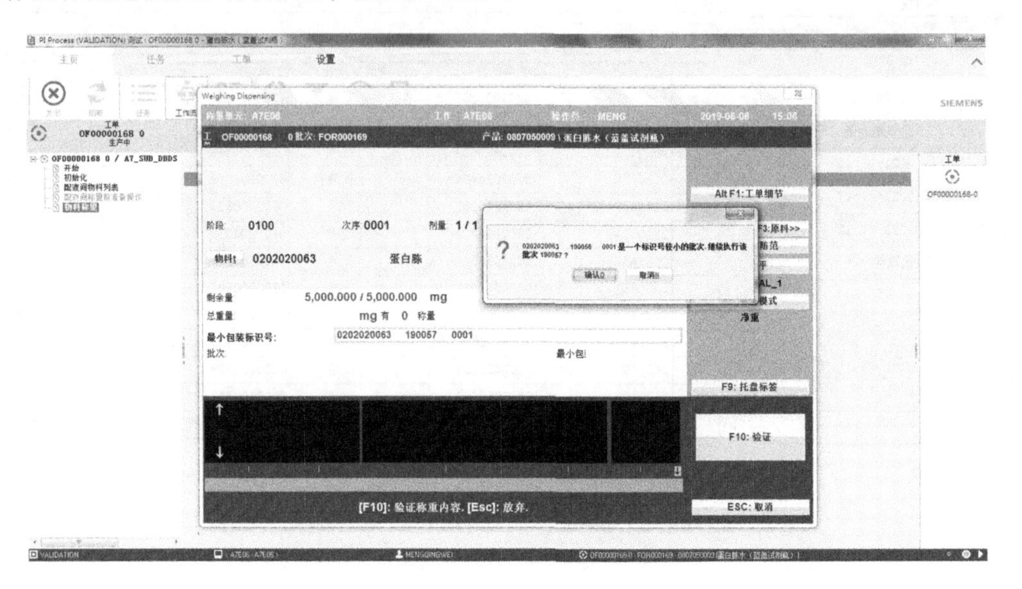

图 13　称量过程物料扫码

10. 物料清单管理

物料清单即 BOM 清单，清单中以物料行的形式体现，物料行信息中包含生产所需物料的名称、编码、物料量、单位、剂量和物料次序（phase+sequence），其中物料次序是根据生产次序人为编辑的，物料次序可以锁定物料，指定生产投料或者使用顺序，帮助操作员复核物料、投料或称量次序。

EBR 为有痕系统，BOM 的编辑修改通过智能升级处理，低版本的 BOM 可以废弃，不允许使用，如图 14 所示。

11. 投料管理

EBR 具有标准投料模块，在生产流程 PI 中 EBR 允许投入 BOM 清单中指定物料行的物料，投料时操作员需要使用扫码枪扫描称量标签或物料标签的二维码，扫码数据进入系统和 BOM 清单进行物料对比，如果扫描了错误的物料系统提示警告，则提醒操作员检查使用物料的准确性。

12. 数据管理

（1）导入/导出迁移　系统使用导入/导出模块传输不同环境的数据。可以传输两种类型的数据，即静态数据和 PI。

1）静态数据包括物料、位置、物料配方、用户/群组、访问权限等。传输静态数据的目的是为了建立一个新环境的数据库，比如在验证测试前，将测试环境下的静态数据传输到验证环境下）。

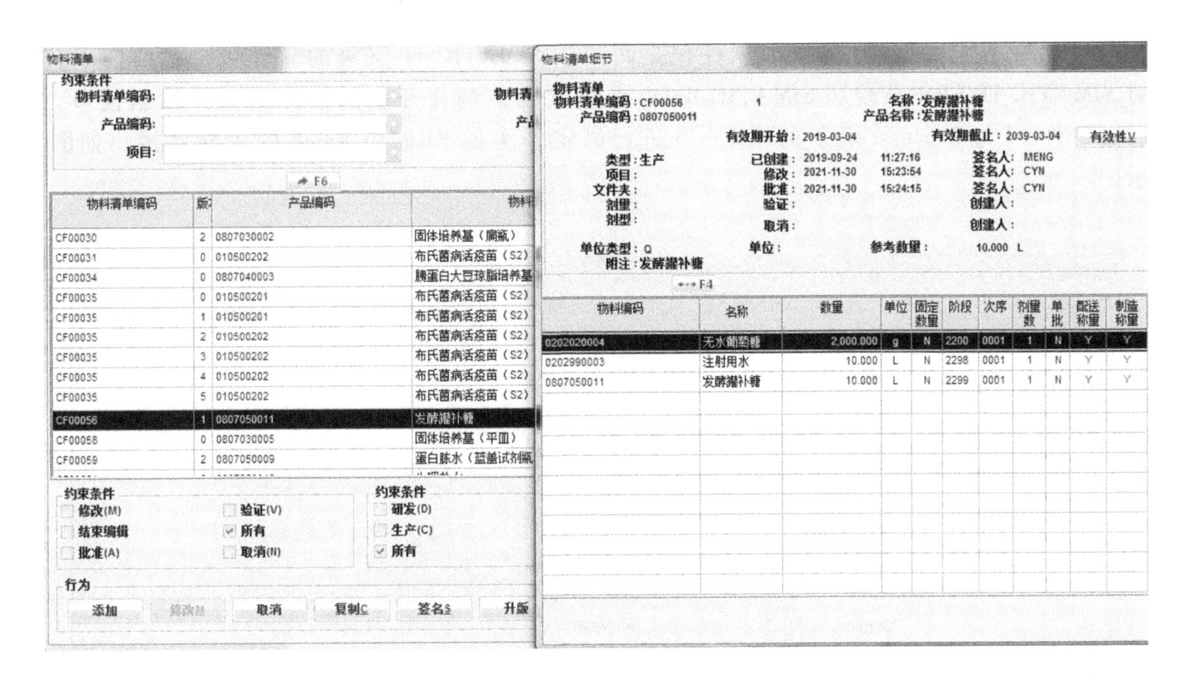

图 14　EBR 的 BOM 列表

2）PI 传输工具保证了在不影响生产的情况下，配方也能很安全地更新。这个功能支持一个新的 PI 集成到一个已经包含若干正在生产 PI 的数据库/环境中。

（2）归档　下列数据将进行数据库存档，并且可在生产数据库中删除：

1）物料（只有失效的数据才允许删除）；

2）物料配方（只有取消的物料配方才能删除）；

3）跟踪数据（只有失效的数据才允许删除）；

4）设备（只有失效的数据才允许删除）；

5）配方（只有失效的数据才允许删除）；

6）工单（可选择不同的状态）。

（3）备份与恢复　由于本项目服务器全部采用虚拟化的方式，所以数据备份由信息中心超融合服务器自动完成，生产数据库服务器遵从每天一个增量备份，每三天一次整机备份的方式。

13. EBR 系统数据接口

MES 系统在自动化和信息化层级中属于中间层，随着智能制造和工业 4.0 概念的深入推行，MES 需要与多系统进行数据交互、协同、融合，因此 MES 既要有工业控制使用的标准数据接口，也要有和信息化系统数据库交互的接口，多系统间的数据交互能力对于 MES 系统是一种极大的考验。

EBR 系统具有极强的数据交互能力，本身带有两大数据接口，即 EPE 数据接口和 BIL 软件包数据接口。

1）EPE 数据接口：标准的 OPC 数据接口，可以实现和具有 OPC 接口的服务器、上位机（如 WinCC、力控、组态王）等进行数据交互，很好地解决了 EBR 系统和不具有 SIMATIC Batch 的自动化系统进行数据交互。

2）BIL 软件包数据接口：BIL 软件包是西门子 SIMATIC IT 层级的软件包，是西门子公司针对 SIMATIC IT EBR 系统和 SIMATIC Batch 数据交互定制化开发的信息层 API 数据接口，可以通过事件 PI 与 Processcell 下的 EM+CS 进行绑定，实现 EBR 和 Batch 的无缝对接，如图 15 所示。

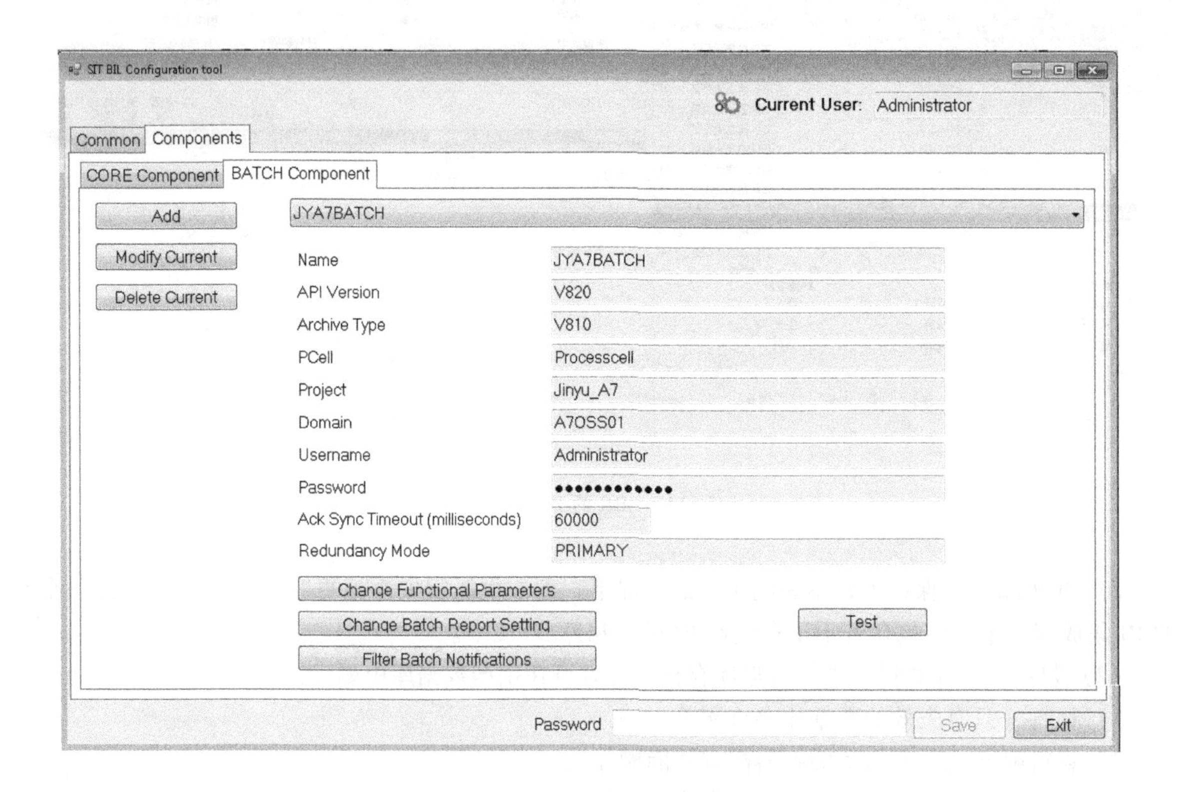

图 15　BIL 和 Batch 数据库链接配置

3）数据库层级的信息化数据接口：本项目中通过定制化开发，实现了 EBR 系统和包装二维码系统、企业级 ERP 系统的数据交互。

EBR、二维码系统、EPR 系统采用中间数据库表的形式进行数据交互，这种方式主要是兼容二维码系统和数据非必要的实时性原因，MES 系统启动生产，把产品信息、批号传递给二维码系统，二维码系统生产结束后向中间表报告产量、包装箱数、二维码编号，并在 ERP 系统实现入库操作。

EBR 和 ERP 数据采用 Web Service 的方式进行数据交互。根据业务需求开发了生产指令、生产完工信息、物料主数据、工单消耗、半成品成品产出、库存调整六大接口，实时性要求相对较高。

14. EBR 电子报表

EBR 系统借助微软 Reporting services 在报表服务器上部署和发布报表 . rdl 文件，当生产工单结束后操作员输入工单号自动生成电子批记录。

四、运行效果

目前，本项目已基本完成，在系统稳定性、数据实时性和完整性、疫苗生产操作严谨性和规范性等方面均达到了预期效果。

以下以布氏菌病活疫苗半成品抗原生产为例，部分系统效果展示如图 16~图 19 所示。

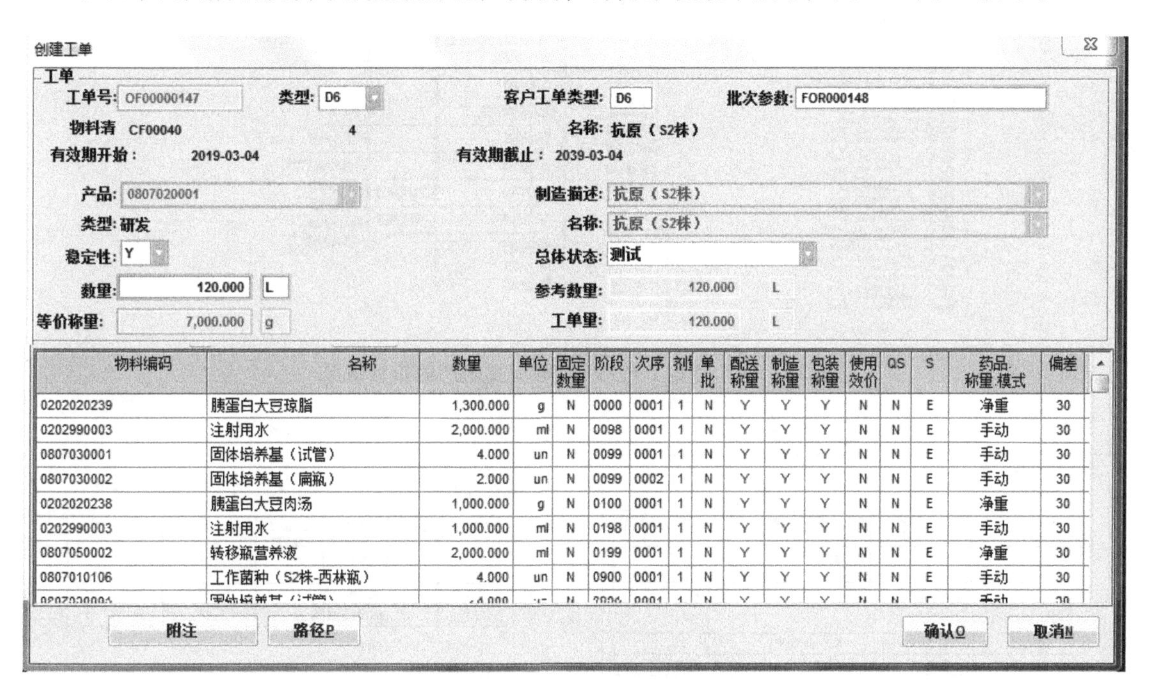

图 16　生产工单的创建

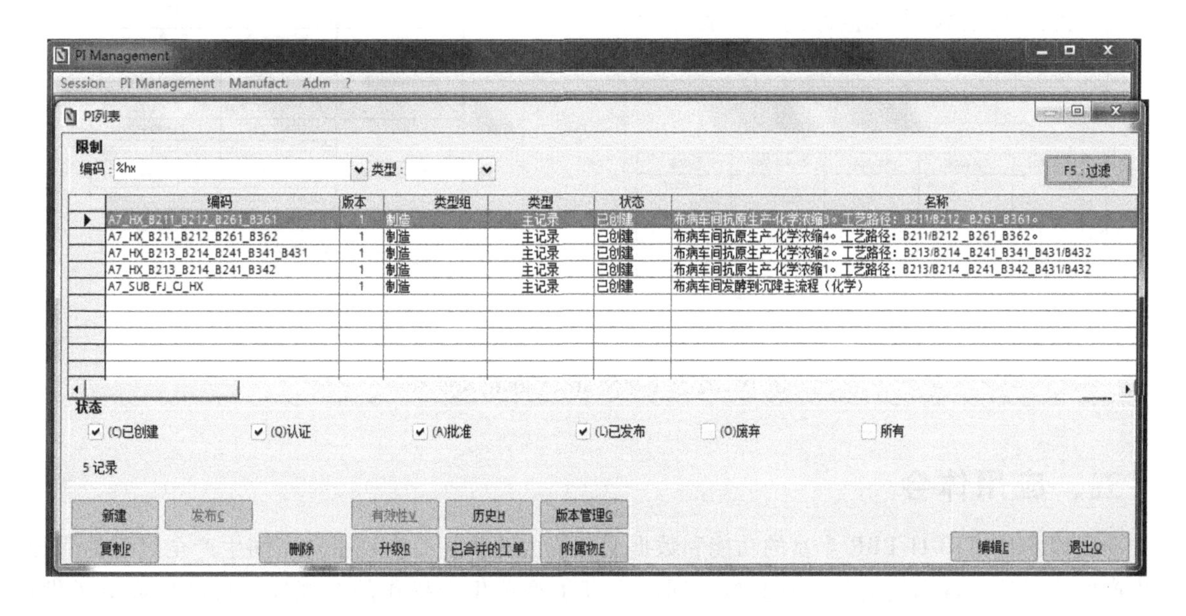

图 17　选择合适的生产流程 PI

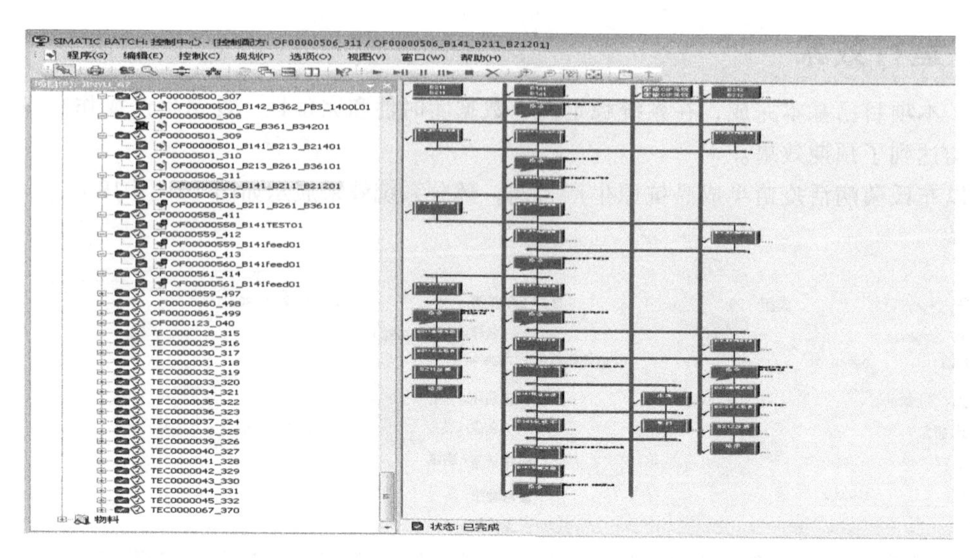

图 18　PI 工作流下达启动 Batch 批生产的执行情况

1 物料的称配

1.1 称量前准备

操作间编号	A7A01	设备名称	梅特勒台秤	型号	TSC-30 BBA238-8A30N/S	编号	001
房间温度(18℃~26℃)		22℃		房间湿度(30%~65%)		33%	
操作人	孟庆玮MQW			日期	2021-07-11		

1.2 物料清单

配方名称	干粉培养基2	配方配制数量	80L
工单号	物料代码	物料名称	理论用量
OF00000539	0202020238	胰蛋白大豆肉汤	2400g
OF00000539	0202990003	注射用水	80L

配方名称	干粉培养基1	配方配制数量	1800L
工单号	物料代码	物料名称	理论用量
OF00000539	0202020180	胰蛋白胨肉汤培养基	1800L
OF00000539	0202020002	氢氧化钠	1080g
OF00000539	0202990003	注射用水	1800L

1.3 物料的领用

物料代码	物料名称	物料批号	最小包装号	领用量
0202020238	胰蛋白大豆肉汤	210142	0202020238 210142 0001	2400g
0202020180	胰蛋白胨肉汤培养基	210143	0202020180 210143 0001	1800L
操作人		日期		

金宇保灵生物药品有限公司

编号：08/Rd/07/002　|　版本号：1　|　生效日期：2019.03.25　| 2 /28页

标题：布鲁氏菌病活疫苗批生产记录---种子制备、抗原发酵、抗原浓缩

DO电极	B261DO_001	2021-07-11 01:13:14 (GMT +08:00)	2021-07-11 01:23:21 (GMT +08:00)	4.01 标准校准液：4.01	是☑否☐
操作人	孟庆玮MQW			日期	2021-07-11
复核人	ZHANG YISEN			日期	2021-07-11

2.4 运行工艺配方及过程监控

2.4.1 发酵罐罐体CIP

发酵罐编号		B261	
工序	CIP介质	运行参数	
清洗CIP	纯化水在线清洗	清洗开始时间	清洗结束时间
		2021-07-11 13:00:00	2021-07-11 13:10:00
	吹扫	吹扫开始时间	吹扫结束时间
		2021-07-11 13:10:00	2021-07-11 13:20:00
	清洗液在线清洗	清洗开始时间	清洗结束时间
		2021-07-11 13:20:00	2021-07-11 13:30:00
	吹扫	吹扫开始时间	吹扫结束时间
		2021-07-11 13:30:00	2021-07-11 13:40:00
	注射水在线清洗	清洗开始时间	清洗结束时间
		2021-07-11 13:40:00	2021-07-11 13:50:00
	吹扫	吹扫开始时间	吹扫结束时间
		2021-07-11 13:50:00	2021-07-11 14:00:00
操作人	孟庆玮MQW	日期	2021-07-12
复核人	ZHANG YISEN	日期	2021-07-12

2.4.2 发酵罐气密性检查

图 19　生产工单结束电子批记录展示

五、应用体会

项目以 SIMATIC IT EBR 丰富的功能和数据交互能力为依托，实现了对车间生产全过程的管控，使生产的物料流、数据流更加合理高效，同时提高了疫苗生产操作的合规性，自动生成电子批记录，数据归档及时，解放了操作员手工填写生产记录的劳动。

项目实施过程中涉及多种西门子硬件产品与控制系统软件，这些先进产品的开放性、灵活性、完善性助力了 EBR 与 SIMATIC PSC7 & Batch ERP 信息化系统实现深度融合，同时西门子自动化工程师团队、MES 工程师团队、数据库接口开发工程师团队先进的控制理念、专业的职业素养、认真负责的工作作风，为项目顺利实施做出了巨大的贡献，实现了项目的周期和效果均优于预期。

参考文献

[1] 西门子（中国）有限公司. PCS 7 深入浅出 [Z].

[2] 西门子（中国）有限公司. PCS 7 过程控制系统 CPU410-5H 过程自动化系统手册 [Z].

[3] 西门子（中国）有限公司. WinCC V7.4 WinCC：通信系统手册 [Z].

[4] 西门子（中国）有限公司. SIMATIC 过程控制系统 PCS7 SIMATIC BATCH V8.2 [Z].

[5] 西门子（中国）有限公司. 109479664_WinCC_V7_OPC_UA_DOC_en [Z].

[6] 西门子（中国）有限公司. SIMATIC IT eBR 6.1 FUNCTIONAL SPECIFICATION [Z].

[7] 西门子（中国）有限公司. SIMATIC IT eBR Technical_Documentation_V6.1.5 [Z].

[8] 西门子（中国）有限公司. SITBIL_InstallationManual [Z].

[9] 西门子（中国）有限公司. Batch-ebr Interface sharing_V01 [Z].

[10] 西门子（中国）有限公司. SIMATIC IT eBR Reporting [Z].

应用在分子筛纯化系统的前馈控制设计
Feedforward control design applied on molecular sieve purification system

邵 侃
（林德亚太工程有限公司 杭州）

[摘 要] 本文以通过西门子 PCS7 DCS 系统实现的分子筛纯化系统的一个典型前馈控制方案为例，分析其设计目的、工艺背景和调试方法，以及取得的控制效果。

[关 键 词] 前馈控制、分子筛纯化系统

[Abstract] This paper introduces the design purpose, process background and tuning strategy and subsequent effect, basing on one typical feedforward control solution example applied in molecular sieve purification system, realized by SIEMENS PCS7 DCS system.

[Key Words] Feedforward Control、Molecular Sieve Purification System

一、前馈控制的控制特点

现今的复杂控制方法包括增益调度、比值、串级、前馈、解耦、超驰及其辅助技术（如抗积分饱和，无扰动切换等）。前馈控制作为常用的一种复杂控制方案，在实施上对比其他的复杂控制方法来说自控技术门槛较低，易于实现，但难点是对工艺原理的理解和正确的测试整定方法。前馈控制作为开环控制手段，一般都是和闭环反馈控制配合使用才能起到很好的整体控制效果，所以前馈控制又称为前馈-反馈控制。

如果工艺变量在某个特定时刻（或时间区间内）出现剧烈变化或者存在明显滞后，超出正常 PID 控制器的调节功能范围，则必须根据预设的前馈控制动作直接干预阀门开度，到达快速稳定工艺变量的目的。所以说前馈控制是一种预防性措施，前馈和闭环的经典 PID（反馈）控制结合使用，降低了 PID 调节器的整定难度和鲁棒性需求，即 PID 调节器只需应对常规的工况以及消除前馈控制无法完全覆盖的余差，不需要应对极端的特殊工况。前馈控制原理如图 1 所示。

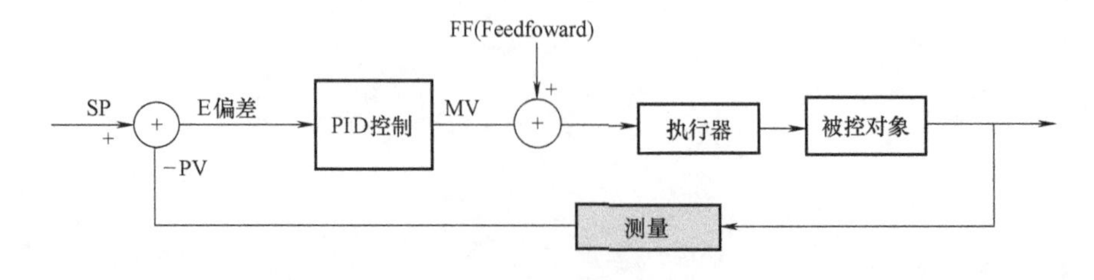

图 1 前馈控制原理图

二、设计案例：分子筛纯化系统均压步的流量补偿

1. 工艺背景

在空分装置中，过程空气由主空压机吸入，经过空气预冷系统后再经纯化系统（分子筛吸附器）纯化，进入冷箱内的精馏塔和增压机。分子筛吸附器后的过程空气流量对于空分装置的稳定性来说十分重要，要求流量必须平稳，如图2所示，由PID控制器FIC控制空压机的入口导页来调节流量。A/B两组分子筛吸附器交替使用和还原再生，还原再生阶段刚结束时的吸附器内压力约为12kpaG，而还处于使用周期的吸附器的过程空气的压力约为450kpaG，通过双向的均压阀对低压侧充压，直到两个吸附器压力平衡，为下一步的并行步骤做准备。均压步期间，均压阀受控于压力控制器PIC，PIC投入自动状态，将低压侧吸附器内的压力作为过程值PV，设定值SP由于均压开始时刻的PV（前一步骤该PIC为手动状态且全关，所以设定值SP跟踪过程值PV）按照固定速率爬坡上升到过程空气的当前压力，通常SP会在均压步结束前3~4min到达最终目标值。虽然已经通过设定值SP缓慢上升使得压力控制器PIC的输出（均压阀开度）缓慢上升，避免阀门突然开大，造成大的流量波动，但是充压过程势必损耗一部分送往下游的过程空气流量，FIC控制器需要增大入口导页开度来抵消这部分流量的损耗。从空压机到过程空气流量计管线距离较长，中间设备容积较大，工艺上存在较大的滞后性，如通过常规的PID控制调节则必须要有一个较大的KP（比例系数），且该KP值相对于除均压步骤以外的流量调节是偏大的，反而容易引起回路超调。即便可以再调试出一个合理的KP值，也需要投入大量测试的精力，对于调试人员来说也是增加了工作负担。

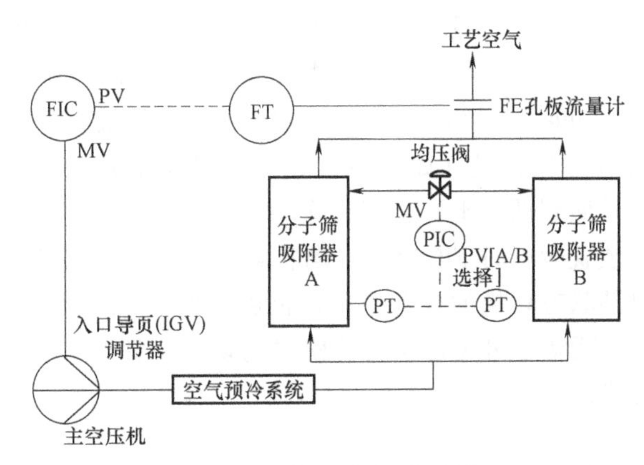

图2 过程空气处理流程示意图

2. 开环测试

将FIC设为手动模式并保持输出MV不变，尽可能地保持其他工艺条件（预冷系统、空压机的放空量、流量计下游的背压）不变，让工况经历均压步骤，测得均压步期间的流量变化状况，如图3所示。

结合工艺原理分析测试结果，实际的瞬时流量损耗是一个动态效应，取决于两个因素，即阀门的开度（差压一定时，阀门开大加大流量损耗）和均压阀两侧（即A/B两个吸附器内）的差压（开度一定时，差压减小流量损耗）。由于双向均压阀的非线性调节特性，使得均压步初期流量损耗效应上升，中期过程流量损耗效应相对稳定，后期过程的流量损耗效应减弱，直到阀位100%全开且压力A/B两侧一致（流量损耗效应为零）。

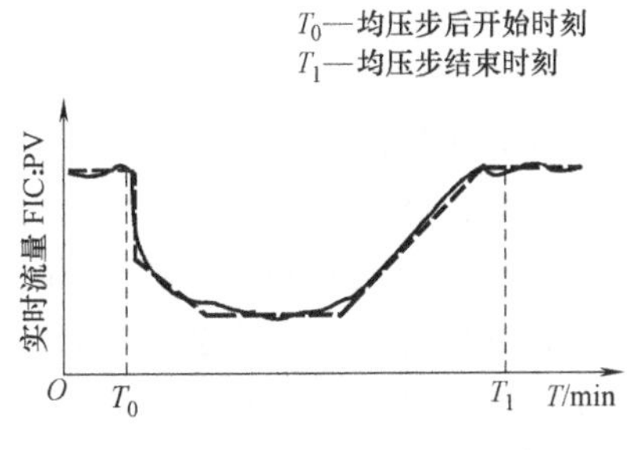

图3 开环测试的结果示意

在做开环测试前，如果有条件，可以使用动态流程模拟软件对工艺变化做动态仿真模拟，这样可以为在线的开环测试提供一个指导方向。

3. 设计思路

最初的设计思路是在均压步开始瞬间捕捉当前 FIC 输出 MV，然后在此基础上增加一定的变化量（如 3%的导页增加开度）来抵消均压初期的流量损耗，之后在 PID 调节的作用下缓慢地将导页开度降低到均压前的开度附近。导页开度的增加量可以将开环测试中测得的下降变化值通过压缩机的流量特性曲线近似折合出导页需要增加的开度。在具体 DCS 控制逻辑的处理上，一旦进入均压步，则触发一个 2s 的正脉冲信号，执行瞬时值捕捉逻辑，如图 4 所示。抓取瞬间的 FIC：MV，同时触发 FIC 控制器的输出外部跟踪功能（Select External Tracking Value，1=Active），被跟踪的值等于被捕捉的瞬间 MV+变化量（如 3%），等 2s 脉冲结束后（逻辑信号回到低电平）立刻解除 FIC 的外部跟踪，如图 5 所示，同时确保 FIC 控制器恢复自动状态（正常装置运行时 FIC 就是自动状态）。西门子 PCS7 系统的 PID 功能块的外部跟踪是独立于 PID 的手/自动状态切换的，有些 DCS 品牌的外部跟踪模式会把控制器强制为手动模式，针对前者执行外部跟踪后无需额外考虑手自动模式的切换，针对后者就必须单独考虑解除外部跟踪后的重新投自动的要求。

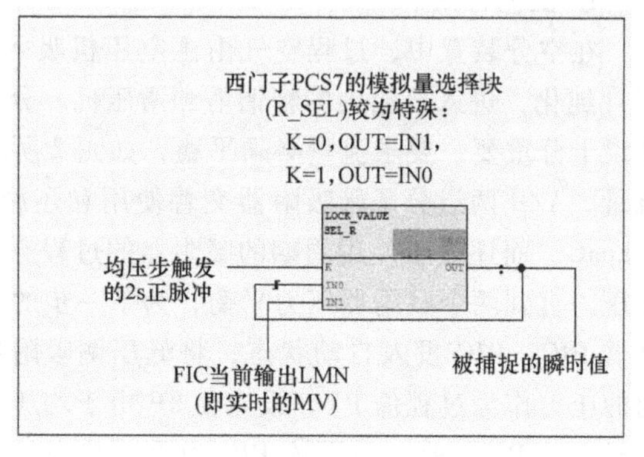

图 4　捕捉 LMN（MV）瞬时值逻辑示意

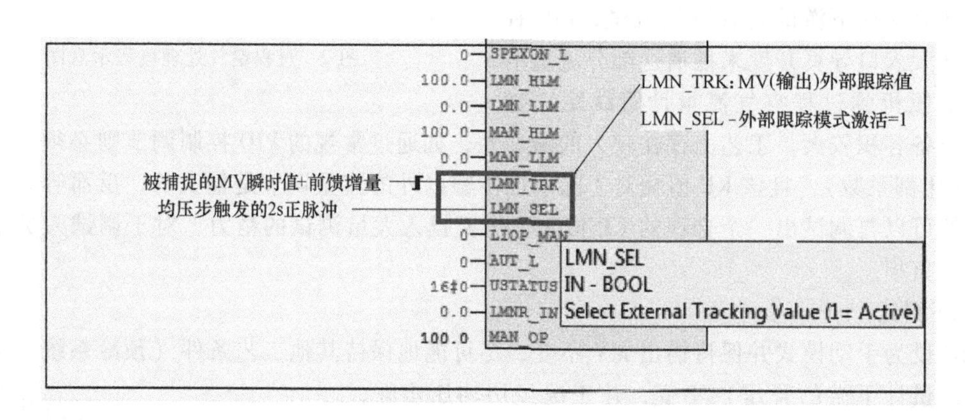

图 5　PID 块外部跟踪模式示意

这种方法只能应对均压步开始后瞬间的流量下降，无法保证不出现流量偏高的副作用，同时导页增加量的选择上很难把握，如果太小，则无法克服流量下降的问题；如果太大，则出现流量过大的问题，两种情况下 FIC 控制器的调节任务还是很艰巨的，进而可能出现新的问题。结论就是这种瞬间提高 MV 的做法为后续调节 MV 基础的方法虽然起到一定的补偿作用，但不能精准地在均压步全程支持 PID 调节（分担 PID 控制的调节权重）。

由于上述对流量的扰动是周期性的，可重复性的，基于以上对工艺的理解，此处设计了另一种前馈控制方法，如图 6 所示。通过非线性拟合功能块将均压步的执行时间转换为对应的前馈补偿值，送至 PID 功能块上的 DISV（Disturbance Value，PCS7 DCS Basis Library V90 库中的标准 PID 功能块的前馈参数引脚名称）。该参数作为当前 MV 除 PID 运算外的独立的输出偏移量，单位同 PID

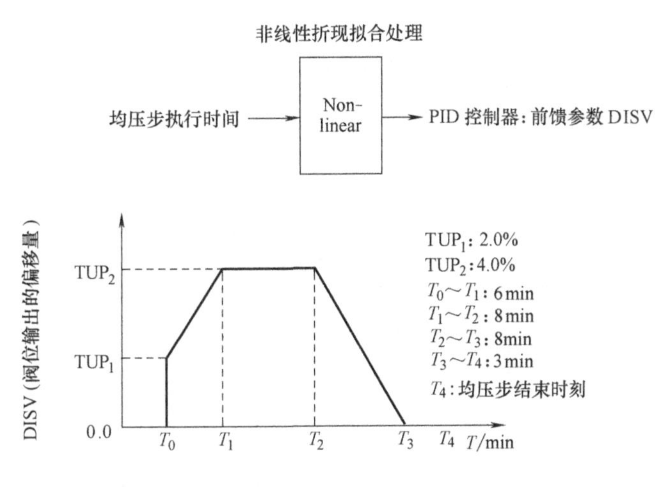

图 6　前馈补偿量计算原理

运算得出的 MV 的工程单位（通常阀门为%），初始值为 0.0，可以是正值也可以负值，连续直接叠加到 PID 当前运算结果 MV 上后作为最终输出到执行机构的控制命令，不会影响 PID 运算本身的连续性[1]。同时该 DISV 值在整个补偿周期内是可循环的（均压步前后都是 0.0），以适应分子筛纯化系统的循环运行。此处设计了四个在线可调参数，使用西门子 PCS7 标准功能块 OP_A 设置，操作权限为工程师级别，普通操作人员受限制。

1）TUP_1：均压开始后的瞬间导页（FIC：MV）的增加量；

2）TUP_2：平稳期间的导页（对比均压前开度）增加量；

3）T_1：T_0 ~ T_1 的时间长度，即 TUP_1 上升到 TUP_2 的区间内的 DISV 爬坡时间，确定 T_1 和 TUP_1/TUP_2 后可以计算出 T_0 ~ T_1 期间的 DISV 爬坡速率；

4）T_2：T_0 ~ T_2 的时间长度，确定 T_1 和 T_2 后，可以确定平稳期间的时间长度。

配合两个固定参数一起使用：

T_4：T_0 ~ T_4 的时长即为均压步的总时长，是根据流程计算得出的均压步时长，一般情况下不可以现场调整。本案例中为 25min（1500s）。

T_3：等于 T_4 减去 3min（常规分子筛均压程序中 SP 值达到目标值相对均压步结束的提前量），本案例中为 22min（1320s）。T_3 ~ T_4 区间即缓冲区间，给 PIC 调节额外预留 SP 从爬坡到走平后的稳定时间。确定 T_2 和 T_3 后，可以确定 TUP_2 到 DISV 归零的下坡速率。

T_0 时刻的阶跃 2.0%作为均压开始后瞬间的输出 MV 增加量，相当于 PID 控制器针对一个大的扰动做出的瞬时较大的比例作用动作。T_0 ~ T_1 阶段，DISV 处于上升期，均压步前期用来补偿流量损耗效应的上升期；T_1 ~ T_2 即均压步的中期，流量损耗效应相对平稳，DISV 处于平稳期；T_2 ~ T_3 均压步后期流量损耗效应减弱，DISV 也减小最终归零；T_3 ~ T_4 属于缓冲区间，理想状况下到 T_3 时刻已经达到流量损耗归零。前馈补偿控制作为开环控制不可能完全精准，必然留有少量余差，此部分余差则交给 PID 运算来调节来彻底消除，但此时对于 PID 控制器的任务已经很轻松了。这种方法全程为 PID 控制器提供了保驾护航的作用，对比未加此前馈补偿时，减小了 PID 控制器的调节权重，进而对 PID 的鲁棒性需求也降低了很多。

通过 PCS7 V8.2/CFC 对上述前馈补偿量计算原理进行组态，结果如图 7 所示。实际组态中的时间参数均为 s。

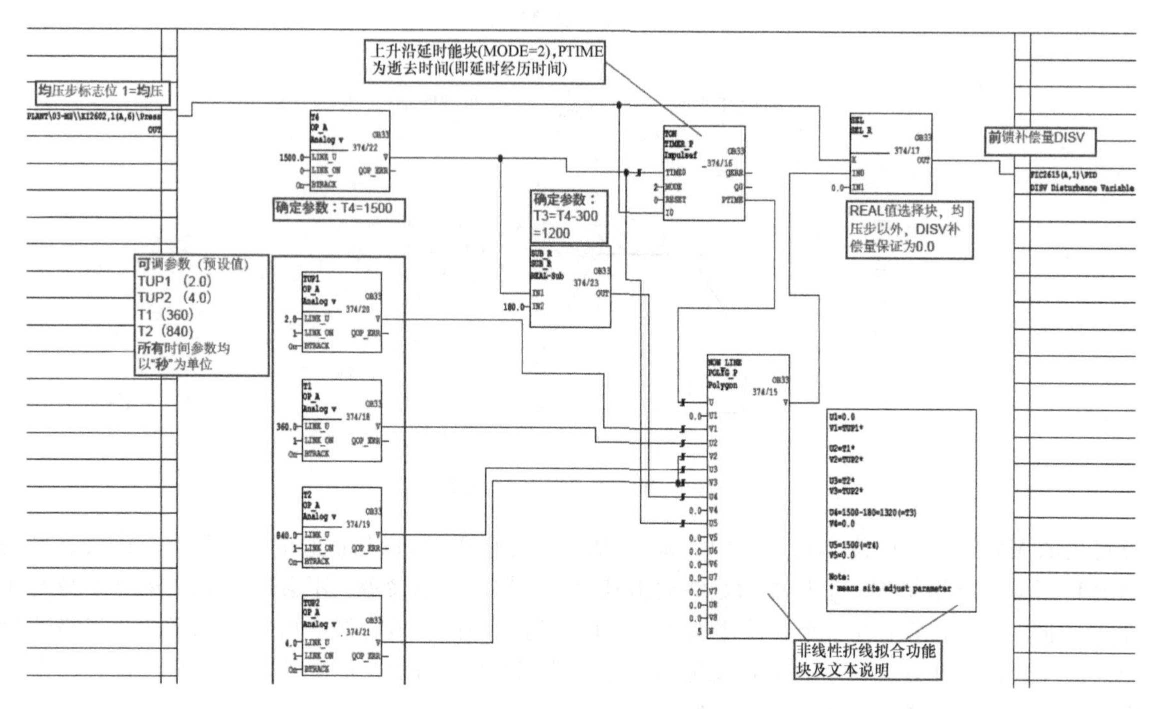

图 7　前馈补偿量计算 PCS7 CFC 组态逻辑截图及说明

三、测试结果及进一步优化

投用前馈控制后，工艺上经历均压步时，流量整体保持稳定，仅在均压步开始后出现轻微的低谷，维持时间很短，下降幅度也很小，下游工艺几乎没有受到影响。因为工艺响应和设备动作存在滞后性，可以降低但无法彻底消除扰动，所以只要扰动很轻微或在工艺上可接受的范围内，即可以忽略。说明前馈控制取得了很好的控制优化效果。

在投用一段时间后，装置的整体负荷调整，工艺空气的流量基准发生变化，流量的平稳性略微有所降低，原因是在不同的流量负荷下空压机的导页开度不同，对应均压步的变化量也略微改变。这时可以直接在闭环条件下，在线手动修改 TUP_1、TUP_2 两个参数，针对不同流量值找到合适的适配值。基于上述数据，使用拟合折线功能或线性回归方法，输入是流量的设定（FIC：SP），输出是对应的 TUP_1 或 TUP_2 结果。即将原 TUP_1 和 TUP_2 由一个静态参数调整为动态参数，进一步适应装置负荷的变化。

四、应用体会

前馈控制的应用条件是工艺扰动是可预见且有规律的，可以通过开环测试的方式找出扰动量的大小。在设计的前期，应对工艺状况有充分的理解，再进一步通过开环测试加以验证，接着设计合理的前馈补偿量的给定方式。针对前馈量补偿方式一般有两种，本文均做了详细分析。一般来说，时长和幅度会重复出现的扰动可以使用 DISV 这类补偿系数的前馈给定方式。对于不可重复的随机扰动，且仅考虑紧急状况下的安全保护，不需要考虑被控量的稳定性，比如说空压机防喘振逻辑中运行点进入危险区时阀门的阶跃开大使得机器的运行点迅速脱离危险区，使用短脉冲跟踪外部跟踪值（跟踪值=瞬间捕捉的 MV+前馈的增减量）的逻辑处理方式更加合理。最后验证前馈-反馈控制回路在线投用的效果。

对于一个过程控制工程师来说，除了具备基本的自控知识外，还必须不断地加强工艺知识的学习，包括设备原理和运行操作经验。只有充分理解工艺原理，设计出来的复杂控制回路才能发挥其最大作用。

参考文献

西门子（中国）有限公司. SIEMENS PCS7 V8.1 Help Contents [Z].

PCS7 和 PROFIBUS 现场总线在 RTR 铜钴尾矿复垦项目中的应用
Application of PCS7 and PROFIBUS fieldbus in RTR copper cobalt tailings reclamation project

刘振民
（江西瑞林电气自动化有限公司　南昌）

[摘　要] 本文以西门子 PCS7（V8.2）在 RTR 项目中的应用为背景，详细叙述该项目控制系统的系统配置和网络结构，着重介绍 PROFIBUS 现场总线在该项目上的应用。该项目是 PCS7 率先在大型铜钴湿法冶金项目上的全流程应用，也是有色行业率先在电气、仪表上采用 PROFIBUS 现场总线的大型工程项目。

[关 键 词] PCS7、PROFIBUS、现场总线、湿法冶金

[Abstract] Based on the application of SIEMENS PCS7（V8.2）in RTR project, this paper describes the system configuration and network structure of the control system of the project in detail. This paper focuses on the application of PROFIBUS fieldbus in this project. This project is the first full process application of PCS7 in large-scale copper cobalt hydrometallurgy project, and it is also the first large-scale engineering project in nonferrous industry in which Profibus fieldbus is used for both electrical and instrument.

[Key Words] PCS7、PROFIBUS、Fieldbus、Hydrometallurgy

一、项目简介

RTR 铜钴尾矿复垦项目现场位于非洲中部刚果（金）民主共和国 Katanga 省 Kolwezi 镇，客户是欧亚资源集团 ERG 在南非的子公司 Metalkol SA。该项目是一个铜钴矿尾矿复垦回收金属铜和氢氧化钴的项目。该项目是对两个尾矿库（Kingamyambo 和 Musonoi）里的尾矿进行回收再利用，从工艺上来看主要包括选矿及湿法冶金。这两处尾矿库是一家铜钴矿选厂于 1952~1997 年生产铜精矿所产生的尾矿堆积而成的。由于当时的选矿技术限制，这些尾矿仍有一定含量的铜和钴，且经采样测定发现吨矿品位仍较高。随着当今社会对金属资源需求日益扩大，有限的资源变得稀缺，特别是近些年来金属价格的不断上涨，现在回收这些金属资源可获得较高的经济效益。

RTR 铜钴尾矿复垦项目采用的生产工艺为：水力采矿+两段搅拌浸出+高、低品位萃取+电积提铜+沉钴。主工艺流程有：尾矿回收、搅拌浸出、逆流洗涤、萃取、铜电积、钴沉淀、残渣处理、石灰乳制备等，如图 1 所示。项目分两期建设，一期设计规模为：原矿处理能力 560 万吨/年，年产阴极铜 7 万吨（LME A 级铜），钴金属量为 1.4 万吨（35%氢氧化钴产品）；二期设计规模为：原矿处理能力 840 万吨/年，年产阴极铜 10.5 万吨（LME A 级铜），钴金属量为 2.1 万吨（35%氢氧

化钴产品)。现场照片如图 2 所示。

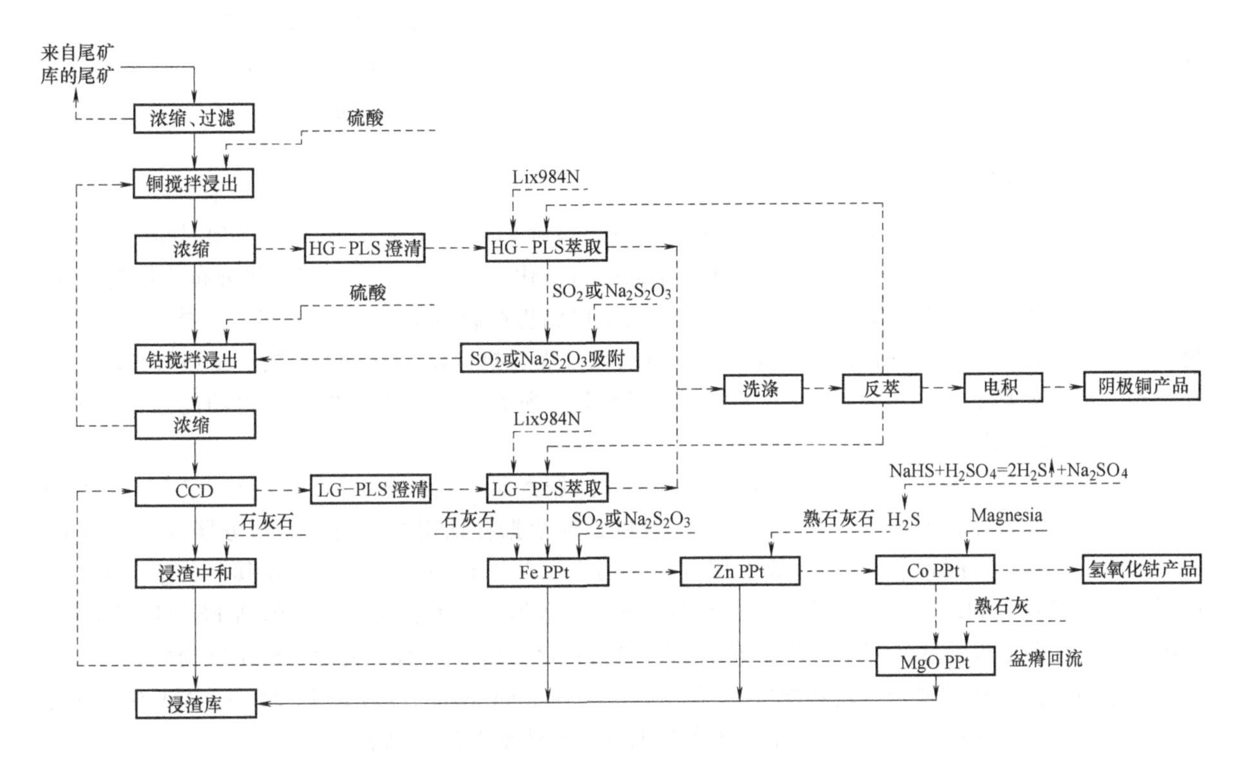

图 1 RTR 铜钴尾矿复垦项目生产工艺

图 2 RTR 铜钴尾矿复垦项目现场

在这之前的湿法冶金项目规模都不大，很少有单个项目超过十万吨金属铜，更少有超过两万吨金属钴。很多湿法冶金项目自动化程度较低，没有做到全流程自动化控制，有些只做到了部分流程自动化控制。矿山、冶炼项目属于传统的过程控制行业，绝大多数都是采用传统硬接线的方式，很少有项目采用现场总线技术。RTR 铜钴尾矿复垦项目是 PCS7 系统率先在大型铜钴湿法冶金项目的全流程应用；也是有色行业大型工程项目中，在电气、仪表率先采用 PROFIBUS 现场总线接入系统。全厂的电气设备全部采用马达保护器、软起动器、变频器驱动，通过 PROFIBUS-DP 现场总线接入控制系统。全厂过程仪表全部采用 PROFIBUS-PA 现场总线接入控制系统。

二、系统结构

经过多次与用户深入地沟通、探讨和多方比较，最终确定 RTR 铜钴尾矿复垦项目全厂控制系统采用西门子 PCS 7 V8.2。PCS7 是完全无缝集成的自动化解决方案，是一套现代分布式控制系统，采用了现行局域网（LAN）技术、成熟可靠的西门子可编程控制器（PLC）和现场总线技术。整个系统由丰富且大量的西门子硬件组件组成，包括自动化仪表、执行器、模拟量和数字量信号模块、AS 控制器、通信处理器、工程师站 ES 和操作员站 OS 等。所有这些硬件组件都可由功能强大的各种 PCS7 软件工具支持和组态。

该厂系统配置了两台冗余的 OS（operator system）服务器，九台 OS 客户端。为了扩展生产数据的储存时间以及便于访问历史数据，配置了一台供长期数据存储用的历史数据服务器（Historian + Information Server）。配置了一台 OS Web 服务器，用于工艺工程师、管理人员在其办公室内通过局域网监视生产过程和统计数据。这四台服务器放置在服务器室。配置两台工程师站 ES（Engineering System）放置在工程师室，用于控制系统组态、控制程序开发、下载。九台 OS 客户端放置在操作室，用于对生产过程的操控。现场配置 12 台 AS（Automation systems）（AS1~AS13，AS9 编号未使用），型号为 AS 410-5H-1，放置在全厂各个配电室。具体配置清单见表 1。

表 1　RTR 铜钴尾矿复垦项目控制系统主要配置清单

序号	名称	订货号	数量	备注
1	ES 软件	6ES76585AX280YA5	2	
2	OS 冗余服务器软件	6ES76523BA282YA0	1	包含两套授权
3	OS 客户端软件	6ES76582CX280YB5	9	
4	历史数据服务器软件	6ES76527AX282YB0	1	
5	OS Web 服务器软件	6ES7658-2GX28-2YB0	1	
6	PDM	6ES76583LD580YA5	1	
7	AS410-5H-1	6ES7654-6CL00-3BF2	12	
8	I/O 模块	ET200M 系列	180	DI/DO/AI/AO/RTD
9	DP 中继器	6ES7972-0AB01-0XA0	100	
10	DP 有源终端	6ES7 972-0DA00-0AA0	80	
11	PA Coupler	6ES7157-0AC85-0XA0	90	
12	PA Coupler EX	6ES7157-0AD82-0XA0	15	
13	以太网交换机	6GK6090-0GS11-0BA0-Z	26	
14	24V 直流电源	6EP1336-3BA10	60	
15	CP 1623	6GK11623AA00	4	
16	OLM	6GK1 503-3CC00	18	

该控制系统采用服务器客户机结构，三层网络架构如图 3 所示。三层网络依次是终端总线、工厂总线、现场总线。

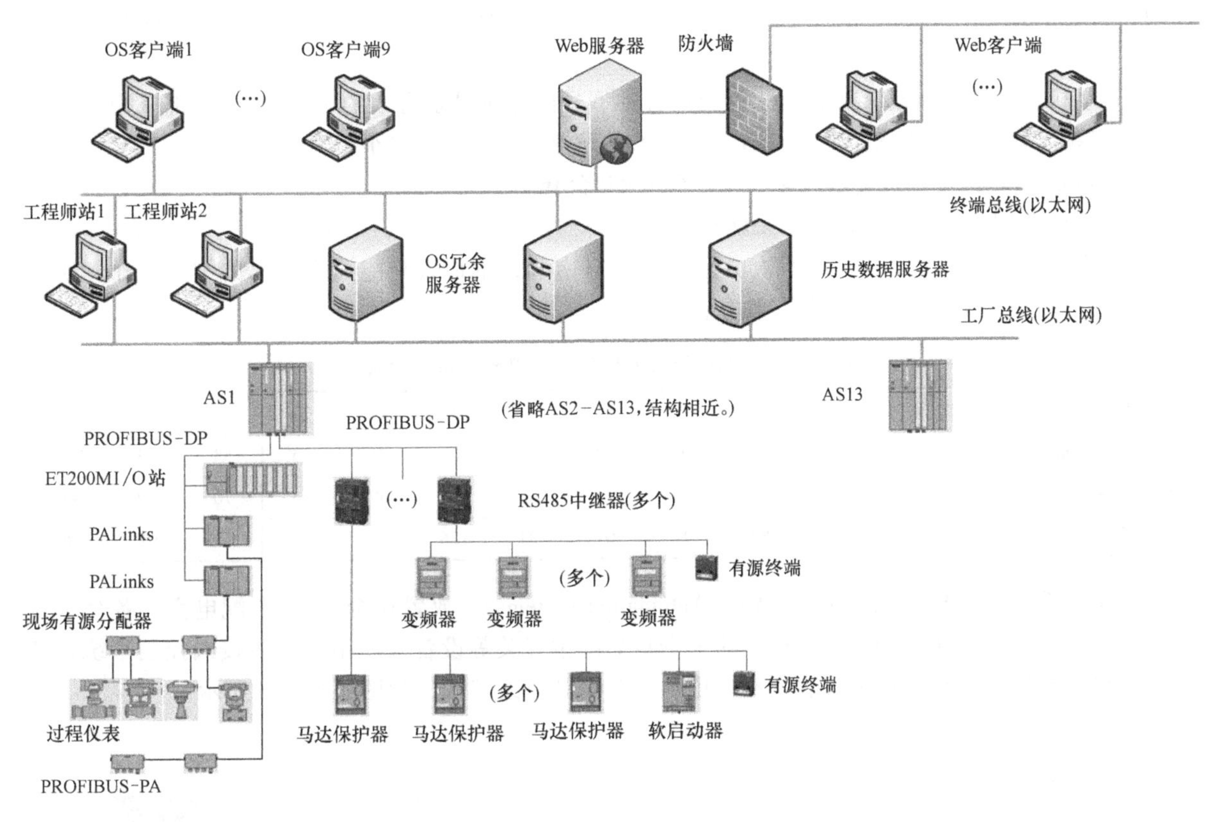

图 3　三层网络架构

终端总线连接 OS 服务器和 OS 客户端。OS 客户端本身无法与 AS 之间通信，也没有 OS 运行画面，所以要通过与 OS 服务器通信的方式将这些数据从 OS 服务器发送到 OS 客户端上。终端总线采用工业以太网，星形网络拓扑，速率为 100Mbit/s。

工厂总线连接 OS 服务器和各个 AS，用来实现 AS 与 AS 以及 AS 与 OS 服务器之间的数据通信。工厂总线采用工业以太网，网络拓扑结构采用光纤环网，速率为 1000Mbit/s。

自带 PLC 的成套设备通过以太网电缆或者光纤就近接入工厂总线，采用以太网通信的方式与 AS 或 OS 服务器进行数据交换。

工程师站因为需要对 OS 服务器、OS 客户端、AS 进行组态配置和程序下载，所以需要同时连接终端总线和工厂总线。OS 服务器配置至少两个网卡，一个网卡连接在工厂总线上，本项目采用了西门子 CP 1623 网卡用来与 AS 交换数据，另一个服务器自带的板载网卡连接在终端总线上，用来连接 OS 客户端。

现场总线用于连接 AS 和 IO 模块及现场设备（如电机驱动和设备过程仪表）。

三、功能与实现

RTR 铜钴尾矿复垦项目的特点如下：

1）控制区域分布广。最远的 Kingamyambo 尾矿泵站到生产厂区有 8km，Musonoi 尾矿泵站到生产厂区有 3km。生产厂区分布在长宽各 1km 左右的区域，全厂有 10 个配电室。

2）过程仪表种类、数量多，见表 2。全厂各种型号的过程仪表有大约 1000 台，涵盖了温度、压力、流量、液位、电位、浓度、pH、调节阀，涉及 E+H、ABB、艾默生、西门子多个公司的产品。

3）电机设备多，驱动装置智能化。全厂各种型号的电机设备有大约 1000 台，全部采用马达保护器、变频、软启动器驱动，涉及 ABB、西门子、丹佛斯、施耐德多个公司的产品。

4）自带 PLC 的单独成套数较多，全厂约有 60 台套。

5）地处非洲腹地，物资匮乏，采购运输不便。

6）懂技术的维护人员少，技术人员全部是来自南非，本地人只能担当基本的维护工作，所以需尽最大可能减少维护人员和维护工作量。

表 2　各个 PLC 所控制的电气、仪表设备统计表

PLC 编号	1	2	3	4	5	6	7	8	10	11	12	13	合计
过程仪表数量	78	33	116	107	81	190	203	44	21	15	58	73	1019
电气设备数量	75	92	94	76	120	117	78	82	47	43	70	79	973
合计	153	125	210	183	201	307	281	126	68	58	128	152	1992

该全厂系统配置现场配置 12 台 AS（Automation systems），放置在全厂 10 个配电室。各个工段的现场信号就近接入相应的控制柜中。除了少量如限位开关等设备采用用硬接线接入控制系统，其他如电机驱动设备、现场过程仪表全部采用 PROFIBUS 总线接入，如图 4 和图 5 所示。

图 4　控制柜中的 PROFIBUS DP 设备

图 5　控制柜中的 PROFIBUS PA 设备

电机驱动设备和现场过程仪表通过现场总线通信的方式与控制系统进行信息交换，这种方式更先进，功能更强大。与传统硬接线方式相比，现场总线技术有以下显著优势：①只需一根总线电缆即可连接多个设备，大量节约控制电缆、桥架、安装辅材等工程材料，大大减少施工量并缩短施工

周期，减少施工费用；②现场总线在数据链路中传输的是采用数字化技术处理过的数字信号，信号抗干扰能力强；③通信速率高，传输信息量大，能充分利用当今智能化电机驱动设备的技术特性；④利用配套的智能软件使得故障诊断、问题解决变得更为直观和容易，运营维护工作量大大减少；⑤现行常用的现场总线技术多为国际统一标准，支持的产品丰富，日后更换及升级也非常方便。

该控制系统使用了 PROFIBUS 现场总线协议簇的两种协议，即 PROFIBUS-DP 和 PROFIBUS-PA。

PROFIBUS-DP 用于连接远程 I/O 站和电气设备，如变频器、马达保护器、软启动器及某些采用 PROFIBUS-DP 通信的第三方 PLC 等。对于电机设备，过去每台电机需要一根或多根电缆连接到 I/O 模块。由于采用 PROFIBUS-DP 现场总线，故理论上只需要一根两芯双绞线就可以完成几十台电机数据通信。实际工程应用中每条 DP 总线所能连接的设备数由各个设备通信数据量、网络拓扑结构等因素决定。

结合 PROFIBUS-DP 协议及使用规范，在满足总线使用电磁兼容性要求的基础上，RTR 项目制定了五个 PROFIBUS-DP 总线应用规则。

1）PROFIBUS-DP 主站（CPU 或通信模块）出来的 PROFIBUS-DP 电缆直接进 RS485 中继器，再由 RS485 中继器扩展网段接口出，DP 电缆接驱动设备等其他 DP 从站。这样既扩展了网段又隔离了子网之间以及子网与主站之间的网络。如果要接入距离远的设备应采用光电设备（OLM）以保证通信速率。

2）每条网段不超过 25 个设备，为了防止终端设备掉电导致的网络故障，每个网段在终端都配置一个源终端电阻。

3）因为工艺上定义的主设备和备用设备已经在电气规划上进入不同配电柜分段，所以这些设备的驱动设备要求进不同的 PROFIBUS-DP 子网。

4）变频器将干扰引入控制系统的可能性比马达保护器、软启动器大，所以变频器不应和马达保护器等设备组网，必须单独组网。但必须遵循第 3 条规则。

5）如果自带 PLC 的第三方成套设备通过 PROFIBUS-DP 接入系统，则不能和驱动设备组网，应单独组网。

PROFIBUS-PA 用于连接如流量计、压力表、液位计、调节阀等现场过程仪表。如果采用传统 4~20mA 电流信号，则每个仪表需要一根或多根电缆连接到 I/O 模块，采用 PROFIBUS-PA 现场总线，理论上只需一根屏蔽两芯双绞线即可同时实现 30 余台仪表的数据接入及仪表供电。如果现场某些仪表用电需求超出 PROFIBUS-PA 现场总线供电能力则要额外供电，比如某些大电磁流量计或者调节阀等。实际工程应用中每条 PA 总线所能连接的仪表数由仪表类型、网络拓扑结构、支线长度等多个因素决定。

RTR 项目 PA 总线工程应用规则如下：

1）根据仪表所处的防爆区域，选择防爆 DP/PA Coupler 还是非防爆 DP/PA Coupler，以及对应的防爆区域还是非防爆区域应用 PA 电缆、有源现场分配器。核算某一控制区域所需连接的 PA 仪表数量，确定 PA 主站、DP/PA Link 或 DP/PA Coupler 的数量。需要注意的是，防爆区域应用的 PA 网络终端电阻需要单独配置，而非防爆区域应用的终端电阻是集成在有源现场分配器中，只需根据需要选择该电阻是 on 还是 off。

2）根据仪表数量以及对 DP 总线的速率要求，决定采用 DP/PA Coupler 直连还是由 DP/PA Link 连接。绝大多数情况下是采用 DP/PA Link 连接方式，RTR 项目全部采用 DP/PA Link 方式。

3）根据仪表安装位置和及技术要求，确定所采用的总线网络结构。RTR 项目采用主干型网络，PA 电缆从 DP/PA Coupler 出来后串联多个有源现场分配器。

4）选择合适的 PA 网络器件（多少接口数的有源现场分配器、终端电阻）。

5）必须计算和校验电流、电压以及 PA 网络上的分支总长度，如果电流不够则可以增加 DP/PA Coupler，如果电压不够或分支总长度超过要求，则需要调整网络结构或者仪表的接入点。西门子公司官网上有计算工具下载。

RTR 项目 PROFIBUS-DP 网络规划得较为严谨、合理，从调试到试生产及后期运营从未出现过大面积、长时间或反复发生的故障。但在项目调试和试生产过程中出现过几次的典型问题是部分子网断网及电磁干扰。后经排查确认，部分子网断网的问题主要原因有两个方面：一是施工单位的 DP 接头连接不规范、压接不可靠；二是发生故障的网络部分使用了兼容 DP 接头，而非正规大公司的 DP 接头产品。电磁干扰导致的故障现象是某些变频器时而能通信时而不能通信，特别是某些大功率变频器。后经排查确认主要原因是变频器的 PROFIBUS-DP 电缆的屏蔽层未可靠接地，所以对于 PROFIBUS-DP 总线的应用应合理地规划网络，应使用大公司的正规网络器件，应按规范施工。满足这三点，出问题的概率将会大大降低。

PROFIBUS-PA 总线在项目实施过程中，出现过比较独特的问题是某一 PA 子网上某一类型所有的仪表（pH、EH 分析仪）无法通信，其他类型的仪表却能正常工作。后经反复排查，确认是由于该类型的仪表工作电流需求比压力、液位等仪表大，而电磁流量计又有额外单独供电，所以这些子网上的压力、液位、流量等仪表工作正常。RTR 项目使用的魏德米勒的 PA 有源现场分配器，其内有多个跳线开关，选择每个回路 20mA、30mA、60mA 的工作电流，选择适当的工作电流后问题得以解决。

PCS7 有着优越的开放性和兼容性，支持多种现场总线，如 PROFIBUS、FF、Hart，只要符合总线规范的产品都能在 PCS7 中正常使用。RTR 项目中全部采用马达保护器、变频、软启动器驱动电机；涉及 ABB、西门子、丹佛斯、施耐德多个公司的产品。RTR 项目中使用的 PROFIBUS-PA 总线仪表涉及 E+H、ABB、艾默生、西门子等多个公司的产品，涵盖了温度、压力、流量、液位、电位、浓度、pH 和调节阀等大多数过程仪表。

在软件应用方面，PROFIBUS-DP 大多数是采用导入 GSD 文件进行组态的方式。PROFIBUS PA 需要 EDD 文件，RTR 项目中采用 PDM 软件集成在 PCS7 系统中，导入相关过程仪表的 EDD 文件就可以在 PCS7 系统中组态。通过这些 EDD 文件，还可以在 PCS7 中设置参数、下载上传、备份、比较参数、读取报警和诊断信息，十分灵活方便。

PCS7 系统采用 CFC 模块化编程，非常直观、方便，许多应用只需要在功能库提供的模板上更改输入输出地址和注释即可，特异性使用在很多情况下也只需设置一下块参数。设备间的联锁只需要在相应功能块的引脚上单击鼠标，哪怕是跨控制器的功能块。编译后操作界面的块图标自动生成，还可以选择块图标的类型，不需要和传统 DCS 一样手动制作图标和连接变量。自带功能库功能丰富、种类齐全，功能块很强大，还包含各种免费提供的先进过程控制（APC）控制模块，比如控制性能监控、增益调度、超驰控制、超前-滞后/前馈 PID 自整定 Smith 预估器、基于模型的预测控制。RTR 项目中就使用了增益调度、超驰控制等多个先进过程控制模块，比如对搅拌浸出槽的 pH 控制采用了增益调度。物料波动将导致 pH 偏差波动，如果采用传统 PID 则在某些偏差下可能控制效果不错，但在某些偏差下会产生较大的滞后和超调，导致控制精度不够，从而影响浸出率和加药量等工艺指标。采用增益调度控制后，在不同的偏差下有不同的 PID 参数，从而改善控制响应，提高了控制精度，保证了工艺指标。再比如超驰控制用于远距离泵送矿浆，主要过程采用流量控制以保证矿浆输送量的工艺要求，辅助过程采用压力控制以保证矿浆在输送过程中不会因压力不足而沉淀堵管或者压力过高而爆管。

四、运行效果

RTR铜钴尾矿复垦项目一期控制系统已于2018年5月投入使用，二期是在一期控制系统的基础上扩容，也于2019年12月投入使用。自投运以来持续控制系统稳定运行，从未出现过服务器停机、控制器死机、网络崩溃等故障。有力地保证了生产过程的安全、稳定、高效运行，实际生产产量已超过设计生产能力。

同时，得益于PROFIBUS现场总线的应用，维护工作也变得更为简单、高效。仪表工程师只需要在工程师站上通过PDM软件就可以很容易地对现场仪表进行故障诊断、参数设置等日常维护。电气工程师在中控室通过相应软件就可以对现场的马达保护器、变频器进行参数设置和故障诊断，一些维护工作也不需要到现场配电室进行操作了，故障诊断变得更为简单明了，为维护工作提供方便。RTR客户最终只设置了一位系统工程师，一位仪表维护工程师和一位电气维护工程师，以及相应的现场维修工。相比于过去类似规模的项目，配置人数少了很多。客户对控制系统的先进性、稳定性和高适用性表示了高度的认可。

五、应用体会

1）PCS7系统软件、硬件产品线丰富，能够极大地满足现场需求。PCS7系统开放性、兼容性非常好，支持各种通信方式及多种现场总线，做通信时客户端服务器端都可以实现。相对传统DCS可选择项更多，约束更少，更适用于工程项目。

2）PCS7系统功能库功能丰富、种类齐全，常用的功能块都很强大。采用CFC编程，直观、易于掌握，同时还支持STL/LAD/FBD。编程应用十分方便，即便是初学者也能很快上手。相对于传统的DCS功能库更为先进，使用更为方便，更容易掌握。

3）PROFIBUS现场总线很强大。相对于Hart、FF、CAN总线，适配的产品更丰富，总线速度更快，能够提供更多的信息。PROFIBUS现场总线在工程项目中的应用使得工程电缆、桥架、辅材的采购及施工量大幅度减少，从而减少了项目投资，缩短了建设周期。运营维护也变得便捷、高效，人员配置更少。

综上所述，PCS7系统和PROFIBUS现场总线在RTR铜钴尾矿复垦项目中的应用十分成功。从而说明了PCS7系统完全适用于湿法冶金全流程应用，同时PROFIBUS现场总线电气、仪表全总线应用相对传统硬接线模式优势很大，值得推广。

参考文献

[1] 西门子（中国）有限公司. 过程控制系统PCS7容错过程控制系统（V8.2）[Z].

[2] 西门子（中国）有限公司. 过程控制系统PCS7工程组态系统（V8.2）[Z].

[3] 西门子（中国）有限公司. 过程控制系统PCS7Advanced Process Library（V8.2）[Z].

Excel 批次报表在 BRAUMAT/SISTAR 中的实现
Realization of Excel Batch Report in BRAUMAT/SISTAR

赖海军
（西门子（中国）有限公司　上海）

[摘　要] 本文介绍了 BRAUMAT/SISTAR 系统以及在该系统中实现批次报表的几种方法，基于啤酒酿造工艺，详细介绍了 Excel 批次报表实现的原理和步骤，为用户的自定义批次报表需求提供了一个很好的解决办法。

[关 键 词] BRAUMAT、SISTAR、批次报表、Excel

[Abstract] This paper introduces BRAUMAT/SISTAR and several methods to generate batch report. Based on beer brewery process, it introduces the principle and procedure of excel batch report, it'll provide a good solution for user-defined batch report in BRAUMAT/SISTAR.

[Key Words] BRAUMAT、SISTAR、Batch report、Excel

一、项目简介

BRAUMAT/SISTAR 系统是西门子提供的一款强大的批次控制系统，始于 1977 年。BRAUMAT 和 SISTAR 功能基本一致，区别是应用行业的不同，BRAUMAT 用于啤酒酿造行业，SISTAR 用于食品饮料的其他子行业。国内外知名的啤酒酿造公司如百威、青岛啤酒、雪花都采用了 BRAUMAT 系统来实现啤酒生产的自动化控制。

啤酒是以麦芽为主要原料，添加酒花经酵母发酵酿制而成的，是一种含二氧化碳、起泡、低酒精度的饮料酒。主要生产原料有麦芽、酒花、酵母和水，有时也会添加大米。不同啤酒制造商的啤酒酿造工艺略有区别，但工艺过程大致都由麦芽粉碎、麦汁制备、发酵、过滤和啤酒罐装等工段组成。

麦芽、大米等原料由投料口或立仓经斗式提升机、螺旋输送机等输送到糖化楼顶部，经过去石、除铁、定量、粉碎后，进入麦汁制备。麦汁制备包括原料糖化、麦醪过滤和麦汁煮沸等过程[1]，大米因糖化温度较高需要先进入糊化锅进行预煮，大麦则可以直接投入糖化锅进行糖化，在糖化过程中分解成醪液，经过滤槽/压滤机过滤掉麦芽皮壳，然后在煮沸锅中加入酒花煮沸，经回旋沉淀槽去除不需要的酒花剩余物和不溶性的蛋白质，经冷却后打入发酵罐。接种酵母的冷麦汁进入发酵罐发酵，麦汁中的糖分转化为酒精和二氧化碳，产生啤酒。发酵后的啤酒在过滤机中将所有剩余的酵母和不溶性蛋白质滤去，成为待包装的清酒。过滤后的啤酒浓度很高，需要使用除氧之后的纯净水进行稀释。啤酒包装是啤酒生产的最后一道工序，根据市场需要选择不同的包装形式。典型的啤酒制造流程如图 1 所示。

二、系统结构

BRAUMAT/SISTAR 系统规模可以从小型的单站到大型的多服务器客户机结构，满足从小到大

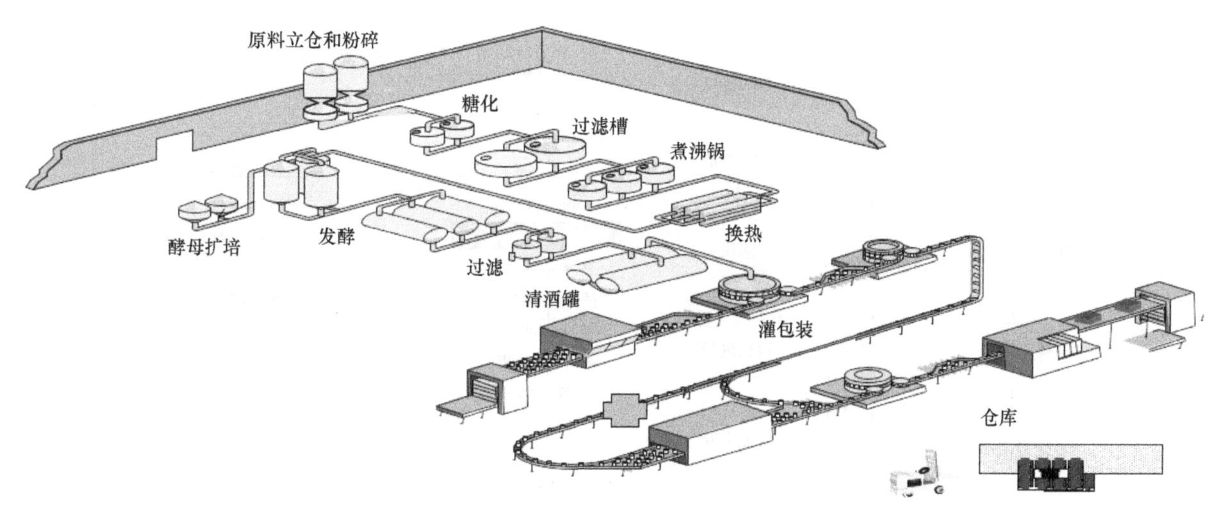

图 1 典型的啤酒制造流程

的应用需求，支持的 PLC 有：S7-1516、S7-1518，software controller S7-1505S/1507S/1508S，也支持 S7-416 和 S7-417[2]。图 2 所示为啤酒酿造工厂典型的 BRAUMAT 系统结构图。

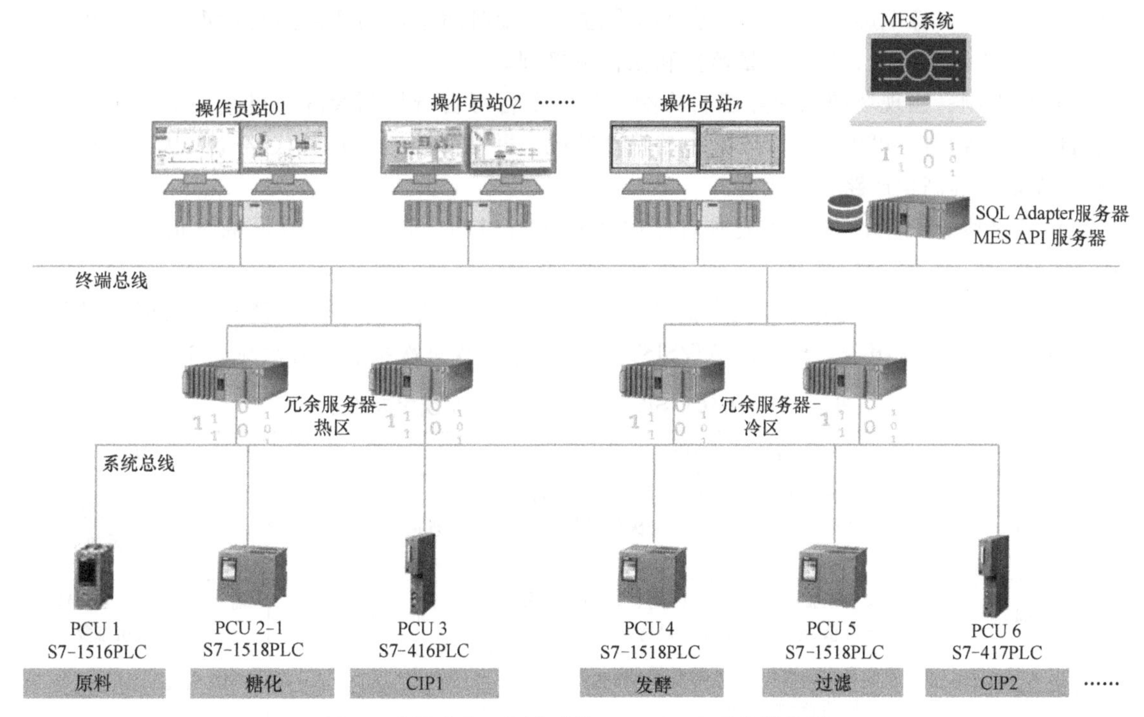

图 2 啤酒酿造工厂典型的 BRAUMAT 系统结构图

BRAUMAT/SISTAR 软件的主要特点还有：

1）符合 ISA-88 标准、图形化的配方界面：采用模块化、层级式的设计理念，为配方的灵活设计和维护打下了良好的基础。图形化的组态和运行界面，简单直观，能够快速知晓当前的动作以及转换到下一步的条件。BRAUMAT 与 ISA-88 的对应关系、图形化配方如图 3 所示。

2）面向对象编程、精简的图标和面板：系统提供常用的工厂被控对象，如开关阀、电机、PID

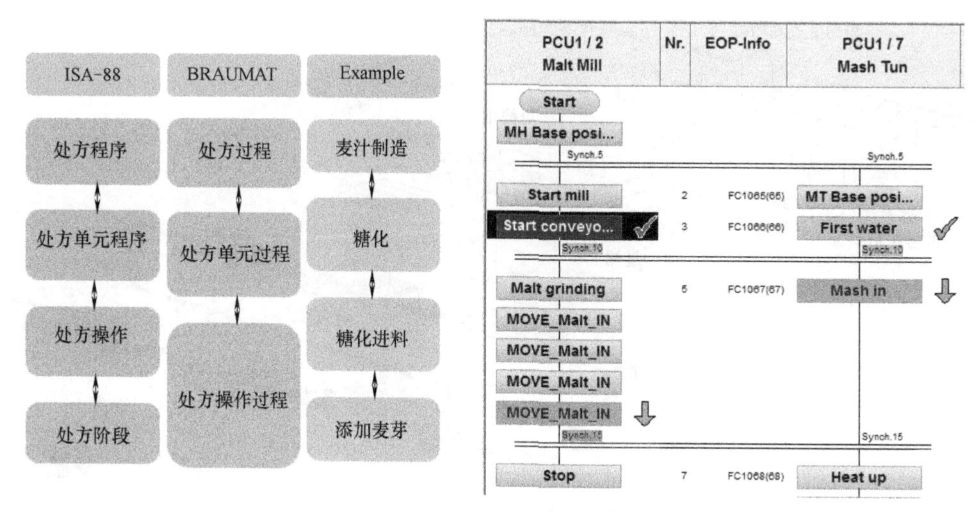

图 3 BRAUMAT 与 ISA-88 的对应关系、图形化配方

调节回路、开关量监视、模拟量监视、联锁监视等基础对象，也提供双座阀、罐、管道等复杂对象的监控。

3）回放功能：像电影回放一样，可以回看过去一段时间生产的实际运行状况。组态和操作简单，有助于快速诊断错误、生产质量监控和操作员培训。

4）路径控制：当现场使用阀阵控制功能，软件平台可自行控制阀阵，可在发酵区与糖化区之间实现自动转移物料。可识别复杂管网中的堵塞状况，并在必要时选择替代路径。从而可显著节省时间和工作量，提高生产路径透明度。

5）设备维修：记录设备的开关或启停次数和运行时间，超出设定值可触发消息，进行检修提示。

在批次生产中，为了便于对批次产品的质量进行追踪追溯，需要系统能提供及时、可靠、方便、保存时间长的批次报表。BRAUMAT/SISTAR 系统中实现批次报表的方法见表 1。

表 1 BRAUMAT/SISTAR 系统中实现批次报表的方法

报表实现方法	可实现的功能	优点	缺点
Step Protocol	按单个单元显示批次信息：开始时间、结束时间、参数设定值和实际值；或将所有单元批次信息打印成一个文件	实现简单、无需组态	不能自定义报表格式，不能添加 Logo
Free Protocol	可自定义显示批次信息：开始时间、结束时间、参数设定值和实际值，添加 Logo，显示趋势和消息	可以自定义	需要在 Portal 和 BRAUMAT 中组态，组态复杂
Excel Report	可自定义显示批次信息：开始时间、结束时间、参数设定值和实际值，添加 Logo	组态简单	需要安装 Excel
PM Quality	可自定义显示批次信息：开始时间、结束时间、参数设定值和实际值，添加 Logo，可将趋势和消息组合显示，还可实现 OEE 计算，支持条形码/二维码	组态简单、功能强大	需要安装 PM Quality，成本高

Step Protocol 查看的时候只能一个一个单元查看，如果需要查看所有单元的记录，则需要通过打印的方式，将所有单元的批次记录打印到一个文件中。而且不能自定义显示格式，不能放置公司 Logo 等信息。Step Protocol 和 Free Protocol 实现的批次报表如图 4 所示。

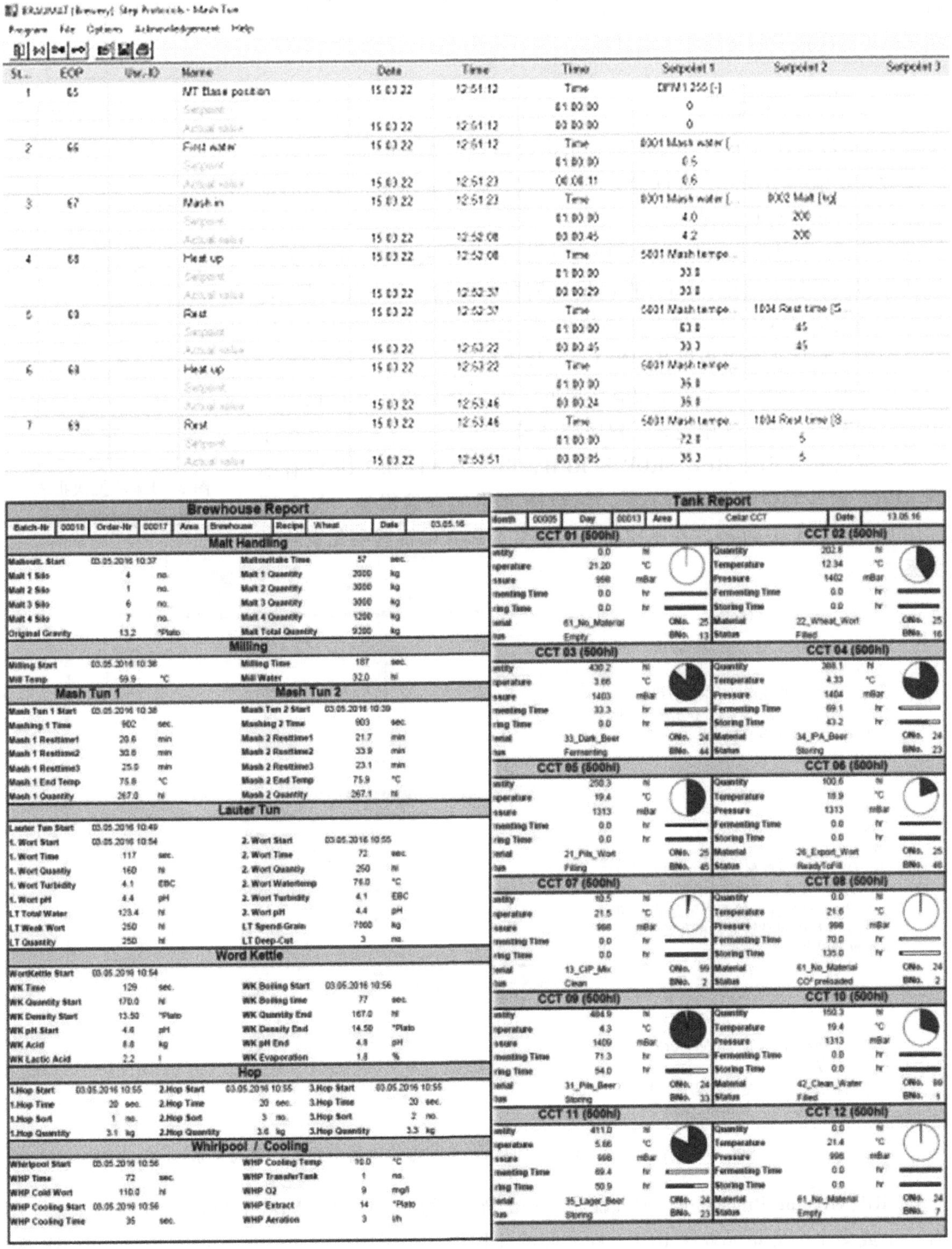

BRAUMAT (Brewery) Step Protocols - Mash Tun

Program File Options Acknowledgement Help

St...	EOP	Usr.ID	Name	Date	Time	Time	Setpoint 1	Setpoint 2	Setpoint 3
1	65		MT Base position	15.03.22	12:51:12	Time	DFM 1.255 [-]		
			Setpoint			01:00:00	0		
			Actual value	15.03.22	12:51:12	00:00:00	0		
2	66		First water	15.03.22	12:51:12	Time	0001 Mash water [		
			Setpoint			01:00:00	0.5		
			Actual value	15.03.22	12:51:23	00:00:11	0.6		
3	67		Mash in	15.03.22	12:51:23	Time	0001 Mash water [...	0002 Malt [kg]	
			Setpoint			01:00:00	4.0	200	
			Actual value	15.03.22	12:52:08	00:00:45	4.2	200	
4	68		Heat up	15.03.22	12:52:08	Time	5001 Mash tempe...		
			Setpoint			01:00:00	33.8		
			Actual value	15.03.22	12:52:37	00:00:29	33.8		
5	63		Rest	15.03.22	12:52:37	Time	5001 Mash tempe...	1004 Rest time [S...	
			Setpoint			01:00:00	63.8	45	
			Actual value	15.03.22	12:53:22	00:00:45	33.3	45	
6	68		Heat up	15.03.22	12:53:22	Time	5001 Mash tempe...		
			Setpoint			01:00:00	35.8		
			Actual value	15.03.22	12:53:46	00:00:24	35.8		
7	69		Rest	15.03.22	12:53:46	Time	5001 Mash tempe...	1004 Rest time [S...	
			Setpoint			01:00:00	72.8	5	
			Actual value	15.03.22	12:53:51	00:00:05	35.3	5	

Brewhouse Report

Batch-Nr	00018	Order-Nr	00017	Area	Brewhouse	Recipe	Wheat	Date	03.05.16

Malt Handling					
Maltoutt. Start	03.05.2016 10:37		Maltoutake Time	57	sec.
Malt 1 Silo	4	no.	Malt 1 Quantity	2000	kg
Malt 2 Silo	1	no.	Malt 2 Quantity	3000	kg
Malt 3 Silo	6	no.	Malt 3 Quantity	3000	kg
Malt 4 Silo	7	no.	Malt 4 Quantity	1200	kg
Original Gravity	13.2	°Plato	Malt Total Quantity	9200	kg
Milling					
Milling Start	03.05.2016 10:38		Milling Time	187	sec.
Mill Temp	59.9	°C	Mill Water	32.0	hl
Mash Tun 1			**Mash Tun 2**		
Mash Tun 1 Start	03.05.2016 10:38		Mash Tun 2 Start	03.05.2016 10:39	
Mashing 1 Time	902	sec.	Mashing 2 Time	903	sec.
Mash 1 Resttime1	20.6	min	Mash 2 Resttime1	21.7	min
Mash 1 Resttime2	30.6	min	Mash 2 Resttime2	33.9	min
Mash 1 Resttime3	25.9	min	Mash 2 Resttime3	23.1	min
Mash 1 End Temp	75.8	°C	Mash 2 End Temp	75.9	°C
Mash 1 Quantity	267.0	hl	Mash 2 Quantity	267.1	hl
Lauter Tun					
Lauter Tun Start	03.05.2016 10:49				
1. Wort Start	03.05.2016 10:54		2. Wort Start	03.05.2016 10:55	
1. Wort Time	117	sec.	2. Wort Time	72	sec.
1. Wort Quantiy	160	hl	2. Wort Quantiy	250	hl
1. Wort Turbidity	4.1	EBC	2. Wort Watertemp	76.0	°C
1. Wort pH	4.4	pH	2. Wort Turbidity	4.1	EBC
LT Total Water	123.4	hl	2. Wort pH	4.4	pH
LT Weak Wort	250	hl	LT Spend-Grain	7000	kg
LT Quantity	250	hl	LT Deep-Cut	3	no.
Word Kettle					
WortKettle Start	03.05.2016 10:54				
WK Time	129	sec.	WK Boiling Start	03.05.2016 10:56	
WK Quantity Start	170.0	hl	WK Boiling time	77	sec.
WK Density Start	13.50	°Plato	WK Quantity End	167.0	hl
WK pH Start	4.6	pH	WK Density End	14.50	°Plato
WK Acid	8.8	kg	WK pH End	4.8	pH
WK Lactic Acid	2.2	l	WK Evaporation	1.8	%

Hop								
1.Hop Start	03.05.2016 10:55		2.Hop Start	03.05.2016 10:55		3.Hop Start	03.05.2016 10:55	
1.Hop Time	20	sec.	2.Hop Time	20	sec.	3.Hop Time	20	sec.
1.Hop Sort	1	no.	2.Hop Sort	3	no.	3.Hop Sort	2	no.
1.Hop Quantity	3.1	kg	2.Hop Quantity	3.6	kg	3.Hop Quantity	3.3	kg

Whirlpool / Cooling					
Whirlpool Start	03.05.2016 10:56		WHP Cooling Temp	10.0	°C
WHP Time	72	sec.	WHP TransferTank	1	no.
WHP Cold Wort	110.0	hl	WHP O2	9	mg/l
WHP Cooling Start	03.05.2016 10:56		WHP Extract	14	°Plato
WHP Cooling Time	35	sec.	WHP Aeration	3	l/h

Tank Report

Month	00005	Day	00013	Area	Cellar CCT	Date	13.05.16

Tank	Quantity (hl)	Temperature (°C)	Pressure (mBar)	Fermenting Time (hr)	Storing Time (hr)	Material	ONo.	Status	BNo.
CCT 01 (500hl)	0.0	21.20	998	0.0	0.0	61_No_Material	25	Empty	13
CCT 02 (500hl)	202.8	12.34	1402	0.0	0.0	22_Wheat_Wort	25	Filled	16
CCT 03 (500hl)	430.2	3.66	1403	33.3	0.0	33_Dark_Beer	24	Fermenting	44
CCT 04 (500hl)	388.1	4.33	1404	69.1	43.2	34_IPA_Beer	24	Storing	23
CCT 05 (500hl)	250.3	19.4	1313	0.0	0.0	21_Pils_Wort	25	Filling	45
CCT 06 (500hl)	100.6	18.9	1313	0.0	0.0	26_Export_Wort	25	ReadyToFill	46
CCT 07 (500hl)	10.5	21.5	998	0.0	0.0	13_CIP_Mix	99	Clean	2
CCT 08 (500hl)	0.0	21.6	998	70.0	135.0	61_No_Material	24	CO² preloaded	2
CCT 09 (500hl)	484.9	4.3	1409	71.3	54.0	31_Pils_Beer	24	Storing	33
CCT 10 (500hl)	150.3	19.4	1313	0.0	0.0	42_Clean_Water	99	Filled	1
CCT 11 (500hl)	411.0	5.66	998	69.4	50.9	35_Lager_Beer	24	Storing	23
CCT 12 (500hl)	0.0	21.4	998	0.0	0.0	61_No_Material	24	Empty	7

图 4　Step Protocol（左）和 Free Protocol（右）实现的批次报表

通过 Excel 批次报表，可以集中显示多个单元的批次信息，可自定义报表的格式。与 Free Protocol 不同的是，Excel 批次报表的组态非常简单，非常容易掌握，同时性价比高，因此本文将重点介绍 Excel 批次报表的功能和实现过程。

三、功能与实现

通过 Excel 批次报表，可自定义显示批次信息：开始时间、结束时间、参数设定值和实际值，可自定义报表格式，集中显示多个单元的批次信息，批次记录可长期保存。

通过 Excel 来显示批次报表，需要先准备 Excel 报表模板，这样批次数据就能够往模板中填充。Excel 批次报表模板的创建流程如图 5 所示，步骤主要分成定义 KOP（关键操作参数）、将 KOP 与配方参数绑定、创建全局和配方程序报表模板以及编辑 Excel 报表模板。

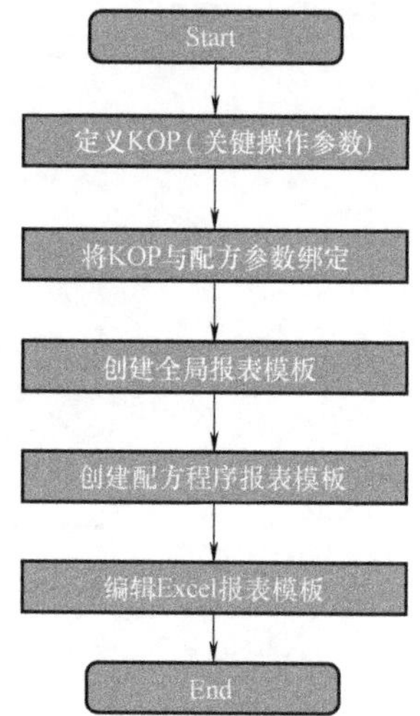

图 5　Excel 批次报表模板的创建流程

在这之前，了解一些术语是很有必要的，包括 ISA-88 中程序控制模型中的一些术语，ISA-88 中定义了程序控制模型的结构，一个配方程序从上到下可以分为 RP、RUP、ROP 和 RPH，BRAUMAT/SISTAR 没有细分到 RPH。这些元素的功能和关系，结合图形化配方编辑器，易于理解。图 6 所示为 ISA-88 程序控制模型中的元素与配方编辑器中元素的对应关系。

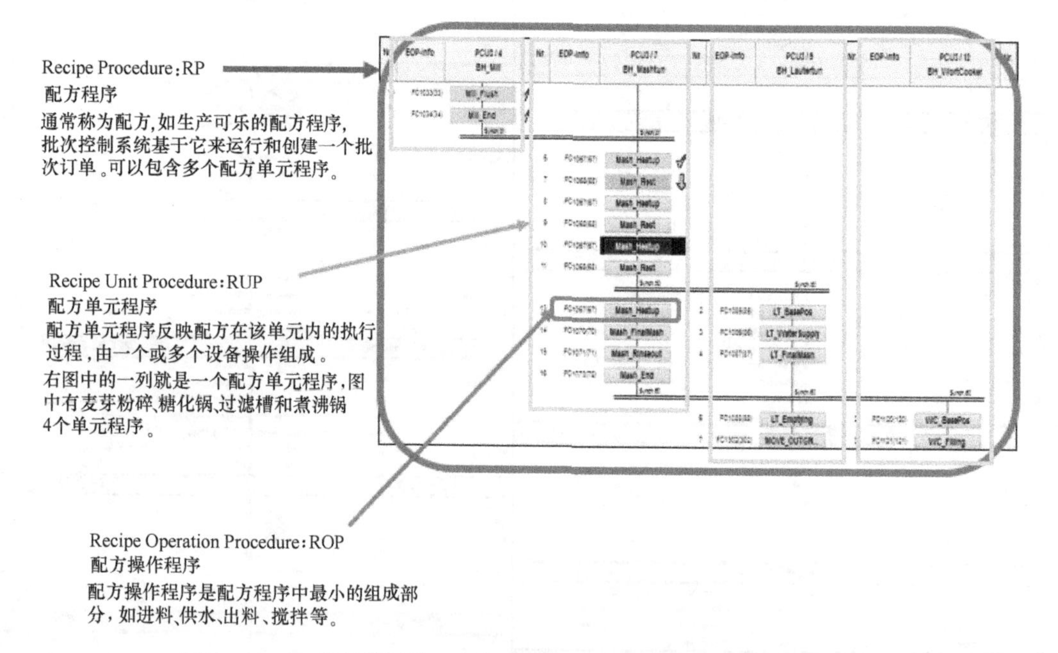

图 6　ISA-88 程序控制模型中的元素与配方编辑器中元素的对应关系

1）RP：Recipe Procedure，配方程序。一个配方就是一个 RP，如啤酒生产配方程序，一个 RP 包含一个或多个配方单元程序 RUP。在实际的使用中，为了配方的灵活性，可能会将一个 RP 拆分成多个 RP，如啤酒生产会有酿造 RP、发酵 RP、过滤 RP 和 CIP RP 等。

2）RUP：Recipe Unit Procedure，配方单元程序。描述一个单元中需要完成的任务，由一个或多个 ROP 组成。

3）ROP：Recipe Operation Procedure，配方操作程序。配方操作程序是 BRAUMAT/SISTAR 配方编辑器中最小的组成部分，如进料、供水、出料、搅拌等。

4）EOP：Engineering Operation Procedure，在 Portal 中使用的名称，和配方编辑器中的 ROP 具有一一对应的关系。如图 7 所示，ROP“Start mill”对应的 EOP 编号是 31，具体动作由 Portal 中的 FC1031 来实现。BRAUMAT 中 ROP 作为配方编辑中的最小积木，其功能实现由 Portal 中对应的 EOP 来完成，这一结构提高了配方的灵活性。当需要调整配方程序结构而不涉及修改 ROP 逻辑时，只需要在配方编辑器中完成就可以，当需要修改 ROP 逻辑时，只需要在 Portal 中对应的 EOP 中修改和下载即可，BRAUMAT 无需编译和下载。

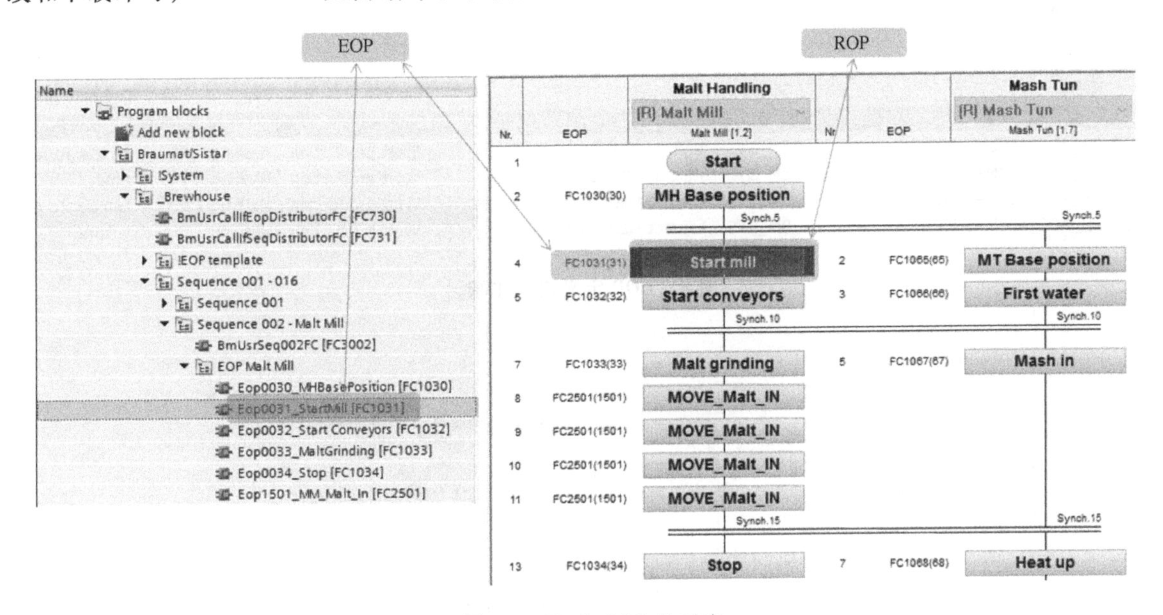

图 7　EOP 和 ROP 的对应

5）KOP：Key Operation Parameters，在创建 Excel 报表模板时，需要定义 KOP，用于在 Excel 表格中引用，KOP 需要和配方程序中的某个参数进行关联，这个参数可以是批次启动时间，或是订单编号，或是某一步的温度设定值，或是实际温度值。

下面简要介绍 Excel 批次报告模板的创建过程：

1）定义 KOP：在配方编辑器中进行定义，KOP 是面向所有的配方程序的，是 Excel 批次报表的基础。定义之后，才能在 Excel 中引用。步骤为：打开配方编辑器→Project Planning→Global Reporting Tags，就会弹出 KOP 参数概览对话框。KOP 定义启动步骤如图 8 所示。

可以新建或编辑现有的 KOP 参数，在“Define Global Reporting Tag”对话框中定义某一 KOP 参数的属性。KOP 参数定义对话框如图 9 所示。

2）将 KOP 与配方参数绑定：可以与 KOP 进行绑定的参数有：

① 来自 RUP 的参数：单元的启动时间和结束时间。

② 来自 ROP 的参数：ROP 启动时间、结束时间、时长、产品、EOP 名称和单元名称。

③ 来自设定值参数：设定值、实际值和设定值名称。

将 KOP 与来自 RUP 的参数进行绑定：配方编辑器→选择所需单元下的任一 ROP→右键选择

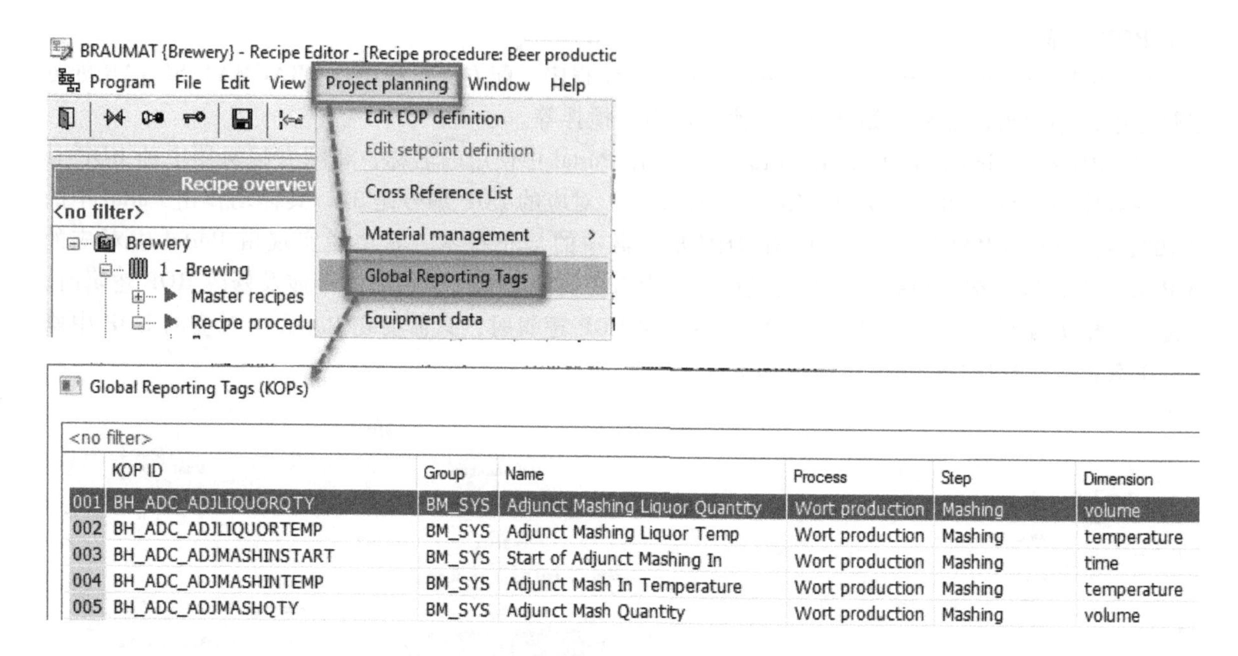

	KOP ID	Group	Name	Process	Step	Dimension
001	BH_ADC_ADJLIQUORQTY	BM_SYS	Adjunct Mashing Liquor Quantity	Wort production	Mashing	volume
002	BH_ADC_ADJLIQUORTEMP	BM_SYS	Adjunct Mashing Liquor Temp	Wort production	Mashing	temperature
003	BH_ADC_ADJMASHINSTART	BM_SYS	Start of Adjunct Mashing In	Wort production	Mashing	time
004	BH_ADC_ADJMASHINTEMP	BM_SYS	Adjunct Mash In Temperature	Wort production	Mashing	temperature
005	BH_ADC_ADJMASHQTY	BM_SYS	Adjunct Mash Quantity	Wort production	Mashing	volume

图 8　KOP 定义启动步骤

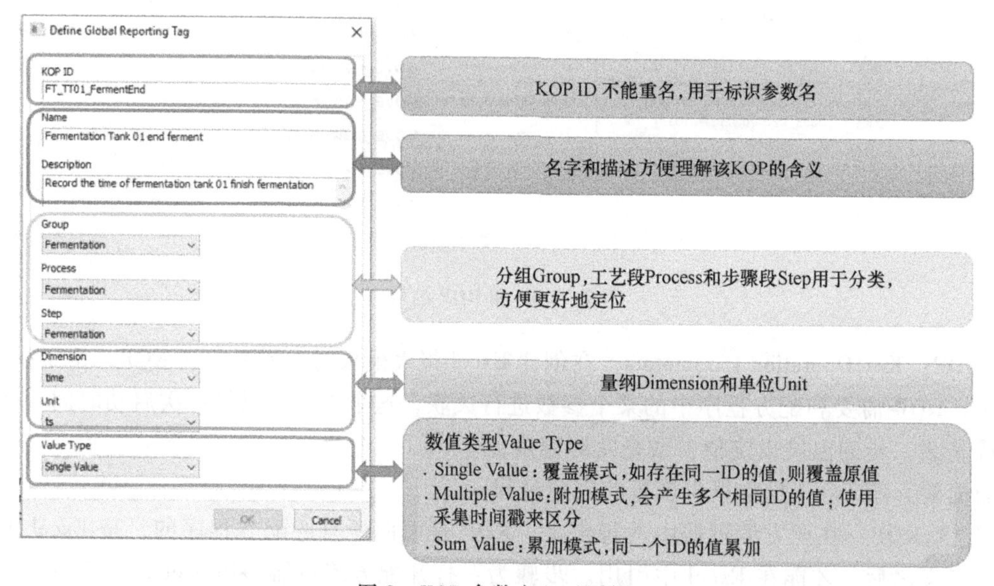

图 9　KOP 参数定义对话框

Reporting Tag Sources of the RUP，在弹出的对话框中进行绑定。KOP 与 RUP 的绑定流程如图 10 所示。

KOP 与来自 ROP 的参数进行绑定的流程基本相同，不再赘述。KOP 与设定值参数的绑定：新建绑定→选择 KOP→定义与 KOP 绑定的数据（设定值、实际值和设定值名称）。KOP 与设定值绑定组态对话框如图 11 所示。

3）创建 Excel 报表模板：Excel 报表模板有全局报表模板 Global Report Template 和配方程序报表模板 Recipe Procedure Report Template。全局报表模板是配方程序报表模板的基础，包含适用于所

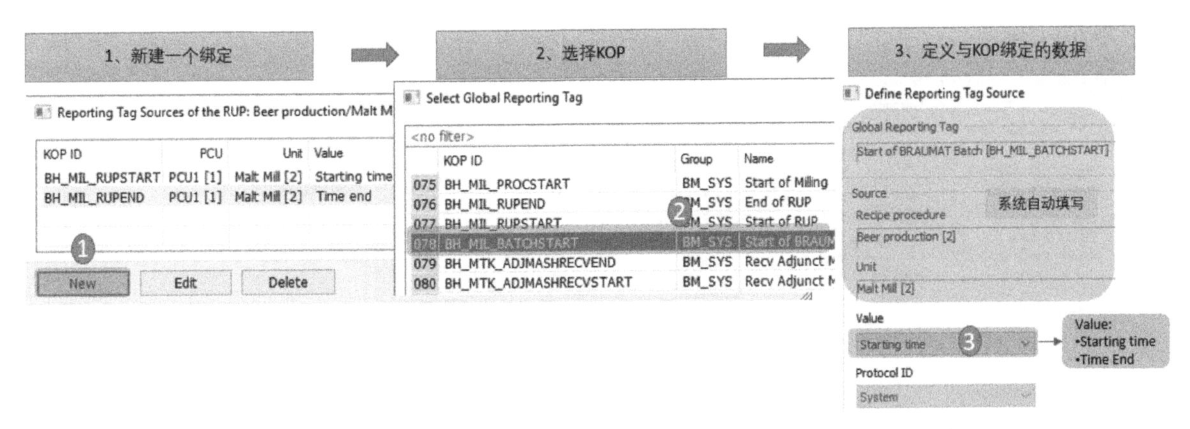

图 10　KOP 与 RUP 的绑定流程

图 11　KOP 与设定值绑定组态对话框

有配方程序报表模板的 KOP，这些系统自动定义的 KOP 包含报表模板表头必需的数据。系统自动定义的 KOP 见表 2。

表 2　系统自动定义的 KOP

KOP_TXT_ID	KOP_NAME
SYS_KOP_SITE	Site
SYS_KOP_AREA	Area
SYS_KOP_BATCHYEAR	Batch year
SYS_KOP_ORDERCAT_NO	Order category
SYS_KOP_ORDER_NO	Order number
SYS_KOP_BATCH_NO	Batch number
SYS_KOP_RECIPE	Recipe
SYS_KOP_RECCAT	Recipe category
SYS_KOP_RECPROC	Recipe procedure
SYS_KOP_RECLINE	Recipe line

配方程序报表模板是和具体的配方程序关联的，当实际订单完成后，需要查看 Excel 批次报表，就是要基于配方程序报表模板。配方程序报表模板从全局报表模板中来，全局报表模板定义流程如

图 12 所示。

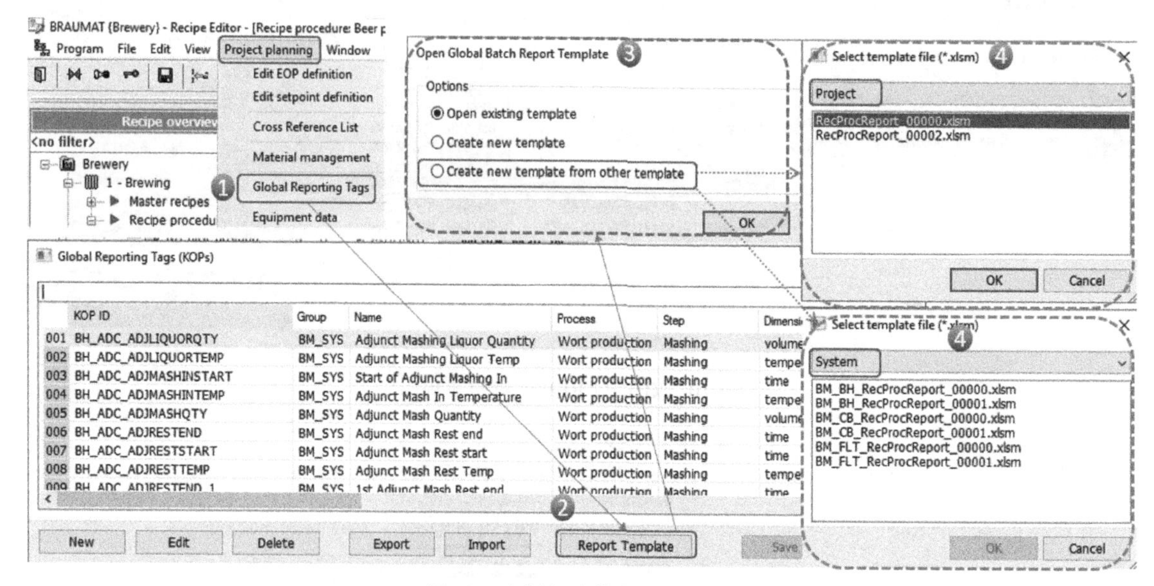

图 12 全局报表模板定义流程

全局报表模板只有一个，名字是 RecProcReport_00000. xlsm，如果选择了从其他模板创建全局报表模板，将会覆盖原来的全局报表模板。配方程序报表模板的文件名为 RecProcReport_0000a. xlsm，a 为配方程序编号。图 13 所示为报表模板文件路径和配方程序的关系。

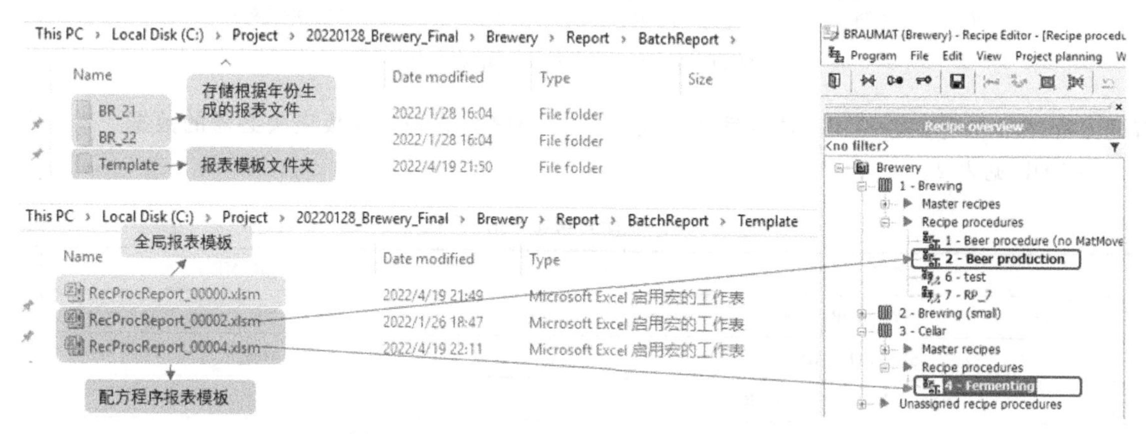

图 13 报表模板文件路径和配方程序的关系

配方程序报表模板的创建流程如图 14 所示。

复选框 “Copy total list of global reporting tags to the template” 用于选择自定义 KOP 的范围，不勾选，则配方程序报表模板只会包含该 RP 已绑定的 KOP；勾选，则配方程序报表模板会包含所有的 KOP；当单击创建新的配方程序报表模板文件时，会提示将覆盖原有的配方程序报表模板，其他配方程序报表模板不受影响。

4）编辑 Excel 报表模板文件：Excel 报表模板文件包含 “BatchReport” 和 “BatchReport_RawData” 两个表格，“BatchReport” 为用户自定义表格，用于最终的报表展示，所有的数据都来源于 “BatchReport_RawData” 表格，订单执行后，与配方程序报表模板有关的 KOP 数据会被归档，在触

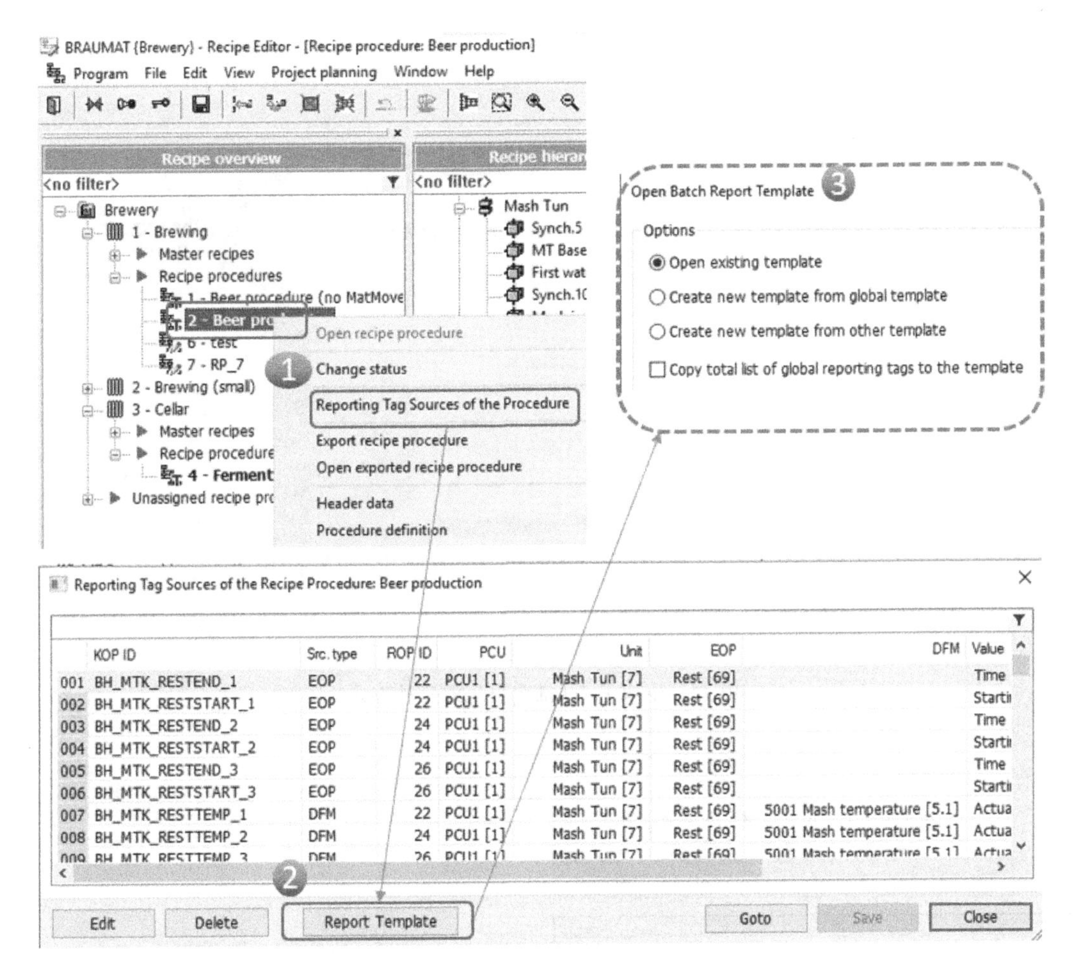

图 14 配方程序报表模板的创建流程

发查看 Excel 报表任务时，系统将归档数据填充到“BatchReport_RawData”表格中，从而“BatchReport”表格能展现该订单的批次报表。

5）生成 Excel 批次报表：在 BRAUMAT/SISTAR 系统中有三种方法来调用 Excel 批次报表（见图 15）。

生成的报表如图 16 左边展示，只要有了数据，可以利用 Excel 强大的展示功能，对数据进行更丰富直观的展示，如图 16 右边的饼图用于显示原料的配比。

订单运行过程中，就会将 KOP 的数据归档到 dbf 数据库文件中，该文件不会被覆盖，可拷贝到别的目录进行备份，因此确保了批次信息得到长期的存储。如果有新加的 KOP，与配方程序绑定之后的订单才能存储该 KOP 相关的数据，之前的订单都不会有新的 KOP 数据。

四、运行效果和应用体会

Excel 批次报表功能并未在之前的 BRAUMAT/SISTAR 项目中得到很好的应用，随着系统功能的完善，Excel 批次报表在食品饮料多个行业 DEMO 中得到了很好的应用，在展示的过程中，其组态简单、操作简便和性价比高的特点给用户留下了深刻的印象。

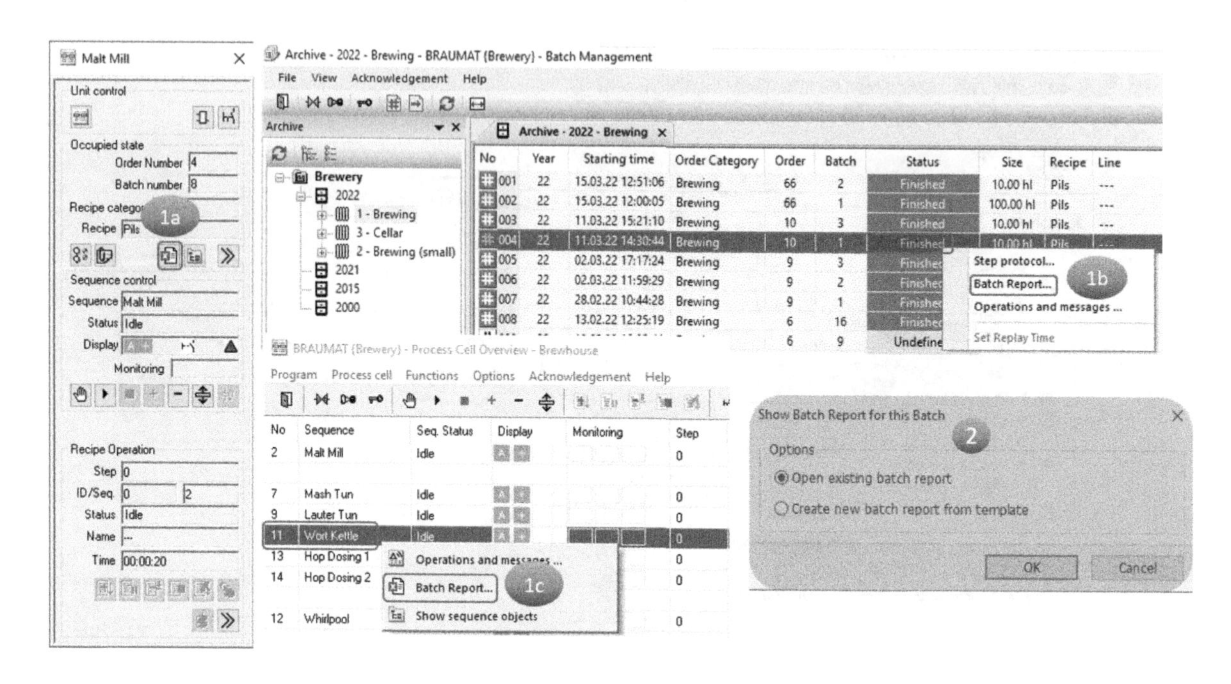

图 15　生成 Excel 批次报表的三种方式

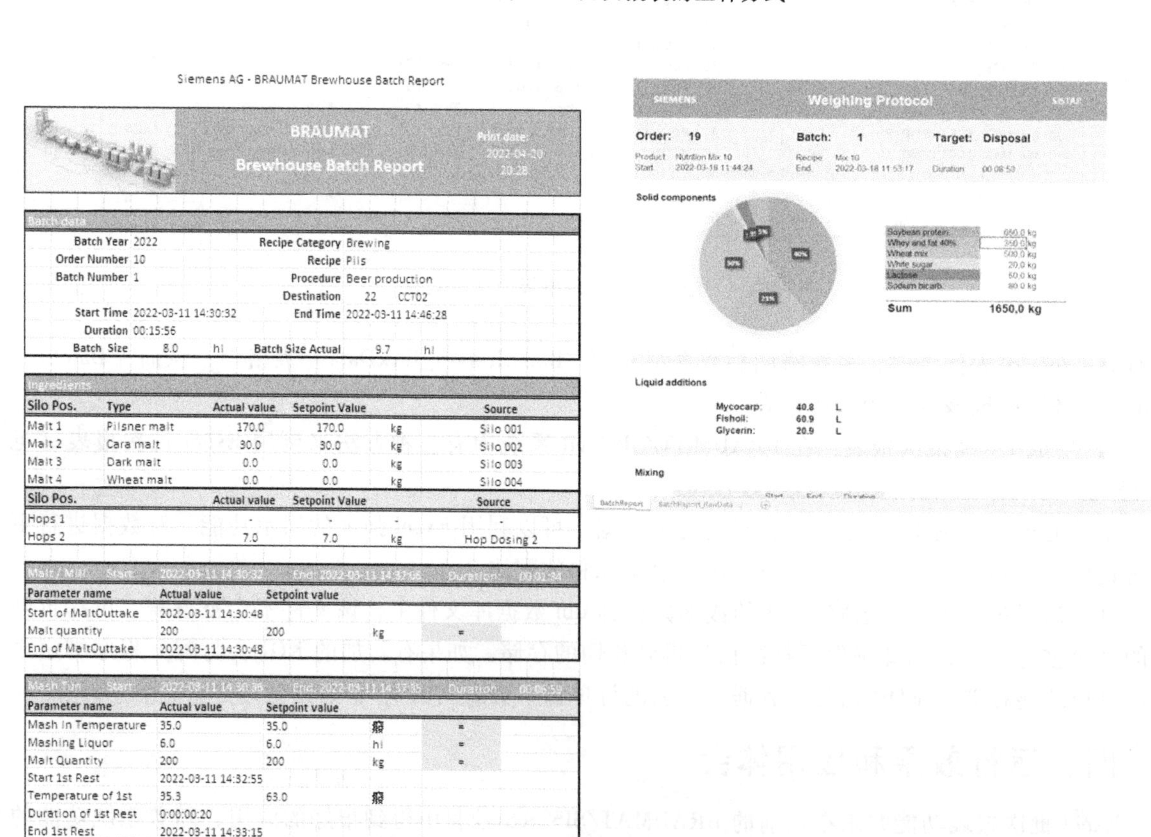

图 16　Excel 批次报表展示

五、应用体会

BRAUMAT/SISTAR 系统符合 ISA-88 批次控制标准，图形化的配方组态和运行界面，灵活的配方程序更新能力，在国内外众多食品饮料工厂中得到广泛的应用。系统本身具有的 Step Protocol 报表提供了基础的批次报表查看功能，但在自定义能力方面有所欠缺，需要额外的手段来一次性显示所有单元的批次信息。Excel 批次报表解决了 Step Protocol 的这些问题，用户可以根据自己的爱好来定制开发报表界面，通过简单的组态就可以将系统的批次数据和报表关联起来，报表的数据可以自动长期保存以便后期查看，只需要安装 Excel 软件，无需额外的 BRAUMAT/SISTAR 授权，性价比高。

参考文献

[1] 管敦仪. 啤酒工业手册 [M]. 北京：中国轻工业出版社，1999.
[2] 西门子（中国）有限公司. BraumatSistar Process control system V8.0.1 功能手册 [Z]，2021.

基于自动化集装箱起重机安全需求的功能改进及应用
Functional Improvement and Application Based on Safety Requirements of Automation Container Cranes

王沈元
（自动化码头技术交通运输行业研发中心（中远海运港口有限公司）上海）
陆　勇
（上海振华设计研究总院智慧分院（上海振华重工股份有限公司）上海）

[摘　要] 本文针对自动化设备特殊的工况和安全需求，从远程安全通信、大车防撞减速停车和电气防坠保护等几个方面进行改进和革新，有效提升了自动化集装箱轨道吊的安全等级。不仅对自动化及自动化改造项目有很好的示范和启示作用，也应大力推广到常规码头的集装箱起重机设备上。

[关 键 词] 起升、大车、远程安全通信、快速停车、防坠保护、零转速控制

[Abstract] In view of the special working conditions and safety requirements of automation container cranes, this paper aims to enhance and innovate in several aspects such as remote safety communication, gantry anti-collision fast stop, as well as electrical anti-fall protection, in order to effectively improve the safety level of automation container cranes. The application is not only a good demonstration and inspiration for automation cranes and automation upgraded projects, but shall also be vigorously promoted to container cranes in regular ports.

[Key Words] Hoist、Gantry、Remote safety communication、Fast stop、Anti-fallprotection、Zero speed control

一、项目简介

随着科学技术的不断发展，智能化、自动化的新型集装箱码头逐渐成为全球港口的发展趋势。自动化装卸设备是自动化码头或堆场装卸工艺主要设备，由自动化岸边集装箱起重机、自动化堆场集装箱起重机等组成。在自动化码头中，自动化装卸设备通过激光器、视觉识别等传感器融合在自动控制系统指令下实现自动装卸功能，仅与有人驾驶集卡、船舶等进行交互作业时，由远程操控人员通过远程操控台视频进行远程监控或操控，堆场内翻捣箱、吊具到达目标位之前的起升和小车等机构运行不需要远程操控人员介入，使得远程操控台可以实现 1 人对多台设备的生产操作，节约了人力资源，提升劳动环境。

本项目服务于中远海运港口有限公司和阿布扎比港务局合作开发的哈里发港二期工程，由 41T 及 9T 自动化轨道式集装箱门式起重机组成，使用的是 S7-300 PLC、S120 驱动控制系统和西门子交流异步电机的全套上海振华 EZ 西门子组装电控。

自动化集装箱起重机在装卸过程中绝大部分时间处于自动运行状态，无法实现如同现场司机室操作时通过操作人员实现紧急情况下的应急处理，常规的联锁保护不能满足保护自动化集装箱起重机安全的作用。如何确保设备既安全又高效的无人化作业，是当前所有港口转向自动化运营的发展过程中，必将面临的课题之一。本文针对自动化项目更高的安全需求，利用西门子电控完善的功能特性，在常规集装箱起重机控制基础上，对远程操作台紧停控制、大车防撞减速控制给出了新的安全改进方案。并提出一种防坠箱保护功能，在自动化轨道式集装箱门式起重机起升机构在机械式支持制动和安全制动失效时，从电气控制层面实现起升带箱零转速悬停，避免出现坠箱事故。这些安全改进方案能有效提升自动化集装箱起重机的安全性能，有利于自动化码头的安全运营。

图 1 为自动化集装箱轨道吊项目现场。图 2 为西门子 319F-3PN/DP PLC 控制总站。图 3 为西门子 S120 驱动控制系统。

图 1　自动化集装箱轨道吊项目现场

图 2　西门子 319F-3PN/DP PLC 控制总站

图 3　西门子 S120 驱动控制系统

二、控制系统构成

1. S7-300 安全型 PLC

本项目 PLC 总站采用西门子 319F-3PN/DP 安全型 PLC，整机紧停、极限保护限位等安全信号均接入西门子 FDI 安全输入模块。整机采用 PROFINET 现场总线通信形式，PN/PN COUPLER 模块作为与远程操作台紧停信号专用通信模块。表 1 为主要 PLC 模块列表。

表 1　主要 PLC 模块列表

名称	数量	型号
319F 安全 PLC(轨道吊)	1	6ES7318-3FL01-0AB0
安全输入模块(轨道吊)	4	6ES7326-1BK02-0AB0
安全输出模块(轨道吊)	3	6ES7326-2BF10-0AB0
PN/PN COUPLER 模块(轨道吊)	1	6ES7158-3AD01-0XA0
317F 安全 PLC(中控)	1	6ES7317-2FK14-0AB0
安全输入模块(中控)	1	6ES7326-1BK02-0AB0

相较于普通型 PLC，选用安全型 PLC 有如下优点：

1）安全型 PLC 在输入、输出模板上，都是双通道的设计，可以对采集的信号进行比较和校验；另外，在模板上也增加了更多的诊断功能，能够对短路或者断线等外部故障进行诊断。另外，安全型 CPU 通过一定的校验机制，可以保证信号在 PLC 内的传输和处理都是准确的，而普通型 CPU 则不能处理安全信号程序逻辑。

2）安全型 PLC 是经过安全认证的，能够被用于安全系统，也能被用于普通系统；但普通的 PLC 不能被用于安全系统。

3）安全程序中的标准安全功能块也是经过安全认证的，普通程序的功能块是没有经过认证的。

4）安全型 PLC 之间的通信是通过 PROFIsafe 协议来保证数据安全的，普通型 PLC 之间的数据交换是通过 PROFIBUS 或 PROFINET 协议来保证数据安全的。PROFIsafe 安全协议是加载在 PROFIBUS 或 PROFINET 协议层之上的，在数据中增加了更多的校验机制，因此可靠性更高。另外，故障安全系统中可以将安全模板与标准模板混用，也可以使用标准的 PROFIBUS 或 PROFINET 网络进行安全数据的传输。

2. S120 驱动控制系统

西门子 SINAMICS S120 驱动控制系统，集 V/F、矢量控制及伺服控制于一体，采用模块化设计，可以提供高性能的单轴和双轴驱动，一个控制单元可同时控制多达四台逆变和一台整流，所需数据都保存在控制单元中，在控制单元内能建立轴间连接和控制，保证系统高效可靠运行。上位通信支持标准的 PROFIBUS-DP 现场总线或新一代高速工业以太网技术 PROFINET，传动组件之间采用独特的 DRIVE-CLIQ 通信，每个组件都有一个电子铭牌，各项技术数据都将自动装载到控制单元中，读取拓扑结构，实现 SINAMICS 驱动系统的自动配置（见图 4）。

项目使用 1 个西门子 ALM 整流单元给直流母排供电，配置 2 个起升逆变器、1 个小车逆变器和 2 个大车逆变器共用直流母排取电。每个起升驱动器独立驱动 1 个起升电机。1 个小车驱动器驱动 4 个小车电机，每个大车驱动器驱动 4 个大车电机。所有驱动器均由 CU320-2PN 控制器进行控制。

表 2 为 S120 驱动器列表。表 3 为电机列表。图 5 为 S120 驱动器项目单线图。

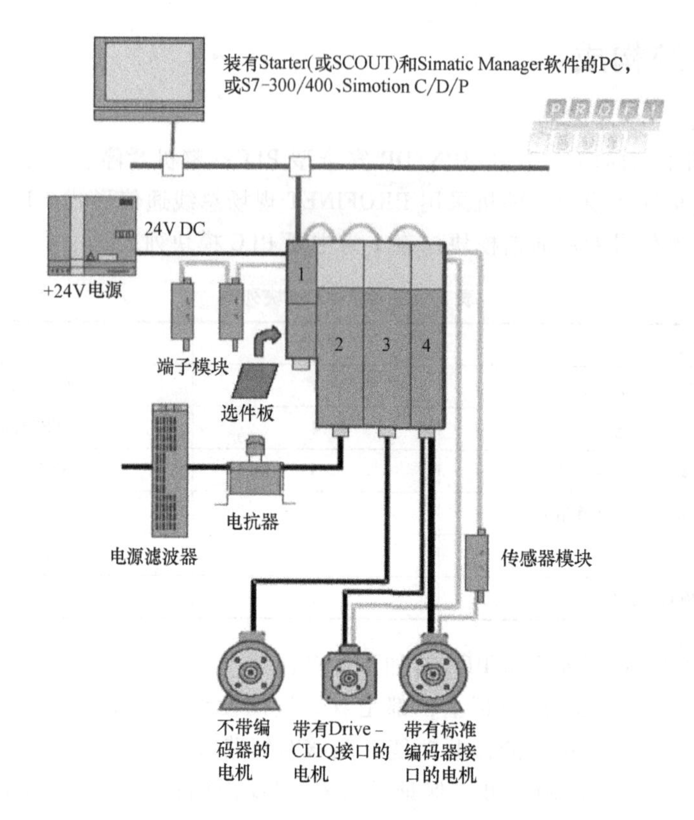

图 4 SINAMICS S120 典型网络拓扑系统

注：1—主控制模块 CU320；2—电源模块 SLM 或 ALM；3—单轴电机模块；4—双轴电机模块；

—电源线；—Drive-CLIQ；—编码器反馈信号线

表 2 S120 驱动器列表

名称	数量	型号	功率	额定电流
ALM 整流单元	1	6SL3330-7TE41-0AA3	630kW	1103A
起升逆变器	2	6SL3320-1TE35-0AA3	250kW	490A
小车逆变器	1	6SL3320-1TE32-1AA3	110kW	210A
大车逆变器	2	6SL3320-1TE33-1AA3	160kW	310A
CU320-2PN 控制器	3	6SL3040-1MA01-0AA0		

表 3 电机列表

名称	数量	功率	额定电压	额定电流
起升电机	2	205kW	500VAC	300A
小车电机	4	13kW	480VAC	21.4A
大车电机	8	28.3kW	500VAC	44A

3. 起升机构制动器

起升机构制动器采用外置式电力液压盘，为常闭式支持制动器。安装在减速箱输入轴侧，即高速轴侧。并且配有起升制动器监控系统 BMS。

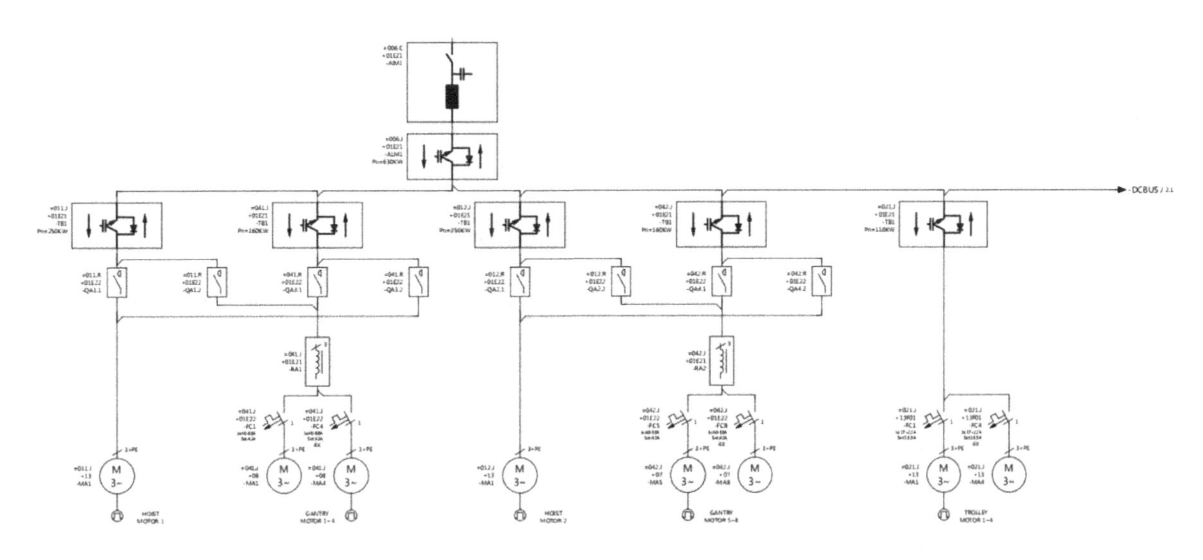

图 5　S120 驱动器项目单线图

1）起升机构制动器采用华伍 YP 电力液压式制动器，工作原理是：当机构驱动电机断电停止驱动时，推动器也同时断电并失去推力，一次制动弹簧力经杠杆和制动瓦作用到制动盘上产生一次制动力矩，对机构进行第一步制动，二次制动弹簧在单向液压阻尼缸的反力作用下缓慢下移释放，待机构完全停止后二次制动弹簧释放到位并将弹簧力施加到制动盘上产生二次制动力矩，实施停车（防风）制动；当机构通电驱动时，推动器同时通电驱动并迅速产生足够的推力推起推杆（此时单向液压阻尼缸无阻尼作用），使制动臂向两侧外张，制动瓦制动覆面脱离制动盘，停止制动作用。图 6 为电力液压式制动器工作原理图。

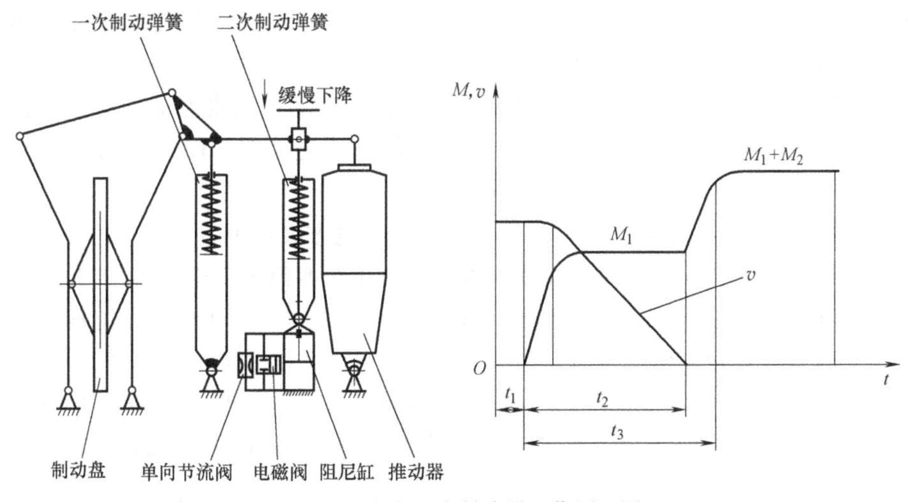

图 6　电力液压式制动器工作原理图

2）制动器监控系统（BMS）是 YP 电力液压盘式制动器上配套使用的监控系统，主要的功能是采集相关传感器的数据，如制动器上的推动行程和制动衬垫温度，制动器的夹紧力，衬垫磨损补偿限位、开闸开关和手动释放开关等，若某个数据满足预先设置的报警条件时在可视终端（屏）上报警输出，并给出相应的处置提示。所有采集的数据通过 PROFIBUS DP 通信总线传输给西门子

PLC 进行数据处理。表 4 是 BMS 通信接口表。

表 4　BMS 通信接口表

Offset(Byte)	Type	Signal	Range
0	INT	Thruster Stroke	0...60mm
2	INT	Brake pad 1 temperature	-50...250℃
4	INT	Brake pad 2 temperature	-50...250℃
6	INT	Brake Contact force	0...200kN
8	DW	Brake cycle counter	0...99,999,999
14.0	BOOL	Heartbeat Bit 1Hz	0...1
14.1	BOOL	Common Error bit	0...1
14.2	BOOL	Stroke Error bit	0...1
14.3	BOOL	Contact force Error bit	0...1
14.4	BOOL	Temp. 1 Error bit	0...1
14.5	BOOL	Temp. 2 Error bit	0...1
14.6	BOOL	Air gap 1 Error bit	0...1
14.7	BOOL	Air gap 2 Error bit	0...1
15.0	BOOL	Pad wear 1 Error bit	0...1
15.1	BOOL	Pad wear 2 Error bit	0...1

三、控制系统完成的功能

1. 基于 PROFIsafe 安全协议的远程操作台紧停控制

自动化集装箱起重机设备，通常在码头中控室，会设有多台远程操作台，用于人工介入操作。相对于传统人工作业的设备来说，远程操作台就相当于是一个安装在中控大楼内的“司机室联动台”。由于中控大楼与起重机设备相距很远，所以相关操作信号都是采用通信形式进行传输。以使用西门子 PLC 的设备为例，远程操作台通信方案通常是在设备和中控配置光纤转换 PROFINET 模块，利用大车电缆卷盘内的光缆，实现基于 PROFINET 现场工业总线的数据通信。但是这种靠普通通信传输紧停信号的方案，存在很大的安全隐患，无法像设备的本地紧停信号那样，双通道点对点接入安全继电器或者安全模块，以达到国际标准 IEC 61508 中定义的 SIL2 安全等级规范（国家标准 GB/T 20438 等同采用国际标准 IEC 61508）。

为了使远程操作台的紧停控制满足 SIL2 安全等级，改进方案如下：

利用西门子 PROFIsafe 安全协议功能，在中控室配置 1 个西门子安全 PLC 和 1 个 FDI 安全输入模块，将所有远程操作台的紧停信号双通道接入 FDI 模块，并在自动化轨道吊上配置 PN/PN COUPLER 模块用于与远程操作台紧停信号的专用通信接口。由于中控 PLC 与设备 PLC 均采用西门子安全 PLC 形式，使用西门子 FB223/FB224 安全通信专用程序块，结合西门子驱动器 STO 安全转矩关断功能，可以成功地将远程操作台的紧停控制功能提升到 SIL2 安全等级，满足自动化集装箱起重机更高的安全标准。

图 7 为中控 PLC 硬件配置。图 8 为中控 PLC 紧停信号发送安全通信块（FB223）。图 9 为自动化轨道吊 PLC 紧停信号接收安全通信块（FB224）。

要满足设备紧停控制功能满足 SIL2 安全等级，还需要使用 FDO 安全输出模块控制制动器接触器，并且激活西门子驱动器 Safety Integrated 基本功能中的 Safe Torque Off（安全转矩关断）功能，简称 STO 功能。该功能是符合 EN 60204-1、可防止意外启动的安全功能，可以阻止向电机提供能够

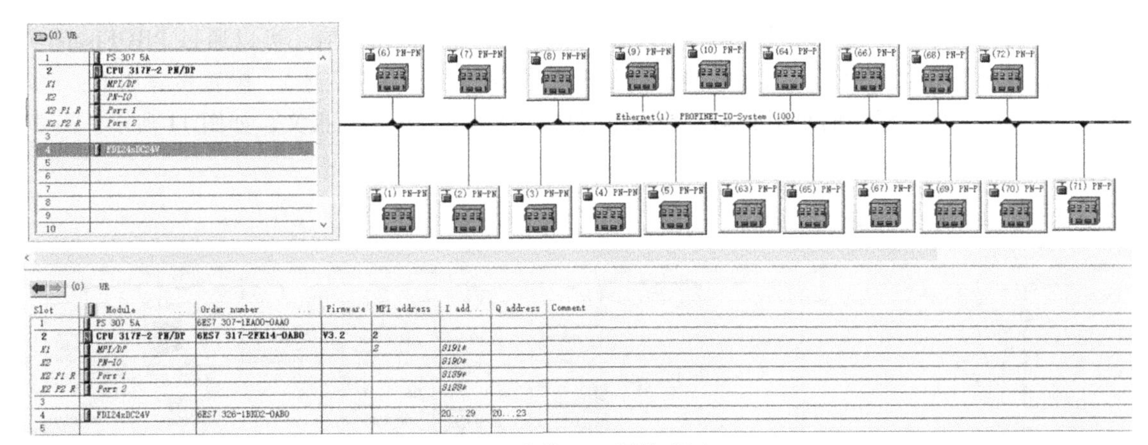

图 7　中控 PLC 硬件配置

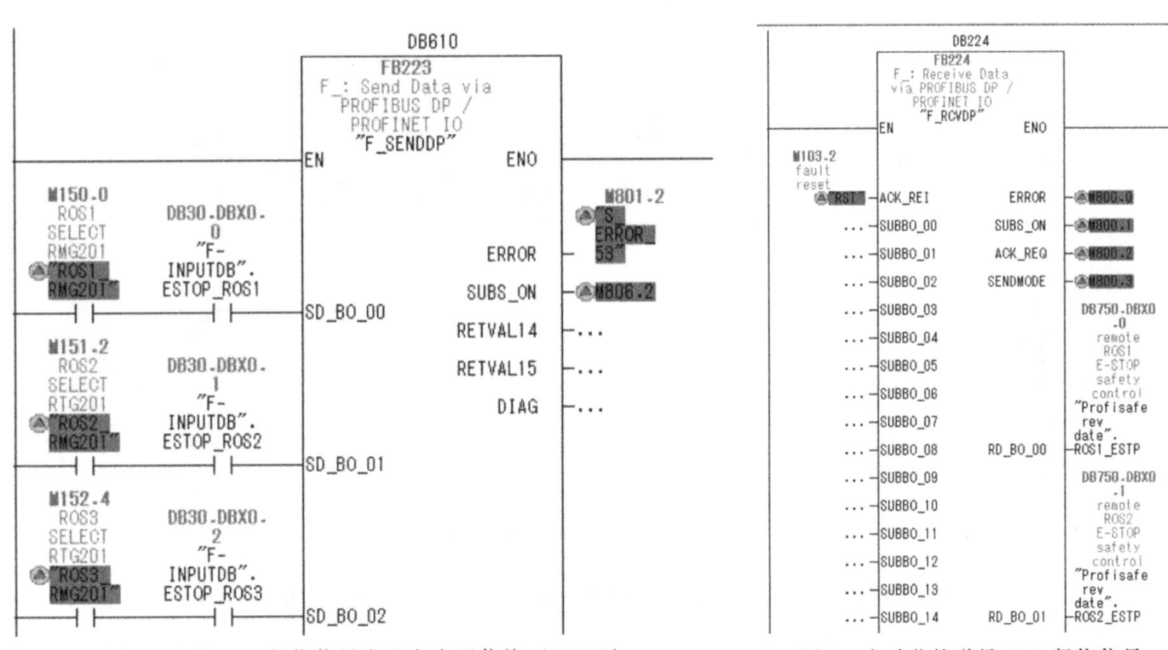

图 8　中控 PLC 紧停信号发送安全通信块（FB223）

图 9　自动化轨道吊 PLC 紧停信号接收安全通信块（FB224）

产生转矩的电能，符合停止类别 0。STO 功能为西门子 S120 系列驱动器的标配功能，不需要额外的授权便可使用。图 10 为 STO 功能工作原理图。

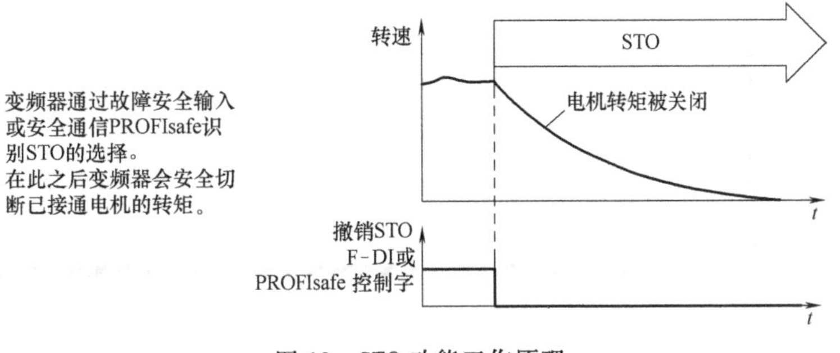

图 10　STO 功能工作原理

项目使用西门子安全型 PLC 与驱动器进行 PROFINET 现场总线通信，可以通过 PROFIsafe 实现 STO 控制，以小车驱动器为例（其他机构驱动器配置步骤相同，不再赘述），配置步骤如下：

1）在 STEP7 项目程序的小车驱动器硬件配置中，增加 PROFIsafe 报文，如图 11 所示。

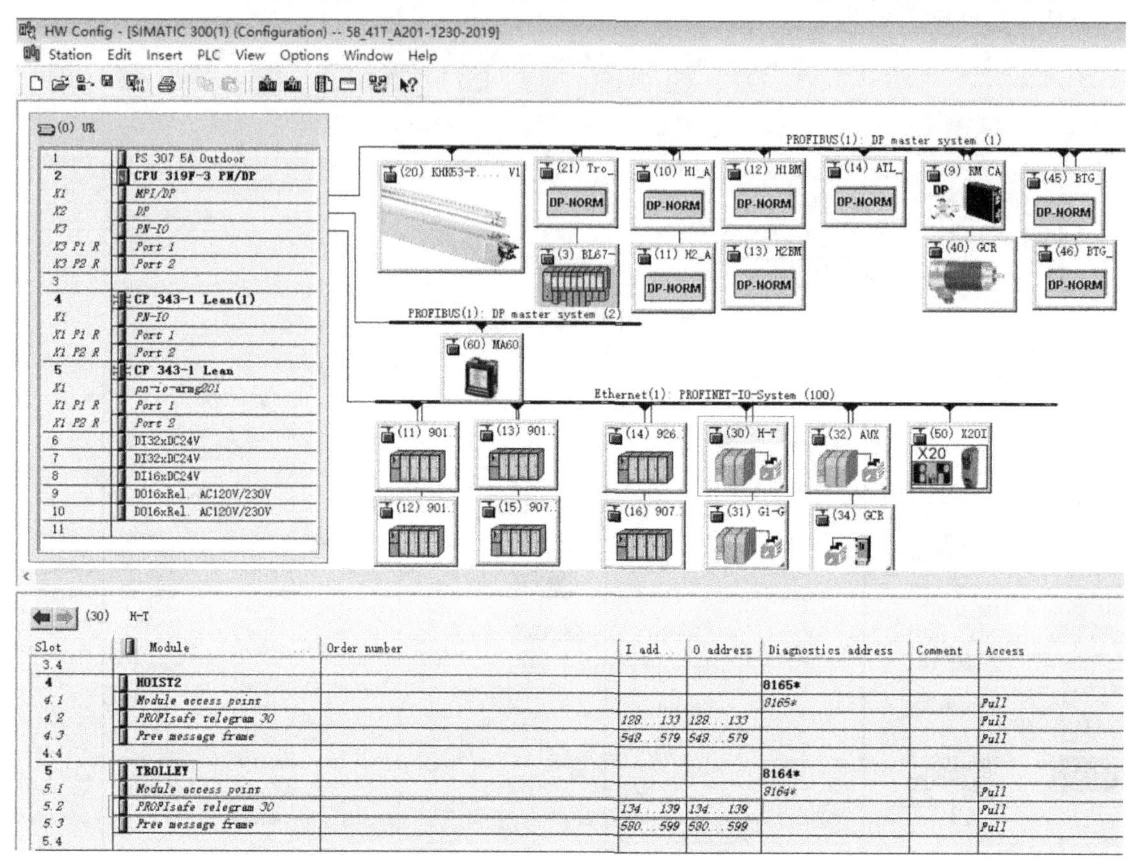

图 11 小车驱动器 PROFIsafe 安全报文

2）在 STARTER 驱动器软件中，激活 Safety Integrated 基本安全功能中基于 PROFIsafe 的 STO 功能（p9601.3=Enable），如图 12 所示。

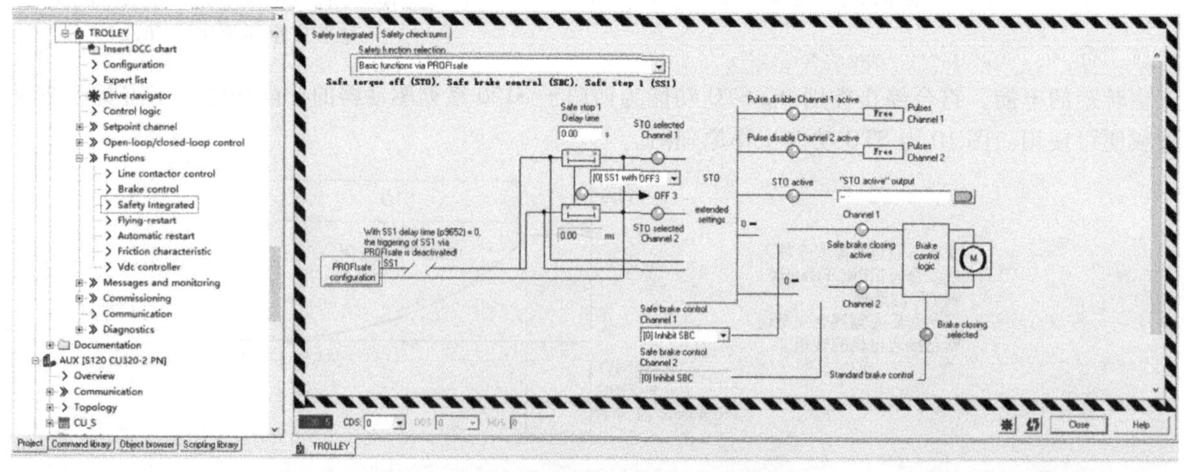

图 12 激活小车驱动器 PROFIsafe STO 功能

3）打开 PROFIsafe configuration，将 PROFIsafe 地址按照 S7 程序小车驱动器硬件配置中生成的 F_Dest_add 安全地址设置，如图 13 所示。

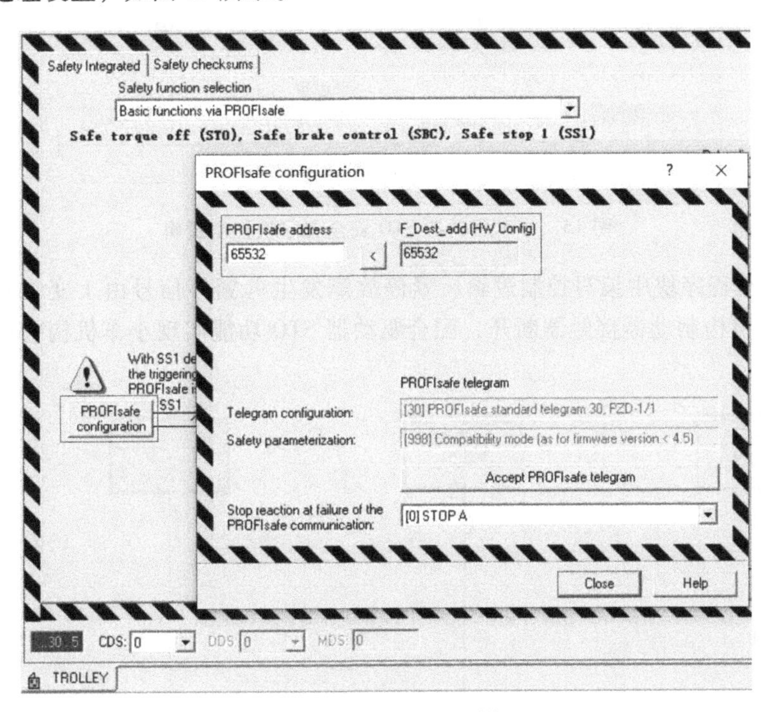

图 13　PROFIsafe 地址设置

4）在 PLC 安全程序块中编写控制逻辑，紧停故障发生（紧停信号由 1 变为 0）时，将驱动器 STO 控制字第 1 位信号置 0（即 FPLC 输出给驱动器 PROFIsafe 报文的第 1 个字第 1 位），实现小车驱动器输出转矩的安全关断，如图 14、图 15 所示。

字节	位	含义	注释	
0	0	STO	1	撤销 STO
			0	选择 STO
	1	SS1	1	撤销 SS1
			0	选择 SS1
	2	SS2	0	–1)
	3	SOS	0	–1)
	4	SLS	0	–1)
	5	预留	–	–
	6	SLP	0	–1)
	7	内部事件应答	1/0	应答
			0	无应答
1	0	预留	–	–
	1	选择 SLS 位 0	0	–1)
	2	选择 SLS 位 1	0	
	3	预留	–	–
	4	SDI +	0	–1)
	5	SDI -	0	
	6, 7	预留	–	–

图 14　STO 功能控制字

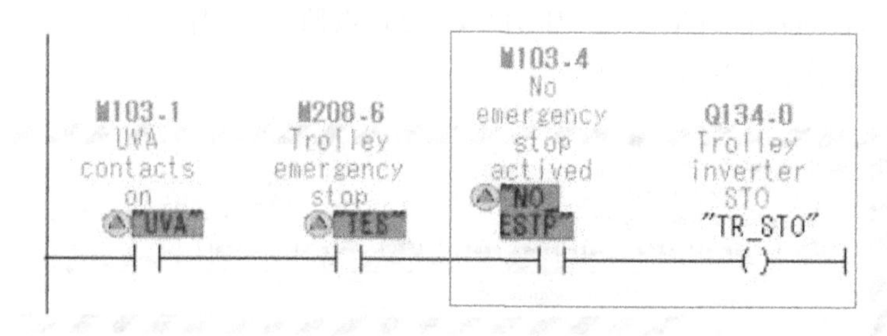

图 15　小车驱动器 STO 安全程序块控制逻辑

5）在 PLC 安全程序块中编写控制逻辑，紧停故障发生（紧停信号由 1 变为 0）时，通过 FDO 输出模块控制小车机构制动器接触器断开，配合驱动器 STO 功能实现小车机构的迅速制动停车，如图 16、图 17 所示。

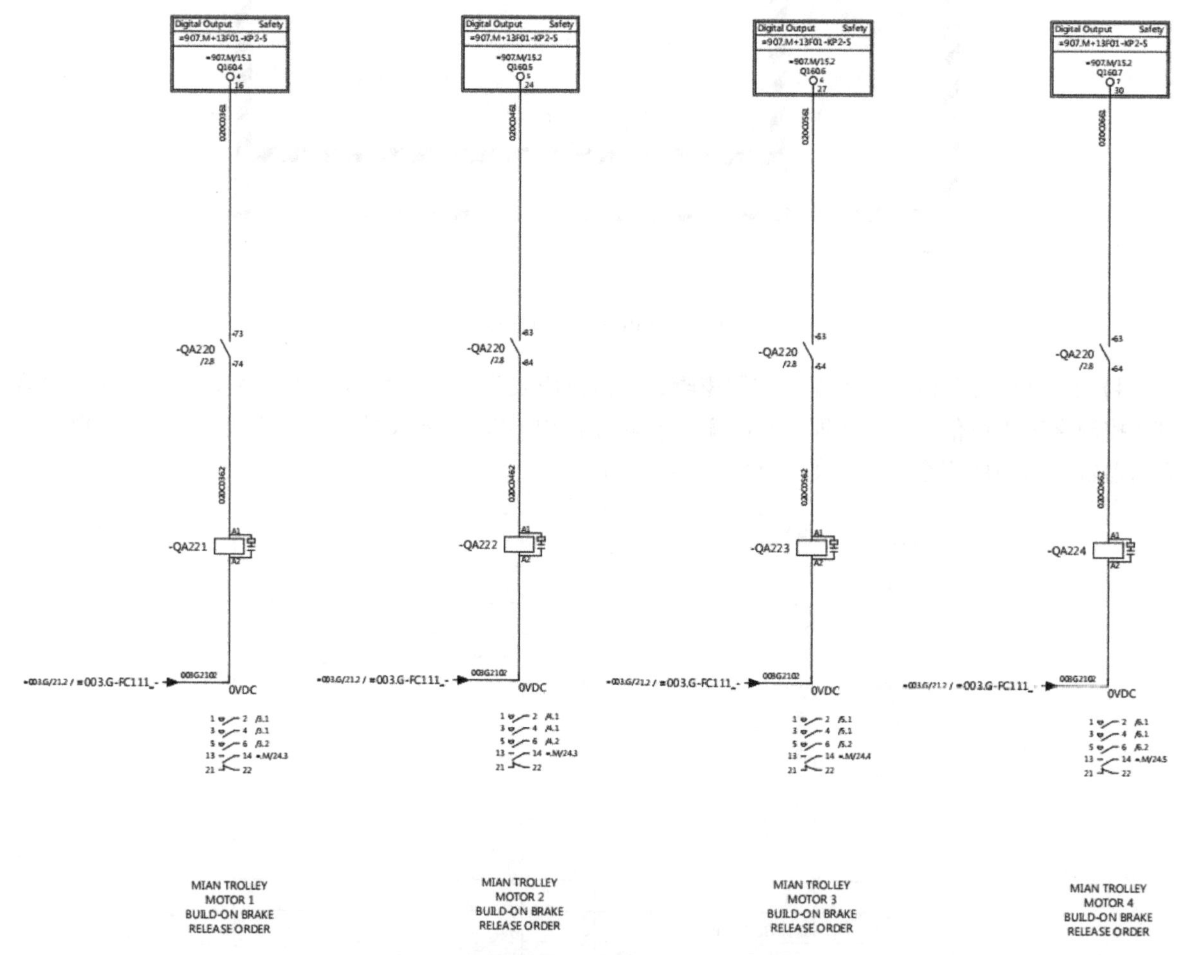

图 16　小车机构制动器接触器电气原理图

上述方案包含了安全信号输入（远程操作台 PROFIsafe 通信紧停信号）、安全逻辑处理（安全型 PLC 执行专用安全逻辑程序块）、安全输出（驱动器 PROFIsafe STO 安全转矩关断、FDO 安全输出模块控制制动器接触器断开）的完整安全控制链路，成功实现了自动化集装箱轨道吊对于远程控制台紧停控制功能的 SIL2 安全需求。

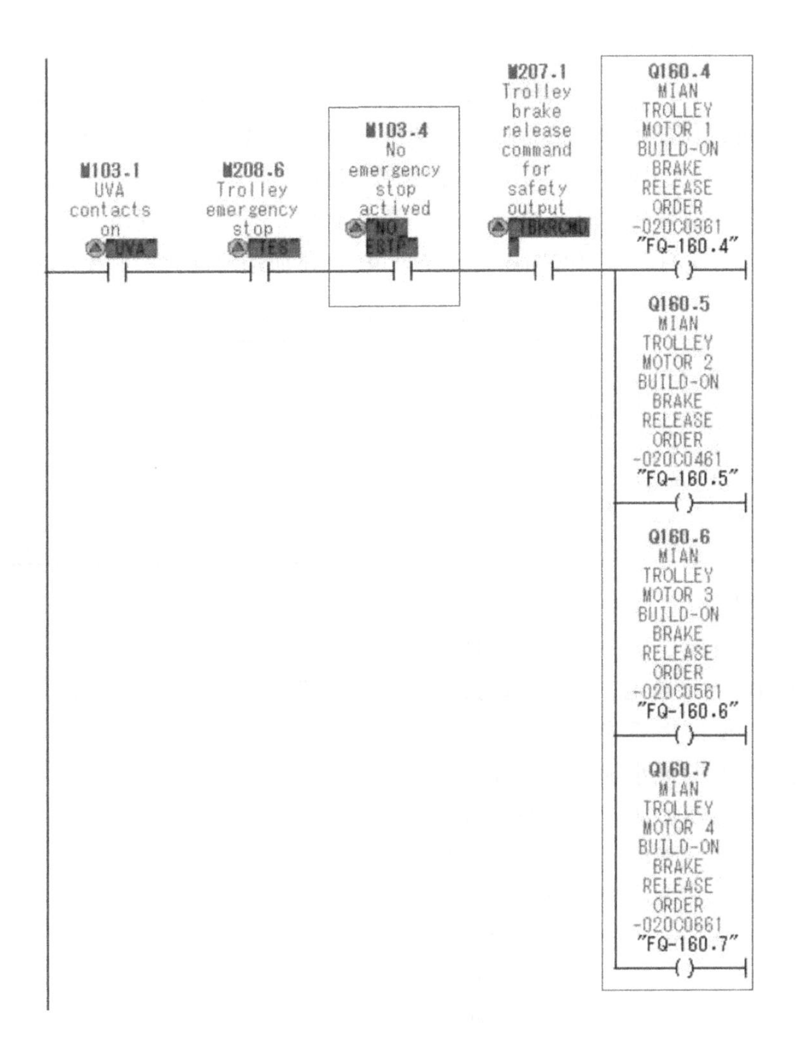

图 17　小车机构制动器安全程序块控制逻辑

2. 大车防撞减速控制

西门子驱动器有 3 种停车方式：OFF1 斜坡停车、OFF2 自由停车和 OFF3 快速停车。区别如下：

1）OFF1 斜坡停车就是驱动器按照设定的斜坡减速时间控制电机减速直到停止。

2）OFF2 自由停车是指驱动器立即封锁脉冲，电机靠自由滑行停车。

3）OFF3 快速停车是驱动器按照更快的斜坡减速时间控制电机减速停车。

常规的集装箱轨道吊在检测到位置故障或者防撞故障等安全等级较高的故障时，会采取紧急停车。通常用 OFF2 自由停车，同时制动器立即抱闸制动的形式，来达到短距离减速停车的目的。但是在自动化集装箱轨道吊的调试作业过程中，发现这种停车形式对大车机构有两方面弊端：一方面是由于大车机构完全靠制动器进行减速制动，所以停车距离和制动器状态关系较大，不同的设备在同样速度和负载情况下的紧急停车距离存在明显差异，不利于安全保护。另一方面考虑到制动器摩擦热效应，如果短时间内多次发生大车全速制动的情况，对制动片磨损很大，摩擦系数降低，减弱制动性能。同时还引起大车制动器限位检测故障的频次明显上升，大大降低了设备作业效率。

针对上述情况，对大车防撞减速控制做了改进：

1）新增 PLC 斜坡发生器程序块，大车斜坡加减速时间由 PLC 程序控制。驱动器 OFF1 斜坡停车信号始终保持为 1，PLC 斜坡发生器输出最终的速度给定，控制大车减速到零。将斜坡时间功能做在 PLC 程序中，可以使斜坡时间的切换更加便捷，避免了驱动器设置多套参数切换的麻烦，也避免了 OFF1、OFF2 和 OFF3 几种不同停车模式的频繁切换。以本项目为例，无故障时大车全速减速时间为正常 6s，当发生防撞故障时，减速时间直接切换为 4s。如果遇到雨天大车打滑环境，或者大风作业环境，也可以切换斜坡加速时间，将原本的 6s 全速加速时间延长到 10s，见表 5。

表 5　斜坡发生器时间参数表

大车斜坡发生器参数	时长
正常大车全速加速时间（PLC）	6s
雨天/大风大车全速加速时间（PLC）	10s
正常大车全速减速时间（PLC）	6s
大车防撞减速时间（PLC）	4s
大车全速加速时间（驱动器 p1120）	6s
大车全速减速时间（驱动器 p1121）	4s

2）将大车驱动器正常斜坡加减速时间设为设备可允许的最小时间。因为驱动器斜坡发生器与 PLC 斜坡功能效果叠加，大车会以最小的斜率进行加减速，所以需要将驱动器的加减速时间设为各种工况下的最小加减速时间。以本项目为例，大车驱动器加速时间按照正常全速加速时间，设为 6s。减速时间按照最快地全速停车时间，设为 4s。还要注意的是，防撞减速时间不能设置得太小，过小的减速时间会使驱动器输出电流大幅增加，同时造成直流母线电压明显升高，容易造成驱动器过电流故障或者直流母线过电压故障，长期使用对机械结构寿命也不利。本项目大车防撞停车按照 4s 全速减速时间，大车减速峰值电流在 300A 左右，小于大车驱动器额定电流值 310A，且小于大车电机 2 倍额定电流以下，符合安全标准，如图 18 所示。

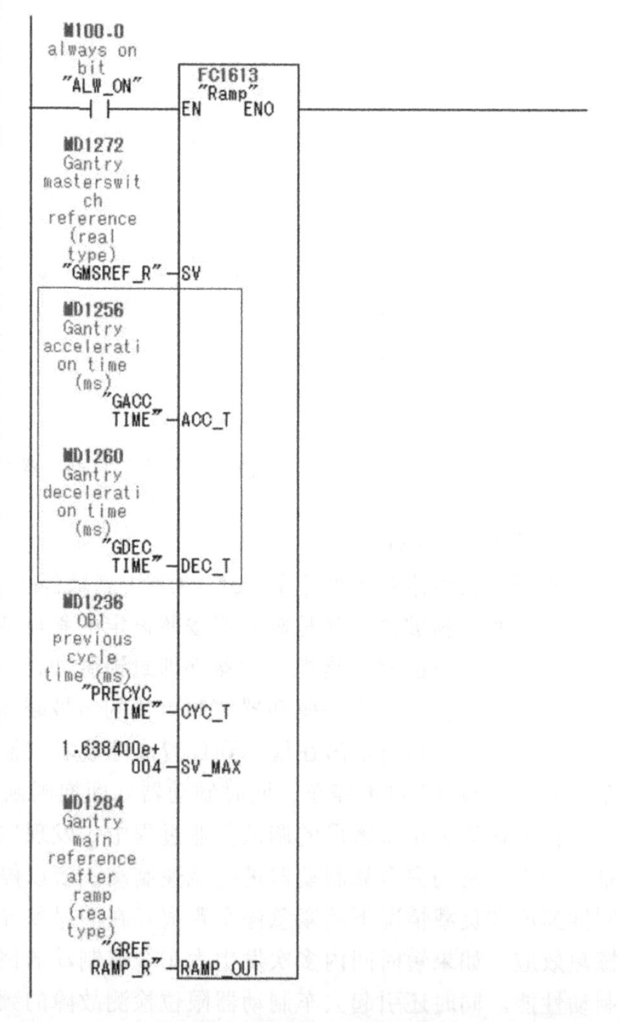

图 18　PLC 斜坡发生器功能块

通过以上方案，本项目全速为 2m/s 的大车机构，防撞减速停车距离稳定在 4m 距离，不会因为制动器热衰减的原因降低安全性能。同时显著延长了大车制动器寿命，提高了自动化集装箱轨道吊的作业效率，如图 19 所示。

3. 防坠箱保护功能

（1）常规的起升机构制动控制流程

本项目起升机构正常运行时采用的是西门子 S120 驱动控制系统“抱闸控制”功能，当

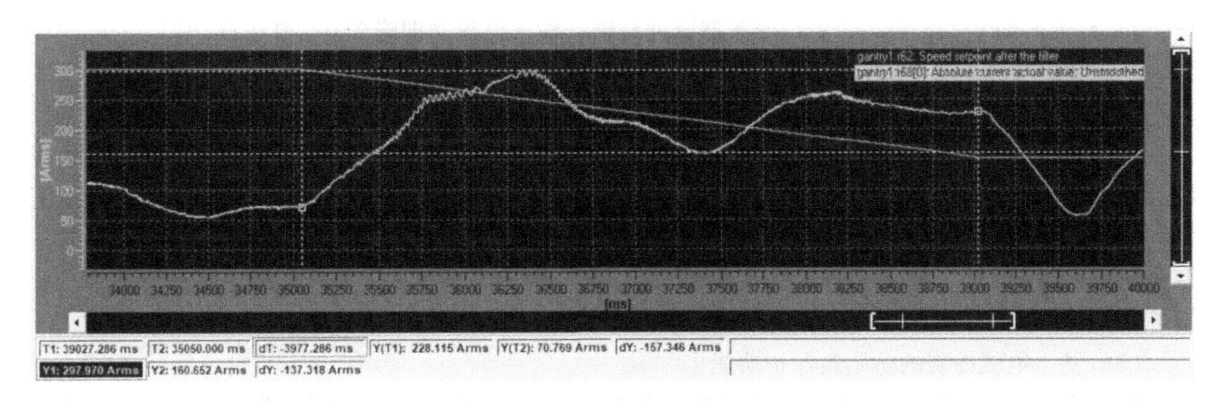

图 19　大车防撞全速减速波形

驱动器不激活时，保持抱闸用于保护驱动装置，以免出现不希望的运动，特别是位能性的负载或垂直运行的负载出现的坠落危险。释放和保持抱闸的触发命令通过控制单元 CU320-2PN 的 DRIVE-CLiQ 传送至起升驱动器，此时，控制单元 CU320-2PN 会将这些信号逻辑连接到系统内部各个过程，并对信号进行监控。随后电机模块执行动作，并相应地调节用于抱闸的输出端。抱闸控制参数时序如图 20 所示。

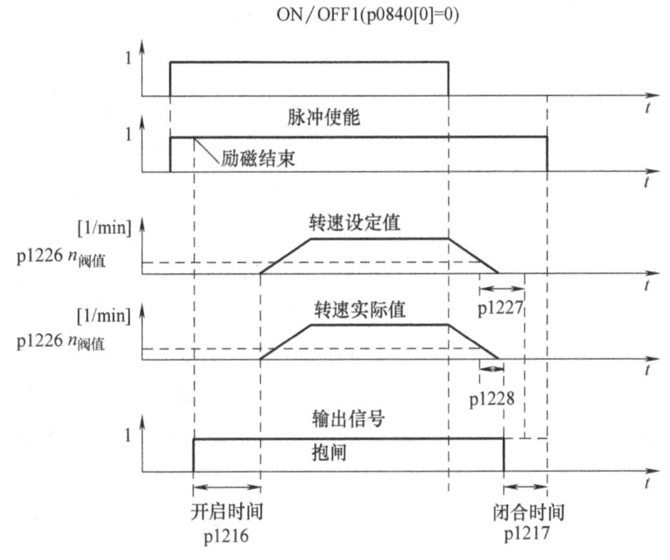

图 20　抱闸控制参数时序

打开抱闸的过程：

1）当符合启动条件后，控制单元发出 ON 命令，接触器开始闭合，设备开始预充电。完成后，开始建立励磁；

2）励磁完成后，驱动器实际输出电流 r68 大于 5%电机额定电流的阈值后，打开抱闸的输出信号为 1；

3）打开抱闸的输出信号为 1，r0899.12=1，控制制动器释放。此时电机并不会立即启动，当延迟时间 p1216 到达之后，电机开始启动加速，直到达到速度稳定状态。需要注意的是，p1216 的时间设置要略大于实际制动器释放所需时间，以免当制动器尚未完全释放时，起升电机就开始运转，对制动盘造成磨损。但也不能设置时间过长，这样会影响设备作业效率，影响司机操作感受。

关闭抱闸的过程：

1）当控制单元发出 OFF 命令后，电机速度开始下降；

2）电机实际速度或设定速度小于 p1226 所设定的值；

3）延迟 p1227 或 p1228 时间后，关闭抱闸的输出信号为 1；

4）关闭抱闸的输出信号为 1，r0899.13=1，控制制动器关闭。此时变频器输出电流仍存在，防止位能性负载下坠；

5）延迟时间 p1217 到达之后，变频器脉冲封锁，输出电流立即降到 0。要注意 p1217 的时间应略大于制动器实际关闭时间，时间过小可能会使起升机构出现溜箱。

（2）制动器动作失效原因分析

起升制动器的状态正常是集装箱门式起重机正常工作的首要前提。起升制动器的推动器补偿行程为零时会导致制动失灵的严重后果。产生此故障的主要原因是：制动衬垫因磨损导致瓦块间退距过大又没有及时进行调整（这在不带自动补偿装置或补偿装置失效的制动器中容易发生）；或者是两侧瓦块退距不均等，有一侧会浮贴到制动盘上，导致制动力矩明显下降；或者是制动器销轴、臂架等机构部件出现突然破坏，极易引发安全事故。

（3）基于电气控制的防坠箱保护功能

集装箱门式起重机在进行抓放箱作业时，若出现起升电机侧的高速制动器失效，往往会导致坠箱事故的发生。即使在起升钢丝绳卷筒侧安装有安全低速制动器，起升电机超速开关在 1.2 倍电机额定速度时自动保护，安全制动器立即对起升钢丝绳卷筒侧抱闸，也会由于负载重量大，下坠速度过快，导致起升机构制动距离过长的情况。而且在自动化轨道式集装箱门式起重机自动作业工况中无法及时由远程操控人员进行紧停应急操作，一旦起升制动器失效，必将在堆场内或集卡装卸车道上，造成严重的集装箱或车辆砸损事故。因此，需要有一种防坠箱保护来实现制动器失效时不出现空吊具或吊具带集装箱下坠动作。

本项目开发了一套针对起升机构的防坠箱保护功能：在原有的起升制动器监控系统的基础上，基于西门子 S120 驱动控制系统的优良控制特性，当控制系统发现制动器失效时，起升电机能继续保持当前负载的零速悬停，避免坠箱事故。经实际使用验证，取得了良好的保护效果。

（4）防坠箱保护功能的实现

在原有正常的起升制动控制逻辑基础上，当起升电机减速到零速，制动器抱闸时，延长起升驱动器的励磁电流时间，维持当前负载下的零速转矩。考虑到制动器关闭时间大约 0.5s，制动器故障检测时间 1.5s，以及足够的时间裕量，本项目设置的抱闸后励磁电流时间为 6s。如果期间制动器监控系统发出抱闸失效信号，防坠箱功能立即激活。起升驱动器继续保持运行状态，电机输出相应转矩保持负载零速悬停，避免坠箱。同时程序中自动旁路所有的起升系统故障，避免由于其他故障导致驱动器停止运行的情况发生。防坠箱功能一旦激活，不允许远程复位，只能在制动器故障修复后，由维修人员在起升电机附近的小车架平台操作站使用专用钥匙开关复位。

以起升 1 号机构为例，通过起升高速轴制动器监控系统 BMS，采集起升制动器的 3 种故障异常信号：制动器抱闸信号丢失故障（Fault10160）、制动器推杆行程过小故障（Fault10162）、制动器制动力矩过小故障（Fault10041）。任意故障发生时即判断制动器抱闸失效，起升应急防坠箱故障信号（Fault10164）激活，此时起升应急防坠箱功能启用。在小车架平台操作站上设置起升应急防坠箱复位选择开关（信号地址 I119.4），用于手动复位起升应急防坠箱故障，如图 21 所示。

将起升应急防坠箱故障信号接入起升驱动器控制逻辑。当检测到起升应急防坠箱故障时，将“BRK_TRQ_HLD”信号置 1 保持 P852 参数（Enable Operation）、P856 参数（Enable Speed Controller）、P1142 参数（Enable Setpoint）这三个驱动器控制字状态为 1，使起升驱动器继续保持运行状态，维持起升带载零速悬停转矩输出，如图 22、图 23 所示。

起升应急防坠箱故障信号（Fault10164）自动旁路起升机构应急停车信号“HES”，使其保持为 1，如图 24 所示，防止起升驱动器由于其他系统故障导致运行意外停止。

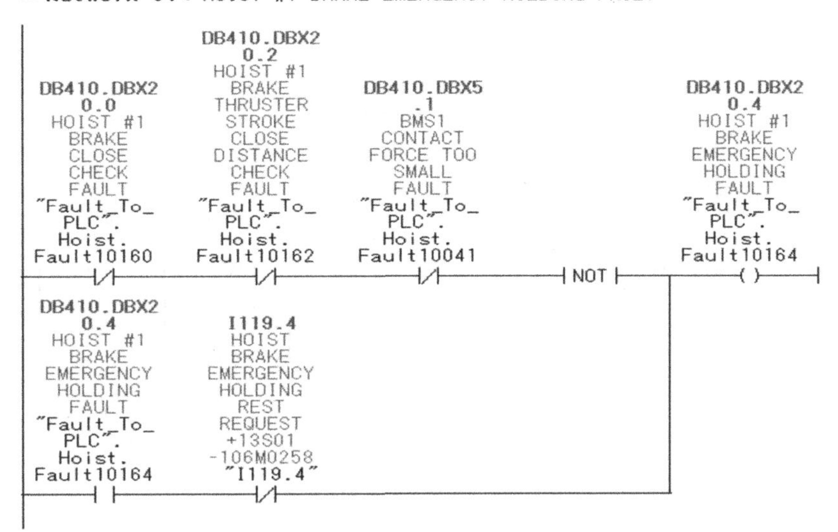

图 21 应急防坠箱故障信号逻辑

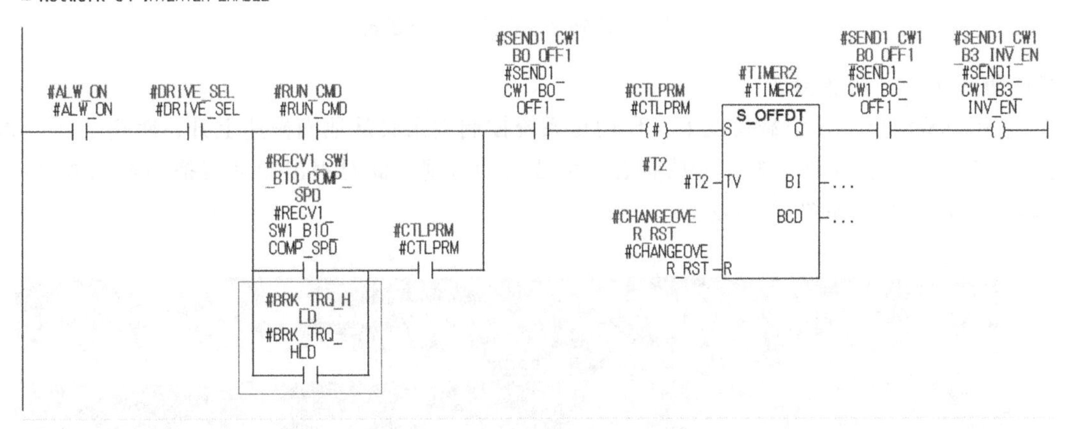

图 22 起升驱动器 P852 参数控制

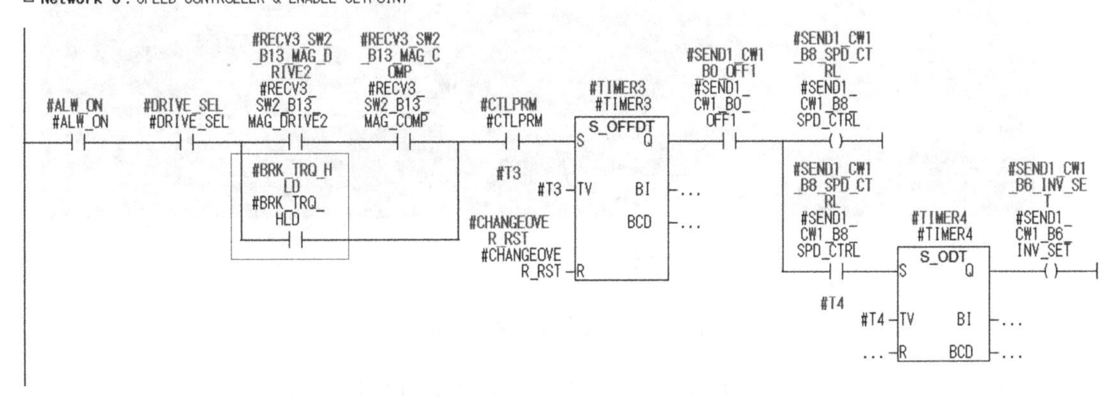

图 23 起升驱动器 P856、P1142 参数控制

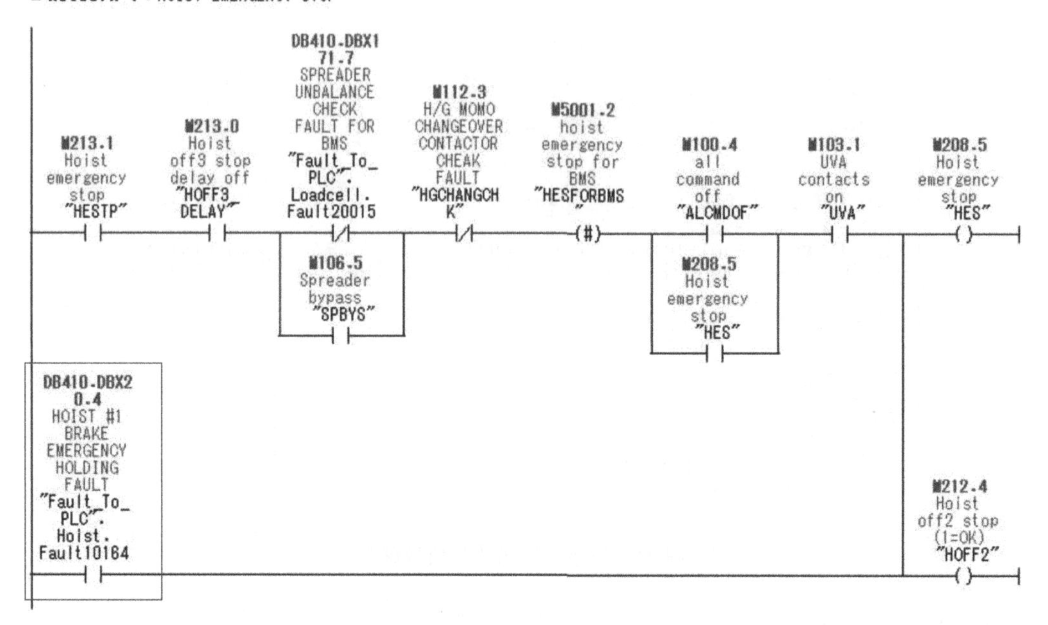

图 24　起升应急停止信号旁路逻辑

（5）防坠箱保护功能验证

1）空载防坠测试：在空载情况下，自动化系统控制空吊具从地面慢速上升，距离地面 0.2m 高度停车。此时手动保持制动器处于释放状态，无法自动抱闸。此时报出制动器抱闸检测故障，驱动器依旧保持运行状态，如图 25 所示。

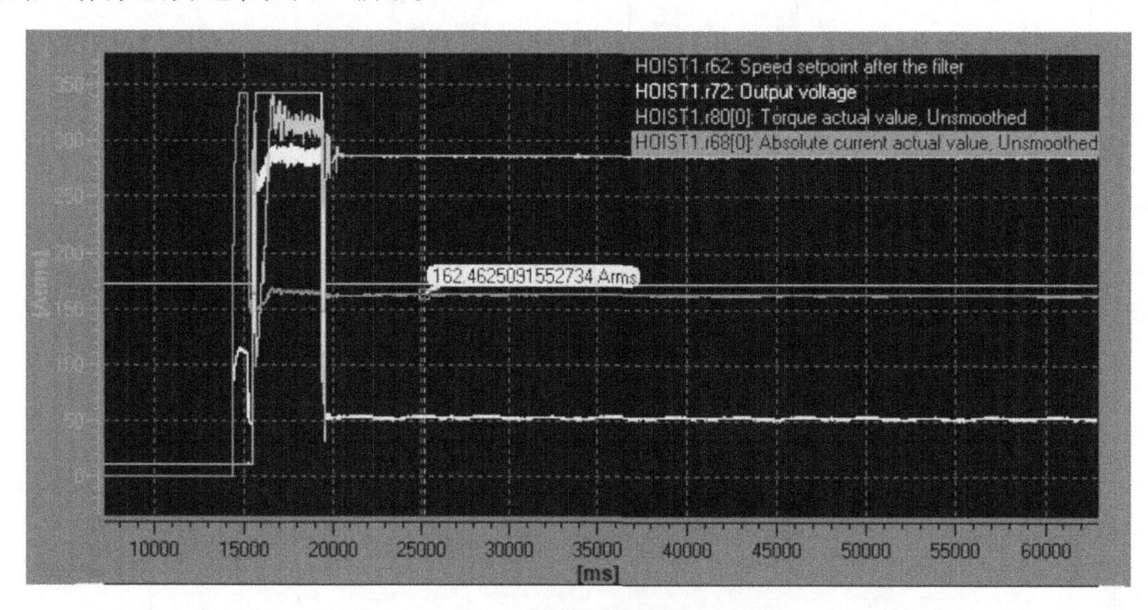

图 25　空载防坠箱测试波形

2）半载防坠测试：在 25t 负载情况下，自动化系统控制吊具带箱从地面慢速上升，箱底距离地面 0.2m 高度停车。此时手动保持制动器处于释放状态，无法自动抱闸。此时报出制动器抱闸检测故障，驱动器依旧保持运行状态，如图 26 所示。

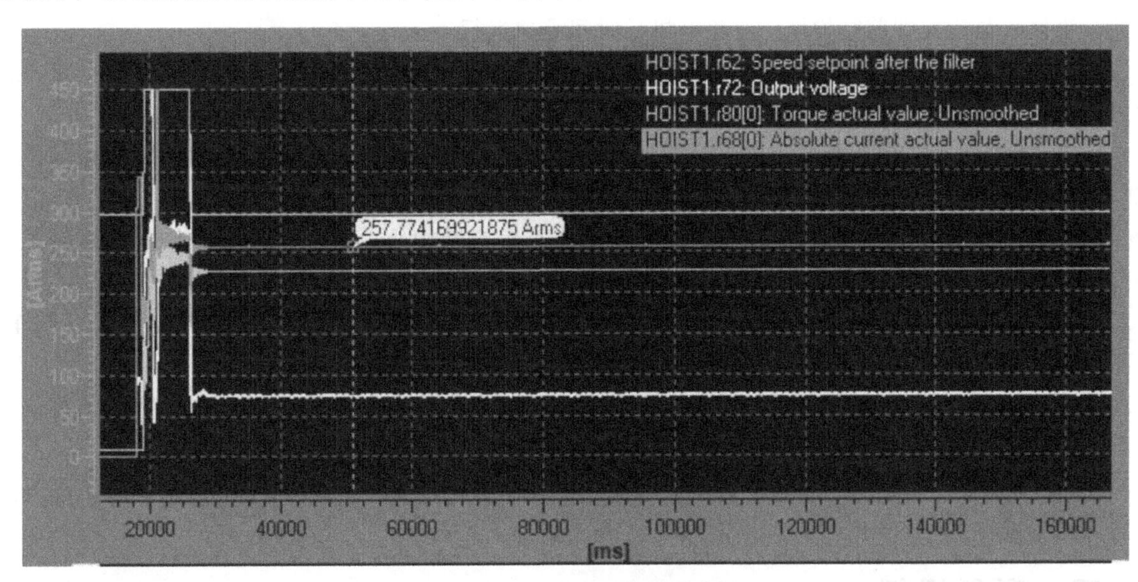

图 26　25t 负载防坠箱测试波形

3）满载防坠测试在 40t 满载情况下，自动化系统控制吊具带箱从地面慢速上升，箱底距离地面 0.2m 高度停车。此时手动保持制动器处于释放状态，无法自动抱闸。此时报出制动器抱闸检测故障，驱动器依旧保持运行状态。

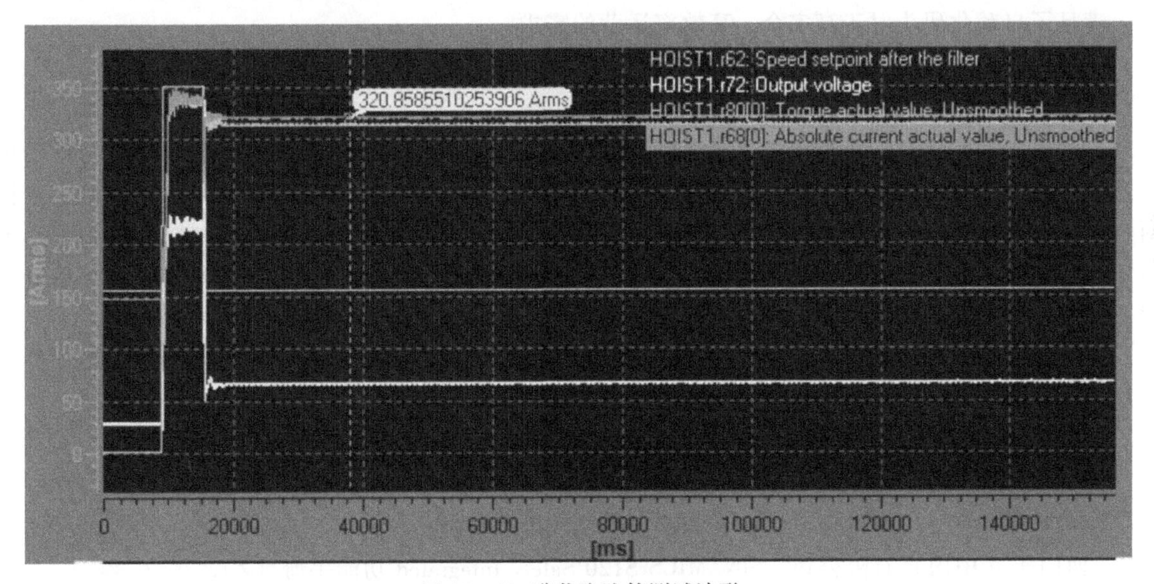

图 27　41t 满载防坠箱测试波形

从上述 3 个测试波形来看，0t 和 25t 负载零速悬停的驱动器运行电流，不超过 260A，小于起升电机 300A 额定电流。而 40t 负载的零速悬停运行电流，达到 320A，略高于起升电机额定电流。上述情况驱动器运行电流均小于起升驱动器基本负载电流 438A，所以本项目的起升功率单元可以满足这种零速悬停防坠工况。但是由于起升电机是轴端自带风冷形式，所以在这种应急防坠箱工况下，电机长期以零速保持额定电流运行，容易造成电机温升升高，对电机绝缘性能造成损害。而且如因其他意外情况导致驱动器停止运行，则没有其他措施能够避免负载坠落。因此该防坠箱功能起效后，维修人员应立即前往检修，避免电机长时间零速运行。

本项目制定了一套应急防坠箱故障处理流程，用于自动化作业流程中止后的抢修恢复。以下是应急防坠箱故障处理流程：

1）起重机在自动化运行过程中，检测到起升制动器抱闸故障后，激活应急防坠箱故障保护模式。此时起升驱动器保持运行状态，使起升带载保持零速悬停状态。

2）当发生起升应急防坠箱故障后，自动化作业流程自动中止。远程中控室维修部操作台屏幕高亮显示起升应急防坠箱故障报警。

3）维修部人员可以在远程中控室维修部操作台，或者起重机本地操作站，控制起升、小车、大车慢速运行，就近找到合适位置将集装箱放下。

4）解除坠箱危险后，维修人员需要在起重机小车架平台操作站，操作起升应急防坠箱复位选择开关，将起升应急防坠箱故障复位，以便停止起升驱动器的持续运行。

5）维修人员在修复起升制动器抱闸故障之后，重新打开起升应急功能开关，再次激活起升应急防坠箱功能。

四、项目运行

本文所提出的远程操作台紧停控制、大车防撞减速控制及防坠箱保护功能在码头投产后，一直正常使用。在日常设备维护检修中，也多次测试了远程紧停、大车防撞停车及防坠箱安全功能。得益于西门子安全 PLC 和 S120 驱动系统的优良控制特性，上述安全保护功能有效地保障了设备的安全，满足了自动化码头对于高安全、高效率运营的需求。

五、应用体会

自动化集装箱轨道式起重机由于没有传统的司机室本地操作，所以要求起重机设备本身具备更加全面可靠的安全保护功能。本文提出的几种安全功能方案，是在传统设备控制工况的基础上，针对自动化设备特殊的工况和安全需求，从远程安全通信、大车防撞减速停车和电气防坠保护等几个方面进行改进和革新，有效提升了自动化集装箱轨道吊的安全等级。不仅对自动化及自动化改造项目有很好的示范和启示作用，也应大力推广到常规码头的集装箱起重机设备上。

在项目调试投产过程中，西门子安全 PLC 和 S120 驱动系统运行稳定，S7 和 STARTER 软件界面对用户十分友好，不仅使用便捷而且易于功能扩展，可靠地保障了自动化码头的安全运营。

参考文献

[1] 西门子（中国）有限公司. 安全 PLC 与普通 PLC 的区别 [Z].
[2] 西门子（中国）有限公司. SINAMICS S120 Safety Integrated 功能手册 [Z].
[3] 西门子（中国）有限公司. S120 简单抱闸控制 [Z].
[4] 江西华伍制动器股份有限公司. 电力液压盘式制动器使用说明 [Z].

变频器调制方式在实际现场的应用分析
Application analysis of frequency converter modulation mode in actual field

张　健
（西门子工厂自动化工程有限公司　北京）

[摘　要] SINAMICS 系列变频器为电压源型变频器，变频器的三相输入电源经过整流变换为恒定的直流电压，经过 IGBT 逆变将直流电压转换为具有可变电压和可变频率的三相交流电，该逆变过程是根据脉宽调制（PWM）原理实现的。通过改变电压和频率，就可以连续而准确地改变电机的速度。

SINAMICS 系列变频器主要有两种调制方式：一种是 SVM 空间矢量调制方式；另一种是 PEM 脉冲边缘调制方式。两种调制方式各有其特点，根据应用负载类型的不同，选择其适合的调制方式。本文将通过一个现场 G150 驱动电机电流振荡来研究两种调制方式，分析 SVM 空间矢量调制方式和 PEM 脉冲边缘调制方式的应用特点。

[关 键 词] G150、电机、SVM、PEM

[Abstract] SINAMICS series inverter is voltage source inverter, the inverter of the three-phase input power after rectification transformation as a constant DC voltage, through IGBT inverter, DC voltage is converted to three-phase AC with variable voltage and variable frequency, the process is according to the principle of pulse width modulation PWM inverter. By changing the voltage and frequency, the speed of the motor can be continuously and accurately changed.

SINAMICS frequency converters mainly have two modulation modes, one is SVM space vector modulation mode, the other is PEM pulse edge modulation mode. The two modulation modes have their own characteristics, according to the different types of application load, choose the suitable modulation mode. In this paper, two modulation modes will be studied by current oscillation of a G150 drive motor, and the application characteristics of SVM space vector modulation mode and PEM pulse edge modulation mode will be analyzed.

[Key Words] G150、Motor、SVM、PEM

一、项目简介

1. 设备描述

汽车制动系是汽车安全行驶中最重要的系统之一，随着发动机技术发展和道路条件的改善，汽车的行驶速度和运行距离都有了很大的发展，行驶动能大幅度的提高，从而使得传统的摩擦片式制动装置越来越不能适应长时间、高强度的工作需要。由于频繁或长时间地使用行车制动器，出现摩擦片过热的制动效能热衰退现象，严重时导致制动失效，威胁到行车安全，车辆也因为频繁更换制动片和轮胎导致运输成本的增加。为了解决这一问题，应运而生的各种车辆辅助制动系统迅速发展，液力缓速器就是其中一种。

该公司通过液力缓速器试验台对生产的液力缓冲器进行加载测试，验证液力缓冲器是否能满足各个规格要求的制动力矩。液力缓冲器测试台驱动器使用的是西门子 G150 变频器，驱动电机配备的西门子 1PH8 主轴电机，设备技术数据见表 1。

表 1　设备技术数据

西门子变频器					
系列	订货号	额定电压	额定功率	额定输入电流	额定输出电流
SIEMENS	6SL3710-1GH38-1AA3	3AC 660-690V	800kW	842A	810A

西门子 1PH8 电机						
系列	额定功率	额定电压	额定电流	功率因数	额定频率	额定转速
SIEMENS	690kW	690V/△	810A	0.87	68Hz	1350r/min

干式电力变压器						
系列	额定功率	额定输入电压	额定输入电流	额定输处电压	额定输出电流	组别
干式变压器	1250kVA	10kV	72.2A	720V	1002.3A	Dyn11

2. 技术功能

G150 采用矢量控制方式，上位机采用西门子 PLC 完成工艺控制，变频器和 PLC 之间采用 PN 通信方式。G150 驱动 1PH8 电机实现液力缓冲器的加载测试，液力缓冲器力矩加载范围为 0~4000N · m，液力缓冲器的转速范围为 0~3500r/min，加载电流范围为 0~800A。测试液力缓冲器制动能量和力学性能指标包括：油压、气压、水温、油温、温升、转速、力矩、功率等。

3. 现场问题

液力缓冲器加载试验过程，在电机实际转速超过 1300r/min 后，加载过程电机发出“咚咚”的敲击声，变频器 G150 的输出电流呈现为剧烈波动，导致液力缓冲器加载测试无法顺利进行。

二、变频器调制方式

1. SVM 空间矢量调试方式

SVM 空间矢量调制方式，通过优化的脉冲幅值和脉冲占空比控制，产生近似理想的正弦变化的电机电压脉冲波形。空间矢量调制方式理论上可以输出的基波电压峰值与直流母线电压幅值相同，可以输出最大的电机电压。由于整流和满载的原因，空间矢量调制在满载时最大输出电压 U_{SVM} (max) 为 $0.935U_{Line}$。而且由于变频器的压降、最小脉冲时间、IGBT 门极脉冲关断时间等因素的影响，变频器的最大输出电压 U_{SVM} (max) 还会再低些，最大输出电压 U_{SVM} (max) 为 $0.920U_{Line}$（根据出厂设置，此值适合于 2.0kHz 或 1.25kHz 的脉冲频率。在较高的脉冲频率下，它每 kHz 降低约为 0.5%）。

2. SVM 空间矢量调制方式特点

SVM 空间矢量调制方式在整个基波周期内均调制，输出近似理想的正弦变化的电机电压脉冲波形，空间矢量调制方式更适应于重负载类型应用。SMV 空间矢量调制方式的变频器最大输出电机电压 U_{SVM}（max）为 $0.920U_{Line}$。变频器输出的 SVM 调制波形和电机端脉冲电压波形如图 2 蓝色曲线所示。

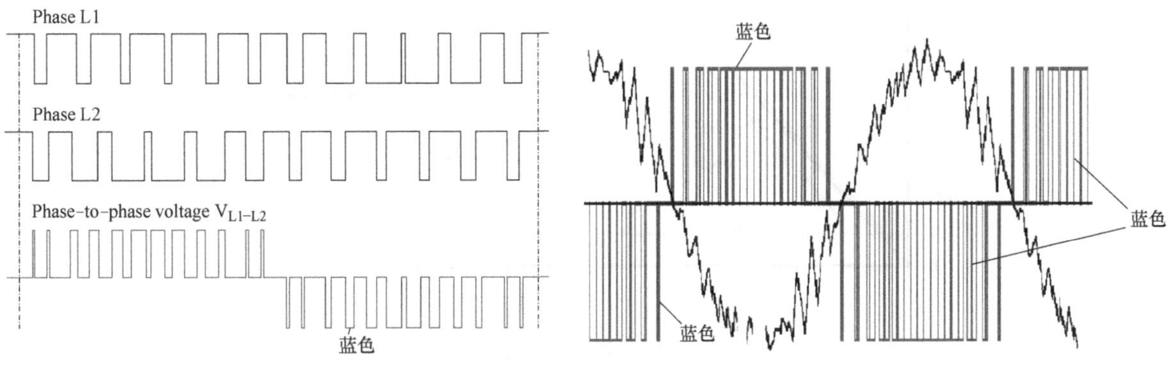

图 1　SVM 调制波形图　　　　图 2　SVM 电机端脉冲电压波形

3. PEM 脉冲边缘调制方式

PEM 脉冲边缘调制方式，通过优化的边缘调制的方法，而不是在整个基波内调制，来获得比 SVM 空间矢量调制方式更高的输出电压，这个过程叫脉冲边缘调制 PEM。PEM 脉冲边缘调制方式下，变频器输出到电机的电压波形如图 3 所示。

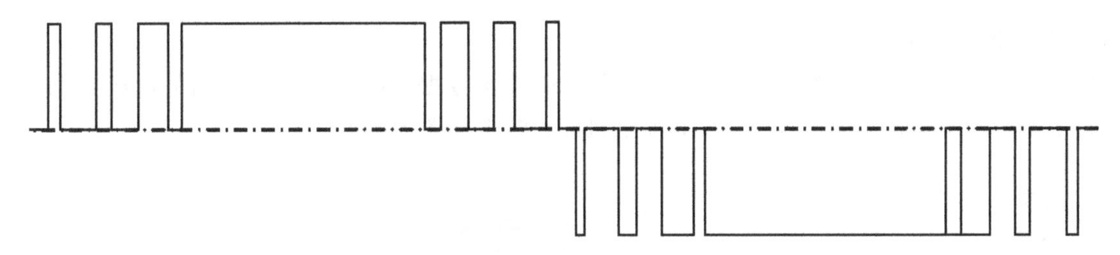

图 3　PEM 电机端脉冲电压波形

4. PEM 调制方式特点

PEM 这种脉冲边缘调制方式以输出最大电压为目的，因此采用时钟频率为基频，这个相当于没有调制，或者说类似方波调制，这样虽然会使电机的端电压略高些，但会产生更多的电压谐波，降低电机的效率。

所以，西门子的 PEM 脉冲边缘调制方式采用优化的边缘调制方式，而非纯粹的类似方波调制，可以最大程度降低电流谐波，提高电机效率，可以使变频器的输出电压最大程度增大，变频器的最大输出电压为 U_{PEM}（max）为 $0.970U_{Line}$。这种优化的脉冲边缘调制方式通常适用于风机、泵类这种大转动惯量的变转矩负载应用或者轻载应用。

5. SVM 和 PEM 运行特性

变频器设置为 SVM 空间矢量调制方式时，变频器在整个调速范围均采用 SVM 调制方式，如图 4 黑色曲线所示。而变频器设置为 PEM 脉冲边缘调制方式时，当变频器的输出电压小于 92%的进线电压时，变频器的调制方式采用的是 SVM 空间矢量调制方式。当变频器的输出电机电压大于 92%进线电源电压后，为获得最大的输出电压，变频器将自动切换到 PEM 脉冲边缘调制方式，如图 4

蓝色曲线所示。

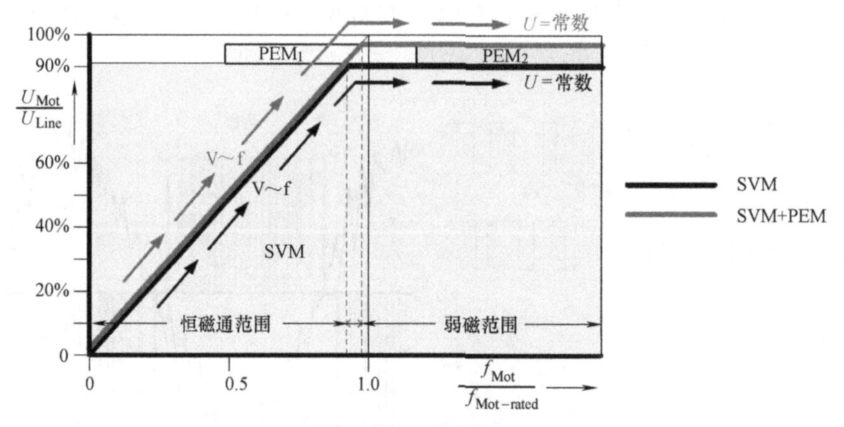

图 4 调制特性曲线

随着电机转速的升高，变频器的输出电压达到最大输出电压后，PEM 调制深度增加，变频器进入弱磁区域，这种高频和高调制深度，带来的不利因素就是 PEM 调制方式的输出电压波形变得不理想，甚至会产生更多的电压谐波，尤其是大功率变频器会导致电流畸变谐波增加，出现电机转矩波动情况的发生。

三、现场问题现象

1. 变频器的配置

西门子 G150 变频器按照所驱动的 1PH8 电机的技术数据，已经完成了正确的电机参数配置，并通过了电机静态辨识和动态辨识，变频器电机配置数据如图 5 所示。

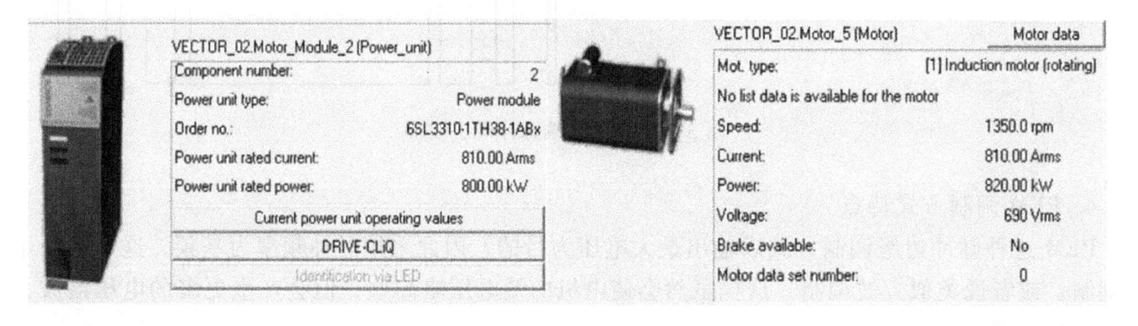

图 5 变频器配置

2. 现场问题现象

启动变频器测试液力缓冲器加载试验设备，变频器运行控制方式为 vc 带编码器矢量控制方式，当电机实际转速超过 1300r/min 后，测试电机会发出“咚咚”的敲击声。随着加载电流的增加，电机“咚咚”的敲击声也会逐渐增大。

通过 Starter 软件的 Trace 功能测试变频器输出电流、输出转矩、输出电压、转速实际值，通过 Trace 曲线可以发现，输出电流和输出转矩均出现异常波动。随着电机负载的增加，电机电流波动也越明显，尤其在 400A 以上时电机电流波动更加剧烈，如图 6 中 vc Trace 曲线所示。

为排除变频器控制方式或电机速度编码器的问题，改变频器的控制方式为 slvc 无编码器矢量控

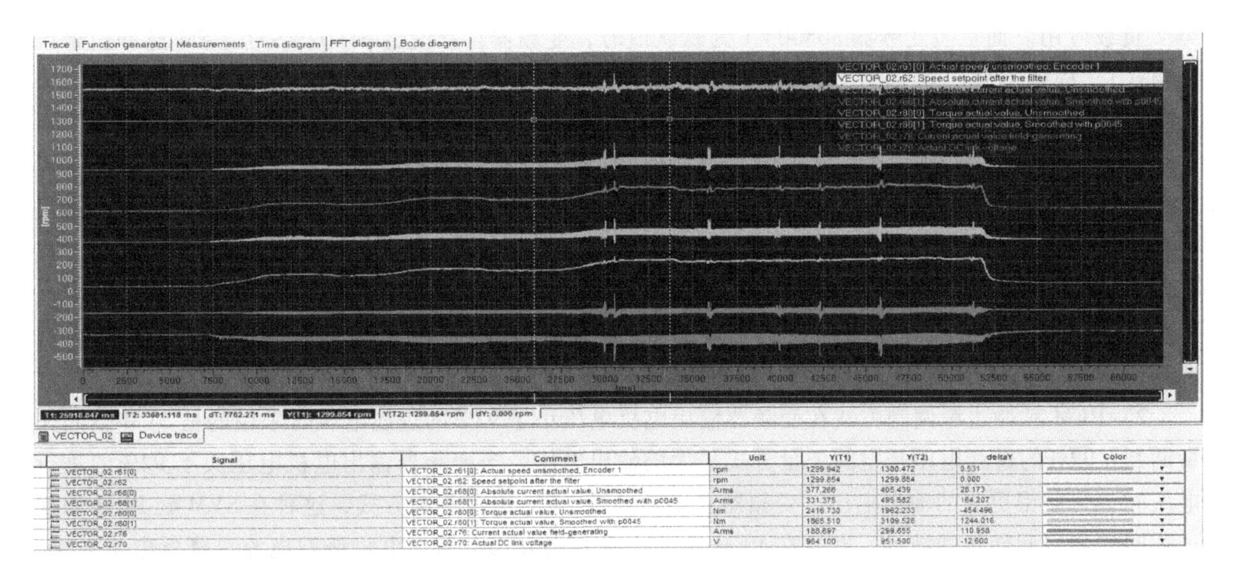

图 6　vc Trace 曲线图

制方式，启动测试，同样当电机转速超过 1300r/min 后，随着负载的增加，电机发出“咚咚”的敲击声，电机电流波动明显，通过改变控制方式实际问题没有任何改善，说明现场问题与变频器的控制方式无关，如图 7 中 slvc Trace 曲线所示。

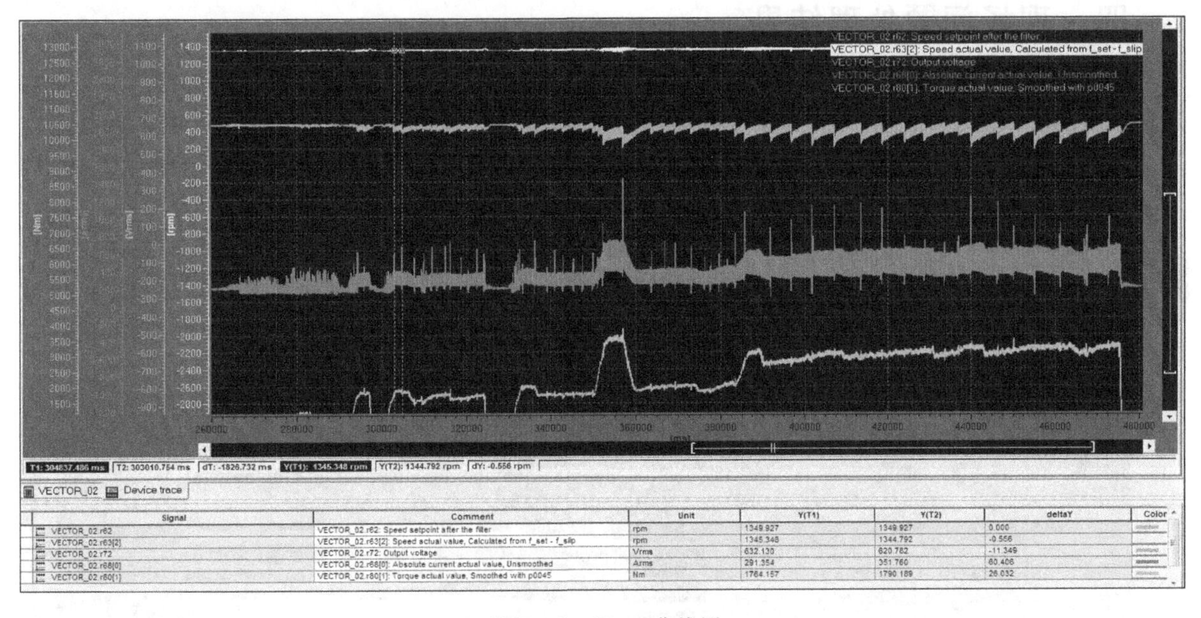

图 7　slvc Trace 曲线图

3. 现场问题分析

电机转速超过 1300r/min 后，随着加载电流的增加，电机电流开始振荡。变频器控制方式的改变，没有消除或改善加载过程电流振荡的程度。由此可知，变频器的控制方式不是造成现场电流振荡的原因。

G150 变频器 p0500 工艺应用参数在调试配置过程中默认设置为“1”，p0500 = 1 为“泵和风扇类”负载应用。而且当变频器 p0500＝1 为默认值时，变频器自动设置 p1802＝9（PEM 脉冲边缘调制模式）。根据上面“章节 3”变频器调制方式可知，造成变频器的输出电流、输出转矩波动，以及电机发出“咚咚”的振动声，跟调制方式有关，具体分析如下：

1）现场变频器调制方式参数 p1082＝9（PEM 脉冲边缘调制模式），PEM 脉冲边缘调制方式仅在电压波形的边缘进行调制，而不是在整个基波内调制，近似于方波调制，这样调制的优点是获得了更高的输出电压。但 PEM 脉冲边缘调制方式的不足就是输出电压波形相比 SVM 调制方式要差些，会产生更多的电压谐波，导致变频器输出电压波形畸变，输出电压的畸变又引起输出电流的畸变，电流波形的畸变增加，从而造成电流加载过程的波动加剧，同样伴随着输出转矩的波动。

2）PEM 脉冲边缘调制方式在变频器输出电机电压小于 92%的进线电压时采用的是 SVM 空间矢量调制，92%的进线电压是空间矢量方式最大的输出电压。当变频器输出电机电压大于 92%的进行电压时，为获得更高的输出电压，变频器自动切换到 PEM 边缘调制方式，这种在 SVM 到 PEM 切换过程同样会引起转矩的波动。并且在 PEM 脉冲边缘调制方式会增加电机谐波电流，降低电机效率。从而加剧了变频器工作在 PEM 脉冲边缘调制方式下的转矩波动。

现场液力缓冲器加载设备的负载类型属于重载类型，所以，工艺应用参数 p0500 应该设置为 0（标准驱动），调制方式应该选择输出电压波形更理想的空间矢量调制方式，即参数 p1802 选择为 2（空间矢量调制方式）。

四、现场问题处理结果

据以上分析可知，现场液力缓冲器加载电机出现“咚咚”的敲击声和电机电流波动严重，造成这种问题的原因是重载应用负载类型下的调制方式配置不适合导致。对于现场这种重负载类型应用，适合采用输出更为理想电压波形的空间矢量调试方式，即调制方式参数 p1802 选择为 2（空间矢量调制方式）。

变频器工作在 SVM 空间矢量调制方式，启动测试液力缓冲器加载设备，在设备加载过程电机再没有出现之前“咚咚”的敲击声，变频器输出电流、输出转矩、速度实际值均平滑且稳定，再没有之前那样电流和转矩波动的曲线波形，电机实际运行的声音也平稳了，Trace 曲线如图 8 所示。

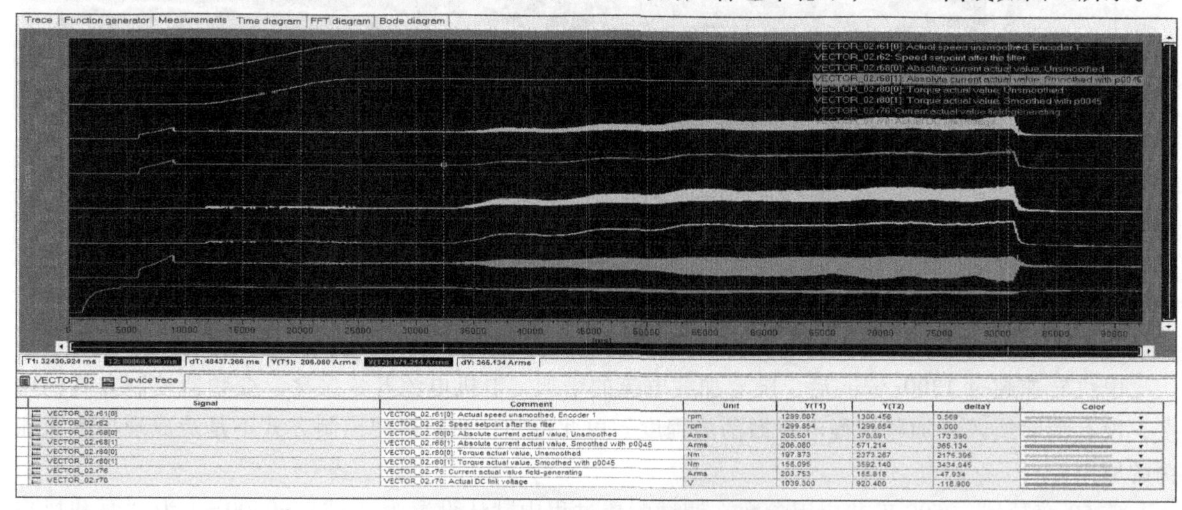

图 8　连续加载 Trace 曲线波形

按照“液力缓冲器”测试平台常规测试流程，根据加载测试要求，经过多个循环加载测试，验证 G150 变频器的带载运行性能。测试结果，G150 变频器的输出电流、输出转矩、实际转速均正常，设备在带载加速、减速以及匀速运行的整个过程均平稳，电机也无任何异常声音，Trace 曲线波形如图 9 所示。

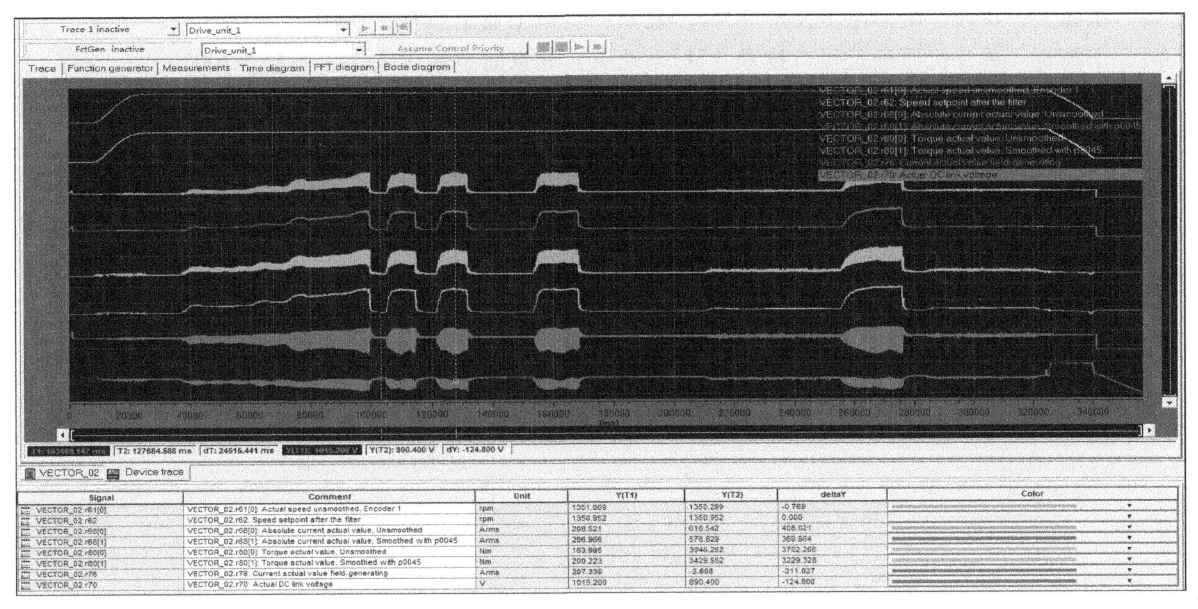

图 9　周期性加载 Trace 曲线波形

五、调制方式应用总结

SINAMICS 系列变频器主要有两种调制方式：一种是 SVM 空间矢量调制方式；另一种是 PEM 脉冲边缘调制方式，两种调制方式各有其特点。

1）SVM 空间矢量调制方式，通过优化的脉冲幅值和脉冲占空比控制，在整个基波周期均调制，输出近似为正弦的理想电压脉冲波形，也因此 SVM 空间矢量调制方式更适应于重负载类型应用。

2）PEM 脉冲边缘调制方式，通过在边缘调制的方法，而不是在整个基波周期内调制，因此可以获得比 SVM 更高的输出电压。PEM 脉冲边缘调制方式为最大电压输出，因此采用时钟频率为基频，这个相当于没有调制，或者说类似方波调制，这样会产生更多的电压谐波和电流谐波，降低电机的效率，影响变频器驱动负载转矩的稳定程度。因此，PEM 脉冲边缘调制方式更适用于风机、泵类这种大转动惯量的变转矩负载或者轻载应用。

本文主要研究 SINAMICS 变频器的两种调制方式的原理和应用，并借助一个现场 G150 驱动电机电流振荡问题分析及处理措施，验证了 SVM 空间矢量调制方式和 PEM 脉冲边缘调制方式的应用特点。SVM 空间矢量调制方式可使变频器输出更理想的电机电压波形，适合动态要求较高的重负载类型应用。PEM 脉冲边缘调制方式可使变频器输出更高的电机电压，适合对动态要求不高的变转矩负载类型应用。

参考文献

［1］ 黄俊，王兆安．电力电子技术［M］．北京：机械工业出版社，2006.

[2] 李峰. 基于 DSP 的 SPWM 变压变频电源的设计 [D]. 长沙：湖南大学，2008.
[3] 郑孟. 基于 TMS320F2812 的变频调压功率信号源的研究 [D]. 杭州：浙江大学，2006.
[4] 汤莜飞. 基于 DSP 的 PWM 变频器的研究. 硕士学位论文 [D]. 长沙：湖南大学，2004.
[5] 苏奎峰. TMS320F2812 原理与开发 [M]. 北京：电子工业出版社，2005.
[6] 王兆安，黄俊. 电力电子技术 [M]. 北京：机械工业出版社，2000.
[7] 李朝青. 单片机原理及接口技术 [M]. 北京：北京航空航天大学出版社，2003.
[8] 喻寿益，张艳存，高金生，等. 基于无功功率模型的异步电机矢量控制系统转子时间常数辨识 [J]. 中南大学学报（自然科学版），2009（5）.
[9] 王云平. SPWM 逆变器的数字控制技术研究 [D]. 南京：南京航空航天大学，2007.
[10] 周胜灵. 逆变电源的数字化控制技术 [D]. 重庆：重庆大学，2006.

SINAMICS DCP 在 RTG 上的储能应用
Energy Storage Application of SINAMICS DCP in RTG

王　晶
（沈阳中科博微科技股份有限公司　沈阳）
任小川
（西门子（中国）有限公司沈阳分公司　沈阳）

[摘　要]　本文着重介绍了西门子双向直流变换器 SINAMICS DCP 在 RTG 储能中的应用，涵盖 SINAMICS DCP 的工作原理、关键环节的选型计算和电气回路设计的要点，有助于对相关行业应用的理解和参考。

[关 键 词]　DCP、超级电容组、储能

[Abstract]　This paper mainly introduces the energy storage application of SIEMENS bidirectional DC converter SINAMICS DCP in RTG, covering DCP´s working principle, selection calculation and electrical circuit design, which is helpful for the understanding and reference of related industry applications.

[Key Words]　DCP、Super capacitor、Energy Storage

一、项目简介

世界各集装箱港口通用的起重机械（又称场桥）有两类：一类是轨道式集装箱龙门起重机（Rail Mounted Gantry Crane，RMG）；另一类是轮胎式集装箱龙门起重机（Rubber Tired Gantry Crane，RTG）。RMG 采用市电供电，具有节能、无污染、稳定可靠及能量可回馈等优点，但不能转场；RTG 采用柴油发电机组供电，虽然可以灵活转场，但能耗大、效率低、污染严重、噪声和振动大，且不能实现能量回馈。由于可以灵活转场这个优点，据统计，目前全球集装箱起重机中有 95% 为 RTG。RTG 和 SINAMICS DCP 外观如图 1 所示。

图 1　RTG 和 SINAMICS DCP 外观

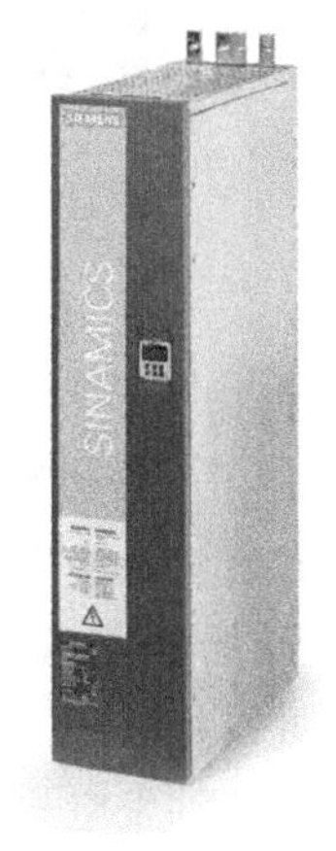

图 2　SINAMICS DCP 外观

SINAMICS DCP 是西门子双向直流变换器，功能上可实现装置两侧直流的降压/升压变换，对于不同的直流电压等级，电流可以在两个方向上流动，通过连接超级电容组可以实现设备运行过程中的储能应用，从而达到节能的目的。传统 RTG 的重物下降产生的势能由制动电阻进行消耗，不能再利用而被浪费。利用 SINAMICS DCP 的储能应用，电容组可以储存重物下降时回馈的电能，当起升重物时，储能元件释放能量，从而大大地节约燃油。应用 SINAMICS DCP 对传统 RTG 的柴油驱动进行改造，可以达到节能减排的目的，最大限度地保存灵活转场的优势。

二、系统结构

1. SINAMICS DCP 工作原理

SINAMICS DCP 装置的主回路是由多个 IGBT 桥式电路构成，每个 IGBT 桥式电路由 4 个 IGBT 构成。通过 IGBT 桥式电路+中间回路的电抗实现降压/升压工作方式，完成 DC-DC 变换和四象限运行。图 3 示意为恒流源控制，电流的流向由电流给定的方向决定，电流给定为正时，由 P1 向 P2 进行充电；电流给定为负时，由 P2 向输入 P1 进行充电。

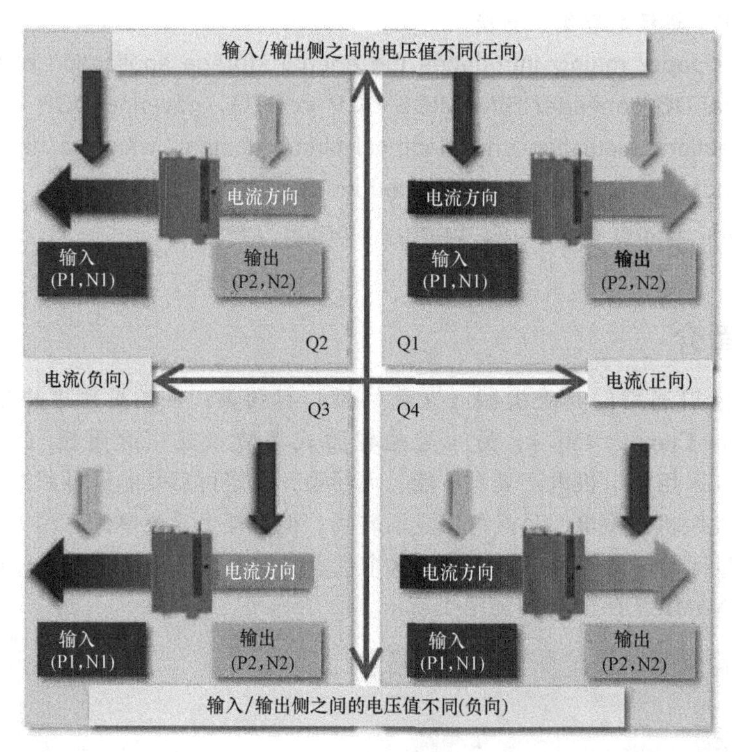

图 3　工作示意图

2. 储能过程描述

RTG 运行时，由柴油发电机组供电，重物下降时，产生的势能变为电能，通过逆变模块回馈到直流母线，导致直流母线电压升高，SINAMICS DCP 可以将这部分制动能量储存到超级电容组，进入充电状态，开始储能（见图 4）；起重机起升或意外断电时，直流母线电压跌落，此时，SINAMICS DCP 可以将超级电容组中的电能释放，转换为放电状态，为电机提供电能，其作用是可以减小控制系统对柴油发电机组峰值功率的需求，或是保证设备可以安全可靠停车，减少急停时对设备的机械损伤和意外人身伤害。

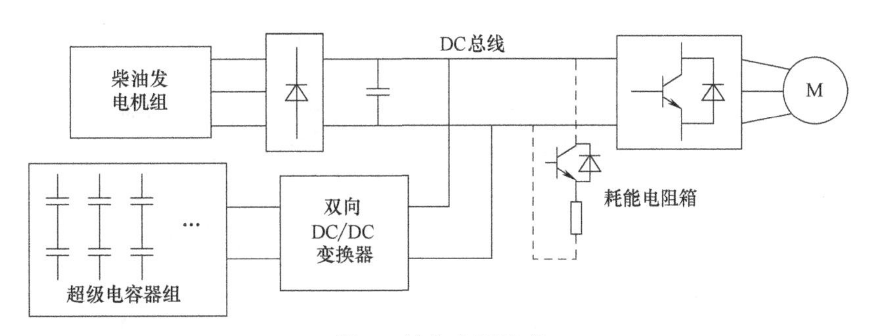

图 4　储能应用示意

3. SINAMICS DCP 的选型

目前，SINAMICS DCP 有两档规格，分别为 30kW 和 120kW（见图 5），功率可以通过并联应用进行扩展，并联时不需要考虑降容。

	DCP 30 kW（软件版本V1.2）	DCP 120 kW（软件版本V1.2）
参数	值/属性	
输入输出电压	DC 0～800V	
最大输入电压	DC 1000 V(I_{max} = 5 A , 30s, 每5 min)	DC 920 V (I = 0 A)
电流/电压	I_{max} = 50 A @ U_{in} = U_{out} = 600 V	I_{max} = 200 A @ U_{in} = U_{out} = 600 V
辅助电源	DC 24 V (18～30V), I_N = 5 A(最大值)	DC 24 V (18～30V), I_N = 20 A(最大值)
冷却方式	空冷，强制风冷，300m³/h	空冷，强制风冷，1200m³/h
扩展	两侧4个装置并联(输入/输出)	
通信	PROFIBUS, PROFINET, CU320-2 下具有QALINK连接的 DRIVE-CLiQ	
THD	< 3 %	
效率 30 kW / 120 kW	> 98%	
安装条件	< 2000 m, 额定电流，> 2000 m 降容	
重量	大约 38 kg	大约 118 kg
尺寸	600 mm x 155 mm x 545 mm	900 mm x 205 mm x 500 mm
防护等级	IP20	IP00
证书	CE, cURus, EAC	
标准	IEC 62109-1, IEC 61800-5-1, IEC 61800-3, UL 61800-5-1	
订货号	**6RP0000-0AA25-0AA0**	**6RP0010-1AA32-0AA0**

图 5　SINAMICS DCP 规格

对于 30kW，选型时应考虑的限定因素主要为

1）600~800V 最大输出功率为 30kW；

2）600V 以下可以输出的最大电流为 50A；

3）大于 800V 输出时，属于过电压状态，需要按特性曲线，计算降容。

30kW 的性能曲线如图 6 所示。

对于 120kW，选型时需要考虑的限定因素主要为

1）600~800V 最大输出功率为 120kW；

2）600V 以下可以输出的最大电流为 200A；

3）大于 800V 输出时，处于过电压状态，需要按特性曲线，计算降容。

120kW 的性能曲线如图 7 所示。

举例来说，假设储能应用的直流母线工作电压在 560V，如果电容组运行工作电压范围在 375~

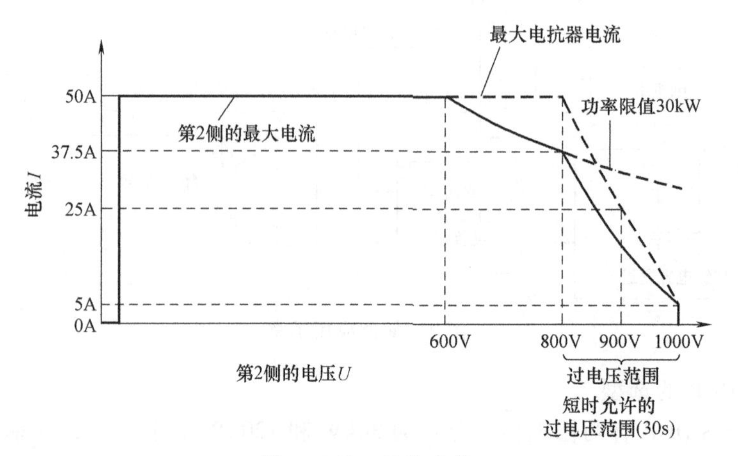

图 6　30kW 性能曲线

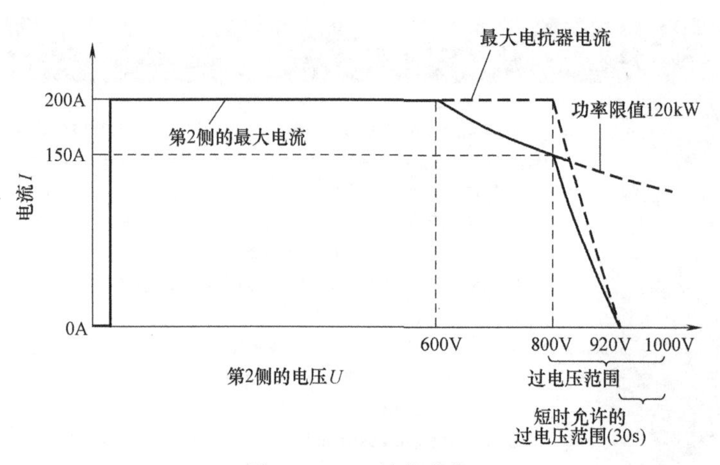

图 7　120kW 性能曲线

750V 之间，如果选择 120kW 的 SINAMICS DCP 装置，则运行时在不过载的前提下，所能达到最大功率的计算方式如下：

1）电容组工作电压为 375V，200A×375V＝75kW 由电容组侧决定；

2）电容组工作电压为 750V，200A×560V＝112kW 由直流母线侧决定。

4. 电容组的选型计算

电容的大小取决于根据设备运行周期计算后所需要储存的能量和功率：

1）$C_{min}=2\times E_{req}/(U_{UP}^2-U_{LO}^2)$；

2）C_{min}：所需要的最小电容值；

3）E_{req}：需要储存的能量；

4）U_{Up}：充电时允许的最高电压；

5）U_{Lo}：电容放电时允许的最小电压。

5. RTG 储能应用的选型计算

基于选型要点的描述，对于具体应用，计算前需要明确以下几点：

1）RTG 设计的运行周期；

2）根据运行周期确定 RTG 最大制动功率和产生的电能；

3）初步选定 DCP 装置，结合 DCP 装置的工作电流，可确定工作时的 U_{Lo} 值；

4）查看电容组允许的最高电压，确定 U_{up} 值，利用公式计算所需的电容值。

	包含集装箱（20.0t）和吊具（13.0t）	不含集装箱，仅含吊具（13.0t）
总提升时间/s	43	30
总下放时间/s	35	19
最大提升功率/kW	188	110
最大下放功率/kW	-149	-76
提升能量/kWs	4852	2055.6
下放能量/kWs	-4076.28	-1370.6

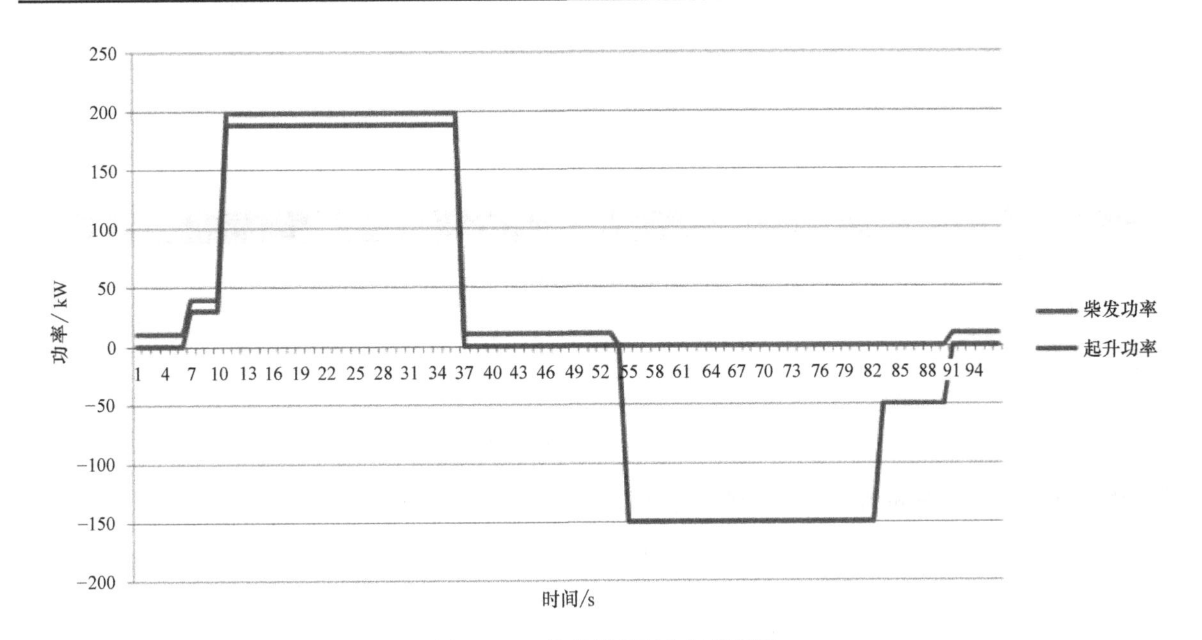

图 8　RTG 的性能指标和运行周期

以图 8 运行周期为例，RTG 下放时，产生的最大电能为 4076.28kWs，最大制动功率为 149kW；根据制动功率，初步选定并联两台 120kW 的 DCP 装置，其额定工作电流为 400A，计算此时 U_{Lo} = 149kW/400A = 375V。

Maxwell 超级电容串联所允许的最大工作电压为 750V，设定电容组 U_{up} = 750V，计算电容值：

$$C_{min} = 2\times4076.28\text{kW}/[(750\text{V})^2-(375\text{V})^2] = 19.35\text{F}$$

应注意：选型时，从安全可靠的角度考虑，电容值需要增加 20%的裕量。

Maxwell 超级电容性能指标如图 9 所示。

6. 电气回路的设计

SINAMICS DCP 的设备手册中给出了 Side1 和 Side2 两侧的接线示意图，应注意其中预充电回路的设计，由于电容的特性，如果在运行过程中有投切需要时，必须增加预充电回路。如图 11 中的实际应用示例，Side1 侧连接图 10 所示的直流母线侧，Side2 连接超级电容组，电容组侧设计有预充电回路。当 DCP 使能后，给出 ON 命令时，Side2 侧会接入预充电电阻，预充电时间通过参数

电气	BMOD0083 P048 B01	BMOD0165 P048 BXX
额定电容	83 F	165 F
初始最小电容	83 F	165 F
初始最大容量	100 F	200 F
初始最大内阻$_{DC}$	10 mΩ	6.3 mΩ
电容和内阻$_{DC}$测试电流	100 A	100 A
额定电压	48 V	48 V
绝对最大电压	51 V	51 V
绝对最大电流	1,150 A	1,900 A
25℃时最大漏电流	3.0 mA	5.2 mA
最大串联电压	750 V	750 V
单个单体电容	1,500 F	3,000 F
单个单体储能	1.5 Wh	3.0 Wh
单体数量	18	18
温度		
工作温度 (单体外壳温度)		
最低	-40℃	-40℃
最高	65℃	65℃
存储温度 (未充电储存)		
最低	-40℃	-40℃
最高	70℃	70℃

图 9　Maxwell 超级电容性能指标

P55355 设定，预充电时间到达后，旁路预充电电阻。

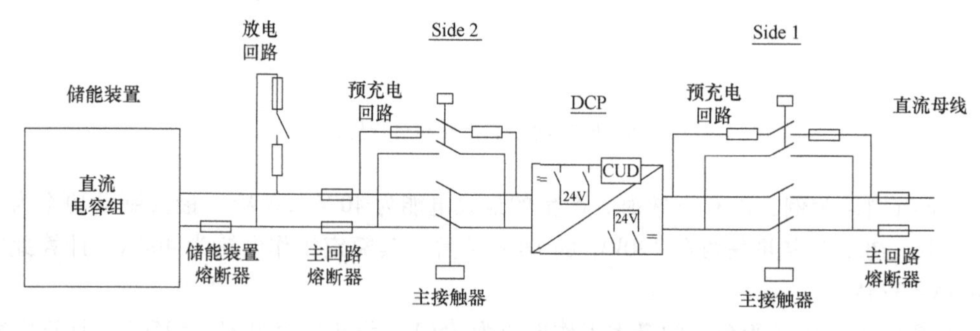

图 10　SINAMICS DCP 回路设计

预充电回路的作用是当 SINAMICS DCP 触发后，避免直流侧直接接入电容组，以致瞬间短路而产生电流尖峰，对装置造成损坏。

应注意：SINAMICS DCP 装置的输入与输出之间不带隔离，因此设计外围电气回路时，要求输入和输出之间不能耦合，其电源之间应有隔离。

三、功能与实现

理解相关原理后，SINAMICS DCP 的调试设置相对并不复杂，应注意：

1）SINAMICS DCP 分为有两种控制方式：电流控制和电压控制，应根据实际控制工艺要求进

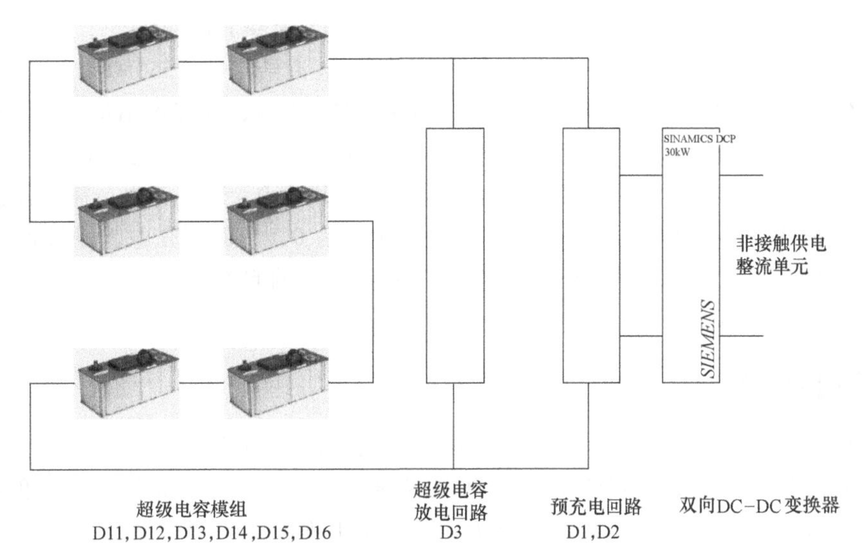

图 11　SINAMICS DCP 与电容组的连接

行选择，对于储能应用时采用电压控制模式较为合适，基本控制思路是设定一次侧直流母线的电压值，如 560V，实际电压高于此值时，电流正向流动，开始给电容组储能，电压低于此值时，电流反向流动，电容组放电，补充直流母线电压，利用电流限幅做过载保护。

2）当选定电压模式控制时，设定值 P54100 给定的是 Side1 还是 Side2，取决于参数 P54102 的设定，如当 P54102 选择 Side1，P54100 给定的即是 Side1 侧的电压。

3）调试时应注意增益 P54125 的设定，其值过大时，会引起振荡，导致装置工作过程中报过电流故障。

四、运行效果

图 12 所示为 SINAMICS DCP 工作在电流模式下，电流给定为 Side2 侧电流值，初始设定为 10A，以下对 4 个工作点加以介绍：

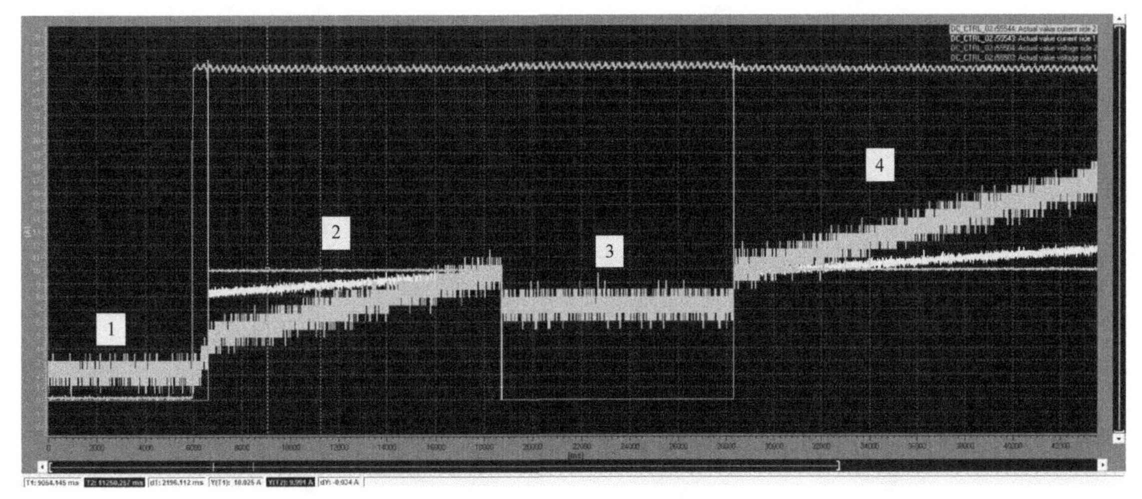

图 12　SINAMICS DCP 储能测试波形

1）SINAMICS DCP 的初始状态，未给使能 P00852 和 ON 命令 P00840。

2）SINAMICS DCP 设定为电流控制模式 P54105 = 0，电流给定源 P55050 = r2050[1]，电流设定为 Side2（P55060 = 12），PLC 通过 PN 同时将使能和 ON 命令置 1，预充电结束后，可看到 Side2 侧电流设定为 10A，Side1 侧和 Side2 侧的电流实际值逐渐增加，电容组处于充电状态。

3）将使能置 0，电容组电压保持，Side1 和 Side2 电流均为 0，暂停充电；需要注意：当 ON 命令不置 1 时，Side1 和 Side2 两侧的电压检测实际值显示均为 0，为保证充电起停过程中的电压实际值始终可以通过 PLC 监控，此时通过使能 P00852 来控制充电的起停。

4）使能重新置 1，电容组恢复充电状态。

五、应用体会

在港口 RTG 上加装 SINAMICS DCP 和超级电容组成的能量回馈系统后，可以有效地降低柴油发电机组的燃油消耗。如果具有 SINAMICS S120 的调试经验，系统的调试也更加简单方便，借助于 Trace 功能可对充放过程中的参数曲线进行分析，有助于工程师加快调试进度，在港口行业具有广阔的应用前景。

参考文献

[1] 西门子（中国）有限公司. SINAMICS DCP Energy storage with capacitors [Z].

[2] 西门子（中国）有限公司. SINAMICS DCP 操作说明 [Z].

[3] 黄婷、徐磊、黄细霞，等. 三种典型混合动力 RTG 的比较分析 [J]. 电源技术研究与设计，2016.

西门子 S7-1500 和 V90 控制的自动导引式装车机
Automatic guided loader controlled by S7-1500 and V90

赵海龙

（西门子（中国）有限公司 沈阳）

[摘 要] 论文主要阐述 1500PLC+V90PN 基于工艺对象功能在自动导引式装车机中的应用，介绍了项目背景、系统组成、选型计算、编程方法、调试方法等。

[关 键 词] 1500PLC、V90PN、工艺对象、算法

[Abstract] This paper mainly introduces the application of 1500PLC+V90PN Technology object function in automatic guided loader, including project background, system composition, type selection calculation, programming method, commissioning methods, etc.

[Key Words] 1500PLC、V90PN、Technology object、Arithmetic

一、项目简介

1. 项目所在地哈尔滨××公司

该公司创建于 1997 年，坐落在哈尔滨市高新技术产业开发区，占地面积 11.7 万 m^2，注册资本 10.2255 亿元，是专业从事自动化包装、码垛成套装备及工业机器人研发、生产、销售、服务，并围绕系列产品提供智能工厂整体解决方案的高新技术上市公司。

2. 自动装车机结构介绍

自动装车机是一种自动化装置，具备全自动运行的能力，具有数据管理功能，可与智能工厂控制系统进行数据交互，实现工厂自动化管理。自动装车机主要由 5 部分组成：

1）车体系统：承载机械手臂、传送带和货物重量，自行运动的机构主体。

2）履带系统：承载整个自动装车机的自身重量及车载机构和所载货物的总重量，驱动自动装车机向前、向后、左前转弯、右前转弯、左后转弯、右后转弯、顺时针旋转、逆时针旋转等多个方向的运动。履带的橡胶材质能够减轻颠簸路面对车身、承载机构和承载货物的振动和冲击，加强自动装车机对不平路面的适应能力，不间断地传递驱动力，提高机械结构件的使用寿命。履带系统驱动机构，主要由 V90 系列伺服电动机和减速机等构成，包括：2 套伺服电动机和 2 套减速机组成的差速式驱动系统，适合自动装车机多方向、灵活运动的要求。

3）机械臂系统：主要由左右方向的摆动机构和上下方向的俯仰机构组成，能够控制输送装置的末端在一定的范围内灵活高效地运动，实现装车所需的各种动作，同时还能保证满足设计的承载能力和定位准确度要求。

4）输送系统：由多段带式输送机构和必要的活动连接组成，实现接收货物、输送货物和向目标位置装载货物的功能。带式输送机构由 G120C 变频器和三相异步电机驱动，速度控制辅以光电传感器对货物的检测，灵活高效。

5）电气控制系统：电气控制柜内容纳 S7-1500 可编程序控制器、输入输出接口模块、V90PN 伺服驱动器、网络通信交换机、电源控制断路器、接触器、继电器、直流电源、操作面板以及其他必要的电气控制元器件等。外围主要的传感器有测距传感器和光电开关。自动装车机的外观如图 1 所示。

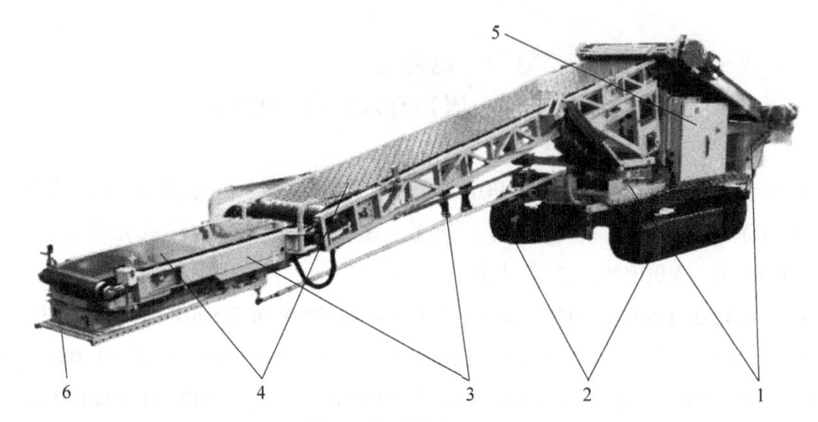

图 1　自动装车机外观

1—车体系统；2—履带系统；3—机械臂系统；4—输送系统；5—电气控制柜；6—投放终端

自动装车机主要使用了西门子 S7-1500PLC-CPU 和 ET-200SP 分布式 I/O、V90 伺服驱动器及 1FL6 伺服电动机、G120C 变频器等产品。

××公司车间一角如图 2 所示。

图 2　××公司车间一角

二、系统构成

1. 系统配置

控制和驱动系统由 S7-1500PLC、KTPHMI 和 V90 伺服驱动器、1FL6 伺服电动机构成。PLC：CPU-1511 1PN；行走机构：2 轴，7kWV90 伺服；左右摆动机构：1 轴，1.5kWV90 伺服；上下俯仰机构：1 轴，1.5kWV90 伺服；投放终端伸缩机构：1 轴，0.4kWV90 伺服。带式输送变频器为 G120C；三相异步电机，客户选择的非西门子产品。

系统网络图如图 3 所示。

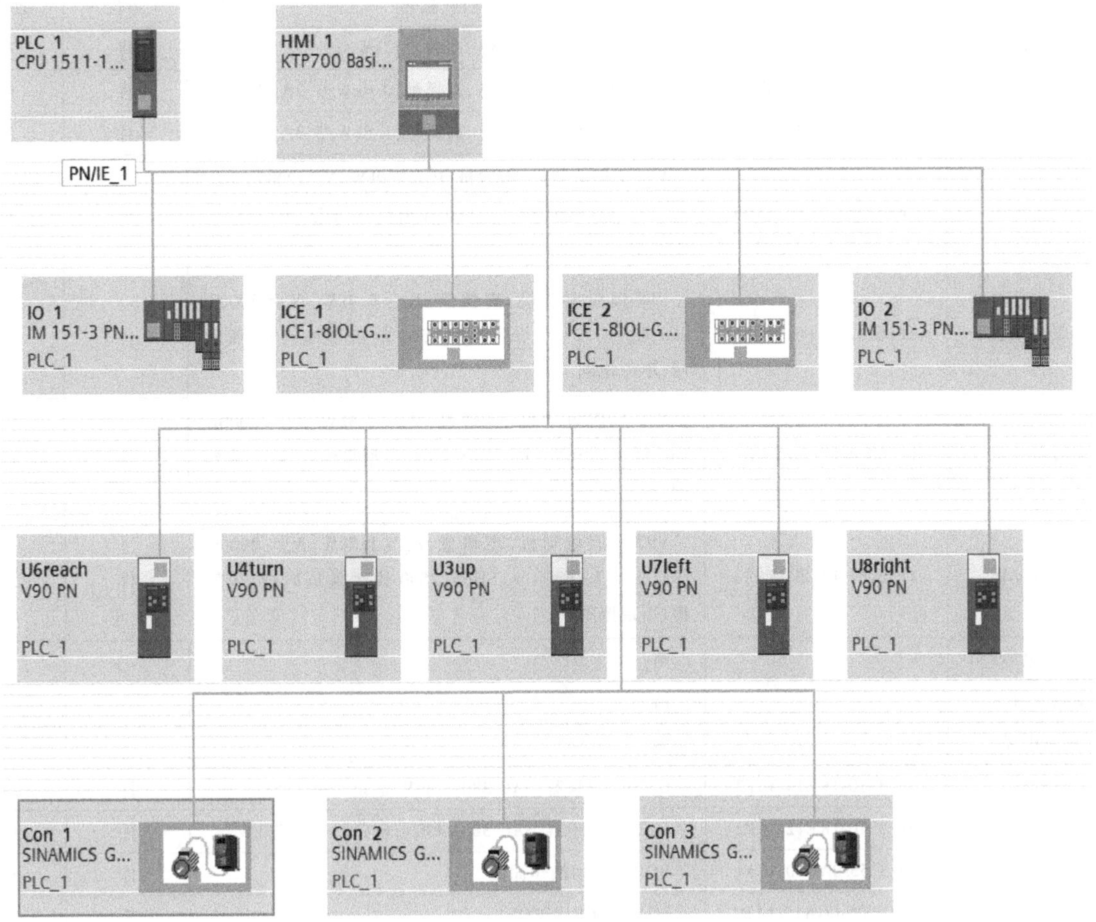

图 3　系统网络图

2. 硬件配置清单（见表 1，西门子产品、部分）

表 1　配置清单

名称	标准订货号	规格、描述	单位	数量
CPU	6ES7511-1AK02-0AB0	CPU 1511-1 PN	件	1
安装导轨	6ES7590-1AB60-0AA0	安装导轨 S7-1500,160mm	件	1
存储卡	6ES7954-8LE03-0AA0	存储卡,12MB	件	1
直流电源	6EP1332-4BA00	负载电源 PM 70W,120/230V AC,24V DC,3A	件	1
接口模块	6ES7151-3AA23-0AB0	IM 151-3 PN ST	件	2
电源模块	6ES7138-4CB11-0AB0	PM-E 用于 ET 200S	件	2
数字输入模块	6ES7131-4BF50-0AA0	8 DI Source Input 24V DC	件	6
数字输出模块	6ES7132-4BF00-0AA0	8 DQ 24V/0.5A DC	件	5
触摸屏	6AV2123-2GB03-0AX0	KTP700 Basic PN	件	1

（续）

名称	标准订货号	规格、描述	单位	数量
V90 驱动器	6SL3210-5FE17-0UF0	V90 伺服驱动器(PN),高惯量,7kW/13.2A,	件	2
V90 驱动器	6SL3210-5FE10-4UF0	V90 伺服驱动器(PN),高惯量,0.4kW/1.2A,FSAA	件	1
V90 驱动器	6SL3210-5FE11-5UF0	V90 伺服驱动器(PN),高惯量,1.5kW/5.3A,FSB	件	2
伺服电动机	1FL6096-1AC61-2AH1	V90 伺服电动机,高惯量,P_n=7.0kW,N_n=2000r/min,M_n=33.4N·m,SH90,2500 线增量编码器,不带键槽,带抱闸	件	2
伺服电动机	1FL6042-1AF61-2AA1	V90 伺服电动机,高惯量,P_n=0.4kW,N_n=3000r/min,M_n=1.27N·m,SH45,2500 线增量编码器,带键槽,不带抱闸	件	1
伺服电动机	1FL6064-1AC61-2AH1	V90 伺服电动机,高惯量,P_n=1.5kW,N_n=2000r/min,M_n=7.16N·m,SH65,2500 线增量编码器,不带键槽,带抱闸	件	1
伺服电动机	1FL6064-1AC61-2AA1	V90 伺服电动机,高惯量,P_n=1.5kW,N_n=2000r/min,M_n=7.16N·m,SH65,2500 线增量编码器,带键槽,不带抱闸	件	1
动力电缆		略		
编码器电缆		略		
抱闸电缆		略		
变频器	6SL3210-1KE14-3AF2	G120C 变频器,3AC 380~480V,额定功率 1.5kW	件	2
变频器	6SL3210-1KE12-3AF2	G120C 变频器,3AC 380~480V,额定功率 0.75kW	件	1
操作面板	6SL3255-0AA00-4CA1	BOP-2 基本操作面板	件	3
交换机	6GK5005-0GA10-1AB2	SCALANCE XB005	件	1
PN 网线		略		
PN 连接器		略		

3. 选型依据

（1）客户需求

自动装车机针对产品生产工艺流程，进行搬运作业，可以实现产品在物流中的灵活周转，同时最大化地避免了场地的限制；高度自动化、智能化，能够完成自动导引功能；具有良好的环境适应能力、很强的抗干扰能力和目标识别能力，可以最大程度地提升搬运作业的柔性化；减少占地面积，节省人力，提高工作效率。主要功能：代替人工装车操作，自动将物品逐层、逐垛地码放至车厢内，物品可按照要求自动编组。

主要技术指标：

1）适用货车：各种规格的敞篷货车、箱式货车；

2）装车垛形：人工输入车型参数、装车重量，自动计算码放层数、垛数；

3）定位形式：利用激光测距自动检测并修正自动装车机位置、姿态，自动行驶设定距离；

4）装车能力：3000 件/h；

5）搬运能力：单件 25kg，传送带上同时传送 4 件，最高举升高度 1.8m；

6）码货机构定位误差：≤±10mm；

7）最高行走速度：30m/min；

8）行走机构定位误差：≤±50mm；

9）外形尺寸：8650mm×1400mm×1850mm（长×宽×高）；

其他相关参数：

1）供电电源：380V、50Hz（有线、可拖动电缆供电）；

2）整车质量：2.5t；

3）平整场地运行，最大坡度：5°。

（2）解决方案

装车机的控制主要为电机的运动控制，运动控制分为3种。

1）车体运动控制，双履带双电机结构，差速控制，实现车体的前进、后退、转弯、旋转等动作，根据距离传感器的数据，程序控制车体自动直线行走，纠正角度偏差和左右位置偏差，车体能够根据设定值定位到指定位置。

2）装货机构运动控制，由左右摆动机构、上下俯仰机构和伸缩机构组成，这三种均为位置控制，能够根据设定值定位到指定位置。

3）传送机构运动控制，由变频器驱动变频调速电机组成，实现货物在传送带上的传输，具备在一定范围内速度调节的功能，调整合适的传送带输送速度，配合其他机构的节拍，完成指定的功能。

使用1500PLC加V90伺服系统和G120C变频器，利用运动控制工艺对象，能够比较经济地实现上述控制功能。

（3）V90伺服电动机选型

自动装车机行走的履带结构、数据如图4所示。共2套，分别独立，由V90伺服电动机经减速机驱动。

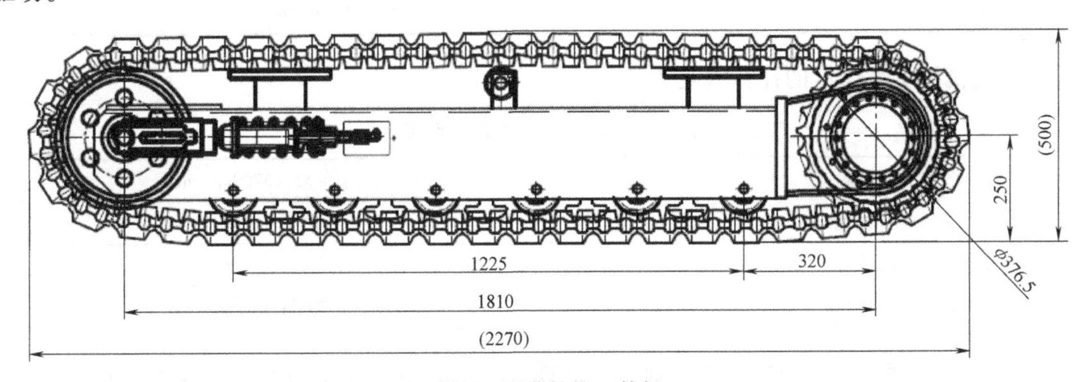

图4　履带结构、数据

将此履带机构等效为带轮间歇运动机构，装车机自身质量和承载货物质量之和等效为传送带上工作物的总质量，履带的驱动轮和从动轮等效为滚筒，橡胶履带和水泥地面间的摩擦系数取0.5，机械效率取0.75，其他数据取自客户的机械设计数据。装车机车身质量1500kg，机械臂质量900kg，机械臂上承载的货物质量100kg，总质量2500kg，当机械臂位于车身正中间时，每条履带承重1250kg，当机械臂位于车身最左侧或最右侧时，机械臂和货物的重量会以约3：1或1：3的比例分摊给左右履带，单条履带最大承重1500/2+(900+100)×0.75=1500kg，按照带轮间歇运动控制模型进行选型计算，根据客户的实际机械参数和要求，输入对应的参数数值，进行数据计算（单套履带），见表 2。

表 2　机械系统参数

参数	数值
履带与工作物总质量	$M_1 = 1500\mathrm{kg}$
驱动轮(从动轮)质量	$M_2 = 25\mathrm{kg}$
驱动轮(从动轮)直径	$D = 0.3765\mathrm{m}$
滑动面摩擦系数	$\mu = 0.5$
履带和驱动轮(从动轮)间的机械效率	$\eta = 0.75$
减速机减速比	$i = 64.6$

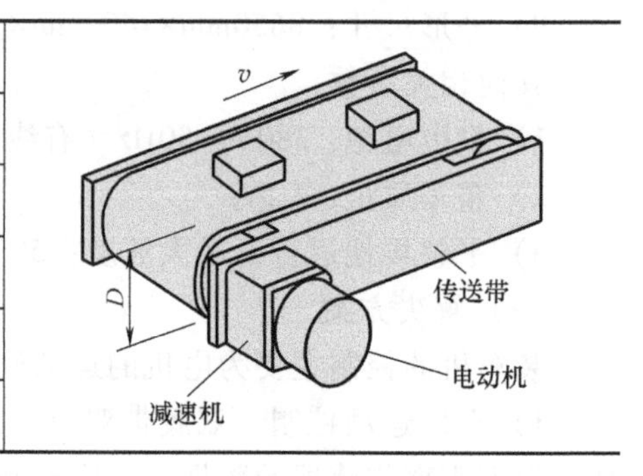

运动曲线定义（见表 3）：

表 3　动作模式参数

参数	数值
每次移动距离	$L = 15\mathrm{m}$
负载移动速度	$v_{\mathrm{L}} = 30\mathrm{m/min}$
每次定位时间	$t = 32\mathrm{s}$

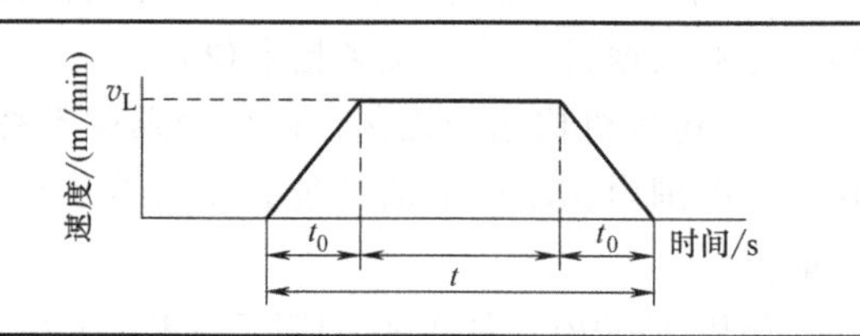

折算到电机端转速（见表 4）：

表 4　折算到电机端转速

项目	计算
负载端转速	$n_{\mathrm{L}} = v_{\mathrm{L}}/(p_{\mathrm{i}}D) = 25.3762\mathrm{r/min}$
电机端转速	$n_{\mathrm{M}} = n_{\mathrm{L}}i = 1639.303\mathrm{r/min}$

折算到电机端负载惯量的计算（见表 5）：

表 5　折算到电机端负载惯量

项目	计算
履带和工作物的惯量	$J_{\mathrm{A}} = M_1[p_{\mathrm{i}}D/(2p_{\mathrm{i}})]^2 = 53.15709\mathrm{kg \cdot m^2}$
驱动轮(从动轮)的惯量	$J_{\mathrm{B}} = M_2D^2/8 = 0.442976\mathrm{kg \cdot m^2}$
减速机轴端负载惯量	$J_{\mathrm{L}} = J_{\mathrm{A}} + 2J_{\mathrm{B}} = 54.04305\mathrm{kg \cdot m^2}$
折算到电机轴端负载惯量	$J = J_{\mathrm{L}}/i^2 = 0.01295\mathrm{kg \cdot m^2}$

J_{A} 中包含了单套履带分担的车体质量、承载货物质量和单条履带自身的质量产生的惯量之和，J_{B} 为驱动轮或从动轮的惯量，驱动轮和从动轮质量相等，故此乘 2 计入 J_{L} 中。

折算到电机端的负载转矩的计算（见表 6）：

表 6　折算到电机端负载转矩

项目	计算
折算到电机端的负载转矩	$T_{\mathrm{L}} = \mu M_{\mathrm{g}}D/(2\eta i) = 28.55805\mathrm{N \cdot m}$

初步选定电机，高惯量 7kW，输入电机的额定参数（最右一列的数据）（见表 7），自动运行时装车机直线前进和后退，因 2 台电机同时驱动，按照工况相同考虑，电机转矩选择较大是考虑到预

留一定的裕量，以防负载增大或遇到不平整的路面有爬坡的情况仍能正常工作。

表 7　电机参数

	计算值	电机额定参数
选定电机的额定转速大于电机端转速 n_M 的电机	$n_M>1639.303\text{r/min}$	$n_M=2000\text{r/min}$
选定电机的转子惯量大于 1/5 倍负载惯量的 J 电机	$J_M>0.00259\text{kg}\cdot\text{m}^2$	$J_M=0.01432\text{kg}\cdot\text{m}^2$
选定电机的额定转矩大于负载转矩 T_L 的电机	$T_M>28.55805\text{N}\cdot\text{m}$	$T_M=33.4\text{N}\cdot\text{m}$

按此选择的电机参数进行加减速转矩的计算（见表 8）。

表 8　加减速转矩

加速/减速时间	$t_a=t-L/v_L=2\text{s}$
加减速转矩	$T_a=2p_i n_M(J+J_M)/(60t_a)=2.339511\text{N}\cdot\text{m}$

最大转矩、有效转矩的计算（见表 9）：

表 9　最大转矩、有效转矩

	计算值	电机参数
瞬时最大转矩 确定所选电机的最大转矩 大于瞬时最大转矩 T_1	$T_1=T_a+T_L=30.89756\text{N}\cdot\text{m}$	$T_{max}=90\text{N}\cdot\text{m}$
匀速时转矩	$T_2=T_L=28.55805\text{N}\cdot\text{m}$	
减速时转矩	$T_3=T_L-T_a=26.21854\text{N}\cdot\text{m}$	
有效转矩 确定所选电机的额定转矩 大于有效转矩 T_{rms}	$T_{rms}=\sqrt{\dfrac{T_1^2t_1+T_2^2t_2+T_3^2t_3}{t_1+t_2+t_3}}=28.57003\text{N}\cdot\text{m}$	$T_m=33.4\text{N}\cdot\text{m}$

注：最右一列的数据是所选电机的最大值和额定值，均符合公式的要求，可以满足此次选型需求。

自动装车机的左右摆动机构是丝杠带动的水平运动，电机旋转驱动丝杠，滑块拉动摆臂左右摆动。按照丝杠水平运动进行选型计算，根据客户的实际机械参数和要求，输入对应的参数数值，进行数据计算，见表 10。

表 10　机械系统参数

滑动部分质量	$M=1000\text{kg}$
丝杠质量	$M_B=1.5\text{kg}$
丝杠直径	$D_B=0.032\text{m}$
丝杠导程	$P_B=0.01\text{m}$
联轴器质量	$M_C=0.2\text{kg}$
联轴器直径	$D_C=0.04\text{m}$
摩擦系数	$\mu=0.3$
机械效率	$\eta=0.9$
减速机减速比	$i=1$

运动曲线定义（见表11）。

表11　动作模式参数

每次移动距离	$L=0.061\text{m}$	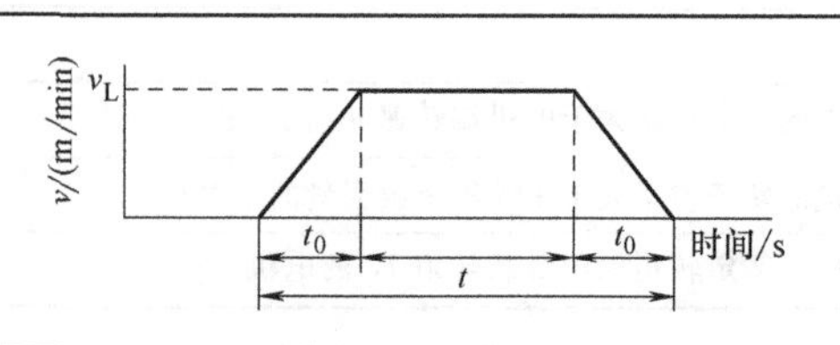
负载移动速度	$v_L=20\text{m/min}$	
每次定位时间	$t=1.67\text{s}$	

折算到电机端转速（见表12）。

表12　折算到电机端转速

负载端转速	$n_L=v_L/P_B=2000\text{r/min}$
电机端转速	$n_M=n_L i=2000\text{r/min}$

折算到电机端负载惯量的计算（见表13）。

表13　折算到电机端负载惯量

滑动部分负载惯量	$J_A=M(P_B/(2p_i))^2=0.002536\text{kg}\cdot\text{m}^2$
滚珠丝杠惯量	$J_B=M_B D_B^2/8=0.000192\text{kg}\cdot\text{m}^2$
联轴器惯量	$J_C=M_C D_C^2/8=0.00004\text{kg}\cdot\text{m}^2$
减速机轴端负载惯量	$J_L=J_A+J_B+J_C=0.002768\text{kg}\cdot\text{m}^2$
折算到电机轴端负载惯量	$J=J_L/i^2=0.002768\text{kg}\cdot\text{m}^2$

折算到电机端的负载转矩的计算（见表14）。

表14　折算到电机端负载转矩

折算到电机端的负载转矩	$T_L=\mu M_g P_B/(2p_i\eta i)=5.201699\text{N}\cdot\text{m}$

初步选定电机，高惯量1.5kW，最右一列的数据为电机的额定参数（见表15）。

表15　电机参数

	计算值	电机额定参数
选定电机的额定转速大于电机端转速 n_M 的电机	$n_M>2000\text{r/min}$	$n_M=2000\text{r/min}$
选定电机的转子惯量大于1/5倍负载惯量的 J 电机	$J_M>0.000554\text{kg}\cdot\text{m}^2$	$J_M=0.00153\text{kg}\cdot\text{m}^2$
选定电机的额定转矩大于负载转矩 T_L 的电机	$T_M>5.201699\text{N}\cdot\text{m}$	$T_M=7.16\text{N}\cdot\text{m}$

按此选择的电机参数进行加减速转矩的计算（见表16）。

表16　加减速转矩

加速/减速时间	$t_a=t-L/v_L=1.487\text{s}$
加减速转矩	$T_a=2p_i n_M(J+J_M)/(60t_a)=0.604997\text{N}\cdot\text{m}$

最大转矩、有效转矩的计算（见表17）。

表 17 最大转矩、有效转矩

	计算值	电机参数
瞬时最大转矩 确定所选电机的最大转矩是否大于瞬时最大转矩 T_1?	$T_1=T_a+T_L=5.806696\text{N}\cdot\text{m}$	$T_{max}=21.5\text{N}\cdot\text{m}$
匀速时转矩	$T_2=T_L=5.201699\text{N}\cdot\text{m}$	
减速时转矩	$T_3=T_L-T_a=4.596701\text{N}\cdot\text{m}$	
有效转矩 确定所选电机的额定转矩大于有效转矩 T_{rms}	$T_{rms}=\sqrt{\dfrac{T_1^2t_1+T_2^2t_2+T_3^2t_3}{t_1+t_2+t_3}}=5.263981\text{N}\cdot\text{m}$	$T_m=7.16\text{N}\cdot\text{m}$

最右一列的数据是所选电机的最大值和额定值，均符合公式的要求，可以满足此次选型需求。

自动装车机的上下俯仰机构类似丝杠垂直运动，投放终端伸缩机构是水平带轮结构，选型计算过程与上述两个机构类似，限于篇幅，不再赘述。

(4) PLC 选型

因为 PLC 控制 V90PN 使用运动控制工艺对象功能，所以选择 S7-1500 系列 PLC，根据以往程序经验 100 点以内且包含 10~15 个 PN I/O 设备的程序，占用程序存储区 50KB 左右字节，选用 S7-1511CPU，其存储参数见表 18。

表 18 1511CPU 存储器参数

存储器类型	用途	容量(字节)
集成工作存储器	用于程序	150KB
集成工作存储器	用于数据	1MB
集成掉电保持存储区	用于数据	128KB
通过 PS 扩展掉电保持存储区	用于数据	1MB

应用中会使用到 S7-1511CPU 运动控制功能（使用工艺对象控制伺服的位置控制），其运动控制资源总量和工艺对象占用运控资源情况见表 19。

表 19 1511CPU 运动控制资源

运动控制资源总量		800
工艺对象种类及所占运控资源	速度轴	40
	位置轴	80
	同步轴	160
	外部编码器	80
	输出凸轮	20
	凸轮轨迹	160
	测量输入	40

实际编程调试后查看 PLC 资源，如图 5 所示。证实 PLC 选型比较合理，即保证了留有一定的裕量，还不会浪费过多的资源，性能和成本兼顾。

PLC_1 的资源

	对象	装载存储器	代码工作存储器	数据工作存储器	保持性存储器	运动控制资源	I/O	DI	DO	AI	AO
1		11 %	36 %	3 %	2 %	80 %		25 %	22 %	91 %	89 %
2											
3	总计:	12 MB	153600 个字节	1048576 个字节	90784 个字节	800	已组态:	112	104	70	56
4	已使用:	1409565 个字节	55608 个字节	29730 个字节	1510 个字节	640	已使用:	28	23	64	50
5	详细信息										
6	▸ OB	34757 个字节	1431 个字节								
7	▸ FC	>241501 个字节	>12818 个字节								
8	▸ FB	879489 个字节	41359 个字节								
9	▸ DB	>186502 个字节		>17810 个字节	1510 个字节						
10	▸ 运动工艺对象	24982 个字节		11920 个字节	0 个字节	640					
11	▸ 数据类型	29870 个字节									
12	PLC 变量	12464 个字节			0 个字节						

图 5　1511CPU 资源使用情况

三、功能与实现

1. 自动装车机行走工作流程

自动装车机行走工作流程如图 6 所示。

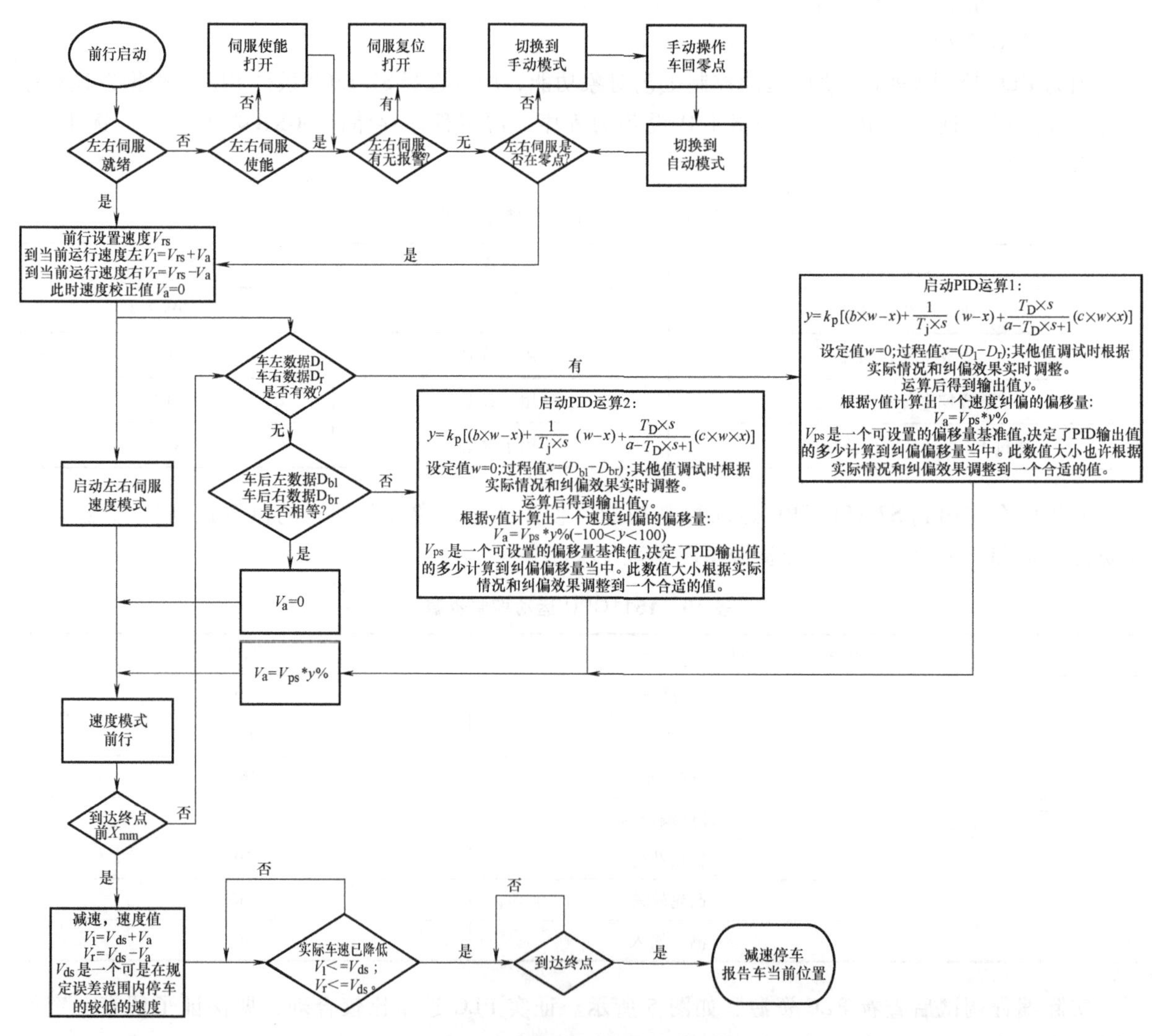

图 6　自动装车机行走工作流程

自动装车机的装货流程如图 7 所示。

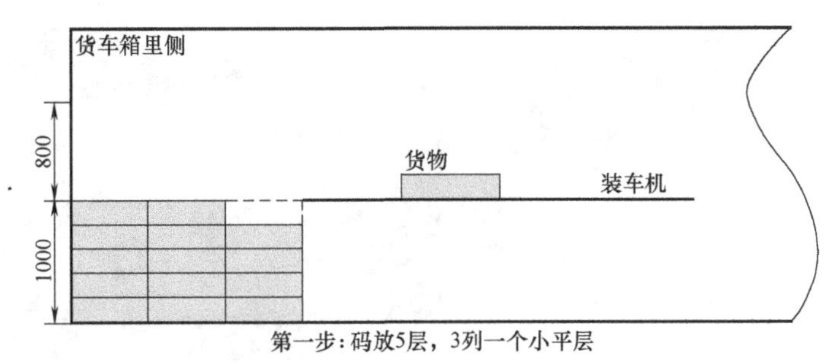

第一步：码放5层，3列一个小平层

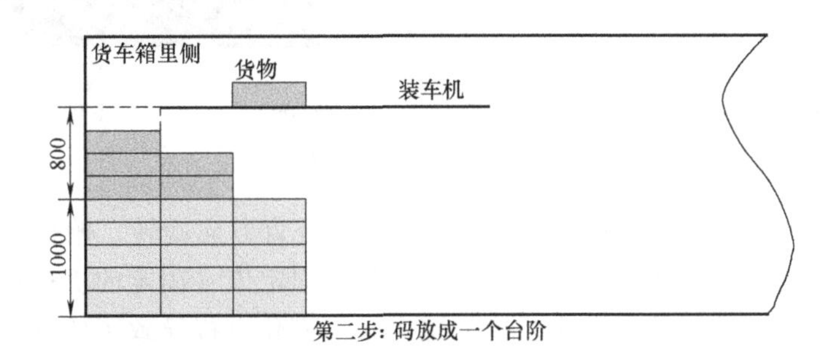

第二步：码放成一个台阶

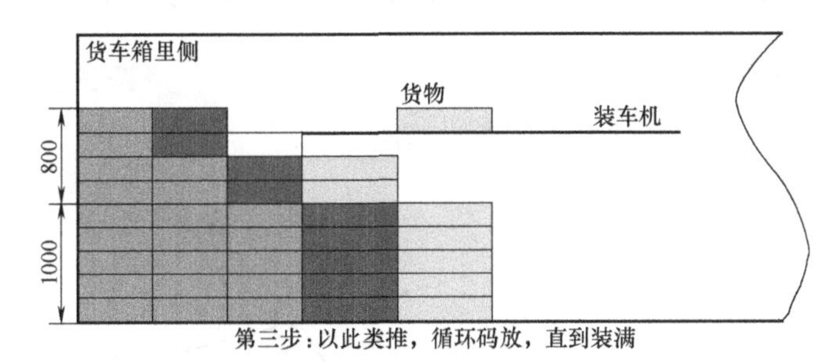

第三步：以此类推，循环码放，直到装满

图 7　自动装车机的装货流程

2. 性能指标（见表 20）

表 20　性能指标

自动装车机主要性能指标	
行走速度(最高)	0.5m/s
停车准确度	前后±10mm,左右±50mm
装车能力	3000 件/h
搬运能力	单件 25kg,同时传送 4 件,最高举升高度 1.8m

3. 控制原理及方法

1）控制的关键点在装车机俯仰机构坐标位置补偿解算。俯仰机构由主升降臂、驱动电缸和辅助连杆组成，如图 8 所示。

要控制货物码放机构执行终端升降多少高度，需要计算出电机机带动的电缸伸出或缩回多少长度。简化机械模型，等效为如图 9 所示的三角几何结构。实线为俯仰机构一个位置 1，虚线为俯仰

图 8　装车机俯仰机构

机构另一个位置 2。直观可见，主升降臂可以绕“O”点竖直方向旋转，俯仰机构从位置 1 到位置 2，由 L_0、L_3、L_4 组成的三角形状发生变化，L_3、L_4 都是固定值（固定的机械结构），L_0 变化为 L，是电缸的伸缩导致由一个长度变为另一个长度，这个长度变化直接导致了俯仰机构执行终端的弧线升降动作，半径为 R、升降距离为 Z。机构投放终端伸缩的距离定义为补偿值 L_1，俯仰臂半径减去 L_1 的距离定义为中间值 L_2。

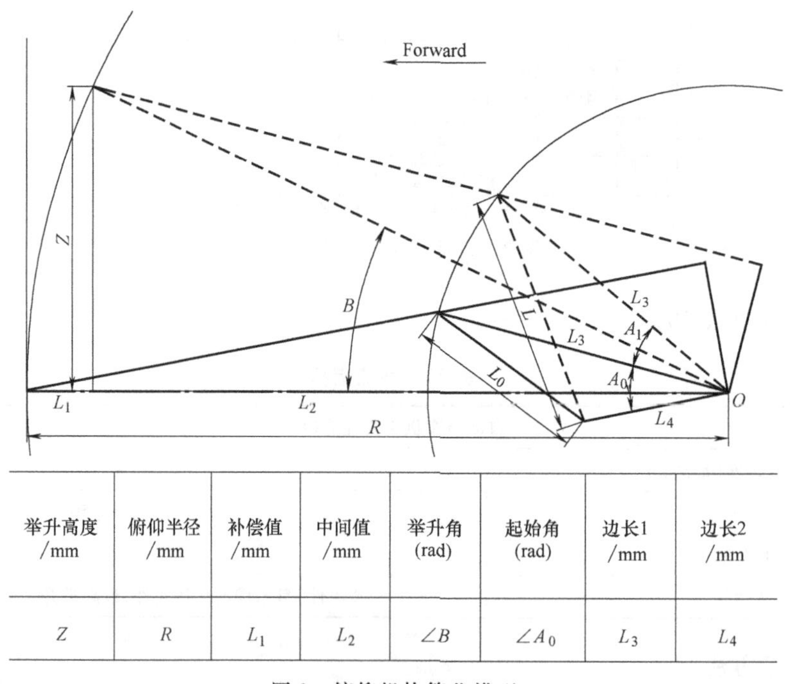

举升高度 /mm	俯仰半径 /mm	补偿值 /mm	中间值 /mm	举升角 (rad)	起始角 (rad)	边长1 /mm	边长2 /mm
Z	R	L_1	L_2	$\angle B$	$\angle A_0$	L_3	L_4

图 9　俯仰机构简化模型

首先解算 Z 和 L 的关系以及 L_1 的值，这样才能定量控制俯仰机构执行终端的升降高度，和执行终端伸缩的补偿距离，以保证俯仰机构执行终端在一个平面内上下、左右运动，将货物码整齐。Z 是已知值，由货物的高度决定，由通信从上位机获得，R、L_0、L_3、L_4 均为机械设计出具的固定值。

计算 L_1：$L_1=R-\sqrt{R^2-Z^2}$

当俯仰机构上升 Z（mm）的高度时，投放终端伸缩机构需要伸出 L_1（mm）的距离，作为补偿。

举升产生的弧度：$\angle B=\sin^{-1}(Z\div R)$

根据机构几何结构：$\angle A_1=\angle B$

根据余弦定理：$C^2=A^2+B^2-2A\times B\times\cos(\angle AB)$

计算 $\angle A_0$：$\angle A_0=\cos^{-1}[(L_3^2+L_4^2-L_0^2)]\div(2L_3\times L_4)]$

计算 L：$L=\sqrt{[(L_3^2+L_4^2)-2L_3\times L_4\times\cos(\angle A_0+\angle A_1)]}$

实际计算时，需要一个 L 的变化量 ΔL，用计算出的 L 值减去电缸缩回到最短处的值 L_0，即 $\Delta L=L-L_0$。ΔL 就是最终所需的结果，用 PLC 的 SCL 编程语言很容易将这个算法实现。

2）控制方法。程序架构采用模块化编程，方便程序维护、升级和移植。

5 个电机轴工艺对象和 2 个 PID 控制工艺对象如图 10 所示。

每个轴采用单独的函数块，分开编程控制，如图 11 所示。

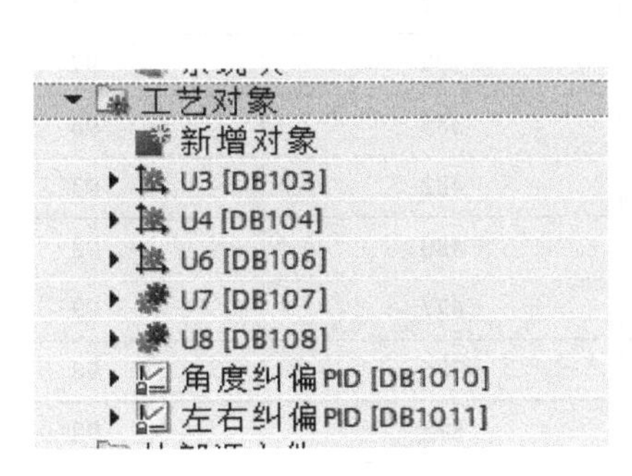

图 10　工艺对象

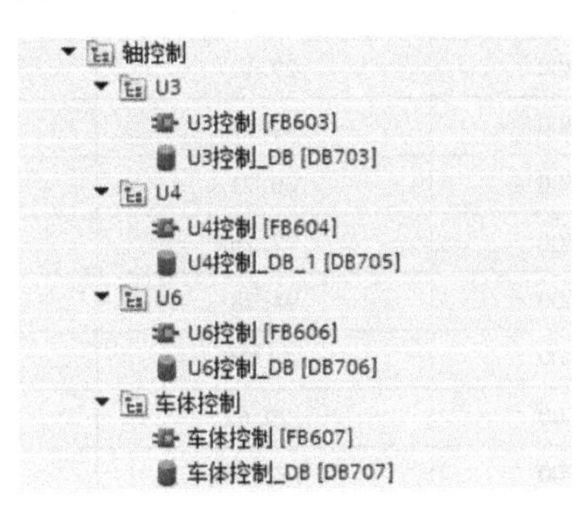

图 11　轴控制块

位置轴数据计算，如图 12 所示。

其他的程序，按照功能分类，编写在不同的函数里，如图 13 所示。

图 12　轴位置控制计算

图 13　其他的程序

程序中使用了 LAxisCtrl 标准函数块，例如：FB30602：LAxisCtrl_PosAxis；FB30603；LAxisCtrl_SpeedAxis 等。AXIS 函数块简化了编程以及快速调试和测试，大大简化了程序编制的工作量，提高了效率并减少了程序编制过程中容易出现的一些错误。

四、运行效果

俯仰机构坐标位置补偿解算，简化、建立合理的数学模型是一个关键点，编程前在此处耗费了较多时间，建立好模型后，解算位置的准确性也是个难点，机械结构的实际尺寸和理论设计有一定的误差，实际装配过程中也存在一定的误差，这些误差都直接影响到最终的计算结果。调试过程中，需要测量实际的位置控制结果与理论计算值作比较，评估误差，衡量误差的大小，判断哪个值影响计算值产生误差。反复测试，才得到一个合理的结果，如表 21 所示。

表 21　俯仰机构坐标位置对应伺服电动机位置解算实测结果

设定值/mm	折合到电缸行程/mm	测量值/mm（测量起始点在 0 点下方 315mm 处）	测量值/mm（去除起始值后）	两次测量值之间的差值/mm
100	14.28	411	96	96
200	29.19	507	192	96
300	44.67	604	299	97
400	60.71	700	385	96
500	77.26	797	482	97
600	94.28	895	580	98
700	111.75	992	677	97
800	129.62	1090	775	98
900	147.88	1188	873	98
1000	166.48	1285	970	97
1100	185.55	1382	1067	97
1200	204.62	1478	1163	96
1300	224.11	1574	1259	96
1400	243.83	1669	1354	95
1500	263.77	1766	1451	97
1600	283.9	1862	1547	96
1700	307.15	1960	1645	98
1800	329.98	2057	1742	97

实际测量值与设定值之间的误差有随着设定值增大而增大的情况，分析是由于机构的实际尺寸与机械设计的尺寸有一定的误差所致。后来修正 L_3、L_4 的数值为现场实测值，再次测量，测量值和设定值之间的误差已在 10mm 以内。

自动装车机行走，通过前后左右多个激光测距传感器，测量前后左右的规则参照墙体，测出车体当前的位置和角度姿态，PID 程序控制其能够按照设定的数值沿直线前进、后退一定的距离且保证行走的前后误差不超过 10mm、左右误差不超过 50mm，这个功能调试起来也具备一定的难度，最终进过反复的测试，得到了一个良好的结果。如图 14 所示，自动装车机自动沿直线行走 12m 距离，速度 450mm/s，利用 PLC 和博途软件的 Trace 功能，跟踪记录几个主要的数据，如要为车体后部两个测距传感器的数值，其差值直接反映了自动装车机自动直线行走的精度。棕色和粉色曲线表示的是这两个数值。

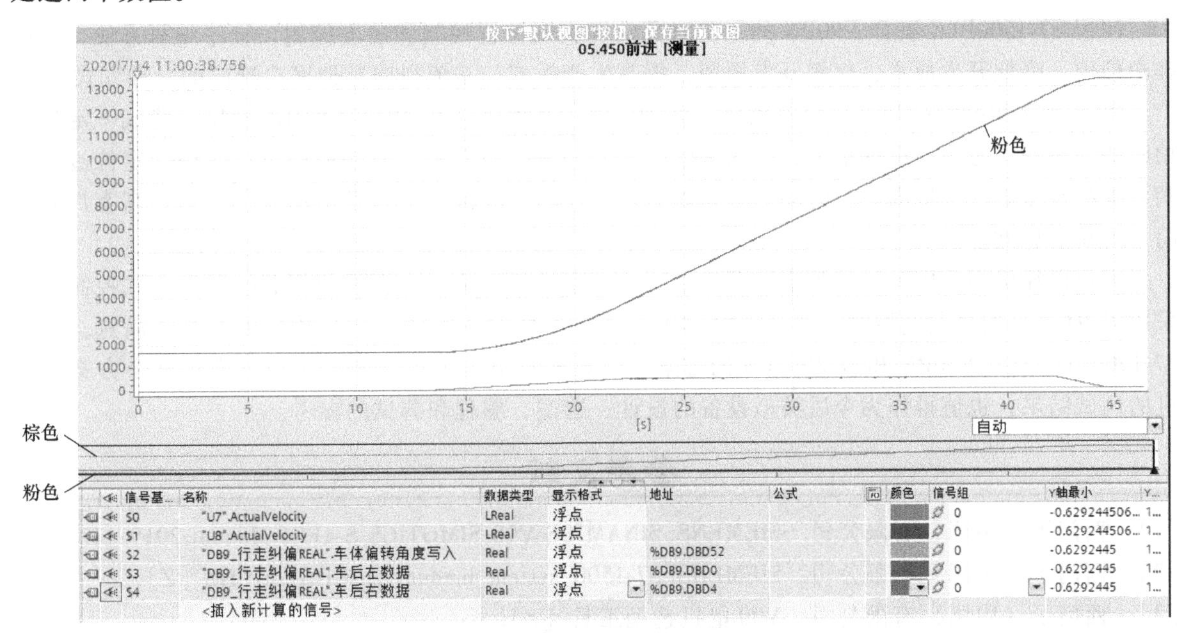

图 14　直线前进测试 Trace 曲线

可见，两条曲线几乎全程重合，表明自动装车机一直在沿直线行走。对曲线局部放大观测，测得最大误差值 8.8mm 左右，如图 15 所示。

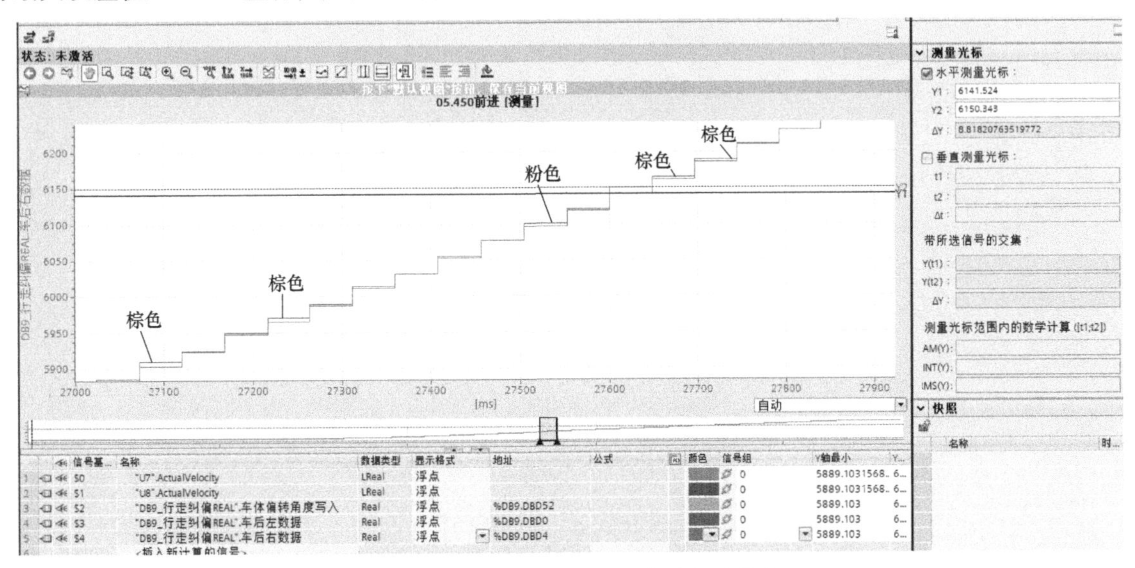

图 15　直线前进测试 Trace 曲线部分放大

实际测试中，还使用了米尺、激光测距仪等辅助测量设备，对车体进行实测，偏离设定值误差均在前后±10mm 和左右±50mm 范围以内，符合客户的技术指标要求。

最终结论：通过自动装车机行走调试及算法的验证，自动装车机能很好地完成设定的工作，整体性能复合客户要求。

五、应用体会

使用 S7-1500PLC 组合 V90PN 的工艺对象功能实现位置控制和速度控制，程序编写方便，方便客户使用，降低开发成本，缩短开发周期，提高生产效率，是值得向其他客户推广的一种方式。

单轴定位方式控制 V90 伺服电动机，多轴同时动作时存在快轴等待慢轴的现象，造成一定的节拍时间的浪费。考虑后续的机型，引入多轴插补的编程控制方法，能够加快执行机构的定位过程时间，提高装车效率，提高单位时间的处理能力。能让客户的机型更具备市场竞争力，提高客户对西门子产品的忠诚度。

客户以往机型采用其他品牌变频器，控制传送带的传输速度，且没使用总线通讯方式控制，只采用了 IO 信号的多段速控制，调速非常的不灵活，耗费调试时间，运行效果也不令人满意。采用 S7-1500PLC 控制 V90PN 和 G120C PN 的方案，很好地解决了上述问题，客户很满意这个方案和样机的调试结果，也值得作为今后类似设备的设计、选型、编程和调试的参考。

参考文献

[1] 西门子（中国）有限公司. SIEMENS. SINAMICS V90 SIMOTICS S-1FL6 Manual 2019 [Z].

[2] 西门子（中国）有限公司. SIEMENS. S7-1500_system_manual_zh-CHS_zh-CHS [Z].

[3] 西门子（中国）有限公司. V90 电机选型工具 [Z].

[4] 西门子（中国）有限公司. 机器设计中伺服电动机及驱动器的选型 [Z].

[5] 西门子（中国）有限公司. LAxisCtrl_AxisBasedFunctionalities_SIMATIC_V1_0_en_12_2017 [Z].

西门子 S120 在新能源汽车变速箱加载测试台上的应用
The application of Siemens S120 in the new energy vehicle transmission loading test bench

吴杳兵
（西门子（中国）有限公司　合肥）

[**摘　要**]　本文介绍了西门子 S120 产品在新能源汽车变速箱加载测试台上的应用，基于测试台的高转速精度和高转矩精度要求，如何合理选用西门子 S120 驱动和配置 1PH8 加载电机方案。本项目涉及 S120 驱动第三方高速永磁同步电机和西门子 1PH8 电机的选型及配置难点。本文对于测试台行业应用方案以及驱动第三方高速电机配置都具有参考意义。

[**关 键 词**]　S120 驱动配置、第三方高速永磁同步电机、1PH8 加载电机

[**Abstract**]　This paper introduces that the application of Siemens S120 product in the new energy vehicle gearbox loading test bench. Based on the requirements of high speed accuracy and high torque accuracy of the test bench, how to rationally select Siemens S120 drive and configure 1PH8 loading motor scheme. This project involves the selection and configuration difficulties of S120 drive third-party high-speed motor and Siemens 1PH8 motor. This paper has reference significance for the test bench industry application scheme and the configuration of driving third-party high-speed motor.

[**Key Words**]　S120 Drive configuration、Third party high speed motor、1PH8 loading motor

一、项目简介

1. 简介

本项目测试台主要针对新能源电动汽车变速箱开展性能测试和耐久测试。随着新能源电动汽车逐渐成为未来汽车的趋势，而加载测试台是电动汽车生产厂家的必备检验设备。新能源电动汽车变速箱的特点为高速、高可靠性、高精度、结构紧凑、电气兼容。某公司采用西门子 S120 驱动系统为新能源电动汽车变速箱提供测试动力来源，主要模拟汽车各种工况，以检测变速箱的高速性能、动载荷、发热、噪声等指标的测试。图 1 所示为测试台结构，输入电机模拟汽车提供动力驱动变速箱，输出轴连接两台电机作为加载电机。

2. 测试台硬件构成和性能指标

1）测试台构成包含：输入电机、加载电机、测试工位和滑台控制机构及相关传感器。

2）安装环境：温度≤40℃，海拔≤1000m，湿度≤95%，无凝露。

3）测试对象：变速箱，速比为 10。

4）电机工位滑台控制：液压装置。

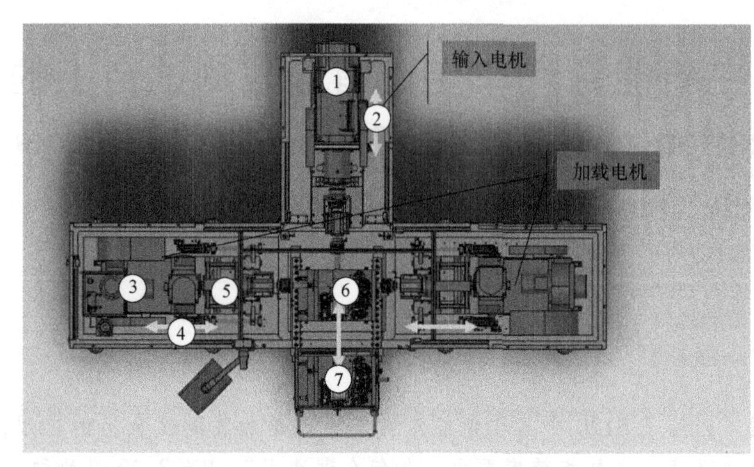

① 输入电机
② 滑轨
③ 加载电机
④ 滑轨
⑤ 调整飞轮
⑥ 测试工位
⑦ 手推车

图 1 测试台结构

5）测试台电机要求：转速控制精度≤1%，转矩精度≤±3.5%，噪声≤75dB。

3. 测试台功能

本测试台项目可完成对变速箱高速、噪声、效率、温升、差速性能和耐久性能试验，并且可兼顾传统汽车的变速箱性能测试。一般新能源电动车变速箱功能测试如下：

1）振动检测。

2）噪声检测。

3）路谱模拟测试。

4）电动工况测试。

5）发电工况测试。

6）超速测试。

7）传动效率测试。

8）差速试验性能测试。

9）差速可靠性测试。

10）转矩—速度特性测试。

11）加速性能测试。

12）疲劳试验。

4. 现场设备

测试设备及电机铭牌如图 2 所示。

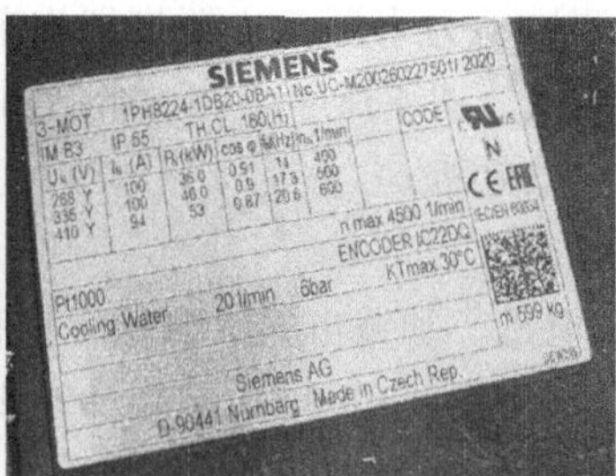

图 2 测试设备及电机铭牌

二、系统配置方案

1. 测试台控制方案

测试台测试系统是客户自主开发基于 Windows PCbase 软件，软件界面可选择测试项目和设计测试曲线。软件系统通过 TCP 通信协议连接西门子 PLC 系统。该平台安装有转矩传感器直接反馈转矩，速度数据上传到 PCbase 软件。驱动系统通过 PROFINET 自由报文接收 S7-1500 控制指令。三台电机都需要具备转速控制模式和转矩控制模式以配合测试。系统示意图如图 3 所示。

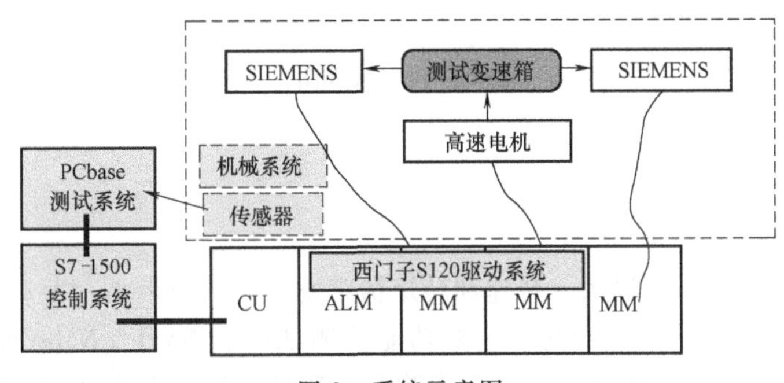

图 3　系统示意图

2. S7-1500 控制系统

本项目控制系统包含 S7-1500 PLC、ET200SP IO 模块、S120 驱动器及 PC 系统。PLC 涉及较多的通信和数据交换，考虑选用 CPU1513-1PN。设备间通过 PROFINET 或以太网建立连接。项目网络视图如图 4 所示。

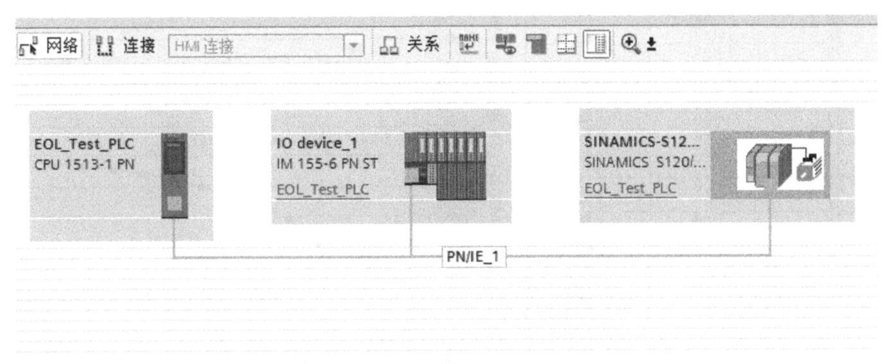

图 4　项目网络视图

PLC 控制系统在本项目内“承上启下”，连接 PC 测试台系统和 S120 驱动系统。PLC 控制测试流程并与 PC 系统交互数据。测试准备阶段完成后根据产品测试要求设置速度斜率、差速率、开始实验并记录波形数据。测试流程图如图 5 所示。

3. S120 驱动方案

选择 S120 电机模块驱动第三方高速同步电机和 1PH8 电机，S120 驱动系统采用多轴控制方案。为达到节能效果电源模块可选 SLM 或 ALM，SLM 能回馈能量到电网但谐波含量较大。ALM 为主动型电源模块，除回馈电网能力外还可实现直流母线电压稳定且不随电网电压波动，对电网的谐波影响最小。

综上，S120 驱动控制方案配置使用 CU320-2PN+ALM+MM+MM+MM 方案。

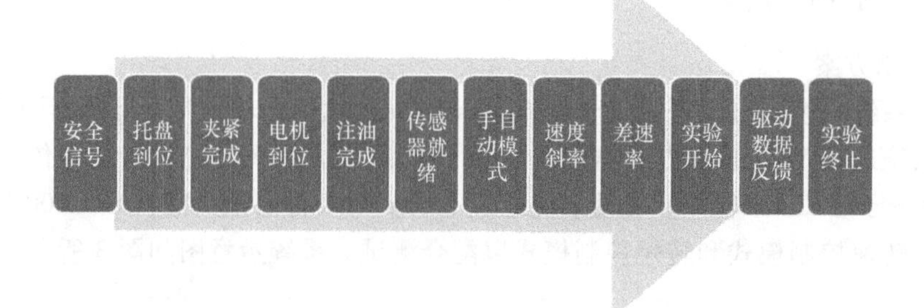

图 5　测试流程图

三、系统的选型

1. 电机及驱动选型

对于测试台电机要求调试范围大，转速和转矩精度要求高，噪声小，振动小。驱动系统需要使用闭环速度控制和转矩控制。测试台的最主要功能是测试产品 NVH（Noise 噪声、Vibration 振动、Harshness 振噪），外部噪声或者振动太大，会影响产品测试结果。本项目噪声要求≤75dB，强制风冷电机噪声一般会达到 76~78dB，不能满足客户需求。为了尽量减少测试台噪声和降低振动，测试台使用的电机冷却方式选用水冷（68~75dB）。本项目测试对象转矩-速度曲线如图 6 所示，低速 n=0r/min，M=78Nm，高速 n=16000r/min，M=19Nm。

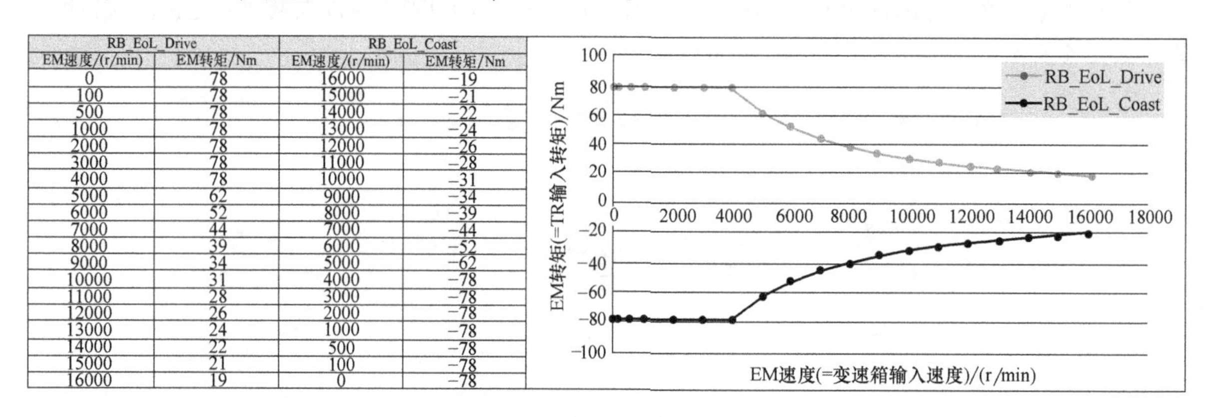

RB_EoL_Drive		RB_EoL_Coast	
EM速度/(r/min)	EM转矩/Nm	EM速度/(r/min)	EM转矩/Nm
0	78	16000	−19
100	78	15000	−21
500	78	14000	−22
1000	78	13000	−24
2000	78	12000	−26
3000	78	11000	−28
4000	78	10000	−31
5000	62	9000	−34
6000	52	8000	−39
7000	44	7000	−44
8000	39	6000	−52
9000	34	5000	−62
10000	31	4000	−78
11000	28	3000	−78
12000	26	2000	−78
13000	24	1000	−78
14000	22	500	−78
15000	21	100	−78
16000	19	0	−78

图 6　测试对象转矩—速度曲线

客户选用第三方 PARKER 永磁同步电机（无机械抱闸，两极旋转变压器）作为输入电机。PARKER 输入电机转矩-速度曲线如图 7 所示。

（1）负载电机选型

SIMOTICS M-1PH8 系列电机包含异步型或同步型，在 SINAMICS S120 驱动系统上可以选择矢量控制或伺服控制，通过变频器和电机之间这种灵活的协调工作，无论是较短的励磁时间，还是转速、转矩和定位方面的高精度任务，该电机皆可胜任。该电机支持增量式编码器、水冷方式，电机转矩波动性、转速精度、低振动和低噪声都可以满足项目要求。

核算 1PH8 转速是否满足要求，根据公式 $n_{load}=n_{motor}/i$，负载电机转速为输入电机最大转速除以减速比，10 倍减速比计算负载电机只需要满足 n_{load}=16000r/min/10=1600r/min 即可。

S1 功率 **/***	94/76.3	kW	Ps1
S6 功率 **/***	120/97.4	kW	Ps6
低转速转矩 **/***	120/97.4	Nm	Mo
低转速 S6 转矩 **/***	170/138	Nm	MeS6
基准转速（S1）	7500	r/min	Nb
最大转速****	24000	r/min	N max
电机带载时直流电源	540	Vdc	U
低速恒定电流	136	Arms	Io
低速 S6 电流	202	Arms	IoS6
绕组电阻（25°C）*	0.0717	Ω	Rb
转动惯量	0.0264	kg•m²	J
热时间常数	2.4	min	Tt h
质量	135	kg	M

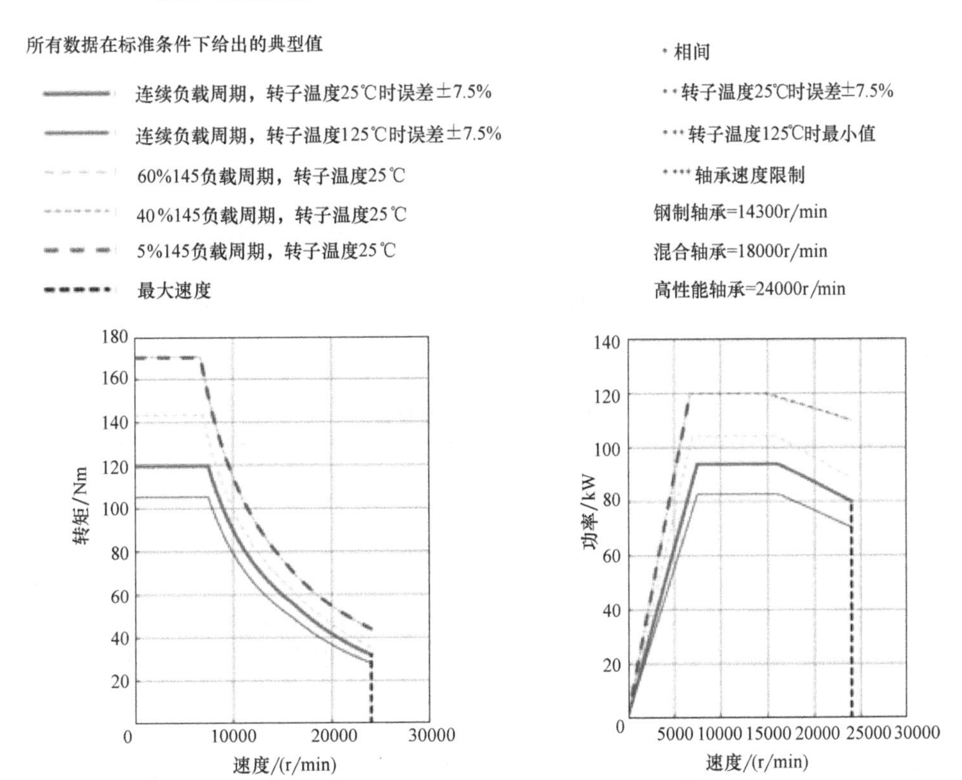

图 7　PARKER 输入电机转矩—速度曲线

核算 1PH8 转矩是否满足要求，根据公式 $M_{load}=M_{motor}i$，负载电机转矩为输入电机最大转矩乘以减速比，在低速情况下 10 倍减速比计算两台负载电机 M_{load} = 78Nm×10 = 780Nm 即可满足要求。单台负载电机转矩 780Nm/2 = 390Nm 即可满足要求。

核算两台负载电机最大转速 1600r/min 处的转矩需求为 M_{load} = 19Nm×10 = 190Nm 即可满足要求。单台负载电机转矩在 1600r/min 处 190Nm/2 = 95Nm 即可满足要求。

综上，1PH8224-1DB20-0BA1 380V 46kW（无机械抱闸，增量式编码器）电机在 1600r/min 运行时可以提供 266.7Nm 转矩，完全满足负载电机的要求。1PH8 电机转矩—速度曲线如图 8 所示。

（2）输入电机 S120 电机模块选型

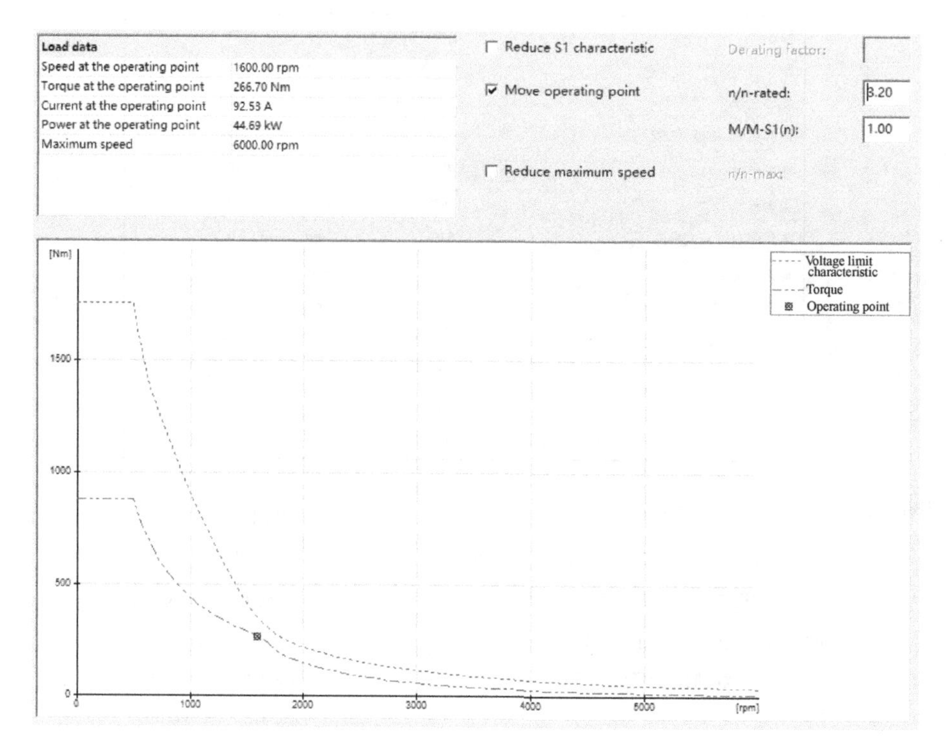

图 8 1PH8 电机转矩—速度曲线

高速电机参数表见表 1。

表 1 高速电机参数表

$P_{S1}=94.2kW$	$P_{S6}=120kW$	$U_{BUS}=DC540V$
$I_{OS1}=136A$	$I_{OS6}=202A$	$M_e=120Nm$
$n_e=7500r/min$	$n_{MAX}=16000r/min$	$f_n=375Hz$

考虑到测试台高速试验需要使用最高转速 16000r/min 弱磁运行，客户要求按电机 S6 工作曲线电流选型。工作电流按 $I_{OS6}=202A$ 考虑选型。变频器工作频率根据下列公式计算：

$$n_e/n_{MAX}=f_n/f_{MAX}$$

$$f_{MAX}=f_n/(n_e/n_{MAX})=800Hz$$

变频器需要达到 800Hz 频率输出才能满足 16000r/min 的要求，矢量控制模式中 S120 最高输出频率为 650Hz，无法满足项目需求。矢量控制最大输出频率如图 9 所示。

采用 S120 电机模块伺服模式选型。S120 最高输出频率如图 10 所示。

伺服模式下（根据图 10-S120 功能手册 204 页伺服控制/闭环控制中的最大输出频率数据推出公式系数关系）：

$$f_{out\ max}\leqslant 1/(T_i\times 10)$$

$$f_{out\ max}\leqslant (f_{pulse}/5)\times K_f$$

式中，$K_f=0.8125$，系数取决于编码器及闭环控制电源配合情况，最高为 1

根据以上公式和保守方案计算，计算结果如下：

$$T_i\leqslant 1/(f_{out\ max}\times 10)=1/(800\times 10)=0.000125ms=125\mu s$$

$$f_{\text{pulse}} \geqslant f_{\text{out max}} \times 5/K_{\text{f}} = 800 \times 5/0.8125 = 4923\text{Hz} = 4.923\text{kHz}$$

矢量模式驱动

矢量模式下脉冲频率 f_{pulse}与最大输出频率 $f_{\text{out max}}$以及电流控制器周期T_{i}的关系如下表。

电流控制器周期	设置脉冲频率与最大输出频率								
125μs (FW V4.4 或更高 SINAMICS S)					4.0kHz 333Hz				8.0kHz 550Hz/650Hz
200μs (FW V4.4 或更高 SINAMICS S)				2.5kHz 208Hz		5.0kHz 416Hz			
250μs (SINAMICS G+S)			2.0kHz 166Hz		4.0kHz 333Hz				8.0kHz 480Hz
400μs (SINAMICS G+S)		1.25kHz 104Hz		2.5kHz 208Hz		5.0kHz 300Hz		7.5kHz 300Hz	
500μs (SINAMICS G+S)	1.0kHz 83Hz		2.0kHz 166Hz		4.0kHz 240Hz		6.0kHz 240Hz		4.0kHz 240Hz

图 9　矢量控制最大输出频率

主题	伺服控制	矢量控制
闭环控制中的最大输出频率	• 31.25μs/16kHz 时为 2600Hz • 62.5μs/8kHz 时为 1300Hz • 125μs/4kHz 时为 650Hz • 250μs/2kHz 时为 300Hz 提示： SINAMICS S 无需经过优化即可达到上述数值 在满足以下补充条件且进行了附加优化的情况下，可设置更高的频率： • 最高至 3000Hz —无编码器运行 —与闭环控制电源配合使用 • 最高至 3200Hz —带编码器运行 —与闭环控制电源配合使用 • 绝对上限为 3200Hz 频率>600Hz 时根据出口管理条例要求授权	• 250μs/4kHz 或 400μs/5kHz 时为 300Hz • 500μs/4kHz 时为 240Hz 说明： 如果需要更高的输出频率，请咨询西门子专业人员

图 10　S120 最高输出频率

综上计算结果，当变频器需要 800Hz 输出时，在伺服控制模式下需要电流环周期时间小于或等于 125μs，脉冲频率设置大于或等于 4.923kHz 才能满足要求。

如图 11 所示，伺服模式下电流环周期 125μs 可设置大于 4.923kHz，只能设置为 8kHz 和 16kHz，大于或等于 110kW 功率单元为装机装柜型，最大脉冲频率设置为 8kHz。故功率单元选型按照 8kHz 脉冲频率考虑电流降容。输出频率高于 600Hz 需要选件 J01。

根据以下 S120 电流降容与脉冲频率关系表（见图 12），选择 8kHz 降容系数 50%和考虑深度弱

脉冲频率 /kHz	电流控制器采样时间/μs										
	250.0	187.5	150.0	125.0	100.0	93.75	75.0	62.5	50.0	37.5	31.25
16.0	X	-	-	X	-	-	-	X	-	-	XX
13.333	-	-	X	-	-	-	X	-	-	XX	-
12.0	X	-	-	-	-	-	-	-	-	-	-
10.666	-	X	-	-	-	X	-	-	-	-	X
10.0	-	-	-	-	X	-	-	-	XX	-	-
8.888	-	-	-	-	-	-	-	-	-	X	-
8.0	X	-	-	X	-	-	-	XX	-	-	X
6.666	-	-	X	-	-	-	XX	-	X	X	-
6.4	-	-	-	-	-	-	-	-	-	-	X
5.333	-	X	-	-	-	XX	-	X	-	X	-
5.0	-	-	-	-	XX	-	-	-	X	-	-
4.444	-	-	-	-	-	-	X	-	-	-	-
4.0	X	-	-	XX	-	-	-	X	-	-	-
3.555	-	-	-	-	-	X	-	-	-	-	-
3.333	-	-	XX	-	X	-	X	-	-	-	-
3.2	-	-	-	-	-	-	-	X	-	-	-
2.666	-	XX	-	X	-	-	-	-	-	-	-
2.5	-	-	-	-	X	-	-	-	-	-	-
2.222	-	-	X	-	-	-	-	-	-	-	-
2.133	-	-	-	-	-	X	-	-	-	-	-
2.0	XX	-	-	X	X	-	-	-	-	-	-
1.777	-	X	-	-	-	-	-	-	-	-	-
1.666	-	-	X	-	-	-	-	-	-	-	-
1.6	-	-	-	X	-	-	-	-	-	-	-
1.333	-	X	X	-	-	-	-	-	-	-	-

图 11　S120 伺服控制可设置脉冲频率

磁电机工作电流 202A，选择额定输出电流 490A，S120 装机装柜型电机模块驱动（6SL3320-1TE35-0AA3），满足高速电机需求。

输出功率 400 V / 690 V		额定输出电流		电流降容因子				
		1.25 kHz	2.0 kHz	2.5 kHz	4.0 kHz	5.0 kHz	7.5 kHz	8.0 kHz
3AC 380 ～ 480 V								
FX / FXL	110 kW		210 A	95 %	82 %	74 %	54 %	50 %
FX / FXL	132 kW		260 A	95 %	83 %	74 %	54 %	50 %
GX / GXL	160 kW		310 A	97 %	88 %	78 %	54 %	50 %
GX	200 kW		380 A	96 %	87 %	77 %	54 %	50 %
GX / GXL	250 kW		490 A	94 %	78 %	71 %	53 %	50 %

图 12　S120 电流降容与脉冲频率关系表

2. S120 ALM 电源模块选型

（1）容量选型

测试台在路谱和差速两种测试时，输入电机和两台输出电机正好处于两种不同工作状态。路谱实验模拟变速箱在真实路况运行情况，此时输入电机为转矩模式，向变速箱提供能量，两台输出电机转速模式提供负载；差速实验模拟转弯时变速箱内差速器是否正常介入工作，此时两台输出电机为转矩模式，输入电机工作在转速模式提供负载。

结合西门子 S120 多轴 ALM 电源驱动方案的选定理由，西门子电机和高速电机大部分能量需求可通过共直流母线互相提供，对电网能量需求少（见图 13）。在电源模块选型上可只考虑使用输入电机能量需求来配置电源模块。测试台系统 1PH8 电机为 46kW×2；高速电机为 94kW；根据上述描述保守选择 94kW 以上 ALM 即可。根据样本手册得知，大于 94kW 的装机装柜型 ALM 最小为 132kW。选定 6SL3330-7TE32-1AA3 ALM 和 6SL3300-7TE32-6AA1 ALM 模块为 S120 驱动系统供电。

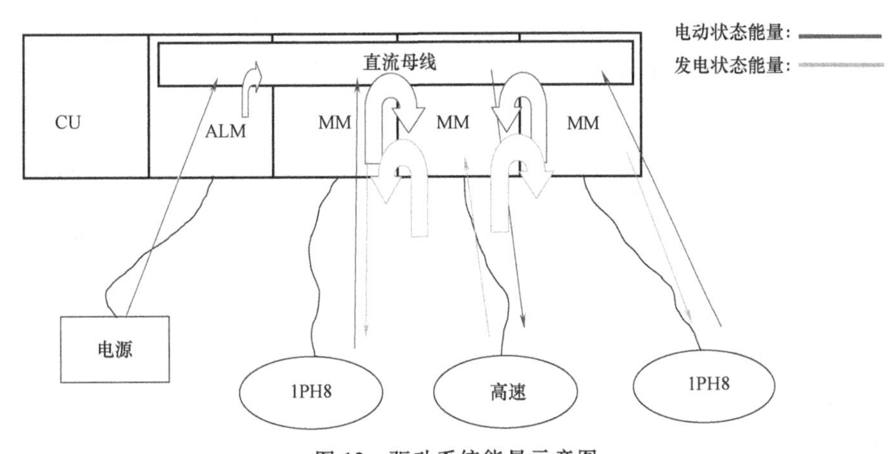

图 13　驱动系统能量示意图

（2）预充电电容值核算

由于 S120 系统电机模块总功率远大于 ALM 电源模块，需要核查 ALM 电源容量是否可以完成驱动系统预充电，检查驱动系统主回路所有模块的电容容量小于 ALM 允许的最大充电容量，选型满足要求。

驱动系统总电容为 4200μF+2820μF+2820μF+9600μF = 19440μF<41600μF（见表 2）。

表 2　驱动系统电容值

编号	订货号	数量	电容容量	描述	备注
1	6SL3330-7TE32-1AA3	1	41600μF/4200μF	有源电源模块;132.00 kW	电源系统
2	6SL3120-1TE31-3AA3	1	2820μF	单电机模块;132.00A	加载轴 1
3	6SL3120-1TE31-3AA3	1	2820μF	单电机模块;132.00A	加载轴 2
4	6SL3320-1TE35-0AA3	1	9600μF	单电机模块;490.00A	输入轴

3. 输入电机 S120 弱磁保护

第三方高速永磁同步电机经常处于弱磁运行状态。由于弱磁范围内运行的永磁同步电动机转子中磁体为永磁场，因此，一旦转子开始转动，电机就产生电压。由于转子旋转的结果，在定子绕组中感应的电动势与转子转速成比例地增加。

在额定转速范围内，变频器的输出电压 V 随转速的增加而增加。由于电机中永磁体产生的电动势也与转速成比例增加，因此变频器的输出电压 V 与电机的电动势之间存在一种平衡。从电机的额定转速 n_{Rated} 来看，变频器的输出电压 V 保持恒定，因为 SINAMICS 变频器的输出电压被限制在与变频器输入端相连的线路供电电压的值之内。然而，电机的电动势仍然与速度成比例地增加。当转速继续增加超出变频器输出电压极限时，为了恢复变频器输出电压 V 和电动机的相应更高 EMF 的平衡，变频器需要额外补充定子绕组无功电流削弱电机定子固有磁场。变频器通过无功电流产生

ΔV的电压降来恢复电机的电压平衡。变频器输出电压 V 与电机的电动势-速度的函数如图 14 所示。

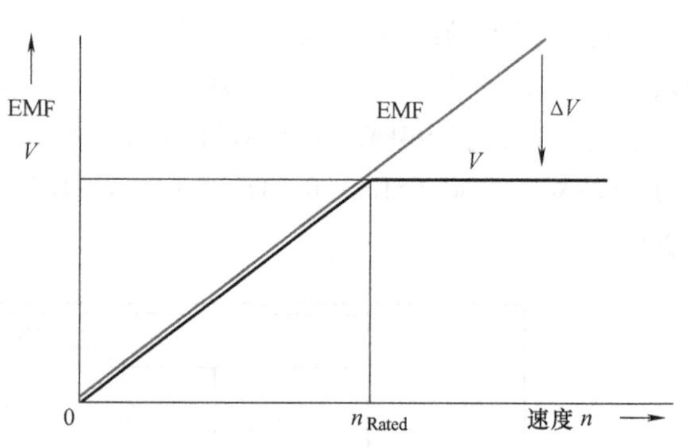

图 14　变频器输出电压 V 与电机的电动势-速度的函数

如果变频器在弱磁运行时故障导致无电压输出，定子内削弱转子磁场的无功电流 I 将不复存在，因此电压降 ΔV 也不复存在。电机端子处和变频器输出处的电压 V 在短时间内增加到电动势的值。此电动势通过变频器的 IGBT 反向并联二极管反馈到直流母线上。

当电机弱磁运行时，保护措施是必须要考虑的。防止变频器直流母线电压超过最大允许值和出现直流母线电容损坏事件。保护措施主要分以下四种：

1）制动模块和制动电阻。

2）设计故障保护回路。

3）限制最高转速。

4）VPM 模块。

本项目使用制动单元制动电阻方案提供弱磁运行故障保护。

4. 主要配置清单

设备主要清单见表 3。

表 3　设备主要清单

订货号	数量	描述	备注
6ES7 513-1AL02-0AB0	1	主 PLC S7-1513	驱动系统/控制系统
6ES7 155-6AU01-0BN0	1	接口模块 IM 155-6 PN ST	
6ES7 131-6BH01-0BA0	4	DI 16×24VDC ST	
6ES7 132-6BH01-0BA0	5	DQ 16×24VDC/0.5A ST	
6ES7 137-6AA00-0BA0	1	CM PtP	
6ES7 193-6PA00-0AA0	1	服务器模块	
6SL3040-1MA01-0AA0	1	控制单元 CU320-2 PN	
6SL3054-0FB10-1BA0-Z-J01	1	基本型	高速授权 CF 卡
6SL3055-0AA00-4BA0	1	基本操作面板	
6SL3162-2BM00-0AA0	1	直流母线整流适配器	
6SL3162-2AA00-0AA0	1	24V 终端适配器	
6EP1334-3BA10	1	SITOP 模块化 10.00A	
6SL3330-7TE32-1AA3	1	有源电源模块;132.00kW	电源系统
6SL3300-7TE32-6AA1	1	有源接口模块	
6SL3000-1BE32-5AA0	1	制动电阻;50.00kW;250.00kW	

（续）

订货号	数量	描述	备注
6SL3300-1AE32-5AA0	1	制动模块	加载轴 1
6SL3120-1TE31-3AA3	1	单电机模块；132.00A	加载轴 2
1PH8224-1DB20-0BA1	1	1PH8；异步；46.00kW	
6SL3120-1TE31-3AA3	1	单电机模块；132.00A	输入轴
1PH8224-1DB20-0BA1	1	1PH8；异步；46.00kW	
6SL3320-1TE35-0AA3	1	单电机模块；490.00A	旋转变压器
PARKER	1	PARKER，94kW 202A 7500r/min	
6SL3055-0AA00-5AA3	1	SMC10	

四、驱动部分调试过程

1. S120 伺服模式及扩展设定值通道

本项目为了满足高速电机的控制要求，输入电机和加载电机轴都配置为伺服模式，满足高速电机 800Hz 运行频率的需求。伺服模式默认没有速度通道和加减速时间设置，测试台项目需要控制速度和转矩以及加减速时间，所以需要打开扩展设定值通道。伺服模式和扩展设定值通道如图 15 所示。

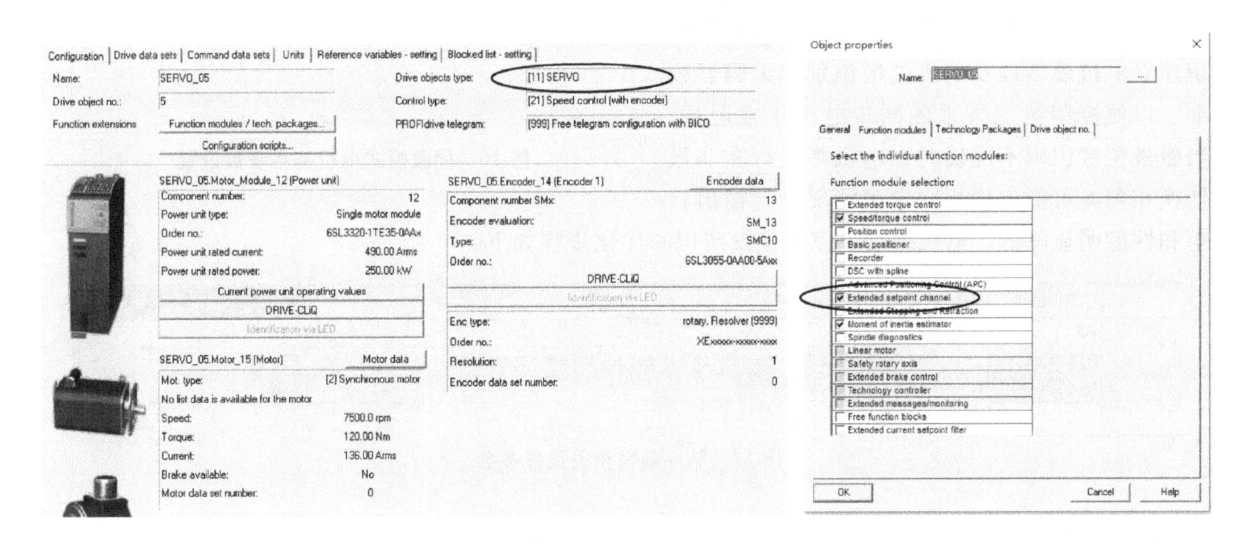

图 15　伺服模式和扩展设定值通道

2. 基本电机参数设置

正确地设置电机参数是建立准确电机控制模型的基础。设置好基本电机基本参数后，S120 可以通过电机冷态静态识别和动态识别建立电机控制模型。基本参数铭牌上都有提供，但 P314 电机极对数、P316 电机转矩常量一般不提供。可以通过计算得到。电机铭牌数据见表 4，伺服模式电机基本参数设置如图 16 所示。

表 4　电机铭牌数据

$P_{S1}=94.2\text{kW}$	$P_{S6}=120\text{kW}$	$U_{BUS}=\text{DC}540\text{V}$
$I_{OS1}=136\text{A}$	$I_{OS6}=202\text{A}$	$M_e=120\text{Nm}$
$n_e=7500\text{r/min}$	$n_{MAX}=16000\text{r/min}$	$f_n=375\text{Hz}$

电机极对数（P314）$=60f_n/n_e=60\times375/7500=3$

转矩常量（P316）$=M_e/I_{OS1}=120\text{Nm}/136\text{A}=0.882\text{Nm/A}$

3. 最大转速 P1082 设置

最大转速 P1082 受脉冲频率设置值限制。在设置脉冲频率时，需要检查电流环采样时间 P115.0=125μs。P115.0 参数更改条件 P9=3，P112=0。设置 P1800=8kHz。由于实际项目被测试变速箱要求的极限转速为 14300r/min 即可，因此设置最大电机速度限制 P1082=14300r/min。脉冲频率相关设置参数如图 17 所示。

4. 第三方永磁同步电机磁极识别和优化

配置好电机基本参数后，S120 可以在线辨识建立电机模型以及电机磁极识别和编码器校准。以便控制第三方永磁同步电机正常运行。当磁极位置识别不准确时，电机将运行在非最佳换相角。可能出现相同电流情况下，输出转矩和性能明显降低。电机模型、磁极位置辨识和优化步骤如下：

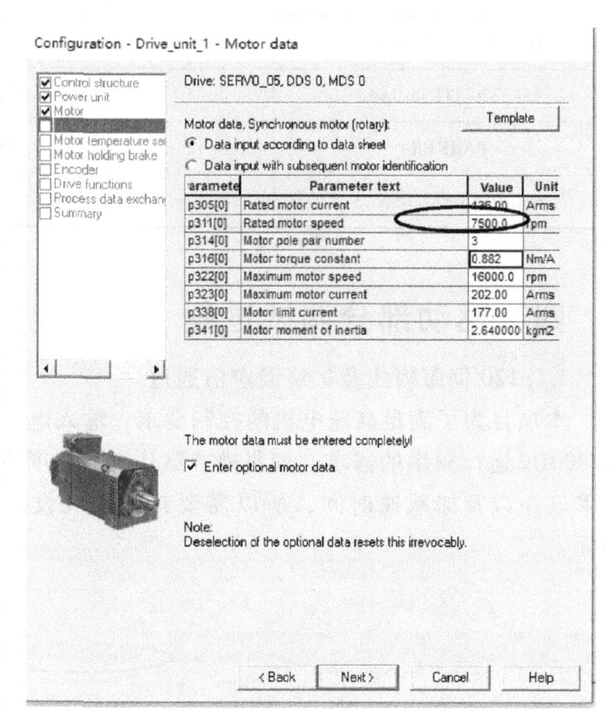

图 16　伺服模式电机基本参数设置

	Param...	Data	Parameter text	Offline value SERVO_05
	All	A	All	All
1	p115[0]		Sampling times for internal control loops, Current controller	125.00
2	p1800[0]	D	Pulse frequency setpoint	8.000

图 17　脉冲频率相关设置参数

（1）电机静态辨识：P1900=2

电机辨识的条件：电机冷态，脱开机械负载。

（2）磁极位置辨识与自动编码器校准

1）当 S120 无法获得转子磁极位置信息时（如上电或编码器复位），磁极位置识别必须激活，步骤如下：

a）设置 P1982=1 启动磁极位置识别。

b）选择合适的磁极位置识别方法 P1980。

c）使能变频器执行测量。

2）自动编码器校准步骤

永磁同步电机控制需要转子位置角的信息，一般由经过校准的绝对值编码器提供。支持编码器如下：

① 绝对值编码器（例如：EnDat、DRIVE-CLiQ 编码器）。

② 编码器，带 C/D 信号，极对数小于或等于 8。

③ 霍尔传感器。

④ 旋转变压器，电机极对数和编码器极对数成整数比。

⑤ 增量编码器，电机极对数和编码器线数成整数比。

a）选择合适的识别方法 P1980。

b）设置 P1990=1 激活编码器自动校准。

c）使能变频器执行测量。辨识的结果写入参数 P431。

（3）旋转测量

旋转测量 S120 会自动检测电机模型参数、电机转动惯量和设置速度环控制参数。

旋转测量的条件：电机冷态，抱闸没有闭合、脱开机械负载。

（4）手动优化速度环

一般情况下，旋转测量的速度环控制参数可以满足控制需要，如果实际转速出现波动或者噪声情况，需要手动调整速度环 PI 参数才能更好地满足速度平稳运行要求。

5. 编码器反馈波动处理

编码器使用 2 极旋转变压器，在低速的时候容易受到干扰。在测试高速电机空载零速给定的时候发现编码器信号有 20r/min 转速波动。零速给定时编码器速度反馈如图 18 所示。

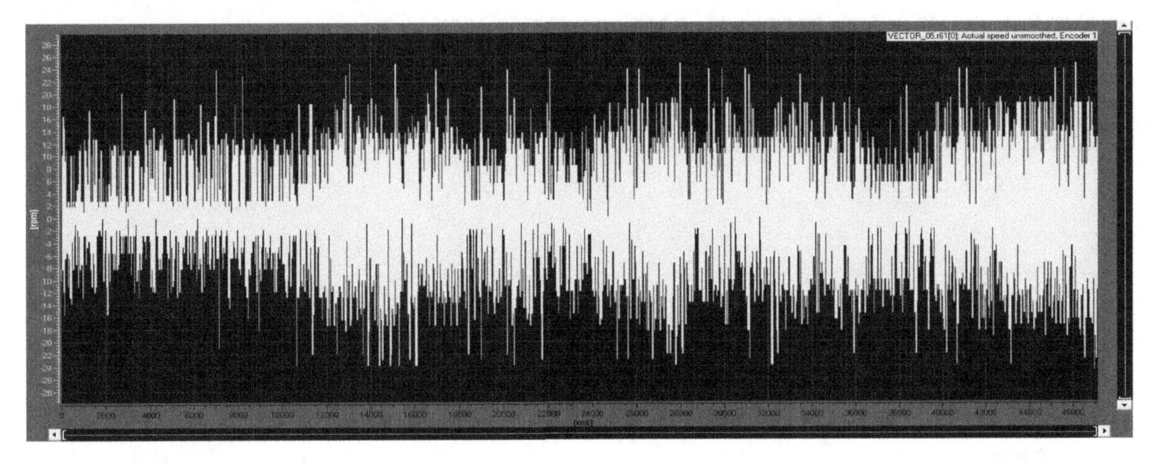

图 18　零速给定时编码器速度反馈

伺服模式默认速度环电流环采样时间都很快，而项目实际应用不需要那么高的动态响应，所以增加了转速控制器和磁通控制器的采样时间。变频器内部采样时间如图 19 所示。转速控制器采样时间由 125μs 调整到 500μs；磁通控制器采样时间由 125μs 调整到 500μs；采样时间参数处理后编码器零速使能反馈波形正常（见图 20）。

p115	Sampling times for internal control loops		
p115[0]	Current controller	125.00	祍
p115[1]	Speed controller	500.00	祍
p115[2]	Flux controller	500.00	祍

图 19　变频器内部采样时间

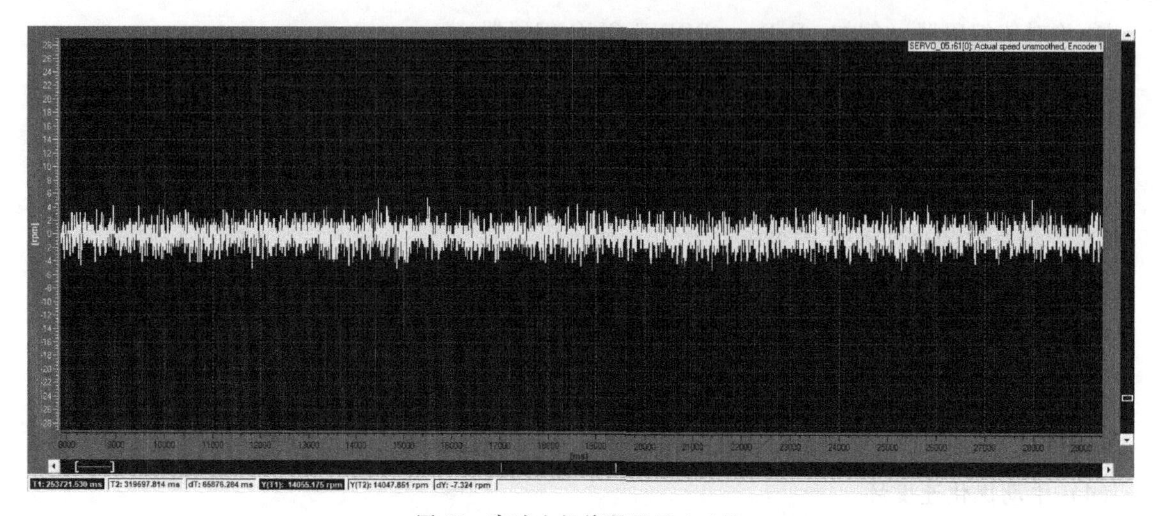

图 20　高速电机编码器零速反馈

6. 磁极位置识别故障处理（见图 21）

在设置 P1982 = 1、P1980 = 1 使能变频器识别磁极位置时，出现故障 F7995（9）-设定的磁极位置检测电流为零。通常 S120 驱动第三方永磁同步电机使用基于饱和电压脉冲的一次谐波进行磁极位置识别 P1980 = 1，可以相对独立于外部约束使用（注意表 5 限制条件）。该磁极识别方法使用 P329 设置的电流。检查参数 P325 = 0A，P329 = 0A 导致此故障。

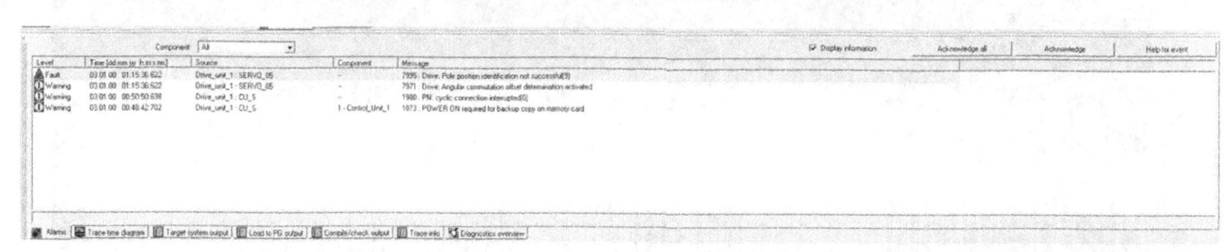

图 21　磁极识别故障

表 5　磁极识别方法 P1980

	基于饱和	基于运动	基于弹性
有抱闸	可以	不可以	必需
电机可自由旋转	可以	必需	不可以
电机无铁心	不可以	可以	可以

激活电机参数自动计算（P340 = 1），S120 根据电机基本参数自动设置电机磁极位置检测电流 P325 = 13.6A，P329 = 136A。通过 P1982 = 1、P1980 = 1 使能 S120 识别磁极位置成功。通过 P1990 = 1、P1980 = 1 使能 S120 确定换向角的偏移量 P431 = 150.80°。电机磁极与编码器角度偏差值如图 22

p431[0]	E	Angular commutation offset	150.80		

图 22　电机磁极与编码器角度偏差值

所示。

由于本项目采用 2 级旋转变压器作为速度反馈且电机极对数与编码器极对数成整数比，完成 P431 磁极偏差角度识别后，无需磁极位置识别功能。设置参数 P1982=0、P1980=99 禁止磁极位置识别。

7. 高速输入电机 6500r/min 提前弱磁问题处理

项目调试期间，当高速输入电机转矩模式，加载电机转速模式运行。高速输入电机被加载电机通过变速箱拖到 6500r/min 时，高速输入电机的输出转矩限制在约 70Nm 不能再上升（转矩在速度减小到 5500r/min 时才能再次给定上升到约 110N · m）。此时 S120 输出电压达到最大值 429V 并开始输出磁场电流，高速输入电机进入弱磁工作状态。根据高速输入电机铭牌额定转速 7500r/min，在 6500r/min 不应该出现弱磁现象。电机模型弱磁控制异常 Trace 如图 23 所示。

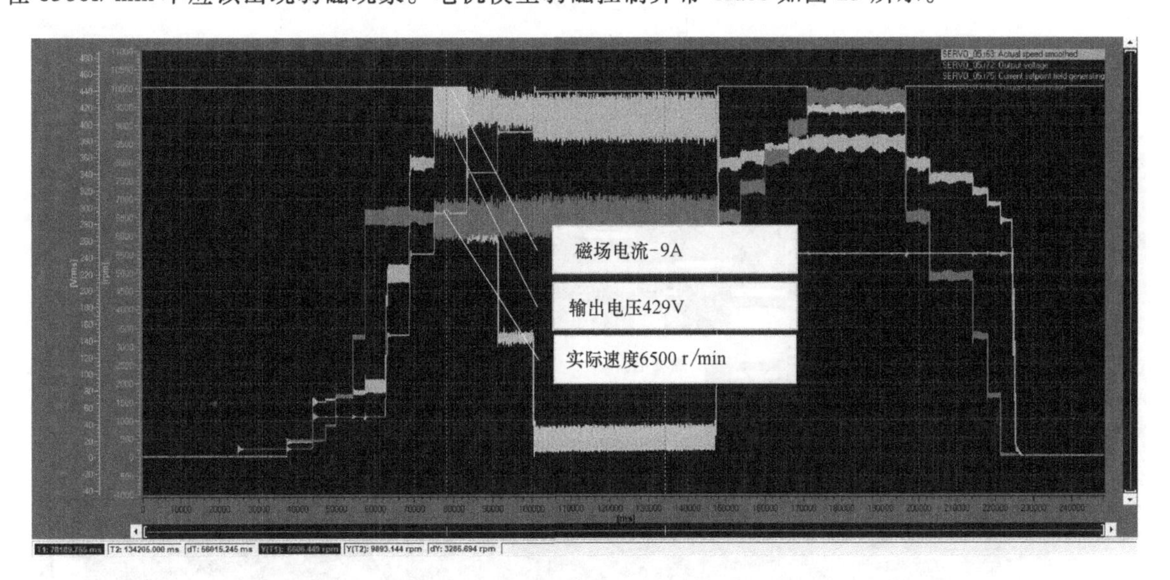

图 23　电机模型弱磁控制异常 Trace

判断此现象为高速输入电机模型问题，咨询电机厂家该高速电机的详细参数，重新建立电机模型。一般出现弱磁控制异常问题基本都跟电压常数设置错误相关，电机厂家提供正确的电压常数（P317）至关重要。图 24 所示为根据电机厂家提供的详细数据设置电机参数重建电机模型。其中 P317=54.3V，表示该电机反电动势每 1000r/min 增加 54.3V（额定转速内）。那么电机运行到弱磁点的反电动势 $E=n/1000\times P317=7500/1000\times 54.3=407.25V$。

根据电机厂家提供的模型参数重新配置电机参数，执行静态识别、识别磁极位置、编码器校准、动态识别。重建电机模型弱磁控制正常 Trace 如图 25 所示，高速电机在 7500r/min 达到最大电压输出 407V 未出现弱磁。电机转矩在 7500r/min 可以增加到 120Nm，大于 7500r/min S120 开始输出反向磁场电流进行弱磁控制。至此高速输入电机 6500r/min 提前开始弱磁的问题解决。

8. 加载电机不同步问题处理

在路谱测试实验中，高速电机转矩模式加载电机速度模式下，出现两台加载电机存在速度差和

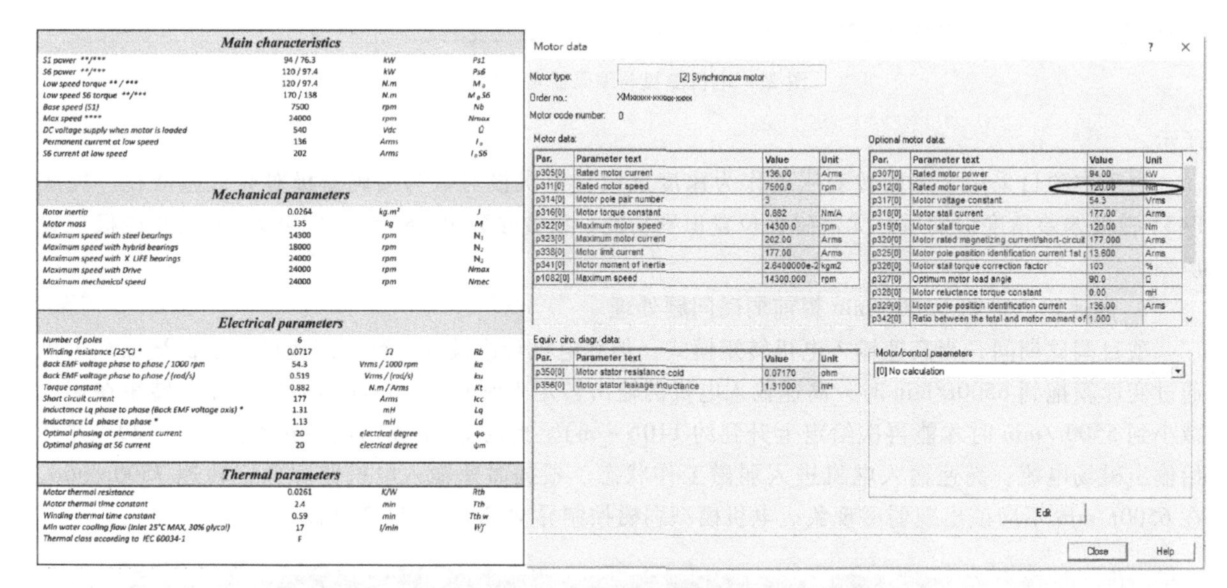

Main characteristics			
S1 power **/***	94 / 76.3	kW	Ps1
S6 power **/***	120 / 97.4	kW	Ps6
Low speed torque ** / ***	120 / 97.4	N.m	M_0
Low speed S6 torque **/***	170 / 138	N.m	M_0 S6
Base speed (S1)	7500	rpm	Nb
Max speed ****	24000	rpm	Nmax
DC voltage supply when motor is loaded	540	Vdc	Û
Permanent current at low speed	136	Arms	I_0
S6 current at low speed	202	Arms	I_0 S6

Mechanical parameters			
Rotor inertia	0.0264	$kg.m^2$	J
Motor mass	135	kg	M
Maximum speed with steel bearings	14300	rpm	N_1
Maximum speed with hybrid bearings	18000	rpm	N_2
Maximum speed with X LIFE bearings	24000	rpm	N_3
Maximum speed with Drive	24000	rpm	Nmax
Maximum mechanical speed	24000	rpm	Nmec

Electrical parameters			
Number of poles	6		
Winding resistance (25°C) *	0.0717	Ω	Rb
Back EMF voltage phase to phase / 1000 rpm	54.3	Vrms / 1000 rpm	ke
Back EMF voltage phase to phase / (rad/s)	0.519	Vrms / (rad/s)	ku
Torque constant	0.882	N.m / Arms	Kt
Short circuit current	177	Arms	Icc
Inductance Lq phase to phase (Back EMF voltage axis) *	1.31	mH	Lq
Inductance Ld phase to phase *	1.13	mH	Ld
Optimal phasing at permanent current	20	electrical degree	ψo
Optimal phasing at S6 current	20	electrical degree	ψm

Thermal parameters			
Motor thermal resistance	0.0261	K/W	Rth
Motor thermal time constant	2.4	min	Tth
Winding thermal time constant	0.59	min	Tth w
Min water cooling flow (Inlet 25°C MAX, 30% glycol)	17	l/min	Wf
Thermal class according to IEC 60034-1	F		

Motor data

Motor type: [2] Synchronous motor

Order no.: XMxxxxx-xxxxx-xxxx

Motor code number: 0

Motor data:

Par.	Parameter text	Value	Unit
p305[0]	Rated motor current	136.00	Arms
p311[0]	Rated motor speed	7500.0	rpm
p314[0]	Motor pole pair number	3	
p316[0]	Motor torque constant	0.882	Nm/A
p322[0]	Maximum motor speed	14300.0	rpm
p323[0]	Maximum motor current	202.00	Arms
p338[0]	Motor limit current	177.00	Arms
p341[0]	Motor moment of inertia	2.6400000e-2	kgm2
p1082[0]	Maximum speed	14300.000	rpm

Optional motor data:

Par.	Parameter text	Value	Unit
p307[0]	Rated motor power	94.00	kW
p312[0]	Rated motor torque	120.00	Nm
p317[0]	Motor voltage constant	54.3	Vrms
p318[0]	Motor stall current	177.00	Arms
p319[0]	Motor stall torque	120.00	Nm
p320[0]	Motor rated magnetizing current/short-circuit	177.000	Arms
p325[0]	Motor pole position identification current 1st p	13.600	Arms
p326[0]	Motor stall torque correction factor	103	%
p327[0]	Optimum motor load angle	90.0	°
p328[0]	Motor reluctance torque constant	0.00	mH
p329[0]	Motor pole position identification current	136.00	Arms
p342[0]	Ratio between the total and motor moment of	1.000	

Equiv. circ. diagr. data:

Par.	Parameter text	Value	Unit
p350[0]	Motor stator resistance cold	0.07170	ohm
p356[0]	Motor stator leakage inductance	1.31000	mH

Motor/control parameters

[0] No calculation

Edit

Close Help

图 24 电机参数及配置

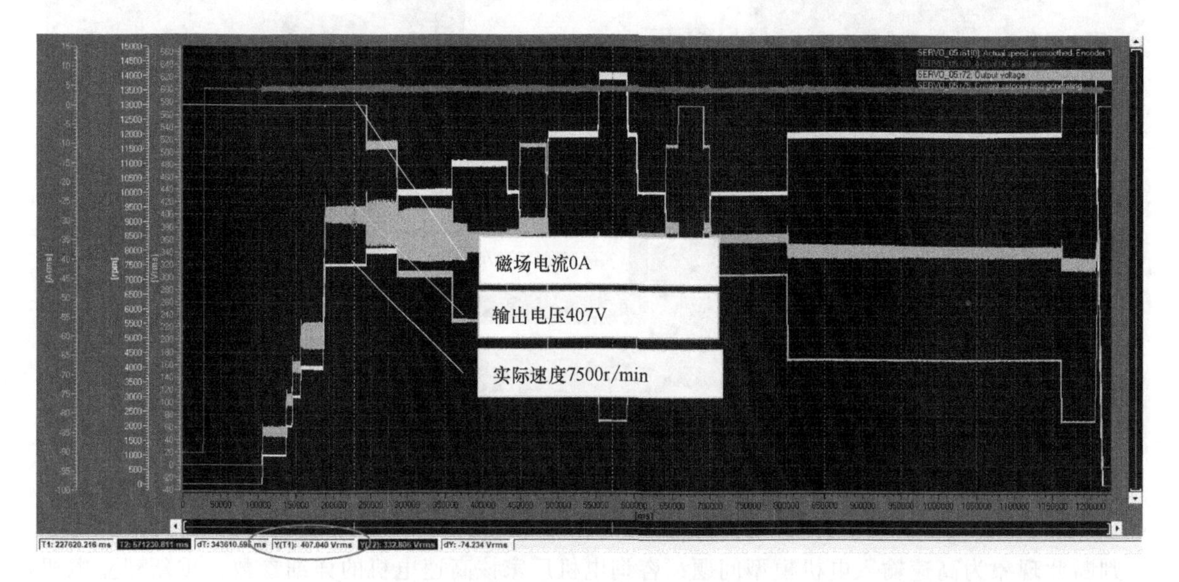

图 25 重建电机模型弱磁控制正常 Trace

转矩差的情况（见图 26），经过分析两台加载电机的控制环参数和加减速时间存在差异而导致此现象。统一两台加载电机的速度环参数以及加减速时间后，最终解决了加载电机不同步问题。

9. 变速箱 NVH 测试

变速箱 NVH 测试是衡量变速箱质量最重要的测试。在测试之前，需要首先对变速箱进行低速加油预磨合。NVH 测试根据不同变速箱，在上位机配方中选择输入电机转速-转矩预设测试曲线。PLC 通过上位机预设测试曲线发送输入和加载电机运行与模式切换指令。NVH 测试中输入电机运行在转矩模式，加载电机运行在速度模式。测试转矩曲线由输入电机给定，测试转速曲线由加载电机给定。高速电机 NVH 测试配方曲线如图 27 所示，NVH 测试输入电机加载电机实测曲线如图 28 所示。

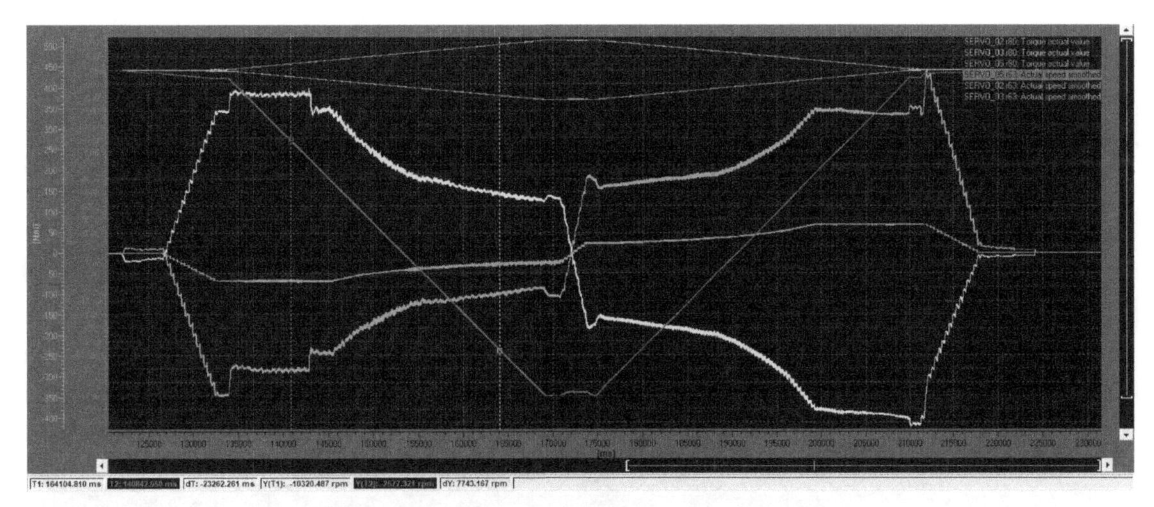

图 26　高速电机转矩模式加载电机速度模式测试曲线

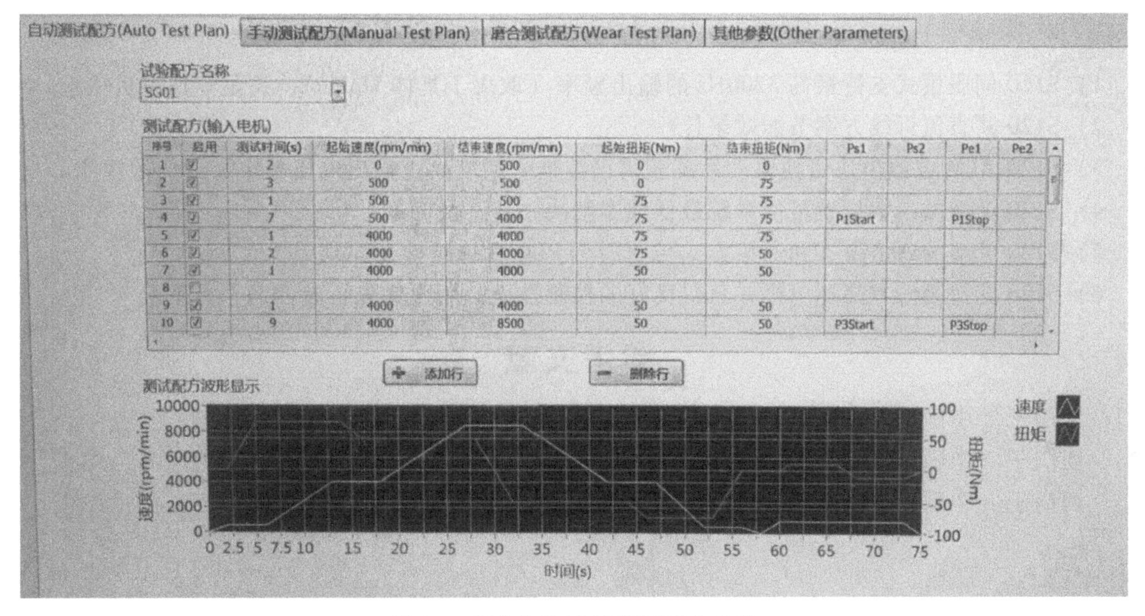

图 27　高速电机 NVH 测试配方曲线

五、运行效果

客户于 2020 年 5 月调试结束投用系统至今，在 S120 的驱动下，高速电机和加载电机无论工作在转速模式还是转矩模式，都能满足测试台 NVH 的测试需求。S120 ALM 主动式电源和电机模块控制的电机转速波动和转矩波动均可满足要求。电机转速和转矩不随设备主电网波动影响，极好地满足了客户测试需求。

六、应用体会

在项目实施过程中，深切感受到西门子 S120 驱动器强大的控制性能、灵活通信方式和优良的产品质量。主要表现为：

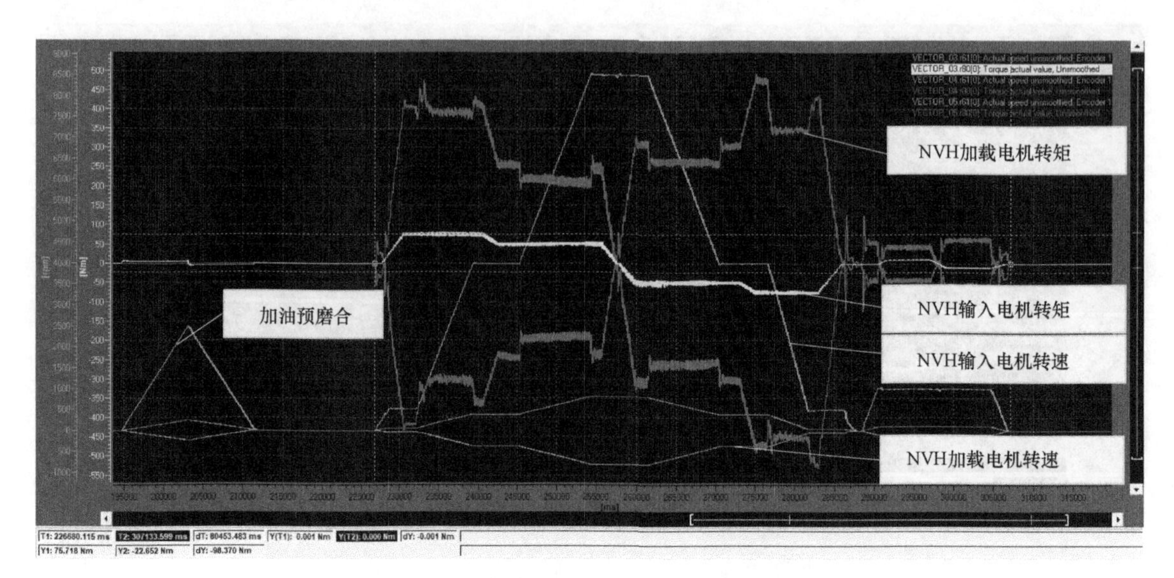

图 28　NVH 测试输入电机加载电机实测曲线

1）S120 伺服模式支持最高 3200Hz 的输出频率（取决于具体 MoMo），满足高速电机需求。

2）S120 共直流母线方案节能效果佳。

3）S120 ALM 电源模块可使驱动系统获得谐波低、精度高、输出电压稳定、最优的性能。

4）S120 灵活的参数设置可使系统最低成本解决一些干扰问题。

5）S120 灵活的通信报文和通信方式与西门子 PLC 无缝对接，控制无忧。

6）S120 支持第三方高速电机并获得良好的控制性能，用户优先考虑西门子方案。

参考文献

[1]　西门子（中国）有限公司. S120 驱动功能手册_0620 [Z].

[2]　西门子（中国）有限公司. S120 参数手册_0620 [Z].

[3]　西门子（中国）有限公司. 西门子工程师手册_V6_7 [Z].

S7-1500和S120驱动系统在铝箔轧机中的应用 Application of S7-1500 and S120 in aluminum foil rolling machine

王　硕　闫　磊　王　佳
（西门子（中国）有限公司　北京）

[摘　要] 传统的铝箔轧机通常是直流系统方案，在双碳和节能环保的背景下，采用交流带能量回馈的方案逐渐增多。针对这一需求，本文提出了S7-1500和S120驱动系统在铝箔轧机中的应用。基于多轴传动S120共直流母线方案实现了能量的回馈和传动系统的快速调试，利用S7-1500丰富的运动控制库和收放卷功能包，实现了轴的控制、卷径计算、张力控制、摩擦补偿、锥度补偿和定长停车等功能。实现了最高线速度为900m/min，张力精度在1%以内的控制效果。

[关键词] 铝箔轧机、S7-1500 PLC、S120驱动系统、共直流母线、张力控制

[Abstract] The traditional aluminum foil rolling machine is usually a DC system solution, under the background of double carbon and energy saving and environmental protection, the use of AC energy feedback solution is gradually increasing. In order to meet this demand, this paper puts forward the application of S7-1500 and S120 drive system in aluminum foil rolling machine. Based on the multi-axis drive S120 common DC bus solution, the energy feedback and the rapid commissioning of the train system are realized, using the rich motion control libraries and winder function package of S7-1500. The functions of axis control, roll diameter calculation, tension control, friction compensation, taper compensation and fixed length parking are realized. The control effect that the highest linear speed is 900m/min and the tension precision is less than 1% is realized.

[Key Words] Aluminum Foil Rolling Machine、S7-1500 PLC、S120 Drive System、Common DC Bus, Tension Control

一、项目简介

1. 背景介绍

轧机是金属成型行业里的一种重要机型，长期以来一直是直流方案，随着节能减排和双碳的提出，交流带能量反馈方案逐渐应用于轧机机型中。

2. 设备工艺

铝箔轧机是将热轧出来的铝质板带通过主辊进行几个道次的轧制，从而获得设定厚度铝箔的设备，如图1所示。本机主要生产来料为0.8mm以内，成品在0.02mm之上的铝箔。

图 1　铝箔轧机

首先将轧制的卷材吊至入口卷材支架上，用卷材小车输送到开卷机上夹紧，通过入侧包角辊、工作辊轧制、出侧包角辊、压平辊，到达卷取机上卷取，卷取完成后用卷材小车运至出口卷材支架上，完成一个道次的轧制，如图 2 所示。

SIEMENS
Ingenuity for life

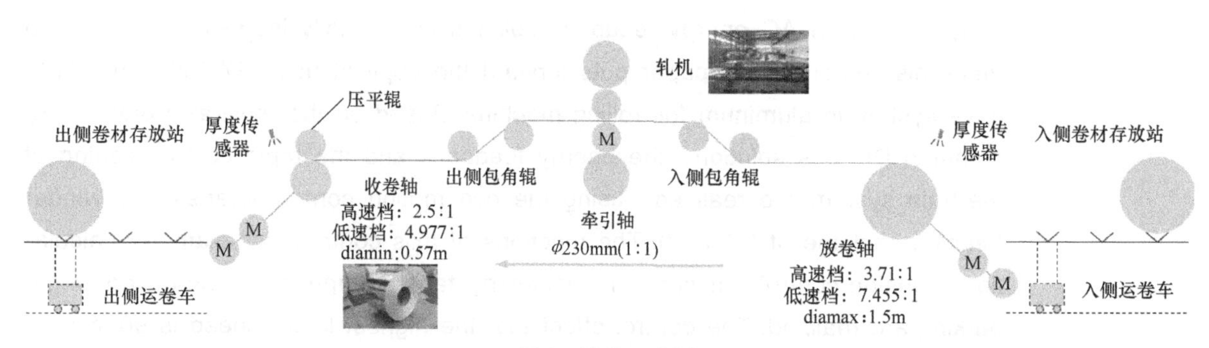

图 2　设备工艺图

3. 系统构成

（1）放卷。

1）入侧卷材存放站：用于提前储存放卷的卷材，最多可以储存三个。

2）入侧运卷车：当设备起动前，通过入侧运卷车将卷材运送到放卷机构。

3）放卷机构：放卷机构用于铝箔的放卷，根据铝箔不同的轧制要求，可以在单电机、双电机，高低速、低速档之间进行切换。

（2）轧机。

1）入侧包角辊：在轧机入口处通过入侧包角辊形成铝箔的包角，增大摩擦力防止牵引的时候打滑。

2）牵引主机：通过牵引主机带动铝箔进行收放卷。

3）轧机机构：轧机机构为两个辊径稍大的机械辊，用于挤压牵引辊，不同厚度的铝箔需要施加不同的轧制力。

4）出测包角辊：在轧机出口处通过出侧包角辊形成铝箔的包角，增大摩擦力防止牵引时打滑。

（3）收卷。

1）出侧卷材存放站：用于暂时储存轧制后的卷材，最多储存三个。

2）出侧运卷车：当轧制结束后，通过出测运卷车将卷材运送至出测卷材存放站。

3）收卷机构：收卷机构用于铝箔的收卷，根据铝箔不同的轧制要求，可以在单电机、双电机，高低速、低速档之间进行切换。

（4）压平辊：压平辊作用于收卷卷材之上，帮助铝箔收卷的时候更加平整。

4. 主要性能指标

生产速度：900m/min

成品厚度：最小 0.02mm

张力精度：+1.5%

开卷张力：最大 1165kg，最小 49kg

卷取张力：最大 690kg，最小 35kg

二、控制系统构成

如图 3 所示，控制系统采用 SINAMICS S120 的配置方案，使用 PROFINET PN 作为通信网络连接各部分，其余电气部分以及功能如下：

1）伺服驱动和电机：收放卷选用 SINAMICS S120 书本型模块和 1PH8 异步电机，且采用双电机工作的模式共同驱动收卷或放卷，主轴使用 SINAMICS S120 装机装柜型驱动系统，两个 S120 共用一个直流母线和整流单元，实现了节能的效果。

2）人机界面：收卷机构和放卷机构旁各配置了一个 TP700 Basic，在实际运用中，既可以通过主控室对设备实现集中控制，也可以单独对某个收放卷机构进行操作。

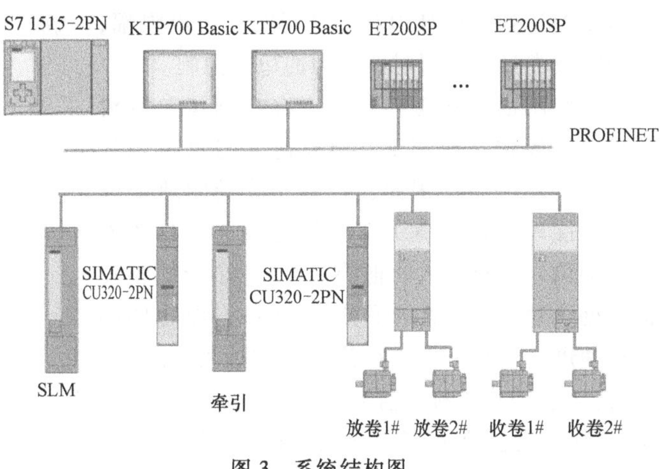

图 3　系统结构图

3）分布式 IO：SIMATIC 1515CPU 配置，用于逻辑输入输出信号的处理以及运行 winder 包实现收放卷的应用。

整个系统通过 SINAMICS 实现伺服驱动的控制，总共控制五个轴，同时通过对 EP200SP、1515CPU、HMI 的集成，也很好地体现了 SIEMENS TIA 的理念。

三、功能与实现

1. 轴的控制

1）牵引轴、收卷轴、收卷轴都是通过自由报文通信的速度控制，如图 4 所示。

2）牵引轴线速度设定值等于主机速度。

3）收卷轴的线速度设定值要比收卷实际速度稍大以形成速度差。

4）放卷轴的线速度设定值要比放卷实际速度稍小以形成速度差。

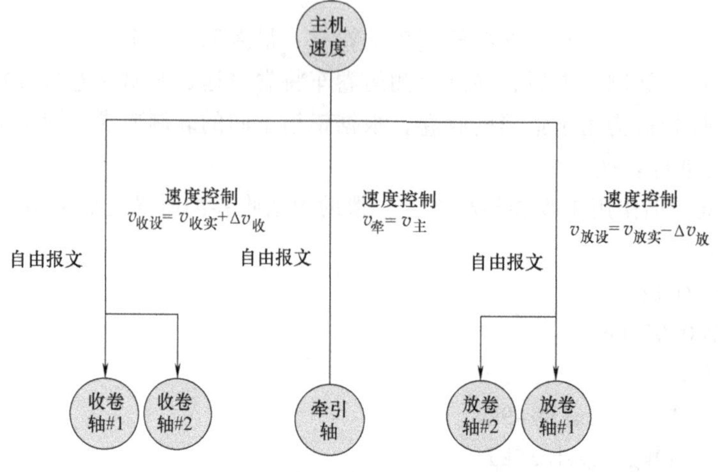

图 4 轴间关系

2. 收放卷功能

收卷轴、放卷轴通过设定值与实际值形成的速度差达到速度环饱和，从而实现扭矩限幅，实现收放卷过程中对材料张力的稳定控制。

在轧制铝材料工艺过程中存在前滑、后滑的现象，导致进料速度、出料速度与牵引轴的线速度均不一致。因此，收卷和放卷的速度设定值不能单纯地设置为牵引轴的线速度与速差的叠加值。卷材进入轧辊的速度 v_{in} 小于轧辊在该点处线速度 $v_{牵}$ 的水平分量 $v\cos\alpha$；而轧件的出口速度 v_{out} 大于轧辊在该处的线速度 $v_{牵}$。这种 $v_{out}>v_{牵}$ 的现象称为前滑，而 $v_{in}<v_{牵}\cos\alpha$ 的现象称为后滑。在中性面处卷材的速度 $v=v_{牵}\cos\alpha$，如图 5 所示。

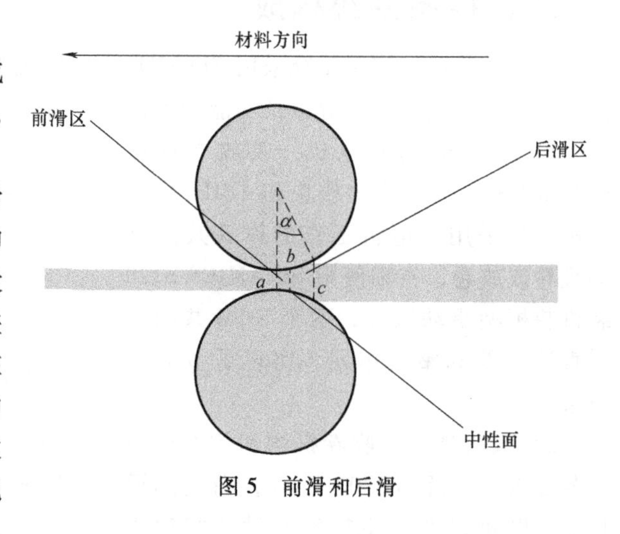

图 5 前滑和后滑

前滑率：$v_{out}-v_{牵}/v_{牵}$　　　后滑率：$v_{牵}\cos\alpha-v_{in}/v_{牵}\cos\alpha$

$v_{收设}=v_{out}+$速度差 $\Delta v_{收}$　　　$v_{放设}=v_{in}-$速度差 $\Delta v_{放}$

3. 张力控制

图 6 所示为采用速度环饱和扭矩限幅方式控制张力的信号流，本机采用的是没有传感器的间接张力控制。信号流的输入主要包括主速度设定 $v_{主}$ 和张力设定 T 两部分。

主速度设定 $v_{主}$ 首先需要经过斜坡函数发生器进行缓慢地加速或减速，然后将处理后的线速度经过公式转换为转速，同时经过参考转速的变换，通过报文发送 Dword 数据类型的数据给驱动器作为速度的设定。如果是牵引轴则只需要发送主速度即可，收放卷轴则需要在此速度基础上给驱动器叠加一个附加速度，以便后边的建张以及运行。

张力设定通过公式转换为力矩，同时需要考虑设备运行时实时对抗的摩擦力，以及加速瞬间产生的加速力矩，将三种力矩之和传给驱动器作为力矩限幅的设定值。

除此之外，卷径既可以通过传感器测量的方式传给 FB_Winder 功能库，也可以通过其内部的卷径计算功能块进行计算，本机采用的是内部集成的厚度法，通过设置初始卷径 $D_{初}$ 以及材料厚度 $W_{厚}$ 实时计算出收放卷的卷径。

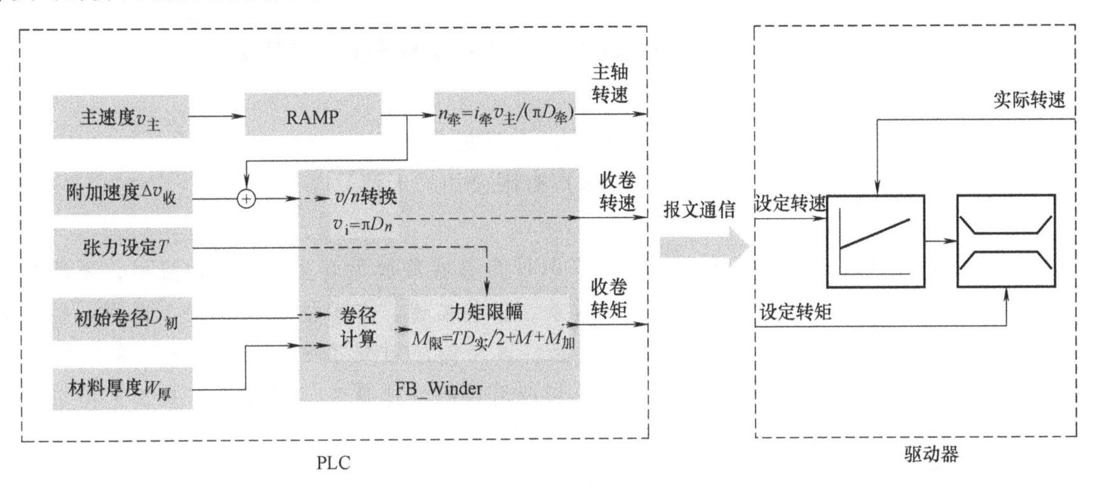

图 6　间接张力控制

4. 定长停车与定径停车

本机要求实现定长停车和定径停车的功能，由于铝箔轧机收放卷的减速时间较长，所以在定长和定径停车时不能忽略在发出减速命令后设备继续收卷的长度，因此通常需要提前发出命令，本机调用了 FB_Winder 内部的功能块，可以实时地计算从发出停车信号后直至停车的这个过程中，剩余的卷径或者剩余的距离，触发停车条件计算公式如下：

$$\text{实时卷径 } D_{实时}+\text{剩余卷径 } D_{剩余}\geqslant\text{设定停车卷径 } D_{设定}$$

$$\text{实时长度 } L_{实时}+\text{剩余长度 } L_{剩余}\geqslant\text{设定停车长度 } L_{设定}$$

实时卷径 $D_{实时}$ 比较容易确定，但是由于收卷轴实际速度与牵引轴不同，铝箔轧机收卷实时长度与普通的收放卷的计算方法并不相同，为了更加准确地确定实时长度，可通过面积换算收卷的实时长度，公式如下：

$$\text{实时长度 } L_{实时}=(\pi R^2_{实时}-\pi R^2_{初})/W_{厚}$$

四、运行效果

在高低速档、单双电机、不同轧制厚度等各种工况下，均进行了带料测试并验证了程序和设备的稳定性，满足了客户对设备生产速度和精度的要求，生产速度最快可达到 900m/min，张力波动在 1%左右，低于客户 1.5%的要求。

五、应用体会

在项目实际调试过程中，SIEMENS 产品的灵活性、开放性、完善的功能库和技术资料以及技术支持，使现场调试时间得到了有利保证，缩短了项目成本，满足了客户要求。

S7-1500 及 V90PN 在凝胶贴膏生产线上的应用
The application of S7-1500 and V90PN in Gel sticking amp production line

李富岭，潘双龙
（西门子（中国）有限公司　天津）

[摘　要] 本文介绍了西门子 S7-1500 及 V90PN 产品在凝胶贴膏生产线上的应用，系统介绍了该生产线实际应用案例的项目背景、工艺描述、方案描述（配置、选型、控制策略等）、控制难点及现场实施等内容。该案例应用到了 S7-1500 工艺对象的定位及同步功能，并通过飞锯应用库和轮切应用库的快速集成，实现了客户工艺需求并顺利通过验收。

[关 键 词] 凝胶贴膏、飞锯应用、轮切应用

[Abstract] This paper introduces the application of SIEMENS S7-1500 and V90PN products in Gel sticking amp production line, and systematically introduces the project background, process description, scheme description (configuration, selection, control strategy, etc.), control difficulty level field implementation of the actual case of plaster machine. This case is applied to the positioning and synchronization function of S7-1500 process object. Through the rapid integration of flying saw application library and rotary knife application library, The process requirements of the customer have been realized and passed the acceptance smoothly.

[Key Words] Plasters、Flying saw application、Rotary knife application

一、项目简介

1. 行业简要背景

凝胶贴膏属于膏药的一种贴，膏药是中药外用的一种，古称薄贴，用植物油或动物油加药熬成胶状物质，涂在布、纸或皮的一面，可以较长时间地贴在患处，主要用来治疗疮疖、消肿痛等。

膏药作为中华传统中药剂历史悠久，但长期以来生产过程大多以手工摊制或者半自动设备摊制，最后经人工裁剪和包装等制作方式。由于膏药具有黏稠的特性，不仅生产效率低，生产的产量很难满足市场需求，而且这种手工操作过程，使剂量及成品的一致性很难达到药典所规定的要求，非常不适应目前制药行业的发展。为此，跟客户一起研制了一种全自动凝胶贴膏生产线，采用了全自动控制的方法，有效地保证了膏药制作中剂量控制精度，大幅度提高了生产效率，并且可以根据生产工艺灵活调整药物的剂量和加工规格，具有一定的通用性。

2. 工艺流程

该生产线由多个工艺段组成（见图 1），包括放卷纠偏控制单元、药剂水浴加热及辊缝控制单

元、压板成型单元、负压皮带吸附送料单元、分切单元、称重单元、成品输送摆放单元，工艺流程如图 2 所示。

图 1　生产线全貌

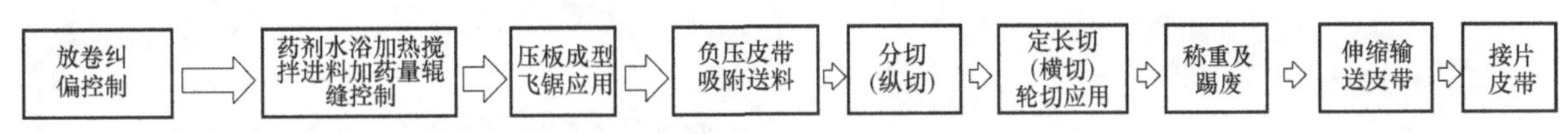

图 2　工艺流程

接下来将详细介绍不同工艺段的工艺难点、前后段关系及每个单元的工艺发展趋势。

（1）放卷纠偏控制单元及药剂水浴加热及辊缝控制单元

放卷纠偏控制单元主要用于原料放卷张力控制及纠偏（见图 3），放卷原料有两种（上辊水刺布和下辊 PPT 压花膜），经由药剂水浴加热及辊缝控制单元将药剂加到上下两种材料中间（通过调节左右辊缝控制加药量），经由上下两组牵引辊，将复合后的药贴牵引至输送皮带。左右辊缝（A1/A2）控制使用绝对值编码器带抱闸电机，采用定位控制。上下牵引辊（A3/A4）采用齿轮同步控制与虚拟主轴同步。

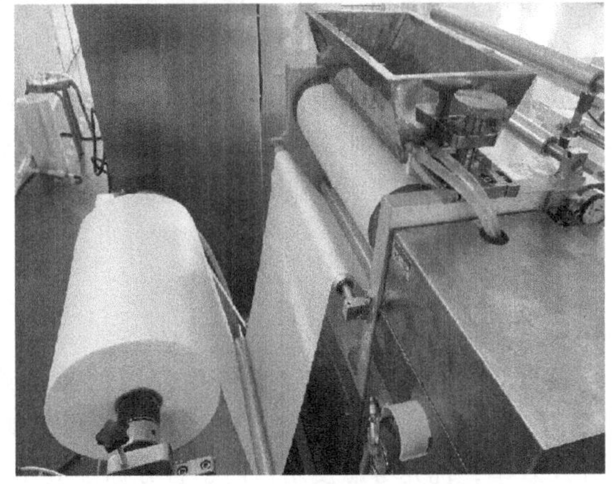

图 3　放卷纠偏控制单元及药剂水浴加热及辊缝控制单元

（2）压板成型单元

压板成型单元主要用于将加药后的药贴，在原料运行过程中同步压制成工艺需求的形状，并形成空白间隙（由于中药制剂黏稠，防止粘到刀具及皮带上），图 4 所示为压板成型单元。压板成型单元采用丝杠直连驱动，压料磨具升降采用气缸控制，工艺难点是飞锯应用，根据压板成型单元每次加工的长度、主轴运行速度、同步加工时间，调用 Flying Saw 功能库实现，该单元工艺应用也可以采用 Cam 同步实现。

（3）负压皮带吸附送料单元

负压皮带吸附送料单元是送料皮带的一部分，位于压板成型单元后方，皮带上开孔，通过真空泵提供的负压将药贴吸附在皮带上，防止打滑，输送皮带轴（A5）采用齿轮传动，是整线的主轴。

（4）分切单元

分切单元主要用于对原料进行纵切和横切，图5所示为横切刀、纵切刀的机械结构及安装位置，纵切是根据工艺需求，切边后将宽的药贴分切成窄条，纵切刀片压在底辊上被动旋转分切。横切刀轴（A8）采用的是安装在刀轴的斜刀，底辊为光轴，该工艺单元的发展趋势是增加安装色标检测装置进一步提高剪切精度。该工位的工艺难点是轮切应用，根据工艺要求的切长及主轴速度，通过调用轮切库实现，这部分是整条线的核心，轮切的剪切精度直接影响成品率。本文将重点介绍分切单元的电机选型、调试关键点及调试过程遇到的问题及处理办法。

图4　压板成型单元

图5　横切刀、纵切刀的机械结构及安装位置

（5）称重单元

称重单元主要用于对加工后的药贴进行称重及踢废，该机型纵切成三条对应三个称重单元。

（6）成品输送摆放单元

成品输送摆放单元由伸缩皮带（A9）及接片皮带（A6）组成，药贴加工后需要进行晾干工艺，用到的功能为定位控制，伸缩皮带根据摆放尺寸依次将成品放到成品料盘里，料盘接满后接片皮带移动一个料盘的位置，伸缩皮带重复进行摆料。

二、方案描述

1. 控制策略

结合产线的工艺需求，整条生产线的控制策略图如图6所示，A1/A2/A5/A6/A9为定位轴，A3/A4/A7/A8为同步轴，为了便于程序编程控制还定义了B1/B2/B3/B4为同步虚轴，为提高调试及开发效率，优先考虑使用西门子官方标准应用库为解决方案，压板单元采用Flying Saw飞锯应用库，分切单元采用Rotary Knife轮切应用库。

2. 方案比较及选择依据

西门子针对Flying Saw及Rotary Knife提供了不同的解决方案，分别基于Simotion、SINAMICS DCB-扩展及SIMATIC S7-1500 T平台，三种不同解决方案控制原理相同，在具体功能上有所区别（见图7和图8）。

结合设备的机械参数和性能指标要求（线速度为0～5m/min，切长100mm时剪切误差要求<±0.5mm），影响剪切误差的因素有以下几点：

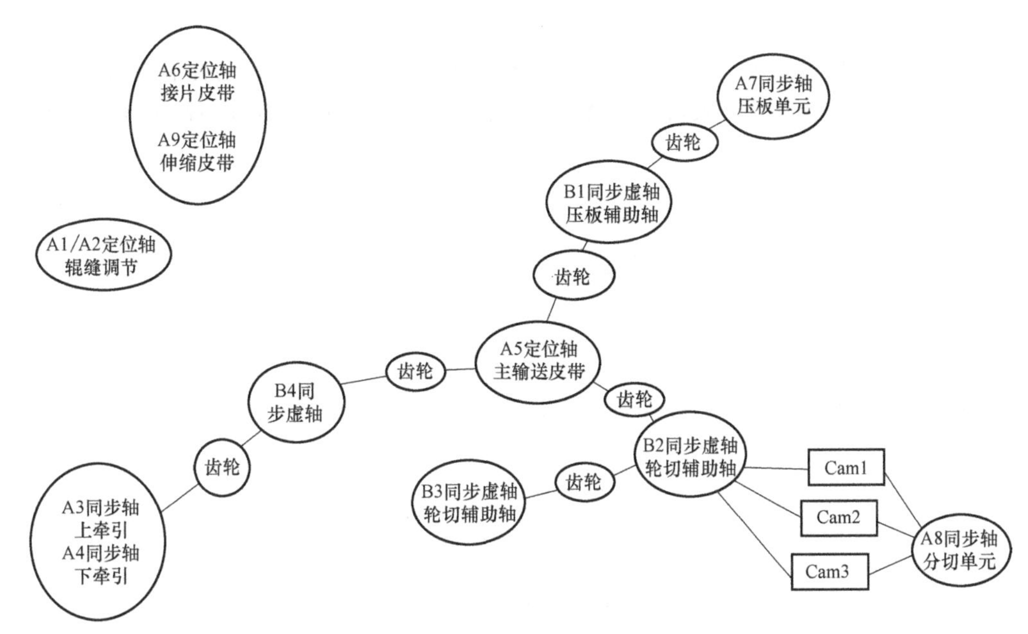

图 6　控制策略

功能描述	Simotion 飞锯应用	基于 SINAMICS DCB 扩展的飞锯应用	SIMATIC S7-1500(T) 飞锯应用(基本)	SIMATIC S7-1500T 飞锯应用(高级)
运行中修改长度	√	√	√	√
主引导值切换	√	√(有限制)	—	√
色标修正	√	√	√(有限制)	√
动态调整启动位置	√	×	×	√

图 7　Flying Saw 不同解决方案对比

功能描述	Simotion 轮切应用	基于 SINAMICS DCB 扩展的轮切应用	SIMATIC S7-1500T 轮切应用
运行中修改长度	√	√	√
主引导值切换	√	√(有限制)	√
色标修正	√	√	√
样切功能	√(可编程张数)	√(仅切一张)	×
Cam 曲线轮廓	√线性 √5 次多项式 √Sin 曲线 √加加速	√5 次多项式	√线性 √5 次多项式 √Sin 曲线 √加加速 √7 次多项次
材料厚度补偿	√需准确设定厚度	√仅设定最大厚度	√需准确设定厚度

图 8　Rotary Knife 不同解决方案对比

1）机械系统的误差（齿轮箱齿隙、联轴器键槽间隙及传动系统刚性）。

2）轮切电机的额定及最大运行速度、编码器分辨率及精度、传动系统减速比。

3）负载转动惯量比，引导轴主值的分辨率及速度波动。

4）轮切刀轴的位置分辨率，可通过 Excel 表格工具计算不同 CPU 运动控制处理的周期时间下的位置分辨率（见图 9~图 11）。表格下载链接如下：https：//support. industry. siemens. com/cs/ww/en/view/109779993。

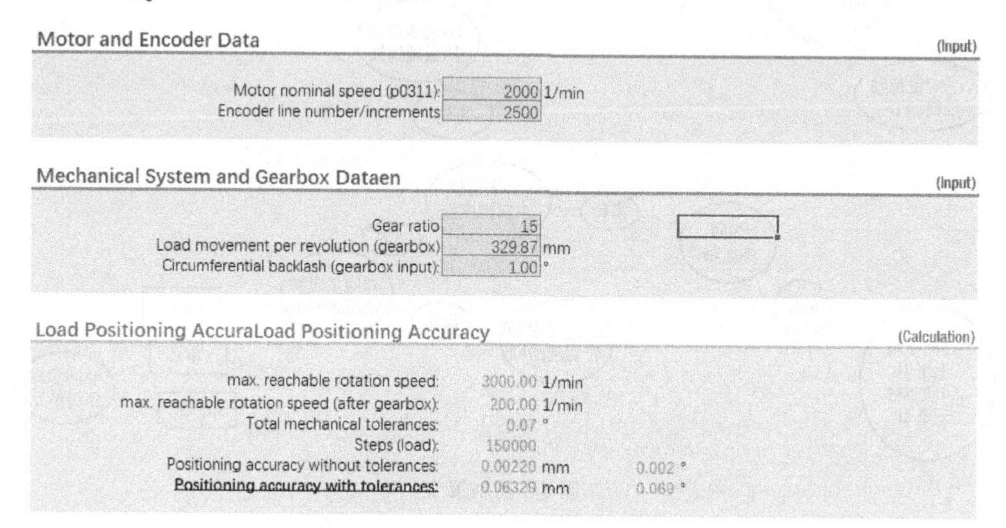

图 9　轮切刀轴电机参数、机械参数及位置分辨率

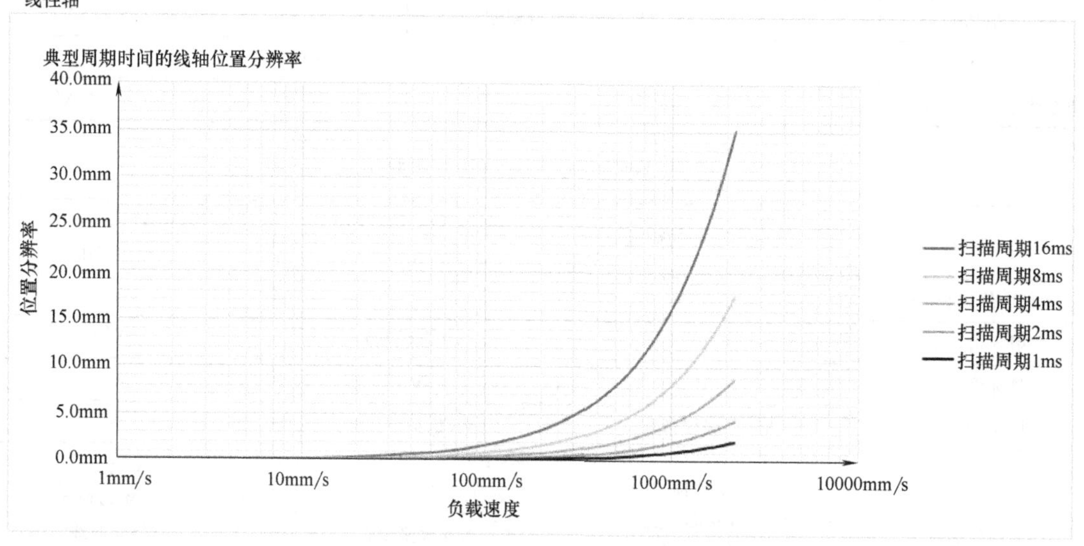

图 10　轮切刀轴不同循环周期对应的位置分辨率

基于以上计算过程在负载转动惯量确定的情况下，缩短运动控制周期能够有效降低跟随误差，并能获得更好的位置分辨率，考虑到 V90PN 的 PN 总线最短为 2ms，在 5m/min 的运行速度下（约 83mm/s），2ms 运动控制周期时对应 0. 19mm 位置分辨率，在考虑同步区角度设置（材料宽度）时，0. 19mm 的位置分辨率可以满足要求的剪切误差<±0. 5mm，最终选择 2ms 运动控制周期。

在综合考虑设备的使用环境、供电系统等因素后，借助 Sizer 及 TIA Selection Tool 选型工具不仅

缩放比例	电机转速 /(1/min)	负载速度 /(mm/s)	机械位置分辨率 / mm				
			循环周期1 ms	循环周期 2 ms	循环周期 4 ms	循环周期8ms	循环周期 16 ms
0.0%	0.3	0	0.06	0.06	0.06	0.06	0.06
0.5%	15	5	0.06	0.06	0.06	0.06	0.13
1.0%	30	11	0.06	0.06	0.06	0.13	0.19
2.0%	60	22	0.06	0.06	0.13	0.19	0.38
4.0%	120	44	0.06	0.13	0.19	0.38	0.76
5.0%	150	55	0.06	0.13	0.25	0.44	0.89
10.0%	225	82	0.13	0.19	0.38	0.70	1.33
15.0%	400	147	0.19	0.32	0.63	1.20	2.40
20.0%	600	220	0.25	0.44	0.89	1.77	3.54
25.0%	750	275	0.32	0.57	1.14	2.22	4.43
30.0%	900	330	0.38	0.70	1.33	2.66	5.32
35.0%	1050	385	0.44	0.82	1.58	3.10	6.20
40.0%	1200	440	0.44	0.89	1.77	3.54	7.09
45.0%	1350	495	0.51	1.01	2.03	3.99	7.97
50.0%	1500	550	0.57	1.14	2.22	4.43	8.80
55.0%	1650	605	0.63	1.27	2.47	4.87	9.68
60.0%	1800	660	0.70	1.33	2.66	5.32	10.57
65.0%	1950	715	0.76	1.46	2.91	5.76	11.45
70.0%	2100	770	0.82	1.58	3.10	6.20	12.34
75.0%	2250	825	0.89	1.71	3.35	6.65	13.23
80.0%	2400	880	0.89	1.77	3.54	7.09	14.11
85.0%	2550	935	0.95	1.90	3.80	7.53	15.00
90.0%	2700	990	1.01	2.03	3.99	7.97	15.88
95.0%	2850	1045	1.08	2.15	4.24	8.42	16.77
100.0%	3000	1100	1.14	2.22	4.43	8.80	17.59

图 11　轮切刀轴不同循环周期对应的位置分辨率（计算表）

可以计算电机负载并选出合适的驱动系统，同时也能计算出 CPU 性能及运动控制资源使用情况，这里以 2ms 运动控制周期 5 个定位轴 8 个同步轴 3 条 Cam 曲线需求，分别计算 Simotion 及 S7-1500 T 的 CPU 负荷（见图 12 和图 13）。考虑到供货周期及客户工程师对开发平台的熟悉程度，选择了最具性价比的预装 CPU 1505SP T 的开放式控制器 S7-1515SP PC2 T，由于客户暂时没有 GMP 认证需求，HMI 选型为 KTP1200。

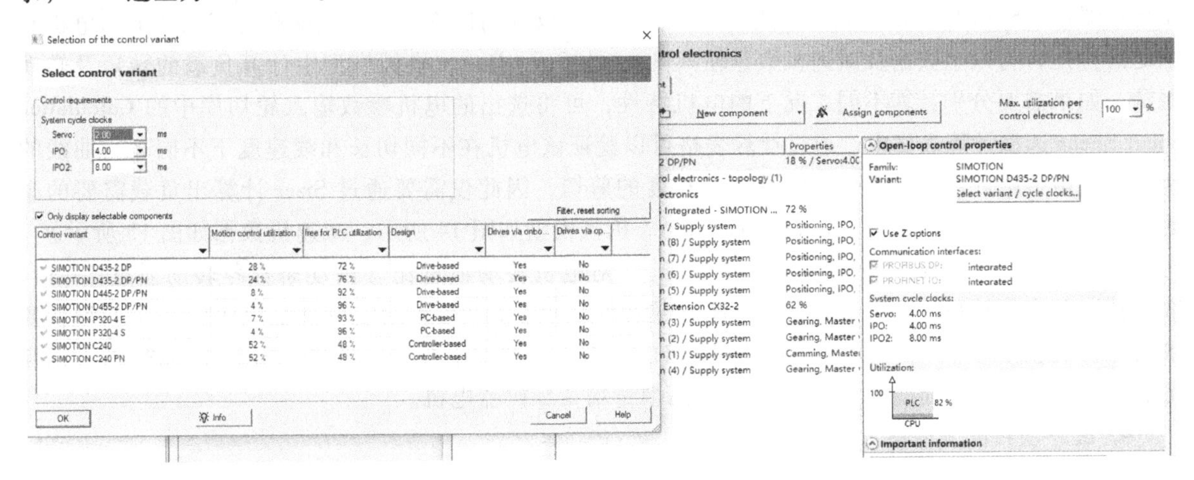

图 12　基于 Sizer 工具计算 CPU 性能

（运动控制周期 2ms 时 5 个定位轴 8 个同步轴 Simotion D435-2 的 CPU 运动控制负荷 24%）

伺服驱动可以选择的系列有 S120、S210、V90PN，考虑到整线运行速度及性能需求，最终选择性价比最高的 V90PN。

3. 驱动选型计算过程

可以通过手工计算或者通过 Sizer 及 TIA Selection Tool 进行选型计算，这里以轮切轴为例介绍选型计算过程。

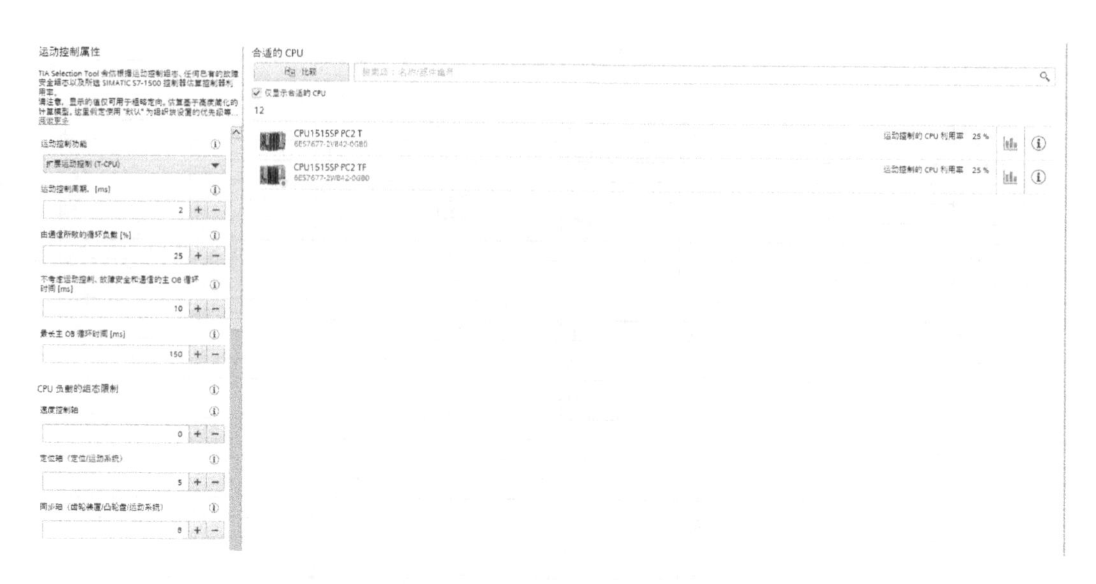

图 13　基于 TIA Selection Tool 工具计算 CPU 性能

（运动控制周期 2ms 时 5 个定位轴 8 个同步轴 CPU 1515SP PC2 T 的 CPU 运动控制负荷 25%）

刀轴直径为 105mm，刀轴材质为实心钢材，刀轴有效长度为 600mm，减速机速比 $i=15:1$，刀辊与底辊通过齿轮传动，材料线速度最大为 5m/min，最短切长为 100mm，刀刃倾斜角度为 1°（实际同步区设定为 30°），剪切力为 60N · m。

根据圆柱体转动惯量计算公式可以分别计算出刀辊转动惯量、传动齿轮转动惯量以及电机联轴器转动惯量。Sizer 中提供了轮切应用的机械模型，可以分别计算不同线速度和剪切长度下的电机和驱动器特性，将以上数据及减速机数据输入 Sizer 的 Cross Cutter 机械模型中计算负载的转矩及转动惯量，如果需要分别计算不同工况下的电机特性，可将选出的电机参数输入轮切库中的 Calculation Sheet Shear 选型计算表格中，通过计算表格可以验证该电机在不同切长和线速度下不同运行曲线的速度和扭矩情况。由于本案例只涉及固定长度的剪切，因此仅需要通过 Sizer 计算出负载需要的驱动转矩、转速及转动惯量。Sizer 的 Cross Cutter 机械模型如图 14 所示，减速机数据如图 15 所示。

根据计算结果查询 V90 样本（见图 16），核对电机转动惯量比（高动态推荐转动惯量比<5）、额定转矩及峰值转矩、电机编码器分辨率（见图 9）考虑负载公差的定位精度为 0. 063mm 与设备要求的剪切误差（小于±0. 5mm）满足 5～10 倍的关系，从样本中核对计算结果 1. 5～2. 0kW 都可以满足需求，考虑到货期问题最后选择 2. 0kW 高惯量增量编码器电机。

4. 最终项目配置清单

配置清单见表 1。

三、控制系统完成的功能（控制难点及要点介绍）

1. 控制系统功能介绍

控制系统的构成如图 17 所示，系统采用 S7-1515SP PC2 T 为控制核心，通过 TO 工艺对象控制各轴的运动，PLC 与 V90PN 采用 PN 总线 IRT 通信（V90PN 采用 105 报文），总线及 OB91 的运动控制更新周期为 2ms，项目使用的 TIA 软件版本为 V17，PLC 固件版本为 V21. 9，V90 PN 固件版本为 V1. 4. 3。

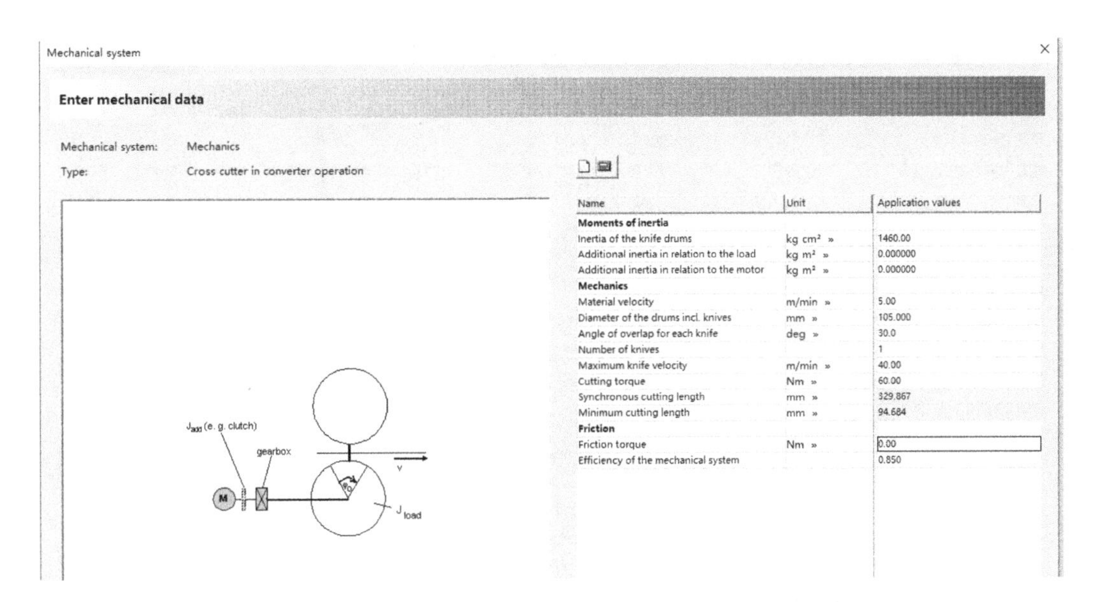

图 14 Sizer 的 Cross Cutter 机械模型

（刀轴转动惯量为 1460kg · cm^2，材料速度为 5m/min，刀轴直径为 105mm，同步区角度为 30°，单刀系统，由于剪切的板长 100mm 小于刀轴周长 329.867mm，在格式调整区需要先加速后减速至同步区的同步速度，这里最大刀轴速度设为 40m/min，剪切力为 60N · m，机械效率为 0.85）

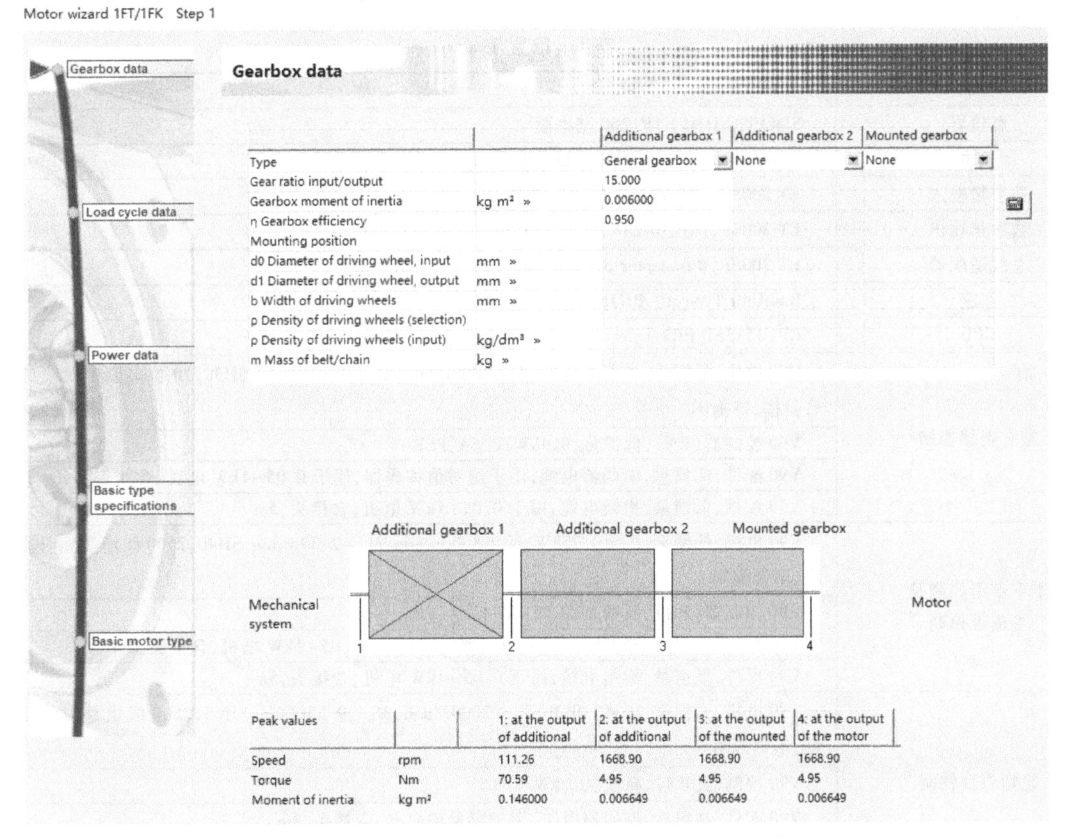

图 15 减速机数据（减速机速比 i=15∶1，转动惯量为 0.006kg · m^2，机械效率为 0.95）

技术数据											
订货号 1FL6	042-1AF	044-1AF	061-1AC	062-1AC	064-1AC	066-1AC	067-1AC	090-1AC	092-1AC	094-1AC	096-1AC[2]
轴高 (SH)	45		65					90			
额定功率 (kW)[1]	0.40	0.75	0.75	1.00	1.50	1.75	2.00	2.50	3.50	5.00	7.00
马力 (HP)	0.54	1.02	1.02	1.36	2.04	2.38	2.72	3.40	4.76	6.80	9.52
额定扭矩 (Nm)[1]	1.27	2.39	3.58	4.78	7.16	8.36	9.55	11.90	16.70	23.90	33.40
额定速度 (rpm)	3000		2000					2000			
最大扭矩 (Nm)[1]	3.8	7.2	10.7	14.3	21.5	25.1	28.7	35.7	50.0	70.0	90.0
最大速度 (rpm)	4000		3000					3000		2500	2000
额定电流 (A)	1.2	2.1	2.5	3.0	4.6	5.3	5.9	7.8	11.0	12.6	13.2
最大电流 (A)	3.6	6.3	7.5	9.0	13.8	15.9	17.7	23.4	32.9	36.9	35.6
扭矩常数 (Nm/A)	1.1	1.2	1.5	1.7	1.6	1.7	1.7	1.6	1.6	2.0	2.7
惯量 (10^{-4}kg·m^2) (带抱闸)	2.7 (3.2)	5.2 (5.7)	8.0 (9.1)	11.7 (13.5)	15.3 (16.4)	22.6 (23.7)	29.9 (31.0)	47.4 (56.3)	69.1 (77.9)	90.8 (99.7)	134.3 (143.2)
热等级	B (130 °C)										
防护等级	IP65										
推荐负载惯量与电机惯量比	最大 10 倍		最大 5 倍					最大 5 倍			
编码器类型	增量编码器 TTL 2500 ppr 绝对值编码器 20-位 + 12-位多圈										
安装类型	IM B5 (IM V1 和 IM V3)										
重量 (kg)[4] (带抱闸)	3.3 (4.6)	5.1 (6.4)	5.6 (8.6)	7.0 (10.1)	8.3 (11.3)	11.0 (14.0)	13.6 (16.6)	15.3 (21.3)	19.7 (25.7)	24.3 (30.3)	33.2 (39.1)

图 16 V90 样本中 1FL6 电机数据（电机扭矩、转速、转动惯量等）

表 1 配置清单

功能	名　　称
触摸屏	SIMATIC HMI KTP1200 基本版
导轨	Stand. sectional Rail 35mm, Length 483mm
数字量输入	ET 200SP, DI 16×24V DC ST, PU1
数字量输出	ET 200SP, DQ 16×24V DC/0,5A ST, PU 1
总线适配器	ET 200SP, Busadapter BA 2×RJ45
底座	BaseUnit Type A0, BU15-P16+A0+2D
CPU	CPU1515SP PC2 T
左右辊缝控制	V90 电机，低惯量，$P_n=0.4$kW，$N_n=3000$r/min，$M_n=1.27$r/min，SH30，20 位多圈绝对值编码器，带键槽，带抱闸
	V90 控制器(PN)，低惯量，0.4kW/2.6A，FSB
	V90 配件，低惯量，编码器电缆，用于绝对值编码器，用于 0.05~1kW 电机，含接头，5m
	V90 配件，低惯量，抱闸电缆，用于 0.05~1kW 电机，含接头，5m
上下牵引控制及主皮带控制	V90 电机，低惯量，$P_n=0.75$kW，$N_n=3000$r/min，$M_n=2.39$r/min，SH40，2500 线增量编码器，带键槽，不带抱闸
	V90 控制器(PN)，低惯量，0.75kW/4.7A，FSC
	V90 配件，低惯量，2500S/R 增量编码器电缆，用于 0.05~1kW 电机，含接头，5m
	V90 配件，低惯量，抱闸电缆，用于 0.05~1kW 电机，含接头，5m
轮切刀轴控制	V90 电机，高惯量，$P_n=2.0$kW，$N_n=2000$r/min，$M_n=9.55$r/min，SH65，2500 线增量编码器，带键键，不带抱闸
	V90 控制器(PN)，高惯量，2kW/7.8A
	V90 配件，高惯量，编码器电缆，用于增量编码器，含接头，3m
	V90 配件，高惯量，抱闸电缆，含接头

（续）

功能	名　称
伸缩皮带及接片皮带控制	V90 电机，低惯量，P_n = 1.5kW，N_n = 3000r/min，M_n = 4.78N · m，SH50，2500 线增量编码器，带键槽，不带抱闸
	V90 控制器（PN），低惯量，1.5kW/10.6A，FSD
	V90 配件，高惯量，编码器电缆，用于增量编码器，含接头，5m
	V90 配件，高惯量，抱闸电缆，含接头

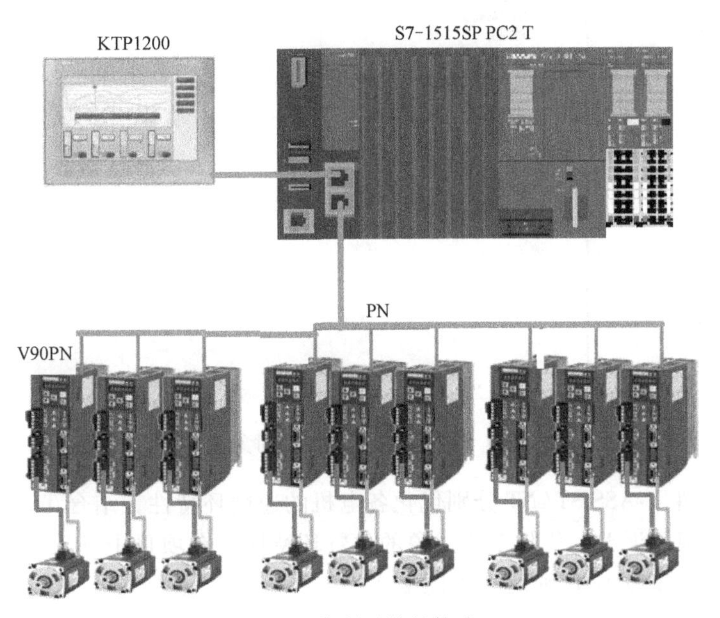

图 17　控制系统的构成

在 TIA V17 中分别组态 PLC、HMI、V90PN 硬件及网络拓扑，根据图 6 的控制策略结合飞锯库及轮切库的应用需求分别组态工艺对象相关参数及主值互联关系。网络拓扑组态如图 18 所示，功能库导入及工艺对象组态如图 19 所示。

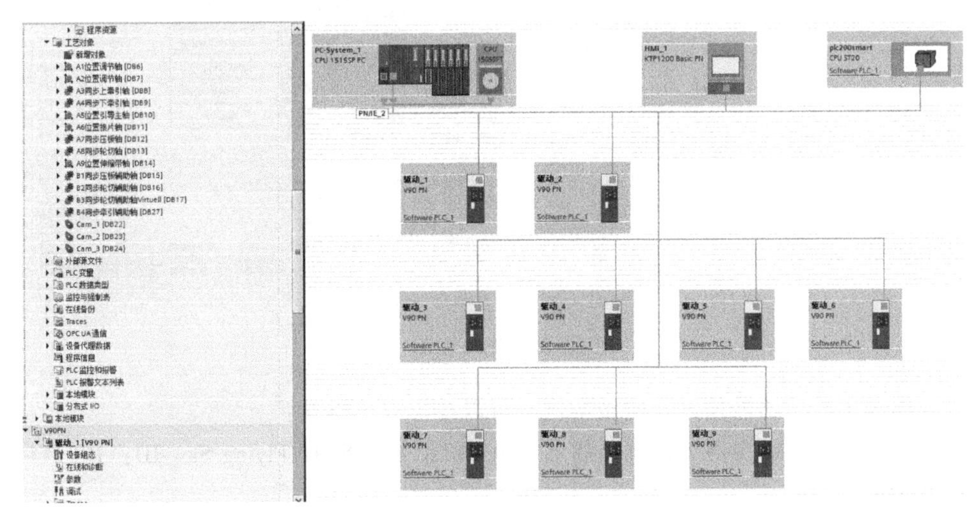

图 18　网络拓扑组态

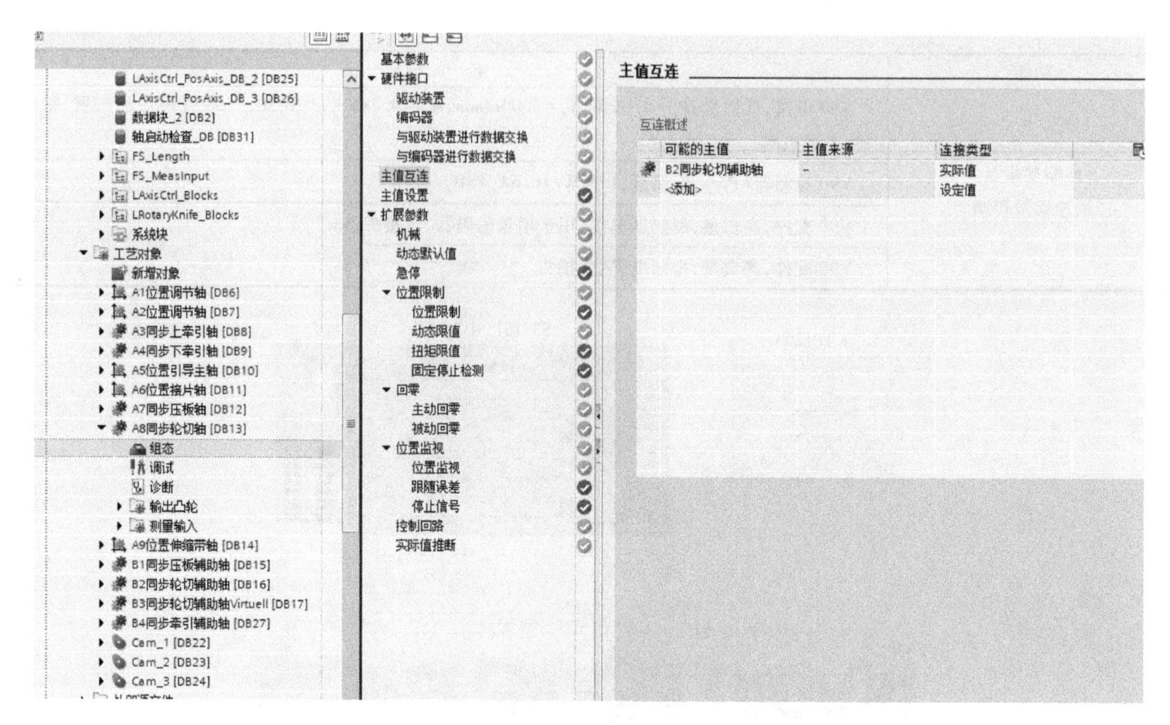

图 19　功能库导入及工艺对象组态

通过 V90 调试软件 V-ASSISTANT 分别优化各电机的速度环特性，结合 Trace 工具及轴控制面板测试轴的运行特性及跟随误差，优化工艺对象的位置环特性。在项目中导入飞锯库及轮切库，并根据工艺要求编写控制程序及 HMI 画面（见图 20）。

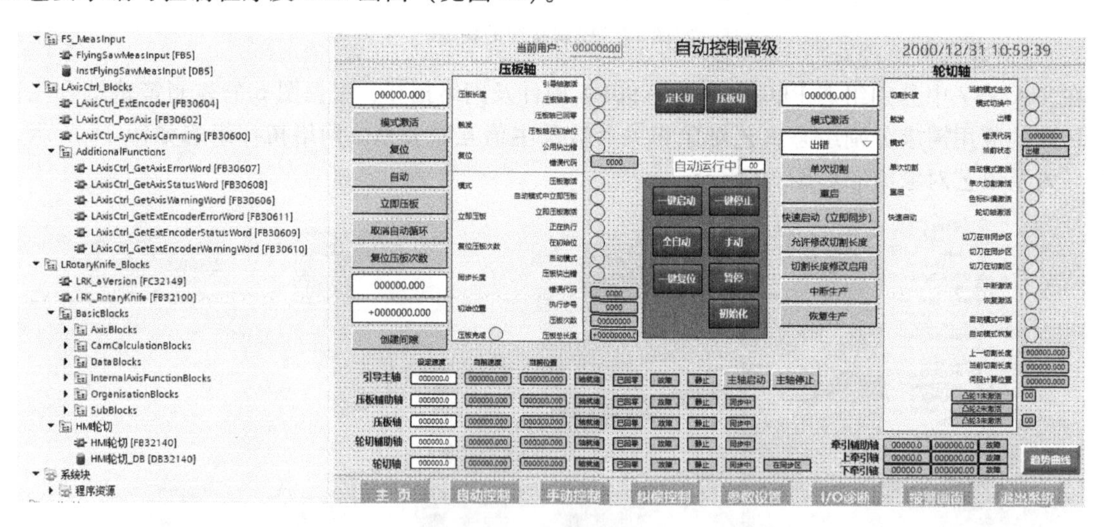

图 20　HMI 画面

关于功能库的集成、功能描述及应用案例，可以参考以下链接：

SIMATIC 飞锯标准应用实例下载链接如下：SIMATIC S7-1500T Flying Saw-ID：109744840-Industry Support Siemens。

SIMATIC 轮切标准应用实例下载链接如下：https：//support. industry. siemens. com/cs/ww/en/

view/109757260。

2. 性能指标

设备主要性能指标要求：

1）标准加工尺寸：140mm 宽、100mm 长。

2）切长 100mm 时最大线速度为 5m/min。

3）分切精度误差要求<±0.5mm（即每片重量为 13.8~14.2g，偏差不超过 0.6g）。

3. 控制关键点及难点

该产线的关键点及难点是分切单元的轮切应用在不同速度下的剪切精度，除了对驱动进行优化外，在项目集成的时候要注意以下关键点：

1）注意轮切库及轴工艺对象的版本匹配：S7-1500 T 的轮切库 SIMATIC_RotaryKnife_V122 版本集成的 LAxisCtrl 功能库是基于 V4.0 工艺对象创建，CAM 工艺对象基于 TO_CAM，最高支持到 V5.0 版本。如果要使用运动控制 V6.0 的新功能（例如 TO_CAM_10K 工艺对象），需要使用最新发布的 Rotary Knife _V1.3 库版本。

2）刀轴的零点位置与机械坐标系标定：在刀轴的传动齿轮安装有零点开关，用于主动回零时确认参考点。图 21 所示为轮切轴同步运行曲线，结合图 5 轮切刀刃的机械结构，该项目中将刀刃中心位置与底辊接触的位置标定为 0 点，如果刀轴零点位置与机械坐标系不对应，将会导致剪切位置偏移进而影响到剪切精度，实际应用时还需要考虑刀轴的跟随误差，灵活调整同步区的起始位置，以保证刀轴在进入同步区时真正与材料保持速度同步。

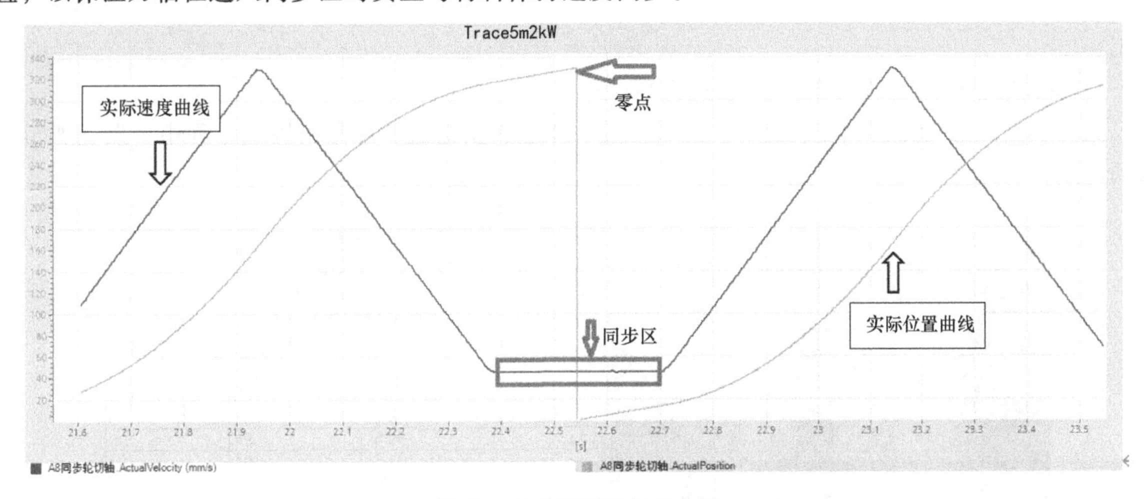

图 21　轮切轴同步运行曲线

3）轮切工艺参数设定：轮切库开放的接口非常多，能够涵盖多种机械结构的应用场景，必须理解并掌握不同机械结构及剪切材料对应的参数设定，结合具体工艺进行初始化和参数设定，图 22 所示为轮切相关工艺参数设定 HMI 画面。

4）刀轴安装角度调整：由于刀刃是倾斜的，刀架必须与材料保持相应的倾斜度，如果角度不对会造成剪切出来的材料不是矩形的，还会造成对材料的拉扯，导致材料抖动，进而影响剪切精度。如果机械角度调整有限制也可以通过调整同步区速度叠加进行修正。

5）刀轴直径设定：刀轴直径设定不合理会导致同步区速度不一致，加工时会对材料拉扯或堆料，有时在材料厚度不能忽略的情况下，可以通过调整刀轴直径或者调整同步区速度叠加进行

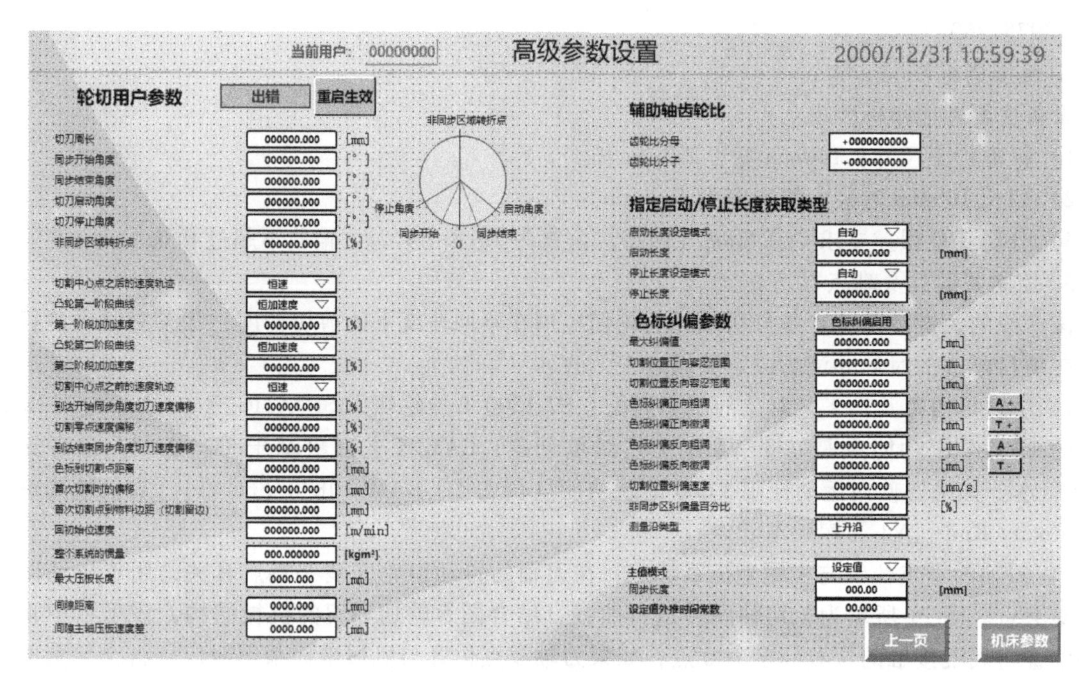

图 22　轮切相关工艺参数设定 HMI 画面
（切刀周长、同步开始角度、同步结束角度、切刀停止角度等）

修正。

4. 调试过程中遇到的难点、解决方法及步骤

生产线空载运行时测试逻辑及各加工单元的动作逻辑正常后，在带料测试过程中，发现加工出来的药贴长度长短不一致，严重超差。图 23 所示为实际剪切尺寸统计。

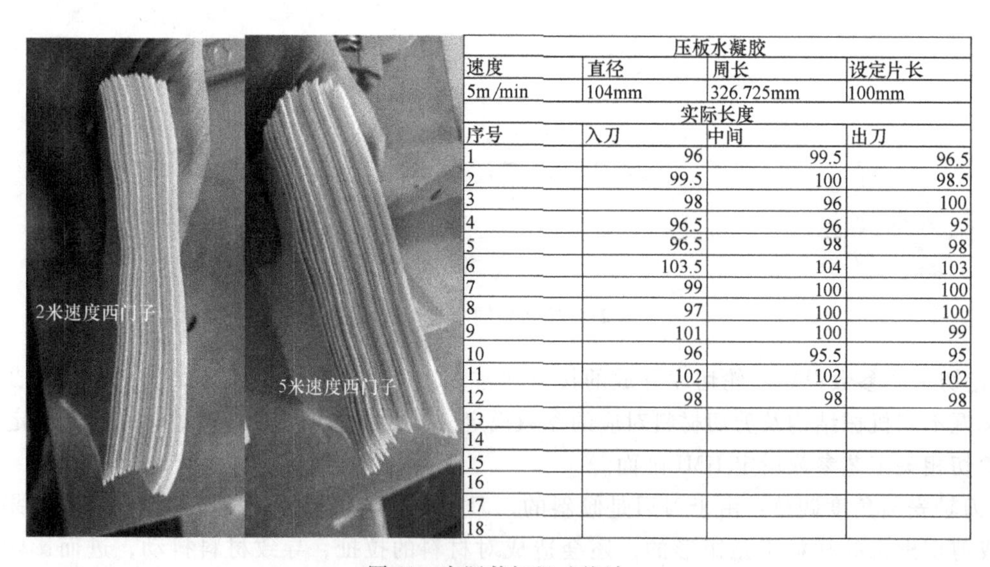

压板水凝胶			
速度	直径	周长	设定片长
5m/min	104mm	326.725mm	100mm
实际长度			
序号	入刀	中间	出刀
1	96	99.5	96.5
2	99.5	100	98.5
3	98	96	100
4	96.5	96	95
5	96.5	98	98
6	103.5	104	103
7	99	100	100
8	97	100	100
9	101	100	99
10	96	95.5	95
11	102	102	102
12	98	98	98
13			
14			
15			
16			
17			
18			

图 23　实际剪切尺寸统计

同一周期内分切出来的长度不一致，前后两次剪切的长度也不一致，低速比高速效果会好一些，从数据统计表分析，找不出规律。在排除参数设定因素外，我们逐一排查可能的原因，包括跟

随误差、机械打滑及机械间隙等因素，具体的分析及处理过程如下：

1）检查轮切刀轴的跟随误差：如图 24 所示，刀轴跟随误差稳定在 0.96mm，并且高低速及每个同步周期都很稳定，排除刀轴跟随误差问题。

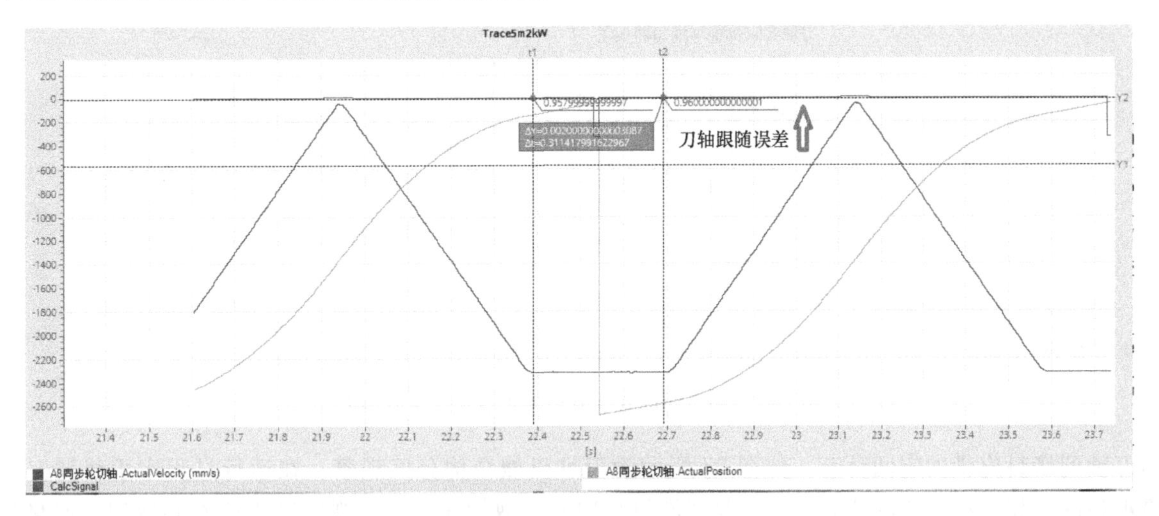

图 24　刀轴跟随误差

2）检查送料皮带的跟随误差：如图 25 所示，送料皮带速度实际值波动误差稳定在 1%以内，并且高低速波动都很稳定，手动测试负压皮带不存在打滑现象，排除送料皮带的影响因素。

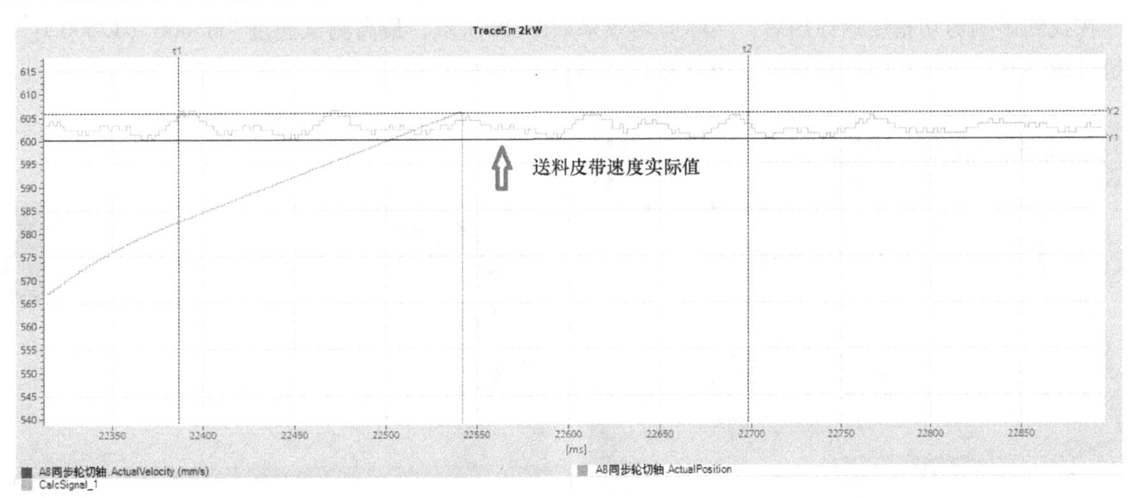

图 25　送料皮带的跟随误差

3）确认刀轴的零点位置：现场反复确认刀轴零点位置及同步区位置正常，排除刀轴零点位置的影响因素。

4）检查刀轴传动环节的机械间隙：停车状态下手动晃刀辊及低辊能明显感觉到间隙，为了验证机械间隙，在刀轴轴端安装一个编码器，用于对比刀轴的机械间隙及同步区影响。通过曲线对比分析，刀轴实际位置与刀轴编码器位置反馈偏差稳定在 0.95mm（见图 26），排除刀轴机械间隙的影响因素。

综上所述，在排除以上各种因素后，唯一可能的影响因素就集中在原材料离开送料皮带通过轮

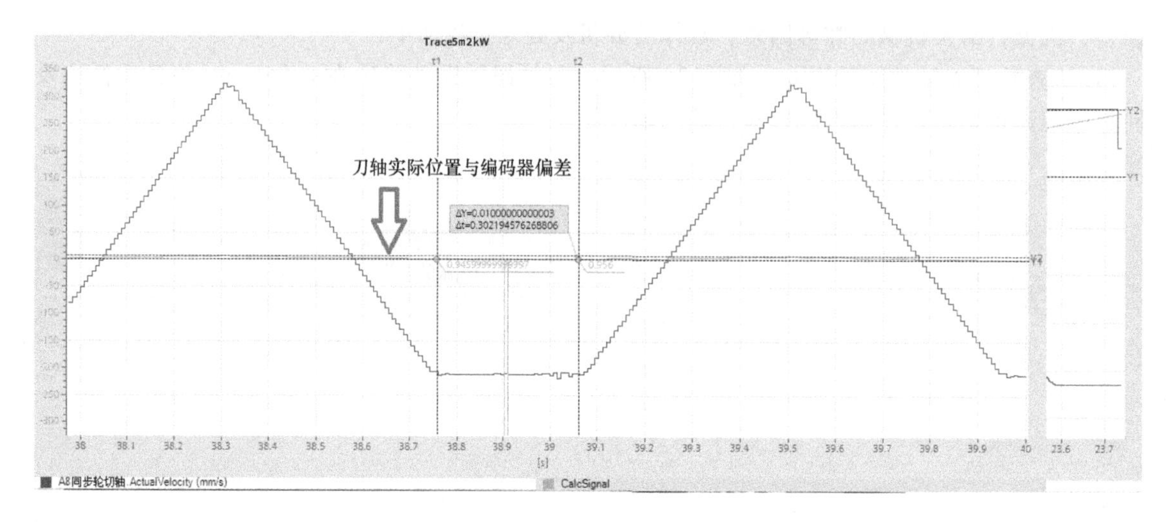

图 26　刀轴实际位置与刀轴编码器反馈位置偏差

切刀轴到接料皮带的中间环节。如图 27 所示为刀轴机械结构分区观察，在运行过程中手机同时拍摄观察区 1 和观察区 2 的状态，在反复回看过程中发现剪切完后，在观察区 1 能看到剪切时原材料的抖动，同时观察区 2 材料与皮带接触时有短暂停顿，在调整皮带与刀轴间距后剪切精度达到理论值<±0. 5mm，反复测试高低速，剪切精度均满足要求。

5. 控制效果

在找到影响剪切精度的原因后，实际剪切效果如图 28 所示，最高测试速度 7m/min （12600 片/h）远超过原型机 5m/min 的运行速度，分切精度也优于原型机。

图 27　刀轴机械结构分区观察

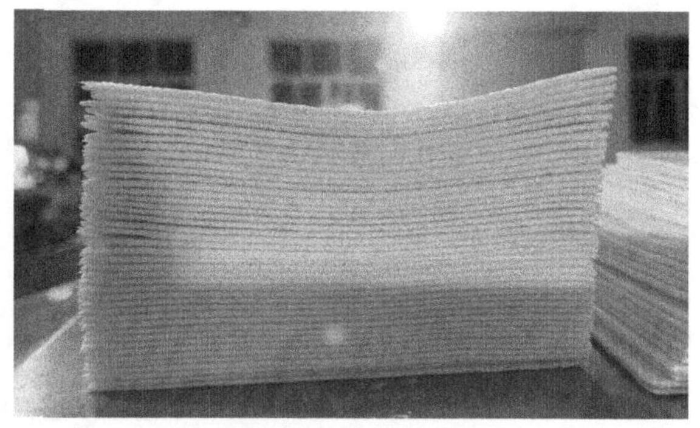

图 28　实际剪切效果

四、改进和提升空间

随着首套样机的成功应用，客户对西门子产品非常认可，后期会将放卷工艺段张力控制、称重工艺段称重模块采用西门子解决方案实现，优化机械设计，减少刀轴的直径进而降低刀轴的转动惯量，能够获得更好的响应特性并提高剪切精度（特别是剪切短板时），进一步减少机械间隙（例如双齿轮消隙），提高电机编码器分辨率（提高电机低速稳定性，进一步降低跟随误差），将轮切伺服

V90PN 升级为 S210 并激活色标测量功能，进一步提高剪切精度，针对 GMP 认证需求的客户将 KTP1200 升级到 TP1200 并激活 AUDIT 功能。

参考文献

[1] 西门子（中国）有限公司. SIMATIC S7-1500T Flying Saw-ID_ 109744840 [Z].

[2] 西门子（中国）有限公司. SIMATIC S7-1500T Rotary Knife-ID_ 109757260 [Z].

[3] 西门子（中国）有限公司. STEP 7 Professional V17 System Manual [Z].

SINAMICS DCM 和 SIMATIC S7-1200 在等离子体点火器中的应用
Application of SINAMICS DCM and SIMATIC S7-1200 in Plasma Ignition

邹 高
（上海昱高电气有限公司 上海）

[摘 要] 本文介绍了西门子 SINAMICS DCM 6RA80 及 SIMATIC S7-1200 在大唐淮南洛河发电厂（安徽淮南洛能发电有限责任公司）的五号锅炉机组等离子体点火燃烧系统改造中所组成的系统配置和网络结构，并对参数设置及调试过程进行了简介。
[关 键 词] SINAMICS DCM 6RA80、SIMATIC S7-1200、等离子体点火器
[Abstract] This paper introduces the configuration and network construction that is consisted of Siemens SINAMICS DCM 6RA80 and SIMATIC S7-1200 in the Plasma Ignition of Datang Huainan Luohe power plant (Anhui Huainan Luoneng Power Generation Co. LTD), and briefly introduced the parameter setting and debugging process.
[Key Words] SINAMICS DCM 6RA80、SIMATIC S7-1200、Plasma Lgnition

一、项目简介

大唐淮南洛河发电厂（安徽淮南洛能发电有限责任公司）位于安徽省淮南市洛河镇（见图 1），始建于 1982 年，总装机容量为 2400MW，共有 1 号至 4 号 4 套 300MW 汽轮发电机组及 5 号、6 号 2 套 600MW 汽轮发电机组，年发电能力可达 140 亿 kW · h 以上。

图 1 大唐淮南洛河发电厂（安徽淮南洛能发电有限责任公司）总览

我国火力发电厂动力源基本上都来自煤粉锅炉，它们的起动点火和低负荷助燃需要消耗大量的燃油，而对于燃烧贫煤的火电厂，起动点火和低负荷助燃所需的燃油则更多。近年来，随着世界性的能源紧张，原油价格不断上涨，火力发电的燃油使用越来越受到限制。因此锅炉机组起动点火和低负荷助燃的用油量被视为一项重要的指标来考核。而等离子体点火器所产生的等离子体，其温度可以达到 6000K 以上，可点燃挥发物占比较低（约为 10%）的贫煤，从而实现锅炉机组的冷态起动而不再依靠燃油。等离子体点火器是火力发电厂点

火、低负荷助燃及稳定燃烧的首选设备，是目前燃油系统改造的最佳替代方案。该系统的主要元器件配置清单见表 1。

表 1　主要元器件配置清单

序号	说明	描述	订货号	数量	制造商
1	直流调速器	400V 3AC 400A 两象限	6RA8081-6DS22-0AA0	1	西门子
2	CPU1215C AC/DC/RLY	S7-1200 CPU	6ES7215-1BG40-0XB0	1	西门子
3	DP 主站模块	DP 通信模块	6GK7243-5DX30-0XE0	1	西门子
4	8DI 输入模块	DI 输入模块	6ES7221-1BF32-0XB0	1	西门子
5	8DI/8RLY 输入输出模块	DI/RLY 输入输出模块	6ES7223-1PH32-0XB0	1	西门子
6	4A0 模拟量输出模块	AO 输出模块	6ES7232-4HD32-0XB0	1	西门子

等离子体点火器如图 2 所示。

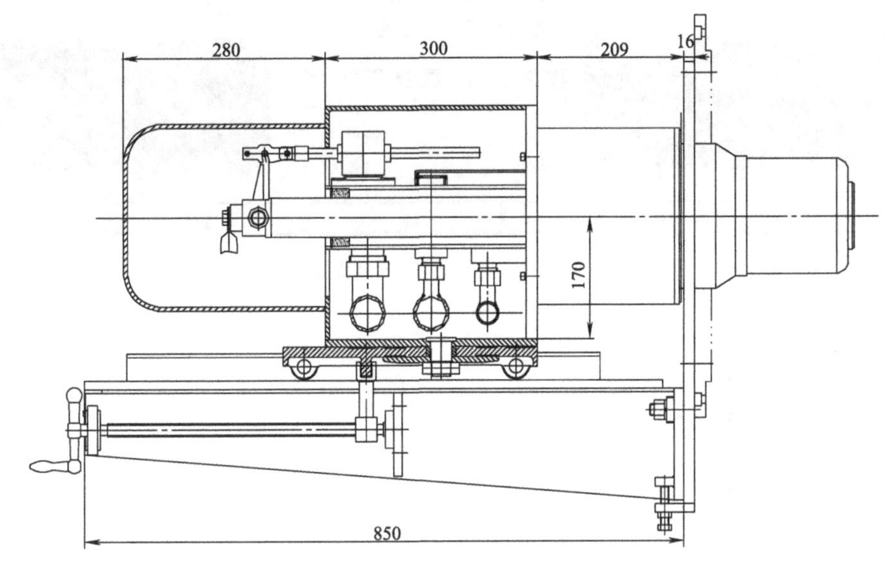

图 2　等离子体点火器

二、系统结构

一套锅炉机组需要 4 套等离子体点火系统，分别位于锅炉的 4 个角上，图 3 中仅标识出了#1 角和#3 角，#2 角和#4 角在另一个 DCS 画面中。由于 4 套等离子体点火系统完全一致，因此本文仅以#1 角的等离子体点火系统做详细说明。等离子体电气系统结构示意图如图 4 所示，等离子体点火系统电源控制柜（成品柜）如图 5 所示，网络结构图及系统配置图如图 6 所示。

等离子体点火器的结构示意图如图 7 所示，其稳定工作的核心是需要一个全波整流的并且具有恒流性抗冲击的直流电源。因此该系统中选用西门子 SINAMICS DCM 6RA80 直流调速器作为大功率且稳定可调的直流电源，使整个系统具有抗短路能力并且输出电流保持恒定不变，并使用 S7-1200 系列 PLC 用于编写控制逻辑，组态网络通信以及设置保护逻辑等功能，其标准化、模块化、扩展性可充分满足该项目的需求。

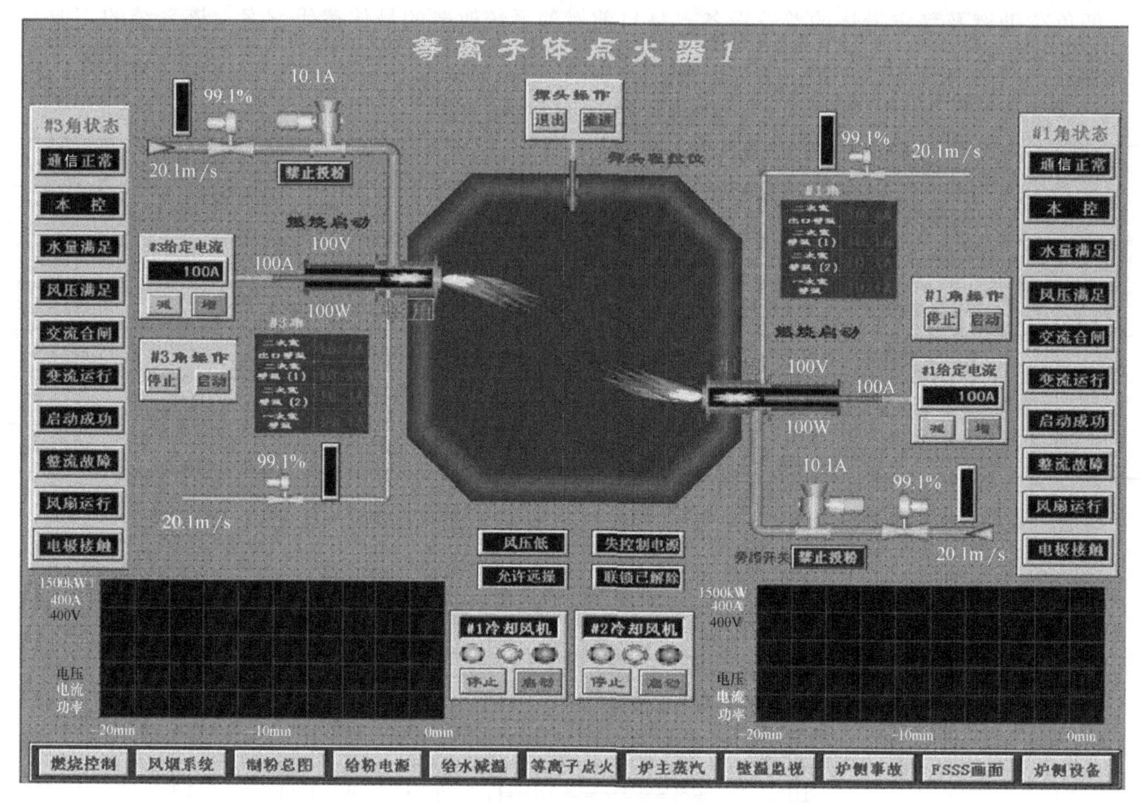

图 3　等离子体点火器 DCS 画面示意图

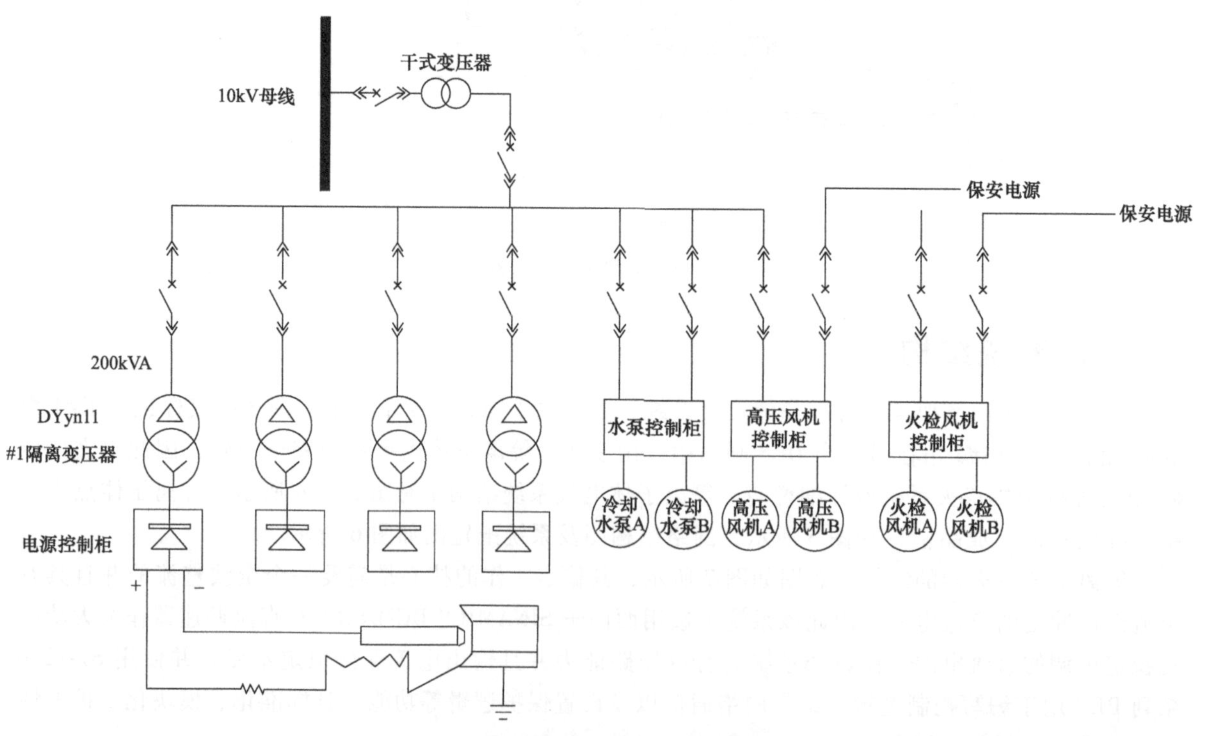

图 4　等离子体电气系统结构示意图

图 5　等离子体点火系统电源控制柜（成品柜）

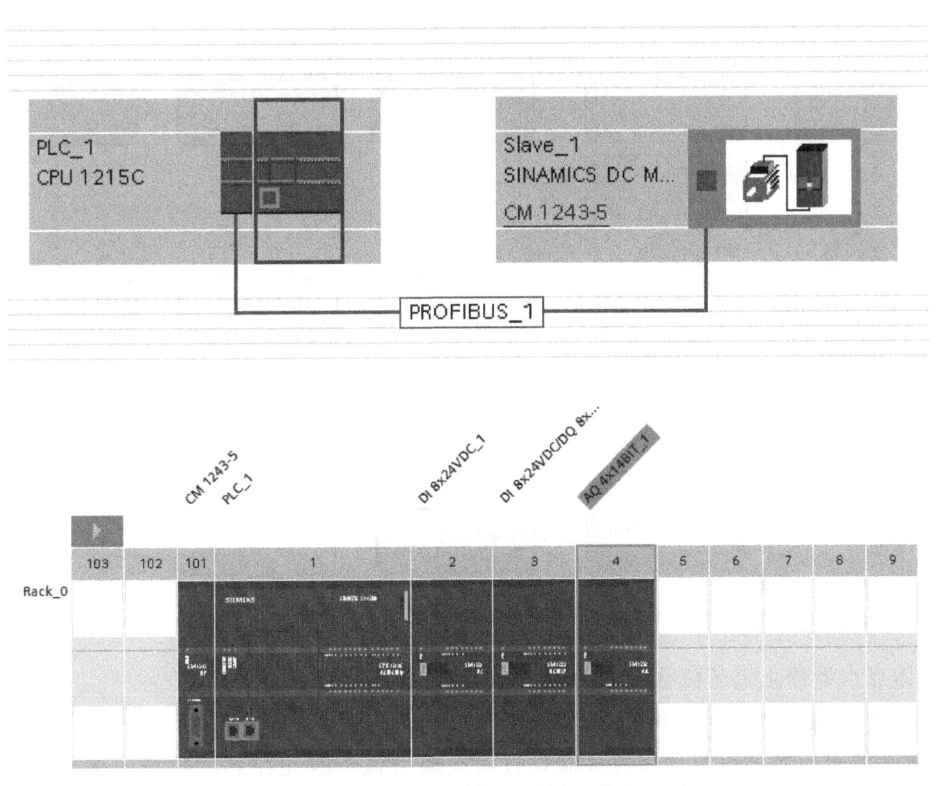

图 6　网络结构图及系统配置图（截自 TIA）

当等离子体点火器起动后，阴极在直线电机的驱动下往阳极方向前进，直到阴阳极接触时，6RA80 装置起动，电流持续上升至设定值后稳定输出。随后阴极开始后退，使阴阳极之间产生电弧，该电弧在线圈磁力的作用下拉出喷管外部。一定压力的空气在电弧的作用下，被电离为高温等离子体，其温度可以达到 6000K 以上。而阴极继续后退，达到预设的阴阳极的间隙值，则起动结束。点火器持续喷出高温等离子体气体，点燃煤粉，用于锅炉机组的起动点火或者低负荷助燃，等离子体点火器工作照片如图 8 所示。

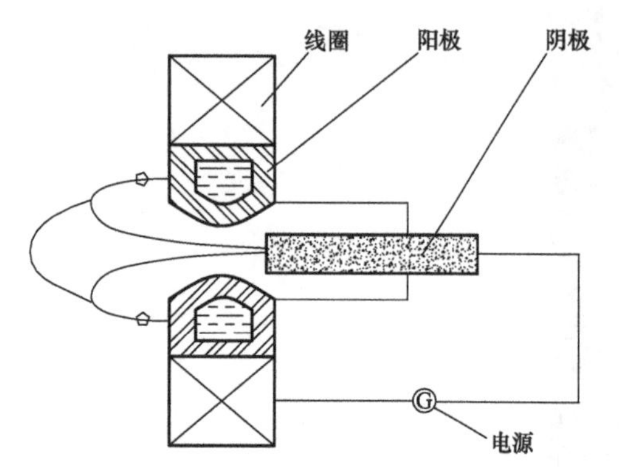

图 7　等离子体点火器的结构示意图

图 8　等离子体点火器工作照片（炉内监视器拍摄）

三、功能与实现

等离子体点火器起动工艺流程图如图 9 所示。

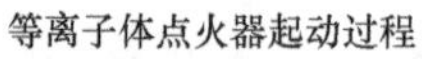

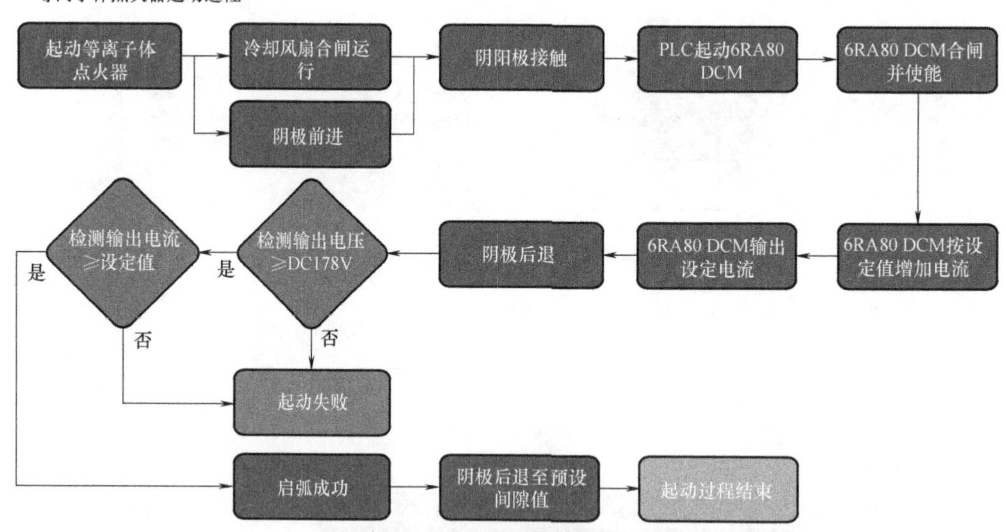

图 9　等离子体点火器起动工艺流程

等离子体点火器停止工艺流程如图 10 所示。

该项目设计及调试关键点如下：

1）直流平波电抗器：等离子体点火器是直流接触引弧，因此在起动阶段电源要工作在低电压（0 ~20V）、大电流（260 ~300A）的短路状态，这对功率组件是极其不利的。同时，由于等离子

等离子体点火器停止过程

停止等离子体发生器 → PLC停止6RA80 DCM → 6RA80 DCM停止 → 阴极前进 → 阴阳极接触 → 阴极后退 → 阴极后退至预设位置 → 冷却风扇延迟停止 → 停止过程结束

利于下次快速启动

图 10　等离子体点火器停止工艺流程图

体点火器在启弧瞬间会产生强烈的冲击负荷，即使是在正常工作情况下，由于电弧在阴极和阳极之间旋转产生电压跳变，也要求电源要有极强的恒流能力，因此在直流输出侧需安装平波电抗器。该平波电抗器既需要考虑到平波的效果而具有足够的电感量，还要考虑到成本及安装尺寸的大小，最终确定为 400A、2.8mH 的电抗器，如图 11 所示，实际使用效果较为理想。

图 11　直流平波电抗器

2）6RA80 DCM 的电流环优化：等离子体点火器要求 6RA80 DCM 装置工作在电流环，并且对于这类电感类负载形式，DCM 的参数 p50079 应该设置为 1（电枢触发单元输出宽脉冲，脉冲最长持续 0.1ms）。

然后在手动控制模式下，将阴阳极接触在一起，然后进行电流环的静态识别。表 2 中所列参数被自动计算并修改。

表 2　6RA80 DCM 电流环优化后参数值

	Param...	Data	Parameter text	Offline value DC_CTRL_02	Unit	Modifiable to	Access level	Minimum	Maximum
	All	A	All	All	All	All	All	All	All
1	p50110[0]	D	Armature circuit resistance	0.051	ohm	Operation	3	0	4000
2	p50111[0]	D	Armature circuit inductance	4.340	mH	Operation	3	0	1E+06
3	p50155[0]	D	Closed-loop armature current control P gain	0.24		Operation	2	0.01	200
4	p50156[0]	D	Closed-loop armature current control integral time	0.102	s	Operation	2	0.001	10
5									

3）启弧成功率低：在试运行时，启弧成功率非常低，平均 10 次里面只能成功 1 次。图 12 所示为试运行时 STARTER 软件内的 TRACE 波形，捕捉的是 6RA80 DCM 的 r52116＝内部电枢电流实际值（桔色）和 r52291＝电枢电压实际值的绝对值（黄色）。其中用红框标明的是启弧成功的电流及电压波形，其余均为启弧失败的波形。

经过分析后判断，是由于电极检测 I1.1 信号置位 1，即阴阳极接触后，6RA80 DCM 装置才起动，但此时输出电流还没达到设定值，阴极就开始后退且准备拉出电弧，因此造成启弧失败。解决方案为缩短 p50303 的上升时间至 0.5s，并且修改程序，在检测到阴阳极接触后，阴极仍然继续前行 0.1s，以增加两极的接触时间和接触面，从而解决此问题，图 13 所示为增加阴阳极接触时间 0.1s 的程序截面。

连续启弧成功如图 14 所示。

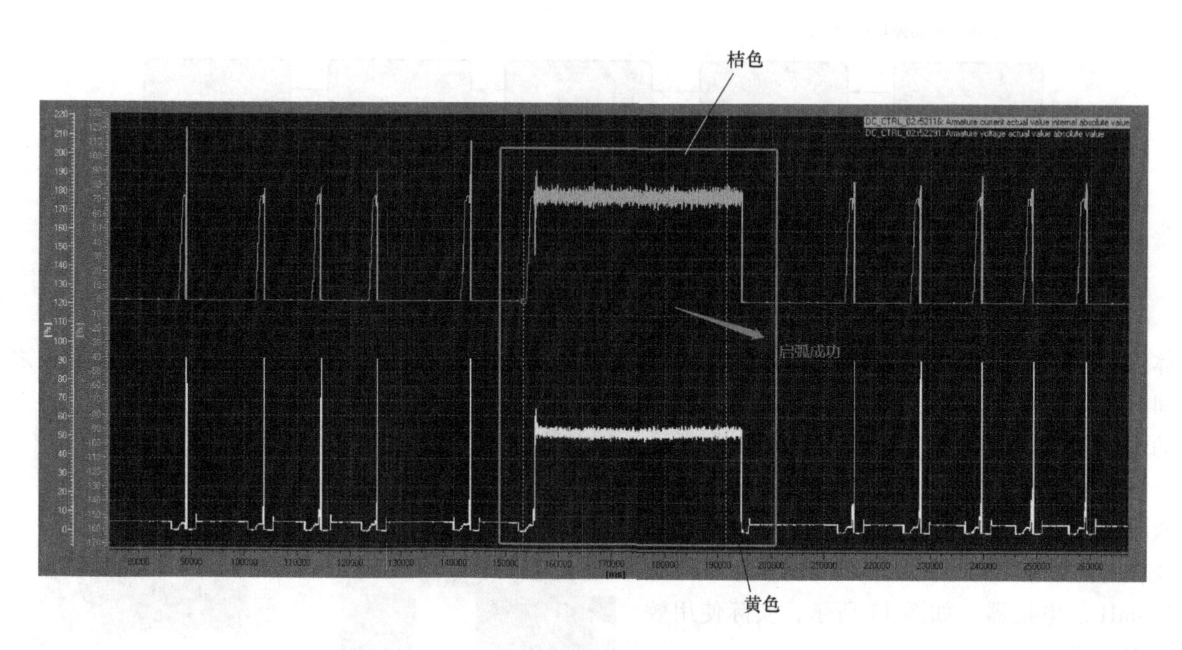

图 12 试运行时 STARTER 软件内的 TRACE 波形

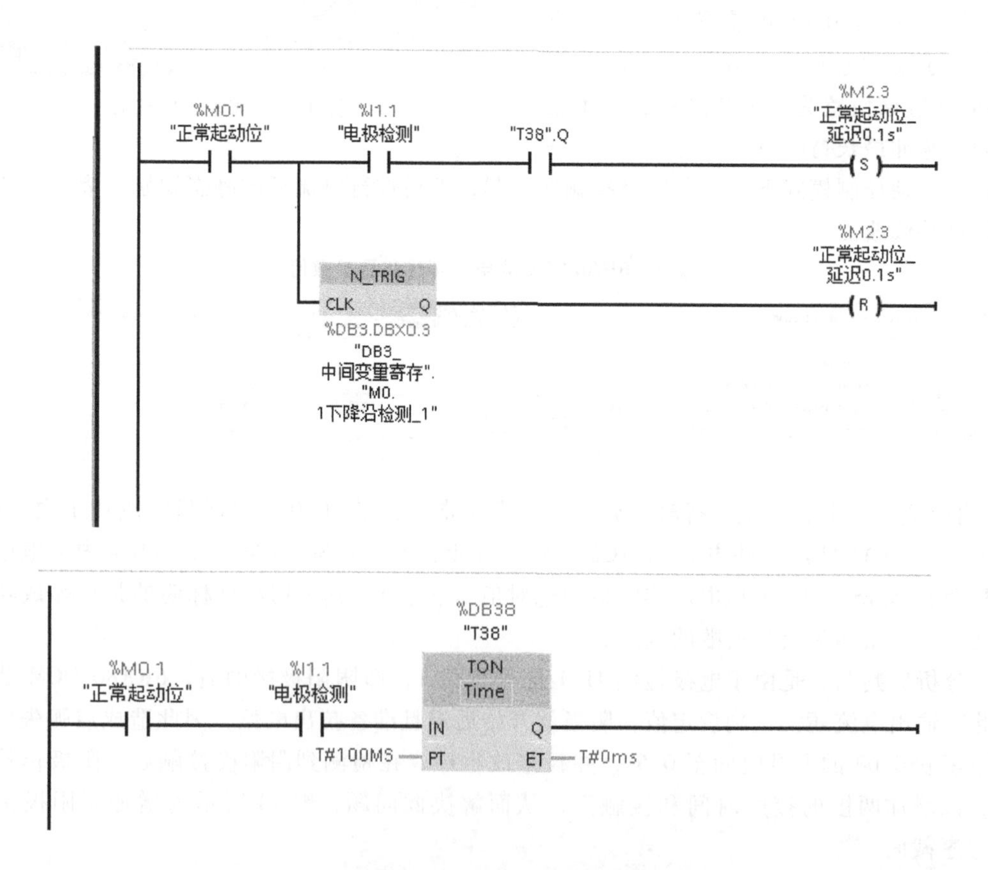

图 13 增加阴阳极接触时间 0.1s 的程序截图

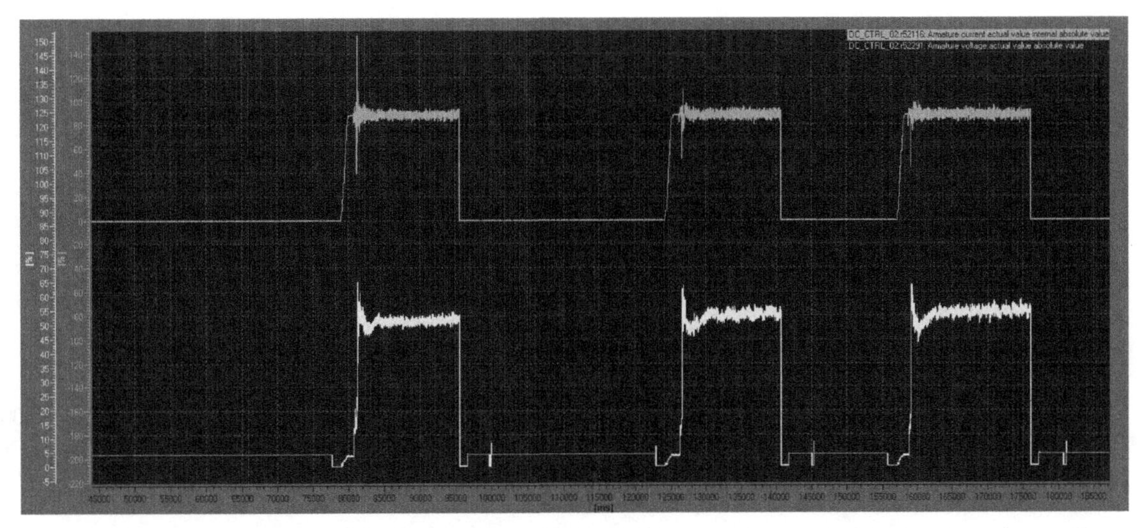

图 14　连续启弧成功

四、运行效果

从 2022 年 1 月份调试完毕后，该系统稳定运行至今。按照 5 号煤粉锅炉 600MW 容量计算，整个调试期间等离子体点火器累计运行时间约为 540h，该系统为锅炉节油量约 700t（等热值法计算）。目前 0 号柴油约为 0.9976 万元/t，因此可得出节约燃油费用约为 698 万元。

对于经常参与电网调峰的机组，则可节省大量起动及低负荷助燃的燃油，改造费用可在 1~2 年内收回。而对于新建机组，仅在试运行期间（通过 168h 试运之前）就可节约高达数千吨、价值上千万的燃油。并且新建机组如果在设计之初就进行合理规划，可以设计建设成为“全无油电厂”，则可节约油库、场地、输油及燃油点火系统等上千万元的投资。

五、应用体会

全新的 SINAMICS DCM 6RA80 为此系统提供了一个恒流性抗冲击的直流电源，并且稳定可调，使整个系统具有抗短路能力并且输出电流保持恒定不变。由于它的体积紧凑，不需要增加电气室的额外空间，从而进一步节约了改造费用。配合使用 STARTER V5.4 调试软件，除了可以在线修改、手动控制、参数备份以外，还可以使用 TRACE 功能对多个曲线或者开关量进行连续不间断的捕捉，其采样时间最快可以达到 0.5ms，为运行状况及故障现象的分析提供了事实依据。

SIMATIC S7-1200 使用 DP 协议和 6RA80 DCM 进行通信，节约了大量的控制电缆，并且消除了外界环境对控制信号的干扰，使系统可以稳定运行至今。并且 S7-1200 的标准化、模块化、扩展性以及 TIA V16 编程软件，使得设计与现场调试非常简单方便，从而节约了大量时间。

参考文献

[1] 西门子（中国）有限公司. SINAMICS DCM 参数手册 [Z].
[2] 西门子（中国）有限公司. SIMATIC S7-1200 系统手册 [Z].
[3] 西门子（中国）有限公司. STARTER V5.4 HELP CONTENTS [Z].
[4] 西门子（中国）有限公司. TIA V16 HELP CONTENTS [Z].

西门子产品在40m双立柱冷库堆垛机中的应用
Application of SIEMENS products in 40m double column cold storage stacker

李富岭，潘双龙
（西门子（中国）有限公司　天津）

[摘　要] 本文主要介绍了40m超高型巷道式堆垛机的行业背景和解决方案，重点介绍了S7-1500、S120、ScalanceW产品在超高型堆垛机控制中的应用，并针对其选型、配置、调试及控制难点等做了详细介绍。

[关 键 词] 超高型堆垛机、S7-1500、S120、ScalanceW、负荷平衡

[Abstract] This paper mainly introduces the industry background and solutions of the 40m high tunnel stacker, focuses on the application of S7-1500, S120 and ScalanceW products in the control of the high stacker, and gives a detailed introduction of its selection, configuration, debugging and difficulties in control.

[Key Words] High type stacker、S7-1500、S120、ScalanceW、Load balancing

一、项目简介

1. 行业简要背景

巷道式堆垛机是自动化立体仓库的关键设备，是随着立体仓库行业发展起来的专用起重机械设备。堆垛机的主要用途是在立体仓库的巷道间来回穿梭运行，将位于巷道口的货物存入指定的货格中，或将货格中的货物取出运送到巷道口，这种设备只能在仓库内运行。还需配备其他设备（输送机、分拣机、RGV等）使货物出入库。近年来，随着物资需求的扩大，以及土地资源越来越紧张，U型轨道堆垛机以及高度高达40~50m的仓库需求已经出现。

巷道式堆垛机的机械结构形式主要分为单立柱形式和双立柱形式，如图1所示。

（1）单立柱巷道式堆垛机

主要由上、下横梁和一根型钢立柱组成，立柱的侧面还有导轨。由于整个堆垛机的重心不在立柱上，这样货物和载货台对立柱有力矩作用，导致其不适合在起重量大和水平运行速度高的情况下使用。单立柱巷道式堆垛机的起升结构一般采用钢丝绳传动，由电机减速机直接驱动卷筒转动，载货台通过钢丝绳牵引沿起升导轨上下运动。钢丝绳传动和布置相对比较简单，但定位精

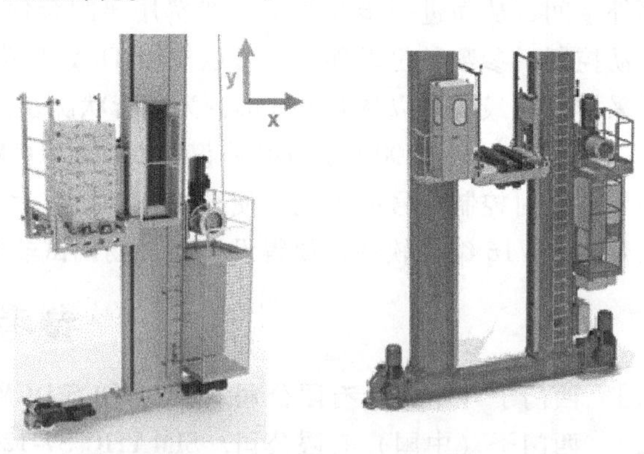

a) 单立柱　　b) 双立柱
图1　巷道式堆垛机的结构形式

度不高。

(2) 双立柱巷道式堆垛机

主要由上横梁组件、立柱、下横梁、维护栏及爬梯、起升缓速限位装置、行程开关和滑导线支座等组成，其优点是刚性和强度较好，起动和制动迅速且平稳，一般应用在大起重量、高速度和大起升高度的自动化立体仓库中，其缺点是结构比较笨重。

本文介绍的巷道式堆垛机是应用于低温（-25℃），结构形式采用双立柱、地面支承型，且在直线轨道上运行的40m双立柱冷库堆垛机。

2. 行业简要工艺介绍

(1) 巷道式堆垛机控制系统的总体组成与功能

本文以地面支承、直线运行型、双立柱巷道式堆垛机为研究对象，其控制系统主要包括：上位监控计算机（运行仓库管理系统WMS系统）、PLC控制器、变频器、电机、堆垛机以及货架，图2所示为堆垛机控制系统框图。

巷道式堆垛机的主要任务是：从输送线或指定货位取货，送至指定货位或输送线。这一过程中，堆垛机由4台采用变频调速的电机（即行走电机3台、提升电机1台）及2台直驱的货叉电机控制实现三维运动。PLC作为现场控制器实时监控堆垛机的运行状况，并随时准备接受上位机出、入库任务。上位监控计算机与现场PLC通过以太网通信，实时监控立体仓库总体状态，并对作业任务进行输入、分配和管理。

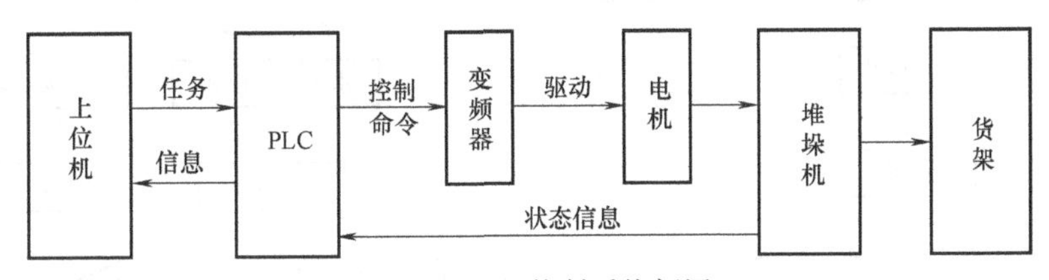

图2　堆垛机控制系统框图

(2) 巷道式堆垛机的作业流程

巷道式堆垛机进行作业时，控制方式一般分为自动控制、半自动控制和手动控制三种操作模式。在自动控制方式下，堆垛机执行上位机WMS系统提供的作业任务信息；在半自动控制方式下，通过控制堆垛机的人机界面HMI进行作业任务；手动控制方式多用在故障处理和调试时使用，极少进行仓库作业。通常，作业任务信息包括目标位置和作业内容，而作业内容主要是指入库操作和出库操作。在自动控制方式下，巷道式堆垛机的作业流程如图3所示。

3. 机型简要工艺难点及发展趋势介绍

对于超高型堆垛机来说，因为立柱高度的因素，在加速及减速过程中，不可避免地会出现设备振荡即堆垛机立柱摇摆的情况，既增加了机械设计的难度也增加了系统运行控制的难度，并且极大地影响了堆垛机存取料的运行效率，如何解决运行中堆垛机立柱摇摆振荡的现象，在考虑货架变形、地面沉降等因素影响时，保证定位精度是本机型的控制难点。

随着土地和空间利用率的提升，对巷道式堆垛机的高度、稳定性和运行速度的要求越来越高，从技术角度分析防摇摆控制是超高堆垛机解决方案的发展趋势，一种方式是在堆垛机顶部增加天轨电机，即通过加装顶部驱动电机抑制振动，另外一种方式是基于软件的防摇摆控制，例如西门子的SINAMICS VIBX防摇摆控制及SINAMICS APC高级位置控制等解决方案，相信随着未来技术的发展会有越来越多的新技术应用于该领域。

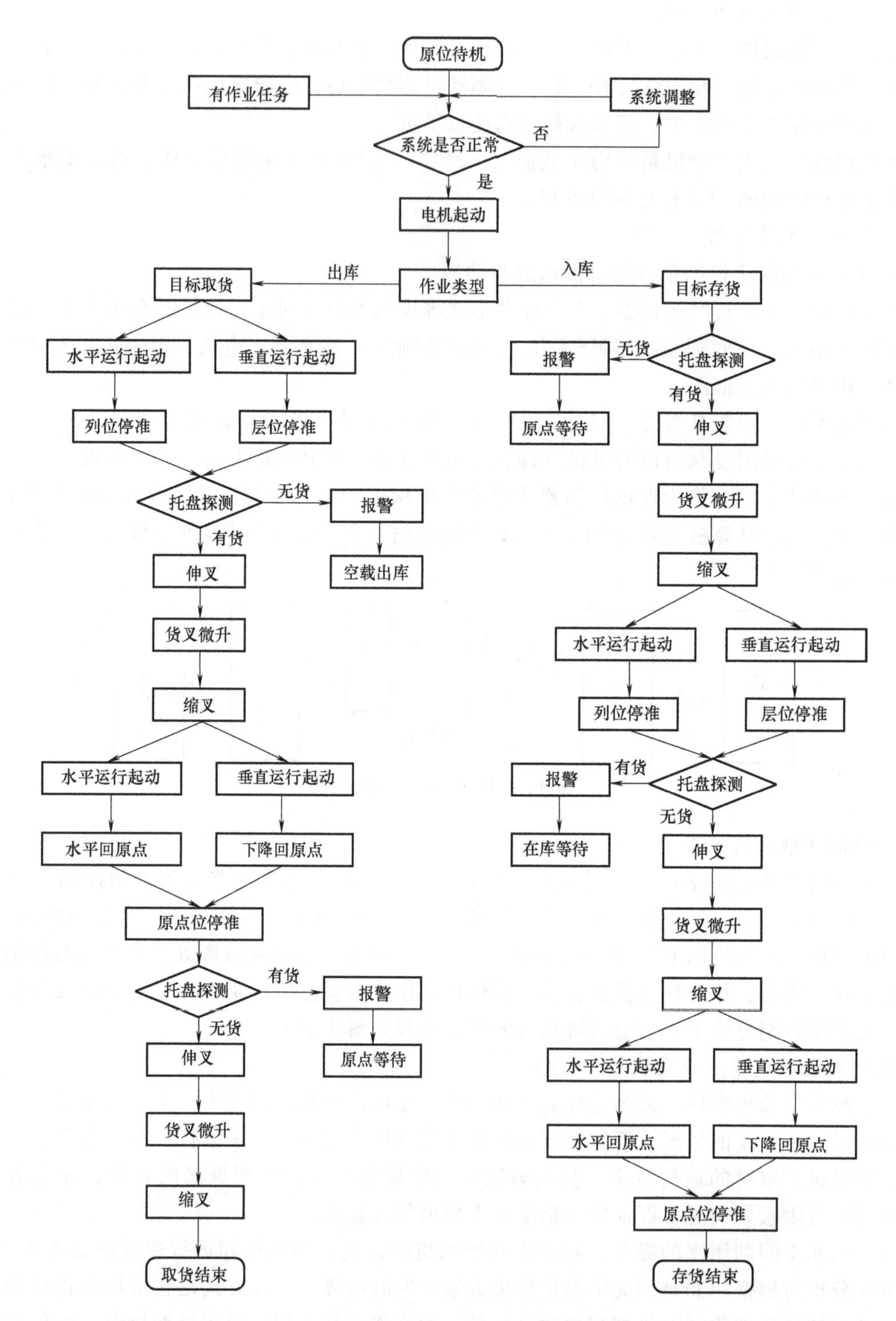

图 3　巷道式堆垛机的作业流程

4. 现场照片

设备整体图如图 4 所示，控制柜布置图如图 5 所示。考虑到物流输送、原料加工及保温效果，立体仓库位于办公楼内部，办公楼一层为物流收发货区域，其他楼层为加工及办公区域，该项目采用双堆垛机，本文将重点介绍西门子产品在堆垛机中的应用。

a) 建筑外观　　b) 建筑内部

图 4　设备整体图

图 5　控制柜布置图（PLC+驱动）

二、控制系统构成与选型

1. 系统网络结构

堆垛机系统网络结构图如图 6 所示。

2. 硬件配置清单

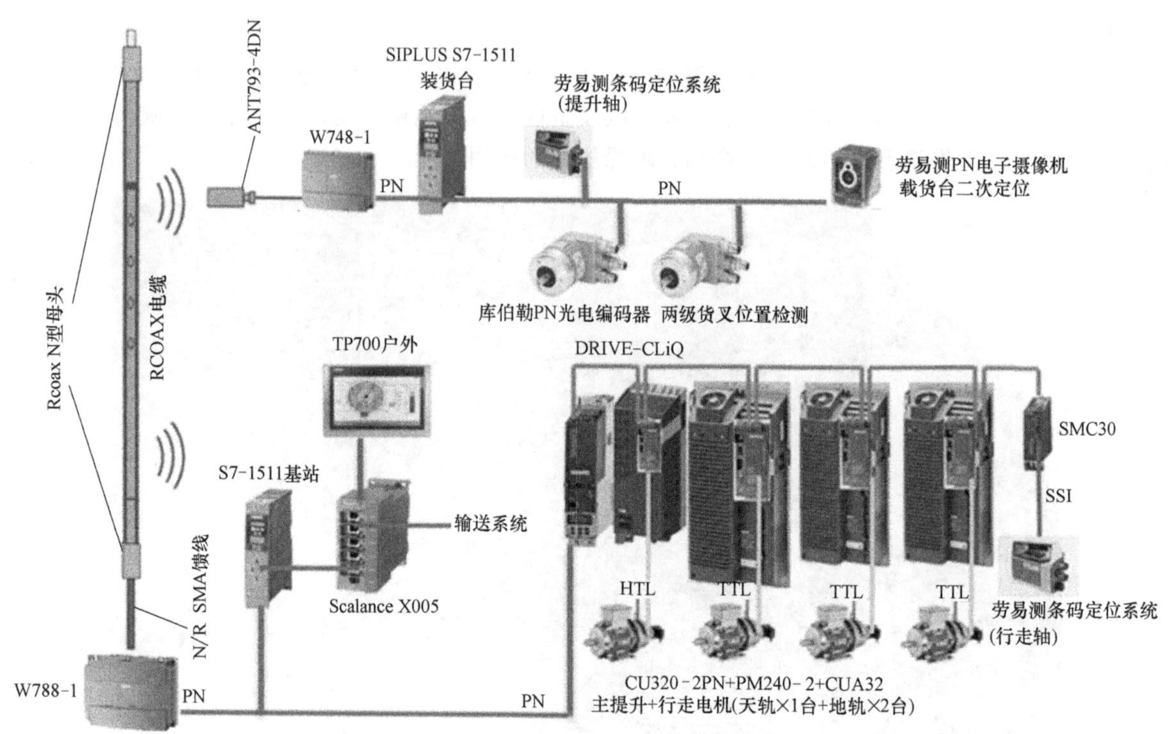

图 6 堆垛机系统网络结构图

系统主要用到的西门子硬件配置清单见表 1。

表 1 西门子硬件配置清单

序号	功能说明	名称	型号	数量
1	堆垛机主 PLC	CPU1511-1PN	6ES7511-1AK00-0AB0	1
2		12M 储存卡	6ES7 954-8LE01-0AA0	1
3		S7-1500 安装导轨:160mm	6ES7590-1AB60-0AA0	2
4		西门子 RJ45 接头,180°,1	6GK1 901-1BB10-2AA0	9
5		DI32×24V DC HF(32 点输入模块)	6ES7521-1BL00-0AB0	1
6		35mm 模板前连接器,螺钉型,40 针,含 4 根跳线	6ES7592-1AM00-0XB0	4
7		DQ16×24V DC/0. 5A BA(16 点输出模块)	6ES7522-1BH00-0AB0	1
8	堆垛机 HMI	TP700 触摸屏(PN/彩色)户外版	6AV2124-0GC13-0AX0	1
9	S120 驱动系统	CU320-2PN 控制单元,PROFINET	6SL3040-1MA01-0AA0	1
10		CF 卡 V4. 8	6SL3054-0EJ00-1BA0	1
11		操作屏	6SL3055-0AA00-4BA0	1
12		Performance extension 1(扩展授权 1)	6SL3054-0FC01-1BA0-Z U01	1
13		CUA32 适配器	6SL3040-0PA01-0AA0	4
14		DRIVE-CLiQ cable(1. 45m)	6SL3060-4AF10-0AA0	4
15		DRIVE-CLiQ cable(0. 6m)	6SL3060-4AU00-0AA0	1
16		SM30 编码器模块	6SL3055-0AA00-5CA2	1
17	地轨行走驱动	PSD 型 PM240-2,45A,内置滤波器	6SL3210-1PE24-5AL0	2

（续）

序号	功能说明	名称	型号	数量
18	天轨行走驱动	FSC 型 PM240-2,26A,内置滤波器	6SL3210-1PE22-7AL0	1
19	主提升驱动	FSE 型 PM240-2,90A,内置滤波器	6SL3210-1PE28-8AL0	1
20	系统开关电源	电源模块,20A	6EP3437-8SB00-0AY0	1
21	交换机	X005 非网管型 5 口交换机	6GK5005-0BA00-1AB2	1
22	载货台与主控 WLAN 通信	W788-1 RJ45(AP)	6GK5788-1FC00-0AB0	1
23		SCALANCE W748-1 M12	6GK5748-1GD00-0AA0	1
24		IWLAN CABLE RSMA/N 2m,馈线 2m	6XV1875-5CH20	2
25		Rcoax cable 2.4G(漏波电缆 2.4G)	6XV1875-2A	40
26		漏波电缆 N 型母头	6GK5798-0CN00-0AA0	2
27		TI795-1N(漏波电缆终端电阻)	6GK5795-1TN00-1AA0	1
28		TI795-1R(AP 终端电阻)	6GK5795-1TR10-0AA6	1
29		ANT795-4MA(天线)	6GK5795-4MC00-0AA3	1
30		Rcoax 电缆夹 1/2"(100 个一包)	6GK5798-8MB00-0AM1	1
31		Rcoax 螺纹垫圈 M6(100 个一包)	6GK5798-8MC00-0AM1	1
32		ANT793-4DN(客户端漏波电缆 2.4G 专用天线)	6GK5792-4DN00-0AA6	1
33	载货台系统 PLC	CPU1511-1PN(宽温)	6AG1511-1AK02-2AB0	1
34		4M 储存卡	6ES7954-8LC03-0AA0	1
35		DI32×24V DC HF(32 点输入模块,宽温)	6AG1521-1BL00-7AB0	1
36		DQ16×24V DC/0.5A BA(16 点输出模块,宽温)	6AG1522-1BH01-7AB0	1

3. 方案比较和控制策略

堆垛机需求表见表 2。

（1）可选方案及比较

堆垛机的主要任务是从输送线或指定货位取货，送至指定货位或输送线。这一过程中，堆垛机的主要工作是要进行行走轴、起升轴、货叉系统的定位控制从而实现三维运动。从表 2 堆垛机需求表中可以看到堆垛机的运行环境和系统需求，客户要求行走轴（行走电机）采用位置同步控制 3 台电机运行，从控制角度能够提供 S7-300、S7-1200、S7-1500、Simotion 等多种方案，变频驱动可以选择 G120（CU250S-2PN+PM240-2）、S120 单轴（CU320-2PN+PM240-2）、S120 共直流母线 3 种方案。考虑到客户工程师编程习惯、现有解决方案及编程平台统一性等因素，客户最终采用 S7-1500 系统。驱动方面从方案成本及性能角度考虑，客户工程师最终选择 S120 单轴（CU320-2PN+PM240-2）方案。由于堆垛机的高度达到 40m，考虑到安装的便捷性和信号品质，载货台与基站通信采用基于漏波电缆的 WLAN 无线通信方案，考虑到运行环境温度为-25℃，载货台 PLC 采用宽温型，地面基站 HMI 采用户外型，由于基站配电柜有保温措施，基站内的 PLC 及变频器采用常规型号。

（2）控制策略

该堆垛机系统最终方案如图 6 堆垛机系统网络结构图所示，其中基站 S7-1511 通过 PN 总线控制行走轴和起升轴定位，基站通过 WLAN 交换机与上位输送系统通信，基站和装货台 PLC 通过漏波电缆进行无线数据交换。堆垛起升装置（驱动轮）如图 7 所示。基站 PLC 通过 TO 工艺对象的方

表 2 堆垛机需求表

Ambient conditions(环境条件)		Operating conditions(运行条件)	Automation(自动化)
Temperature[C'](温度)-25℃ 标准-10℃<T<40℃ Installation altitude[m](安装海拔)<1000 标准<1000m(海平面以上) Humidity[%](湿度)<30% 标准<30g 水/m^2 Indoor installation, Cooling house		Operating time/day(每日工作时长)>16h/day Line supply[V:Hz](供电)380V 50Hz 标准 3 AC 400V 50Hz	Communication(通信)(PROFINET)
	Travel gear(运行轴)	Hoisting gear(起升)	Load suspension equipment(LSE)(货叉系统)
Mechanical system(机械系统)	Aisle length[m](巷道长度)50m Gradient[°](坡度)0 Total weight[kg](总质量)20000 (travel gear + hoisting platform + load suspension equipment+payload)	Rack height[m](货架高度)40 Gradient[°](梯度)0 Hoisting gear weight[kg](升降装置重量)680+50(empty) Number of load suspension devices(负载悬挂装置数量)1 Payload[kg](载荷)1000	Travel distance[mm](货叉行程)2630 Number of drives(驱动器数量)2 Payload[kg](有效载荷)1000
Profile limits(速度规划限制值)	Velocity[m/s](速度)2m/s Acceleration[m/s^2](加速度)0.4 Deceleration[m/s^2](减速度)0.4 Sine-wave profile(S 曲线)	Velocity[m/s](速度)1m/s Acceleration[m/s^2](加速度)0.5 Deceleration[m/s^2](减速度)0.5 Sine-wave profile(S 曲线)	Velocity(速度)[m/s]0.7 Acceleration(加速度)[m/s^2]0.5 Deceleration(减速度)[m/s^2]0.5
Drive type(驱动类型)	via wheel(轮子) Friction pairing(摩擦系数)0.01 Overall efficiency[%](总体效率)85 Effective diameter[mm](有效直径)400	Cable winch(滚筒) Effective diameter[mm](有效直径)1150 Overall efficiency[%](总体效率)95	Telescopic fork(伸缩叉)
Gearbox(减速箱)	Bevel(散齿)	Bevel(散齿)	Bevel(散齿)
Motor(电机)	Standard induction motor(异步电机)变频控制 Self-ventilated/convection(自冷却) Number of drives(驱动数量)3 下部两个轮子两个驱动电机,上部一个驱动电机。 Coupling(耦合):Gantry(位置同步)	Standard induction motor(异步电机)变频控制 Self-ventilated/convection(自冷却) Number of drives(驱动数量)1	Standard induction motor(异步电机)继电器控制
Brake(抱闸)	Voltage(电压)1 AC 400V	Voltage(电压)1 AC 400V	Voltage(电压)1 AC 400V
Direct measuring system (optional)(直接测量系统)	Type/protocol(类型/接口协议)ssi Resolution(分辨率)[mm]±1mm	Type/protocol(类型/接口协议)ssi Resolution(分辨率)[mm]±1mm	Type/protocol(类型/接口协议)PROFINET Resolution(分辨率)[mm]±1mm
Power supply(供电系统)	Busbar(滑触线)	Busbar(滑触线)	Fixed(固定)
Mounting position/cable routing(安装位置/走线)	T M G S X 文字说明: M:电机连接器 G:齿轮箱 S:轴 T:接线盒/插头连接器 X:扭力臂	M T G S X 文字说明: M:电机连接器 G:减速箱 S:轴 T:接线盒 X:扭力臂	S G T M X 文字说明: M:电机连接器 G:减速箱 S:轴 T:接线盒 X:扭力臂

式控制 S120（CU320-2PN+PM240-2）4 轴电机位置控制（电机装有增量式编码器用于速度闭环控制），其中行走电机有 3 台（天轨 1 台，地轨 2 台），通过辊轮驱动（见图 8），地轨前辊轮电机定义为定位轴，并通过地面辊道条码阅读器进行全闭环位置控制（见图 10），地轨后辊轮电机及天轨电机定义为同步轴，与前辊轮电机进行齿轮（Gear）同步，为防止机械打滑产生转矩偏差而引起机械振动及过载，则需要进行负荷平衡控制。主提升电机采用滚筒钢丝绳驱动提升装货台，为减少钢丝绳弹性形变导致的定位误差，在堆垛机立柱装有条码阅读器用于位置闭环控制（见图 9），并由装货台 PLC 通过漏波电缆无线传输给基站 PLC。货叉系统由两级货叉驱动组成，PLC 根据 PN 编码器位置反馈控制货叉电机起动停止实现定位。由于立库高达 40m，考虑到货架形变及仓库沉降等原因，在装货台靠近货架侧装有 PN 接口的视觉定位系统，用于二次定位，以防止货叉与货架相撞。

图 7　堆垛起升装置（驱动轮）

图 8　堆垛行走装置（辊轮驱动）

图 9　堆垛机提升条码及漏波电缆

图 10　堆垛行走装置滑触线供电及定位条码

4. 选型依据及理论计算

（1）校验运行环境条件是否满足（结合表 2）

由图 11 和图 12 可知，基站 HMI 和载货台 PLC 系统可以满足环境运行温度。

载货台 PLC 主要用于货叉电机的定位控制（根据 PN 编码器反馈位置通过继电器控制电机起动停止实现定位）以及将升降条码位置转发给基站 PLC 用于提升轴位置闭环控制。

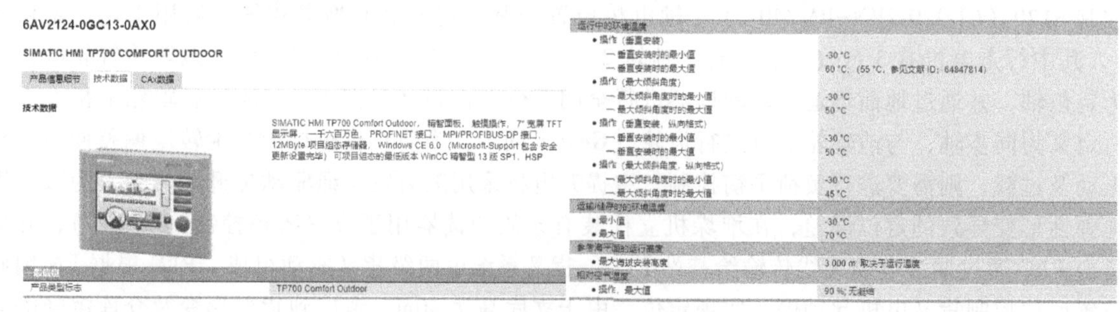

图 11　堆垛机基站 HMI 运行温度

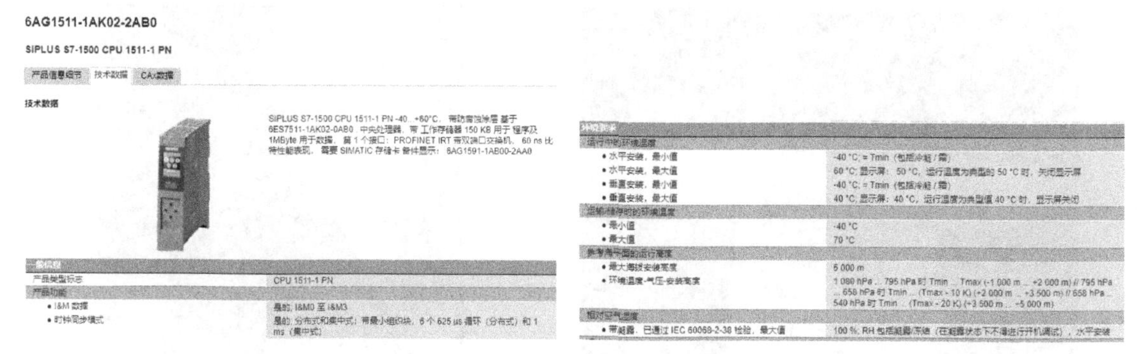

图 12　堆垛机载货台 PLC 运行温度

（2）PLC 选型计算

行走轴采用位置同步控制，下行走前辊轮为主轴，下行走后辊轮和天轨电机为同步轴，提升轴定义为定位轴，通过 TIA Selection Tool 计算基站 PLC 在 4ms 运动控制周期，带 2 个定位轴和 2 个同步轴，CPU 1511-1PN 运动控制的 CPU 利用率为 41%（未超过 60%），可以满足控制需求（见图 13）。

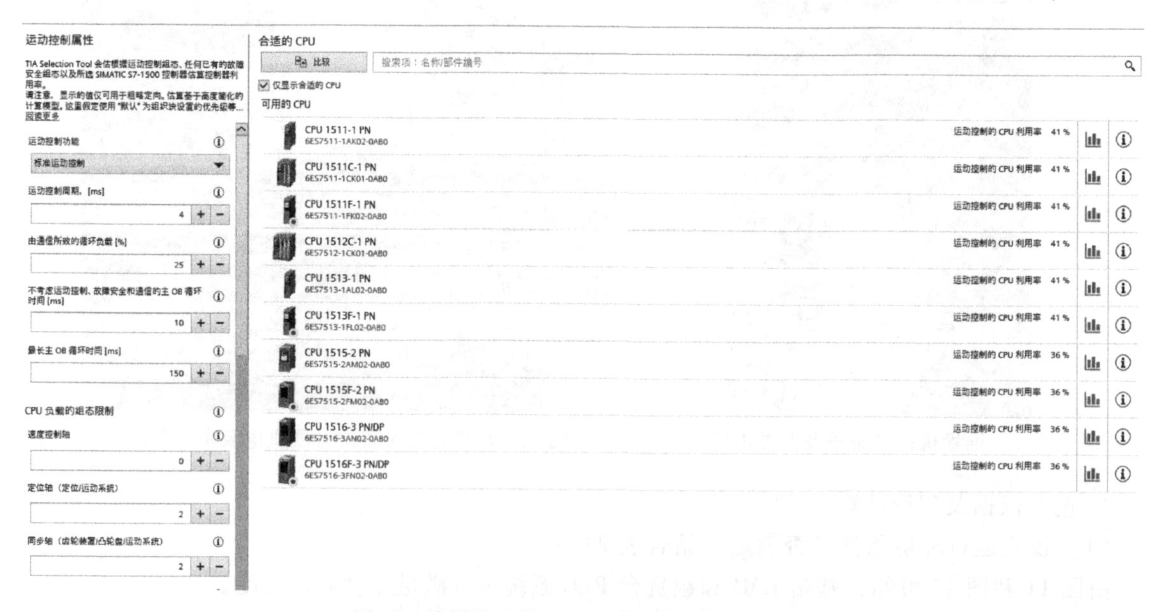

图 13　堆垛机基站 PLC 运动控制 CPU 利用率

（运动控制周期 4ms，2 个定位轴+2 个同步轴，S7-1511 运动控制的 CPU 利用率为 41%）

（3）驱动选型

根据表 2 堆垛机客户需求表通过 Sizer 分别计算行走轴、起升轴及货叉部分的电机、驱动器及制动功率。

行走轴地轨采用前后两个辊轮驱动，按照 1∶1 负载分配，通过 Sizer 进行计算。行走轴地轨前驱动负载如图 14 所示，行走轴地轨前驱动负载运行曲线如图 15 所示，行走轴地轨前驱动减速箱参

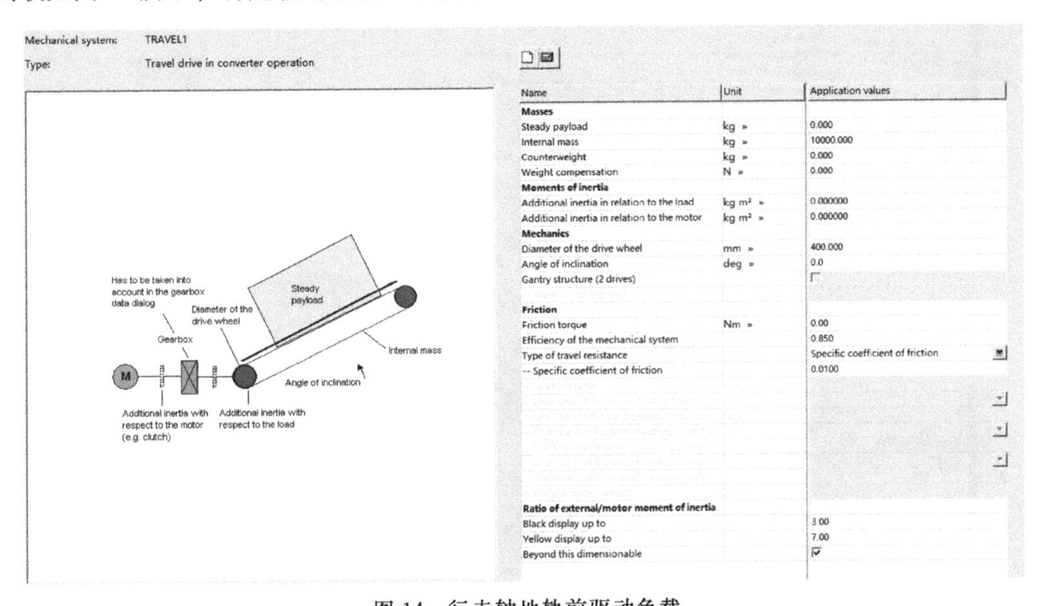

图 14 行走轴地轨前驱动负载

（单电机负载 10t，行走轮直径为 400mm，机械效率为 0.85，摩擦系数为 0.01）

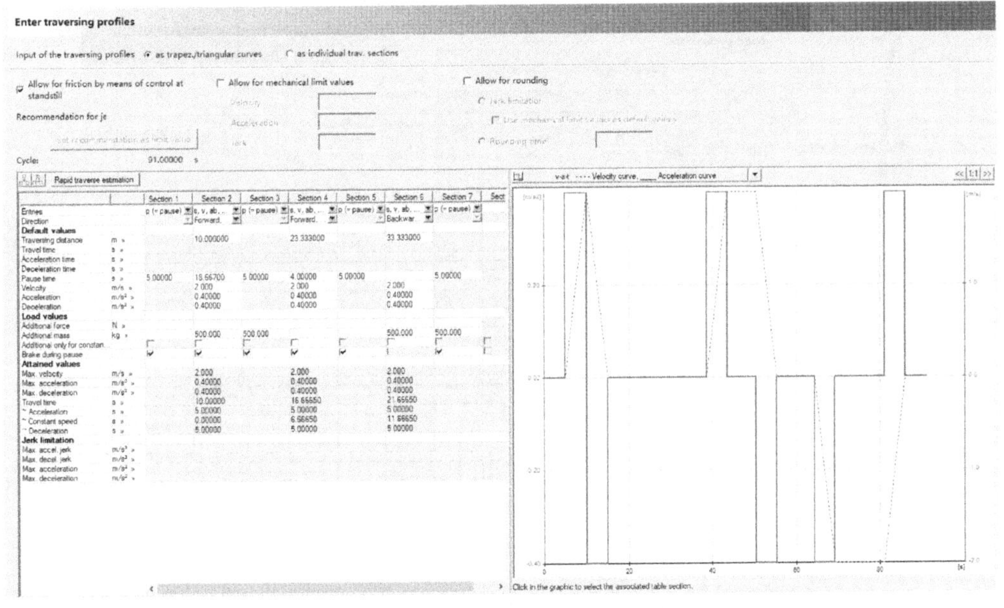

图 15 行走轴地轨前驱动负载运行曲线

（典型运行工况分 7 段：Section1 空载，等待时间 5s；Section2 带载 500kg，以速度 2m/s 加减速度 0.4m/s^2，运行 10m 距离；Section3 带载 500kg，等待时间 5s；Section4 空载，以速度 2m/s 加减速度 0.4m/s^2，运行 23.3m 距离；Section5 空载，等待时间 5s；Section6 带载 500kg，以速度 2m/s 加减速度 0.4m/s^2，运行 33.3m 距离；Section7 带载 500kg，等待时间 5s；以及对应抱闸打开状态）

数如图 16 所示，行走轴地轨前驱动负载曲线如图 17 所示，行走轴地轨前驱动 87Hz 电机负载曲线如图 18 所示，行走轴地轨前驱动驱动器及制动电阻计算如图 19 所示。

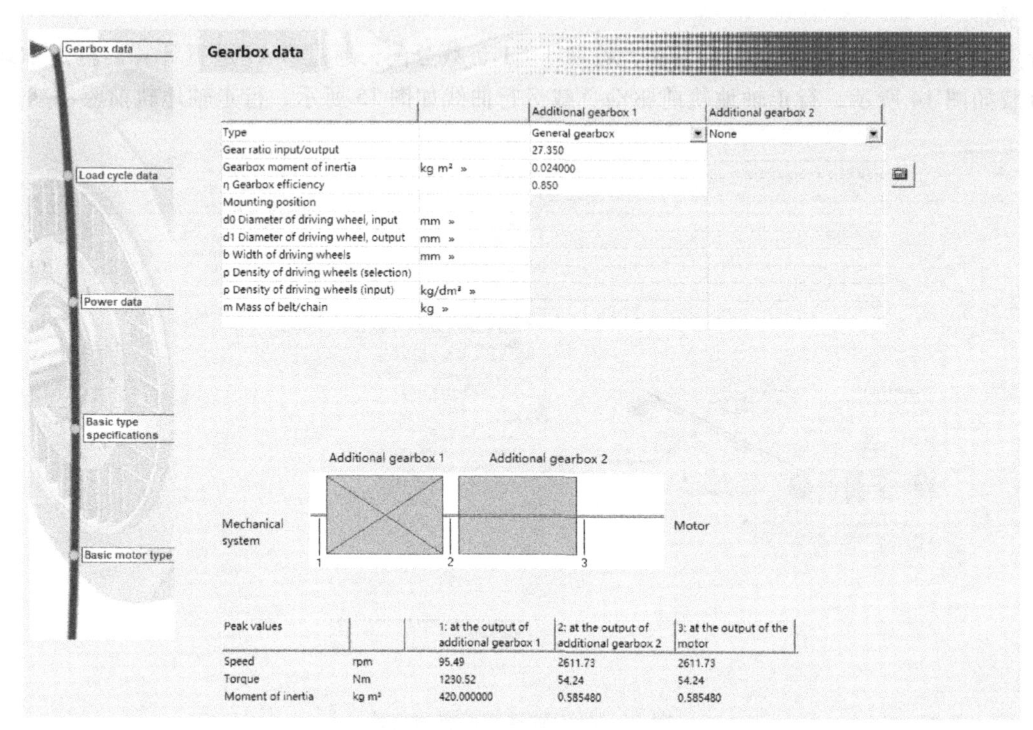

图 16　行走轴地轨前驱动减速箱参数（减速箱速比为 27.35，转动惯量为 $0.024kg\cdot m^2$，效率为 0.85）

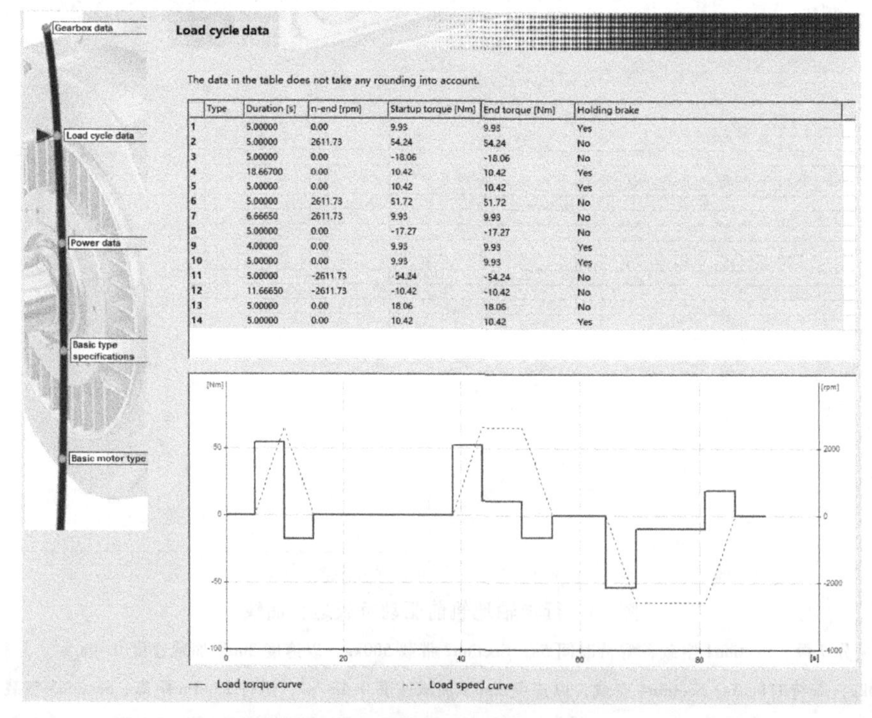

	Type	Duration [s]	n-end [rpm]	Startup torque [Nm]	End torque [Nm]	Holding brake
1		5.00000	0.00	9.93	9.93	Yes
2		5.00000	2611.73	54.24	54.24	No
3		5.00000	0.00	-18.06	-18.06	No
4		18.66700	0.00	10.42	10.42	Yes
5		5.00000	0.00	10.42	10.42	Yes
6		5.00000	2611.73	51.72	51.72	No
7		6.66650	2611.73	9.93	9.93	No
8		5.00000	0.00	-17.27	-17.27	No
9		4.00000	0.00	9.93	9.93	Yes
10		5.00000	0.00	9.93	9.93	Yes
11		5.00000	-2611.73	-54.24	-54.24	No
12		11.66650	-2611.73	-10.42	-10.42	No
13		5.00000	0.00	18.06	18.06	No
14		5.00000	0.00	10.42	10.42	Yes

图 17　行走轴地轨前驱动负载曲线（时间、速度、扭矩、抱闸）

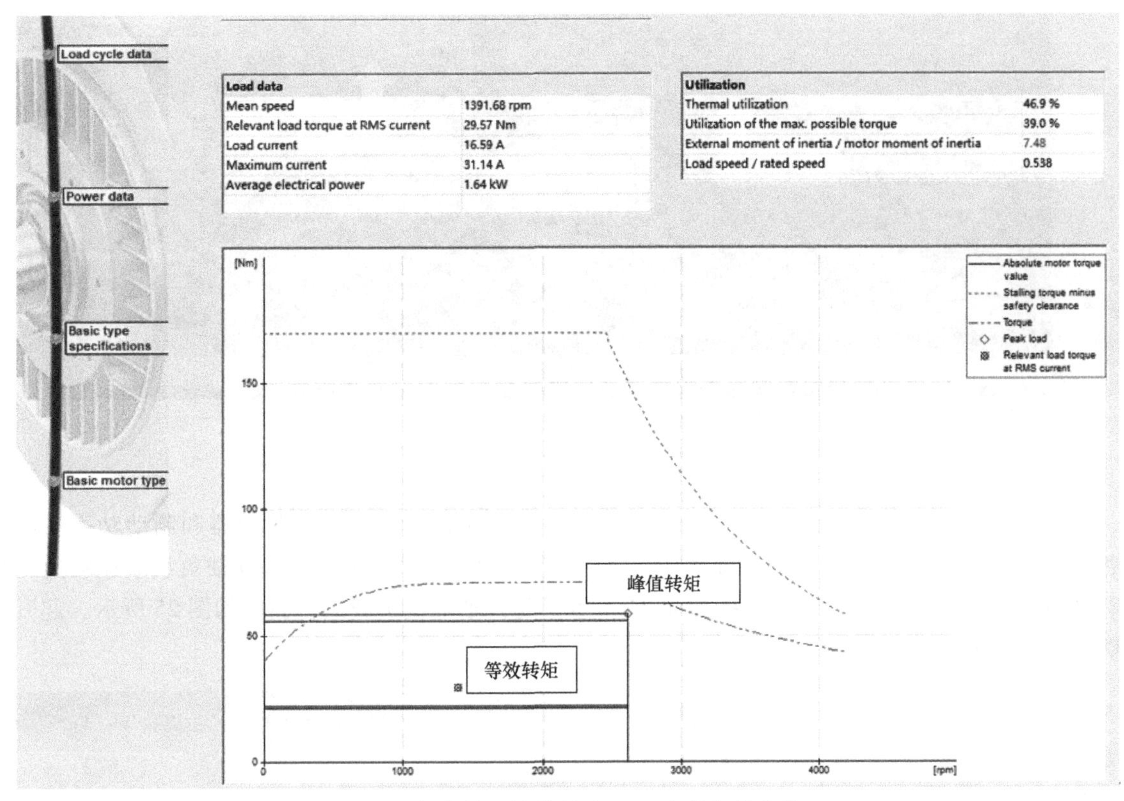

图 18　行走轴地轨前驱动 87Hz 电机负载曲线

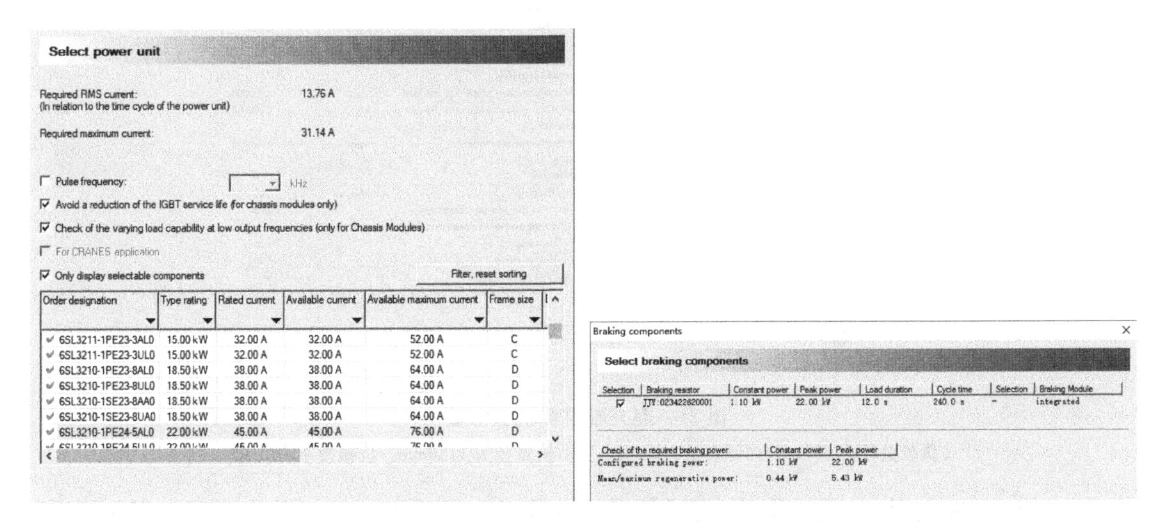

图 19　行走轴地轨前驱动驱动器及制动电阻计算

（驱动器选型 22kW；制动功率计算：等效制动功率为 0.44kW，峰值制动功率为 5.43kW；
制动电阻连续制动功率为 1.1kW，峰值制动功率为 22kW 可以满足需求）

如图 17 所示，在匀速运行时负载扭矩为 9.93N · m，结合实际运行曲线（见图 20），电机在匀速运行时转矩为 10N · m 左右，与 Sizer 计算基本相符。同理可以通过 Sizer 计算出货叉装置电机、地轨后辊轮驱动、天轨滚轮驱动的电机、驱动器及制动功率等，这里就不再赘述。

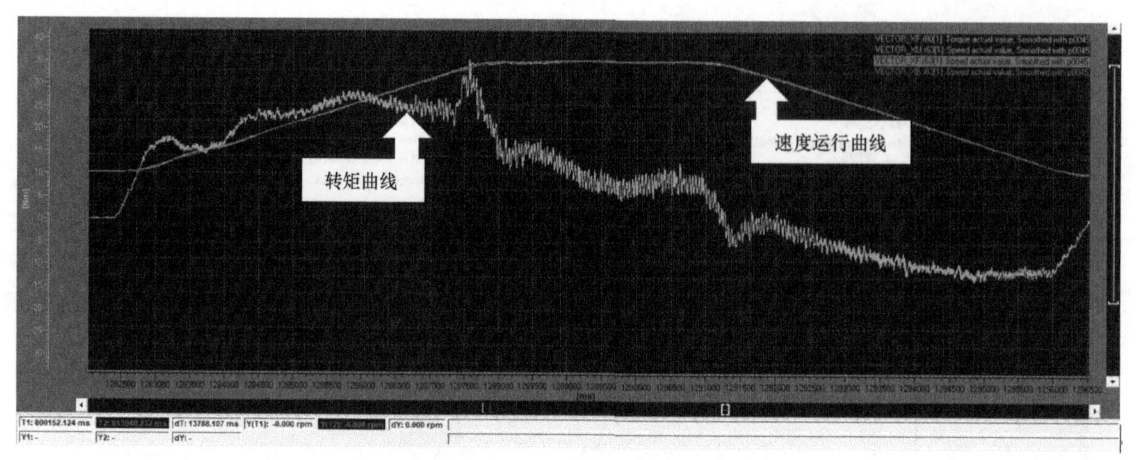

图 20　行走轴地轨前驱动实际运行速度及电机转矩 Trace 曲线

与行走轴类似，可以通过 Sizer 分别计算出起升轴空载和满载电机、驱动器和制动功率。起升轴空载机械参数如图 21 所示，起升轴空载及带载运行曲线如图 22 所示，起升轴负载减速箱速比如图 23 所示，起升轴负载运行转矩曲线如图 24 所示，起升轴电机负载运行曲线如图 25 所示，起升轴空载电机转矩 Trace 曲线如图 26 所示。

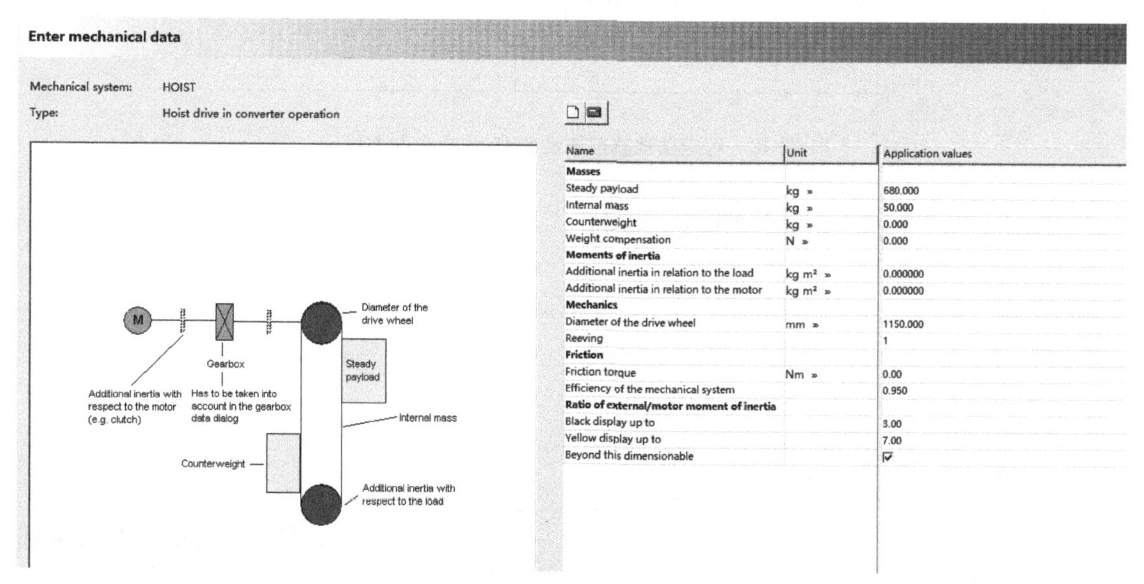

图 21　起升轴空载机械参数

（负载重量为 680kg，内部重量为 50kg，驱动轮直径为 1150mm，机械效率为 0.95）

通过比较图 24 和图 26 可以看到，起升装置在空载运行时通过 Sizer 计算和实际运行 Trace 曲线转矩都在 70N · m 左右，进而验证了计算和选型的正确性。

三、控制系统完成的功能

1. 控制系统功能介绍

该设备的控制核心是行走轴 3 台电机的位置同步、负荷平衡控制和提升轴的定位控制，其中提升轴的位置反馈来源于装货台 PLC 转发。

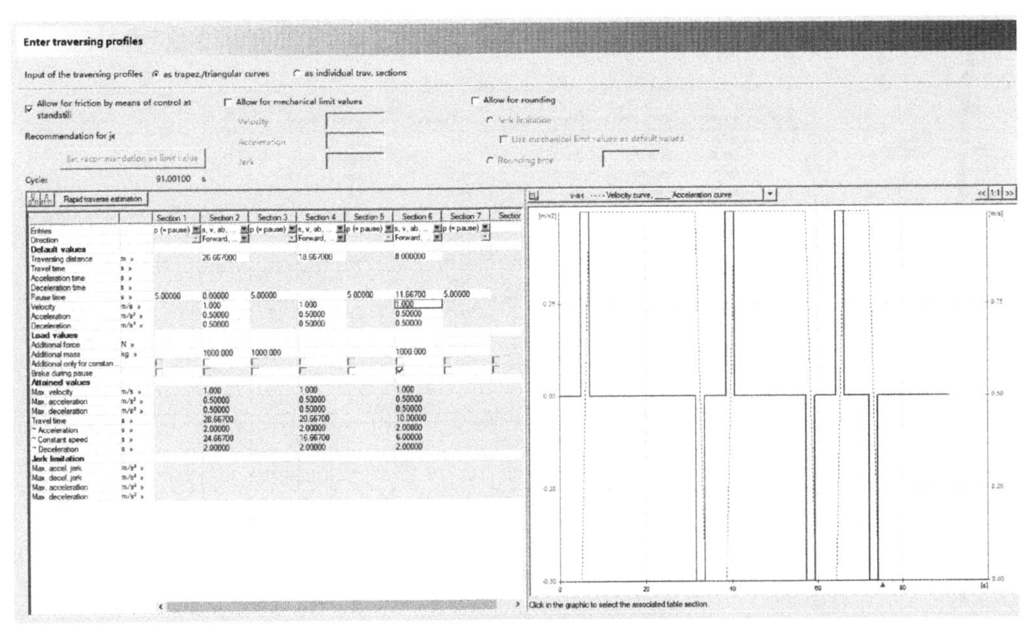

图 22　起升轴空载及带载运行曲线

（典型运行工况分 7 段：Section1 空载，等待时间 5s；Section2 带载 1000kg，以速度 1m/s 加减速度 0.5m/s^2，运行 26.7m 距离；Section3 带载 1000kg，等待时间 5s；Section4 空载，以速度 1m/s 加减速度 0.5m/s^2，运行 18.7m 距离；Section5 空载，等待时间 5s；Section6 带载 1000kg，以速度 1m/s 加减速度 0.5m/s^2，运行 8m 距离；Section7 空载，等待时间 5s；以及对应抱闸打开状态）

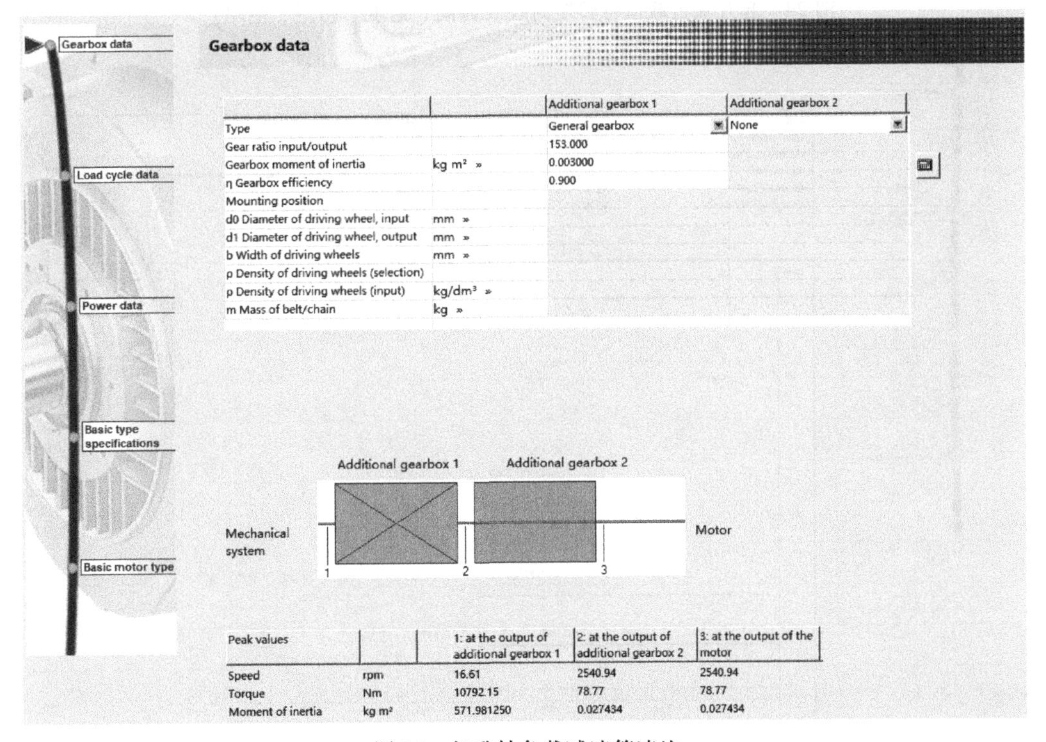

图 23　起升轴负载减速箱速比

（减速箱速比为 153，转动惯量为 0.003kg · m^2，效率为 0.9）

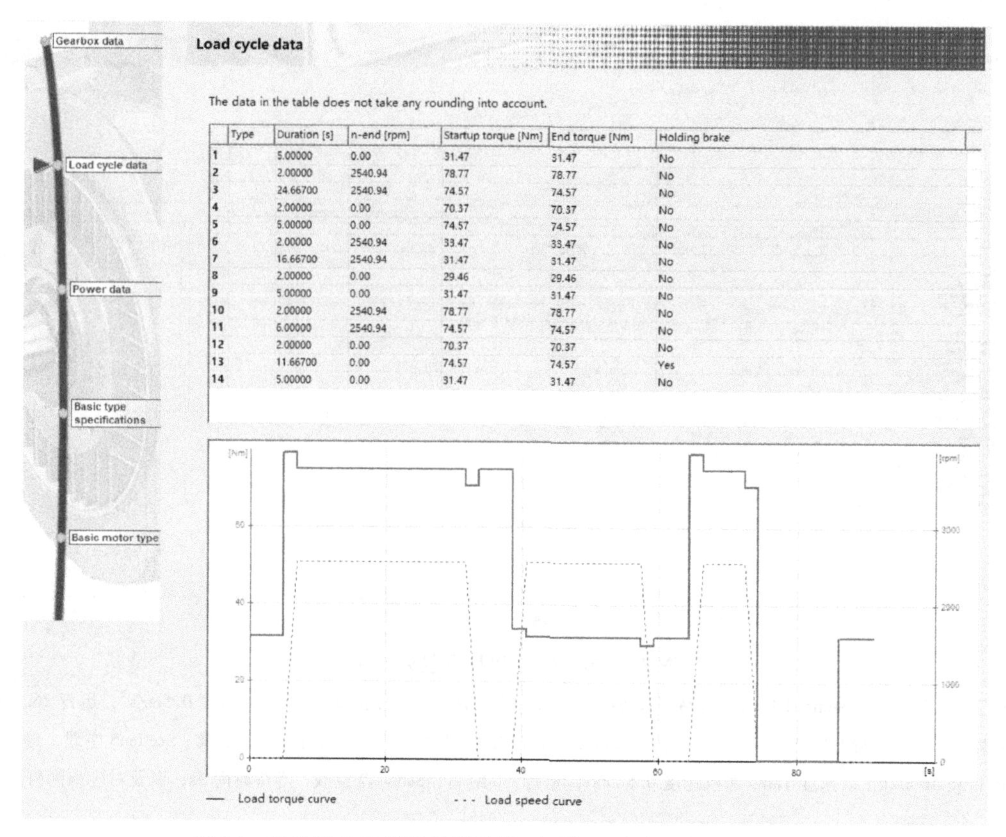

	Type	Duration [s]	n-end [rpm]	Startup torque [Nm]	End torque [Nm]	Holding brake
1		5.00000	0.00	31.47	31.47	No
2		2.00000	2540.94	78.77	78.77	No
3		24.66700	2540.94	74.57	74.57	No
4		2.00000	0.00	70.37	70.37	No
5		5.00000	0.00	74.57	74.57	No
6		2.00000	2540.94	33.47	33.47	No
7		16.66700	2540.94	31.47	31.47	No
8		2.00000	0.00	29.46	29.46	No
9		5.00000	0.00	31.47	31.47	No
10		2.00000	2540.94	78.77	78.77	No
11		6.00000	2540.94	74.57	74.57	No
12		2.00000	0.00	70.37	70.37	No
13		11.66700	0.00	74.57	74.57	Yes
14		5.00000	0.00	31.47	31.47	No

图 24　起升轴负载运行转矩曲线（时间、速度、扭矩、抱闸）

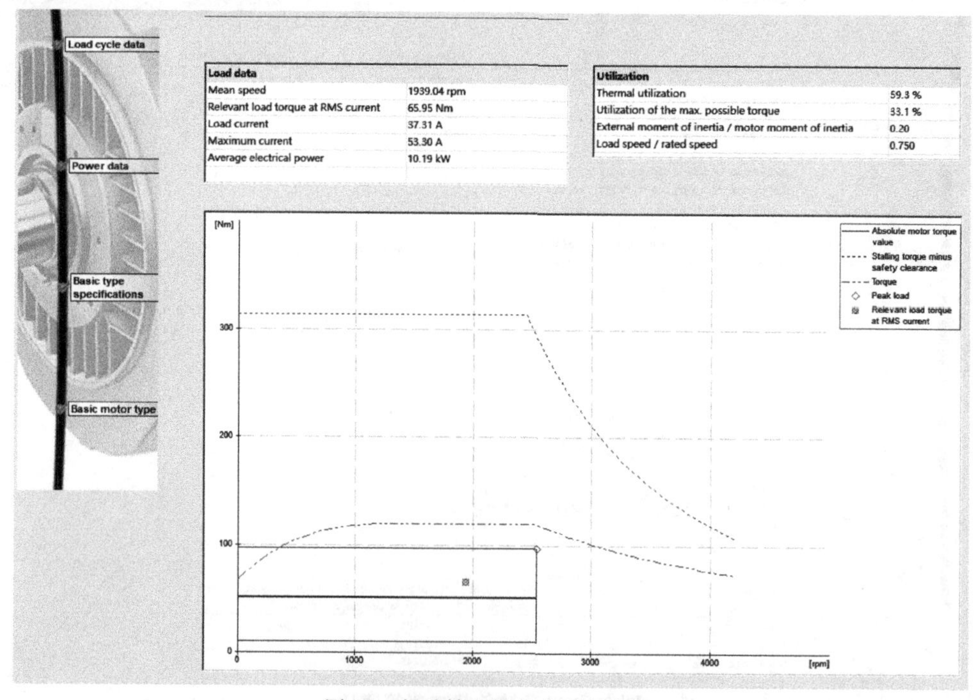

Load data	
Mean speed	1939.04 rpm
Relevant load torque at RMS current	65.95 Nm
Load current	37.31 A
Maximum current	53.30 A
Average electrical power	10.19 kW

Utilization	
Thermal utilization	59.3 %
Utilization of the max. possible torque	33.1 %
External moment of inertia / motor moment of inertia	0.20
Load speed / rated speed	0.750

图 25　起升轴电机负载运行曲线

（电机等效热利用率为 59.3%，最大转矩利用率为 33.1%，负载转动惯量比为 0.2）

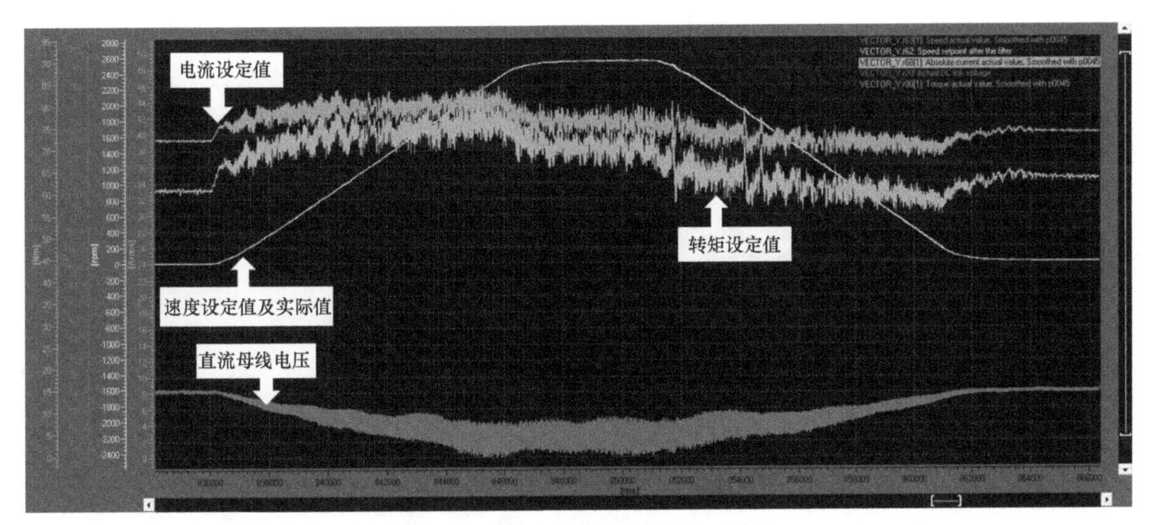

图 26　起升轴空载电机转矩 Trace 曲线

考虑到行走及提升均采用三相异步电机（电机带有 1024 线增量编码并通过 CUA32 接入系统，电机运行于 87Hz），考虑到运行的稳定性，S120 组态为矢量控制模式，并通过标准报文 3（后行走电机、天轨电机、提升电机）、报文 4（前行走电机增量编码器+SSI 条码阅读器）和 750 报文（3 台行走电机，用于电机转矩读写），S120 驱动报文组态及地址分配如图 27 所示。

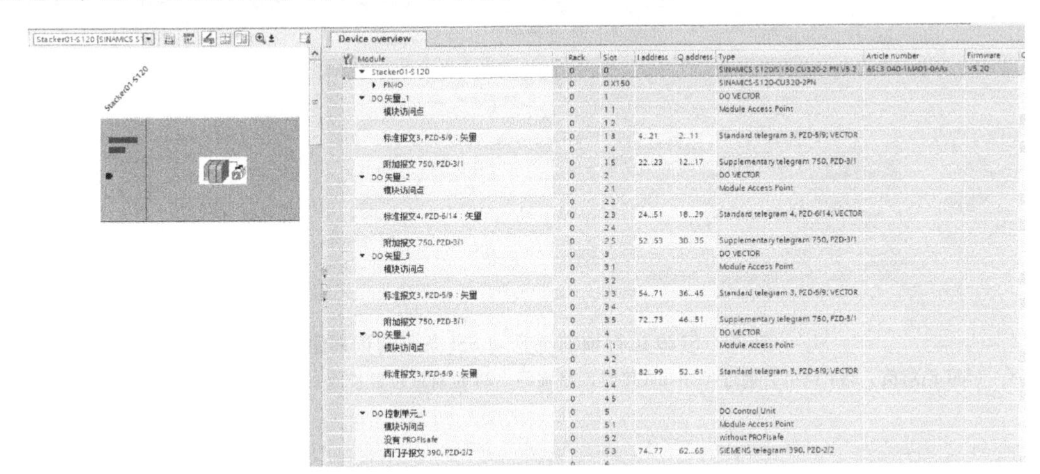

图 27　S120 驱动报文组态及地址分配

S120 通过矢量模式控制三相异步电机组态过程就不展开描述了，这里给出行走电机前驱动的编码器组态过程，图 28 所示为 S120 行走轴前辊轮动增量编码器组态，图 29 所示为 S120 运行轴前辊轮动 SSI 条码阅读器组态。

4 个轴的位置控制通过 S7-1500 工艺对象实现，行走轴前辊轮轴和提升轴定义为定位轴，行走轴后辊轮和天轨辊轮轴定义为同步轴。图 30 所示为基站 PLC 后辊轮轴工艺对象组态，由图 30 可知，行走轴后辊轮定义为同步轴，引导轴主值为行走轴前辊轮的设定值。

提升轴位置环编码器来源于通信，故采用 Data block 方式组态（见图 31）。在 PLC 组织块 OB67 调用 SimpleEnc FB 功能块将通信接收到的垂直条码位置传送到 Data block 中，图 32 所示为 OB67 调用 SimpleEnc FB 功能块及块说明。

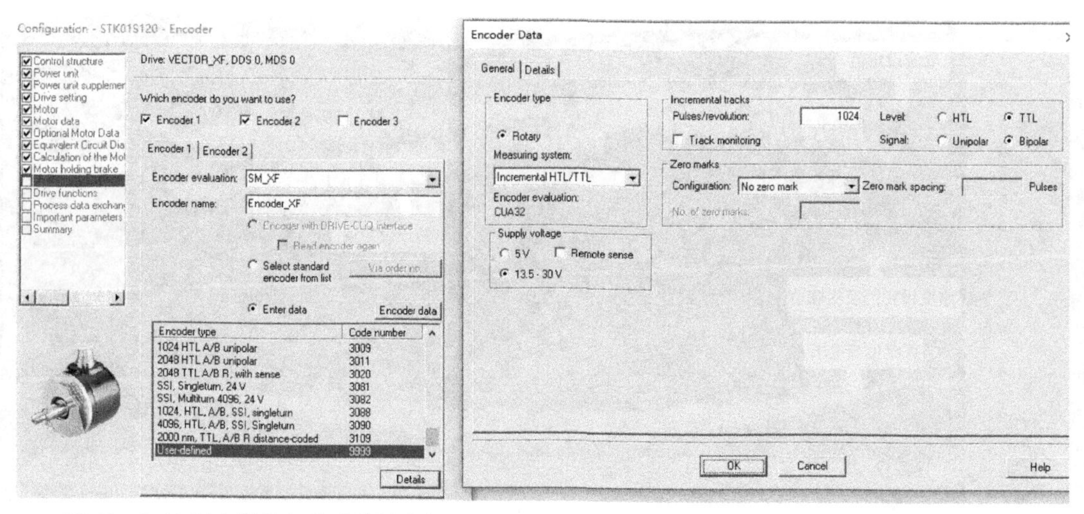

图 28　S120 行走轴前辊轮动增量编码器组态（TTL 双极性，24V 供电，1024 脉冲/转，4 倍频）

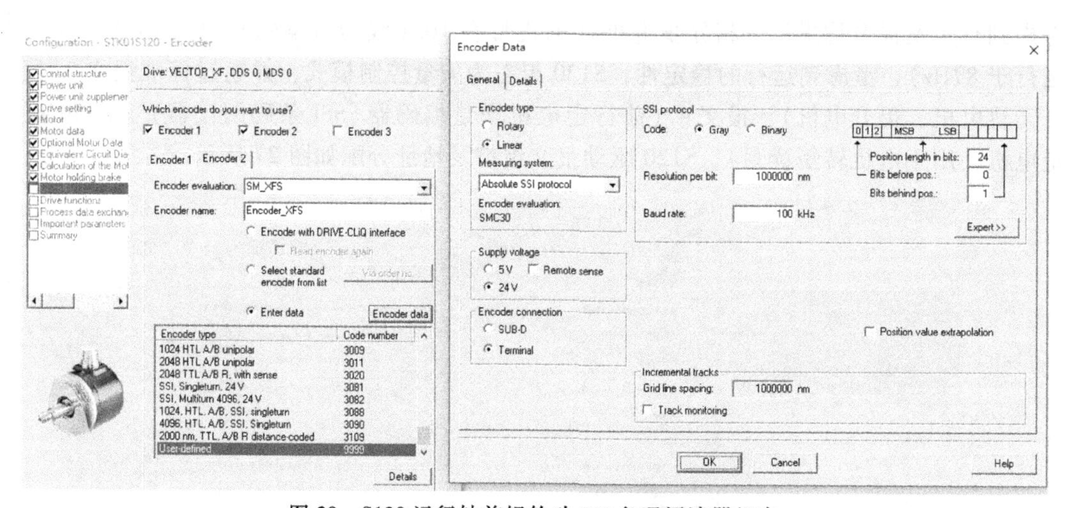

图 29　S120 运行轴前辊轮动 SSI 条码阅读器组态

（SSI 绝对值，24V 供电，通过 Terminal 接线，格雷码，24 位有效位置长度+1 位 error 位，分辨率 1mm）

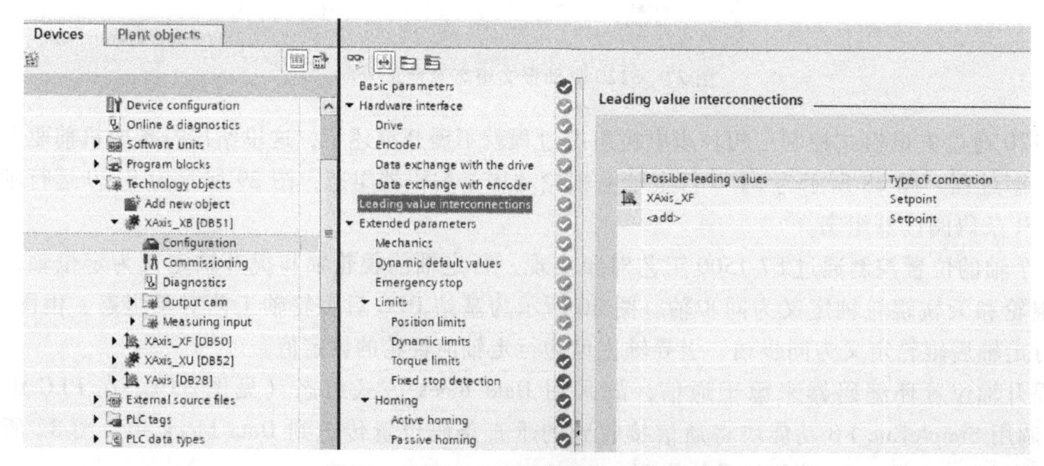

图 30　基站 PLC 后辊轮轴工艺对象组态

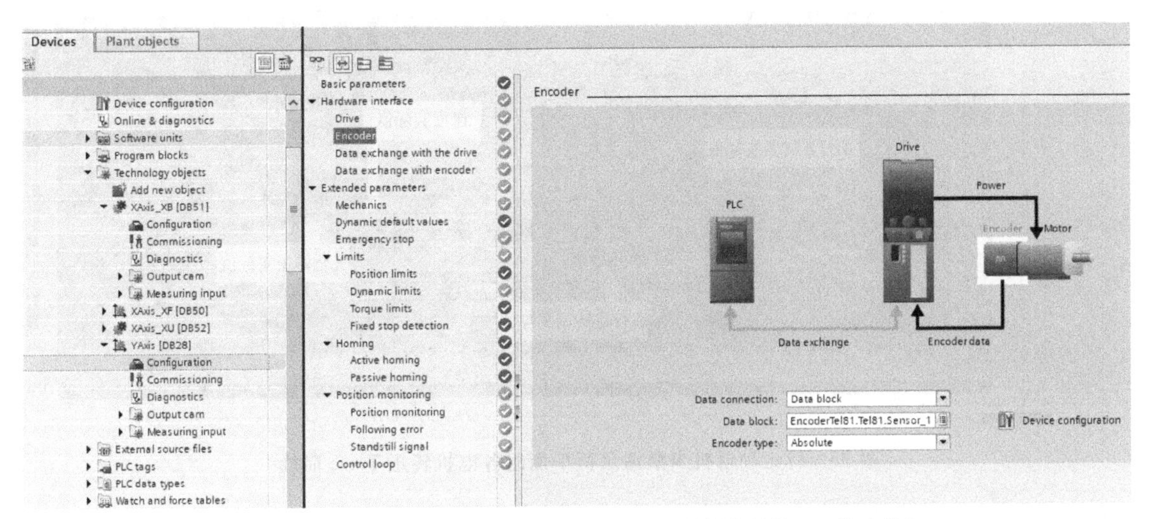

图 31　提升轴位置环编码器组态（通过 81 号报文结构 DB 块连接）

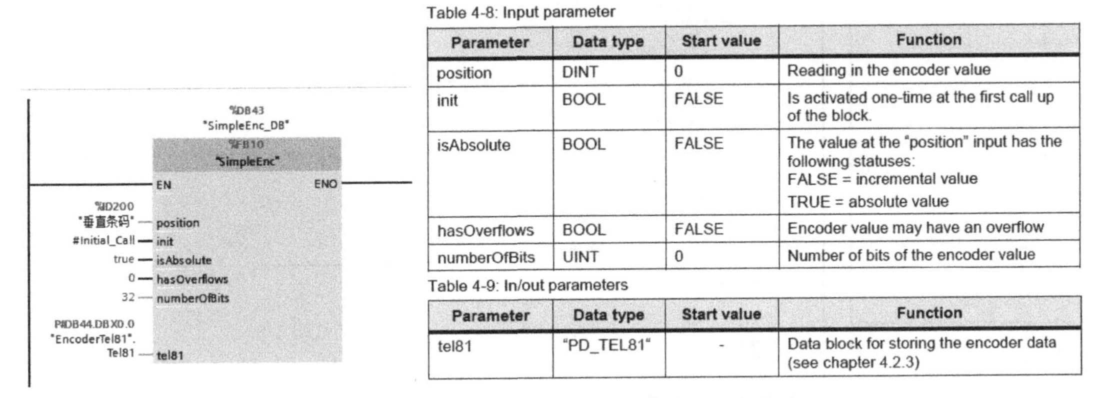

The parameters of the "SimpleEnc" function block are listed below.

Table 4-8: Input parameter

Parameter	Data type	Start value	Function
position	DINT	0	Reading in the encoder value
init	BOOL	FALSE	Is activated one-time at the first call up of the block.
isAbsolute	BOOL	FALSE	The value at the "position" input has the following statuses: FALSE = incremental value TRUE = absolute value
hasOverflows	BOOL	FALSE	Encoder value may have an overflow
numberOfBits	UINT	0	Number of bits of the encoder value

Table 4-9: In/out parameters

Parameter	Data type	Start value	Function
tel81	"PD_TEL81"	-	Data block for storing the encoder data (see chapter 4.2.3)

图 32　OB67 调用 SimpleEnc FB 功能块及块说明

2. 性能指标

设备主要性能指标要求见表 2，行走及提升轴定位误差要求小于±2mm。

3. 控制关键点及难点

行走电机齿轮（Gear）同步，未激活负荷平衡时，在行走轴移动过程中 3 台电机之间的扭矩会相互作用，最终导致电机过载报警。图 33 所示为行走轴电机未激活负荷平衡时各电机转矩 Trace 曲线。

为解决运行过程中各电机转矩相互作用所导致的报警问题，编写负荷平衡控制程序，通过自定义 FB_Torque_Balance 及 MC_MOVESUPERIMPOSED 功能块实现负荷平衡功能，原理是通过 750 报文实时读取运行轴 3 台电机的实时转矩，通过 FB_Torque_Balance 根据各电机负载分配比例与引导轴的转矩进行比较，将转矩的差值乘以增益 P_Gain，并对计算结果限幅输出到 Slave_Add_speed，最后通过 MC_MOVESUPERIMPOSED 指令控制同步轴进行补偿。图 34 所示为行走轴电机负荷平衡程序。

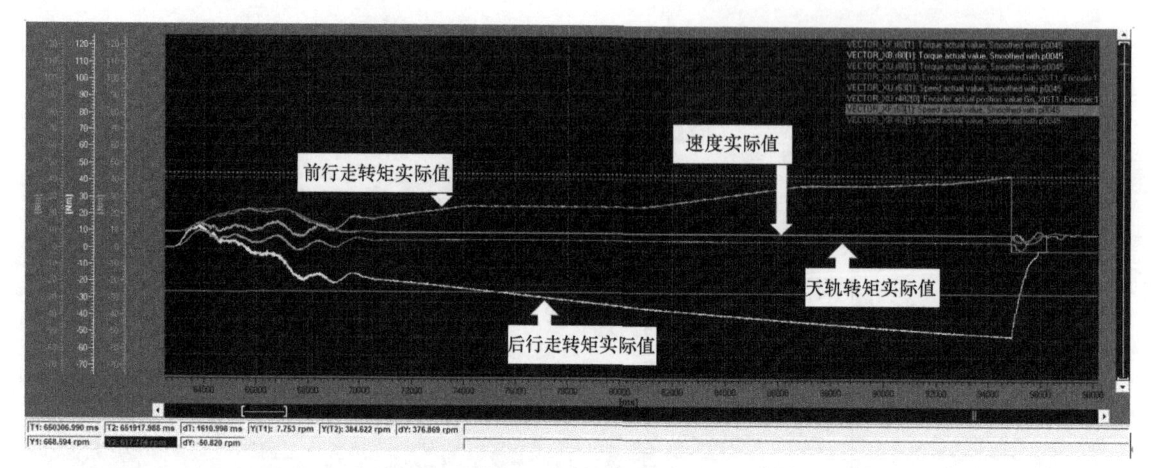

图 33　行走轴电机未激活负荷平衡时各电机转矩 Trace 曲线

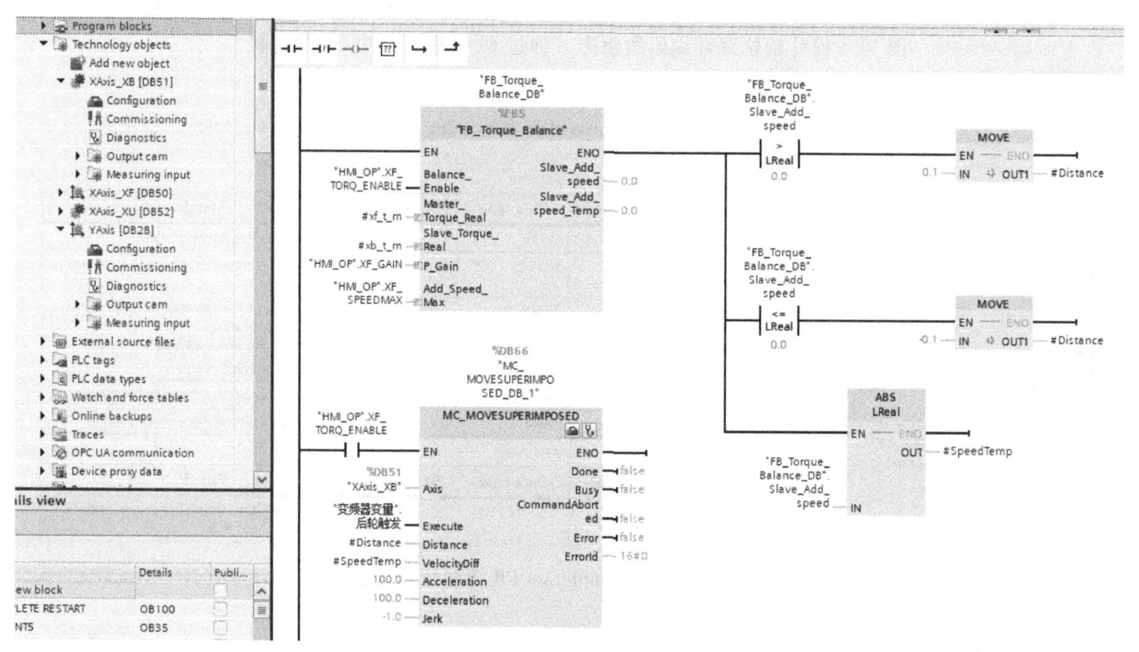

图 34　行走轴电机负荷平衡程序

4. 控制效果

通过对以上关键因素组态和编程调试后，行走轴电机激活 Gear 同步，激活负荷平衡时，各电机转矩基本保持一致。图 35 所示为行走轴电机空载激活负载平衡时各电机转矩 Trace 曲线。

西门子 ScalanceW 无线通信方案为基站 PLC 与载货台 PLC 之间提供了稳定可靠的通信，通过 ScalanceW 交换机内部集成的信号质量录波功能，可以直观显示信号强度与重发次数。图 36 所示为 ScalanceW 交换机信号质量录波。

计算机通过漏波电缆 ping 载货台 ScalanceW 交换机的响应时间如图 37 所示，平均响应时间为 3ms，能够保证数据传送的实时性和稳定性。

该堆垛机实际运行效果定位精度（见图 38）能够满足性能指标要求，以提升轴为例，起升轴实际运行 Trace 曲线如图 39 所示，在到达定位窗口时跟随误差在±2mm 内。

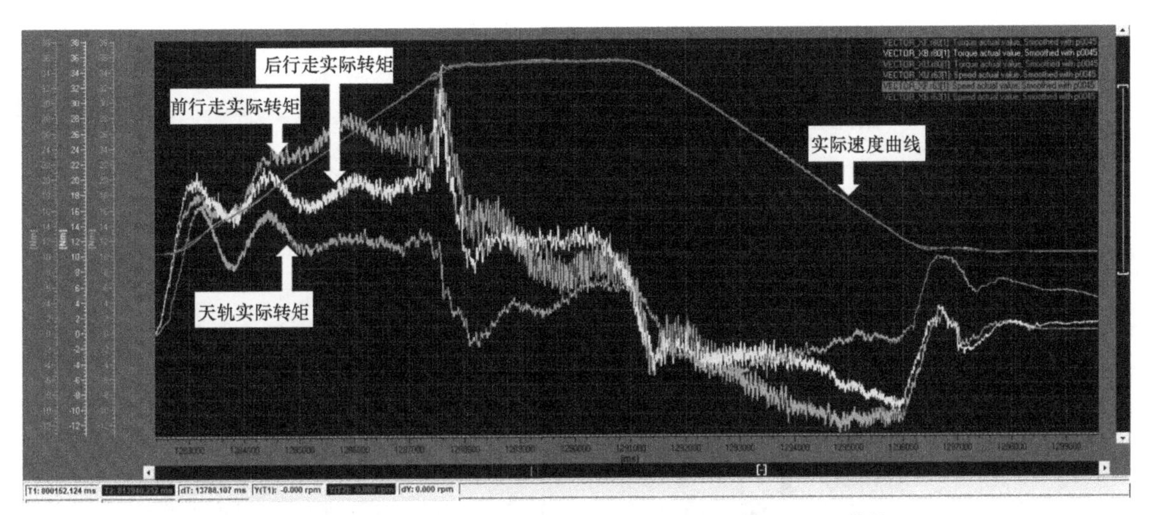

图 35　行走轴电机空载激活负荷平衡时各电机转矩 Trace 曲线

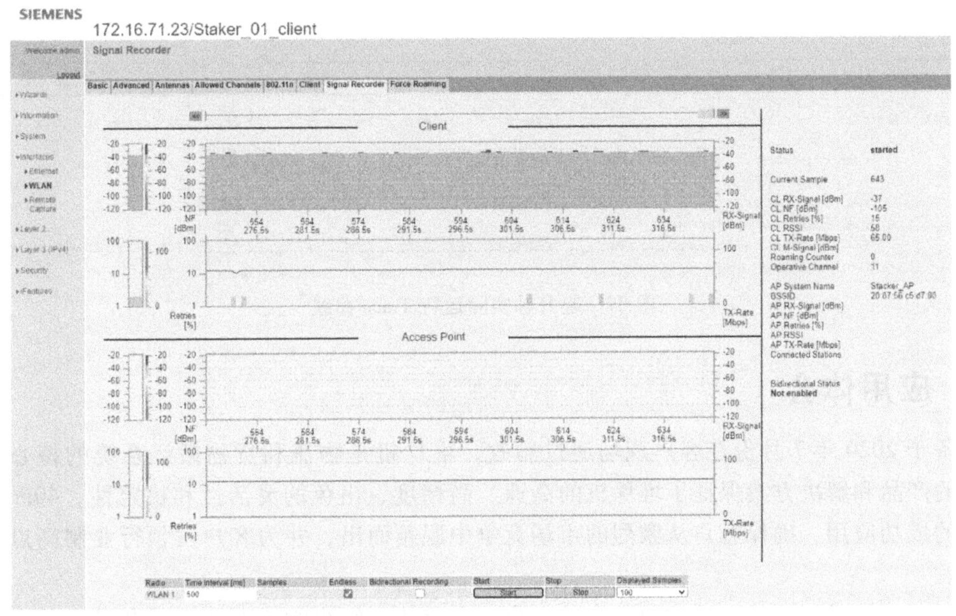

图 36　ScalanceW 交换机信号质量录波（可连续记录信号强度及重发次数）

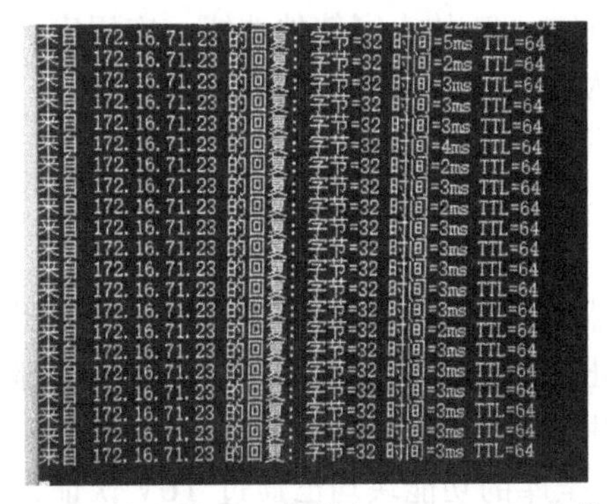

```
来自 172.16.71.23 的回复: 字节=32 时间=5ms TTL=64
来自 172.16.71.23 的回复: 字节=32 时间=2ms TTL=64
来自 172.16.71.23 的回复: 字节=32 时间=3ms TTL=64
来自 172.16.71.23 的回复: 字节=32 时间=3ms TTL=64
来自 172.16.71.23 的回复: 字节=32 时间=3ms TTL=64
来自 172.16.71.23 的回复: 字节=32 时间=4ms TTL=64
来自 172.16.71.23 的回复: 字节=32 时间=2ms TTL=64
来自 172.16.71.23 的回复: 字节=32 时间=3ms TTL=64
来自 172.16.71.23 的回复: 字节=32 时间=2ms TTL=64
来自 172.16.71.23 的回复: 字节=32 时间=3ms TTL=64
来自 172.16.71.23 的回复: 字节=32 时间=3ms TTL=64
来自 172.16.71.23 的回复: 字节=32 时间=3ms TTL=64
来自 172.16.71.23 的回复: 字节=32 时间=3ms TTL=64
来自 172.16.71.23 的回复: 字节=32 时间=2ms TTL=64
来自 172.16.71.23 的回复: 字节=32 时间=3ms TTL=64
来自 172.16.71.23 的回复: 字节=32 时间=3ms TTL=64
来自 172.16.71.23 的回复: 字节=32 时间=3ms TTL=64
来自 172.16.71.23 的回复: 字节=32 时间=3ms TTL=64
来自 172.16.71.23 的回复: 字节=32 时间=3ms TTL=64
```

图 37　计算机通过漏波电缆 ping 载货台 ScanlanceW 交换机的响应时间

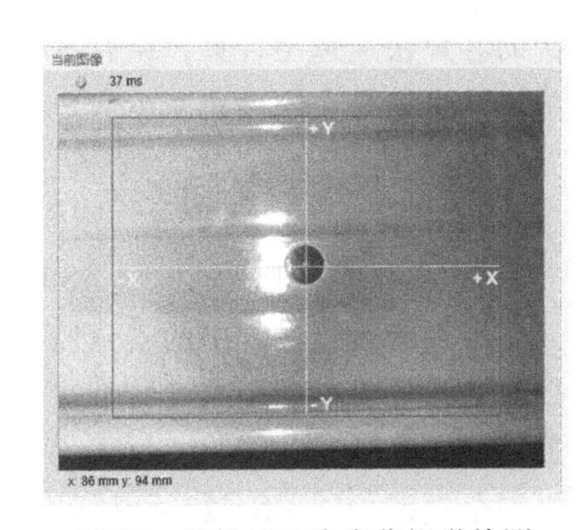

图 38　堆垛机二次定位视觉检测

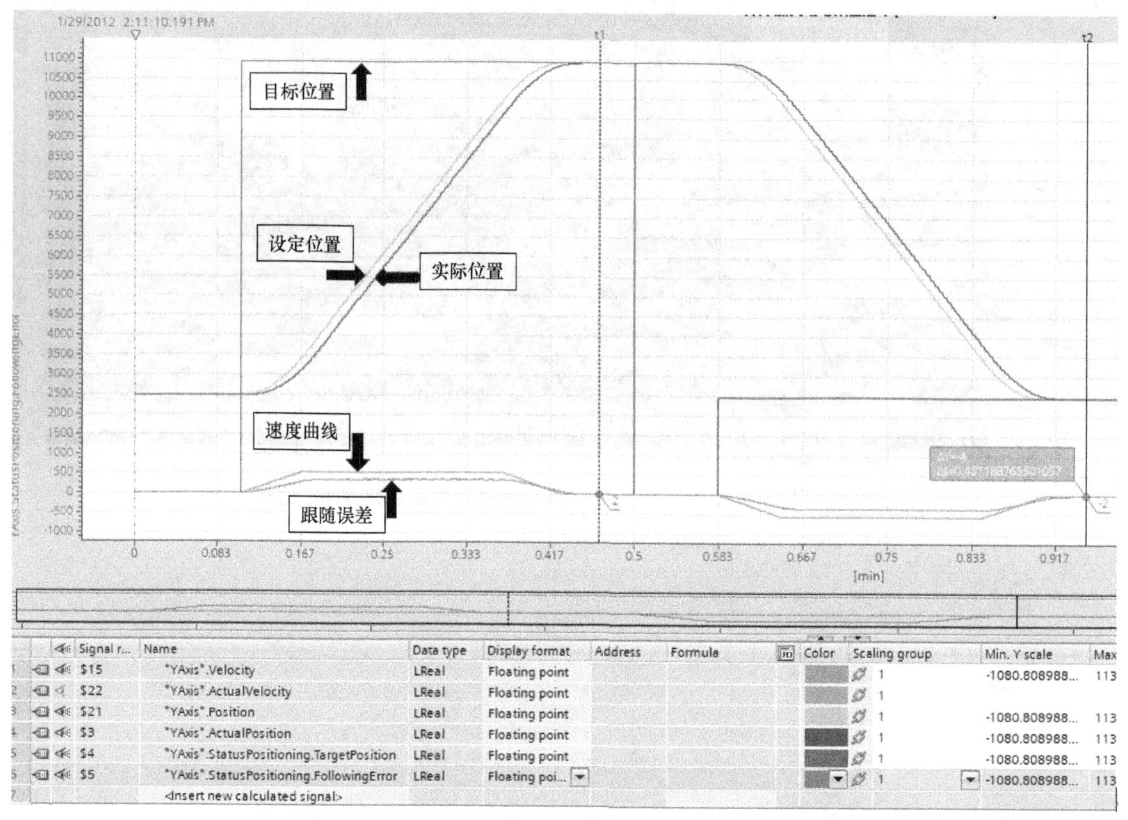

图 39　起升轴实际运行 Trace 曲线

四、应用体会

该设备于 2020 年 7 月份在客户现场通过验收，堆垛机是物流和货物搬运系统的核心部件，西门子提供的产品和解决方案保证了堆垛机的高速、高精度、出色的灵活性和稳定性，40m 双立柱冷库堆垛机的成功应用，确保客户从激烈的市场竞争中脱颖而出，并为客户占领行业制高点奠定了坚实的基础。

西门子可以提供不同的硬件和软件产品组合，完美协同解决物流系统中的各种应用，并且可以无缝集成到全集成自动化系统（TIA）。通过西门子提供的 TIA Selection Tool 及 Sizer 选型工具可以帮助客户快速选型计算，结合 S7-1500、S120、ScalanceW 的丰富软件功能、应用库、在线监控和调试工具可以最大限度地减少客户编程调试时间，为客户创造更大的效益。

五、改进空间

1. 采用适用于堆垛机的 ASRS 安全库

堆垛机运行过程中的安全监控必不可少，虽然电机都设计有抱闸控制用于紧急制动，但是在运行时必须考虑制动距离，特别在高速运行时为防止堆垛机冲出轨道，一般在程序中都会根据巷道位置设置安全限速功能。通过采用西门子提供的适用于堆垛机的 ASRS 安全库，可实现全面符合堆垛机安全规范 DIN EN 528 的安全解决方案。这些安全库的功能块均已通过 TÜV 认证，即插即用。基于全集成驱动系统，通过 SIMATIC S7-1500 F PLC 的集成安全功能与 SINAMICS S120 变频之间的最佳协同，可以进行定制。西门子仓库解决方案无需或仅需很少缓冲区，同时提供全面的安全功能（也适用于具有固有打滑特性的系统）以及典型的堆垛机监控功能。图 40 所示为巷道安全速度监控。

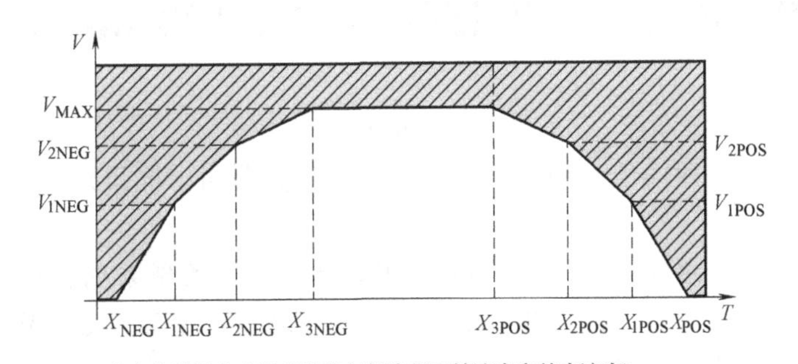

（整个巷道的安全速度监控包括降低开始速度和结束速度）

图 40　巷道安全速度监控

2. 使用优化的运动曲线进行能量/功率的节约

堆垛机在运行过程中会进行频繁的加减速，特别是在升降应用中，驱动必须经常制动大质量货物，这部分制动能量很多情况下是通过制动电阻发热消耗，如果将这部分能量进行回收利用，将会节省很多电能。因此采用具有能量回馈功能的整流模块可显著降低能量消耗，通过使用西门子具有能量回馈的进线整流模块（例如 S120 ALM），能量可以被其他负载回收和使用，由于无需制动电阻，从而减小了电控柜尺寸，简化了冷却方案，能量沿着 SINAMICS S120 公共直流母线实现均衡，从而降低系统总损耗。此外，通过采用电容器（超级电容器），西门子还可提供创新性解决方案，在直流环节存储能量，这样，不仅可以降低输入功率，还可在电源故障时，驱动仍可实现电动制动，从而最大限度地减少制动和车轮磨损，提高堆垛机的可用性。另外，根据取料位置的不同优化行走和提升轴的运动曲线，也能够有效地节约能量。

3. 采用基于 S7-1500 的 Load balancing（LLoadBal）应用库

西门子于 2021 年 3 月 26 日发布了基于 S7-1500 的负荷平衡（LLoadBal）库 V1.0 版本，该库主要用于两个或多个电机的负荷平衡控制应用，控制原理是基于比较主从电机的扭矩设定值偏差进行评估，评估结果作为从轴的附加速度设定值，相比本案例采用的负荷平衡方法能获得更快的响应速度和更好的控制效果。

下载链接：https：//support. industry. siemens. com/cs/ww/en/view/109794291。

参考文献

[1]　西门子（中国）有限公司. Industrial Wireless LAN SCALANCE W788-x/W748-1 操作说明 [Z].

[2]　西门子（中国）有限公司. Application-velocity gearing with optional load distribution for stacker cranes [Z].

[3]　西门子（中国）有限公司. 109741575_MC_PreServo_and_MC_PostServo_v10_en [Z].

[4]　西门子（中国）有限公司. STEP 7 Professional V16 System Manual [Z].

[5]　西门子（中国）有限公司. SIMATIC S7-1500_Load balancing (LLoadBal)-ID_ 109794291 [Z].

[6]　西门子（中国）有限公司. 薛晖. S 型速度曲线在有轨巷道堆垛机速度控制中的应用研究 [D]. 兰州：兰州交通大学，2013.

S7-1500 和 G120 在堆垛机上的应用
Application of S7-1500 and G120 on stacker

邹云龙
（西门子（中国）有限公司浙江分公司　杭州）

［摘　要］本文主要介绍以西门子 S7-1500+G120 为核心的控制系统在堆垛机上的应用，着重介绍堆垛机工艺，如与 WCS、输送线交互协议，常用位置传感器和通信设备。堆垛机驱动器选型直接影响后期调试效果，所以本文会着重介绍堆垛机驱动选型。文中也会介绍在调试中遇到的问题及解决办法。

［关 键 词］堆垛机、G120、选型、仓储物流

［Abstract］This paper mainly introduces the application of the control system with Siemens S7-1500+G120/S120 as the core on the stacker, and focuses on the stacker technology, such as the interaction protocol with WCS, conveyor line, common position sensors and communication equipment. The selection of stacker drive directly affects the later debugging effect, so this article will focus on the selection of stacker drive. The article will also introduce the problems encountered in the debugging and solutions.

［Key Words］Stacking machine、G120、Selection、Warehousing logistics

一、项目简介

1. 行业简要背景

堆垛机是立体仓库中最重要的起重运输设备之一，可大大提高仓库的面积和空间利用率，是自动化仓库的重要设备。堆垛机的功能是堆垛机接受指令后，能在高层货架巷道中来回穿梭，把货物从巷道口出入库货台搬运到指定的货位中，或者把需要的货物从仓库中搬运到巷道口出入库货台，再配以相应的转运、输送设备，通过计算机控制实现货物的自动出入库。运用堆垛机的立库最高可达 40m，大多数在 10~25m 之间。

2. 设备及工艺介绍

（1）堆垛机组成与分类

常见的巷道式堆垛机主要由下横梁、载货台、货叉机构、立柱、上横梁、水平运行机构、起升机构、电控柜、安全保护装置和电气控制系统等几大部分组成。

按立柱结构分，可以分为单立柱、双立柱；按轨道类型分，可以分为弯轨、直道、岔道；按货叉类型分，可以分为双伸（深）、单伸（深）、双工位、单工位；按起升高度分，可以分为高层型（15m 以上）、中层型（5~15m）、低层型（5m 以下）。

（2）堆垛机与输送线以及 WCS（仓库控制系统）结构关系

如图 1 所示，堆垛机可工作在离线状态（不受 WCS 控制），也可工作在联机状态，由 WCS 告

知堆垛机取放货位置，由堆垛机去执行，如果取放货位置在输送线上，则堆垛机会与输送线进行数据交互。

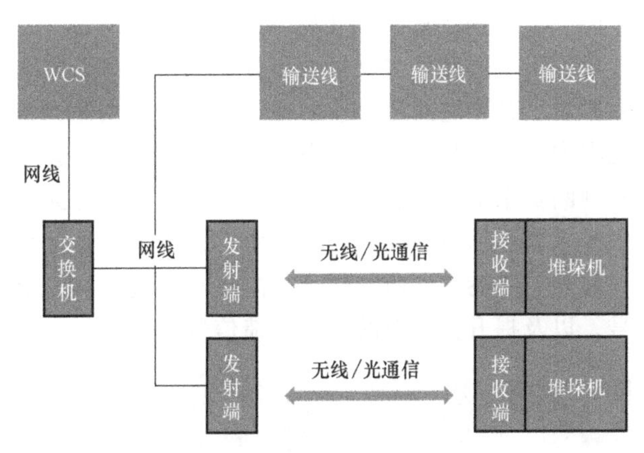

图 1　堆垛机与外围设备示意图

（3）堆垛机上定位和通信设备

在行走和提升方向上，位置编码器一般使用激光仪或者条码带。对于激光仪，是通过红外激光测距，长距离安装需要注意光线要能垂直照射到反光板，容易受到遮挡干扰，无法实现弯轨测距。对于条码带，是通过扫码器扫码定位，条码容易受到污损，且贴条码带比较费时，特别是垂直方向上，另外扫码器安装与条码安装有相对位置要求。常用的激光仪或条码带品牌有劳易测（Leuze）、西克（Sick）、库伯勒（Kübler）。图 2 展示的是西克激光仪和劳易测扫码器，以及两者常见的重要参数。

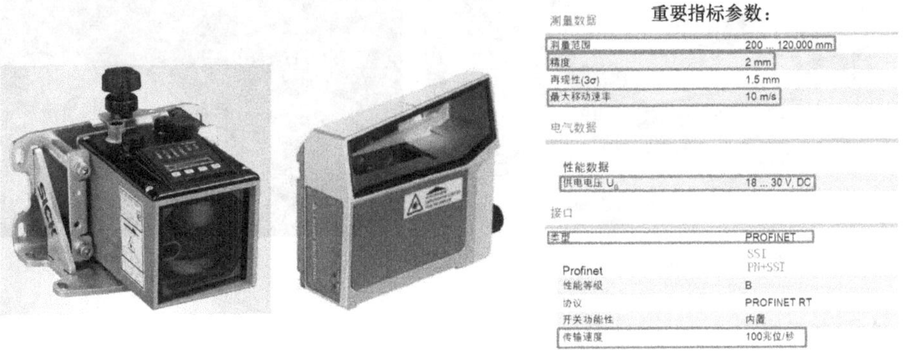

重要指标参数：

测量数据	
测量范围	200 ... 120,000 mm
精度	2 mm
再现性(3σ)	1.5 mm
最大移动速率	10 m/s
电气数据	
性能数据	
供电电压 U_B	18 ... 30 V, DC
接口	
类型	PROFINET
	SSI
Profinet	PN+SSI
性能等级	B
协议	PROFINET RT
开关功能性	内置
传输速度	100兆位/秒

图 2　激光仪/扫码器及参数指标

地面站上的发射端与堆垛机上的接收端一般采用无线或者光通信方式，相比较，光通信容易受到遮挡、粉尘干扰，安装要求高，只能直线通信（光斑对位），通信配置简单，成本相对较低。无线通信方式，通信配置相对复杂，成本相对较高，安装简单，无需对光斑的方式进行信号接收，受遮挡干扰相对较小。常用的无线或者光通信品牌有：菲尼克斯（无线）、西门子（无线）、劳易测（光通信）、西克（光通信），如图 3 所示。

图 3　无线与光通信设备

（4）堆垛机上的重要传感器信号

堆垛机上的信号主要集中在货叉上，以双工位堆垛机为例，以左侧一个工位信号加以标识，如图 4 所示。其中左前超、左后超、左高超是用来判断当货叉带货伸/收叉的时候货叉是否在限定位置范围内。左边超是用来检查货物边缘是否在左边超靠右范围内。货架探货光电是用来取货或者放货时判断货架上是否有货。货叉中位是行走或者提升动作前必须检查的信号，防止运行时，货叉未回中带来碰撞风险。如图 5 模型所示，传感器是排布在左右两侧对称分布。

另外，在巷道方向和提升方向还有前进/后退/上升/下降硬件极限、前进/后退/上升/下降减速信号，以及提升方向上的失速反馈信号。

图 4　货叉上传感器

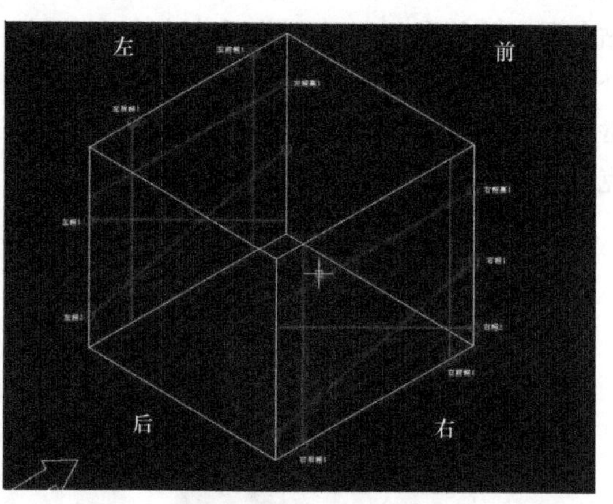

图 5　堆垛机方位定义

（5）与外围交互协议

与 WCS 交互包括 WCS 写到堆垛机 PLC 数据块如图 6 所示 DB100 的动作命令，以及 WCS 从堆垛机 PLC 数据块如图 7 所示 DB101 读取到的当前堆垛机的状态。两者之间的通信可以主要看 WCS，一般是 S7、OPCUA、TCPIP 等。

1）WCS 写堆垛机 PLC 动作命令协议如下：

入库：WCS 发送入库任务到堆垛机 PLC，该任务信息包括任务号、条码号、取放货排列层地址等。堆垛机 PLC 会判断任务类型不为 0，异常处理为 0，且任务号为新的任务号（每次完成一个任务，则会向 DB101 的完成任务号写当前完成的任务号），以及其他程序逻辑条件（如取放排列层有效）都达到后执行取货入库任务。

出库：执行取货出库任务。

移库：将货架上的货物从一个位置换到另一个位置，双伸位堆垛机需要，比如要取里面货架的货物，但外层货架有货。

移动：当前任务做完后，堆垛机移动到另外一个位置等待，为节省下一次动作的时间。或者一个巷道内有两个堆垛机，另一台堆垛机在执行任务，当前堆垛机移动到一个安全的位置。

取货移动，移动放货：针对一轨双车，先执行取货移动到某个位置，再执行移动放货。

重入库：堆垛机放货时，货格内有货，人工确认后，堆垛机把 WCS 实时读的数据块 DB101 内对应位置（异常处理）写 1，即重入库，WCS 读到重入库后，会重新下发任务（目的地址会改变，且图 6 中的 DBW44=1，其他不变），之后堆垛机执行放货任务。

地址	数据点	数据值说明	备注
DBW0	起始符	十进制123,ASC II码的{	
DBW2	心跳		
DBD4	任务号	需要执行任务号	
DBW8	任务类型	0-无效,1-入库,2-出库,3-移库,4-移动, 5-取货移动 ,6-移动放货	
DBW10	取货排	取货排	
DBW12	取货列	取货列	
DBW14	取货层	取货层	
DBW16	放货排	放货排	
DBW18	放货列	放货列	
DBW20	放货层	放货层	
DBB22	条码号	String[20](DBB22-DBB43)(条码超过20位,取变化20位)	首末符占2位, String总长22B
DBW44	异常处理	0-无效,1-重入库,2-空出库,3-取远近有货,4-任务重复	
DBW46	货物类型	0	
DBW48	结束符	十进制125,ASC II码的}	

图 6　DB100

DBW0	起始符	十进制123,ASC II码的{	
DBW2	心跳		
DBD4	当前任务号	需要执行任务号	
DBB8	当前条码号	String[20](DBB8-DBB29)(条码超过20位,取变化20位)	
DBW30	当前工作模式	1-联机,2-半自动,3-单步,4-手动	
DBW32	当前任务类型	0-无效,1-入库,2-出库,3-移库,4-移动，5-取货移动 ,6-移动放货	
DBD34	传感器信号组1	传感器排列组，布尔量	
DBD38	传感器信号组2	传感器排列组(含强制完成信号)，布尔量	
DBD42	水平测距值		
DBD46	垂直测距值		
DBD50	货叉编码器值1		浅叉
DBD54	货叉编码器值2		深叉
DBW58	当前排		
DBW60	当前列		
DBW62	当前层		
DBD64	完成任务号	每次任务完成时更新	上报WCS任务完成
DBW68	堆垛机有无故障	0-无故障,1-有故障	
DBW70	故障码1&2	具体故障码	
DBW72	故障码3&4	具体故障码	
DBW74	故障码5&6	具体故障码	
DBW76	故障码7&8	具体故障码	
DBW78	故障码9&10	具体故障码	
DBW80	故障码11&12	具体故障码	
DBD82	变频器1报警	水平轴1变频器报警	
DBD86	变频器2报警	水平轴2变频器报警	
DBD90	变频器3报警	起升轴1变频器报警	
DBD94	变频器4报警	货叉轴1变频器报警	
DBD98	变频器5报警	货叉轴2变频器报警	
DBW102	货叉有无货物	0－无货，1－货叉上有货	
DBW104	异常处理	0-无效,1-重入库,2-空出库,3-取远近有货,4-任务重复	
DBW106	备用	0	
DBW108	结束符	十进制125,ASC II码的}	

图 7　DB101

空出库：取货收叉后，货叉检测到无货，人工确认后，堆垛机把 DB101 对应位置（异常处理）写 2，即空出库。WCS 读到后会重新下发空出库命令（DBW44=2，其他不变），堆垛机收到后，直接完成该任务。

取远近有货：用于双伸位堆垛机，类似空出库，只不过（DBW44=3，其他不变），堆垛机收到后，直接完成该任务。

任务重复：堆垛机会将新的任务号与上次完成的任务号进行比对，如果重复，则重新下发任务报文，不同于正常报文的是，此时 DBW44=4。

2）WCS 读堆垛机 PLC 当前状态的协议如下：

堆垛机执行任务时，会将实时状态写到 DB101 对应位置中，其中当前任务号是读到的 DB100 中的任务号。当执行任务完成，堆垛机会把 DB101 的当前任务号写到完成任务号，当 WCS 实时读到完成任务号与其发出的任务号一致时，则判断当前任务完成，并将 DB100 中的任务类型、任务号、取放货排列层、条码号、货物类型、异常处理清零，DB101 中的数据会根据 DB100 中上述数据都为 0，来清除自身的当前任务号、当前条码号、当前任务类型，上位机 WCS 再次发出任务的时候会判断 DB101 中当前任务号、当前条码号、当前任务类型是否为 0，是则可以发。

3）堆垛机与输送线的信号交互协议如下：

以堆垛机为 Client，输送线为 Server，通过 S7 通信，堆垛机读/写堆垛机上的数据块，数据内容如图 8、图 9 所示。

地址	数据点	数据值说明	备注
DBX 0.0	心跳		
DBX 0.1	取货申请		
DBX 0.2	取货完成		
DBX 0.3	放货申请		
DBX 0.4	放货完成		
DBX 0.5	RD动作允许		
DBX 0.6	DDJ入库中		
DBX 0.7	DDJ出库中		
DBX 1.0	故障标志		
DBX 1.1	备用		
DBX 1.2	备用		
DBX 1.3	备用		
DBX 1.4	备用		
DBX 1.5	备用		
DBX 1.6	备用		
DBX 1.7	备用		
DBB2	堆垛机放货条码号	String[20](DBB2-DBB23)(超过20位，取变化20位)	
DBW24	堆垛机放货任务号		
DBW26	当前工作模式	1-联机,2-半自动,3-单步,4-手动(维修)	地面触摸屏显示
DBW28	当前任务类型	0-无效,1-入库,2-出库,3-移库,4-移动，5-取货移动 ,6-移动放货	
DBW30	堆垛机起始排		
DBW32	堆垛机起始列		
DBW34	堆垛机起始层		
DBW36	堆垛机目的排		
DBW38	堆垛机目的列		
DBW40	堆垛机目的层		
DBW42	堆垛机当前列		
DBW44	堆垛机当前层		
DBW46	故障码1&2	具体故障码	
DBW48	故障码3&4	具体故障码	
DBW50	故障码5&6	具体故障码	
DBW52	故障码7&8	具体故障码	
DBW54	故障码9&10	具体故障码	
DBW56	故障码11&12	具体故障码	
DBD58	变频器1报警	水平轴1变频器报警	
DBD62	变频器2报警	水平轴2变频器报警	
DBD66	变频器3报警	起升轴变频器报警	
DBD70	变频器4报警	货叉轴1变频器报警	
DBD74	变频器5报警	货叉轴2变频器报警	
DBW78	备用		

图 8　Client 写 Server 数据块

堆垛机工作模式与常见报警信息（见图 10）：暂停和空闲可以执行模式切换。

联机模式：接收 WCS 控制信号执行取放货动作。

DBX 0.0	心跳		
DBX 0.1	取货允许		
DBX 0.2	放货允许		
DBX 0.3	DDJ联机		地面触摸屏操作
DBX 0.4	DDJ复位		
DBX 0.5	DDJ急停		
DBX 0.6	DDJ手动		
DBX 0.7	DDJ继续执行		联机下使用
DBX 1.0	备用		
DBX 1.1	备用		
DBX 1.2	备用		
DBX 1.3	备用		
DBX 1.4	备用		
DBX 1.5	备用		
DBX 1.6	备用		
DBX 1.7	备用		
DBB2	入库输送条码号	String[20](DBB2-DBB23)(超过20位，取变化20位)	
DBD24	出库输送条码号	String[20](DBB24-DBB45)(超过20位，取变化20位)	
DBW46	备用		
DBW48	备用		

图 9　Client 读 Server 数据块

数据位	布尔位	默认值	信号值	报警含义
BYTE1				
	BOOL 0	0	1	急停信号
	BOOL 1	0	1	过载保护
	BOOL 2	0	1	断绳保护
	BOOL 3	0	1	超速保护
	BOOL 4	0	1	行走超限
	BOOL 5	0	1	升降超限
	BOOL 6	0	1	货叉超限
	BOOL 7	0	1	主接触器未吸合
BYTE2				
	BOOL 0	0	1	货物左超
	BOOL 1	0	1	货物右超
	BOOL 2	0	1	货物前超
	BOOL 3	0	1	货物后超
	BOOL 4	0	1	货物高超
	BOOL 5	0	1	水平减速光电故障
	BOOL 6	0	1	提升减速光电故障
	BOOL 7	0	1	(备用)
BYTE3				
	BOOL 0	0	1	行走变频器通信故障
	BOOL 1	0	1	提升变频器通信故障
	BOOL 2	0	1	货叉变频器通信故障
	BOOL 3	0	1	提升激光仪通信故障
	BOOL 4	0	1	行走激光仪通信故障
	BOOL 5	0	1	编码器近通信故障
	BOOL 6	0	1	编码器远通信故障
	BOOL 7	0	1	备用(从站通信故障)
BYTE4				
	BOOL 0	0	1	行走变频器故障
	BOOL 1	0	1	提升变频器故障
	BOOL 2	0	1	货叉变频器故障
	BOOL 3	0	1	行走激光仪数据故障
	BOOL 4	0	1	升降激光仪数据故障
	BOOL 5	0	1	编码器近数据故障
	BOOL 6	0	1	编码器远数据故障
	BOOL 7	0	1	备用(从站数据故障)
BYTE5				
	BOOL 0	0	1	取货位置伸叉定位故障
	BOOL 1	0	1	放货位置伸叉定位故障
	BOOL 2	0	1	取货位置收叉定位故障
	BOOL 3	0	1	放货位置收叉定位故障
	BOOL 4	0	1	取货位置提升定位故障
	BOOL 5	0	1	放货位置提升定位故障
	BOOL 6	0	1	(备用)
	BOOL 7	0	1	(备用)
BYTE6				
	BOOL 0	0	1	行走方向错误
	BOOL 1	0	1	提升方向错误
	BOOL 2	0	1	货叉方向错误
	BOOL 3	0	1	行走堵转
	BOOL 4	0	1	升降堵转
	BOOL 5	0	1	货叉堵转
	BOOL 6	0	1	行走给定位置错误
	BOOL 7	0	1	提升给定位置错误
BYTE7				
	BOOL 0	0	1	货叉给定位置错误
	BOOL 1	0	1	行走未回原点
	BOOL 2	0	1	提升未回原点
	BOOL 3	0	1	货叉未回原点
	BOOL 4	0	1	行走速度超速
	BOOL 5	0	1	提升速度超速
	BOOL 6	0	1	货叉速度超速
	BOOL 7	0	1	行走位置变化过大
BYTE8				
	BOOL 0	0	1	提升位置变化过大
	BOOL 1	0	1	前叉位置变化过大
	BOOL 2	0	1	行走功能块故障
	BOOL 3	0	1	提升功能块故障
	BOOL 4	0	1	货叉功能块故障
	BOOL 5	0	1	放货收叉货物被带回
	BOOL 6	0	1	联机空闲载货台有货
	BOOL 7	0	1	货叉未居中

图 10　常见报警信息

半自动模式：HMI 上设置取放货位置（替代 WCS），执行取放货动作程序。

单步：执行单个动作，将取放货一连串动作拆解，执行其中一部分。

手动：点动。

二、系统结构

1. 系统结构网络图（见图 11）

货叉双工位，所以需要两个货叉变频器。

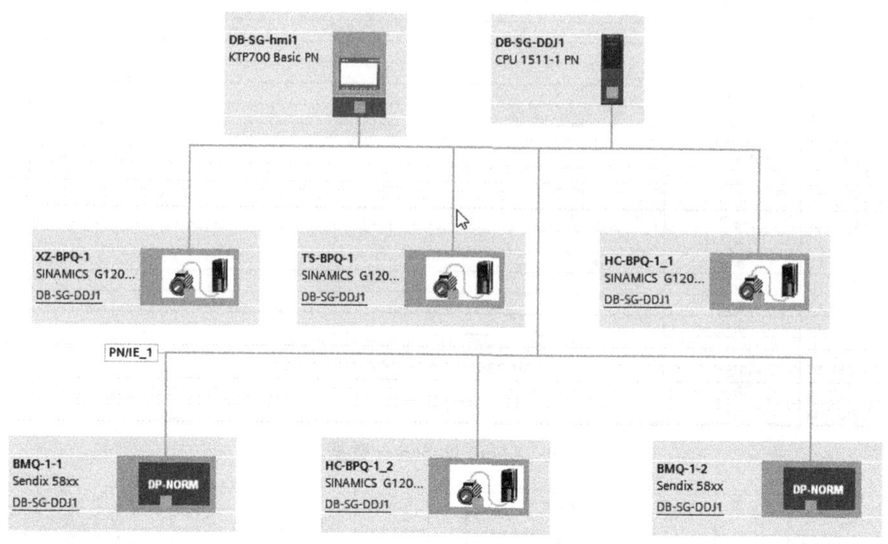

图 11　系统结构

2. 现场照片（见图 12）

外观1　　外观2　　控制柜

图 12　现场照片

3. 堆垛机驱动选型

（1）以堆垛机提升驱动选型计算为例

目的：结合客户所提供的参数，以及 SEW 选用的电机及减速机相关参数，整理如图 13 所示，通过手动计算的方式对 SEW 电机选型进行验证，同时也使用 Sizer 进行同步选型，比对三种方式选型结果，以加深对于选型的理解。对于行走轴，可用类似计算方法计算。

（2）堆垛机循环周期计算

一般选型循环周期会遵循图 14 所示的原则进行设计，该负载周期最终会影响有效转矩和平均转速的计算。

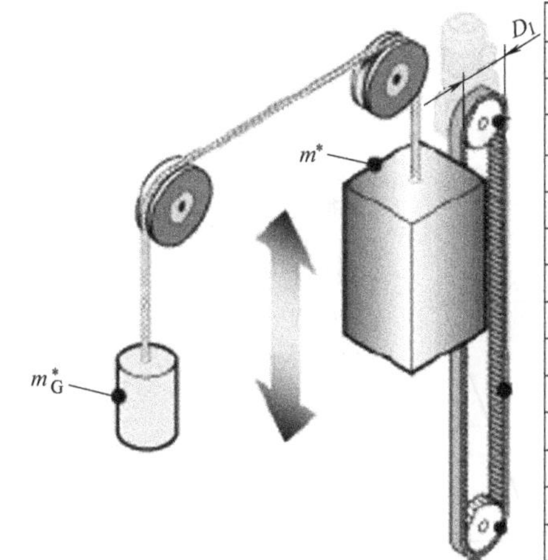

提升	
载货台质量	货物+载货台450kg货物100kg
驱动轮直径	140mm
配重质量	0
提升机械效率	0.9
提升减速比	7.24
速度要求	3m/s
加速度要求	3m/s^2
提升行程	10m
循环周期	10.67s
电机效率	0.9
减速箱效率	0.96
电机惯量	0.0342kg·m^2
减速箱惯量	0.00196kg·m^2
提升机械结构(有无动滑轮，有则模型如何)	无动滑轮

图 13　提升机构模型以及机械参数

但是为了使计算结果与 SEW 计算结果可以比对，我们这里采用与 SEW 计算书一样的运动规律进行理论计算以及 Sizer 计算，如图 15 所示，提升加速时间为 1s，匀速时间为 2.33s，减速时间为 1s，停顿时间为 1s，下降加速时间为 1s，匀速时间为 2.33s，减速时间为 1s，停顿时间为 1s。

（3）理论计算与 Sizer、SEW 计算比对

提升与下放速度曲线如图 16 所示。

$t_{0s}=t(E;P_1)+t(P_1;P_2)+t(P_2;A)+4\cdot t_{tot}+4\cdot t_{aber}$

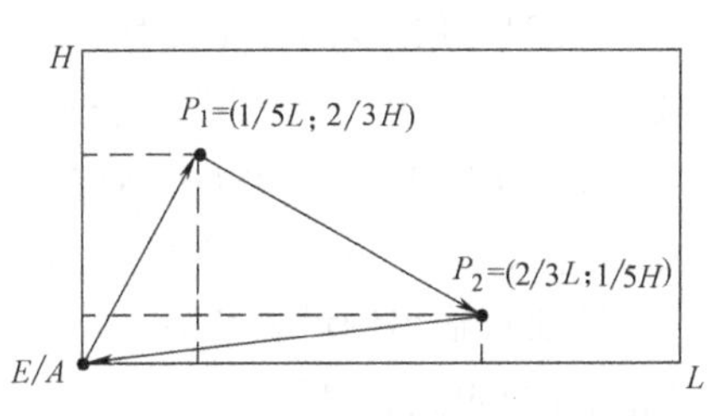

图 14　堆垛机循环周期遵循的原则

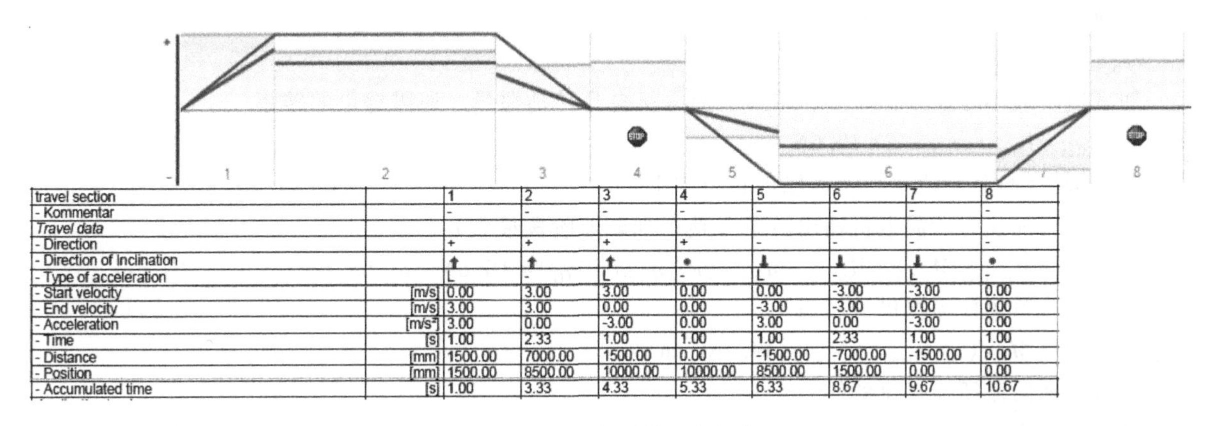

travel section		1	2	3	4	5	6	7	8
- Kommentar		-	-	-	-	-	-	-	-
Travel data									
- Direction		+	+	+	+	-	-	-	-
- Direction of Inclination		↑	↑	↑	•	↓	↓	↓	•
- Type of acceleration		L	-	L	-	L	-	L	-
- Start velocity	[m/s]	0.00	3.00	3.00	0.00	0.00	-3.00	-3.00	0.00
- End velocity	[m/s]	3.00	3.00	0.00	0.00	-3.00	-3.00	0.00	0.00
- Acceleration	[m/s²]	3.00	0.00	-3.00	0.00	3.00	0.00	-3.00	0.00
- Time	[s]	1.00	2.33	1.00	1.00	1.00	2.33	1.00	1.00
- Distance	[mm]	1500.00	7000.00	1500.00	0.00	-1500.00	-7000.00	-1500.00	0.00
- Position	[mm]	1500.00	8500.00	10000.00	10000.00	8500.00	1500.00	0.00	0.00
- Accumulated time	[s]	1.00	3.33	4.33	5.33	6.33	8.67	9.67	10.67

图 15　SEW 提升轴运行规律

1）计算相关转矩如下：

计算减速机输出轴最大转速

$n_{\text{load max}}=V_{\max}\cdot 60/\pi\cdot D=409.5\text{r/min}$

SEW 减速机减速比 7.24，计算应选用 3000r 电机

$n_{\text{Mot max}}=i\cdot n_{\text{load max}}=2965\text{r/min}$

克服重力的提升转矩计算（减速机输出侧）

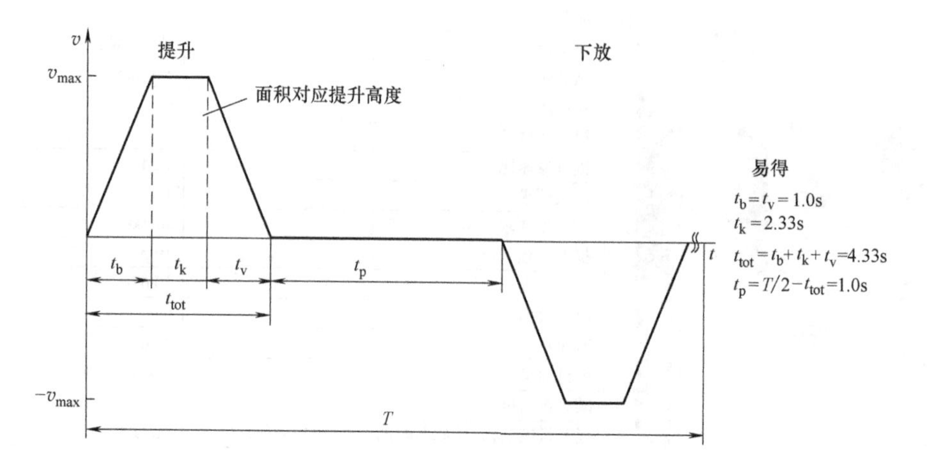

图 16　提升与下放速度曲线

$M_H = m \cdot g \cdot D/2 = 450 \times 9.81 \times 0.14/2 = 309\text{N} \cdot \text{m}$

提供负载加减速度的转矩计算

$\alpha_{load} = a_{max} \cdot 2/D = 3.0 \times 2/0.14 = 42.9\text{s}^{-2}$

$J_{load} = m \cdot (D/2)^2 = 450 \times (0.14/2)^2 = 2.2\text{kg} \cdot \text{m}^2$

$M_{b,v\ load} = J_{load*} \cdot \alpha_{load} = 94.6\text{N} \cdot \text{m}$

所需减速机输出侧最大转矩

$M_{load\ max} = (M_{b,v\ load} + M_H)/\eta_{mech} = 448\text{N} \cdot \text{m}$

计算电机输出端用以克服减速机惯量所需提供的转矩如下：

减速机的转动惯量（相对电机）

$M_{b,v\ G} = J_G \cdot \alpha_{load} \cdot i = 0.6\text{N} \cdot \text{m}$

加减速阶段不考虑任何负载，单纯克服电机自身转动惯量，所需提供的转矩

$M_{b,v\ Mot} = J_{Mot} \cdot \alpha_{load} \cdot i = 10.6\text{N} \cdot \text{m}$

2）计算运行各阶段电机所需输出转矩如下：

计算提升加速时所需电机输出转矩（整个加减速阶段最大）

$M_{Mot\ max} = M_{b\ Mot} + M_{b\ G} + (M_{b\ load} + M_H)/(i \cdot \eta_{mech} \cdot \eta_G) = 10.6\text{N} \cdot \text{m} + 65.1\text{N} \cdot \text{m} = 75.7\text{N} \cdot \text{m}$

提升匀速阶段所需提供的转矩

$M_{Mot\ k\ up} = M_H/(i \cdot \eta_{mech} \cdot \eta_G) = 49.4\text{N} \cdot \text{m}$

提升减速阶段所需提供的转矩

$M_{Mot\ up} = -M_{v\ Mot} - M_{v\ G} + (-M_{v\ load} + M_H)/(i \cdot (\eta_{mech} \cdot \eta_G)\text{\^{}Sign}(-M_{v\ load} + M_H)) = 23.1\text{N} \cdot \text{m}$

提升停止抱闸后需提供转矩 0N · m

下降加速所需提供的转矩

$M_{Mot\ b\ down} = -M_{b\ Mot} - M_{b\ G} + (-M_{b\ load} + M_H) \cdot (\eta_{mech} \cdot \eta_G)\text{\^{}Sign}(-M_{b\ load} + M_H)/i = 14.4\text{N} \cdot \text{m}$

下降匀速所需提供的转矩

$M_{Mot\ k\ down} = M_H \cdot \eta_{mech} \cdot \eta_G/i = 36.9\text{N} \cdot \text{m}$

下降减速所需提供的转矩

$M_{Mot\ v\ down} = M_{v\ Mot} + M_{v\ G} + (M_{v\ load} + M_H) \cdot \eta_{mech} \cdot \eta_G/i = 59.4\text{N} \cdot \text{m}$

下降停止抱闸后所需提供转矩 0N · m

(4) 计算结果比对

图 17 显示比对可以看出，理论计算与 SEW 计算结果基本一致，只是下降阶段所取符号相反。

travel section		1	2	3	4	5	6	7	8
- Kommentar		-	-	-	-	-	-	-	-
Travel data									
- Direction		+	+	+	+	-	-	-	-
- Direction of Inclination		↑	↑	↑	•	↓	↓	↓	•
- Type of acceleration		L	-	L	-	L	-	L	-
- Start velocity	[m/s]	0.00	3.00	3.00	0.00	0.00	-3.00	-3.00	0.00
- End velocity	[m/s]	3.00	3.00	0.00	0.00	-3.00	-3.00	0.00	0.00
- Acceleration	[m/s²]	3.00	0.00	-3.00	0.00	3.00	0.00	-3.00	0.00
- Time	[s]	1.00	2.33	1.00	1.00	1.00	2.33	1.00	1.00
- Distance	[mm]	1500.00	7000.00	1500.00	0.00	-1500.00	-7000.00	-1500.00	0.00
- Position	[mm]	1500.00	8500.00	10000.00	10000.00	8500.00	1500.00	0.00	0.00
- Accumulated time	[s]	1.00	3.33	4.33	5.33	6.33	8.67	9.67	10.67
Application load									
- Stat. torque (SEW output shaft)	[Nm]	343.20	343.20	343.20	278.00	-278.00	-278.00	-278.00	278.00
- Stat. + dyn. torque (SEW output shaft)	[Nm]	448.20	343.20	258.20	278.00	-173.00	-278.00	-363.10	278.00
Motor load + motor speeds									
- Stat. torque on SEW motor (thermal)	[Nm]	49.38	49.38	49.38	0.00	-36.86	-36.86	-36.86	0.00
- Stat. + dyn. torque on SEW motor (thermal)	[Nm]	76.03	49.38	25.60	0.00	-11.40	-36.86	-59.68	0.00
- Stat. torque on SEW motor (mechanical)	[Nm]	49.38	49.38	49.38	36.86	-36.86	-36.86	-36.86	36.86
理论计算值	NM	75.7	49.4	23.1	0.0	14.4	36.9	59.4	0.0

SEW 计算

理论计算

图 17 SEW 计算结果与理论计算结果

从图 18 所示的 Sizer 计算结果可以看出，与理论计算结果有一定偏差，原因在于 Sizer 选型在该

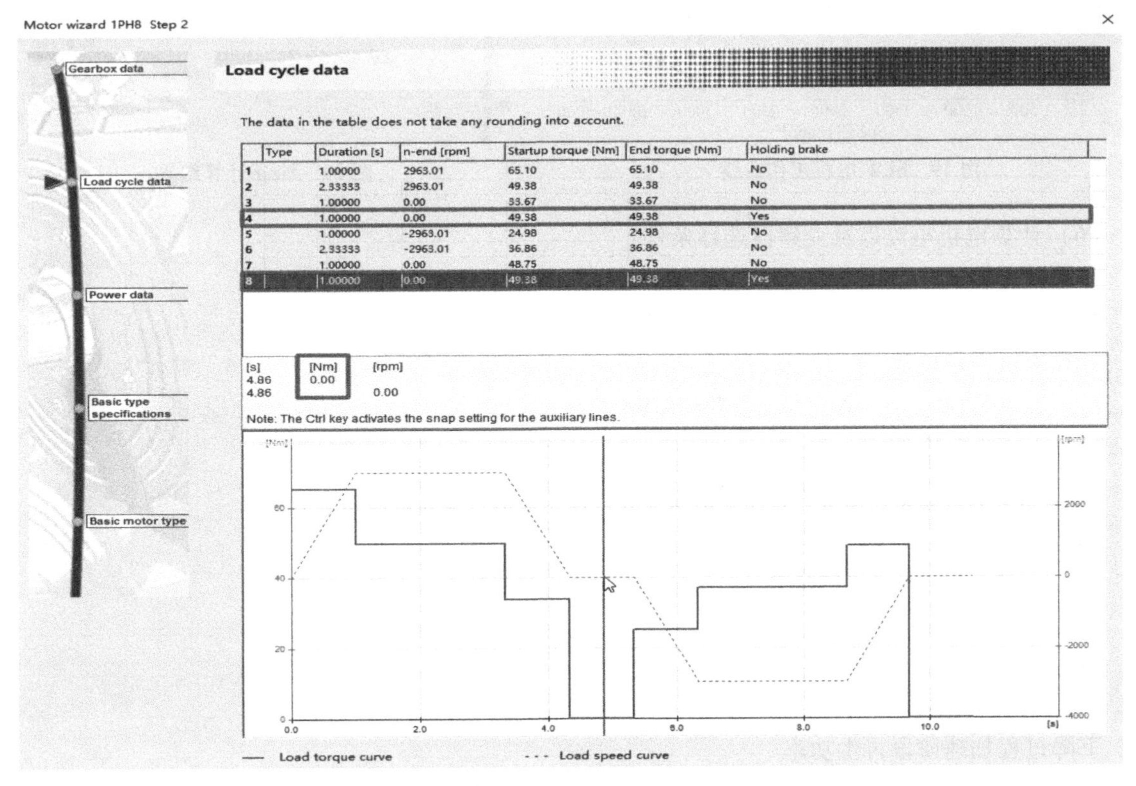

图 18 Sizer 计算结果

阶段未考虑加减速时克服自身转动惯量所需要的转矩 10.6N·m，因为 Sizer 选择电机还在下一步中。可以看出，理论计算结果在减速阶段符号取向与 Sizer 一致。另外，在图 18 中的第 4 段和第 8 段，此时抱闸停止，转矩应该是 0N·m，图 18 的曲线显示正确，但是图 18 的表中数据不正确。

（5）计算平均转速与有效转矩

计算有效转矩

$$M_{eff}=\sqrt{\frac{\sum M_{Moti}^2\cdot\Delta t_1}{T}}=42.0\mathrm{N\cdot m}$$

计算平均转速（总距离/总时间）

$$n_{mean}=\frac{\sum\frac{|n_A+n_E|}{2}\cdot\Delta t_i}{T}=1850.7\mathrm{r/min}$$

计算有效转矩、峰值转矩、平均转速都与 SEW 计算一致（42N·m，76N·m、1850r/min），如图 19 所示。

计算有效转矩和峰值转矩与 Sizer 计算的差异，如图 20 所示，原因同前。

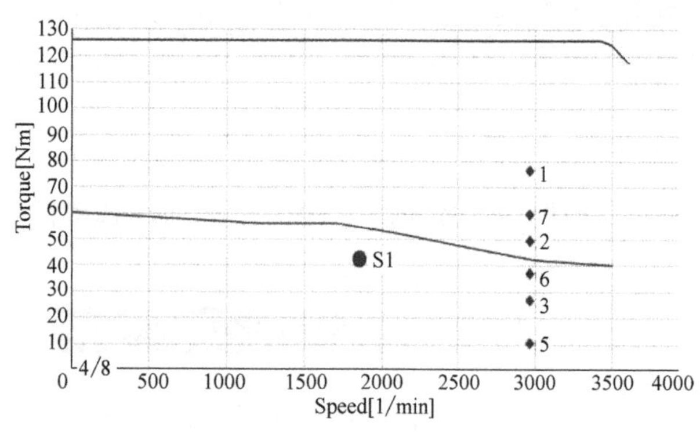

图 19　SEW 电机工作曲线

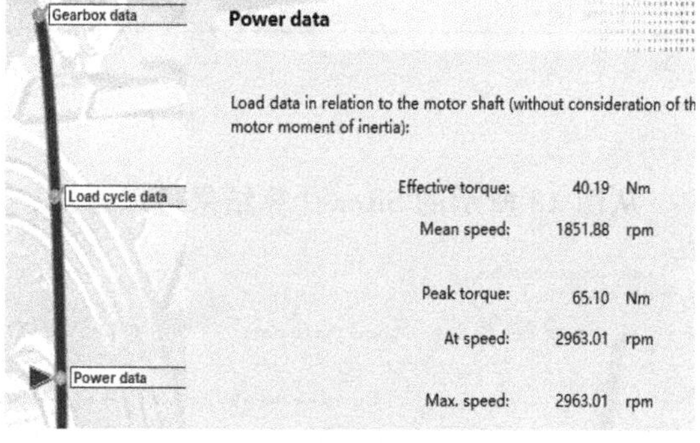

图 20　Sizer 计算结果

（6）计算电机电流以及变频器选择条件

如果知道转矩常数，可以大致计算出电机的电流，下面计算最大电流

$I_{Mot\ max}\approx M_{Mot\ max}/K_{Tn100}=75.7/1.21=62.6\mathrm{A}$

计算电机平均电流

$I_{Mot\ mean}=\sum|M_{Mot\ i}|\cdot\Delta t_i/K_{Tn100}/T=28.9\mathrm{A}$

计算电机有效电流

$I_{Mot\ eff}\approx M_{eff}/K_{Tn100}=34.7\mathrm{A}$

驱动器选择：I_{Un} 为额定电流

$I_{Mot\ max}=62.6\mathrm{A}<I_{Un}\times$过载倍数

$I_{Mot\ mean}=28.9\mathrm{A}<I_{Un}$

$I_{Mot\ eff}=34.7\mathrm{A}<I_{Un}$

（7）制动电阻功率计算

下降过程加速阶段再生功率

$P_{Mot\ b\ down\ max}=M_{Mot\ b\ down}\cdot n_{Mot\ max}/9550=-4.5\mathrm{kW}$　转速为负

下降过程匀速阶段最大再生功率

$P_{\text{Mot k down}} = M_{\text{Mot k down}} \cdot n_{\text{Mot max}} / 9550 = -11.5\text{kW}$ 转速为负

下降过程减速阶段最大再生功率

$P_{\text{Mot v down max}} = M_{\text{Mot v down}} \cdot n_{\text{Mot max}} / 9550 = -18.4\text{kW}$ 转速为负

最大制动功率计算

$P_{\text{br max}} = P_{\text{Mot v down max}} \cdot \eta_{\text{Mot}} \cdot \eta_{\text{Inv}} = -18.4 \times 0.9 \times 0.97 = -16.1\text{kW}$ 考虑效率

$P_{\text{br max}} = P_{\text{Mot v down max}} = -18.4\text{kW}$ 不考虑效率

平均制动功率计算=总功/总时间

$$P_{\text{br mean}} = (\sum (P_{\text{Mot v A}} + P_{\text{Mot v E}})/2 \cdot \Delta t_i) \cdot \eta_{\text{Mot}} \cdot \eta_{\text{Inv}} / T$$

$$= (1/2 \times (-4.5) \times 1.0 + (-11.5) \times 2.33 + 1/2 \times (-18.4) \times 1.0) / 10.67 \times 0.9 \times 0.97$$

$$= -3.13\text{kW} \quad \text{考虑效率}$$

$P_{\text{br mean}} = -3.58\text{kW}$ 不考虑效率

（8）制动电阻计算比较

计算的最大再生功率为-18.4kW，与 SEW 计算结果（-18.52kW）非常相近，如图 21 所示。

SEW 平均制动功率：平均制动功率 = 总功/总时间 = -37531/10.67 = -3.51kW = -8.661kW × 40.62%，如图 21 所示，与理论计算结果-3.58kW 非常相近。

理论计算功率与 Sizer 计算结果有一定差距，Sizer 平均制动功率偏小，峰值制动功率偏大，如图 22 所示，原因是前面计算转矩时的差距。

Motor		
Result data with reference to motor shaft (with dynamic portion of the motor Jmot + Jgear)		
Max. acceleration	[°/s²]	0
Max. decelaration	[°/s²]	0
Mean motor speed	[1/min]	1852
Max. motor speed	[1/min]	2963
Max. torque during motor operation (Thermal)	[Nm]	76.03
Max. regenerative torque (Thermal)	[Nm]	-59.68
R.m.s. square torque (mechanical)	[Nm]	43.35
R.m.s. square torque (thermal)	[Nm]	42.22
Max. static motor torque (mechanical)	[Nm]	49.38
Max. static motor torque (thermal)	[Nm]	49.38
Travel sections with max. load		1.00
Motor utilization at S1 and mean speed	[%]	77.5
Max. torque based on rated motor torque	[%]	181
Relation MB/ML	[%]	298
Max. motor current	[A]	65.11
Max. inertia ratio Jext/mot		1.249
Max. load inertia (without efficiency)	[kgm²]	0.04402
Max. regenerative power	[kW]	-18.52
Mean braking power (only regenerative travel sections)	[kW]	-8.661
Regenerative cyclic duration factor	[%]	40.62
Regenerative energy	[J]	-37531

图 21 SEW 计算结果

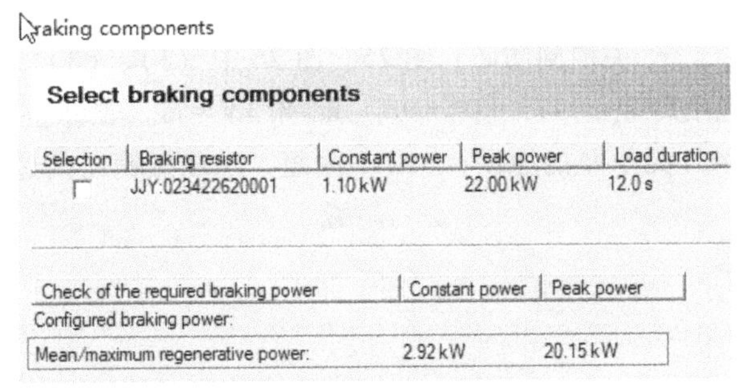

图 22 Sizer 计算结果

三、功能与实现

1. 性能指标与参数

表 1 性能指标与参数

载荷:50kg,自重 1.5t				
轴	速度/(m/min)	加速度/(m/s^2)	定位精度/mm	定位测量
行走	120	1.5	±2	激光仪
提升	40	1	±2	激光仪
货叉	50	1	±2	旋转编码器

2. 控制关键点及难点

（1）货架位置标定

• 常规：提升方向通过单步模式将人通过载货台升到对应位置进行测量，存在操作安全隐患。

• 改善：建议客户通过光电自动识别校准，通过载货台上的光电，在循环中断中读取货架杆的位置，计算出货格层高，避免安全风险，提高测量效率。

假设速度 V（m/s），循环中断 4ms，测量精度要求 2mm，则测量时运动速度 V 可达 0.5m/s，所以理论上测试效率比较高。

（2）抱闸控制

• 开抱闸防坠：将轴上使能，开抱闸，Trace 稳定时力矩值作为开抱闸转矩，如果直接下坠到底，可能转矩限制得太小或者电机太小；如果还有下坠现象，可适当调节力矩值，或者增加速度环增益。开闸转矩设置前后如图 23 和图 24 所示。

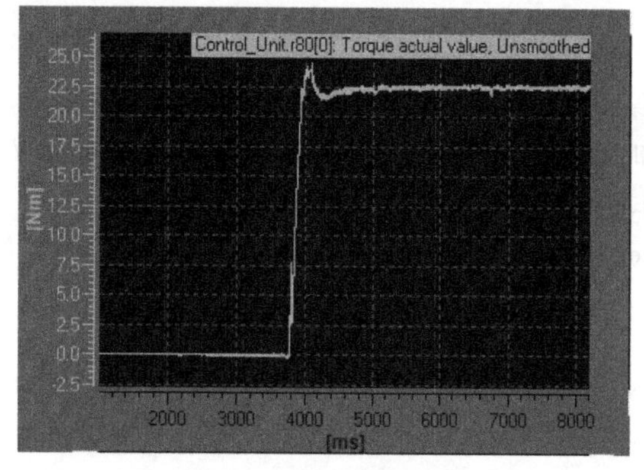

图 23　开闸转矩设置前

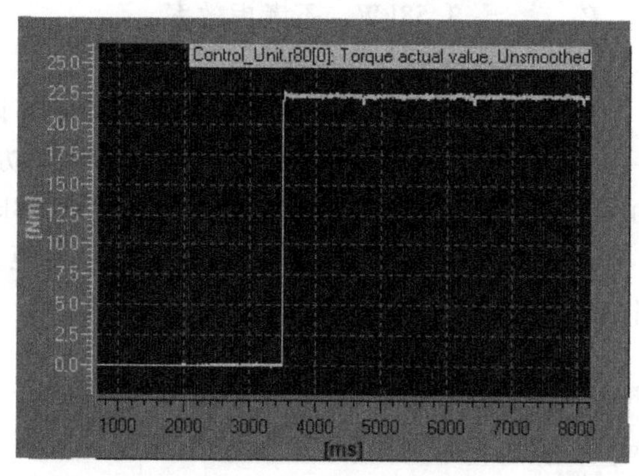

图 24　开闸转矩设置后

• 关抱闸防坠：图 25、图 26 中（1）、（3）未见明显提升动作。Trace 有速度波动的原因：开抱闸转矩 P1475［0］=9N · m>8.3N · m。非静止时也考虑抱闸打开时间是否合适。（2）有下坠、（4）无下坠的原因：P1217 太短，励磁撤销时间过早，不足以使电器动作。

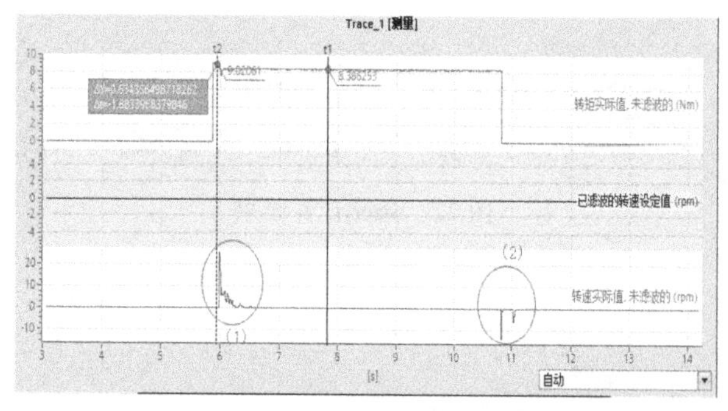

图 25　P1217=100ms，停止时下坠 5cm 左右

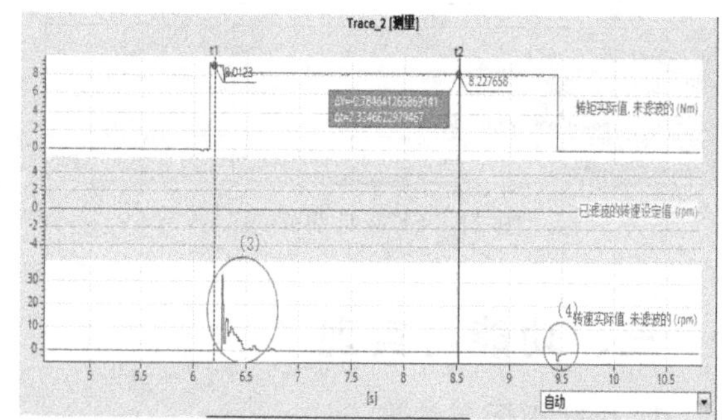

图 26　P1217=250ms，停止时无明显下坠

（3）机械参数验算，特别是提升带动滑轮

根据客户所给的导程参数，设置最大运行速度为 1080×1000LU/min，实际运行转速只有 1390r/min，减速比正确的情况下，可以反算出实际导程为 8422。Sizer 机构参数设置如图 27 所示，Sizer 位置、转速 Trace 曲线如图 28 所示。

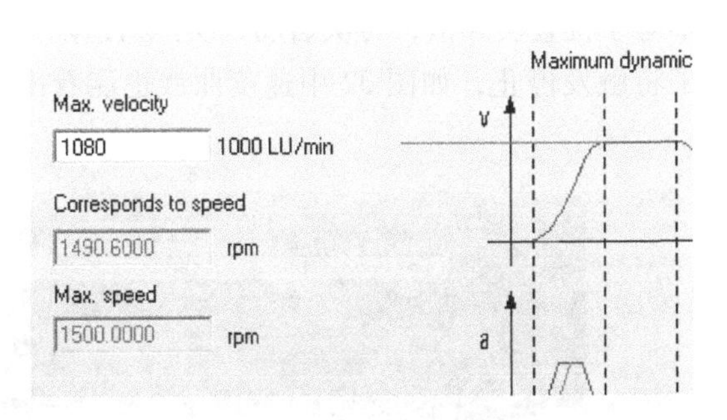

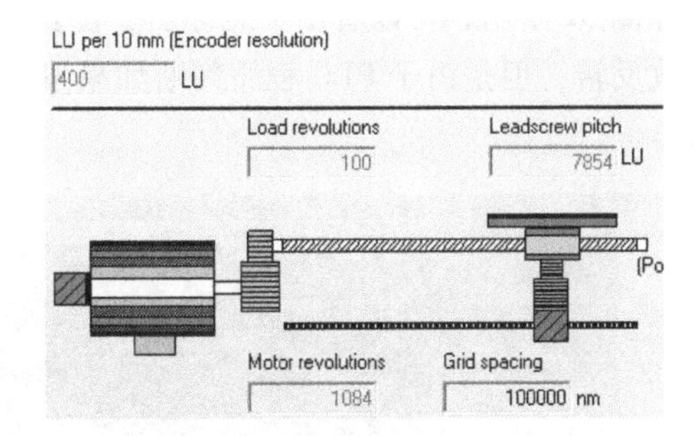

图 27　Sizer 机构参数设置

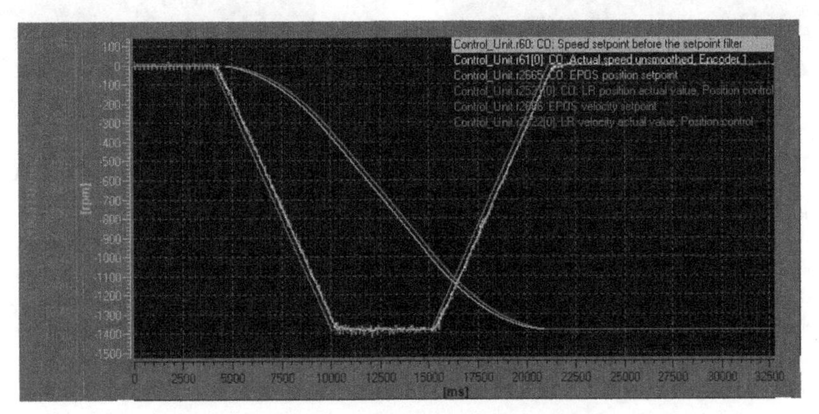

图 28　Sizer 位置、转速 Trace 曲线

（4）惯量比的作用与计算

G120 行走驱动速度波动大，客户反映无法使用。堆垛机行走可通过下面公式进行惯量计算：$J=mr^2$，其中 m 为堆垛机质量，r 为行走轮半径。用控制面板进行速度设定值点动如图 29 所示，设置惯量比 P342 如图 30 所示。

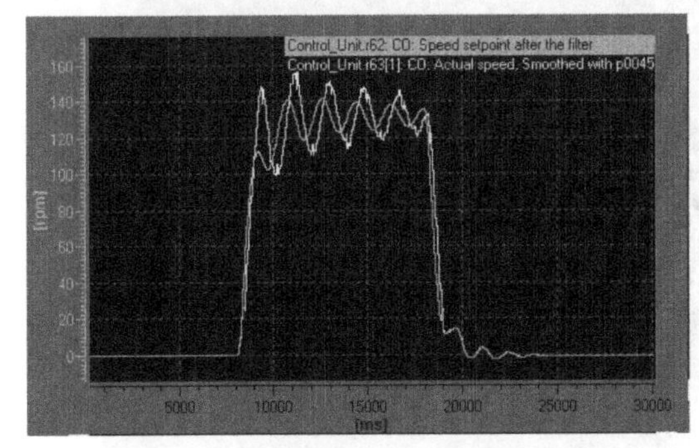

图 29　用控制面板进行速度设定值点动

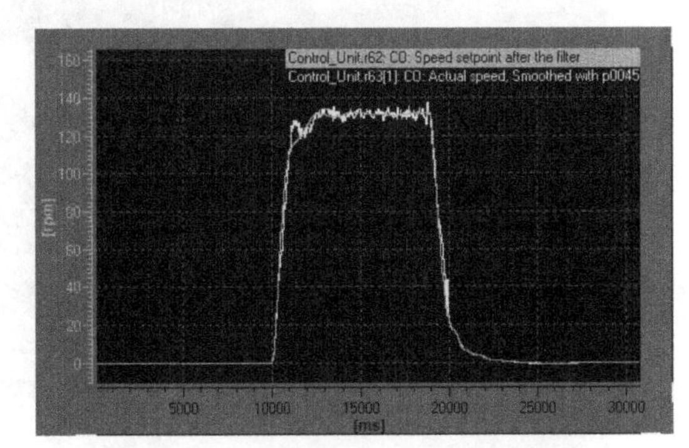

图 30　设置惯量比 P342：1→24.59

（5）EPOS 通过取消任务方式停止后，再次启动会先反转

行走驱动通过 EPOS 功能块定位，通过 SCOUT 调试完成之后，进行绝对定位没有任何问题，使用 PLC 程序控制绝对定位也准确。但是通过 EPOS 取消任务方式进行急停后，再次定位会报运行方向错误（程序内写的故障，走错方向），通过 SCOUT 监控，发现速度值先反向运行，然后再向设定位置运行。

如图 31 所示，可以看出，急停后，位置设定值不等于位置实际值，再次启动，实际值追随设定值而导致反转，但是由于 PLC 程序判断如果发现走反了将触发停止，如图 32 中速度曲线也能看出反转的动作。

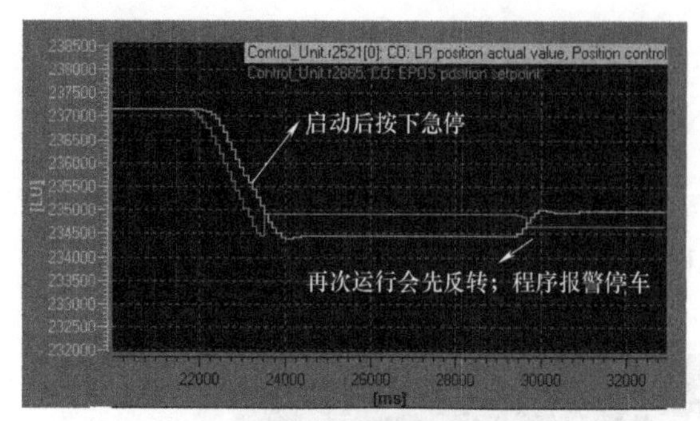

图 31　停止后启动反转位置曲线

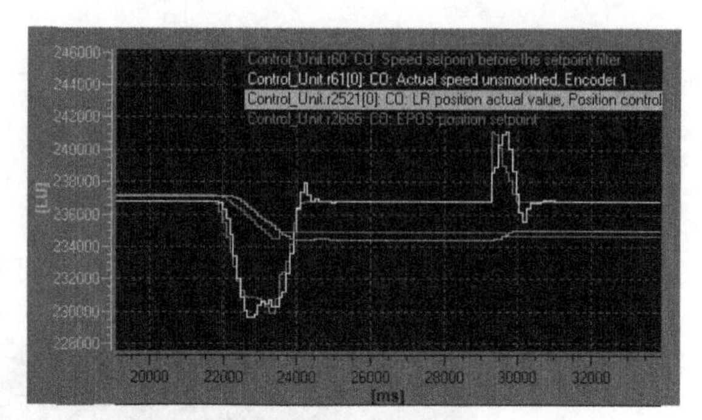

图 32　停止后启动反转速度位置曲线

通过图 33 可以看出，当断使能后，位置的设定值将不再发生变化，所以导致位置设定值不等于实际值的原因是使能过早断开。

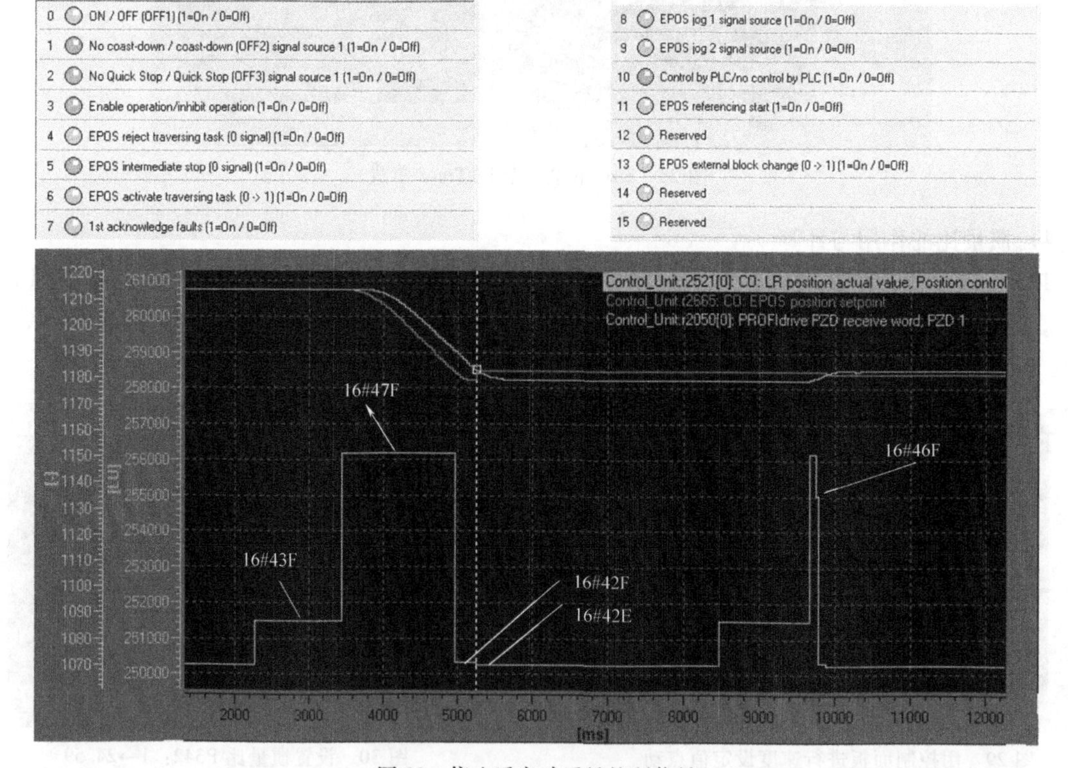

图 33　停止后启动反转控制信号

所以通过取消任务的方式停车，需要延迟断使能，这里延后断使能使用的是速度实际值<10r/min，并延时一段时间实现。效果如图 34 所示。

程序中之所以会出问题，是因为程序中使用了 r2683.4 = 0 和 r2683.5 = 0 作为轴静止的判断条件。轴静止之后延迟 50ms 断使能。由图 35 可知，速度设定值为 0，即为 r2683.4 = 0 和 r2683.5 = 0。

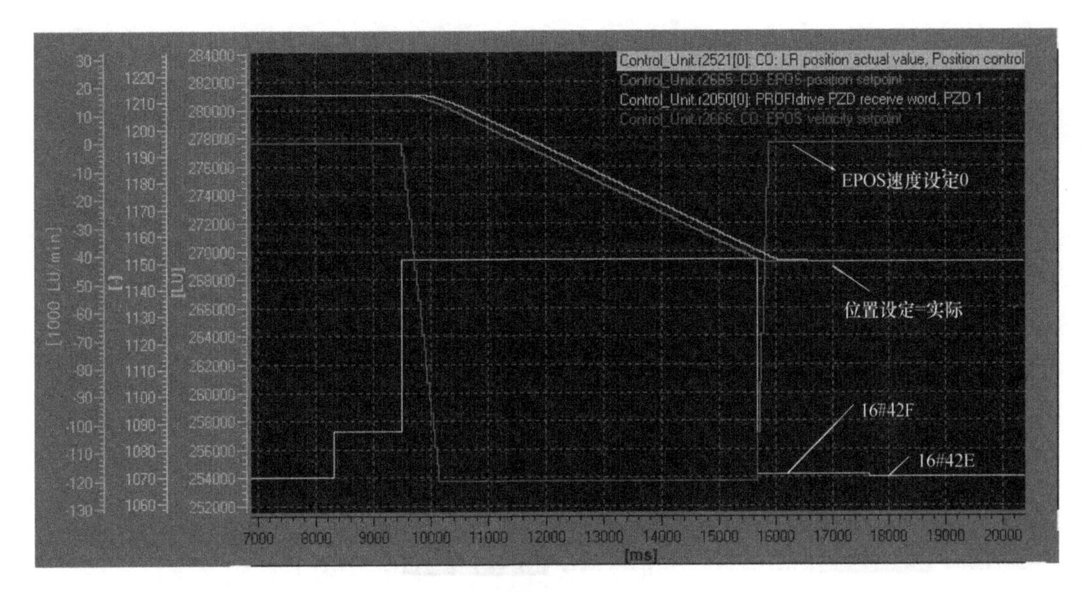

图 34　延时断使能效果

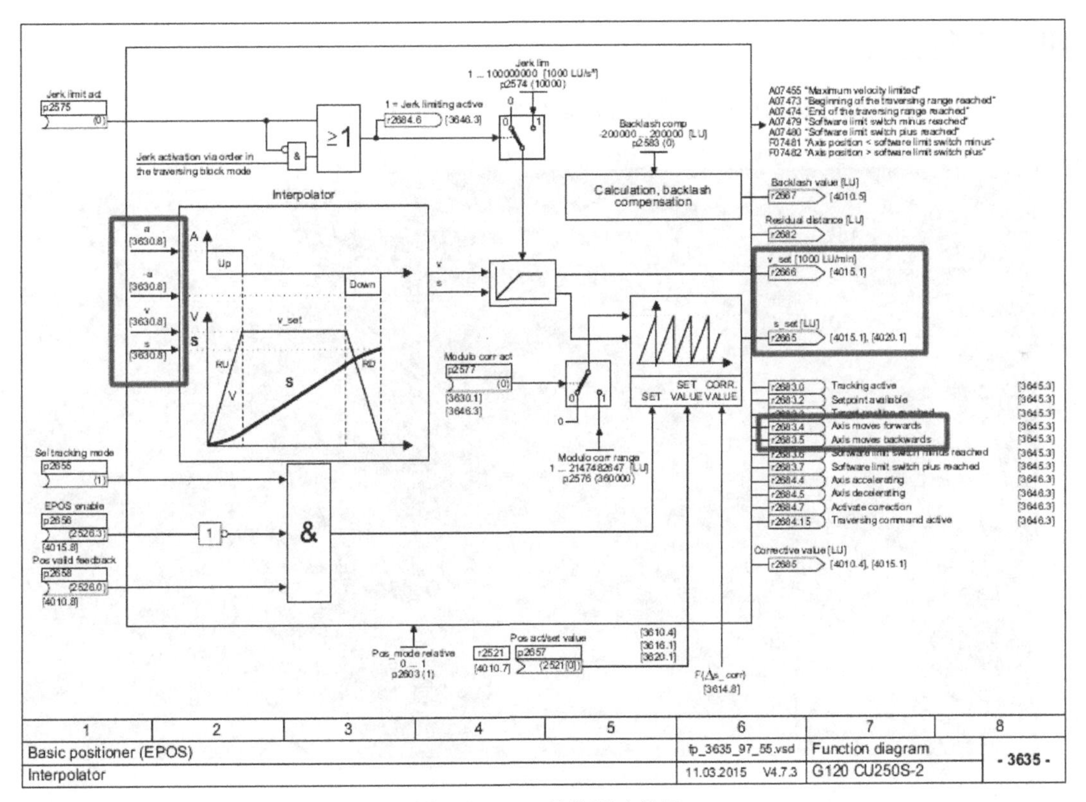

图 35　EPOS 插补器功能图

设置 Trace 周期为 0.5ms，测试插补后速度设定值变成 0 后延迟 50ms 断使能，由图 36 可以看出，断使能时驱动会将当前的位置实际值给到位置设定值，从而造成前述取消任务停止后再启动会有反转的过程。也即延迟断使能如果以速度设定值为条件延迟，那么就要延迟更长时间。

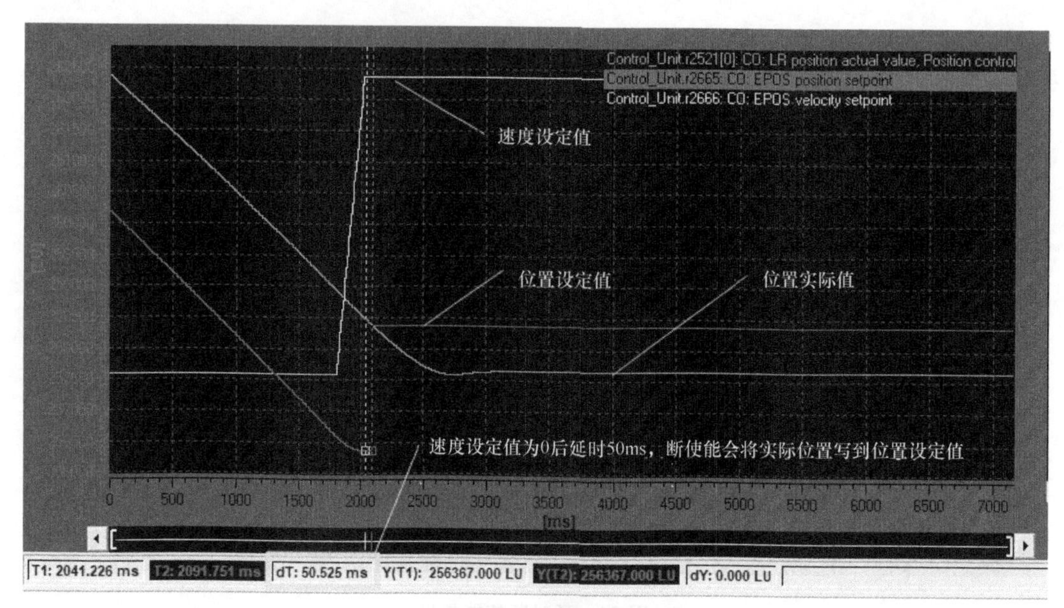

图 36　驱动位置设定值变化规律

四、运行效果

货叉、行走、提升轴均达到设计要求。行走运行效果如图 37 所示。

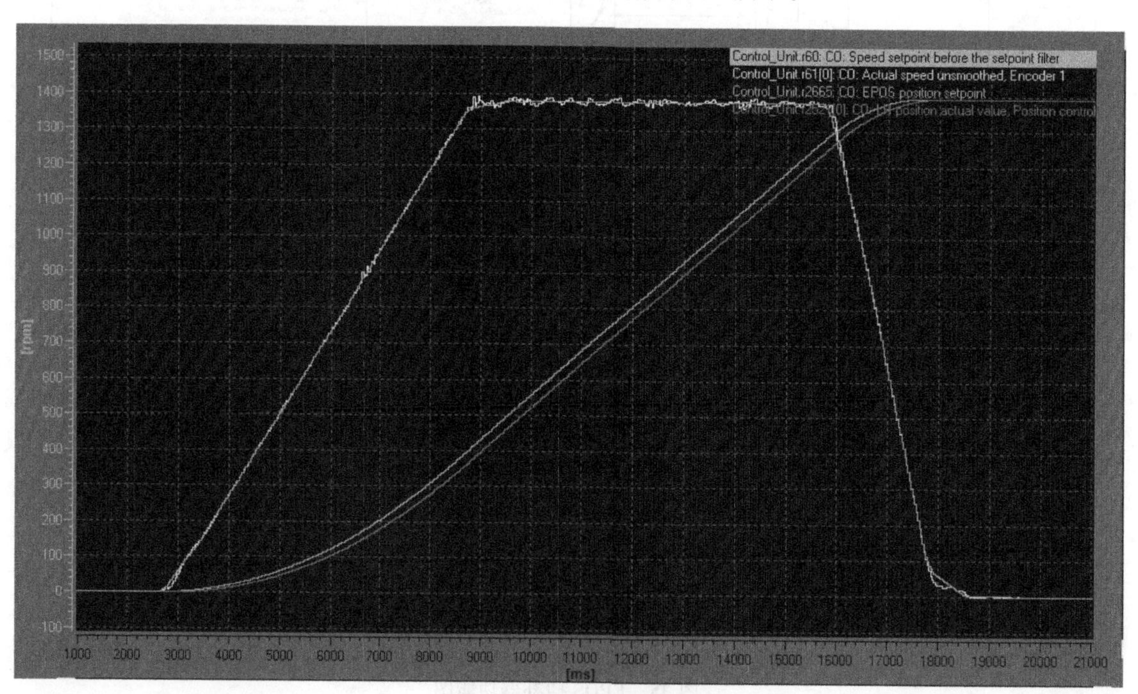

图 37　行走运行效果图

五、应用体会

在项目开始阶段，我们与客户重新定义了堆垛机与上位机以及输送线通信协议，该协议将作为后续客户堆垛机的标准协议。程序编写阶段，为客户搭建程序框架、编写堆垛机控制程序，其中货叉控制使用自定义运动控制曲线，目前在申请专利，这里不做介绍。初版程序完成后，与同事一起测试搭建 MCD+SIMIT 虚拟仿真平台，并完成了对程序的修改和完善。通过仿真调试，极大地减少了现场调试时间，避免了程序不成熟带来的风险，也让客户看到了虚拟调试的意义，比如虚拟培训、样机开发效率、调试安全、节约调试成本、改善工作环境等，客户一次性订购两套 MCD+SIMIT 虚拟仿真平台。现场实施调试阶段，与客户工程师一起，完成了对该程序的进一步修改和完善，目前该程序已成功应用到多个项目现场。

参考文献

[1] 西门子（中国）有限公司. G120 参数手册 [Z].
[2] 西门子（中国）有限公司. G120 功能手册 [Z].
[3] 西门子（中国）有限公司. S120 控制单元和扩展系统组件 [Z].
[4] 西门子（中国）有限公司. G120 调试手册 [Z].
[5] 西门子（中国）有限公司. G120 通过 111 报文实现 Basic Position 功能 [Z].
[6] 西门子（中国）有限公司. PM240-2_HIM_zh-CHS [Z].

S7-1500 及 S120 在工程轮胎 X 光探伤检测设备中的应用
S7-1500 and S120 applications in engineering tire X-ray flaw detection test equipment

关世才
（西门子（中国）有限公司沈阳分公司　沈阳）

[摘　要] 本文介绍了工程轮胎 X 光探伤检测设备的特点，设备选型，以及采用 S7-1500 控制器优化设备节拍和实现工艺要求的方法，还介绍了通过安全继电器提高安全性的方法和采用 MCD 虚拟调试预防碰撞的方法。

[关 键 词] 轮胎、配方控制、MCD 预防碰撞、效率

[Abstract] This paper introduces the engineering tire characteristics of X-ray flaw detection test equipment, equipment selection and equipment was optimized by using S7-1500 controller rhythm and the realization method of the technological requirements. Through the safety relay method to improve the security of. The MCD virtual debugging methods of preventing collisions.

[Key Words] Tire、Recipe control、MCD prevent collisions、Efficiency

一、项目简介

1. 行业及其工艺介绍

轮胎是重要的汽车安全件，且显著影响整车性能。从结构上来区分，汽车轮胎大致可以分为斜交胎和子午线胎，子午线胎可以再细分为全钢子午线胎和半钢子午线胎。从世界各国情况来看，由于子午线胎具备优异的抓地力，高速稳定性以及节油性能，目前欧美、日本等发达国家和地区轿车轮胎的子午化率已达 100%，载重轮胎子午化率已达 90% 以上。由于全球汽车保有量迅速增加，特别是中国在工程轮胎的需求量增速迅猛，各个轮胎企业为了满足日益增加的轮胎需求量，就需要提高轮胎产能以及加快检测节拍来提高产量。

轮胎生产工序如图 1 所示。

橡胶制造：天然橡胶、催化剂、油、炭黑等原料放入密炼机制造出有一定原子特性的熟橡胶；胎坯原材料制造：通过挤出机以及压延工序将橡胶压制成含有钢丝的内胎和外胎；胎坯剪裁：通过裁断工序可以得到特定形状以及尺寸的橡胶，便于后期的成型；内胎层：卷胎机两侧放置胎圈钢丝，通过卷胎机将贴有防水帘布的橡胶卷绕成内胎，将胎体橡胶在胎圈钢丝上进行反包，之后通过卷胎机在两侧安装两片胎侧橡胶；胎面层：首先在比内胎直径略大的模具上排布多层胎面层钢丝，再将铺设胎面的橡胶卷绕成胎面层；胎面压实：将胎面层套在内胎层上辊压实形成胎坯；硫化：为了达到轮胎设计硬度、弹性、耐久度，需要将胎坯按照一定的温度、压力、湿度和时间进行硫化处理；刮毛：在外观机上手动或者自动去除轮胎上的胎毛并查看外观是否有破损；探伤：通过 X 光机

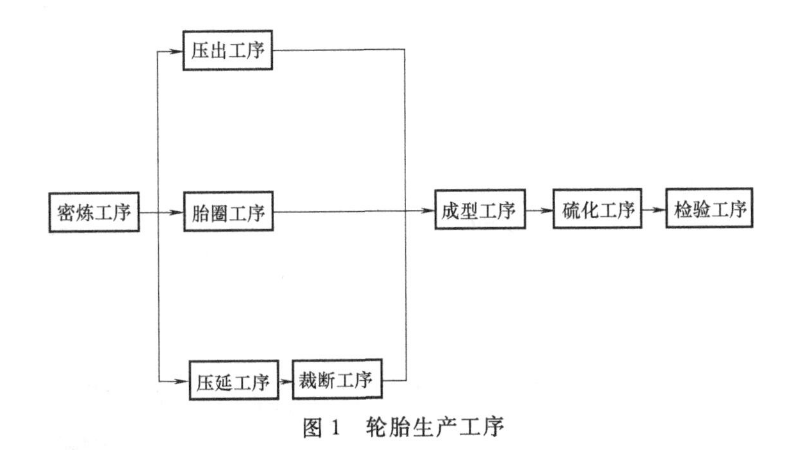

图 1　轮胎生产工序

或者 CT 检测轮胎内部钢丝排布是否有问题，是否存在气泡或者裂纹，如果没有问题，则认为合格，如果钢丝偏差达到一定范围或者气泡达到一定直径、裂纹达到一定长度，那么认为这条轮胎不合格。

2. 项目简要工艺介绍

在位于杭州的某工程轮胎厂中，就是按照上述描述的轮胎生产工艺制造轮胎的。由于汽车行业以及社会对工程用汽车的需求量日益增加，工程轮胎的需求量的增速也非常迅猛，业主新增加了一个轮胎生产线，以及多套轮胎硫化机，但是传统的轮胎探伤采用的方式是人工将轮胎吊装到 X 光设备上，检测完成后再通过人工将轮胎吊出 X 光设备。这种人工参与的方式导致检测速度非常缓慢，每条工程轮胎大概的检测时间为 240s。业主希望新建一套全自动轮胎探伤检测设备。

机器的主要结构包括：

1）两台外观机：用于人工刮毛并检测轮胎外观。

2）两台外观机移送小车：用于将外观机上检测完成的轮胎送入装卸胎机。

3）装卸胎机：由装胎叉、卸胎叉以及转盘构成。作用如下：①将外观机小车上的轮胎送入 X 光机小车；②将 X 光机检测完成的轮胎从 X 光机小车取出；③将检测完的轮胎送到卸胎机构上。

4）X 光机小车：用于接受装卸胎机上的轮胎；将轮胎送入铅房并运行至示教位置；轮胎检测时通过支撑臂上的电机转动轮胎，让轮胎一周都被 X 光照射到。

5）铅房：主要用于防止 X 光射线外泄，小车通过铅房大门进出铅房。

6）对中机构：用于将待检测轮胎扶稳。

7）射线管移送机构：用于将射线管送入轮胎内部，让射线管贴近轮胎。

8）X 光成像系统：发出 X 光射线并通过成像板接收后发送到计算机软件中，形成图片。

9）卸胎机构：用于接收装卸胎机上已经检测完成的轮胎。

10）安全系统：防止人员受到伤害；制止设备异常动作。

轮胎流向工艺如图 2 所示。

由于项目属于对现场已有设备的改造，所以调试时间比较紧张。为了让设备可以顺利完成调试以及节省调试时间，在设备现场调试之前通过 MCD 软件率先进行了程序仿真以及机械干涉的测试，并预测了机械干涉。

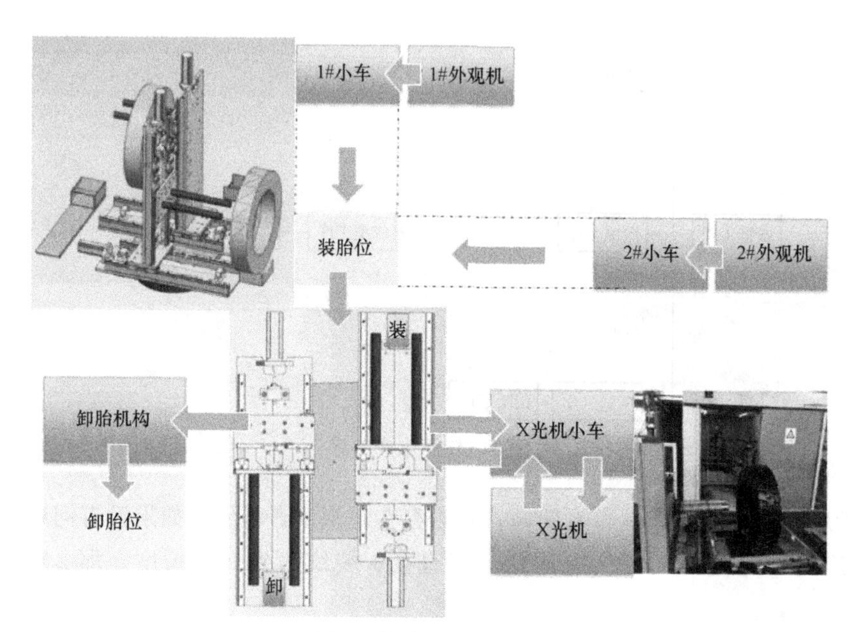

图 2　轮胎流向示意图

二、系统结构

1. 系统中使用到的硬件产品

系统中使用到的硬件产品见表 1～表 3。

表 1　驱动配置

工程胎 X 光机驱动部分				
S120 控制单元				
1	6SL3040-1MA01-0AA0	Control Unit CU320-2 PN	3	件
2	6SL3054-0EJ01-1BAO	Performance extension 1 不带安全授权	2	件
3	6SL3054-0EJ01-1BAO-Z F05	Performance extension 1 带 5 个扩展安全授权	1	件
4	6SL3055-0AA00-4BAO	Basic Operator Panel	3	件
5	6SL3060-4AF00-0AA0	Signal cable;DRIVE-CLiQ cable(in fixed lengths,fixed Motor Module	1	件
6	6SL3060-4AK00-0AA0	Signal cable;DRIVE-CLiQ cable(in fixed lengths,fixed Motor Module	1	件
7	6SL3060-4AM00-0AA0	Signal cable;DRIVE-CLiQ cable(in fixed lengths,fixed Motor Module	1	件
8	6SL3060-4AU00-0AA0	Signal cable;DRIVE-CLiQ cable(in fixed lengths,fixed Motor Module	1	件
9	6EP3436-8SB00-0AY0	SITIP 电源,只用于驱动供电,380V 供电	1	件
10	6SL3055-0AA00-3BAO	SINAMICS S120 TM54F 装机装柜型端子模块,无 DRIVE-CLiQ 电缆,附加组件用于 SINAMICS 整流器带故障安全的数字输入和输出端	1	件
驱动系统				
1	6SL3130-6TE21-6AA4	Smart Line Module;16.00kW	1	件
2	6SL3120-2TE13-0AD0	Double Motor Module;3.00A	6	件
3	6SL3120-2TE21-0AD0	Double Motor Module;9.00A for the following axes;装胎升降电机,卸胎升降电机	1	件

（续）

工程胎 X 光机驱动部分				
驱动系统				
4	6SL3120-1TE13-0AD0	Single Motor Module，3.00A 装卸胎旋转机构电机	1	件
5	6SL3000-0BE21-6DA0	Line filter 滤波器 16.00kW	1	件
6	6SL3100-0EE21-6AA0	Line choke 电抗器 16.00kW	1	件
1. 射线管横向运动电机				
1	6FX5002-5CS06-1BD0	电机电缆，13m，全螺纹	1	件
2	6FX5002-2DC10-1BE0	编码器电缆，14m	1	件
3	1FK7022-5AK71-1LG3	伺服电机，0.4kW，光轴，不带抱闸，多圈绝对值编码器	1	件
2. 射线管纵向运动电机				
1	6FX5002-5CN06-1BD0	电机电缆，13m	1	件
2	6FX5002-2DC10-1BE0	编码器电缆，14m	1	件
3	1FK7042-2AF71-1RG1	伺服电机，0.82kW，光轴，不带抱闸，多圈绝对值编码器	1	件
3. 支撑臂升降电机				
1	6FX8002-5CD06-1BJ0	柔性电机电缆，带抱闸，18m	1	件
2	6FX8002-2DC10-1BK0	柔性编码器电缆，19m	1	件
3	1FK7042-2AF71-1RH1	伺服电机，0.82kW，光轴，带抱闸，多圈绝对值编码器	1	件
4. 支撑臂平移电机				
1	6FX8002-5CN06-1BJ0	柔性电机电缆，18m	1	件
2	6FX8002-2DC10-1BK0	柔性编码器电缆，19m	1	件
3	1FX7042-2AF71-1RG1	伺服电机，0.82kW，光轴，不带抱闸，多圈绝对值编码器	1	件
5. 铅房小车运动电机				
1	6FX8002-5CN06-1BF0	柔性电机电缆，15m	1	件
2	6FX8002-2DC10-1BG0	柔性编码器电缆，16m	1	件
3	1FK7042-2AF71-1RG1	伺服电机，0.82kW，光轴，不带抱闸，多圈绝对值编码器	1	件
6. 轮胎旋转电机				
1	6FX8002-5CN06-1BJ0	柔性电机电缆，18m	1	件
2	6FX8002-2DC10-1BK0	柔性编码器电缆，19m	1	件
3	1FK7042-2AF71-1RG1	伺服电机，0.82kW，光轴，不带抱闸，多圈绝对值编码器	1	件
7. 轮胎对中电机				
1	6FX5002-5CN06-1BB0	电机电缆，11m	1	件
2	6FX5002-2DC10-1BC0	编码器电缆，12m	1	件
3	1FK7042-2AF71-1RG1	伺服电机，0.82kW，光轴，不带抱闸，多圈绝对值编码器	1	件
8. 铅门运动电机				
1	6FX5002-5CN06-1BD0	电机电缆，13m	1	件
2	6FX5002-2DC10-1BE0	编码器电缆，14m	1	件
3	1FK7042-2AF71-1RG1	伺服电机，0.82kW，光轴，不带抱闸，多圈绝对值编码器	1	件

（续）

工程胎 X 光机驱动部分				
9/10. 装胎机小车				
1	6SL3162-2MA00-0AC0	装胎机小车电缆连接头	2	件
11. 装胎叉胎电机				
1	6FX8002-5CN06-1BF0	柔性电机电缆，15m	1	件
2	6FX8002-2DC10-1BG0	柔性编码器电缆，16m	1	件
3	1FK7042-2AF71-1RG1	伺服电机，0.82kW，光轴，不带抱闸，多圈绝对值编码器	1	件
12. 卸胎叉胎电机				
1	6FX8002-5CN06-1BJ0	柔性电机电缆，18m	1	件
2	6FX8002-2DC10-1BK0	柔性编码器电缆，19m	1	件
13. 装胎升降电机				
1	6FX8002-5DN06-1BG0	柔性电机电缆，16m	1	件
2	6FX8002-2DC10-1BH0	柔性编码器电缆，17m	1	件
3	1FK7063-2AF71-1RH1	伺服电机，2.29kW，光轴，带抱闸，多圈绝对值编码器	1	件
14. 卸胎升降电机				
1	6FX8002-5DN06-1BJ0	柔性电机电缆，18m	1	件
2	6FX8002-2DC10-1BK0	柔性编码器电缆，19m	1	件
3	1FK7063-2AF71-1RH1	伺服电机，2.29kW，光轴，带抱闸，多圈绝对值编码器	1	件
15. 装卸胎旋转机构电机				
1	6FX8002-5CN06-1BE0	柔性电机电缆，14m	1	件
2	6FX8002-2DC10-1BF0	柔性编码器电缆，15m	1	件
3	1FK7042-2AF71-1RG1	伺服电机，0.82kW，光轴，不带抱闸，多圈绝对值编码器	1	件

表 2　PLC 配置

主控柜包含一个主 PLC 以及一个 ET200 从站				
序号	订货号	描述	数量	单位
1	6ES7590-1AB60-0AA0	安装导轨 S7-1500，160mm	1	件
2	6EP1333-4EA00	负载电源 PM 190W，120/230V AC，24V DC，8A	1	件
3	6ES7515-2AM02-0AB0	CPU 1515-2 PN	1	件
4	6ES7954-SLF03-0AA0	存储卡，24MB	1	件
5	6ES7155-6AA01-0BN0	IM 155-6 PN ST，带服务器模块，带总线适配器 2×RJ45（6ES7193-6AR00-0AA0）	1	件
6	6ES7131-6BF01-0BA0	DI 8×24VDC ST	1	件
7	6ES7132-6BF01-0BA0	DQ 8×24VDC/0.5A ST	2	件
8	6ES7193-6BP20-0DA0	BU A0 型，16 个直插式端子，10 个 AUX，2 个单独馈电端子（数字量/模拟量，最高 24VDC/10A）	1	件
9	6ES7193-6BP20-0BA0	BU A0 型，16 个直插式端子，10 个 AUX，通过跳线连接 2 个馈电端子（数字量/模拟量，最高 24VDC/10A）	2	件

（续）

操作室操作台				
序号	订货号	描述	数量	单位
1	6ES5710-SMA11	35mm DIN 导轨，长度：483mm，用于 19″机柜	1	件
2	6ES7155-6AA01-0BN0	IM 155-6 PN ST，带服务器模块，带总线适配器 2×RJ45（6ES7193-6AR00-0AA0）	1	件
3	6ES7131-6BF01-0BA0	DI 8×24VDC ST	2	件
4	6ES7132-6BF01-0BA0	DQ 8×24VDC/0.5A ST	2	件
5	6ES7193-6BP20-0DA0	BU A0 型，16 个直插式端子，10 个 AUX，2 个单独馈电端子（数字量/模拟量，最高 24VDC/10A）	2	件
6	6ES7193-6BP20-0BA0	BU A0 型，16 个直插式端子，10 个 AUX，通过跳线连接 2 个馈电端子（数字量/模拟量，最高 24VDC/10A）	3	件
7	6ES7137-6AA00-0BA0	串口通信模块	1	件
防护网操作台				
序号	订货号	描述	数量	单位
1	6ES5710-SMA11	35mm DIN 导轨，长度：483mm，用于 19″机柜	1	件
2	6ES7155-6AA01-0BN0	IM 155-6 PN ST，带服务器模块，带总线适配器 2×RJ45（6ES7193-6AR00-0AA0）	1	件
3	6ES7131-6BF01-0BA0	DI 8×24VDC ST	4	件
4	6ES7132-6BF01-0BA0	DQ 8×24VDC/0.5A ST	3	件
5	6ES7193-6BP20-0DA0	BU A0 型，16 个直插式端子，10 个 AUX，2 个单独馈电端子（数字量/模拟量，最高 24VDC/10A）	2	件
6	6ES7193-6BP20-0BA0	BU A0 型，16 个直插式端子，10 个 AUX，通过跳线连接 2 个馈电端子（数字量/模拟量，最高 24VDC/10A）	6	件
7	6ES7137-6AA00-0BA0	串口通信模块	1	件
铅房				
序号	订货号	描述	数量	单位
1	6ES5710-SMA11	35mm DIN 导轨，长度：483mm，用于 19″机柜	1	件
2	6ES7155-6AA01-0BN0	IM 155-6 PN ST，带服务器模块，带总线适配器 2×RJ45（6ES7193-6AR00-0AA0）	1	件
3	6ES7131-6BF01-0BA0	DI 8×24VDC ST	7	件
4	6ES7132-6BF01-0BA0	DQ 8×24VDC/0.5A ST	3	件
5	6ES7193-6BP20-0DA0	BU A0 型，16 个直插式端子，10 个 AUX，2 个单独馈电端子（数字量/模拟量，最高 24VDC/10A）	2	件
6	6ES7193-6BP20-0BA0	BU A0 型，16 个直插式端子，10 个 AUX，通过跳线连接 2 个馈电端子（数字量/模拟量，最高 24VDC/10A）	8	件
其他				
1	6AV2124-0MC01-0AX0	TP1200 Comfort	2	件
2	6AV2181-8XP00-0AX1	SIMATIC HMI SD 存储卡，2GB	2	件

表 3　控制系统以及安全系统配置

工程胎 X 光检测机安全方案				
MSS 系统				
序号	订货号	描述	数量	单位
1	3RK3131-2AC10	MSS 3RK3,CENTRAL MODULE ADVANCED	1	件
2	3RK3211-2AA10	MSS 3RK3,EXPANSION MODULE 4/8 F-DI	5	件
3	3RK3251-2AA10	MSS 3RK3,EXPAN、MODULE 4/8 F-RO	2	件
4	3SK2511-2FA10	PROFINET interface modules	1	件
安全输入				
1	3SE7120-1BH00	拉绳开关	8	件
2	3SE2243-0XX	安全门开关	3	件
3	3SX3218	安全门开关执行器	3	件
4	3SB6130-1HB20-1CA0	急停按钮,旋转解锁	5	件
5	3SB6400-1AA10-1BA0	1NO	5	件
6	3SB6400-1AA10-1CA0	1NC	5	件

系统如图 3 所示。PLC、MSS、S120 之间都通过 PN 总线连接在一起。MSS 主要用于安全系统；S120 伺服驱动器主要用于控制现场 13 台伺服电机在伺服模式下运行，以及 2 台外观机小车在 VF 模式下运行。

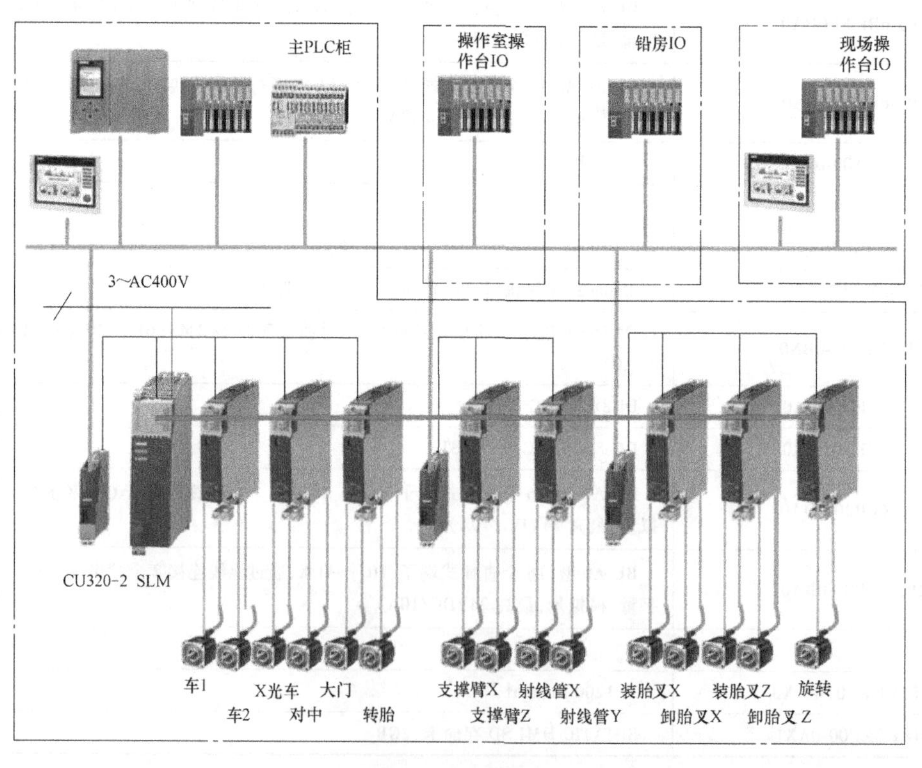

图 3　系统结构

PLC 系统要实现如下功能：系统逻辑控制；运动控制；存储轮胎配方信息；与外观机 PLC 以及 MES 实现以太网通信；与 X 光机板卡以及扫码枪进行串口通信；与两块精智面板通信。这套方案的主要优点在于驱动系统非常紧凑，节省大量的柜内空间，PLC 的选型既可以满足运动控制要求，又可以满足大量的配方数据的要求。

业主之前习惯使用了 S7-300 系列 PLC 以及 PILZ 的安全继电器，在经过与客户充分沟通，阐明了 S7-1500 PLC 优秀的数据存储以及通信能力，以及 MSS 优秀的可编程能力后，得到了客户的认可。项目顺利执行后，得到了业主以及 OEM 充分的肯定。

2. 系统需求及选型

全新装卸胎系统性能指标要求如下：

1） KPI：整体设备产能 480 条/天，连续生产时要求每个轮胎 180s。

2） 连通性：能够与 MES 通信。

3） 多：提供 999 种规格和花纹组合的配方。

4） 灵活：提供手动，全自动，无移送小车自动，无装卸机自动，维护模式，示教模式。

5） 安全：装卸胎机要通过光栅、急停、安全触边、安全门、拉绳开关实现要求的安全急停。

轮胎适用范围如下：

1） 轮胎内径：15″~25″。

2） 子口内宽：100~650mm。

3） 轮胎外径：725~1600mm。

4） 轮胎断面宽：190~650mm。

5） 轮胎断面高：（最高） 500mm。

6） 轮胎重量：（最大） 350kg。

各部件结构以及电机选型如下：

（1） 外观机小车

电机额定功率：0.4kW；电机额定转速：1350r/min；减速比：37.33；传动结构：链条传动；小车轮胎分度圆直径 $D=0.092$m，$r=0.046$m；单方向运行距离：3.19m；小车重量：100kg；最大负载：$m=(350+100)$ kg；变频器：1.6kW；精度要求：5mm。

由于 X 光机检测单个轮胎需要 140s，小车的加速时间最终设置为 3s，速度设置为 20Hz，总的运行时间为 40s 左右。

（2） 旋转机构

共 3 个工作位置：

1） 0°，对应卸胎机构：用于卸胎。

2） 90°，对应移送小车：用于从移送小车装胎。

3） 180°，对应 X 光机小车：用于向 X 光机小车装胎，以及向卸胎机构卸胎。

额定功率：0.82kW；额定转速：3000r/min；减速比：700；传动结构：经过减速机齿轮盘驱动；运行范围：0°~180°；设备重量：1000kg；最大负载：（1000+350） kg；变频器：1.6kW。由于机械强度不足的原因，加速度最终设置为 0.11rad/s^2，目标速度设置为 0.35rad/s，旋转 180°需要的运行时间是 12.1s，旋转 90°需要的运行时间是 7.6s。

（3） 装卸机水平伸缩电机

电机额定功率：0.82kW；减速比：35；传动结构：齿轮齿条；小车轮胎分度圆直径 $D=0.05$m；

单方向运行距离：0.96m；伸缩机构重量：300kg；最大负载：m=（350+300）kg；变频器：1.6kW；速度设置为200mm/s；加速度设置为200mm/s^2；精度要求：1mm；伸出缩回时间为6s。

（4）装卸机垂直提升电机

电机额定功率：0.82kW；减速比：7；传动结构：滚珠丝杠；丝杠螺距D=0.01m；单方向运行距离：1.2m，平均0.6m；提升机构重量：50kg；最大负载：m=（350+50）kg；变频器：1.6kW；速度设置为71mm/s；加速度设置为71mm/s^2；精度要求：1mm；提起下放平均时间为8.4s。

（5）装卸机垂直提升电机

电机额定功率：0.82kW；减速比：7；传动结构：滚珠丝杠；丝杠螺距D=0.01m；单方向运行距离：1.2m，平均0.6m；提升机构重量：50kg；最大负载：m=（350+50）kg；变频器：1.6kW；速度设置为71mm/s；加速度设置为71mm/s^2；精度要求1mm；提起下放平均时间为8.4s。

（6）支撑臂平移（用于插入轮胎）

电机额定功率：0.82kW；减速比：5；传动结构：滚珠丝杠；丝杠螺距D=0.01m；变频器：1.6kW；精度要求：1mm；伸出缩回时间为4.6s。

（7）支撑臂平移（用于插入轮胎）

电机额定功率：0.82kW；减速比：5；传动结构：滚珠丝杠；丝杠螺距D=0.01m；变频器：1.6kW；精度要求：1mm；伸出缩回时间为4.6s。

（8）支撑臂提升（用于提放轮胎）

电机额定功率：0.82kW；减速比：12；传动结构：滚珠丝杠；丝杠螺距D=0.01m；变频器：1.6kW；精度要求：1mm；提升下放时间为17s。

（9）转胎电机

电机额定功率：0.82kW；减速比：160；传动结构：同步带；丝杠螺距D=0.01m；变频器：1.6kW；精度要求：1°；380°平均时间为16s。

（10）移送小车（用于送入移出轮胎）

电机额定功率：0.82kW；综合减速比：230∶3；传动结构：链条驱动轨道轮胎；轮胎直径D=0.144m；变频器：1.6kW；精度要求：1mm；进入时间为21s。

（11）大门（开关铅房）

电机额定功率：0.82kW；减速比：260：3；传动结构：链条；齿轮直径D=0.105m；变频器：1.6kW；精度要求：1mm；开闭时间为4.9s。

（12）对中机构（加紧释放轮胎）

电机额定功率：0.82kW；减速比：10；传动结构：滚珠丝杠；丝杠螺距D=0.01m；变频器：1.6kW；精度要求：1mm；夹紧时间为3s。

（13）射线管横向（插入轮胎）

电机额定功率：0.82kW；减速比：25；传动结构：同步带；齿轮直径D=0.064m；变频器：1.6kW；精度要求：1mm；伸出时间为1.3s。

（14）射线管纵向（贴近轮胎）

电机额定功率：0.82kW；减速比：50；传动结构：同步带；齿轮直径D=0.064m；变频器：1.6kW；精度要求：1mm；伸出时间为0.9s。

三、功能与实现

从上面的描述可以看到，设备改造最核心的需求是提高设备的节拍。

1. 轮胎全自动搬运实现方法

结合图 2 所示可以将轮胎在整个设备中的运转流向分为如下步骤:

1）外观机检测完成送到小车。

2）两台外观机小车通过优先级算法选择后运行到装胎位。

3）装胎叉将装胎位上外观机小车上的轮胎叉起。

4）转盘转动，装胎叉将轮胎放置到 X 光机小车。

5）X 光机小车将轮胎送入铅房。

6）开始检验并人工查看成像结果并判级。

7）X 光机小车将轮胎送出铅房。

8）转盘转动，卸胎叉将轮胎叉起。

9）转盘转动，卸胎叉将轮胎放到卸胎机构。

10）人工确认无危险后，将卸胎机构的轮胎释放出去。

上述第 5 至第 7 步骤的详细流程如下:

1）X 光机小车上支撑臂将轮胎提起。

2）X 光机小车进入铅房。

3）关铅门并加紧扶稳轮胎。

4）射线管深入轮胎。

5）旋转轮胎，发射射线，人工判级。

6）缩回射线管。

7）松开轮胎并开门。

8）小车出铅房。

9）小车支撑臂将轮胎放下。

2. 示教功能

在设备自动运行之前，需要将不同轮胎在设备上示教出合适的位置，示教完成后将这些位置信息存储到数据库中，并以代号、规格以及花纹表示。所以，在设备投入生产的最初阶段，需要对之前描述的除了固定位置的所有位置进行逐个人工示教并存储。

具体的实现方法：在触摸屏上创建一个向导，按照上面描述的轮胎动作流程逐个动作进行测试确认并存储。示教界面如图 4 所示。

示教需要存储的内容不仅包括位置信息，还包括不同轮胎对应的 X 射线激发的电压和电流，轮胎内径尺寸，轮胎的旋转速度，以及整体设备运行速度，如图 5 所示。

最终示教完成后所有的示教位置会存储到一个已经预定义好的用户数据类型的数据中，根据业主的现有以及未来的需求，需要在 PLC 中保留 1000 个这样的数据。数据类型如图 6 所示。轮胎库以规格和花纹命名，如图 7 所示。

3. 自动程序实现方法

示教完成后，轮胎库已经含有了某个型号轮胎在设备上运行的全部位置，当外观机 PLC 或者 MES 通过 S7 通信或者 TCP 通信将轮胎的规格花纹信息发送到 PLC 上后，将这个规格加花纹的信息在轮胎库中进行循环比对，当找到相同的信息后，会把轮胎库中这个轮胎对应的信息发给外观机小车；外观机小车运动到装胎位后，装胎叉会读取小车上轮胎的位置信息，按照这个预先示教好的位置将轮胎拾取，拾取完成后轮胎信息就会复制到装胎叉上并删除小车上的信息；之后装胎叉会把轮

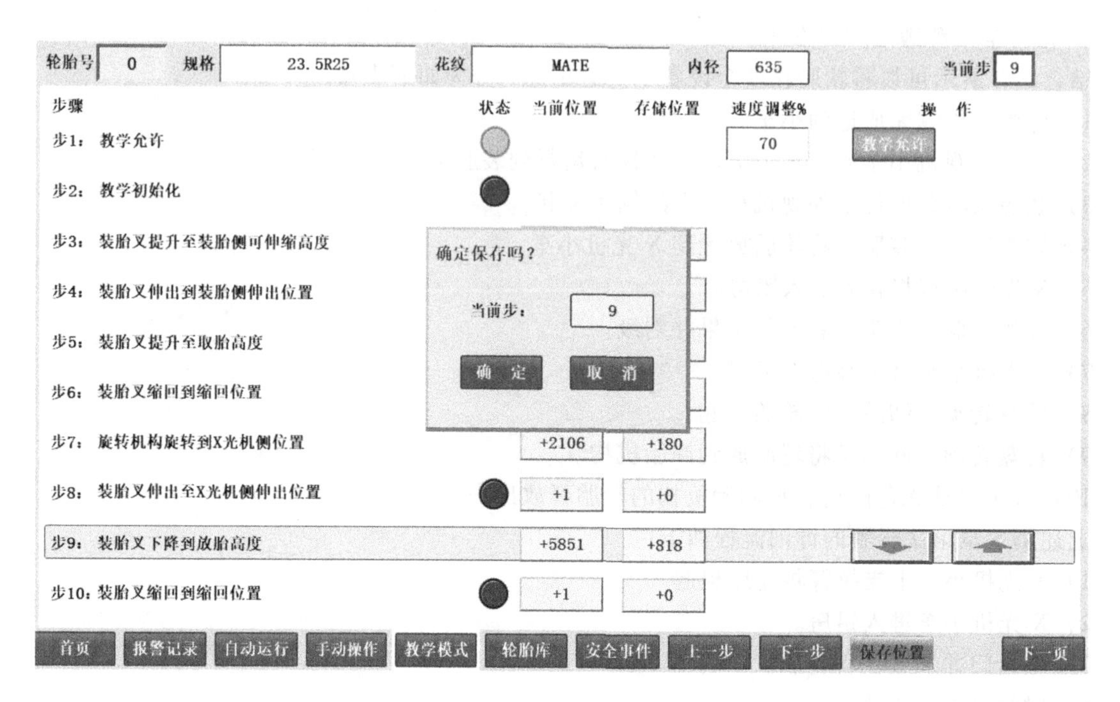

图 4　示教界面

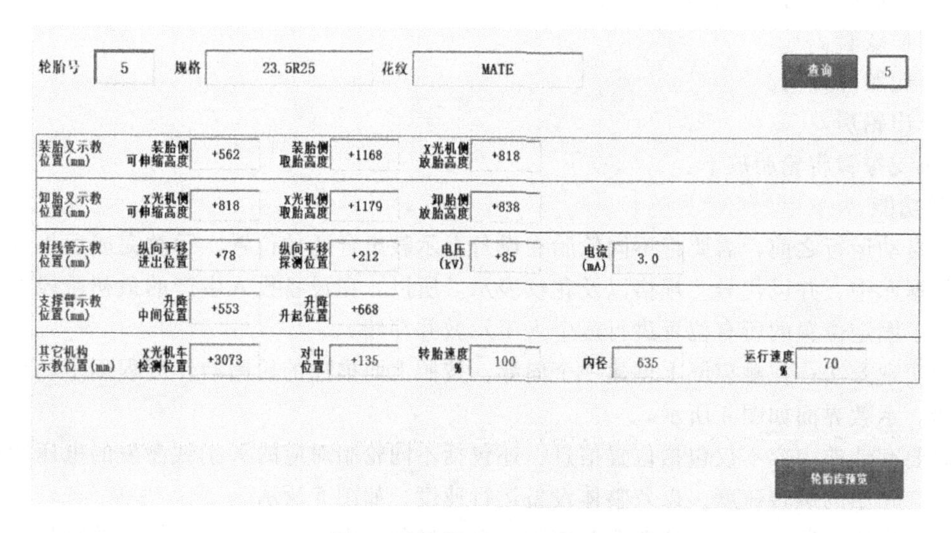

图 5　示教位置以及存储信息

胎转运到 X 光机小车上，这时 X 光机小车上的支撑臂以及射线管等伺服也会得到响应的位置信息，同时也会删除装胎叉上的轮胎信息；依次类推，X 光检测完成后，X 光机小车将轮胎送出铅房，人工判级完成后，卸胎叉也会读取 X 光机小车上的轮胎示教信息，读取完后卸胎叉又会按照示教位置将轮胎叉起，卸胎叉得到信息的同时又会删除 X 光机内的数据；之后卸胎叉会把轮胎及其信息移送到卸胎机构上，同时删除卸胎叉上的信息；当人工将轮胎卸载后，再删除卸胎机构上的信息。这样整个轮胎的信息以及位置信息就在各个部件之间顺利地流转。程序中轮胎信息如图 8 所示，画面上轮胎流转信息如图 9 所示。

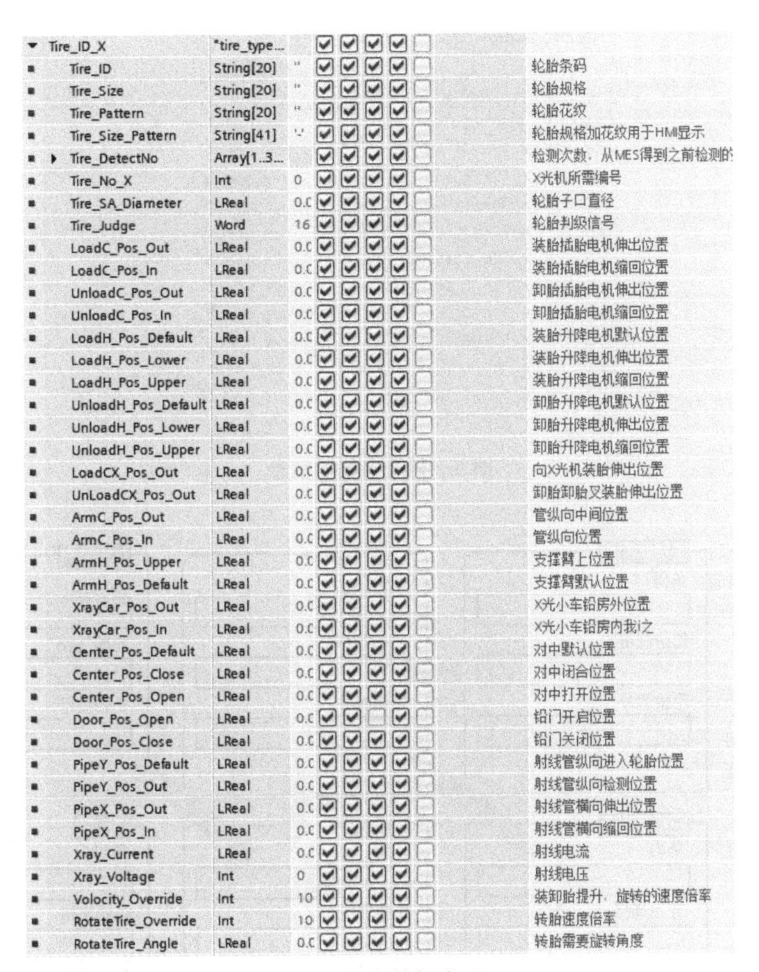

名称	数据类型	默认值	注释
Tire_ID_X	"tire_type...		
Tire_ID	String[20]	''	轮胎条码
Tire_Size	String[20]	''	轮胎规格
Tire_Pattern	String[20]	''	轮胎花纹
Tire_Size_Pattern	String[41]	'-'	轮胎规格加花纹用于HMI显示
Tire_DetectNo	Array[1..3...		检测次数，从MES得到之前检测的
Tire_No_X	Int	0	X光机所需编号
Tire_SA_Diameter	LReal	0.C	轮胎子口直径
Tire_Judge	Word	16	轮胎判级信号
LoadC_Pos_Out	LReal	0.C	装胎插胎电机伸出位置
LoadC_Pos_In	LReal	0.C	装胎插胎电机缩回位置
UnloadC_Pos_Out	LReal	0.C	卸胎插胎电机伸出位置
UnloadC_Pos_In	LReal	0.C	卸胎插胎电机缩回位置
LoadH_Pos_Default	LReal	0.C	装胎升降电机默认位置
LoadH_Pos_Lower	LReal	0.C	装胎升降电机伸出位置
LoadH_Pos_Upper	LReal	0.C	装胎升降电机缩回位置
UnloadH_Pos_Default	LReal	0.C	卸胎升降电机默认位置
UnloadH_Pos_Lower	LReal	0.C	卸胎升降电机伸出位置
UnloadH_Pos_Upper	LReal	0.C	卸胎升降电机缩回位置
LoadCX_Pos_Out	LReal	0.C	向X光机装胎伸出位置
UnLoadCX_Pos_Out	LReal	0.C	卸胎卸胎叉装胎伸出位置
ArmC_Pos_Out	LReal	0.C	管纵向中间位置
ArmC_Pos_In	LReal	0.C	管纵向位置
ArmH_Pos_Upper	LReal	0.C	支撑臂上位置
ArmH_Pos_Default	LReal	0.C	支撑臂默认位置
XrayCar_Pos_Out	LReal	0.C	X光小车铅房外位置
XrayCar_Pos_In	LReal	0.C	X光小车铅房内我i之
Center_Pos_Default	LReal	0.C	对中默认位置
Center_Pos_Close	LReal	0.C	对中闭合位置
Center_Pos_Open	LReal	0.C	对中打开位置
Door_Pos_Open	LReal	0.C	铅门开启位置
Door_Pos_Close	LReal	0.C	铅门关闭位置
PipeY_Pos_Default	LReal	0.C	射线管纵向进入轮胎位置
PipeY_Pos_Out	LReal	0.C	射线管纵向检测位置
PipeX_Pos_Out	LReal	0.C	射线管横向伸出位置
PipeX_Pos_In	LReal	0.C	射线管横向缩回位置
Xray_Current	LReal	0.C	射线电流
Xray_Voltage	Int	0	射线电压
Volocity_Override	Int	10	装卸胎提升、旋转的速度倍率
RotateTire_Override	Int	10	转胎速度倍率
RotateTire_Angle	LReal	0.C	转胎需要旋转角度

图 6　用户数据类型

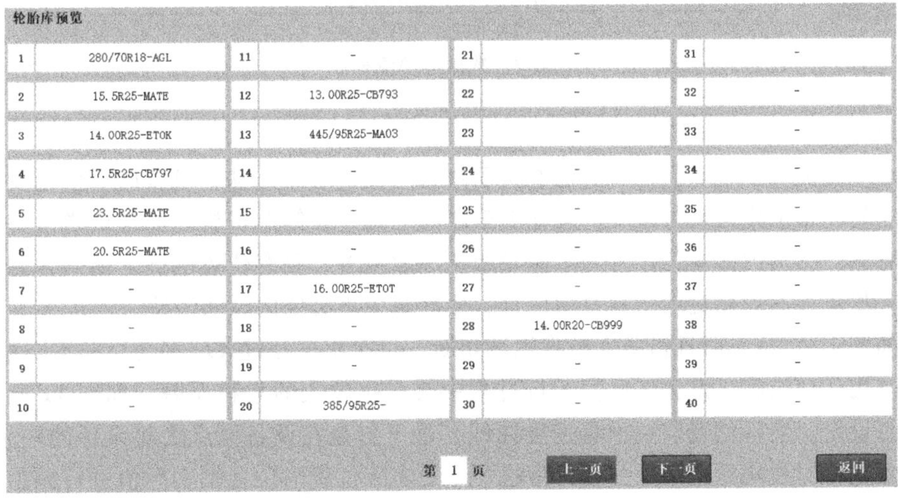

轮胎库预览

1	280/70R18-AGL	11	-	21	-	31	-
2	15.5R25-MATE	12	13.00R25-CB793	22	-	32	-
3	14.00R25-ETOK	13	445/95R25-MA03	23	-	33	-
4	17.5R25-CB797	14	-	24	-	34	-
5	23.5R25-MATE	15	-	25	-	35	-
6	20.5R25-MATE	16	-	26	-	36	-
7	-	17	16.00R25-ETOT	27	-	37	-
8	-	18	-	28	14.00R20-CB999	38	-
9	-	19	-	29	-	39	-
10	-	20	385/95R25-	30	-	40	-

第 1 页　上一页　下一页　返回

图 7　轮胎库

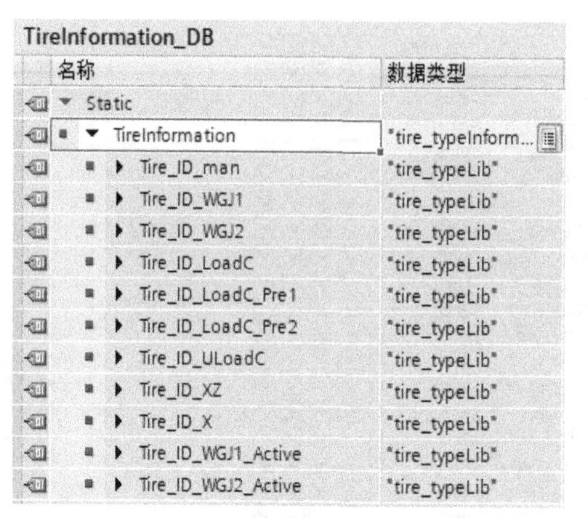

图 8　程序中轮胎信息

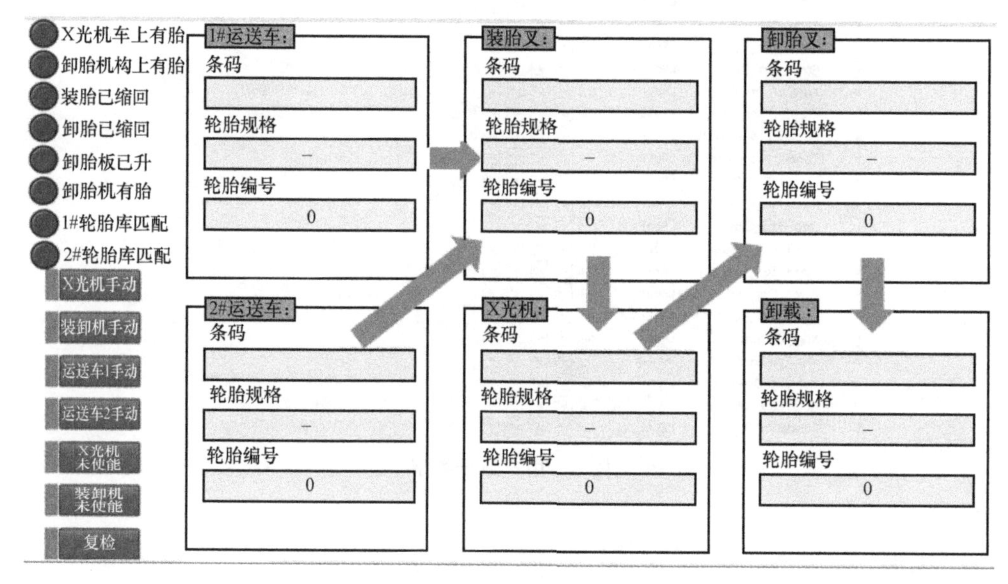

图 9　数据传递流程

4. X 光机小车累积误差问题处理

X 光机小车定位的需求如下：设备基本属于两点间往复定位运动，设备的定位精度要求控制在 5mm，铅房外装卸胎位置为设备原点，只有小车定位准确，装卸胎机构才能准确送入待检轮胎以及取出检完的轮胎。铅房内的定位位置为对应轮胎的示教位置，只有位置准确才能确保轮胎检测清晰可靠。另外，尽可能高效稳定地送到目标位置，才能减少不必要的时间浪费。但是 X 光机小车属于轨道传动，如图 10 所示。而且铅房大门将轨道切断，每次小车经过大门都会存在不同程度的打滑。

如果不采用任何措施，设备在反复运行过程中会产生较大的累积误差，如图 11 所示，上面三条曲线分别为设定、实际位置以及设备速度曲线，最下方是在设备原点之前设计的一个 IO 点，每次设备向原点运行时检测到这个开关后，将这个点的实际位置与位置轴实际值进行差值计算。可以看到每个周期几乎都会产生一个单方向的误差，当设备运行 10 多次以后累积误差已经达到 20mm，影响了设备的运行。

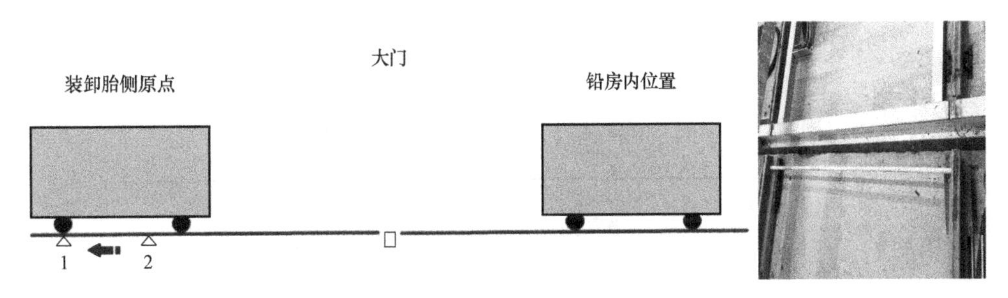

图 10　X 光机小车轨道传动

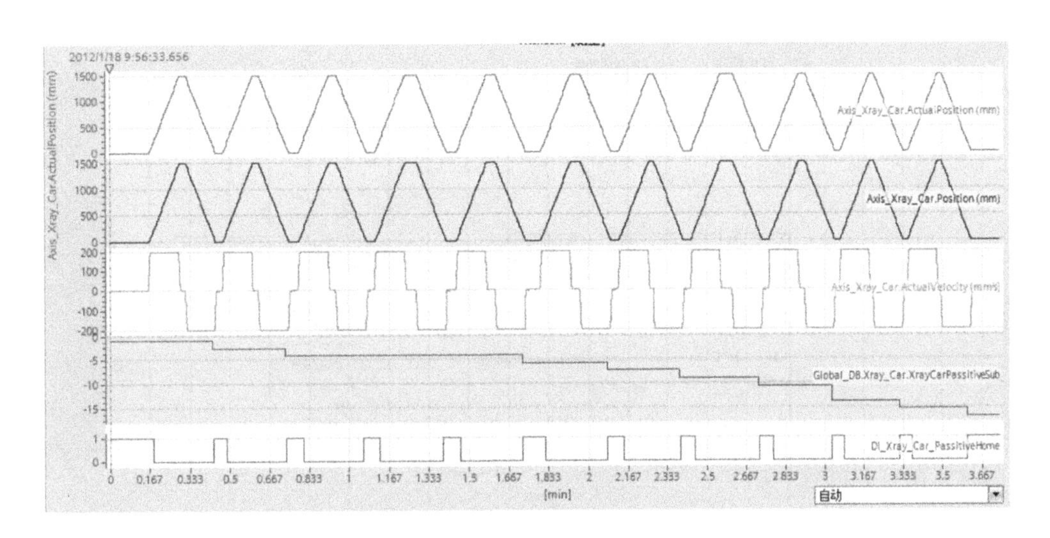

图 11　未采取任何措施的累积误差

比较常用的处理方案可以采用被动回零的方式，但是工艺对象这种方式需要采用增量编码器，而客户为了让设备上电时不需要寻找参考点而选择了绝对值编码器。这样就造成了无法采用直接的方式进行纠偏。

在项目的初期考虑直接使用 MC_HOME，当触发到固定安装在轨道附近的接近开关时，觉得可以实现纠偏，但是当直接调用程序后最终的位置出现了一些随机性。具体表现为偶尔会出现偏差较大的情况。后来发现 MC_HOME 属于异步指令，这种指令会在触发后将命令放到 CPU 的执行堆栈中，根据 CPU 的负荷情况来执行。而现场的项目由于存在大量的运动控制，系统资源比较紧张，所以异步指令的执行就更无法保障。

考虑到异步指令无法同步完成的特点，在外部信号触发后选择了先将实际位置的差值保存起来，在后续程序中再执行模式 6 的相对回零命令。这样实际位置与编码器反馈的差值就具有很强的确定性。实际效果如图 12 所示。

5. MCD 发现机械干涉

MCD 测试过程中发现，当轮胎模型比较宽大时，卸胎机构以及状态机构同时存在轮胎时，轮胎就会相互碰撞。虽然在前期已经发现了设备的问题，但是由于场地问题无法通过机械的方式处理。最终通过装卸顺序优化的方式，通过 PLC 程序实现了防止碰撞的效果，如图 13 所示。

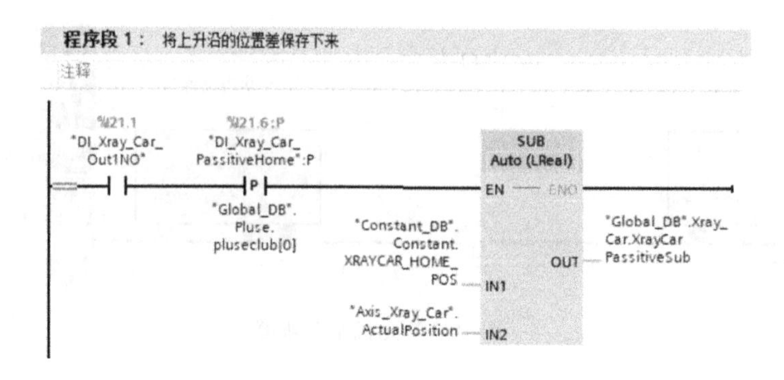

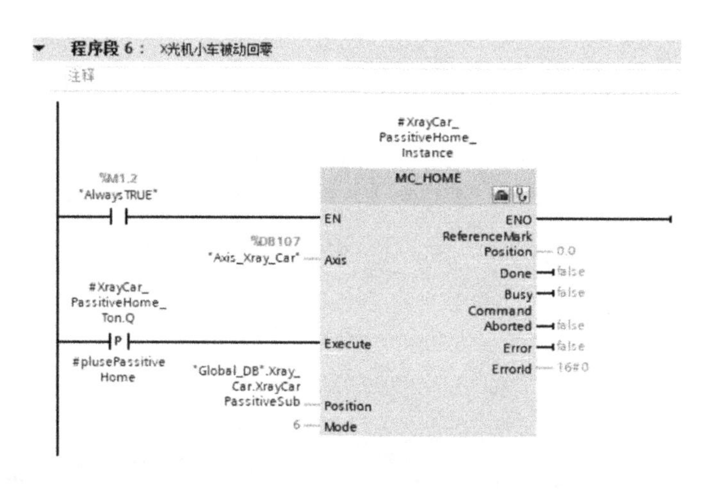

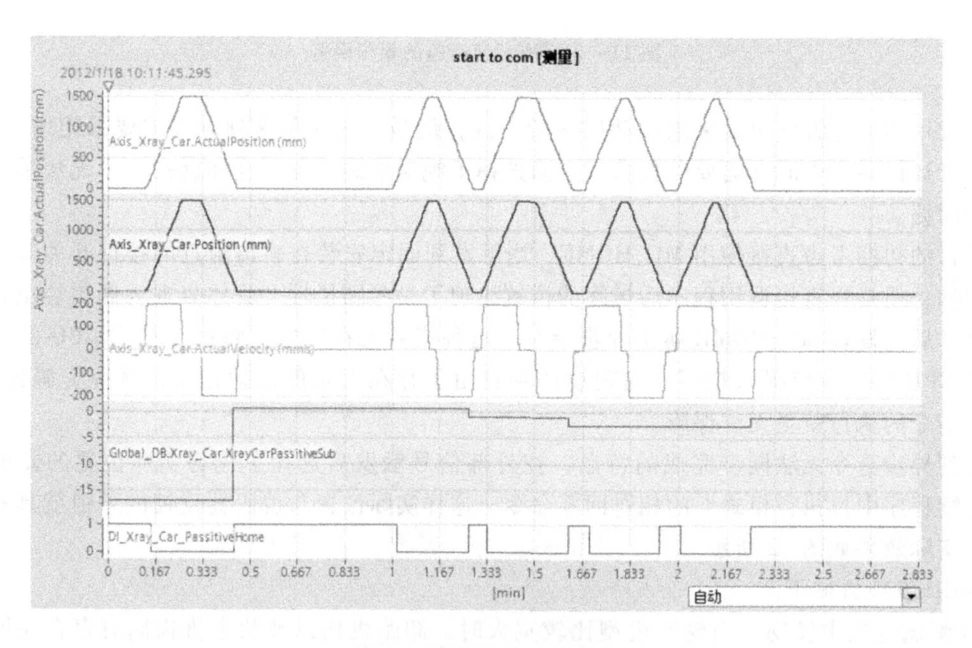

图 12 消除累积误差效果

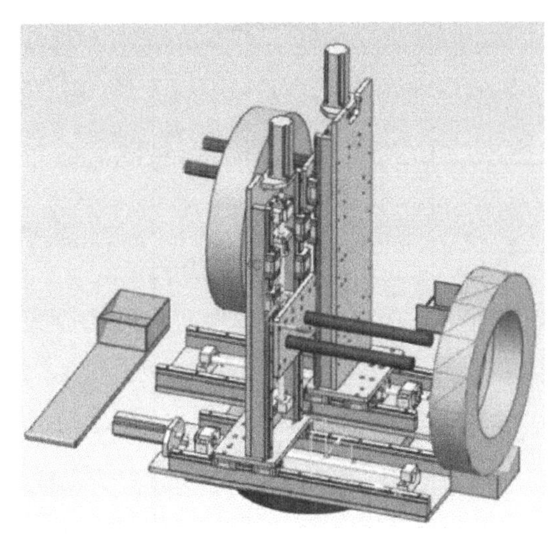

图 13　MCD 仿真预防碰撞

四、运行效果

这个项目对于业主来说最大的需求就是提高轮胎的检测速度。业主提出的要求是每条轮胎的检测时间为 180s。结合电机性能以及机械寿命等因素综合设置的动态特性，以及之前描述的轮胎选择逻辑算法，将每条轮胎的运行时间进行了核算，时间为 170s，如图 14 所示。

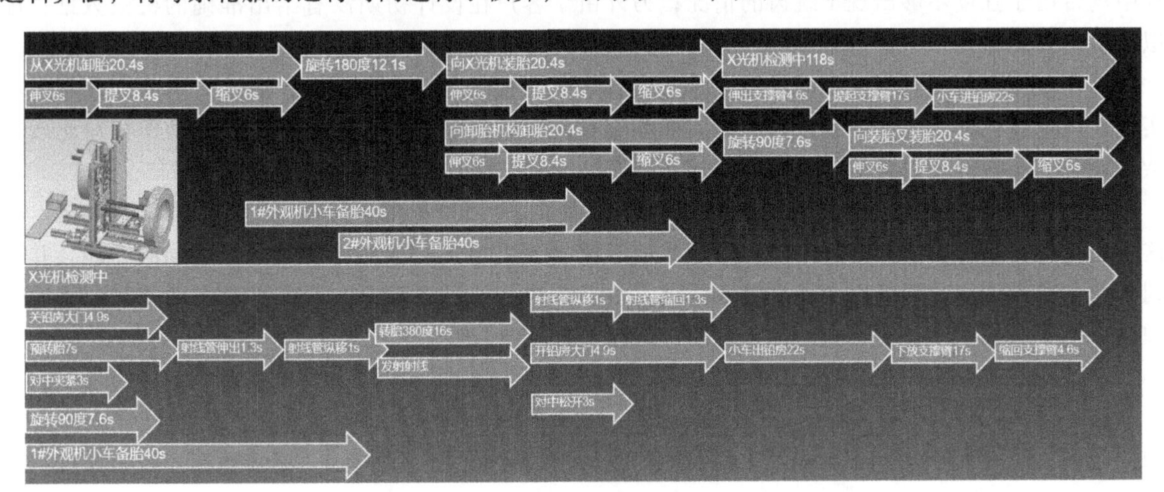

图 14　核算节拍

如图 15 所示，在实际生产过程中，通过 TIA 博途软件的录波功能将每个轴进行 Trace 后得到的运行时间及各轴的节拍与程序中动态数据设置的时间完全相同，超额完成了业主的效率需求。

五、应用体会

在样机的调试过程中由于 MCD 虚拟调试的使用，预测了很多程序上的逻辑错误，也预测了一些机械上的干涉问题，节省了大量现场调试以及问题处理的时间。但是虚拟调试只能实现逻辑以及空间位置上的影响，无法达到性能以及材料强度上的模拟。所以虽然数字化虚拟调试可以达到一定

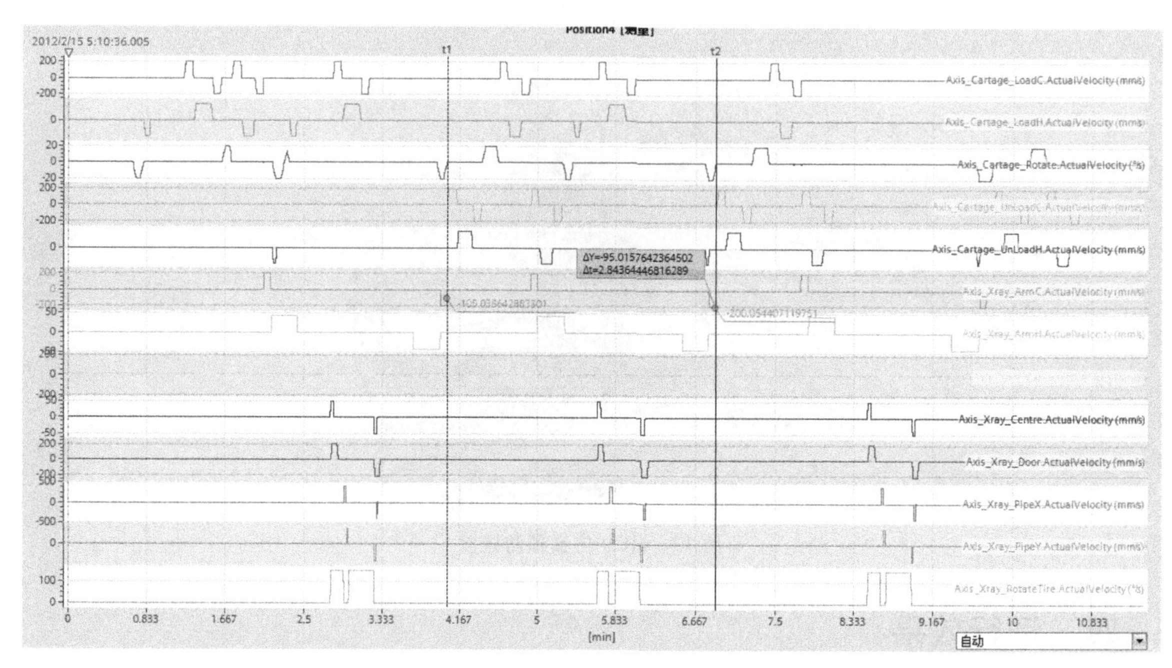

图 15　实际生产的 Trace 曲线

的优化效果但是不能完全解决机械设计上的欠缺。比如设备由于惯量过大，在旋转机构加减速的过程中皮带由于强度不够出现了跳齿的情况；另外由于客户在设计初期没有给出准确的机械数据，虚拟样机得到的数据也不是特别准确，无法对机械设计形成闭环的优化。

制作虚拟样机虽然有一定的优势，对于比较简单而且固定的设备，如果通过简单的编程就可以实现，虚拟样机的开发反而会增加调试周期和成本。所以，虚拟样机适用于功能和动作相对比较复杂的设备，而且对于设备的迭代和持续优化也有一定的作用。

另外在安全方案上，在 OEM 之前的项目中使用了 S7-1500 F 控制器实现集成故障安全方案。在这个项目中，结合了业主的日常使用以及维护习惯，改用 MSS 安全继电器实现了相同的功能，并达到了业主要求的安全功能以及安全等级要求。所以在执行项目过程中，不仅要考虑到方案配置的合理性，还要考虑到项目的可执行性以及用户的接受程度。

参考文献

[1]　西门子（中国）有限公司. TIA 博途软件帮助文件 [Z].

一种有关 SINAMICS S120 驱动在汽车行业中的飞剪应用
A flying saw application of SINAMICS S120 drive in automobile industry

魏延明
（北京天拓四方科技有限公司　北京）

[摘　要] 介绍将西门子 S7-1500 系列 PLC 与 SINAMICS S120 驱动控制系统在河北某工业集团汽车前保险杠成型机的定长剪断部分的应用，该项目主要应用 S120 驱动系统快速响应优势驱动 1FK7 伺服电动机实现全自动定长剪切功能，替代了原有的半自动生产线，提高了生产效率。

本项目为 SINAMICS S120 驱动系统在伺服控制领域上的典型应用，且具有很强的系统性以及针对性。其特点主要表现为电机选型时的基础计算，调试前的虚拟仿真调试，实际驱动优化调试，与 PLC 上位系统的通信，传动特性的描述，在 TO 模式下基于 PLCopen 标准的定位控制，硬件组态及程序编辑。

[关 键 词] 选型计算、通信、仿真、PLCopen 定位控制、绝对齿轮同步

[Abstract] This paper introduces that Siemens S7-1500 Series PLC and SINAMICS S120 driver have been applied to the fixed-length shearing part of automobile front bumper forming machine of Hebei Lingyun Industry Group, this project mainly USES S120 drive system to drive 1FK7 servo motor to achieve automatic fixed-length shearing function, which replaces the original semi-automatic production line and improves production efficiency.

This project is a typical application of SINAMICS S120 driver system in servo control field, and has a strong systematic and targeted. Its features mainly include basic calculation of motor selection, virtual simulation debugging before debugging, optimization and debugging of actual drive, communication with PLC upper system, description of transmission characteristics, positioning control based on PLCopen standard in TO mode, hardware configuration and program editing.

[Key Words] Selection calculation、Communication、Simulation、PLCopen positioning control、Absolute GearinPos

一、项目简介

1. 项目描述

武汉某随动切断装置项目，属于客户研发的新机型，主要改造的是保险杠的剪切部分，原有设备是半自动剪切以及传统的直线切断，现在改造为全自动剪切的方案。现场中传统的直线飞剪以及

新机型圆弧飞剪同时调试。

此项目的改造旨在提高剪切的效率，提高生产线的生产力。并且在实施中我们已经帮助客户做成标准化的程序，并利用数字化手段帮助客户进一步提高了设备品质。

2. 项目简要工艺

（1）保险杠飞剪应用的工艺（见图 1）

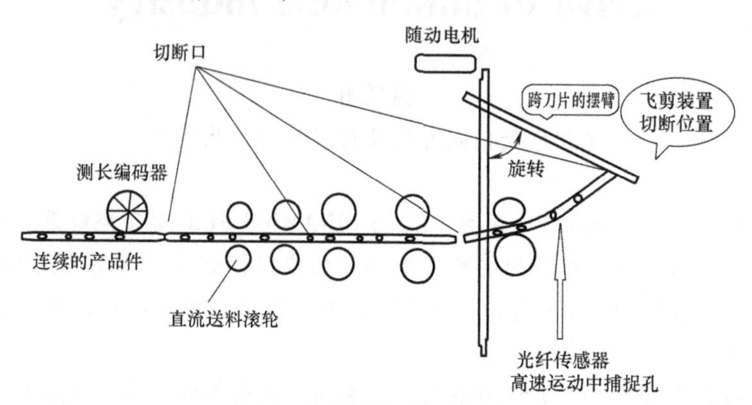

图 1　飞剪部分工艺流程图

工艺设备主要分为如下部分：直流送料辊轮，带刀片的摆臂，剪切装置（气缸），测长编码器以及光纤传感器。

通过测长编码器进行材料的测长，由光纤传感器感应到高速运动的孔位后，进行自动剪切。飞剪机构示意图如图 2 所示。

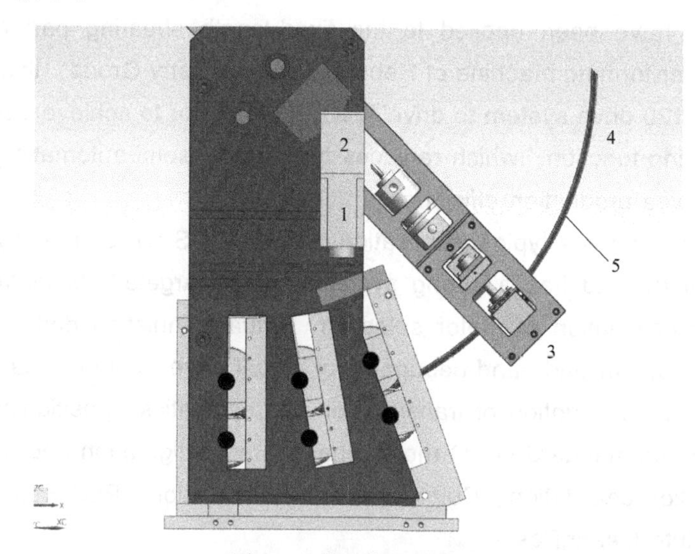

图 2　飞剪机构的示意图

1—西门子伺服电动机　2—减速机　3—气缸切断头　4—产品件　5—材料切口处

客户工艺要求见表 1。

表 1　客户工艺要求

指标	速度	单周期节拍	精度控制
生产线要求	≥2m/min	6s(剪切)+3s(切断)/次	<±0.4mm

（2）应用工位下的电机配置

压送辊电机：采用第三方直流电机驱动，采用模拟量控制速度；本身无编码器，无抱闸，为减速机+齿轮齿条连接机构；此电机用于送料机构，机械端配置外部测长增量编码器，作为位置实际值反馈，进行位置矫正，保证位置精度。

飞剪机构：西门子 1FK7 系列伺服电动机，绝对值编码器，带抱闸，二级减速机直驱负载。

剪切机构：用气缸作为带刀剪切的动力，同步后输出气缸剪切信号，实现最终切断。

3. 项目使用的西门子自动化产品清单

1）控制器部分清单，描述控制部分配置组成，见表 2。

表 2　控制器部分清单

名称	型号	单位	数量
中央处理器	6ES7511-1TK01-0AB0	个	1
存储卡	6ES7954-8LC03-0AA0	个	1
安装导轨	6ES7590-1AB60-0AA0	个	1
触摸屏	6AV2123-2GB03-0AX0	个	1
直流电源	6EP1334-2BA20	个	1
远程模块主站	6ES7155-6AU00-0AA0	个	1
远程模块附件	6ES7193-6AR00-0AA0	个	1
16 点输入模块	6ES7131-6BH01-0BA0	个	1
16 点输出模块	6ES7132-6BH01-0BA0	个	1
输入模块前端连接器	6ES7193-6BP00-0BA0	个	1
输出模块前端连接器	6ES7193-6BP00-0DA0	个	1
高速计数器	6ES7138-6BA00-0BA0	个	1

控制部分由 S7-1511T+ET200SP+HMI 触摸屏构成，I/O 模块以及高速计数器配套 ET200SP 使用。

2）驱动部分清单，见表 3。

表 3　驱动部分清单

名称	型号	单位	数量
控制单元 CU320-2 PN	6SL3040-1MA01-0AA0	个	1
存储卡 V5.1	6SL3054-0FC00-1BA0	个	1
BOP 面板	6SL3055-0AA00-4BA0	个	1
信号电缆(0.6m)	6SL3060-4AU00-0AA0	个	1
SLM 整流单元	6SL3130-6AE15-0AB1	个	1
进线电抗	6SL3000-0CE15-0AA0	个	1
SMM 逆变模块	6SL3120-1TE13-0AD0	个	1
动力电缆(10m)含接头	6FX5002-5DN06-1AF0	个	1
编码器电缆(10m)含接头	6FX5002-2DC10-1AF0	个	1
1FK7 伺服电动机	1FK7081-2AC71-1CB0	个	1

驱动部分主要分为控制单元和功率部分，此次选 S120 共直流母线系统且选用 SLM 整流单元，主要考虑能量回馈以及结构紧凑等优势。

4. 项目现场设备（见图 3~图 5）

图 3 保险杠裁切前压机打孔位

图 4 物料裁剪前压送线

图 5 现场新老飞剪机型

二、控制系统构成及设备前期仿真

整个项目中的硬件配置、系统结构；各组成部分选择的依据。

1. 压送辊直流电机选型计算

根据客户提供的压送辊的总惯量 $J_{负载}$、材料最大质量 m 以及辊运行中的正压力 F、摩擦系数 μ、压送辊直径 R、每组辊联轴减速机减速比 i（=20）、机组最高线速度 v（=24m/min）等机械参数，确定了现场包含压机部分的送料段及飞剪部分送料段总的压送辊驱动电机。

此部分计算是我方给客户建议的计算方法，集合了直流调速的效率高的优势，以及根据实际机械情况客户自己进行选型直流调速作为压送辊的驱动，此部分不做详细说明。

2. 飞剪机构伺服电动机选型计算

根据机械参数，进行飞剪机构伺服电动机选型计算（如下以圆弧飞剪为例）；

已知飞剪机构参数：质量 $m=1200$kg，弧度半径 $r=1380$mm，辊压速度 $v_1=200$mm/s，加速时间 $T_a=0.3$s，匀速时间 $T_b=2$s，减速时间 $T_c=0.3$s，摩擦系数 $\mu=0.05$，减速机速比 $i=360$，安全系数 $S\geqslant1.25$。

其中客户对设备安全系数的确定，主要是综合载荷曲线以及材料性能等数据的可靠性等参数确定的，本项目客户提供安全系数 $S=1.6$。

客户要求单件的节拍（停切）为 6s（送料）+3s（切断）。

电机选型计算过程：

（1）电机转速的计算

由于辊压线速度 $v_1=200\text{mm/s}=12\text{m/min}$；

飞剪机构摆臂机械端转速 $n_1=V_1/(3.14\times2\times\text{r})=0.023\text{r/s}=1.38\text{r/min}$；

电机转速 $N\geqslant n_1 i=1.38\times360\text{r/min}=496.8\text{r/min}$。

（2）电机惯量计算

根据客户提供的机械模型，惯量计算等效于围绕细棒端侧旋转的惯量模型计算。

$J_{负载}=\frac{mr^2}{3}=(1200\times1.38\times1.38)/3\text{kg}\cdot\text{m}^2=761.76\text{kg}\cdot\text{m}^2$;

$J_{总}=J_{负载}+J_{减速机}=(761.76+0.0060)\text{kg}\cdot\text{m}^2=761.766\text{kg}\cdot\text{m}^2$;

按照惯量比为 3，减速机速比为 $i=360$;

转化为电机端的惯量至少为 $J_{电机}\gg J_{负载}/(3i^2)=761.766/[3\times(360\times360)]=19.59\times10^{-4}\text{kg}\cdot\text{m}^2$。

（3）电机转矩计算

飞剪摆臂端转速 $n_1=v_1/(3.14\times2\times r)=0.023\text{r/s}=0.144\text{rad/s}$;

已知加减速时间 $T_a=T_c=0.3\text{s}$，摆臂角速度 $\omega_1=0.144\text{rad/s}$;

经计算，摆臂的角加速度 $a=\omega_1/0.3\text{rad/s}^2=0.48\text{rad/s}^2$;

负载加速力矩：$M_a=J_{总}\ a=365.64\text{N}\cdot\text{m}$;

负载减速力矩：$M_b=J_{总}\ a=-365.64\text{N}\cdot\text{m}$

摩擦力矩：$M_F=\mu mgr_2$（联轴器输出轴半径）$=0.05\times1200\times9.8\times0.17\text{N}\cdot\text{m}=100\text{N}\cdot\text{m}$;

附加力矩（偏载力矩）：$M_P=750\text{N}\cdot\text{m}$（客户提供）;

负载总力矩：$M_{总}=(M_a+M_F+M_P)S=1215.64\times1.6=1945.02\text{N}\cdot\text{m}$;

安全系数在机构参数中，已经进行描述，客户根据载荷系数计算后提供。

电机所需力矩 M 电机 $\geq M_{总}/i=5.40\text{N}\cdot\text{m}$。

（4）最终确定电机功率

综合上述计算，通过最终确定的电机转速 N，电机所需力矩 $M_{电机}$，以及电机最小惯量的要求，通过 Sizer 验证热过载曲线，在 S1 曲线涵盖范围之内，最终确定 2kW 1FK7086 电机满足工艺要求的最优电机选型，如图 6 所示。同时按照 S120 共直流母线方案选择 SLM 整流单元配套电机模块做整套方案。

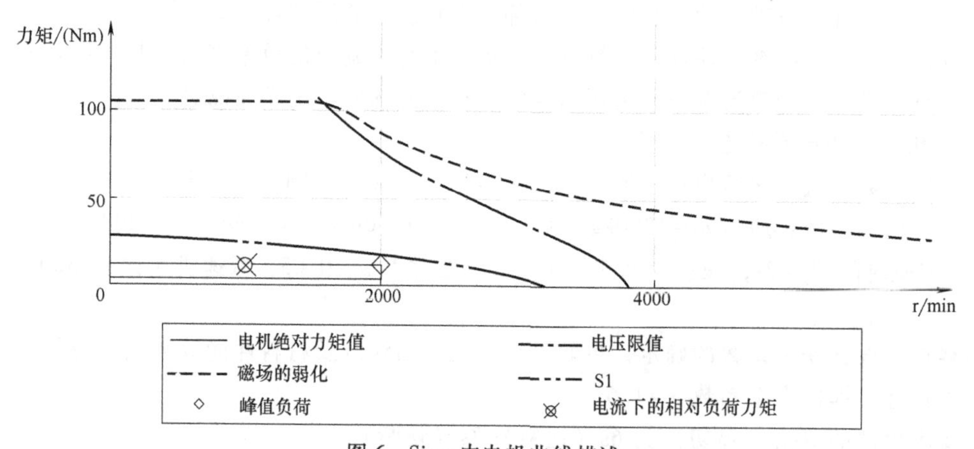

图 6　Sizer 中电机曲线描述

3. S7-1500 T PLC 选型依据

（1）选择 1500 T CPU 的特殊功能需求依据

基于绝对齿轮同步功能，在工艺对象中组态外部编码器，将编码器实际值作为主值，在 PROFINET IRT 等时同步的 2ms 更新周期条件下，实现绝对齿轮同步以及基本定位等功能。图 7 所示为追剪模型。

S7-1500 T CPU 可以实现如上所述的功能，对于 S7-1500 普通型 CPU 在 TIA 博途里组态工艺对

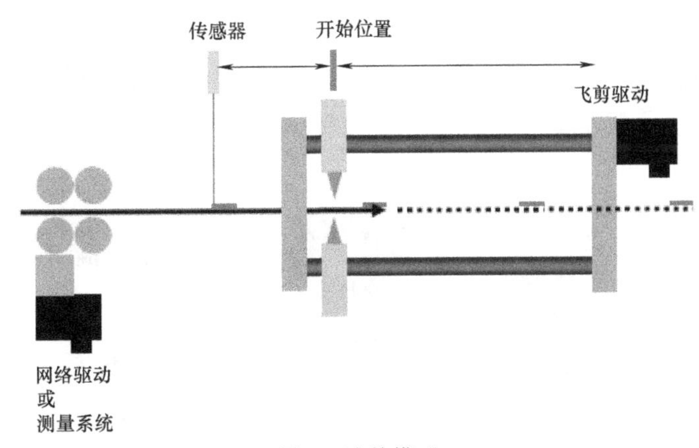

图 7　追剪模型

象中，同步轴需要同步的主值无法与外部编码器的实际值连接，无法实现实际位置值耦合。

加之飞剪机构轴数较少，且程序量不大，通过计算程序存储器、装载存储器的容量，S7-1511 T CPU 即可满足要求。图 8 所示为 S7-1511 T CPU 程序信息。

对象	装载存储器	代码工作存储器	数据工作存储器	保持性存储器	运动控制资源	I/O	DI	DO	AI	AO
	11 %	8 %	4 %	1 %	50 %		40 %	14 %	100 %	100 %
总计:	4 MB	230400个字节	1048576个字节	90784个字节	800	已组态:	368	320	10	10
已使用:	481219个字节	18102个字节	42460个字节	984个字节	400	已使用:	148	45	10	10
详细信息										
OB	40273个字节	6358个字节								
FC	29977个字节	2546个字节								
FB	237045个字节	9198个字节								
DB	69785个字节		40196个字节	984个字节						
运动工艺对象	15527个字节		2264个字节	0个字节	400					
数据类型	84053个字节									
PLC变量	4559个字节			0个字节						

图 8　S7-1511 T CPU 程序信息

（2）用 SINAMICS Startdrive Advanced 调试 S120 的特点

1）模块化的菜单列表，非常清晰地展现客户所要设置的功能参数；并且每个菜单下的参数非常详细。例如，基本参数列表中的采样时间/脉冲频率等很容易找到并进行设置。

2）快速设置 CFC 编程器，进行 DCC 相关的编程。

3）电机优化、Trace 以及 STO 端子设置、扩展功能设置等都有很直观的表现，最主要是能够集成在 TIA 博途平台里，避免了打开多个软件的繁琐。

4. 系统拓扑图（见图 9）

5. 附加系统

（1）硬件配置图/网络结构图（见图 10）

（2）PLC 画面的简单描述

客户用的是 7 英寸（1in = 0.0254m）触摸屏，画面主要分为两大部分：

一部分是控制主界面（见图 11），主要是控制轴的动作以及手自动剪切功能；一部分是故障及报警界面（见图 12）。

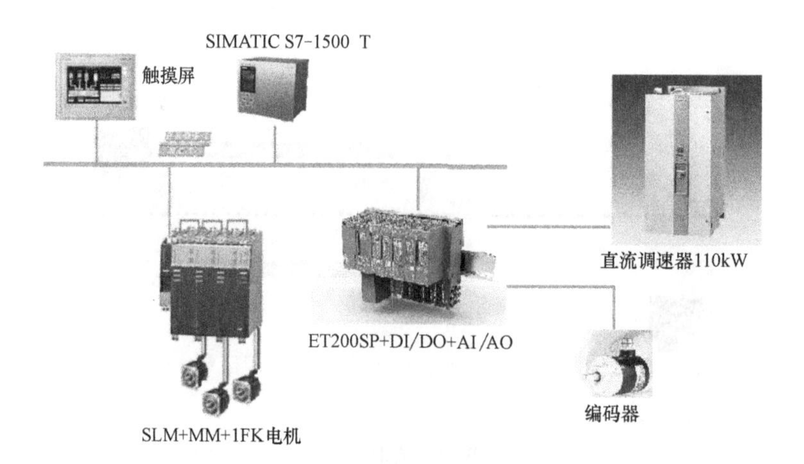

图 9　系统拓扑图

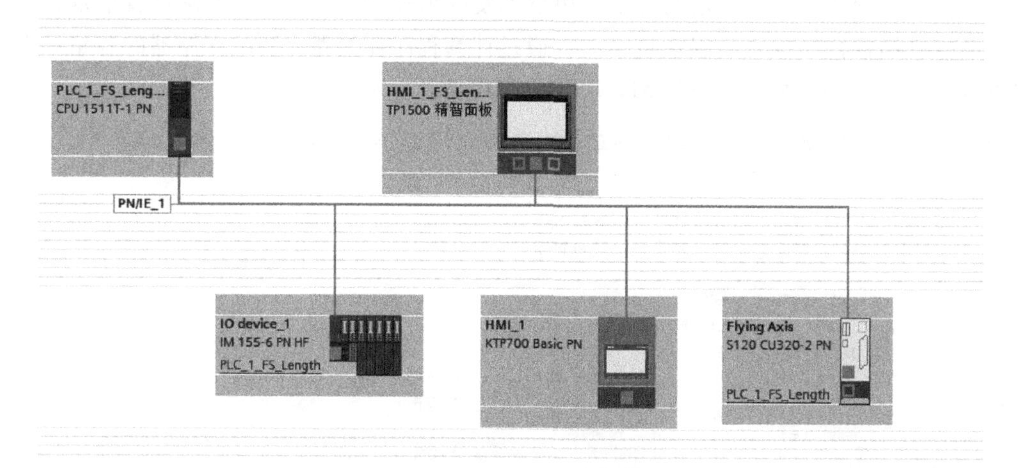

图 10　硬件配置图/网络结构图

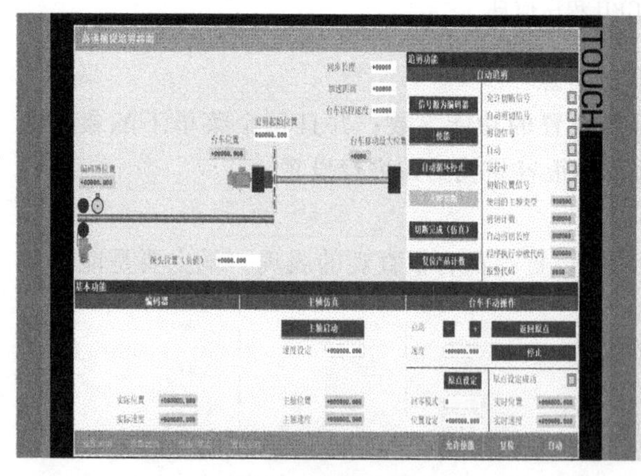

图 11　控制主界面

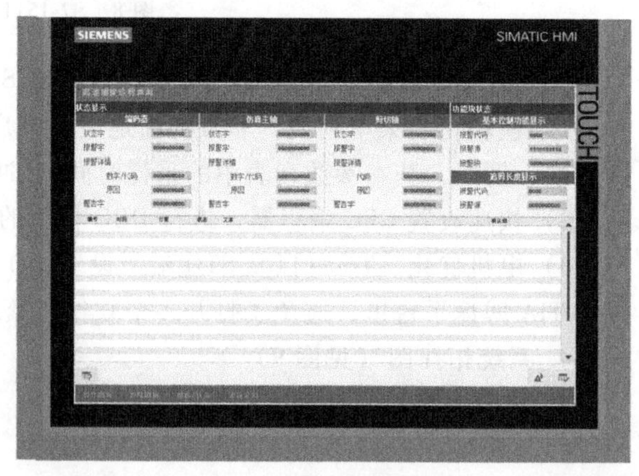

图 12　故障及报警界面

6. 调试前仿真工作

进厂调试前，需要程序仿真、设备动作仿真。本例利用 NX MCD 对机械动作进行动作仿真。Potal V15. 1+ S7-PLCSIM Advanced V2. 0+NX MCD 实现了出厂前的设备动作仿真，提前验证了自动化程序以及设备动作。

由于工期比较紧张，所以进厂前，利用传统机型的机械模型，利用 MCD 机电一体化虚拟仿真的方式，对程序进行测试验证，以及对设备的机械动作细节进行调整。

如下是基于 NX MCD 1847、Potal V15.1+ S7-PLCSIM Advanced V2.0 进行的虚拟仿真调试，步骤如下：

1）导入 STEP 214 格式的机械部件图，完成对设备部件的基本机电对象的设置，将设备动作的机械组件设置为刚体以及碰撞体。其中碰撞体形状类型选择为方块，这样适合此应用的碰撞体形状（此例中选择为方块），如图 13 所示。

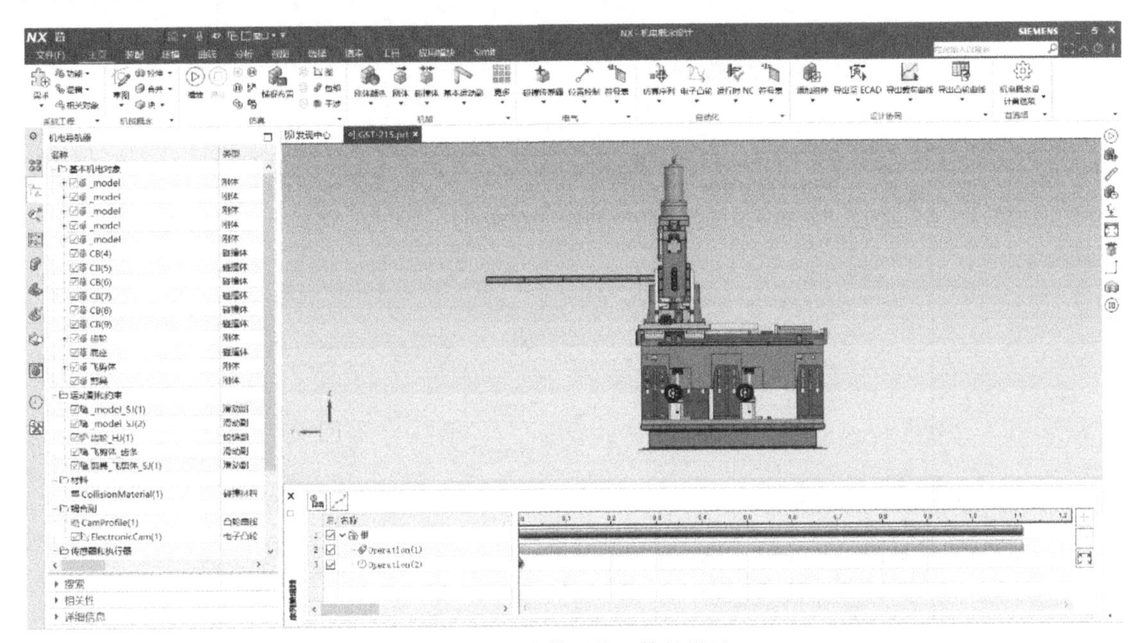

图 13　机械模型物理特性设置

2）设置好各工艺的动作的控制方式，控制方式与 PLC 程序统一，水平送料台设置为速度控制，而飞剪机构为位置控制，如图 14 所示。

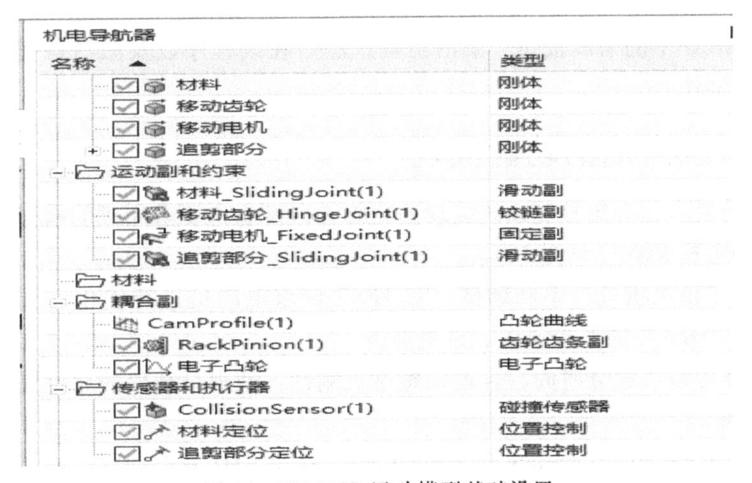

图 14　NX MCD 运动模型基础设置

3）对 PLC 与 MCD 进行信号映射，由于此例中无 SIMIT 软件，所以无法进行报文等数据的仿真，只能进行设备的动作仿真。此例中用信号映射的方式，通过 S7-PLCSIM Advanced V2.0 进行信号连接，进而实现仿真的功能。

打开 S7-PLCSIM Advanced V3.0，建立仿真项目，在 TIA 博途中下载程序，如图 15 所示。

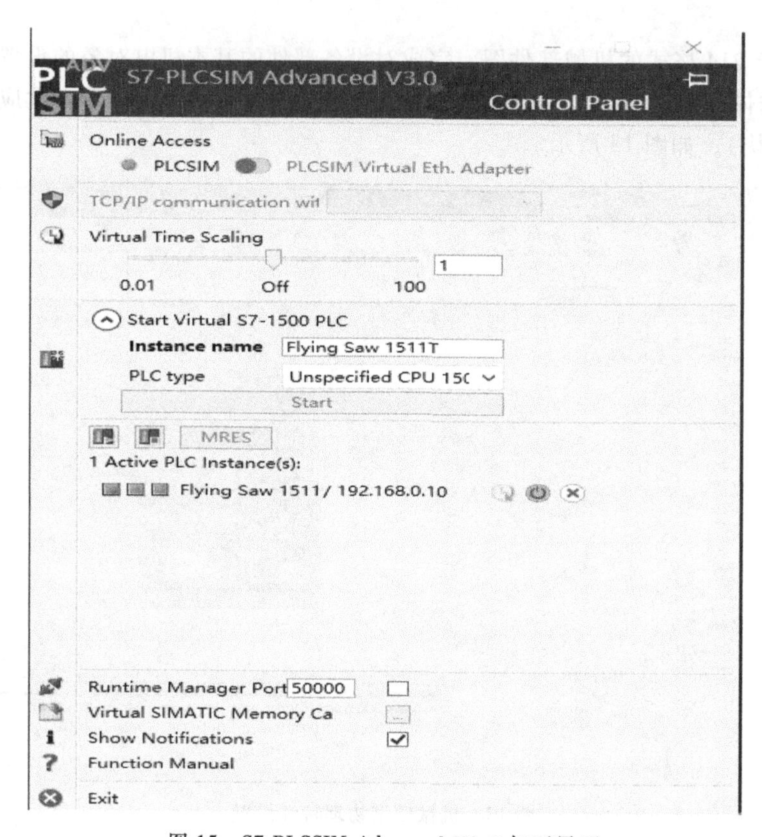

图 15　S7-PLCSIM Advanced V3.0 打开界面

程序下载完毕后，在 MCD 中进行信号的连接，添加信号适配器，并映射输入输出信号，如图 16 和图 17 所示。

接下来，单击 MCD 中的播放按钮，激活仿真；然后在线程序以及激活触摸屏的仿真，进行程序控制 MCD 的机械动作。

三、控制系统完成的功能实现

根据控制对象的要求，介绍控制系统实现的功能，以及客户要求完成的指标。

1）配置驱动和电机参数（见图 18）。

2）用软件对各工位电机进行手动调试，对 1FK7 伺服电动机进行优化（调整惯量匹配以及速度环调整等），并用 Trace 功能监控速度、位置曲线。

带载微调速度环增益、积分时间，合理调整电机刚性，使得带载后的运行更加平滑稳定。图 19 为优化后的位置曲线。

3）对伺服轴通过 Functions->Safety Integrated 激活 S120 STO 安全功能，配置安全功能端子，如图 20 所示。

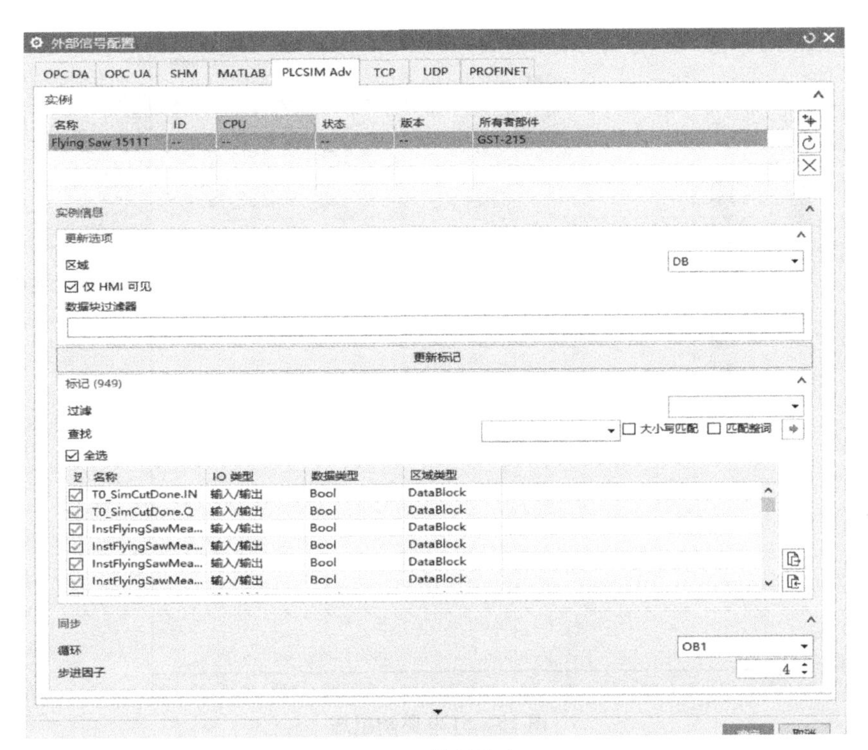

图 16　信号搜索

图 17　信号映射

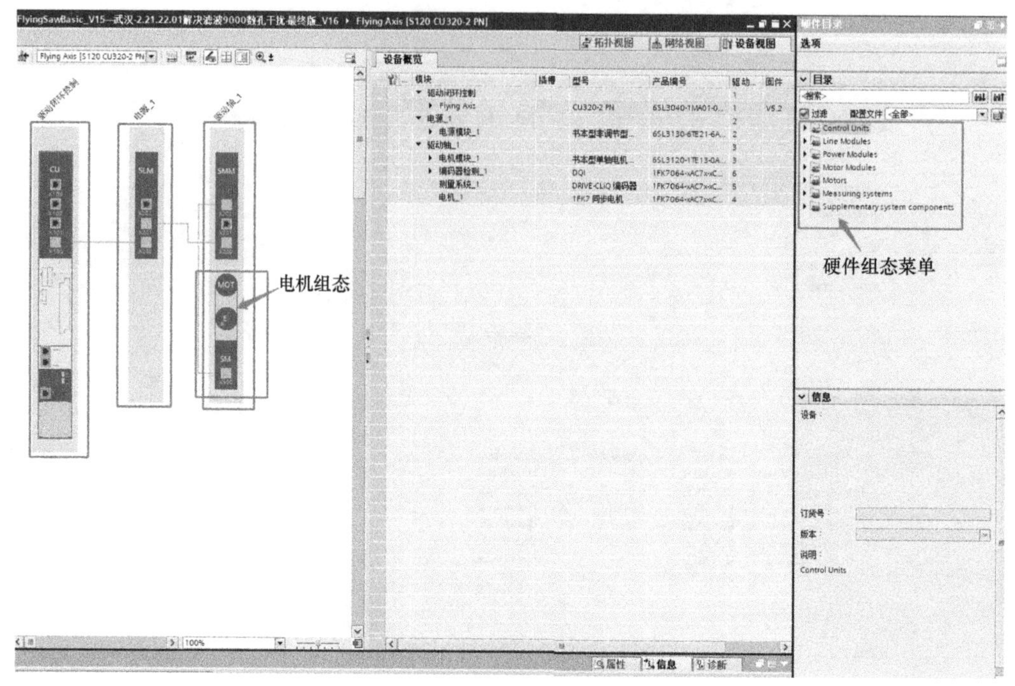

图 18 S120 驱动组态

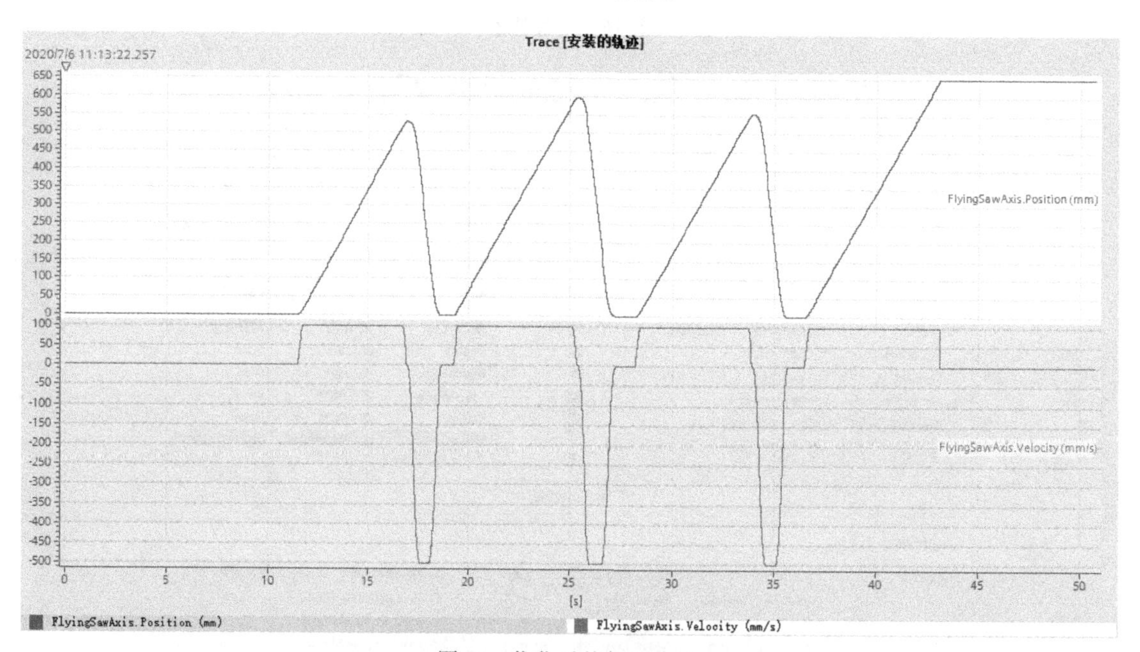

图 19 优化后的位置曲线

传统的急停方式，在快速停车的瞬间，仍有力矩保持以及电流输出，这样在一些安全等级较高的应用上，就不适合了。

STO 功能，即安全力矩关断，切断瞬间脉冲封锁，即自由停车，不影响其他的动作。

4）配置通信参数以及驱动报文，本应用中驱动模块报文选用 105 报文。与 S7-1500 T PLC 实现 IRT（等时同步通信），以及实现 DSC 功能。

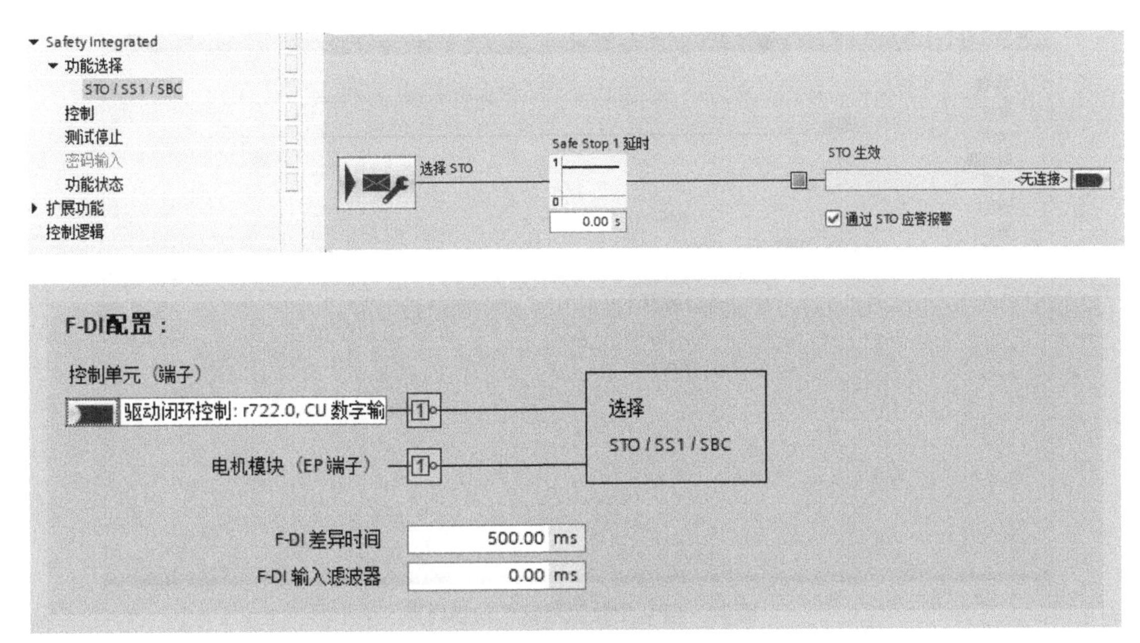

图 20　STO 集成安全功能激活

本文是以 PROFINET 通信实现的数据传输，通信开始前配置正确的设备名称以及 IP 地址，正确连接拓扑结构（见图 21），否则 IRT 失败。

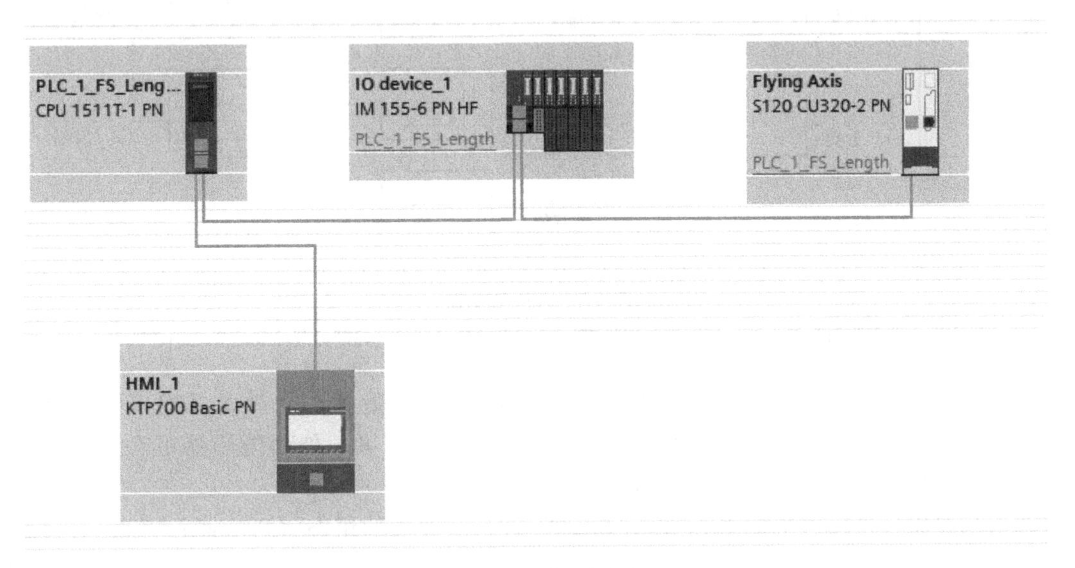

图 21　网络拓扑图

设置 MC-Servo［OB91］中属性中的总线周期，S120 在配置中默认的发送周期为 4ms，因子默认设置为 1，如图 22 所示。

连接本例中的 S120 伺服轴使用 105 报文，使用此报文的目的主要是激活驱动装置中的 DSC（动态伺服控制）功能，驱动装置中的位置控制器通常与快速速度控制循环一起使用，这样可以提高数字耦合驱动装置的控制性能，如图 23 所示。

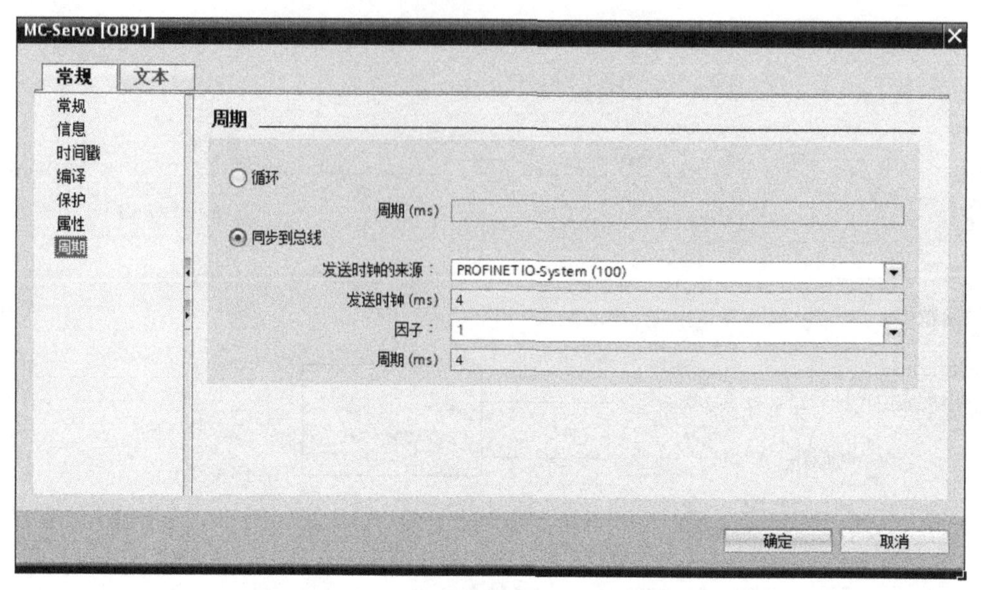

图 22　CPU 中位置环默认扫描周期

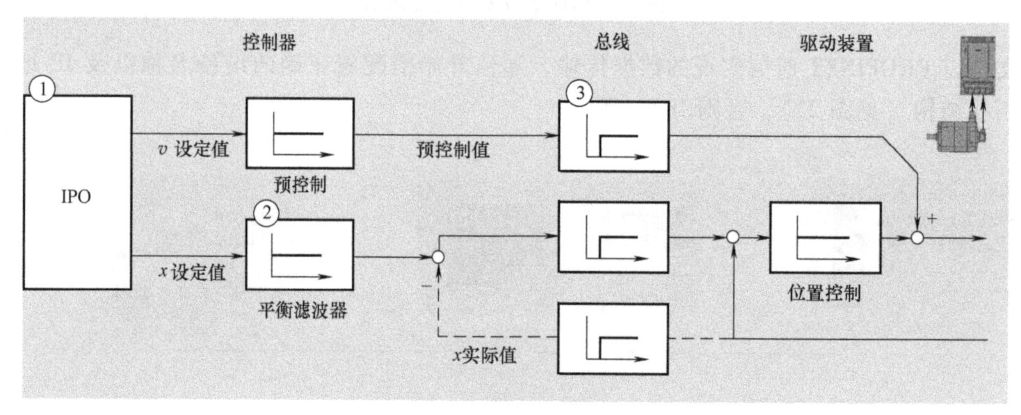

图 23　DSC 功能图

①—运动控制插补器　②—内部考虑速度控制回路替代时间　③—控制器与驱动装置之间的通信

5）在 TIA 博途 V15.1 下进行项目组态（包含快速测量型号，外部 I/O 等），组态网络（PROFINET IRT 网络组态，发送时钟设置）、工艺对象（轴定义、外部编码器组态以及关联等），并利用轴控制面板对 S120 进行轴操作，验证组态的正确性。

组态工艺对象包含压送辊的组态（Leading Axis）、飞剪轴的组态（FlyingSaw Axis）、外部编码器组态、快速测量输入工艺对象组态，如图 24 所示。

其中，压送辊组态模拟量驱动直流电机，编码器为外部编码器，应正确设置编码器的数据。

飞剪轴（同步轴）组态，就是正常的驱动关联，编码器为驱动本身的编码器，重点在于主值互连中，设定值是以虚轴为主轴的设定值，实际值是编码器的实际值反馈，如图 25 所示。

在工艺对象中，插入外部编码器，设置编码器的参数以及机械参数。

测量输入的功能在压送辊上以及飞剪轴上均进行了组态，其目的是实现快速数孔后的位置测量，以更精确实现飞剪动作。

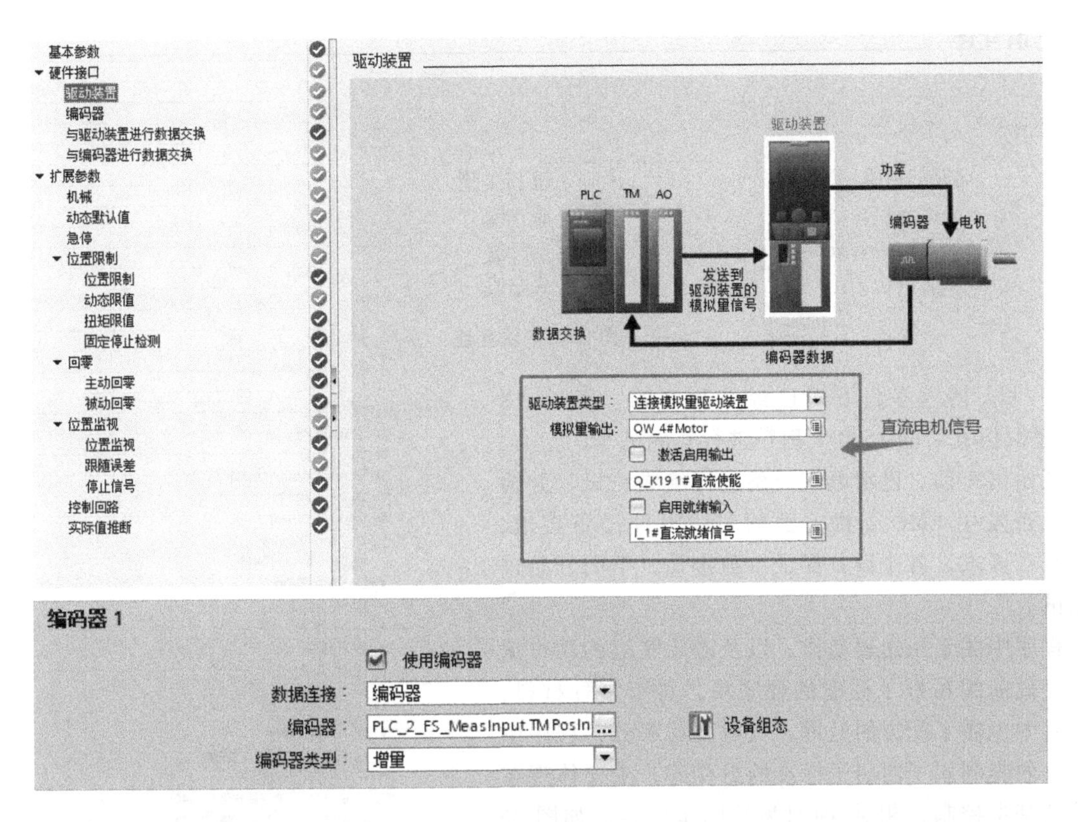
基本参数
硬件接口
驱动装置
编码器
与驱动装置进行数据交换
与编码器进行数据交换
扩展参数
机械
动态默认值
急停
位置限制
位置限制
动态限值
扭矩限值
固定停止检测
回零
主动回零
被动回零
位置监视
位置监视
跟随误差
停止信号
控制回路
实际值推断
驱动装置
功率
编码器
电机
PLC
TM
AO
发送到
驱动装置的
模拟量信号
数据交换
编码器数据
驱动装置类型：
连接模拟量驱动装置
模拟量输出：
QW_4#Motor
激活启用输出
Q_K19 1#直流使能
启用就绪输入
I_1#直流就绪信号
直流电机信号
编码器 1
使用编码器
数据连接：
编码器
编码器：
PLC_2_FS_MeasInput.TM PosIn
设备组态
编码器类型：
增量

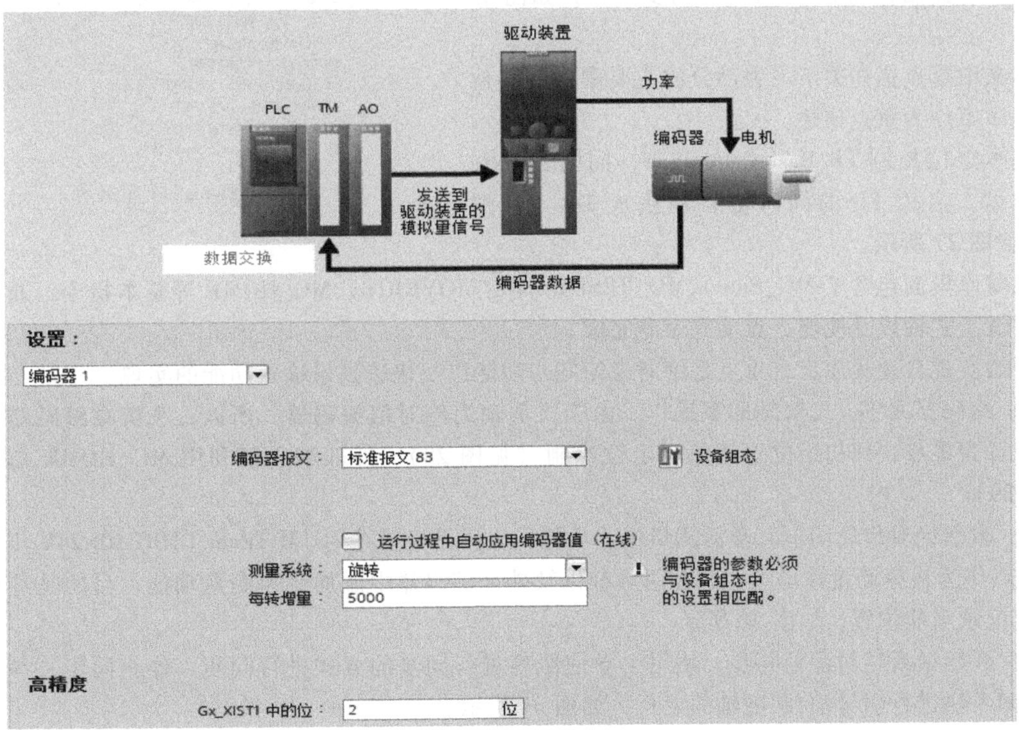
驱动装置
功率
PLC
TM
AO
编码器
电机
发送到
驱动装置的
模拟量信号
数据交换
编码器数据
设置：
编码器 1
编码器报文：
标准报文 83
设备组态
运行过程中自动应用编码器值（在线）
测量系统：
旋转
每转增量：
5000
编码器的参数必须
与设备组态中
的设置相匹配。
高精度
Gx_XIST1 中的位：
2
位

图 24　工艺对象组态

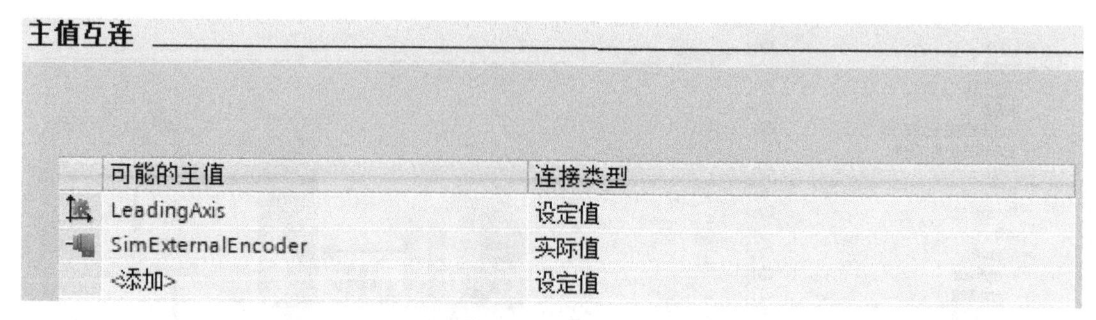

图 25　主值互连

6）TIA 博途平台下对已经编写好的，经过 NX MCD 虚拟仿真后的 1500 T 程序进行实际试车。

开始试车前，已将电气设备进行绝缘测试，并检查了是否发生 EMC 干扰方面的布线以及设备接地，绝缘符合要求，各个设备保证单独接地，下面开始进行测试。

程序中关于压送辊动作，以及液压气缸的动作流程已经提前编写好了标准的程序块，对于多种材料，程序后中也做了配方的处理，飞剪剪切部分，程序中一部分内容利用了西门子标准的封存库，主要体现在轴手动基本控制，相对/绝对齿轮同步内容，如图 26 所示。

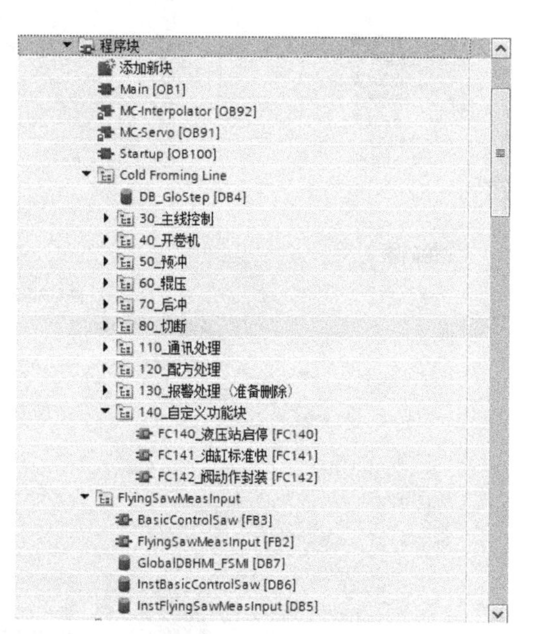

图 26　FlyingSaw 库展示

本文中重点描述关于飞剪部分的主要程序，其他外围程序不作为重点描述。

基本定位控制 FB BasicControlSaw，同时建立好数据类型，启用 FB 的同时会自动生成 DB（数据块），如图 27 所示。

飞剪库里面包含了 MC_Power、MC_RESET、MC_MOVEJOG、MC_HOME 等基本指令，通过手动程序测试工艺轴以及使能、点动等命令完成。

开始实现自动程序步，重点是绝对齿轮同步功能以及快速测量输入功能的实现。

1）编码器回零、飞剪轴回零操作。由于飞剪轴为绝对值编码器，所以，飞剪轴编码器复位即当前位置为零点，回初始位置用绝对定位控制（见图 28），外部编码器利用 MC_HOME 指令回零（见图 29）。

2）激活绝对齿轮同步，激活测量作业功能，上面已经描述用 TM Timer DIDQ 10×24V_1 模块中的 DQ 点作为快速测量输出点，并在引导轴以及外部编码器中添加快速测量功能，目的是进行数孔后快速记录当前位置，如图 30 所示。

3）开始激活绝对齿轮同步，使用引导值距离进行同步的方式进行同步，停止同步，本文中用 MC_HALT 块进行引导轴/跟随轴的运行，如图 31 所示。

测量输入的值有两个，在本文中将虚轴与外部编码器的测量输入值进行比较，并将两者的差值作为零点的位置值，避免了误差累积的产生，如图 32 和图 33 所示。

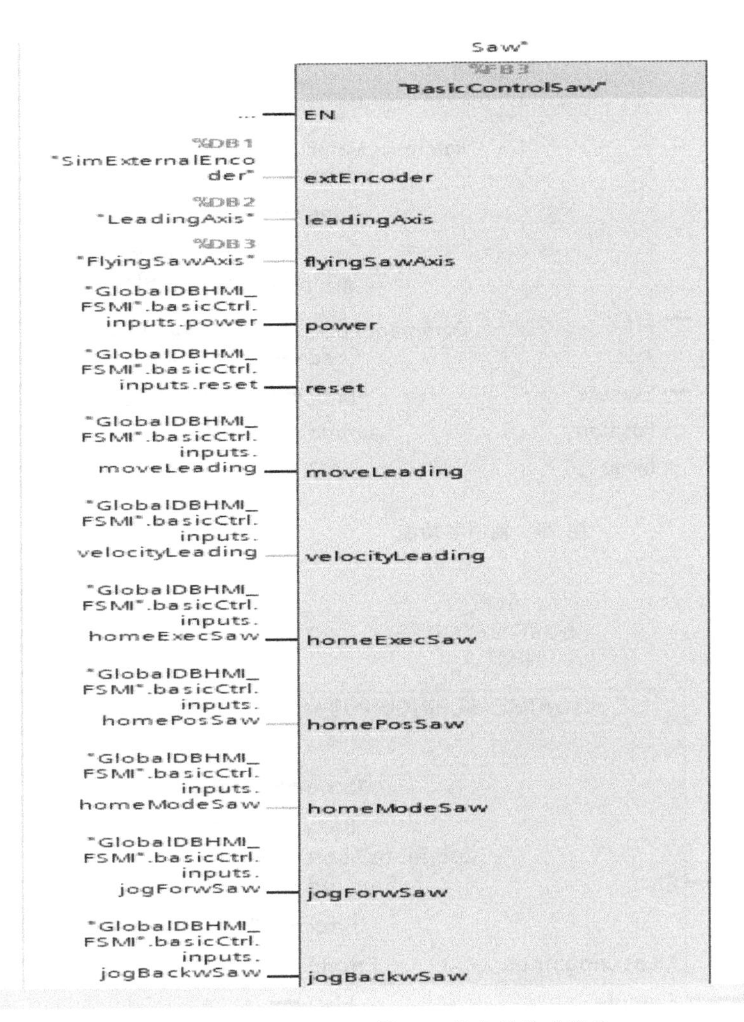

图 27 基本轴控功能块

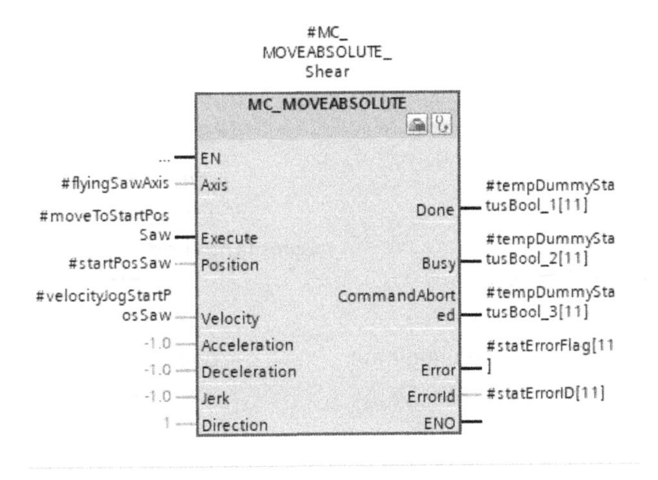

图 28 轴绝对定位

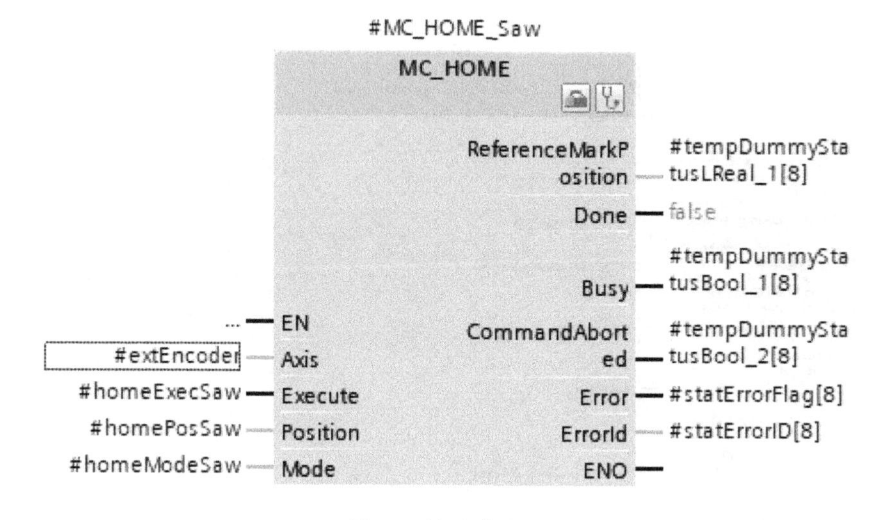

图 29　轴回零功能

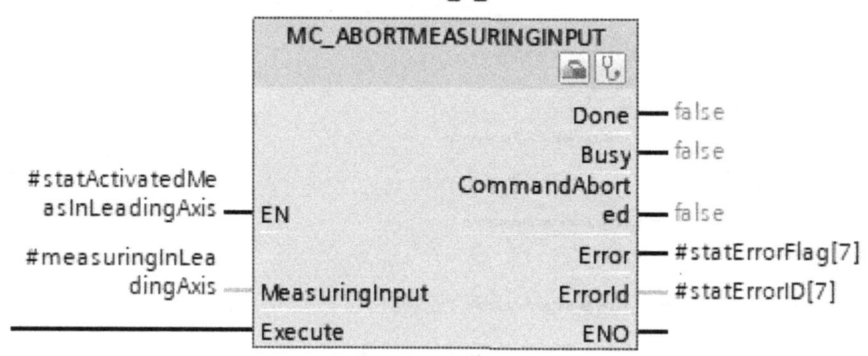

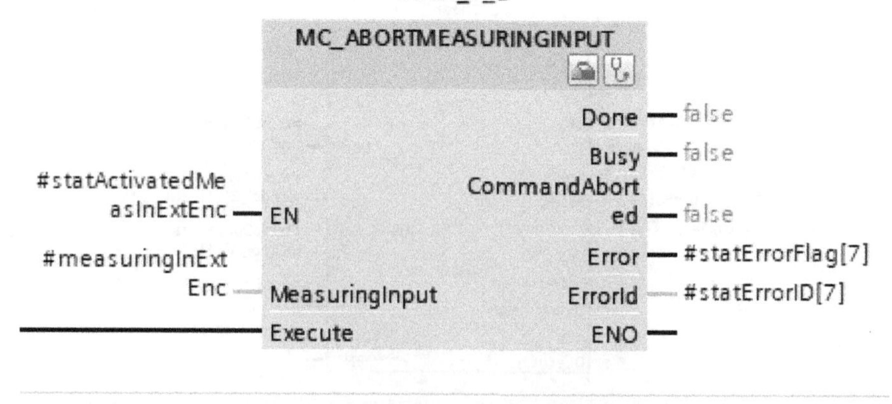

图 30　快速测量输入功能块

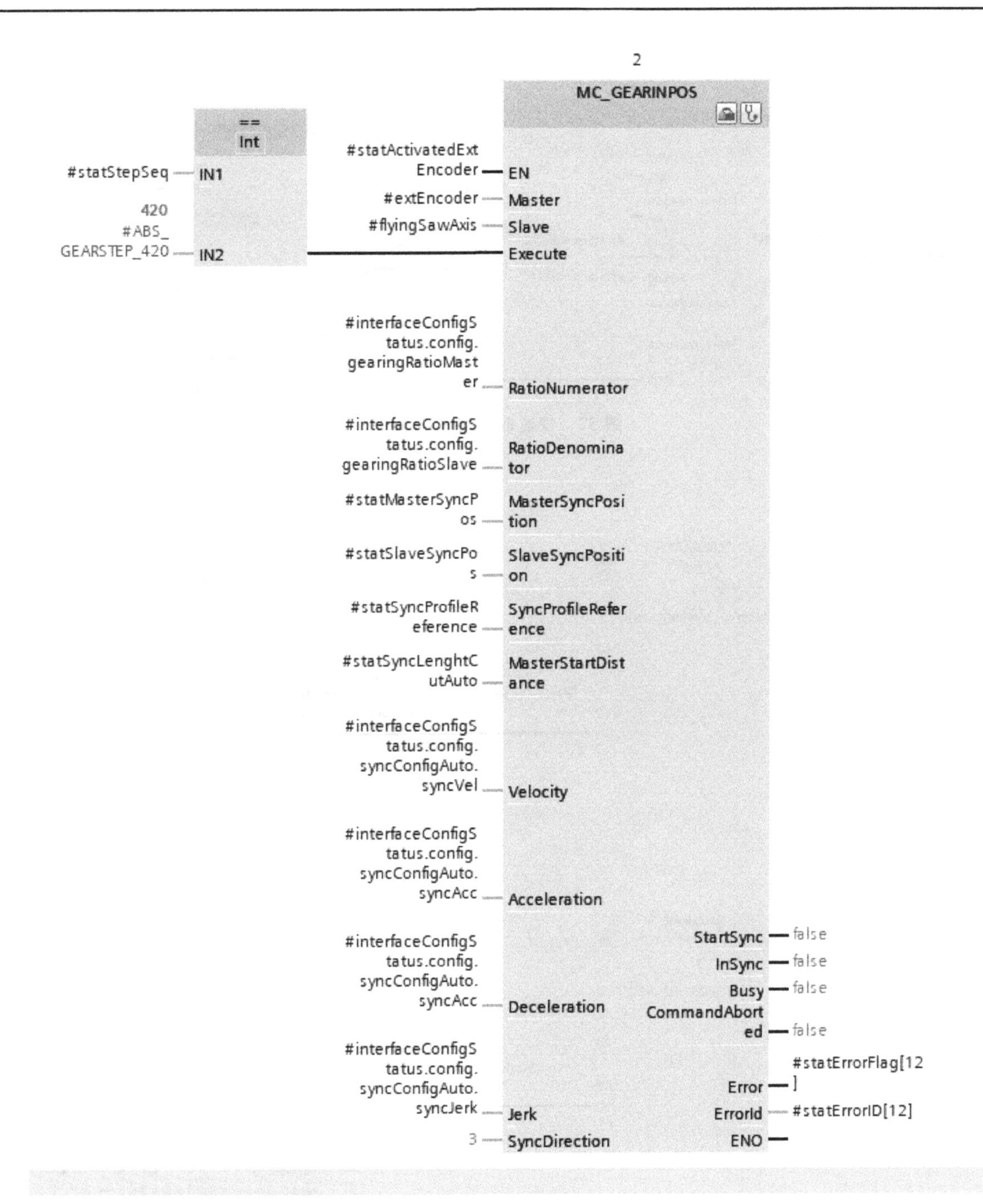

图 31　飞剪功能块

而在本文中考虑关于 MC_GEARINPOS 的超驰响应问题，用的是 MC_GEARIN 相对齿轮同步，飞剪轴（跟随轴）的返回，本文直接用绝对定位的方式回零，等待下一周期的飞剪动作。

4）利用 TIA 博途软件下的 Trace 功能，测量轴运行速度、位置轨迹，对设备精度进行监控，并进行多次运行调整，实现客户所需的精度。

经过纵向标尺位置测量，剪切精度控制在 0.1mm 以内，满足客户的要求，如图 34 所示为设备运行 Trace 曲线。

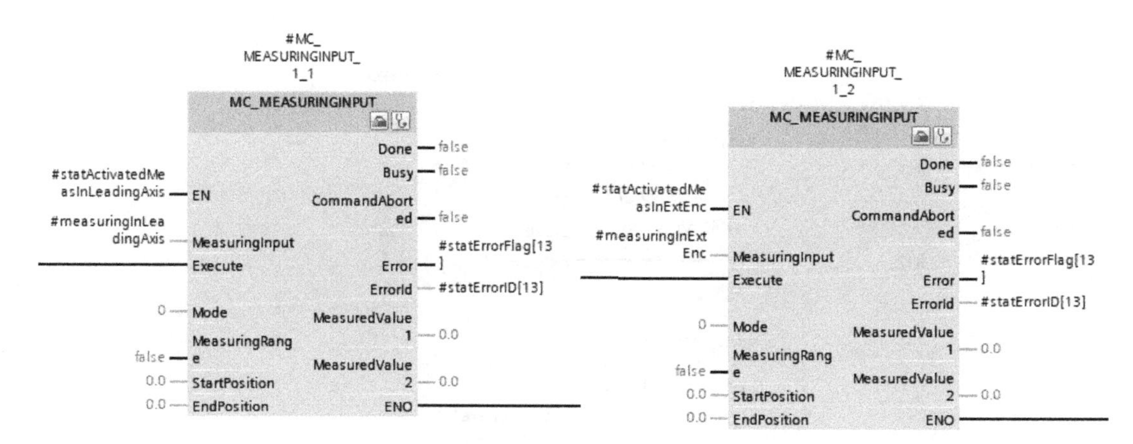

图 32　快速输入测量功能

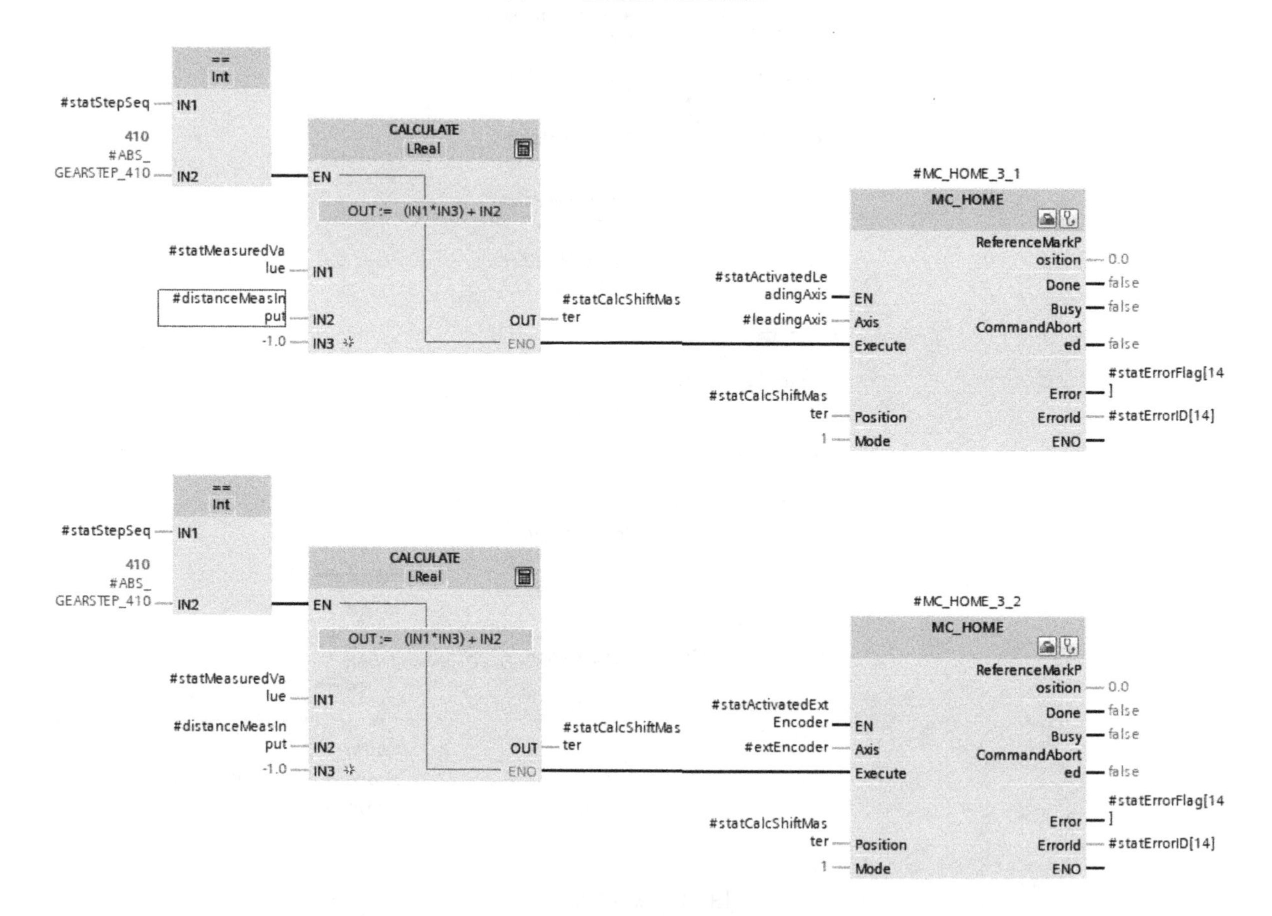

图 33　飞剪自动剪切步功能

项目中的难点分析：飞剪轴电机选型计算以及丝杠机构下的惯量匹配计算。

在应用中，客户有两种机型，一种是我们本文描述的圆弧飞剪，另一种是传统的直线飞剪。直线飞剪轴电机的计算也尤为重要，尤其是对电机惯量的要求也是非常高，否则长时间会对丝杠磨损严重，导致变形，以及运行中产生大的噪声。客户之前由于没有正确计算机械惯量，导致运行一段时间后丝杠变形。

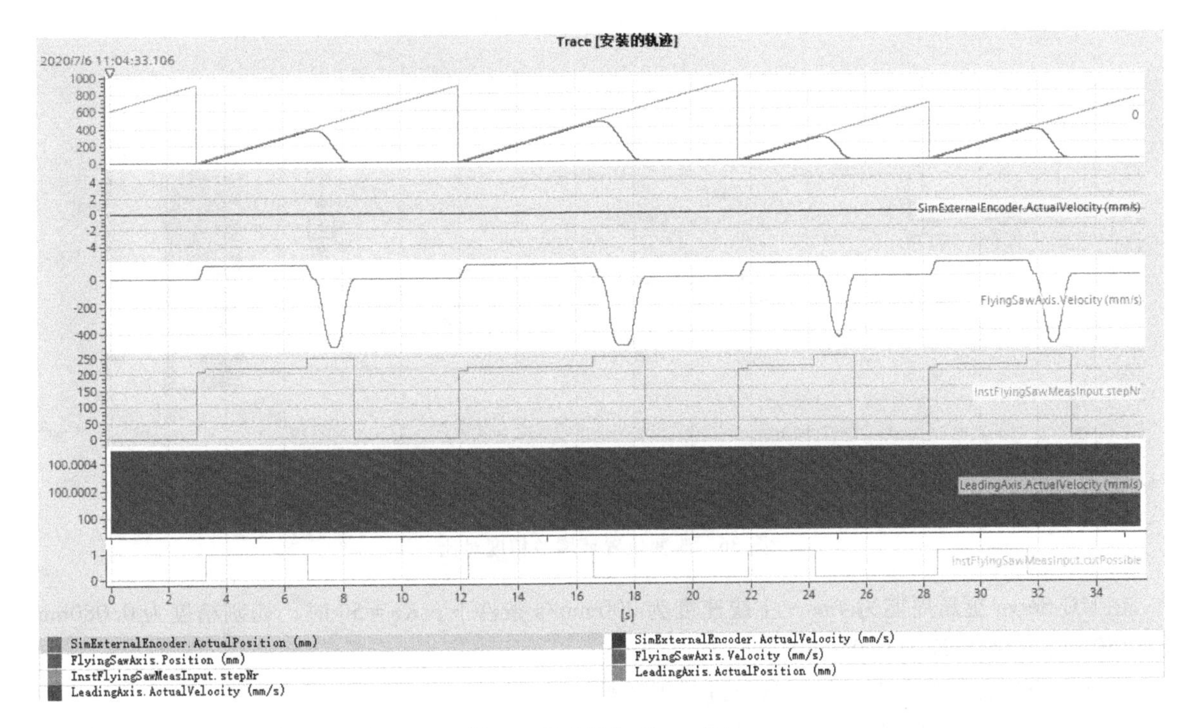

图 34　设备运行 Trace 曲线

机械设备为水平丝杠，且作为飞剪轴，速度较快，务必准确计算惯量扭矩等参数，合理匹配电机，如图 35 所示。

已知如下机械参数，重新为客户计算了电机的惯量。

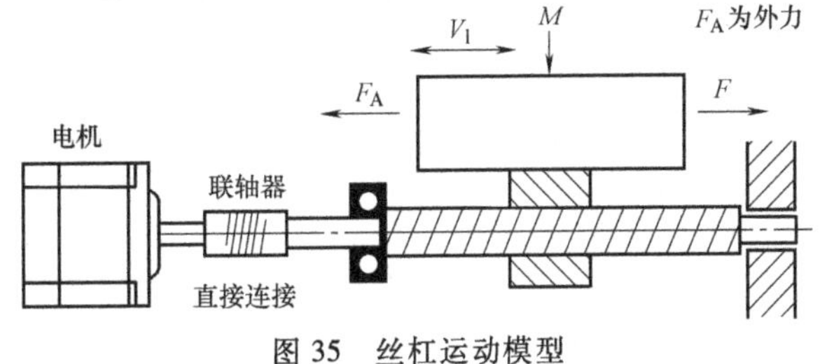

图 35　丝杠运动模型

送料辊线速度 V_1，滑动部分质量 m，丝杠的长度和直径 L_B、D_B，丝杠的导程 P_B，联轴器的质量和直径，摩擦系数 μ，移动距离 L，速比 i，电机惯量 J_m 等参数。

经过计算，机械惯量 $J_L = m\left(\frac{P_B}{2\pi}\right)^2$，其中 P_B 为丝杠导程。

丝杠的惯量，可以由厂家提供，或者计算为 $J_B = \frac{\pi}{32}\rho L_B D_B^4$，联轴器的惯量为 $J_C = \frac{1}{8}mD_C^2$，其中 D_C 为联轴器直径。

总惯量 $J = J_L + J_B + J_C$，客户开始计算惯量比已经超出了电机所承受的惯量，所以，飞剪轴无法正常运行，最终解决方案为，在不影响运行速度的情况下，提高了减速机的速比，保证了惯量比在 7 之内，从而解决了此问题。

5）提高飞剪轴剪切精度。

在飞剪过程中，不仅仅要保证剪切的节拍，还要保证设备在剪切过程中的平稳度，此案例中，我们应用了对称同步的方法，保证了在追剪过程中设备运行曲线的平滑，即 MasterStarDistance = 1/2 SlaveSyncPosition。

在调试过程中发现，适当调整 DSC 位置控制下的位置环增益可以提高切割精度，如图 36 所示。

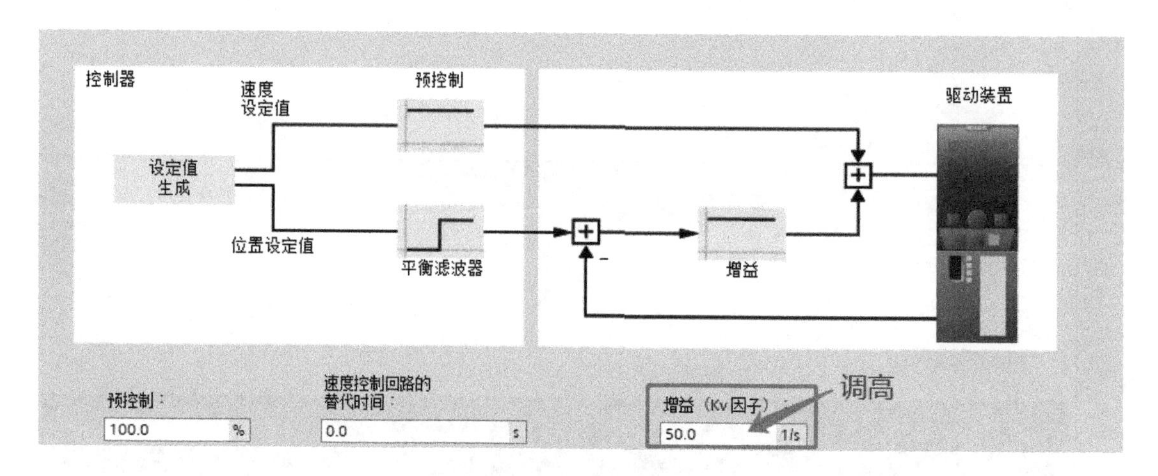

图 36　改变位置环增益精度对比

在 MC-Servo 更新周期为 4ms，主线速度为 200mm/s 条件下，$K_V=50$ 时，切割精度为 0.080mm；$K_V=150$ 时，切割精度为 0.040mm。

最终客户选择最优位置环增益参数进行了调整。

外部编码器组态中跟随轴取决于推断时间，也会影响切割精度，因为随着材料线速度增加，切割精度与扫描时间也是呈线性关系的降低，提高推断时间可以改善切割精度，如图 37 所示。

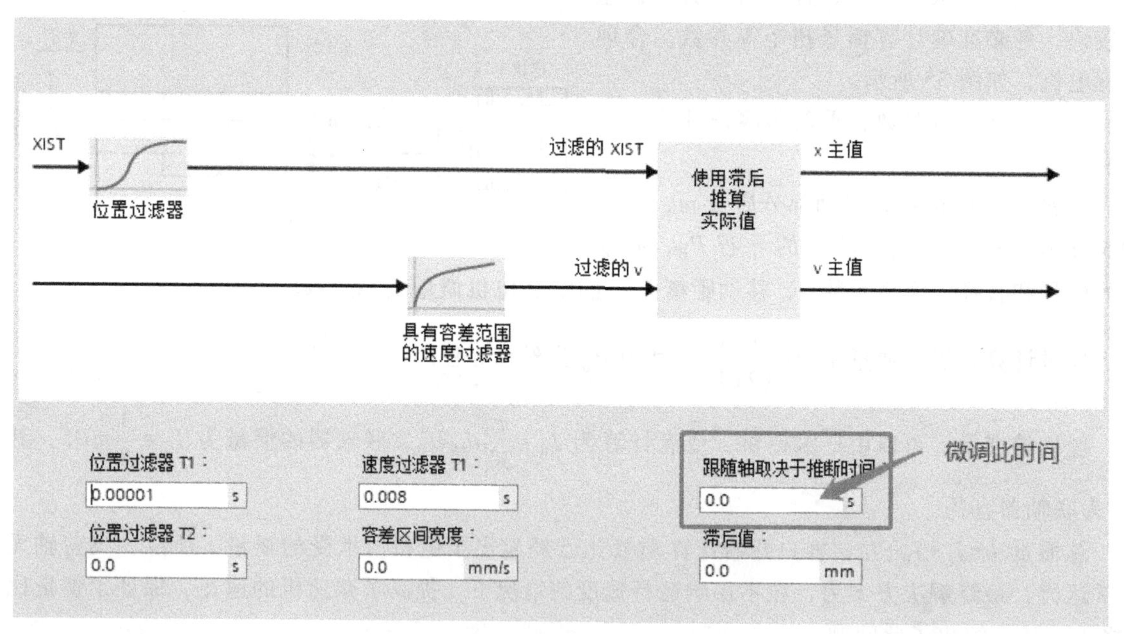

图 37　改变跟随轴推断时间下精度对比

在 MC-Servo 更新周期为 4ms，主线速度为 200mm/s 条件下，$T=0.0$ 时，切割精度为 0.080mm；$T=0.08$ 时，切割精度为 0.060mm。

最终客户选择最优推断时间进行了调整。

四、项目运行

系统的投入时间，运行情况，用户的评价。

目前，我们已经为客户将此应用做成了西门子数字化整体解决方案，以及标准化的打包程序，客户在后面的类似应用中，直接将程序添加即可，无需重新编程，而且对于客户采购直接调出库里的标准电气清单，缩短了调试周期，提前了项目进度。

而且利用西门子 NX MCD 机电一体化虚拟仿真软件，对于客户很多新机型的研发，在没有实际设备时也可以进行仿真调试，提高了客户的研发效率，降低了研发成本。

此飞剪项目，自 2019 年运行至今未出现过任何问题，而且一直保证了客户所需要的剪切精度<0.1mm，得到了包含客户在内的业主的高度认可，说明了西门子产品能够胜任而且能够高效胜任此类应用，客户准备与公司签订年度协议。如图 38 和图 39 所示为电气柜及设备照片。

图 38　电气柜近景

图 39　飞剪设备实景

五、应用体会

利用西门子整体解决方案，并且结合数字化技术，让客户的项目调试效率大大提高，灵活验证自动化程序，以及机械动作，这样让客户的设备在出厂之前设计更加严谨，可提前预测设备运行状况。

在此项目实施中，遇到了不少的困难和难点，并与客户一起探讨了一些有关圆弧飞剪设备新的应用方案和研发思路。

问题一：随时更改设备机械参数，本次谈论的是更改工艺对象中的丝杠导程。

针对一套电控对多套机械装置的情况下，由于物料不同，设备丝杠导程设计各不相同，那么如何实现 HMI 在线修改丝杠的导程，是当时遇到的其中一个问题点，如果直接在程序中修改参数

CPU 会报警停机，必须在 stop 模式下下载配置。

最后发现利用扩展指令中的 WRIT_DBL 块，将数据写入到装载存储器中即可成功写入，如图 40 所示。

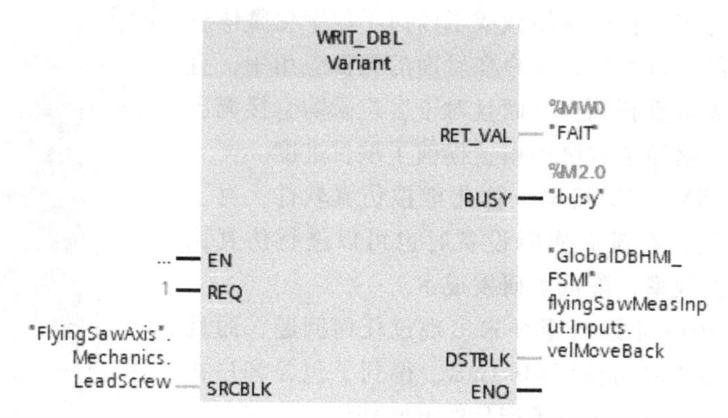

图 40　WRIT_DBL 非周期通信读写块

注：此方法前提是必须有存储卡，因为数据写入到存储卡中，断电后不易丢失。

问题二：针对此项目中的保险杠圆弧裁断设备中有关圆弧追剪应用部分，客户机械工程师提出了新的使用应用思路，即将原来切锯在机械行板上，改为机械行板不动，只是切锯追料裁切，如图 41 所示锯切平台伺服电机与外部测量编码器做同步匀速运动，而实际上由于机械结构的原因，造成锯切移动平台速度实际是非线性的，如果机械行板与锯切的位置关系匹配不当的话，不利于产品精确剪切，会造成撞刀问题。锯切移动平台运行中间轨迹如图 42 所示。

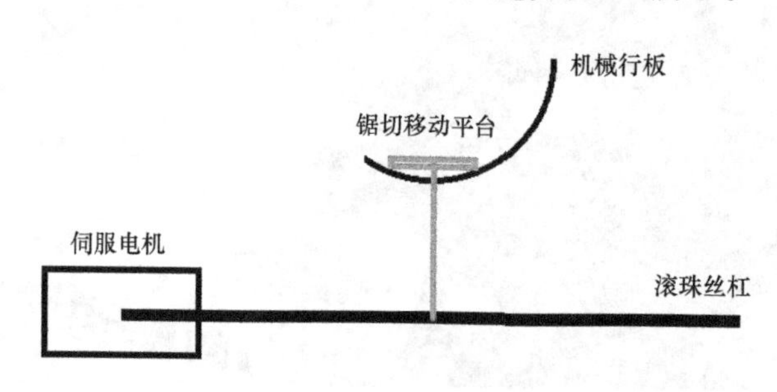

图 41　锯切移动平台初始位置

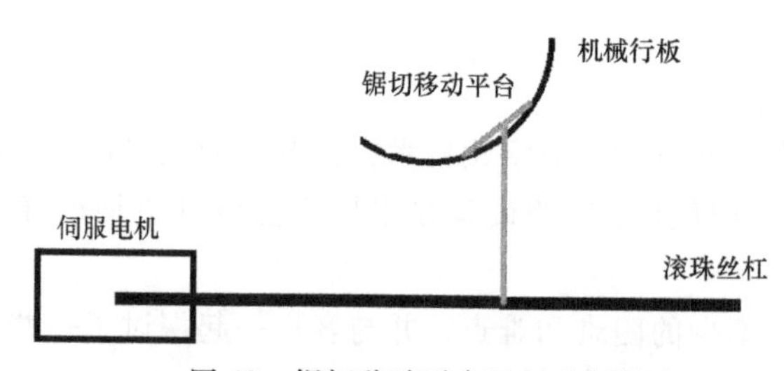

图 42　锯切移动平台运行中间轨迹

基于特殊轨迹，给客户提供了凸轮同步的思路，因为机械行板轨迹已知，物料长度可准确测量，利用凸轮同步方式，可以通过绘制凸轮曲线，实现主从动态同步。

最后，就是西门子整体解决方案的优势。客户原来用其他品牌，对比后发现其运动控制整体配置成本无优势，而且在编程上，西门子有标准化的应用库，节省了客户的维护成本以及缩短了调试周期。经过实际测试，在剪切精度上，西门子保证在了0.1mm之内，而竞品的精度是0.3mm左右。西门子可以使设备达到最大线速度12m/min，保证精度，使产能比原来提高了1.5倍。

综合考虑最终客户选择了西门子整体解决方案，包含CP、FA、以及GMC的整体方案。目前客户一直稳定产出，西门子产品也获得了客户的一致认可。

参考文献

[1] 西门子（中国）有限公司. S7-1500T Motion Control V4.0 功能手册 [Z]. 2017.
[2] 西门子（中国）有限公司. S7-1500T 连接 S120 实现运动控制（Startdrive）[Z]. 2018.
[3] 西门子（中国）有限公司. SINAMICS S120/S150 参数手册 [Z]. 2018.
[4] 西门子（中国）有限公司. S7-1500/1500T 同步功能介绍 [Z]. 2019.
[5] 西门子（中国）有限公司. FlyingSawBasic for SIMATIC [Z]. 2017.

NX MCD 在镦锻输送线上的仿真与优化
Simulation and Optimization of NX MCD in Upsetting Conveyor Line

胡牧青

（西门子（中国）有限公司沈阳分公司　沈阳）

［ 摘　要 ］ 镦锻输送线作为抽油管镦锻工序中的一种输送设备，将空心抽油杆镦锻工艺中的加热、镦锻、正火、喷雾、通径五个工艺连接起来，方便各个工艺流程的运转。由于镦锻输送线运行过程中的机械动作有一定的逻辑先后顺序，且钢管与镦锻输送线为刚体不存在弹性变形。因此，采用 MCD 虚拟调试的方式，不仅有利于机械工程师对于机械装置动作顺序的理解，还有助于简化电气工程师的现场调试时间，一举两得。本文将从工艺角度出发，结合实际现场设备，针对 NX MCD 在产线上虚拟调试中的仿真与优化进行介绍。

［ 关 键 词 ］ 镦锻输送线、虚拟仿真、NX MCD、PLCSIM Advanced

［ Abstract ］ The upsetting conveying line is a kind of conveying equipment in the upsetting process of the sucker rod, which connects the heating, upsetting, normalizing, spraying, and diameter processes in the upsetting process of the hollow sucker rod to facilitate the operation of each process. . Because the mechanical actions during the upsetting conveyor line have a certain logical sequence, and the steel pipe and the upsetting conveyor line are rigid bodies, there is no elastic deformation. Therefore, the use of MCD virtual debugging is not only conducive to mechanical engineers understanding of the action sequence of mechanical devices, but also helps to simplify the on-site debugging time of electrical engineers, achieving two goals. This article will introduce the simulation and optimization of NX MCD in virtual debugging on the production line from the process point of view, combined with actual field equipment.

［ Key Words ］ Upsetting conveyor line、Virtual reality、NX MCD、PLCSIM Advanced

一、项目简介

1. 项目背景简介

空心抽油杆（见图 1）是利用空心抽油杆的中空特性，将降黏化学药剂注入井下，或将铠装电加热器下到井筒，通过涡流效应和趋肤效应加热井筒中的原油，防止油管内结蜡，增加其流动性。因此，空心抽油杆是开采高黏度、高凝固点、高含蜡原油的一种重要工具，适用于地面驱动螺杆泵，电缆加热或掺药开采稠油、高凝油和高含蜡油。抽油杆的单根长度为 7. 62m、8m 和 9. 14m，材质一般是低碳合金钢经过调质处理，在油管内用内螺纹箍一根根连接起来并一直延伸到地下油层处的活塞上，通过往复运动来泵油。目前的油井长度一般在2000m左右，以胜利油田为例，最深的已达三千余米。

（1）抽油杆类型

抽油杆主要有钢制抽油杆、玻璃钢抽油杆、空心抽油杆三种。钢制抽油杆结构简单、制适容易、成本低、直径小，有利于在油管中上下运动。对于玻璃钢抽油杆而言，其耐腐蚀、重量轻、可实现超冲程，不能受压。而空心抽油杆由空心圆管制成，两端为联接螺纹，成本较高。

图1　成品空心抽油杆

（2）抽油杆材料

抽油杆材料主要分为C、D、K三个级别，见表1。

表1　抽油杆材料分类

钢级	使用介质			适用条件	抗拉强度/MPa
	无腐蚀	盐水	含 H_2S		
C	1	0.65	0.5	轻、中载荷	620～793
D	1	0.9	0.7	中、重载荷	793～965
K	1	1	1	腐蚀、轻、中载荷	586～793

国产抽油杆由两种钢材制成，一种是碳钢，另一种是合金钢。碳钢抽油杆一般由40号优质碳素钢制成，合金钢抽油杆一般由15号镍钼或20号铬钼合金制成。

（3）抽油杆结构

空心抽油杆采用直接连接型式，如图2所示。

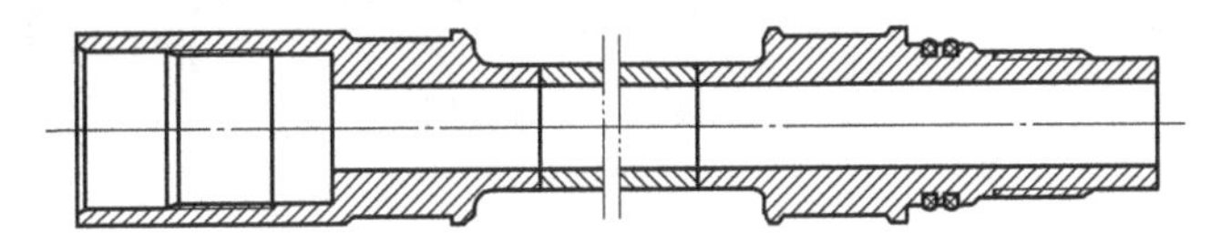

图2　直接连接式空心抽油杆

该结构类型的空心抽油杆可配套用于空心抽油杆注入热载体采油装置、空心抽油杆电加热装置以及空心抽油杆过泵电加热装置。

该客户生产的产品为空心抽油杆，两端需要连接螺纹，因此加工工艺较为复杂。本文主要涉及的设备为无缝钢管在中频加热炉、镦锻机、正火加热炉、喷雾和通径之间运转的输送线。

本文将重点从工艺角度出发，结合实际现场镦锻调试设备，采用NX MCD+SIMIT+PLCSIM Advanced在实现产线上虚拟调试中的仿真和优化。通过虚拟调试有助于快速明确客户的潜在需求，预估方案的可行性，提升投标竞争力；同时采用并行迭代设计理念，优化设计流程，缩短现场调试时间，节约钢管原材料成本；配合虚拟平台进行操作培训，提升培训质量，也进一步提高操作者的技术水平。

2. 设备工艺介绍

图3所示为镦锻输送线工艺布置图。按照工艺可以把镦锻输送线分为三大工艺：加热镦锻工艺、正火喷雾工艺以及通径工艺。原料无缝钢管从图3中左下角的上料架进料，并通过镦锻输送线将中频加热炉、液压镦锻机、正火加热炉、喷雾冷却机、钢管通径机五个工艺设备连接起来，最后将镦锻过后的成品钢管放入料筐中，等待后续车床车削机加工等工艺的进行。下面结合图4所示的镦锻输送线工艺设备进行具体工艺介绍。

图 3　镦锻输送线工艺布置图

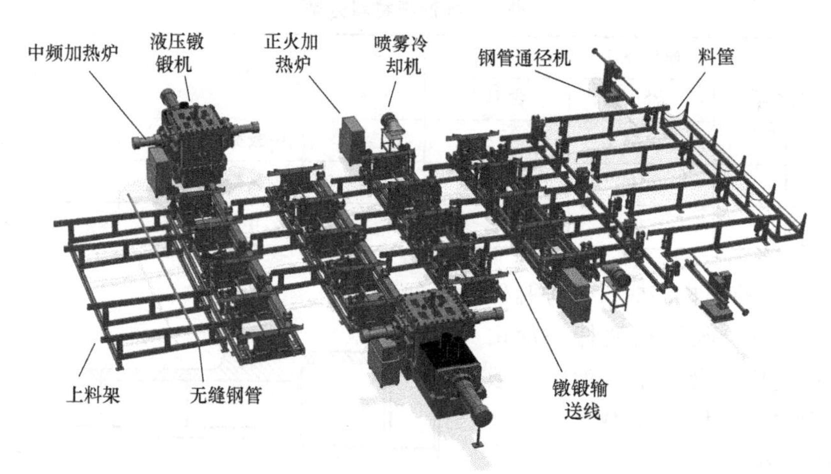

图 4　镦锻输送线工艺设备

（1）中频加热炉（正火加热炉）

中频加热炉是一种将工频 50Hz 的交流电转变为中频（300～1000Hz）的电源装置，把三相工频交流电整流后变成直流电，再把直流电变为可调节的中频电流，供给由电容和感应线圈里流过的中频交变电流，在感应圈中产生高密度的磁力线，并切割感应圈里盛放的金属材料，在金属材料中产生很大的涡流。由于该加热方式升温速度快、氧化极少，其材料利用率可达 95%，且该加热方式加热均匀，芯表温差极小，大大地增加了锻模的寿命，降低了锻件表面的粗糙度，同时熔化也没有产生有害气体，因此被广泛应用在锻造热处理行业。

（2）液压镦锻机

液压镦锻机是一款用于空心、实心、抽油杆、油管热成形及油管的管端加厚工艺的镦锻设备，其液压系统具有大流量、高压力、控制油路反应迅速、动作灵敏等特点。客户使用的镦锻设备驱动原理为纯液压驱动，依靠电器控制其液压联动，机械采用双侧锁紧机构，平衡胎板斜块受力，使其夹紧工作状态更加平稳；镦挤公称力为 4000kN，镦挤行程为 800mm，合模夹紧力为 5608kN。

（3）喷雾冷却机

喷雾冷却机主要是采用自然风冷的方式对加热后的钢管进行冷却。其工作原理就是冷却风扇，增加空气流动，将冷却剂雾化，吹到钢管上，达到快速冷却的目的。

（4）钢管通径机

钢管通径机主要用于检测钢管内径尺寸、直线度、圆度等参数以及内部毛刺去除。钢管通径机安装在钢管输送辊道的一端，工作时，钢管输送辊将钢管运送至通径机夹臂中，夹臂在主电机的作用下带动通径头进入钢管，完成通径工作。通径头始终保持在钢管的中心运动，以保证检测结果的准确性。

3. 控制工艺描述

（1）加热镦锻工艺

无缝钢管会通过吊车放在镦锻输送线的上料架，钢管依靠重力会向下滚动，当接近开关检测到有料之后，翻转架顶起将钢管抬到翻转架上。之后，翻转架缓慢落下，将钢管放到加热料道的送料轮上。送料轮为 V 型结构，因此钢管能够准确地落在送料轮上。加热料道的作用是将钢管输送到中频加热炉内，准备加热。当钢管触到远点开关之后，举升机构将钢管举起。中频加热炉加热的同时，支撑轮开始以一定的速度旋转以保证钢管加热过程中受热均匀，并将钢管维持在 1070℃左右。加热完成后，送料轮按照刚才的运动形式将钢管退回。中频加热工艺完成。

按照同样的方式，翻转架顶起将钢管抬到翻转架上，在重力的作用下滑动到镦锻工位上。翻转架缓慢落下至送料轮后，机械手加紧钢管往镦锻机内进行运送，等待模具合模之后，机械手松开，镦锻杆伸出依靠模具对无缝钢管扩口和镦锻。镦锻工艺完成后，钢管同样退回到位，过渡架将钢管送到下一道工位上。图 5 所示为镦锻控制工艺流程图。

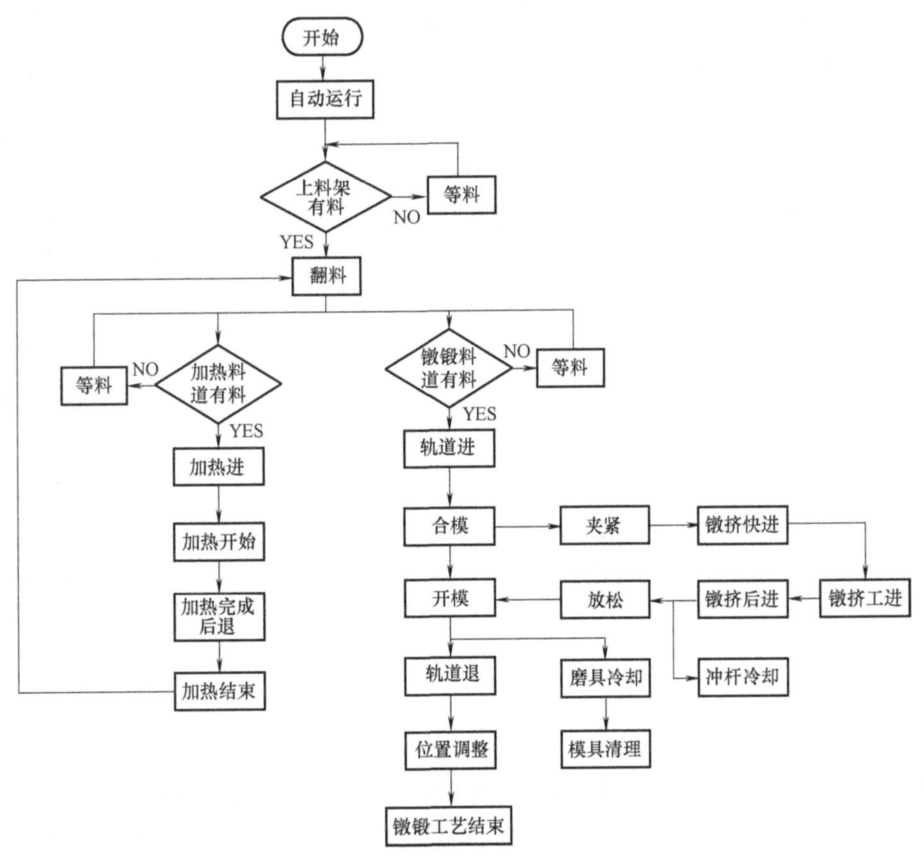

图 5　镦锻控制工艺流程图

（2）正火喷雾工艺

正火喷雾工艺的目的是将钢管进行二次加热，其目的是为了增加钢管的硬度，与钢铁本身含碳量和技术工艺有关，根据实际成品需要选择是否需要该工艺。如果不需要该工艺翻转架将钢管跳过该工艺段，直接送到通径工艺中。正火喷雾工艺主要是为了加快钢管的冷却速度，提高钢管本身硬度，由钢管材料属性所决定。

（3）通径工艺

通径工艺是提高钢管工艺质量的最后一道工序。其目的是对钢管的毛边等杂质进行修整。通径送料轨道会调整钢管的通径位置，以保证不同长度的钢管均能得到修整。完成上面三道工序的钢管会沿着过渡支架顺势滑落到成品存储的料筐内进行下一道工序的备料。通径工艺流程图如图7所示。

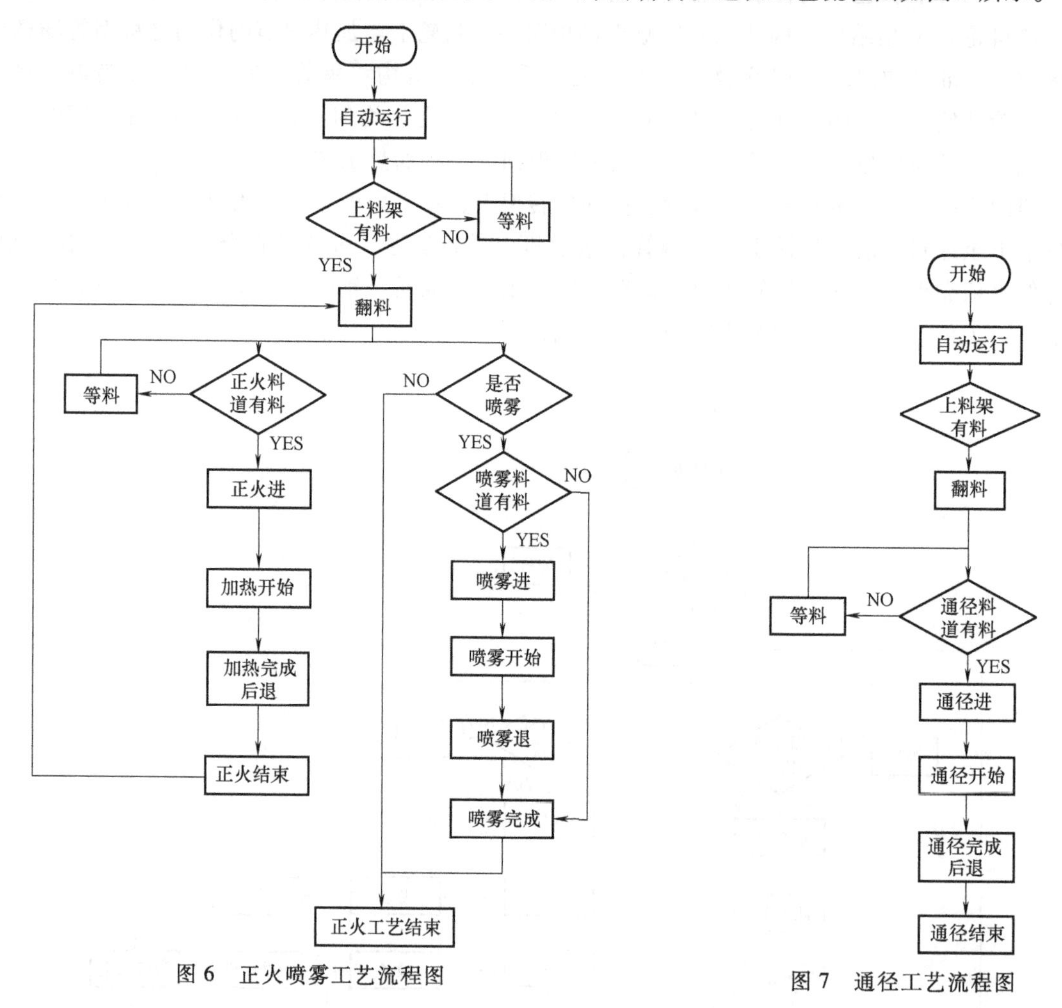

图6 正火喷雾工艺流程图

图7 通径工艺流程图

二、系统结构

1. 自动化系统配置

本项目采用两台1510sp作为产线控制器，由于钢管两端均需要镦锻加工，因此方案采用两组PLC进行控制。PLC1控制加热镦锻工艺1、正火喷雾工艺1和通径工艺，PLC2控制加热镦锻工艺2、正火喷雾工艺2的逻辑控制。G120 CU240E采用西门子1号报文控制镦锻加热输送，

G120 CU250S 采用西门子 111 报文进行 Epos 定位控制桁架移动。KTP1200 精简屏对设备进行按键操作，以及配方管理。控制系统网络拓扑图如图 8 所示。

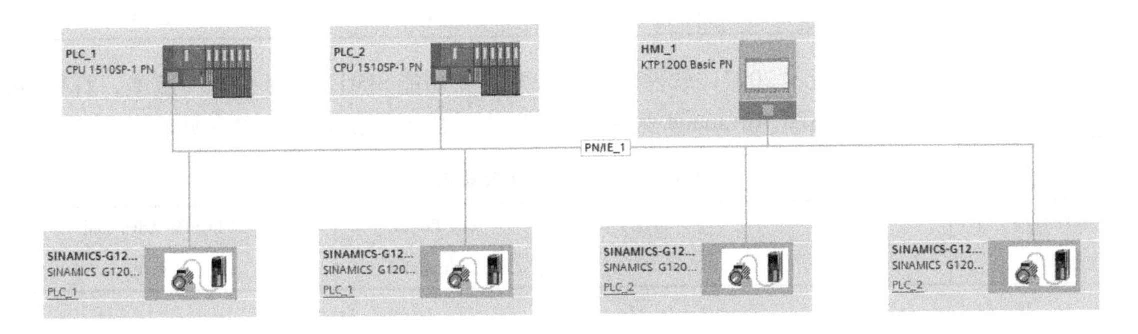

图 8 控制系统网络拓扑图

2. 虚拟调试方案

图 9 所示为西门子虚拟调试解决方案。目前西门子虚拟调试解决方案有两种方式：一是硬件在环虚拟调试方案，可用于不支持 PLCSIM Advanced 仿真的 PLC，例如 S7-200 SMART，S7-1200/300/400 等。借助硬件在环方案可以将 PLC 程序下载到实际的 PLC 中，并在 MCD 虚拟平台中测试机械组件，驱动器、阀门、接触器等电气行为使用 SIMIT 进行仿真，而现场 I/O 设备则使用 SIMIT Unit 替代。二是软件在环虚拟调试方案，SIMATIC Machine Simulator（SIMIT+PLCSIM Advanced）产品解决方案。产品中 PLCSIM Advanced 用于仿真实际设备中的硬件 PLC；SIMIT 软件除了可用于实现与 MCD 和 PLCSIM Advanced 的信号耦合以外，还可用于仿真设备的电气行为。本文虚拟调试采用 PLCSIM Advanced + SIMIT + MCD 的方式，针对 1510sp PLC1 控制的加热镦锻工艺 1、正火喷雾工艺 1 和通径工艺进行虚拟调试仿真。

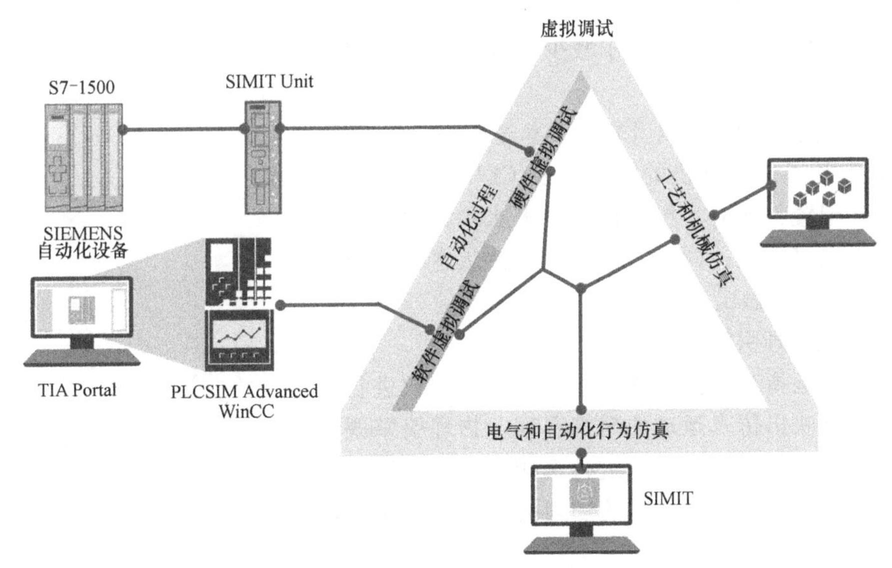

图 9 西门子虚拟调试解决方案

计算机硬件配置表见表 2。操作系统为 Windows 10 专业版，处理器为英特尔 i7-11850，内存为 64G 显卡及专业独立显卡 RTX A2000。

表 2　计算机硬件配置表

硬件名称	处理器	内存	显卡
版本号	i7-11850	64G	RTX A2000

NX MCD 采用目前最新版本 2007，软件融入了许多最新功能 SIMIT 采用 V10.3 版本，TIA Portal 采用 V17 update1 版本，PLCSIM Advanced 采用 V4.0 版本。虚拟调试软件配置表见表 3。

表 3　虚拟调试软件配置表

软件名称	NX MCD	SIMIT	TIA Portal	PLCSIM Advanced
版本号	2007	V10.3	V17 update1	V4.0

三、功能与实现

1. 问题介绍

在虚拟调试过程中，机电物理模型建立、模型轻量化、软硬件选择以及最重要的仿真优化，一直是虚拟调试过程中关注的重点，那么接下来主要从四个方面进行详细介绍。

（1）如何定义模型的物理属性

镦锻输送线 MCD 虚拟调试中的机械部件模型一共有 13719 个部件，对于小型 OEM 单机设备虚拟调试来说，部件数量多、机械运动学复杂，因此合理定义模型的物理运动属性是仿真取得成功的关键点。

（2）如何轻量化模型的质量

对于部件数量多、机械结构本身复杂的设备，并不是所有的部件都参与到运动分析当中，如何在不影响仿真效果的同时，去轻量化模型质量，对于减少计算机硬件配置会很有帮助。

（3）如何配置合适的硬件以及软件版本选择

虚拟调试需要考虑计算机的显卡以及 CPU 的运算能力，合理的硬件配置，既能发挥硬件的最大水平，也能保证虚拟调试的稳定可靠性；同时，要兼顾软件版本的兼容性和新版本的特性从而做出合理选择。

（4）如何优化物理引擎

物理引擎主要是指对碰撞精度、分步时间等参数进行修改，从而可以反映出仿真运动的精细程度。物理引擎既可以采用软件本身提供的三种模式进行选择，也可以用户自己进行定义，因此选择一个合适的物理引擎参数对于虚拟调试来说至关重要。

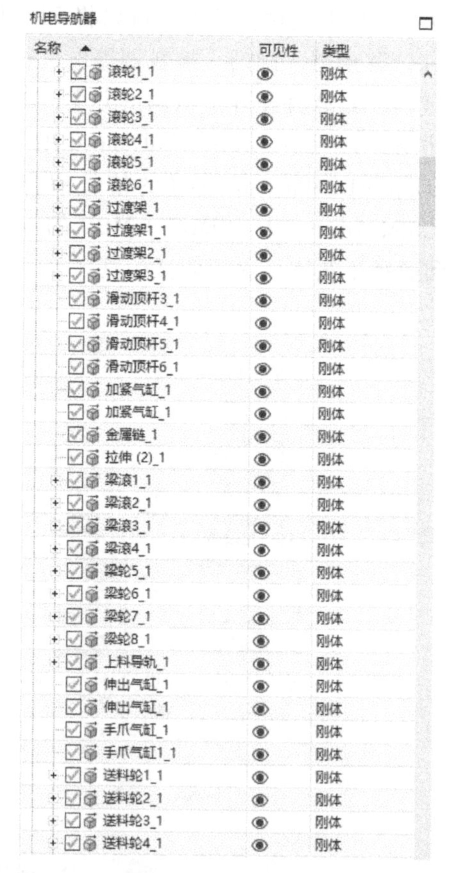

图 10　镦锻输送线机电对象（部分）

2. 问题分析与解决

（1）模型物理属性的定义

1）刚体的定义：图 10 所示为镦锻输送线机电对象。在设置机电对象时需要注意一点，并不是所有的机械模型都需要进行刚体的定义，真实参与到物理运动中的部件才需要去定义。其他不参与物理运动的部件起到显示以及美化的作用。越多的机电对象对资源的消耗就越大，在满足仿真虚拟调试的情况下，尽量定义较少的机电对象。

2）运动副的定义：在机电模型中，主要根据机械结构及其运行状态，定义运动属性。比如固定副定义一个挡块刚体固定在另一个刚体底座支架上，建立刚性连接（见图 11）；滑动副定义气缸的伸出缩回以及连杆的滑动（见图 12）；铰链副定义旋转体的轴旋转运动（见图 13）；齿轮耦合副应用在齿轮与齿轮之间的啮合（见图 14）；齿轮齿条耦合副应用在齿轮齿条提升机构上等（见图 15）。

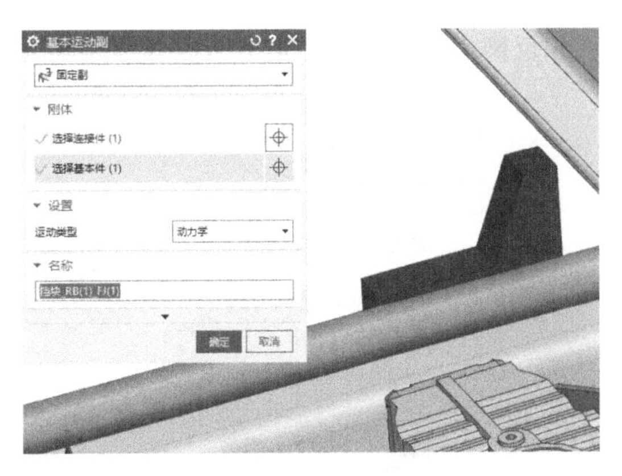

图 11　固定副的使用

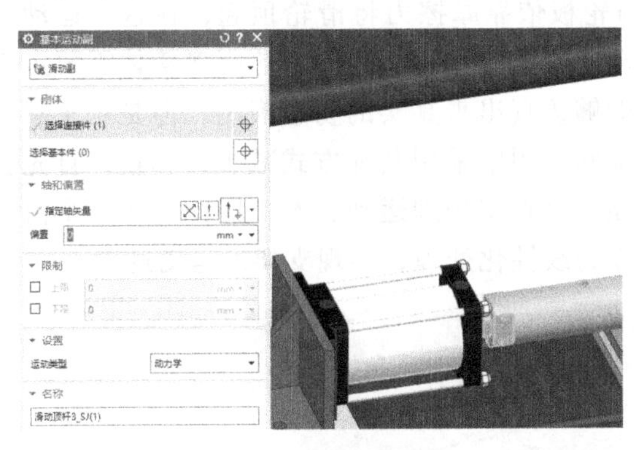

图 12　滑动副的使用

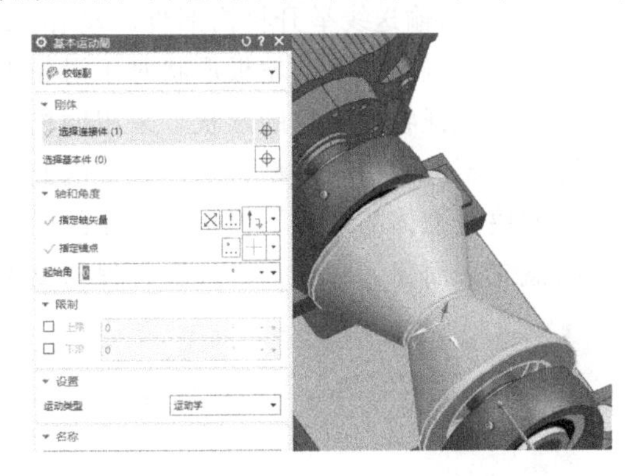

图 13　铰链副的使用

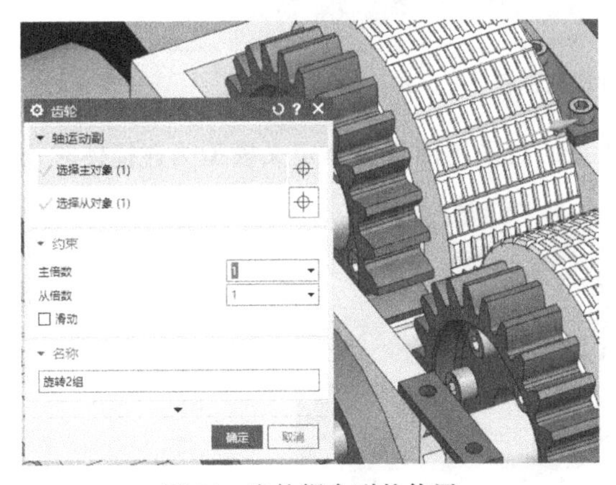

图 14　齿轮耦合副的使用

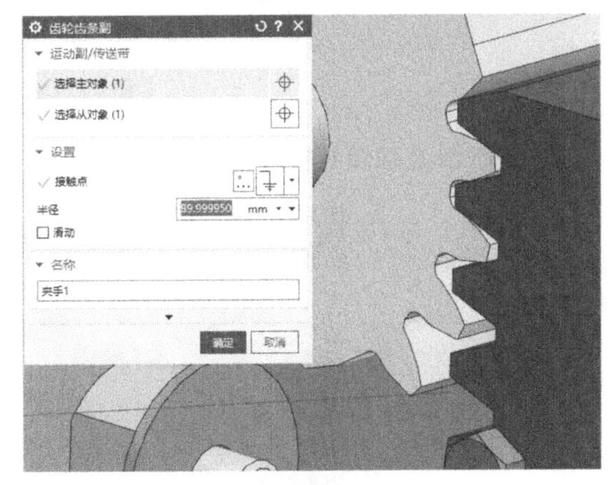

图 15　齿轮齿条耦合副的使用

3）碰撞体的定义：碰撞体是物理组件的一类，它要与刚体一起添加到几何对象上才能触发碰撞。如果两个刚体相互撞在一起，除非两个对象都定义有碰撞体时物理引擎才会计算碰撞。在物理模拟中，没有碰撞体的刚体会彼此相互穿过。

图 16 所示为碰撞体在 MCD 中的计算性能，主要分为这几种类型，比如简单的方块、球、圆柱和胶囊，稍微复杂一些的凸多面体、多个凸多面体。另外，几何体形状越简单，MCD 计算速度越

快；相反网格划分越细，MCD计算速度就越慢，资源消耗就越大。

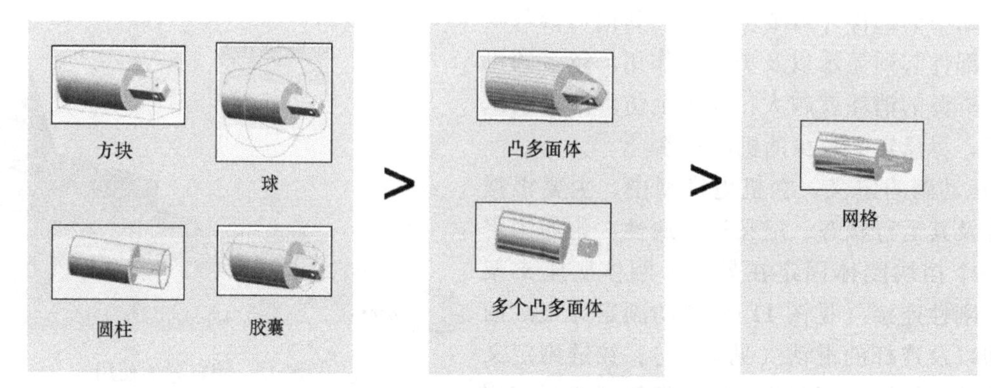

图16　碰撞体在MCD中的计算性能

图17所示为输送线举升机构部件。动作原理为凸轮板依靠摩擦力将滑轮顶起，在这个运动过程中，需要定义碰撞体。凸轮板形状对于滑轮上升运动起着重要作用，因此凸轮板碰撞体需要定义网格碰撞体，保证物理对象的形状。采用网格面确实能够仿真出来真实的物理模型，但是对于整条产线来说，并不关心仿真模型力的计算，因此需要在实际应用中采用其他方式减少计算量，首先会想到采用方块碰撞体的形式，但是碰撞体的轮廓并不能满足真实物理运动状态，因此引入一个齿轮耦合副的概念来简化计算量，将气缸行程与支架行程作为线性化处理，实现支架的运动逻辑。

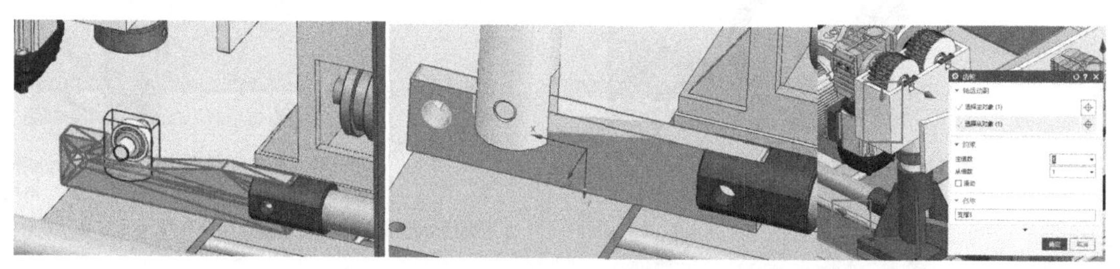

图17　输送线举升机构部件

图18所示为翻转架机构碰撞体定义对比。需要注意的是采用网格整体定义模型为碰撞体时并不

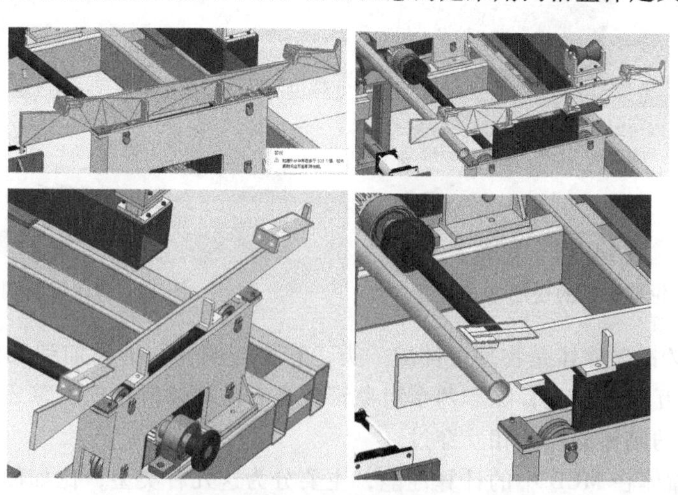

图18　翻转架机构碰撞体定义对比

能准确定义出模型的外形结构，碰撞时会由于网格面分割粗糙而导致轮廓的运动失真，所以在这里需要定义碰撞面，将翻转架机构的承受面作为碰撞面，从而保证钢管在运动的过程中按照翻转架的外形机械结构进行物理运动。

4）对象源与对象收集器：从优化的角度来说，一是对一些运动机构进行简化，不定义太多的碰撞体；二是需要减少碰撞体产生，或者采用碰撞传感器和对象收集器对碰撞体进行收集，这样就可以释放更多的运算资源。图 19 所示为对象收集器收集对象源，对钢管进行收集，释放更多的计算机资源。

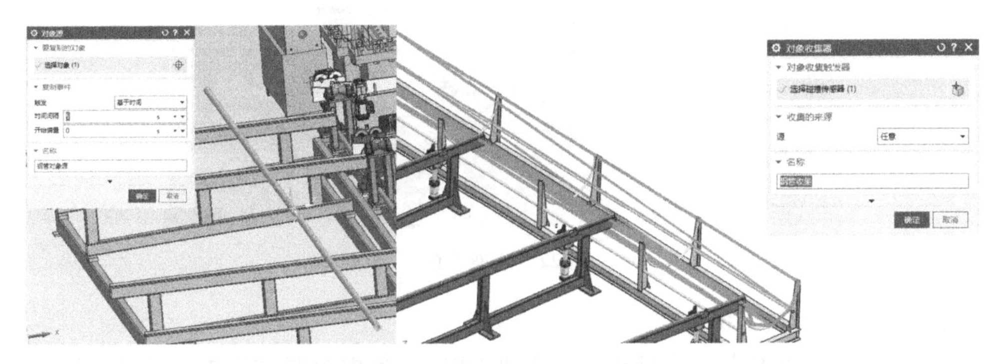

图 19　对象收集器收集对象源

（2）简化模型质量

1）部件清理工具：主要是对缓冲在 NX MCD 中的一些对于仿真来说没有影响的工作部件和组件进行清理，例如特征数据、装配约束、不使用的对象和字体，从而节省这一部分在 NX MCD 中的消耗。部件清理工具如图 20 所示。

2）可视化首选项降低模型精度：对于圆形一类的模型，精度越高，圆形越光滑，消耗显卡资源就越大；相反精度越低，圆形会更加近似于多边形，锯齿感会越明显，可视化首选项如图 21 所示。

图 20　部件清理工具

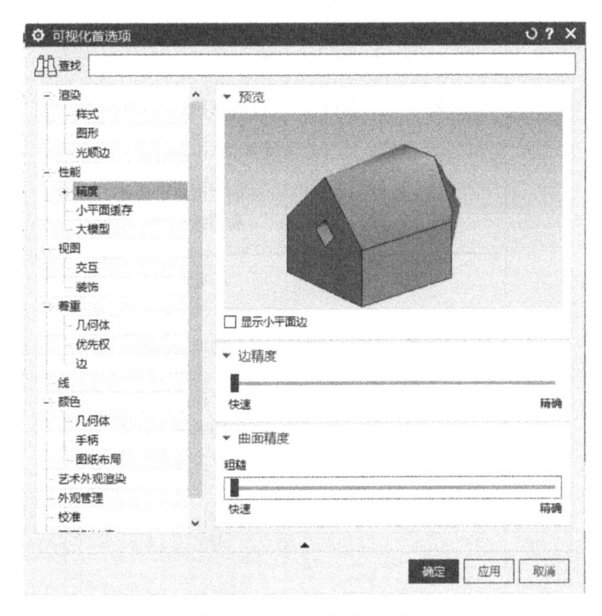

图 21　可视化首选项

3）渲染着色：在渲染样式中着色用于将光顺着色和打光渲染面，对于渲染要求不高的情况，一般可以不开启渲染模式，减少显卡消耗资源。渲染着色如图 22 所示。

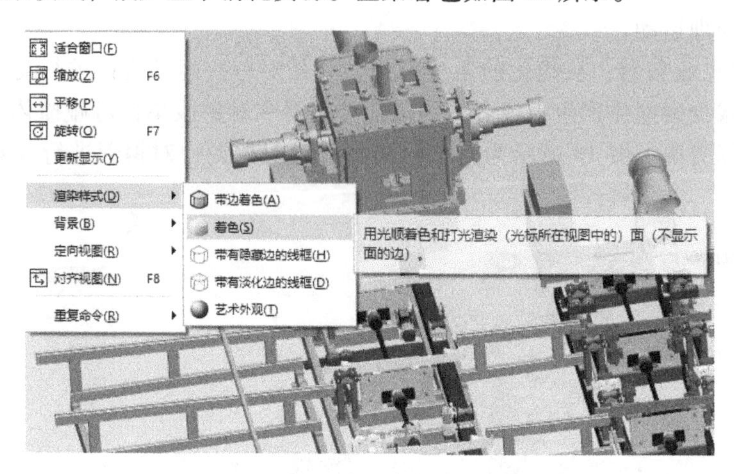

图 22　渲染着色

（3）提高硬件及软件版本选择

1）硬件功能提升：MCD 软件本身还是以单机 OEM 设备虚拟调试为主，对于产线较长、运动机构比较复杂的机构来说，仿真运算比较消耗显卡以及 CPU 的计算能力。因此提高显卡以及 CPU 的硬件水平确实对于仿真效果有明显的提升，但同时硬件的造价成本也会相对较高，因此需要客户自己权衡考量。

2）NX MCD 2007 新功能：NX MCD 在优化软件版本过程中本身就会对模型进行轻量化处理，同时也会增加一些新功能。图 23 所示为 NX MCD 2007 新增加的三种运动类型对比。在 NX MCD 2007 版

运动类型	动力学	运动学	铰接运动
是否计算力	计算	不计算	计算
支持的运动机构	都支持	只支持开环运动链	支持开环和闭环运动链
屈服度	刚度取决于质量和惯性	不考虑	非常小的屈服度
物理场	真实再现	不考虑	接近真实
性能	受物理场影响大。在高强度、多运动副、更新间隔大的仿真环境下会变得不稳定	速度 、位置仿真精确；不受物理场影响	速度、位置仿真精确，更新间隔对其影响较小

图 23　NX MCD 2007 新增加的三种运动类型对比

本环境下定义滑动副、铰链副这些基本运动副时，运动类型可以选择为“动力学”“运动学”和“铰接运动”这三种。铰接运动相对于动力学具有非常小的“屈服度”，其刚度非常大，其他外力不易对运动副产生位置影响。运动学方式不再考虑物理引擎，不计算力，只执行简单的运动学计算，其性能相对于动力学会大大提升。在该模型中对承载钢管的滚轮进行运动学的定义，而不是采用动力学的方式，有助于减小计算的资源消耗。

（4）优化物理引擎

仿真精度主要分为四种模式，精细模式、平衡模式、粗略模式以及用户定义模式。四种模式最大的区别主要是碰撞精度和分步时间设置的颗粒度不同，当然用户也可以自行进行设置，颗粒度越小，仿真精度就越高，模拟物理状态就越接近真实，当然对资源消耗就越大。物理引擎的四种模式如图 24 所示，三种物理引擎的内存消耗对比如图 25 所示。

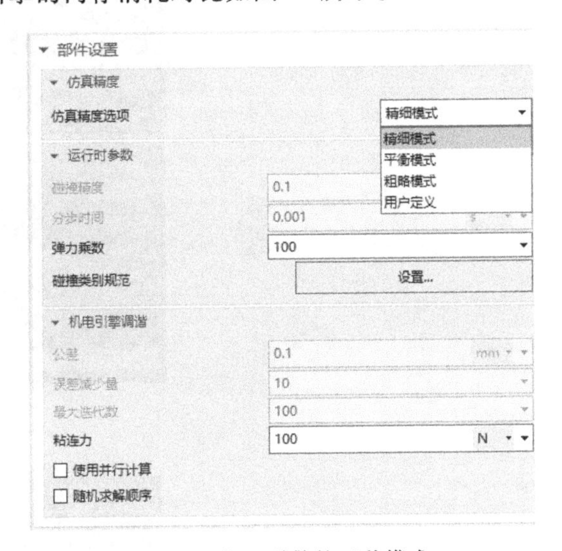

图 24　物理引擎的四种模式

a) 精细模式

CPU 使用率	
CPU #1/核心 #1/SMT #1	7%
CPU #1/核心 #1/SMT #2	40%
CPU #1/核心 #2/SMT #1	89%
CPU #1/核心 #2/SMT #2	0%
CPU #1/核心 #3/SMT #1	6%
CPU #1/核心 #3/SMT #2	0%
CPU #1/核心 #4/SMT #1	9%
CPU #1/核心 #4/SMT #2	0%
CPU #1/核心 #5/SMT #1	10%
CPU #1/核心 #5/SMT #2	1%
CPU #1/核心 #6/SMT #1	7%
CPU #1/核心 #6/SMT #2	0%
CPU #1/核心 #7/SMT #1	35%
CPU #1/核心 #7/SMT #2	0%
CPU #1/核心 #8/SMT #1	6%
CPU #1/核心 #8/SMT #2	0%

b) 平衡模式

CPU 使用率	
CPU #1/核心 #1/SMT #1	7%
CPU #1/核心 #1/SMT #2	1%
CPU #1/核心 #2/SMT #1	78%
CPU #1/核心 #2/SMT #2	0%
CPU #1/核心 #3/SMT #1	7%
CPU #1/核心 #3/SMT #2	1%
CPU #1/核心 #4/SMT #1	7%
CPU #1/核心 #4/SMT #2	3%
CPU #1/核心 #5/SMT #1	7%
CPU #1/核心 #5/SMT #2	0%
CPU #1/核心 #6/SMT #1	1%
CPU #1/核心 #6/SMT #2	0%
CPU #1/核心 #7/SMT #1	39%
CPU #1/核心 #7/SMT #2	0%
CPU #1/核心 #8/SMT #1	1%
CPU #1/核心 #8/SMT #2	0%

c) 粗略模式

CPU 使用率	
CPU #1/核心 #1/SMT #1	6%
CPU #1/核心 #1/SMT #2	0%
CPU #1/核心 #2/SMT #1	79%
CPU #1/核心 #2/SMT #2	0%
CPU #1/核心 #3/SMT #1	7%
CPU #1/核心 #3/SMT #2	1%
CPU #1/核心 #4/SMT #1	3%
CPU #1/核心 #4/SMT #2	0%
CPU #1/核心 #5/SMT #1	1%
CPU #1/核心 #5/SMT #2	0%
CPU #1/核心 #6/SMT #1	1%
CPU #1/核心 #6/SMT #2	1%
CPU #1/核心 #7/SMT #1	31%
CPU #1/核心 #7/SMT #2	0%
CPU #1/核心 #8/SMT #1	3%
CPU #1/核心 #8/SMT #2	0%

图 25　三种物理引擎的内存消耗对比

借助第三方软件，可以测试发现对于测试 16 核的工作站，NX MCD 主要消耗内存的第三个内核，无论采用哪种模式，MCD 需要的都是单核能力强的 CPU，即主频率高的 CPU，因为这几代的 CPU 同频率计算能力差不多，所以主频率越高的 CPU 计算能力越强。不同模型独立显卡消耗对比如图 26 所示。

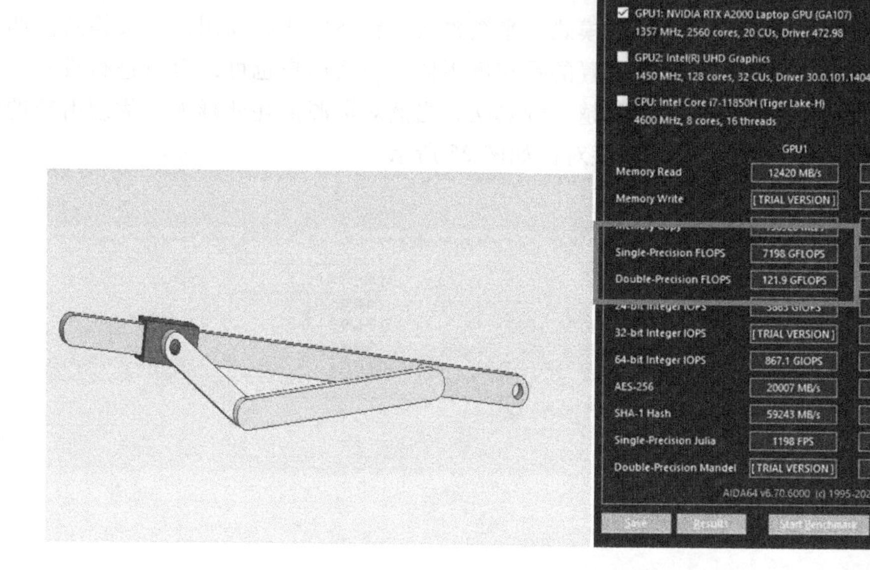

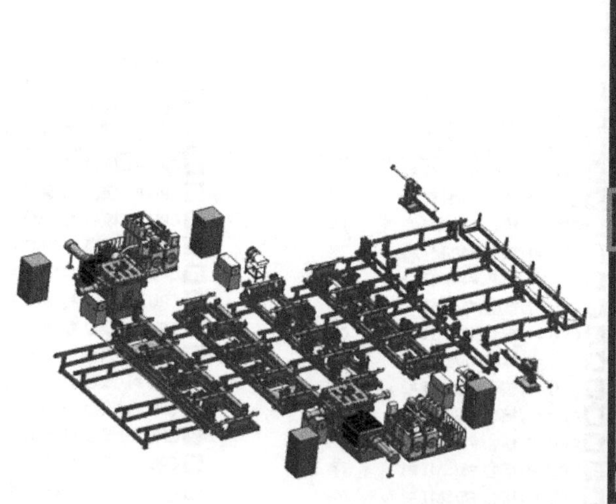

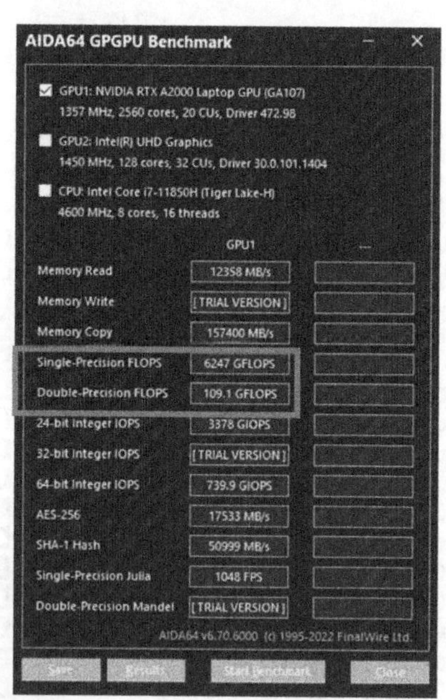

图 26　不同模型独立显卡消耗对比

同时在运行过程分别测试了简单的四杆机构模型和镦锻生产线，FLOP 表示每秒浮点运算次数，FLOP 数值越高则证明显卡运算速度越快，测试发现 NX MCD 主要通过显卡的单精度指标对仿真模型进行处理和计算。模型越简单相对于显卡的处理能力就越强，反之模型越复杂显卡的处理能力就越弱。

四、应用体会和方案建议

1. 应用体会

在应用镦锻输送线的MCD虚拟调试过程中，对西门子TIA+PLCSIM Advanced+SIMIT+MCD的数字化解决方案有了更深的体会：

1）MCD的三点价值：

① 虚拟展示：有助于快速明确客户需求，评估技术可行性，提升投标竞争力。

② 虚拟调试：并行迭代设计理念优化设计流程，更早进行联合调试，缩短现场调试时间，节约原材料与时间成本。

③ 虚拟培训：交付虚拟培训平台进行操作培训，模拟应急响应机制，提升培训质量。

2）对于客户来说，首先需要提升品牌效应，扩大品牌在展会的知名度，在投标竞争发挥优势；其次目前很多OEM客户的Know-how都是老一辈的工程师设计的，那么随着时代的发展，势必技术也会遇到瓶颈期，因此技术迫切需要革新，MCD对于提高研发技术迭代，提高调试效率有很大帮助；然后增加客户业务范围，响应政府的号召和导向，推动中小企业数字化业务落地；最后提升经济效益，减少现场的调试维护时间，达到事半功倍的效果。

3）对于我们而言，首先需要促成更多的中小企业数字化业务生根发芽，让更多的中小企业感受到数字化带来的红利。其次是知识的传递，工程师内部需要从行业、机器、工艺等方面，更加直观地了解和掌握更多的行业Know-how，帮助提升团队以及自身Know-how的积累。最后在样机开发的过程中，由于特殊的原因而无法及时到达客户现场，那么通过采用虚拟调试的方式，可以提前发现程序中的逻辑错误，减少现场程序修改时间，从而提高效率。

2. 方案建议

该项目也是对于MCD产线仿真的一种新的尝试，本文提到的物理属性配置、模型质量简化、软硬件配置、物理引擎优化等工具和方法，对于后续其他MCD产线虚拟调试性能优化有一定的借鉴意义。

参考文献

[1] 西门子（中国）有限公司．G120_EPos_fct_man_0920_zh-CHS［Z］.

[2] 孟庆波．生产线数字化设计与仿真NX MCD［M］．北京：机械工业出版社，2020.

[3] 黄文汉，陈斌．机电概念设计MCD应用实例教程［M］．北京：中国水利水电出版社，2020.

[4] 西门子（中国）有限公司．SIMIT使用概述与安装说明［Z］.

西门子 SCALANCE 交换机在杭海线城际主干网中的应用
SIEMENS SCALANCE switches application in ISCS backbone network of HangHai Metro

高 媛
（西门子（中国）有限公司浙江分公司 杭州）

［摘 要］本文介绍了西门子交换机 SCALANCE XR552-12M 在地铁线综合监控专业骨干网络中的应用。由于杭海线的综合监控服务器采用了云平台的硬件方案，各个车站不再设立自己的服务器，所有综合监控服务器都设立在控制中心的云平台上，因此对网络的稳定性提出了更高的要求。本文阐述了综合监控主干网络的结构，西门子交换机方案的特点，对于地铁控制中心与云平台之间的网络方案及交换机设置的重点进行了详细的说明。该方案满足了用户对网络可靠性的要求。

［关键词］SCALANCE、地铁、综合监控

［Abstract］This paper introduces that SCALANCE XR552-12M application in ISCS backbone network of HangHai Metro. It describes the structure of the ISCS backbone network and the advantage of SIEMENS solution. Because the ISCS uses the cloud planform, there are no server hardware at every station. All ISCS servers are on the cloud planform at the operation station of control center (OCC). It requires higher stability of the ISCS back bone network. This paper introduces detailly the network structure of OCC and the cloud planform and the key points of setting of the switches. The SIEMENS solution totally satisfies the requirements of the Metro.

［Key Words］SCALANCE、Metro、ISCS

一、项目简介

杭州至海宁城际铁路，即杭海城际铁路，又称杭州地铁海宁线，线路起于杭州余杭高铁站，与杭州地铁 1 号线临平支线（远期 9 号线）换乘，并预留向西延伸至杭州地铁 3 号线的条件。线路全长 48.18km，共设立 13 座车站，前期 12 个车站于 2021 年 6 月运营，另 1 座车站暂缓建设。

地铁中的综合监控主干网络是用于控制中心与各车站、车辆段、停车场各局域网的互联。杭海线目前有 12 个车站、1 个车辆段、1 个控制中心，其综合监控系统的主干网络采用了西门子的 SCALANCE XR552-12M L3 交换机共 28 台，主干传输网络通过通信系统提供的单模光纤实现连接，中央控制中心、车站和车辆段与主干网的连接采用 1000Mbit/s 单模光纤接口。杭海线路走向示意图如图 1 所示。

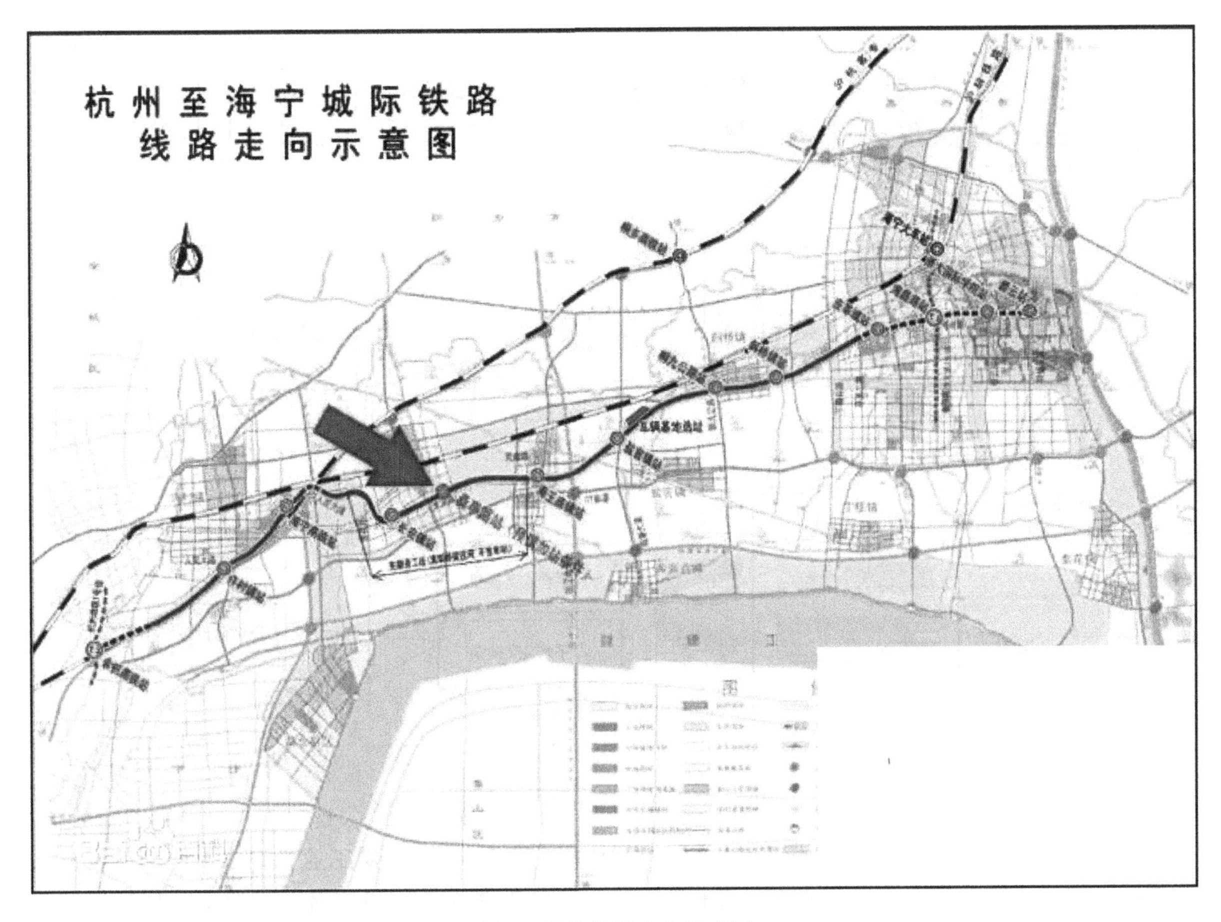

图 1 杭海线路走向示意图

二、网络结构及方案

1. 网络结构

（1）主干网络结构

本项目采用了安全可靠的双网耦合三层拓扑结构，遵循工业网络拓扑冗余环形结构的总体设计原则，其目的是为了确保综合监控主干网不会因为某个站点交换机的单点故障或多点故障，导致整个网络数据传输中断，进一步保证了系统的可靠性和灵活性。主干网络示意图如图 2 所示。

（2）控制中心网络结构

控制中心在 3 台云平台设备上部署了所有车站综合监控服务器，所有车站工作站从控制中心获得各个车站的运行数据，控制中心的两台 SCALANCE 交换机与云平台的交换机之间采用交叉互联的网络结构，以此确保 4 台交换机之间的网络路径冗余，网络通信稳定可靠。控制中心网络结构示意图如图 3 所示。

2. 网络方案说明

1）综合监控骨干网采用西门子 SCALANCE 系列工业以太网交换机组成骨干网络，数据传输速率为 1000Mbit/s 的工业级双环形以太网，冗余配置。整体网络架构采用双网耦合方案，即双环+链路聚合，全三层网络设计。主干网络示意图如图 4 所示。

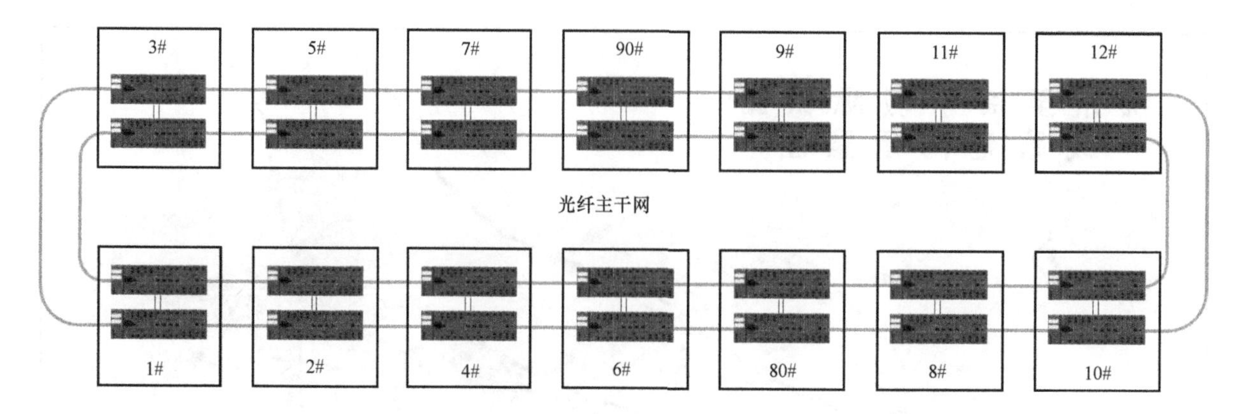

图 2　主干网络示意图

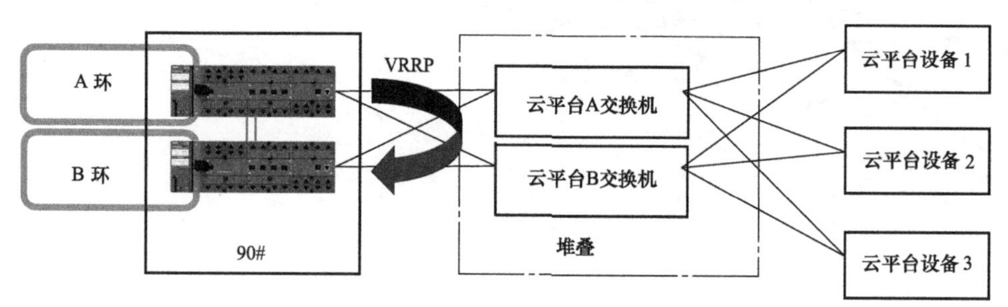

图 3　控制中心网络结构示意图

2）每个车站/中心/车辆段配置 2 台 SCALANCE XR552-12M L3 三层工业光纤以太网交换机，每台交换机的 2 个千兆光纤接口与其他车站的交换机设备的千兆光纤接口连接，构成 2 个环形拓扑结构。车站内的两台交换机各使用 2 个端口采用链路聚合（Link Aggregation）技术互联，提供可靠的网络通道。

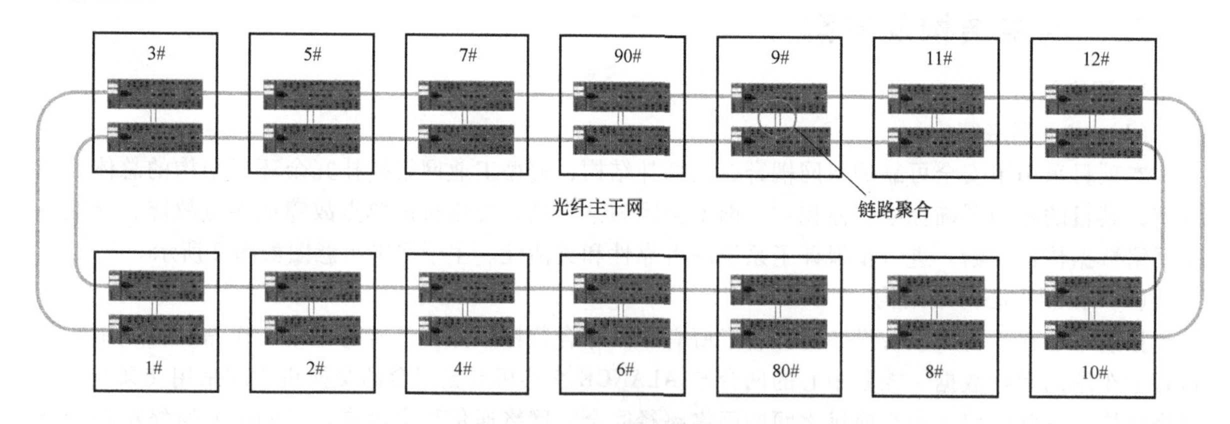

图 4　主干网络示意图

3）车站与车站间业务通信采用三层路由技术实现数据传输。综合监控系统骨干网络为其他互联系统预留网络接口，提供 VLAN 独立的逻辑通道。网络使用 OSPF、VRRP 协议可实现链路、设备级冗余备份，提高网络安全。

4）双网耦合的组网方案，作为轨道交通的标准解决方案，具有以下特点：

① 借助于西门子 MRP 环网协议的快速重构，每个单环链路故障 50ms 内完成切换到备用路径。

② 各车站的两台三层交换机使用 VRRP 冗余路由协议，实现双机热备，为终端设备提供路由冗余服务，对于交换机硬件故障、链路故障，可以在 3s 内切换备用设备，不影响终端业务，可靠性高。

③ 主干网络中可根据业务划分多 VLAN，实现各系统拥有逻辑独立传输通道。

④ 各车站间使用 OSPF 三层路由协议，网络逻辑站站隔离，任意网络站点广播风暴、故障，将不影响其他站点和中心网络正常通信。

⑤ 主干网采用千兆组网，车站内两台交换机之间使用链路聚合技术互联，提高了网络的可靠性。

⑥ 主干网采用了双环网互联三层路由方式，系统中的所有终端设备按照业务类型和车站编号划分在不同的网段内，所有跨车站或跨业务通信均使用三层通信方式，充分隔离广播域，只有同业务、同车站内才会使用二层通信方式。

⑦ 高容错性，单点或多点网络出现故障，如图 5 所示，不影响和中心服务器之间通信的业务。

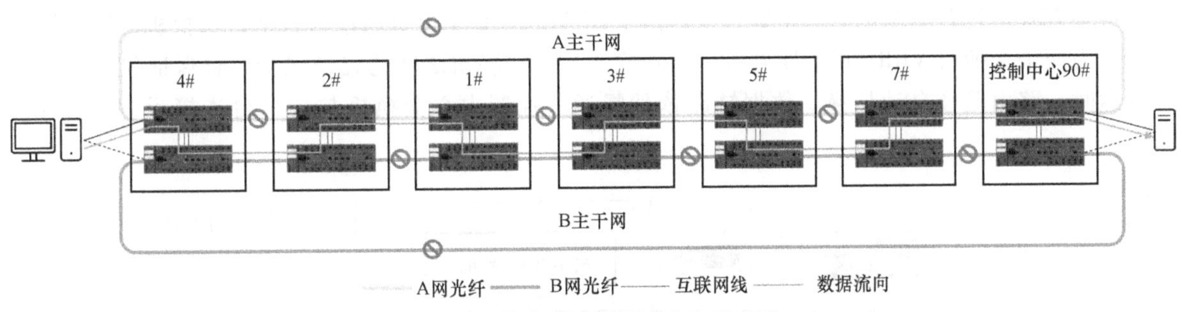

图 5　网络故障时数据流走向示意图

5）以往线路采用的传统方案是在每个车站单独布置综合监控车站服务器，车站内的下属子专业通过前端处理器（FEP）与本车站的综合监控服务器进行通信，车站内的工作站通过本站的综合监控服务器获得数据。控制中心服务器读取各个车站的综合监控服务器的内容。因此各车站内交换机主要处理本站的数据通信，在环网中处理各个车站综合监控服务器与控制中心数据通信。传统方案数据流向示意图如图 6 所示。

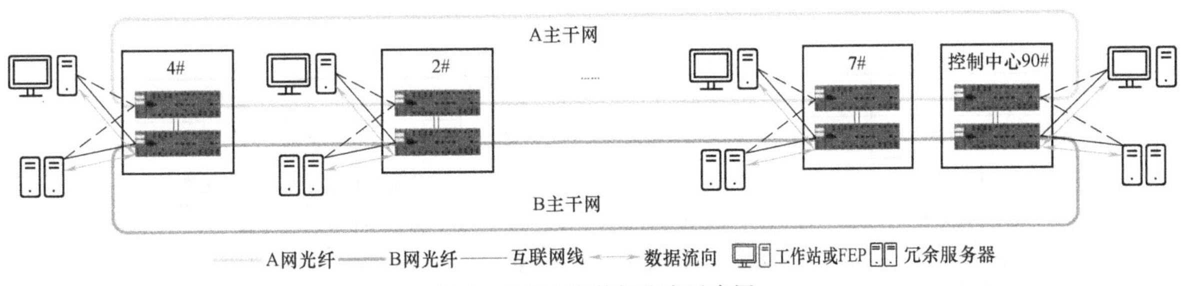

图 6　传统方案数据流向示意图

杭海线与以往线路不同，所有车站综合监控服务器均部署在控制中心的云平台上，车站内不再部署独立的综合监控服务器，在云平台上统一管理维护服务器，云平台设备硬件冗余且可以实现故障时快速迁移服务器系统。各个车站下属子专业通过前端处理器（FEP）处理的数据需要经过主干网传输到云平台对应的虚拟站点服务器中，而各个车站工作站同样需要经过主干网与云平台上的虚拟站点服务器进行通信获取数据。控制中心的虚拟服务器获取各个站点虚拟服务器的数据则在云平台内部完成。因此，此方案与传统方案相比对带宽的要求和网络稳定性及可靠性的要求更高。当前方案数据流向示意图如图 7 所示。

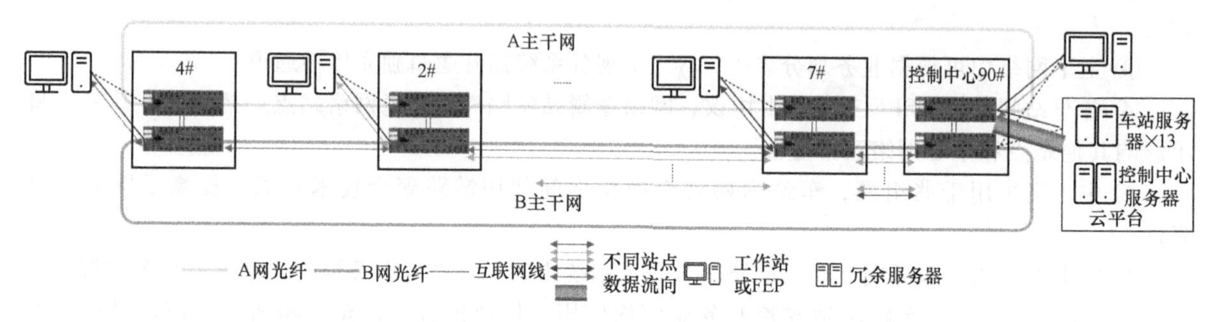

图 7　当前方案数据流向示意图

控制中心的 SCALANCE 交换机与云平台交换机之间通过 4 条物理链路互相连接，云平台交换机采用堆叠方式进行跨交换机的链路聚合，西门子 SCALANCE 交换机通过与云平台交换机的链路聚合路径作为两个交换机 VRRP 的心跳路径，从而实现 4 台交换机之间的路径冗余，且保证仅有一条路径可达时，路由路径自动切换，数据链路依然畅通。控制中心交换机与云平台连接示意图如图 8 所示。

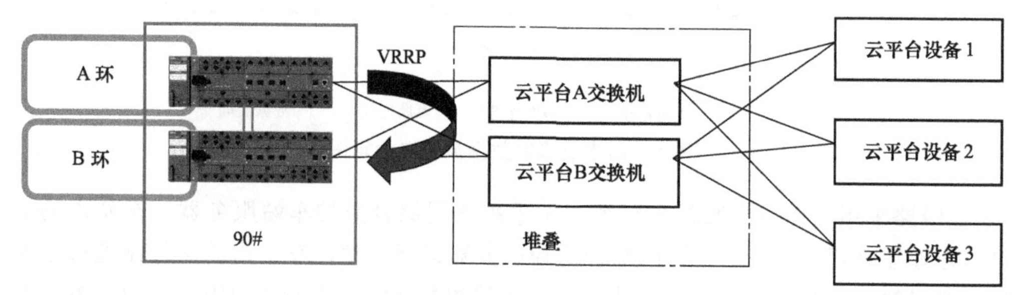

图 8　控制中心交换机与云平台连接示意图

3. 方案清单

方案清单见表 1。

表 1　方案清单

描述	订货号	数量	备注
SCALANCE XR552-12M	6GK5552-0AR00-2AR2	30	车站三层交换机
SCALANCE XR528-6M	6GK5528-0AR00-2AR2	6	用于控制中心大厅三层交换机
媒介模块 MM992-4SFP	6GK5992-4AS00-8AA0	4	用于 SFP 插接收发器
电口模块 MM992-4CU	6GK5992-4SA00-8AA0	360	RJ45 端口
光口模块 SFP992-1LD	6GK5992-1AM00-8AA0	152	SFP 插接收发器：千兆、单模、通信距离可达 10km
光口模块 SFP992-1LH+	6GK5992-1AP00-8AA0	8	SFP 插接收发器：千兆、单模、通信距离可达 70km
网管软件 SINEMA Server V14	6GK1781-1DA14-0AA0	1	用于监视管理主干网交换机设备状态

三、三层交换机技术规划

本网络方案简称双环网融合方案：全线采用 A、B 两个环网，下文中将采用 A 交换机、B 交换机代指一个车站内两个环网上的交换机。将所有车站的 A 交换机组成光纤环网，所有车站的 B 交换机组成光纤环网。每个车站的 AB 交换机上各用两个电口互联做 LACP 承担 VRRP 心跳工作。综合监控的终端设备上配有两块网卡，并做两网卡的绑定，网关设置为 AB 交换机的 VRRP 虚拟 IP。

1. 交换机端口分配

根据用户的实际业务需要，规划出各个专业所占用端口位置及 VLAN 编号。SCALANCE XR552-12M 交换机正面图如图 9 所示，其中 P0.1～P0.4 为万兆插槽千兆光口，用于车站与车站之间的光纤互联。

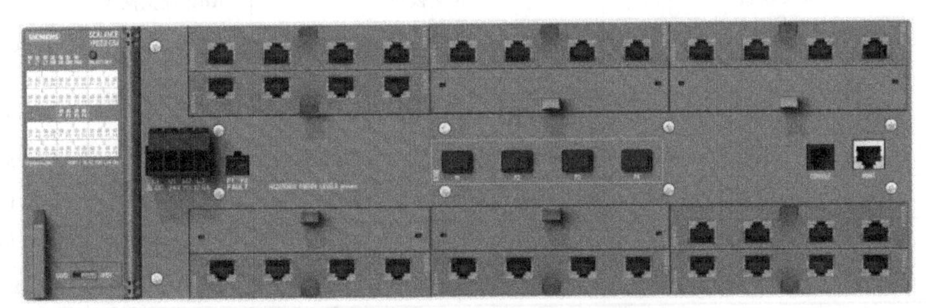

图 9　SCALANCE XR552-12M 交换机正面图

根据业务规划交换机端口时，需要注意交换机内部有两个交换机块，两个交换机块之间的通信是通过两个以 13.6Gbit/s 速率运行的连接来实现的。此带宽必须由所有内部块数据传输端口共享。因此，在理想情况下，彼此之间数据传输量极大的端口应属于同一交换机块。交换机内部结构示意图如图 10 所示。

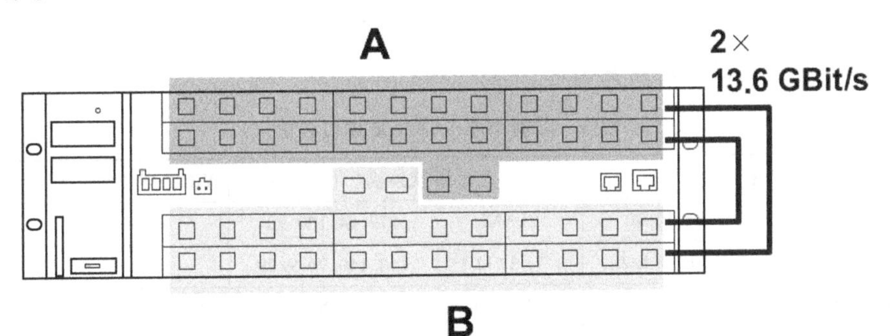

图 10　交换机内部结构示意图

2. VLAN/子网设计

根据业务需要，规划出各个专业对应的 VLAN 编号。

（1）车站的 VLAN/子网规划

1）VLAN1：主干环网。

2）VLAN90：综合监控网络。

3）VLAN10 或 VLAN11：CCTV 专业，需要 PIM 组播功能，CCTV 设备都连接到第三方交换机上，第三方交换机再连接到车站的 A 和 B 交换机上，由于连接到 A 交换机和 B 交换机的设备分属于不同网段，因此 A 和 B 交换机对 CCTV 专业设置不同的 VLAN 编号，A 交换机为 VLAN10，B 交换机为 VLAN11，该 VLAN 不需要 VRRP 功能。

4）VLAN20 或 VLAN21：门禁系统（ACS），每个门禁设备有两个独立的 IP 必须为不同网段，A 和 B 交换机上的 VLAN 设计为不同子网 IP，不需要 VRRP。A 交换机为 VLAN20，B 交换机为 VLAN21。

5）VLAN40：能管系统（EMS），该系统只连入 A 网。

6）VLAN50：杂散电流系统（ZSDL），该系统只连入 A 网。

典型车站 VLAN 及端口规划见表 2。

表 2 典型车站 VLAN 及端口规划

	A 交换机		B 交换机		VRRP 虚拟网关	端口
环网	VLAN1	172. 64. 10. x	VLAN1	172. 64. 100. x	—	P0. 1~0. 4，P10. 4
CCTV	VLAN10	140. 140. x. 1/29	VLAN11	140. 140. x. 9/29	—	P2. 1~2. 4
ACS	VLAN20	171. 16. x. 254	VLAN20	171. 17. x. 254	—	P5. 1~5. 4
EMS	VLAN40	171. 18. x. 254	—	—	—	A：P3. 1~3. 4
ZSDL	VLAN50	171. 20. x. 254	—	—	—	A：P8. 1~8. 4
ISCS	VLAN90	10. 64. x. 251	VLAN90	10. 64. x. 252	10. 64. x. 254	剩余端口

（2）控制中心的 VLAN/子网规划

1）VLAN1：主干环网。

2）VLAN90：综合监控服务器网络。

3）VLAN91：路由桥接链路及控制中心综合监控工作站网络。

4）VLAN10 或 VLAN11：CCTV 专业，与车站相同。

5）VLAN40：能管系统（EMS），该系统只连入 A 网。

控制中心 VLAN 及端口规划见表 3。

表 3 控制中心 VLAN 及端口规划

	A 交换机		B 交换机		VRRP 虚拟网关	端口
环网	VLAN1	172. 64. 10. 90	VLAN1	172. 64. 100. 90	—	P0. 1、P0. 2
CCTV	VLAN10	140. 140. 90. 1/29	VLAN11	140. 140. 90. 9/29	—	P2. 1~2. 4
云	VLAN90	10. 64. 90. 251	VLAN90	10. 64. 90. 252	10. 64. 90. 254	P9. 1、P9. 2
ISCS	VLAN91	10. 64. 91. 251	VLAN91	10. 64. 91. 252	10. 64. 91. 254	P7. 1、P7. 2
EMS	VLAN40	171. 18. 90. 254	—	—	—	A：P11. 1~11. 4

3. 关于网络设计的几点说明

每个车站都没有部署综合监控的实体机服务器，所有服务器都部署在控制中心的云平台虚拟服务器上。因此，各个车站的子专业数据需要通过主干网汇聚至云平台的虚拟服务器，各个车站的工作站要监控本车站的状态都需要从控制中心的虚拟服务器上获得数据。普通车站的数据流向示意图如图 11 所示。当网络路径出现断点时，网络需要能够自动规划新路径并快速切换。为了满足此应用要求需要对网络进行优化设计。

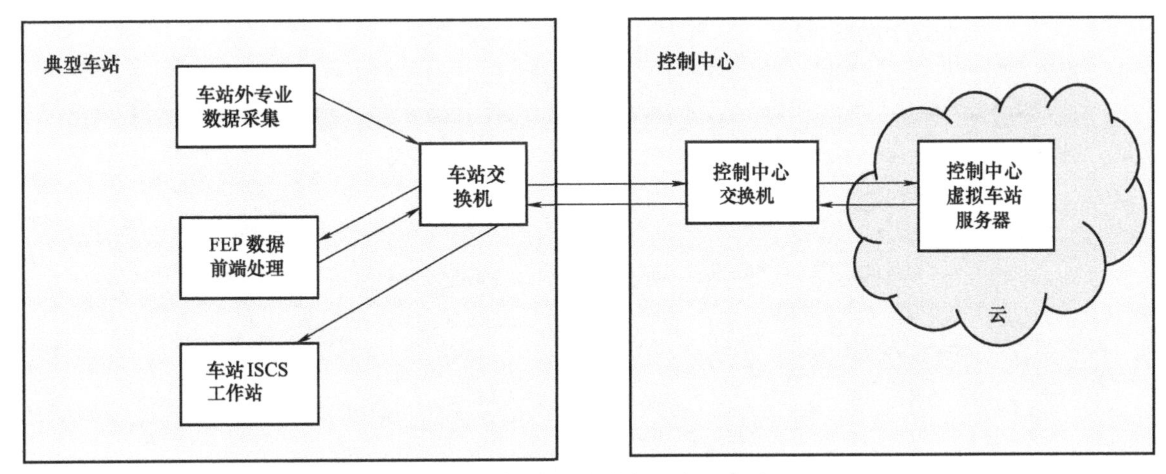

图 11　普通车站的数据流向示意图

（1）对于所有车站

1）所有站点的 OSPF Router ID 的设计：例如 1 号地铁站 A 交换机设计为 1.1.1.1；B 交换机设计为 1.1.1.2。2 号地铁站 A 交换机设计为 2.2.2.1；B 交换机设计为 2.2.2.2。以此类推 A 为 x.x.x.1；B 为 x.x.x.2，区域都为 0.0.0.0。

2）由于所有车站都需要与控制中心进行数据交换，因此在设置环网中的 MRP Manager 时，应选择在环网拓扑结构中处于控制中心站对面的车站交换机作为 MRP Manager，其他交换机为 MRP Client。在网络正常的情况下，此设计可以保证各个车站到达控制中心的通信距离最优。但是在项目实施后期，发现虽然 MRP 协议可以实现二层网络的快速切换，但是当 MRP 环网快速切换时会引起 OSPF 角色的重新计算，尤其是当环网的光纤质量不好的时候，频繁地切换会导致 OSPF 运算占用 CPU 的大量资源，路由表也会发生振荡，这对通信的稳定反而是不好的。因此调整方案采用 RSTP 协议来实现网络冗余方案，再通过调整各个站点交换机 RSTP 的 Bridge Priority 来确定断点位置。

3）CCTV 子专业无需跨站调用。控制中心调用普通车站 CCTV 数据时，通过 CCTV 的专用网络进行，CCTV 组播数据不需要经过综合监控的主干网。因此各个车站的 CCTV 组播数据流只在站内存在，不会到综合监控主干网上。

4）按照各个专业数据流量情况，为了均衡两台交换机负荷，综合监控子网的数据走 B 网络，其他专业数据走 A 网络。通过调整两个交换机的 VRRP 优先级来实现主备切换，MRP 当前设置 B 交换机的优先级为 100，高于 A 交换机。VRRP 设置如图 12 所示。

5）为了避免 OSPF 网络规模过大导致路由子网条目过多，增大 CPU 的负荷，可以对 OSPF 设置进行优化。在交换机的 OSPF 中发布 VLAN1、VLAN90 子网接口，通过设置 Default、Connected（本地路由重分发）和 Static（携带静态路由信息）将 A、B 交换机的路由信息发布，并获得 A、B 网络中其他车站的路由信息。如果所有车站都按此方式设置，可能会导致每个车站的路由表条目过多，如果车站之间不需要互相访问其静态路由内容，则只勾选 Connected 即可。OSPF 设置如图 13 所示。

6）网络冗余采用 RSTP 方案后，为了满足业务对网络切换时间的要求，当网络出现断点时，网络路径需要进行快速切换，因此调整 OSPF 的 hello 和 dead time 的设置，将所有交换机更改为 hello interval：1；dead Interval：4，如有个别交换机未更改会导致该站点无法与其他站点通信。设置 hello 和 dead interval 如图 14 所示。

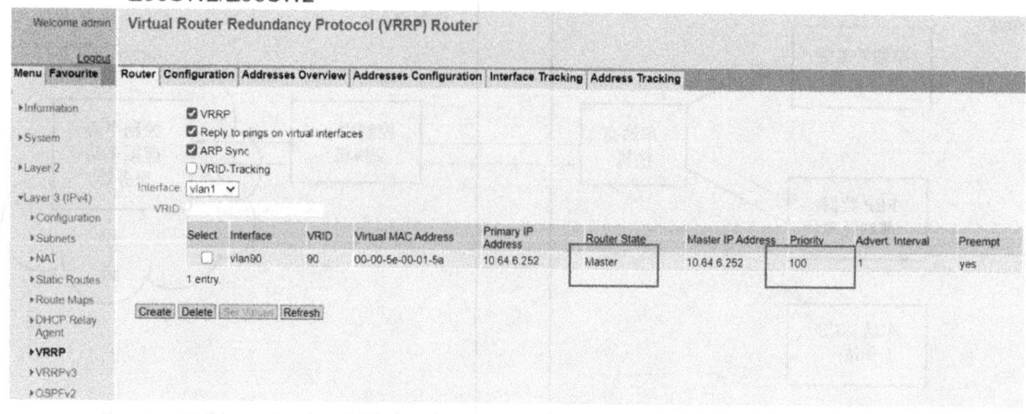

图 12　VRRP 设置

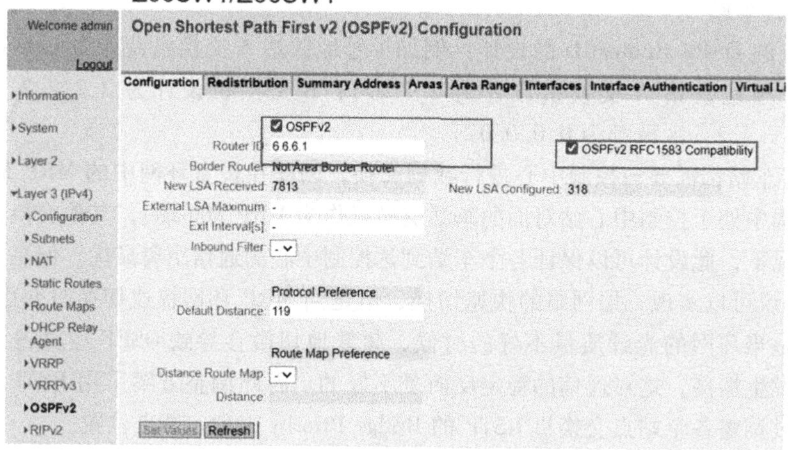

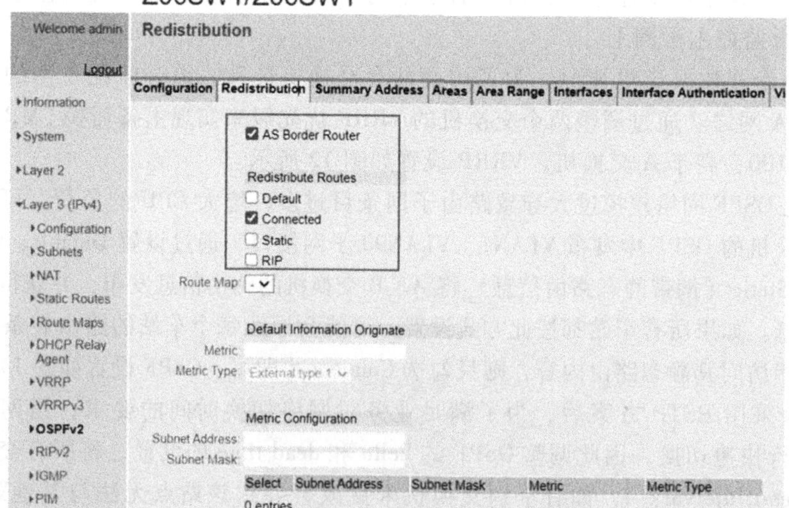

图 13　OSPF 设置

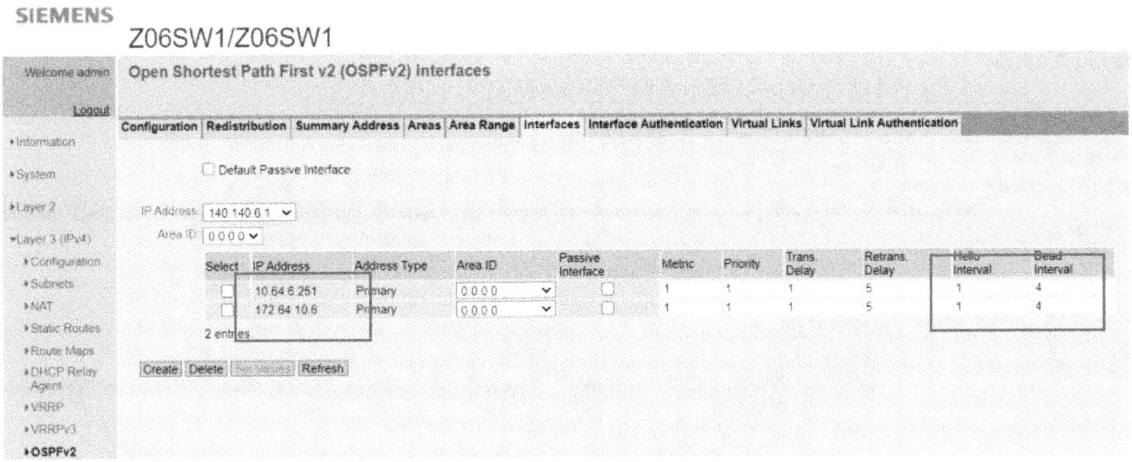

图 14　设置 hello 和 dead interval

（2）对于控制中心

控制中心的核心交换机，除了有和一般车站的交换机类似的功能外，还负责和云平台交换机对接。控制中心交换机与云平台网络连接 VLAN 及子网情况如图 15 所示。

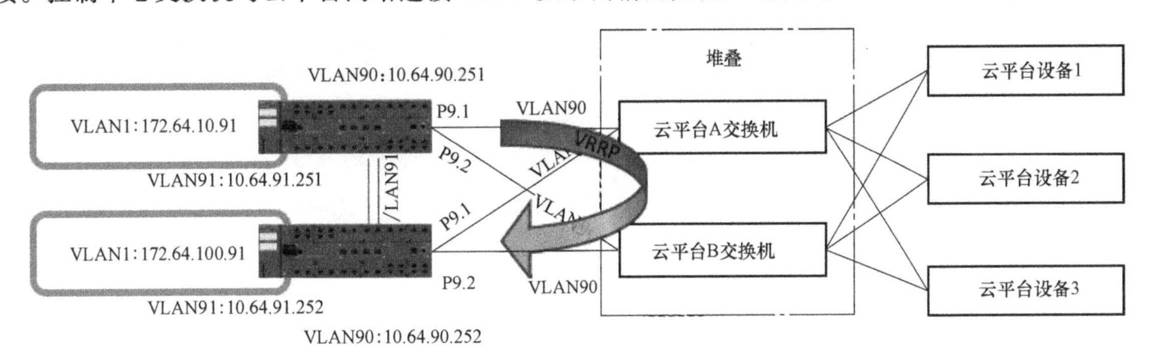

VLAN90：A：10.64.90.251；　B：10.64 90.252 VRRP　地址：10.64.90.254

VLAN91：A：10.64.91.251；　B：10.64.91.252 VRRP　地址：10.64.91.254

图 15　控制中心交换机与云平台网络连接 VLAN 及子网情况

1）控制中心的云平台 A 交换机和云平台 B 交换机已经设置为堆叠，逻辑上可以视作一个交换机使用。

2）控制中心的 VLAN90 为云服务器的各个综合监控服务器的 VLAN，子网为 10. 64. 90. x，其中 x 为站号，例如 10. 64. 90. 1 为部署在云平台上的 1 号车站 ISCS 服务器。

3）控制中心的 VLAN91 为除了云服务器以外的工作站的 VLAN，其子网 IP 为 10. 64. 91. x。

4）控制中心的 A 交换机的 P9. 1、P9. 2 做一组链路聚合，B 交换机的 P9. 1、P9. 2 做另一组链路聚合，分别连接到云平台 A 交换机和云平台 B 交换机上。LACP 设置需要跟云平台交换机对应。

5）控制中心的 VLAN90 需要做 VRRP，其心跳信号通过 P9. 1、P9. 2 的链路聚合进行。

6）控制中心的 VLAN91 需要做 VRRP，其心跳信号通过 P7. 1、P7. 2 的链路聚合进行。

7）设置 OSPF 时，与普通车站不同，需要发布 VLAN1、VLAN91 子网接口，且设置静态路由重分发，以确保控制中心的其他专业通过静态路由可以访问到普通车站内的指定设备。控制中心 OSPF 设置如图 16 所示。

SIEMENS

172.64.10.90/SCALANCE XR552-12M (L3)

Welcome admin

Logout

Open Shortest Path First v2 (OSPFv2) Interfaces

Changes will be saved automatically in 7 seconds Press 'Write Startup Config' to save immediately

Configuration | Redistribution | Summary Address | Areas | Area Range | Interfaces | Interface Authentication | Virtual Links | Virtual Li

▸Information
▸System
▸Layer 2
▾Layer 3 (IPv4)
▸Configuration
▸Subnets
▸NAT
▸Static Routes
▸Route Maps

Default Passive Interface

IP Address: 10.64.90.251

Area ID: 0.0.0.0

Select	IP Address	Address Type	Area ID	Passive Interface	Metric	Priority	Trans. Delay
☐	10.64.91.251	Primary	0.0.0.0	☐	1	1	1
☐	172.64.10.90	Primary	0.0.0.0	☐	1	1	1

2 entries

Create | Delete | Set Values | Refresh

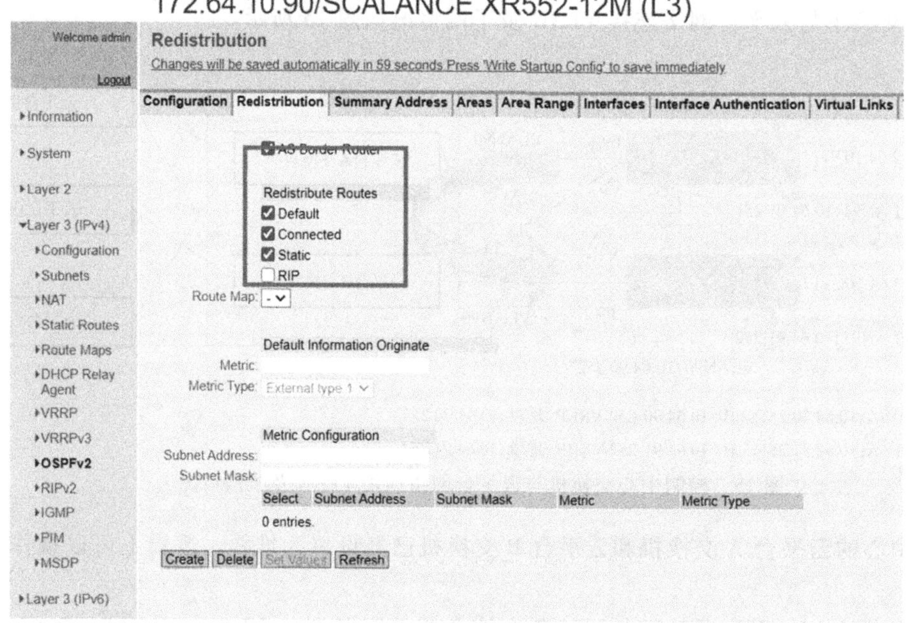

图 16　控制中心 OSPF 设置

四、交换机状态检查

完成所有核心交换机的配置后，需要检查交换机的状态，判断当前的设置是否正确，网络通信是否正常。

1. 检查路由表

所有核心交换机应该获得各个车站内子网的路由条目。以控制中心为例，控制中心交换机上可以看到所有车站的路由信息已经被获取。控制中心交换机路由表如图 17 所示。

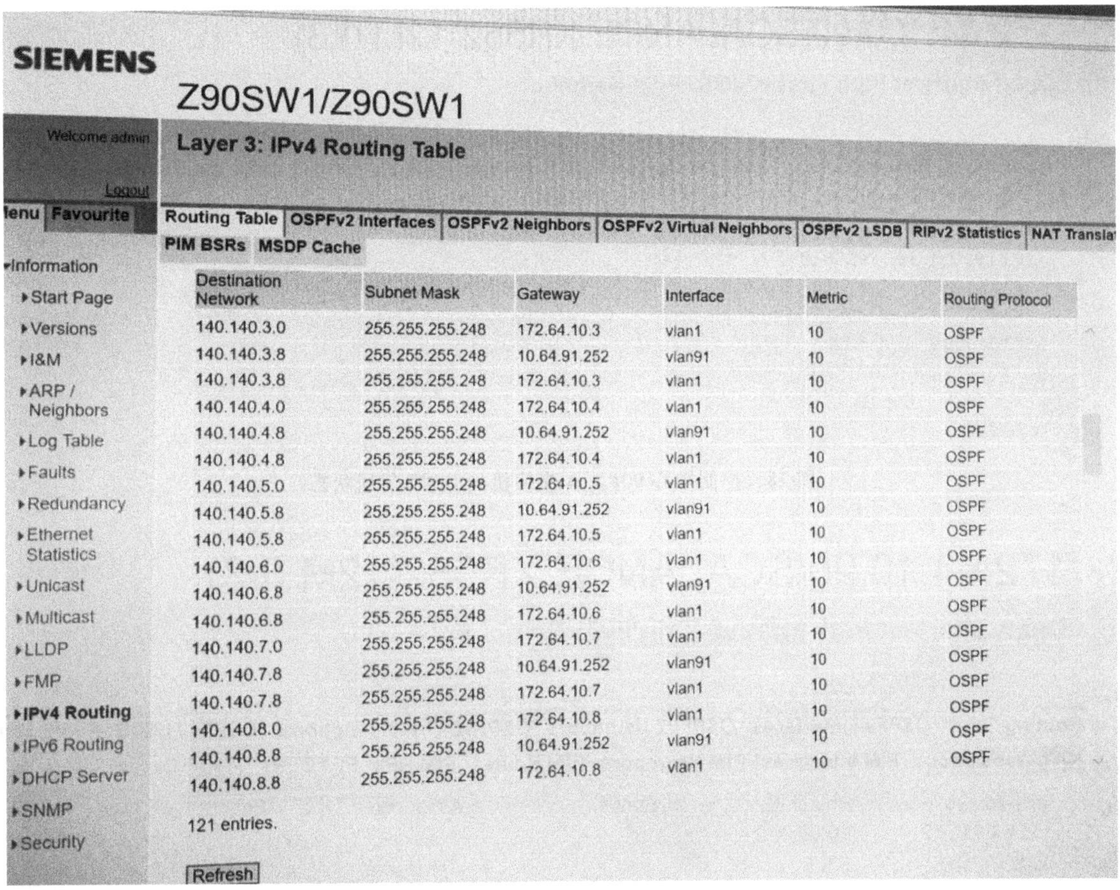

SIEMENS

Z90SW1/Z90SW1

Welcome admin

Logout

Layer 3: IPv4 Routing Table

Menu | Favourite

Routing Table | OSPFv2 Interfaces | OSPFv2 Neighbors | OSPFv2 Virtual Neighbors | OSPFv2 LSDB | RIPv2 Statistics | NAT Transla

PIM BSRs | MSDP Cache

- Information
  - Start Page
  - Versions
  - I&M
  - ARP / Neighbors
  - Log Table
  - Faults
  - Redundancy
  - Ethernet Statistics
  - Unicast
  - Multicast
  - LLDP
  - FMP
  - **IPv4 Routing**
  - IPv6 Routing
  - DHCP Server
  - SNMP
  - Security

Destination Network	Subnet Mask	Gateway	Interface	Metric	Routing Protocol
140.140.3.0	255.255.255.248	172.64.10.3	vlan1	10	OSPF
140.140.3.8	255.255.255.248	10.64.91.252	vlan91	10	OSPF
140.140.3.8	255.255.255.248	172.64.10.3	vlan1	10	OSPF
140.140.4.0	255.255.255.248	172.64.10.4	vlan1	10	OSPF
140.140.4.8	255.255.255.248	10.64.91.252	vlan91	10	OSPF
140.140.4.8	255.255.255.248	172.64.10.4	vlan1	10	OSPF
140.140.5.0	255.255.255.248	172.64.10.5	vlan1	10	OSPF
140.140.5.8	255.255.255.248	10.64.91.252	vlan91	10	OSPF
140.140.5.8	255.255.255.248	172.64.10.5	vlan1	10	OSPF
140.140.6.0	255.255.255.248	172.64.10.6	vlan1	10	OSPF
140.140.6.8	255.255.255.248	10.64.91.252	vlan91	10	OSPF
140.140.6.8	255.255.255.248	172.64.10.6	vlan1	10	OSPF
140.140.7.0	255.255.255.248	172.64.10.7	vlan1	10	OSPF
140.140.7.8	255.255.255.248	10.64.91.252	vlan91	10	OSPF
140.140.7.8	255.255.255.248	172.64.10.7	vlan1	10	OSPF
140.140.8.0	255.255.255.248	172.64.10.8	vlan1	10	OSPF
140.140.8.8	255.255.255.248	10.64.91.252	vlan91	10	OSPF
140.140.8.8	255.255.255.248	172.64.10.8	vlan1	10	OSPF

121 entries.

Refresh

图 17　控制中心交换机路由表

2. 检查 OSPF 接口和邻居状态

所有的核心交换机，在环网接口（VLAN1）和 A、B 之间的链路聚合接口（普通车站 VLAN90、控制中心 VLAN91）均发布了 OSPF，因此在 OSPF 邻居中，应能看到交换机在各自环网中其他交换机的地址，以及同一车站内的伙伴交换机地址。如果有个别站点未出现在 OSPF V2 Neighbors 页面中，则需要检查对应站点的 OSPF 接口发布情况，hello time 和 dead time 设置情况，以及物理网络是否连接正常。图 18 和图 19 所示分别为控制中心 90#站 A 交换机和 B 交换机的 OSPF 邻居状态，当时只有控制中心 90#站及其前后站点物理网络正常，因此只能看到 5#、7#、9#的邻居状态以及伙伴交换机的状态。

3. 查看交换机 VRRP 角色

查看各车站 A、B 交换机 VRRP 角色情况，图 20 所示为控制中心 VLAN90 和 VLAN91 子网的 VRRP 角色情况。通过更改优先级（Priority）可以切换交换机主备状态。图 20 中将 A 交换机的优先级设置得比 B 交换机优先级大，A 交换机变为 Master，B 交换机为 Backup。如果 A、B 交换机之间 VRRP 的心跳线摘除，则两个交换机都会变为 Master。

4. 查看交换机 CPU 及 RAM 使用情况

整个综合监控主干网中，综合监控以 B 网络为主，因此工作负荷最大的是控制中心 B 主交换机。通过 Telnet 登录到控制中心 B 交换机，使用 show usage 指令查看其 CPU 及 RAM 使用情况（见

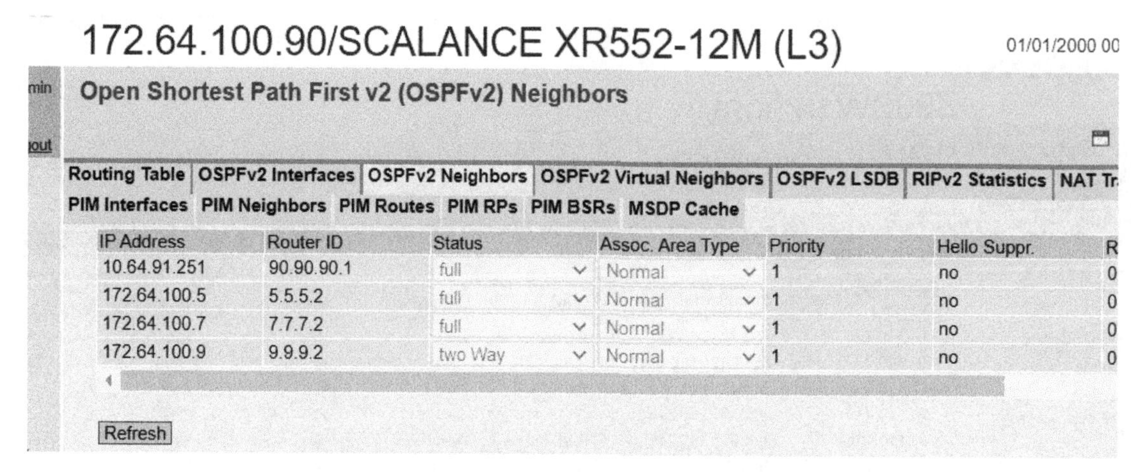

图 18 控制中心 90#站 A 交换机的 OSPF 邻居状态

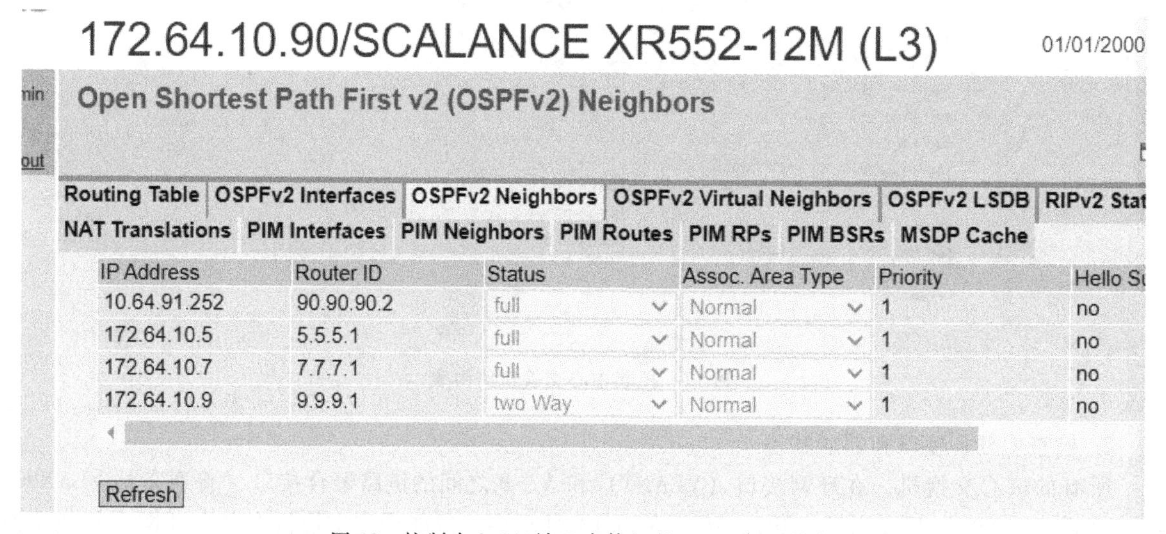

图 19 控制中心 90#站 B 交换机的 OSPF 邻居状态

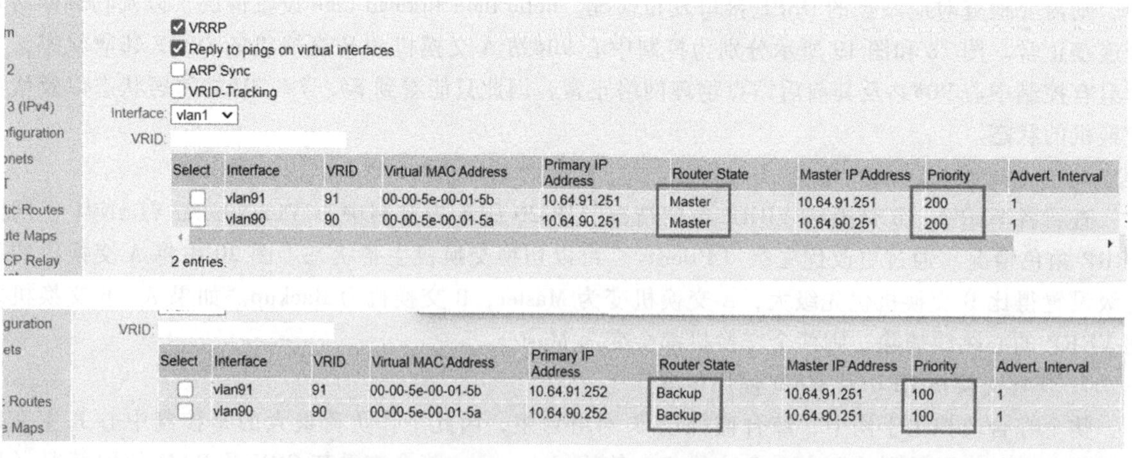

图 20 控制中心 VLAN90 和 VLAN91 子网的 VRRP 角色情况

图 21)，可以看到 B 交换机的 CPU 的使用率为 24%左右，完全满足用户对 CPU 负荷小于 40%的要求。

5. 查看网络带宽使用情况

在控制中心 B 交换机上查看交换机的网络负荷，镜像 B 交换机与云平台交换机的通信端口，网络中所有数据通信均经过该端口。使用 Wireshark 抓包并监控网卡状态，可见当前通信带宽约为 200M（抓包时所有专业均已工作（暂无视频流）到云平台）。控制中心交换机通过链路聚合与云平台交换机互通，其网络带宽可达 2000M，完全满足用户对于带宽的要求。网络带宽测试如图 22 所示。

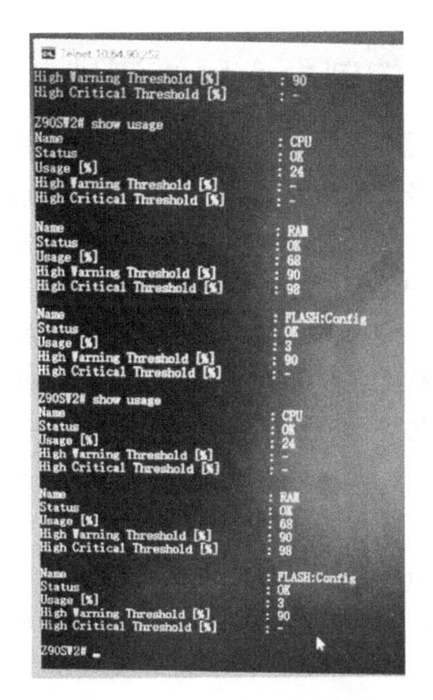

图 21 CPU 及 RAM 使用情况

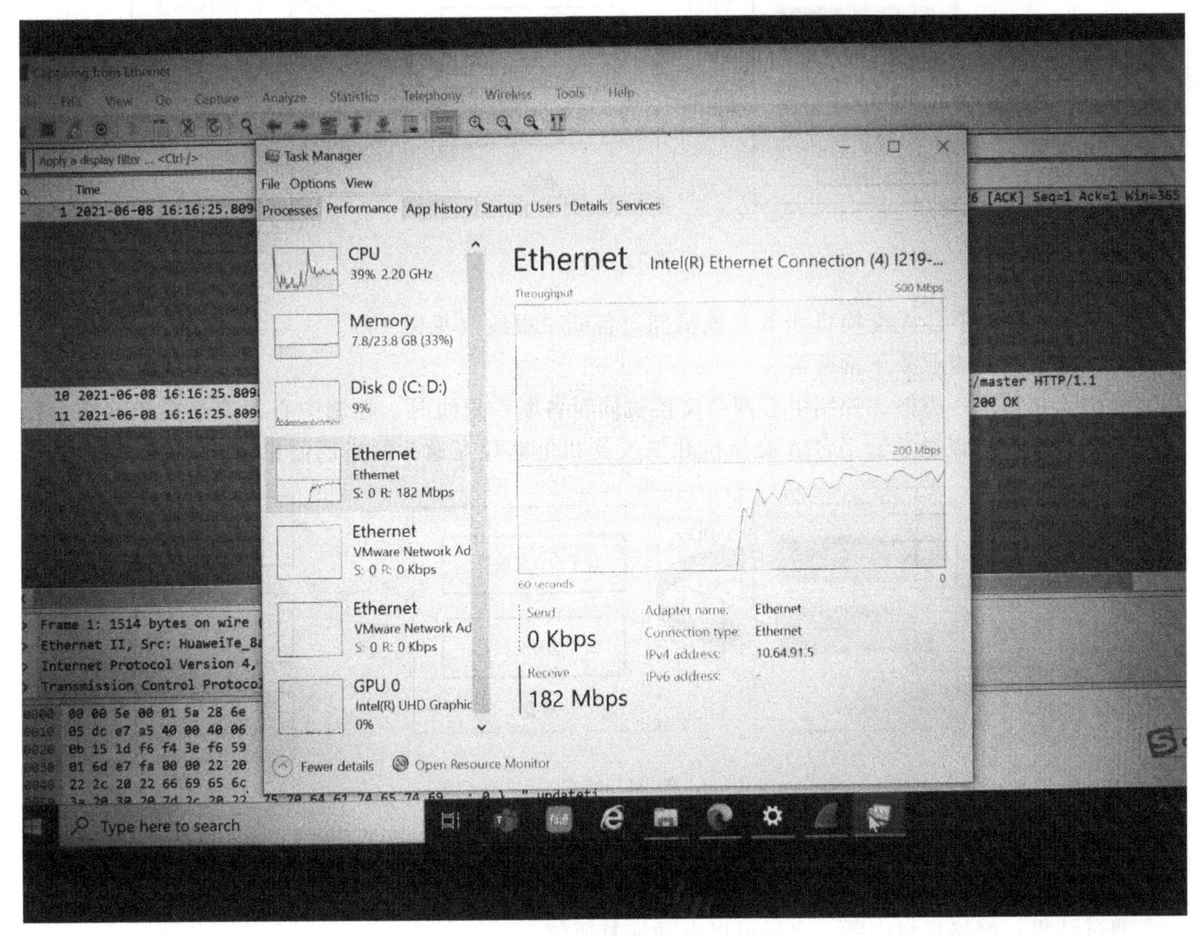

图 22 网络带宽测试

五、控制中心网络测试

由于所有车站综合监控服务器均部署在控制中心的云平台上，各车站下属子专业数据都需要经过主干网络汇聚至云平台，各车站工作站也需要通过访问云平台获取本车站的数据，因此控制中心交换机与云平台交换机的网络可靠性尤为重要，需要进行路径切换测试。

控制中心的 SCALANCE 交换机与云平台交换机之间通过 4 根物理链路互相连接，西门子 SCALANCE 交换机通过与云平台交换机的链路聚合路径作为两个交换机 VRRP 的心跳路径，从而实现 4 台交换机之间的路径冗余，且保证仅有一条路径可达时，路由路径自动切换，通过以下四种故障情况对此进行验证。

情况一：云平台 A 交换机宕机或云平台 A 交换机与控制中心交换机两台交换机同时断线（见图 23）。

测试结果：所有业务正常通信。

分析：云平台 A 交换机与控制中心两台交换机同时断线时，控制中心 A 交换机和 B 交换机的 VRRP 心跳仍可以通过云平台 B 交换机的路径互通，网络通信正常。

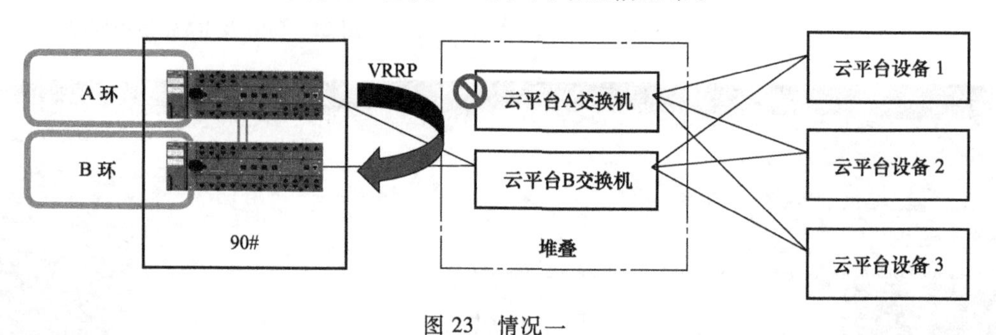

图 23　情况一

情况二：控制中心 A 交换机和 B 交换机同时各断一根线（见图 24）。

测试结果：所有业务正常通信。

分析：与情况一类似，控制中心两台交换机同时各断一根线时，控制中心 A 交换机和 B 交换机的 VRRP 心跳仍可以通过云平台 A 交换机和 B 交换机的路径互通，网络通信正常。

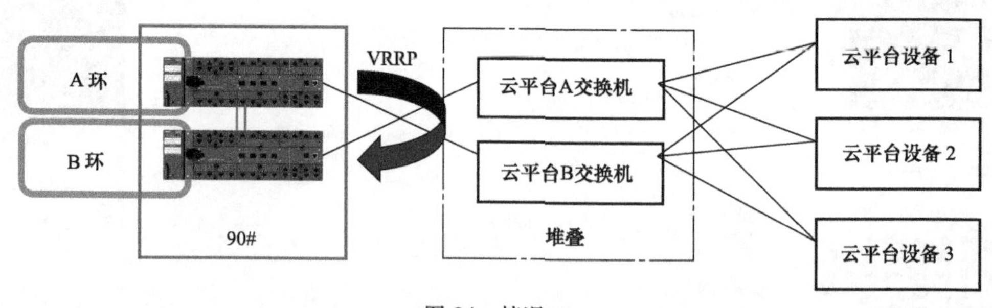

图 24　情况二

情况三：控制中心 A 交换机宕机或控制中心 A 交换机与云平台两台交换机同时断线（见图 25）。

测试结果：网络短暂中断，之后可以自动恢复通信。

分析：当控制中心 A 交换机宕机时，控制中心 B 交换机成为 Master，所有通信工作由控制中心

B交换机接管。当控制中心A交换机未宕机，但是其与云平台两台交换机的网线同时断开时，A、B交换机之间的VLAN90的VRRP心跳失效，两个交换机都为Master。由于A交换机上连接VLAN90的端口都已down，因此VLAN90子网失效，此时A交换机上不再有VLAN90子网的路由信息，因此连接到A网的工作站ping VLAN90子网下的云平台服务器时，会从B交换机路由过去。

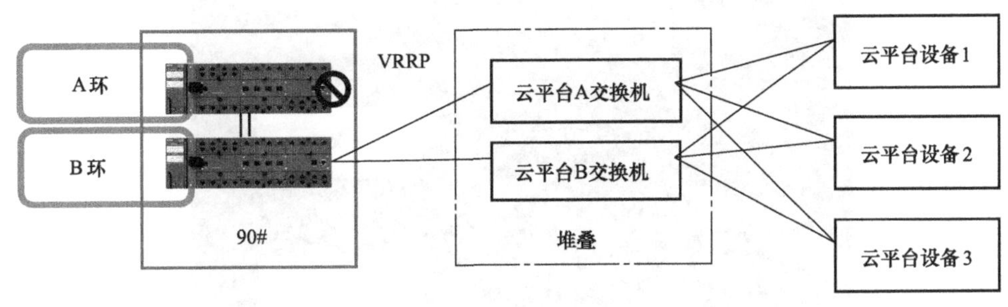

图25 情况三

情况四：控制中心交换机与云平台交换机之间同时断3根网线（见图26）。

测试结果：网络短暂中断，之后可以自动恢复通信。

分析：A、B交换机之间的VRRP心跳失效，两个交换机都为Master，由于A交换机上连接VLAN90的端口都已down，因此VLAN90子网失效，此时A交换机上不再有VLAN90子网的路由信息，因此连接到A网的工作站ping VLAN90子网下的云平台服务器时，会从B交换机路由过去。

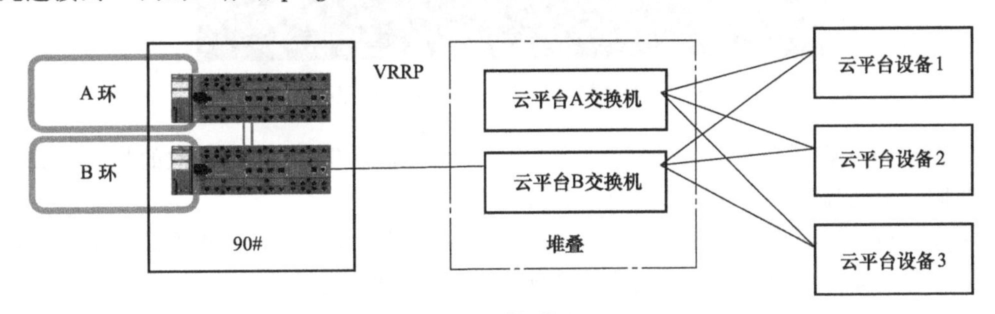

图26 情况四

在四种故障情况的测试中，使用Tracert指令来追踪路由路径，图27所示为四种情况下的Tracert云平台服务器。四种情况下，业务都可以通过其他路径到达通信对象，其路由路径跟设计规划的路径相同。通过此测试，可以验证控制中心交换机和云平台交换机之间的网络方案，该方案在苛刻的网络故障情况下依旧可以快速切换网络路径，实现业务的正常通信。

六、应用体会

西门子交换机SCALANCE XR552-12M L3在杭州多条地铁线路中广泛使用，包括杭州地铁16号线、杭州地铁6号线、杭海线、杭绍线、杭州地铁7号线、杭州地铁10号线。其中杭州地铁6号线、杭海线、杭绍线均采用双网融合网络结构，此种网络结构可以容忍网络中多个断点，尤其是杭海线采用了云平台部署综合监控服务器，对网络带宽、可靠性的要求比传统方案更高。此种网络结构大大降低了因网络故障导致业务通信不畅的风险，提高了网络的可靠性，但同时骨干网交换机也面临着负荷会大大增加，从而造成对交换机的性能冲击，在整个方案实施的过程中，这始终是我们关注的重点。在调试中，通过对各个子网的规划进行优化，综合监控数据通信通过B网进行，其他

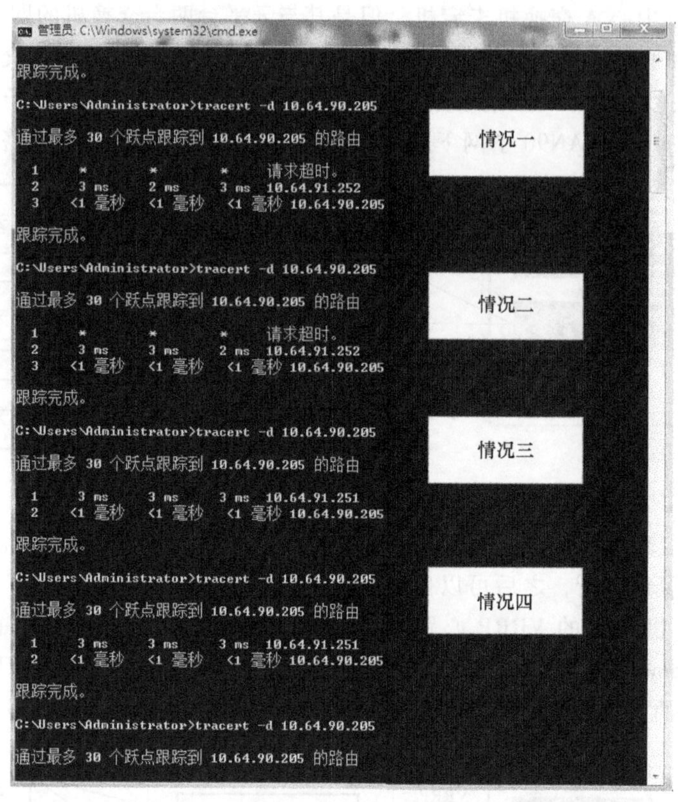

图 27　四种情况下的 Tracert 云平台服务器

专业通过 A 网进行，将网络通信负荷分开，同时还优化了确保 OSPF 快速收敛的相关参数，缩短了网络重构时间，最终保证了交换机的负荷和各种状态一切正常。

西门子交换机的所有设置均通过网页方式进行，对于用户来说，通过此种方式批量设置交换机不太方便。今后可以考虑使用最新的网络管理软件 SINEC NMS 进行设置。

总体来说，西门子的双网融合方案可以很好地满足地铁行业综合监控主干网络的需求，提供可靠的网络通信路径，保证各业务之间的正常通信。

参考文献

[1] 西门子（中国）有限公司. 工业以太网交换机 SCALANCE XR-500 操作说明 [Z].

[2] 西门子（中国）有限公司. 工业以太网交换机 SCALANCE XR-500 Based Management (WBM) 配置手册 [Z].

SCALANCE X 交换机钢铁厂网络升级改造中的应用
Application of SCALANCE X switch in network upgrading of iron and steel plant

任继崇
（西门子数字工业过程自动化数字化互连与电源）

[摘　要] 随着工业数字化的进程，钢铁生产企业近年来对其生产过程的管控集中化、无人化和精益化能力要求不断提高，原有工业控制网络不能完全满足钢铁企业的发展需求，钢铁生产企业主动升级改造其现有工业控制网络以满足其需求。本文结合实际应用，讲述西门子 SCALANCE X 交换机在钢铁企业工业控制网络改造中的应用。

[关 键 词] SCALANCE X200/XC200/XM400/XR500 交换机、静态路由、动态路由 OSPF、虚拟网关冗余 VRRP

[Abstract] With the process of industrial digitization, iron and steel production enterprises have been centralizing the control of their production process in recent years, and the requirements for unmanned and lean ability have been continuously improved. The original industrial control network can not fully meet the development needs of iron and steel enterprises. Iron and steel production enterprises take the initiative to upgrade and transform their existing industrial control network to meet their needs. Combined with practical application, this paper describes the application of SIEMENS SCALANCE X switch in the transformation of industrial control network in iron and steel enterprises.

[Key Words] SCALANCE X200/XC200/XM400/XR500 switch、Static routing、Dynamic routing OSPF、Virtual gateway redundant VRRP

一、概述

进入 21 世纪以来，由于经济发展的需要，钢铁冶金行业获得了较大发展，国内建设了相当规模的钢铁产能。随着这些产能的投入使用年限的增加，以及钢铁企业对生产管制过程集中化、自动化、智能化需求的不断提高，对原有控制系统中通信网络的需求由工艺段实现可达性和可用性为主，逐步提升到生产过程全流程可达性、可用性、可管理、与企业 IT 网络安全互连等更高的网络性能要求。由此近年来，钢铁企业对原有工业控制 OT 网络的改造需求不断增加，西门子 SCALANCE X 系列工业以太网交换机在国内主要钢铁企业工业控制 OT 网络改造项目中，帮助用户解决其生产过程全流程可达性、可用性、可管理、与企业 IT 网络安全互连性能的需求。

二、钢铁企业工业控制分析

目前，国内钢铁企业工艺流程以长流程生产工艺为主，钢铁生产涉及的工艺段数量多，需要联网生产设备数量大。由于在初始建设阶段，各个生产工艺段多数情况下并不是同步建设，并且在建设过程经常会出现由不同的设计院和集成商实施各个工艺段的设计和集成，缺乏对涉及全厂范围的工业控制网络集中规划。

钢铁企业已投入使用多年的工业控制网络，当前基本满足各个工艺段对工业控制网络的可用性和本工艺段的可达性要求。但是仍然存在一些需要考虑改造的因素：

1）生产维护人员对网络运行状态不能实时了解，对接入网络的设备 IP 地址、MAC 地址和端口信息掌握不详，不能根据具体设备需求配置网络参数。

2）在没有控制互操作需求的生产工艺段设备 IP 子网划分过大，亦即不同车间的 IP 网段采用的子网掩码（例如 255.255.0.0）覆盖过多的主机设备，造成广播域过大，在有新设备接入时会造成网络振荡。

3）各个生产工艺段存在 IP 网段重叠情况，无法直接实现互联。

4）各个生产工艺段在设计和实施阶段没有对现阶段要求的工业控制系统信息安全采取合理的网络分段，物理、逻辑隔离，物理、逻辑访问控制等措施。

三、钢铁企业网络改造实例

以某钢铁公司长流程工艺线材生产集中控制中心项目中的工业控制网络改造为例，介绍使用 SCALANCE X 交换机在工业控制网络中的应用。

该项目的目标是实现对钢铁生产全流程原料场、烧结、焦化、炼铁、炼钢、连铸、轧钢、余热发电、新材料等生产过程的集中管控，并在控制中心实现与制造执行系统（Manufacturing Execution System，MES）等北向管控系统的安全互连。在实现高可用性的连通性外，需要实现网络设备的集中管理和状态监控，并且为实现下一步的工业控制系统信息安全等级保护奠定基础。

1. 项目实施前各个车间工业控制网络状态

烧结、焦化、炼铁、竖炉、炼钢、连铸、轧钢、余热发电等生产工艺段所属车间控制网络由西门子 SCALANCE X200 交换机通过自动协商组成介质冗余协议（Media Redundancy Protocol，MRP）冗余环网。新材车间使用 CISCO 交换机组成快速生成树协议（Rapid Spanning Tree Protocol，RSTP）环形网络。各个车间独立组网运行情况下，除由于在建设阶段选择的以太网电缆及其使用的接头组件需要经常处理外，交换机运行稳定。有部分车间烧结、炼铁、炼钢、连铸和轧钢已经通过单臂方式连接到机房的一台二层交换机。该二层交换机没有划分虚拟局域网（Virtual Local Area Network，VLAN）对各个车间进行逻辑隔离，因此存在各个已经互联网络的振荡情况。

各个生产工艺车间 IP 地址规划均为 192.168 开头 C 类地址，并且对于未互联的车间，存在设备 IP 地址重叠的情况。

各个车间没有专职人员对网络进行维护，对接入网络的设备相关的 IP 地址，MAC 地址，接入交换机的端口没有文档化管理。部分环网交换机没有配置管理 IP 地址，不掌握交换机事件日志等必要的管理信息。图 1 所示为单核心机二层互联示意图。

实施集中控制所需的网络需求：

1）实现各个车间的现有控制网络的互联，尽可能控制投资和减少因网络改造造成的停机时间，网络迁移时间应安排在设备停机检修期间。

2）除增加必要的部分电缆、光缆敷设外，尽可能利用已有光缆和电缆资产。

3）增加改造后各个车间的网络可管理性，实现生产控制网络的集中管控和维护。

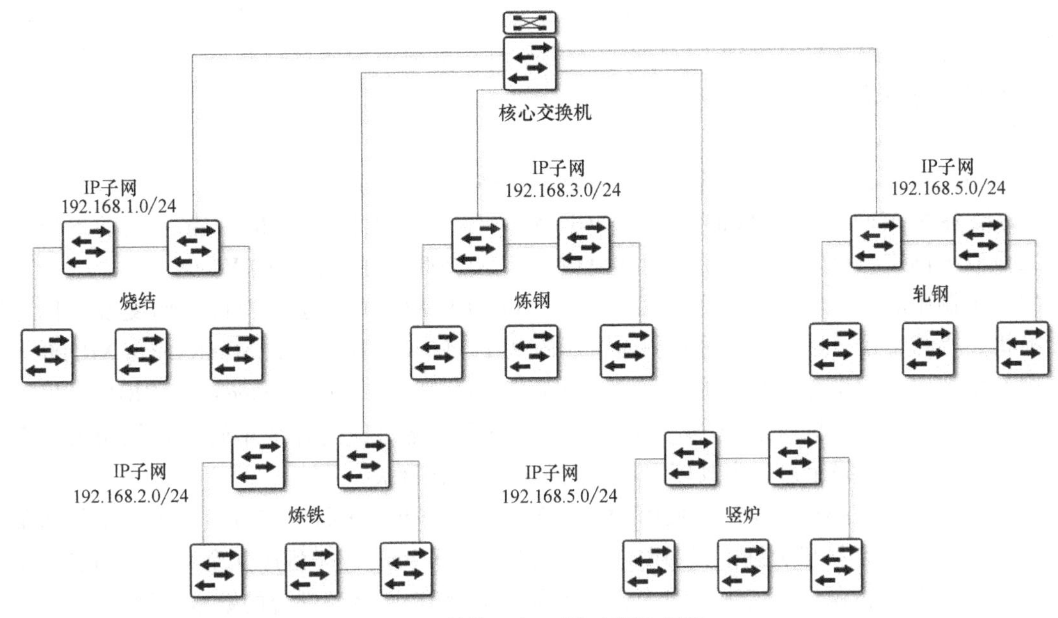

图 1　单核心机二层互联示意图

4）改造后的生产控制网络能实现必要的网络安全措施，为规划中信息安全等级保护预留相应的技术措施。

5）在保证生产控制网络的可用性前提下，实现网络管理的易用性，自动化工程师能对网络进行必要的管理和维护。

6）对采用不同品牌的交换机和网络冗余管理协议的生产工艺段实现互联，并实现稳定可靠运行。

2. 需求与现状差距

1）现有控制网络所使用的工业以太网交换机是西门子早期的 SCALANCE X200 二层管理型工业以太网交换机，能够实现基于高速冗余协议（High Speed Redundancy Protocol，HRP）或 MRP 的控制环网，按照默认设置优先选择 MRP，能够满足在一个车间范围内的控制和驱动设备互联通信。在除工业控制外的多业务接入能力相对不足，无法多种业务需求进行有效隔离。

2）将多个使用 SCALANCE X200 基于默认配置的 MRP 冗余环网进行互联时，仅可以使用单臂方式实现互联，网络的可用性较低，由于不能对多网段数据进行隔离造成广播域过大，通信效率比较低，并且在有新设备接入或通信电缆故障时会形成广播数据包在互连的车间之间泛洪，进而出现网络振荡。

3）现阶段通信机房采用二层交换机，并没有采用划分 VLAN 对各个车间数据进行隔离，该二层交换机接入的主机采用扩大子网范围方式与各车间 IP 实现通信，不利于实现工业控制系统信息安全所要求的适当网络分割，缩小威胁影响范围的目标。

4）各个生产工艺车间控制设备和主机的 IP 地址规划不尽合理，没有完全按工艺段进行 IP 网段划分，存在网段和部分 IP 地址重叠，不利于与集中控制中心的互联。

5）对于采用不同二层冗余网络协议 MRP 和 RSTP 的车间实现以太网互联时，需要考虑有以太网交换机能同时兼容这两种二层冗余网络协议，实现两种协议网络彼此桥协议数据单元（Bridge Protocol Data Unit，BPDU）有序管理，不发生彼此泛洪。

6）现有网络可管理性不足，存在设备资产管理缺陷，没有形成文档化管理。没有相应的网络管理系统，对交换机没有配置管理 IP 地址，无法及时获取网络设备运行状态和相应报警日志等信息以及交换机配置备份。

3. 网络改造实施

经过评估总结现有工业控制系统网络，有以下两种方案可以选择：

1）更换各个车间现有全部的 SCALANCE X200 工业以太网交换机为新一代的 SCALANCE XC200 工业以太网交换机，并在各个车间 SCALANCE XC200 上划分各自的 VLAN。

在集中控制中心机房增设两台互为冗余的 SCALANCE XR500 三层工业以太网交换机作为核心汇聚交换机，为每个生产工艺车间分别创建对应的基于 VLAN 子网，并在 SCALANCE XR500 上配置每个子网的虚拟网关虚拟路由器冗余协议（Virtual Router Redundancy Protocol，VRRP）。集中控制中心的服务器和操作员主机通过 SCALANCE XR500 的本地路由访问各个车间过程控制器。车间生产过程控制需要修改网络组态，为其配置本车间子网的默认网关。

对于使用 CISCO 交换机的车间，使用 SCALANCE XR300WG 进行对应替换。每个车间和集中控制中心的 SCALANCE 交换机分别配置 HRP 冗余环网，通过 Standby（备用冗余）方式将各个车间的 HRP 冗余环网与集中控制中心实现环间耦合。规避了多 MRP 冗余环耦合的数量限制。

各个工艺生产车间的 VLAN 划分，IP 网段规划、子网网关以及拓扑连接如图 2 所示。

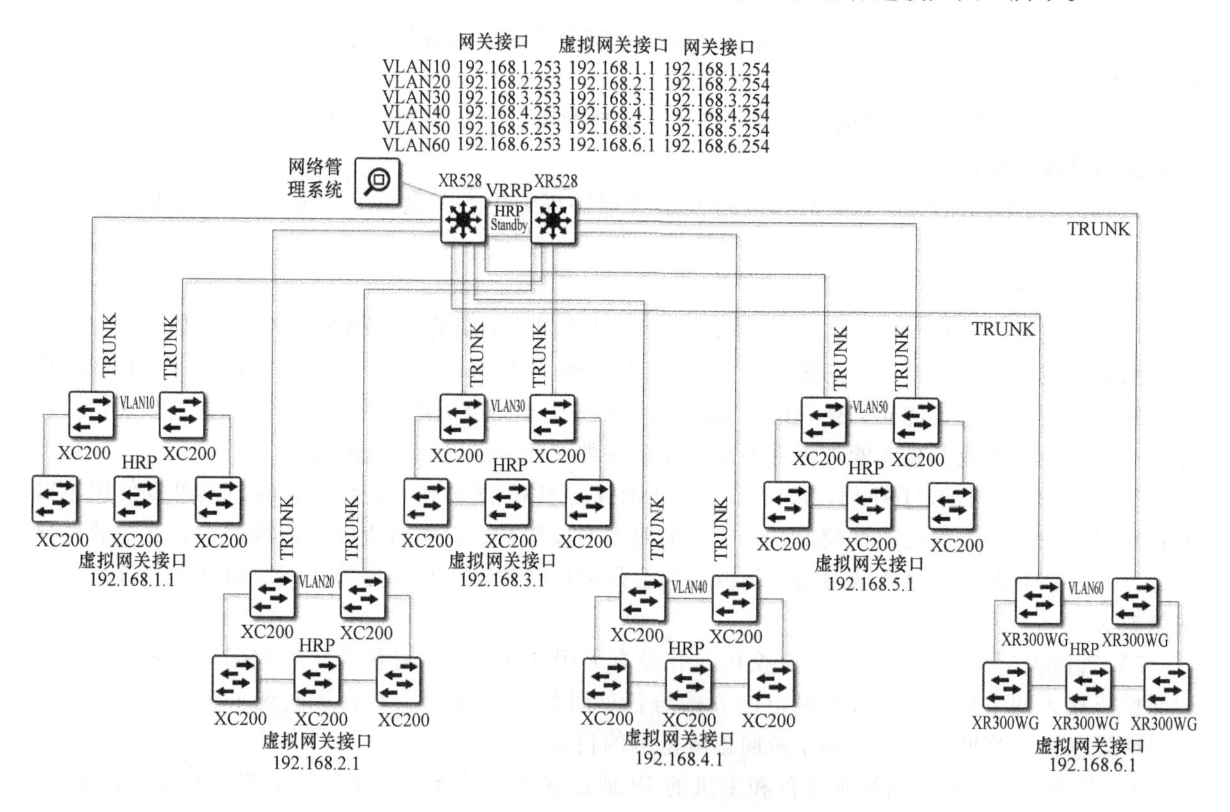

图 2 核心机冗余二层互联示意图

增强网络管理设置 SINEC NMS 网络管理系统，实现对网络拓扑、网络设备状态监视和事件日志收集，统一管理网络设备配置和固件更新管理。将安装网络管理系统（Network Management System，NMS）的主机时间作为网络时间协议（Network Time Protocol，NTP）时间服务器，交换机作为 NTPClient 与其同步网络时间。

各个工艺生产车间的以太网接入设备的 IP 地址重新规划，对重复的网段和 IP 地址进行配置更改，按照工艺车间分配不同的 IP 网段，并生成 IP 地址规划表文件。

该方案优点：网络配置参数少，车间控制网络为二层网络，通过划分 VLAN 实现各个车间控制网络的二层以太网广播域隔离，实现网络冗余协议统一，并利用原有多模光缆。集中控制中三层交换机通过本地路由实现对各个车间不同网段访问，网络维护量少，对自动化工程师网络集成要求较低。对实施工业控制系统信息安全等级保护，预留相应的扩展能力。

该方案缺点：由于要更换全部车间二层工业以太网交换机，需要投资高，并且施工周期较长。

2）第二种方案是除使用 CISCO 交换机的车间外，在其他各个车间选择两台 SCALANCE X200 替换为两台 SCALANCE XM400 三层工业以太网交换机作为汇聚交换机，XM400 通过 MRP 与剩余的 SCALANCE X200 组成冗余环网，选择环上到 XM400 跳数基本等距的 X200 交换机角色为 MRP 管理器，其他交换机可以保持自动协商方式或手动设置角色为 MRPClient。两台 XM400 三层交换机上分别为 VLAN1 配置网关，并在两台 XM400 上配置 VLAN1 的 VRRP 虚拟路由网关。各个车间的网络接入设备修改网络配置，增加默认网关，默认网关 IP 地址为各设备所属车间 XM400 三层交换机上配置的 VRRP 所配置的虚拟网关 IP 地址。

在集中控制中心机房部署两台 SCALANCE XR500 核心交换机，同样组成 MRP 冗余环，并通过开启 XR500 三层交换机的 RSTP+和增强被动侦听功能与使用 CISCO 交换机车间实现 RSTP 冗余环耦合。这种方式对比两台 SCALANCE XR500 通过链路汇聚连接后与 CISCO 交换机实现基于 RSTP 的冗余连接相比，既能保证核心 XR500 的毫秒级冗余收敛，又能够与 CISCO 交换机实现基于 RSTP 的环间耦合，并快速对 RSTP 环拓扑变化做出反应。并在 SCALANCE XR500 和 CISCO 交换机上配置所需的 VLAN10，两台 XR500 交换机上分别配置 VLAN 10 的子网、网关地址和 VLAN 10 的 VRRP 虚拟路由网关。CISCO 交换机上的接入设备需要修改网络配置，增加 XR500 三层交换机上配置的 VLAN10 的 VRRP 虚拟路由网关地址作为默认网关。

新增 SCALANCE XM400 三层交换机的车间，将每台 XM400 交换机上的一个 1000Mbit/s 接口配置一个三层路由端口，该三层路由端口与集中控制中心的 XR500 同样配置的对应三层路由端口连接，实现三层互连。通过在 SCALANCE XM400 和 SCALANCE XR500 交换机上配置静态路由或开启开放最短路径优先（Open Shortest Path First，OSPF）动态路由协议，实现控制中心与各生产车间的 IP 路由通信。通过配置三层路由通信，有效地对各个车间的二层通信广播域进行隔离，提供网络通信效率。静态路由需要网络管理员手动配置路由条目，能够直接实现各个车间之间的路由隔离，如增加子网需要手动增加路由条目。OSPF 动态路由能实现基于链路状态的路由条目自动生成，并可以保持参与相同区域的 OSPF 路由器的路由表条目一致且自动更新。各车间的路由隔离需要手动配置 ACL 等措施进一步限制。

每个车间的两台 XM400 配置 VRRP 实现车间的网关冗余，需要修改车间生产过程控制网络组态，为其配置本车间的 VRRP 虚拟网关。

提供网络可管理性设置 SINEC NMS 网络管理，实现对网络拓扑、网络设备状态监视和事件日志收集，统一管理网络设备配置和固件更新管理。将安装 NMS 的主机时间作为网络 NTP 时间服务器，同步网络设备时间。

各个工艺生产车间的以太网接入设备的 IP 地址重新规划，对重复的网段和 IP 地址进行配置更改，按照工艺车间分配不同的 IP 网段，并生成 IP 地址规划表文件。

各个工艺生产车间的拓扑连接，IP 网段规划，网关和虚拟网关规划，控制中心 SCALANCE XR500 三层交换机与车间 SCALANCE XM400 三层交换机动态路由 OSPF 接口规划如图 3 所示。

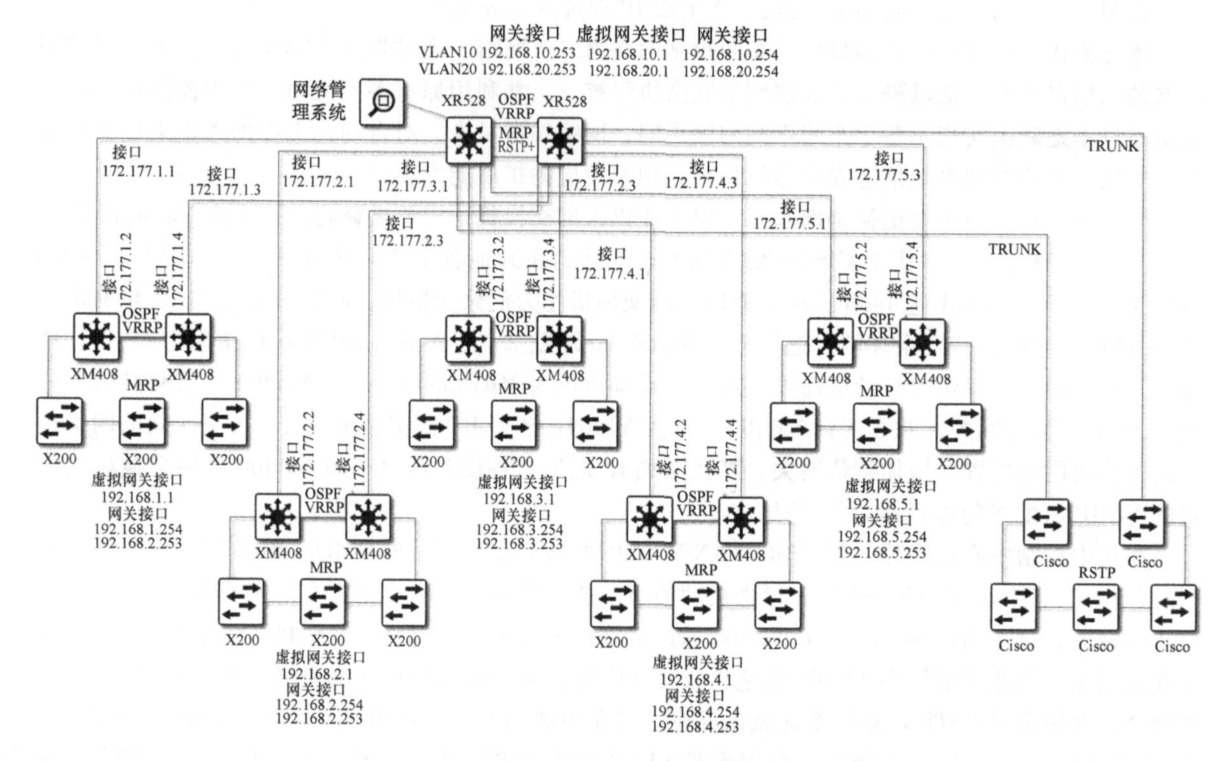

图 3　三层互联示意图

该方案优点：网络硬件改动小，相对投资低，对生产扰动时间短，充分隔离各个生产车间控制网络广播域，利用原有已经敷设的多模光纤设施。对实施工业控制系统信息安全等级保护，预留相应的扩展能力。

该方案缺点：对自动化工程师的网络基础知识要求高，需要能掌握以太网的交换机与路由知识并能应用于日常网络维护。

客户在考虑工期和投资造价等因素后，在最终实施过程中选择了第二种方案。通过常规检修停机时间顺利完成网络改造，并与集中控制中心同步投入运行。

四、结束语

钢铁企业在经过近二十年的高速发展后，进入新的发展阶段，对生产管理控制的自动化和精益化要求日趋提高，作为企业生产数字化的基础设施的工业控制网络作用不可忽视，通过结合具体网络现状选择适合的网络改造方案，能够使客户提高其工业控制网络的可用性、可管理性，并能符合工业控制网络信息安全等级保护的相关要求。

数字化解决方案 SIMICAS 在电子电器组装制造行业的应用

张　健
（西门子工厂自动化工程有限公司　北京）

[摘　要] 企业成长期会遇到管理模糊、数据记录不透明及难以发现改善点的问题，因此一套可以实现生产 KPI 透明化及记录分析的管理工具成为企业中上层管理人员不可多得的法宝。基于产线建模的 SIMICAS 云应用，它专注于发现产线存在的问题，并通过首次投资小，实施快速敏捷，易用和免维护等先天优点吸引众多成长期企业加入数字化建设浪潮。SIMICAS Tool 组态工具对不同的产线进行模型化，通过组态完成 IO 映射，最后发布到智能网关 IOTBOX2040 和 MindSphere。智能网关 IOTBOX2040 采集产线模型相关的实时数据，将工业现场的传感器、PLC 和服务器数据以 KPI 的维度呈现在云端 SIMICAS APP 上，并通过数据趋势、报表为客户发现问题提供有力帮助。

[关 键 词] 西门子 MindSphere 工业云、SIMICAS 生产透镜和产效分析 APP、智能物联网网关 IOTBOX、数采系统及产线 KPI

[Abstract] This paper introduces that enterprise will encounter problems of chaotic workshop management, opaque data records and difficult to find improvement points during the growth period. Therefore, a set of management tools that can realize the functions of transparency of production KPIs, recording, analysis has become a rare magic weapon for middle and upper managers of enterprises. SIMICAS Cloud Application Based on production line modeling focuses on finding the problems existing in the production line and attracts many growing enterprises to join the wave of digital construction through the inherent advantages of small initial investment, fast and agile implementation, easy to use and maintenance free. SIMICAS Configuration Tool is designed to build models for different production lines, completes IO mapping through configuration, and finally releases them to intelligent gateways IOTBOX 2040 and MindSphere. The intelligent gateway IOTBOX 2040 collects the real-time data related to the production line model, then presents the sensor, PLC and server data from the industrial filed on the cloud SIMICAS APP in the dimension of KPI and provides powerful help for customers to find problems through data trends and reports.

[Key Words] Siemens MindSphere Cloud、SIMICAS Metrics Performer and Performance Analyzer APP、Intelligent IOTBOX Gateway、Data Acquisition System and KPI of Manufacture Line

一、项目简介

本文以 SNC（西门子南京数控有限公司）项目的后道测试包装工序为背景展开介绍。SNC 以变频器和电机为主要产品，SIMICAS 分别成功应用，在生产变频器的工厂和生产电机的工厂，产线主要工艺步骤有上料、模块化组装、测试、最终测试和自动化包装等，两个工厂位于不同的工业园区。

图 1 所示为 SNC 变频器组装测试产线模型，图 2 所示为 SNC 电机组装测试喷漆包装产线模型。

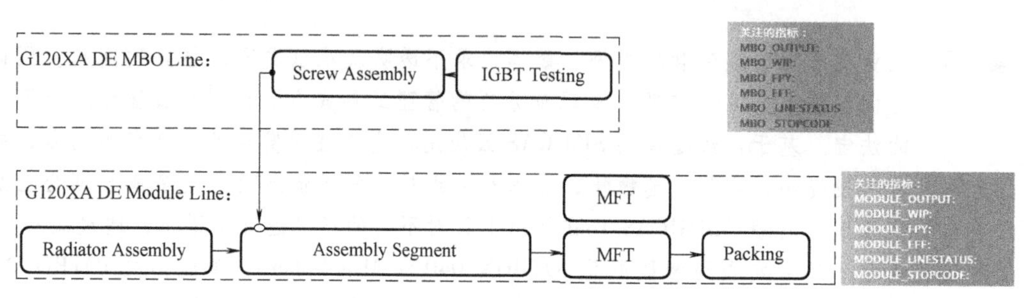

图 1　SNC 变频器组装测试产线模型

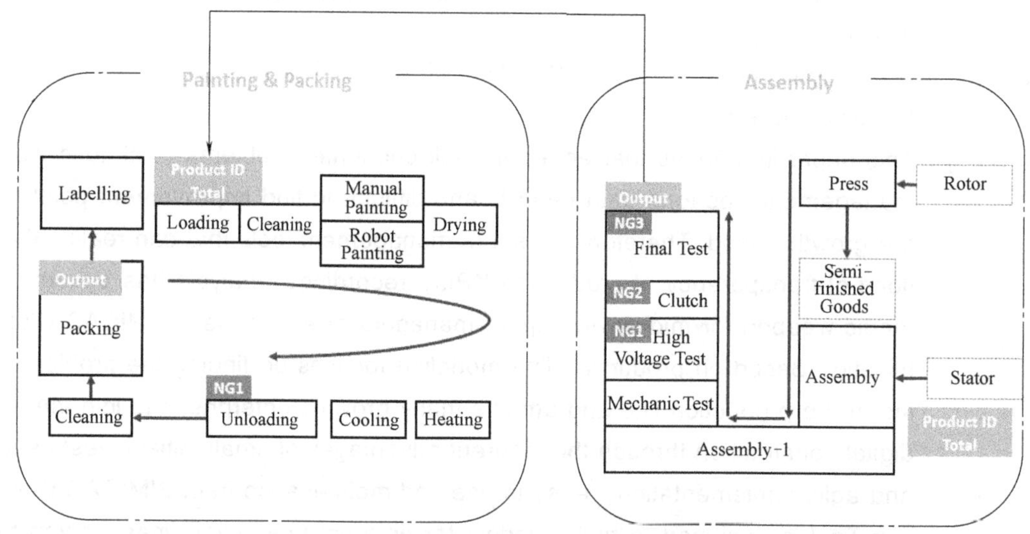

图 2　SNC 电机组装测试喷漆包装产线模型

二、系统结构

本项目数采箱硬件主要有：1 台 S7-1215C PLC、1 台 IOT2040、1 台 SCALANCE XB005 交换机、1 台 24V 直流电源、1 台华为路由器和一些按钮。图 3 所示为 MOF SIMICAS 数采箱照片。

首先，电子器件组装厂的设备大部分由计算机控制，与我们平常见到的由 PLC 控制的产线网络有较大的不同，这些主机都是在生产网络的管理下，所以项目选取一台华为路由器的 WAN 口接入客户生产网，其 LAN 口连接 PLC（TCP Server 端），建立与 Radiator、Assembly、MFT 和 Packing 工站 FMI 计算机（Client 端）TCP socket 连接。其次，通过 XB005 交换机建立起 PLC、SIMICAS BOX 和 Packing 机器人的稳定的局域网连接并进行 S7 通信。产线实时数据进入 IOTBOX 后，通过其 X2

图 3　MOF SIMICAS 数采箱照片

口连接到客户办公网，并通过 HTTP 代理服务器连接到 Mind Sphere。此外，要特别注意 SIMICAS Tool 的部署，要顺利将组态建模完成的产线模型发布到 IOTBOX 和云端并且 SIMICAS APP 能持续收到数据，该计算机必须随时与它们保持通信连接。

产线数采系统现场数据流如图 4 所示。

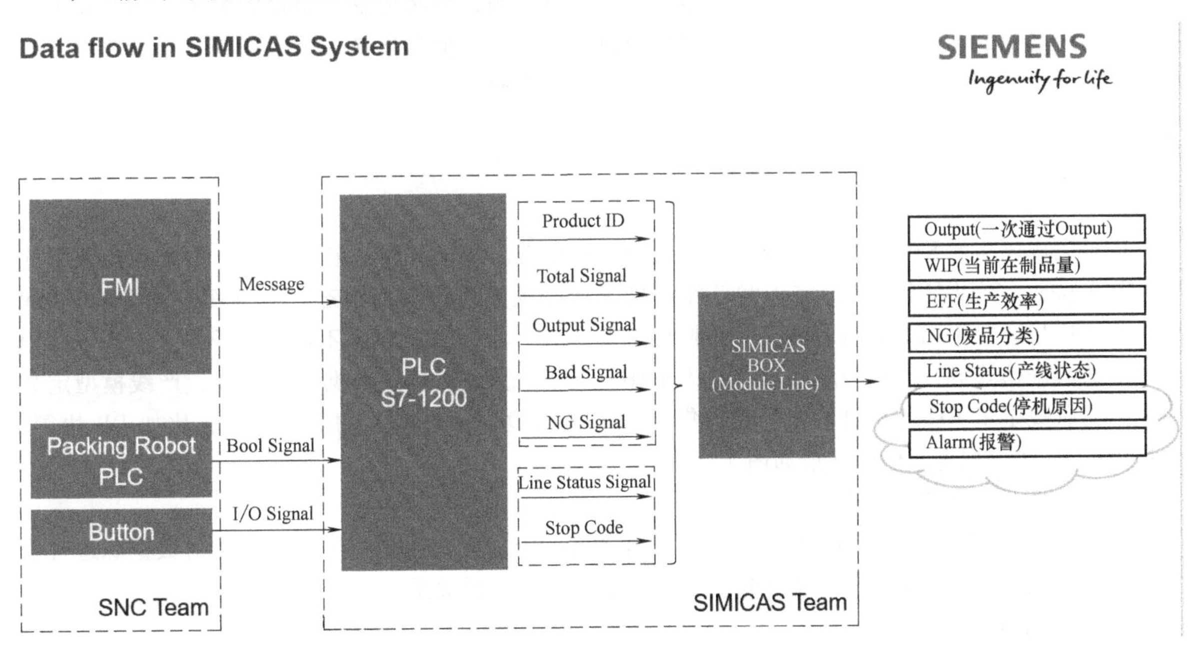

图 4　产线数采系统现场数据流

为了实现上述的数据流，SIMICAS 部署于 Mind Sphere 云端，具体网络规划如图 5 所示。

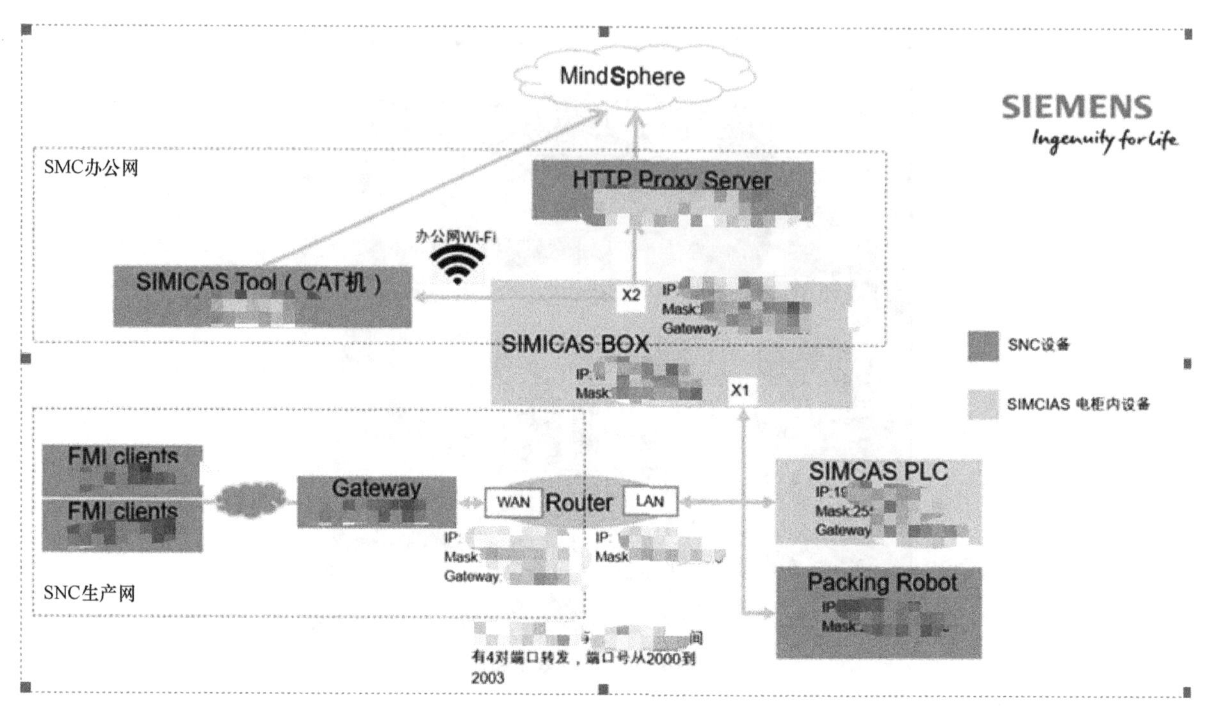

图 5　网络规划

SIMICAS 解决方案和传统软件方案的根本区别，从功能上看，传统的企业管理软件，大多数的功能专注于固定的流程运作、无纸化或是代替手工工单和记录等，对于发现问题的作用微乎其微；从投资上看，传统大型软件管理系统首次投资都是百万级的，后续要支付昂贵的维护费用。如果根据不同的产线定制不同的软件系统，虽然可以解决当下问题，但如果换一个生产线，又需要重新架构编程，软件复用性差，对于开发费用和周期是不小的考验。

三、功能与实现

1. 产线建模和组态

为了完成图 4 的 KPI 指标，需要进行产线建模和组态。MindSphere 定义产线为 Asset，产线下的 KPI 为 Aspect，所以在定下客户需求时已经明确了产线模型应该如何组态。一方面，SIMICAS Tool 针对不同场景，对不同的 KPI 预定义了不同的计算公式，不同公式包含不同的计算因子，以及 KPI 显示多种数据格式等，产线及工站 KPI 组态如图 6 所示。另一方面，根据这个特性，产线模型定义完成的同时规定了 IOTBOX 要采集的数据集以及 PLC 发送给 IOTBOX 的数据接口，比如 DB 块等，计算因子 IO 实例配置及值的映射如图 7 所示。

图 7 中的一些关键字，解释如下：

标记 1 是 SIMICAS Tool 组态的数据变量，如 StopCode；标记 2 是变量 StopCode 对数据源进行采集的协议和地址设置；标记 3 是该变量的值与显示元素的映射关系。

2. PLC 程序设计

根据产线模型的定义，先设计出程序数据接口，如 Product ID、Total、Output、Line Status 等，PLC S7 通信 DB 块如图 8 所示。

接着，定义数采程序流程图，PLC Main 程序流程图，如图 9 所示。

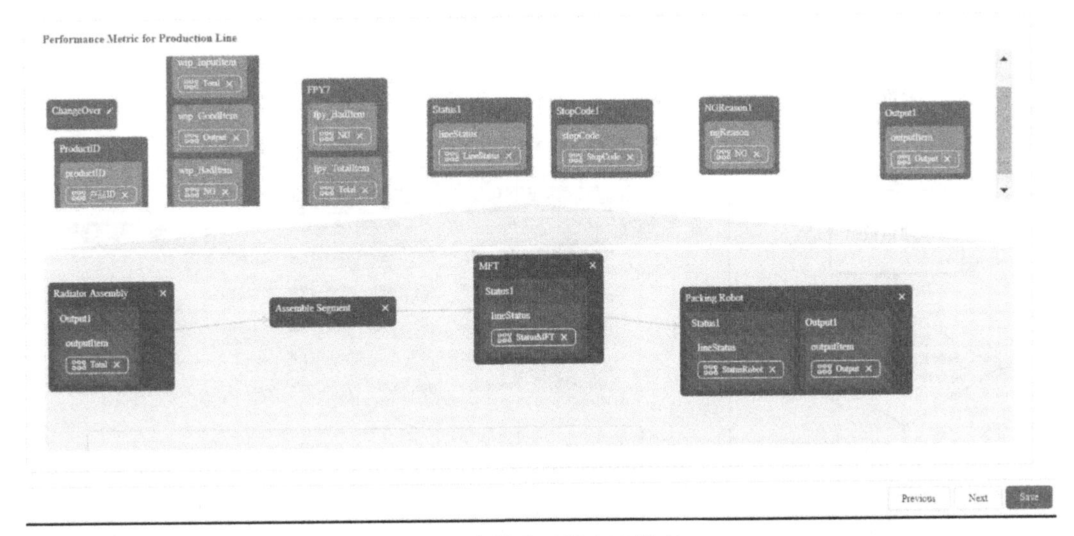

图 6　产线及工站 KPI 组态

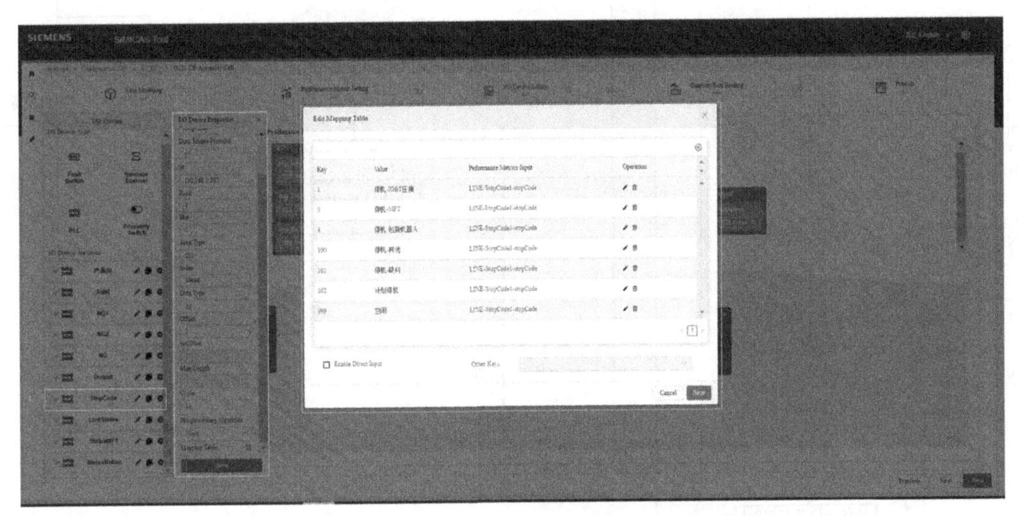

图 7　计算因子 IO 实例配置及值的映射

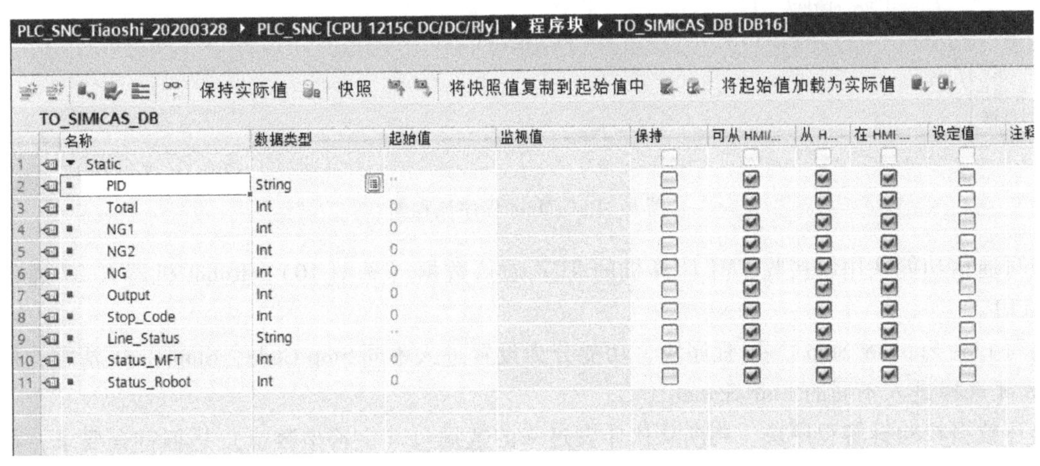

图 8　PLC S7 通信 DB 块

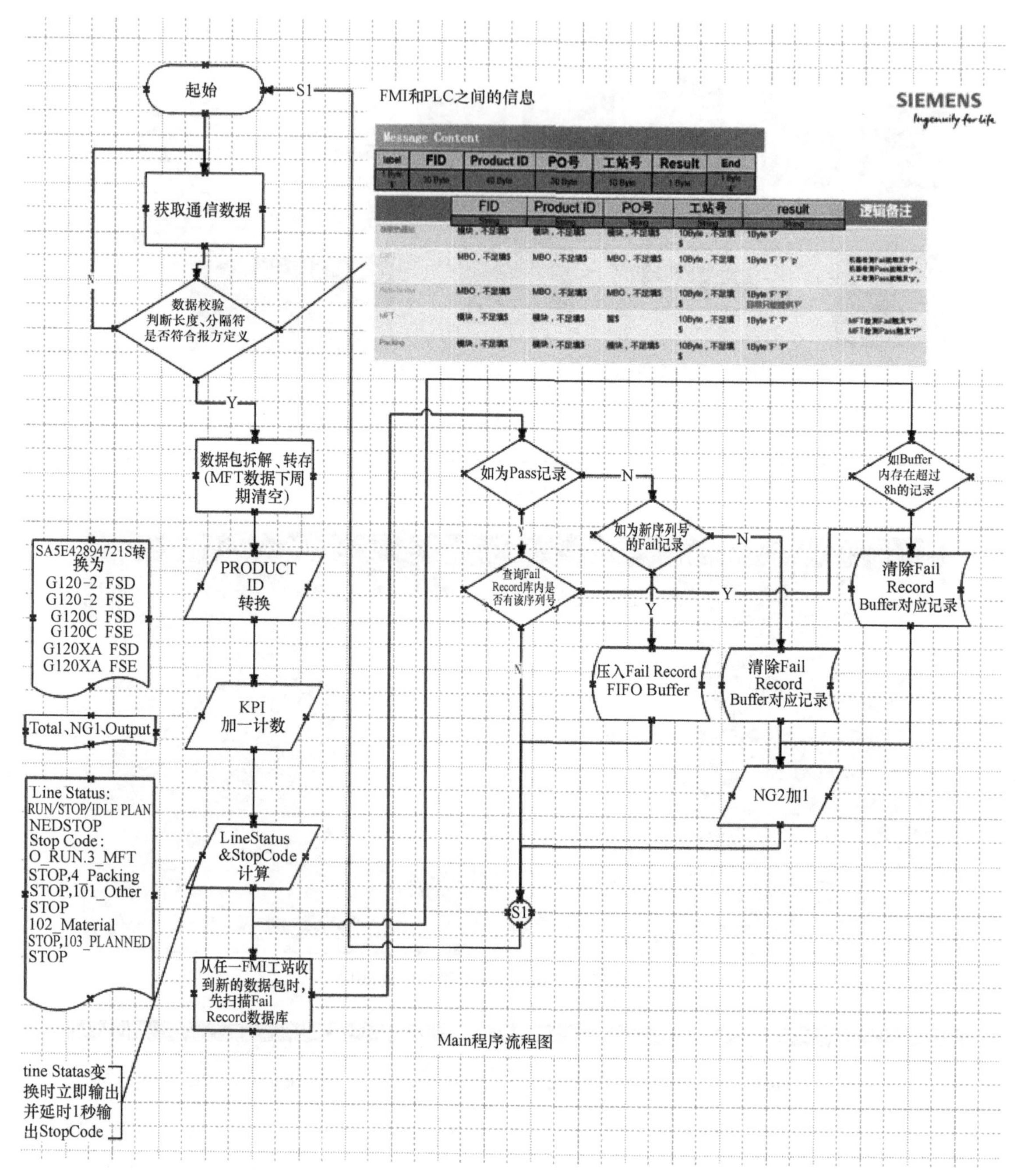

图 9　PLC Main 程序流程图

编写通信功能块用以接收 FMI 计算机的 TCP 通信数据（见图 10），Robot 机器人 S7 通信数据（见图 11）。

编写 Line Status& Stop Code 程序块，功能分为设置进入不同 Stop Code，Stop Code 清零，以及通过 Case of 选择进入不同的 Line Status。

编写数据校验拆解程序块，判断从伙伴发过来的数据包（字符串数组）是否符合要求，如符合通过 MOVE BLOCK VARIANT 转存到存储器中，同时在下一个周期对这些数据清空，数据校验拆解程序块如图 12 和图 13 所示。

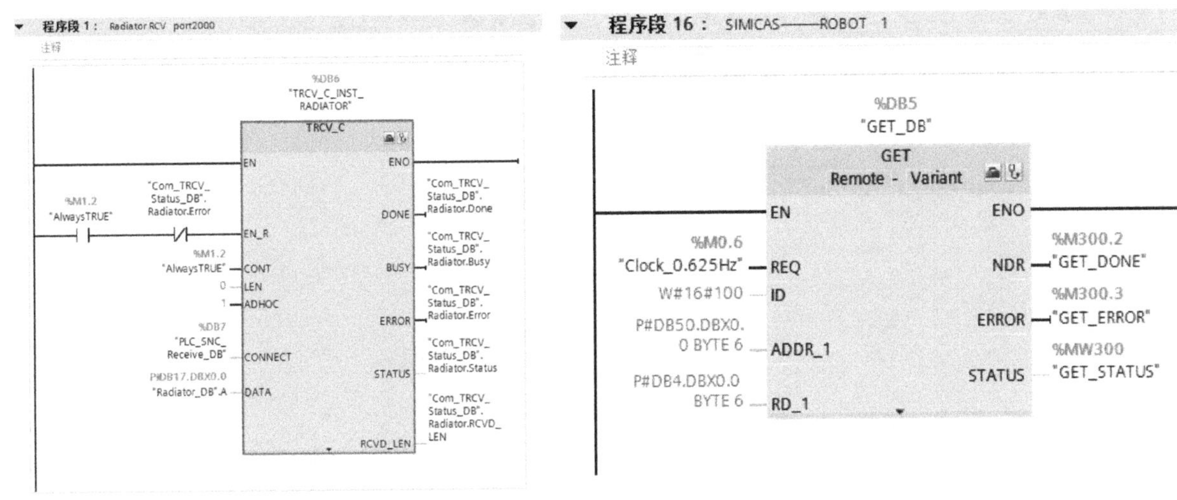

图 10　PLC 与 FMI 计算机 TCP SOCKET 通信　　图 11　PLC 与 Robot PLC S7 通信

PLC_SNC_Tiaoshi_20200328 ▸ PLC_SNC [CPU 1215C DC/DC/Rly] ▸ 程序块 ▸ 数据校验和拆包 [FB3]

- 数据校验
- 拆包
- 转发各工站DB
- 缓存

```
 7  END_REGION
 8  *)
 9  REGION 数据校验
10
11      IF ((#RCV_Done = TRUE)&#RCVD_LEN=113) THEN
12          #FIRST_TAG := CHAR_TO_BYTE(#Present_Mess[0]);
13          #LAST_TAG := CHAR_TO_BYTE(#Present_Mess[112]);
14          IF (#FIRST_TAG = 16#24 & #LAST_TAG =16#26) // Statement section REGION
15          THEN
16              #RCV_OK := TRUE;
17
18          ELSE
19              #RCV_OK := FALSE;
20          END_IF;
21          #O_RCVD_OK := #RCV_OK;
22      ELSE
23          #O_RCVD_OK := false;//去清零RCVD_LEN
24          #RCV_OK := FALSE;//***********后加
25      END_IF;
26  END_REGION
27
28
29  REGION  拆包
30    (*  IF #S_FALSE_DATA THEN
31          #S_FALSE_DATA := FALSE;
32      END_IF;
33     *)
34      IF (#RCV_OK = TRUE) THEN
35          // Statement section REGION
36          #move_result_1 := MOVE_BLK_VARIANT(SRC := #Present_Mess, COUNT := 30, SRC_INDEX := 1, DEST_INDEX := 0, DEST => #S_FID);
37          #move_result_2 := MOVE_BLK_VARIANT(SRC := #Present_Mess, COUNT := 40, SRC_INDEX := 31, DEST_INDEX := 0, DEST => #S_PID);
38          #move_result_3 := MOVE_BLK_VARIANT(SRC := #Present_Mess, COUNT := 30, SRC_INDEX := 71, DEST_INDEX := 0, DEST => #S_PO);
39          #move_result_4 := MOVE_BLK_VARIANT(SRC := #Present_Mess, COUNT := 10, SRC_INDEX := 101, DEST_INDEX := 0, DEST => #S_STA_NO);
40          #S_Result := #Present_Mess[111]; //Result
41
42          #S_FALSE_DATA := FALSE;
43
44      ELSE
```

图 12　数据校验拆解程序块（数据校验、提取数据）

编写 Fail Record FIFO 数据库，存储每一条记录的产品序列号以及时间戳，该库上限为 100 条，Fail Record FIFO 数据库如图 14 和图 15 所示。

3. SIMICAS APP 上数数据流

由于项目涉及软硬件比较多，有一些非常陌生如 IOTBOX 数据采集处理，客户自主开发的 FMI 和 MFT 软件，甚至路由器的设置等，因此必须清楚每个节点的数据格式、通信方式、上数的状态以及故障应对措施等，面对种种项目的难点，绘制出 SIMICAS APP 实施项目节点级上数数据流用以诊断是非常必要的，具体如图 16 所示。

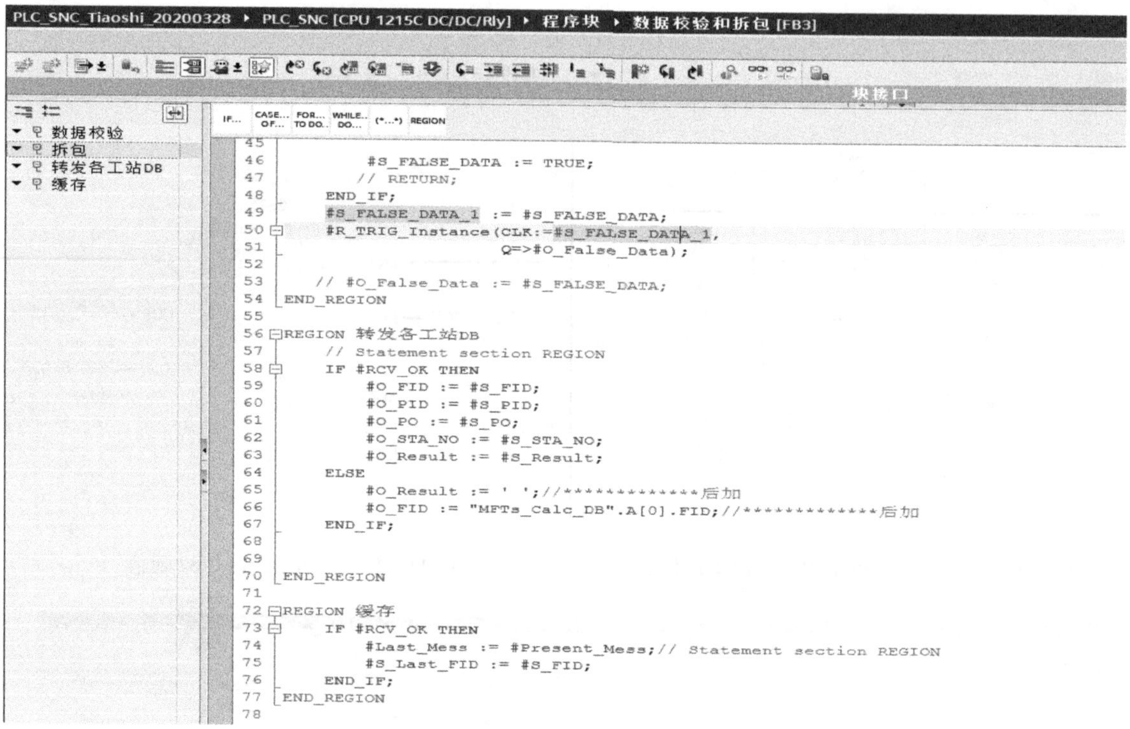

PLC_SNC_Tiaoshi_20200328 ▸ PLC_SNC [CPU 1215C DC/DC/Rly] ▸ 程序块 ▸ 数据校验和拆包 [FB3]

块接口

- 数据校验
- 拆包
- 转发各工站DB
- 缓存

IF... CASE... OF... FOR... TO DO... WHILE.. DO... (*...*) REGION

```
45
46                #S_FALSE_DATA := TRUE;
47               // RETURN;
48           END_IF;
49           #S_FALSE_DATA_1 := #S_FALSE_DATA;
50           #R_TRIG_Instance(CLK:=#S_FALSE_DATA_1,
51                           Q=>#O_False_Data);
52
53       // #O_False_Data := #S_FALSE_DATA;
54   END_REGION
55
56   REGION 转发各工站DB
57       // Statement section REGION
58       IF #RCV_OK THEN
59           #O_FID := #S_FID;
60           #O_PID := #S_PID;
61           #O_PO := #S_PO;
62           #O_STA_NO := #S_STA_NO;
63           #O_Result := #S_Result;
64       ELSE
65           #O_Result := ' ';//*************后加
66           #O_FID := "MFTs_Calc_DB".A[0].FID;//*************后加
67       END_IF;
68
69
70   END_REGION
71
72   REGION 缓存
73       IF #RCV_OK THEN
74           #Last_Mess := #Present_Mess;// Statement section REGION
75           #S_Last_FID := #S_FID;
76       END_IF;
77   END_REGION
78
```

图 13 数据校验拆解程序块（转发、缓存当前信息）

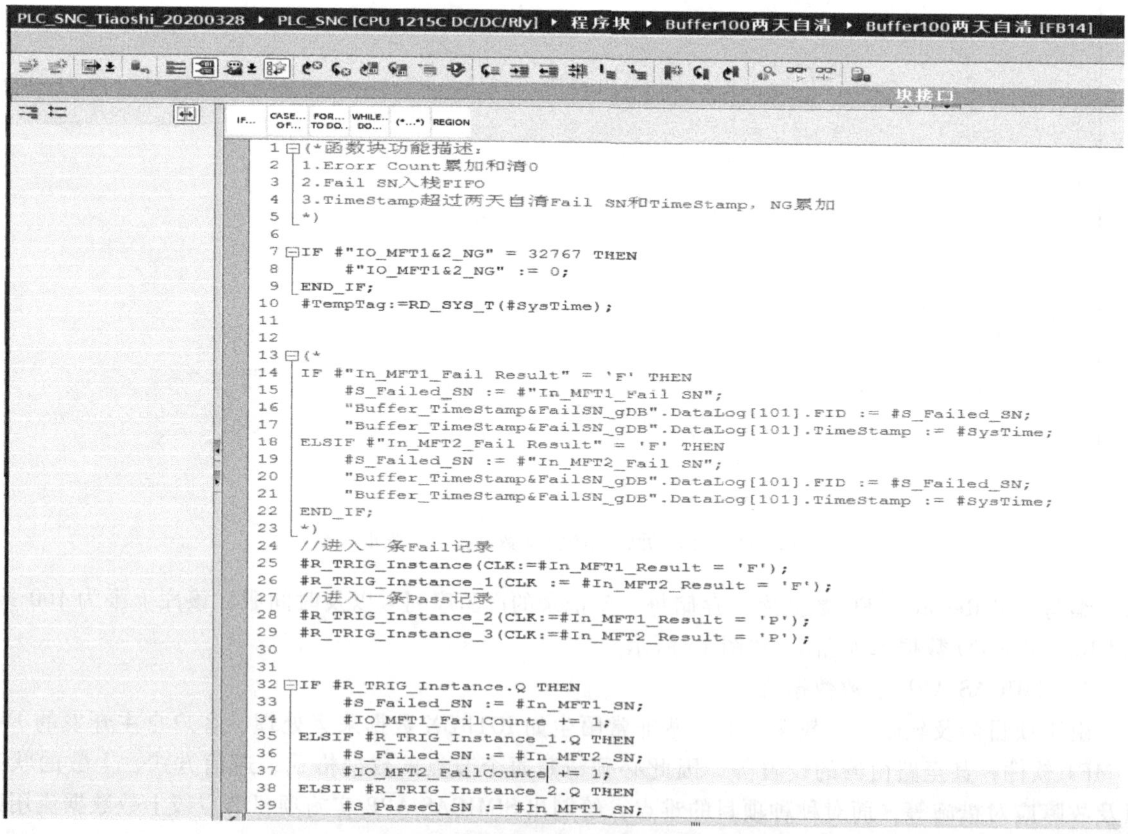

PLC_SNC_Tiaoshi_20200328 ▸ PLC_SNC [CPU 1215C DC/DC/Rly] ▸ 程序块 ▸ Buffer100两天自清 ▸ Buffer100两天自清 [FB14]

块接口

IF... CASE... OF... FOR... TO DO... WHILE.. DO... (*...*) REGION

```
1   (*函数块功能描述：
2    1.Erorr Count累加和清0
3    2.Fail SN入栈FIFO
4    3.TimeStamp超过两天自清Fail SN和TimeStamp，NG累加
5   *)
6
7   IF #"IO_MFT1&2_NG" = 32767 THEN
8       #"IO_MFT1&2_NG" := 0;
9   END_IF;
10  #TempTag:=RD_SYS_T(#SysTime);
11
12
13  (*
14  IF #"In_MFT1_Fail Result" = 'F' THEN
15      #S_Failed_SN := #"In_MFT1_Fail SN";
16      "Buffer_TimeStamp&FailSN_gDB".DataLog[101].FID := #S_Failed_SN;
17      "Buffer_TimeStamp&FailSN_gDB".DataLog[101].TimeStamp := #SysTime;
18  ELSIF #"In_MFT2_Fail Result" = 'F' THEN
19      #S_Failed_SN := #"In_MFT2_Fail SN";
20      "Buffer_TimeStamp&FailSN_gDB".DataLog[101].FID := #S_Failed_SN;
21      "Buffer_TimeStamp&FailSN_gDB".DataLog[101].TimeStamp := #SysTime;
22  END_IF;
23  *)
24  //进入一条Fail记录
25  #R_TRIG_Instance(CLK:=#In_MFT1_Result = 'F');
26  #R_TRIG_Instance_1(CLK := #In_MFT2_Result = 'F');
27  //进入一条Pass记录
28  #R_TRIG_Instance_2(CLK:=#In_MFT1_Result = 'P');
29  #R_TRIG_Instance_3(CLK:=#In_MFT2_Result = 'P');
30
31
32  IF #R_TRIG_Instance.Q THEN
33      #S_Failed_SN := #In_MFT1_SN;
34      #IO_MFT1_FailCounte += 1;
35  ELSIF #R_TRIG_Instance_1.Q THEN
36      #S_Failed_SN := #In_MFT2_SN;
37      #IO_MFT2_FailCounte += 1;
38  ELSIF #R_TRIG_Instance_2.Q THEN
39      #S_Passed_SN := #In_MFT1_SN;
```

图 14 Fail Record FIFO 数据库（记录的读取和异常处理）

```
PLC_SNC_Tiaoshi_20200328 ▸ PLC_SNC [CPU 1215C DC/DC/Rly] ▸ 程序块 ▸ Buffer100两天自清 ▸ Buffer100两天自清 [FB14]

47      "Buffer_TimeStamp&FailSN_gDB".DataLog[101].FID := #S_Failed_SN;
48      "Buffer_TimeStamp&FailSN_gDB".DataLog[101].TimeStamp := #SysTime;
49      #T_Counter1 := 1;
50      #T_Counter2 := 1;
51      //库内找到有相同记录
52      FOR #T_Counter2 := 1 TO 100 BY 1 DO
53          IF "Buffer_TimeStamp&FailSN_gDB".DataLog[101].FID = "Buffer_TimeStamp&FailSN_gDB".DataLog[#T_Counter2].FID THEN
54              "Buffer_TimeStamp&FailSN_gDB".DataLog[#T_Counter2].FID := #S_SN_Empty;
55              "Buffer_TimeStamp&FailSN_gDB".DataLog[#T_Counter2].TimeStamp := #C_EmptySysTime;
56              #"IO_MFT1&2_NG" += 1;
57              RETURN;
58          END_IF;
59      END_FOR;
60      /////////////库内没有找到相同记录
61      FOR #T_Counter1 := 1 TO 100 BY 1 DO
62          // Statement section FOR
63          "Buffer_TimeStamp&FailSN_gDB".DataLog[#T_Counter1].FID:="Buffer_TimeStamp&FailSN_gDB".DataLog[#T_Counter1+1].FID;
64          "Buffer_TimeStamp&FailSN_gDB".DataLog[#T_Counter1].TimeStamp := "Buffer_TimeStamp&FailSN_gDB".DataLog[#T_Counter1 + 1].TimeSt
65      END_FOR;
66  END_IF;
67  //新收到一个PASS记录
68  IF #R_TRIG_Instance_2.Q OR #R_TRIG_Instance_3.Q THEN
69      #T_Counter4 := 1;
70      FOR #T_Counter4 := 1 TO 100 BY 1 DO
71          // Statement section FOR
72          IF #S_Passed_SN = "Buffer_TimeStamp&FailSN_gDB".DataLog[#T_Counter4].FID THEN
73              "Buffer_TimeStamp&FailSN_gDB".DataLog[#T_Counter4].FID := #S_SN_Empty;
74              "Buffer_TimeStamp&FailSN_gDB".DataLog[#T_Counter4].TimeStamp := #C_EmptySysTime;
75              RETURN;
76          END_IF;
77          END_FOR;
78      END_IF;
79      //如果库内的fail记录超过7天，那就清除过期的fail记录
80      #T_Counter3 := 1;
81  FOR #T_Counter3 := 1 TO 100 BY 1  DO
82      // Statement section FOR
83      IF T_DIFF(IN1 := #SysTime, IN2 := "Buffer_TimeStamp&FailSN_gDB".DataLog[#T_Counter3].TimeStamp) > #C_Differ_Timer THEN
84          "Buffer_TimeStamp&FailSN_gDB".DataLog[#T_Counter3].FID := #S_SN_Empty;
85          "Buffer_TimeStamp&FailSN_gDB".DataLog[#T_Counter3].TimeStamp := #C_EmptySysTime;
```

图 15　Fail Record FIFO 数据库（数据记录查询和处理机制）

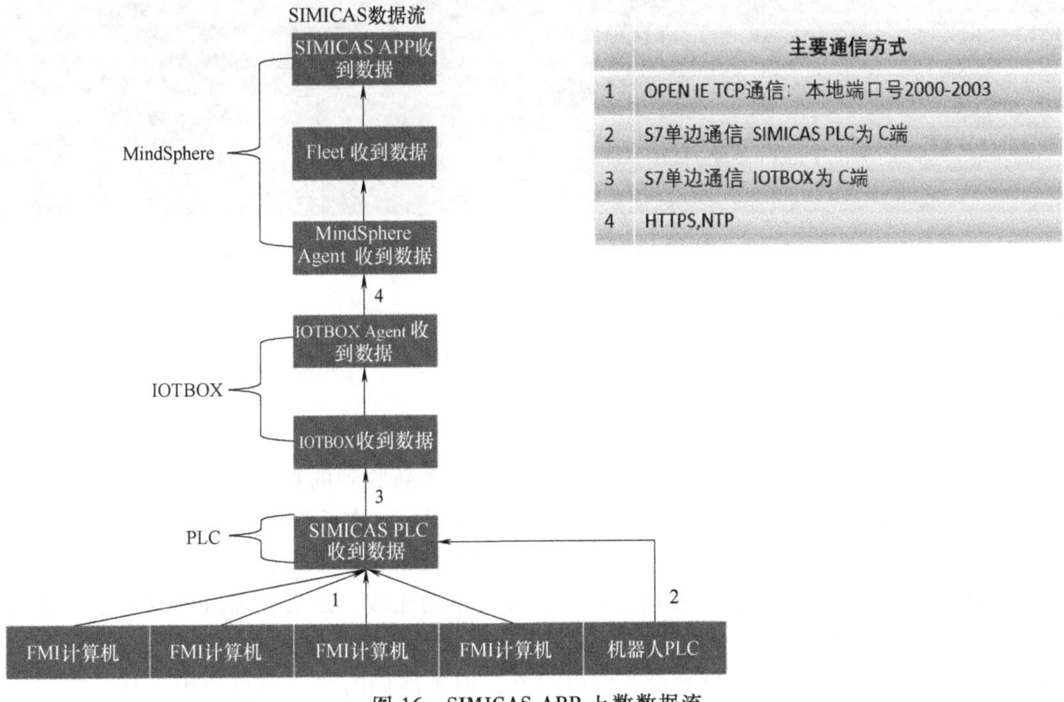

	主要通信方式
1	OPEN IE TCP通信：本地端口号2000-2003
2	S7单边通信 SIMICAS PLC为C端
3	S7单边通信 IOTBOX为C端
4	HTTPS,NTP

图 16　SIMICAS APP 上数数据流

4. IOTBOX 采集并发布的数据

通过指令~/exec/mb_sub -t opcua/data 和~/exec/mb_sub -t MessageTypePublished 查看 IOTBOX 采数和计算后发布到 Agent 的数据情况。IOTBOX 采集数据如图 17 所示。值得说明的是，消息队列中的数据名称与 SIMICAS Tool 组态保持一致，每一条数据都带有时间戳（见图 17 和图 18）。

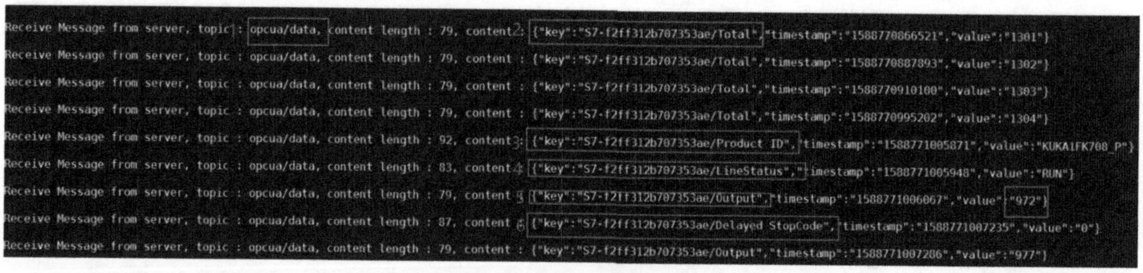

图 17　IOTBOX 采集数据

图 17 中的一些关键字，解释如下：

标记 1 是 IOTBOX 通过 OPC UA 协议采集的数据；标记 2 是产线的总投入 Total；其余标记依次是产线目前生产的产品 ID、产线状态、产量和停机原因。

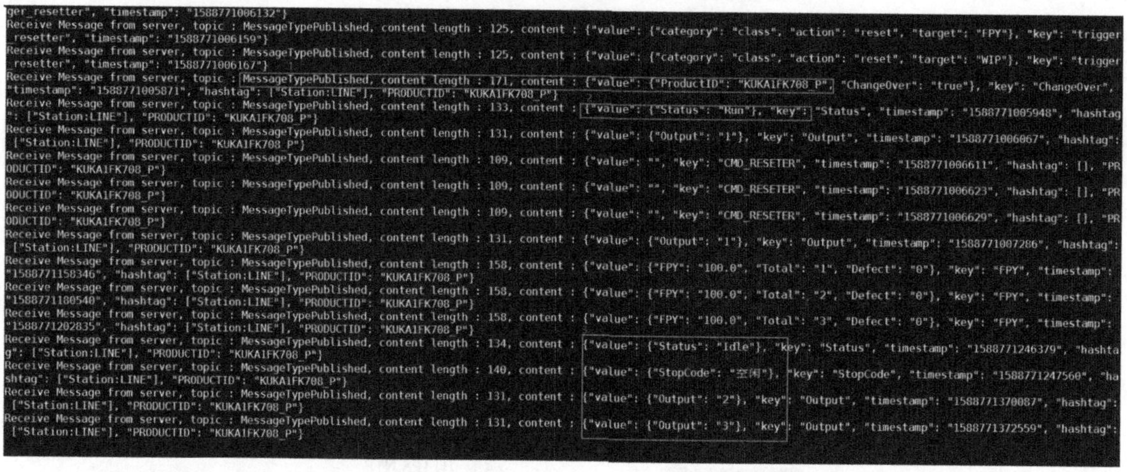

图 18　IOTBOX 发布到 Agent 的数据

图 18 中的一些关键字，解释如下：

标记 1 是 IOTBOX 往 Mind Sphere 发布的数据、产品 ID；其余标记依次是状态、产量等。

5. 排错和优化

1）SCL 程序下载报错问题。

如图 15 所示的 Fail Record FIFO 数据库，工艺要求每条新收到的数据记录都要跟库内 100 条记录进行产品序列号的比较，序列号的数据格式为 Array of Char，在编写 if 语句条件判断新数据的序列号和旧序列号两字符数组是否相等程序时，遇到编译不报错，但下载提示报错问题。经过多次测试，才把问题定位出来，SCL 无法直接进行两个字符数组的比较。之后，通过修改数据记录的数据类型为 String［35］+DTL 来存储一条数据记录的序列号和时间戳，以解决此问题。

2）APP 设备状态栏出现实时显示设备停机状态，但不能同时显示停机原因，且对应停机类别的时间不会累加问题。

由于项目前期定义了如图 9 所示的 SIMICAS PLC（服务器端）DB 块作为与 IOTBOX S7 通信的数据接口。为何 PLC 程序一个周期内输出了 Line Status（STOP）和 Stop Code，但是 APP 却接收不到呢？经后期与产品开发沟通，APP 必须要先查询到 STOP 状态，之后再接收到停机原因 Stop Code（Packing 故障、MFT 故障等），才能为停机类别的时间进行统计和显示。而 PLC 程序的 Line Status

是根据 Stop Code 计算出来的，两者逻辑上相悖了。另外，由于习惯编写严格的实时逻辑控制程序，惯性思维一个 DB 块内的变量在输出时谁先谁后是不确定的，因此在调试过程中就进入了死胡同。最后发现，这样的数采程序并没有严格的实时性要求，最终按 APP 端的要求编写出 Line Status 变化时立即输出同时延时 1s 再输出 Stop Code 功能块，以解决此问题。

3）APP 无法收到产线的数据。

这种情况在以往调试中并不少见，其可能原因也非常多，此时应结合图 16（SIMICAS APP 上数数据流）自下而上地判断各数据节点的状态。举个例子：产线模型正常发布成功后，IOTBOX 以客户端角色通过 S7 通信周期（最快 500ms）读取 PLC DB 块接口数据，那么只有当 PLC 数据变化时 IOTBOX 才能获取一条新的数据记录。当 PLC 数据更新后，IOTBOX 是否收到数据。首先，打开调试工具 MobaXterm，通过 SSH 协议 22 端口进入 IOTBOX Linux 界面。然后，输入 cd exec，再输入 ./mb_sub -t opcua/data。如果 IOTBOX 未收到数据，则可能需要执行 Systemctl restart s7adapter，也有可能未勾选 PLC-连接机制-允许远程对象的 PUT/GET 访问，或者重启下 IOTBOX 电源重启所有进程；如果 IOTBOX 收到数据，再查看 Agent 是否收到数据，此时输入 cd exec，再输入 ./mb_sub -t MessageTypePublished 进行查询。

4）产线模型发布失败。

产线模型经 SIMICAS Tool 组态完成后，需要向 IOTBOX 和 MindSphere 发布。此过程归结为三个步骤：①IOTBOX 是否成功加载发布的配置；②IOTBOX 上的 Agent 是否收到产线配置并且收到来自 MindSphere 的 Token5；③云端 SIMICAS APP 是否成功收到产线配置。在发布过程中，每一步都可能遇到失败的情况，下面以第二步失败举例。根据上述过程，可以从以下几个方面着手判断。首先，检查 SIMICAS Tool 服务器与 IOTBOX 的网络连接情况；其次，检查 SIMICAS Tool 服务器与 MindSphere 的网络连接情况，并校验 MindSphere 连接参数是否通过。如果以上都确认无误，可以通过 curl -x http：//代理服务器：8080，例如 http：//gateway. cn1. mindsphere. in. cn 确认 IOTBOX 能否连接到 MindSphere。如上述条件均满足的情况下仍未能发布，则还需修正 SIMICAS Tool 服务器 Mongo DB 数据库设置合适的 APP 版本和 Token 的过期时间，有时候还需通过命令 journalctl -f -u updater 查看 IOTBOX 盒子的 Agent 服务，如果查询到失败则需要重启所有服务 stop/statrt-all. sh（也可单独重启 Agent 服务），才能最终发布成功。

5）生产转换 changeover 导致产量不准。

实施完成后，客户经过几天的验证发现 APP 记录的 Output 产量 KPI 不准，按照 SIMICAS 的逻辑以每一次 Product ID 变化作为生产转换的标志，而每次 Product ID 和 Output 也都被准确记录，那为何出现产量统计不准的情况？经过长时间观察验证，截取 Changeover 的过程，得出如下结论：①一次 Changeover 为 1s（标记 1 和 2）；②转换过程中的一次 Output 被丢弃（标记 3）；③PLC 程序在一个周期内更新 Product ID 和 Output。总结上述原因得出，每次转换都会丢掉一次产量的统计，在换型频繁的场景下，导致产量统计值的失准。那么对症下药，通过修改 PLC 程序使得到新的 Product ID 后延时 2s 更新 Output 值，就规避了此问题，如图 19 所示。

四、运行效果

此项目于 2020 年 5 月份正式投入使用，对于 KPI 的统计和 APP 的使用客户都有良好的评价。由于本项目的运行界面当时没有截图，但是前端显示风格类似，所以只好展示 Demo 项目中 PC 端 SIMICAS APP 的产线界面。Demo1 产线界面如图 20 所示，Demo2 产线界面如图 21 所示。

```
Receive Message from server, topic : MessageTypePublished, content length : 158, content : {"value": {"FPY": "100.0", "Total": "9", "Defect": "0"}, "key": "FPY", "timestamp": "1589079240491", "hashtag": ["Station:LINE"], "PRODUCTID": "MTS1FK703G_P"}
Receive Message from server, topic : MessageTypePublished, content length : 159, content : {"value": {"FPY": "100.0", "Total": "10", "Defect": "0"}, "key": "FPY", "timestamp": "1589079285270", "hashtag": ["Station:LINE"], "PRODUCTID": "MTS1FK703G_P"}
Receive Message from server, topic : MessageTypePublished, content length : 159, content : {"value": {"FPY": "100.0", "Total": "11", "Defect": "0"}, "key": "FPY", "timestamp": "1589079307849", "hashtag": ["Station:LINE"], "PRODUCTID": "MTS1FK703G_P"}
Receive Message from server, topic : MessageTypePublished, content length : 131, content : {"value": {"Output": "4"}, "key": "Output", "timestamp": "1589079328450", "hashtag": ["Station:LINE"], "PRODUCTID": "MTS1FK703G_P"}
Receive Message from server, topic : MessageTypePublished, content length : 131, content : {"value": {"Output": "5"}, "key": "Output", "timestamp": "1589079329502", "hashtag": ["Station:LINE"], "PRODUCTID": "MTS1FK703G_P"}
Receive Message from server, topic : MessageTypePublished, content length : 159, content : {"value": {"FPY": "100.0", "Total": "12", "Defect": "0"}, "key": "FPY", "timestamp": "1589079352136", "hashtag": ["Station:LINE"], "PRODUCTID": "MTS1FK703G_P"}
Receive Message from server, topic : MessageTypePublished, content length : 131, content : {"value": {"Output": "6"}, "key": "Output", "timestamp": "1589079378123", "hashtag": ["Station:LINE"], "PRODUCTID": "MTS1FK703G_P"}
Receive Message from server, topic : MessageTypePublished, content length : 148, content : {"value": {"ProductID": "MTS1FK708G_P"}, "key": "ProductID", "timestamp": "1589079458607", "hashtag": ["Station:LINE"], "PRODUCTID": "MTS1FK708G_P"}
Receive Message from server, topic : MessageTypePublished, content length : 131, content : {"value": {"Output": "7"}, "key": "Output", "timestamp": "1589079458648", "hashtag": ["Station:LINE"], "PRODUCTID": "MTS1FK708G_P"}
Receive Message from server, topic : MessageTypePublished, content length : 128, content : {"value": {"category": "class", "action": "reset", "target": "Output"}, "key": "trigger_resetter", "timestamp": "1589079459014"}
Receive Message from server, topic : MessageTypePublished, content length : 125, content : {"value": {"category": "class", "action": "reset", "target": "FPY"}, "key": "trigger_resetter", "timestamp": "1589079459046"}
Receive Message from server, topic : MessageTypePublished, content length : 125, content : {"value": {"category": "class", "action": "reset", "target": "WIP"}, "key": "trigger_resetter", "timestamp": "1589079459059"}
Receive Message from server, topic : MessageTypePublished, content length : 171, content : {"value": {"ProductID": "MTS1FK708G_P", "ChangeOver": "true"}, "key": "ChangeOver", "timestamp": "1589079458607", "hashtag": ["Station:LINE"], "PRODUCTID": "MTS1FK708G_P"}
Receive Message from server, topic : MessageTypePublished, content length : 109, content : {"value": "", "key": "CMD_RESETER", "timestamp": "1589079459396", "hashtag": [], "PRODUCTID": "MTS1FK708G_P"}
Receive Message from server, topic : MessageTypePublished, content length : 109, content : {"value": "", "key": "CMD_RESETER", "timestamp": "1589079459398", "hashtag": [], "PRODUCTID": "MTS1FK708G_P"}
Receive Message from server, topic : MessageTypePublished, content length : 109, content : {"value": "", "key": "CMD_RESETER", "timestamp": "1589079459416", "hashtag": [], "PRODUCTID": "MTS1FK708G_P"}
Receive Message from server, topic : MessageTypePublished, content length : 134, content : {"value": {"Status": "Idle"}, "key": "Status", "timestamp": "1589079557210", "hashtag": ["Station:LINE"], "PRODUCTID": "MTS1FK708G_P"}
Receive Message from server, topic : MessageTypePublished, content length : 140, content : {"value": {"StopCode": "空闲"}, "key": "StopCode", "timestamp": "1589079558368", "hashtag": ["Station:LINE"], "PRODUCTID": "MTS1FK708G_P"}
```


图 19　产品 ID 转换导致产量计算不准

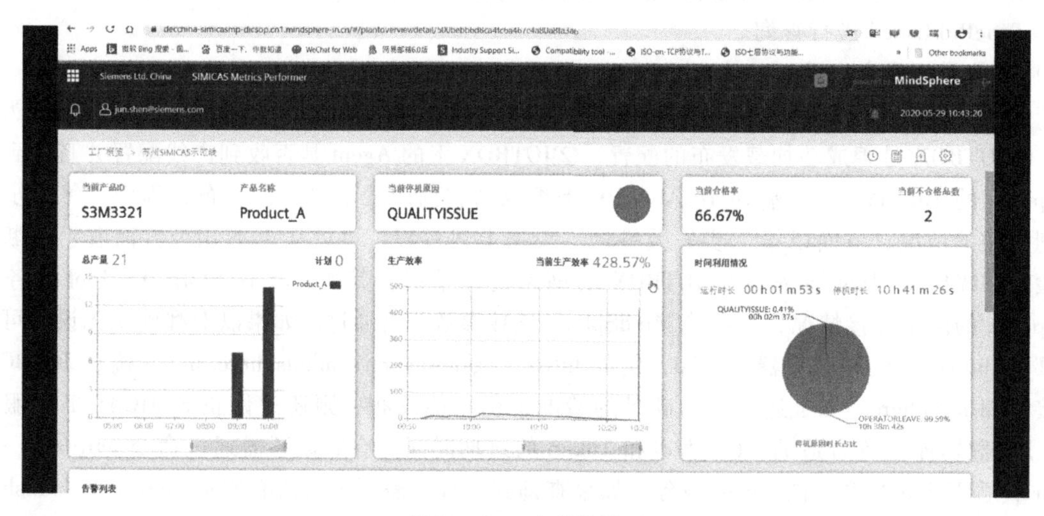

图 20　Demo1 产线界面

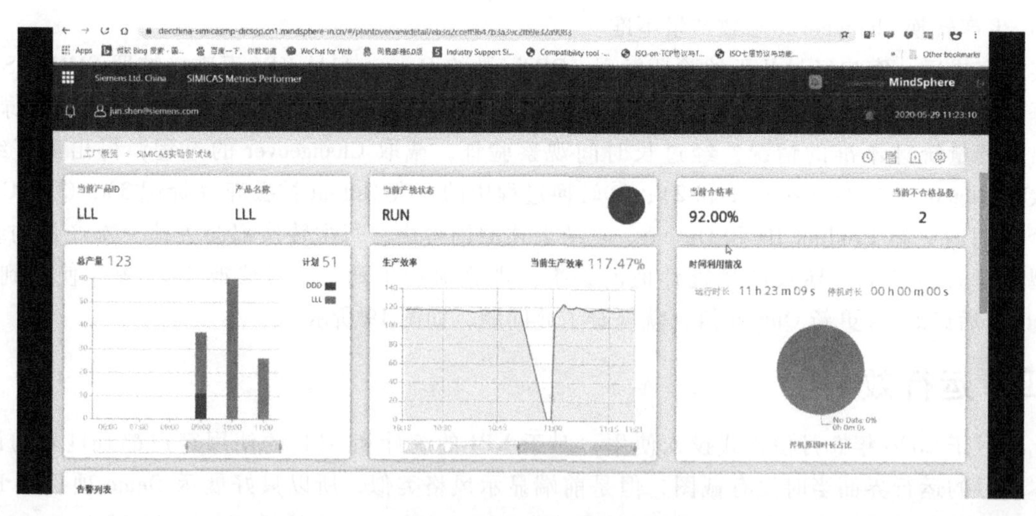

图 21　Demo2 产线界面

五、应用体会

作为项目实施者，我认为 SIMICAS 的主要特点和优劣势如下：

对不同离散行业产线建模时使用同一套建模工具，效率比较高，不需要高级语言编程；KPI 的自定义编辑功能，满足不同客户的需求；多个客户的项目运行于同一个服务器之上，降低一次性投入；管理者可以在 PC、平板和手机等不同设备上使用该系统，也可以在微信小程序和 APP 市场上找到该系统，使用门槛低。

相对来说，SIMICAS 的前端画面较固定和死板，同时也存在和其他云应用面临的年费问题等痛点。

汽车制造行业的工业无线的应用
Application of industrial wireless in automotive manufacturing industry

王 玮

（西门子（中国）有限公司 南京）

[摘 要] 本文重点介绍了汽车制造行业如何通过工业无线 SCALANCE W 产品解决方案满足厂内工艺型 AGV、EMS 等移动设备的 PROFINET & PROFISAFE 实时通信要求。工业无线帮助汽车制造行业搭建稳定可靠的柔性化生产线。

[关 键 词] 汽车制造、工业无线、SCALANCE W、自动引导小车、电动单轨运输系统

[Abstract] This paper introduces that how to meet the PROFINET & PROFISAFE real-time communication requirements for AGV, EMS and other mobile devices within the factory of automotive industry through the industrial wireless SCALANCE W product solution. Industrial wireless helps the automobile manufacturing industry build a stable and reliable flexible production line.

[Key Words] Automotive manufacturing、Industrial wireless、SCALANCE W、Automatic guided vehicles、Electric monorail transportation system

一、项目简介

柔性制造是汽车制造行业发展升级的重要方向。柔性化产线由于可以帮助汽车制造厂实现消费者对于产品的定制化需求，因此在行业内被广泛关注。工艺型 AGV 和 EMS 系统作为智能化的输送系统，是实现柔性制造产线不可或缺的组成部分。通过工艺型 AGV 和 EMS 系统相互配合，可以完成整车底盘、发动机、车门等零部件与车身的组装工序。这一方案已经在汽车制造行业广泛应用。

针对工艺型 AGV 的应用需求，西门子可以提供 SIMOVE 整体解决方案。根据客户的作业场景、导航模式、车载功能、安全级别等工艺要求，基于软件功能和硬件架构两方面要求搭建系统。在 SIMOVE 标准中，主控端采用了 S7-1518F/1517F CPU 作为调度控制器，它不仅可以与外围控制系统（线边设备、机械手、安全光幕/光栅/门等）建立实时安全通信，还可以对全厂 AGV 进行集中调度与管理，实现 AGV 小车的全面监控、诊断及维护功能。调度控制器与 AGV 车载控制器通过智能从站的方式建立 PROFINET & PROFISAFE 通信，SCALANCE W 工业无线产品方案的使用保证了控制器之间的实时通信可以满足工艺生产要求。

针对 EMS 的应用需求，西门子也根据汽车行业工艺需求开发了实现制造环节输送及装配应用的 EMS 解决方案。EMS 吊具（也称小车）在汽车制造产线运输和工艺装配过程中协同工艺 AGV & Skillet 滑板线工艺模块，成为汽车柔性装配和制造产线的重要组成部分。在这个方案中，Siemens Data Concentrator（简称 SDC）和 EMS 小车之间的通信是基于 PROFINET 协议的实时通信，为了保

证通信的稳定性和降低维护成本，通常选用漏波电缆无线解决方案实现实时控制数据的传输。如果使用西门子故障安全型 PLC，还可以进一步实现 SDC 控制器与 EMS 小车控制器之间的 PROFISAFE 无线通信。西门子汽车行业解决方案展厅和测试验证中心如图 1 所示。

图 1　西门子汽车行业解决方案展厅和测试验证中心

二、系统结构

1. 工艺型 AGV

在工艺型 AGV 系统中，工业无线用于实现主控 PLC 和车载 PLC 之间的 PROFINET & PROFISAFE 实时通信。在地面侧，根据 AGV 小车的运行路径，针对性地部署 SCALANCE W 系列无线接入点，无线接入点通过 SCALANCE XC 系列交换机与主控 PLC 建立通信连接。每辆 AGV 小车部署一个无线客户端，车载 PLC、HMI、无线客户端等设备通过 SCALANCE XC 系列交换机连接。无线接入点和无线客户端之间可以建立可靠的无线通信，从而实现主控 PLC 和车载 PLC 之间的实时数据交互。工艺型 AGV 通信架构示意图如图 2 所示。

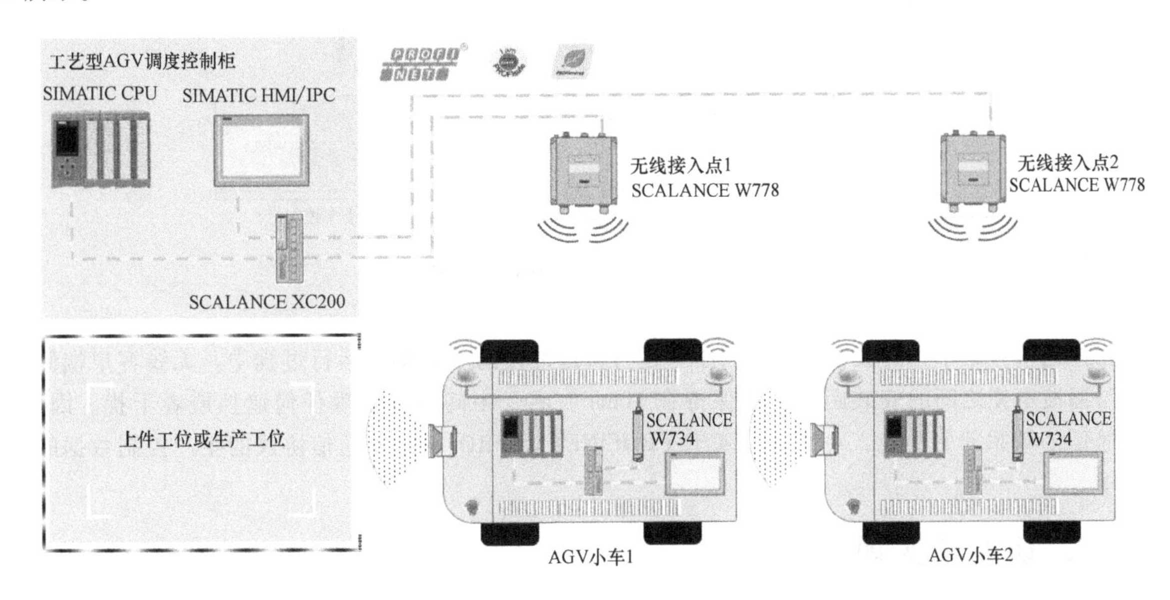

图 2　工艺型 AGV 通信架构示意图

工艺型 AGV 的系统运行效果直接影响了汽车制造产线的生产节拍，对通信实时性、稳定性和安全性要求极高。如果通信延时过长，可能导致产线急停、生产设备意外碰撞甚至威胁生产人员安全的情况发生，给用户带来极大的损失。因此，确保通信的稳定性是工艺 AGV 系统的关键技术要求，是以控制器为核心的自动化系统稳定工作的前提条件。SCALANCE W700 系列工业无线独有的工业点协调功能（IPCF）可以实现客户端快速漫游，保障通信实时性并支持 PROFISAFE 功能安全通信，满足工艺型 AGV 系统的运行要求。

2. EMS 系统

EMS 系统在汽车总装车间内广泛部署，小车通常沿着固定轨道运行，对通信抗干扰能力要求高，非常适合部署基于漏波电缆的无线解决方案。在 EMS 小车侧安装 SCALANCE W700 无线客户端，连接专门配合漏波电缆使用的 ANT793-4MN 天线，车载控制器和无线客户端通过网线连接。在地面侧部署主控系统 SDC ，通过 SCALANCE XC 系列交换机和所有的无线接入点连接在一个局域网中。漏波电缆沿着 EMS 小车运行的轨道铺设，通过馈线连接至地面侧无线接入点的天线接口上。无线接入点和客户端之间的可靠通信保证了车载控制器和主控系统 SDC 的数据交互。EMS 系统通信架构示意图如图 3 所示。

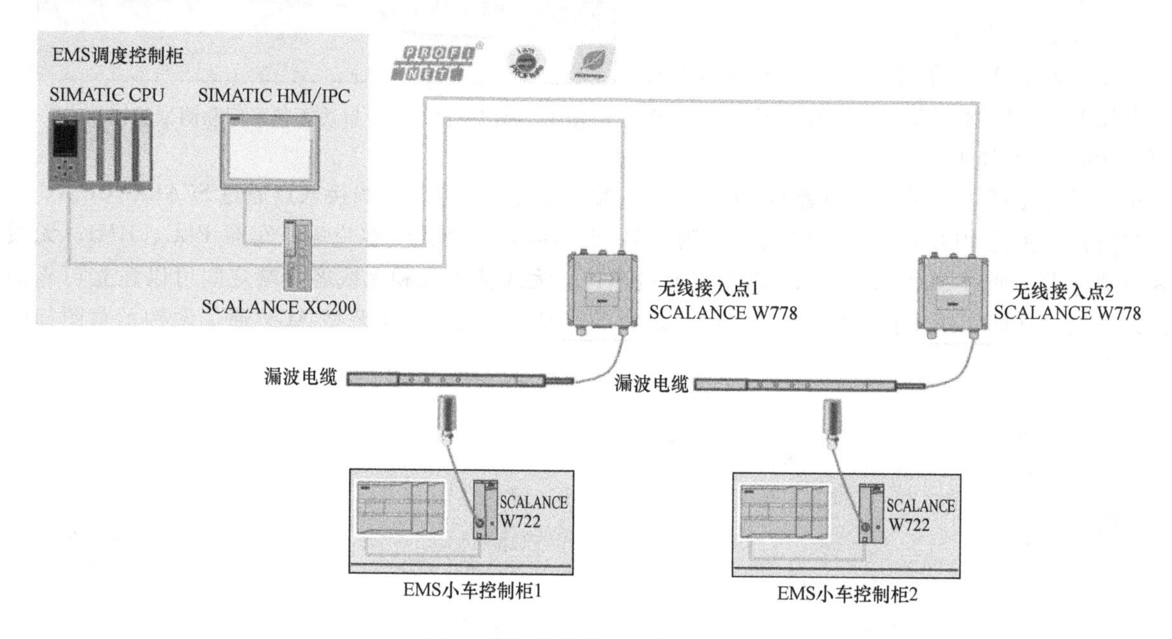

图 3 EMS 系统通信架构示意图

在该通信方案中，漏波电缆是按照小车运行轨道铺设的。在小车运行过程中，无线客户端侧的天线与漏波电缆之间的安装距离始终保持在 10cm 左右，中间不会出现任何遮挡或者干扰。因此，无线通信的效果非常稳定，可以满足基于 PROFINET & PROFISAFE 通信协议的生产控制数据的传输要求。

三、功能与实现

汽车制造行业生产节拍高，对产线出现设备故障零容忍。因此，需要从项目设计、安装、调试、运行四个阶段全程按照项目需求进行专业规划、部署和配置。对于工业无线的应用，每个项目的应用环境和需求是有差异的，需要针对性地给出最适合的解决方案，保证系统通信的可用性。具体应该从以下几个方向关注：

1. 设计阶段：通信协议的选择非常重要

工艺型 AGV 和 EMS 系统对通信的实时性和安全性要求高，用户会根据产线工艺需求提出地面控制器和小车控制器之间允许的最大通信周期和通信延时要求。以实际项目为例：在底盘和车身的合装线，工艺型 AGV 需要和 EMS 系统配合完成组装工作。用户按照工艺要求计算出了允许的最大通信延时为 400ms。如果通信超时，将会导致总装车间生产主线急停，直接影响车间生产效率。

AGV 系统集成商在该项目的程序设计中选用了 S7 通信协议实现调度 PLC 和车载 PLC 之间的通信。项目执行阶段，现场工程师发现西门子 SCALANCE W 无线设备工作状态一切正常，无报警。可是，PLC 程序里的通信检测程序却经常报出超过看门狗时间的报警。

在确认无线设备参数配置正确并且 PLC 通信检测程序无误后，将小车 PLC 通过智能从站（I-device）的通信方式组态在主控 PLC 里，实际对比基于 TCP 协议的 S7 通信和基于 PROFINET 协议的智能从站通信的差异性。

通过抓取地面主控 PLC 的通信接口输出的数据包可以看到：S7COMM 通信数据包发送周期大约为 50ms，主控 PLC 和小车 PLC 双向发送读指令和写指令。PNIO 通信数据包的发送周期为 64ms。图 4 所示为 PROFINET 和 S7 通信抓包数据（正常通信时），白色背景的是 PNIO 数据包，灰色背景的是 S7COMM 数据包。

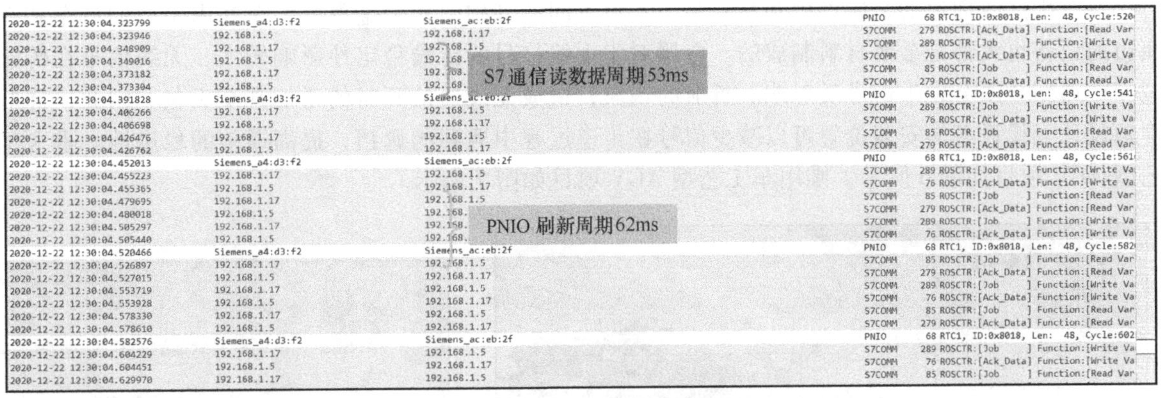

Time	Source	Destination	Protocol	Length	Info
2020-12-22 12:30:04.323799	Siemens_a4:d3:f2	Siemens_ac:eb:2f	PNIO	68	RTC1, ID:0x8018, Len: 48, Cycle:520
2020-12-22 12:30:04.323946	192.168.1.5	192.168.1.17	S7COMM	279	ROSCTR:[Ack_Data] Function:[Read Var
2020-12-22 12:30:04.348909	192.168.1.17	192.168.1.5	S7COMM	289	ROSCTR:[Job] Function:[Write Va
2020-12-22 12:30:04.349016	192.168.1.5	192.168.	S7COMM	76	ROSCTR:[Ack_Data] Function:[Write Va
2020-12-22 12:30:04.373182	192.168.1.17	192.168.	S7COMM	85	ROSCTR:[Job] Function:[Read Var
2020-12-22 12:30:04.373304	192.168.1.5	192.168.	S7COMM	279	ROSCTR:[Ack_Data] Function:[Read Var
2020-12-22 12:30:04.391828	Siemens_a4:d3:f2	Siemens_ac:eb:2f	PNIO	68	RTC1, ID:0x8018, Len: 48, Cycle:541
2020-12-22 12:30:04.406266	192.168.1.17	192.168.1.5	S7COMM	289	ROSCTR:[Job] Function:[Write Va
2020-12-22 12:30:04.406698	192.168.1.5	192.168.1.17	S7COMM	76	ROSCTR:[Ack_Data] Function:[Write Va
2020-12-22 12:30:04.426476	192.168.1.17	192.168.1.5	S7COMM	85	ROSCTR:[Job] Function:[Read Var
2020-12-22 12:30:04.426762	192.168.1.5	192.168.1.17	S7COMM	279	ROSCTR:[Ack_Data] Function:[Read Var
2020-12-22 12:30:04.452013	Siemens_a4:d3:f2	Siemens_ac:eb:2f	PNIO	68	RTC1, ID:0x8018, Len: 48, Cycle:561
2020-12-22 12:30:04.455223	192.168.1.17	192.168.1.5	S7COMM	289	ROSCTR:[Job] Function:[Write Va
2020-12-22 12:30:04.455365	192.168.1.5	192.168.1.17	S7COMM	76	ROSCTR:[Ack_Data] Function:[Write Va
2020-12-22 12:30:04.479695	192.168.1.17	192.168.1.5	S7COMM	85	ROSCTR:[Job] Function:[Read Var
2020-12-22 12:30:04.480018	192.168.1.5	192.168.	S7COMM	279	ROSCTR:[Ack_Data] Function:[Read Var
2020-12-22 12:30:04.505297	192.168.1.17	192.168.	S7COMM	289	ROSCTR:[Job] Function:[Write Va
2020-12-22 12:30:04.505440	192.168.1.5	192.168.	S7COMM	76	ROSCTR:[Ack_Data] Function:[Write Va
2020-12-22 12:30:04.520466	Siemens_a4:d3:f2	Siemens_ac:eb:2f	PNIO	68	RTC1, ID:0x8018, Len: 48, Cycle:582
2020-12-22 12:30:04.526897	192.168.1.17	192.168.1.5	S7COMM	85	ROSCTR:[Job] Function:[Read Var
2020-12-22 12:30:04.527015	192.168.1.5	192.168.1.17	S7COMM	279	ROSCTR:[Ack_Data] Function:[Read Var
2020-12-22 12:30:04.553719	192.168.1.17	192.168.1.5	S7COMM	289	ROSCTR:[Job] Function:[Write Va
2020-12-22 12:30:04.553928	192.168.1.5	192.168.1.17	S7COMM	76	ROSCTR:[Ack_Data] Function:[Write Va
2020-12-22 12:30:04.578330	192.168.1.17	192.168.1.5	S7COMM	85	ROSCTR:[Job] Function:[Read Var
2020-12-22 12:30:04.578610	192.168.1.5	192.168.1.17	S7COMM	279	ROSCTR:[Ack_Data] Function:[Read Var
2020-12-22 12:30:04.582576	Siemens_a4:d3:f2	Siemens_ac:eb:2f	PNIO	68	RTC1, ID:0x8018, Len: 48, Cycle:602
2020-12-22 12:30:04.604229	192.168.1.17	192.168.1.5	S7COMM	289	ROSCTR:[Job] Function:[Write Va
2020-12-22 12:30:04.604451	192.168.1.5	192.168.1.17	S7COMM	76	ROSCTR:[Ack_Data] Function:[Write Va
2020-12-22 12:30:04.629970	192.168.1.17	192.168.1.5	S7COMM	85	ROSCTR:[Job] Function:[Read Var

S7 通信读数据周期 53ms

PNIO 刷新周期 62ms

图 4　PROFINET 和 S7 通信抓包数据（正常通信时）

当出现故障报警时，抓取和分析通信数据包。图 5 所示为 PROFINET 和 S7 通信抓包数据（故障报警时），由图 5 可知，S7 通信会出现在大约 1.5s 时间内没有任何有效数据交互的情况，PROFINET 通信数据包却可以始终按照正常刷新周期进行传输。

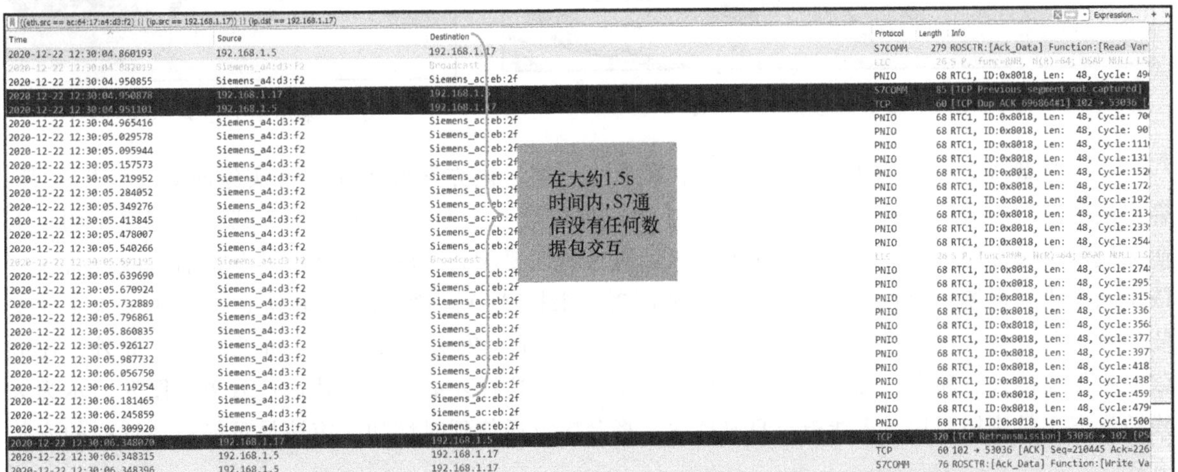

((eth.src == ac:64:17:a4:d3:f2) || (ip.src == 192.168.1.17)) || (ip.dst == 192.168.1.17)

Time	Source	Destination	Protocol	Length	Info
2020-12-22 12:30:04.860193	192.168.1.5	192.168.1.17	S7COMM	279	ROSCTR:[Ack_Data] Function:[Read Var
2020-12-22 12:30:04.882019	Siemens_a4:d3:f2	Broadcast	LLC	26	S P, func=RNR, N(R)=64; DSAP NULL LS
2020-12-22 12:30:04.950855	Siemens_a4:d3:f2	Siemens_ac:eb:2f	PNIO	68	RTC1, ID:0x8018, Len: 48, Cycle: 49
2020-12-22 12:30:04.950878	192.168.1.17	192.168.1.5	S7COMM	85	[TCP Previous segment not captured]
2020-12-22 12:30:04.951101	192.168.1.5	192.168.1.17	TCP	60	[TCP Dup ACK 696864#1] 102 → 53036 [
2020-12-22 12:30:04.965416	Siemens_a4:d3:f2	Siemens_ac:eb:2f	PNIO	68	RTC1, ID:0x8018, Len: 48, Cycle: 70
2020-12-22 12:30:05.029578	Siemens_a4:d3:f2	Siemens_ac:eb:2f	PNIO	68	RTC1, ID:0x8018, Len: 48, Cycle: 90
2020-12-22 12:30:05.095944	Siemens_a4:d3:f2	Siemens_ac:eb:2f	PNIO	68	RTC1, ID:0x8018, Len: 48, Cycle:111
2020-12-22 12:30:05.157573	Siemens_a4:d3:f2	Siemens_ac:eb:2f	PNIO	68	RTC1, ID:0x8018, Len: 48, Cycle:131
2020-12-22 12:30:05.219952	Siemens_a4:d3:f2	Siemens_ac:eb:2f	PNIO	68	RTC1, ID:0x8018, Len: 48, Cycle:152
2020-12-22 12:30:05.284052	Siemens_a4:d3:f2	Siemens_ac:eb:2f	PNIO	68	RTC1, ID:0x8018, Len: 48, Cycle:172
2020-12-22 12:30:05.349276	Siemens_a4:d3:f2	Siemens_ac:eb:2f	PNIO	68	RTC1, ID:0x8018, Len: 48, Cycle:192
2020-12-22 12:30:05.413845	Siemens_a4:d3:f2	Siemens_ac:eb:2f	PNIO	68	RTC1, ID:0x8018, Len: 48, Cycle:213
2020-12-22 12:30:05.478007	Siemens_a4:d3:f2	Siemens_ac:eb:2f	PNIO	68	RTC1, ID:0x8018, Len: 48, Cycle:233
2020-12-22 12:30:05.540266	Siemens_a4:d3:f2	Siemens_ac:eb:2f	PNIO	68	RTC1, ID:0x8018, Len: 48, Cycle:254
2020-12-22 12:30:05.591195	Siemens_a4:d3:f2	Broadcast	LLC	26	S P, func=RNR, N(R)=64; DSAP NULL LS
2020-12-22 12:30:05.639690	Siemens_a4:d3:f2	Siemens_ac:eb:2f	PNIO	68	RTC1, ID:0x8018, Len: 48, Cycle:274
2020-12-22 12:30:05.670924	Siemens_a4:d3:f2	Siemens_ac:eb:2f	PNIO	68	RTC1, ID:0x8018, Len: 48, Cycle:295
2020-12-22 12:30:05.732889	Siemens_a4:d3:f2	Siemens_ac:eb:2f	PNIO	68	RTC1, ID:0x8018, Len: 48, Cycle:315
2020-12-22 12:30:05.796861	Siemens_a4:d3:f2	Siemens_ac:eb:2f	PNIO	68	RTC1, ID:0x8018, Len: 48, Cycle:336
2020-12-22 12:30:05.860835	Siemens_a4:d3:f2	Siemens_ac:eb:2f	PNIO	68	RTC1, ID:0x8018, Len: 48, Cycle:356
2020-12-22 12:30:05.926127	Siemens_a4:d3:f2	Siemens_ac:eb:2f	PNIO	68	RTC1, ID:0x8018, Len: 48, Cycle:377
2020-12-22 12:30:05.987732	Siemens_a4:d3:f2	Siemens_ac:eb:2f	PNIO	68	RTC1, ID:0x8018, Len: 48, Cycle:397
2020-12-22 12:30:06.056750	Siemens_a4:d3:f2	Siemens_ac:eb:2f	PNIO	68	RTC1, ID:0x8018, Len: 48, Cycle:418
2020-12-22 12:30:06.119254	Siemens_a4:d3:f2	Siemens_ac:eb:2f	PNIO	68	RTC1, ID:0x8018, Len: 48, Cycle:438
2020-12-22 12:30:06.181465	Siemens_a4:d3:f2	Siemens_ac:eb:2f	PNIO	68	RTC1, ID:0x8018, Len: 48, Cycle:459
2020-12-22 12:30:06.245859	Siemens_a4:d3:f2	Siemens_ac:eb:2f	PNIO	68	RTC1, ID:0x8018, Len: 48, Cycle:479
2020-12-22 12:30:06.309920	Siemens_a4:d3:f2	Siemens_ac:eb:2f	PNIO	68	RTC1, ID:0x8018, Len: 48, Cycle:500
2020-12-22 12:30:06.348070	192.168.1.17	192.168.1.5	TCP	320	[TCP Retransmission] 53036 → 102 [PS
2020-12-22 12:30:06.348315	192.168.1.5	192.168.1.17	TCP	60	102 → 53036 [ACK] Seq=210445 Ack=226
2020-12-22 12:30:06.348396	192.168.1.5	192.168.1.17	S7COMM	76	ROSCTR:[Ack_Data] Function:[Write Va
2020-12-22 12:30:06.348396	192.168.1.5	192.168.1.17	S7COMM	279	ROSCTR:[Ack_Data] Function:[Read Var

在大约1.5s时间内，S7通信没有任何数据包交互

图 5　PROFINET 和 S7 通信抓包数据（故障报警时）

现场故障现象分析如下：

PROFINET RT 是基于 MAC 层的通信协议，通信数据包的发送是按照控制器里设置的通信更新周期处理的，这个更新周期是固定的，和控制器本身的程序的执行周期是无关的。因此，PROFINET 提供的是实时的通信服务。

S7 通信是基于 TCP/IP 的应用层的通信协议，需要在控制器里调用程序块来处理数据的收、发。如果通信双方需要对数据进行确认，然后再进行下一步的处理，这就需要通信双方在程序上做逻辑的判断，这种工作模式就很难保证固定的刷新时间，实时性会大打折扣。

通过项目实践证明：由于无线链路的传输介质特殊，通信的不确定性比有线通信更高。当现场的通信链路出现异常丢包后，通信双方的程序块就会进入长时间的逻辑等待状态，从而导致超出程序规定的看门狗时间后，触发 PLC 报警的情况。因此，选择实时性和容错性更高的 PROFINET 协议对于整个控制系统的稳定性的提升非常关键。

2. 设计和安装阶段：天线和漏波电缆的部署原则

汽车生产线周边的金属部件和材料多，不仅车间的基础架构是金属的，车间内生产的汽车和产线边的设备也大都是金属材料制成的。金属对于无线信号的传输稳定性影响较大，无线信号在传输过程中遇到金属会发生信号反射或者折射的现象，造成无线通信延时的增加甚至丢包。因此，针对性地设计无线设备的安装位置可以减少信号在传递过程中遇到的遮挡，提高通信的稳定性。重卡工艺型 AGV 项目如图 6 所示，乘用车工艺型 AGV 项目如图 7 所示。

图 6　重卡工艺型 AGV 项目

图 7　乘用车工艺型 AGV 项目

在工艺型 AGV 的应用中，通常采用常规天线方案。该方案要求在项目实施前对无线接入点、客户端及它们的天线的位置进行合理的设计和安装。与工厂 IT 部门部署的无线覆盖网络不同，工业无线网络通常用于生产线的控制单元层级，对实时性要求高。因此，在设计和部署无线设备时应该按照产线的现场环境和工艺需求针对性地部署。根据 AGV 小车的运行轨迹选择无线接入点的安装位置，并且让其尽可能靠近 AGV 小车上的无线客户端，安装高度为 2～3m 为最佳。此外，还应该尽量保证接入点和客户端的天线相互可视、无遮挡，这样才能达到最佳通信效果。图 8 所示为天线被汽车车身遮挡照片，天线被车身遮挡后，将会导致通信延时增加，应该尽可能避免这样的安装方式。

在 EMS 系统中通常采用漏波电缆无线解决方案。汽车制造行业的 EMS 输送系统一般为闭环结

图 8　天线被汽车车身遮挡照片

构，通过岔道的方式满足多种车型、多种工艺和检修区的生产要求。因此，需要根据生产输送线的结构、布局特点和小车运行方向定制化地设计无线接入点的安装位置和漏波电缆的连接部署方案。

图 9 所示为某重卡产线 EMS 项目的漏波电缆方案设计图。根据输送线长度，在输送环线上部署了五个无线接入点。因为工艺路线不唯一（包含岔道和维修区），因此需要考虑在岔道和维修区的无线覆盖。每个无线接入点连接一根漏波电缆或者通过功率分配器连接多根漏波电缆。每根漏波电缆的长度也需要针对性设计，保证 EMS 小车在运行过程中信号强度适中，且漫游过程是从信号弱的无线接入点切换至信号强的无线接入点。漏波电缆的方案设计的合理性决定了系统实施后的通信效果。

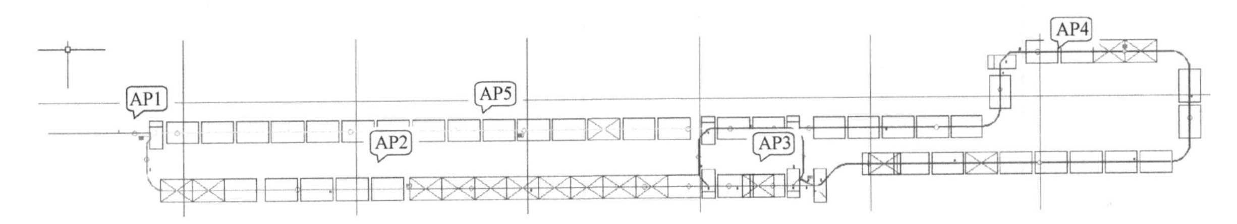

图 9　某重卡产线 EMS 项目的漏波电缆方案设计图

在现场实施过程中，漏波电缆的安装过程同样需要关注。如：漏波电缆的弯曲度不能超过最小弯曲半径 20cm。漏波电缆的信号“漏出”是有方向性的，它的护套的凸起侧应该朝向内侧导轨，凸起的反面应该朝向客户端的天线。当使用 5GHz 频段时，漏波电缆和无线客户端的天线之间的安装距离应该调整为 10cm 左右，图 10 所示为漏波电缆安装示意图。

图 11 所示为重卡发动机 EMS 输送线，按照小车运行路径铺设漏波电缆，可以保证小车和主控之间的无线通信无遮挡和干扰小，提高控制系统数据传输的稳定性。

3. 调试阶段：无线设备的频段和信道的选择

在现场调试阶段，频段和信道的选择直接影响通信效果。需要在项目实施前，通过专业软件扫描了解现场的无线频段使用情况，并选择使用利用率最低的信道。在配置无线设备的参数时，不能使用信道“自动”模式，而要参考专业软件的扫描结果，选择干扰最小的信道。同时，在无线接入点和客户端的“allowed channels”页面中，只勾选当前无线设备需要实际使用的信道，避免不必要的信道干扰。在工艺型 AGV 和 EMS 的应用中，由于只传输控制数据，建议使用 802.11a 协议结合工业点协调功能（IPCF）实现无线实时通信。专业频谱分析工具如图 12 所示。

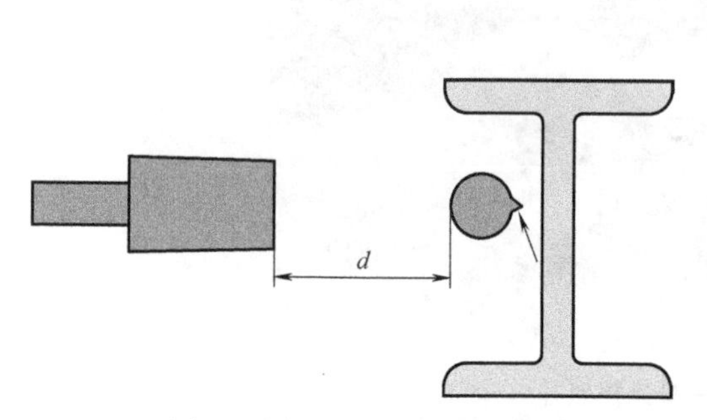

图 10　漏波电缆安装示意图

图 11　重卡发动机 EMS 输送线

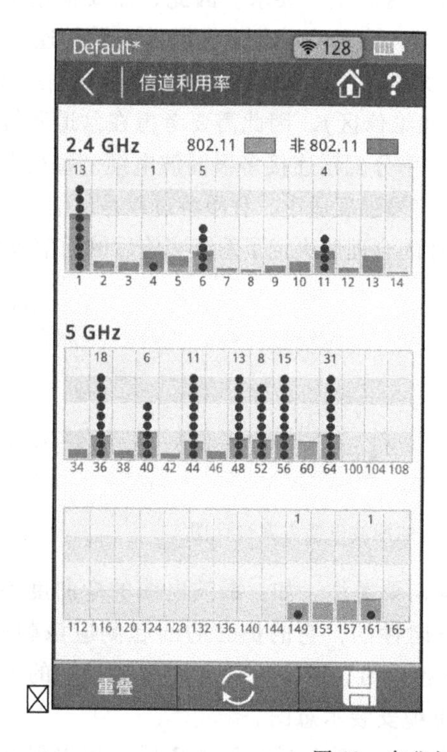

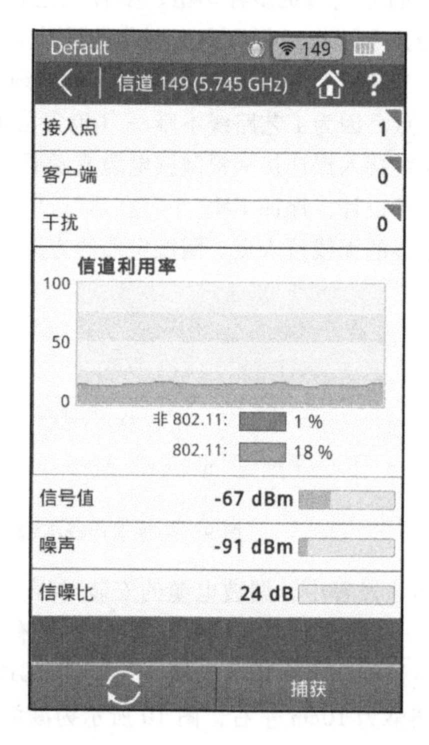

图 12　专业频谱分析工具

4. 调试阶段：启用 SCALANCE W 独有的工业点协调功能（IPCF）

IPCF 是为了满足工业场景实时性通信要求开发的一种通信方式。它从缩短时间片、修改数据帧、优化漫游时间等方面提升了无线传输性能。启用 IPCF 模式后，接入点会在循环时间内按照特定排序采用轮询的方式访问连接在该接入点的客户端。轮询的优势是让接入点与每个客户端在固定时间片内交换数据。如果没有客户端与该接入点相连，那么它就会循环发送“空数据广播帧”，以将它的“存在”循环通知给该接入点覆盖范围内的无线客户端。IPCF 功能是西门子开发的独有特性，只能与西门子设备结合使用。由于它修改了信标帧，普通网络设备无法建立和激活 IPCF 功能的西门子无线设备的连接。

启用 IPCF 后，在循环周期内接入点将按照固定顺序连续轮询在接入点登录的客户端，每个客户端通常需要 2ms 时间进行数据交换。客户端在传输业务数据的同时，也会通知接入点是否仍有做好发送准备的数据。在所有客户端都经过轮询之后，接入点还会利用周期内的剩余时间转发广播/多播数据包，直至该循环周期结束。在下一个循环周期，接入点还将再次寻址仍有待传输数据的客户端。在 PROFINET 模式下，IPCF 的循环周期时间由用户设置，设置时需要充分考虑接入点可能连接的最大客户端数量，并且所有无线接入点需要保持相同设置。

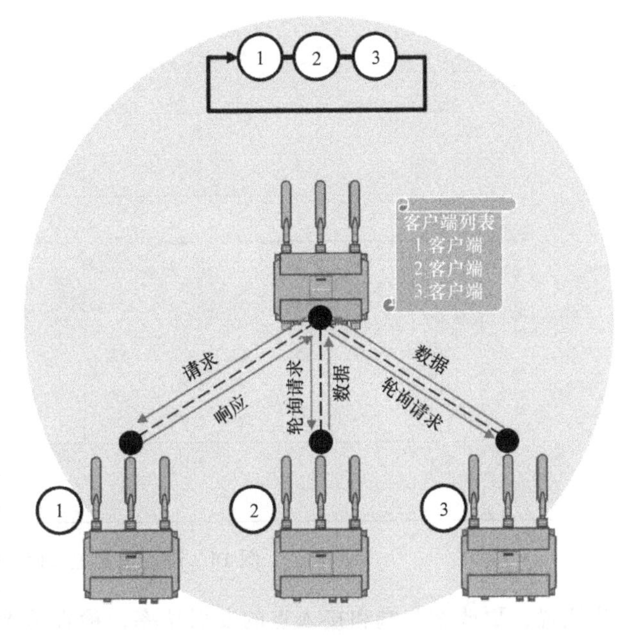

图 13　IPCF 模式下的数据传输机制

图 13 所示为 IPCF 模式下的数据传输机制，由图 13 可知，有三个客户端同时连接一个无线接入点，在启用 IPCF 功能的 PROFINET 模式情况下，由于每个客户端需要至少 2ms 的循环时间，三个客户端轮询一个周期需要的时间至少为 6ms，考虑到还有广播/多播数据包的传输，因此，建议将 IPCF 刷新周期设置为不小于 16ms，PLC 的 PNIO 刷新周期设置为不小于 32ms。

快速漫游能力也是 IPCF 的一个重要优势。通过 IPCF 通信机制实现快速漫游，保证无线客户端在不同无线接入点之间的快速切换。漫游时间是用于评估通信稳定性的关键指标。

在工艺型 AGV 和 EMS 的应用中，都需要启用 IPCF 功能。需要结合实际工艺需求，找出最适合系统运行的参数。例如：如果工艺要求无线链路最大通信延时不大于 400ms，那么首先应该设置安全监视时间不大于 400ms，接着设置 PNIO 的刷新周期和看门狗次数分别为 64ms 和 6 次，以确保看门狗时间 64ms×6 不大于 400ms。将 IPCF 的循环周期设置为 PNIO 的刷新周期的一半，也就是 32ms。

5. 调试阶段：评估工业无线的运行效果

无线连接的信号强度和重试率是无线通信质量的重要依据。客户端的网页浏览器内置了“signal recorder”界面，通过该页面可以记录小车在运行过程中的无线信号强度和通信重试率等信息，从而评估无线系统是否满足生产运行要求，图 14 所示为设备正常工作时的漫游切换状态。

在调试工程中，需要观察信号记录数据，避免以下问题的出现：

1）信号强度不满足要求（IPCF 通信要求在-35～-65dBm 之间）。

信号强度是保证通信稳定性和实时性的最重要因素，当客户端连接到一个信号强度较弱的接入点时，客户端不一定漫游。只有存在一个信号“更好的”无线接入点，并且客户端的当前连接不满足当前通信要求时才会触发快速漫游。

在正式投产前，可以记录小车运行过程中的信号强度，判断无线的部署是否满足生产要求。信号过强、过弱或者出现突变都会导致通信不稳定，如果发现这种情况，需要通过调整无线接入点的

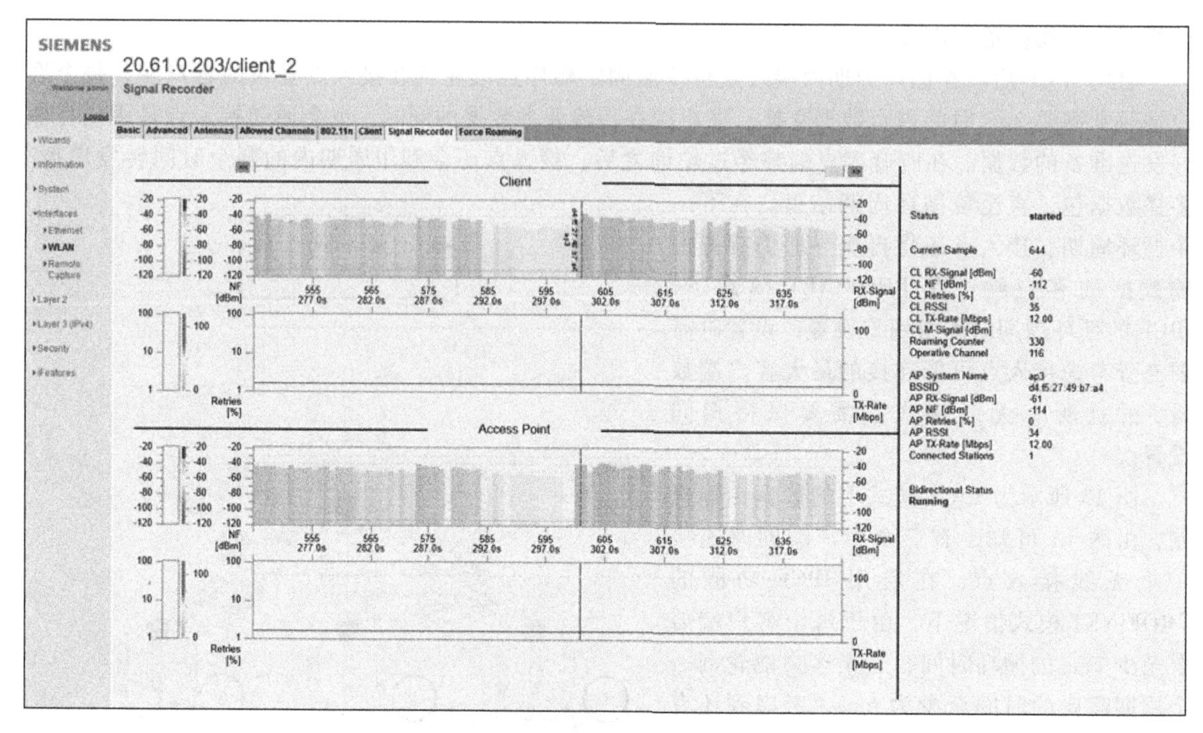

图 14 设备正常工作时的漫游切换状态

安装位置，更改客户端和接入点的发射功率，检查是否有硬件损坏等措施确保信号强度满足工艺生产的要求。图 15 所示为由于信号过强导致的无线通信的数据重试率高。

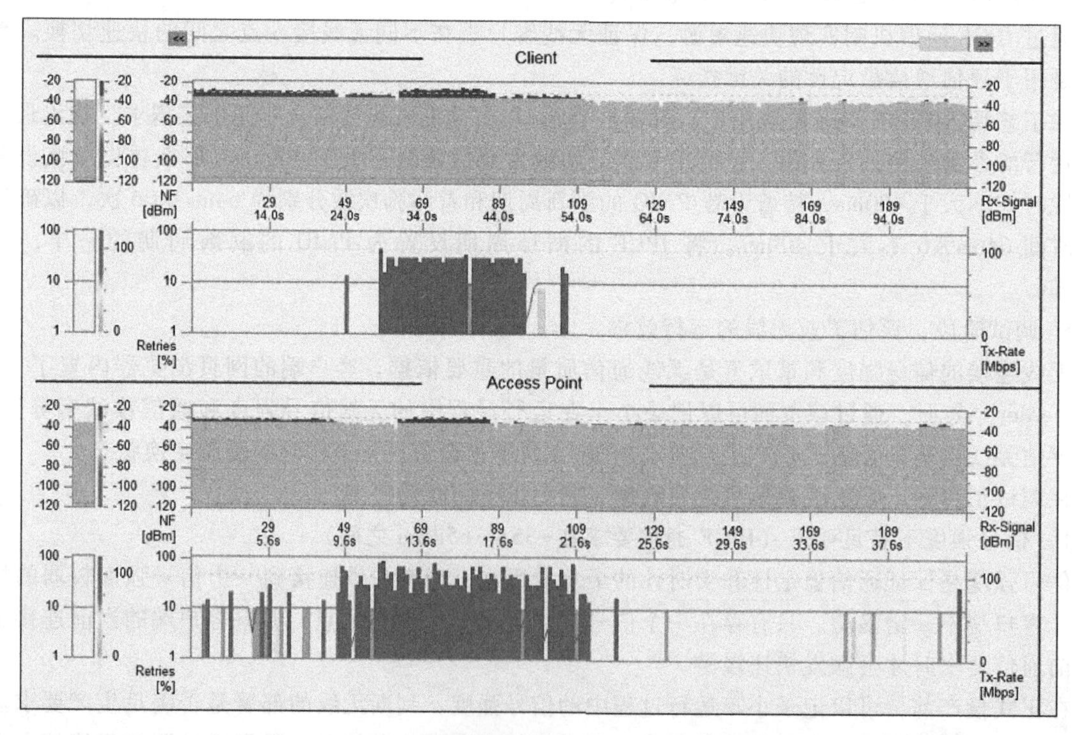

图 15 由于信号过强导致的无线通信的数据重试率高

2）小车运行过程中无线通信重试率过高。

由于无线的传输特性，当信号发生折射、反射或者收到外部干扰时会出现延时增加甚至丢包。此时，无线设备会尝试重发数据包，避免出现因为通信超时导致的报警。因此，无线传输的重试率是判断无线部署是否满足要求的重要依据。如果出现重试率过高的问题，则需要检查无线模块的参数配置，检查信道选择是否合理，判断是否在特定位置重试率高，以及找出可能存在的安装问题。图 16 所示为由于信道干扰导致的无线重试率高的情况。

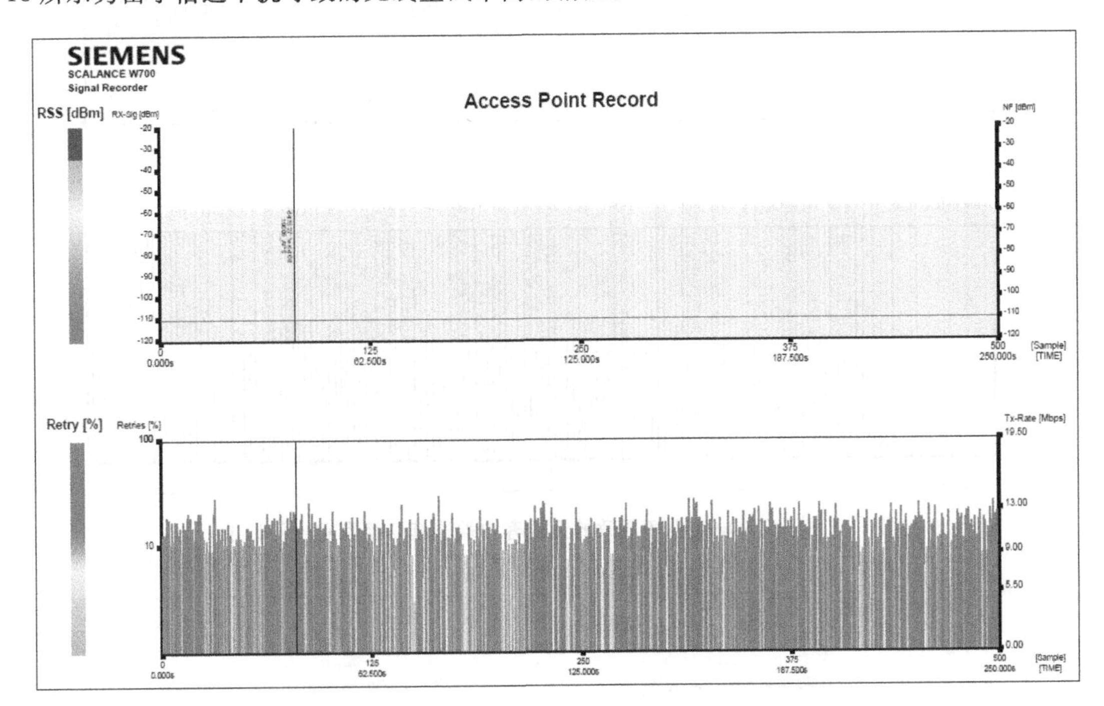

图 16　由于信道干扰导致的无线重试率高的情况

3）运行过程中连续出现“重连”或“切换”的现象。

快速漫游是工业无线不可或缺的功能。切换过程必须一次性快速完成，不能出现两个接入点之间连续切换的情况。如果出现漫游“跳跃”的问题，除了漫游参数设置的不合理外，还可能是频率干扰、安装不合理以及两个无线接入点的信号都非常弱的原因。无线客户端在发现当前连接的无线接入点不能满足通信要求时，会触发快速漫游切换或者重连，并且在信号记录页面留下一条“黑线”。频繁的连续的“黑线”的出现说明当前的无线连接存在问题。图 17 所示为由于漏波电缆损坏导致的无线客户端连续切换和重连的记录。

4）无线接入点的信号强度与客户端的信号强度有差异。

在设置无线接入点和无线客户端的参数时，通常会设置相同的信号发射功率，保证信号的双向传输效果一致。在参数设置一致的情况下，如果在信号记录画面发现接入点和客户端的信号强度明显有差异，并且在信息窗看到 CL NF（dBm）和 AP NF（dBm）参数的差值过大，则说明当前使用的无线设备可能存在硬件故障，需要通过交换硬件的方式排查确认故障原因。图 18 所示为双向通信的信号强度差异。

6. 运行阶段：网络通信质量的持续监控和诊断

无线设备的管理和维护是用户非常关心的，SCALANCE W 无线设备可以通过 TIA 平台组态在西

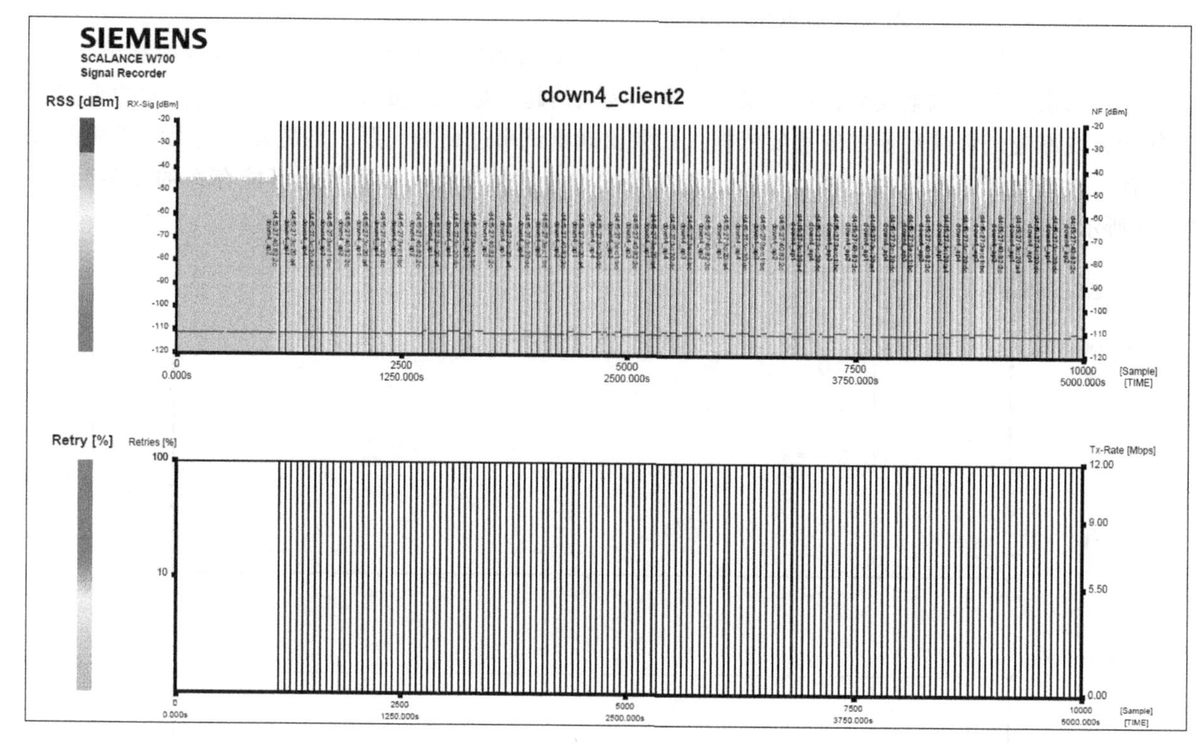

图 17　由于漏波电缆损坏导致的无线客户端连续切换和重连的记录

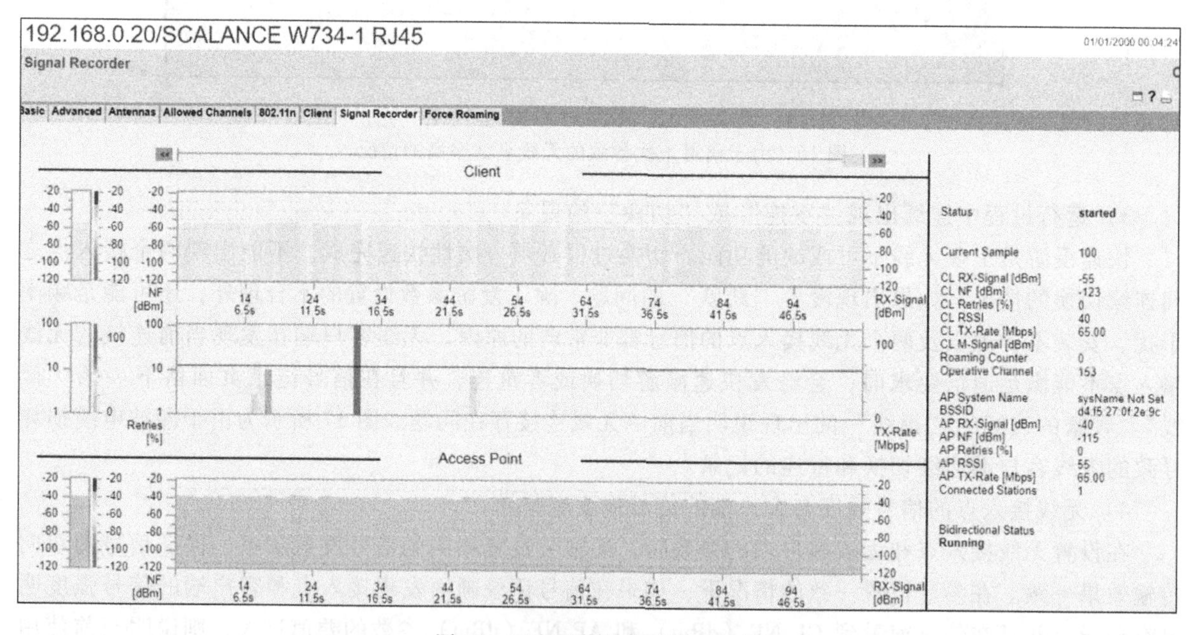

图 18　双向通信的信号强度差异

门子 PLC 中，将其作为 PROFINET IO 设备进行监视和诊断。网络管理平台 SINEC NMS 也是可以提供给用户的有效工具，通过这个管理平台可以监视 SCALANCE W 无线设备运行状态，更加便捷地实现无线参数的批量修改和固件升级工作。当现场出现无线信号不满足要求或者丢包率过大的情况，这套软件也可以及时发现并通过报警的方式提示用户。

如果需要分析现场出现的异常通信问题的原因，还可以借助 SCALANCE W 设备内置的远程抓包功能实现数据收集。通过 Wireshark 软件不仅可以记录本地接口的网络流量，也可以记录跨越无线网络的移动侧无线客户端的网络流量，对于通信闪断类的问题的处理非常有帮助。

四、运行效果

SCALANCE W 工业无线已经在汽车行业的多个工艺型 AGV 和 EMS 项目中投入实际运行。它也是西门子汽车行业整体解决方案中的重要组成部分，具体项目情况如下：

客户	项目	年份	状态
客户 1	工艺型 AGV 项目	2019 年	稳定运行
客户 2	工艺型 AGV 项目	2020 年	稳定运行
客户 3	EMS 项目	2020 年	稳定运行
客户 4	工艺型 AGV 项目	2020 年	稳定运行
客户 5	工艺型 AGV 项目	2021 年	稳定运行
客户 6	EMS 项目	2021 年	稳定运行
客户 7	EMS 项目	2022 年	调试阶段
客户 8	工艺型 AGV 项目	2022 年	调试阶段
客户 9	工艺型 AGV 项目	2022 年	调试阶段

五、应用体会

SCALANCE W 工业无线在汽车行业的应用有以下优势：

1）西门子提供整体 AGV 和 EMS 系统的解决方案。

2）通过工业点协调功能（IPCF）可以实现高实时性通信和快速漫游。

3）满足 PROFINET & PROFISAFE 通信要求。

4）通过 PLC 组态和 SINEC NMS 网络管理软件实现对无线设备的诊断和管理。

5）可提供高防护等级 IP65 的无线产品，可以满足现场柜外安装要求。

6）硬件支持通过 PLUG 卡保存设备参数配置，故障时可以快速更换。

7）无线设备支持远程抓包功能，便于通信故障的诊断分析。

8）当出现通信接口异常和上位服务器异常以及信号强度弱的情况时，无线客户端主动触发漫游，以提高通信容错性。

参考文献

[1] 西门子（中国）有限公司. SIMATIC NET Basics of IWLAN_V60 [Z].

基于 NX MCD 平台的桁架上下料机械手虚拟调试
Virtual debugging of truss loading and unloading manipulator based on NX MCD platform

周　冬
（西门子（中国）有限公司沈阳分公司　沈阳）

[摘　要] 随着自动化技术的不断发展，最终用户对设备厂家的交货期要求越来越高。本文利用西门子虚拟调试技术（软件在环：NX MCD、SIMIT、PLCSIM Advanced），让设备厂家在虚拟环境中优化自动化项目与机器功能，提升了桁架上下料机械手设备的开发效率，减少现场的调试时间，降低调试成本。
[关 键 词] NX MCD、SIMIT、PLCSIM Advanced、虚拟调试
[Abstract] With the continuous development of automation technology, end users have higher and higher requirements for the delivery time of equipment manufacturers. In this paper, Siemens virtual debugging technology (software in the loop: NX MCD, SIMIT, PLCSIM Advanced is used to enable equipment manufacturers to optimize automation projects and machine functions in the virtual environment, improve the development efficiency of truss loading and unloading manipulator equipment, reduce on-site debugging time and reduce debugging cost.
[Key Words] NX MCD、SIMIT、PLCSIM Advanced、Virtual Debugging

一、项目背景

1. 设备工艺介绍

客户设备是桁架上下料机械手，如图 1 所示。设备工艺指标见表 1。

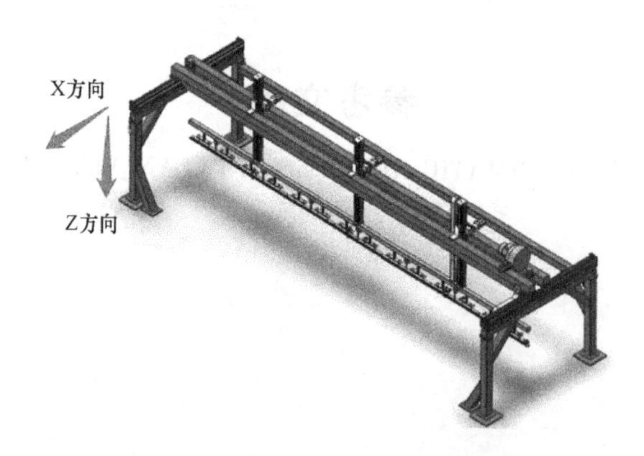

图 1　桁架上下料机械手

表 1 设备工艺指标

重复定位误差	Z 轴末端端部综合运动误差≤±1mm
X 轴速度指标	X 轴运行最大速度为 0.6m/s
Z 轴速度指标	Z 轴运行最大速度为 0.5m/s
加速度要求	各轴加速度为 $0.5m/s^2$ 以上
负载能力	桁架末端最大负载 90kg(不含抓取工具)

设备的工艺流程图如图 2 所示。

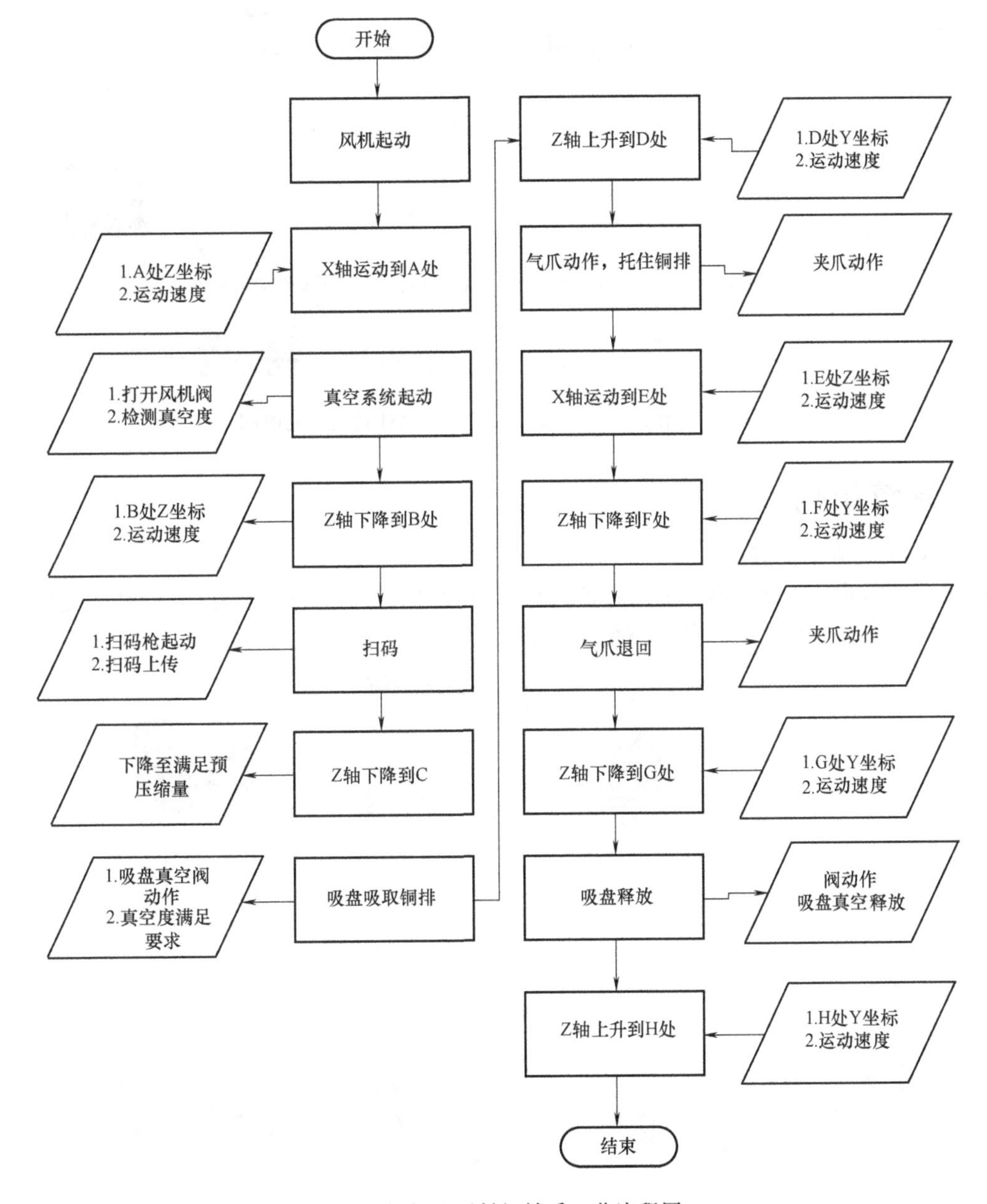

图 2 桁架上下料机械手工艺流程图

2. 西门子虚拟调试在桁架上下料机械手开发的应用

客户利用西门子的虚拟调试技术，在上下料机械手开发中，提前在虚拟环境中验证并优化了其自动化项目与机器功能，减少现场的调试时间，降低调试成本。

由于客户实际的现场环境复杂，此次上下料机械手虚拟调试就可以降低实际调试的风险，减少操作错误。

客户在虚拟调试过程中参考了协作式系统工程方式，如图 3 所示。

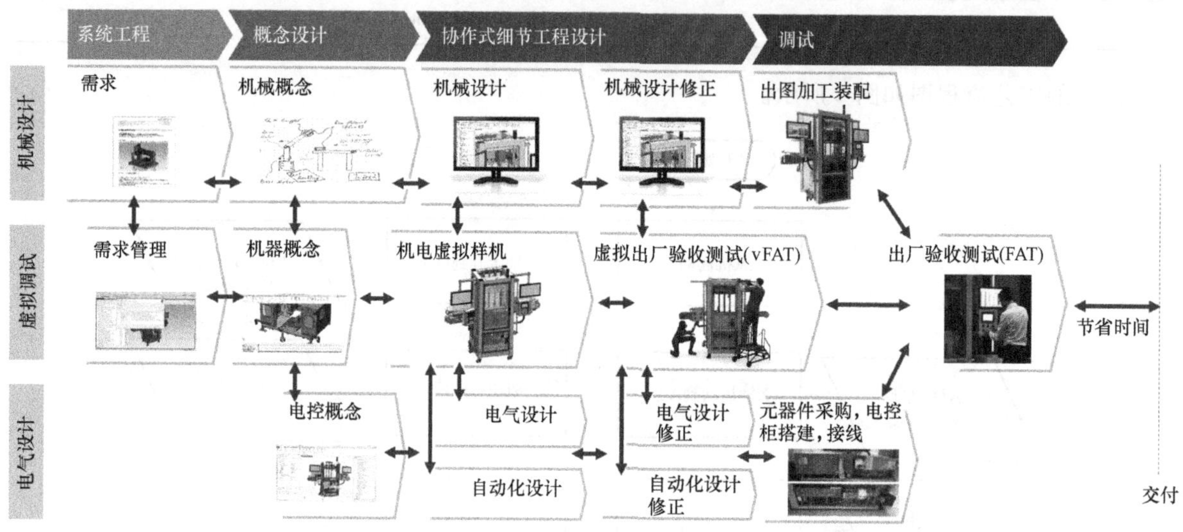

图 3　协作式系统工程方式缩短从设计到实现的时间

二、系统结构

1. 自动化系统方案配置

根据客户的需求，Z 轴需要 3 个伺服轴进行同步提升，X 轴需要两个伺服轴进行龙门同步，总结出系统结构如图 4 所示，客户的实际配置见表 2。

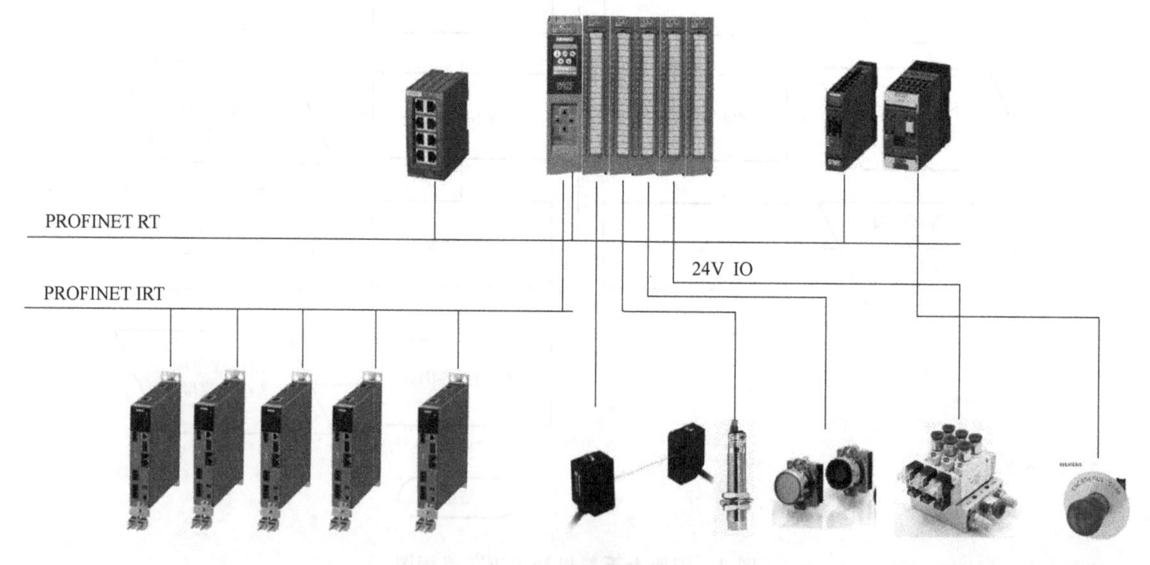

图 4　系统结构图

表 2　项目配置清单

序号	品牌	订货号	注释	数量
1	西门子	6ES7515-2TM01-0AB0	PLC 1515T	1
2	西门子	6ES7151-3AA23-0AB0	IM153-3 PN 标准型	2
3	西门子	6ES7131-4BF00-0AA0	8DI	7
4	西门子	6ES7132-4BF00-0AA0	8DO	4
5	西门子	6ES7134-4GD00-0AB0	4AI	1
6	西门子	6ES7138-4CA01-0AA0	PM-E 24V 电源	2
7	西门子	6ES7193-4CB20-0AA0	端子模块;螺钉型端子(5 件)	3
8	西门子	6ES7193-4CC20-0AA0	具有 AUX1 访问权限的端子模块;螺钉型端子(5 件)	1
9	西门子	6ES7954-8LE02-0AA0	存储卡 12MB	1
10	西门子	6ES7590-1AC40-0AA0	安装导轨 245mm	1
11	西门子	6SL3210-5FE12-0UF0	3AC 380~480V V90PN 2.0kW 驱动器 7.8A 外形尺寸 FSB	3
12	西门子	1FL6090-1AC61-0AB1	伺服电动机:2500 线增量编码器,带键槽,带抱闸 $P_n=2.5$kW $N_n=2000$r/min $M_n=11.9$N · m	3
13	西门子	6SL3210-5FE13-5UF0	3AC 380~480V V90PN 3.5kW 驱动器 11.0A 外形尺寸 FSC	2
14	西门子	1FL6092-1AC61-0AA1	伺服电动机:2500 线增量编码器,带键槽,不带抱闸 $P_n=3.5$kW $N_n=2000$r/min $M_n=16.7$N · m	2
15	西门子	6FX3002-5CL12-1CA0	动力电缆,用于 1.5~7kW 电机,含接头 20m	5
16	西门子	6FX3002-2CL12-1CA0	编码器电缆,用于增量式编码器,含接头 20m	5
17	西门子	6FX3002-5BL03-1CA0	抱闸电缆,含接头 20m	3
18	西门子	6ES7131-6BF00-0AA0	8DI 高性能型,需要支持外部中断	1
19	西门子	6ES7131-6BF00-0AA0	8DI 高性能型,需要支持外部中断	1
20	西门子	3SK2511-2FA10	3SK2,PROFINET interface	1
21	西门子	3SK2122-2AA10	SIRIUS SAFETY RELAY 20 F-DI	1

2. 虚拟调试方案配置

西门子虚拟调试分为软件在环和硬件在环，如图 5 所示。

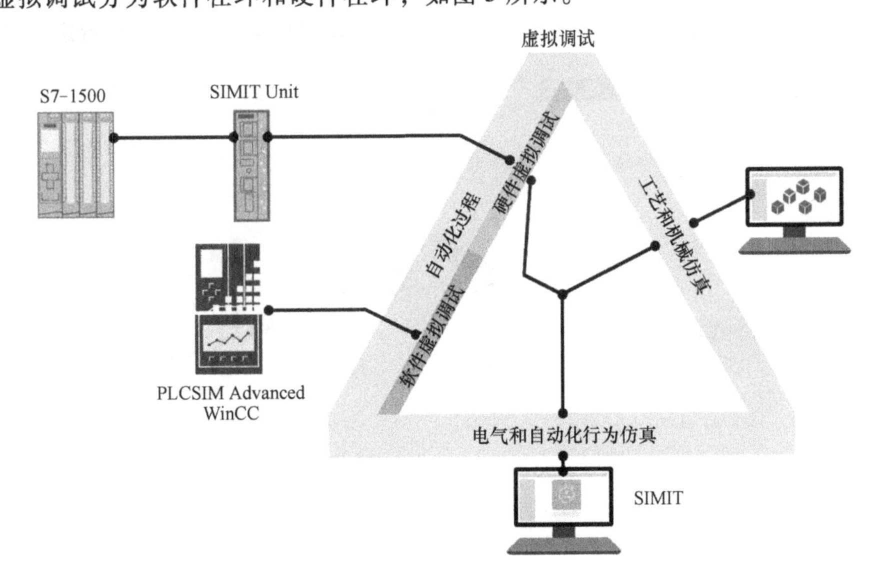

图 5　离散工业虚拟调试解决方案架构

西门子软件在环虚拟调试是指无需实物，就可以进行机械、自动化、电气相互间的软件调试。本项目就是使用软件在环方案，如图6所示。

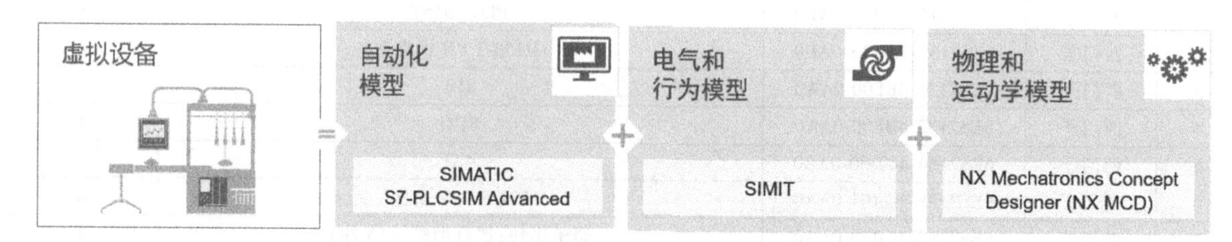

图6　离散工业虚拟调试软件在环

- 自动化仿真软件：S7-PLCSIM Advanced V3.0 Upd2。仿真 SIMATIC S7-1500 系列控制器。
- 电气仿真软件：SIMIT V10.2 Upd2。通过行为模型仿真外围部件，例如，传感器和执行器，过程特性，温度和压力，液压等。
- 机械仿真软件：NX 1953。通过客户已有的3D模型，进行物理和运动学配置即可实现仿真和验证不同的设计方案。

三、虚拟调试功能与实现

1. NX MCD 建模

（1）导入3D模型

导入客户的3D模型到NX软件，NX软件可以打开主流3D软件的文件。

（2）定义刚体

刚体：刚体组件可使几何对象在物理系统的控制下运动，刚体可接受外力与扭矩力用来保证几何对象如同在真实世界中那样进行运动。

本项目需要将设备Z轴升降、设备X轴平移、抓取等需要运动的部件，定义为刚体；定义完成后，刚体具有以下物理属性：质量和惯性。

如图7所示，我们为设备中的横梁定义刚体，并且可以根据实际情况为其指定质量。

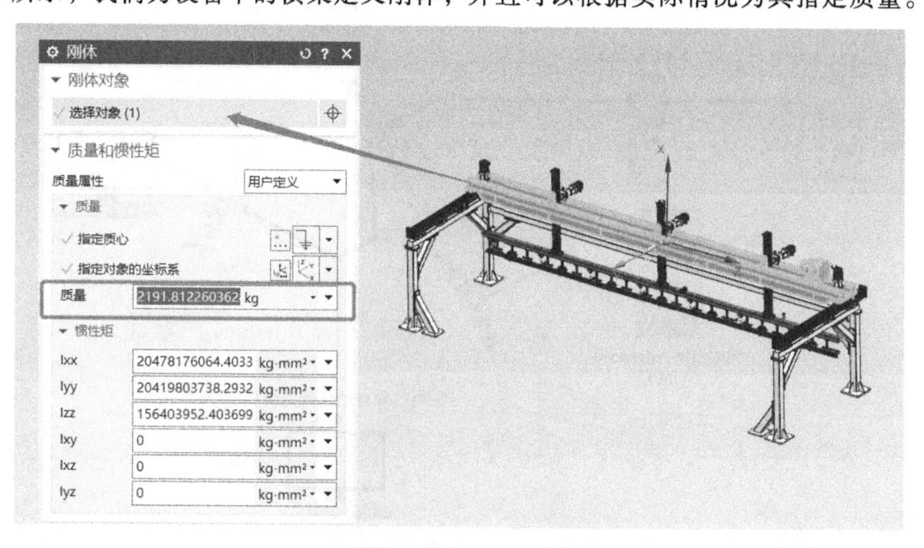

图7　为设备定义刚体

（3）定义铰链副

铰链副：使用铰链副命令在两个刚体之间建立一个关节，允许一个沿轴线的转动自由度。

在实际项目中，例如 Z2 升降轴就需要定义铰链副，如图 8 所示。

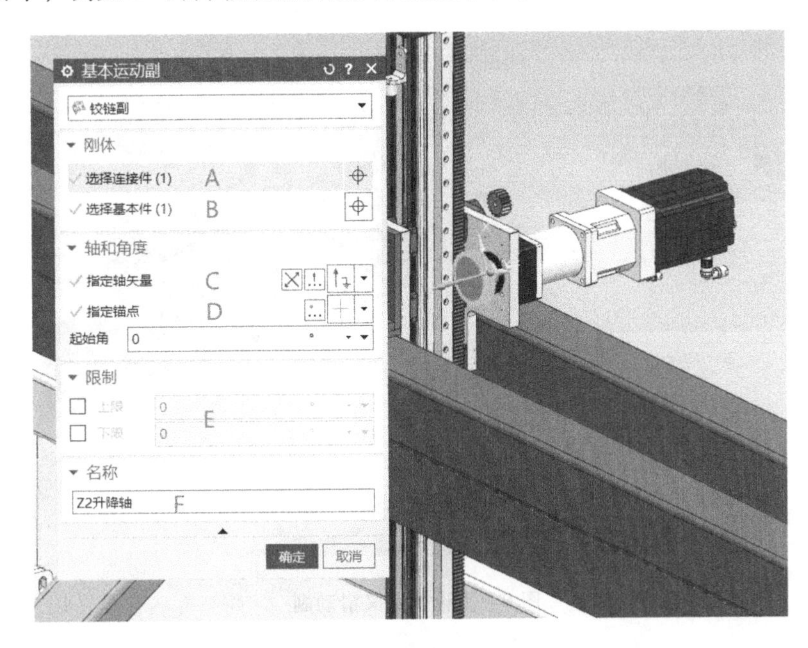

图 8　为设备定义铰链副

定义铰链副需要注意的地方如下：

A：选择需要被铰链副约束的刚体。

B：选择连接件所依附的刚体。如果基本件参数为空，则代表连接件和地面连接。

C：指定铰链副的旋转的轴矢量。

D：指定铰链副的旋转锚点。

E：限制。上限，设置一个限制旋转运动的上限值，这里可以设置一个转动多圈的上限值；下限，设置一个限制旋转运动的下限值，这里可以设置一个转动多圈的下限值。

F：定义铰链副的名称。

（4）定义滑动副

滑动副：使用滑动副命令在两个刚体之间建立一个关节，允许一个沿轴线的平移自由度。滑动副不允许在两个主体之间的任何方向上做旋转运动。

在实际项目中，例如 Z2 升降轴滑动体就需要定义滑动副，如图 9 所示。

定义滑动副需要注意的地方如下：

A：选择需要添加滑动副约束的刚体。

B：选择与连接件连接另一刚体。

C：指定线性运动的轴矢量。

D：在模拟仿真还没有开始之前，连接件相对于基本件的位置。

E：限制。启用后可指定连接体可移动的上、下限距离。

F：定义滑动副的名称。

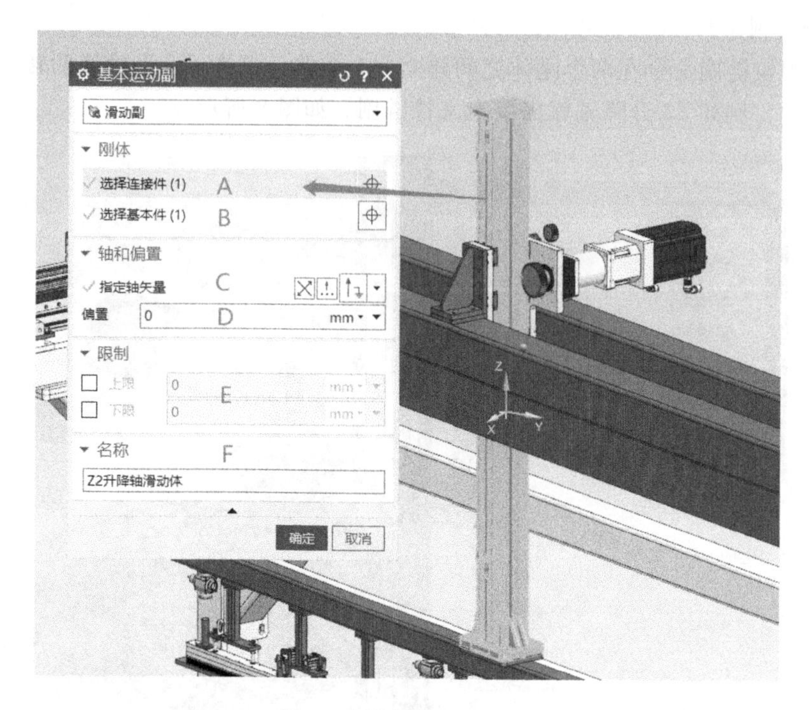

图 9　为设备定义滑动副

（5）定义齿轮齿条副

齿轮齿条：使用齿轮齿条命令可以将一个滑动副和一个铰链副关联起来，并将它们之间以固定比率移动。

在实际项目中，例如 Z2 升降轴要完成升降的动作就需要用到前面的铰链副和滑动副一起来定义齿轮齿条副，如图 10 所示。

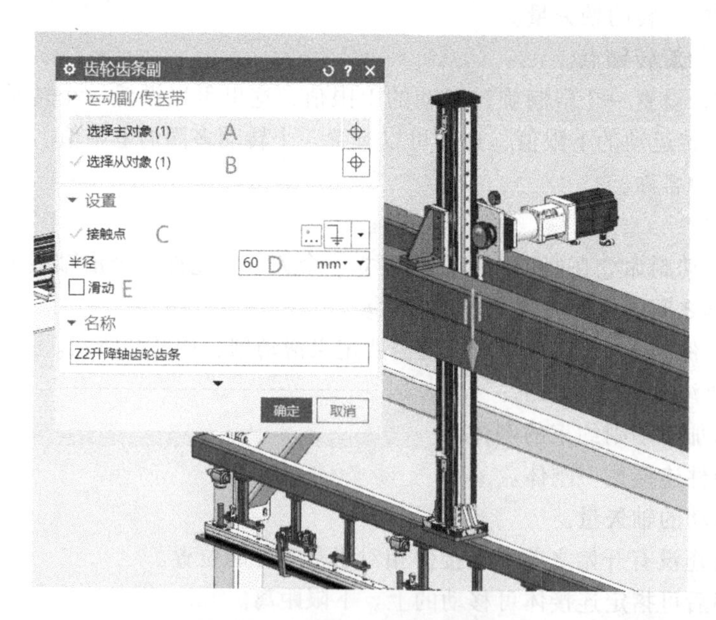

图 10　为设备定义齿轮齿条副

定义齿轮齿条副需要注意的地方如下：

A：选择一个轴为主对象，本项目选择滑动副。

B：选择一个轴为从对象，本项目选择铰链副。

C：指定齿轮和齿条之间的接触点。

D：指定齿轮的半径。

E：齿轮齿条副允许轻微的滑动。

（6）添加模型的速度控制执行机构

速度控制：速度控制添加在运动副上，来驱动由运动副约束的刚体以预设的参数运动。这些预设的参数可以是速度、加速度、加加速度、力矩或者扭矩。具体设置如图 11 所示。

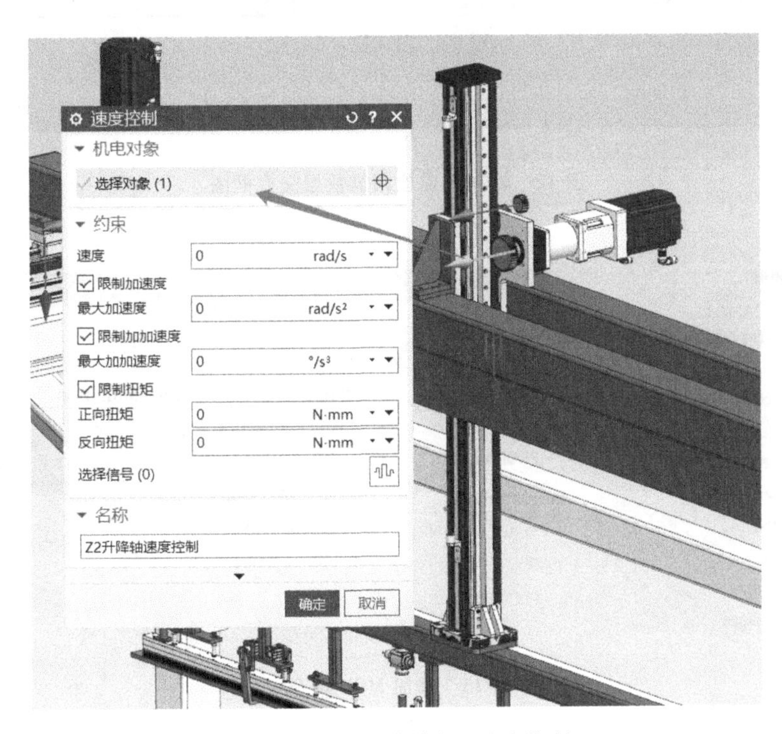

图 11　为 Z2 升降轴定义速度控制

2. SIMIT 建模

本项目中，S7-PLCSIM Advanced 作为位置环控制器，SIMIT 用来仿真驱动器报文 105，NX MCD 作为运动机构的仿真，并向 SIMIT 提供实际的位置反馈和速度反馈。其数据交换框图如图 12 所示。

（1）将 MCD 信号导入 SIMIT 操作步骤（进行 MCD 耦合）

打开 SIMIT 项目，添加新的 MCD 耦合，如图 13 所示。

单击图 14 所示的按钮，从 MCD 侧得到所需要的信号。

在 NX MCD 软件侧，单击“Allow connection”按钮和“Send signals to”按钮（见图 15），将信号发送到 SIMIT 侧。

上一步操作后，SIMIT 软件中会出现从 MCD 侧传过来的变量，我们需要为其更改单位，选择运行的时间片，并且激活等时同步模式（PLC 项目选择的报文为 105，采用等时同步模式），如图 16 所示。

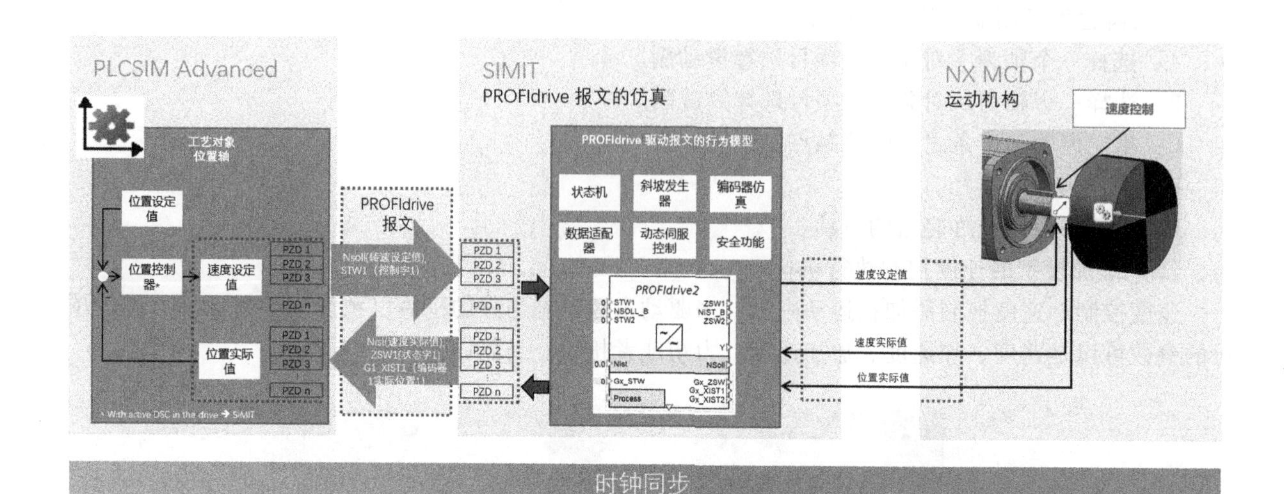

图 12　软在环虚拟调试数据交换框图

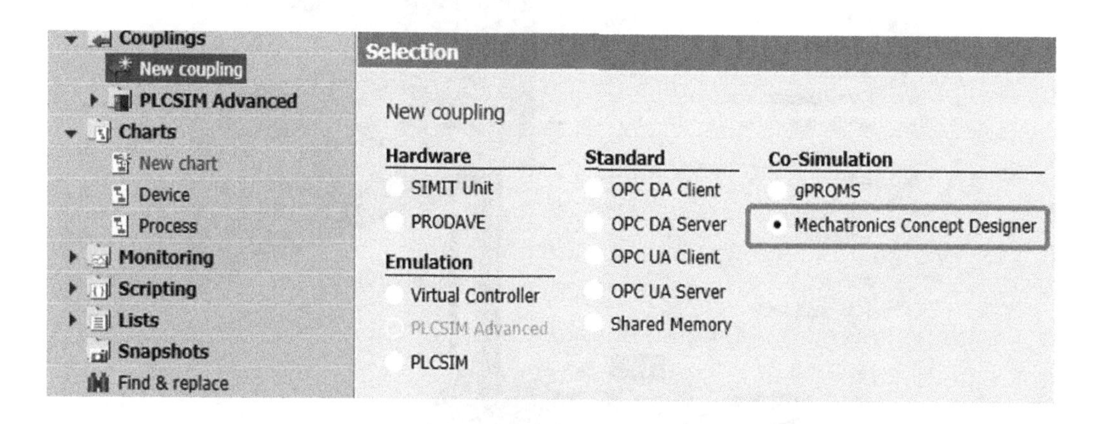

图 13　添加 MCD 耦合

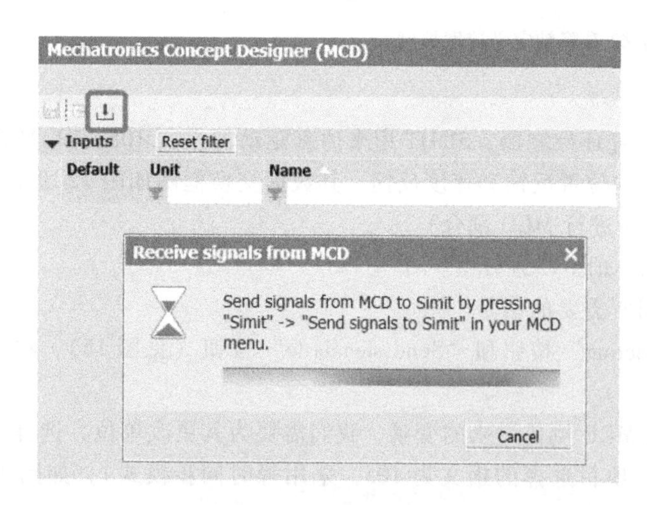

图 14　从 MCD 侧接收信号

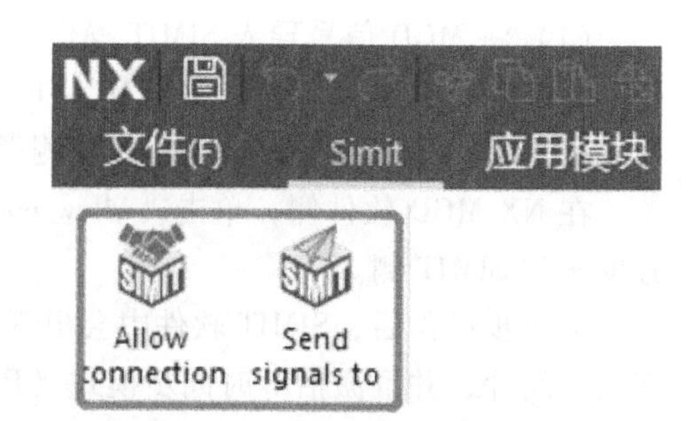

图 15　NX MCD 侧需要做的操作

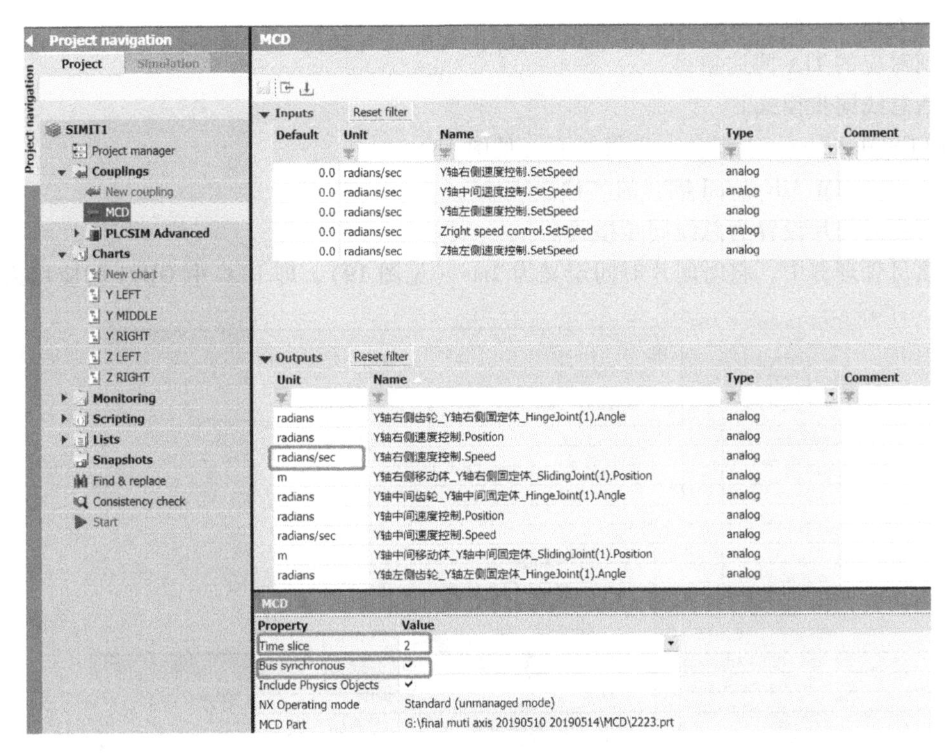

图 16　MCD 耦合器中的信号

（2）将 S7-PLCSIM Advanced 信号导入 SIMIT 操作步骤（进行 PLCSIM Advanced 耦合）

添加 PLCSIM Advanced 耦合，步骤如下（见图 17）：

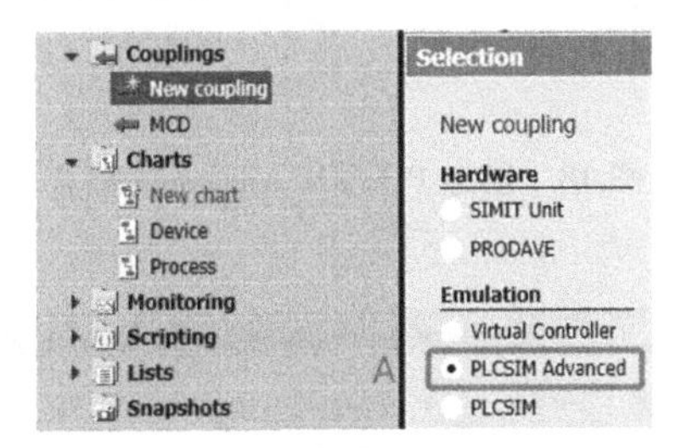

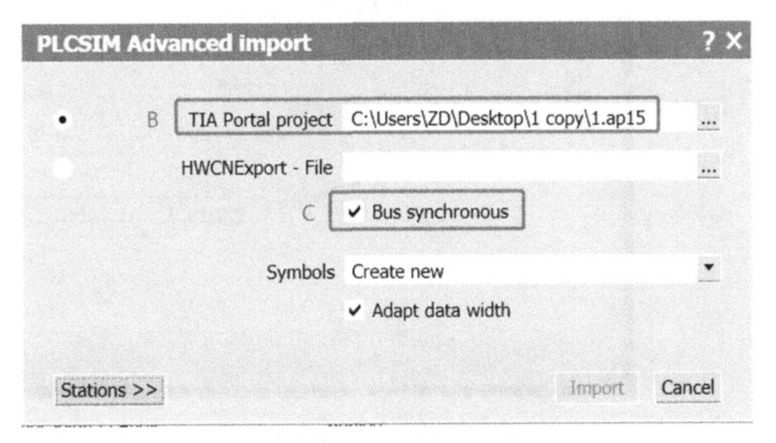

图 17　添加 PLCSIM Advanced 耦合

A：选择添加 PLCSIM Advanced 耦合。

B：找到对应的 TIA 博途项目。

C：激活总线同步模式。

组态 PLCSIM Advanced 耦合，步骤如下（见图 18）：

A：更改 PLCSIM Advanced 耦合的名称。

B：将所在时间片设置为总线同步模式。

C：在项目管理器中，将时间片时间定义为 2ms（见图 19），即 PLC 中 OB91 的应用周期。

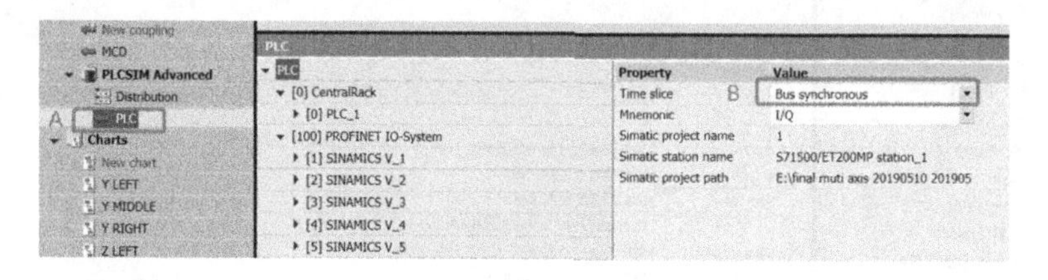

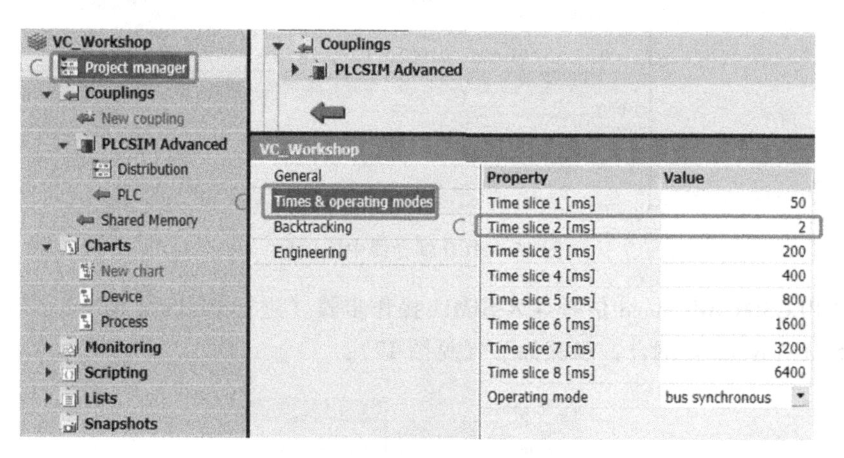

图 18 组态 PLCSIM Advanced 耦合

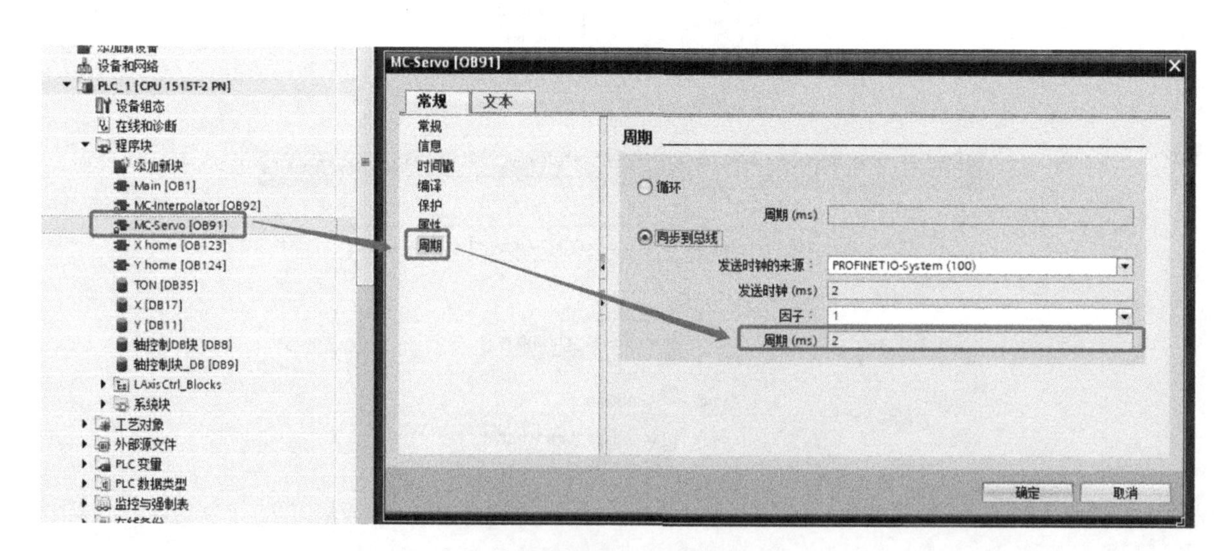

图 19 OB91 的应用周期

进行驱动报文以及传感器模型搭建（见图 20）。

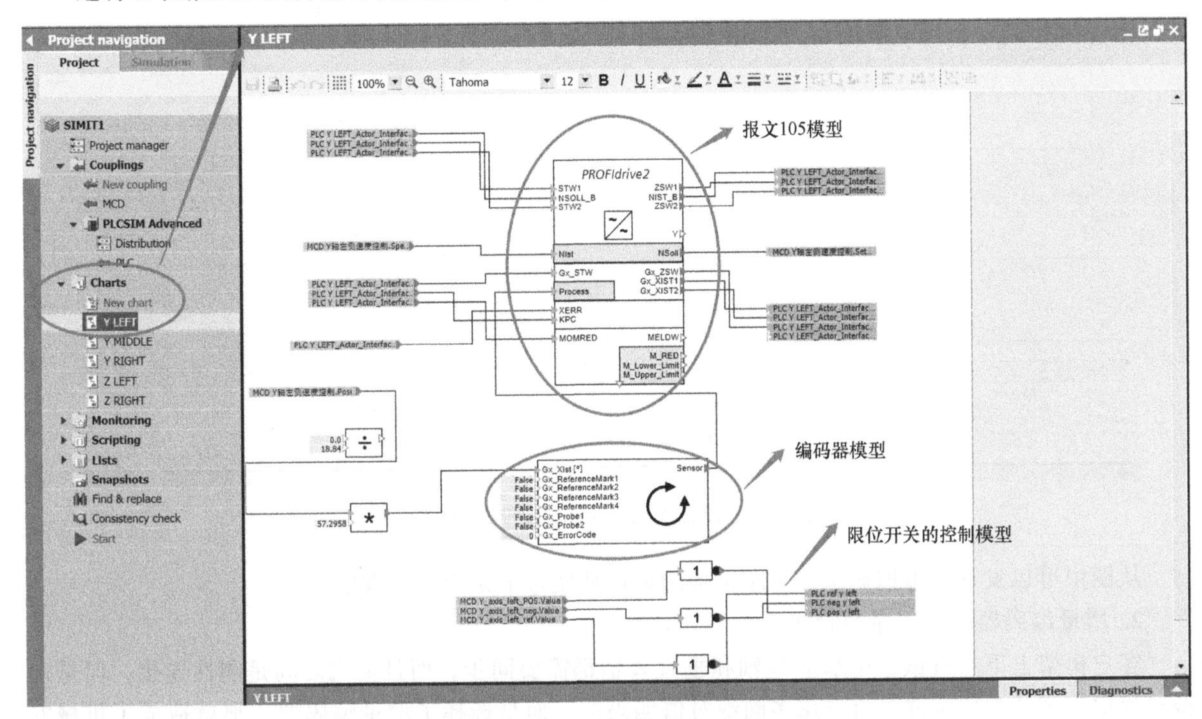

图 20　驱动报文以及传感器模型搭建

四、虚拟调试完成的功能以及遇到的问题

1. 按照客户工艺的速度进行行走，观察实际曲线

X 轴按照 300mm/s 的速度，从 0mm 运行到-1500mm，Trace 曲线对比如图 21 和图 22 所示。

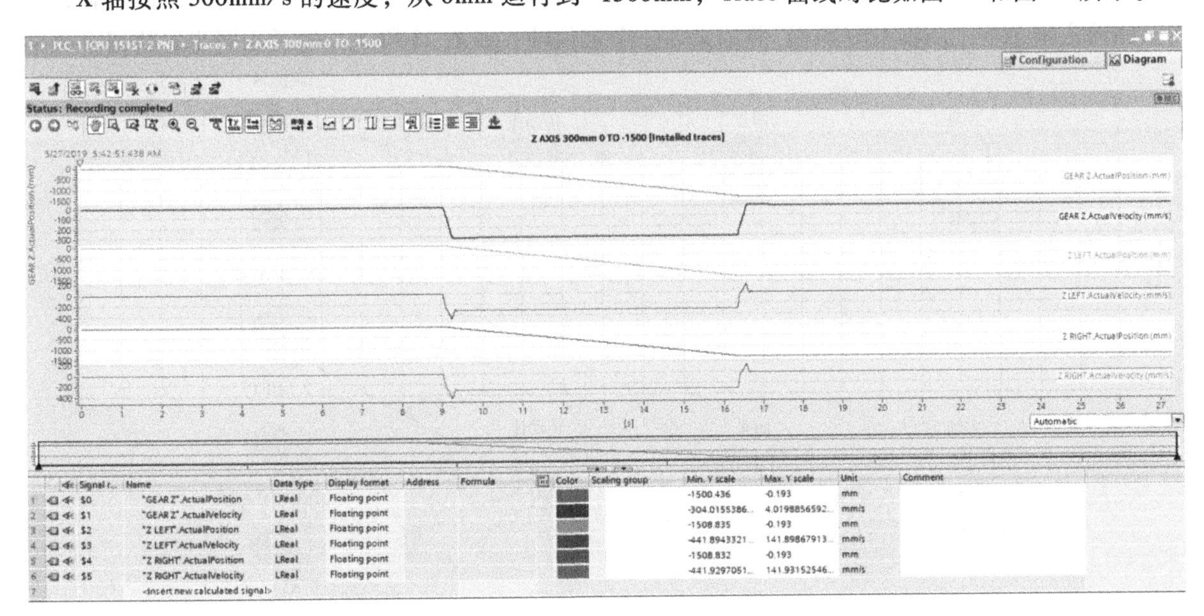

	Signal r...	Name	Data type	Display format	Address	Formula	Color	Scaling group	Min. Y scale	Max. Y scale	Unit	Comment
1	$0	"GEAR Z".ActualPosition	LReal	Floating point					-1500.436	0.193	mm	
2	$1	"GEAR Z".ActualVelocity	LReal	Floating point					-304.0155386...	4.0198856592...	mm/s	
3	$2	"Z LEFT".ActualPosition	LReal	Floating point					-1508.835	0.193	mm	
4	$3	"Z LEFT".ActualVelocity	LReal	Floating point					-441.8943321...	141.89867913...	mm/s	
5	$4	"Z RIGHT".ActualPosition	LReal	Floating point					-1508.832	0.193	mm	
6	$5	"Z RIGHT".ActualVelocity	LReal	Floating point					-441.9297051...	141.93152546...	mm/s	
7		<Insert new calculated signal>										

图 21　虚拟调试 X 轴从 0mm 运行到-1500mm

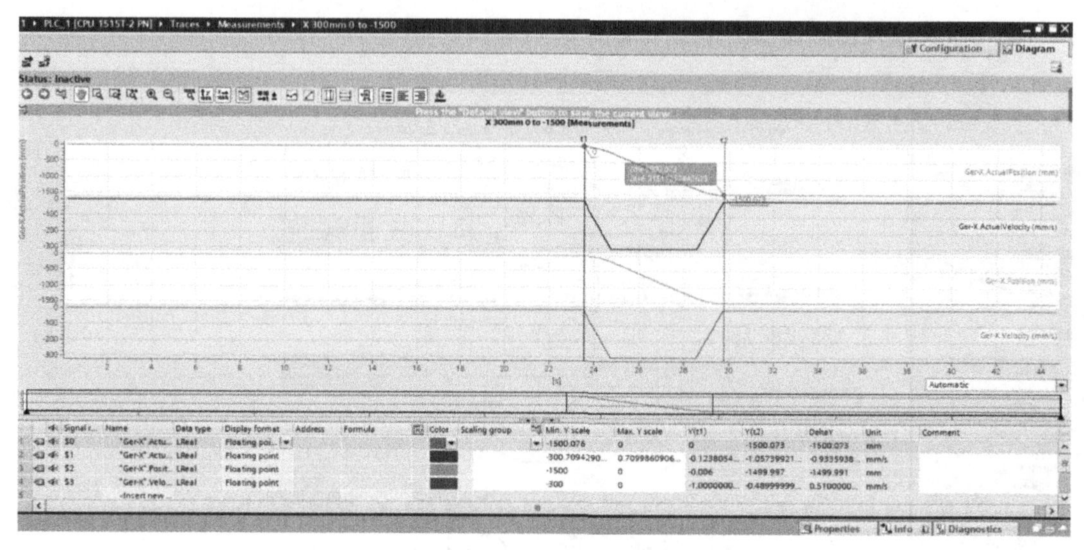

图 22　实际设备 X 轴从 0mm 运行到-1500mm

从图中可以发现，虚拟调试与实际设备的运行从轨迹上来说是一致的。

2. 增量编码器回零程序的验证

客户桁架上下料机械手中水平 X 轴和垂直 Z 轴都需要同步，而且电机之间是刚性连接，但是选型过程中为了减少成本并没有选用多圈绝对值编码器，而是选择了增量编码器。那就造成了机械安装完毕后，通过自己编写的回零程序进行回零时，如果出现问题，就会造成机械的损坏，降低效率，增加成本。

本项目利用虚拟调试就可以安全地进行测试，提升效率，降低机械故障率。

组态轴的时候，水平轴 X 的左右两个轴都为从轴并组态成同步轴，其所跟随的主轴为一个虚轴 GEAR X，并定义为一个定位轴，如图 23 所示；垂直轴 Z 的三个轴也都是从轴并组态成同步轴，其所跟随的主轴为一个虚轴 GEAR Z，并定义为一个定位轴，如图 23 所示。然后在同步的状态下分别

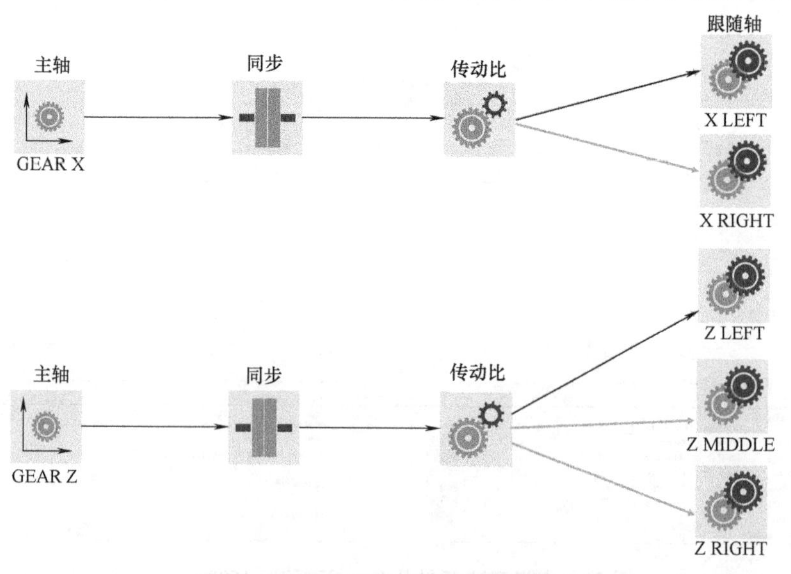

图 23　水平轴 X 和垂直轴 Z 的同步关系

对水平轴 X 或者垂直轴 Z 进行回零操作。

水平 X 轴回零算法流程图如图 24 所示。

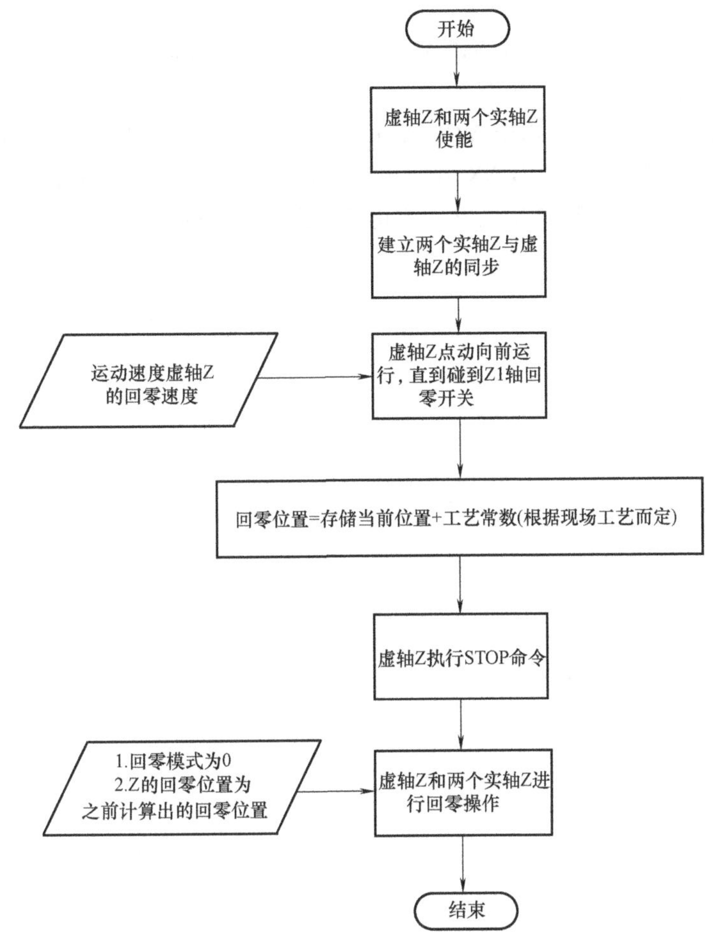

图 24　水平 X 轴增量编码器回零算法流程图

虚拟调试回零方式可行性测试步骤如下（这里以水平轴 X 为例）:

1）根据代码 X HOME，虚拟主轴 GEAR X 带动着两个实轴 X 右侧、X 左侧找到左侧零点开关后停止。

2）回零后需要重新使能同步信号，两个实轴才能再次与虚轴 GEAR X 保持同步。

3）通过验证，此回零程序在编码器为增量编码器的时候可以使用，并且不会使机械发生振动的情况。经过实际的项目验证，此方法也是非常好用的。

五、应用体会

1）客户利用西门子软在环虚拟调试平台（NX MCD+SIMIT+ PLCSIM Advanced）对其设备进行虚拟调试，从设备功能上进行了全面的验证。从而使程序可靠性大大提升，客户工程师现场调试更加自信，节省了客户两周的现场调试时间。

2）客户通过虚拟调试，验证了增量编码器回零程序的可用性，节省了设备成本。

3）客户对于虚拟调试技术在此项目的成功应用表示认可，并希望将来在其设备展示以及设备培训的场景中也应用此技术。

参考文献

[1] 西门子（中国）有限公司. SIMATIC Machine Simulator Virtual commissioning of machines Getting Started [Z].
[2] 西门子（中国）有限公司. 基于 MCD 机电一体化产品概念设计的可操作性分析 [Z].
[3] 西门子（中国）有限公司. UG NX 在机电产品概念设计中应用与研究 [Z].
[4] 西门子（中国）有限公司. NX 机电一体化概念设计系统的研究与应用 [Z].

基于 Process Simulate 在物料智能分拣系统中的应用

The application of the material intelligent sorting system by process simulate

崔久好

（山东莱茵科斯特智能科技有限公司　淄博）

[摘　要] 为解决传统自动化产线编程调试需根据现场实际规划反复调试的问题，现借助数字双胞胎技术，将 Process Simulate 软件强大的虚实联调技术应用于自动化产线设计、安装、编程、调试和故障解决中。通过 Process Simulate 软件加载物料智能分拣设备 3D 模型，可在软件中创建三维模型的运动学、通信信号等。以 PLCSIM Advanced 的通信方式建立 Process Simulate 模型与虚拟 PLC 的连接，实现虚拟 PLC 控制 Process Simulate 模型的运动，验证产线设计方案的可行性。同时利用 Process Simulate 软件进行机器人离线编程，利用软件导入的三维模型结合西门子 PLC 编程软件实现对智能分拣系统程序编写，解决无真实设备状态下的编程，验证基于 Process Simulate 在物料智能分拣系统中的高效性。

[关 键 词] Process Simulate、PLC、PLCSIM Advanced、数字孪生、可行性、高效性、离线编程

[Abstract] In order to solve the issue that the debugging of traditional automatic equipment must be repeatedly modified according to actual process, now with the help of digital twins technology, the virtual and actual alignment technique of Process Simulate has been applied in design, installation, programming, debugging and troubleshooting. 3D kinematics, communication signal etc. can be created through loading material intelligent sorting equipment 3D model by Process Simulate software. The virtual PLC can control the movement of Process Simulate due to PLCSIM Advanced communication method to establish connection of the Process Simulate model and the virtual PLC, which verifies the feasibility of the design of production line. At the same time, it is available for robot off-line programming to use the Process Simulate software, which to realize the programming on intelligent sorting system by loaded 3D model and Siemens PLC programming software. It achieves to program under no real equipment and validate the high efficiency of the material intelligent sorting system based on Process Simulate.

[Key Words] Process Simulate、PLC、PLCSIM Advanced、Digital Twin、Feasibility、High efficiency、Off-line programming

一、引言

在将公司设计研发的物料智能分拣系统项目交付给客户的过程中，实际从招标到项目交付需要

一定的时间，在交付的过程中会遇到客户要求项目提前交付的情况，这样就要求延长正常的工作时间，然而实际效果并不理想，这时 Process Simulate 软件的优势就会体现出来。公司的数字化工程师只需从机械设计师那里获取整个项目的 3D 模型即可开展项目的实施。当数字化工程师通过 Process Simulate 软件对模型进行设置后，配合公司的电气工程师即可对项目进行自动化编程，电气工程师进行自动化项目 PLC 程序的编写，同时数字化工程师进行机器人程序的编写。在设备安装完毕之前，整个自动化产线的 PLC 程序、机器人程序已经编写完成，通过 Process Simulate 虚实联调技术验证了整个产线设计方案的可行性，同时设计方案的高效性得到体现，从而缩短了项目交付时间。

二、物料智能分拣系统的设计

1. 机械结构

（1）主要组成部分

此设备是公司研发部门设计开发的，已经申请国家实用新型专利，专利号：CN2020233413025。在设计研发过程中借助西门子公司开发的软件 Process Simulate 提前进行模型验证，进而提前验证机器人的可行性，规避机器人与外部设备之间的干涉，同时配合电气工程师对设备进行自动化程序的编写，在真实设备交付前即可完成设备的程序编写，提前验证各机械、电气单元之间的逻辑关系是否符合工艺流程，避免频繁地返工这种既浪费财力又浪费物力情况的发生。

物料智能分拣系统的主要组成部分如图 1 和图 2 所示。

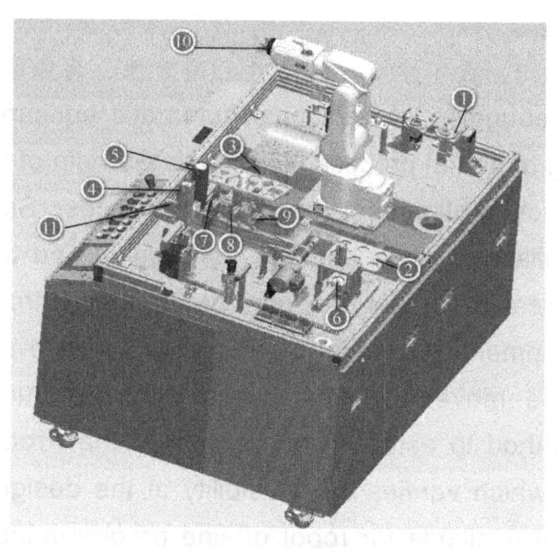

图 1　三维俯视图

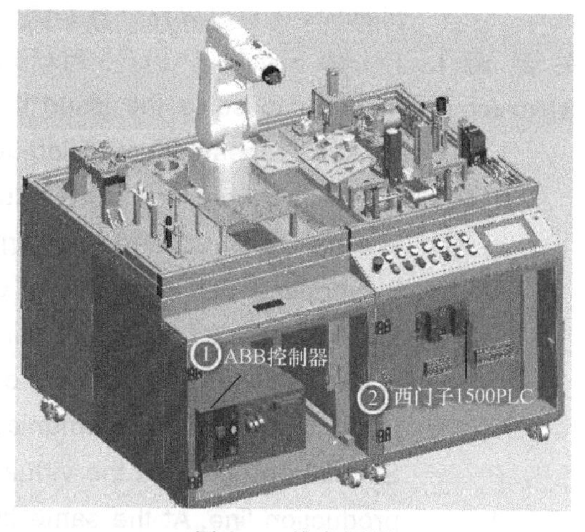

图 2　三维主视图

图 1 的主要组成部分：①抓料夹爪；②半成品库；③成品库；④料仓 A；⑤料仓 B；⑥成品组装区；⑦传感器 A；⑧传感器 B；⑨深度检测传感器 C；⑩ABB 机器人本体；⑪运输皮带。

图 2 的主要组成部分：①ABB 控制器；②西门子 1500PLC。

（2）工艺流程

此系统在没有故障的前提下，通过图 2 中西门子 1500CPU 中的 PLC 程序控制整个系统的自动运行。

当料仓 A 中的物料被推出后，物料会随着运输皮带运行，经过传感器 A、传感器 B 和深度检测传感器 C 的检测，最后在运输皮带的末端停止，在此过程中系统程序会判断出被推出物料材质、颜色、物料的型号。现将系统判断的几种情况进行汇总说明。

1）当判断的结果为有料且物料的型号为公头物料时，1500CPU 给机器人发送移动到成品装配区的信号，机器人收到此信号后执行程序，安装抓料夹爪。当安装完夹爪后，机器人移动到运输皮带的末端将物料抓取放回到成品组装区，之后回到成品组装区正上方 80mm 处停止，等待系统信号。

2）当判断的结果有料且物料的型号为非公头物料时，1500CPU 给机器人发送移动到半成品库的信号，机器人收到此信号执行程序，安装抓料夹爪。当安装完夹爪后，机器人移动到运输皮带的末端将物料抓取放回到半成品库，之后回到半成品库正上方 100mm 处停止，等待系统信号。

当系统程序经过以上两种情况的判断后且机器人处在等待信号状态，这时料仓 B 中物料被推出，物料会随着运输皮带运行，经过传感器 A、传感器 B 和深度检测传感器 C 的检测，最后在运输皮带的末端停止，在此过程中系统会判断出被推出物料的材质、颜色及型号，现将系统判断的几种情况进行汇总说明。

1）当判断的结果有料且物料的型号为母头物料时，1500PLC 会给机器人发送移动到成品组装区的信号，机器人收到信号后移动到运输皮带的末端将物料抓取放回到成品组装区，组装完成后，1500CPU 给机器人发送移动到成品库的信号，机器人得到信号后将组装区的物料按照顺序搬运到成品库，之后回到机器人的原点位置，等待系统信号。

2）当判断的结果有料且物料的型号为非母头物料时，1500CPU 会给机器人发送移动到半成品库的信号，机器人移动到运输皮带的末端将物料抓取放回到半成品库，之后回到半成品库正上方 100mm 处停止，等待系统信号。当成品库或半成品库放满物料时，整个物料分拣系统停止。

2. Process Simulate 设计

创建智能分拣系统的 3D 模型并导入到 Process Simulate 软件中，根据工艺流程要求创建运动学设备、概念机运线和运动设备相关信号。

（1）ABB 机器人/成品组装区设备运动学创建

ABB 机器人/成品组装区设备在整个智能分拣系统中占主导地位，起决定性作用。半成品库和成品库物料的搬运，抓料夹爪的安装和成品的组装都需要机器人/组装区设备的移动才能实现。因此，需根据功能要求在运动学编辑器中创建正确的运动学，以实现其移动。机器人运动学的创建如图 3 所示，成品组装区设备运动学的创建如图 4 所示。

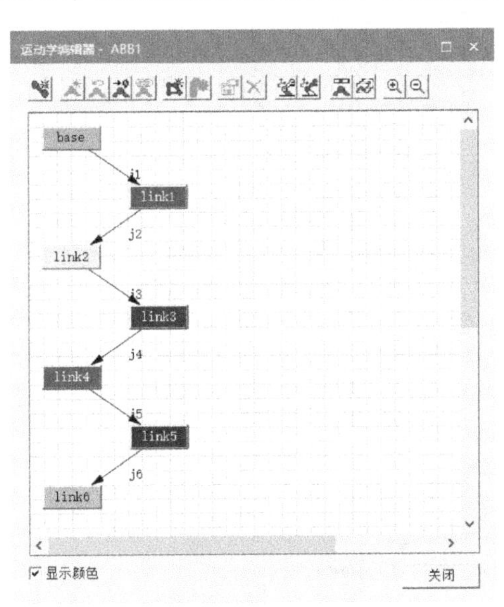

图 3　机器人运动学

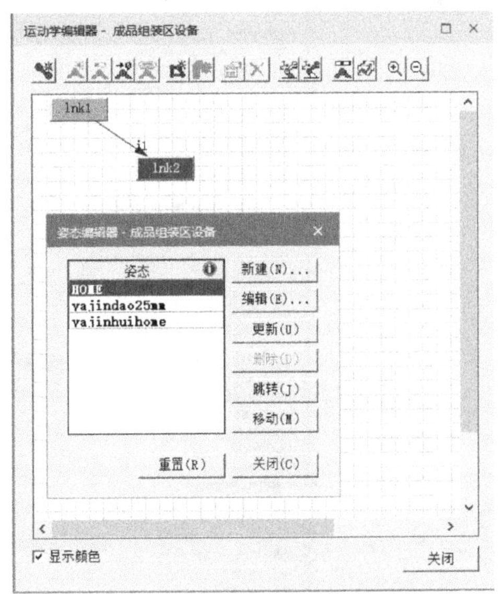

图 4　成品组装区设备运动学

(2) 定义概念机运线

在智能分拣系统中，料仓 A 和料仓 B 中的物料被推出时，由于 Process Simulate14 版本中无法定义重力属性，故料仓中的物料无法下落到料仓底部，进而无法被底部传感器感应，造成 PLC 程序无法正常运行，从而导致虚拟调试失真，这样无法验证设计方案的可行性和设备的可达性，因此软件必须定义料仓的概念机运线，从而解决虚拟调试失真的问题。定义概念机运线如图 5 和图 6 所示。

图 5 料仓 A 机运线设置

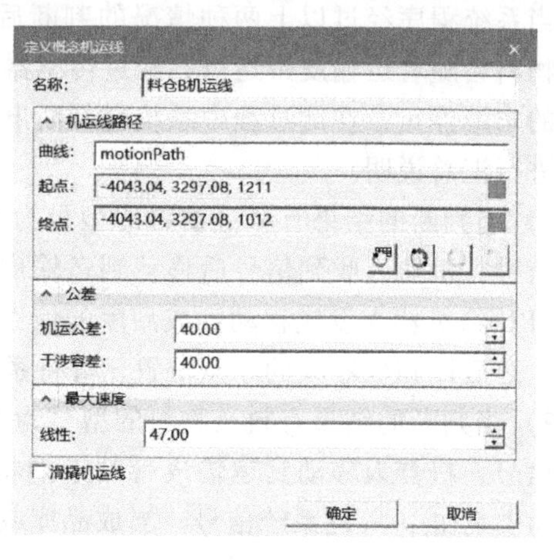

图 6 料仓 B 机运线设置

(3) 信号创建

在 Process Simulate 三维模型中，信号用于运动控制和外部 1500CPU 的信息交互，包括 input signal 和 output signal 两种信号类型。input signal 是外部 1500CPU 输入到 Process Simulate 模型的信号，output signal 则是 Process Simulate 输出到外部 1500CPU 的信号。信号创建完成后才能实现软件与外部 1500CPU 之间的信号交互，是完成智能分拣系统虚实联调的必要条件。创建的信号如图 7 所

信号查看器

信号名称	内存	类型	Robot Signal Nar	地址	IEC 格式
ABB4 start		BOOL		4.0	Q4.0
yajin mtp yajindao25mm		BOOL		4.1	Q4.1
yajin mtp yajinhuihome		BOOL		4.2	Q4.2
fangliaochu mtp fangliaoshen130mm		BOOL		4.3	Q4.3
numberzhixing		BOOL	numberzhixing	4.4	Q4.4
liaocang2f		BOOL		4.5	Q4.5
liaocang2 mtp liaocang2shen-80		BOOL		4.6	Q4.6
liaocang2z		BOOL		4.7	Q4.7
fanglaioz		BOOL		5.0	Q5.0
fangliaof		BOOL		5.1	Q5.1
fangliaochu mtp fangliaosuo0mm		BOOL		5.2	Q5.2
liaocang1 mtp liaocang1suo-80mm		BOOL		5.3	Q5.3
conver22stop		BOOL		5.3	Q5.3
liaocang2 mtp liaocang2suo0mm		BOOL		5.4	Q5.4
baisetu start		BOOL		5.5	Q5.5
baiseao start		BOOL		5.6	Q5.6
converyer33start		BOOL		5.7	Q5.7
liaocang1 mtp liaocang1shen0mm		BOOL		6.0	Q6.0
converyer22start		BOOL		6.1	Q6.1
conveyer11start		BOOL		6.2	Q6.2
ABB3 start		BOOL		6.3	Q6.3
ABB2 start		BOOL		6.4	Q6.4
ABB1 start		BOOL		6.5	Q6.5
liaocang1f		BOOL		6.6	Q6.6
laiocang1z		BOOL		6.7	Q6.7
ABB4 end		BOOL		10.0	I10.0
chengxuhaozhixing		BOOL	chengxuhaozhixi	10.1	I10.1
fangliaochu at fangliaosuo0mm		BOOL		10.2	I10.2
liaocang2 at liaocang2shen-80		BOOL		10.3	I10.3
yajin at yajinhuihome		BOOL		10.4	I10.4
yajin at yajindao25mm		BOOL		10.5	I10.5
light sensor		BOOL		10.6	I10.6
light sensor2		BOOL		10.7	I10.7
light sensor1		BOOL		11.0	I11.0
ABB3 end		BOOL		11.1	I11.1

图 7 创建的信号

示（注：创建的信号名称可以是中文或英文）。

三、Process Simulate 在智能分拣系统中的应用

1. Process Simulate 在智能分拣系统中的虚拟调试

（1）虚拟调试的目的

利用虚拟 PLC 控制 3D 模型动作，验证物料智能分拣系统设计的有效性和设备的可行性，减少机械设计师对三维模型的修改次数，减少机械和电气部件的损耗。

（2）虚拟调试的条件

通过 Process Simulate 加载智能分拣系统的 3D 模型，并创建系统设备的运动学、概念机运线和外部 1500CPU 通信信号等。

（3）虚拟调试的步骤。

1）通信设置：第一步，打开 PLCSIM Advanced 高功能仿真器，然后单击 Start Virtual 创建一个项目名，名称设置为 192.168.0.1（与 CPU 的 IP 地址相同），最后单击 Start 完成创建。高功能仿真器如图 8 所示。第二步，打开 Process Simulate 软件，单击文件→选项→PLC→外部连接→连接设置→添加→PLCSIM Advanced→创建外部连接→输入外部连接的名称 XXXX（注：信号查看器中外部连接选择 XXXX）。第三步，打开 TIA 博途软件，选中所创建的项目右键属性，勾选“块编译时支持仿真”。

2）编写及下载 PLC 程序：在物料智能分拣系统中，主要是根据工艺要求实现不同物料的分拣，在整个分拣过程中利用机器人的移动实现物料的搬运，利用成品组装区的设备实现物料的压合从而将物料进行装配。首先根据运动需求定义信号的变量和数据类型，变量如图 9 所示，然后在 TIA 博途软件程序块中根据工艺要求编写 PLC 程序。

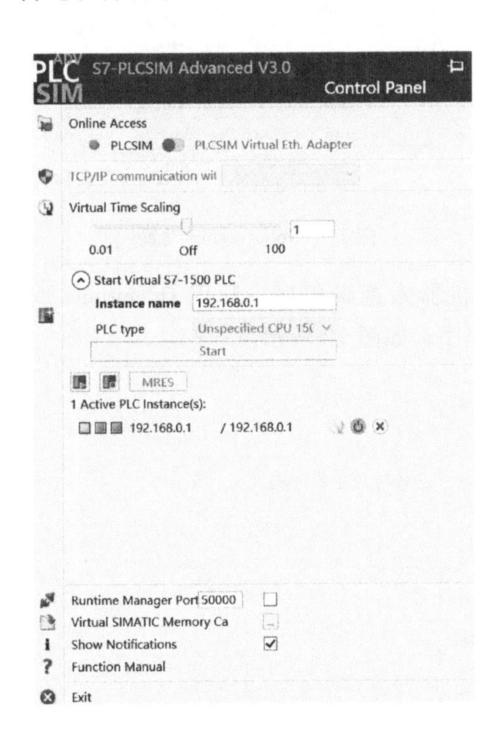

图 8　PLC 仿真器

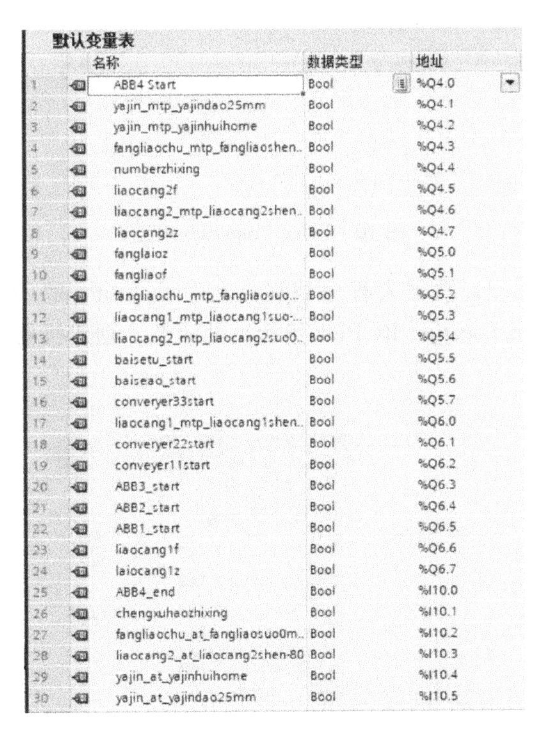

默认变量表

	名称	数据类型	地址
1	ABB4 Start	Bool	%Q4.0
2	yajin_mtp_yajindao25mm	Bool	%Q4.1
3	yajin_mtp_yajinhuihome	Bool	%Q4.2
4	fangliaochu_mtp_fangliaoshen..	Bool	%Q4.3
5	numberzhixing	Bool	%Q4.4
6	liaocang2f	Bool	%Q4.5
7	liaocang2_mtp_liaocang2shen..	Bool	%Q4.6
8	liaocang2z	Bool	%Q4.7
9	fanglaioz	Bool	%Q5.0
10	fangliaof	Bool	%Q5.1
11	fangliaochu_mtp_fangliaosuo...	Bool	%Q5.2
12	liaocang1_mtp_liaocang1suo-...	Bool	%Q5.3
13	liaocang2_mtp_liaocang2suo0..	Bool	%Q5.4
14	baisetu_start	Bool	%Q5.5
15	baiseao_start	Bool	%Q5.6
16	converyer33start	Bool	%Q5.7
17	liaocang1_mtp_liaocang1shen..	Bool	%Q6.0
18	converyer22start	Bool	%Q6.1
19	conveyer11start	Bool	%Q6.2
20	ABB3_start	Bool	%Q6.3
21	ABB2_start	Bool	%Q6.4
22	ABB1_start	Bool	%Q6.5
23	liaocang1f	Bool	%Q6.6
24	laiocang1z	Bool	%Q6.7
25	ABB4_end	Bool	%I10.0
26	chengxuhaozhixing	Bool	%I10.1
27	fangliaochu_at_fangliaosuo0m..	Bool	%I10.2
28	liaocang2_at_liaocang2shen-80	Bool	%I10.3
29	yajin_at_yajinhuihome	Bool	%I10.4
30	yajin_at_yajindao25mm	Bool	%I10.5

图 9　全局变量

2. Process Simulate 编写智能分拣系统程序

真实智能分拣系统装配完成之前，利用 Process Simulate 软件进行机器人离线编程，利用软件导入三维模型并借助西门子 PLC 编程软件实现对分拣系统程序的编写，解决无真实设备状态下的编程，验证基于 Process Simulate 在物料智能分拣系统中的高效性。

（1）机器人离线编程

1）机器人属性设置（Robot Properties）：以 ABB 机器人为例进行讲解，首先选择机器人的品牌，这里把 Controller 选择为 Abb-Rapid，其次把 Robot vendor 设置为 ABB，最后把 Controller version 选择为 6.04RW6。只有以上设置正确，才能继续对机器人进行程序编写，设置如图 10 所示。

2）设置机器人配置（Robot Setup）：利用 Robot Setup 对机器人的移动速度、工具坐标系和工件坐标系等进行定义并设置，为编写机器人程序做好铺垫。设置如图 11 所示。

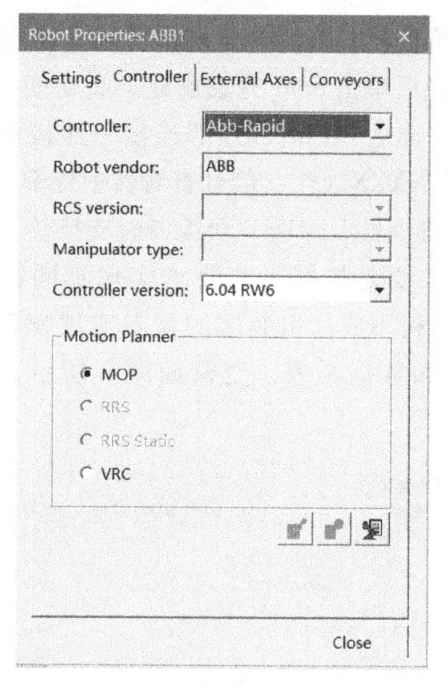

图 10　Robot Properties 设置

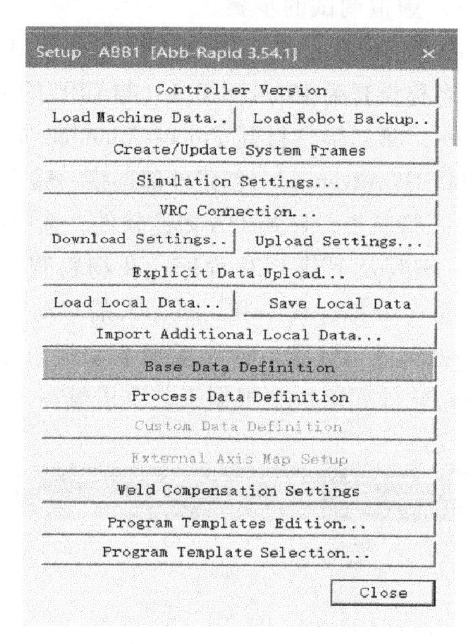

图 11　Robot Setup 设置

3）机器人程序编写：在 Path-Editor 的 OLP 中编写机器人逻辑程序，利用 Operations 里面的 Add Location By Pick 进行点的示教，创建机器人轨迹子程序，如图 12 所示。

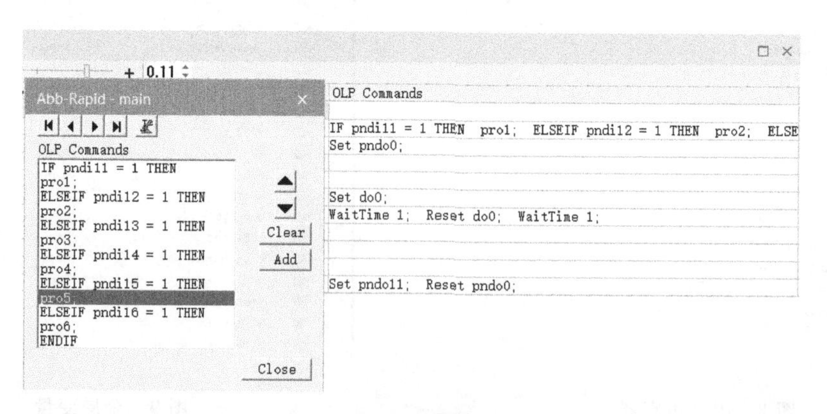

图 12　程序编写

4）机器人程序展示：Process Simulate 编写的程序如图 13 所示，通过 Program 中的 Download to Robot 将程序下载到真实机器人控制器中。

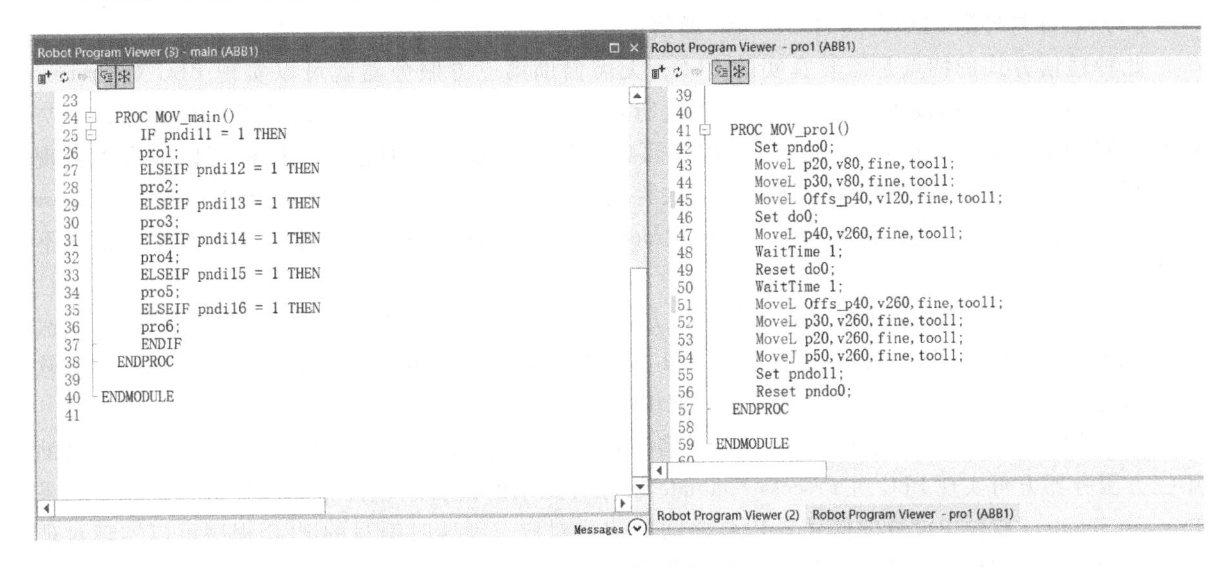

图 13　机器人程序展示

5）工业机器人程序的下载：利用 Process Simulate 编写的机器人程序可以在软件中进行逻辑测试和轨迹测试，同时也可以通过软件中 ROBOT 菜单里面的 Download Robot 将程序下载到 U 盘，通过 U 盘将机器人程序加载到物理属性的机器人控制器中，进而实现真实机器人的程序调试和优化，可配合 PLC 程序实现自动化产线的联动。

（2）PLC 离线程序的编写

Process Simulate 软件无法进行 PLC 程序的编写，但可以利用软件导入智能分拣设备三维模型，搭建符合 PLC 程序编写的条件，借助西门子 PLC 编程软件实现对智能分拣系统的程序编写，解决无真实设备状态下的编程，验证基于 Process Simulate 在物料智能分拣系统中的高效性。

3. Process Simulate 与 PLC 之间的通信方式

在 Process Simulate 软件中实现仿真动画的方式有多种，常用的有创建对象流（New Object Flow Operation），设备操作（New Device Operation），一般机器人操作（New Generic Robotic Operation）等，以上这些操作无需利用 PLC 对资源中的设备或部件中的设备进行控制，实际现场数字孪生虚实联调时需要 PLC 对资源中的设备或部件中的设备进行控制。这时就需要有特定的方式实现 Process Simulate 软件与外部 PLC 之间的通信，常用的通信方式主要有 OPC DA、OPC UA 和 PLCSIM Advanced。

（1）软件与外部 PLC 之间的 PLCSIM Advanced 通信

此种通信方式的优点是无需真实的 PLC 就可以实现 PLC 对 Process Simulate 软件资源中的设备或组件中的设备进行控制。如果 Process Simulate 软件中设置的信号与真实 PLC 之间的信号对应，则这时虚拟 PLC 编写的程序可以下载到真实 PLC 中实现程序对真实设备的控制，这样可以节省项目现场编写程序的时间，同时 Process Simulate 软件的优点得到体现。如果只是用 PLC 控制 Process Simulate 软件中的设备实现仿真动画，则这时 Process Simulate 软件中设置的信号可以与 PLC 中的信号不对应。

Process Simulate 软件的通信设置方式：首先单击 File 找到 Options 选项中的 PLC，其次单击 PLC 中的 External Settings，最后单击 Add 选择下拉菜单中的 PLCSIM Advanced。

（2）软件与外部 PLC 之间的 OPC UA 通信

此种通信方式的特点是需要真实的 PLC，无需借助第三方服务器就可以实现 PLC 对 Process Simulate 软件资源中的设备或组件中的设备进行控制。如果 Process Simulate 软件中设置的信号与 PLC 之间的信号对应，这时编写的 PLC 程序可以实现对现场设备的控制，同样可以节省项目现场编写程序的时间，同时 Process Simulate 软件的优点得到体现。如果只是用 PLC 控制 Process Simulate 软件中的设备实现仿真动画，这时 Process Simulate 软件中的信号可以与 PLC 中的信号不对应。

Process Simulate 软件的 OPC UA 通信设置方式：首先单击 File 找到 Options 选项中的 PLC，其次单击 PLC 中的 External Settings，接着单击 Add 选择下拉菜单中的 OPC UA，最后 Process Simulate 软件中创建的信号名称必须添加英文状态下的双引号。

（3）软件与外部 PLC 之间的 OPC DA 通信　此种通信方式的特点是需要真实的 PLC，需要借助第三方服务器方可实现 PLC 对 Process Simulate 软件资源中的设备或组件中的设备进行控制。如果 Process Simulate 软件中设置的信号与 PLC 之间的信号对应，则这时编写的 PLC 程序可以实现对现场设备的控制，同样可以节省项目现场编写程序的时间，因此 Process Simulate 软件的优点得到体现。如果只用 PLC 控制 Process Simulate 软件中的设备实现仿真动画，则这时 Process Simulate 软件中的信号可以与 PLC 中的信号不对应。此种通信方式是数字孪生项目常用的方式。OPC DA 的通信设置方式：首先单击 File 找到 Options 选项中的 PLC，其次单击 PLC 中的 External Settings，最后单击 Add 选择下拉菜单中的 OPC DA。

（4）Process Simulate 软件的应用优势

1）Process Simulate 在中职/高职/本科院校中的应用优势：莱茵科斯特是获评教育部 1+X 职业教育培训评价组织，工信部数字孪生领域人才能力提升单位，第七届黄炎培职业教育优秀学校奖单位。职业教育是公司的一大主力模块，与全国许多本科院校、高职院校、中职院校有很好的合作。由于各大院校之间的性质有所不同，会造成部分院校学生多设备少这种教学情境的出现。Process Simulate 软件能够解决这个问题，只要学习者获得了设备的 3D 模型，在软件中进行设备分类、信号创建等，再通过 PLCSIM Advanced 连接 Process Simulate 与 TIA 博途编程软件，实现两者之间的通信，就能实现自动化离线编程，从而用虚拟的设备代替真实的设备，实现同样的教学效果，进而解决学生多设备少的教学窘境，既解决了学生上课时遇到的安全问题，又很好地保证了学习质量和效果。到现在为止已经有很多院校与公司建立了良好的合作关系，例如，北京航空航天大学、大连工业大学、山东理工大学、深圳职业学院、淄博职业学院、济南职业学院、威海职业学院等。

2）Process Simulate 在智能制造生产线中的应用优势：西门子公司设计开发的 Process Simulate 软件是一个集成在三维环境中验证制造工艺的仿真平台，特别是在智能生产线的前期设计阶段发挥了至关重要的作用，可提前验证设计和制造方案的可行性，从而提前发现设计制造方案的可行性和工艺问题，大量节省现场调试时间和工艺问题，大量节省现场调试时间和工作量，为客户节省了大量时间，提高了工作效率，保证了机器人程序的准确性。这对于缩短新产品开发周期，提高产品质量，降低开发和生产成本，降低决策风险都是非常重要的，从而保证更高质量的产品被更快的投放市场。

四、Process Simulate 软件未来发展趋势

随着西门子工厂数字化技术的推广，越来越多的企业、学校开始使用 Process Simulate 软件。现代企业应用此软件较多的领域是汽车主机厂、高科技电子、航空航天、铁道机车车辆、摩托车、船舶、机床、重型装备、新能源电池等。此外，国内的很多大型车企已经开始应用此软件，随着软件在智能化、自动化领域的不断应用，越来越多的企业会应用此软件并从中受益。现在国内很多院校已经开设 Process Simulate 软件课程，国内较早开设此课程的是广东理工学院，每年给企业输送大量的数字化技术应用人才。同时，随着校企合作的开展，深度产教融合的实施，校企“1+X 生产线数字化仿真与应用”证书的推广，越来越多的高校应用并推广此软件，并为社会输送大量优秀的数字化技术人才。

五、结束语

综上所述，本文主要阐述了智能分拣系统的组成，介绍了软件在智能分拣系统中的应用，利用 Process Simulate 软件进行机器人程序的编写，可以快速地提高机器人的编程速度，经过大量的现场数据测试后，得出以下结论：通过 Process Simulate 软件进行机器人程序的编写效率比传统的示教器程序编写效率提高 35%，同时本文还预测了软件的发展趋势，详细地阐述了 Process Simulate 软件的应用优势。本研究能为从事与该软件有关的技术人员、工程师、技师、学校老师和在校同学等在理论学习和实践应用提供帮助。

美中不足的是，此软件也存在一些应用不足。以 ABB 机器人为例，在现场数字孪生虚实联调时，Process Simulate 软件无法识别偏移指令（OFFS），因此一些路径点无法识别，需要人为地确定这些路径点，此外机器人在更换不同的工具时会造成 TCP 的识别错误。随着软件的迭代升级，软件中的一些应用不足定会得到解决。

笔者的论文还有很多不足之处，此论文以实际教学案例进行研究，实际应用过程中情况较为复杂，希望学习者能够触类旁通，融会贯通。这次写论文的经历使我受益终身，使我感受到研究就是孜孜不倦地做好一件事，是真正用心地学习和研究的过程，没有自己的思考，就不会有所突破。希望这次的经历能激励我在以后的工作中继续前行。

总之，通过这次论文的编写，我深刻地体会到要做好一件完整的事情，需要有系统的思维方式和方法，对待要解决的问题应耐心，要善于运用已有的资源来充实自己。同时我也深刻地认识到，在对待一件新事物时，一定要整体考虑，完成一步之后再做下一步，这样才能更加有效。

值此论文完成之际，笔者深深地感谢数字化团队同事们的帮助，在遇到技术难题时，给予我的悉心指导、多方面的人微关怀和帮助。基于此，笔者才能够得以顺利完成此论文的编写。

参考文献

［1］ 陈波．基于虚拟仿真的 PLC 模拟实验系统研究［D］．杭州：浙江大学，2005.
［2］ 高建华，刘永涛．西门子数字化制造工艺过程仿真：Process Simulate 基础应用［M］．北京：清华大学出版社，2020.
［3］ 林欢，柳岸敏．“机电产品数字化设计与仿真”课程教学改革研究［J］．南方农机，2021，52（22）：167-168，175.

[4] 西门子工业软件公司. 工业 4.0 实战：装备制造业数字化之道［M］. 北京：机械工业出版社，2016.

[5] 徐海搏，刘久月，吴政勋，等. 基于 Process Simulate 的焊装前地板生产线工艺规划与仿真验证［J］. 锻造与冲压，2021（18）：16-21.

[6] 赵辉，宋洪扬，杨超. 基于 MCD 的气动搬运机械手生产线虚拟调试［J］. 智能制造，2021（06）：68-73.

数字化解决方案 SIMATIC RTLS 在水处理行业的应用
Application of digital solution SIMATIC RTLS in water treatment industry

黄　佩

（西门子（中国）有限公司江苏分公司　南京）

[摘　要] 本文主要介绍西门子数字化实时定位系统 SIMATIC RTLS 在中国率先应用的项目，重点介绍 SIMATIC RTLS 系统结构、解决方案、工作原理以及在水处理行业实现的高级功能应用场景。基于 SIMATIC RTLS 帮助水处理企业实现运维人员的数字可视化、透明化、精细化管理。

[关 键 词] RTLS、UWB、2. 4GHz Phase、TWR、TDOA

[Abstract] This paper mainly introduces the application of SIMATIC RTLS，SIEMENS digital real-time positioning system，in project in China，and focuses on the system structure，solution，working principle of SIMATIC RTLS and the application scenarios of advanced functions for water treatment industry. SIMATIC RTLS helps water treatment enterprises realize digital visualization，transparency and fine management of operation and maintenance personnel.

[Key Words] RTLS、UWB、2. 4GHz Phase、TWR、TDOA

一、项目简介

贵阳是一座山水相间的林城，环山抱水，风景优美，有着“中国避暑之都”的美誉；南明河是贵阳的母亲河，自古以来一直是贵阳人的直接饮用水源。然而，随着工业化、城市化的快速发展，南明河水质恶化，污染严重，成为一条“失去生命的河流”，近年来，贵阳市持续推进南明河流域水环境提升工程，创新提出了污水处理及资源化利用的分布式下沉再生水生态系统技术体系，在南明河沿岸新建了多座分布式下沉再生水厂，经过贵阳市的积极推动治理，南明河已恢复“水清岸美有文化，鸟飞鱼跃人欢畅”的自然景观。

六广门污水处理厂作为全国最深的全埋式水厂与商业综合体紧密结合的再生水厂，即重要的民生工程之一，如图 1 所示。六广门再生水厂深达 32m，地下溶洞复杂、场地条件狭窄，地上 4G、5G 通信基站的信号无法为作业现场提供服务，现场运维人员的实时状况也难以获得有效跟踪，水厂的设备资产以及工作人员的生命安全都面临着极大的挑战，因此一个能实时定位水厂运维人员，可进行数字可视化、透明化管理的人员定位系统成为必然的选择，如图 2 所示。

人员实时定位系统在工业领域的应用其实已并不少见，应用的技术也不尽相同，UWB、Phase、蓝牙、Wi-Fi、GPS、RFID、4G 或者 5G 等都有使用，如图 3 所示。但对于像六广门污水处理厂这样深埋在地下的水厂来说，GPS、4G 和 5G 技术无法达到可靠性要求，而蓝牙、WLAN、RFID 技术的定位精度不够，所以只有 UWB 和 Phase 技术才能胜任。

图 1　六广门污水处理厂鸟瞰图

图 2　六广门污水处理厂内部系统

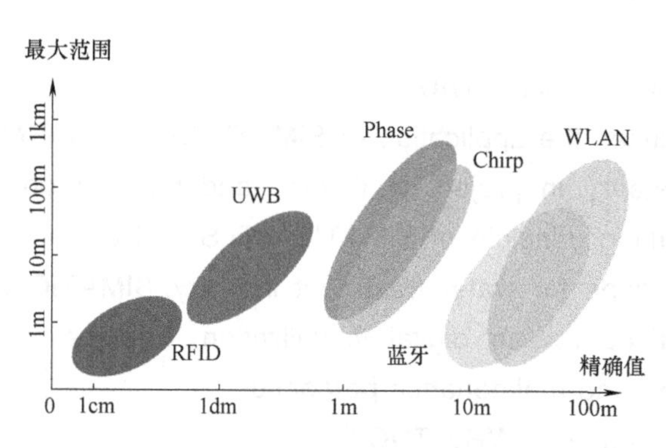

	精确值	范围
UWB	20cm	20～25m
2.4GHz Chirp	1m	100～200m
2.4GHz Phase	1m	50～100m
WLAN	15m	150m
蓝牙	8m	75m
RFID (仅点位)	相似范围	10cm～6m

图 3　不同定位技术的对比

SIMATIC RTLS（Real Time Location System，实时定位系统）采用了创新、独特的 UWB（Ultra Wide Band，超宽带无线通信技术）和 2.4GHz Phase 调相两种无线技术的融合，可在苛刻复杂的工业环境实现厘米级或 1~3m 的实时精准定位，无需担心现场复杂的电磁工况和遮挡干扰，具有良好的兼容性、稳定的可靠性，特别适合地埋水厂这样的工业场景。

二、系统结构

本项目系统架构如图 4 所示，整体网络采用非网管 POE 交换机搭建树型网络架构，具体工作原理如下：

在现场重点定位区域部署 59 个定位网关，根据不同的现场条件和定位要求，定位网关间距不一，定位网关距离地面安装高度为 2.5~3.5m，采用 POE 方式供电，如图 5 所示。

给每个运维人员配备一个胸卡大小的 3in[⊖] 电子墨水屏标签 RTLS4083T，在人员进入现场作业时，定位标签以自定义的周期与定位网关进行数据交换，定位标签和网关不仅可以实现信号的发射，也可以执行信号的接收，实现双向通信，如图 6 所示。

⊖　1in = 2.54cm。

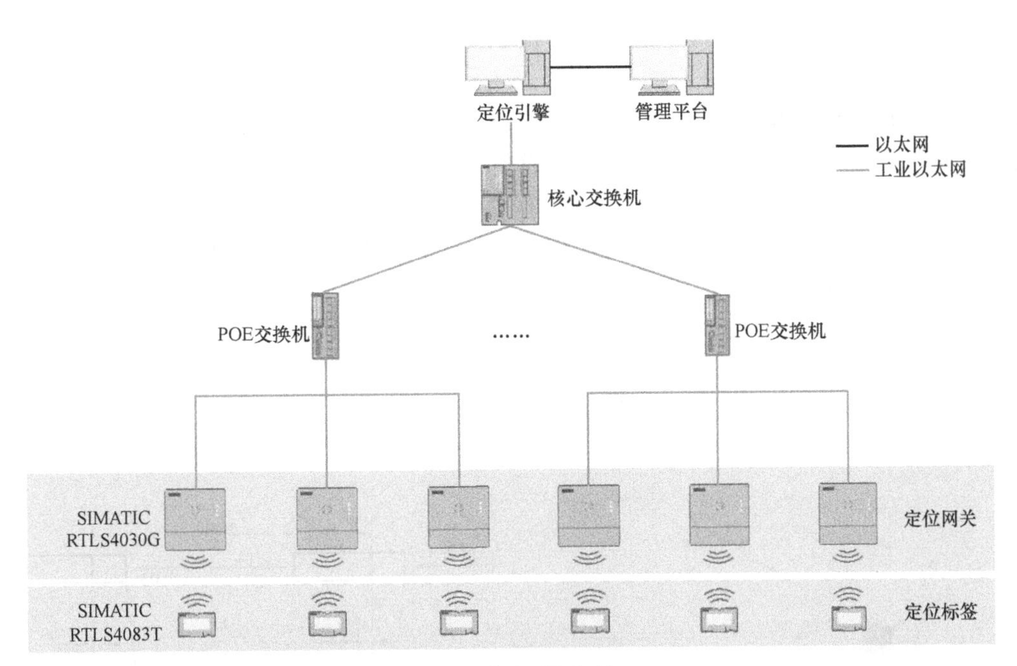

图 4　项目系统架构

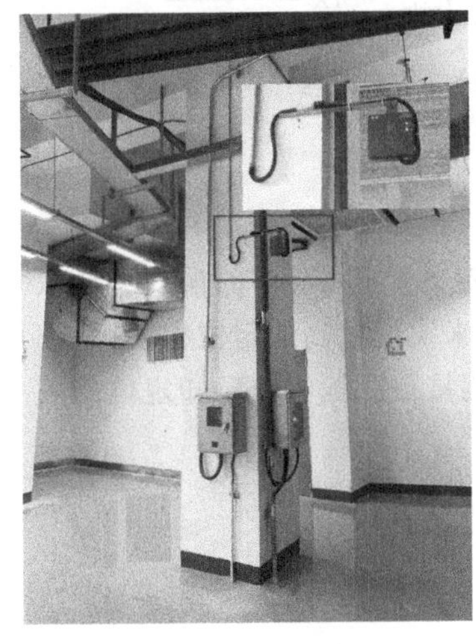

图 5　定位网关

图 6　定位标签与网关

在上层调度室部署一台定位引擎，定位网关将接收到的定位标签数据打上时间戳，打包发送至定位引擎，定位引擎基于不同的定位规则对数据进行分析，实时计算定位对象的位置坐标信息，通过可视化的界面展示人员的实时移动轨迹，并支持历史轨迹查询回放。同时，定位引擎提供标准的API接口，支持与管理平台或其他第三方系统集成，实现更高级的管理应用。

三、主要功能与实现

1. 灵活定位

本项目采用UWB和2.4GHz Phase两种不同定位技术的融合进行混合定位。对于定位精度要求在 1~3m 的区域，采用 2.4GHz Phase 调相技术和 TWR 定位算法；对于定位精度要求厘米级的区域，采用 UWB 技术和 TDOA 定位算法。

双向测距（Two Way Ranging，TWR）如图 7 所示，工作原理如图 8 所示。设备 A（Device A）主动发送（TX）数据，同时记录发送时间戳，设备 B（Device B）接收到之后记录接收时间戳。延时 T_{reply} 后，设备 B 发送数据，同时记录发送时间戳，设备 A 接收数据，同时记录接收时间戳。根据设备 A 的时间差 T_{round} 和设备 B 的时间差 T_{reply}，计算出设备 A、B 之间的信号飞行时间 T_{prop}；结合已知的光速 c，可以计算出设备 A 和设备 B 直接的距离 R。

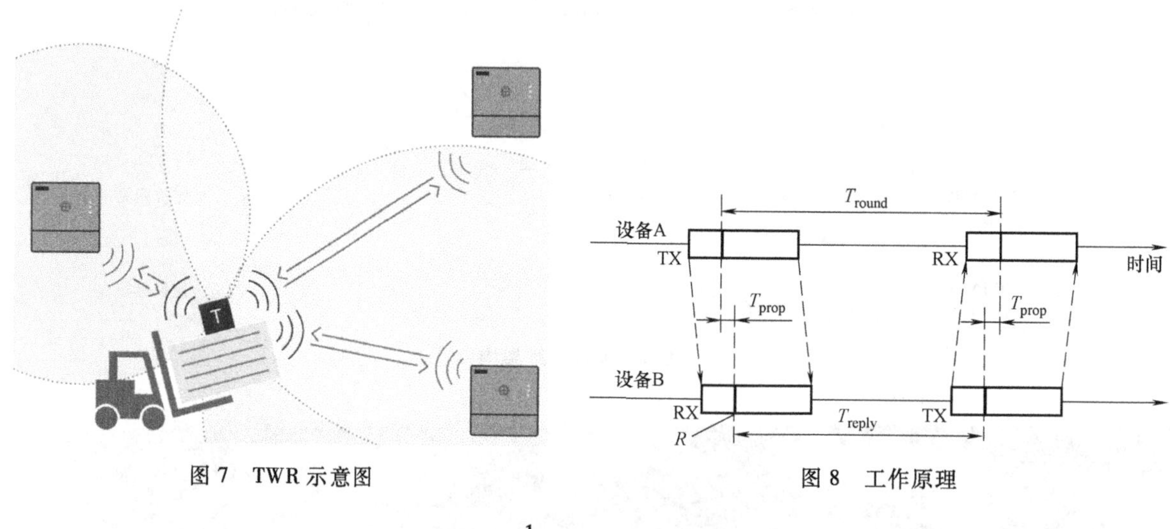

图 7　TWR 示意图　　　　图 8　工作原理

$$R=cx\frac{1}{2}(T_{round}-T_{reply})$$

由于不同设备间时钟存在偏差，另外信号传递、报文解析存在一定的延迟，1ns 的误差会导致约 30cm 的定位精度误差，因此需要在此基础上做进一步的算法处理，来实现更高的定位精度。

到达时间差（Time Difference of Arrival，TDOA）如图 9 所示通过测量被测标签与已知定位网关间的报文传输时间差计算出距离，进而计算出被测标签位置，系统中需要有精确的时间同步功能。时间同步有两种，一种是通过有线做时间同步，另一种是通过无线做时间同步。西门子 SIMATIC RTLS 采用的是无线方式做时间同步，与有线方式相比，系统更加简单、灵活。定位网关只需要供电，数据通过 2.4GHz 方式传输，有效降低成本。

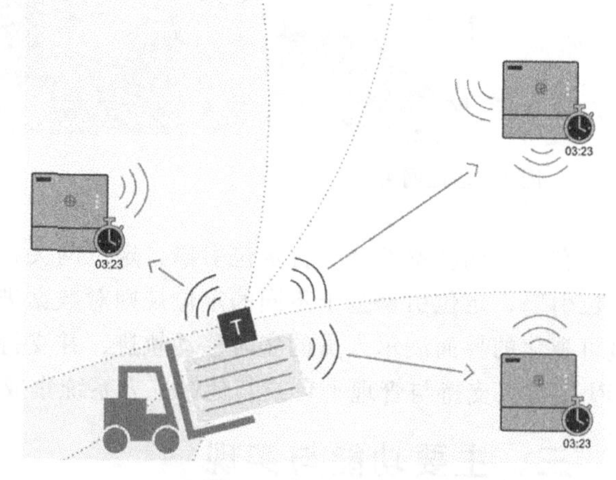

图 9　TDOA 示意图

TDOA 定位不需要进行定位网关和移动终端之间的同步，而只需要定位网关之间进行同步。定位网关时间同步之后，标签发送一个广播报文，定位网关收到广播报文之后，标记接收到此报文的时间戳，并将内容发送到定位引擎计算分析。通过测量标签到每两个定位网关之间的距离差（距离差等于常量），即可绘制出双曲线，而曲线交点即可确定定位标签实际坐标。

（1）地图管理　支持导入 jpg、png 等图片格式的 2D 地图（见图 10），支持比例缩放，坐标信息与实际保持一致。

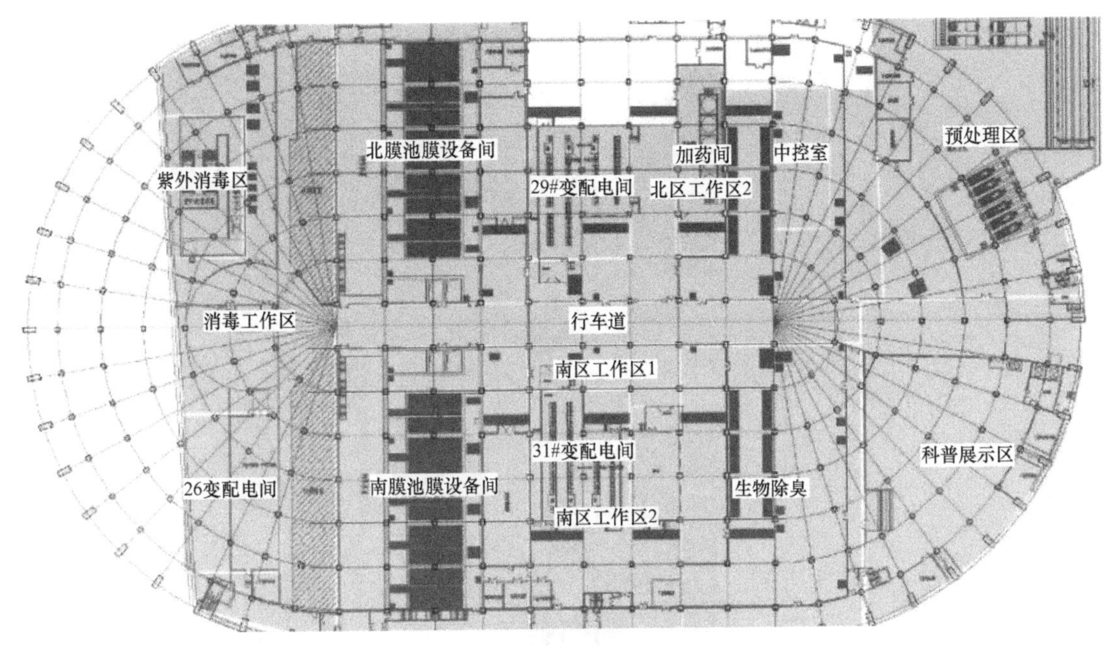

图 10　2D 地图

（2）实时、历史移动轨迹　可以实时查看运维人员的精确位置（见图 11），方便管理运维人员的巡检工作，并且可根据时间、人物等条件筛选进行历史移动轨迹追溯。为水务信息化大数据采集基础人员设备位置信息，方便不断优化水厂的巡检，提高运营效率，实现数字化、可视化、精细化管理运营。

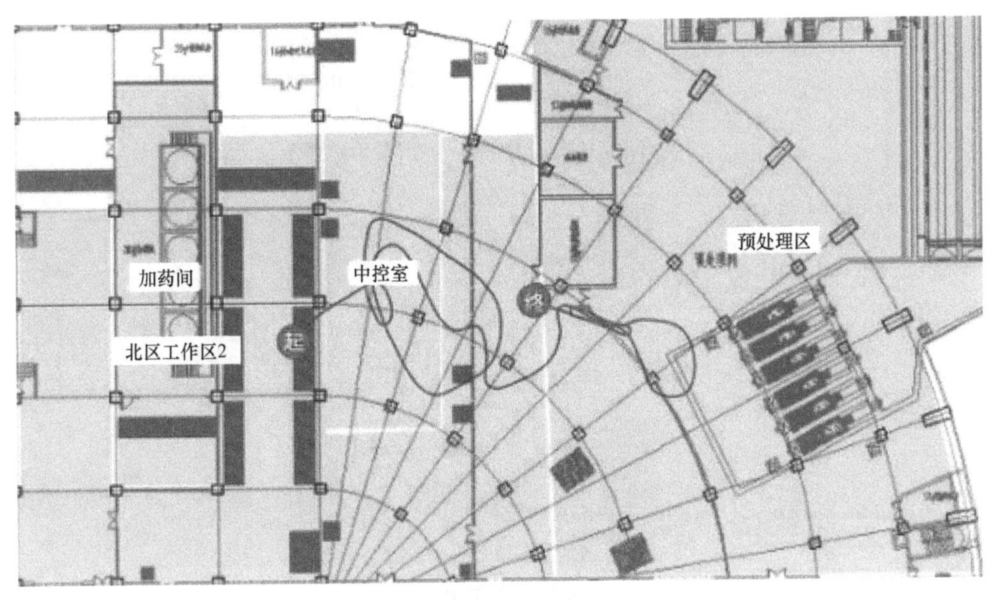

图 11　运维人员的精确位置

（3）热力图　基于一段时间的位置数据形成热力图（见图 12），通过热力图可以直观地了解不同人员的工作状态，可以了解重点巡检维护区域范围，从而不断优化水厂巡检工作，提高运营效率。

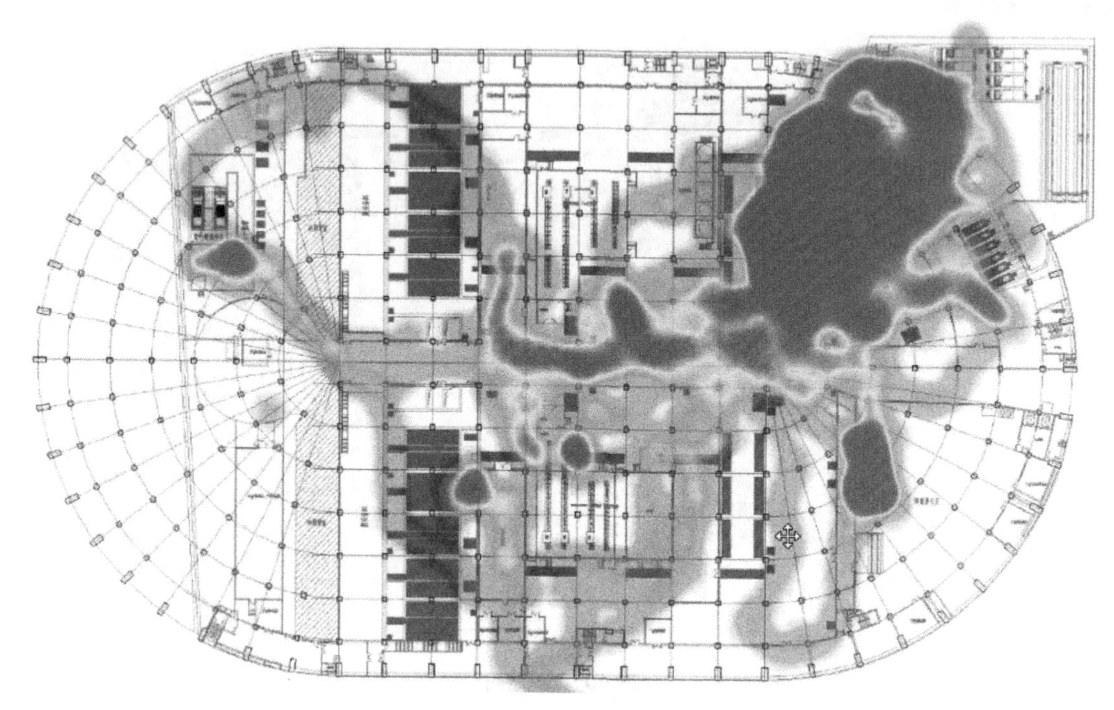

图 12　热力图

（4）电子围栏　通过软件平台对现场危险区域划定虚拟电子围栏（见图 13），有效防止运维人员进入危险区域，对闯入的巡检人员进行报警提醒。

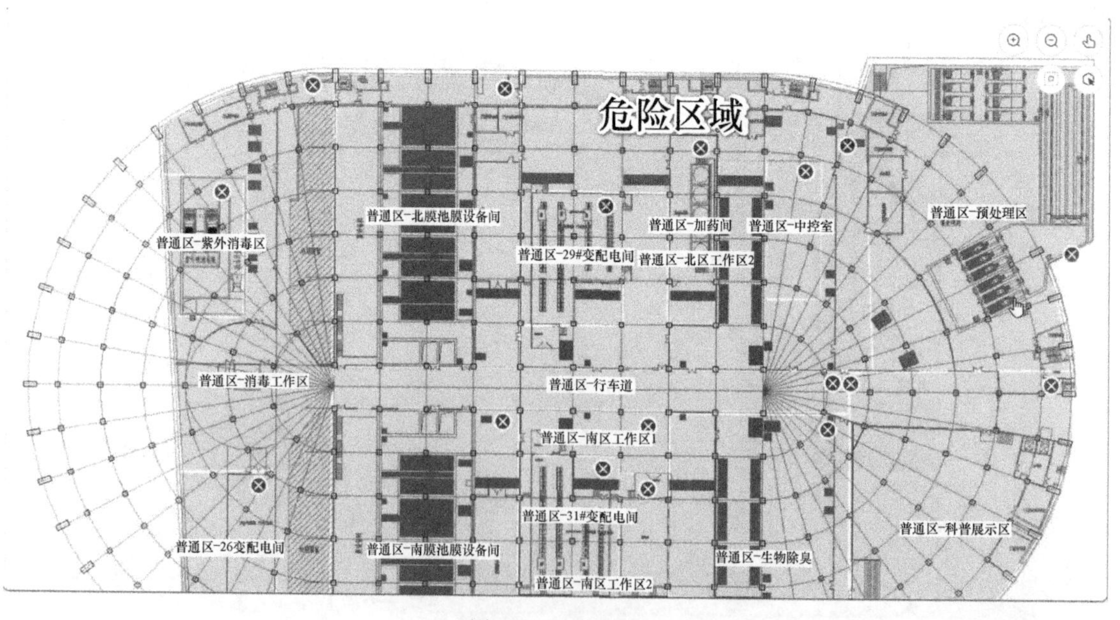

图 13　电子围栏

2. 无纸化作业

定位系统支持双向数据传输能力，一方面可以给上位平台提供位置信息，另一方面可以支持标准 API 接口给上位系统向定位标签传输文本数据，通信带宽大于等于 1000kbit/s。管理人员通过平台给定位标签下发作业指令，对巡检人员进行灵活调度，就近安排工单并监控作业完成情况。作业信息可通过标签电子墨水屏显示，员工也可通过电子墨水屏标签上的按钮进行“作业确认”，无需使用传统的无线电对响机方式，如图 14 所示。

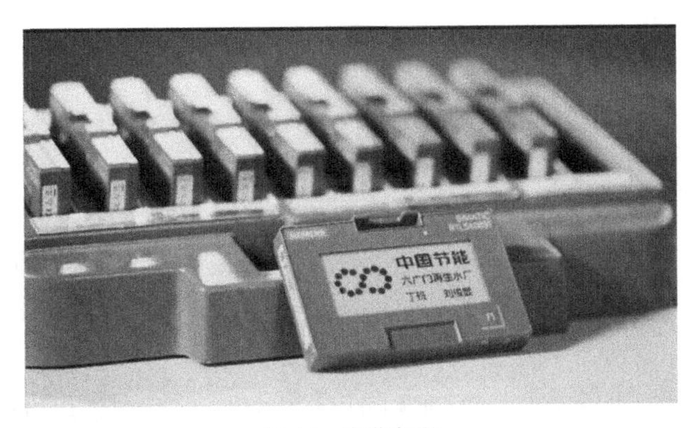

图 14　定位标签

针对客户的设计需求，使用西门子模板设计工具对电子墨水屏设计标签模板（见图 15），标签支持存储 10 个模板，并且可通过软件平台切换模板显示。

3. 一键呼救

运维人员出现紧急情况时，可按压定位标签上的按钮进行快速呼救，定位平台会进行弹框和声音报警提醒，通过与防视频监控系统联动，可快速查找到呼救位置，如图 16 所示。

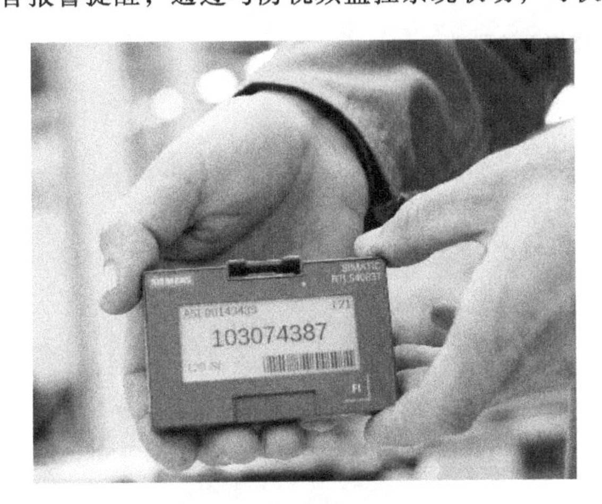

图 15　标签模板

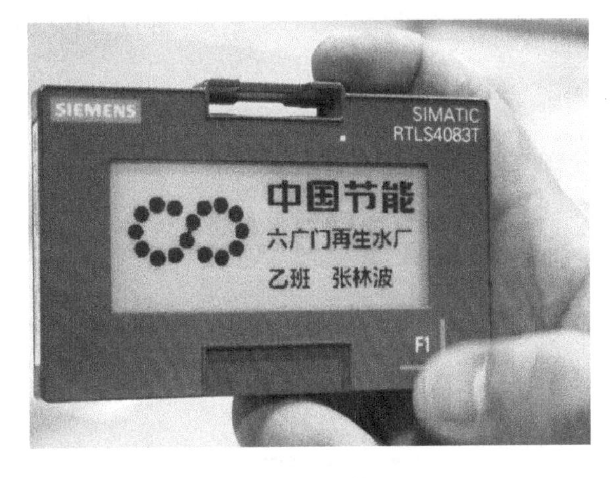

图 16　快速呼救按钮

4. 与安防视频监控系统联动

定位管理平台与安防视频监控系统联动，在实时位置监控画面中，系统根据运维人员的位置信息自动地调用人员附近的摄像头视频信号，使远程监控更加灵活高效，避免了用户在几十个监控画面中被动查找的困难，方便重点危险区域安全监管，方便对巡检人员快速查找识别，如图 17 所示。

5. 报警统计

对巡检人员的越界、异常、超员、滞留、超时、入侵等进行分类实时告警、存储、统计，结合历史轨迹、CCTV 可进行回放追溯，如图 18 所示。

6. 与第三方系统集成

通过标准的 TCP/IP 接口，定位系统可以很方便地接入智慧水务大数据平台，客户基于位置信

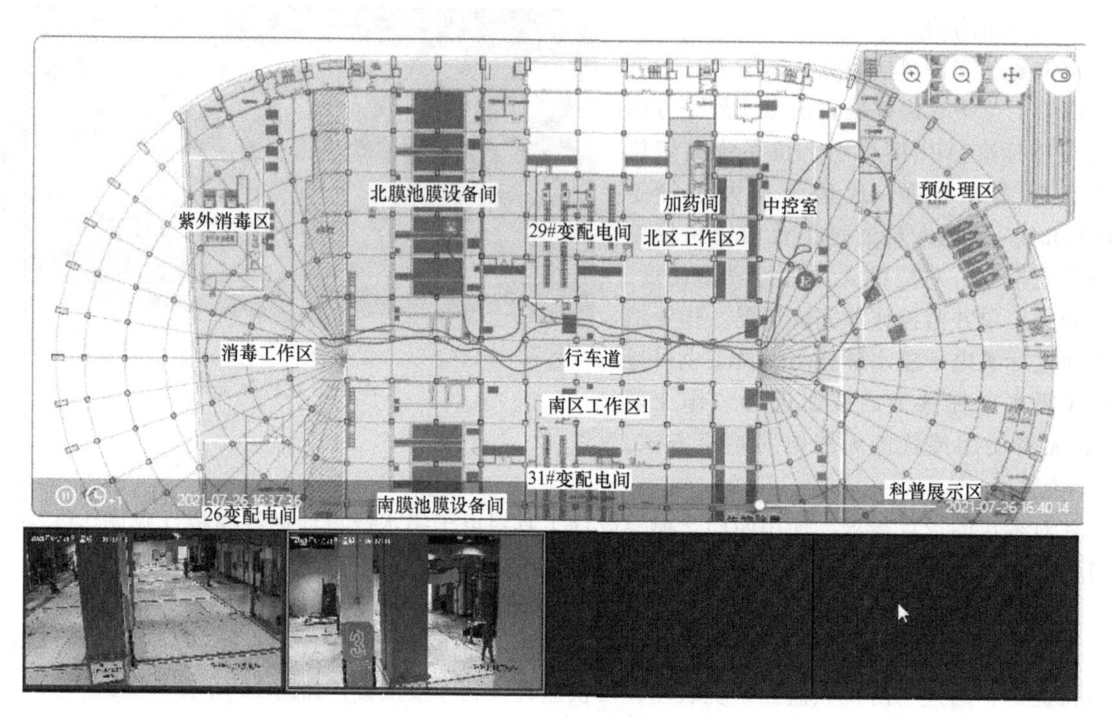

图 17　与安防视频监控系统联动

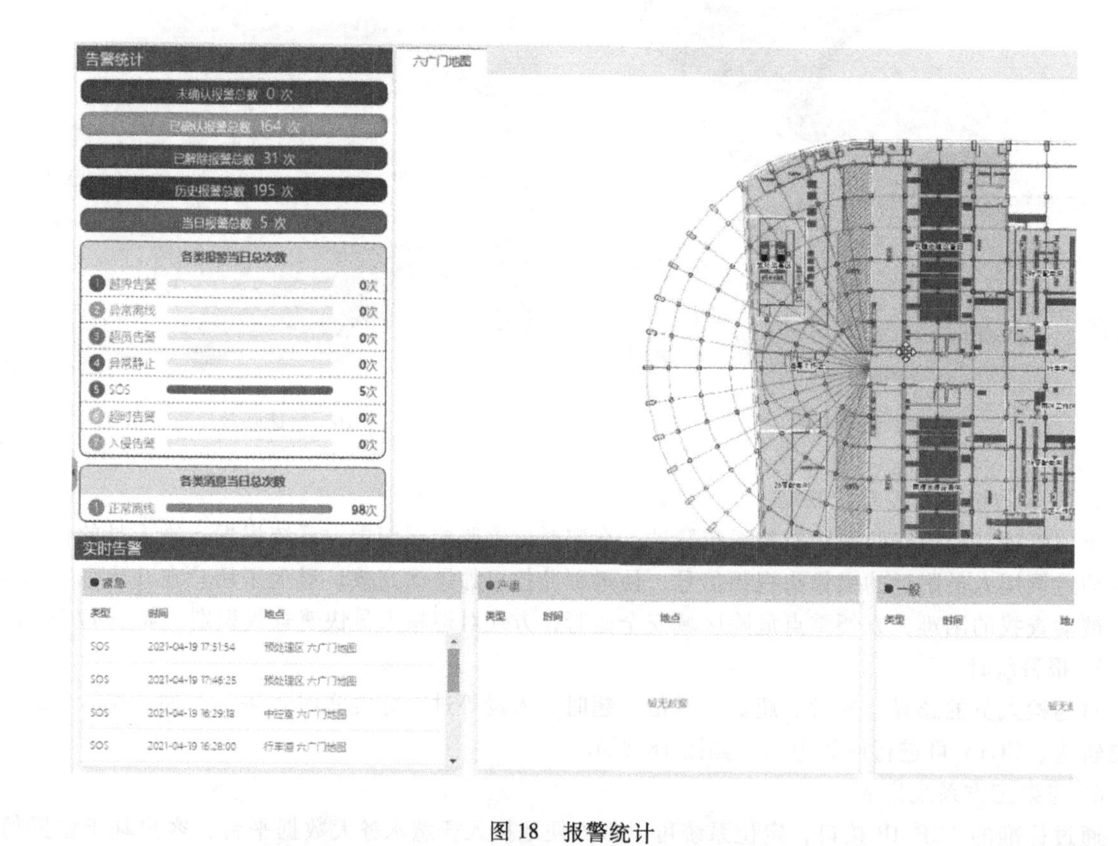

图 18　报警统计

息、作业信息、人员信息等进行数据分析，不断优化运营管理。

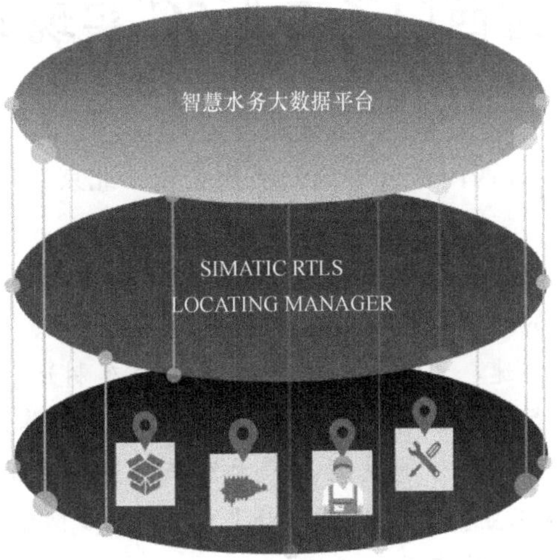

智慧水务大数据平台

SIMATIC RTLS
LOCATING MANAGER

图 19　与第三方系统集成

四、运行效果

该项目作为中国率先上线的 SIMATIC RTLS 项目，至今已一年有余，系统运行稳定可靠，客户反馈使用方便，极大地改善了客户的作业和管理模式，提高了运营效率，尤其在人员巡检安全保障方面，令客户信心十足。

五、应用体会

SIMATIC RTLS 是数字化的基础设施，提供的是空间位置信息，可以帮助企业实现真实工作环境的数字映射。通过重新定义生产管理模式，实现高可靠、精细化的运营。相信随着地埋式水厂的推广普及，RTLS 会成为未来数字化水务的标配，并从一定程度上推动智慧城市的发展，造福社会。

另外，当今社会瞬息万变、竞争加剧，客户定制化需求增多，要求生产线需要更大的柔性。SIMATIC RTLS 可以将工厂内的人员、设备、载具、物料等一系列对象位置可视化，帮助企业发现生产管理瓶颈，优化生产节奏，提高资源利用率，降低安全风险。在企业现有的条件下，不断提高生产效益，降低企业成本。

参考文献

[1]　西门子（中国）有限公司. BA_RTLS4030G_76 [Z].
[2]　西门子（中国）有限公司. INH_RTLS-Locating-Manager-V2. 11. 0. 0_76_EN [Z].
[3]　西门子（中国）有限公司. APH_RTLS-Date export-V2. 12. 0. 0_52 [Z].
[4]　西门子（中国）有限公司. SIMATIC-RTLS_whitepaper_1804_en [Z].

汽车总装车间通过西门子工业5G实现PROFINET通信

王加雷
（西门子（中国）有限公司　北京）

[摘　要] 汽车制造行业是当前自动化和智能化程度最高的行业之一，自动化流水线就是诞生于汽车制造业的经典生产模式。伴随着配件标准化、模块化生产等多种先进工艺的成熟运用，更快速、更高效、更精确成为汽车制造行业孜孜不倦的追求。一直以来，汽车制造行业都是先进科技成果转化的“前沿阵地”，最新一代通信技术5G应用于车厂，也毫无例外地受到了广大汽车制造企业的高度关注。通过西门子工业5G方案，实现工业协议如PROFINET在工业5G网络中的通信，工业5G将在汽车行业开拓越来越多的应用。

[关 键 词] 工业5G、PROFINET、SCALANCE SC600、SCALANCE MUM856-1、PN over 5G

[Abstract] Automobile manufacturing industry is one of the industries with the highest degree of automation and intelligence. Automatic assembly line is a classic production mode born in automobile manufacturing industry. With the standardization of parts, modular production and other advanced technology mature application, faster, more efficient, more accurate has become the automotive manufacturing industry's tireless pursuit. The automobile manufacturing industry has always been the “frontier position” of the transformation of advanced scientific and technological achievements. The application of the latest generation of communication technology 5G in automobile factories has attracted the high attention of the majority of automobile manufacturing enterprises without exception. Through Siemens industrial 5G solutions, industrial protocols such as PROFINET are realized in industrial 5G network communication, industrial 5G will open up more and more applications in the automotive industry.

[Key Words] Industrial 5G、PROFINET、SCALANCE SC600、SCALANCE MUM856-1、PN over 5G

一、概述

在数据通信方面，在过去，汽车制造过程中主要以有线的形式进行生产数据的采集与传输控制。然而，随着企业对于个性化定制、无人化的要求越来越高，相应生产工厂中的生产线、设备需要具备更高的灵活性以及与外界实时的通信能力。此外，部分工位或环节受到工艺设计、布线和设备移动性的影响限制，在未来无线技术将会越来越普及。

当然，先进制造只满足无线网络这一条件还远远不够。在有线和传统无线工业通信方式中，存在着标准制式多、异构网络互联组网复杂、管理成本高、对移动设备的控制时延长等问题。除此之外，汽车制造行业工厂想要进行智能化改造，还面临着传统硬件设备不能满足呈指数趋势增加的现场数据的传输、保存与计算等需求的挑战。

在汽车制造业大规模、多场景的实际应用中，想要确保大量数据高速传输且无数据包丢失，大带宽、低时延、广连接的5G技术已成为不可替代的至优方案。企业利用5G技术，能够在设备全面的状态监控、信息高速传输方面满足工厂生产需求，帮助工厂实现面向生产线、设备、产品、过程工艺、过程与结果质量等生产过程信息的数字化和可视化，将工厂内“人、机、料、法、环、测”等要素实现深度互联，进而推动汽车制造及服务的智能化。

二、5G汽车行业场景应用范本（见图1）

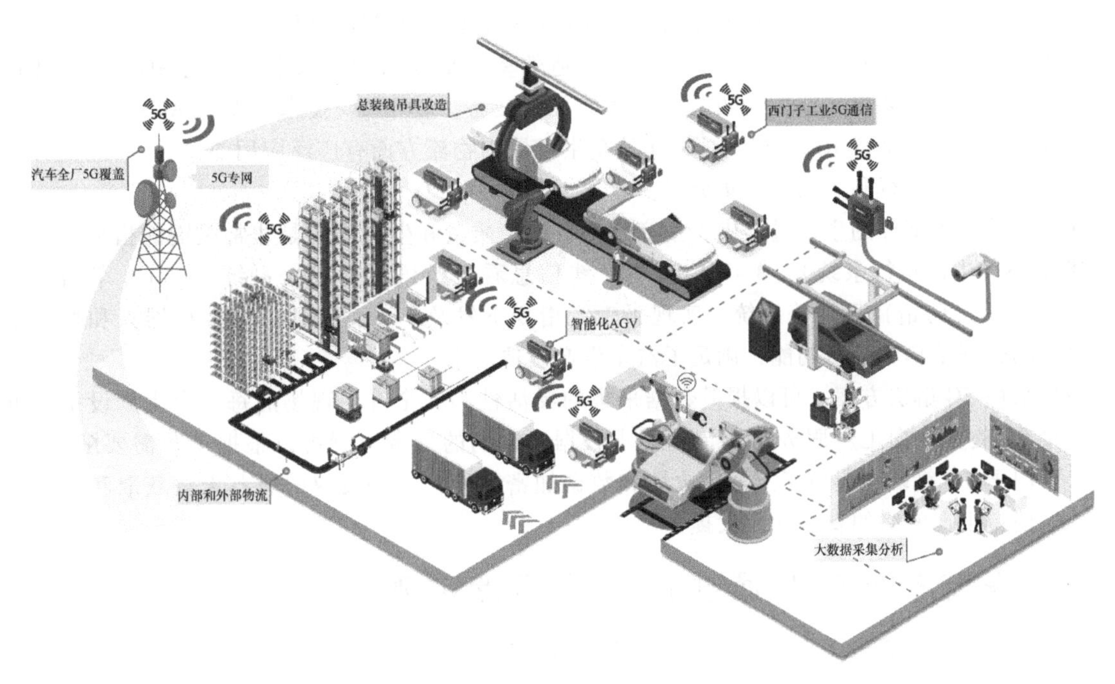

图1　西门子工业5G在汽车行业的应用

在汽车制造的冲压、焊装、涂装、总装、内外部物流及配送等各个环节，5G技术将有广泛应用，其中在总装和物流环节的应用最为典型。

场景一：总装线吊具改造

在汽车总装过程中，由车身输送线来实现车身在各个工段之间的转移，输送线上的吊具装置用来将车身固定吊起，进而沿输送轨道移动。由于布线困难，通常吊具采用Wi-Fi无线通信的方式来进行信号控制，同时MES终端通过Wi-Fi无线网络进行数据的传输，控制数据和MES数据共同在1个Wi-Fi网络中传输，由于Wi-Fi技术的局限性，无线通信极易受到现场的电磁干扰、灰尘和金属遮挡等的影响，而5G技术抗干扰能力强，带宽高，不仅可以稳定地实现控制和传输双网合一，减少项目成本，而且以更高的带宽以及更高效率的通信方式，保证现场设备通信的及时性和可靠性。

场景二：总装车间AGV（自动导引车）

汽车行业可以说是AGV应用最多的行业，目前AGV在汽车总装车间的应用已经十分普遍，自动化柔性装配、自动化运输都离不开 AGV。在以往，这些 AGV 是用 Wi-Fi 来控制和传输数据的，但 Wi-Fi 不可避免地存在着组网复杂、同频干扰、连接不稳定等问题。

5G 网络正好能为 AGV 系统提供多样化、高质量的通信保障。5G 网络在低时延、工厂应用的高密度海量连接、可靠性以及网络移动性管理等方面优势突出，使得 AGV 的组织与运作更加高效，不仅速度更快，而且还能够赋予 AGV 实时感知工人的能力，机器会“主动”与工人保持安全的距离，从而保证人机协同工作的安全。除此之外，5G 还可以帮助实现远程实时操作，同步、安全地完成预定工作目标。

场景三：内部和外部物流

对于汽车整车厂的物流配送来说，分为内部和外部物流。外部物流就是从供应商处将零部件运输到整车厂的过程。内部物流是指进入到整车厂缓冲库的物料，再送至生产线边的物流。汽车制造是典型的离散制造行业，各种物料的流动和组合就是一台汽车的制造过程。

因此，车厂的内部和外部物流效率是汽车制造效率的重要指标。未来智能化 AGV 是实现物流及工装运输、不同工艺单元或生产线组合连接的关键装备，基于 5G 技术开发的 AGV 在实时控制、精确导航方面的优势结合 RFID 技术，将在整车生产厂内物流方面有广泛应用前景。

场景四：生产执行和大数据采集分析

在整车及其零部件的生产过程中，生产效率、生产质量和生产安全是非常关键的指标。工厂通过搭建 MES（生产执行系统）、ANDON（生产线信息看板及语音播报）系统、AVI（车辆自动识别）系统、EP（防错）系统等系统，实现了生产指令下发及 PLC、RFID、焊接机器人和拧紧枪等现场设备的数据采集和分析功能，满足了汽车生产制造需求。

通过采用 5G 解决方案，可以提升数据采集的灵活性和安全性。现场的每一个生产设备都可以通过连接 5G 终端，向工厂服务器上传和请求数据，它们的部署位置可以根据工艺需要随时调整。此外，西门子 5G 终端还集成了工业防火墙和数据加密功能，未经授权的设备无法获取和使用生产数据，这使得生产网络的安全性大大提升。

三、总装车间 AGV 通过工业 5G 调度实例

以某汽车工厂总装车间 AGV 通过工业 5G 传输 PROFINET 为例，介绍使用西门子工业 5G 实现通过工业 5G 传输工业协议 PROFINET。

1. 项目背景介绍

某汽车工厂总装车间 AGV 调度系统，原有的方案是调度中心的主控 PLC 与总装车间 AGV 上的车载 PLC 之间通过 I-Device PROFINET 通信进行数据实时交互，实现路径管理和集中调度等功能。

在运营商为用户的车间部署了 5G 专网并实现与现有 OT 生产网络融合之后，用户希望利用 5G 的高带宽和低延时特性，在不改变原有 PROFINET 通信模式的前提下借助 5G 专网进行 AGV 的控制和调度，并希望将现场情况通过高清摄像头进行实时的回传。

3GPP R15 中，5G 网络主要实现了基于 IP 类型会话的层三通信（见图 2）。

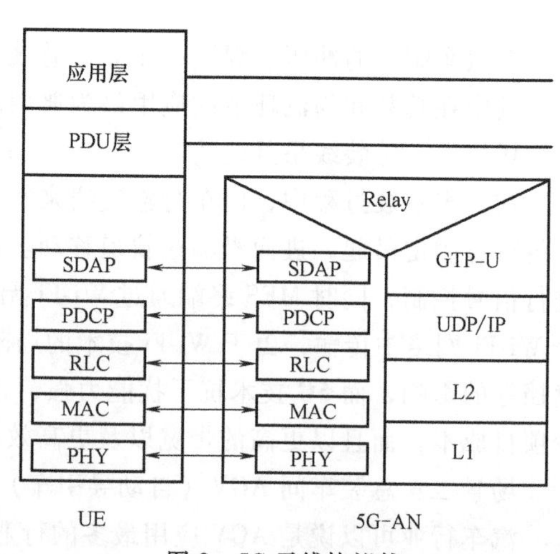

图 2　5G 无线协议栈

通过运营商5G专网的组网架构（见图5），UPF下沉到工厂内部，通过专线与AGV调度中心网络通信。AGV通过工业5G路由器插入专网SIM卡，运营商通过对专网SIM卡进行特殊配置，专网SIM卡便可以和运营商专线通信，5G路由器就可以与AGV调度中心通信，进而实现调度中心和AGV上PLC三层的IP地址通信。

但是由于PROFINET通过层二网络通信，一般的商用5G网络还不能满足现场应用通过PROFINET通信的需求。

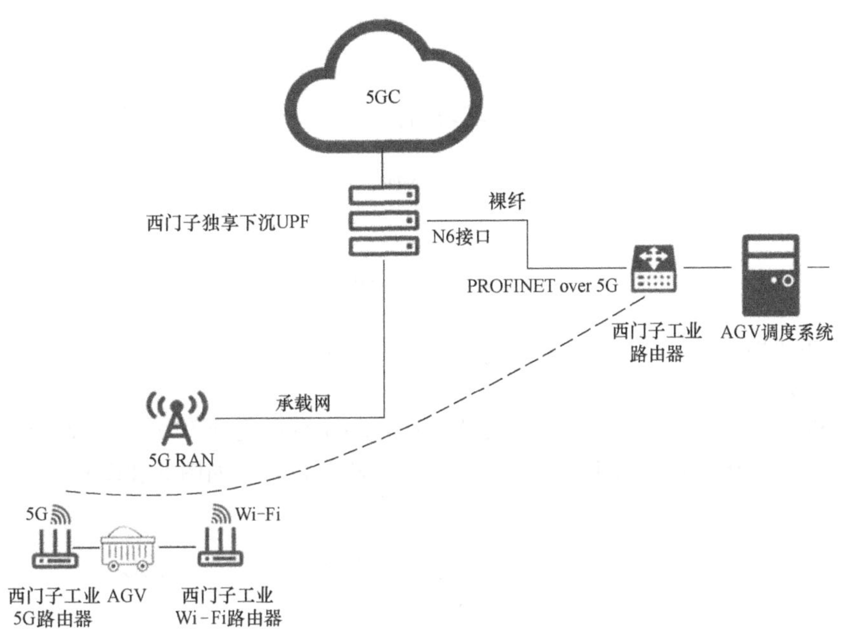

图3　5G专网方案整体架构

针对该问题，我们给出了解决方案。在本项目中，在总装车间使用了西门子工业5G路由器SCALANC EMUM856-1产品接入运营商5G专网，进而和部署在调度中心的路由器SCALANCE SC600进行通信，在MUM856-1和SC600之间建立PN tunnel，PN tunnel可以建立在5G专网层三的网络层级上，通过PN tunnel，AGV调度系统可以和AGV上的PLC传输PROFINET协议，从而实现了PROFINET在5G专网中的通信，即PN over 5G，满足了用户需求。

目前，通过西门子工业5G路由器SCALANCE MUM856-1和西门子有线路由器SC600系列可以建立PN tunnel，也可以通过两台西门子工业5G路由器SCALANCE MUM856-1之间建立PN tunnel，从而满足客户有线和无线的不同通信需求。

2. 系统架构（见图4）

1）在调度中心主控PLC和工厂OT网络之间部署SCALANCE SC600路由器；运营商5G专网专线连接至工厂OT网络，进而和SCALANCE SC600互通。

2）在总装车间AGV上部署工业5G路由器SCALANCE MUM856-1，实现车载PLC的5G专网接入；运营商5G专网SIM卡通过设置特殊的策略实现低时延保证。

3）AGV安装高清摄像头，通过另一台MUM856-1连接5G专网，实现与调度中心服务器的高清视频传输；运营商5G专网SIM卡通过设置特殊的策略实现高带宽保证。

4）SCALANCE MUM856-1和SCALANCE SC600之间可以通过5G专网实现IP通信，在此基础

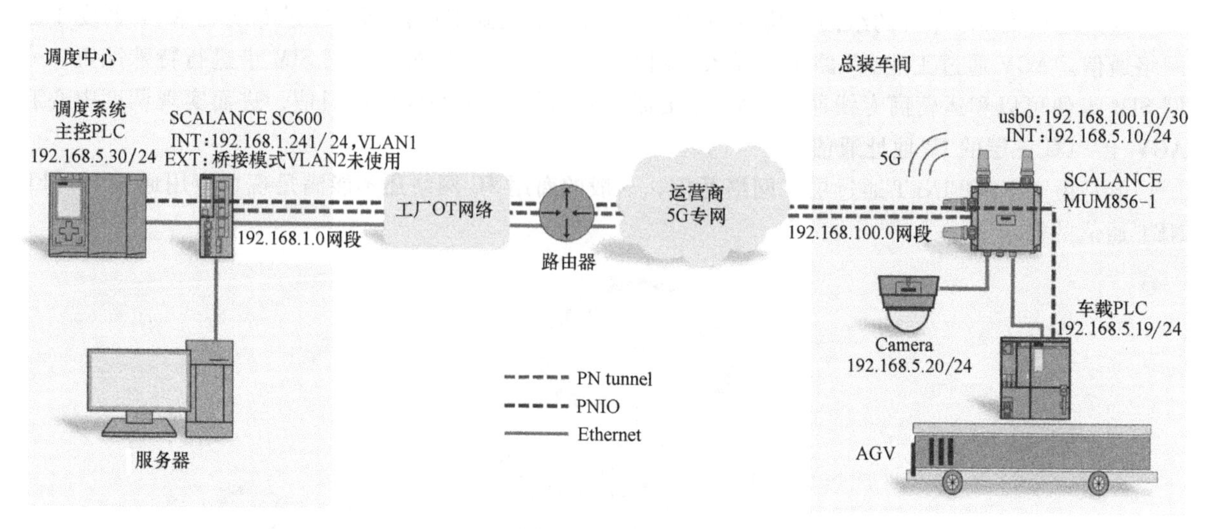

图4 系统架构

上两端建立PN tunnel，实现主控PLC和AGV的PN通信；

3. 具体实现方式

设置MUM856-1与5G专网的连接。首先为MUM856-1分配内网IP地址192.168.5.10，并使用浏览器登录后，在Interfaces→Mobile中进行5G接入的相关设置，如图5和图6所示。

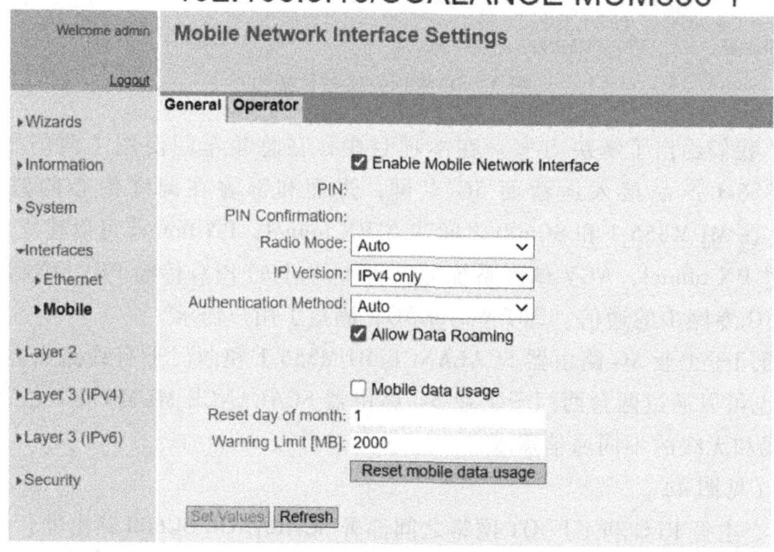

图5 启动5G网络接口

设置5G专网特殊的APN名称。目前SCALANCE MUM856-1支持国内三大运营商5G公网和专网。

1）经过正确配置后，MUM856-1正常接入5G专网，并获取到外网IP地址192.168.100.10和DNS等相关信息，如图7所示。

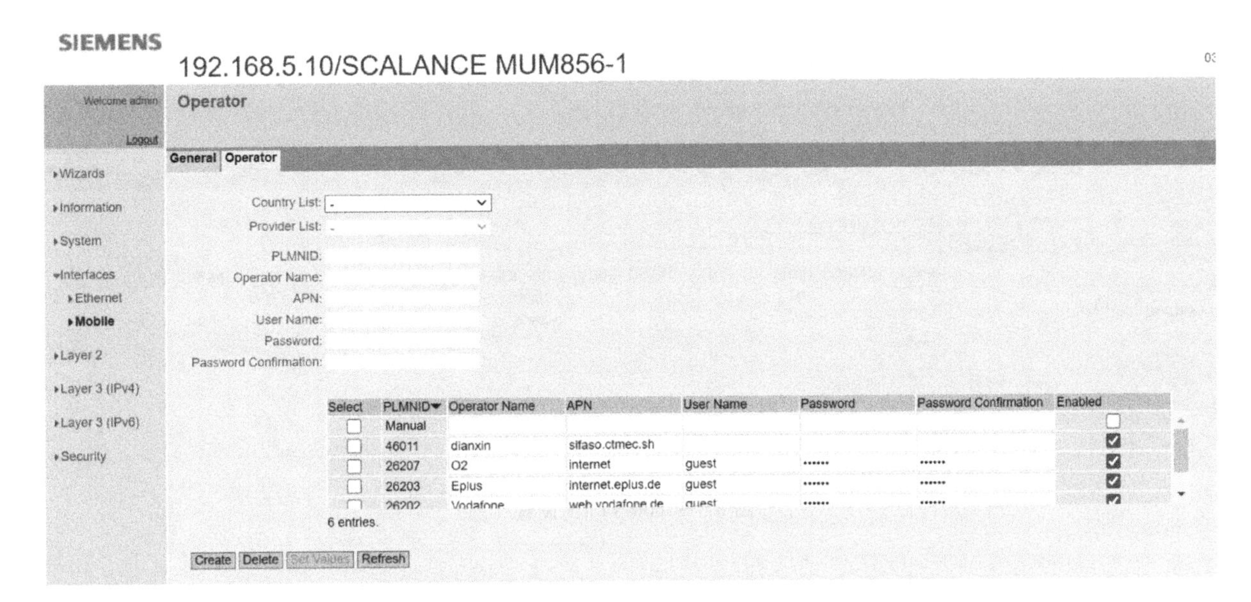

图 6　5G 专网设置

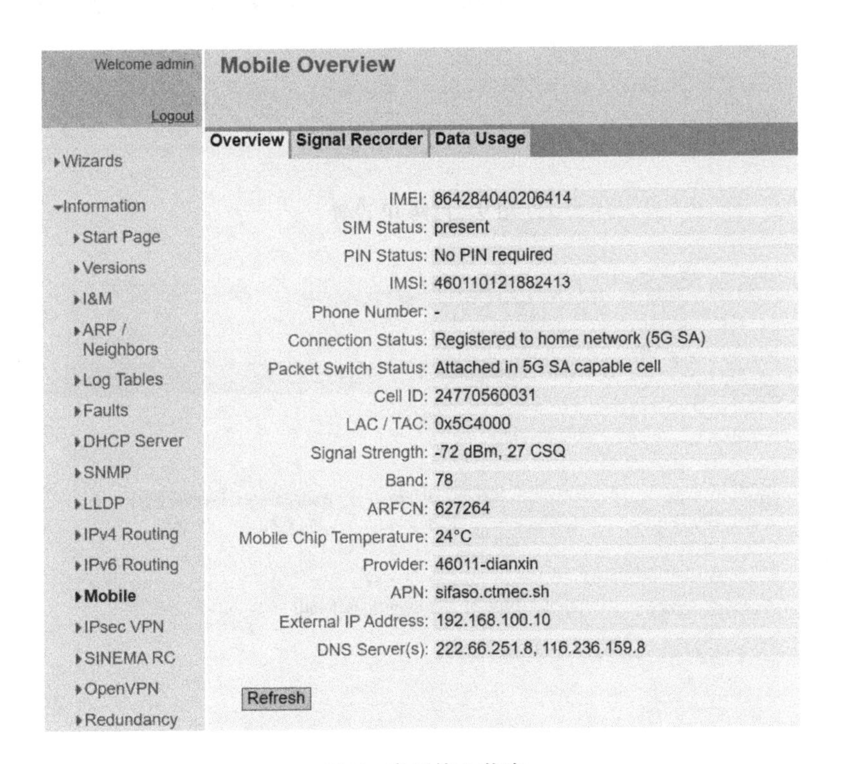

图 7　专网接入状态

2）SC600 设置 VLAN1 和 VLAN2，VLAN1 作为内网端口连接调度中心主控 PLC 和服务器，VLAN2 作为外网端口连接 OT 网络。为内网 VLAN1 分配 IP 为 192.168.1.241，并启用 SC600 的 Inter-VLAN-Bridge 桥接模式，实现 AGV 调度系统和 5G 专网的互通，如图 8～图 10 所示。

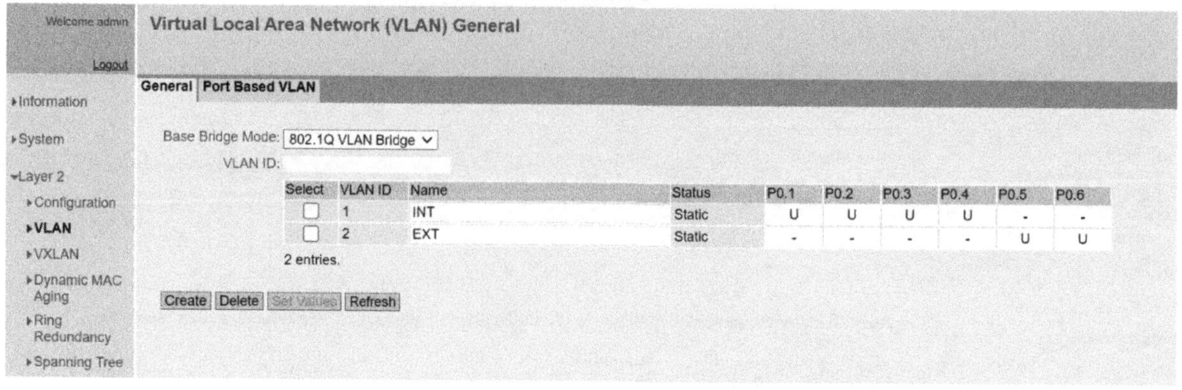

图 8　SC600 VLAN 设置

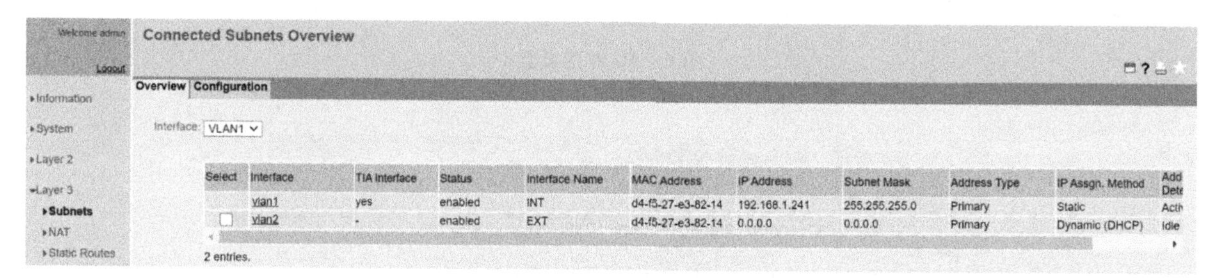

图 9　内网 IP 设置

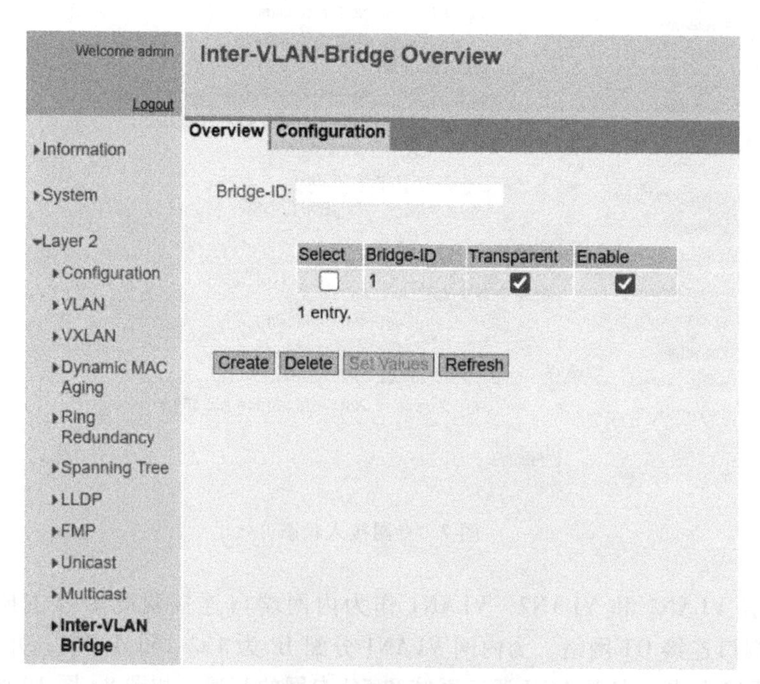

图 10　设置桥接模式

3）经过以上的基本设置后，在调度中心的服务器已经可以 ping 通总装车间 AGV 上的 MUM856-1，说明两端的三层网络（中间经过 4~5 个路由器）已经连通，如图 11 所示。

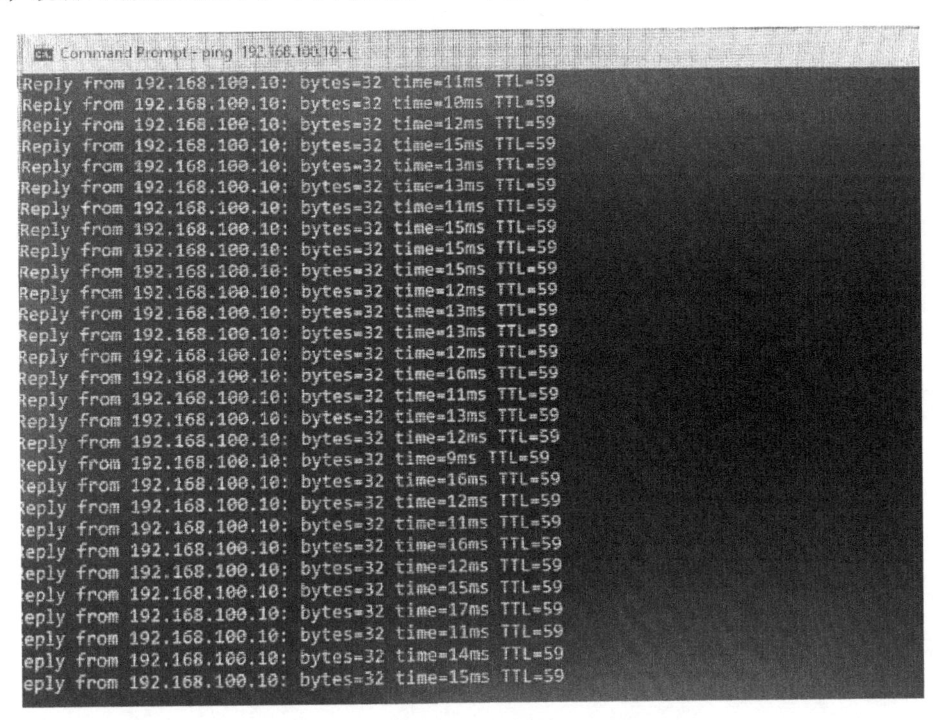

图 11　ping 测试

4）在 MUM856-1 开启并设置 PN tunnel 功能（设置 PN 功能前要确认 MUM856-1 和 SC600 的地址可以互通），如图 12 和图 13 所示。

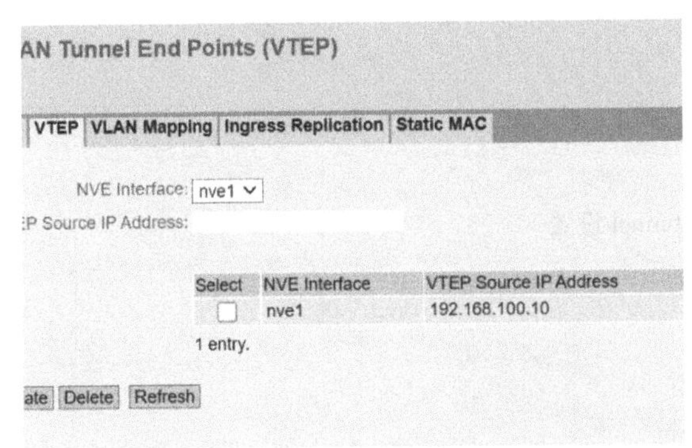

图 12　MUM856-1 PN tunnel 设置

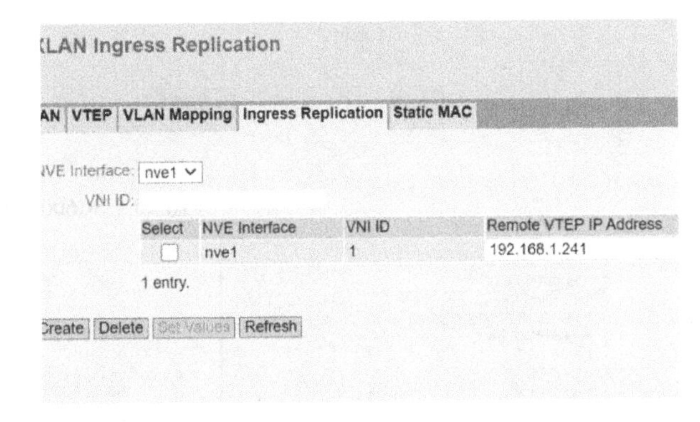

图 13　MUM856-1 PN tunnel 设置

5）在 SC600 上开启并设置 PN tunnel 功能，如图 14 和图 15 所示。

6）SC600 连接的主控 PLC 的 IP 设置为 192. 168. 5. 30/24，MUM856-1 所连接的车载 PLC 的 IP 设置为 192. 168. 5. 19/24，可以看出，两个 PLC 的 IP 在同一子网内。两端都未设置网关地址。经过测试，两端 PLC 可以基于当前 5G 专网实现二层的 PROFINET IO 通信。图 16 为组态 PN 参数。

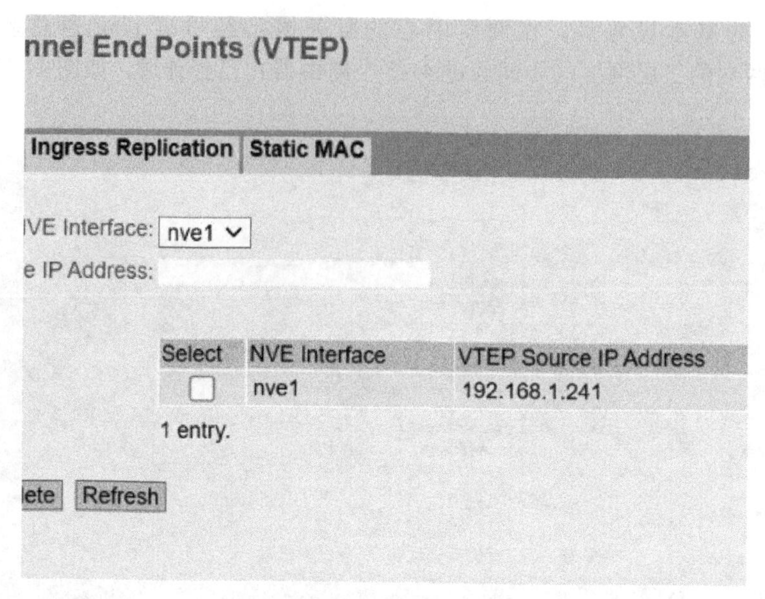

图 14　SC600 PN tunnel 设置

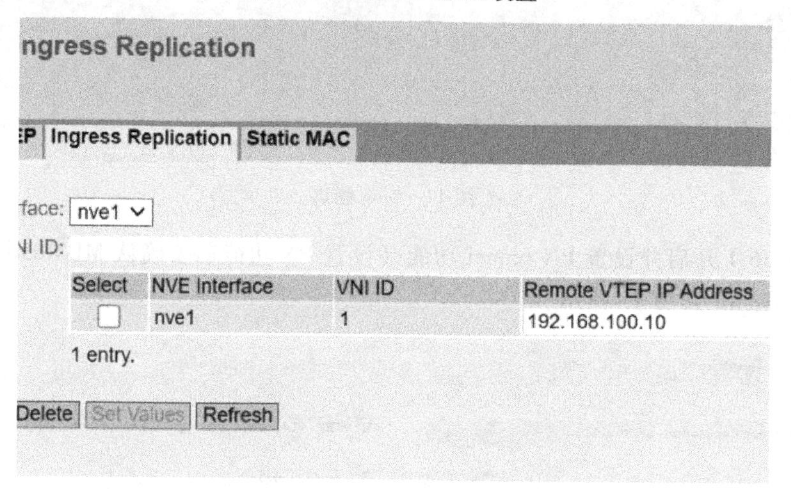

图 15　SC600 PN tunnel 设置

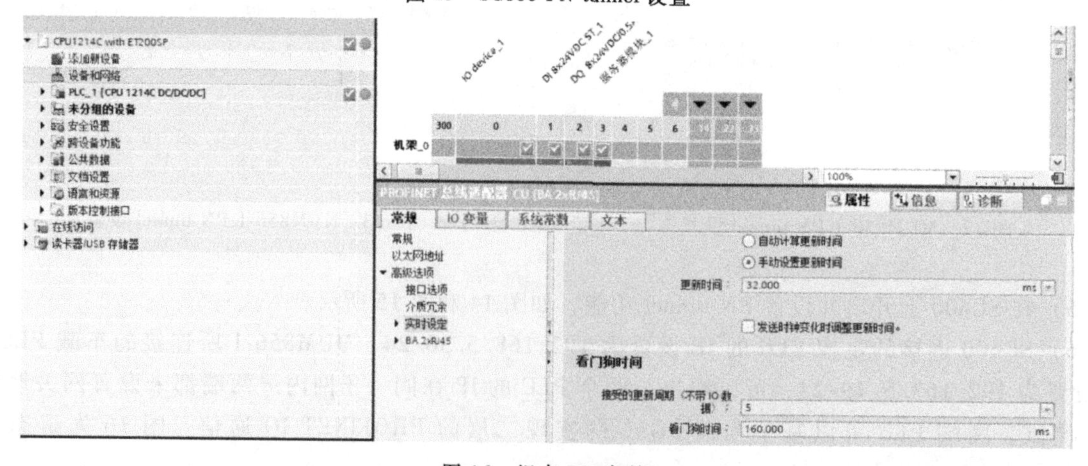

图 16　组态 PN 参数

测试结果：

服务器 ping 工厂 AGV 上 MUM856-1 的外网口，平均延迟时间可以稳定在 10~20ms。根据延迟的情况，我们设置 PN 的刷新时间为 32ms，如图 17 所示，为了避免网络抖动造成掉站情况，设置看门狗时间为 5 倍的刷新时间，完全可以满足 AGV 调度系统对时延的要求。同时，借助运营商 5G 专网特殊策略提供的高带宽，视频数据的传输也保持了稳定和流畅。所有的工况都满足了客户对网络的基本需求。

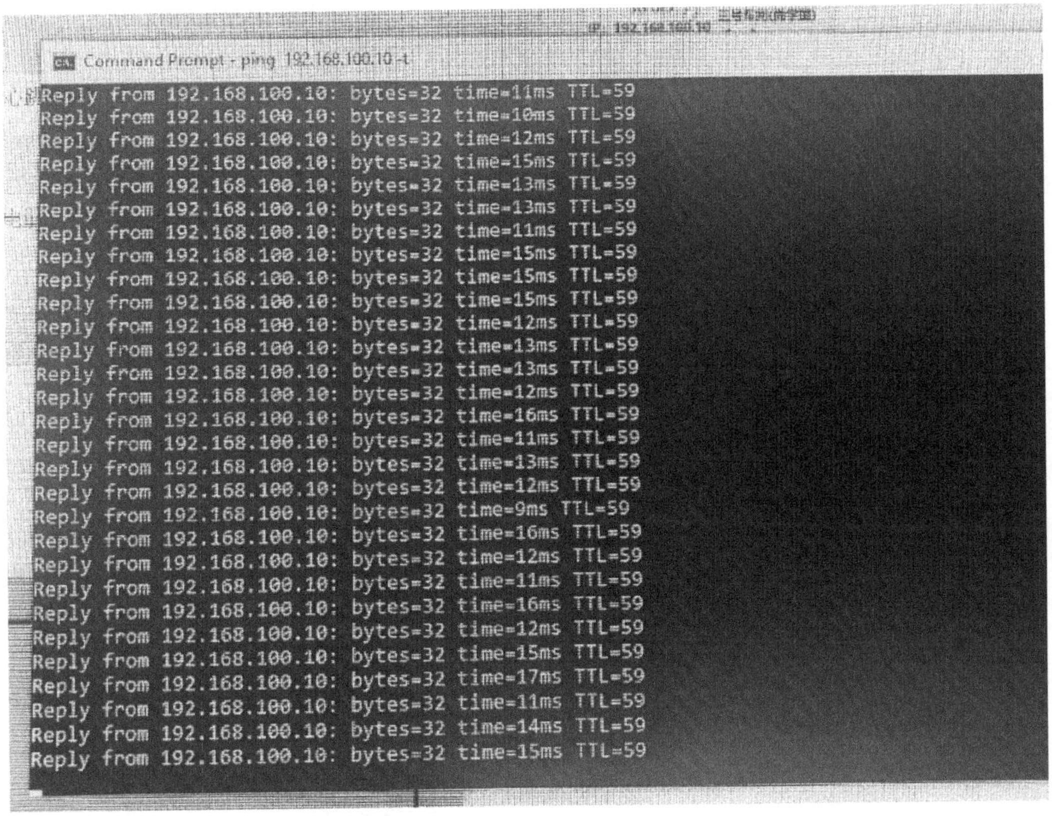

```
Command Prompt - ping 192.168.100.10 -t
Reply from 192.168.100.10: bytes=32 time=11ms TTL=59
Reply from 192.168.100.10: bytes=32 time=10ms TTL=59
Reply from 192.168.100.10: bytes=32 time=12ms TTL=59
Reply from 192.168.100.10: bytes=32 time=15ms TTL=59
Reply from 192.168.100.10: bytes=32 time=13ms TTL=59
Reply from 192.168.100.10: bytes=32 time=13ms TTL=59
Reply from 192.168.100.10: bytes=32 time=11ms TTL=59
Reply from 192.168.100.10: bytes=32 time=15ms TTL=59
Reply from 192.168.100.10: bytes=32 time=15ms TTL=59
Reply from 192.168.100.10: bytes=32 time=15ms TTL=59
Reply from 192.168.100.10: bytes=32 time=12ms TTL=59
Reply from 192.168.100.10: bytes=32 time=13ms TTL=59
Reply from 192.168.100.10: bytes=32 time=13ms TTL=59
Reply from 192.168.100.10: bytes=32 time=12ms TTL=59
Reply from 192.168.100.10: bytes=32 time=16ms TTL=59
Reply from 192.168.100.10: bytes=32 time=11ms TTL=59
Reply from 192.168.100.10: bytes=32 time=13ms TTL=59
Reply from 192.168.100.10: bytes=32 time=12ms TTL=59
Reply from 192.168.100.10: bytes=32 time=9ms TTL=59
Reply from 192.168.100.10: bytes=32 time=16ms TTL=59
Reply from 192.168.100.10: bytes=32 time=12ms TTL=59
Reply from 192.168.100.10: bytes=32 time=11ms TTL=59
Reply from 192.168.100.10: bytes=32 time=16ms TTL=59
Reply from 192.168.100.10: bytes=32 time=12ms TTL=59
Reply from 192.168.100.10: bytes=32 time=15ms TTL=59
Reply from 192.168.100.10: bytes=32 time=17ms TTL=59
Reply from 192.168.100.10: bytes=32 time=11ms TTL=59
Reply from 192.168.100.10: bytes=32 time=14ms TTL=59
Reply from 192.168.100.10: bytes=32 time=15ms TTL=59
```

图 17　网络时延结果

4. PN over 5G 的几种典型架构

为了满足不同客户有线和无线之间传输 PROFINET 与无线和无线之间传输 PROFINET 的需求，西门子的 5G 还有以下的一些实施方案。

架构一：使用 MUM856-1 和 SC600 实现基于 5G 的 PN 点对点通信（见图 18）。

- 架构中一端使用 SC600 有线方式接入到 5G 专网，另外一端使用 MUM856-1 通过 5G 的方式接入到 5G 专网，建立 PN tunnel 通道，使得 PROFINET IO 在 5G 专网中可以传输，实现 PNIO 基于 5G 的点对点通信。
- 可通过 TIA Portal 在远程站点上分配 PROFINET 名称及 IP 地址等。
- 通过 SC600 和 MUM856-1 的防火墙功能，实现对 PN tunnel 通道中数据流量的过滤，实现更安全的通信。

架构二：使用 2 台 MUM856-1 实现基于 5G 的 PN 点对点通信（见图 19）。

- 架构中两端各使用 1 台 MUM856-1 通过 5G 的方式接入到 5G 专网，建立 PN tunnel 通道，使

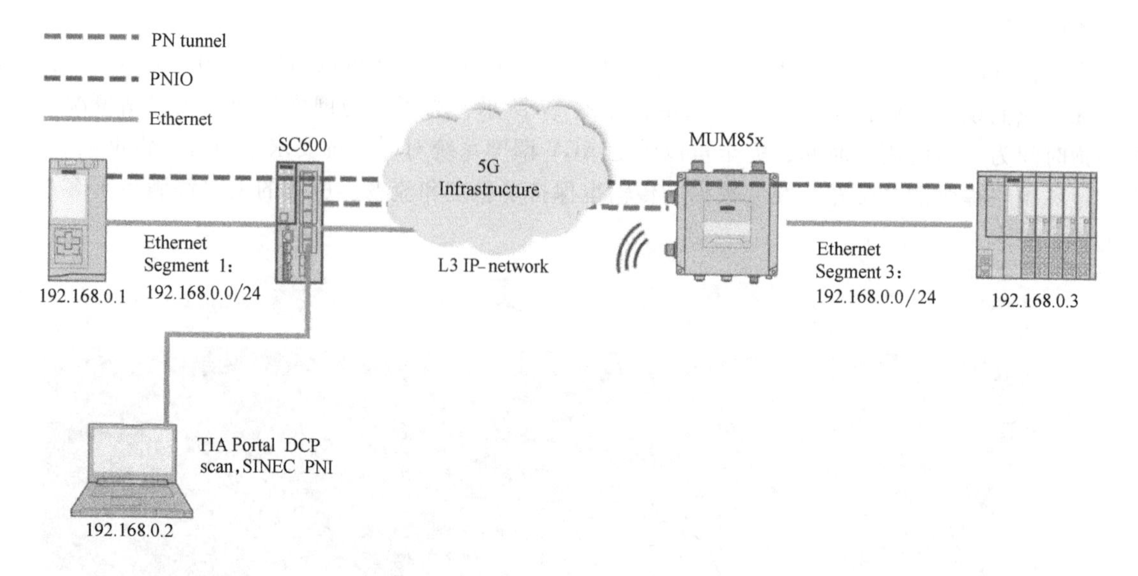

图 18　基于 5G 的 PN 点对点通信架构一

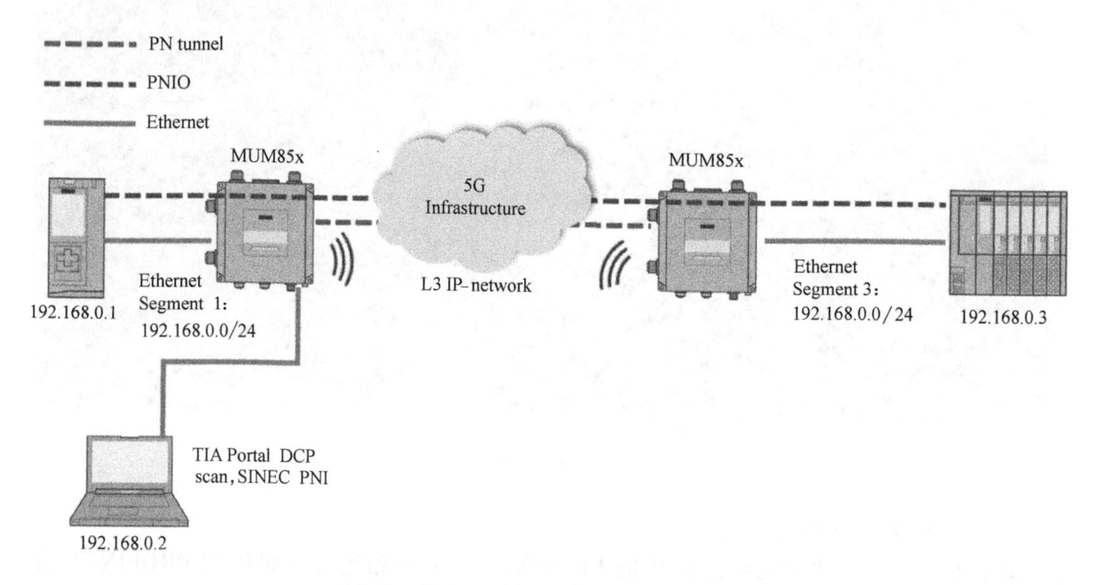

图 19　基于 5G 的 PN 点对点通信架构二

得 PROFINET IO 在 5G 专网中可以传输，实现 PNIO 基于 5G 的点对点通信。

• 可通过 TIA Portal 在远程站点上分配 PROFINET 名称及 IP 地址等。

• 通过 MUM856-1 的防火墙功能，实现对 PN tunnel 通道中数据流量的过滤，实现更安全的通信。

架构三：基于 5G 的 PN 多点通信（见图 20）。

• 架构中使用 SC600 和 MUM856-1 建立多个 PN tunnel 通道，使得 PROFINET IO 在 5G 专网中可以传输，实现 PNIO 基于 5G 的多点通信。

• SC600 支持 16 条 PN tunnel 通道，可连接更多的 PNIO 设备。

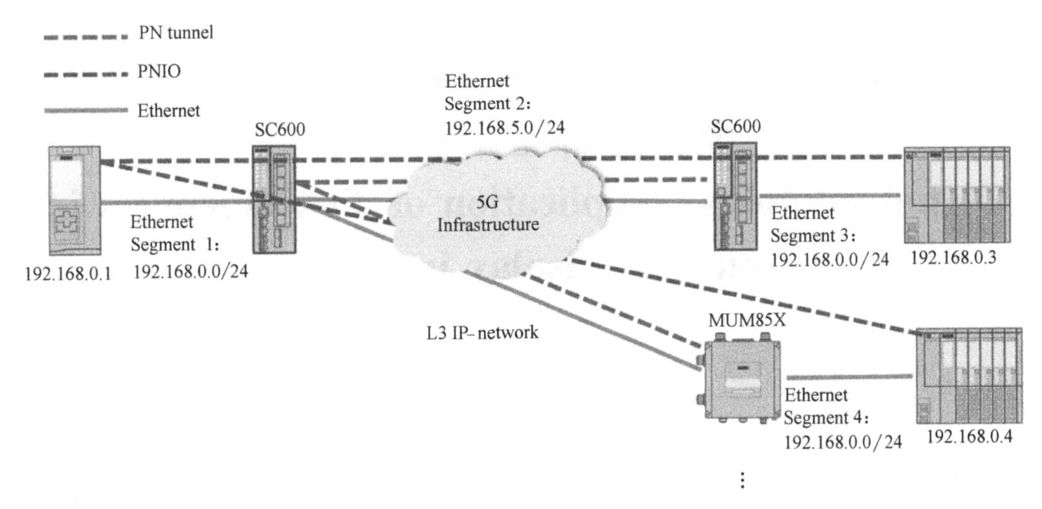

图 20　基于 5G 的 PN 点对点通信架构三

四、结束语

工业 4.0、智能工厂、工业物联网（IIoT）代表了工业制造的未来。设计更灵活、更自主、更高效的工厂和内部物流系统需要采用适当的通信平台和全面连通性。全新 5G 通信标准诠释了美好的新图景。

在智能工厂能够正常运行之前，从生产到内部物流和运输都需要采用全新解决方案和技术。诸如生产中的移动机械手、运输与物流领域中的自主行驶车辆、工业物联网、面向服务与维护技术人员的增强现实应用以及面向用户的虚拟现实等应用，都会让今天的网络迅速达到极限。工业 5G 以前所未有的可靠性、极低的延迟和全面工业物联网连通性，为工业环境中的开创性应用扫清了道路。

工业 5G 可为工业中各种不同的用例和应用提供无线连接。从长远来看，它实际上可能使得当今使用的许多不同通信技术进行融合，从而大大减少相关工业连接解决方案的数量。工业 5G 是在工厂环境中大规模使用数字技术的推动力。它不仅仅是一种新的生产方式，还提供了一种做出决策和管理工厂的新方法。工业 5G 将使未来所有工厂的生产变化中可靠、快速和安全的通信成为可能。由于所有机器都将不断连接并准备好相互交互，这是实现前所未有的自动化水平的唯一途径，也是实现未来工业 4.0 工厂的唯一途径。

汽车行业在工厂内部在有数据采集、传输（内部，或往上层系统）、分析要求的地方都有潜在的工业 5G 机会，特别是与 AI、边缘计算结合的应用。质量的提升、追溯和修正等，生产效率的分析与提升，生产成本的分析与降低等，通过西门子工业 5G 实现 PN over 5G，为越来越多的应用通过工业 5G 实现提供可能。

当然，工业 5G 还面临很多问题，西门子公司设立了专门研究该项课题的独立研究团队。我们的专家致力于开发新的通信标准及其在工业和制造环境中的实际应用。

数字化解决方案 TIA Openness 在医疗显示器行业中的应用

Digital solutions: Application of TIA Openness in medical display industry

王　升

（巴可医疗科技有限公司　苏州）

［ 摘　要 ］ 本文介绍了 TIA 博途数字化插件 Openness 在医疗显示器行业中的应用，提高 PLC 编程的效率和准确性，自动生成 HMI 元素，使得个性化编程组态工具成为可能。

［ 关 键 词 ］ TIA 博途软件、Openness

［ Abstract ］ This paper introduces the application of TIA Portal digital plug-in Openness in the medical display industry, which improves the efficiency and accuracy of PLC programming, automatically generates HMI elements.

［ Key Words ］ TIA Portal、Openness

一、项目简介

1. 背景介绍

巴可医疗科技有限公司是比利时 Barco NV 的全资子公司，总部位于比利时 Kortrijk，公司成立于 1934 年，是为娱乐、企业、医疗提供可视化解决方案的全球技术领导者，图 1 所示为苏州公司外貌。

图 1　苏州公司外貌

为了提高产能和保证产品质量，设计了一条全新的自动化生产线。随着产品更新迭代的加速，这就对自动化项目的交期与质量提出极大的挑战，原有提高编程效率的方式已经挖掘殆尽，因此急需外部新的技术来帮助实现。

2. 项目工艺介绍

这是一条长度为60m的双层流水线，前半段为人工组装，显示器在传送带上缓慢移动，工人对显示器的屏幕、主板、传感器进行组装。后半段为自动化测试流水线，整条产线有70个装有RFID芯片的载具，显示器被安装在载具上，进入各个工站进行测试，图2所示为自动化生产线概览。

医疗显示器的测试工艺分为安规测试、基础功能测试、老化测试、灰阶校准、均匀亮度校准、校准功能测试、最终测试。

1）安规测试：短接相线与零线，加载1800V的交流电，测试与地线之间的绝缘性。

2）基础功能测试：升级固件，检查显示器外观。

3）老化测试：显示器移动至2楼进行老化测试。

4）灰阶校准：通过对显示器灰阶校准，使得人眼对于显示器颜色变化的判断更准确。

5）均匀亮度校准：通过对显示器亮度一致性校准，整个显示器的亮度保持一致。

6）校准功能测试：对灰阶和均匀亮度校准后的显示器，进行功能检测。

7）最终测试：测试显示器的各个视频端口，如DP、DVI、HDMI。

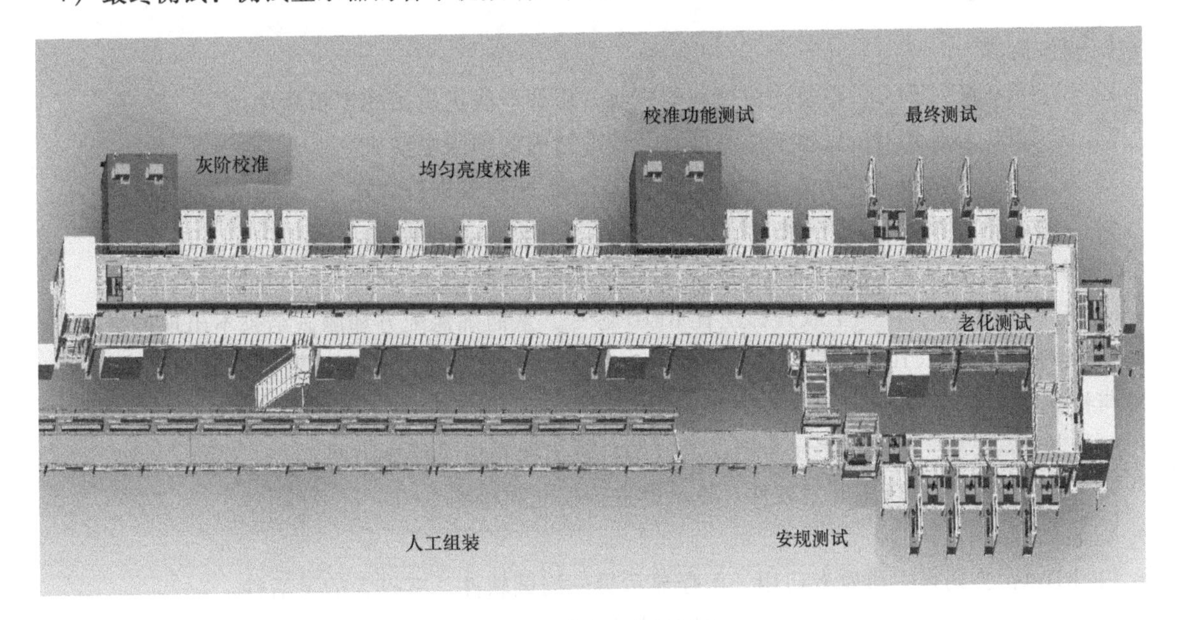

图2 自动化生产线概览

3. 控制系统的构成

硬件列表见表1。

表1 硬件列表

序号	名称	规格	型号	数量
1	S7-1500 CPU	CPU 1515-2 PN	6ES7 515-2AM02-0AB0	1
2	S7-1200 CPU	CPU 1214C DC/DC/DC	6ES7 214-1AG40-0XB0	16

（续）

序号	名称	规格	型号	数量
3	接口模块	IM 155-6 PN BA	6ES7 155-6AR00-0AN0	12
4	精致面板	TP1200 精致面板	6AV2 124-0MC01-0AX0	1
5	精简面板	KTP700 Basic PN	6AV2 123-2GB03-0AX0	16
6	变频器	G120C PN	6SL3210-1KE14-3UF2	18
7	伺服电动机	SINAMICS V90 PN	6SL3 210-5Fxxx-xxFx	10
8	OPC 服务器	SIMATIC NET V15	6GK1704-1CW15-0AA0	1

4. 数字化技术

TIA Openness 是 TIA 博途的 API 接口，通过 TIA Openness 可以自定义编写外部程序从而自动生成项目组态、PLC 程序、HMI 界面，极大地减少了开发时间。

二、系统结构

1. 硬件配置

1）S7-1500 系列 PLC：整条产线控制的核心，协调产线进出站的逻辑顺序。

2）S7-1200 系列 PLC：仅用于控制每一个校准站内的伺服电动机。

3）G120C：产线被分割为若干段，每段由 G120C 变频器进行调速。

4）V90：组成 XYZ，YZ 多轴平台实现对显示器各个位置的校准。

5）OMNIA：高压测试仪，用于耐压、接地、漏电流测试。

6）巴鲁夫 RFID：每一个载具都配有 RFID 芯片，从而确保配方和测试结果不出现差错。

7）MINOLTA-CA410：伺服电动机控制 CA410 移动到显示器的各个位置，读取颜色与亮度用于校准与检测。

8）Chroma2238：图像信号发生器，通过端口输出视频信号给显示器。

9）工位 PC：装有自主开发软件对显示器进行校准和检测。

2. 软件配置

1）bTest：公司自主研发专门用于医疗显示器的测试软件，有极大的灵活性。

2）SIMATIC NET V15：作为 OPC UA 服务器，与 bTest 作为 OPC UA 的客户端进行通信。

3. 网络结构图

1）S7-1200 与 V90 进行 PROFINET 通信，搭建两轴、三轴运动控制平台。

2）OPC UA 服务器与 1 个 S7-1500 和 16 个 S7-1200 建立 S7 连接，同时每个工位的 bTest 软件作为 OPC UA 客户端，这样 bTest 软件就和 S7-1500、S7-1200 间接地建立了通信。

3）S7-1500 与 G120C、RFID、ET200SP 进行 PROFINET 通信，控制流水线的运动、信号、每个载具的配方读写。

4）网络采用树形结构，图 3 所示为网络示意图。

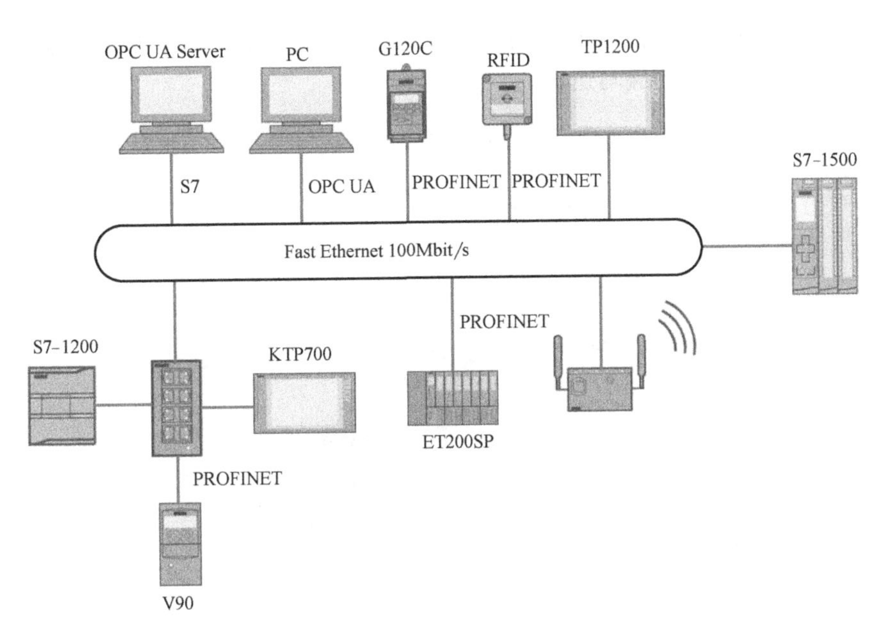

图 3　网络示意图

三、系统功能

这样的一条自动化生产线，拥有 1 个主 HMI 控制整体产线，同时拥有 16 个站内 HMI，每一个 HMI 都拥有手动、自动、原点、诊断等界面，这需要大量的时间编辑画面，如何快速无误地编写这些画面是极大的挑战，基于此开发了一系列的 TIA Openness 应用（见表 2）。TIA Openness 是 TIA 博途的开放接口，也可以理解为 TIA 博途的 API，它可以自动编写 PLC 程序和 HMI 元素，本文着重介绍前 3 个应用。

表 2　Openness 应用

编号	应用名称	描述
1	生成 IO 诊断界面	自动生成 PLC 的 IO 诊断界面
2	生成诊断文本	根据 PLC 程序段描述生成文本列表
3	画面名称与编号配对	HMI 内画面与编号配对生成文本列表
4	对功能块内数组编号	通过 Add-Ins 对所选块内数组进行重新编号
5	生成块内常用变量数组	对沿、定时器所用静态变量自动生成

1. 自动生成 IO 诊断界面

此项目包含 1400 个 IO 变量，IO 诊断界面是必不可少的，诊断界面必然包含 IO 变量的名称、IO 变量当前状态，一张 8 位 IO 诊断界面至少需要 3min，当前项目需要 230 张 IO 诊断界面，也就是需要 12h 的工作量，而且人工编辑中的错误几乎不可避免，这又将增加后续调试更改的时间，而通过 TIA Openness 只需要 3min 即可自动生成，并且准确无误。

图 4 所示为 IO 应用界面。基于 C#语言开发的自动生成 IO 诊断界面的应用，可以适用于任何尺寸的 HMI，总计开发花费 24h，一经开发公司往后的所有项目都可以使用，年均节省 240h。按钮①为选择 TIA 博途项目，按钮②为启动 TIA 博途，按钮③为选择当前项目中的 PLC，按钮④为选择需

要生成界面的 HMI，按钮⑤为选择 HMI 内的模板，同时可以设定输入输出界面的起始编号以及存放的文件夹名称。图 5 所示为程序编写逻辑。

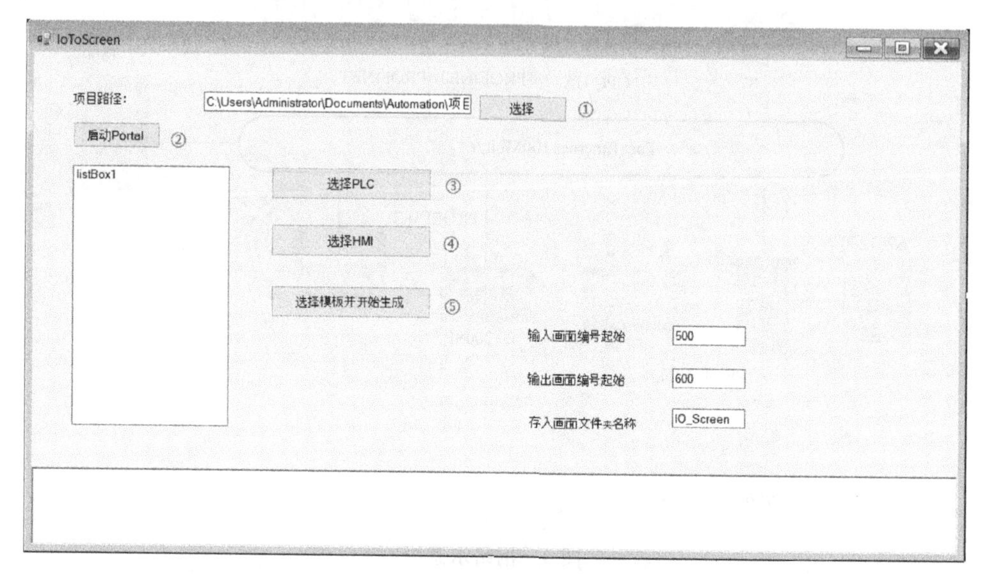

图 4　IO 应用界面

图 5　程序编写逻辑

TIA Openness 主要就是针对 PLC 和 HMI 内部元素的 XML 导出、修改、重新导入。更改模块 XML 如图 6 所示，C#代码实现了以循环的方式根据当前触摸屏尺寸以及输入字节号更改模板属性。

```
for (int i = 0; i < IList.Count; i++)
{
    //生成I名称的XML
    string destinationFile = Environment.CurrentDirectory + "\\GenerateXML\\";
    destinationFile = destinationFile + "I" + IList[i] + ".XML";
    GenerateXML.Add(destinationFile);
    Ifile.CopyTo(destinationFile, true);
    //创建IXML对象
    XmlDocument IXML = new XmlDocument();
    IXML.Load(destinationFile);
    //改变XML里面的名称，画面名称
    IXML.SelectSingleNode("//Hmi.Screen.Screen//AttributeList//Name").InnerText = IScreenNum + "_" + "I" + ILi
    //更改模板名称
    IXML.SelectSingleNode("//Hmi.Screen.Screen//LinkList//Template//Name").InnerText = templateName;
    //更改模板的高和宽
    IXML.SelectSingleNode("//Hmi.Screen.Screen//AttributeList//Height").InnerText = Hight;
    IXML.SelectSingleNode("//Hmi.Screen.Screen//AttributeList//Width").InnerText = Width;
    IXML.Save(destinationFile);
    //更改颜色属性
    string IColor = @"//Hmi.Screen.Screen//ObjectList//Hmi.Screen.ScreenLayer//ObjectList//ObjectList//Hmi.Dyn
    FindAndReplaceString(IXML, IColor, 1, IList[i]);
    //更改变量属性
    string ITag = @"//Hmi.Screen.Screen//ObjectList//Hmi.Screen.ScreenLayer//ObjectList//Hmi.Screen.IOField//O
    FindAndReplaceString(IXML, ITag, 1, IList[i]);
    //更改文本属性
    string Itext = @"//Hmi.Screen.Screen//ObjectList//Hmi.Screen.ScreenLayer//ObjectList//Hmi.Screen.TextField
    FindAndReplaceString(IXML, Itext, 1, IList[i]);
    //更改画面号
    XmlNode IONum = IXML.SelectSingleNode("//Document//Hmi.Screen.Screen//Number");
    IScreenNum += 1;
    IONum.InnerText = Convert.ToString(IScreenNum);
    //保存当前修改XML
    IXML.Save(destinationFile);
```

图 6　更改模板 XML

IO 生成的界面如图 7 所示，最终在 HMI 自动生成了 230 个界面，有当前 IO 状态，也有中文描述。

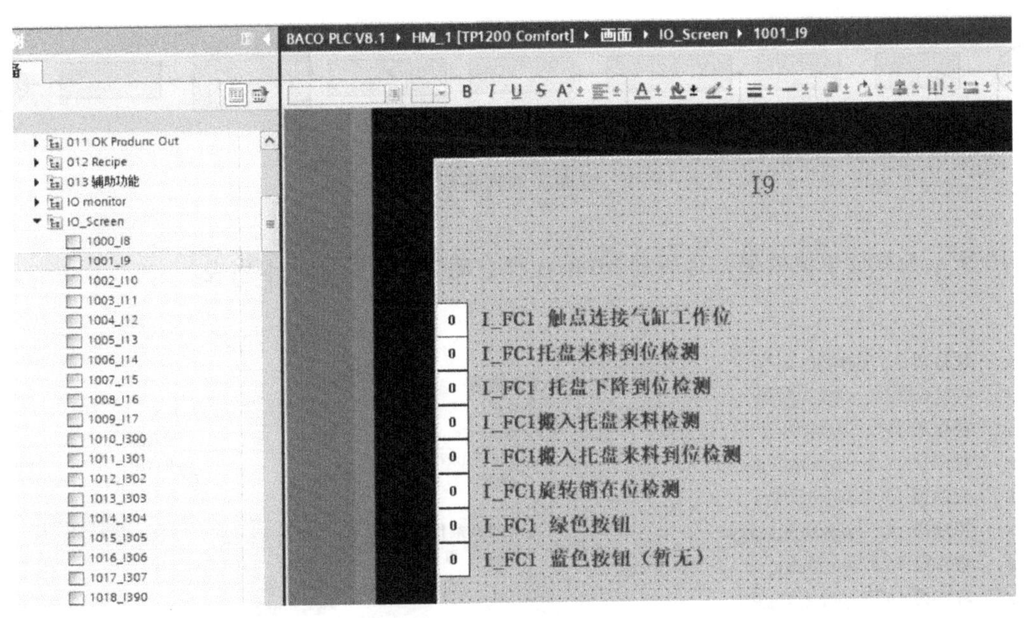

图 7　IO 生成的界面

2. 自动生成诊断文本列表

流程步的诊断是必备的，可以帮助工程师快速查找到问题，本项目中有流程工艺的功能块达到 24 个，每个工艺有 50 个流程步，以往是根据流程步的注释手动复制粘贴以创建新的文本列表，这需要花费工程师 1h 的时间，而采用 TIA Openness 开发的应用仅需要 1min 即可生成。

图 8 所示为自动生成诊断文本列表应用，总计开发花费 5h。按钮①为选择 TIA 博途项目，按钮

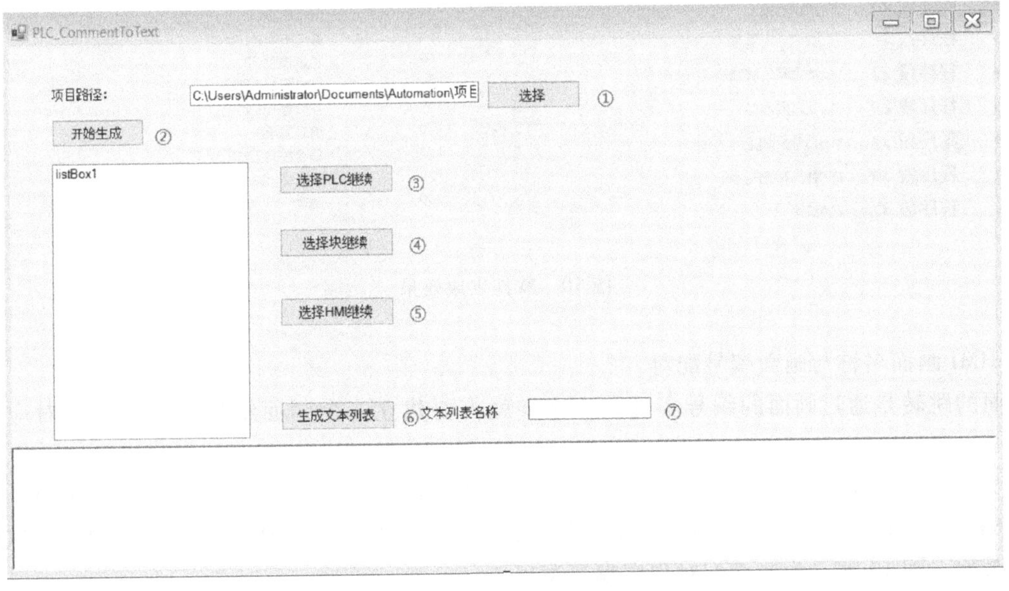

图 8　自动生成诊断文本列表应用

②为启动 TIA 博途，按钮③为选择当前项目中的 PLC，按钮④为选择块，按钮⑤为选择 HMI 对象，同时可以设定文本列表名称。图 9 所示为诊断文本列表程序逻辑。

图 9　诊断文本列表程序逻辑

图 10 所示为软件生成效果，是所选 FB 的注释自动生成的诊断文本列表。

程序段 9：	0开始程序步
程序段 10：	10判断站内状态
程序段 11：	20检测到产品
程序段 12：	30RFID读取信息
程序段 13：	40RFID读取完成
程序段 14：	50是否在此工站生产
程序段 15：	60在工站生成
程序段 16：	65不在此工站生产
程序段 17：	70进料马达开始工作
程序段 18：	80等待载具到位
程序段 19：	90顶升气缸去工作位
程序段 20：	100PIN气缸去工作位
程序段 21：	110准备就绪，等待测试信号
程序段 22：	120测试完成
程序段 23：	130测试成功
程序段 24：	135测试失败
程序段 25：	140测试失败
程序段 26：	150RFID写入信息
程序段 27：	160RFID写入成功
程序段 28：	170气缸回原位
程序段 29：	180马达反向工作
程序段 30：	190载具移出站点
程序段 31：	200结束

文本列表

名称	选择
TextList_ScreenNames	值范围
基础测试流程	值范围
<添加>	

文本列表条目

默认	值	文本
	0	开始程序步
	10	判断站内状态
	20	检测到产品
	30	RFID读取信息
	40	RFID读取完成
	50	是否在此工站生产
	60	在工站生成
	65	不在此工站生产
	70	进料马达开始工作
	80	等待载具到位
	90	顶升气缸去工作位
	100	PIN气缸去工作位
	110	准备就绪，等待测试信号
	120	测试完成
	130	测试成功
	135	测试失败
	140	测试失败
	150	RFID写入信息
	160	RFID写入成功
	170	气缸回原位
	180	马达反向工作
	190	载具移出站点
	200	结束

图 10　软件生成效果

3. HMI 画面名称与画面编号配对

画面的跳转是通过画面的编号实现的，这样就需要建立一个画面编号与画面名称对应的文本列表。

图 11 所示为画面编号配对应用，总计开发花费 2h。按钮①为选择 TIA 博途软件项目，按钮②为启动 TIA 博途软件，按钮③为选择当前项目中的 HMI，按钮④为生成文本列表，同时可以设定文本列表名称。图 12 所示为画面配对程序编写逻辑。

图 13 所示为实际生成效果，是所选 HMI 的所有画面与其编号自动生成的文本列表。

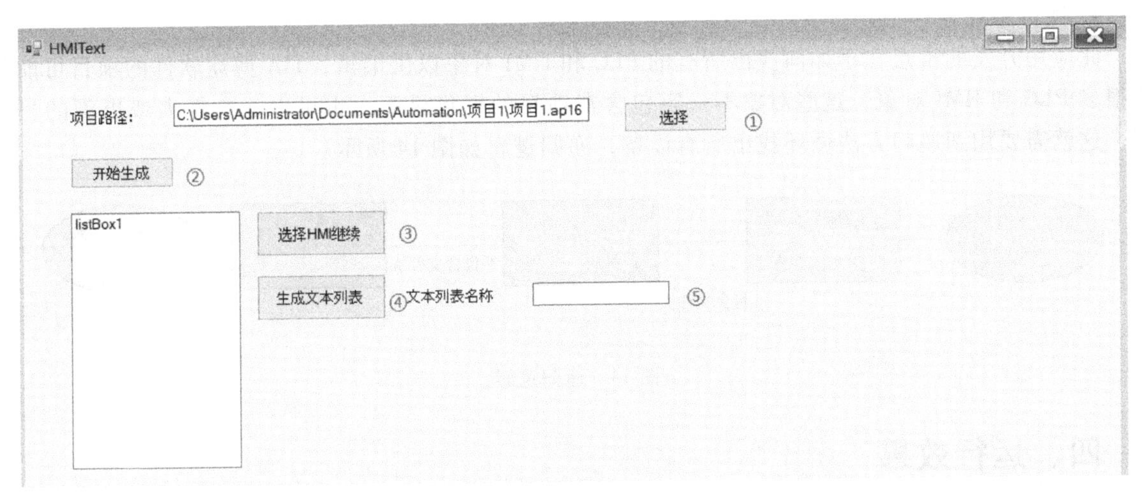

图 11　画面编号配对应用

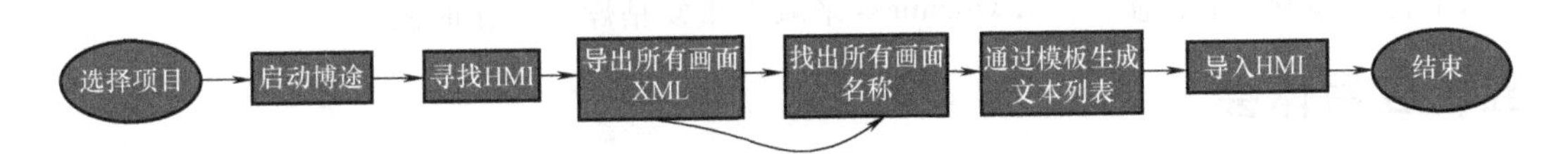

图 12　画面配对程序编写逻辑

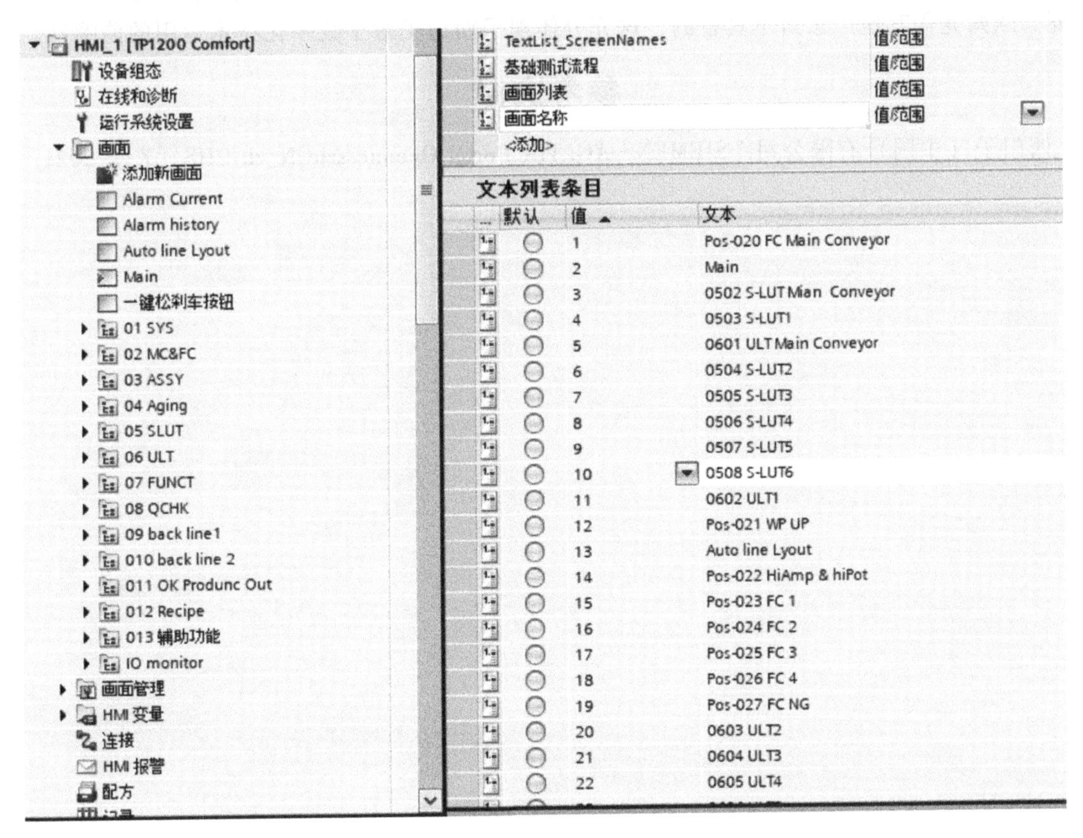

图 13　实际生成效果

4. 项目难点

此应用开发的难点在于如何找出所有的PLC和HMI对象以供编辑，TIA博途软件的项目可能包含很多PLC和HMI对象，这些对象不一定包含在项目的根目录下，也可以在文件夹或更深的目录下，这就需要用到递归方法循环找出所有设备，递归逻辑如图14所示。

图14　递归逻辑

四、运行效果

产线于2022年1月正式投入使用，通过TIA Openness生成的HMI画面、PLC程序准确无误，公司内部工程师都极力推荐使用TIA Openness来减少重复枯燥的工作时间。

五、应用体会

前期TIA Openness的应用开发需要投入一定的时间，但后期所有的应用都可以在一个项目或多个项目中重复使用，节省30%的项目开发调试周期。TIA Openness用程序编写程序这样先进的理念是三菱、欧姆龙等其他厂家所不具备的，这充分体现了西门子对于数字化技术运用的前瞻性。

参考文献

[1]　西门子（中国）有限公司. SIEMENS AG. TIA Portal OpennesszhCN_zh-CHS［Z］. 2021.

TIA Portal Openness 在汽车行业的开发案例
Development Case of TIA 博途 Openness in Automobile Industry

黄剑峰
（上汽通用汽车有限公司，上海）

[摘　要]　汽车行业生产线上自动控制系统数量繁多，应用种类复杂，在 PLC 框架的开发设计、调试维护的工作任务中，工程师们被大量重复的工作困扰着，如标准程序块、专用的程序框架搭建等。SIEMENS 的 TIA Portal 平台提供了 Openness API，工程师们使用第三方软件（C#）开发了 R-deploy 软件，可以通过 Openness API 与 PLC 实体交互，实现了程序的标准化和远程监控等功能。

[关 键 词]　汽车行业、C#、Openness API

[Abstract]　There are many automatic control systems in automobile industry, they are very complex. In the task of development, design, commissioning and maintenance of PLC framework, engineers are troubled by a large number of repeated work, such as standard program block, special program framework construction, etc. The TIA Portal platform of Siemens provides Openness API interface, which effectively helps engineers develop R-deploy software by using programming software (C#)。It can interact with PLC to realize standard program and remote control.

[Key Words]　Automobile industry、C#、Openness API

一、R-deploy 软件项目开发背景

上汽通用汽车有限公司是汽车行业的领军企业，多年来，企业始终在时代的浪潮中破浪前行，其下雪佛兰、别克、凯迪拉克三大品牌，年产销超过一百万辆。如此规模的产量依赖的是深度的工业自动化，这其中，Siemens 产品是占比极重的一部分。

在动力总成厂，从最初的毛坯加工成合格的壳体、箱体及阀体，再装配集成为一台变速箱，需要数百道工序，无论是自动还是手动工位，都需要 PLC 设备的参与。一条 20 万产能的变速箱生产线占地上千平方米，单单装配线就含有超过一百套 Siemens S7-1500 系列 PLC 系统。工程师们需要参与生产线的设计、调试和生产维护等各个阶段，繁忙时，满车间都是工程师们来回奔走的身影，如图 1 所示。

如此繁忙的任务中包含着许多的重复工作，数百套 PLC、HMI 程序，其编写、调试和管理都是大难题，工程师们只能在电脑上设立不同的文件夹保存程序，既不方便也不智能。

随着智能制造的浪潮席卷而来，Siemens TIA Portal 平台的优势慢慢发挥了出来，平台提供了许

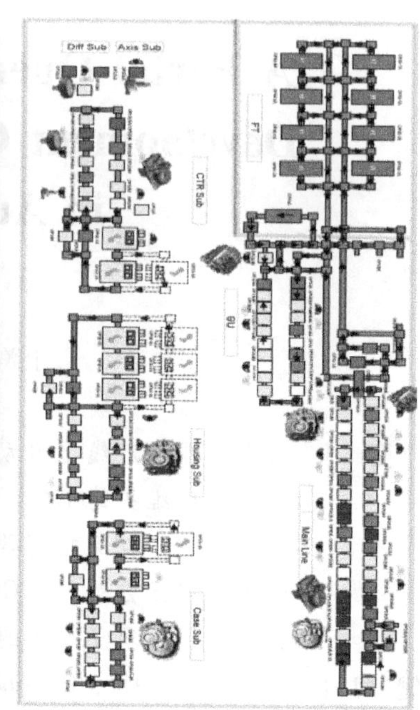

图 1　动力总成变速箱装配线的全景

多创新功能，Openness 就是其中之一，这是一个开放的 API，Portal 外部的软件可以通过 API 执行 Portal 的功能，非常智能。

据此，SGM 的工程师大胆创新，设计了一套软件来实现以下的功能：

1）设计研发阶段：搭建整体 PLC 框架，将标准程序块、数据块、UDT 和变量表分门别类建立模板库，可以总览性地部署所有 PLC 的硬件配置、功能块和变量表数据。

2）安装调试阶段：工艺出现变化，只需在上位机中更新模板库，就能便利地推广至需要的工位。程序的更改不再是单打独斗，而是由软件作为管理系统进行汇总和分发。

3）生产维护阶段：能在上位机客户端远程监控现场的 PLC、HMI 状态，定期反馈设备状态报表，无需去现场一个个工位的连接了。

我们将这套新软件命名为 PLC 远程监控及部署软件，简称“R-deploy”，如图 2 所示。

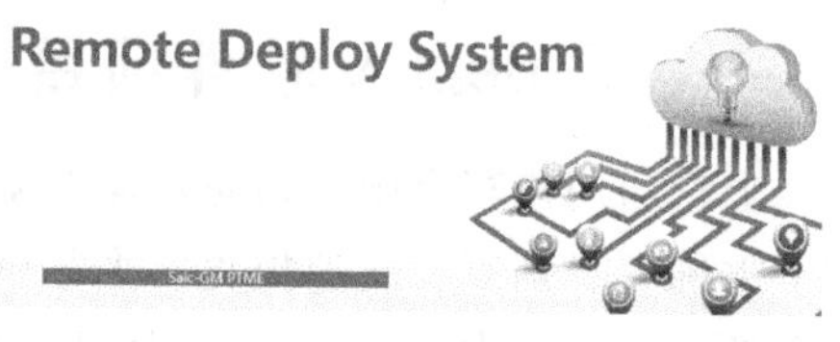

图 2　R-deploy 软件

二、自控系统架构与 Openness API 介绍

1. S7-1500 自控系统介绍

动力总成厂涵盖发动机、变速箱和电池模组等多类别的生产线，以其中的变速箱装配线为例，共有 135 个工位。每个工位都配备一套 S7-1500 系列 PLC，另有 S120 驱动系统、其他执行机构及 I/O 模块，通过 Profinet 总线关联，PLC、HMI 设备通过 Ethernet 连接 XC216 交换机，可以与上位机交互，如图 3 所示。

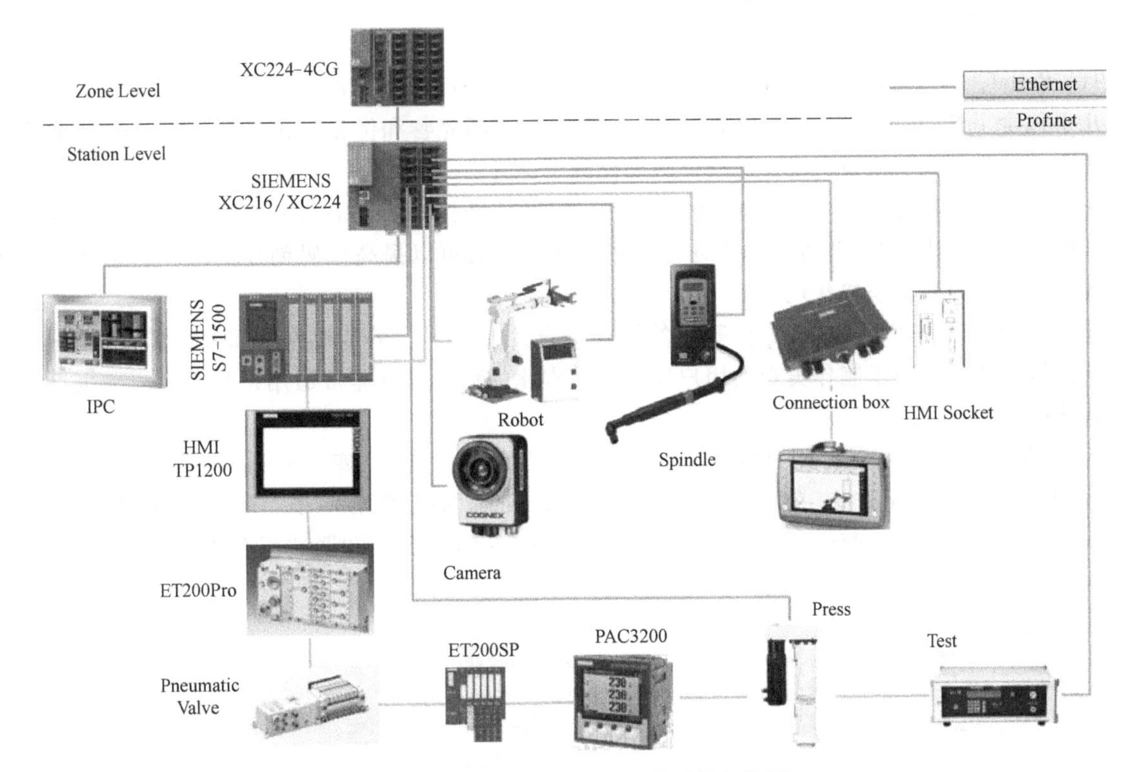

图 3　基于 Siemens S7-1500 的系统架构图

2. 传统的 PLC 程序版本管理

要实现装配线上 135 套 PLC 和 HMI 程序的统一部署，是一项艰巨的任务。传统的做法是工程师们拿着笔记本电脑，在现场用 TIA Portal 软件一个个工位连接 online 完成硬件配置、程序的搭建及上下载操作，然后在各自电脑上填写 Excel 表格，完善每个工位的 PLC、HMI 程序信息，用于项目管理。这样操作不仅费时费力，许多时候，管理表格的准确性也难以保证，如图 4 所示。

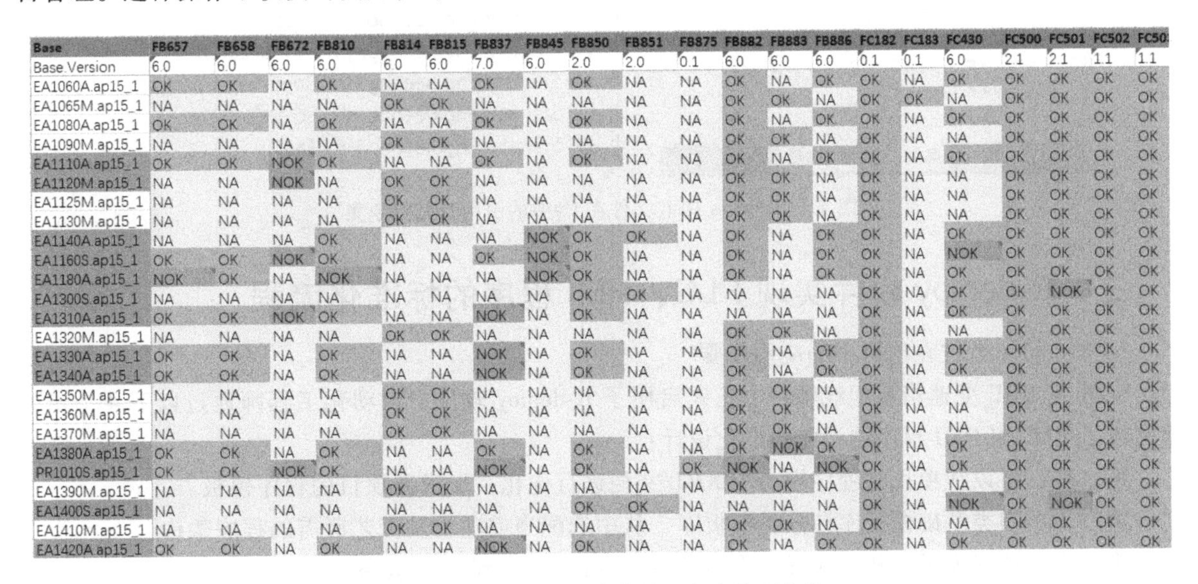

Base	FB657	FB658	FB672	FB810	FB814	FB815	FB837	FB845	FB850	FB851	FB875	FB882	FB883	FB886	FC182	FC183	FC430	FC500	FC501	FC502	FC50
Base.Version	6.0	6.0	6.0	6.0	6.0	6.0	7.0	6.0	2.0	2.0	0.1	6.0	6.0	6.0	0.1	0.1	6.0	2.1	2.1	1.1	1.1
EA1060A.ap15_1	OK	OK	NA	OK	NA	NA	OK	NA	OK	NA	NA	OK	NA	OK	OK	NA	OK	OK	OK	OK	OK
EA1065M.ap15_1	NA	NA	NA	NA	OK	OK	NA	NA	NA	NA	NA	OK	OK	NA	OK	OK	NA	OK	OK	OK	OK
EA1080A.ap15_1	OK	OK	NA	OK	NA	NA	OK	NA	OK	NA	NA	OK	NA	OK	OK	NA	OK	OK	OK	OK	OK
EA1090M.ap15_1	NA	NA	NA	NA	OK	OK	NA	NA	NA	NA	NA	OK	OK	NA	OK	NA	NA	OK	OK	OK	OK
EA1110A.ap15_1	OK	OK	NOK	OK	NA	NA	OK	NA	OK	NA	NA	OK	NA	OK	OK	NA	OK	OK	OK	OK	OK
EA1120M.ap15_1	NA	NA	NOK	NA	OK	OK	NA	NA	NA	NA	NA	OK	OK	NA	OK	NA	NA	OK	OK	OK	OK
EA1125M.ap15_1	NA	NA	NA	NA	OK	OK	NA	NA	NA	NA	NA	OK	OK	NA	OK	NA	NA	OK	OK	OK	OK
EA1130M.ap15_1	NA	NA	NA	NA	OK	OK	NA	NA	NA	NA	NA	OK	OK	NA	OK	NA	NA	OK	OK	OK	OK
EA1140A.ap15_1	NA	NA	NA	OK	NA	NA	NA	NOK	OK	OK	NA	OK	NA	OK	OK	NA	OK	OK	OK	OK	OK
EA1160S.ap15_1	OK	OK	NOK	OK	NA	NA	OK	NOK	OK	NA	NA	OK	NA	OK	OK	NA	NOK	OK	OK	OK	OK
EA1180A.ap15_1	NOK	OK	NA	NOK	NA	NA	NA	NOK	OK	NA	NA	OK	NA	OK	OK	NA	OK	OK	OK	OK	OK
EA1300S.ap15_1	NA	NA	NA	NA	NA	NA	NA	NA	OK	OK	NA	NA	NA	NA	OK	NA	OK	OK	NOK	OK	OK
EA1310A.ap15_1	OK	OK	NOK	OK	NA	NA	NOK	NA	OK	NA	NA	NA	NA	NA	OK	NA	OK	OK	OK	OK	OK
EA1320M.ap15_1	NA	NA	NA	NA	OK	OK	NA	NA	NA	NA	NA	OK	OK	NA	OK	NA	NA	OK	OK	OK	OK
EA1330A.ap15_1	OK	OK	NA	OK	NA	NA	NOK	NA	OK	NA	NA	OK	NA	OK	OK	NA	OK	OK	OK	OK	OK
EA1340A.ap15_1	OK	OK	NA	OK	NA	NA	NOK	NA	OK	NA	NA	OK	NA	OK	OK	NA	OK	OK	OK	OK	OK
EA1350M.ap15_1	NA	NA	NA	NA	OK	OK	NA	NA	NA	NA	NA	OK	OK	NA	OK	NA	NA	OK	OK	OK	OK
EA1360M.ap15_1	NA	NA	NA	NA	OK	OK	NA	NA	NA	NA	NA	OK	OK	NA	OK	NA	NA	OK	OK	OK	OK
EA1370M.ap15_1	NA	NA	NA	NA	OK	OK	NA	NA	NA	NA	NA	OK	OK	NA	OK	NA	NA	OK	OK	OK	OK
EA1380A.ap15_1	OK	OK	NA	OK	NA	NA	OK	NA	OK	NA	NA	OK	NOK	OK	OK	NA	OK	OK	OK	OK	OK
PR1010S.ap15_1	OK	OK	NOK	OK	NA	NA	NOK	NA	OK	NA	OK	NOK	NA	NOK	OK	NA	OK	OK	OK	OK	OK
EA1390M.ap15_1	NA	NA	NA	NA	OK	OK	NA	NA	NA	NA	NA	OK	OK	NA	OK	NA	NA	OK	OK	OK	OK
EA1400S.ap15_1	NA	NA	NA	NA	NA	NA	NA	NA	OK	OK	NA	NA	NA	NA	OK	NA	NOK	OK	NOK	OK	OK
EA1410M.ap15_1	NA	NA	NA	NA	OK	OK	NA	NA	NA	NA	NA	OK	OK	NA	OK	NA	NA	OK	OK	OK	OK
EA1420A.ap15_1	OK	OK	NA	OK	NA	NA	NOK	NA	OK	NA	NA	OK	NA	OK	OK	NA	OK	OK	OK	OK	OK

图 4　生产线 PLC 程序传统的版本管理表格

3. Openness API 简介

TIA Portal，即 Totally Integrated Automation Portal，是西门子推出的全集成自动化平台，兼容性强，几乎包含了 Siemens 所有的产品系列，其体系也在不断完善和优化。我们最早接触的是 V13 版本，如今已经升级到了 V17，每一代的革新都充满了惊喜。

Openness API 是集成于 TIA Portal 软件中的一组开放性接口，无需另外安装。通过第三方软件（C#）调用这个 API，可以连通 Portal 进行许多操作，这就可以提高代码创建的效率，也能帮助我们创建横跨多个设备的模块化代码。

建议自动化工程师必须掌握一门基础的编程语言，如基于。NET 架构的 C#语言。这是一款面向对象的编程语言，便于制作美观的用户界面，结构化的程序语言非常通用，易于学习，也可以在多个计算机平台使用。

工程师只需在 C#中引用 TIA Portal 系统提供的两个 DLL 库：Siemens. Engineering. dll 和 Siemens. Engineering. Hmi. dll，就已经跨出了使用 Openness API 的第一步。两个 DLL 库中包含了 Openness 所有的指令集，配合官方的说明书，就能轻松在 C#中调用和调试所有的 Openness 功能了，如图 5 所示。

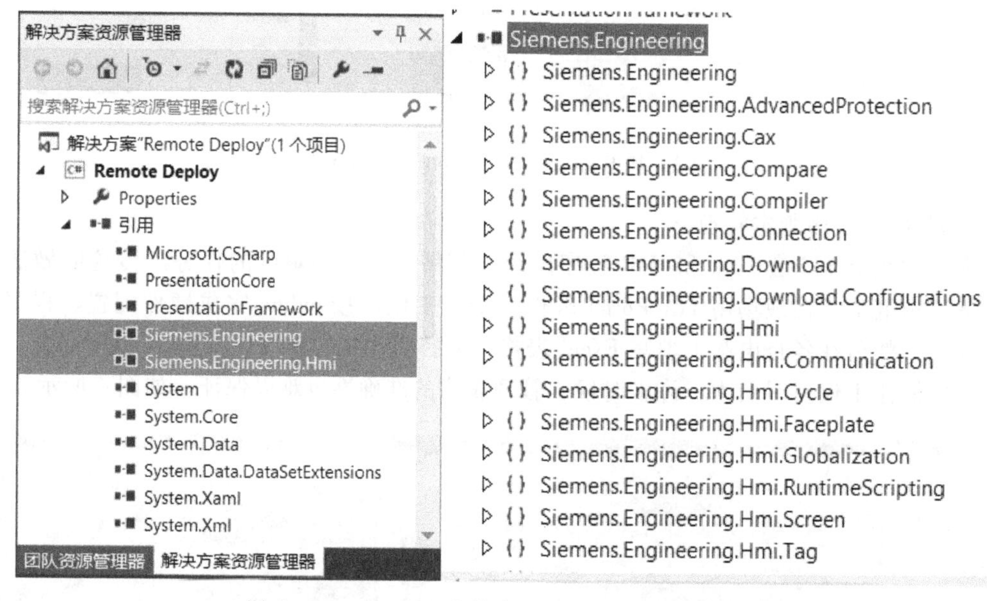

图 5　Openness DLL 文件在 C#中的引用及其指令集

三、R-deploy 软件实现 PLC、HMI 程序的标准化流程

1. R-deploy 软件在项目中的应用步骤

SGM 在 EDU 变速箱装配线项目上正式启用了 R-deploy 软件，自动化工程师通过以下 4 个步骤就完成了 PLC 和 HMI 程序结构的标准化设计：

第一步：将以往项目的程序导出为 XML 文档进行优化，形成新项目的程序模板。

第二步：归类基础模板库和分类模板库，从中选配当前项目及工艺所需的程序架构。

第三步：加载模板及硬件配置，连通 Portal，批量下载到 PLC 设备。

第四步：HMI 画面以同样的方式导出 Graphics，并优化成可用的模板画面，最后批量组态到 HMI。

接下来，我们将详细介绍这 4 个步骤的功能。

2. 步骤一：使用 XML 语言创建和修改 PLC 程序架构

使用 Openness 可以通过 XML 导入、导出 PLC 软件组件，如 FB、FC、DB 等，因此我们还需要熟悉 XML，即开放性可扩展标记语言。

XML 与 HTML 一样，是一种标记语言，它以分层标记结构对数据编码，所以非常适合存储复杂的数据结构。

从头开始创建 XML 文档比较困难，因此，在 R-deploy 软件中选择“导出 XML”功能，直接将现有 PLC 程序中的 FB、FC、DB 块信息导出为 XML 文件，然后在文件中修改。这些修改更新都是受控的，建立者、修改者、版本、最终修改日期等都会记录在新生成的 XML 文件中。

例如，生产线上有许多 RFID，用于记录工件信息，读取 RFID 的功能块 FB46 至关重要，在 TIA Portal 中，FB46 包含了 Input 输入，Output 输出引脚，InOut、Static、Temp、Constant 等数据结构如图 6 所示。

图 6　TIA Portal 中 FB46 功能块信息

将 FB46 导出为“FB_ RFID_ Action. XML”文件，其中包含了这个 FB 块的所有信息。文档的解读也非常直观：

“DocumentInfo”标签注释了文档生成的环境和时间等信息。

“SW. Blocks. FB”代表这个 XML 所标识的是个 FB 块。

“Attribute list”包含整个块的信息，在“Interface”标签下，以“Section”标记 Input、Output 大类，以“Member”标记具体每一个引脚变量名及其所有的属性和参数，如“i_Auto_Read_Start”、“i_Auto_Write_Start”变量等，如图 7 所示。

同样的，DB 数据块、UDT、变量表也都可以导出 XML，其标记结构与 FB、FC 块一致。

由于 XML 语言不便于阅读，我们还可以在 R-deploy 软件中按下“转换 EXCEL”按钮，一键将 XML 转化为 Excel，使这些数据更便于查看和编辑，再一键保存回 XML 格式，如图 8 所示。

3. 步骤二：PLC 程序基础模板与分类模板的选配

装配线的工艺是多种多样的，拧紧、压装、涂胶、测试等等。不仅如此，拧紧轴采用 Atlas 还是 Bosch，试漏仪采用 USON 还是 CTS，机器人是 ABB 还是 FANUC，不同品牌的程序框架也是不一

```
<?xml version="1.0" encoding="UTF-8"?>
<Document>
    <Engineering version="V15.1"/>
  + <DocumentInfo>
  - <SW.Blocks.FB ID="0">
    - <AttributeList>
          <AutoNumber>false</AutoNumber>
          <HeaderAuthor>RY</HeaderAuthor>
          <HeaderFamily>System</HeaderFamily>
          <HeaderName>RFID</HeaderName>
          <HeaderVersion>2.8</HeaderVersion>
      - <Interface>
        - <Sections xmlns="http://www.siemens.com/automation/Openness/SW/Interface/v3">
          - <Section Name="Input">
              + <Member Name="i_Auto_Read_Start" Accessibility="Public" Remanence="SetInIDB" Da
              + <Member Name="i_Auto_Write_Start" Accessibility="Public" Remanence="SetInIDB" Da
              + <Member Name="i_Auto_Cycle_Running" Accessibility="Public" Remanence="SetInIDB'
              + <Member Name="i_Manual_Mode" Accessibility="Public" Remanence="SetInIDB" Dataty
              + <Member Name="i_CMD_TMR_TIME" Accessibility="Public" Remanence="SetInIDB" Dat
              + <Member Name="i_Data_Reset" Accessibility="Public" Remanence="SetInIDB" Datatype
              + <Member Name="i_Fault_Reset_PB" Accessibility="Public" Remanence="SetInIDB" Data
              + <Member Name="i_HMI_Read_Row_Number" Accessibility="Public" Remanence="SetIn
              + <Member Name="i_HMI_Write_Row_Number" Accessibility="Public" Remanence="SetI
              + <Member Name="i_HMI_Data_DB_Number" Accessibility="Public" Remanence="SetInI
              + <Member Name="i_HMI_RFID_Configer" Accessibility="Public" Remanence="SetInIDB"
            </Section>
          + <Section Name="Output">
          + <Section Name="InOut">
          + <Section Name="Static">
          + <Section Name="Temp">
            <Section Name="Constant"/>
          </Sections>
        </Interface>
        <IsIECCheckEnabled>false</IsIECCheckEnabled>
        <MemoryLayout>Standard</MemoryLayout>
```


图 7　FB_RFID_Action. XML 文档的展开结构

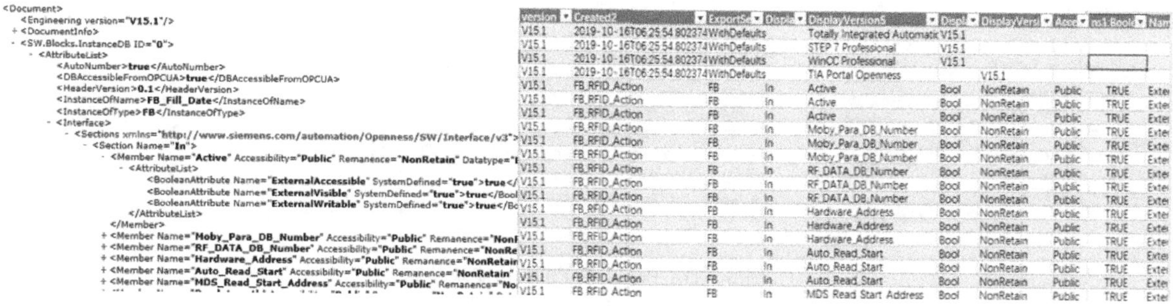

```
<Document>
    <Engineering version="V15.1"/>
  + <DocumentInfo>
  - <SW.Blocks.InstanceDB ID="0">
    - <AttributeList>
          <AutoNumber>true</AutoNumber>
          <DBAccessibleFromOPCUA>true</DBAccessibleFromOPCUA>
          <HeaderVersion>0.1</HeaderVersion>
          <InstanceOfName>FB_Fill_Date</InstanceOfName>
          <InstanceOfType>FB</InstanceOfType>
      - <Interface>
        - <Sections xmlns="http://www.siemens.com/automation/Openness/SW/Interface/v3">
          - <Section Name="In">
            - <Member Name="Active" Accessibility="Public" Remanence="NonRetain" Datatype="I
              - <AttributeList>
                  <BooleanAttribute Name="ExternalAccessible" SystemDefined="true">true</
                  <BooleanAttribute Name="ExternalVisible" SystemDefined="true">true</Bool
                  <BooleanAttribute Name="ExternalWritable" SystemDefined="true">true</Bo
                </AttributeList>
              </Member>
            + <Member Name="Moby_Para_DB_Number" Accessibility="Public" Remanence="NonI
            + <Member Name="RF_DATA_DB_Number" Accessibility="Public" Remanence="NonRe
            + <Member Name="Hardware_Address" Accessibility="Public" Remanence="NonRetain
            + <Member Name="Auto_Read_Start" Accessibility="Public" Remanence="NonRetain"
            + <Member Name="MDS_Read_Start_Address" Accessibility="Public" Remanence="No
```


version	Created2	ExportSe	Displa	DisplayVersion5	Displ	DisplayVersi	Acce	ns1:Boole	Nam
V15.1	2019-10-16T06:25:54.802374	WithDefaults		Totally Integrated Automatic	V15.1				
V15.1	2019-10-16T06:25:54.802374	WithDefaults		STEP 7 Professional	V15.1				
V15.1	2019-10-16T06:25:54.802374	WithDefaults		WinCC Professional	V15.1				
V15.1	2019-10-16T06:25:54.802374	WithDefaults		TIA Portal Openness		V15.1			
V15.1	FB_RFID_Action	FB	In	Active	Bool	NonRetain	Public	TRUE	Exte
V15.1	FB_RFID_Action	FB	In	Active	Bool	NonRetain	Public	TRUE	Exte
V15.1	FB_RFID_Action	FB	In	Active	Bool	NonRetain	Public	TRUE	Exte
V15.1	FB_RFID_Action	FB	In	Moby_Para_DB_Number	Bool	NonRetain	Public	TRUE	Exte
V15.1	FB_RFID_Action	FB	In	Moby_Para_DB_Number	Bool	NonRetain	Public	TRUE	Exte
V15.1	FB_RFID_Action	FB	In	Moby_Para_DB_Number	Bool	NonRetain	Public	TRUE	Exte
V15.1	FB_RFID_Action	FB	In	RF_DATA_DB_Number	Bool	NonRetain	Public	TRUE	Exte
V15.1	FB_RFID_Action	FB	In	RF_DATA_DB_Number	Bool	NonRetain	Public	TRUE	Exte
V15.1	FB_RFID_Action	FB	In	RF_DATA_DB_Number	Bool	NonRetain	Public	TRUE	Exte
V15.1	FB_RFID_Action	FB	In	Hardware_Address	Bool	NonRetain	Public	TRUE	Exte
V15.1	FB_RFID_Action	FB	In	Hardware_Address	Bool	NonRetain	Public	TRUE	Exte
V15.1	FB_RFID_Action	FB	In	Hardware_Address	Bool	NonRetain	Public	TRUE	Exte
V15.1	FB_RFID_Action	FB	In	Auto_Read_Start	Bool	NonRetain	Public	TRUE	Exte
V15.1	FB_RFID_Action	FB	In	Auto_Read_Start	Bool	NonRetain	Public	TRUE	Exte
V15.1	FB_RFID_Action	FB	In	Auto_Read_Start	Bool	NonRetain	Public	TRUE	Exte
V15.1	FB_RFID_Action	FB	In	MDS_Read_Start_Address	Bool	NonRetain	Public	TRUE	Exte

图 8　DB 数据块的 XML 文档导出为 EXCEL 表格

样的。即使是同一品牌，不同系列、不同型号，其信号时序的差异也会导致 PLC 程序有版本上的差异。

为了管理如此众多的程序块，我们设立了两个程序库：基础 PLC 程序库（Basic Template）和分类 PLC 程序库（Category Template）。

这就要求项目团队在工艺开发时就清晰定义装配线上每个工位的差异点，自动化工程师才可以将工位按照不同品类封装。将各个工位共用的程序块归类于基础程序库，将特色工艺的程序块分门别类地放到分类程序库中。

这样，新工位的 PLC 程序架构创建，除了基础的标准程序库，还可以从分类 PLC 程序库中的上百个分类中选择对应的标准程序块，再一起部署到现场 PLC 设备，如图 9 所示。

乍一看去，PLC 程序的标准化是困难且耗时的，但从整条生产线来看，所有的 FB、FC、DB、变量表等信息都在 R-deploy 软件的管理下，每个工位使用了哪些块、版本号、最近编辑日期等数据，都一目了然。

而且，以后的新生产线，只需要在 Excel 中做些许更改，就能依托现有的程序模板创建出全新

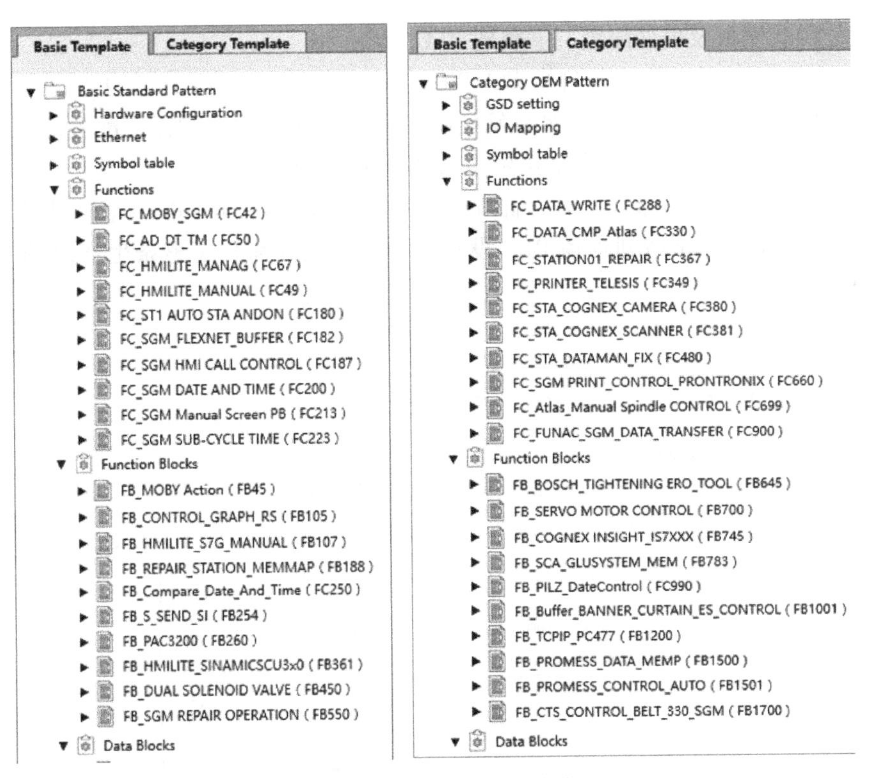

图 9　基础程序库 Basic Template+分类程序库 Category Template

的项目，而对模板的任何更改都将是受控的，项目质量能得到很好的提升。

软件系统为不同部门的人员设定了用户名和相应的用户组权限，更便于区分管理。系统日志报告还能记录所有人的操作和对数据库做了哪些变动，这些清晰的档案对项目管理者实在是太重要了，如图 10 所示。

序号	类型	用户组	用户名	操作时间	操作项目	动作类型
1	系统日志	EE Control	Huang Jianfeng	2022-03-01 06:10:22	Library	变更 DB300 记录
2	系统日志	EE Control	Huang Jianfeng	2022-03-01 06:25:42	Library	变更 DB300 记录
3	系统日志	EE Control	Huang Jianfeng	2022-03-01 10:05:30	Library	变更 FC200 记录
4	系统日志	PTME PE	Li cheng dan	2022-03-02 14:07:18	Upload	Upload EA1070M_Station_107M
5	系统日志	PTME PE	Li cheng dan	2022-03-02 14:14:05	EXCEL	EXCEL 打印记录
6	系统日志	PTME PE	Li cheng dan	2022-03-02 14:21:13	EXCEL	EXCEL 打印记录
7	系统日志	PTME PE	Li cheng dan	2022-03-02 15:03:44	Download	Download EA1070M_Station_10
8	系统日志	PTME PE	Li cheng dan	2022-03-02 15:19:12	Library	变更 FB46 记录
9	系统日志	PTME PE	Li cheng dan	2022-03-02 15:20:09	EXCEL	EXCEL 打印记录
10	系统日志	PTME PE	Li cheng dan	2022-03-02 15:20:09	Download	Download EA330A_Station_21M
11	系统日志	EE Control	Huang Jianfeng	2022-03-03 11:41:01	Process Flew	变更 Tightening tool 记录
12	系统日志	EE Control	Huang Jianfeng	2022-03-05 07:55:16	Process Flew	变更 Tightening tool 记录
13	系统日志	EE Control	Huang Jianfeng	2022-03-05 08:03:32	Process Flew	变更 FUNAC Robot 记录
14	系统日志	EE Control	Huang Jianfeng	2022-03-05 08:11:48	Download	Download EA1040A_Station_18
15	系统日志	EE Control	Huang Jianfeng	2022-03-05 08:16:11	Library	变更 FUNAC Robot 记录
16	系统日志	EE Control	Huang Jianfeng	2022-03-05 08:16:11	Library	变更 SCA Glu 记录
17	系统日志	EE Control	Huang Jianfeng	2022-03-05 08:31:27	EXCEL	EXCEL 打印记录

图 10　R-deploy 软件的系统日志

4. 步骤三：加载模板及硬件配置，下载到 PLC 设备

接下来，在 R-deploy 软件中连接目标 TIA Portal，一次可连接多达 10 个工位。只需点击相应的 Project，即可打开该项目当前的配置，然后就可以在 Library 中选出我们需要配置的硬件结构，标准的 PLC 程序模板，以及 GSD 文件，直接拉到当前的 Project 中。

配置完成的 Project 会显示绿灯，然后就可以保存入最右侧 Download List，点击批量下载，就可以将配置好的程序架构整体下载到现场 PLC 设备，如此就大大简化了整条生产线的 PLC 项目的创建，如图 11 所示。

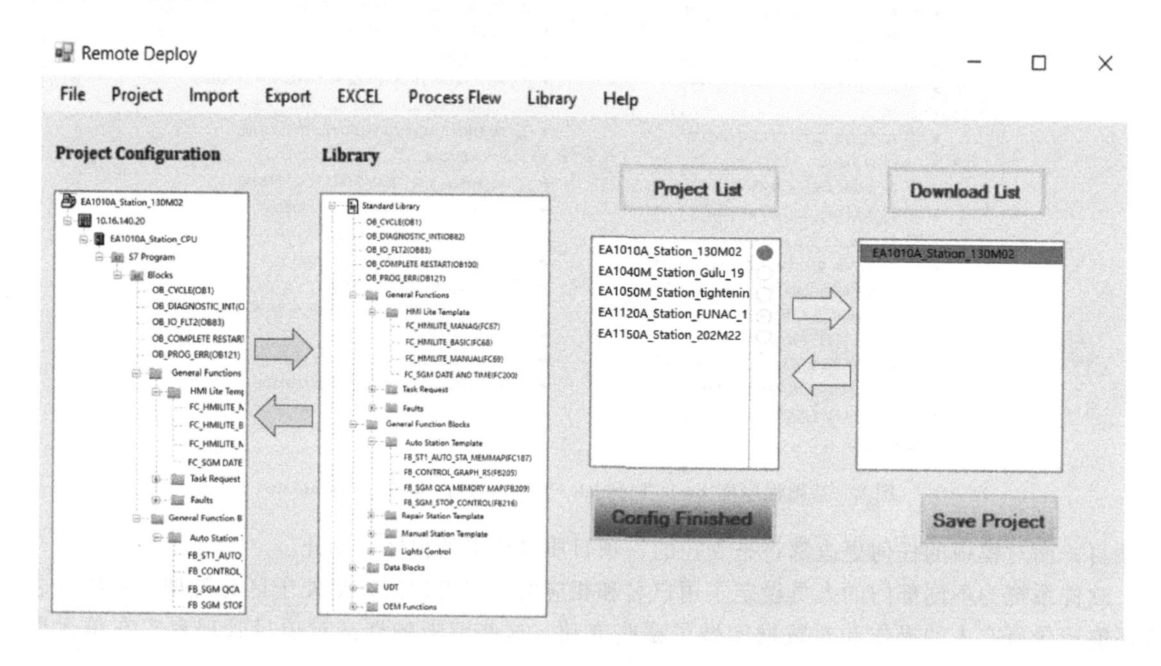

图 11　R-deploy 中配置和批量下载 PLC 程序

5. 步骤四：HMI 画面的标准化设计

HMI 画面同样可以导出为 Graphics 文件，它们保存在“Graphics”文件夹下的子目录中，可以是 png、bmp、jpg 等多种格式，当然，每个画面也会有附加的 XML 说明文档，用于标记画面中元素的信息。

标准的 HMI 画面同样可以通过 XML 的读取和编译，输出 EXCEL 文件，便于管理和修改，工程师们只需要在 EXCEL 中进行修改保存，在 R-deploy 软件中可以管理所有的 EXCEL 文档，并一键将其转化为 XML 文档，再导入到 HMI 组态中，如图 12 所示。

四、R-deploy 软件的实践效果与影响

R-deploy 软件成功落地实施于 EDU 变速箱装配线，不仅如此，相配套的新的项目流程也在同时推行。

项目组会尽快确定变速箱产品数模及各项参数，据此确定产线的布局、工艺策略和节拍等，同时开展同步工程，进行机械和电气的细化设计，外购件选型也将整个自控系统的硬件配置确定下来。再根据生产、质量等部门的意见，项目组就能确定 HMI 的基础画面。

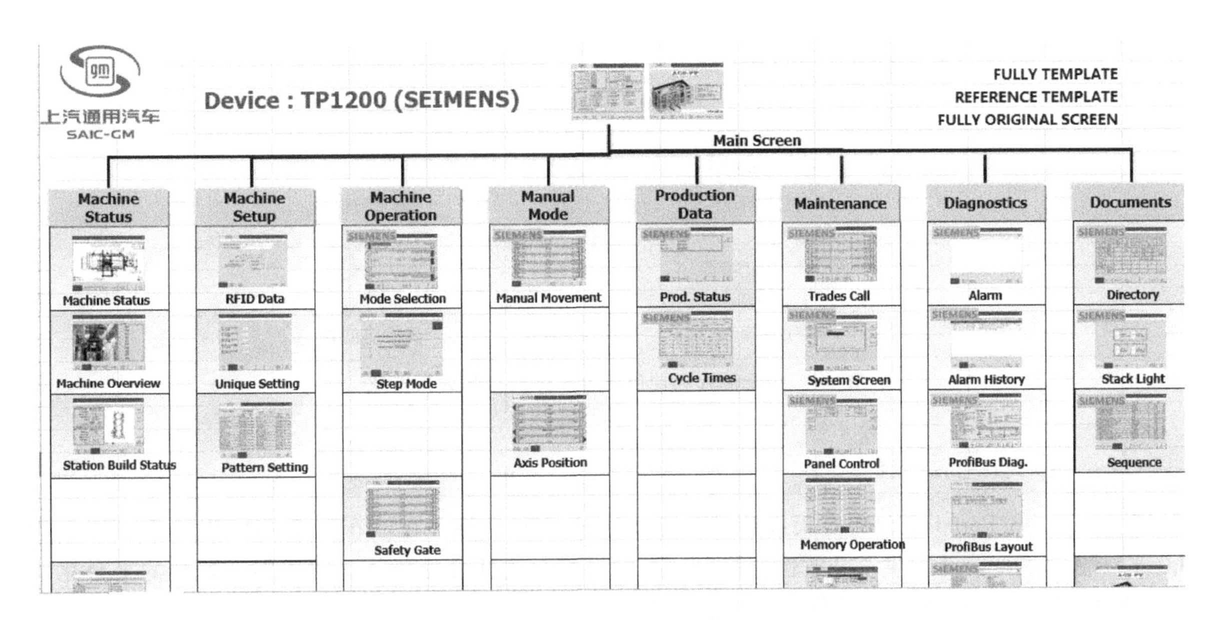

图 12　输出的 Graphics 文件再编译成 EXCEL

基于以上信息，工程师就能在 R-deploy 中建立 PLC 程序库和 HMI 画面库了，如图 13 所示。

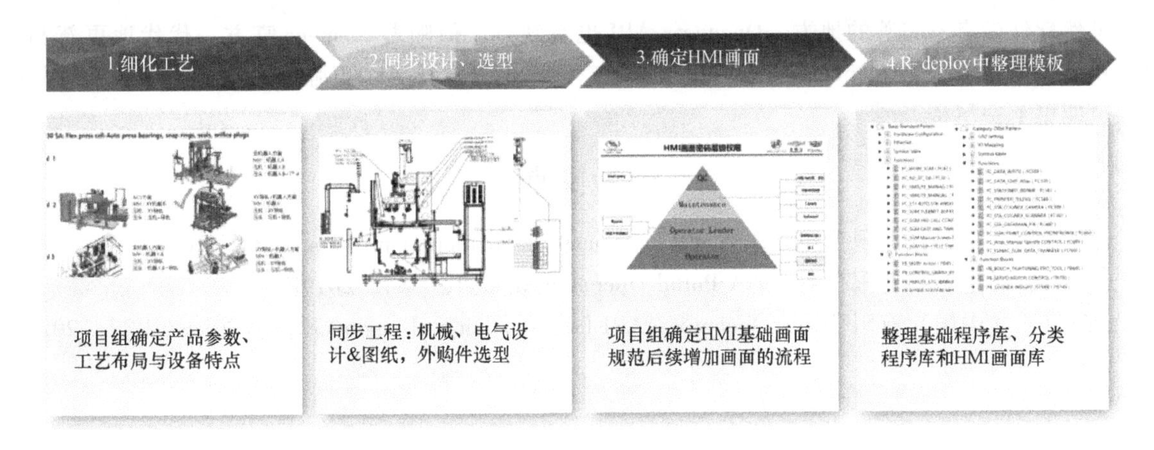

图 13　变速箱装配线项目新的工作流程

接下来就是在 R-deploy 中选配 135 套 PLC 的硬件配置、程序架构和 HMI 画面，包括基础程序块和分类程序块，选配完成就能一键部署到现场 PLC 设备。当然，受制于上位机 PC 的内存，目前一次最多能部署 10 个工位。

尽管如此，以往需要 3 到 4 个工程师一周时间完成的工作，通过软件部署，仅需要一个小时，而这部分工作内容已经占到了最终 PLC 程序的 50%，着实令人惊喜。工程师接下来的工作就是去现场实际对着设备调试了。

R-deploy 软件不仅直观地提高了项目工作效率，节省了人力资源，更通过程序库的管理提升了项目质量，真正做到了程序的标准化，流程上的自动化如图 14 所示。

EDU变速箱装配线：			
序号	项目	传统流程	R-deploy
1	全线部署时间	120~160人工时	1人工时
2	标准化程序库	无	有
3	程序版本管理	人工填表	系统管理
4	工艺变更	现场逐个连线更改程序	统一部署
5	PLC、HMI程序修改	无记录	系统日志记录
6	HMI画面	无存档	有Graphics存档
7	新装配线项目	从头再来	模板即取即用

图 14　传统流程和使用 R-deploy 软件的效果对比

五、总结与展望

Siemens TIA Portal 平台拥有很好的兼容性，用户体验良好，在汽车行业中应用广泛。其中的 Openness API 为 Portal 提供了开放性的接口，为用户的二次开发提供了无限可能。这样的平台化架构和 API，是 Siemens 的其他竞争对手所不具备的。

大规模自动化的行业，如汽车行业，都非常注重自动化项目的流程化、模块化及标准化，基于 Openness API 开发的 R-deploy 软件很好地助力了程序结构的标准化，大大提升了生产线程序设计、调试和维护的效率。

虽然软件尚有不完善的地方，Openness API 也有缺点，但随着 Siemens 官方一代代地更新和优化，在可预见的未来，Openness 的应用会越来越广泛，也能支持更多更强悍的功能，而我们的软件研发也能更上一层楼。

参考文献

[1]　西门子（中国）有限公司. Openness：Automating creation of projects. [Z]. 2018.
[2]　西门子（中国）有限公司. TIA Portal Openness Manual，[Z]. 2019.
[3]　西门子（中国）有限公司. Openness：API for automation of engineering workflows [Z]. 2020.

NX MCD 在堆垛机虚拟调试中的应用
Application of NX MCD in virtual commissioning of stocker machine

杭俊辉
（西门子（中国）有限公司浙江分公司　杭州）

[摘　要] 本文主要是关于 NX MCD 在堆垛机虚拟调试中的应用，介绍了设备的应用背景、整个系统的组成、虚拟调试时遇到的难点以及解决方法等。内容涉及虚拟环境搭建、程序及算法验证。

[关 键 词] 堆垛机、NX MCD、虚拟调试

[Abstract] This Paper is mainly about the use of NX MCD in the virtual commissioning of stocker machine, respectively introduces the application background of the machine, the difficulties encountered in the virtual commissioning and the solutions. Etc. The content involves virtual environment construction, program and algorithm verification.

[Key Words] Stocker machine、NX MCD、Virtual commissioning.

一、项目简介

1. 行业简要背景

仓储作为物流装备的重要组成部分，在现代物流发展中起着至关重要的作用。高效合理的仓储可以帮助厂商加快物资流动的速度，降低成本，保障生产的顺利进行。随着物流业的迅猛发展，仓储企业对物流系统的要求也越来越高，作为物流系统的重要组成之一，自动化立体库已经越来越多地应用到物流及配送中心。各类仓配技术普及与创新应用取得较大进展，仓储机械化、信息化、自动化水平均有所提高，托盘、货架、输送分拣设备等设备的应用不断升级，智能仓储、仓储互联网化的应用与实现引领行业转型升级。

2. 设备工艺介绍

堆垛机是立体仓库中最重要的起重运输设备，可大大提高仓库的面积和空间利用率，是自动化仓库的主要设备，是代表立体仓库特征的标志。堆垛机的功能是堆垛机接受指令后，能在高层货架巷道中来回穿梭，把货物从巷道口出入库货台搬运到指定的货位中，或者把需要的货物从仓库中搬运到巷道口出入库货台，再配以相应的转运、输送设备，通过计算机控制实现货物的自动出入库。运用堆垛机的立库最高可达到 40m，大多数在 10~25m 之间。

工作原理如下：

1）水平运行机构：由水平驱动电机和主被动轮组组成，用于整个设备巷道方向的运行。

2）起升机构：由提升驱动电机、同步轮加同步带组成，用于提升载货台做垂直运动。

3）货叉机构：货叉机构是由水平驱动电机和上、中、下三叉组成的一个机构，用于垂直于巷道方向的存取货物运动。下叉固定于载货台上，三叉之间通过链条传动做直线差动式伸缩。

4）导轮装置：堆垛机共采用了上下水平导轮和起升导轮三组导轮装置，上下水平导轮分别安装在上下横梁上，用于导向堆垛机沿巷道方向做水平运动。起升导轮安装于载货台上，沿立柱导轨上下运动，导向载货台的垂直运动，同时通过导轮支撑荷重，并传递给主体结构。

堆垛机外观如图1所示。

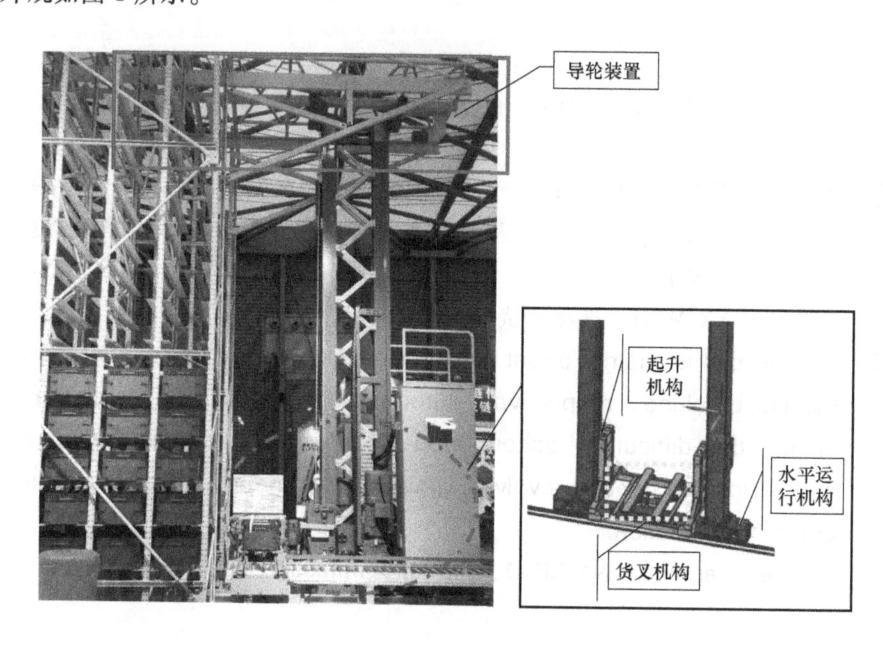

图1　实体堆垛机

3. 虚拟调试

客户需要提前验证新开发的标准化程序（逻辑、货叉位置曲线控制算法等），缩短现场调试周期，降低现场调试机械碰撞的风险。

现在设备设计流程大多是线性工作流，通过虚拟调试可以实现并行工作，通过虚拟调试可以大大地缩短真机系统调试时间（见图2）。

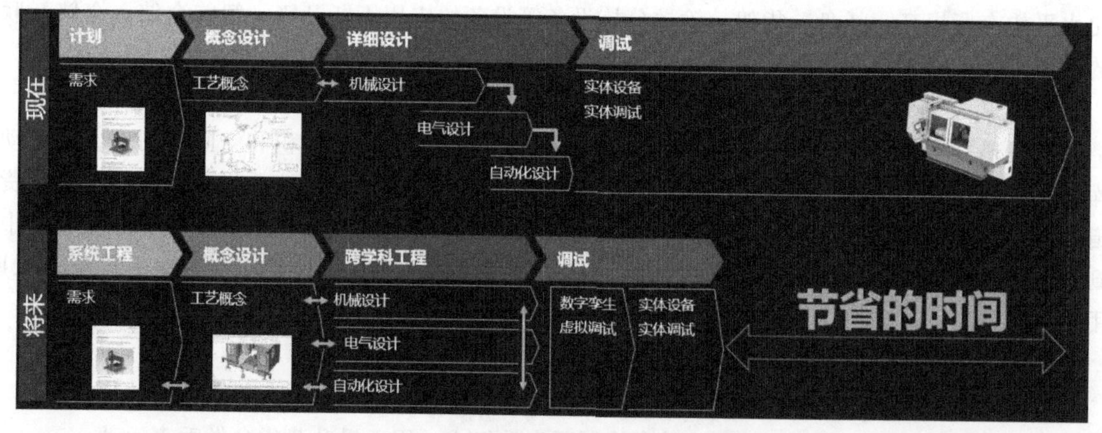

图2　调试工作流对比

二、系统结构

1. 自动化方案配置及设备性能指标

常规堆垛机的加速度一般在 1m/s^2 以下，速度一般在 4m/s 以下；客户堆垛机加速度为 1m/s^2，速度在 3m/s 以内，本方案中堆垛机属于常规堆垛机范畴。我们的解决方案是 CPU 采用 1511 PLC；HMI 采用 KTP700；行走和提升轴驱动采用 CU250S+PM240-2，控制方式是 EPOS 双编码器闭环；货叉轴驱动采用 CU240E+PM240-2，控制方式是自定义位置曲线。

设备配置示意及性能指标如图 3 所示，网络拓扑如图 4 所示。

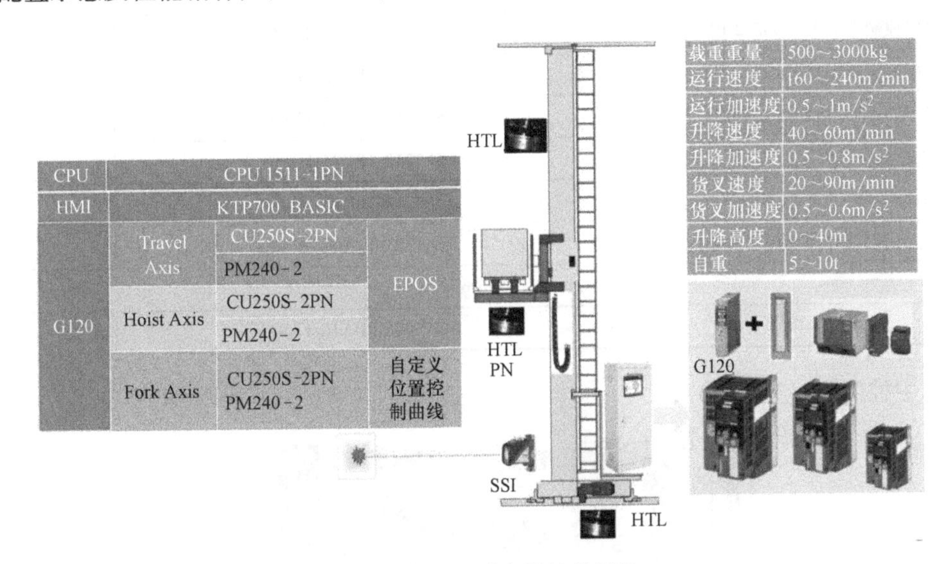

图 3　设备配置示意及性能指标

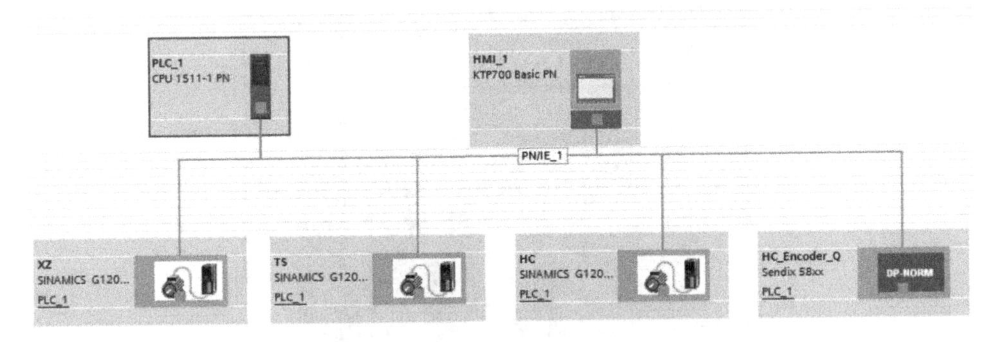

图 4　网络拓扑图

2. 西门子电器元件清单（见表 1）

表 1　西门子电器元件清单

名称	订货号	数量
PLC 部分		
CPU 1511-2 PN	6ES7511-1AK02-0AB0	1
数字量输入，DI 32×24VDC BA	6ES7521-1BL10-0AA0	1

（续）

名称	订货号	数量
数字量输出,DQ 16×24VDC/0.5A	6ES7522-1BH10-0AA0	1
安装导轨,160 mm	6ES7590-1AB60-0AA0	1
存储卡,4 MB	6ES7954-8LC03-0AA0	1
HMI		
HMI KTP700	6AV2123-2GB03-0AX0	1
Drive		
变频器控制单元 CU250S-2 PN	6SL3246-0BA22-1FA0	2
变频器控制单元 CU240E-2 PN	6SL3244-0BB12-1FA0	1
变频器 G120(行走)(11kW)	6SL3210-1PE22-7UL0	1
变频器 G120(提升)(22kW)	6SL3210-1PE24-5UL0	1
变频器 G120(货叉)(2.2kW)	6SL3210-1PE16-1UL1	1
基本操作面板	6SL3255-0AA00-4CA1	1
Network		
交换机 8 口	6GK5008-0BA10-1AB2	1

3. 现场主控制柜（见图 5）

图 5　主控制柜

4. 虚拟调试方案

以 NX MCD、PLCSIM Advanced 和 SIMIT 三款软件为基础，我们就可以用它们搭建实现单机设备虚拟调试的软件平台环境，并且有软件在环和硬件在环两种不同方式来帮助我们面对不同的应用场景和需求，实现更加有效的虚拟调试，如图 6 所示。项目实施过程中，前面提到的三款软件以及一些所需要的硬件，西门子都已经做好了数据接口，我们可以非常轻松方便地按照真实设备的控制方式将设备的物理运动学仿真、电气行为仿真以及自动化仿真紧密地连接起来，来实现单机设备的虚拟调试，让我们可以基于这个虚拟设备，提前验证设备的功能、机械、电气、自动化的设计方案。

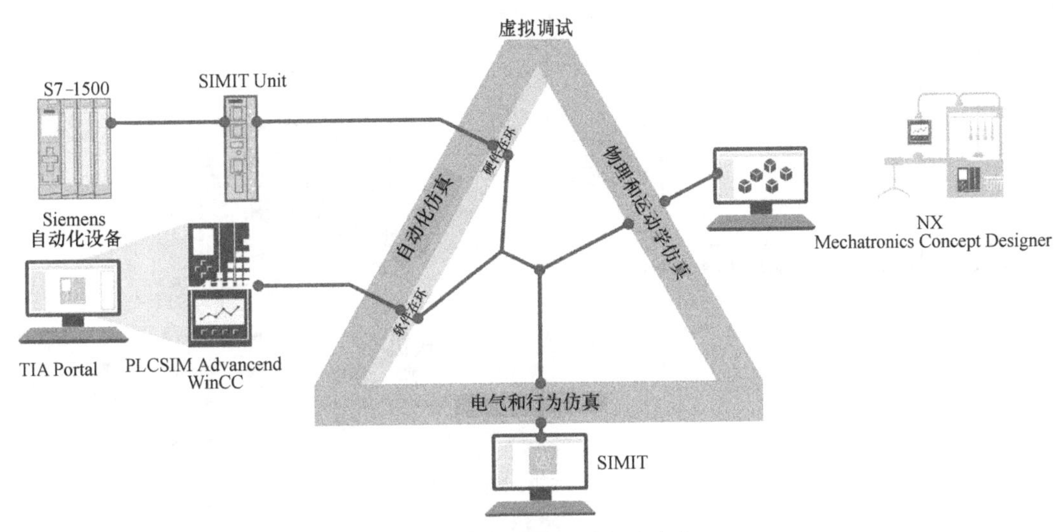

图6　西门子虚拟调试解决方案

本次应用采用的是软件在环方案，虚拟环境的主要由三部分组成：实体PLC自动化模型由PLCSIM Advanced仿真；实体机中的传感器、接近开关和驱动器的行为模型由SIMT仿真；实体堆垛机的机械模型由MCD仿真；PLCSIM Advanced和MCD之间的信号交互由SIMIT完成。虚拟环境的组成，如图7所示。

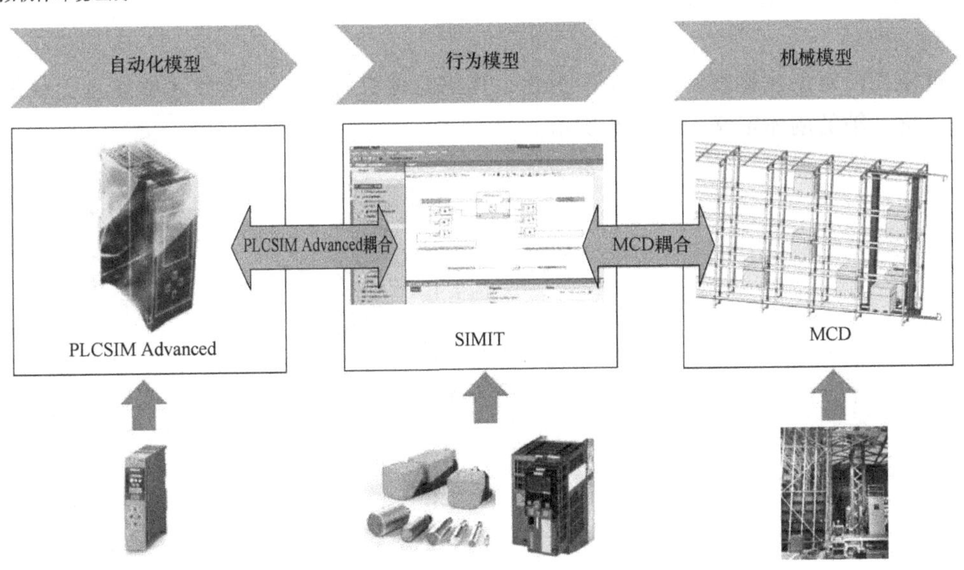

图7　虚拟环境组成

有了这些软件，我们就可以搭建一个虚拟堆垛机测试平台，如图8所示。调试人员可以像调试真实堆垛机那样进行程序测试。在SIMIT中可以设置驱动相关参数报文；在MCD中可以直观看到模型的实际运动情况；在 PLCSIM Advanced 中可以仿真 PLC 程序、查看位置速度曲线等；用 WinCC RT 仿真现场实际 HMI，测试人员可以用它来操作虚拟堆垛机。

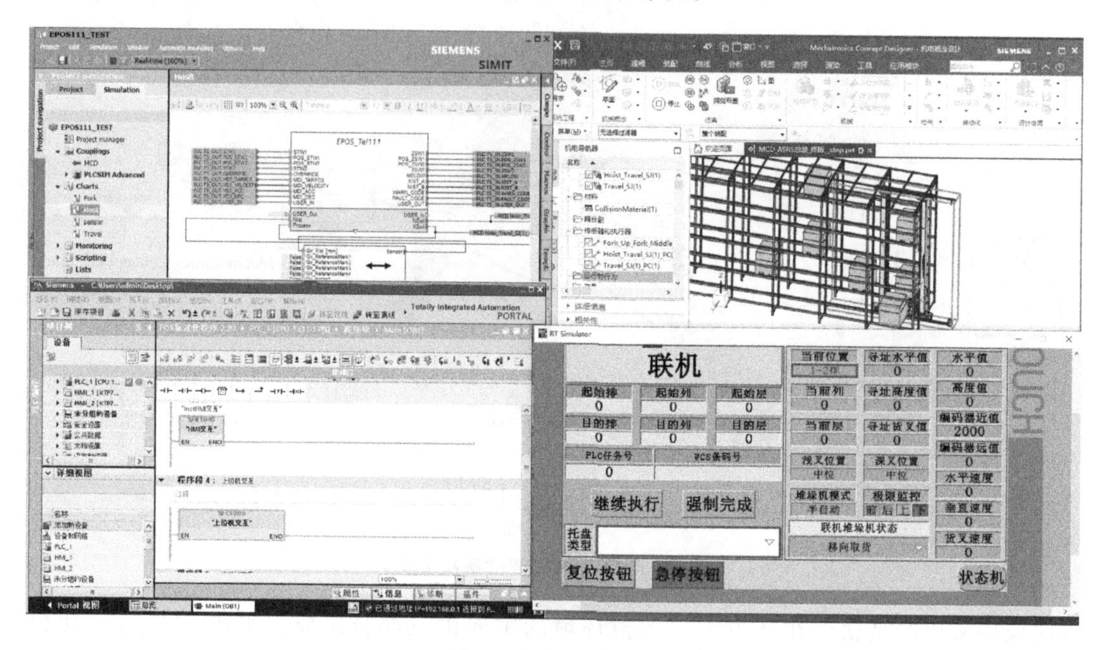

图 8　虚拟测试平台

三、虚拟调试建模与仿真

1. MCD 模型建立（以货叉轴为例）

（1）定义刚体

刚体可使几何对象在物理系统控制下运动，几何对象只有添加了刚体才能受重力或者其他作用力的影响。货叉轴的刚体定义，如图 9 所示。

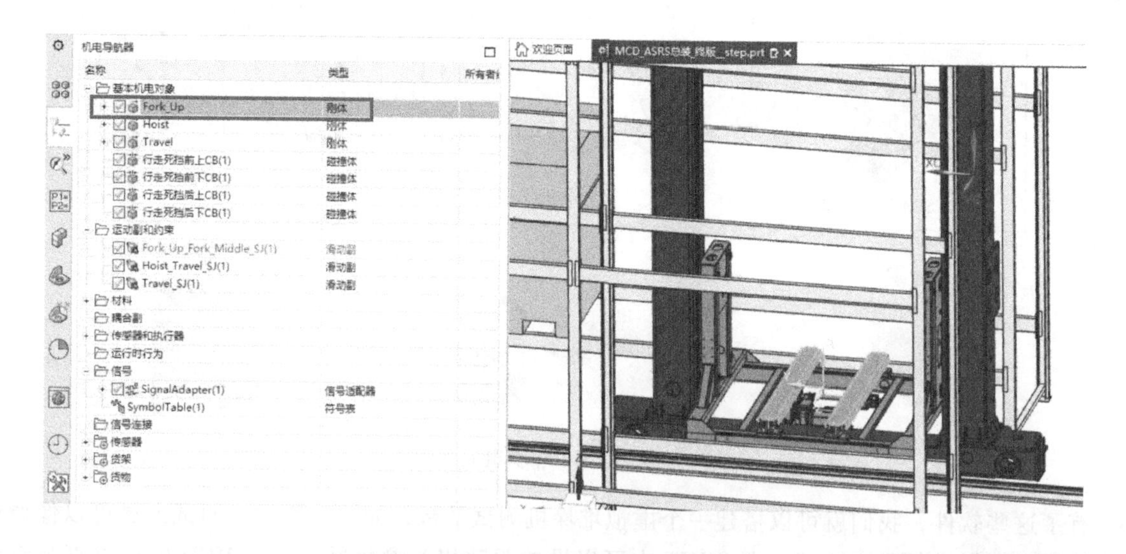

图 9　货叉刚体创建

（2）定义滑动副

滑动是刚体相对于空间或者另一个刚体之间线性移动的运动关系。定义时需要特别注意连接件选择刚体 Fork_Up，基本件选择 Hoist，表示 Fork 相对于 Hoist 做线性移动。如果选择不正确，货叉就不能相对提升做对应运动。货叉的滑动副定义，如图 10 所示。

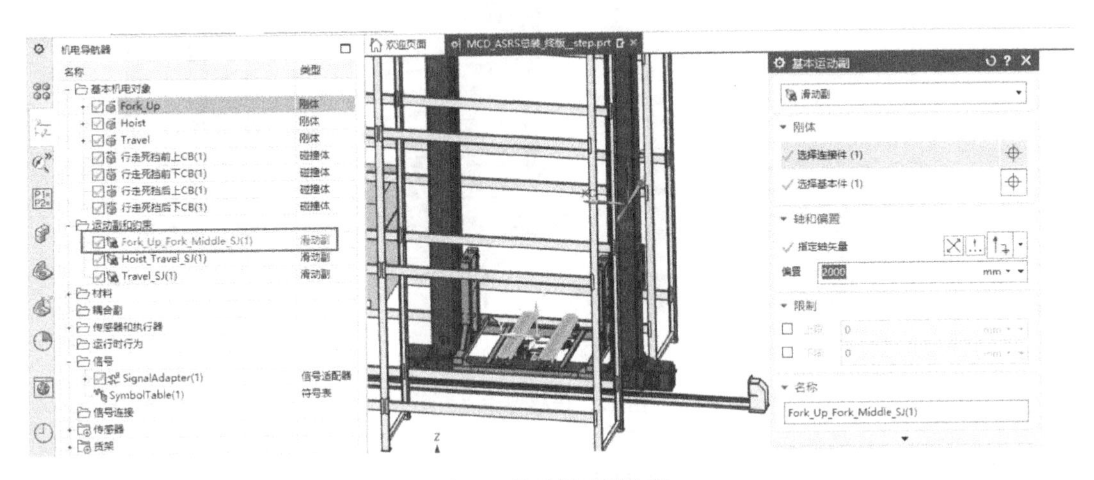

图 10　货叉滑动副定义

（3）定义速度控制

本案例货叉采用速度控制，货叉的运动副选择为速度控制，如图 11 所示。

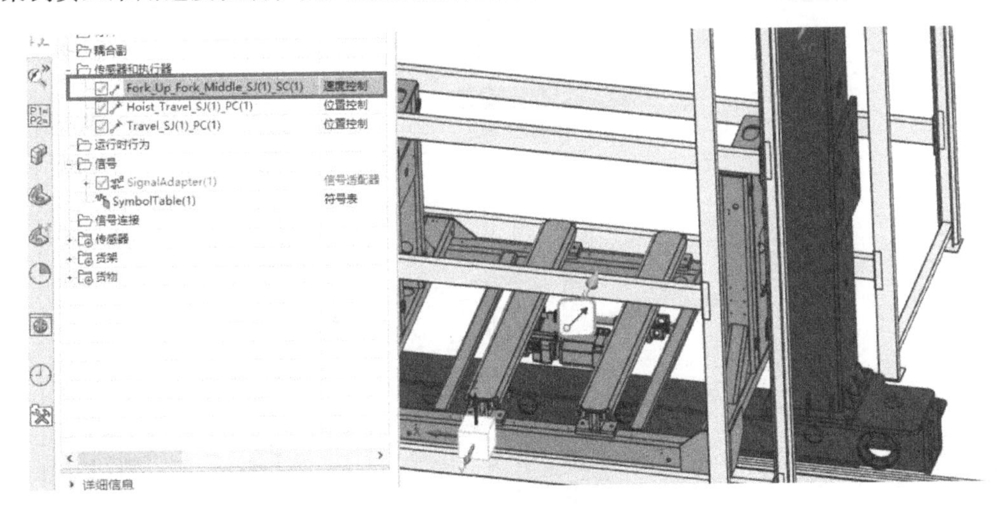

图 11　货叉速度控制定义

（4）传感器定义

为了更好地验证程序，图 12 左侧这些检测感应器是按照现场的真实情况 1∶1 布置的。例如，货物外形检测会从上、下、左、右以及顶部去检测货物有没有超出范围，还包括硬限位、减速条等。

2. SIMIT 驱动器及传感器行为定义

在起到信号传递桥梁作用的 SIMIT 中，我们需要定义驱动器及传感器的行为模型。

（1）驱动器行为定义（以行走轴为例）

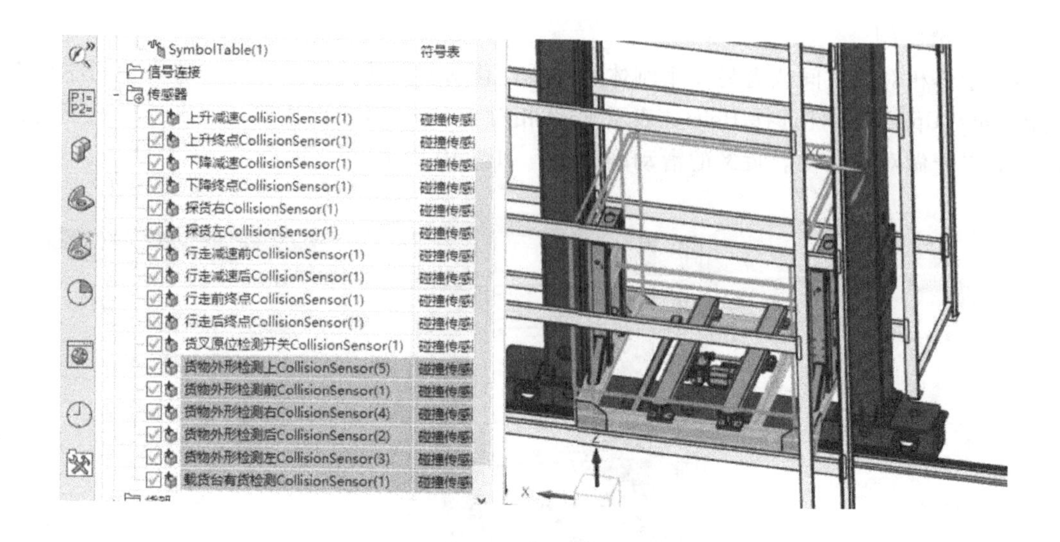

图 12 传感器定义

1）行走轴运动副定义：由于实体堆垛机中行走轴驱动采用 CU250S+PM240-2，控制方式是 EPOS 双编码器闭环，为了仿真 EPOS 111 报文，MCD 模型中将行走轴定义成位置控制，如图 13 所示。

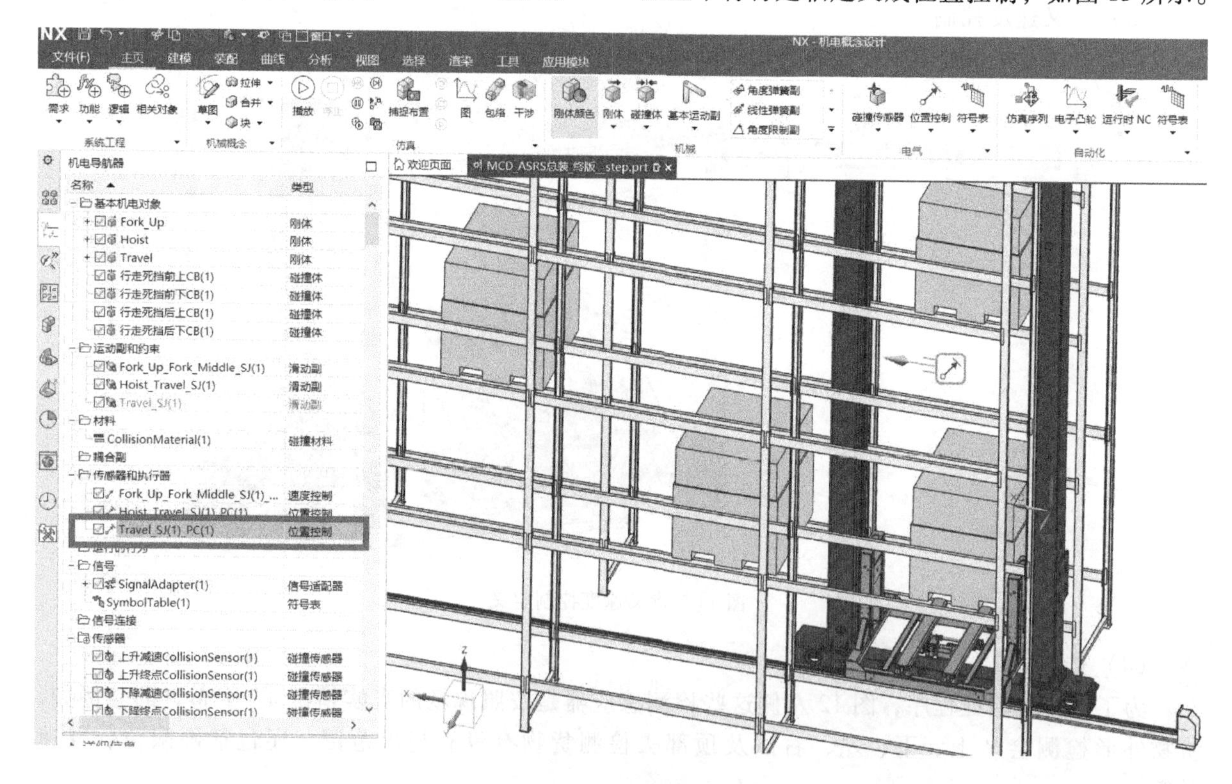

图 13 行走轴位置控制定义

2）插入 MCD Coupling：

① 双击 New coupling，在弹出的对话框中选择 MCD 并单击 OK 按钮，如图 14 所示。

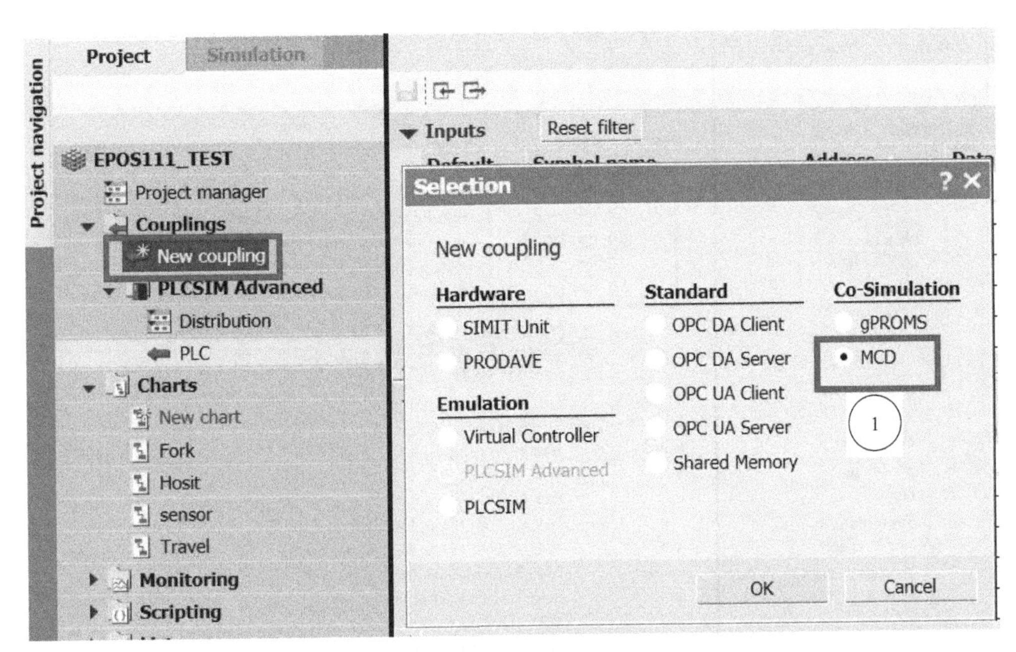

图 14　New coupling 的创建

② 单击导入按钮，在弹出的对话框中选择 MCD 项目的储存路径，并单击 Import 按钮，如图 15 所示。

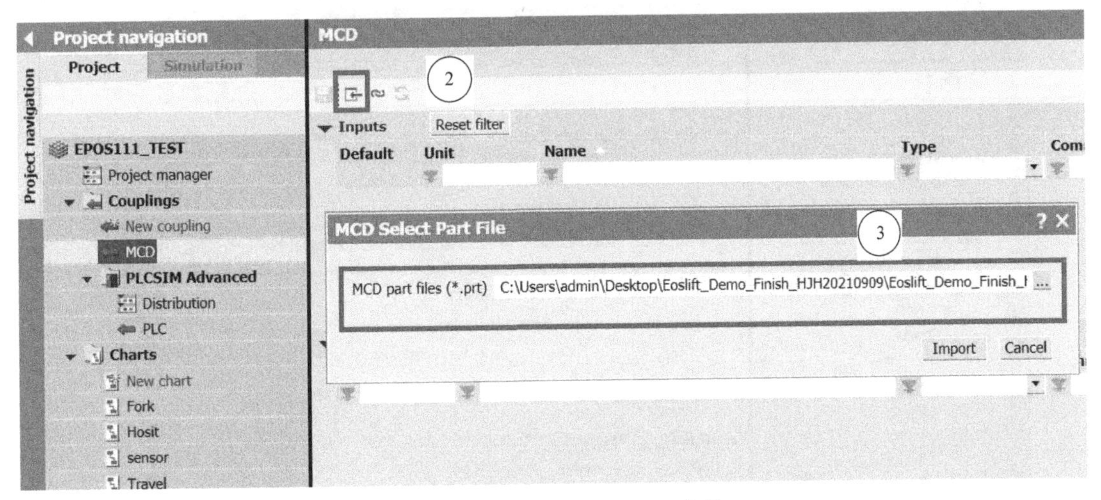

图 15　选择 coupling 的 MCD 文件

③ 导入完成后，需要将各信号 Unit 列中的单位修改成 mm/s 或 mm，如图 16 所示。

3）添加 “PLCSIM Advanced” Coupling：PLC 项目 Coupling 的方式有两种：一种是直接导入 TIA 博途项目，另一种是通过导入 HWCNExport-File。由于软件兼容方面的原因，本项目采用的是导入 HWCNExport-File 的方式（见图 17）。

操作步骤如下：

① 鼠标右键单击 PLCSIM Advanced，在弹出对话框中选择 Import。

② 在弹出的对话框中选择 PLC 项目的 HWCNExport 文件存储的路径，并单击 Import 按钮。

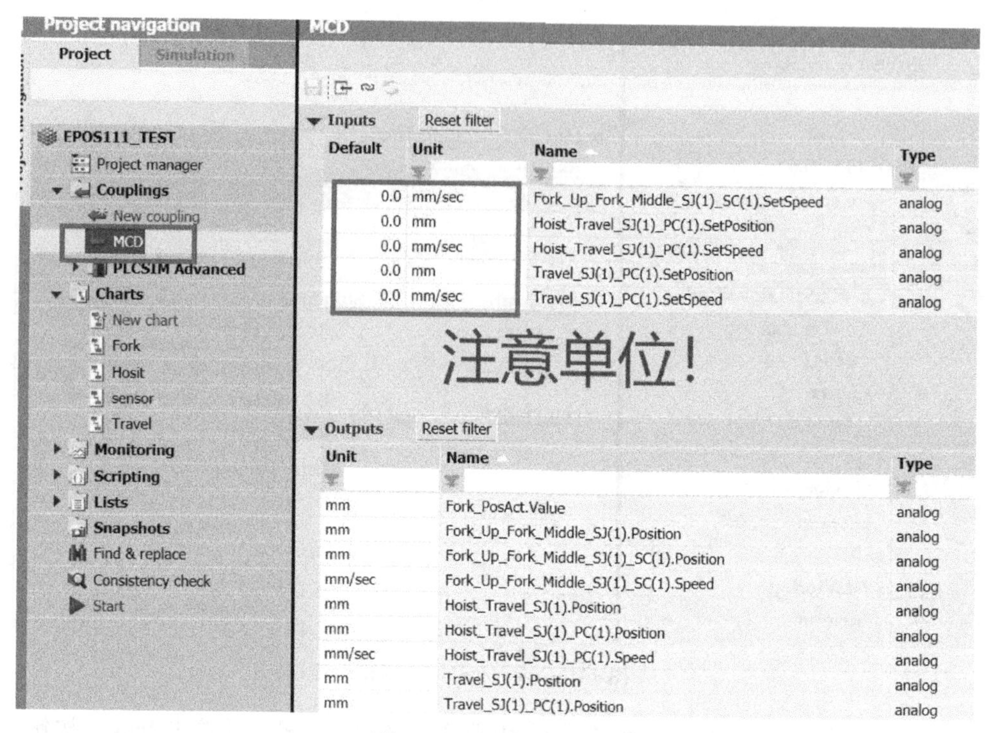

图 16　导入的 MCD 信号

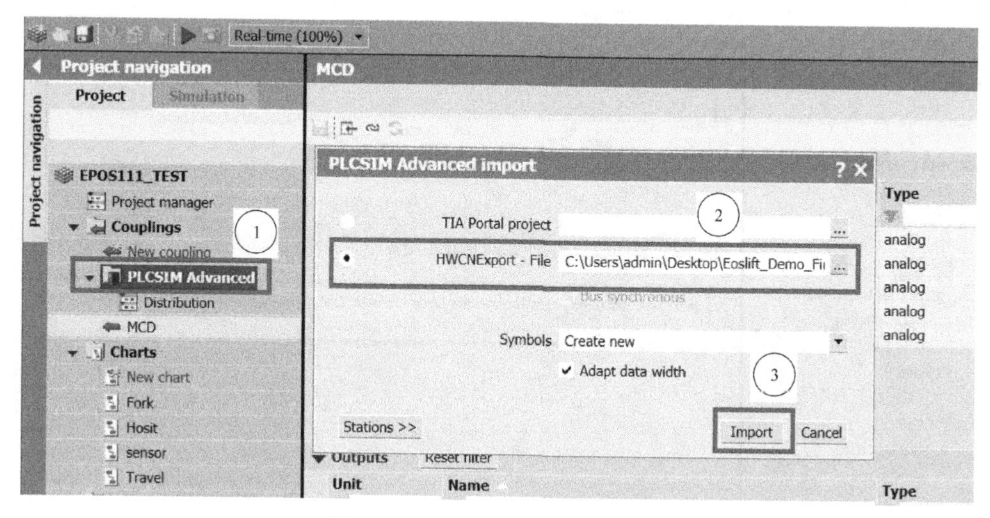

图 17　PLCSIM Advanced coupling

4）添加“PLCSIM Advanced” Coupling：创建一个新的 Chart 程序，并将从 SIOS 下载的 EPOS_Tel111（V1.0）仿真块拖入到 Chart 中；将 SIMIT 中 PLC 及 MCD 信号拖到刚才新建的 Chart 中，并连接信号到对应的引脚；由于 EPOS_Tel111 V1.0 版本 Process 引脚需要连接 Sensor 类型的数据，我们这里需要从 Basic component 中选择 Drives→PROFIdrive→SensorProcessLinear，将其添加到 Chart 中，并做好相关信号关联，如图 18 所示。

在图 18 中，NSoll 为设定速度，单位为 LU/min；XSoll 为位置设定值，单位为 LU；NIst 为实际速度反馈，单位为 LU/min；XIst 为实际位置，单位为 LU。其他引脚与 FB284 EPOS 功能块引脚定

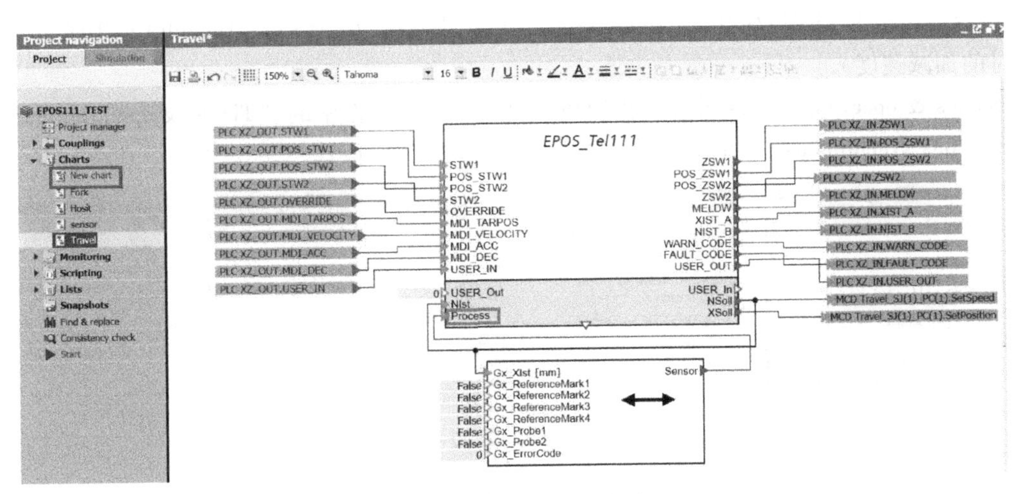

图 18　111 报文信号关联

义一致，这里就不过多赘述。

我们还需要在 111 报文的参数页设置相关的参数（见图 19），例如，MaxAcc 为 Epos 的最大加减速（P2572）；MaxSpeed 为最大转速（P2571×1000/LU Per Revolution）；ReferenceSpeed 为参考转

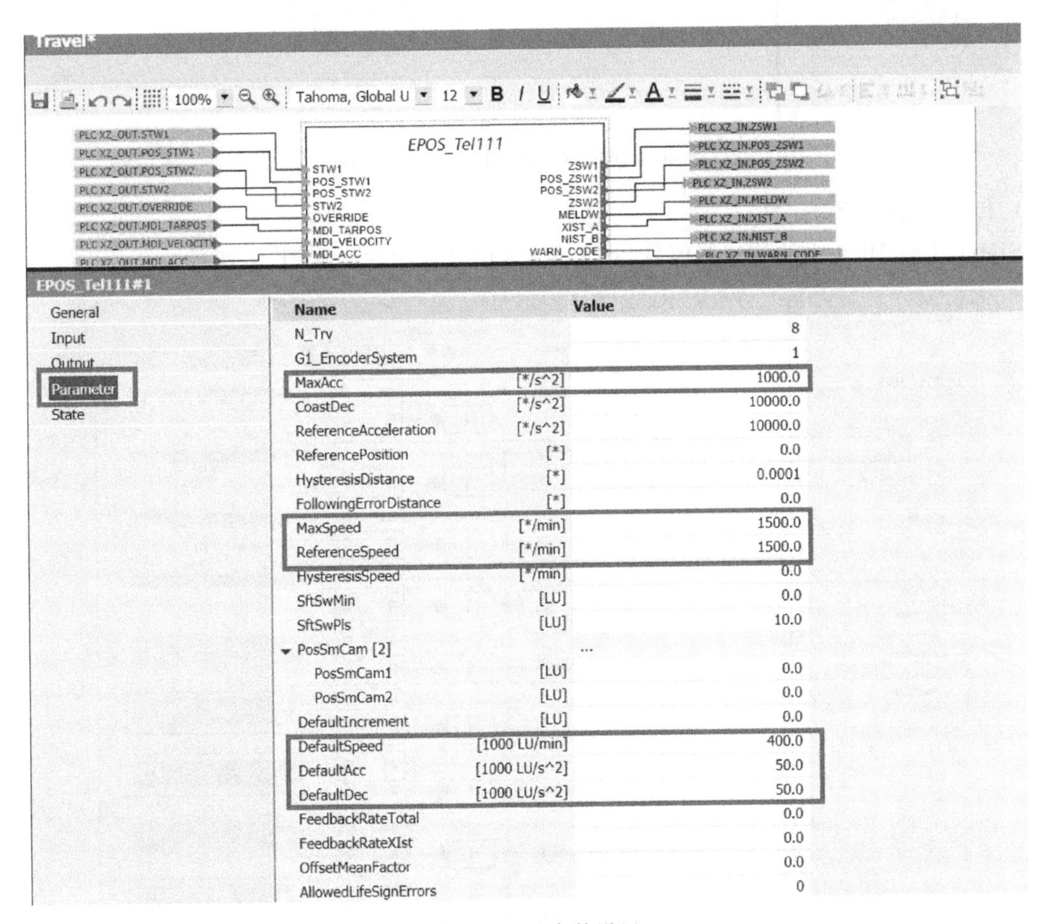

图 19　驱动参数设置

速（P2000×每转多少 LU/齿轮比）；DefaultSpeed 为点动速度（P2585）；DefaultAcc/DefaultDec 为点动模式时的加减速度。

5）Times & operating modes 设置：我们还需要修改项目属性中的“Times & operating modes”设置，选择“bus synchronous”，并设置时间片为 2ms，如图 20 所示。

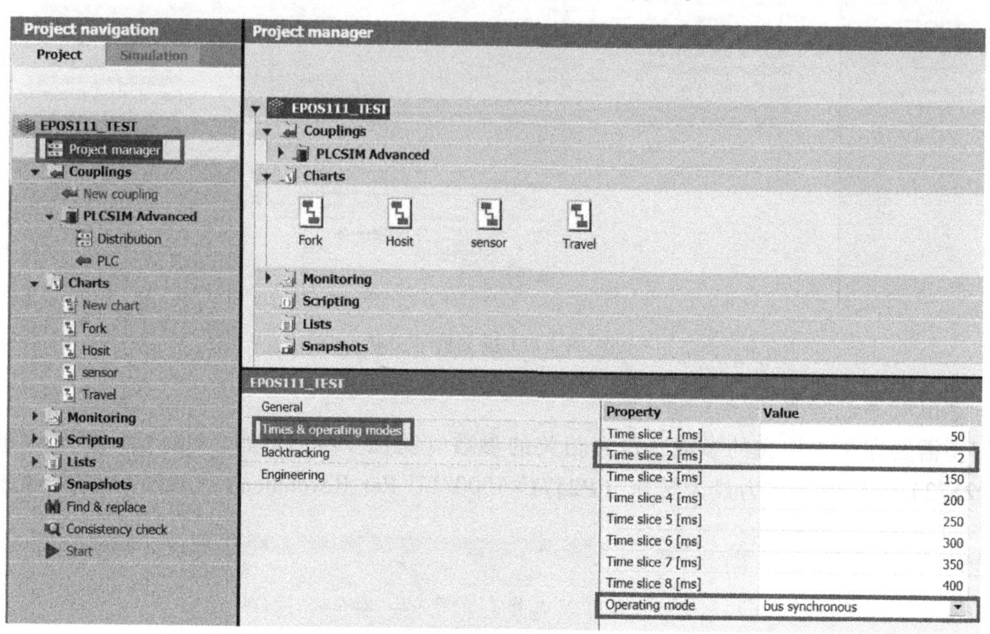

图 20 Times & operating modes 设置

（2）传感器信号行为定义

在 SIMIT 中将 MCD 中的传感器信号与 PLC 输入信号相关联，如图 21 所示。

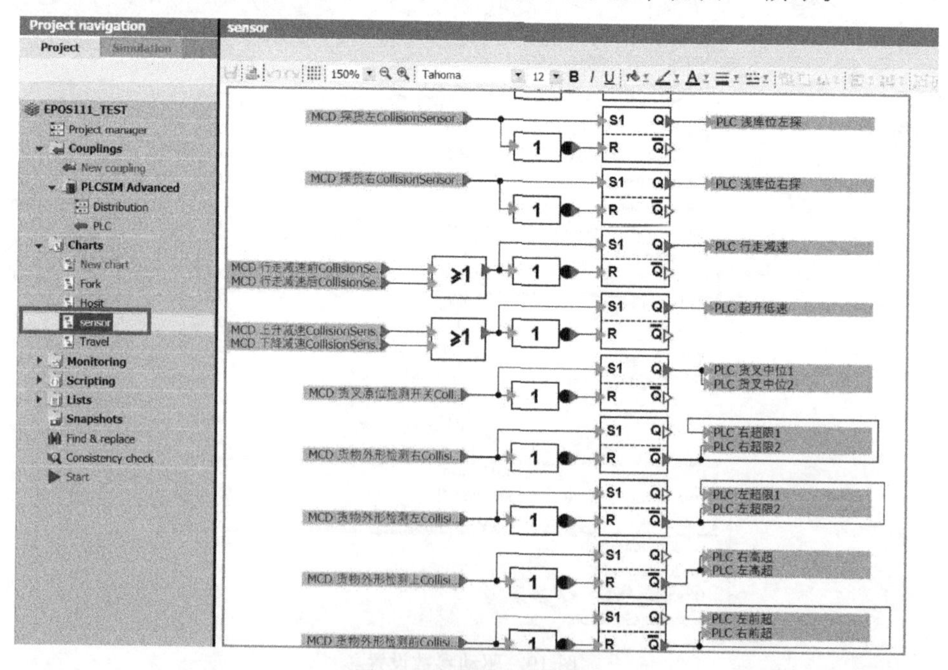

图 21 传感器行为定义

（3）虚拟调试中的难点

1）MCD 反馈速度与 PLC 设定速度不一致：SIMIT 仿真 111 报文时，没有设置齿轮比参数的地方，可以在 MaxSpeed 和 ReferenceSpeed 参数中设置，如图 22 所示。

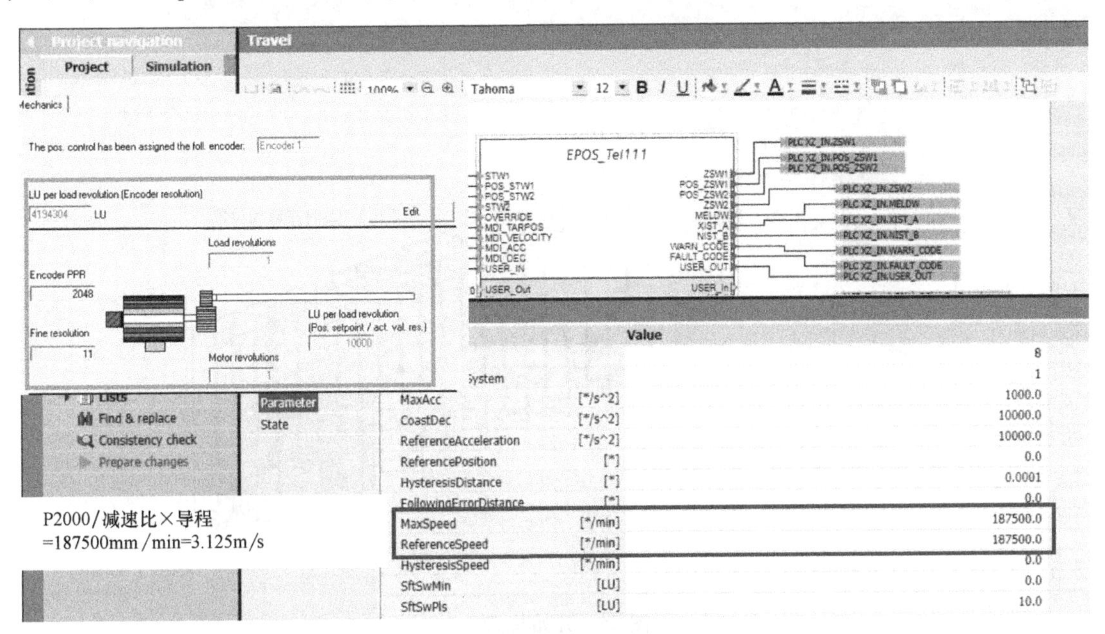

图 22　行走轴参数设置

经过修改 ReferenceSpeed = P2000×毫米/转/齿轮比 = 1500×1000/8 = 187500mm/min，可以看到行走轴的运行速度和给定速度一致，如图 23 所示。

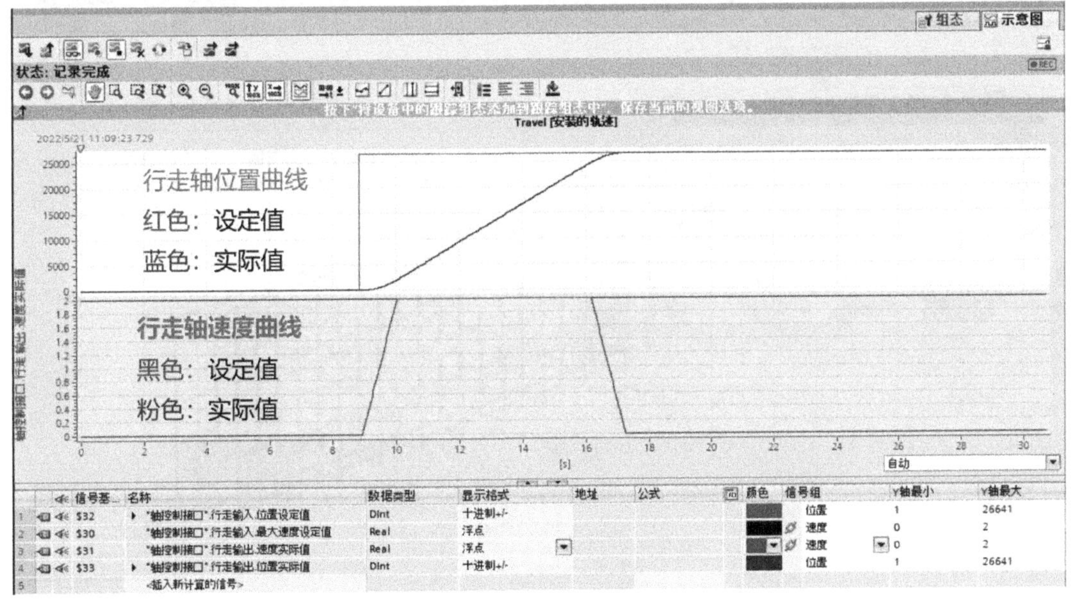

图 23　行走轴运行效果

2）MCD 仿真位置突变（仅停止 MCD+SIMIT 正常运行）：在虚拟调试过程中，常常需要修改 MCD 中的模型及参数。为了节约调试时间，在仅停止 MCD、不停止 SIMIT 的情况下修改，修改完

MCD 后再次运行。这时候会发现 MCD 中的仿真位置会突变，堆垛机在视频 0. 02s 时的位置为 0，如图 24 所示。

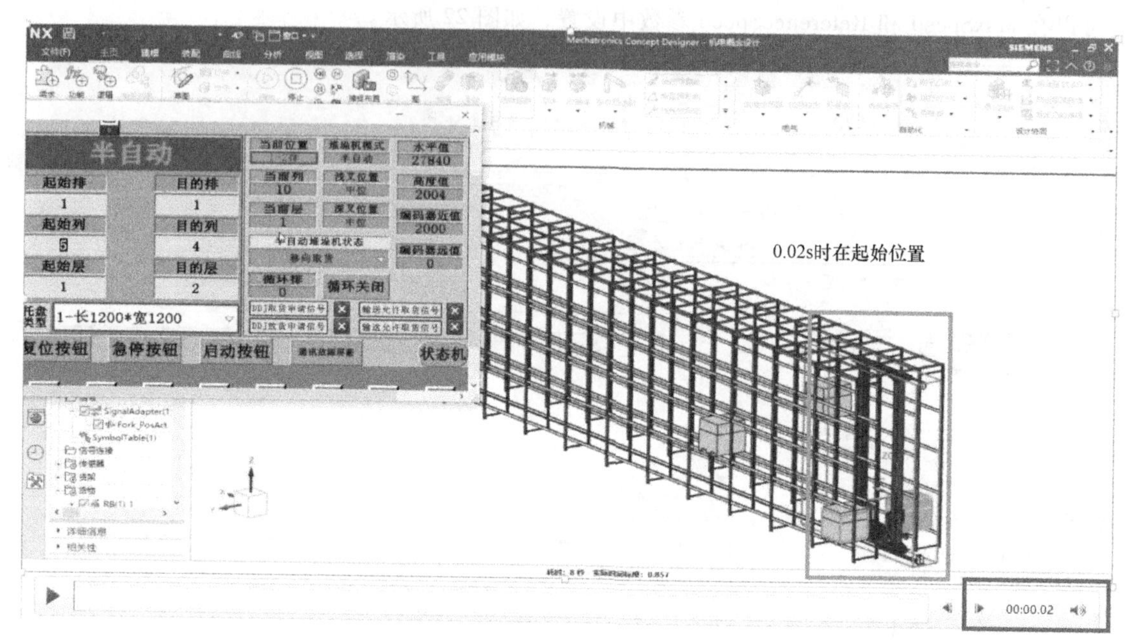

图 24　开始位置

堆垛机在视频 0. 13s 时的位置已经到达 30m 左右，运行的速度远远大于最大运行速度 3m/s，如图 25 所示。

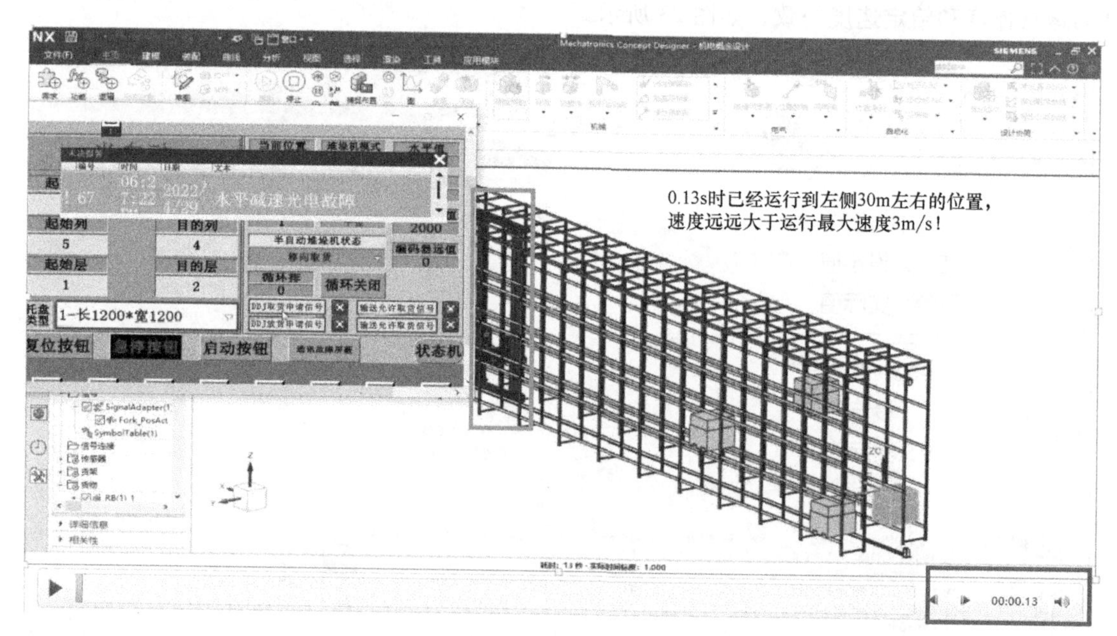

图 25　异常位置

分析发现这个突变与 SIMIT 反馈的实际位置相关，行走轴在建模时直接将位置及速度的设定值给到反馈值，如图 26 所示。

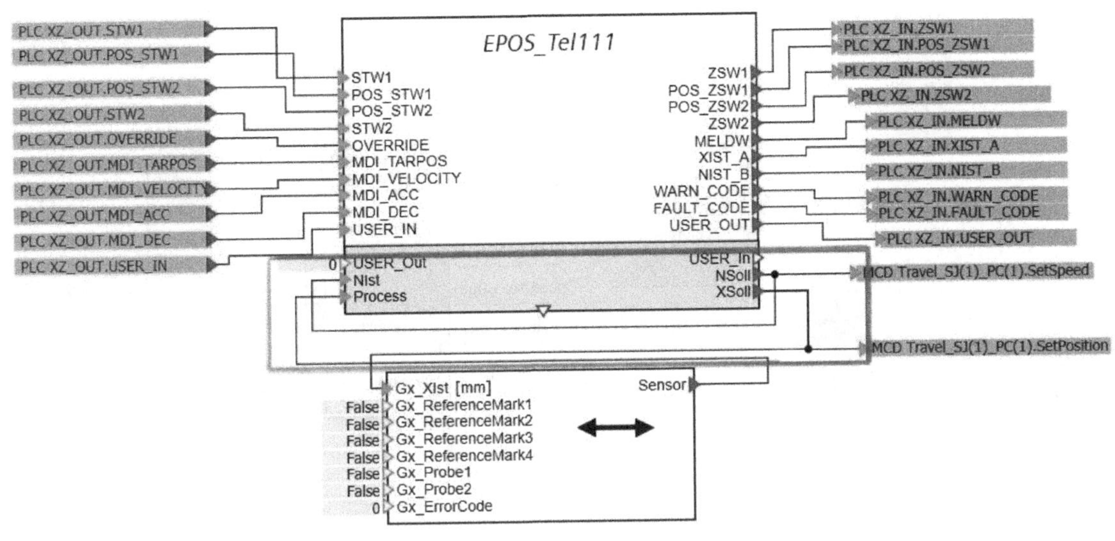

图 26　行走轴建模修改前

修改行走轴报文，将 MCD 中的实际位置连接到 EPOS 111 报文的位置及速度的设定值，修改完后就避免了上面位置突变的情况，如图 27 所示。

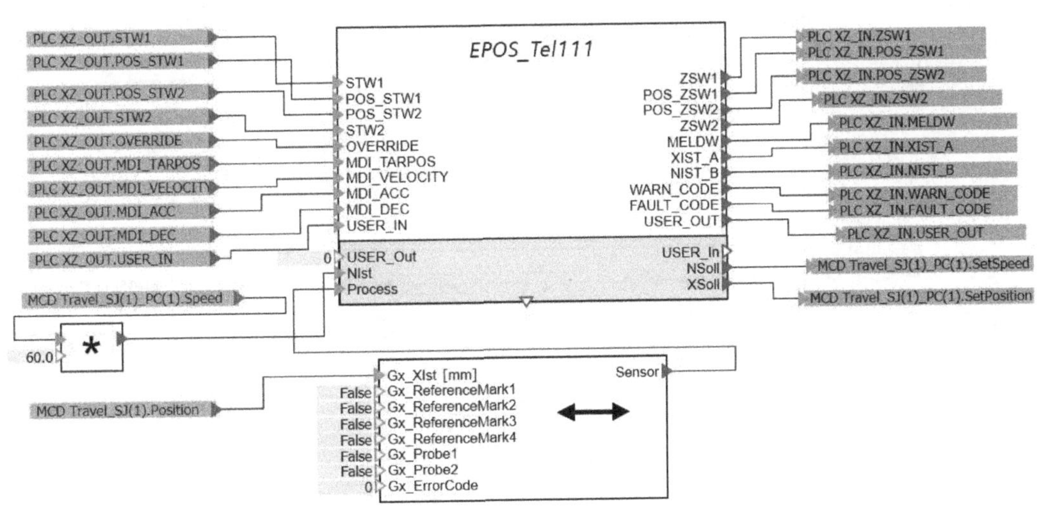

图 27　行走轴建模修改后

四、虚拟调试的使用效果

1. 验证及优化货叉位置控制曲线

实体机中货叉轴需要定位控制，由于物流行业竞争激烈，为了节约成本，货叉轴的控制器选择的是 CU240E，不带 EPOS 功能。为了完成定位控制，位置算法就需要放在 PLC 中。我们原本计划采用工艺轴对象方式来控制驱动的方案，出于多方面原因，最终采用自己编写位置控制曲线算法的方案。该算法主要根据位置、速度、加速度设定值、货叉编码反馈位置，实时计算并调整货叉轴运行速度，以完成轴的位置控制，如图 28 所示。

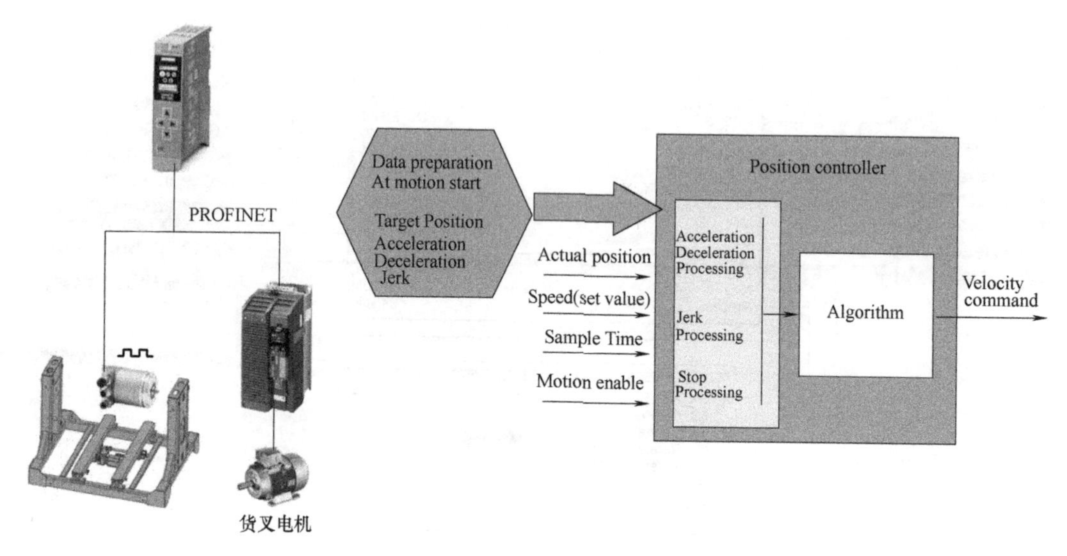

图 28　货叉位置控制曲线算法

货叉轴在 SIMIT 中的模型建立及参数设置如图 29 所示。

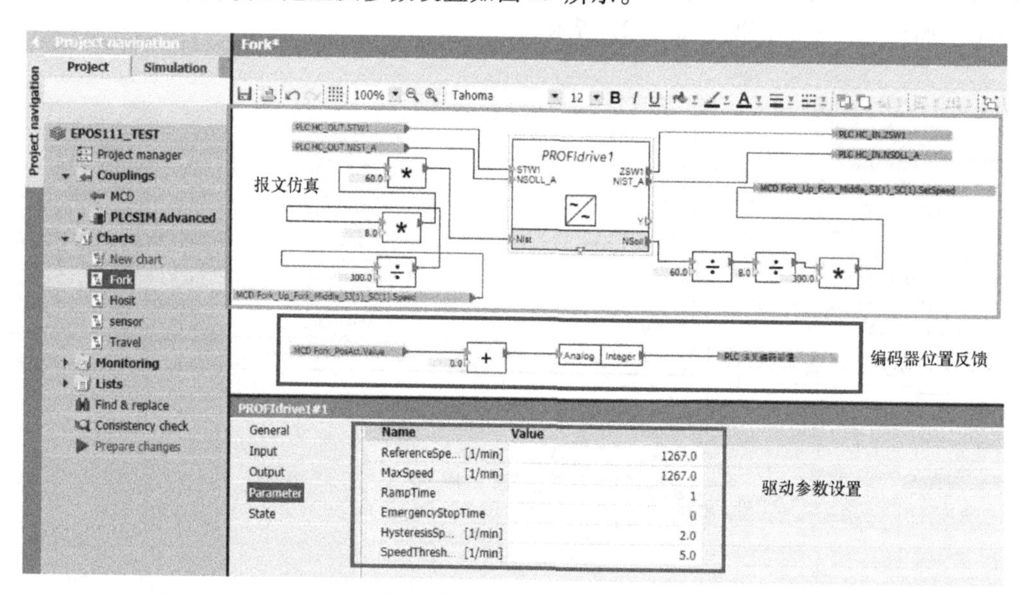

图 29　货叉驱动行为定义

有了虚拟堆垛机模型，货叉的实际位置可以实时反馈，我们可以完成位置控制曲线算法的提前验证。实际货叉的运行效果如图 30 所示。

2. 验证逻辑时序

有了虚拟的堆垛机，我们可以很方便地测试逻辑程序中的逻辑错误，例如在半自动运行中会报货叉偏离中位，如图 31 所示。

通过虚拟调试，我们可以方便地获取货叉的位置（MCD 仿真位置），通过 PLC trace 功能，我们可以很方便地分析出问题原因，如图 32 所示。

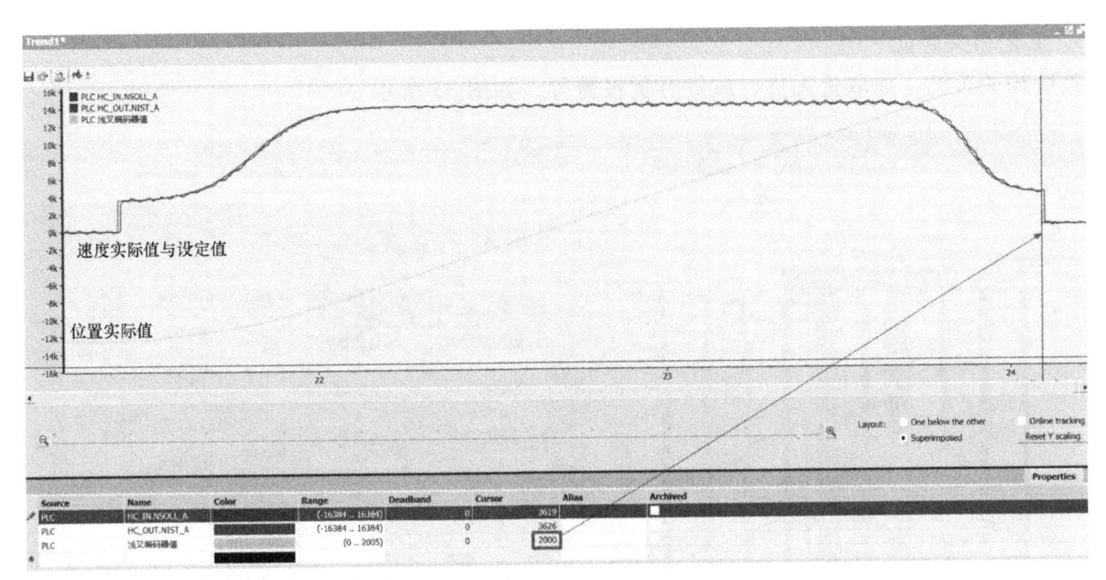

图 30　货叉控制效果

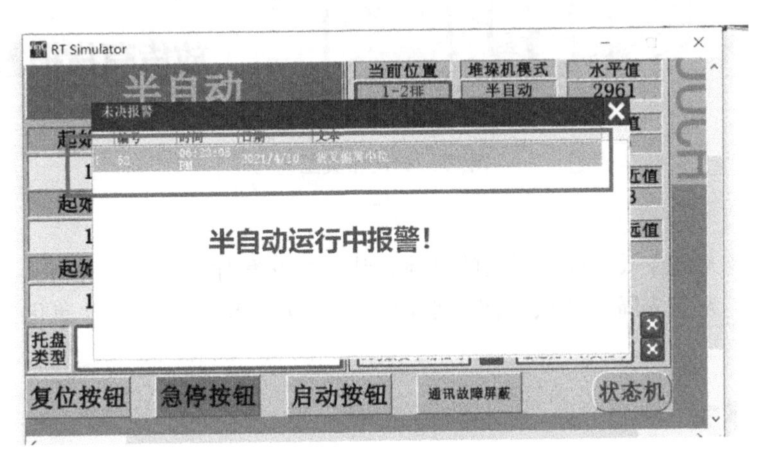

图 31　运行中报错

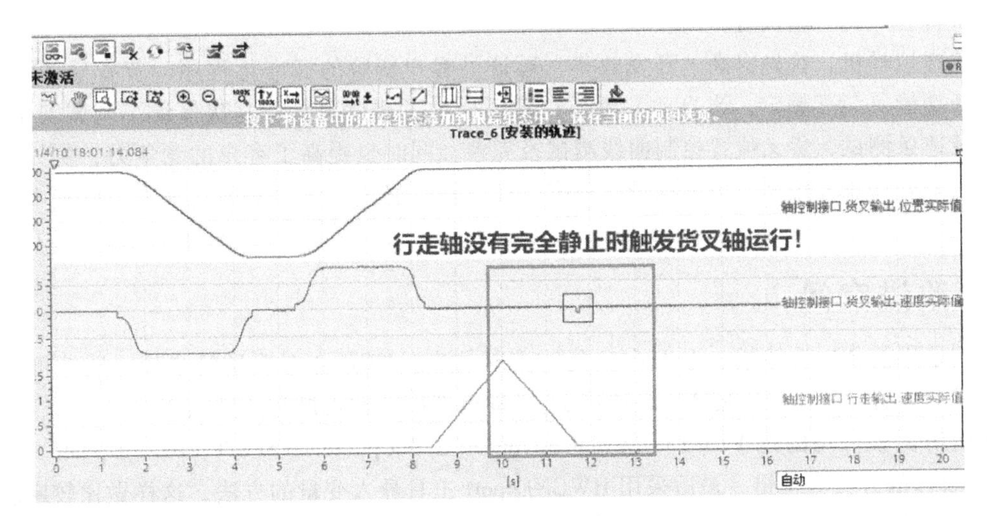

图 32　验证逻辑时序

3. 工艺相关验证

验证相关工艺，如取货无货、放货有货报警等，如图 33 所示。

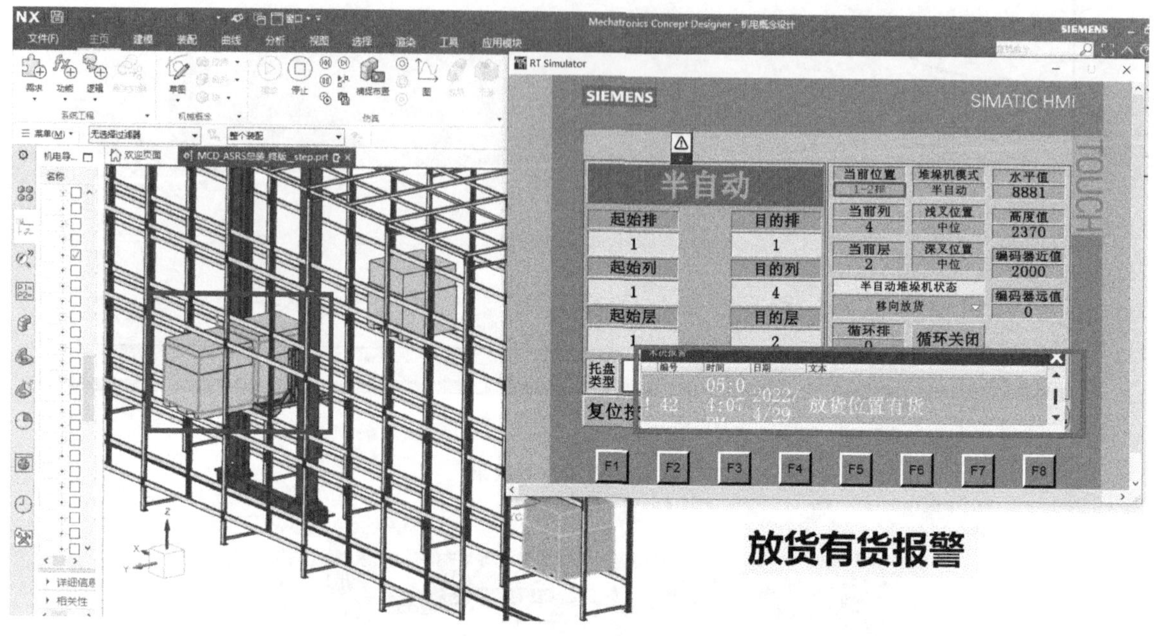

图 33　验证相关工艺

4. 客户受益

通过虚拟调试极大地降低了现场调试的风险，让标准化程序快速安全落地。80%的程序提前验证；现场调试节约了大于 2 周的调试时间；平均工程周期降低了 30%，自动化系统故障率降低了约 30%。

五、应用体会

从样机开始调试到结束经历了近 3 周，在此期间虽然遇到了不少问题，但最终圆满地解决了所有问题，获得客户的一致认可。

通过该虚拟样机，首先提高了开发效率，验证了客户新版的标准化程序，节省现场调试时间，更为后续新功能（货架锁定、半自动循环等）验证提供了测试平台；其次保证了调试安全，例如，硬极限、减速条测试，货叉位置控制曲线测试及完善；同时也提高了客户的竞争力，例如，报警保护功能及故障处理流程仿真，减少现场故障率，虚拟样机展示，虚拟培训，减少差旅成本，工作环境改善等。

六、改进空间

本案例采用的 NX 软件版本为 1961，货物多时仿真，MCD 会有明显的卡顿，后续可以通过提高计算机显卡配置、更高版本的 NX 软件或 JT 轻量化模型等方式提升仿真效果。

本案例仿真软件用的是 V15.1+PLCSIM advanced 3.0 Update 2+SIMIT v10.1 Update 2，用导入 TIA Portal 项目的方式会报错，最后采用 HWCNExport 工具导入变量的方法，这样做比较麻烦。后面可以用新版本的软件来解决变量导入问题。

新出来的 SIMIT EPOS 111 报文仿真库 V2.0 相对本案例中用的 V1.0 版本库有功能上的改进和提升，后面用它来做 111 报文仿真更加方便。

参考文献

[1] 西门子（中国）有限公司. EPOS Telegram 111 for SIMIT V1.0 [Z].
[2] 西门子（中国）有限公司. EPOS Telegram 111 for SIMIT V2.0 [Z].

基于 RS485 中继器对 Profibus-DP 通信质量的优化
Base on RS485 repeate to optimize Profibus-DP communication of quality

赖衍燊
（联盛纸业（龙海）有限公司　福建漳州）

[摘　要] 介绍 Profibus-DP 网络的运用，RS485 中继器的功能，按照理论 Profibus-DP 配置的设备数量，在实际使用中造成通信电压的衰减，引起生产系统的不稳定以及通信故障的产生。借助 Profibus-Trace 的分析结合引起 Profibus-DP 质量的常规分析检测，通过增加 RS485 对信号进行放大以及现场安装的完善，有效提升了通信网络的稳定性，为生产提供了良好的保障。

[关 键 词] Profibus-DP、RS485 中继器、Profibus-Trace、衰减

[Abstract] This paper introduces the application of Profibus-DP network, the function of RS485 repeater, and the number of devices configured according to the theory Profibus-DP, which causes the attenuation of communication voltage in actual use, causes instability in the production system, and generates communication failures. With the help of Profibus-Trace's analysis and combination of conventional analysis and detection of Profibus-DP quality, by increasing RS485 to amplify the signal and improve the on-site installation, the instability of the communication network is effectively solved and a good guarantee is provided for production.

[Key Words] Profibus-DP、RS485 repeater、Profibus-Trace、attenuation

一、项目简介

在 20 世纪 80 年代，随着工业网络的不断发展，Profibus 是在欧洲工业界广泛运用的一个现场总线标准，也是目前国际上通用的现场总线标准之一，Profibus 是属于单元级、现场级的 SIMITAC 网络，适用于传输中小量的数据，其开放性强，允许众多的厂商开发各自适合 Profibus 协议的产品，这些产品连接到 Profibus 网络上，Profibus 是一种电气网络，物理传输介质可以使用屏蔽双绞线。20 世纪 90 年代引入国内，它的便利性、开放性得到越来越多人们的认可和追逐，逐步取代一些硬线连接。

联盛纸业（龙海）有限公司，PM56 生产线率先使用 Profibus-DP 通信，减少繁琐的硬线连接，使整个配电控制布线简洁明了。

二、系统介绍

本文基于霍尼韦尔控制系统，设备采用西门子变频器 6SL3224、6SL3710 和智能马达保护器 SI-

MOCODE PRO C：3UF7 等产品组建的 Profibus-DP 电气网络，框架如图 1 所示，因 Profibus-DP 传输点的限制，存在信号的衰减，从仪表控制上位机出来的信号通过 OLM（6GK1503-2CB00）把 DP 信号转换为光信号，通过光纤输送到遥远的电气控制室，到达电气控制室再用 OLM（6GK1503-2CB00）把光信号转换为 DP 信号。使用的传输速率选择 500kbit/s，按照 Profibus-DP 的规范，当网络中的硬件设备超过 32 个，或者波特率对应的网络通信距离超出规定范围时，就应该使用 Profibus RS485 中继器（6ES7972-0AA02-0XA0）来拓展网络连接。本工程中，网络一段（PM5-1）下共设 85 个地址，计划使用 4 个中继器来拓展，确保每个链路不超过 32 个地址。

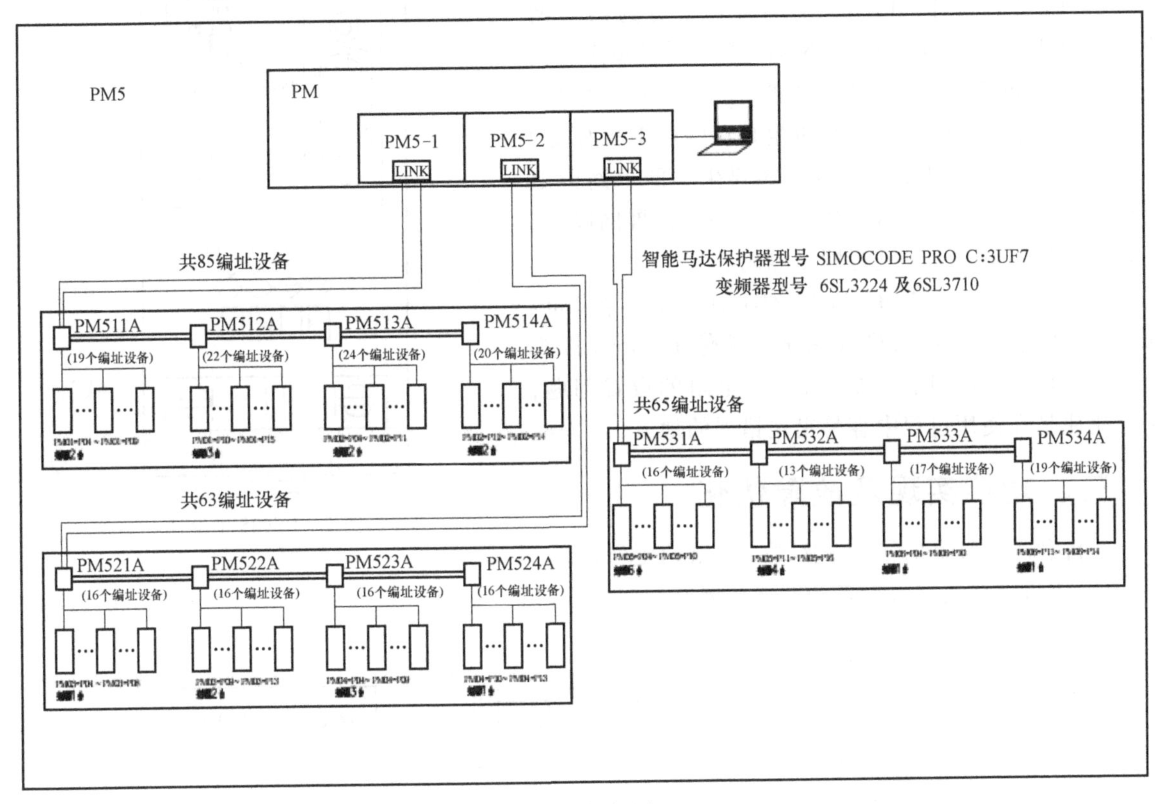

图 1 框架图

1. RS485 中继器（6ES7972-0AA02-0XA0）

RS485 中继器的面板如图 2 所示。

在图 2 中：

① RS485 中继器的电源端子。其中“M5.2”是信号线“A、B”的“信号地”；

② 网段 1 和网段 2 的电缆屏蔽层接地；

③ 网段 1 的信号线端子；

④ 网段 1 的终端电阻设置；

⑤ 网络开关，用于接通和断开网段 1、2；

⑥ 网段 2 的终端电阻设置；

⑦ 网段 2 的信号线端子；

⑧ 背板安装弹簧片；

⑨ 用于 PG/OP 连接到网段 1 的接口；

⑩ LED 24V 电源指示灯；

⑪ 网段 1 的工作指示 LED；

⑫ 网段 2 的工作指示 LED。

注意：M5.2 用于信号电压测量时作为参考地，一般不接线。

2. RS485 中继器的功能

1）网段的划分：RS485 中继器上下分为两个网段，其中 A1/B1 和 A1′/B1′是网段 1 的一个 Profibus 接口，A2/B2 和 A2′/B2′是网段 2 的一个 Profibus 接口，PG/OP 接口属于网段 1；信号再生是在网段 1 和网段 2 之间实现的，同一网段内信号不能再生；两个网段之间是物理隔离的，因而 RS485 中继器除了扩展网段外，还有一个作用就是可以进行网络隔离。

2）网络拓扑：A1/B1 和 A1′/B1′其实是一个 Profibus 接口的进口/出口的接线端子，就像 Profibus 接头的进口/出口一样，因而也涉及终端电阻的设置问题，这也往往是在使用过程中容易出现错误的地方。

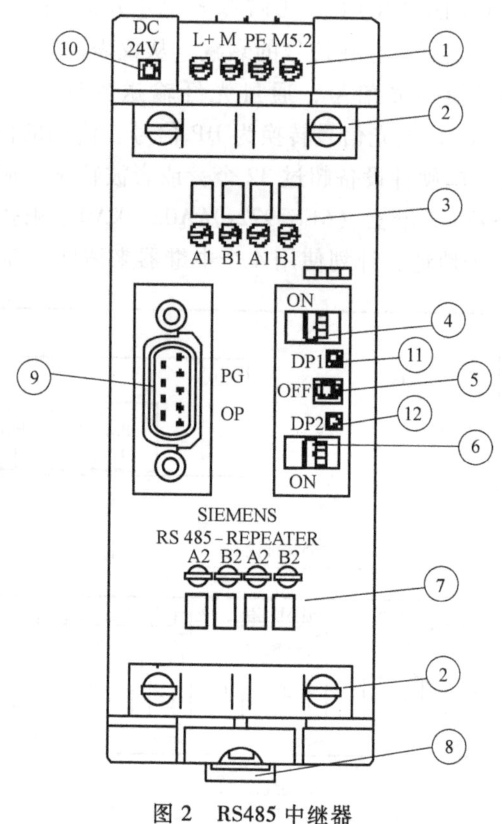

图 2　RS485 中继器

三、功能实现及故障优化

项目利用中继器的特点来实现对网络的延伸拓展。

1）中继器作为终端设备的网络拓展

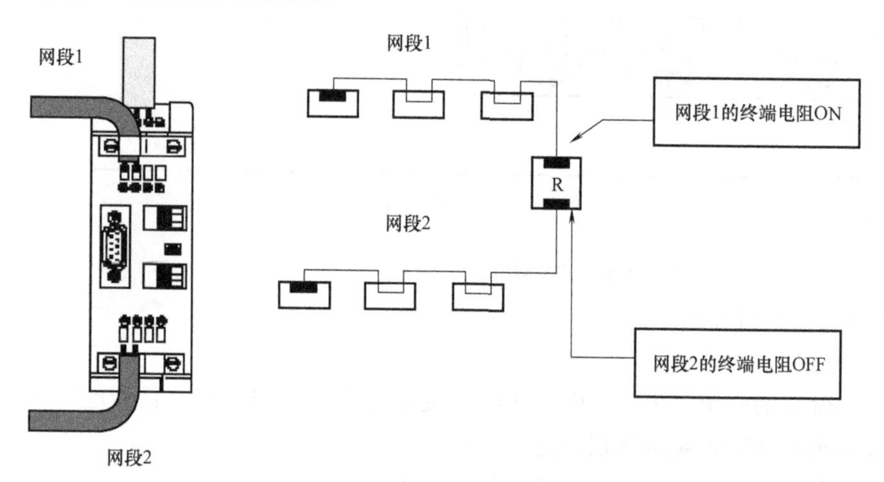

图 3　中继器的网络扩展连接

如图 3 所示，在这个网络拓扑中，中继器连接了网段 1 和网段 2，由于中继器内部是隔离的，因而作为网段 1 来讲，中继器就是该网段的一个终端设备，因而在网段 1 中，应该将 Profibus 网线接在 A1/B1 上，同时网段 1 的终端电阻设置为“ON”；而网段 2 与网段 1 类似，也需要将电缆连接在 A2/B2 上，同时终端电阻设置为“ON”。

由于在一个 RS485 物理网段中，只能够连接 32 个物理设备，但 RS485 中继器本身也是一个特殊的 DP 从站设备，在网段 1 和网段 2 中，都分别占用一个物理位置（但不用分配站号），因而实际在这两个网段中都只能再连接 31 个 DP 主站/从站设备。

这些都是物理连接上的限制，在 STEP7 组态中，网段 1 和网段 2 都属于同一个逻辑网络。整个网络上从站的连接个数取决于 DP 主站的连接个数（包括 RS485 中继器、OLM 等设备）。

中继器扩展的距离，假设 1.5Mbit/s 的波特率时，通信距离为 200m，则网段 1 从最远站到中继器网段 1 之间的距离为 200m，而从中继器的网段 2 到最远站还可以再扩展 200m，这样整个网络的距离为 400m。

2）中继器的一个网段作为中间设备的网络拓展

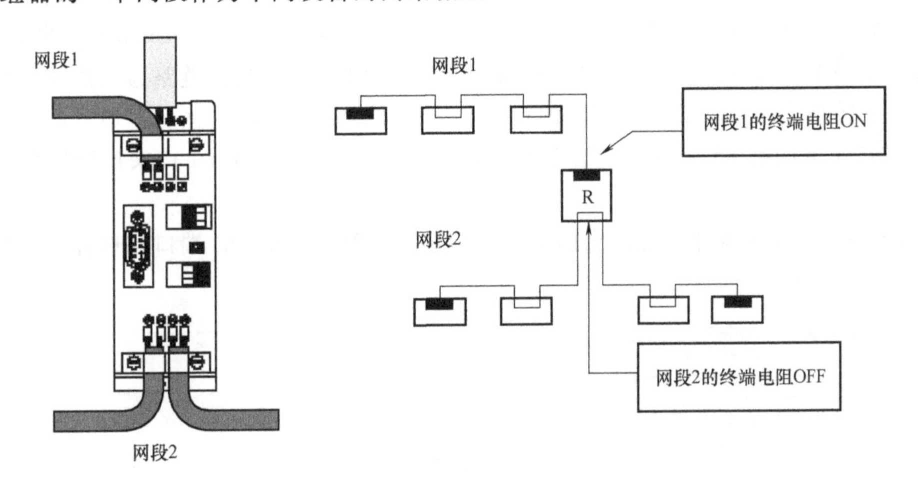

图 4　中继器的一个网段作为中间设备的网络拓展

如图 4 所示，该网络拓扑中，网段 1 仍然是正常的连接，但网段 2 不是网络终端设备了，而是网络中间的一个设备，此时终端电阻应当设置在 “Off”，而网段 2 上的两个终端设备应分别设置终端电阻。在这种网络拓扑中，网段 1 的连接方式、距离和上一种方式相同，但网段 2 的扩展距离是从网段 2 的左、右两个终端站点之间的距离（1.5Mbit/s 时 200m）。

3）中继器在两个网段内都作为中间设备的网络拓展

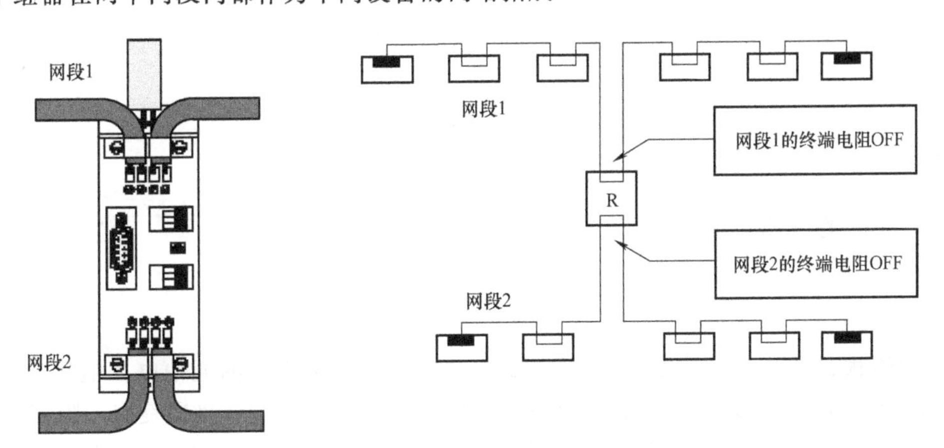

图 5　中继器在两个网段内都作为中间设备的网络拓展

如图 5 所示，此时，网段 1 和网段 2 都按照上一种拓扑中网段 2 的方式进行连接和拓展。即终端电阻为“OFF”，网段 1 的总长度为 200m（1.5Mbit/s），网段 2 的总长度也为 200m（1.5Mbit/s）。两个网段之间是电气隔离的。

当网络中的终端站出现断电情况时，终端电阻也因无法得到电源而丢失（其实是电阻值发生变化），这将导致信号中断或者出现乱码，从而影响到另外一个网段甚至整个网络的通信质量，因而建议可以将两个网段断开，这样可以避免网段之间的相互干扰。

因设备使用环境、工厂腐蚀等因素，造成接线端子氧化，现场布线达不到规范要求，设备内电子元器件衰减等影响。在实际使用中，偶发出现通信故障，如 2017 年 10 月，PM5-1 网段下方的一台变频器设备在正常运行过程中突然报警 F1910（通信故障）停止，联锁导致纸机断纸，给生产带来比较大的损失。检查 CPU 诊断信息，变频器设备故障描述 outgoing 到 incoming 大约 150ms，这么短时间内的掉站基本可以排除设备本体故障问题，重点倾向于如何改良链路通信的质量状况。通信质量往往和整条链路上站点的数量、链路的接地、长链路的信号衰减、强弱电信号的交错干扰等而影响的。因 PM5-1 下面有 85 个站点，借助专业检测工具（Profibus-Trace）来检测链路的通信质量情况。

安装好 Profibus-Trace 软件，通信线插接到 PM511A 中继器上的 DP 端口，选择自动搜索。监视状态如图 6、图 7 所示。

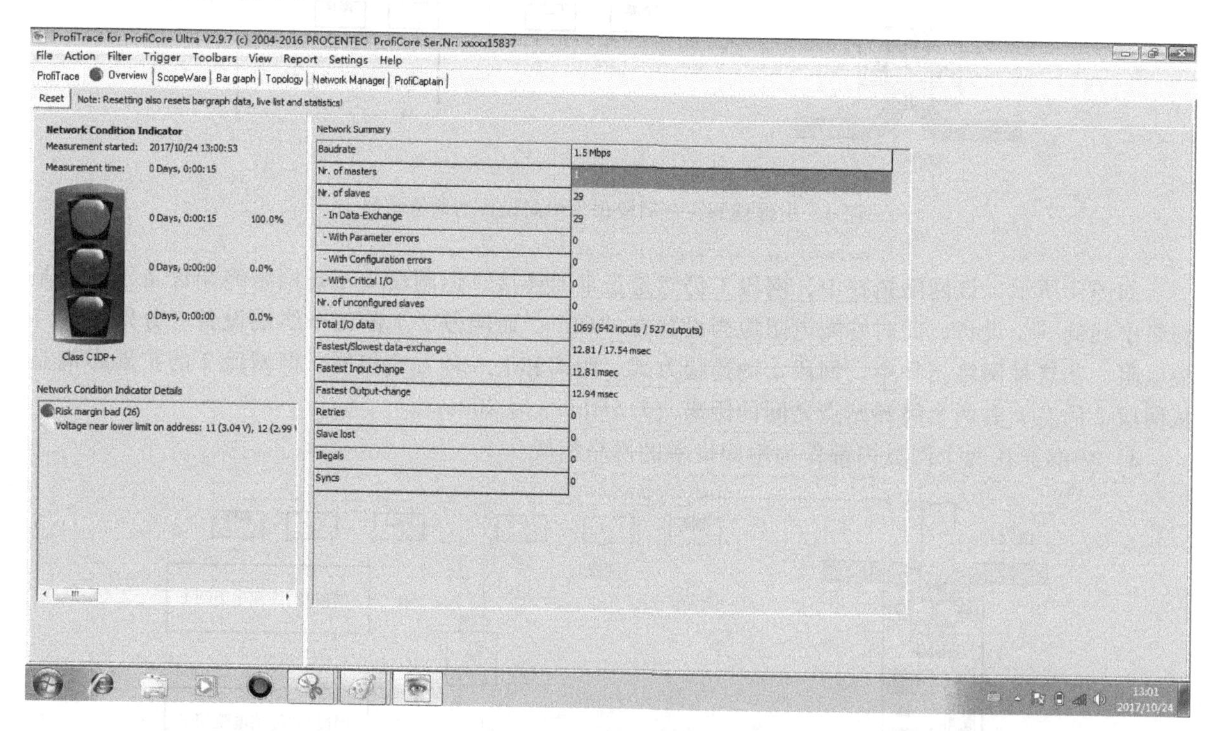

图 6　通信总体质量

通过检测的状态表明，整个网络的状态达到红色报警，很多设备的通信电压值远低于 Profibus-DP 的电压要求（5V）。待设备停机时，分段检查变频器的 DP 头，测量接通良好，阻值正常，终端电阻值也能达到标注的 220Ω。重新对整条链路增加屏蔽接地点，确保 EMC 接地良好，穿线管路符合 EMC 要求。但是地址 11 和 12 电压均无多大的提升。

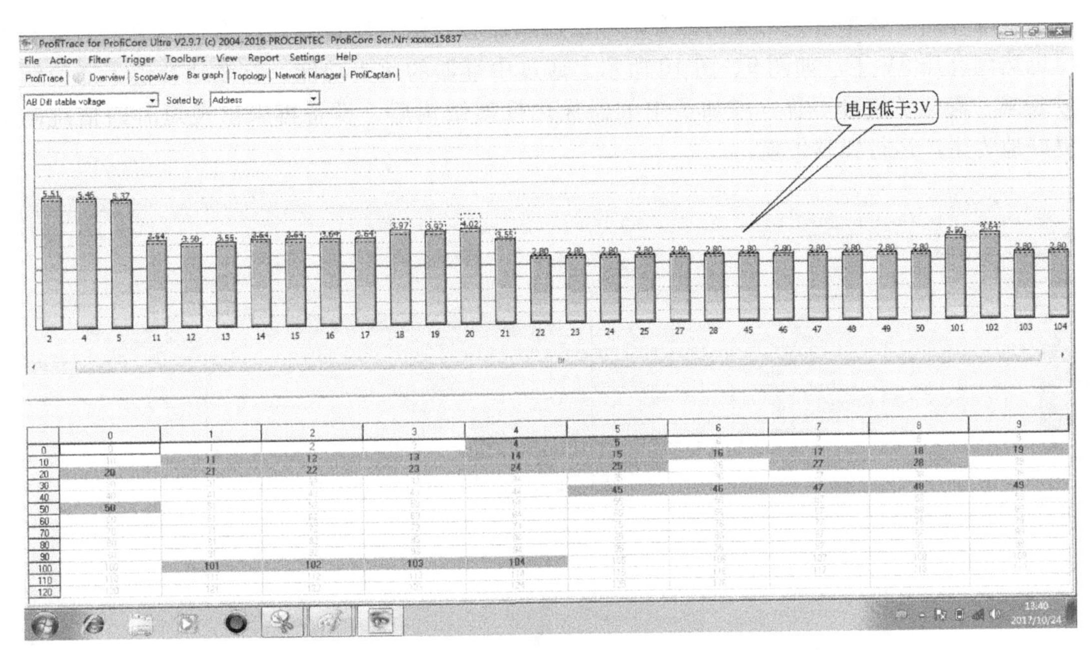

图7　通信分布电压状态

四、运行效果

对整条链路重新设计，降低链路节点，并在链路增加 RS485 中继器，重新分配中继器下方的设备地址如图 8 所示。

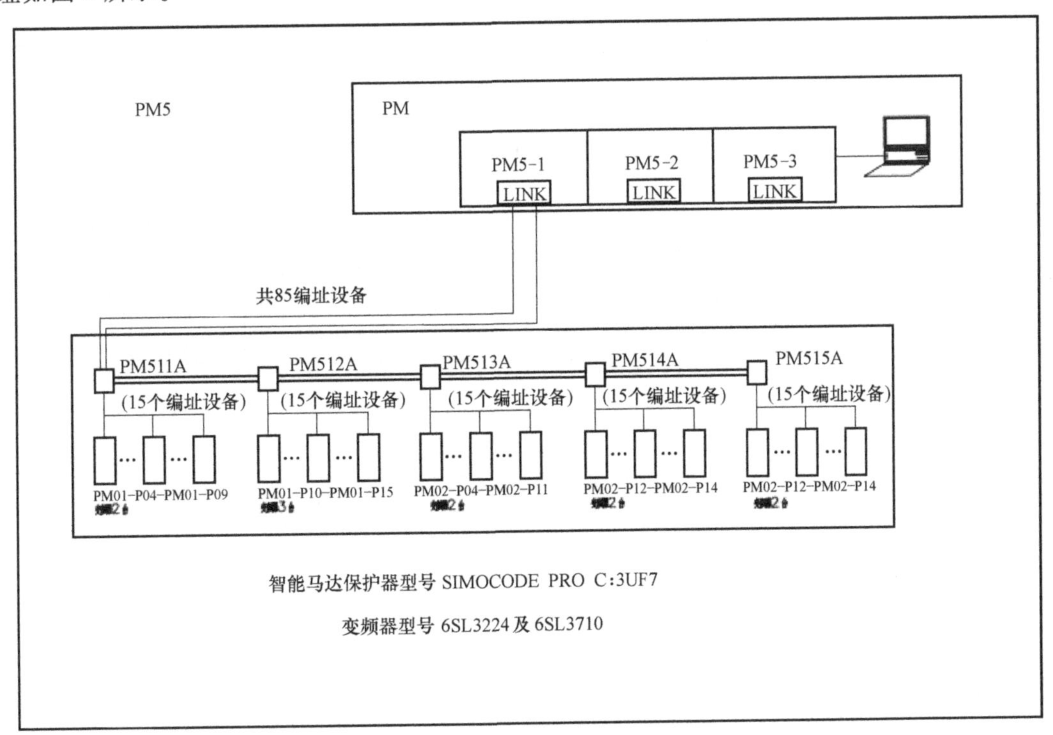

图8　PM51 网络布置

增加中继器后，效果得到明显的提升，中继器增加后，信号质量灯已经变成绿色，各设备的通信电压也达到高压 5V 了。如图 9、图 10 所示。通过中继器的放大功能，有效地补偿了通信链路上的信号衰减、避免了信号干扰，增加了中继器优化框架结构后，设备再未出现短时通信跳闸的情况，更好地为生产运行保驾护航。

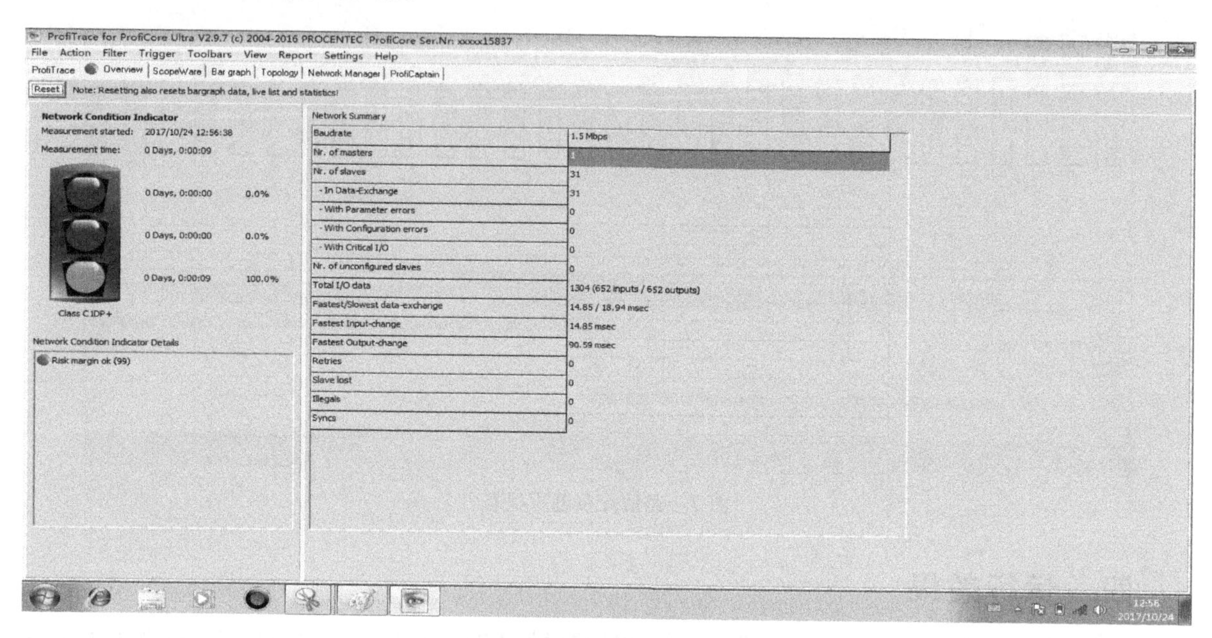

图 9　改良后的通信状态

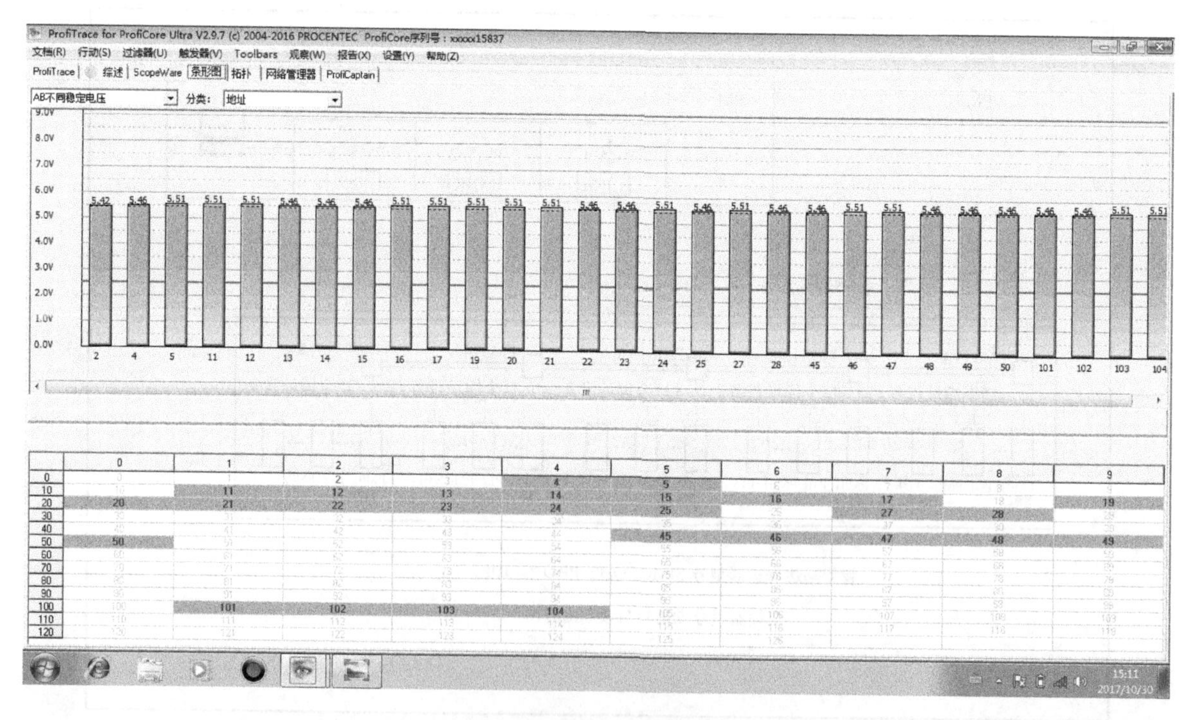

图 10　改良后的分别电压状态

五、项目结论

使用新的工业通信网络 Profibus-DP 后，给设备投资节省了比较多的成本，减少了配电室很多的线路连接，使得配电室更整洁、美观。但网络故障影响的面比较广，且故障的排查不直观，这就要求更专业的人员维护，同时也需要更专业的设备来检测。随着工业 4.0 的推进，网络通信势在必行，所以要求电气维护人员应掌握好 Profibus-DP 的电气网络构造，掌握好 RS485 中继器的利用和提升 Profibus-Trace 的故障分析能力。只有这样才能为工业的稳定运行，故障处理提供应有的保障。

参考文献

[1] 高峰，等. 基于西门子平台的工业以太网与 Profibus 通信机制应用的比较［J］. 安庆师范学院学报，2006，12（3）：

[2] 张还，等. Profibus-Dp 现场总线在水泥自动化生产线中的运用［J］. 水泥工程，2010（4）60~63.

[3] 张浩，等. 现场总线与工业以太网络应用技术手册［M］. 上海：上海科学技术出版社，2004.

RF600 读写器批量识别电子标签的技术要点
Multi-tag identification key technical experience summary of SIMATIC RF600

吴　博[1]　雷　伟[2]　刘姝琦[2]
（1. 西门子（中国）有限公司上海分公司　上海
2. 西门子（中国）有限公司　北京）

[摘　要] 西门子 RFID 识别技术被广泛应用于工厂生产和物流环节的追踪追溯场景，而超高频 RF600 标签批量识别的技术由于其高效的特点，经常被用于物品的批量识别。超高频多标签识别，尤其标签数量在几十个甚至更多时，达到 100%识别率通常较难，通过总结多标签识别要点，为实施项目提供了重要的参考，并可大大提高识别成功率和效率。

[关 键 词] 批量识别、UHF 算法、清点、防碰撞机制、Session 机制

[Abstract] Siemens RFID identification technology is widely used in factory production and logistics tracking scenes, and UHF RF600 tag batch identification tag technology is often used for batch identification of items due to its efficient characteristics. Uhf multi-tag identification is usually difficult to achieve 100% recognition rate, especially when the number of tags is dozens or more. By summarizing the key points of multi-tag identification, it provides an important reference for the implementation of projects and can greatly improve the success rate and efficiency of identification.

[Key Words] Multi-tag、UHF Algorithm、Inventory、Anti-Collision、Session

一、应用简介

RFID 的多标签识别技术由于其高效的特点，时常在生产和物流环节被采用。通常，超高频产品由于其识别距离远、天线覆盖范围广而更适合工业环节的多标签识别需求。批量识别电表如图 1 所示。

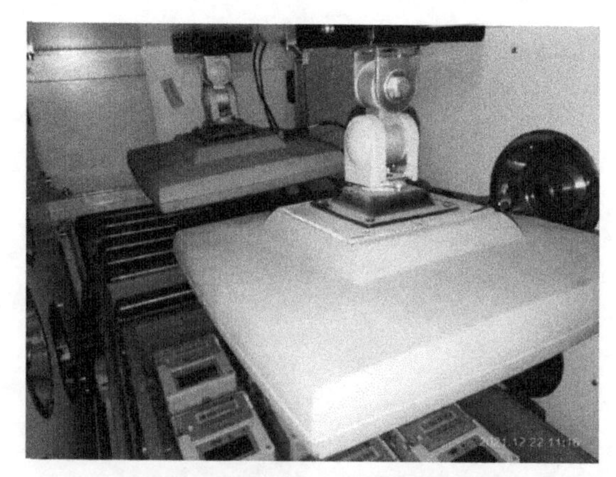

图 1　国家电网某公司批量识别电表

二、系统构成和难点

RFID 超高频识别应用通常由读写器、1～4 个天线、电子标签以及上位机构成，如图 2 所示。

相比高频 RFID 的应用，超高频项目实施的调

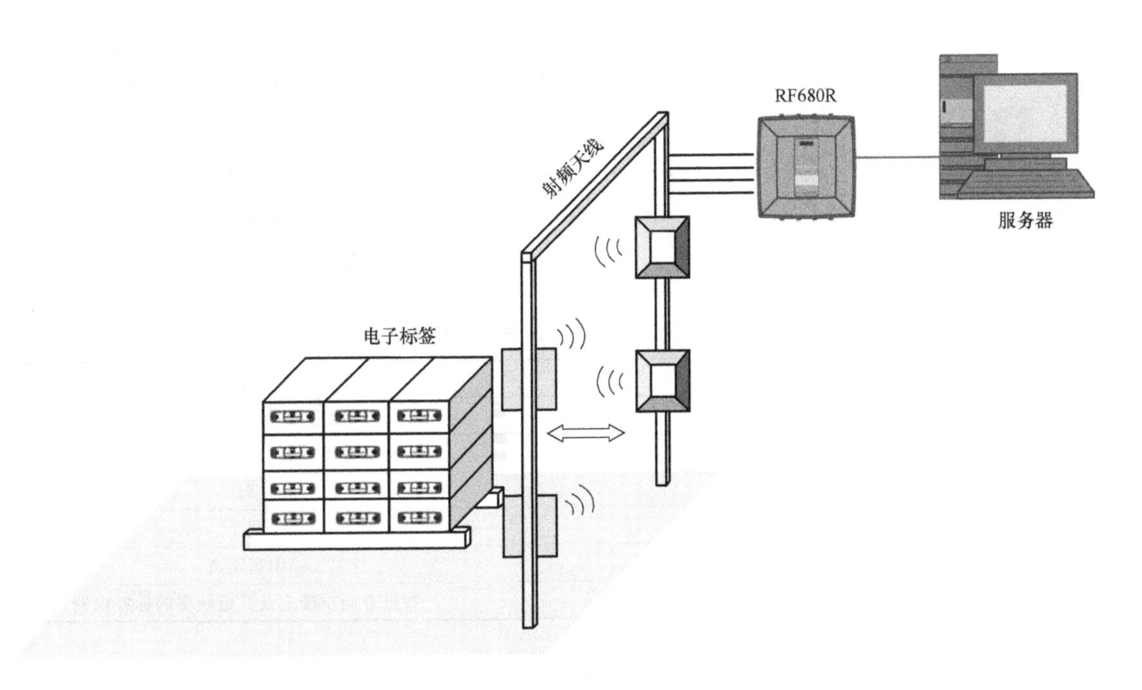

图 2　超高频多标签识别系统示意

试难度通常会稍大，而超高频应用中的标签批量识别难度往往更大，主要有以下几个方面的影响：

1）多个标签的分布跨度大，对射频信号的覆盖范围要求大。

2）由于射频信号经过反射，导致存在“场间隙”。

3）识别多个标签需要的功率较大。

4）由于采用半双工机制，多个 RFID 标签之间可能存在通信时隙的冲突。

由于以上原因，标签批量识别的准确率相对单标签识别场景通常略低，主要表现为无法识别全部标签或识别全部标签的效率低，所用时间长。

三、技术实现

为提高标签批量识别的综合效果，可以从以下几个方面进行优化和实现。

物理因素：天线尺寸和极化方式的选择；天线及标签的安装；运动中识别。

参数优化：合理设置算法——Inventory Power Ramp；优化 Inventory 清点的 Q 值；合理使用 Session 会话机制。

1. 物理因素设计和优化

下面对物理方面因素的设计和优化进行详细说明。

（1）天线尺寸和极化方式的选择

批量标签识别的场景，通常标签的空间分布范围较广大，所以要求天线覆盖范围广，从而才可能成功识别所有标签，通常情况下采用尺寸较大的天线和圆极化天线，如图 3 所示。

线极化天线和圆极化天线的区别见表 1。

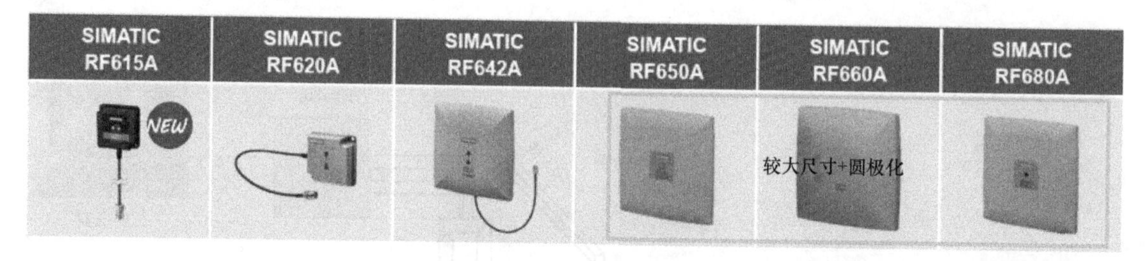

图 3 西门子超高频天线

表 1 线极化天线和圆极化天线的区别

	线极化天线	圆极化天线
发送方式	能量以线性方式发射	能量以圆形螺旋式发射
电磁场	线性波束具有单方向电场	圆形螺旋式波束具有多方向电磁场
方向性	强	弱
识读范围	狭长	宽泛
识读距离	远距离	中远距离
应用	行进方向确定的标签识别	行进方向不确定及数量较多的标签识别

线极化天线和圆极化天线的波形如图 4、图 5 所示。

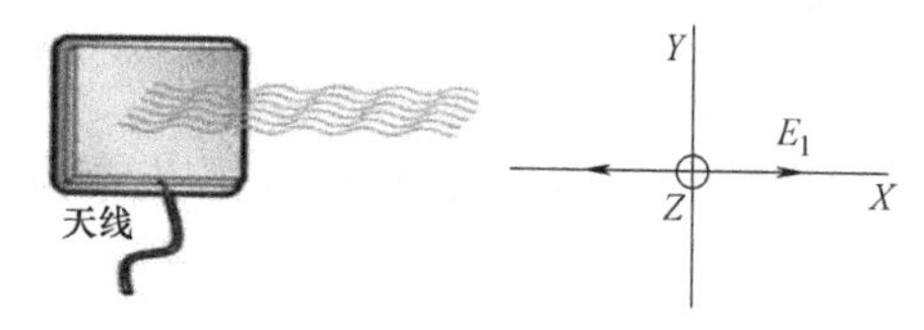

图 4 线极化天线波形

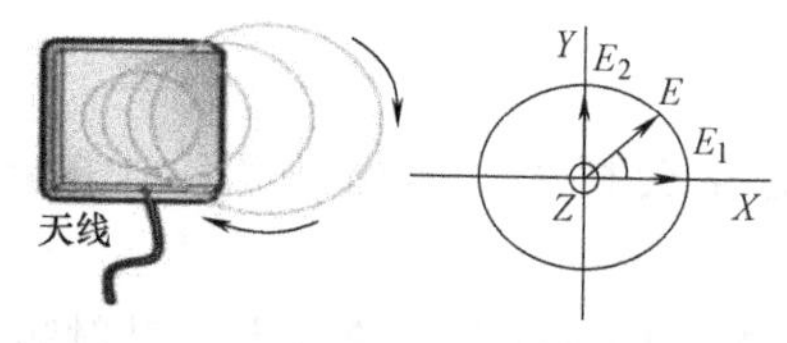

图 5 圆极化天线波形

（2）天线及标签的安装

总结如下：

1）经过测试天线信号应覆盖所有标签的空间位置，如果标签空间分布间距大，可采用多个天线。

2）天线和标签应该可直视，中间尽可能避免金属遮挡。

3）非抗金属标签不得直接置于金属表面或液体容器上，如果西门子非抗金属标签安装在金属材料上，则距金属的最短允许距离为 5cm。发送应答器与金属表面之间的距离越大，发送应答器的工作效果越好。

4）抗金属环境的标签可直接附在金属上。

5）标签和天线之间避免较多的水分存在。因为水、含水的材料、冰和碳的射频阻尼效应很高，电磁能量会被部分反射和吸收。油性或油基液体具有较低的射频阻尼。

（3）运动中识别

由于电磁波信号经过反射导致多径叠加的原因，可导致信号在空间某位置会偏强（过冲）或者偏弱（场间隙），如图 6 和

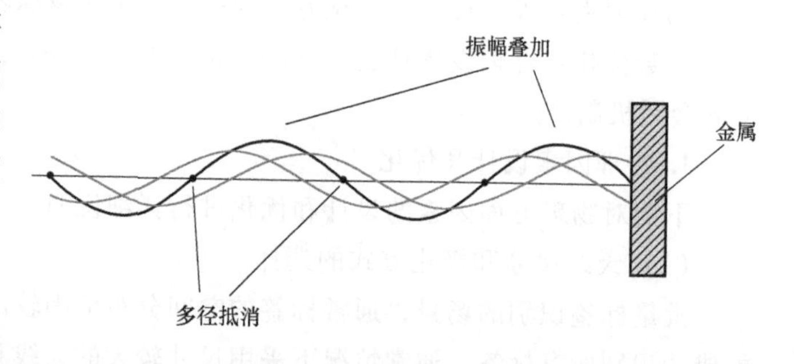

图 6 超高频驻波示意

图 7 所示，信号过强会导致窜读或误读，信号过弱则导致标签无法读取，即漏读。

场间隙和过冲的产生原因如下：

1）场间隙是由反射波在某些特定的点由于多径抵消引起的（参考“驻波图”）。

2）过冲是由反射波在某些点发生叠加放大作用而引起的（参考“驻波图”）。

对于多标签识别的应用，应多考虑场间隙带来的漏读影响，相比于静态识别，在较低速的运动状态下，标签停留在场间隙的时间和概率大大减少，从而可以提高识别成功率。

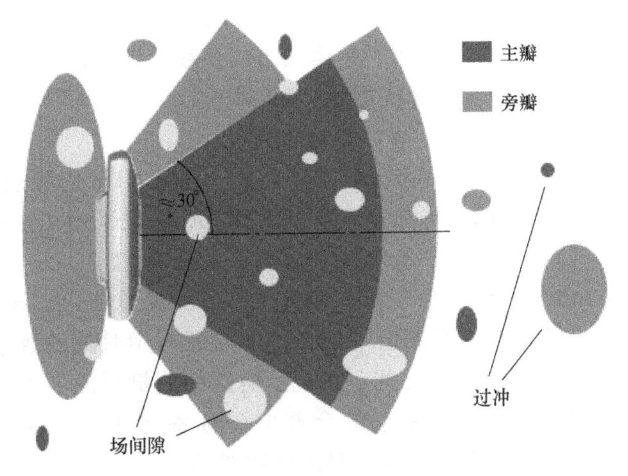

图 7　超高频场间隙和过冲示意

2. 参数设置和优化

下面对物理方面因素的设计和优化进行详细说明。

（1）合理设置算法

Inventory Power Ramp 算法用于优化盘点标签的 EPC ID，可同时读取多个标签。如果执行“Inventory”命令，获取的清单数目没有达到预期的数量时，会按照设定的增量逐步增加功率，直至达到设置的最大值。该命令仅在执行清单命令时启用，执行读/写时不会启用该命令，如图 8 所示。

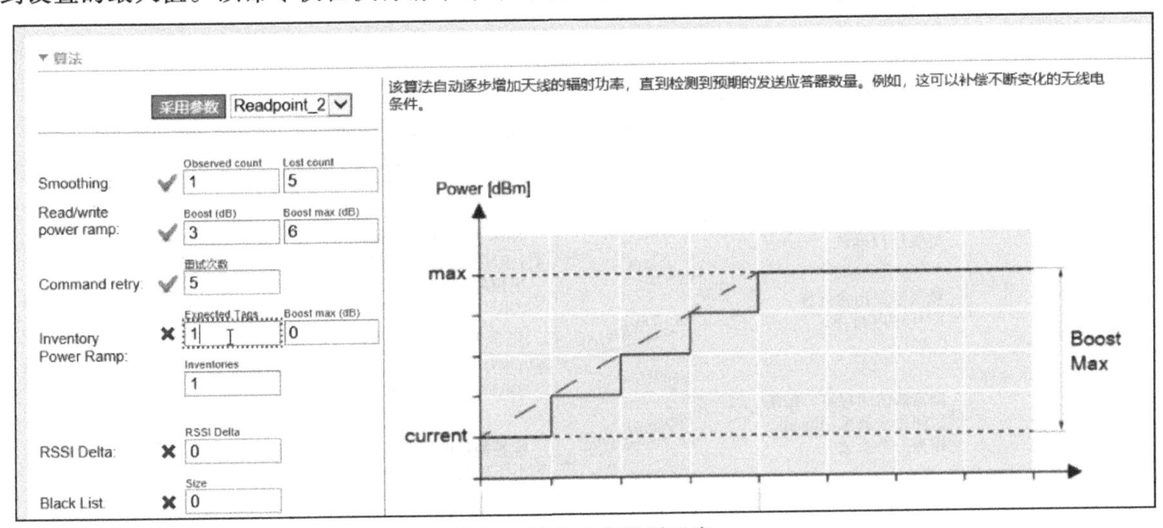

图 8　清单功率递增示意

参数说明见表 2。

表 2　清单功率递增算法参数说明

参数	说　明
Expected tags	每个清单(Inventories)执行时读取点指定的标签最小数量。如果没有达到该值,则会增加辐射功率
Boost max	辐射功率的最大增量(dB)
Inventories	达到指定的最大辐射功率增量前所需执行的“清单”命令数目

由于除了标签数量外，参数组合比较灵活，所以应该结合项目实际测试求得最佳组合，下面以识别 100 个标签为例，具体说明该参数设置，仅供参考：Expected tags 为 100，Boost max = 5dB，Inventories = 10（即每次增量 = 0.5dB）。

（2）Inventory 清点的 Q 值优化

Inventory 支持多标签识别功能，由于 UHF 射频通信是采用半双工通信，所以如何避免通信冲突是非常重要的技术要点，ISO 18000-6C 协议采用“时隙 ALOHA 算法”来实现“防碰撞”。

防碰撞采用“查询”（Query）命令来启动。

由于“防碰撞”算法较复杂，下面仅总结一下该算法的部分关键点：

1）读写器采用值“InitialQ”设置可用时隙的数量，并采用公式 2^Q 来计算该数量。参数“Q”的值可介于 0~15 之间。因此，时隙的数量可能为 1~32768。

2）符合协议要求的全部电子标签将生成一个介于 $0\sim2^Q-1$ 的随机数（例如，InitialQ = 5，$2^5-1=31$），将该数作为时隙计数器的初始值。

3）其余时隙，读写器每次均采用“QueryRep”命令，标签收到该命令后，转发器将其时隙计数器的值减 1（每收到一次 QueryRep 请求时才减 1）。只有时隙计数器的值为 0 的那些转发器，才发送一个 16 位随机数，即“RN16”序列号，如果读取器成功收到一个 RN16，它将采用一个“ACK”命令和该随机数给出对 RN16 的应答。

4）如果转发器检测到其发送的随机数与自己发送的随机数相匹配，则认为该随机数是有效的，且采用协议控制（PC），即 XPC 字（如果可用的话）和 EPC ID 进行应答。

Inventory 流程如图 9 所示。

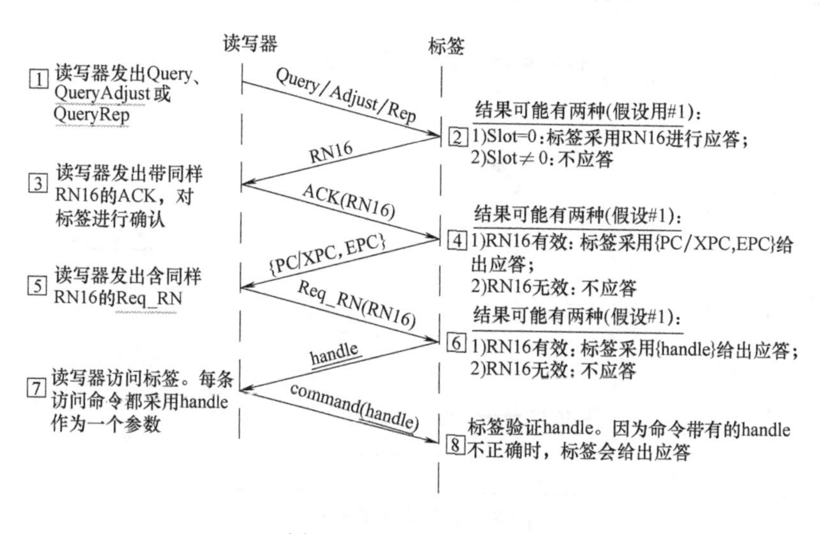

图 9　Inventory 流程示意

图 10 给出了存在一个标签、无干扰时的清点流程。图 11 给出了存在干扰时的清点流程。该算法的缺点是当标签数量远大于时隙个数时，读取标签的时间会大大增加；当标签个数远小于时隙个数时，会造成时隙浪费。

下面通过 3 个情况来分析：

情况 1：场内永远只有 1 个标签，那么 Q 直接设置成 0，以最快速的方式进行读取，如果此时场内有两个标签，则会出现冲突，读写器会返回冲突告警。

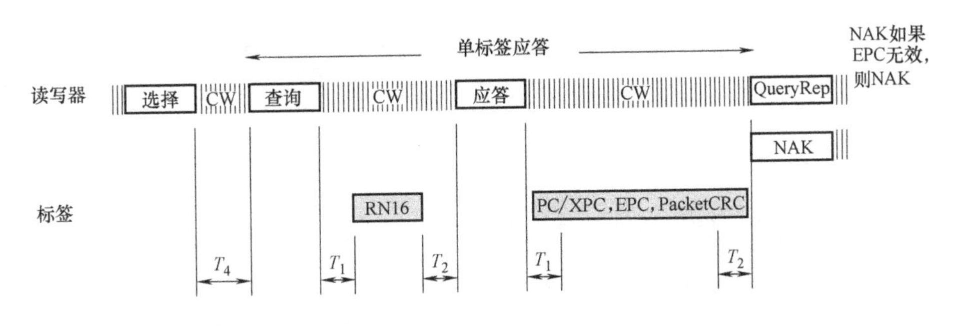

图 10　存在一个标签、无干扰时的清点流程

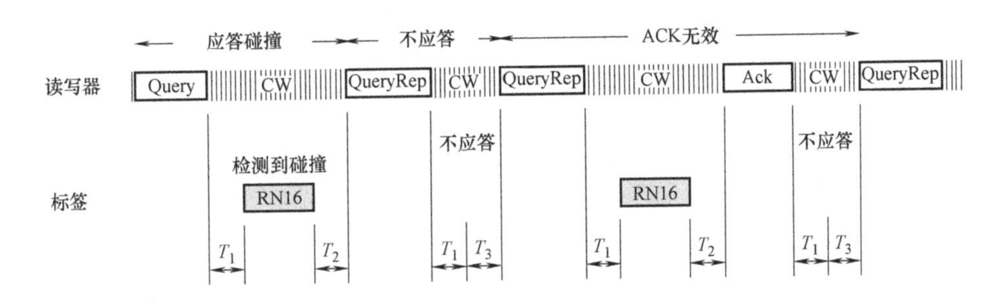

图 11　存在干扰时的清点流程

情况 2：射频场内有大量标签，如 100 张，Q 的值如果设定得过小，小于 7，则会出现大量的冲突。假如设置为 5，根据公式一共有 2 的 5 次方即 32 个槽计数器，对于 100 个标签，那么每个槽里面有 3 个标签，会出现冲突，冲突导致重试，读取效率会降低，所以这个情况的 Q 一般设置为大于或等于 7。

情况 3：射频场内有 10 个标签，但是 Q 如果设置得偏大，比如 8，则会有 256 个槽计数器，数了 256 次才清点出来这 10 个标签，清点效率太低。

Q 值的参数设置和优化操作如下：

在 Web 页面，设置路径为设置/常规-高级设置，“预期的发送应答器数目”，默认 20，可按照实际识别标签数量进行设置，通过设置合理的“预期的发送应答器数目”，读写器即可自动优化清点过程的 Q 值，提高效率，如图 12 所示。

（3）合理使用 Session 会话

超高频 RFID 空口协议中，Session 共有 S0、S1、S2、S3 这四种会话层。Session 描述的是标签的状态跳转的条件，其目的是把场内的标签全部清点完成，针对不同的应用场景，采用不同的清点方式，选择不同的 Session。

A/B 状态

标签支持 4 种会话层，每个会话层都有 A 和 B 两个状态，默认的初始状态为 A，当标签被清点后变成状态 B，当标签离开辐射区域或到达指定时间后状态跳转回 A。

例如，选择 Session1 时，标签在被读取一次后成为“B”状态，“B”状态持续 0.5~5s 后恢复到“A”状态，可再次被读取，状态维持时间与各个会话的关系见表 3。

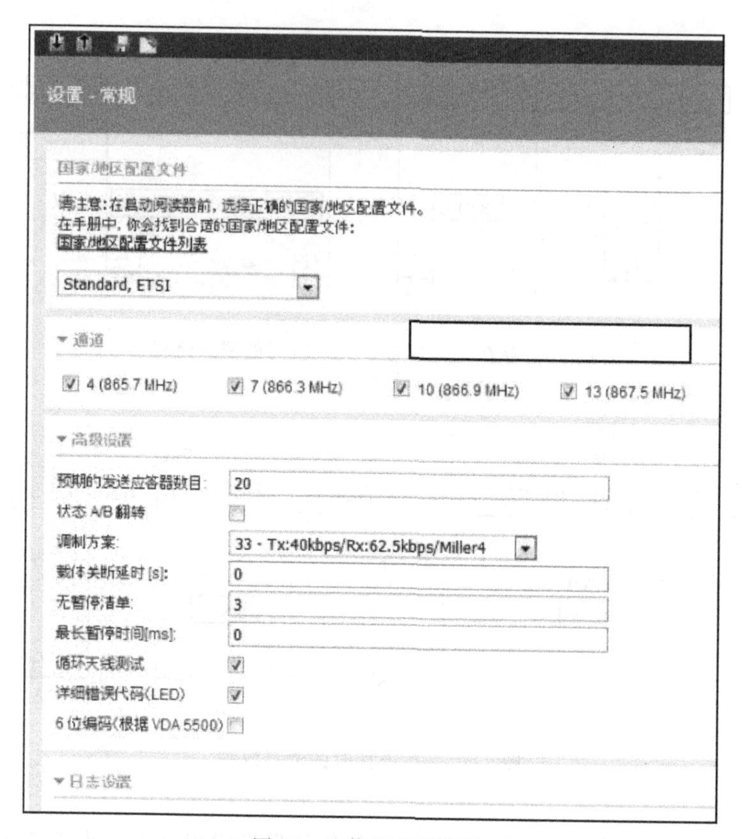

图 12　Q 值的参数优化

表 3　Session 会话定义

Session	维持时间-标签进入辐射区(得电)	维持时间-标签离开辐射区(失电)
S0	无限时间	无
S1	500ms<t<5s	500ms<t<5s
S2	无限时间	t>2s
S3	无限时间	t>2s

不同 Session 中的跳转机制直接影响到标签的清点效率。对于不同的应用场景需要选择不同的 Session，这样才能达到最佳识别效率。关于 Session 的场景使用推荐如下：

1）S0：主要用于针对单一标签或少量标签的快速识别场景，如自动化的快速流水线和物流识别等。

2）S1：用于有一定批量多标签场景，如一箱都装有电子标签的服装或几箱货物的管理等，标签数量通常在几十到 100 以内。

3）S2 和 S3：用于大量标签场景，如仓库元件管理等，标签数量大于 100 甚至可达几百。

Session2 和 Session3 为 2 种配合使用的会话模式，举个例子，需要用 2 台读写器不重复地读取 200 个标签，则将两台都设置为 Session2，或者两台都设置为 Session3，这样一台读取过的标签另外一台将不再读取，从而实现 2 台读写器不重复读取。

RF600 读写器的会话设置路径为设置/读取点/算法，页面如图 13 所示。

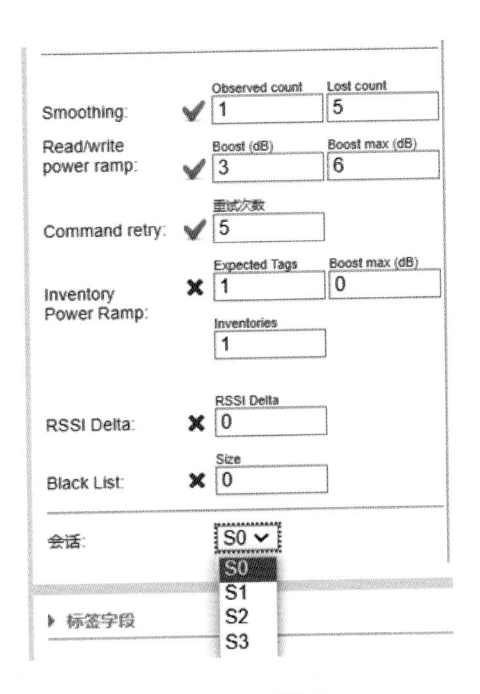

图 13　会话设置

四、总结和体会

将各个措施的影响总结如下：

1）天线尺寸和极化方式的选择（合适的天线是硬件基础）。

2）天线及标签的安装（合理的安装可提高成功识别率）。

3）运动中识别（减少场间隙影响，提高成功识别率）。

4）合理设置算法- Inventory Power Ramp（功率自动调节，提高成功识别率）。

5）优化 Inventory 清点的 Q 值（优化通信时隙，提高识别效率节省时间）。

6）合理使用 Session 会话机制（标签状态翻转，提高识别效率，节省时间，几十个标签的识别场景通常不必采用）。

超高频标签的批量识别，当标签数量在几十个甚至更多时，通常属于调试较难的应用，对于初次使用多标签识别功能的实施者，其调试系统的识别率通常低于 90%，而通过系统化地采用或优化标签批量识别的各个技术要点，为实施此类项目提供了重要支撑，可提高识别成功率至接近 100%，并大幅提高识别效率。

参考文献

[1]　西门子（中国）有限公司. RF600 产品说明手册 [Z].

[2]　西门子（中国）有限公司. RF600 Web 参数说明手册 [Z].

[3]　西门子（中国）有限公司. EPC™ Radio-Frequency Identity Protocols Generation-2 UHF RFID Standard（ISO1800-6C 官方协议说明）[Z].